国家出版基金项目
NATIONAL PUBLICATION FOUNDATION

世界常用农药质谱/核磁谱图集

Mass Spectrometry/ Nuclear Magnetic Resonance Spectra Collection
of World Commonly Used Pesticides

世界常用农药
色谱-质谱图集

气相色谱-四极杆-飞行时间二级质谱图集

Chromatography-Mass Spectrometry Collection of World Commonly Used Pesticides:
Collection of Tandem Mass Spectra for Gas Chromatography Coupled with
Quadrupole Time-of-flight Mass Spectrometry

GC-Q-TOF/MS

庞国芳　等著

Editor -in-chief　Guo- fang Pang

化学工业出版社

·北京·

《世界常用农药质谱/核磁谱图集》由4卷构成，书中所有技术内容均为作者及其研究团队原创性研究成果，技术参数和图谱参数均与国际接轨，代表国际水平。图集涉及农药种类多，且为世界常用，参考价值高。

本图集为《世界常用农药质谱/核磁谱图集》其中一卷，具体包括433种农药化学污染物和209种PCB化学污染物的中英文名称、CAS登录号、理化参数（分子式、分子量、结构式）、色谱质谱参数（保留时间、母离子、子离子、离子源及源极性）、总离子流色谱图、二级质谱图。

本书可供科研单位、质检机构、高等院校等各类从事农药化学污染物质谱分析技术研究与应用的专业技术人员参考使用。

图书在版编目（CIP）数据

世界常用农药色谱-质谱图集.气相色谱-四极杆-飞行时间二级质谱图集/庞国芳等著.—北京：化学工业出版社，2018.3

（世界常用农药质谱/核磁谱图集）

ISBN 978-7-122-31451-2

Ⅰ.①世… Ⅱ.①庞… Ⅲ.①农药-色谱-质谱-图集

Ⅳ.① TQ450.1-64

中国版本图书馆 CIP 数据核字（2018）第 015449 号

责任编辑：成荣霞　　　　　　　　　　文字编辑：向　东
责任校对：宋　夏　　　　　　　　　　装帧设计：王晓宇

出版发行：化学工业出版社（北京市东城区青年湖南街13号　邮政编码100011）
印　　刷：大厂聚鑫印刷有限责任公司
装　　订：三河市胜利装订厂
880mm×1230mm　1/16　印张71¼　字数2223千字　2018年8月北京第1版第1次印刷

购书咨询：010-64518888（传真：010-64519686）　售后服务：010-64518899
网　　址：http://www.cip.com.cn
凡购买本书，如有缺损质量问题，本社销售中心负责调换。

定　　价：298.00元

《世界常用农药质谱/核磁谱图集》
编写人员（研究者）名单

世界常用农药色谱－质谱图集：液相色谱－四极杆－静电场轨道阱质谱图集

庞国芳　范春林　陈辉　金铃和　常巧英

世界常用农药色谱－质谱图集：气相色谱－四极杆－静电场轨道阱质谱图集

庞国芳　范春林　吴兴强　常巧英

世界常用农药色谱－质谱图集：气相色谱－四极杆－飞行时间二级质谱图集

庞国芳　范春林　李建勋　李晓颖　常巧英　胡雪艳　李岩

世界常用农药核磁谱图集

庞国芳　张磊　张紫娟　聂娟伟　金冬　方冰　李建勋　范春林

Contributors/Researchers for *Mass Spectrometry/ Nuclear Magnetic Resonance Spectra Collection of World Commonly Used Pesticides*

Chromatography-Mass Spectrometry Collection of World Commonly Used Pesticides: Collection of Liquid Chromatography Coupled with Quadrupole Orbitrap Mass Spectrometry

Guo-fang Pang, Chun-lin Fan, Hui Chen, Ling-he Jin, Qiao-ying Chang

Chromatography-Mass Spectrometry Collection of World Commonly Used Pesticides: Collection of Gas Chromatography Coupled with Quadrupole Orbitrap Mass Spectrometry

Guo-fang Pang, Chun-lin Fan, Xing-qiang Wu, Qiao-ying Chang

Chromatography-Mass Spectrometry Collection of World Commonly Used Pesticides: Collection of Tandem Mass Spectra for Gas Chromatography Coupled with Quadrupole Time-of-flight Mass Spectrometry

Guo-fang Pang, Chun-lin Fan, Jian-xun Li, Xiao-ying Li, Qiao-ying Chang, Xue-yan Hu, Yan Li

Nuclear Magnetic Resonance Spectra Collection of World Commonly Used Pesticides

Guo-fang Pang, Lei Zhang, Zi-juan Zhang, Juan-wei Nie, Dong Jin, Bing Fang, Jian-xun Li, Chun-lin Fan

农药化学污染物残留问题已成为国际共同关注的食品安全重大问题之一。世界各国已实施从农田到餐桌的农药等化学污染物的监测监控调查，其中欧盟、美国和日本均建立了较完善的法律法规和监管体系，制定了农产品中农药最大残留限量（MRLs），在严格控制农药使用的同时，不断加强和重视食品中有害残留物质的监控和检测技术的研发，并形成了非常完善的监控调查体系。相比之下，尽管我国有关部门都有不同的残留监控计划，但还没有形成一套严格的法律法规和全国"一盘棋"的监控体系，各部门仅有的残留数据资源在食品安全监管中发挥的作用也十分有限。同时，我国于2017年6月实施的国家标准《食品安全国家标准——食品中农药最大残留限量》（GB 2763—2016），仅规定了食品中433种农药的4140项最大残留限量，与欧盟、日本等国家和地区间的限量标准要求存在很大的差距，这对我国农药残留分析技术的研发与农药残留限量标准的制定均提出了挑战。

解决上述问题，最大关键点在于研发高通量农药多残留侦测技术。庞国芳院士团队经过10年的深入研究，在建立GC-Q-TOF/MS 485种和LC-Q-TOF/MS 525种农药精确质谱库的基础上，研究开发了非靶向、高通量GC-Q-TOF/MS和LC-Q-TOF/MS联用农药残留检测技术，可适用于1200种农药残留检测。目前，该团队依托"食品中农药化学污染物高通量侦测技术研究与示范（2012BAD29B01）"和"水果和蔬菜中农药化学污染物残留水平调查及数据库建设（2015FY111200）"等项目，于2012—2015年在全国31个省（自治区、直辖市）的284个县区638个采样点，采集了22278多批水果和蔬菜样品，采用这些技术对其中的农药及化学污染物进行了侦测。基于海量农药残留侦测结果，庞国芳院士团队创新性地将高分辨质谱与互联网和地理信息系统有机融合在一起，亮点如下：①研发高分辨质谱＋互联网＋数据科学三元融合技术，实现了农药残留检测报告生成自动化，一本图文并茂的农药残留侦测报告可在30分钟内自动生成，大大提高了侦测报告的精准度，其制作效率是传统分析方法无可比拟的，这为农药残留数据分析提供了有效工具；②研发高分辨质谱＋

互联网＋地理信息系统（GIS）三元融合技术，实现了农药残留风险溯源视频化，构建了面向"全国‑省‑市（区）"多尺度的开放式专题地图表达框架，既便于现有数据的汇聚，也实现了未来数据的动态添加和实时更新。

这些创新成果的取得与庞国芳院士团队在前期采用 6 类色谱‑质谱技术评价了世界常用 1200 多种农药化学污染物在不同条件下的质谱特征，采集数万幅质谱图著写的《世界常用农药色谱‑质谱图集》（五卷）是密不可分的。这五卷图谱的出版填补了国内相关研究的空白，在国内外相关领域引起了强烈反响。近两年，庞国芳科研团队又重点评价了农药化学污染物气相色谱‑四极杆‑飞行时间二级质谱特征和液相/气相色谱‑四极杆‑静电场轨道阱质谱特征，采集三种仪器的高分辨质谱图，形成了《世界常用农药色谱‑质谱图集》新三卷。这同样是一项色谱‑质谱分析理论基础研究，是庞国芳科研团队新的原创性研究成果。他们站在了国际农药残留分析的前沿，解决了国家的需要，奠定了农药残留高通量检测的理论基础，在学术上具有创新性，在实践中具有很高的应用价值。

随着这三卷图集的出版，庞国芳院士团队的农药残留高通量侦测技术也日臻成熟，这必将有力地促进我国农药残留监控体系的构建和完善。同时也为落实《中华人民共和国国民经济和社会发展第十三个五年规划纲要》中提出的"强化农药和兽药残留超标治理（第十八章第四节）""实施化肥农药使用量零增长行动（第十八章第五节）"和"提高监督检查频次和抽检监测覆盖面，实行全产业链可追溯管理（第六十章第八节）"提供重要技术支撑。

（中国工程院院士）

2017 年 11 月 11 日

食品中农药及化学污染物残留问题是引发食品安全事件的重要因素，是世界各国及国际组织共同关注的食品安全重大问题之一。目前，世界上常用的农药种类超过 1000 种，而且不断地有新的农药被研发和应用，农药残留在对人类身体健康和生存环境造成潜在危害的同时，也给农药残留检测技术提出了越来越高的要求和新的挑战。

农药残留检测技术是保障食品安全方面至关重要的研究内容。近几十年来，世界各国科学家致力于食品中农药残留检测技术研究。应用相对较广的是气相色谱 - 质谱和液相色谱 - 质谱，测定的农药范围在几十种到上百种。一直以来，这两种技术在对目标农药及化学污染物准确定性和定量测定方面发挥着非常重要的作用。然而，不得不承认的是这些技术也具有一定的局限性：①在检测之前，需要对每个待测化合物的采集参数进行优化；②由于扫描速度和驻留时间等仪器参数的原因，限制了这些技术一次测定的农药种类，通常不超过 200 种；③只能目标性地检测方法列表中的化合物，而无法检测目标外的化合物；④对于单次运行检测的多种农药残留结果而言，数据处理过程相对较为复杂、耗时。目前，世界各国对食品农产品中农药等农用化学品残留限量方面提出了越来越严格的要求，涵盖的农药化学品种类越来越多，最大允许残留量越来越低。例如，欧盟、日本和美国分别制定了 169068 项（481 种农药）、44340 项（765 种农药）、13055 项（395 种农药）农药残留限量标准。面对如此种类繁多、性质各异的农药，以及各种复杂的样品基质，应用低分辨质谱开展目标化合物的常规检测已经不能满足实际需求。

笔者团队经过 10 年的深入研究，在建立 GC-Q-TOF/MS 485 种和 LC-Q-TOF/MS 525 种农药精确质谱库的基础上，研究开发了非靶向、高通量 GC-Q-TOF/MS 和 LC-Q-TOF/MS 联用农药残留检测技术，可适用于 1200 种残留农药检测。这使得农药残留检测效率得到了飞跃性的提高，为获得准确可靠的海量农药残留检测结果奠定了基础。在这项研究的前期，采用 6 类色谱 - 质谱技术评价了世界常用 1200 多种农药化学污染物在不同条件下的质谱特征，采集数万幅质谱图著写了《世界常用农药色谱 - 质谱图集》（五卷）。在此基础上，近两年笔者团队又重点评价了农药化学污染物的气相色谱 - 四极杆 - 飞行时间二级质谱特征和液相 / 气相色谱 - 四极杆 - 静电场轨道阱质谱特征，采集三种仪器的高分辨质谱图，形成了《世界常用农药色谱 - 质谱图集》新三卷。这是笔者科研团队近十几年来开展农药残留色谱 - 质谱联用技术方法学研究的又一重要成果。目前，应用上述三种技术评价了 1200 多种农药化学污染物各自的质谱特征，采集了相应的质谱图，并建立了相应的数据库，从而研究开发了 640 多种目标农药化学污染物（其中包括 209 种 PCBs）GC-Q-TOF/MS 高通量侦测方法和 570 多种农药化学污染物 LC/GC-Q-Orbitrap/MS 高通量侦测方法，一次统一制备样品，三种方法合计可以同时侦测水果、蔬菜中 1200 多种农药化学污染物，达到了目前国际同类研究的领先水平。

笔者科研团队认为，这种建立在色谱 - 质谱高分辨精确质量数据库基础上的 1200 多种农药高通量筛查侦测方法是一项有重大创新的技术，也是一项可广泛应用于农药残留普查、监控、侦测的技术，它将大大提升农药残留监控能力和食品安全监管水平。这项技术的研究成功，《世界常用农药色谱 - 质谱图集》功不可没。因此，借《世界常用农药色谱 - 质谱图集》新三卷出版之际，对参与本书编写的团队其他研究人员，表示衷心感谢！

2017 年 10 月 10 日

色谱－质谱条件

Chromatography-Mass
Spectrometry Conditions

一、色谱条件

① 色谱柱：VF-1701ms，30m×0.25mm (i.d.)×0.25μm。

② 色谱柱温度程序：40℃保持1min，然后以30℃/min升温至130℃，再以5℃/min升温至250℃，最后以10℃/min升温至300℃，保持5min。

③ 载气：氦气，纯度≥99.999%。

④ 流速：1.2mL/min。

⑤ 进样口温度：260℃。

⑥ 进样量：1μL。

⑦ 进样方式：无分流进样，1.5min后打开分流阀和隔垫吹扫阀。

二、质谱条件

① 离子源：EI源。

② 电压：70eV。

③ 离子源温度：230℃。

④ GC-MS接口温度：280℃。

⑤ 溶剂延迟：6min。

⑥ m/z 扫描范围：50～600。

⑦ 采集速率：2谱/s。

⑧ 扫描方式：全扫描。

目录 | CONTENTS |

E page-291

F page-316

O

P

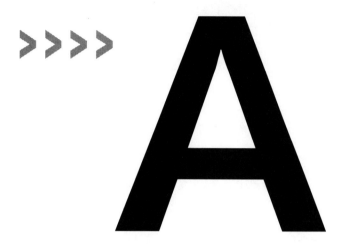

acenaphthene（威杀灵）

基本信息

| **CAS 登录号** | 83-32-9 | **分子量** | 154.0776 |
| **分子式** | $C_{12}H_{10}$ | **离子化模式** | 电子轰击电离（EI） |

总离子流色谱图

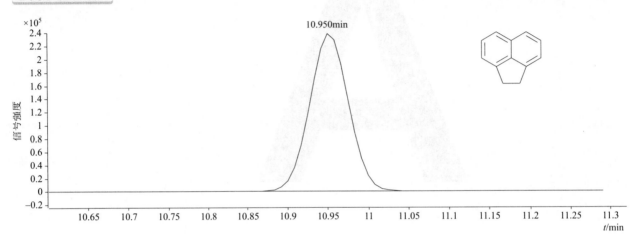

四个碰撞能量（CE）下子离子质谱图

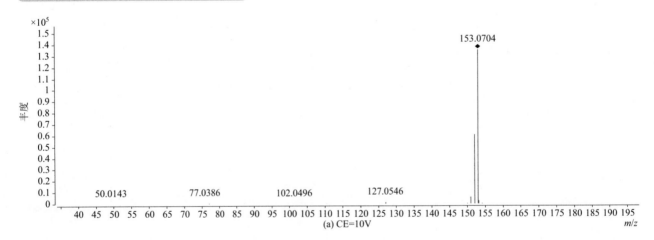

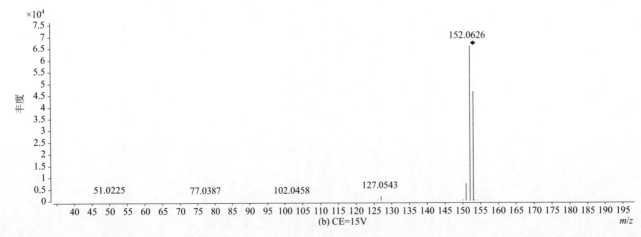

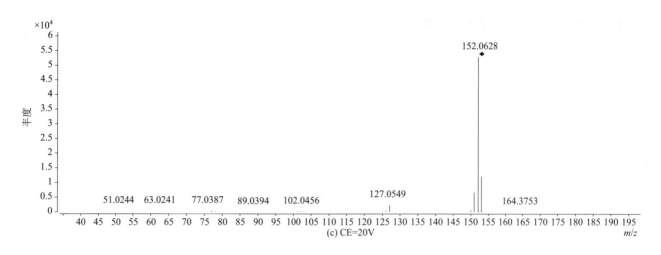

(c) CE=20V

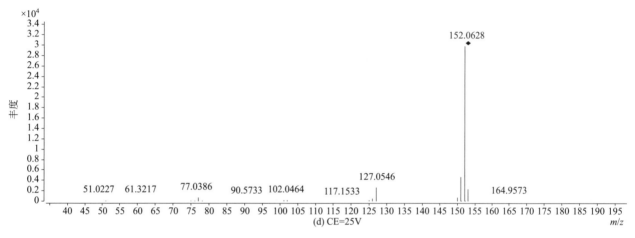

(d) CE=25V

acetochlor（乙草胺）

基本信息

CAS 登录号	34256-82-1	分子量	269.1178
分子式	$C_{14}H_{20}ClNO_2$	离子化模式	电子轰击电离（EI）

总离子流色谱图

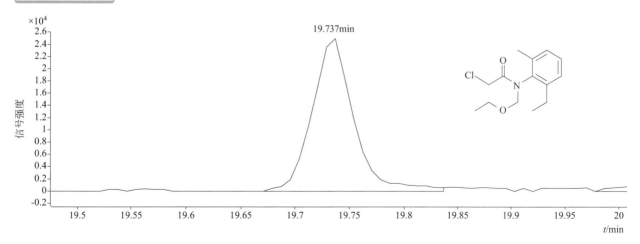

四个碰撞能量（CE）下子离子质谱图

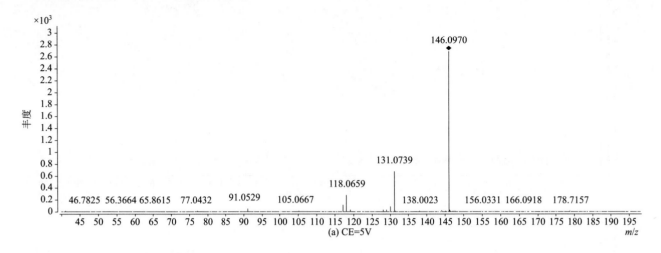

(a) CE=5V

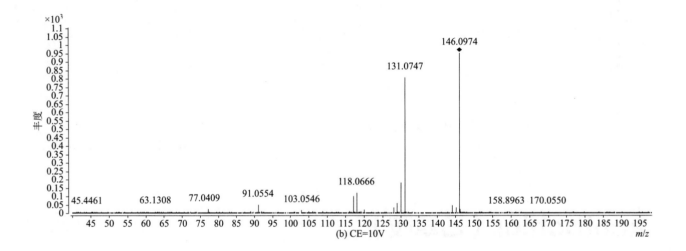

(b) CE=10V

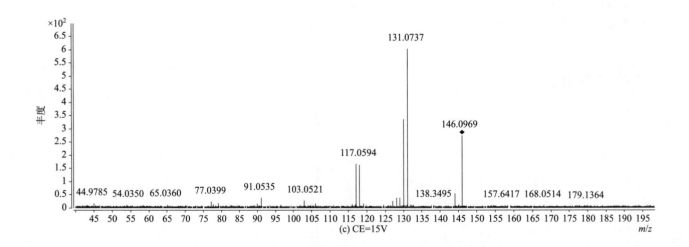

(c) CE=15V

4

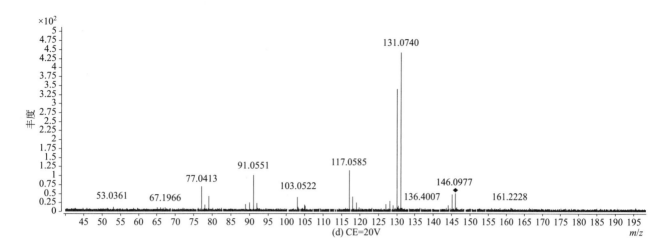
(d) CE=20V

acibenzolar-*S*-methyl（活化酯）

CAS 登录号	135158-54-2	分子量	209.9922
分子式	$C_8H_6N_2OS_2$	离子化模式	电子轰击电离（EI）

总离子流色谱图

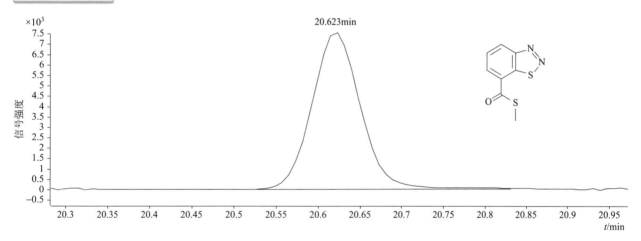

四个碰撞能量（CE）下子离子质谱图

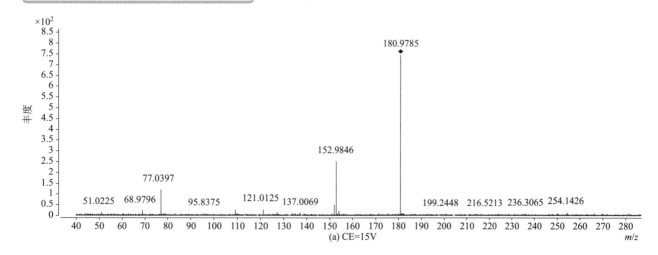
(a) CE=15V

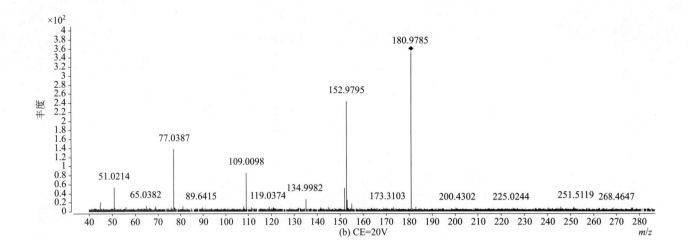

(b) CE=20V

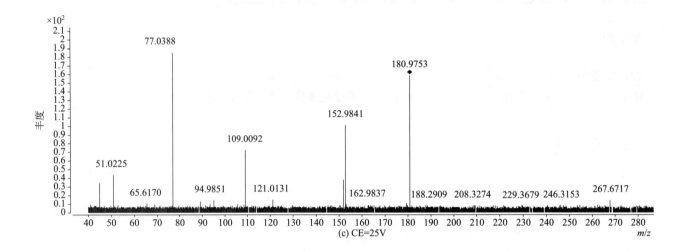

(c) CE=25V

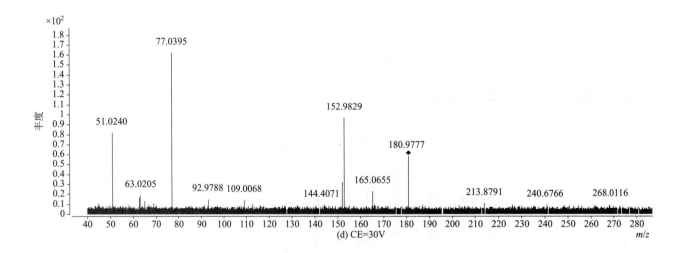

(d) CE=30V

aclonifen （苯草醚）

基本信息

CAS 登录号	74070-46-5	**分子量**	264.0297
分子式	$C_{12}H_9ClN_2O_3$	**离子化模式**	电子轰击电离（EI）

总离子流色谱图

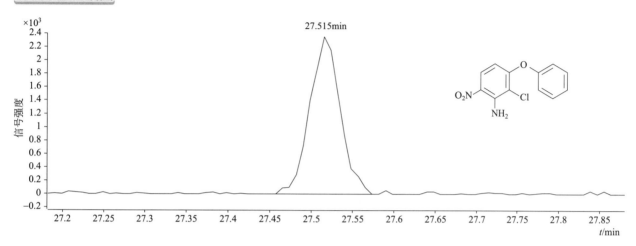

四个碰撞能量（CE）下子离子质谱图

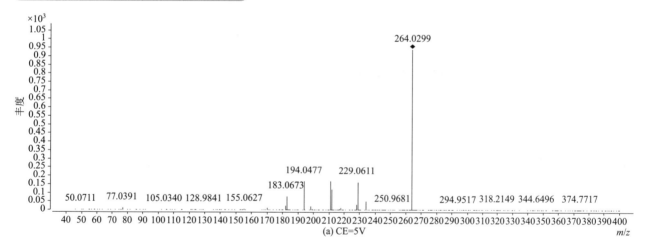

(a) CE=5V

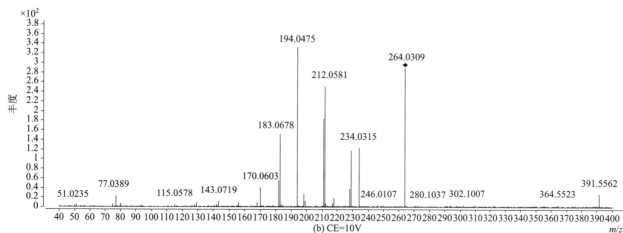

(b) CE=10V

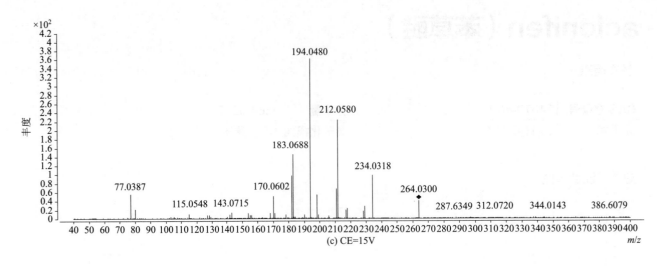

(c) CE=15V

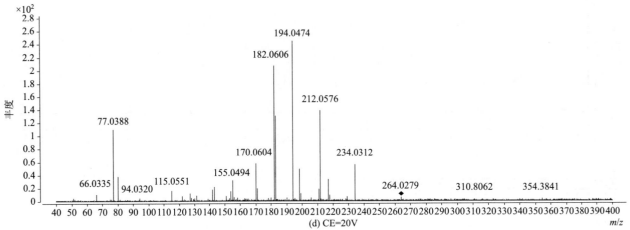

(d) CE=20V

acrinathrin（氟丙菊酯）

基本信息

CAS 登录号	101007-06-1	分子量	541.1319
分子式	$C_{26}H_{21}F_6NO_5$	离子化模式	电子轰击电离（EI）

总离子流色谱图

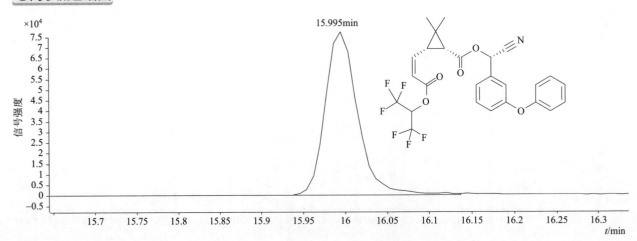

四个碰撞能量（CE）下子离子质谱图

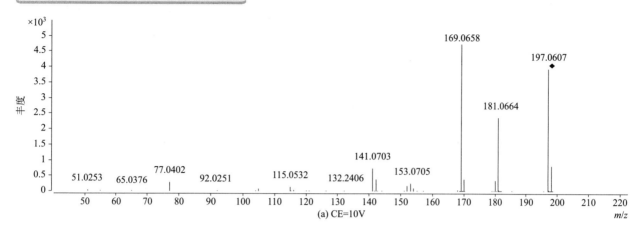

(a) CE=10V

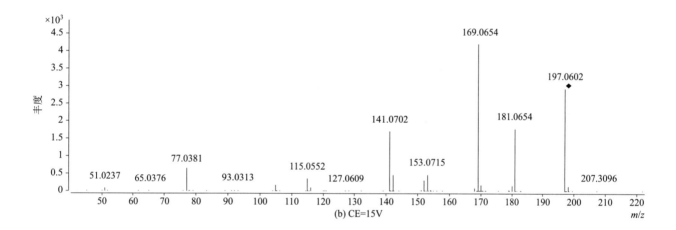

(b) CE=15V

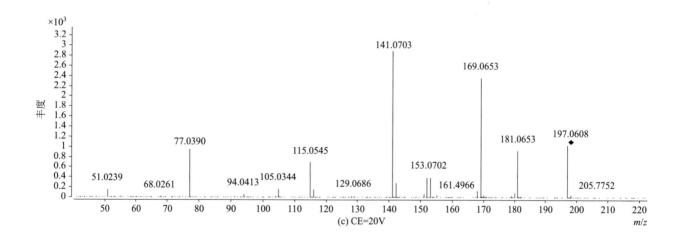

(c) CE=20V

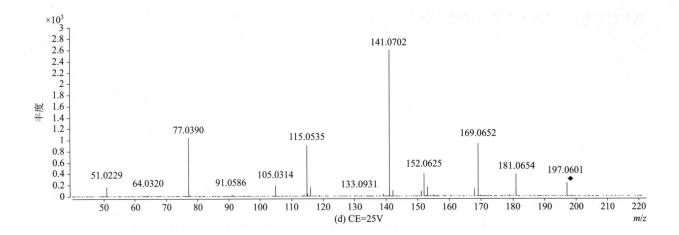

(d) CE=25V

alachlor（甲草胺）

基本信息

CAS 登录号	15972-60-8	分子量	269.1177
分子式	$C_{14}H_{20}ClNO_2$	离子化模式	电子轰击电离（EI）

总离子流色谱图

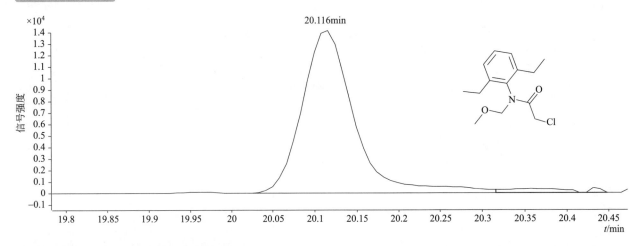

四个碰撞能量（CE）下子离子质谱图

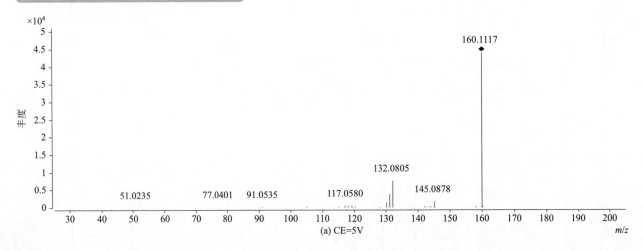

(a) CE=5V

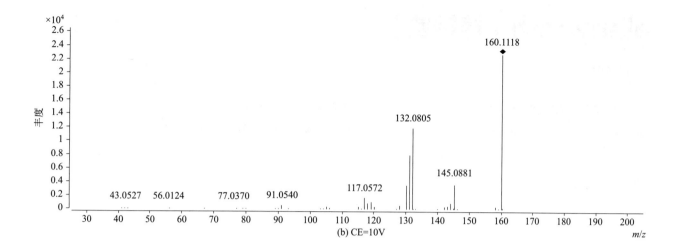

(b) CE=10V

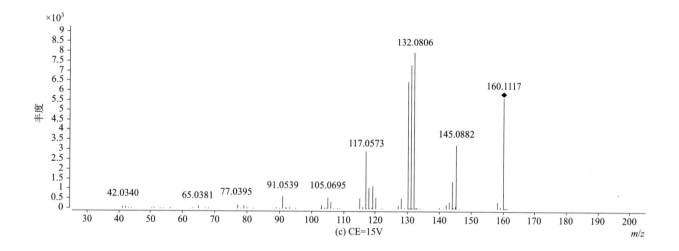

(c) CE=15V

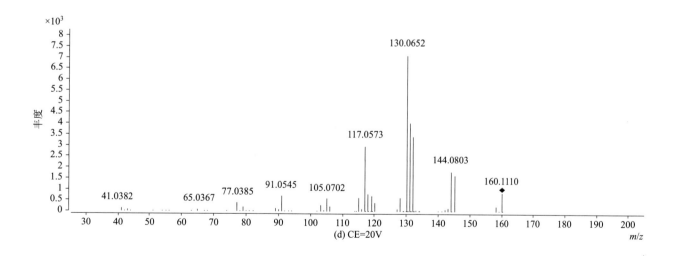

(d) CE=20V

alanycarb（棉铃威）

基本信息

CAS 登录号	83130-01-2	**分子量**	399.1281
分子式	$C_{17}H_{25}N_3O_4S_2$	**离子化模式**	电子轰击电离（EI）

总离子流色谱图

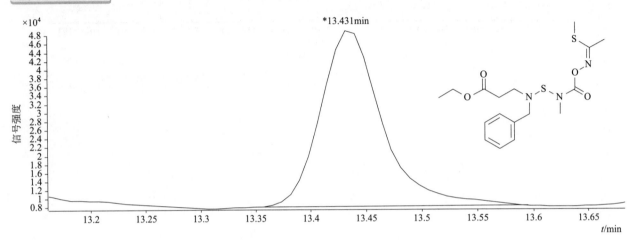

四个碰撞能量（CE）下子离子质谱图

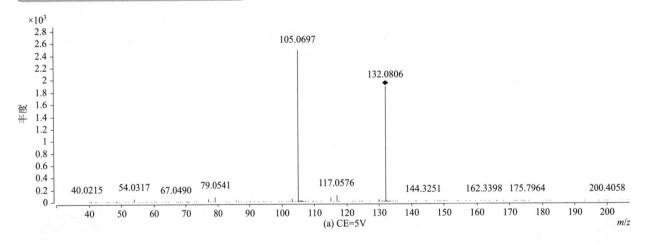

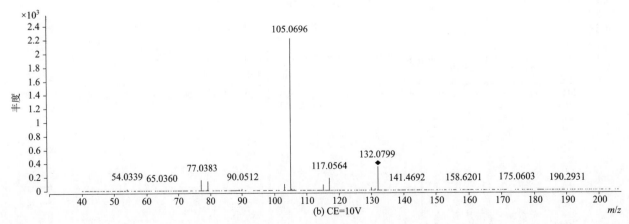

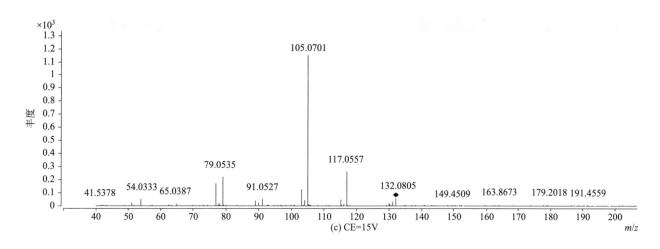

(c) CE=15V

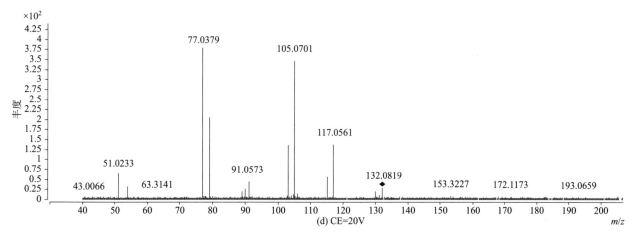

(d) CE=20V

aldicarb sulfone（涕灭威砜）

基本信息

CAS 登录号	1646-88-4	**分子量**	222.0669
分子式	$C_7H_{14}N_2O_4S$	**离子化模式**	电子轰击电离（EI）

总离子流色谱图

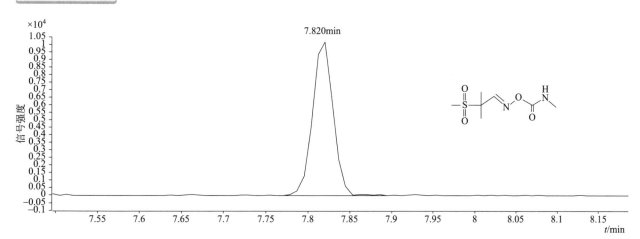

四个碰撞能量（CE）下子离子质谱图

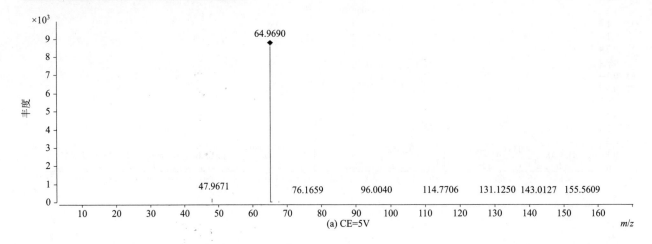

(a) CE=5V

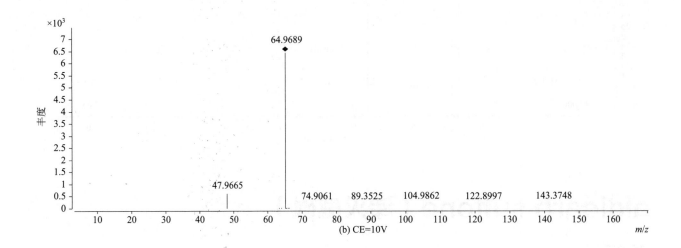

(b) CE=10V

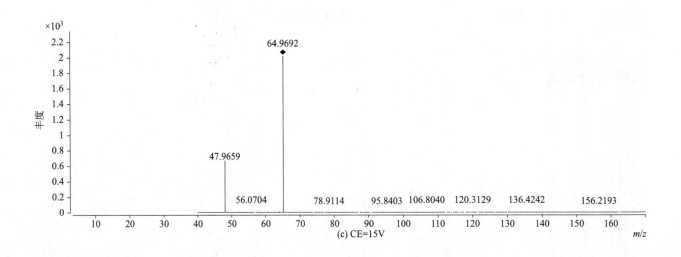

(c) CE=15V

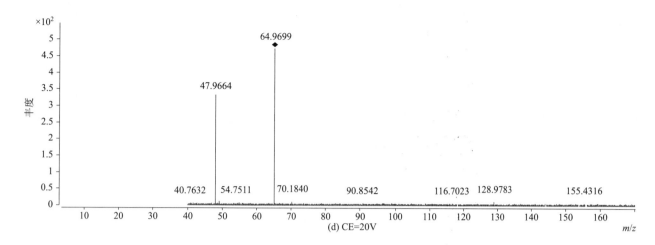

(d) CE=20V

aldimorph（4- 十二烷基 -2,6- 二甲基吗啉）

基本信息

CAS 登录号	1704-28-5	**分子量**	283.2870
分子式	$C_{18}H_{37}NO$	**离子化模式**	电子轰击电离（EI）

总离子流色谱图

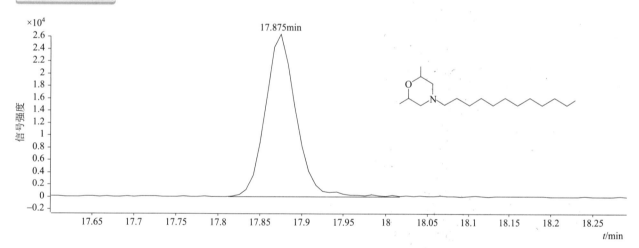

四个碰撞能量（CE）下子离子质谱图

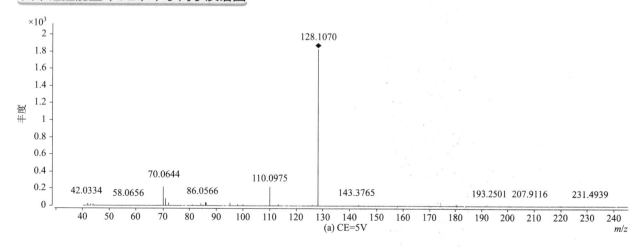

(a) CE=5V

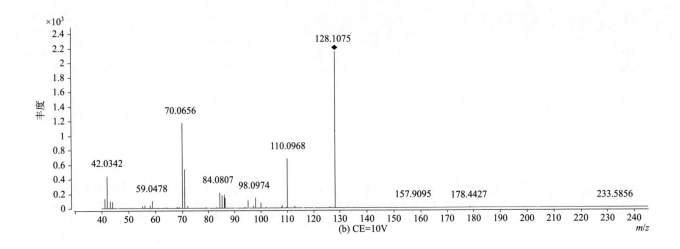

(b) CE=10V

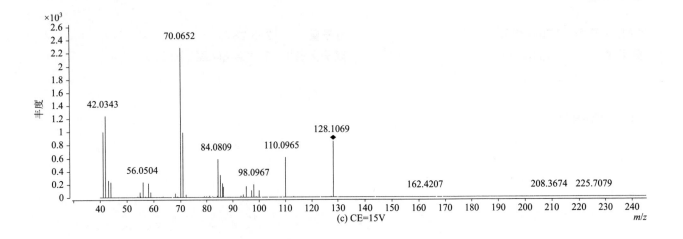

(c) CE=15V

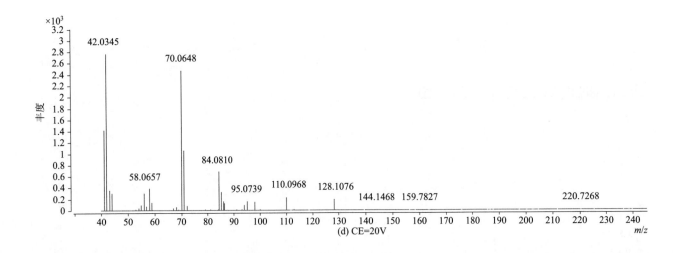

(d) CE=20V

aldrin（艾氏剂）

基本信息

| **CAS 登录号** | 309-00-2 | **分子量** | 361.8752 |
| **分子式** | $C_{12}H_8Cl_6$ | **离子化模式** | 电子轰击电离（EI） |

总离子流色谱图

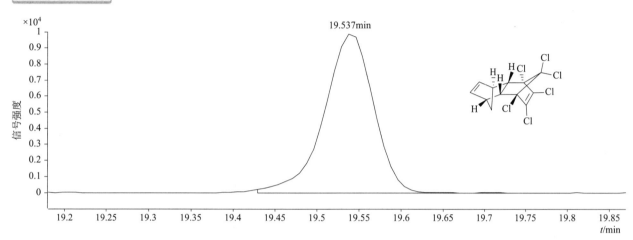

四个碰撞能量（CE）下子离子质谱图

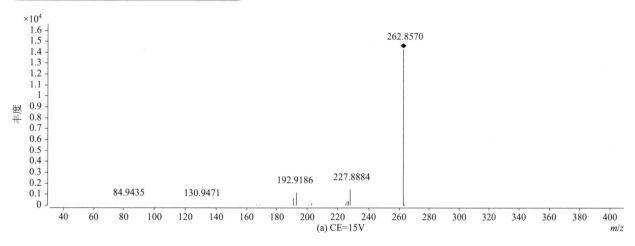

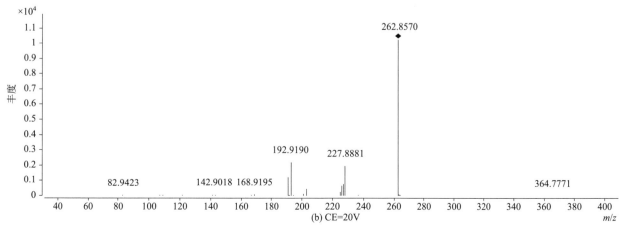

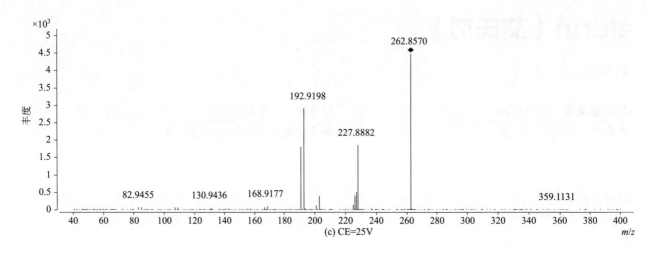

(c) CE=25V

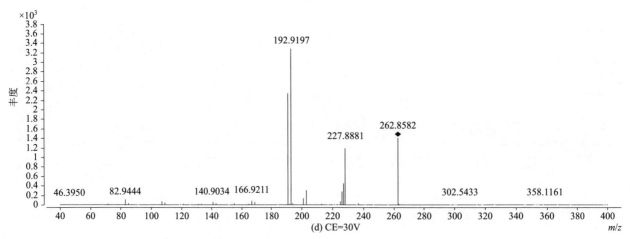

(d) CE=30V

allethrin（丙烯菊酯）

CAS 登录号	584-79-2	分子量	302.1876
分子式	$C_{19}H_{26}O_3$	离子化模式	电子轰击电离（EI）

总离子流色谱图

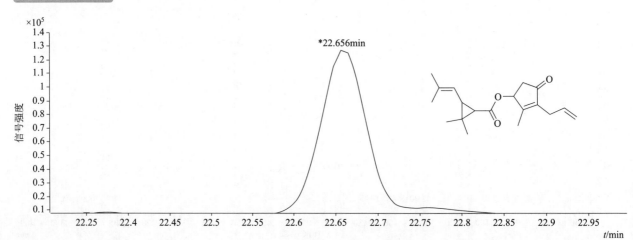

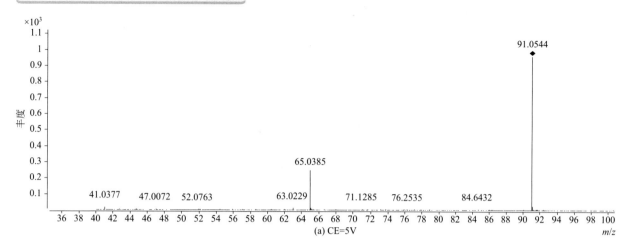

(a) CE=5V

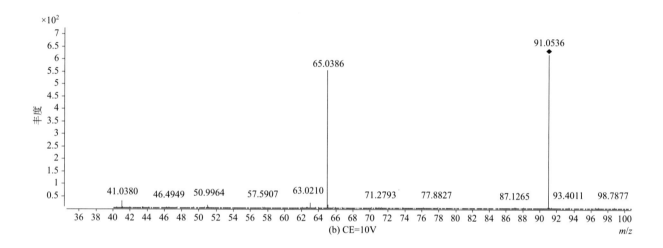

(b) CE=10V

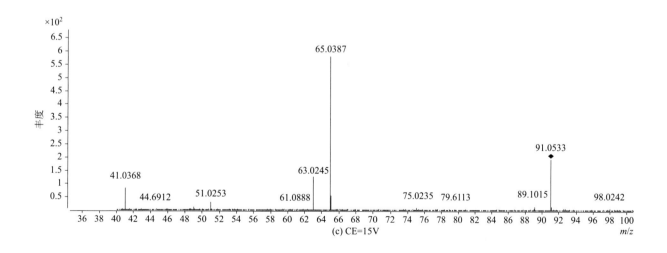

(c) CE=15V

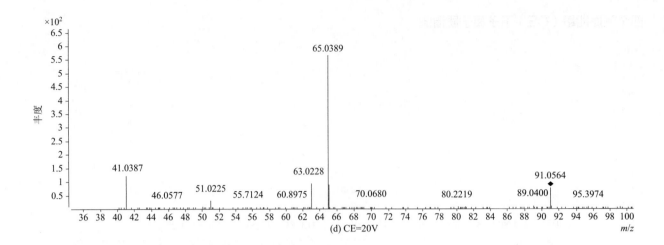

(d) CE=20V

allidochlor（二丙烯草胺）

基本信息

CAS 登录号	93-71-0	分子量	173.0602
分子式	$C_8H_{12}ClNO$	离子化模式	电子轰击电离（EI）

总离子流色谱图

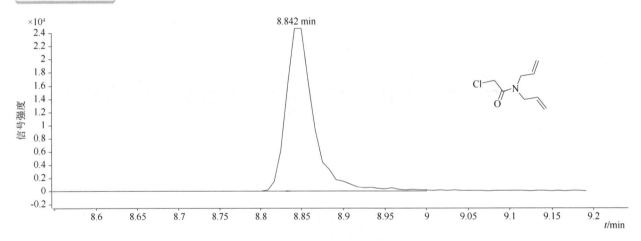

四个碰撞能量（CE）下子离子质谱图

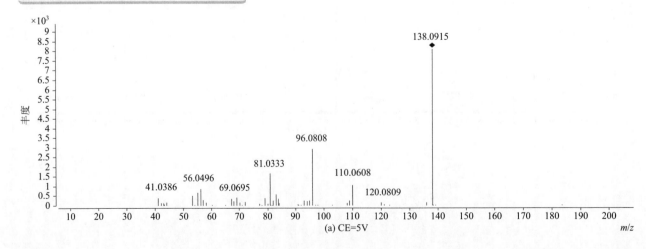

(a) CE=5V

20

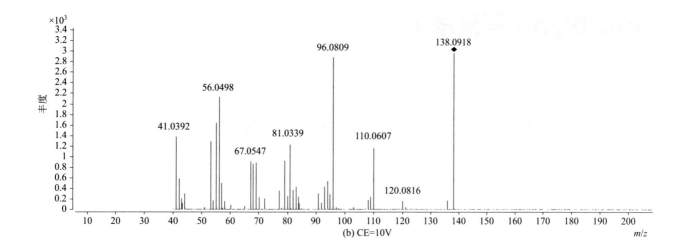

(b) CE=10V

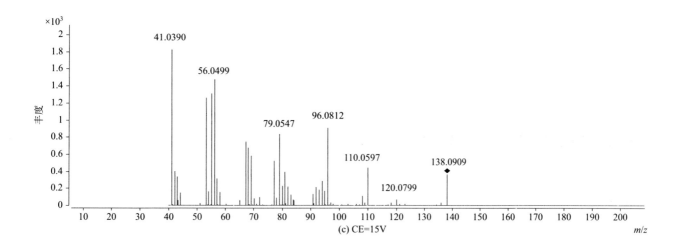

(c) CE=15V

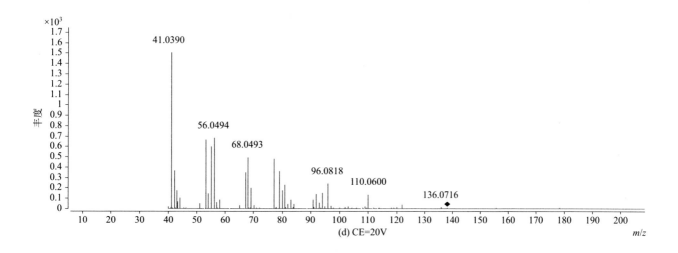

(d) CE=20V

ametryn（莠灭净）

基本信息

CAS 登录号	834-12-8	分子量	227.1199
分子式	$C_9H_{17}N_5S$	离子化模式	电子轰击电离（EI）

总离子流色谱图

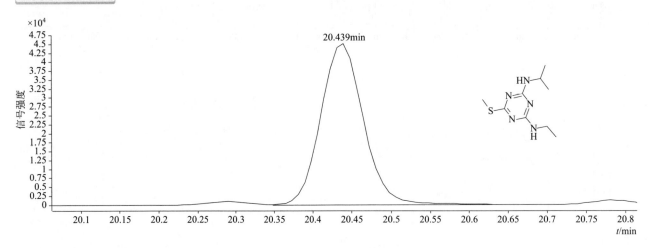

四个碰撞能量（CE）下子离子质谱图

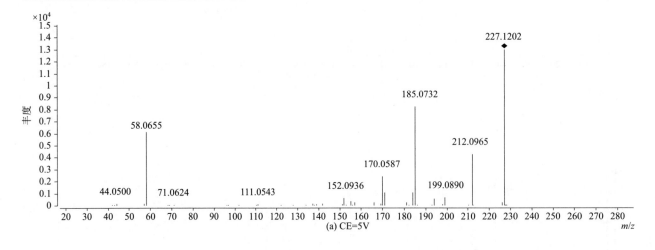

(a) CE=5V

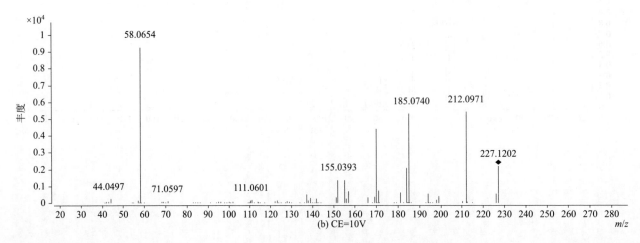

(b) CE=10V

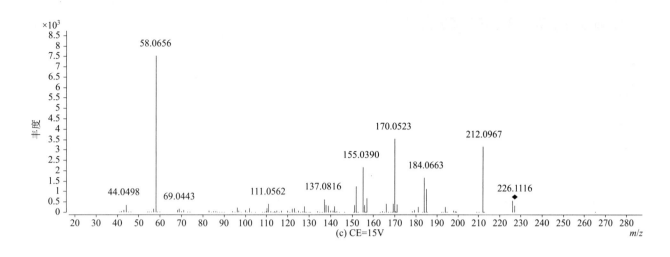

(c) CE=15V

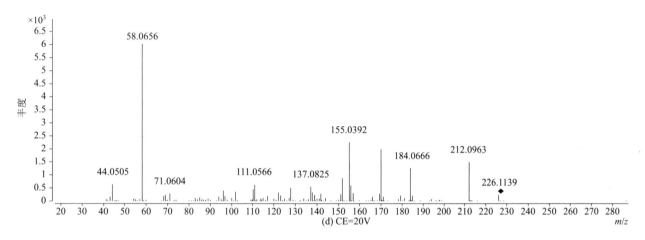

(d) CE=20V

amidosulfuron（酰嘧磺隆）

基本信息

CAS 登录号	120923-37-7	分子量	369.0408
分子式	$C_9H_{15}N_5O_7S_2$	离子化模式	电子轰击电离（EI）

总离子流色谱图

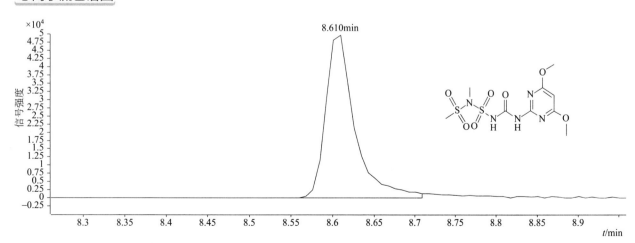

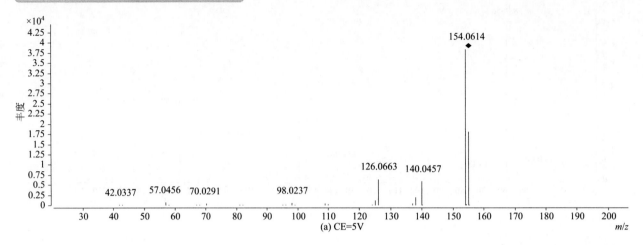

(a) CE=5V

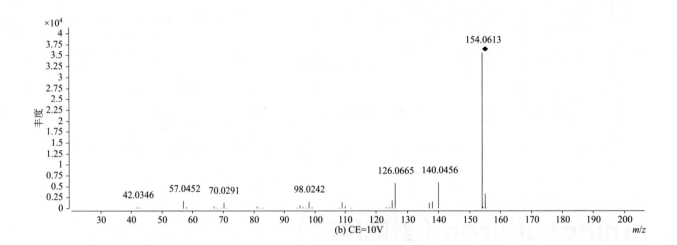

(b) CE=10V

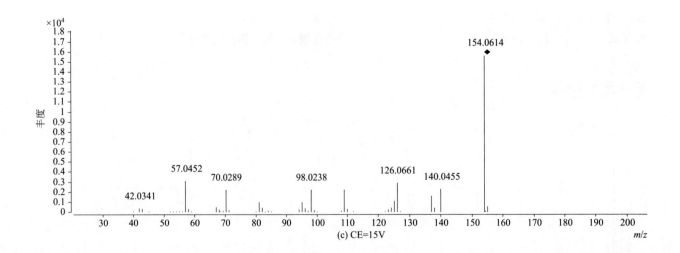

(c) CE=15V

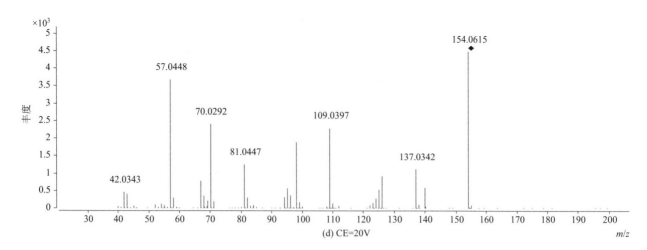

(d) CE=20V

aminocarb（灭害威）

基本信息

CAS 登录号	2032-59-9	分子量	208.1207
分子式	$C_{11}H_{16}N_2O_2$	离子化模式	电子轰击电离（EI）

总离子流色谱图

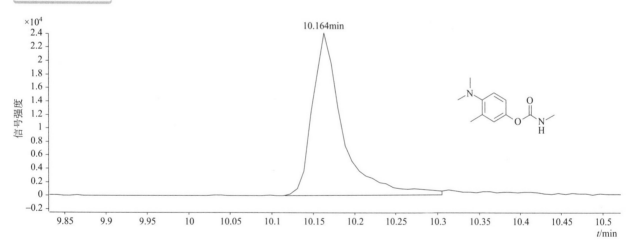

四个碰撞能量（CE）下子离子质谱图

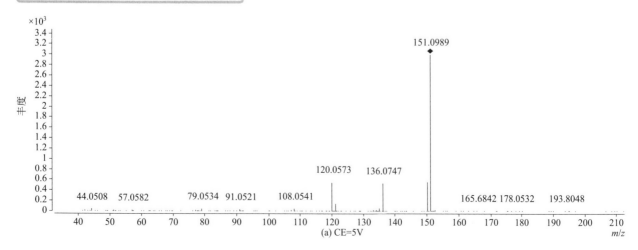

(a) CE=5V

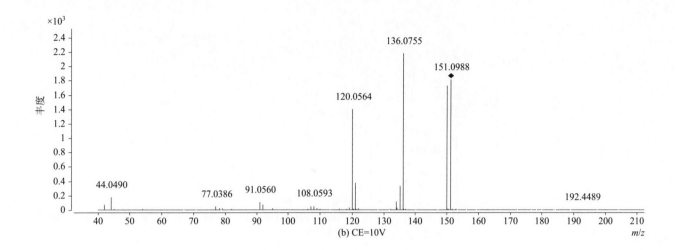

(b) CE=10V

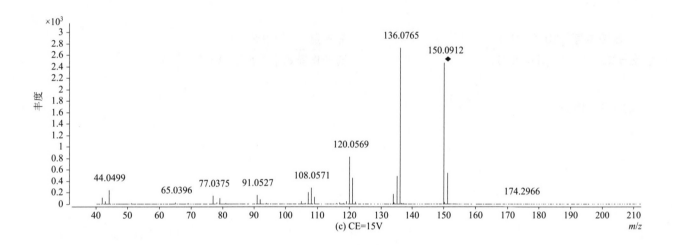

(c) CE=15V

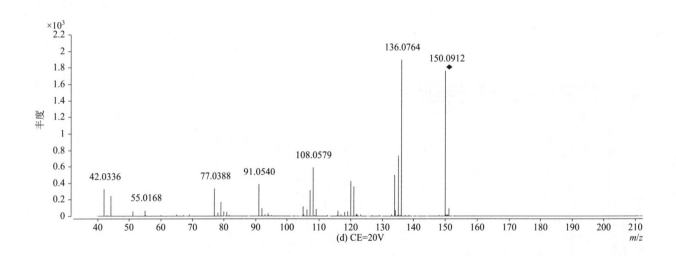

(d) CE=20V

amitraz（双甲脒）

CAS 登录号	33089-61-1	**分子量**	293.1887
分子式	$C_{19}H_{23}N_3$	**离子化模式**	电子轰击电离（EI）

总离子流色谱图

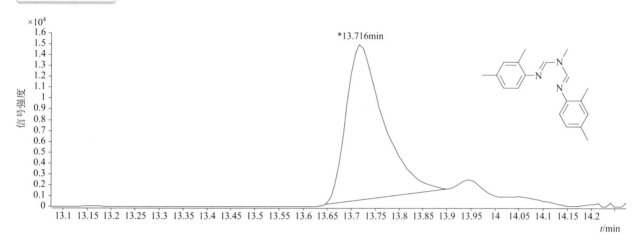

四个碰撞能量（CE）下子离子质谱图

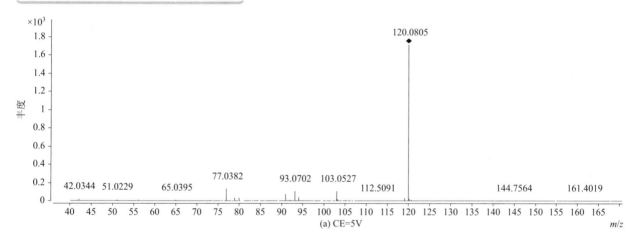

(a) CE=5V

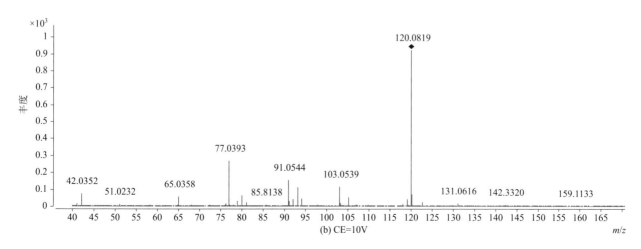

(b) CE=10V

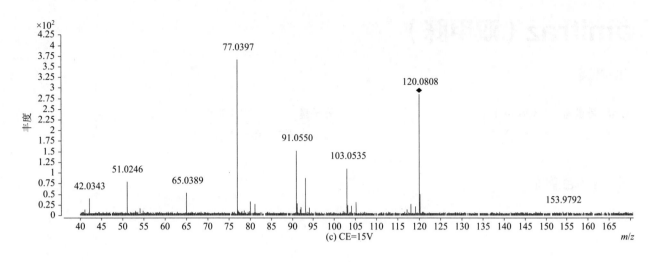

(c) CE=15V

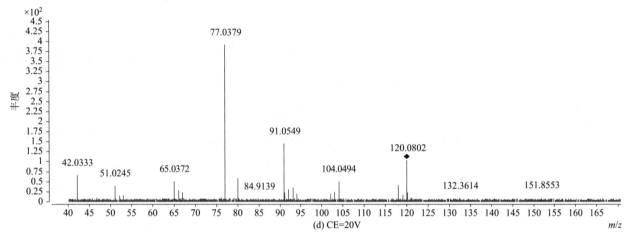

(d) CE=20V

anilofos（莎稗磷）

基本信息

CAS 登录号	64249-01-0	分子量	367.0228
分子式	$C_{13}H_{19}ClNO_3PS_2$	离子化模式	电子轰击电离（EI）

总离子流色谱图

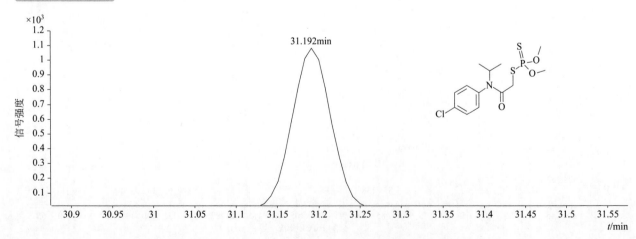

四个碰撞能量（CE）下子离子质谱图

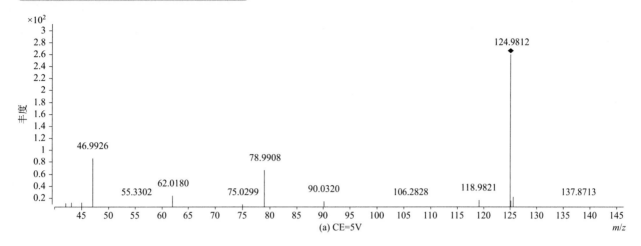

(a) CE=5V

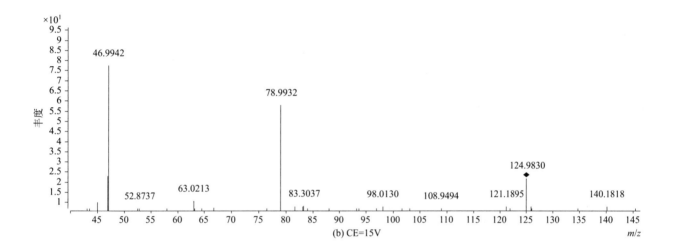

(b) CE=15V

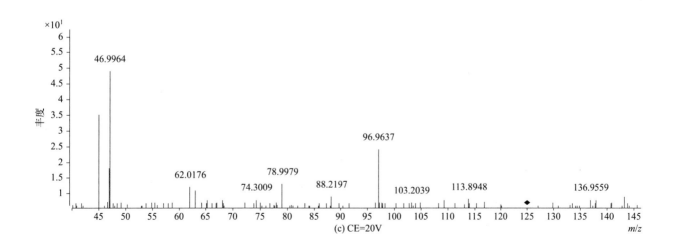

(c) CE=20V

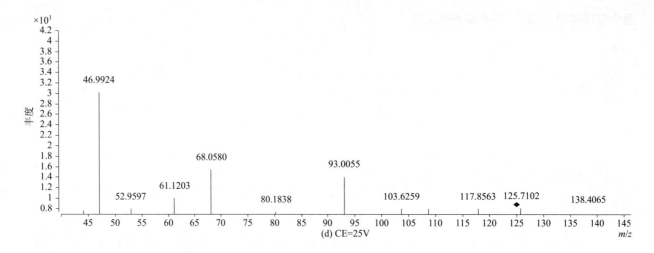

(d) CE=25V

atratone（莠去通）

基本信息

CAS 登录号	1610-17-9	分子量	211.1428
分子式	$C_9H_{17}N_5O$	离子化模式	电子轰击电离（EI）

总离子流色谱图

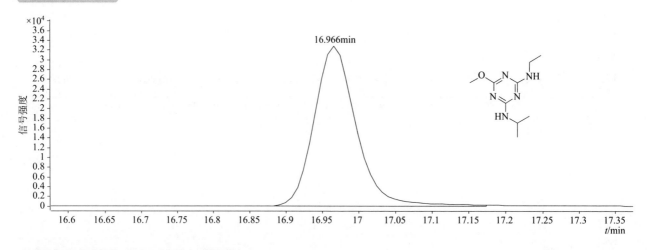

四个碰撞能量（CE）下子离子质谱图

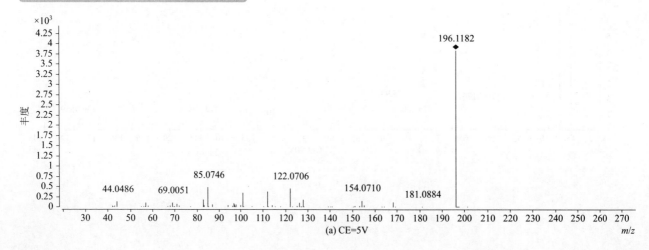

(a) CE=5V

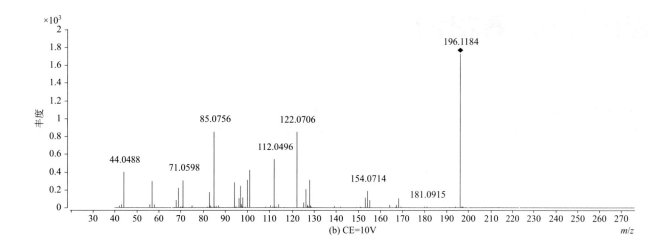

(b) CE=10V

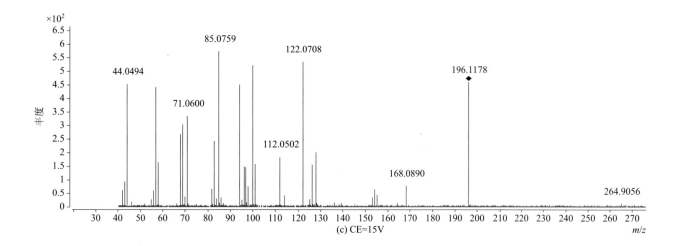

(c) CE=15V

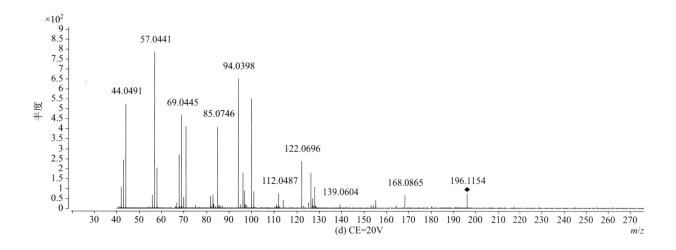

(d) CE=20V

atrazine（莠去津）

基本信息

CAS 登录号	1912-24-9	**分子量**	215.0933
分子式	$C_8H_{14}ClN_5$	**离子化模式**	电子轰击电离（EI）

总离子流色谱图

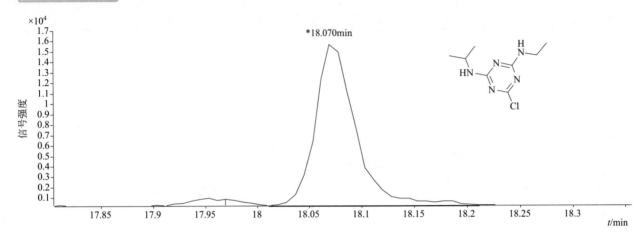

四个碰撞能量（CE）下子离子质谱图

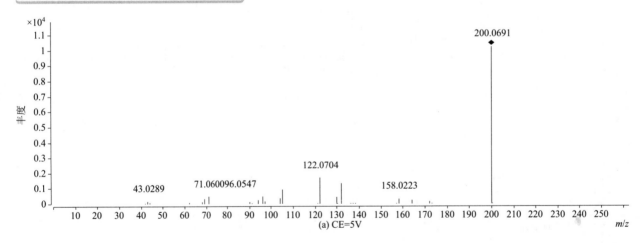

(a) CE=5V

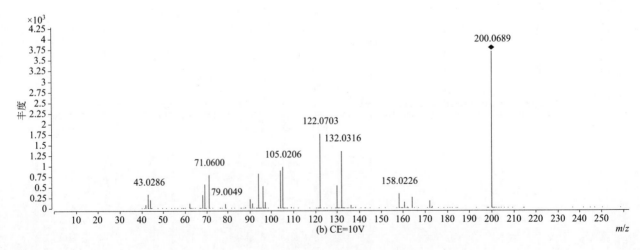

(b) CE=10V

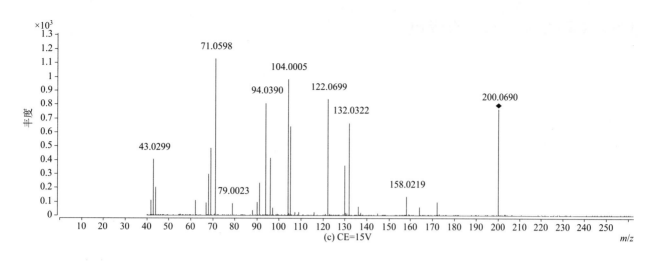

(c) CE=15V

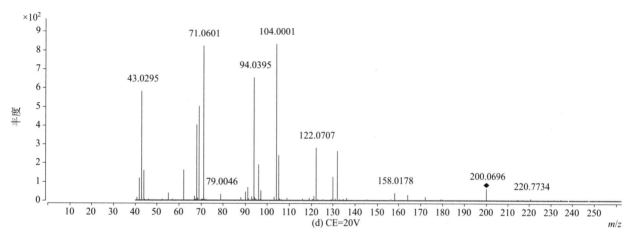

(d) CE=20V

atrazine-desethyl（脱乙基莠去津）

基本信息

CAS 登录号	6190-65-4	分子量	187.0620
分子式	$C_6H_{10}ClN_5$	离子化模式	电子轰击电离（EI）

总离子流色谱图

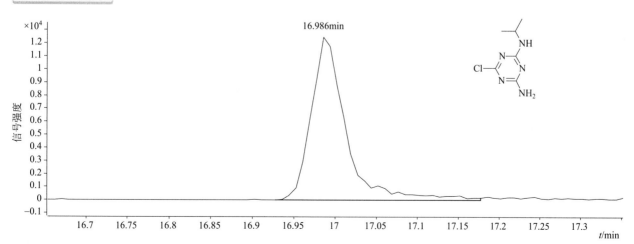

16.986min

四个碰撞能量（CE）下子离子质谱图

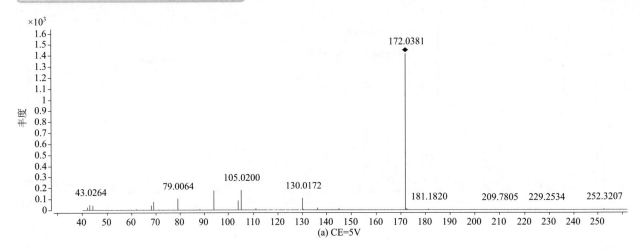

(a) CE=5V

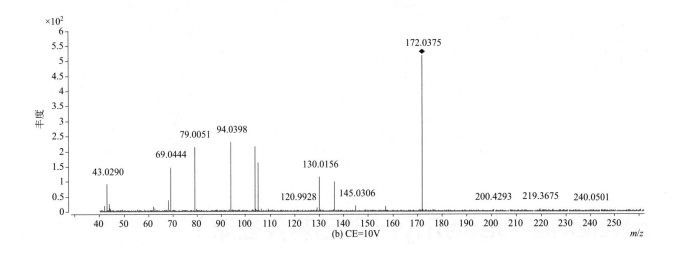

(b) CE=10V

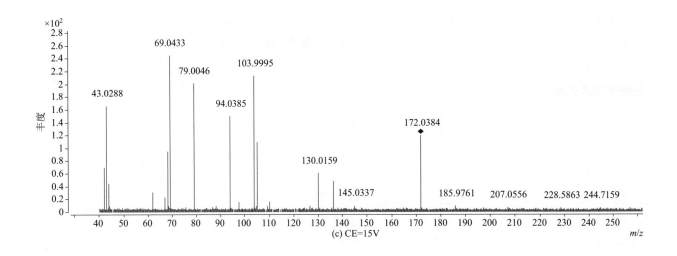

(c) CE=15V

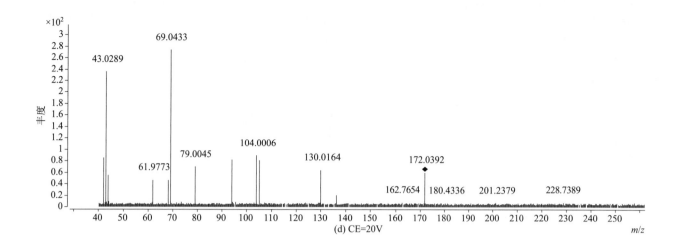

(d) CE=20V

azaconazole（戊环唑）

基本信息

CAS 登录号	60207-31-0	分子量	299.0223
分子式	$C_{12}H_{11}Cl_2N_3O_2$	离子化模式	电子轰击电离（EI）

总离子流色谱图

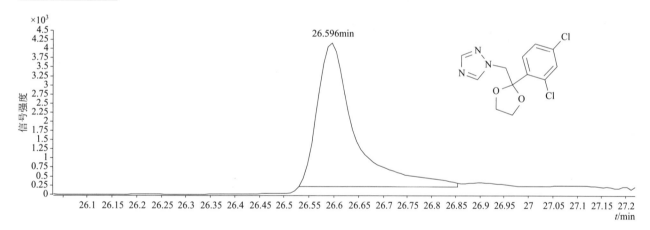

四个碰撞能量（CE）下子离子质谱图

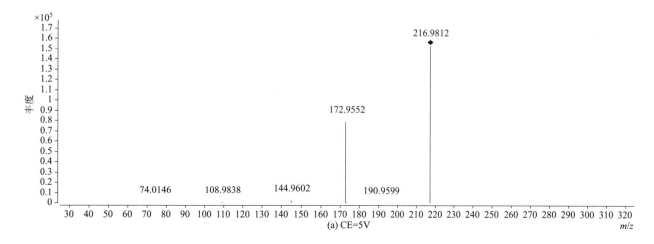

(a) CE=5V

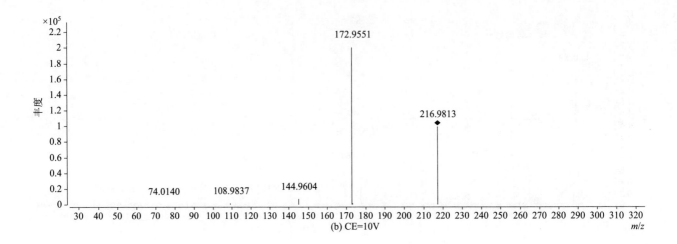

(b) CE=10V

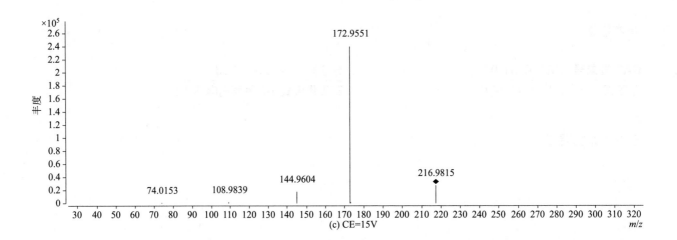

(c) CE=15V

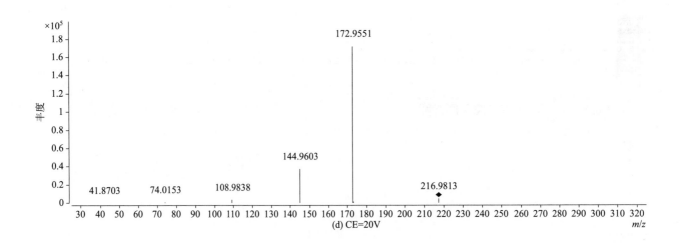

(d) CE=20V

36

azinphos-ethyl（乙基谷硫磷）

基本信息

CAS 登录号	2642-71-9	分子量	345.0366
分子式	$C_{12}H_{16}N_3O_3PS_2$	离子化模式	电子轰击电离（EI）

总离子流色谱图

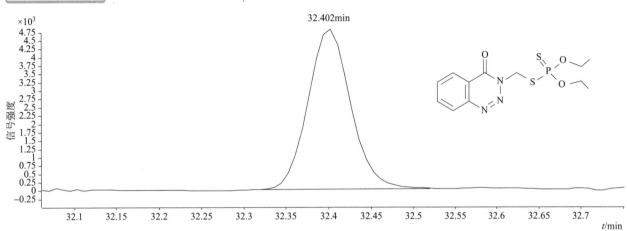

四个碰撞能量（CE）下子离子质谱图

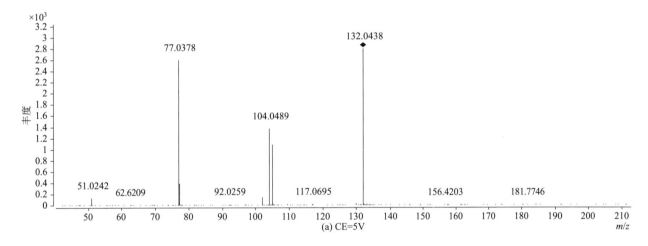

(a) CE=5V

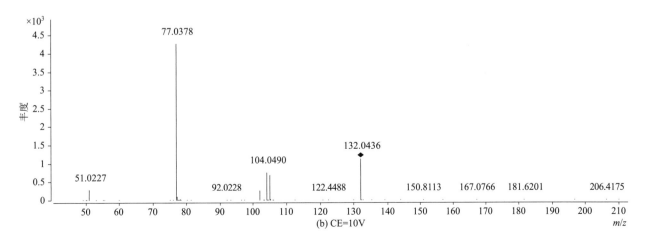

(b) CE=10V

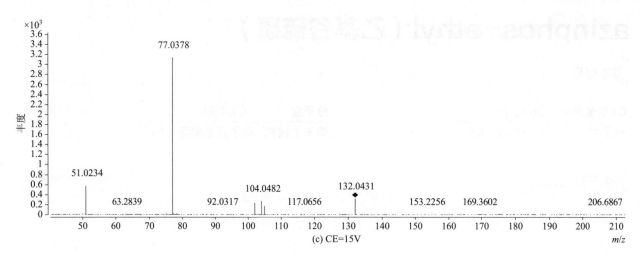

(c) CE=15V

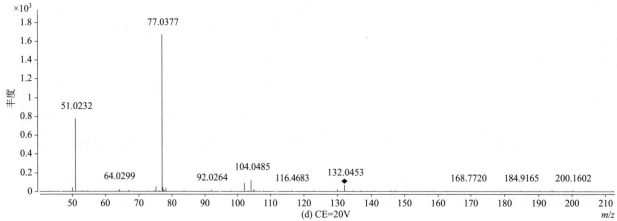

(d) CE=20V

aziprotryne（叠氮津）

CAS 登录号	4658-28-0	分子量	225.0792
分子式	C₇H₁₂N₇S	离子化模式	电子轰击电离（EI）

总离子流色谱图

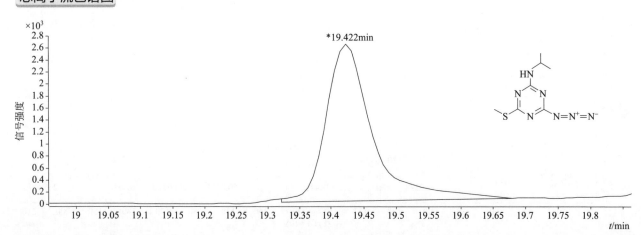

四个碰撞能量（CE）下子离子质谱图

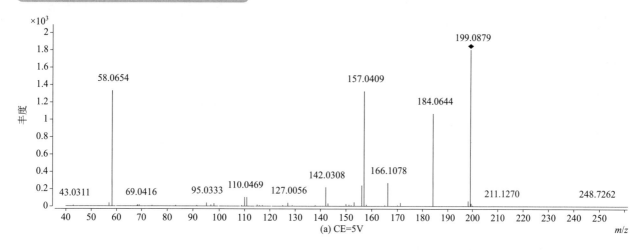

(a) CE=5V

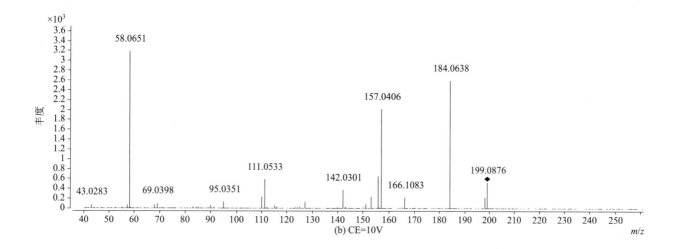

(b) CE=10V

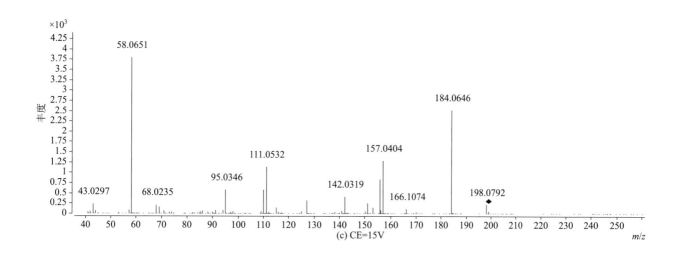

(c) CE=15V

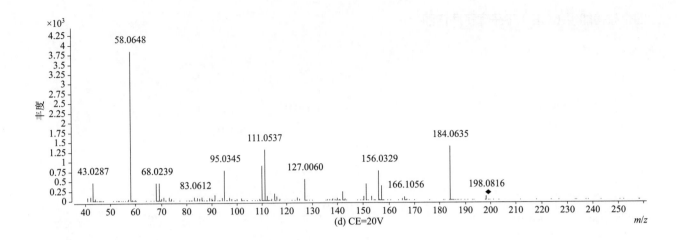

(d) CE=20V

azoxystrobin（嘧菌酯）

基本信息

CAS 登录号	131860-33-8	分子量	403.1163
分子式	$C_{22}H_{17}N_3O_5$	离子化模式	电子轰击电离（EI）

总离子流色谱图

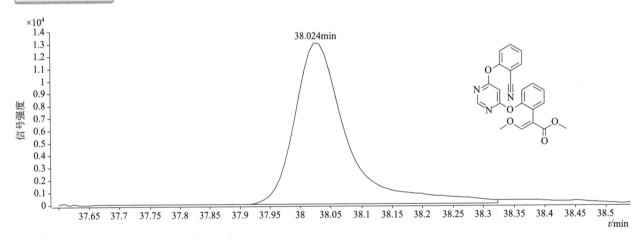

38.024min

四个碰撞能量（CE）下子离子质谱图

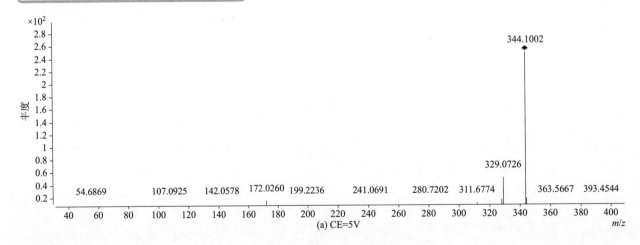

(a) CE=5V

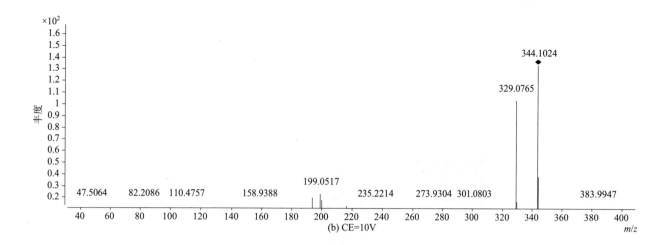

(b) CE=10V

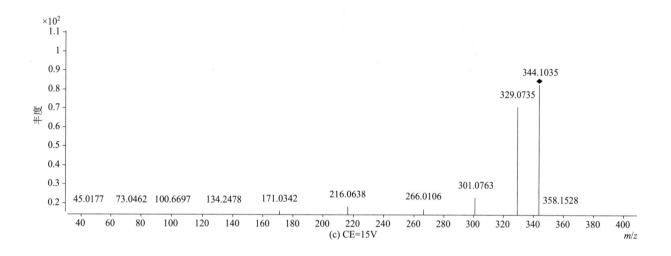

(c) CE=15V

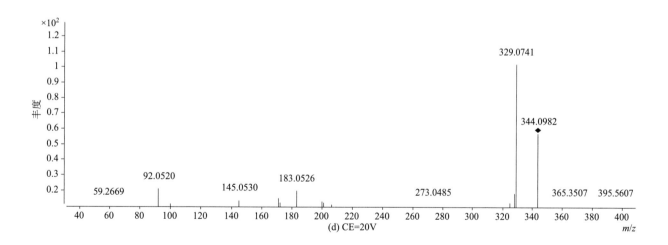

(d) CE=20V

>>>> B

BDMC（4- 溴 -3,5- 二甲苯基 -*N*- 甲基氨基甲酸酯）

基本信息

CAS 登录号	672-99-1	**分子量**	257.0046
分子式	C₁₀H₁₂BrNO₂	**离子化模式**	电子轰击电离（EI）

总离子流色谱图

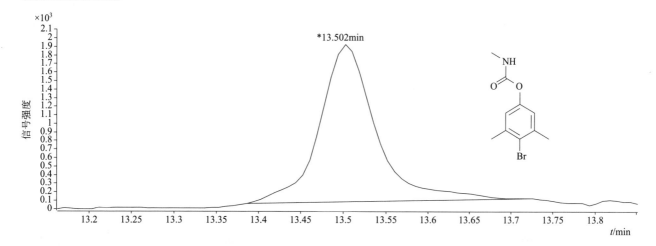

四个碰撞能量（CE）下子离子质谱图

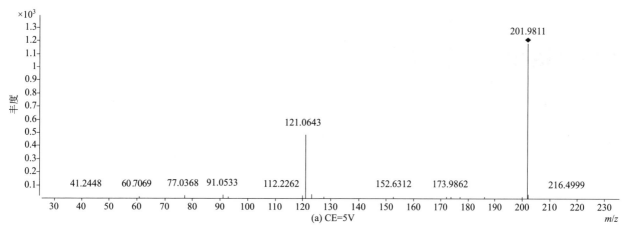

(a) CE=5V

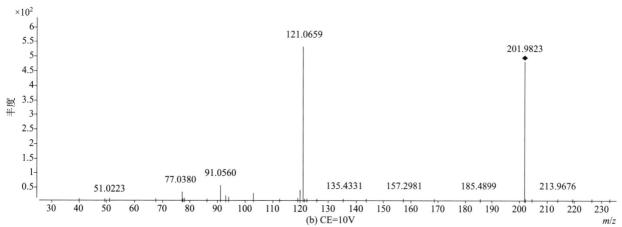

(b) CE=10V

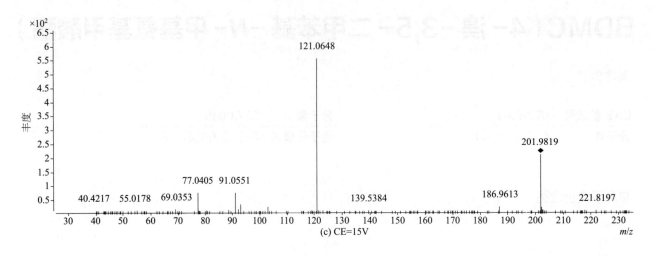

(c) CE=15V

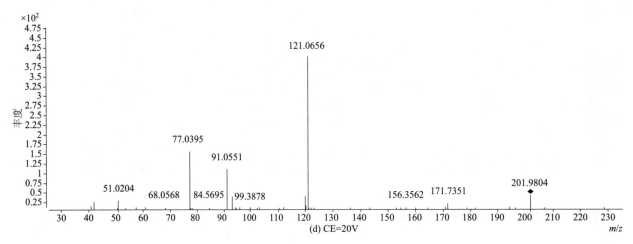

(d) CE=20V

benalaxyl（苯霜灵）

基本信息

CAS 登录号	71626-11-4	分子量	325.1673
分子式	$C_{20}H_{23}NO_3$	离子化模式	电子轰击电离（EI）

总离子流色谱图

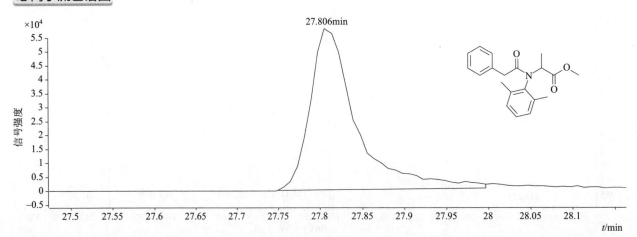

44

四个碰撞能量（CE）下子离子质谱图

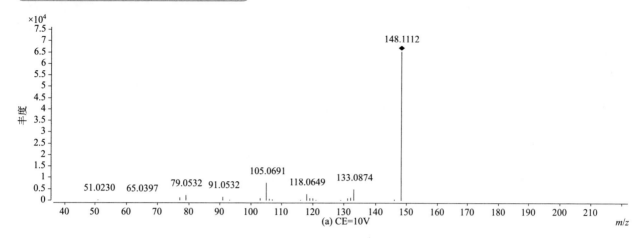

(a) CE=10V

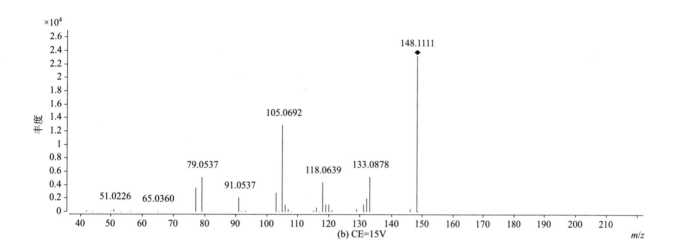

(b) CE=15V

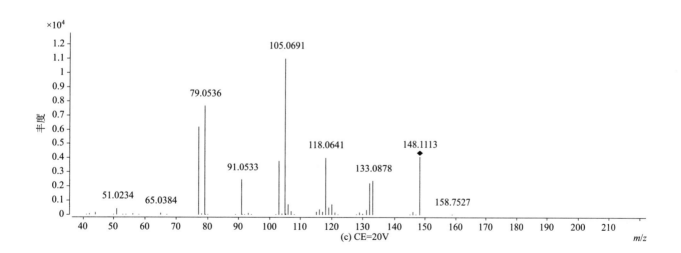

(c) CE=20V

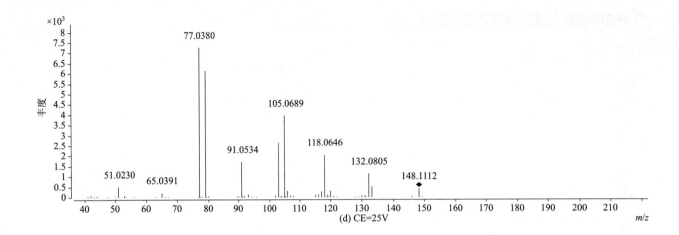

(d) CE=25V

bendiocarb（恶虫威）

基本信息

CAS 登录号	22781-23-3	分子量	223.0840
分子式	$C_{11}H_{13}NO_4$	离子化模式	电子轰击电离（EI）

总离子流色谱图

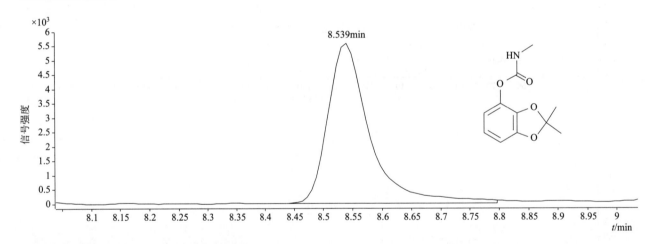

8.539min

四个碰撞能量（CE）下子离子质谱图

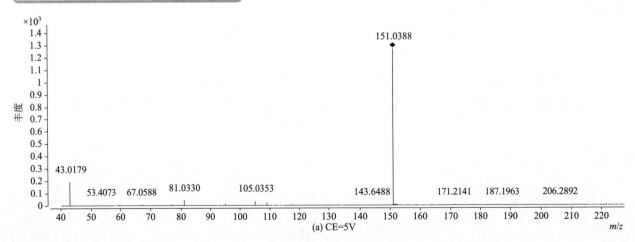

(a) CE=5V

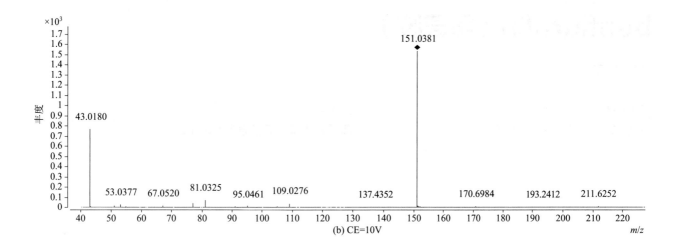

(b) CE=10V

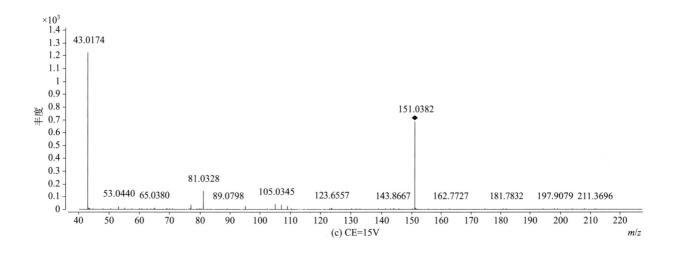

(c) CE=15V

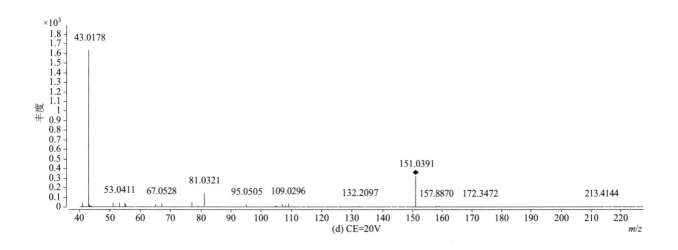

(d) CE=20V

benfluralin（氟草胺）

基本信息

CAS 登录号	1861-40-1	分子量	335.1087
分子式	$C_{13}H_{16}F_3N_3O_4$	离子化模式	电子轰击电离（EI）

总离子流色谱图

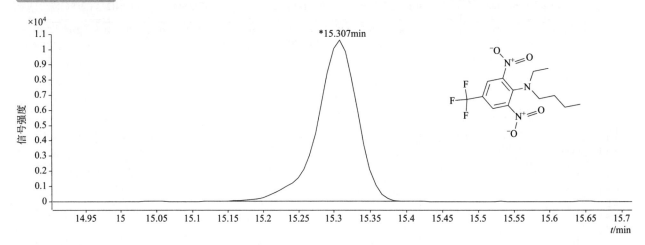

四个碰撞能量（CE）下子离子质谱图

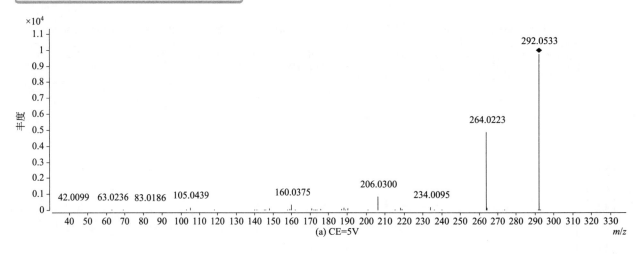

(a) CE=5V

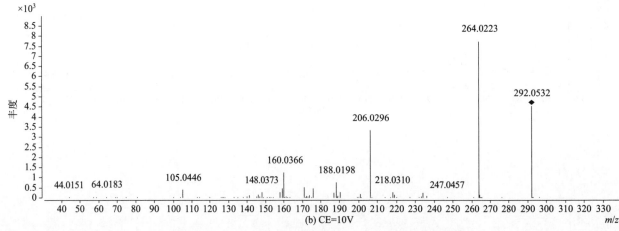

(b) CE=10V

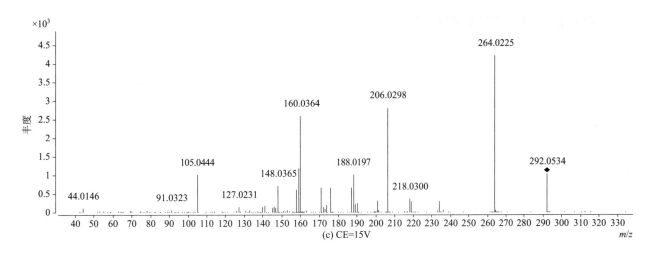

(c) CE=15V

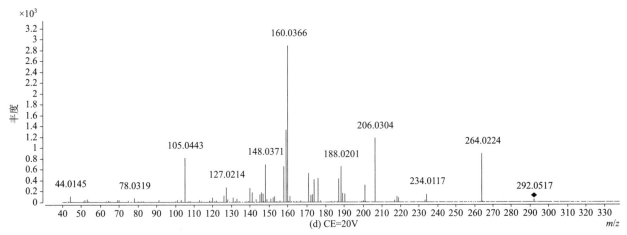

(d) CE=20V

benfuresate（呋草黄）

基本信息

CAS 登录号	68505-69-1	分子量	256.0764
分子式	$C_{12}H_{16}O_4S$	离子化模式	电子轰击电离（EI）

总离子流色谱图

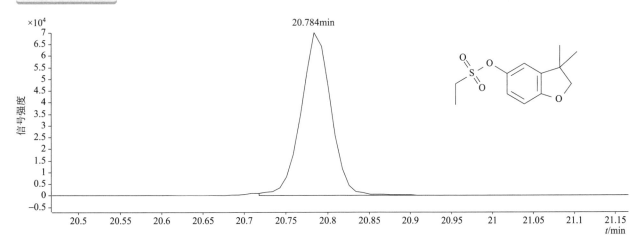

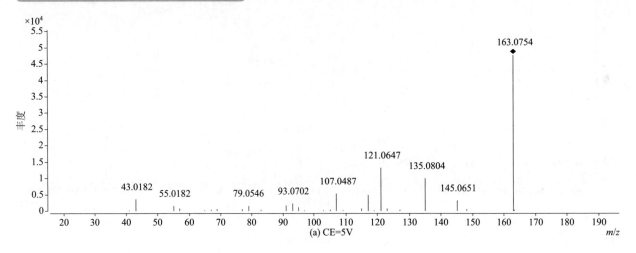

(a) CE=5V

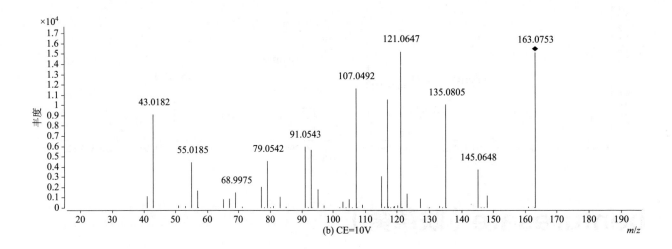

(b) CE=10V

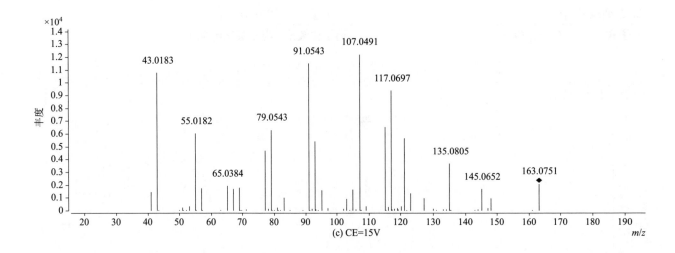

(c) CE=15V

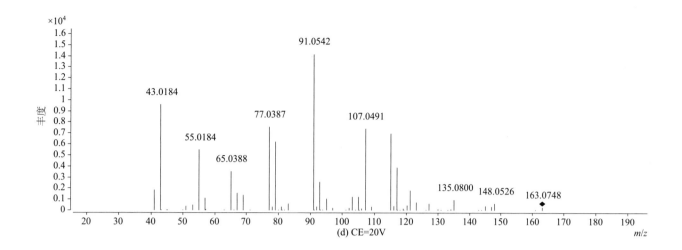

(d) CE=20V

benodanil（麦锈灵）

基本信息

CAS 登录号	15310-01-7	分子量	322.9802
分子式	$C_{13}H_{10}INO$	离子化模式	电子轰击电离（EI）

总离子流色谱图

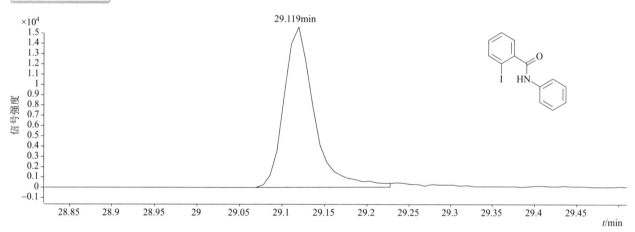

四个碰撞能量（CE）下子离子质谱图

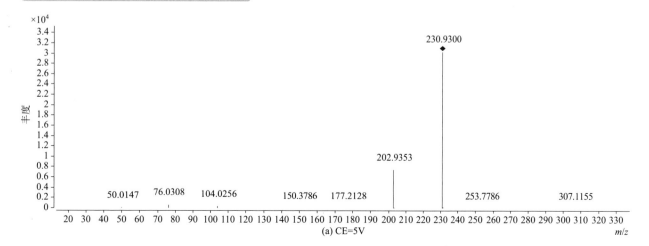

(a) CE=5V

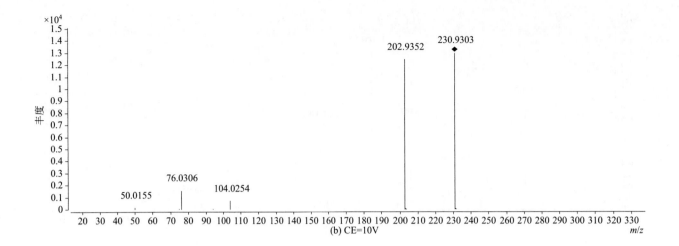

(b) CE=10V

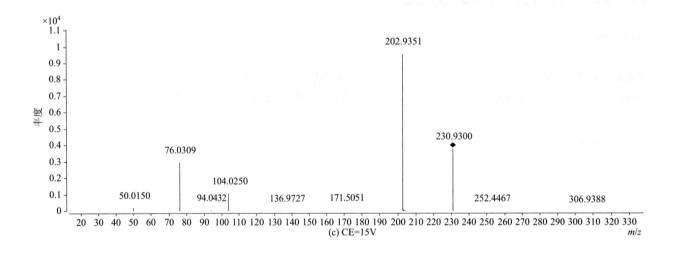

(c) CE=15V

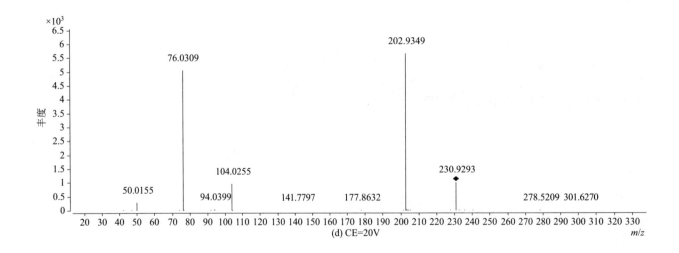

(d) CE=20V

benoxacor（解草嗪）

基本信息

CAS 登录号	98730-04-2	分子量	259.0162
分子式	$C_{11}H_{11}Cl_2NO_2$	离子化模式	电子轰击电离（EI）

总离子流色谱图

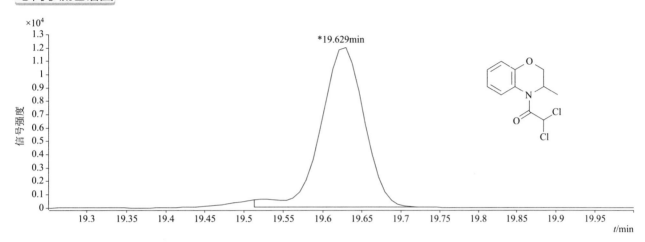

四个碰撞能量（CE）下子离子质谱图

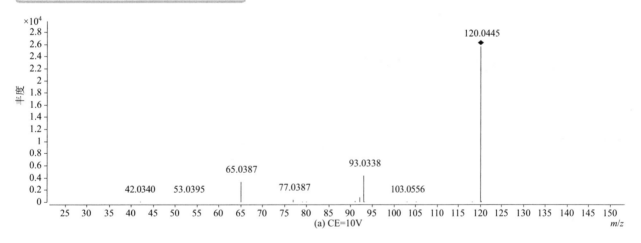

(a) CE=10V

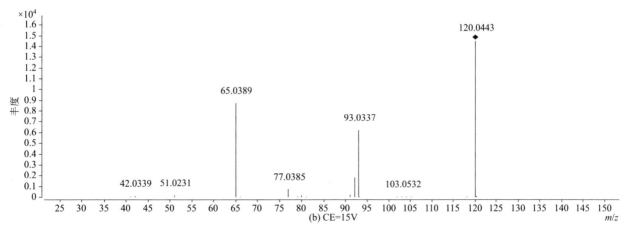

(b) CE=15V

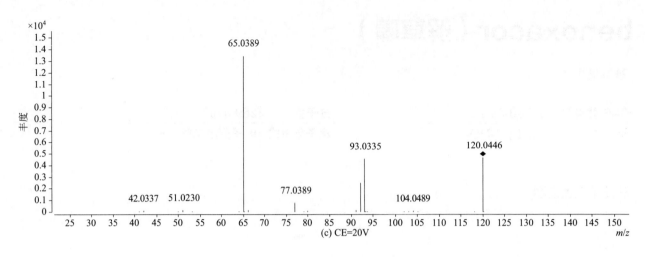

(c) CE=20V

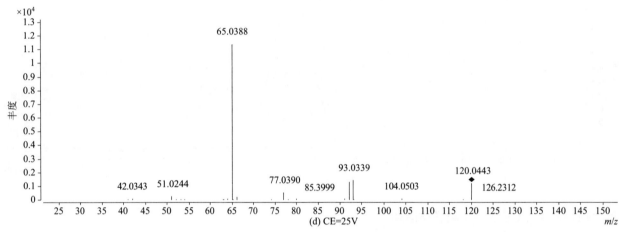

(d) CE=25V

benzoximate（苯螨特）

基本信息

CAS 登录号	29104-30-1	分子量	363.0868
分子式	$C_{18}H_{18}ClNO_5$	离子化模式	电子轰击电离（EI）

总离子流色谱图

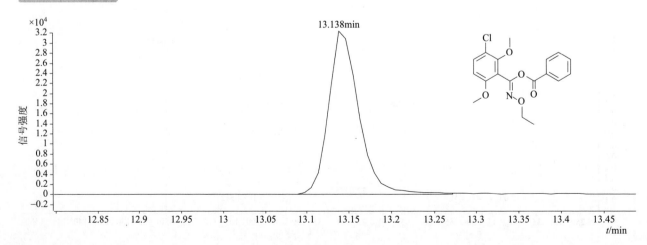

四个碰撞能量（CE）下子离子质谱图

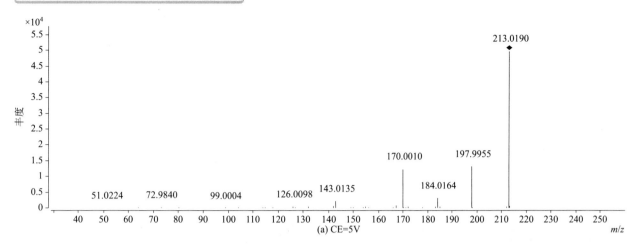

(a) CE=5V

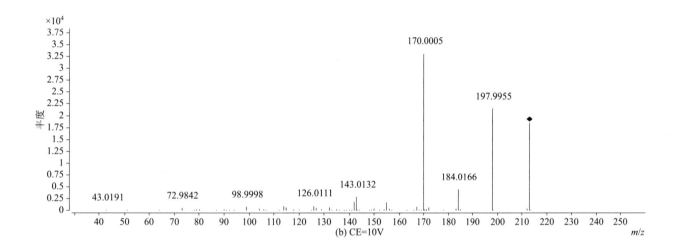

(b) CE=10V

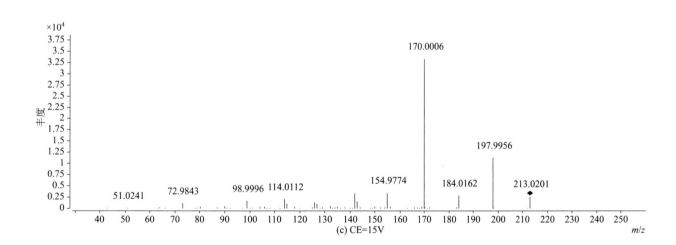

(c) CE=15V

55

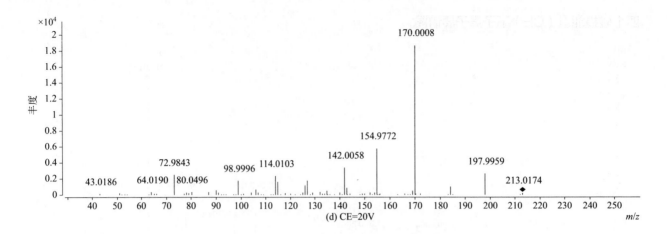

(d) CE=20V

benzoylprop-ethyl（新燕灵乙酯）

基本信息

CAS 登录号	22212-55-1	分子量	365.0581
分子式	$C_{18}H_{17}Cl_2NO_3$	离子化模式	电子轰击电离（EI）

总离子流色谱图

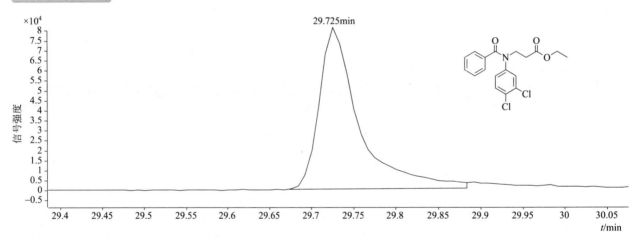

四个碰撞能量（CE）下子离子质谱图

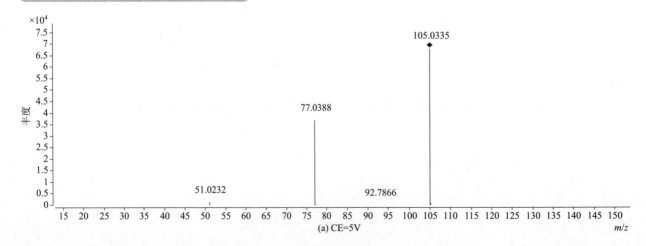

(a) CE=5V

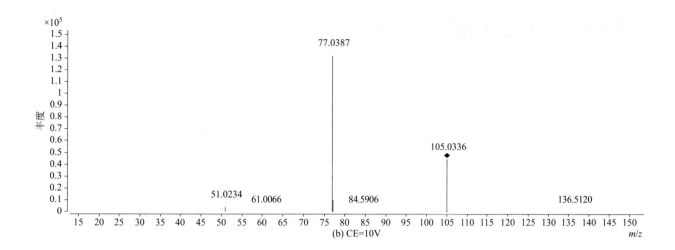

(b) CE=10V

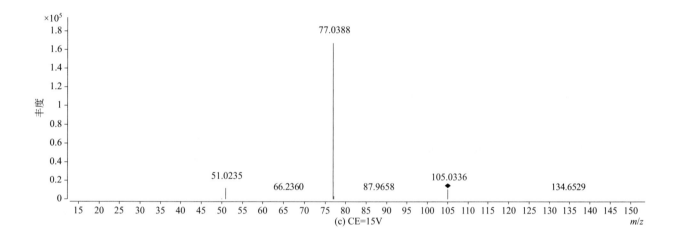

(c) CE=15V

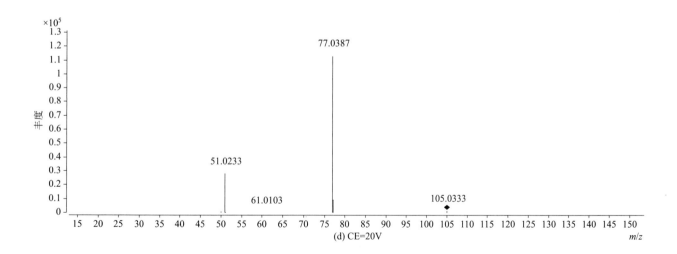

(d) CE=20V

bifenazate（联苯肼酯）

基本信息

CAS 登录号	149877-41-8	**分子量**	300.1468
分子式	$C_{17}H_{20}N_2O_3$	**离子化模式**	电子轰击电离（EI）

总离子流色谱图

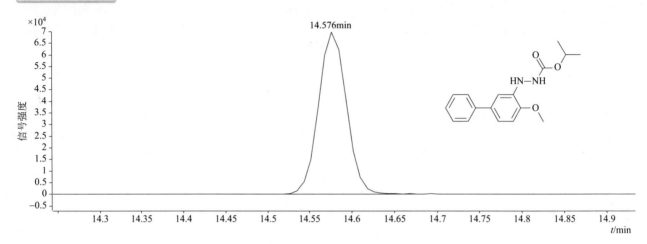

四个碰撞能量（CE）下子离子质谱图

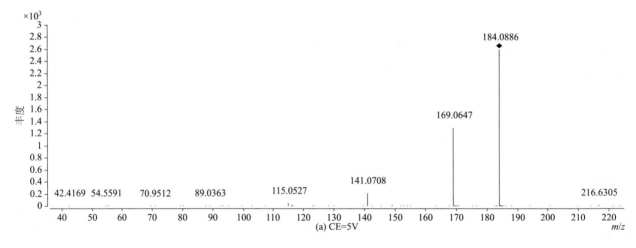

(a) CE=5V

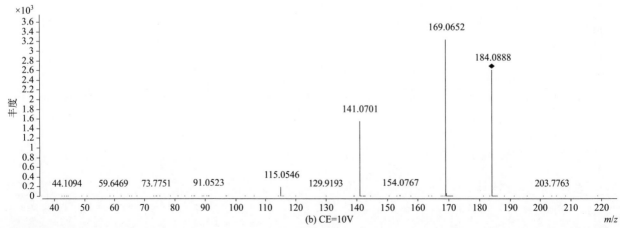

(b) CE=10V

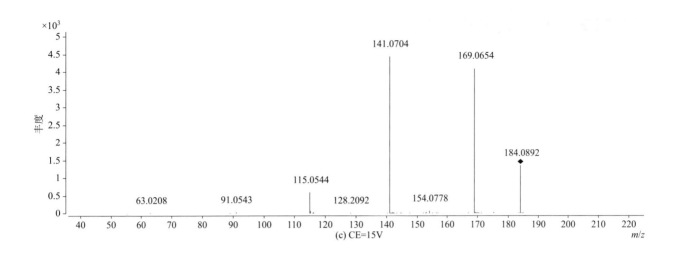

(c) CE=15V

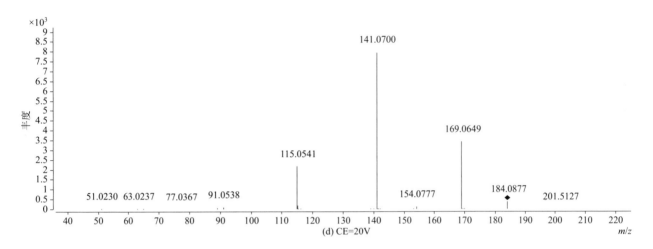

(d) CE=20V

bifenox（甲羧除草醚）

基本信息

CAS 登录号	42576-02-3	分子量	340.9852
分子式	C₁₄H₉Cl₂NO₅	离子化模式	电子轰击电离（EI）

分子式 $C_{14}H_9Cl_2NO_5$

总离子流色谱图

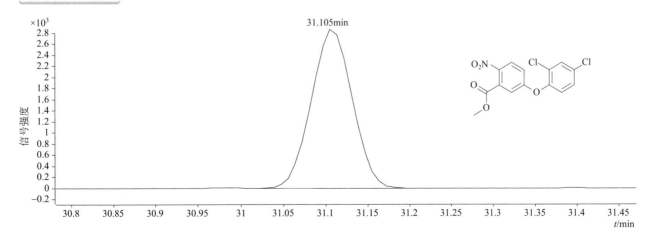

四个碰撞能量（CE）下子离子质谱图

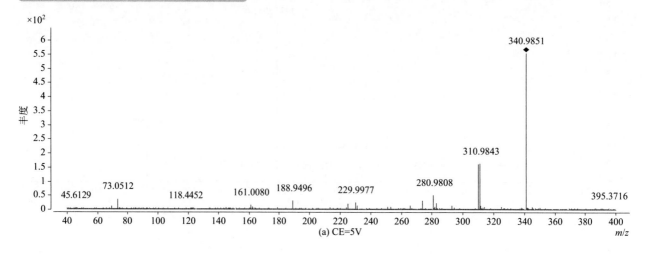

(a) CE=5V

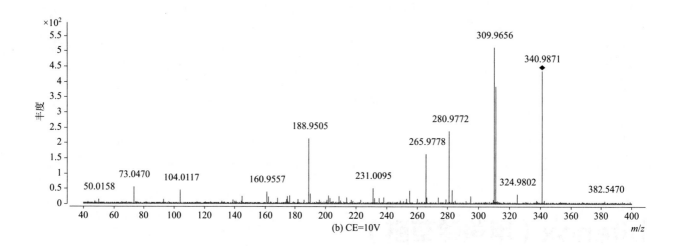

(b) CE=10V

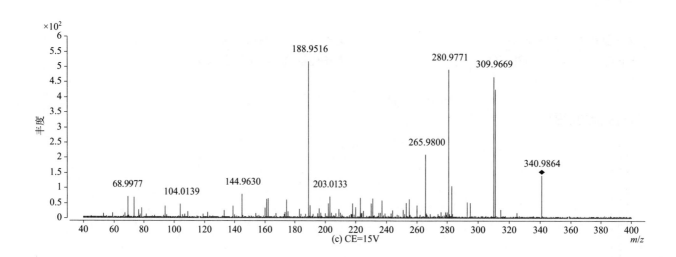

(c) CE=15V

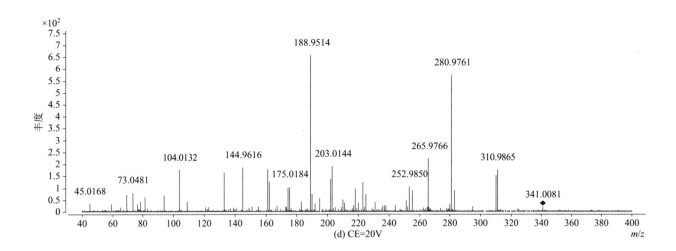

(d) CE=20V

bifenthrin（联苯菊酯）

基本信息

CAS 登录号	82657-04-3	分子量	422.1255
分子式	$C_{23}H_{22}ClF_3O_2$	离子化模式	电子轰击电离（EI）

总离子流色谱图

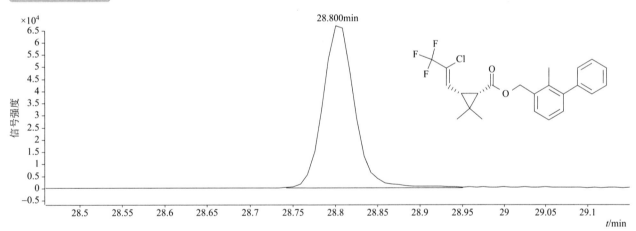

四个碰撞能量（CE）下子离子质谱图

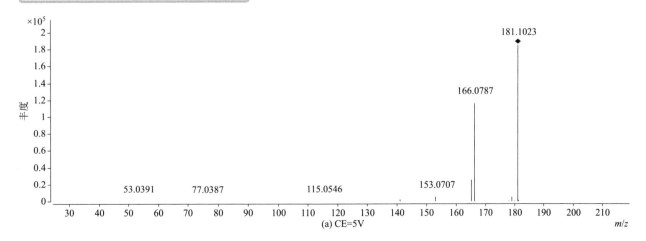

(a) CE=5V

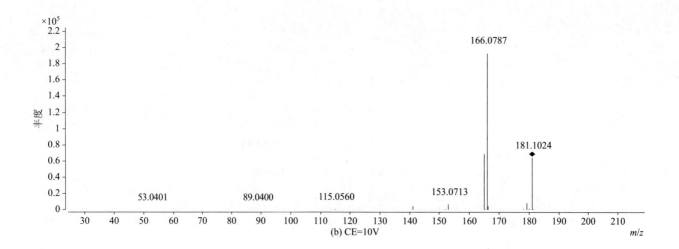

(b) CE=10V

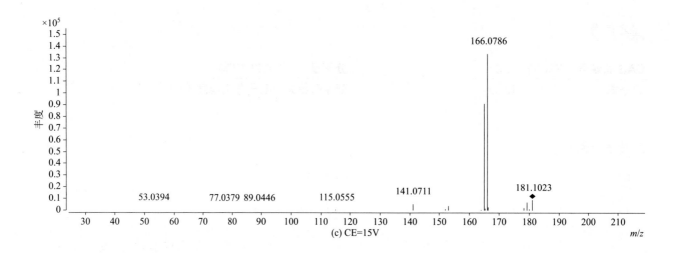

(c) CE=15V

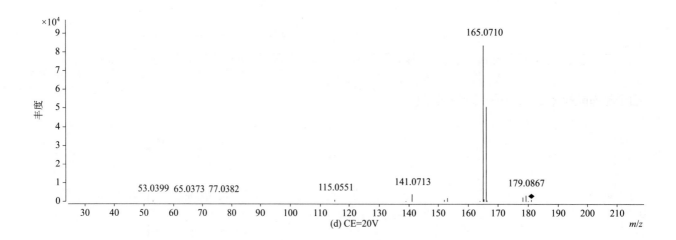

(d) CE=20V

bioresmethrin（生物苄呋菊酯）

基本信息

CAS 登录号	28434-01-7	分子量	338.1877
分子式	$C_{22}H_{26}O_3$	离子化模式	电子轰击电离（EI）

总离子流色谱图

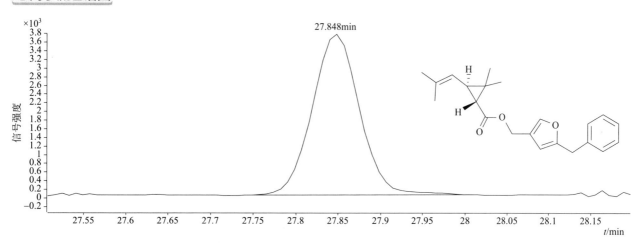

四个碰撞能量（CE）下子离子质谱图

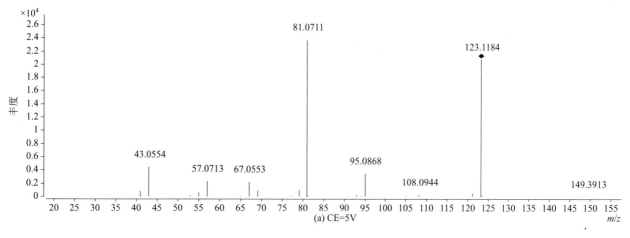

(a) CE=5V

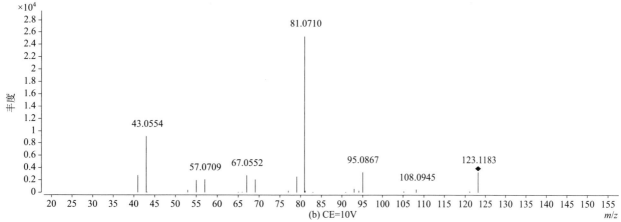

(b) CE=10V

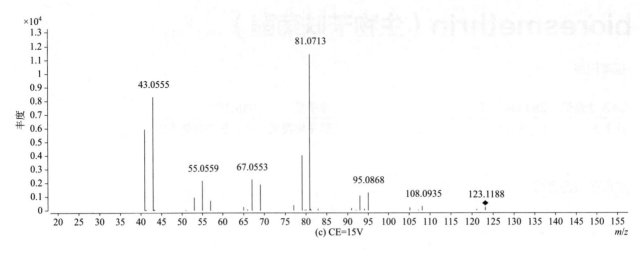

(c) CE=15V

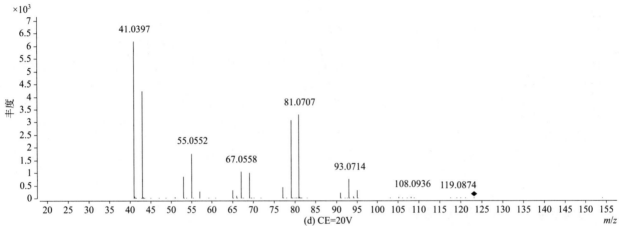

(d) CE=20V

bitertanol（联苯三唑醇）

基本信息

CAS 登录号	55179-31-2	分子量	337.1785
分子式	$C_{20}H_{23}N_3O_2$	离子化模式	电子轰击电离（EI）

总离子流色谱图

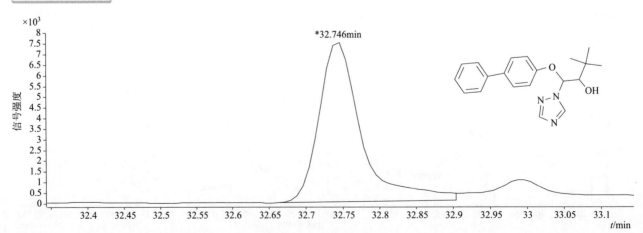

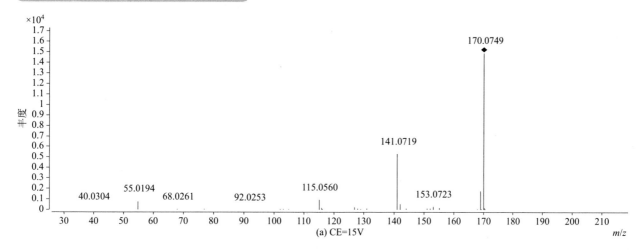

(a) CE=15V

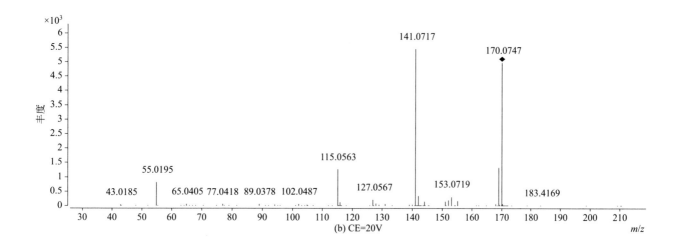

(b) CE=20V

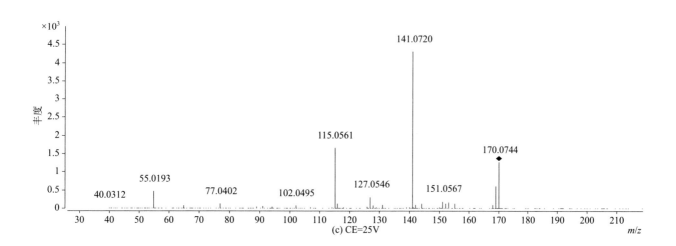

(c) CE=25V

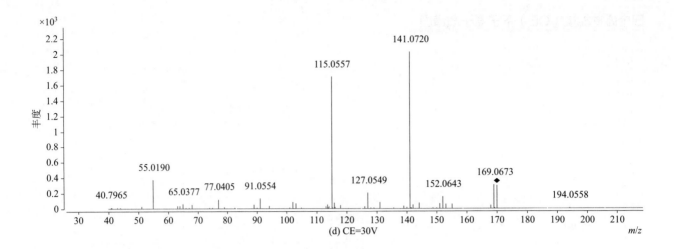

(d) CE=30V

bromfenvinfos（溴苯烯磷）

基本信息

CAS 登录号	33399-00-7	分子量	401.9185
分子式	$C_{12}H_{14}BrCl_2O_4P$	离子化模式	电子轰击电离（EI）

总离子流色谱图

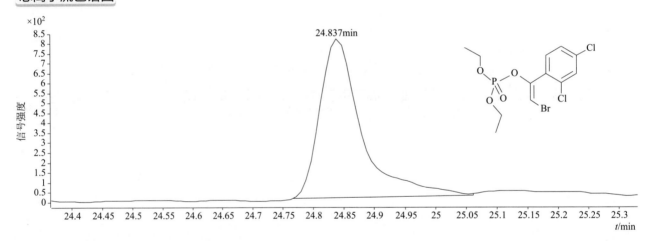

四个碰撞能量（CE）下子离子质谱图

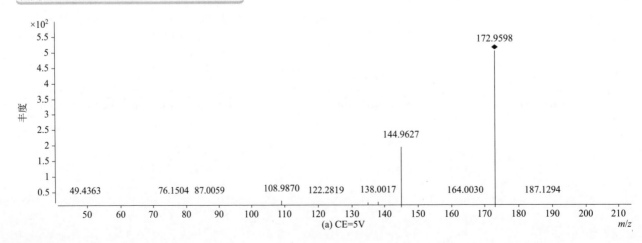

(a) CE=5V

66

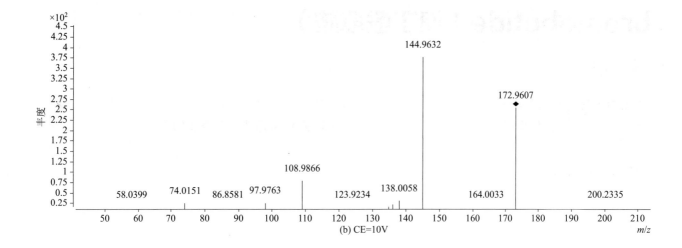

(b) CE=10V

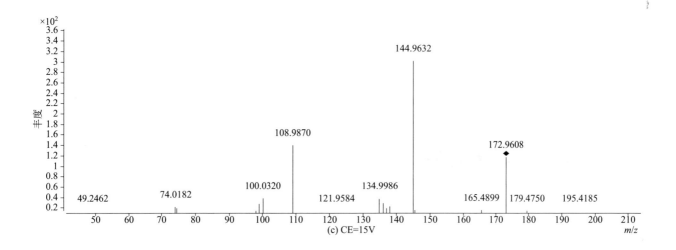

(c) CE=15V

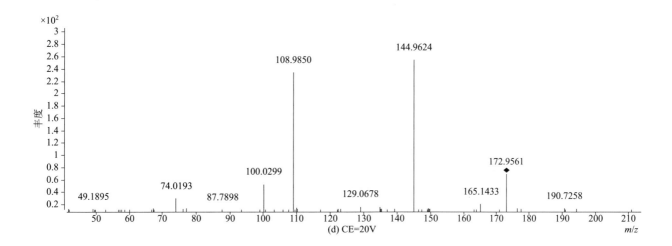

(d) CE=20V

bromobutide（溴丁酰草胺）

基本信息

CAS 登录号	74712-19-9	**分子量**	311.0880
分子式	$C_{15}H_{22}BrNO$	**离子化模式**	电子轰击电离（EI）

总离子流色谱图

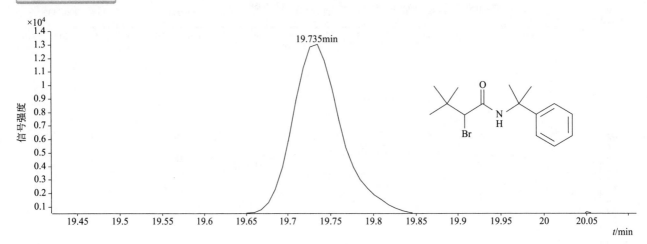

四个碰撞能量（CE）下子离子质谱图

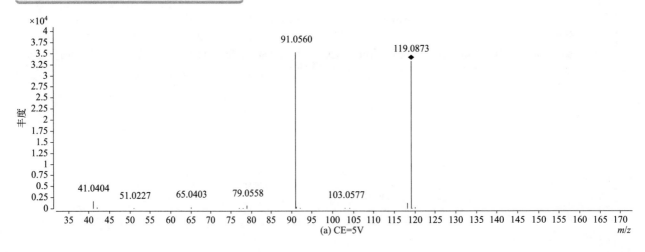

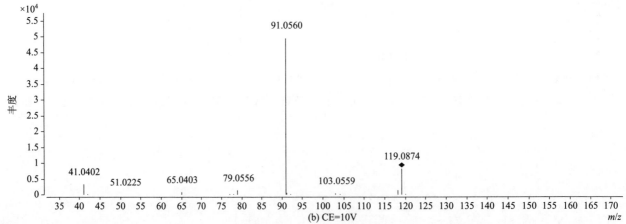

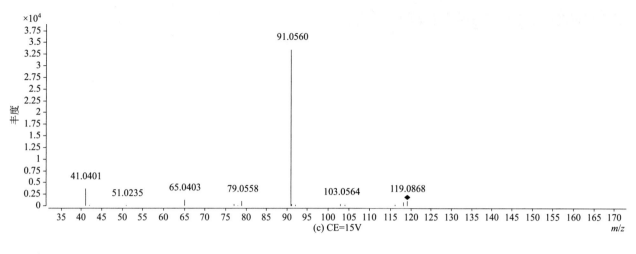

(c) CE=15V

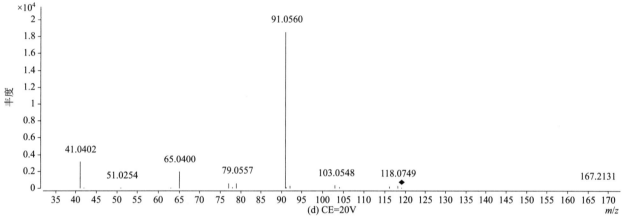

(d) CE=20V

bromocyclen（溴烯杀）

基本信息

CAS 登录号	1715-40-8	分子量	389.7700
分子式	$C_8H_5BrCl_6$	离子化模式	电子轰击电离（EI）

总离子流色谱图

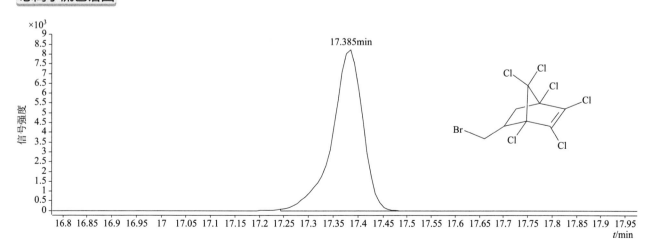

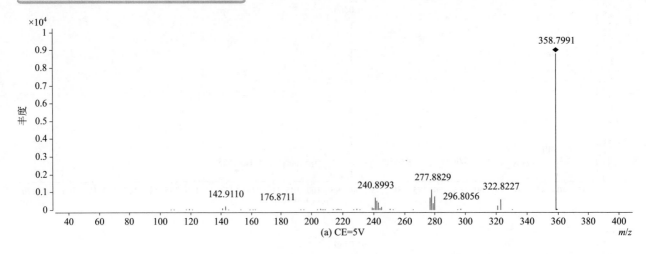

(a) CE=5V

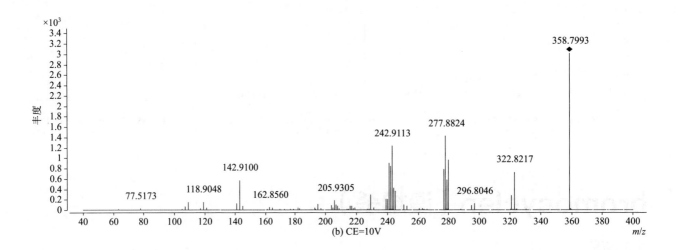

(b) CE=10V

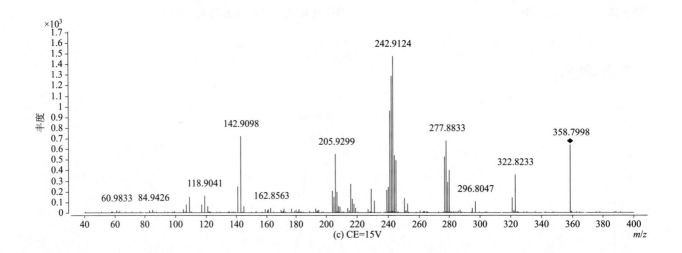

(c) CE=15V

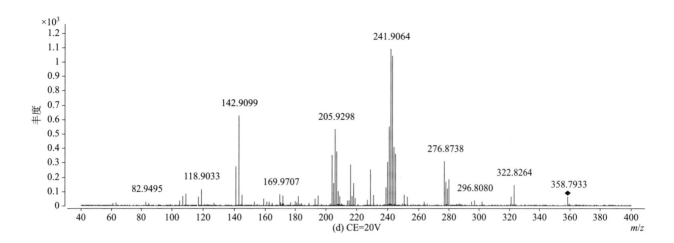

(d) CE=20V

bromophos（溴硫磷）

基本信息

CAS 登录号	2104-96-3	分子量	363.8487
分子式	C$_8$H$_8$BrCl$_2$O$_3$PS	离子化模式	电子轰击电离（EI）

总离子流色谱图

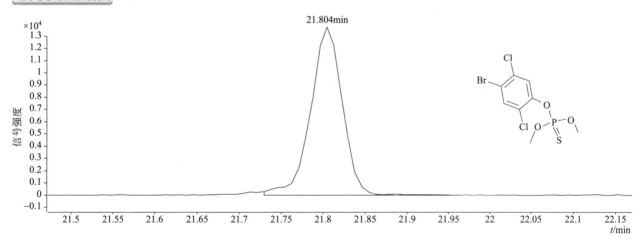

四个碰撞能量（CE）下子离子质谱图

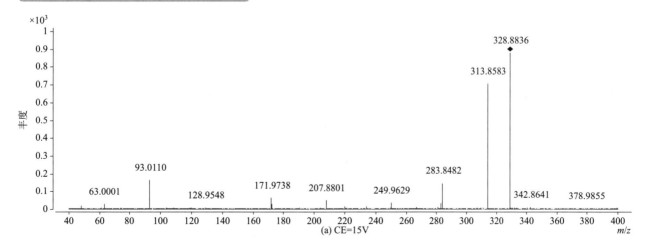

(a) CE=15V

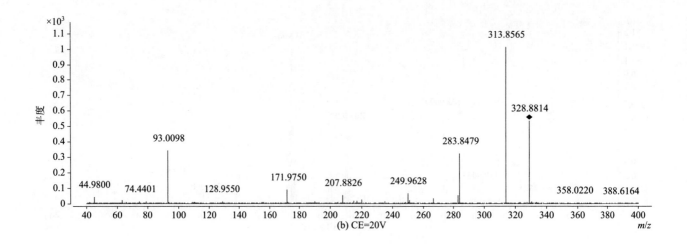
(b) CE=20V

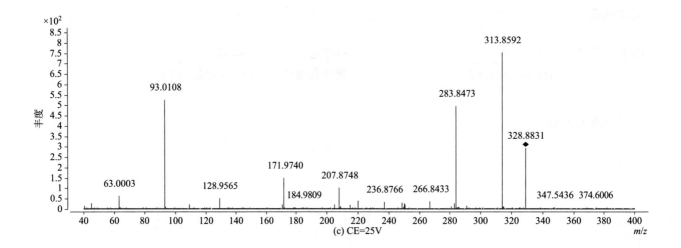
(c) CE=25V

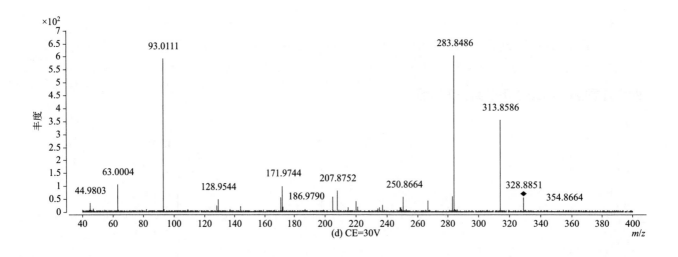
(d) CE=30V

bromophos-ethyl（乙基溴硫磷）

基本信息

CAS 登录号	4824-78-6	分子量	391.8800
分子式	$C_{10}H_{12}BrCl_2O_3PS$	离子化模式	电子轰击电离（EI）

总离子流色谱图

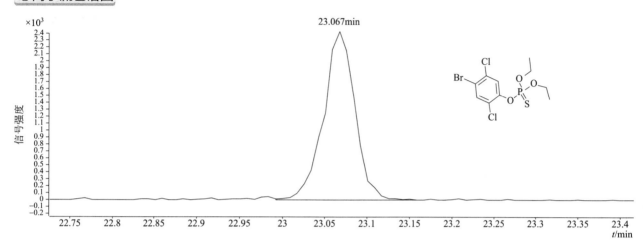

四个碰撞能量（CE）下子离子质谱图

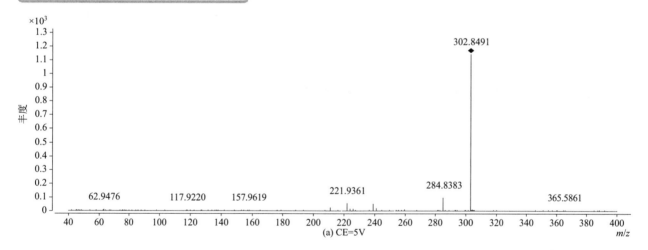

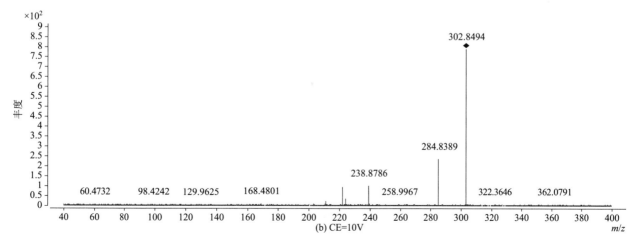

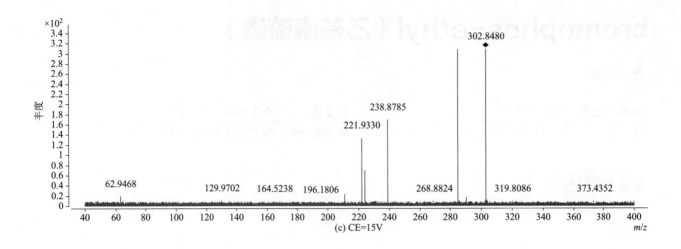

(c) CE=15V

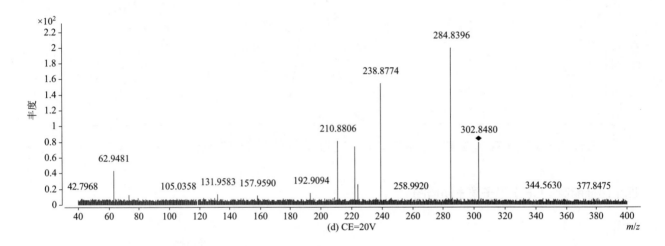

(d) CE=20V

bromopropylate（溴螨酯）

基本信息

CAS 登录号	18181-80-1	分子量	425.9461
分子式	$C_{17}H_{16}Br_2O_3$	离子化模式	电子轰击电离（EI）

总离子流色谱图

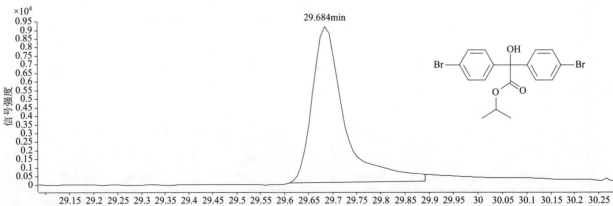

29.684min

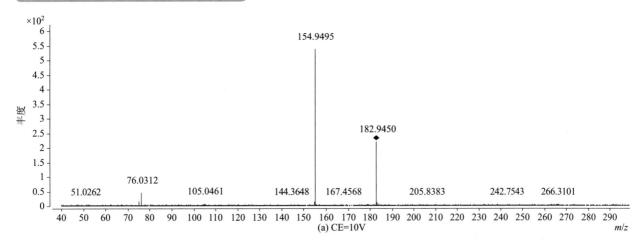

(a) CE=10V

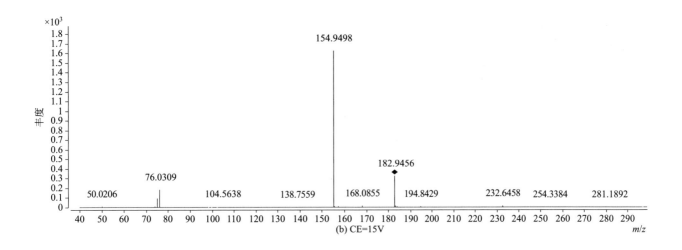

(b) CE=15V

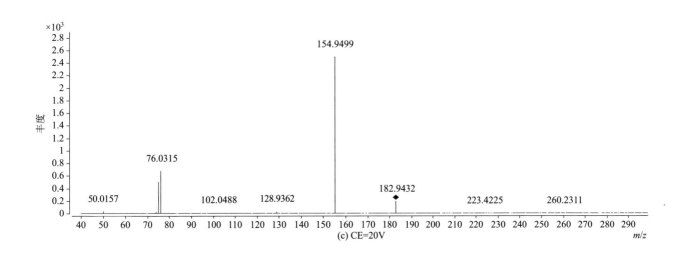

(c) CE=20V

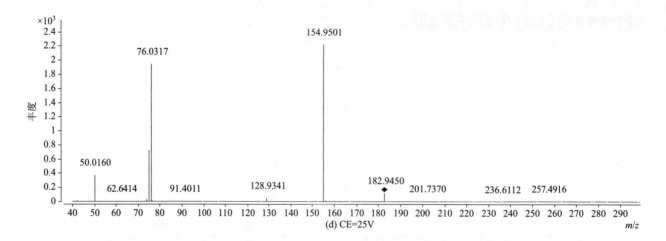

(d) CE=25V

bromoxynil octanoate（辛酰溴苯腈）

基本信息

CAS 登录号	1689-99-2	分子量	400.9621
分子式	$C_{15}H_{17}Br_2NO_2$	离子化模式	电子轰击电离（EI）

总离子流色谱图

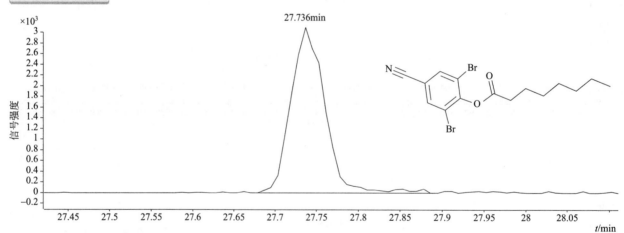

四个碰撞能量（CE）下子离子质谱图

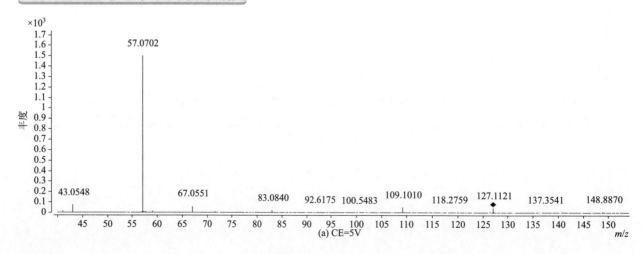

(a) CE=5V

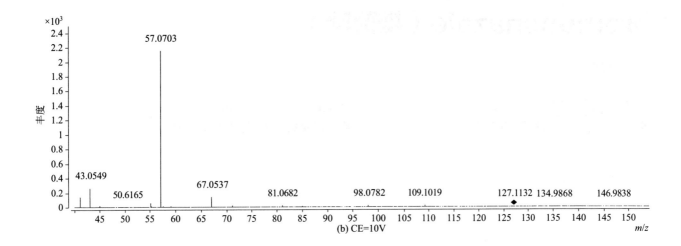

(b) CE=10V

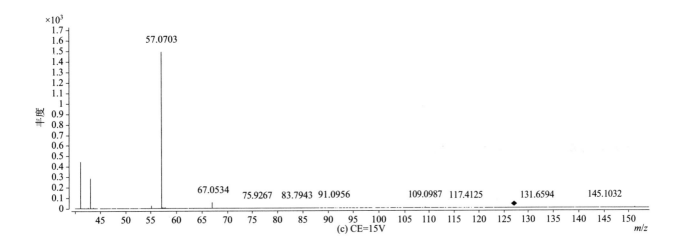

(c) CE=15V

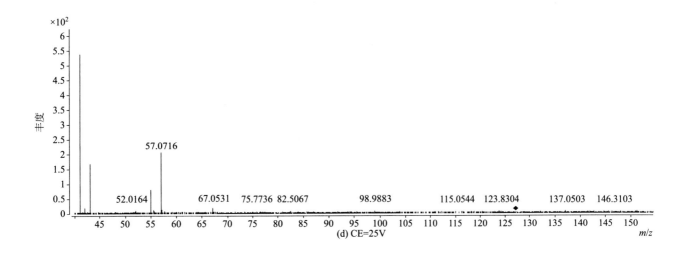

(d) CE=25V

bromuconazole（糠菌唑）

基本信息

CAS 登录号	116255-48-2	**分子量**	374.9536
分子式	$C_{13}H_{12}BrCl_2N_3O$	**离子化模式**	电子轰击电离（EI）

总离子流色谱图

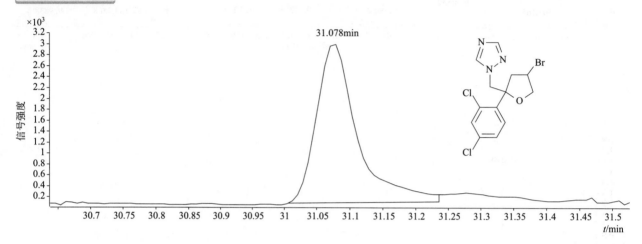

四个碰撞能量（CE）下子离子质谱图

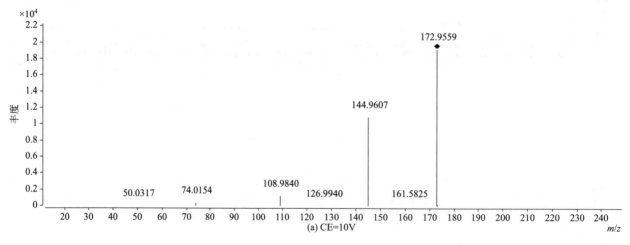

(a) CE=10V

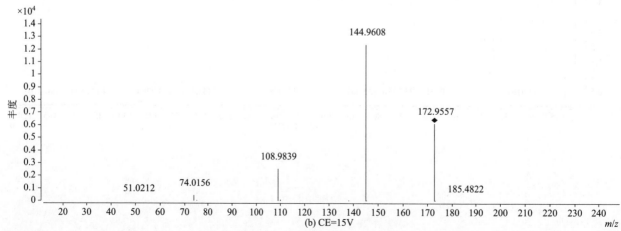

(b) CE=15V

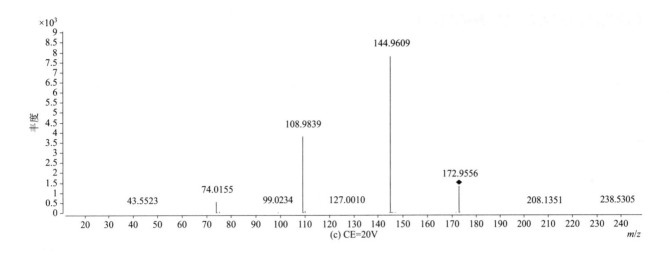

(c) CE=20V

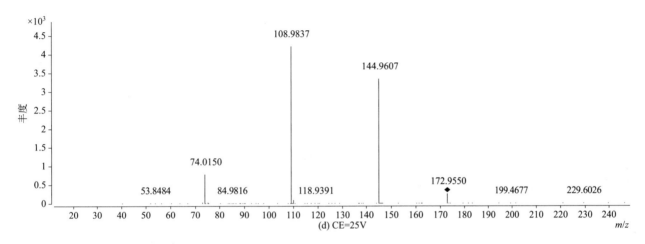

(d) CE=25V

bupirimate（磺羧丁嘧啶）

基本信息

CAS 登录号	41483-43-6		分子量	316.1564
分子式	$C_{13}H_{24}N_4O_3S$		离子化模式	电子轰击电离（EI）

总离子流色谱图

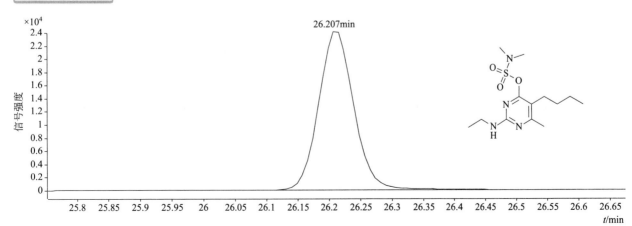

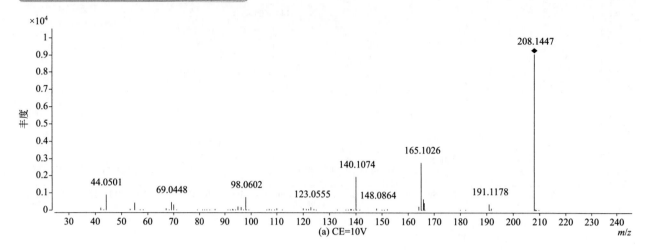

(a) CE=10V

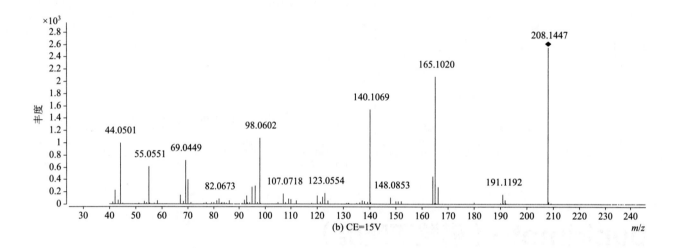

(b) CE=15V

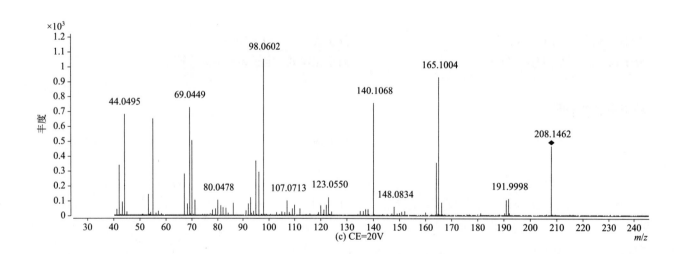

(c) CE=20V

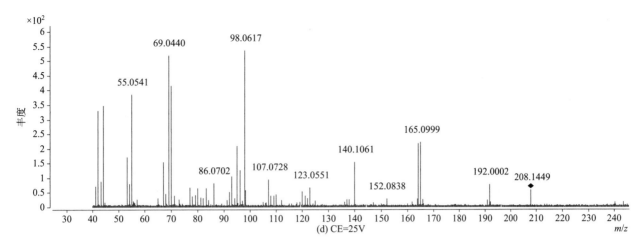

(d) CE=25V

buprofezin（噻嗪酮）

基本信息

CAS 登录号	69327-76-0	**分子量**	305.1557
分子式	$C_{16}H_{23}N_3OS$	**离子化模式**	电子轰击电离（EI）

总离子流色谱图

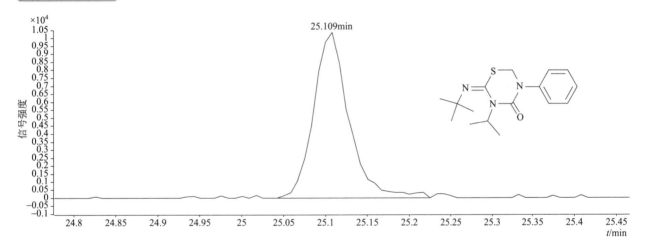

四个碰撞能量（CE）下子离子质谱图

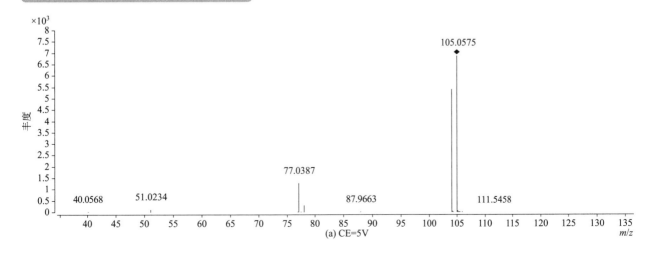

(a) CE=5V

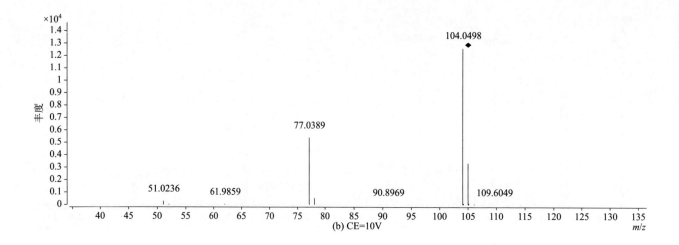

(b) CE=10V

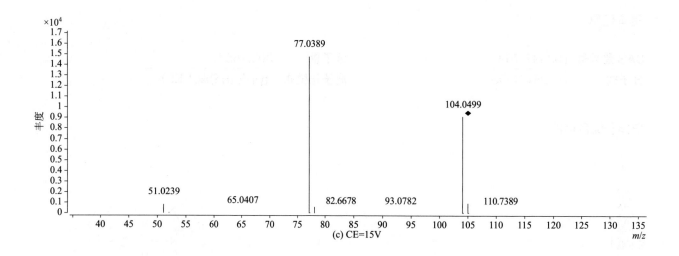

(c) CE=15V

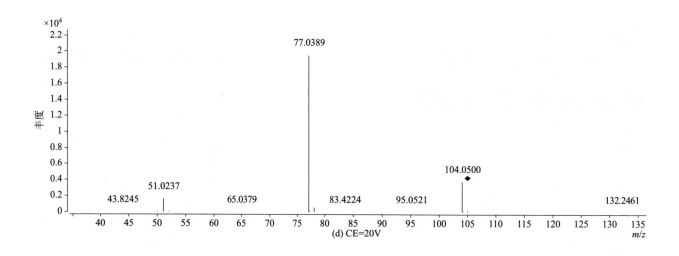

(d) CE=20V

butachlor（丁草胺）

基本信息

CAS 登录号	23184-66-9	分子量	311.1647
分子式	C₁₇H₂₆ClNO₂	离子化模式	电子轰击电离（EI）

分子式 $C_{17}H_{26}ClNO_2$

总离子流色谱图

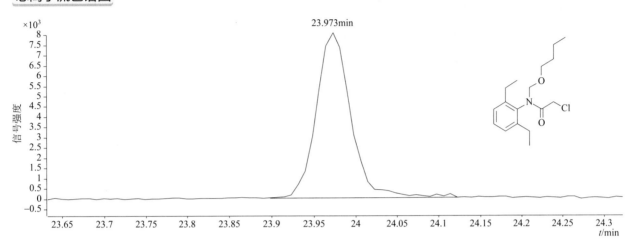

四个碰撞能量（CE）下子离子质谱图

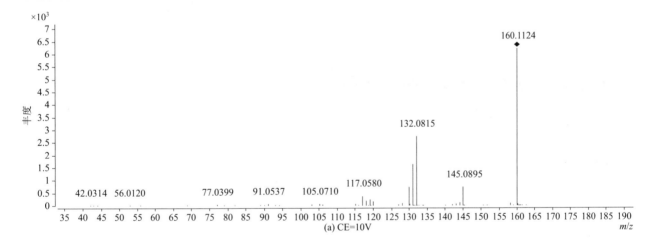

(a) CE=10V

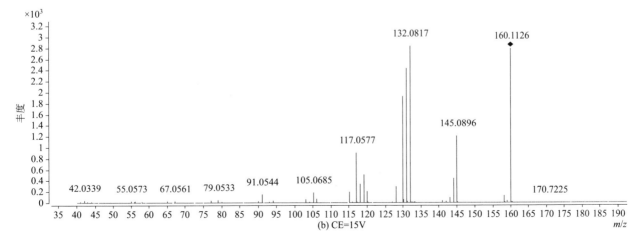

(b) CE=15V

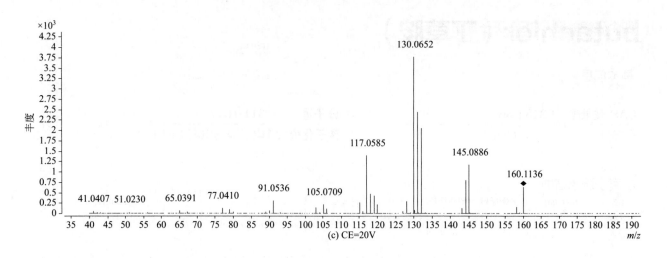

(c) CE=20V

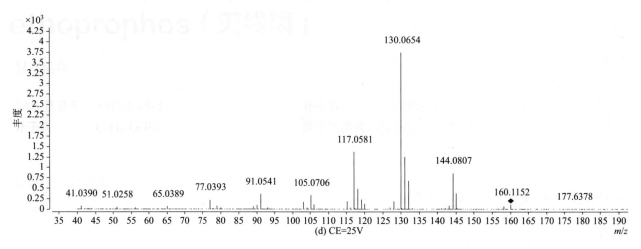

(d) CE=25V

butafenacil（氟丙嘧草酯）

基本信息

CAS 登录号	134605-64-4	分子量	474.0800
分子式	$C_{20}H_{18}ClF_3N_2O_6$	离子化模式	电子轰击电离（EI）

总离子流色谱图

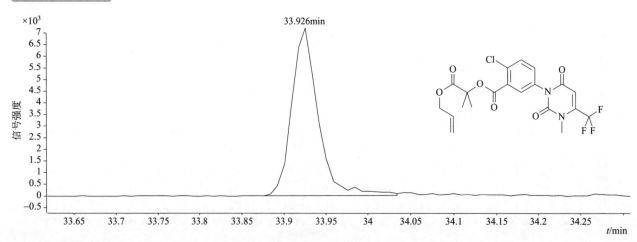

四个碰撞能量（CE）下子离子质谱图

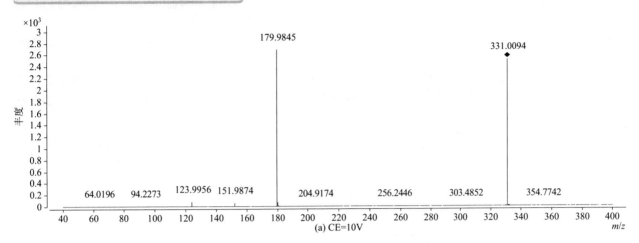

(a) CE=10V

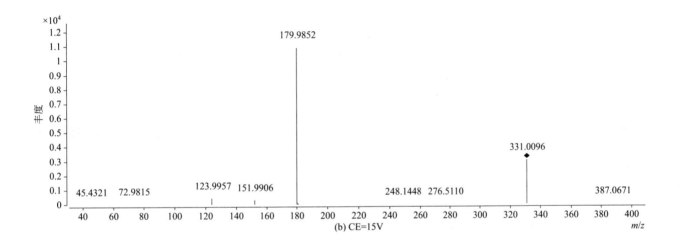

(b) CE=15V

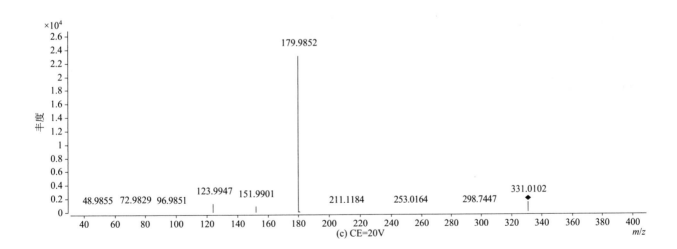

(c) CE=20V

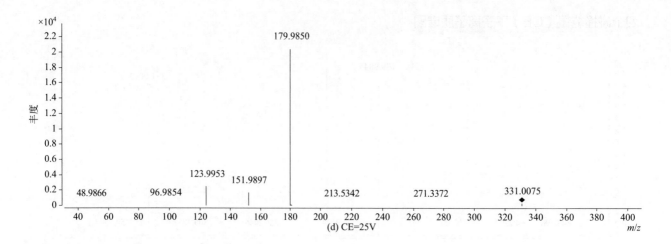

(d) CE=25V

butamifos（抑草磷）

基本信息

CAS 登录号	36335-67-8	分子量	332.0955
分子式	$C_{13}H_{21}N_2O_4PS$	离子化模式	电子轰击电离（EI）

总离子流色谱图

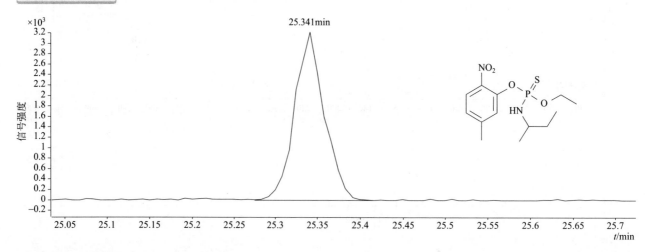

四个碰撞能量（CE）下子离子质谱图

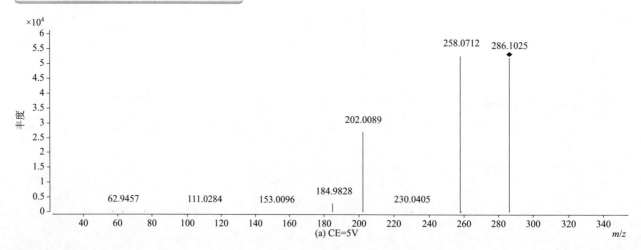

(a) CE=5V

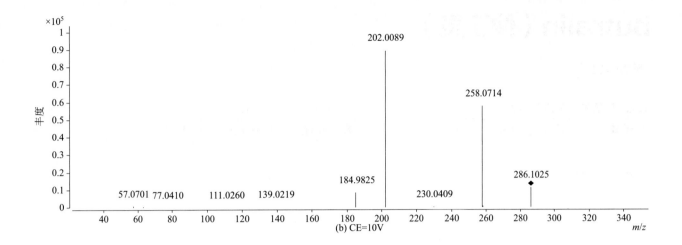

(b) CE=10V

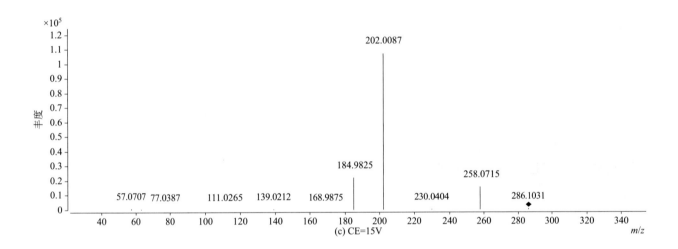

(c) CE=15V

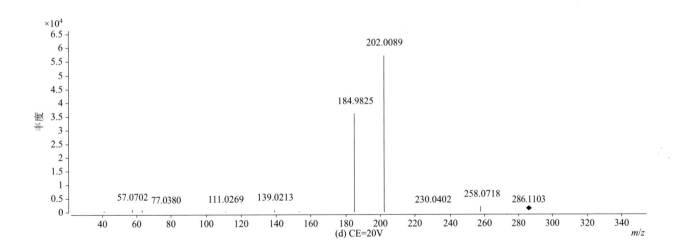

(d) CE=20V

butralin（仲丁灵）

基本信息

CAS 登录号	33629-47-9	分子量	295.1527
分子式	$C_{14}H_{21}N_3O_4$	离子化模式	电子轰击电离（EI）

总离子流色谱图

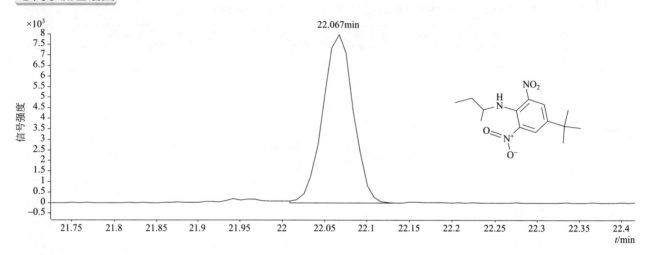

四个碰撞能量（CE）下子离子质谱图

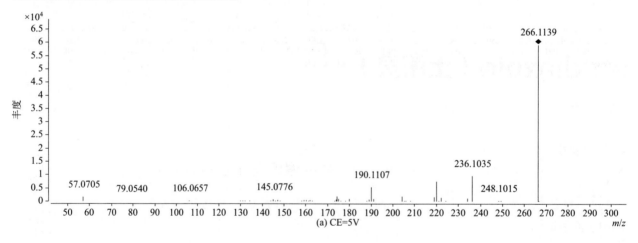

(a) CE=5V

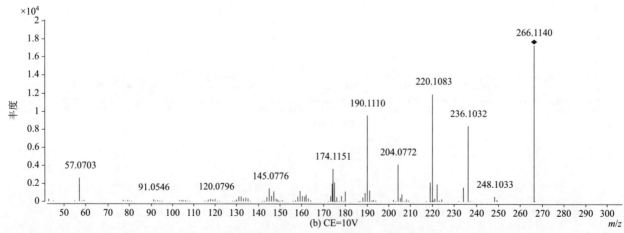

(b) CE=10V

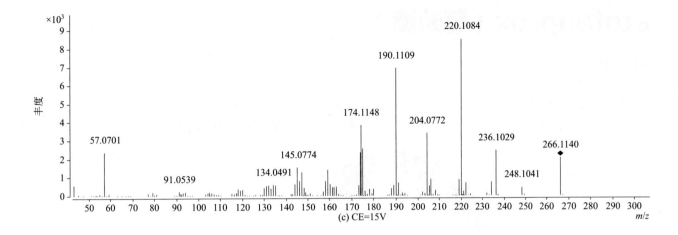

(c) CE=15V

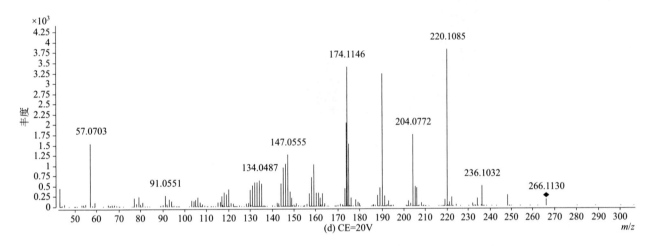

(d) CE=20V

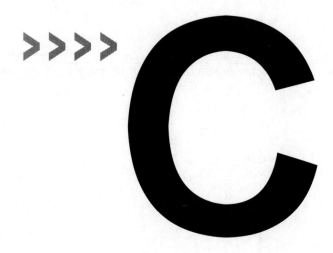

cadusafos（硫线磷）

基本信息

CAS 登录号	95465-99-9	分子量	270.0872
分子式	$C_{10}H_{23}O_2PS_2$	离子化模式	电子轰击电离（EI）

总离子流色谱图

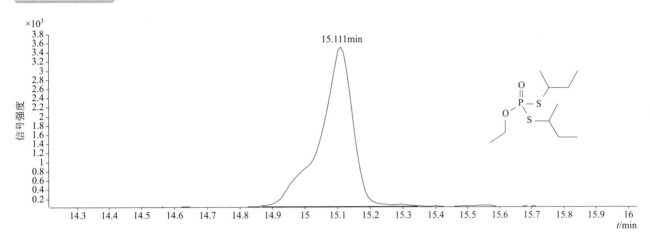

四个碰撞能量（CE）下子离子质谱图

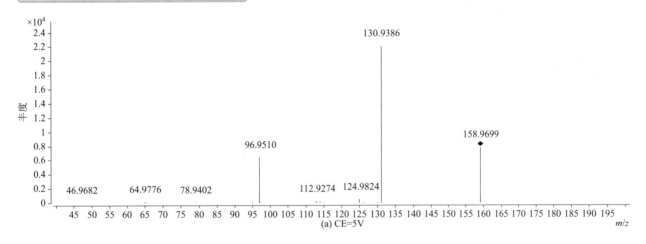

(a) CE=5V

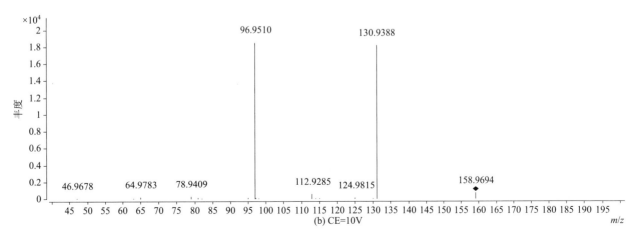

(b) CE=10V

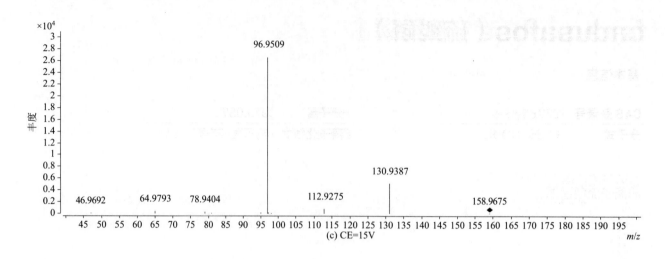

(c) CE=15V

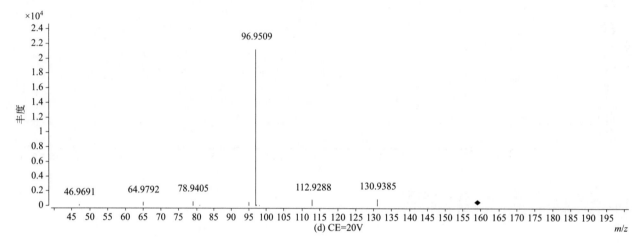

(d) CE=20V

carbaryl（甲萘威）

基本信息

CAS 登录号	63-25-2	分子量	201.0785
分子式	$C_{12}H_{11}NO_2$	离子化模式	电子轰击电离（EI）

总离子流色谱图

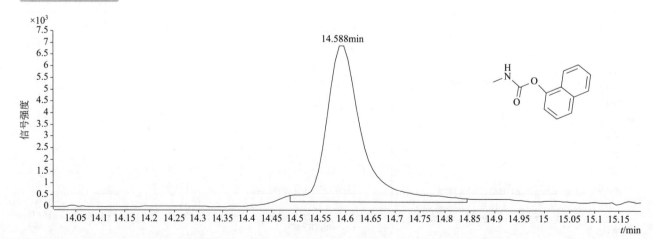

四个碰撞能量（CE）下子离子质谱图

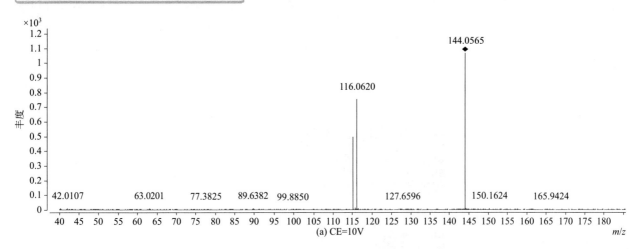

(a) CE=10V

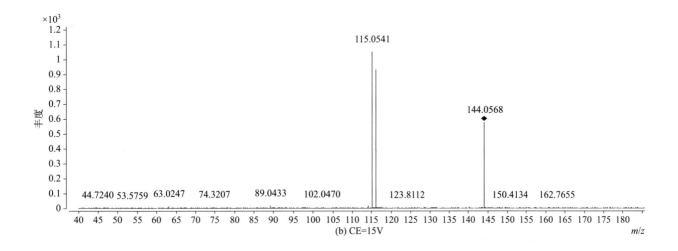

(b) CE=15V

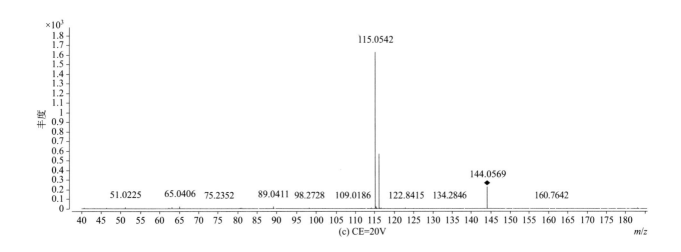

(c) CE=20V

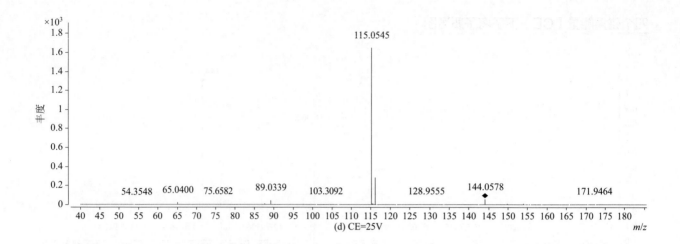

(d) CE=25V

carbofuran（克百威）

基本信息

CAS 登录号	1563-66-2	分子量	221.1047
分子式	$C_{12}H_{15}NO_3$	离子化模式	电子轰击电离（EI）

总离子流色谱图

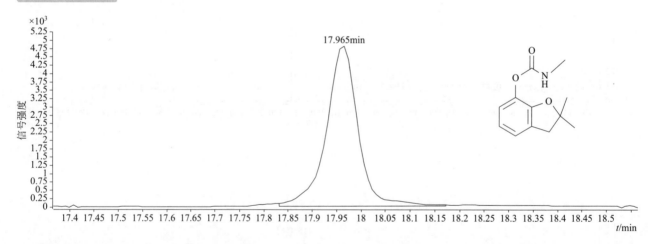

四个碰撞能量（CE）下子离子质谱图

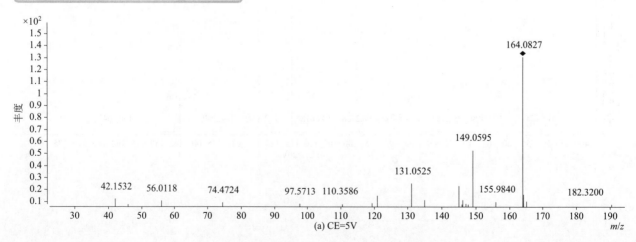

(a) CE=5V

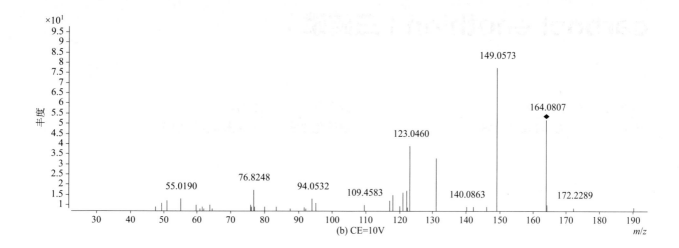

(b) CE=10V

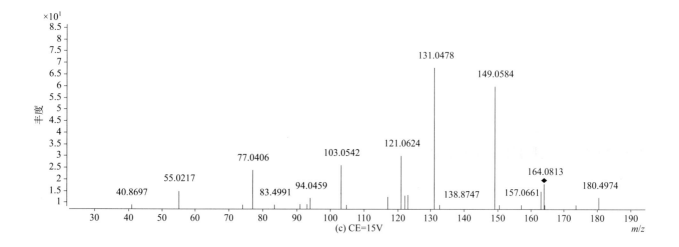

(c) CE=15V

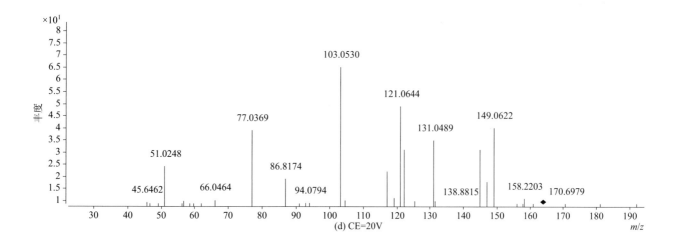

(d) CE=20V

carbophenothion（三硫磷）

基本信息

CAS 登录号	786-19-6	分子量	341.9733
分子式	$C_{11}H_{16}ClO_2PS_3$	离子化模式	电子轰击电离（EI）

总离子流色谱图

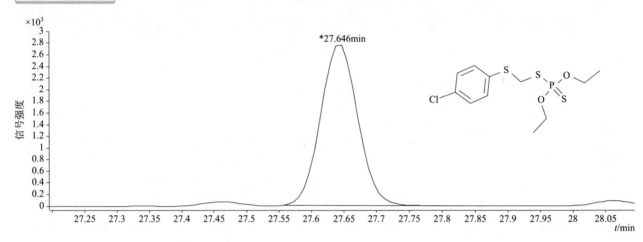

四个碰撞能量（CE）下子离子质谱图

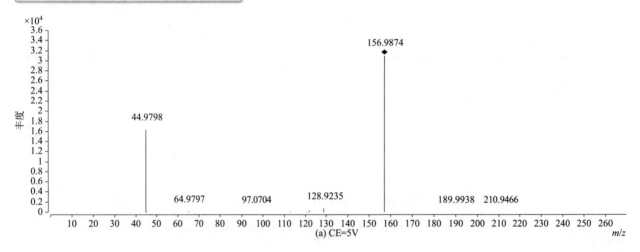

(a) CE=5V

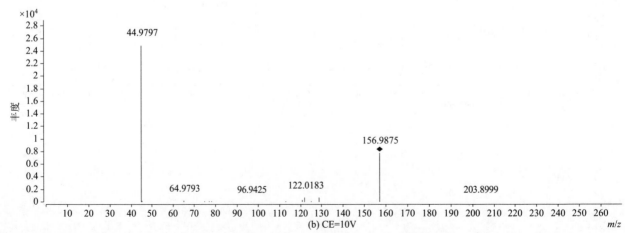

(b) CE=10V

96

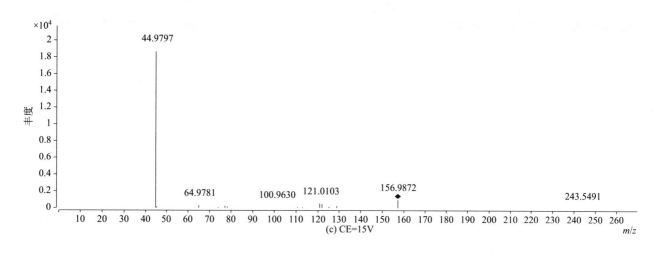

(c) CE=15V

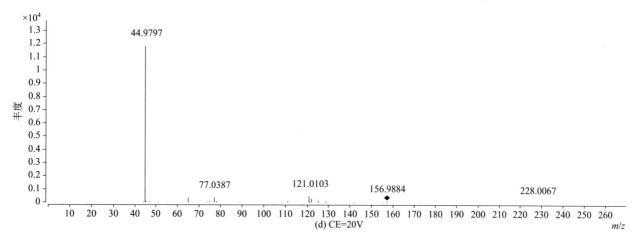

(d) CE=20V

carbosulfan（丁硫克百威）

基本信息

CAS 登录号	55285-14-8	分子量	380.2128
分子式	$C_{20}H_{32}N_2O_3S$	离子化模式	电子轰击电离（EI）

总离子流色谱图

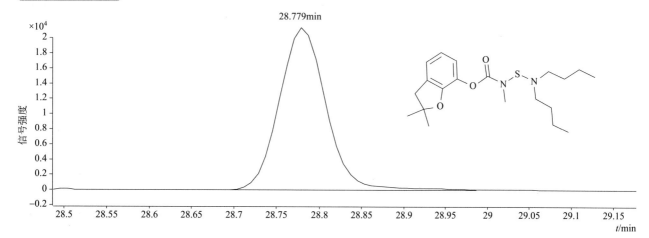

四个碰撞能量（CE）下子离子质谱图

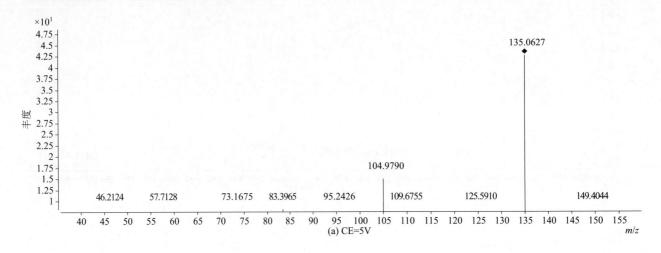

(a) CE=5V

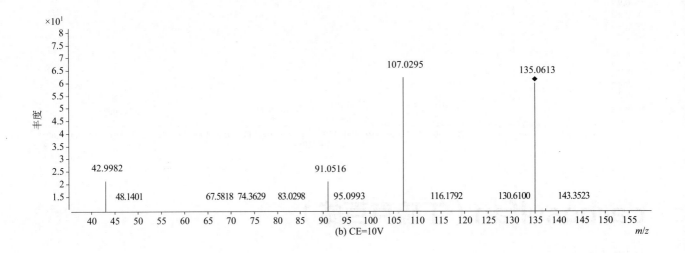

(b) CE=10V

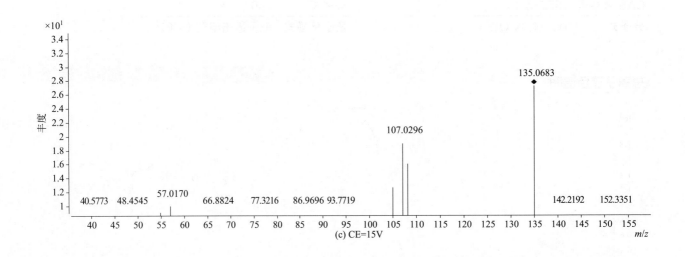

(c) CE=15V

98

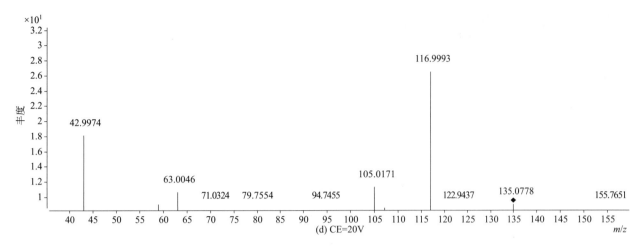

(d) CE=20V

carboxin（萎锈灵）

基本信息

CAS 登录号	5234-68-4	分子量	235.0662
分子式	$C_{12}H_{13}NO_2S$	离子化模式	电子轰击电离（EI）

总离子流色谱图

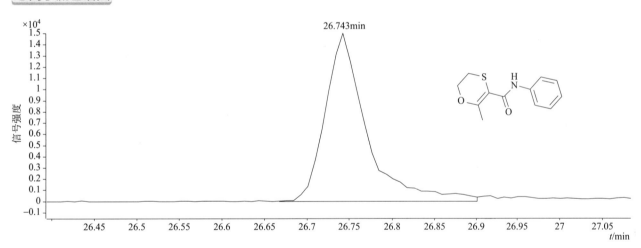

四个碰撞能量（CE）下子离子质谱图

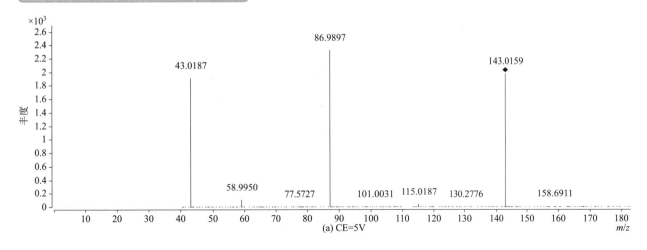

(a) CE=5V

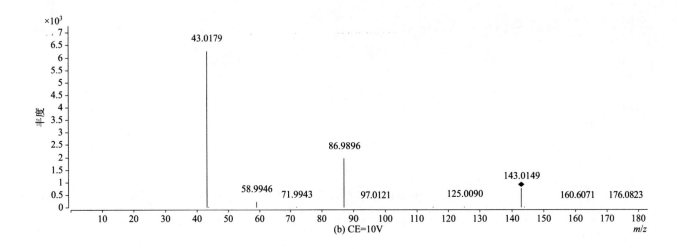

(b) CE=10V

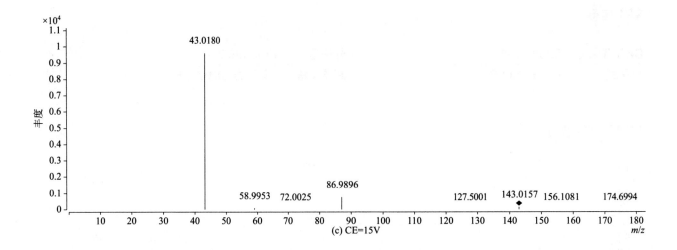

(c) CE=15V

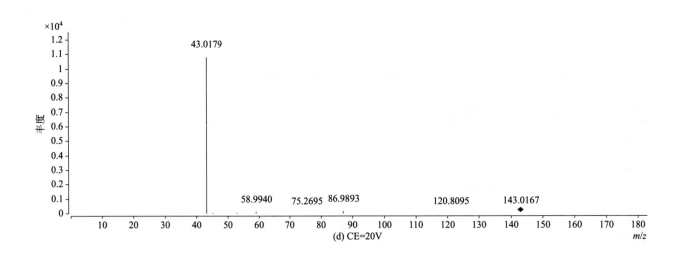

(d) CE=20V

chlorbenside sulfone（氯杀螨砜）

基本信息

CAS 登录号	7082-99-7	**分子量**	299.9773
分子式	$C_{13}H_{10}Cl_2O_2S$	**离子化模式**	电子轰击电离（EI）

总离子流色谱图

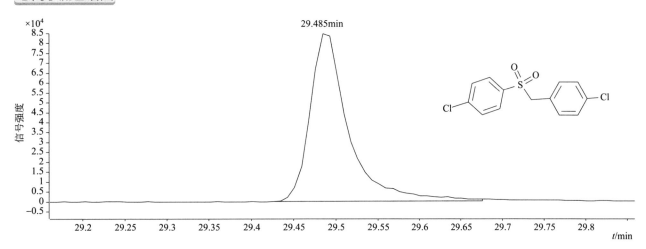

四个碰撞能量（CE）下子离子质谱图

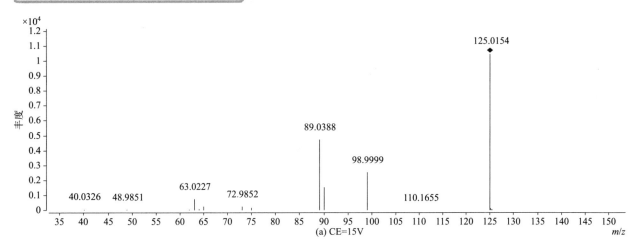

(a) CE=15V

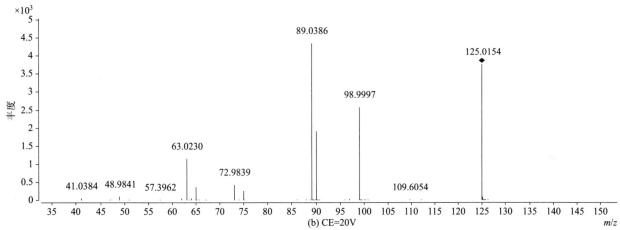

(b) CE=20V

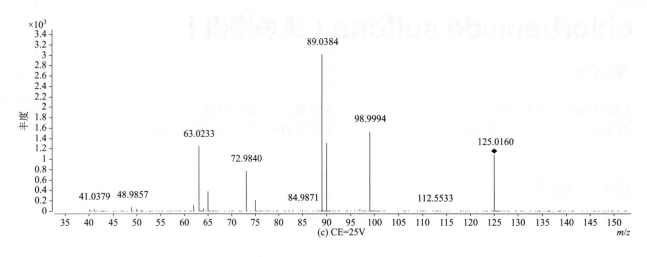

(c) CE=25V

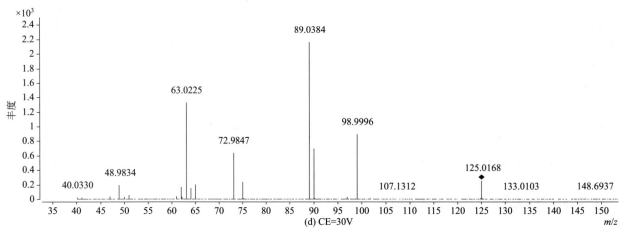

(d) CE=30V

chlorbenside（氯杀螨）

基本信息

CAS 登录号	103-17-3	分子量	267.9875
分子式	C$_{13}$H$_{10}$Cl$_2$S	离子化模式	电子轰击电离（EI）

总离子流色谱图

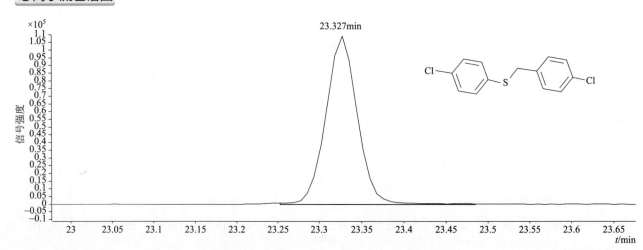

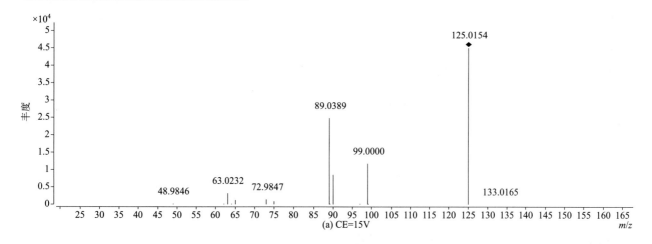

(a) CE=15V

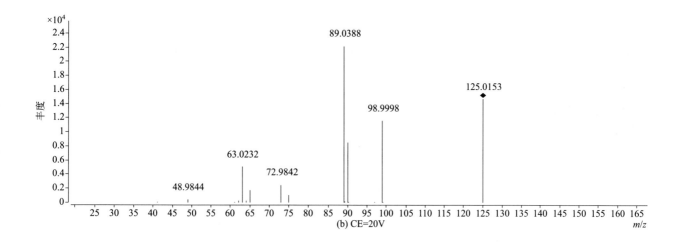

(b) CE=20V

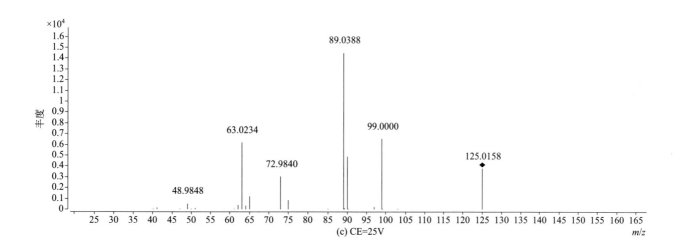

(c) CE=25V

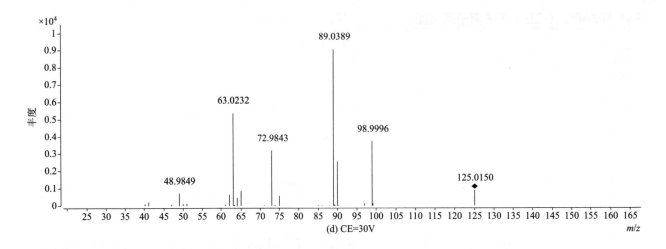

(d) CE=30V

chlorbromuron（氯溴隆）

基本信息

CAS 登录号	13360-45-7	分子量	291.9609
分子式	$C_9H_{10}BrClN_2O_2$	离子化模式	电子轰击电离（EI）

总离子流色谱图

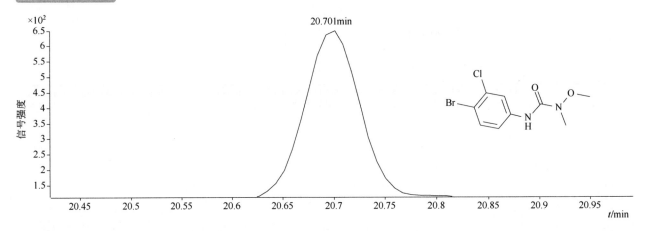

四个碰撞能量（CE）下子离子质谱图

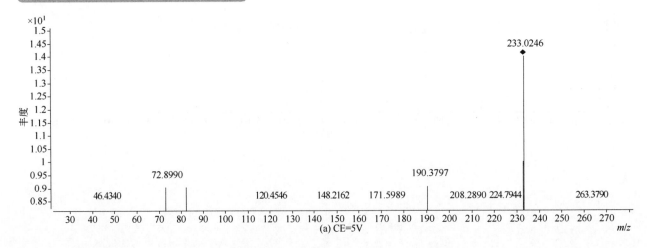

(a) CE=5V

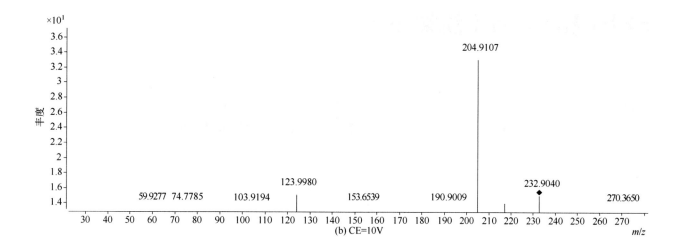

(b) CE=10V

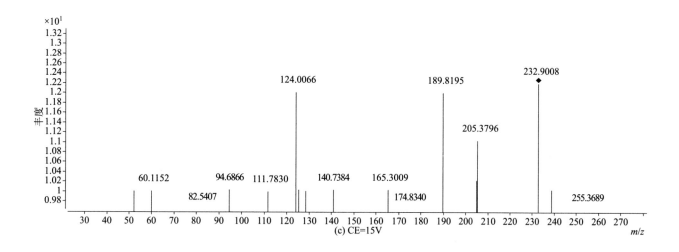

(c) CE=15V

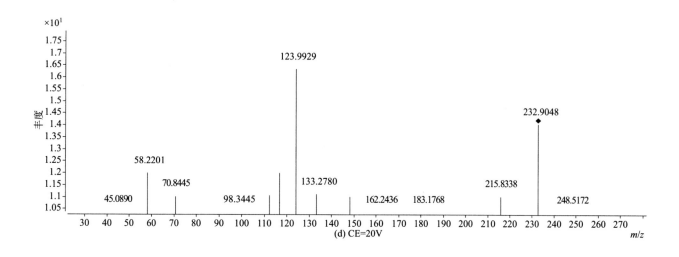

(d) CE=20V

chlorbufam（氯炔灵）

基本信息

CAS 登录号	1967-16-4	**分子量**	223.0395
分子式	$C_{11}H_{10}ClNO_2$	**离子化模式**	电子轰击电离（EI）

总离子流色谱图

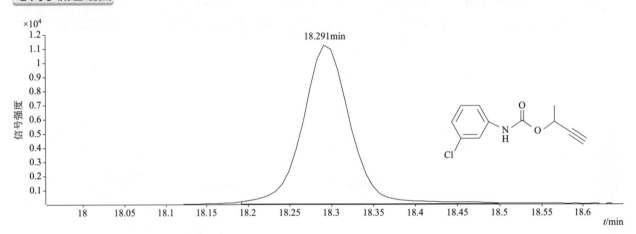

四个碰撞能量（CE）下子离子质谱图

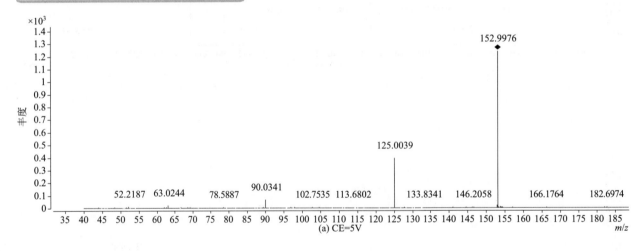

(a) CE=5V

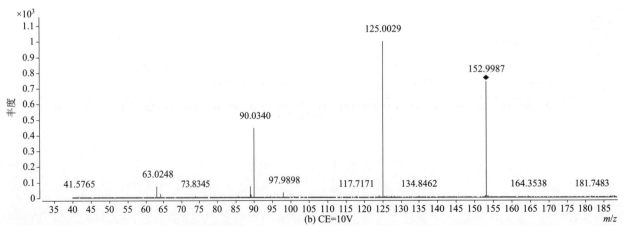

(b) CE=10V

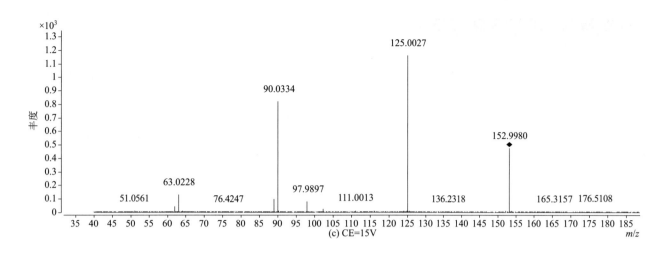

(c) CE=15V

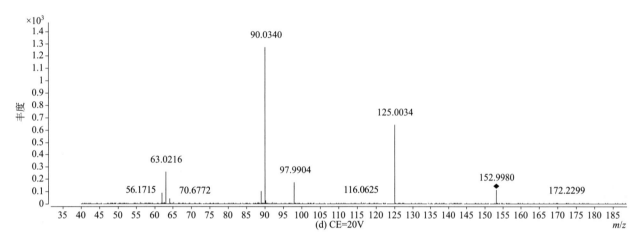

(d) CE=20V

chlordane（氯丹）

基本信息

CAS 登录号	57-74-9	分子量	405.7972
分子式	$C_{10}H_6Cl_8$	离子化模式	电子轰击电离（EI）

总离子流色谱图

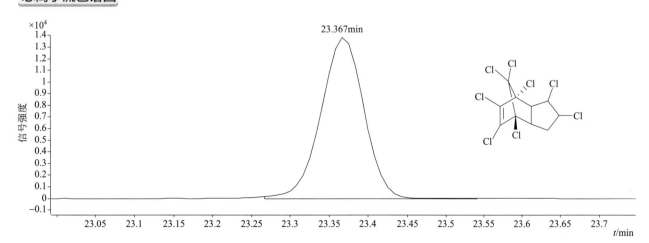

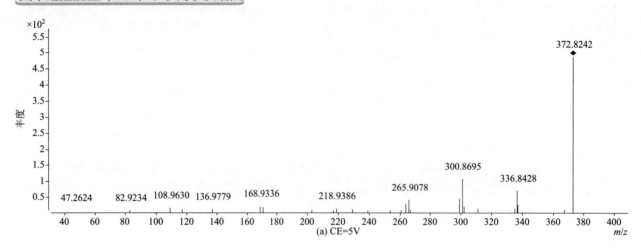

(a) CE=5V

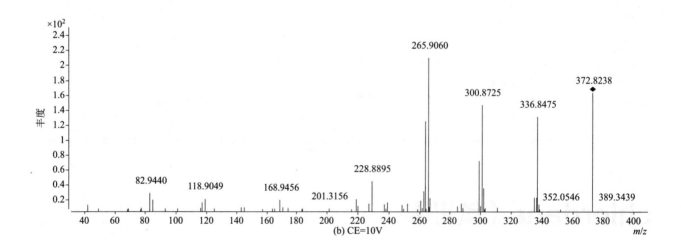

(b) CE=10V

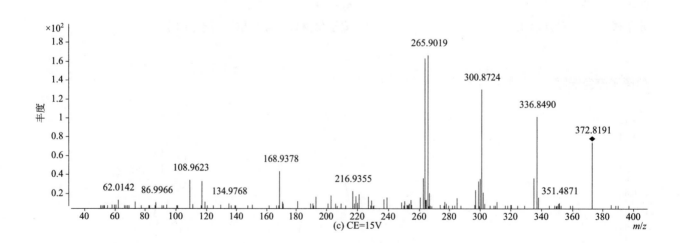

(c) CE=15V

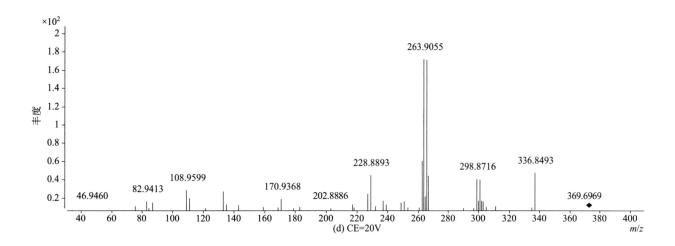

(d) CE=20V

trans-chlordane（反式氯丹）

基本信息

CAS 登录号	5103-74-2	分子量	405.7973
分子式	$C_{10}H_6Cl_8$	离子化模式	电子轰击电离（EI）

总离子流色谱图

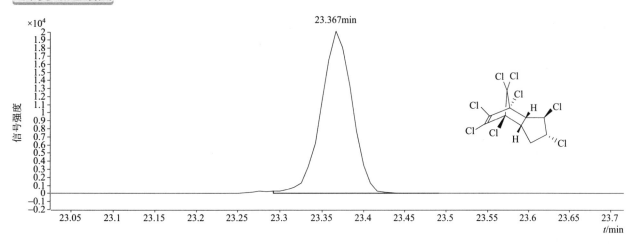

四个碰撞能量（CE）下子离子质谱图

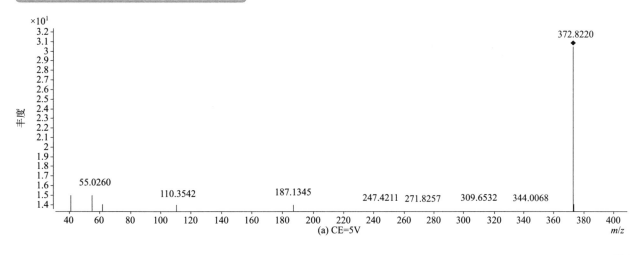

(a) CE=5V

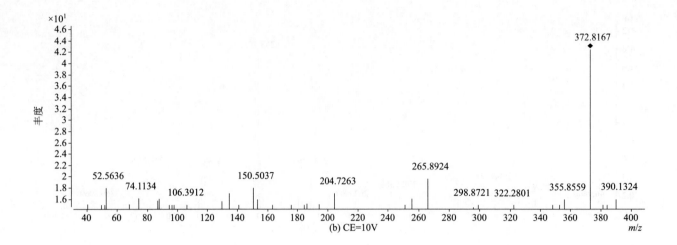
(b) CE=10V

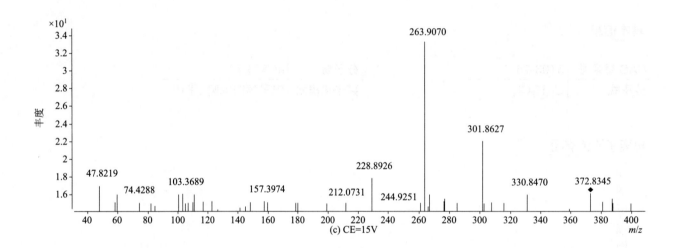
(c) CE=15V

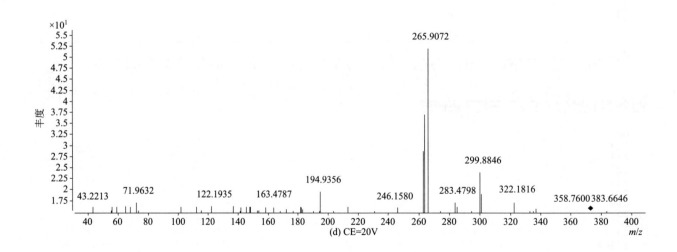
(d) CE=20V

chlorethoxyfos（氯氧磷）

基本信息

CAS 登录号	54593-83-8	**分子量**	333.8915
分子式	$C_6H_{11}Cl_4O_3PS$	**离子化模式**	电子轰击电离（EI）

总离子流色谱图

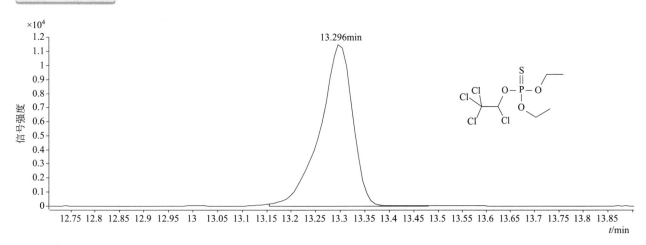

四个碰撞能量（CE）下子离子质谱图

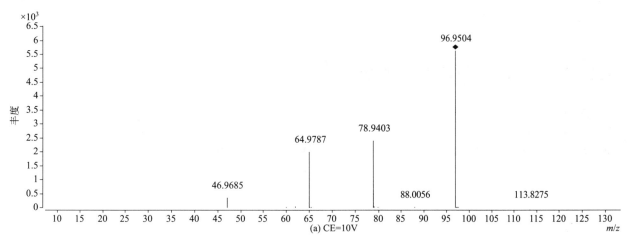

(a) CE=10V

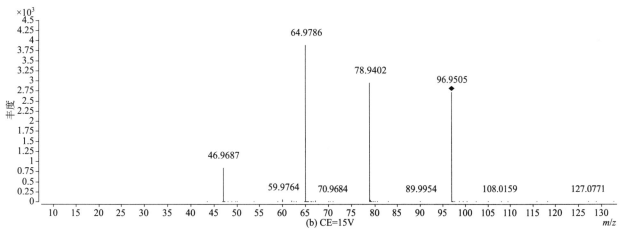

(b) CE=15V

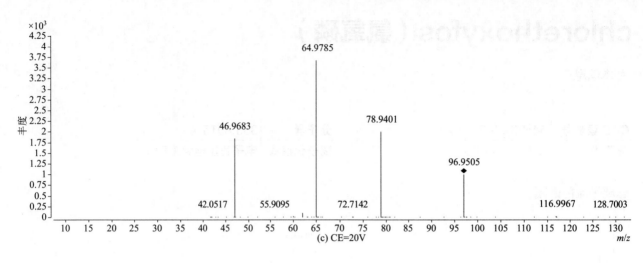

(c) CE=20V

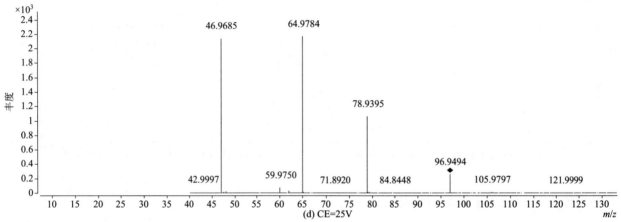

(d) CE=25V

chlorfenapyr（虫螨腈）

基本信息

CAS 登录号	122453-73-0	分子量	405.9690
分子式	C$_{15}$H$_{11}$BrClF$_3$N$_2$O	离子化模式	电子轰击电离（EI）

总离子流色谱图

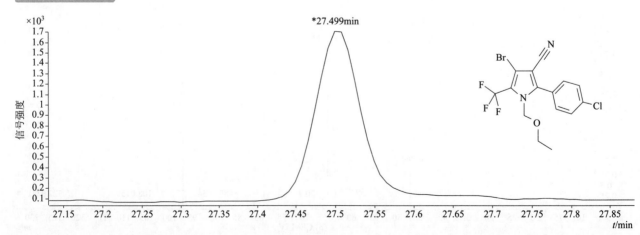

四个碰撞能量（CE）下子离子质谱图

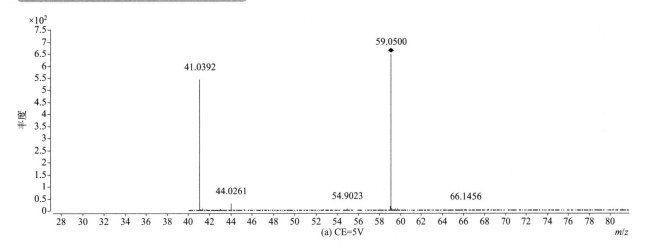

(a) CE=5V

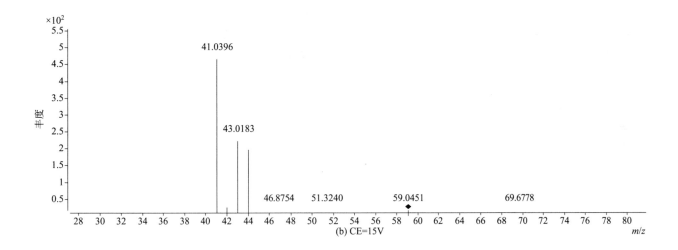

(b) CE=15V

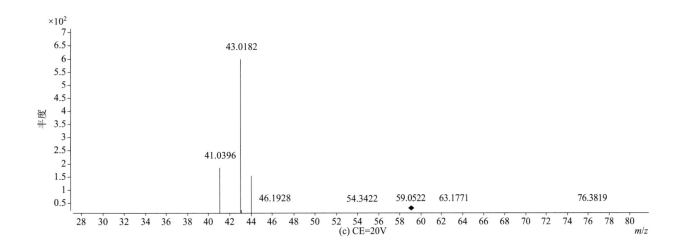

(c) CE=20V

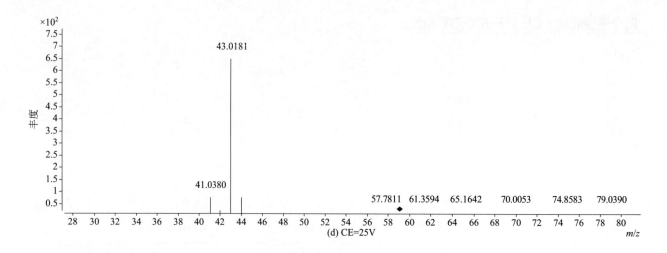

(d) CE=25V

chlorfenethol（杀螨醇）

基本信息

CAS 登录号	80-06-8	分子量	266.0260
分子式	$C_{14}H_{12}Cl_2O$	离子化模式	电子轰击电离（EI）

总离子流色谱图

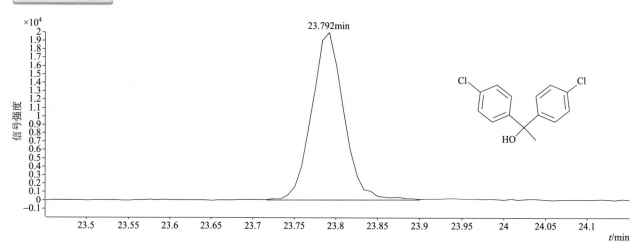

四个碰撞能量（CE）下子离子质谱图

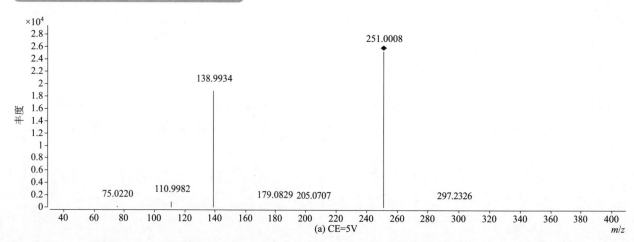

(a) CE=5V

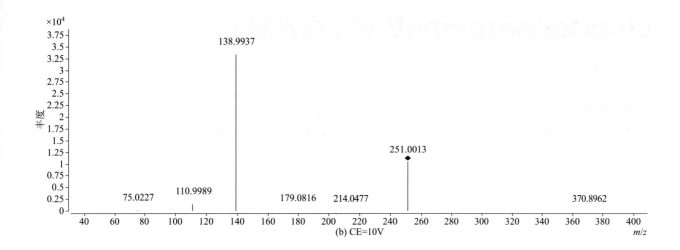

(b) CE=10V

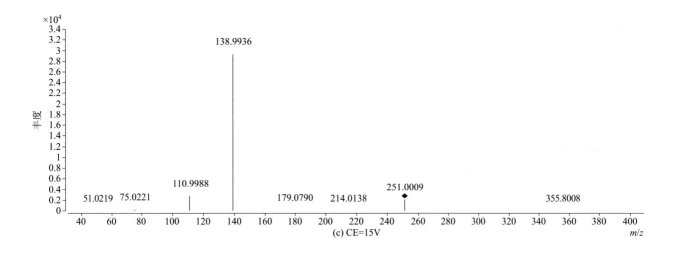

(c) CE=15V

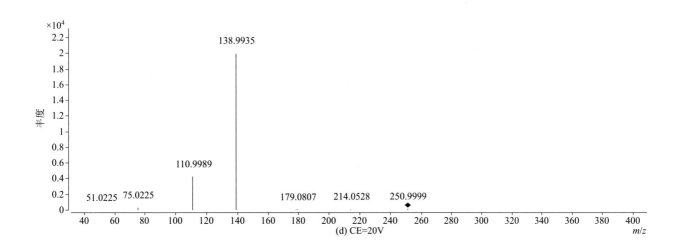

(d) CE=20V

chlorfenprop-methyl（燕麦酯）

基本信息

CAS 登录号	14437-17-3	**分子量**	232.0052
分子式	C₁₀H₁₀Cl₂O₂	**离子化模式**	电子轰击电离（EI）

分子式 $C_{10}H_{10}Cl_2O_2$

总离子流色谱图

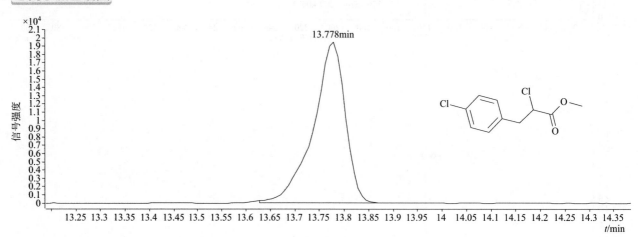

四个碰撞能量（CE）下子离子质谱图

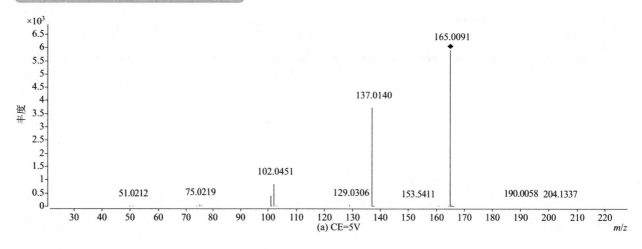

(a) CE=5V

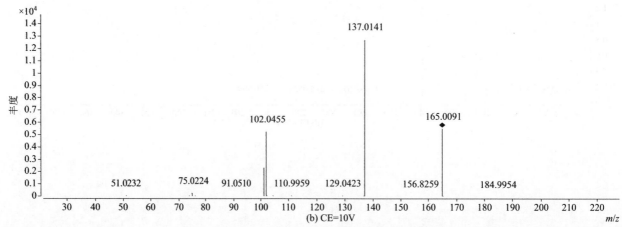

(b) CE=10V

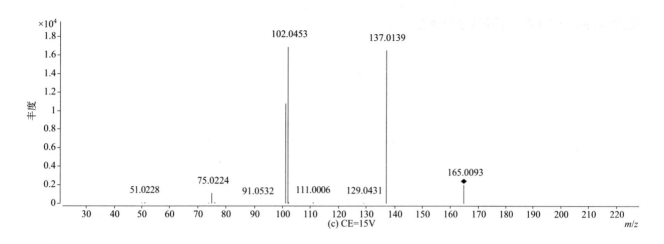

(c) CE=15V

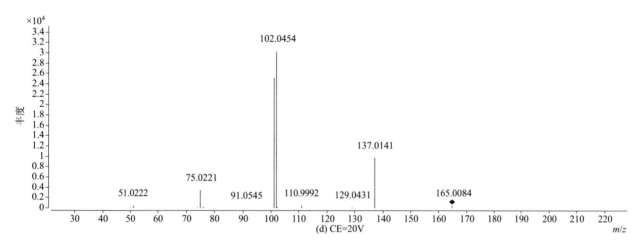

(d) CE=20V

chlorfenson（杀螨酯）

基本信息

CAS 登录号	80-33-1	分子量	301.9566
分子式	$C_{12}H_8Cl_2O_3S$	离子化模式	电子轰击电离（EI）

总离子流色谱图

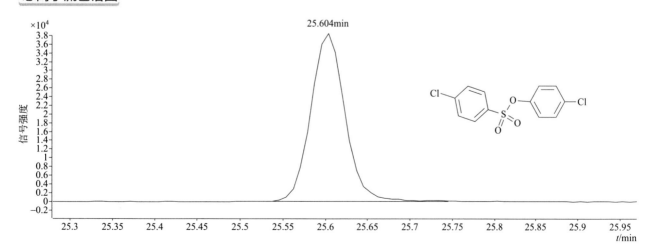

四个碰撞能量（CE）下子离子质谱图

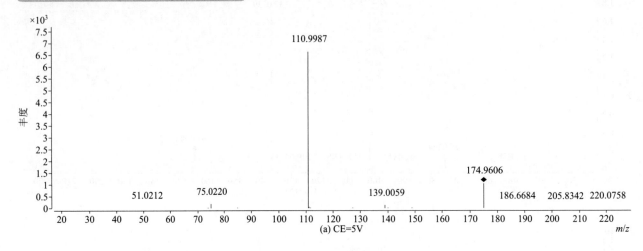

(a) CE=5V

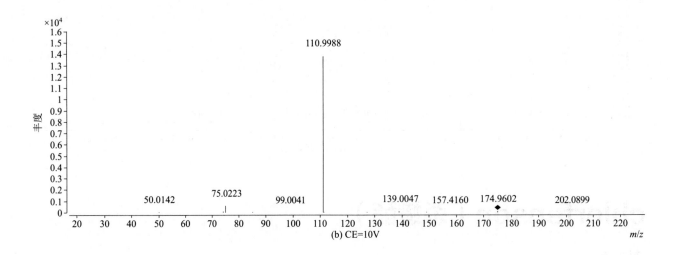

(b) CE=10V

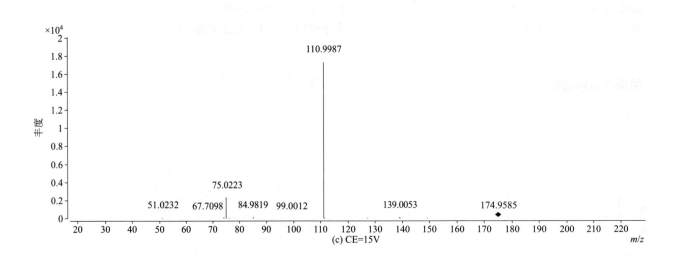

(c) CE=15V

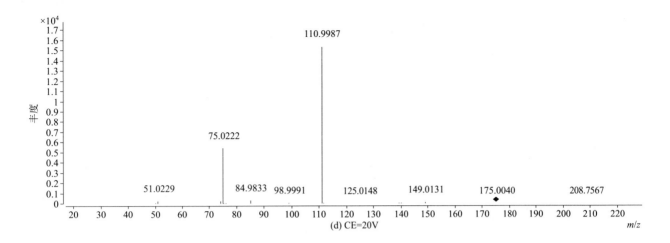

(d) CE=20V

chlorfenvinphos（毒虫畏）

基本信息

CAS 登录号	470-90-6	分子量	357.9690
分子式	$C_{12}H_{14}Cl_3O_4P$	离子化模式	电子轰击电离（EI）

总离子流色谱图

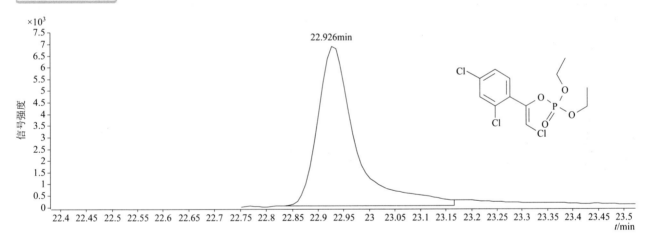

四个碰撞能量（CE）下子离子质谱图

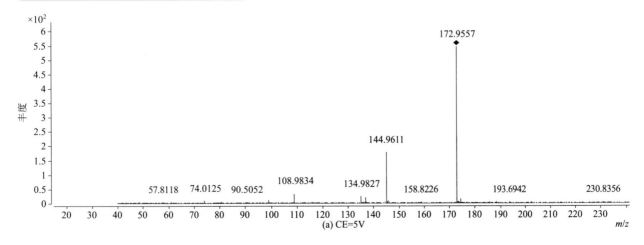

(a) CE=5V

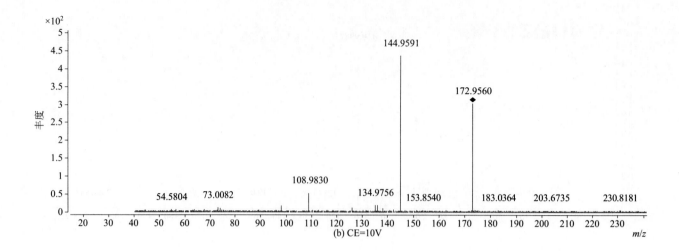

(b) CE=10V

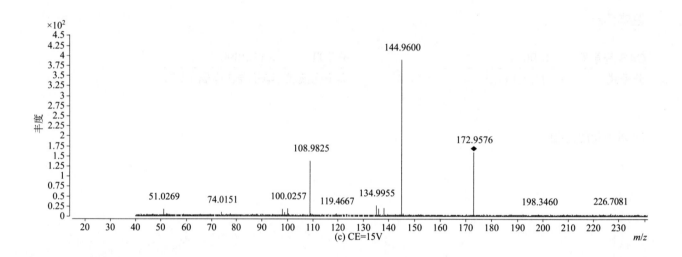

(c) CE=15V

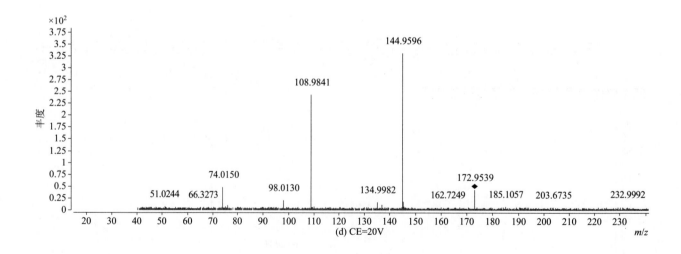

(d) CE=20V

chlorfluazuron（氟啶脲）

基本信息

CAS 登录号	71422-67-8	**分子量**	538.9624
分子式	$C_{20}H_9Cl_3F_5N_3O_3$	**离子化模式**	电子轰击电离（EI）

总离子流色谱图

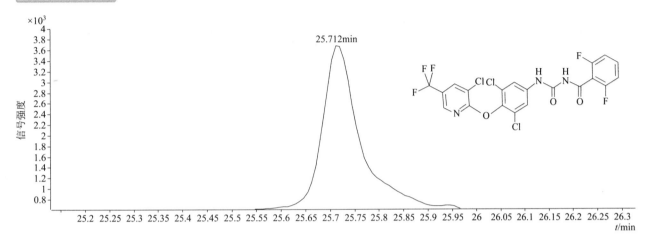

四个碰撞能量（CE）下子离子质谱图

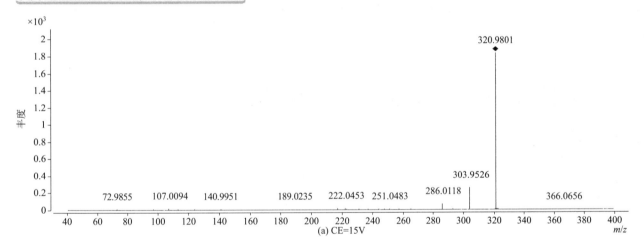

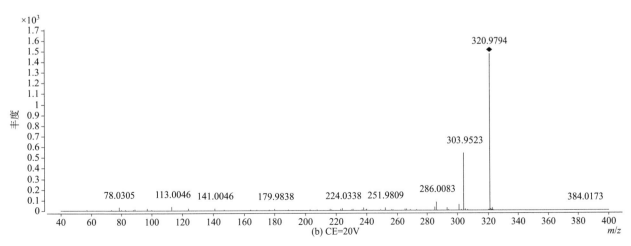

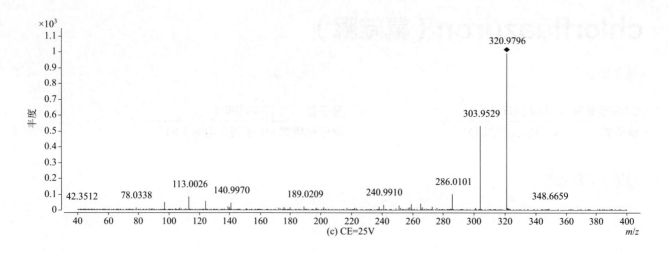

(c) CE=25V

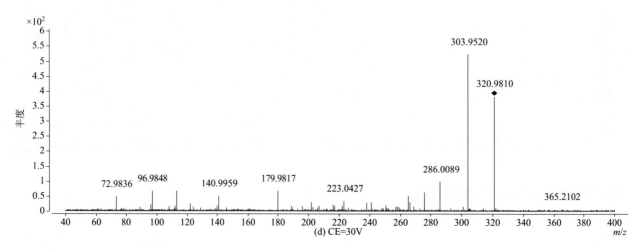

(d) CE=30V

chlorflurenol-methyl（氯甲丹）

基本信息

CAS 登录号	2536-31-4	分子量	274.0392
分子式	C$_{15}$H$_{11}$ClO$_3$	离子化模式	电子轰击电离（EI）

总离子流色谱图

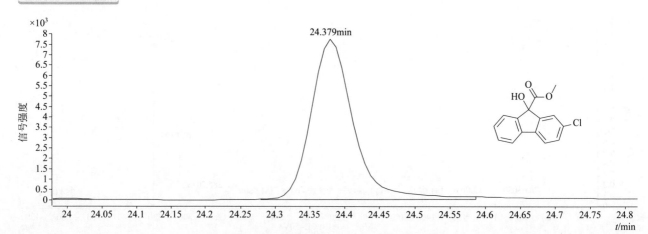

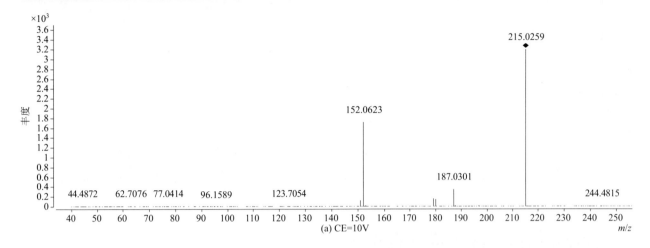

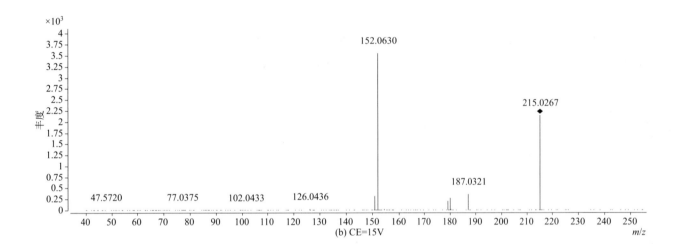

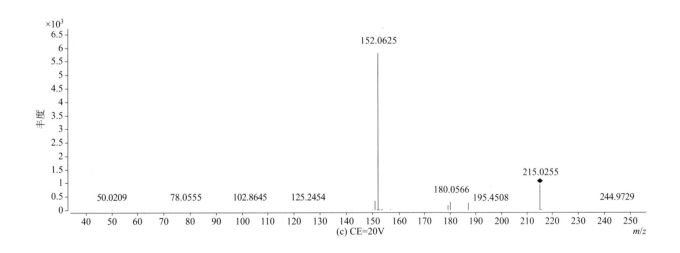

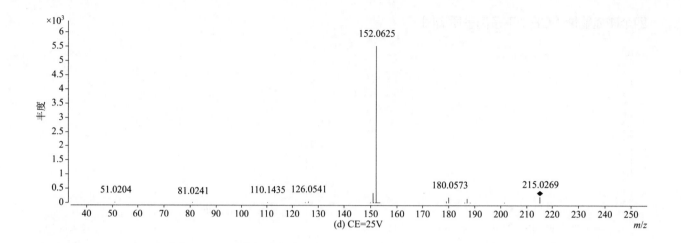

(d) CE=25V

chloridazon（杀草敏）

基本信息

CAS 登录号	1698-60-8	分子量	221.0351
分子式	C$_{10}$H$_8$ClN$_3$O	离子化模式	电子轰击电离（EI）

总离子流色谱图

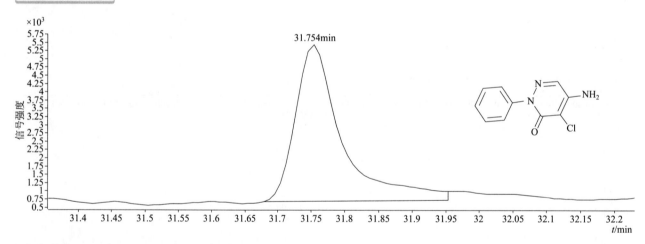

四个碰撞能量（CE）下子离子质谱图

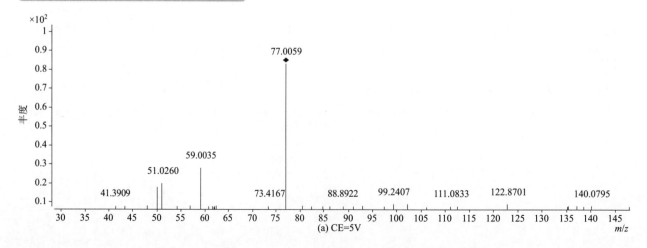

(a) CE=5V

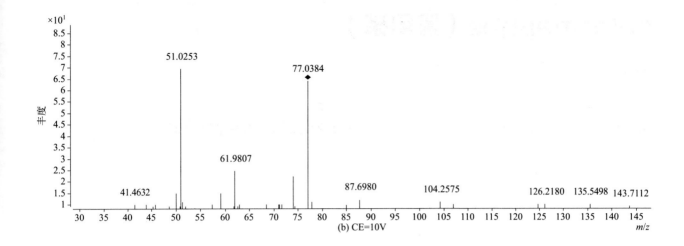

(b) CE=10V

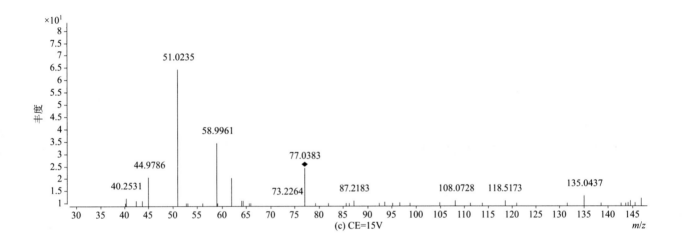

(c) CE=15V

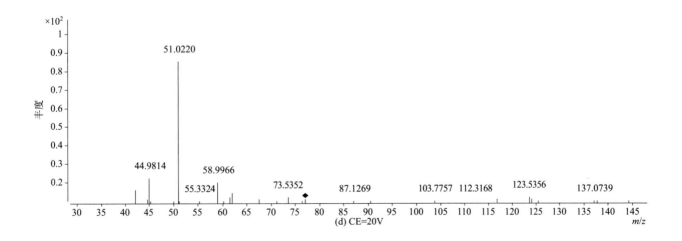

(d) CE=20V

chlormephos（氯甲磷）

基本信息

CAS 登录号	24934-91-6	**分子量**	233.9699
分子式	$C_5H_{12}ClO_2PS_2$	**离子化模式**	电子轰击电离（EI）

总离子流色谱图

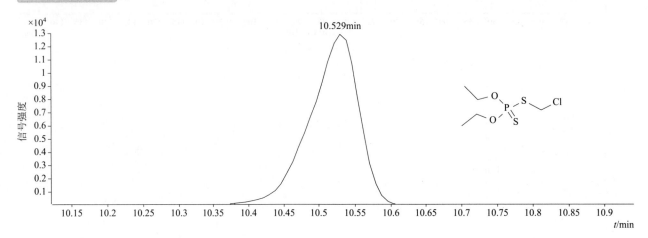

四个碰撞能量（CE）下子离子质谱图

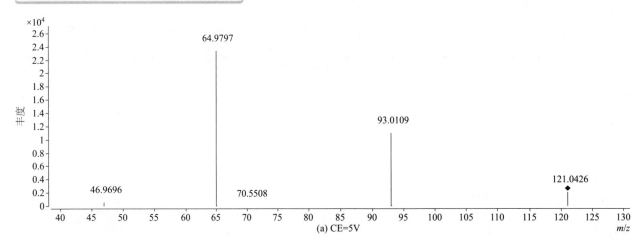

(a) CE=5V

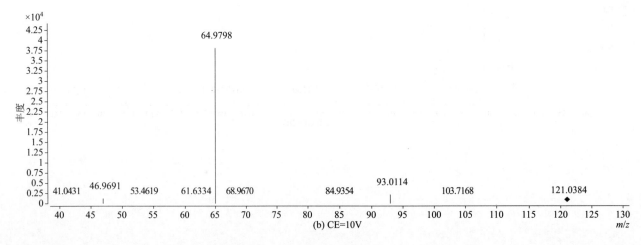

(b) CE=10V

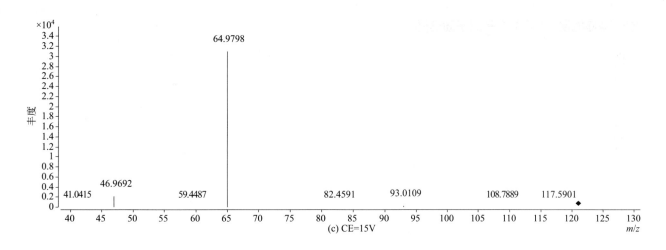

(c) CE=15V

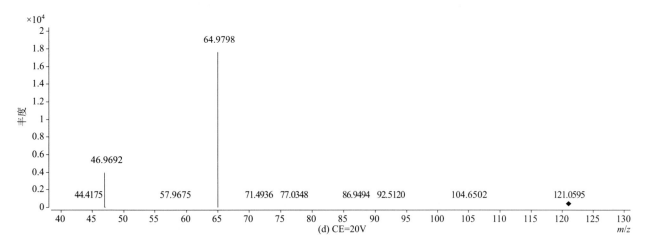

(d) CE=20V

chlorobenzilate（乙酯杀螨醇）

基本信息

| **CAS 登录号** | 510-15-6 | **分子量** | 324.0315 |
| **分子式** | $C_{16}H_{14}Cl_2O_3$ | **离子化模式** | 电子轰击电离（EI） |

总离子流色谱图

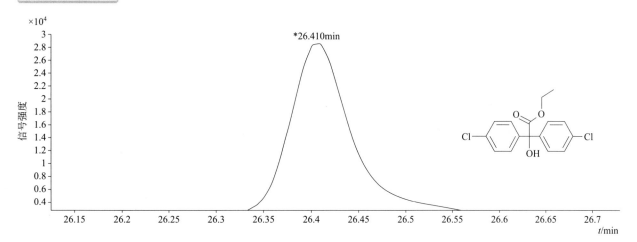

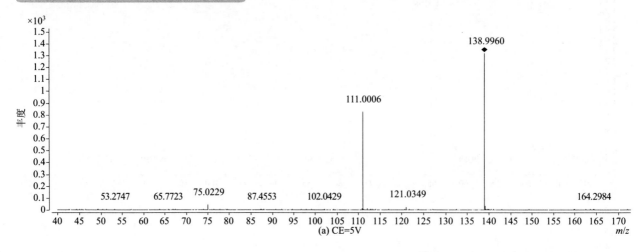

(a) CE=5V

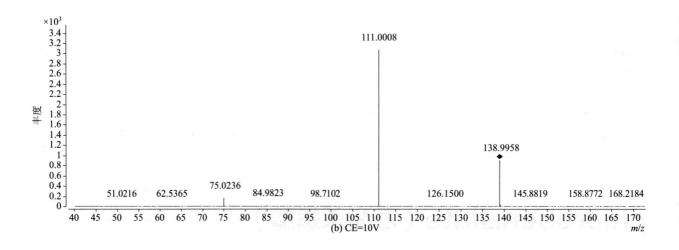

(b) CE=10V

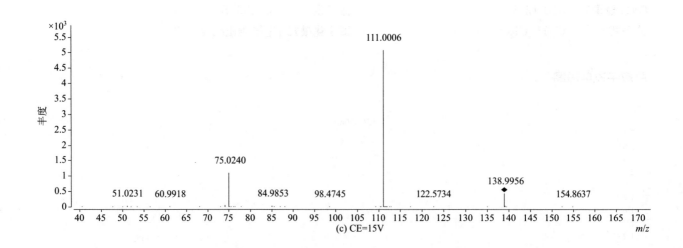

(c) CE=15V

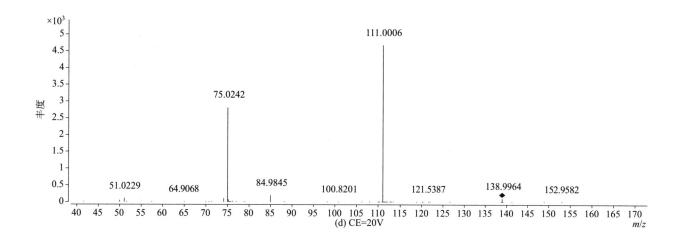
(d) CE=20V

2-chlorobiphenyl（2-氯联苯；PCB1）

基本信息

CAS 登录号	2051-60-7	分子量	188.0388
分子式	$C_{12}H_9Cl$	离子化模式	电子轰击电离（EI）

总离子流色谱图

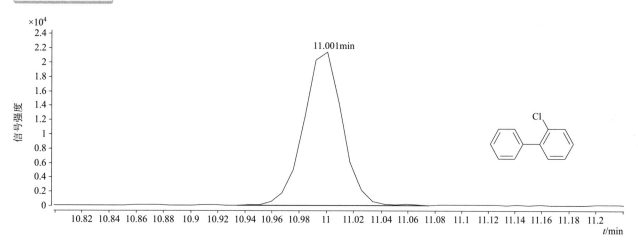

四个碰撞能量（CE）下子离子质谱图

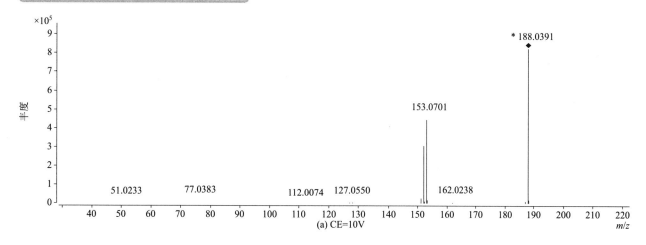
(a) CE=10V

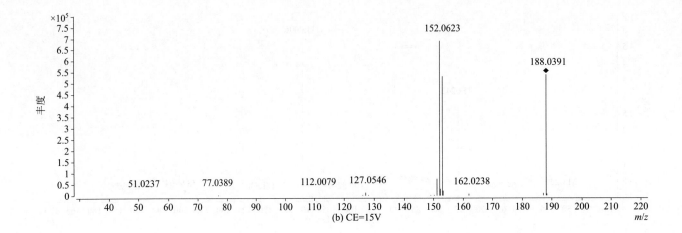

(b) CE=15V

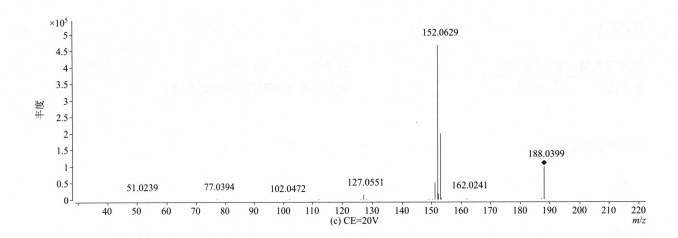

(c) CE=20V

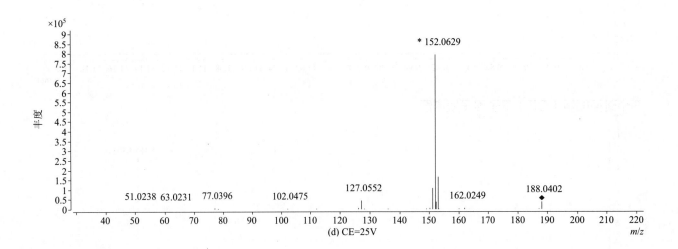

(d) CE=25V

3-chlorobiphenyl（3- 氯联苯；PCB2）

基本信息

CAS 登录号	2051-61-8	**分子量**	188.0388
分子式	$C_{12}H_9Cl$	**离子化模式**	电子轰击电离（EI）

总离子流色谱图

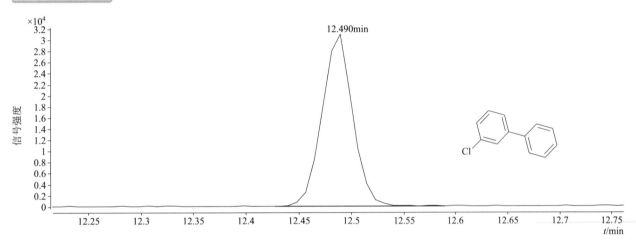

四个碰撞能量（CE）下子离子质谱图

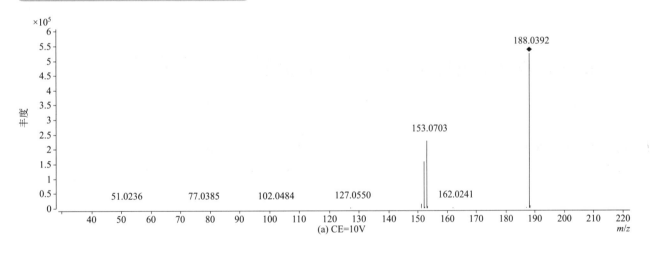

(a) CE=10V

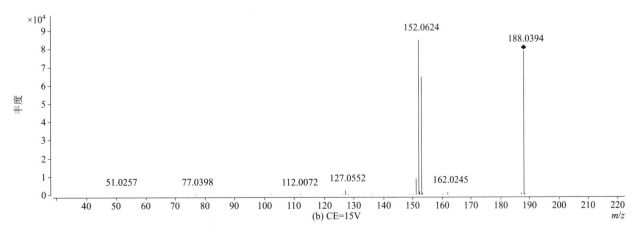

(b) CE=15V

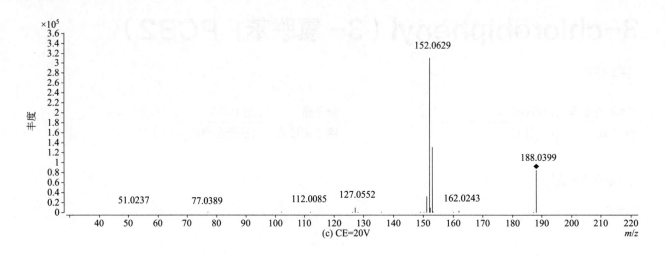

(c) CE=20V

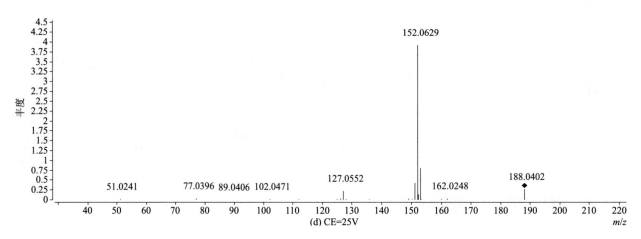

(d) CE=25V

4-chlorobiphenyl（4- 氯联苯；PCB3）

基本信息

CAS 登录号	2051-62-9	分子量	188.0388
分子式	$C_{12}H_9Cl$	离子化模式	电子轰击电离（EI）

总离子流色谱图

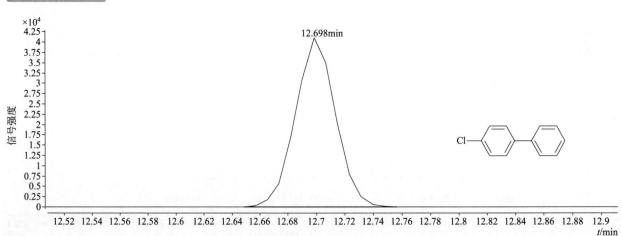

四个碰撞能量（CE）下子离子质谱图

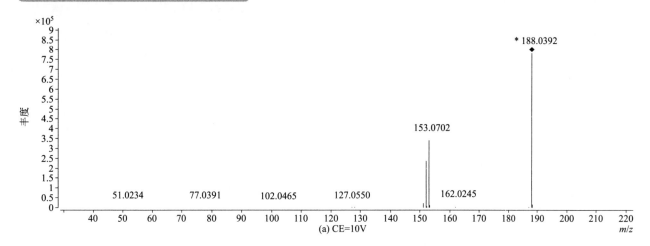

(a) CE=10V

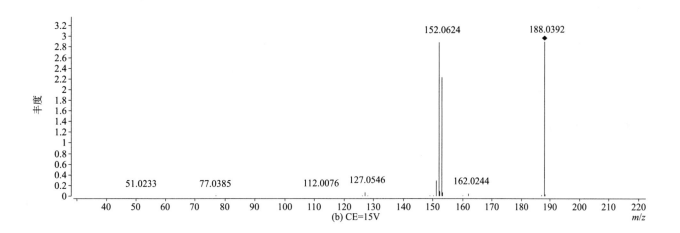

(b) CE=15V

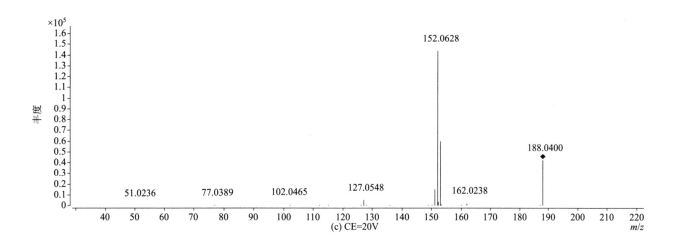

(c) CE=20V

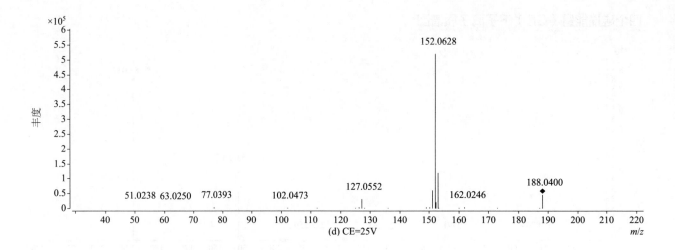

(d) CE=25V

chloroneb（氯甲氧苯）

基本信息

CAS 登录号	2675-77-6	分子量	205.9896
分子式	$C_8H_8Cl_2O_2$	离子化模式	电子轰击电离（EI）

总离子流色谱图

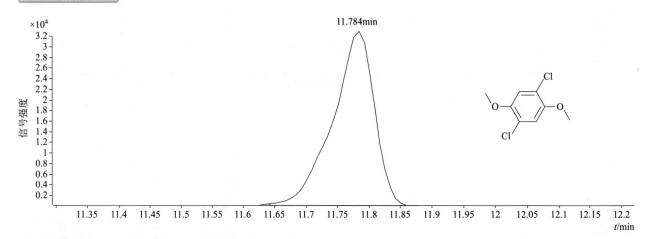

四个碰撞能量（CE）下子离子质谱图

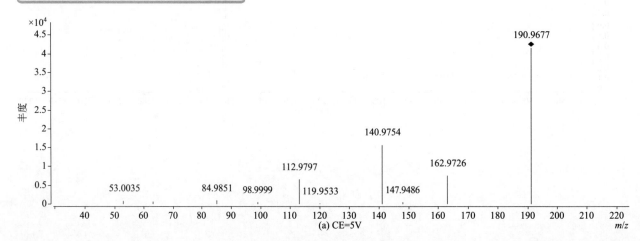

(a) CE=5V

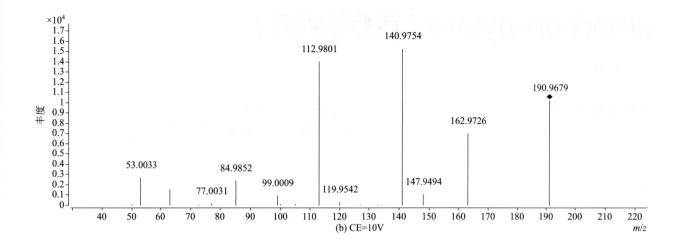

(b) CE=10V

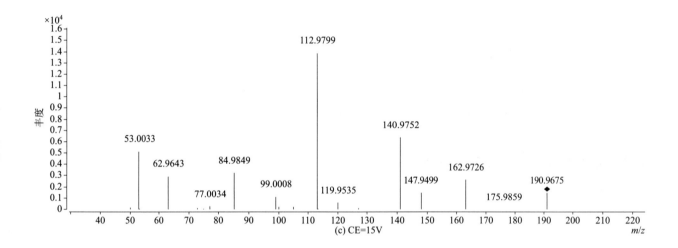

(c) CE=15V

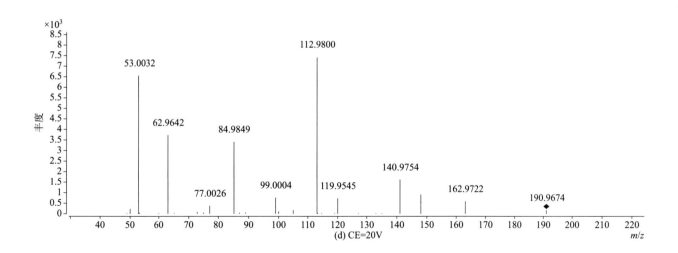

(d) CE=20V

chloropropylate（丙酯杀螨醇）

基本信息

CAS 登录号	5836-10-2	分子量	338.0471
分子式	$C_{17}H_{16}Cl_2O_3$	离子化模式	电子轰击电离（EI）

总离子流色谱图

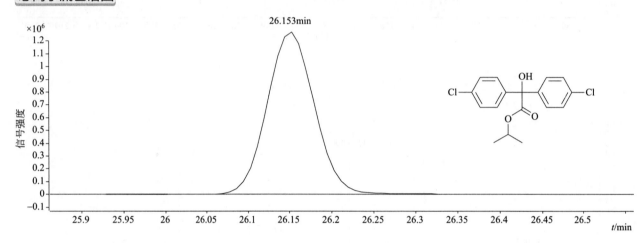

四个碰撞能量（CE）下子离子质谱图

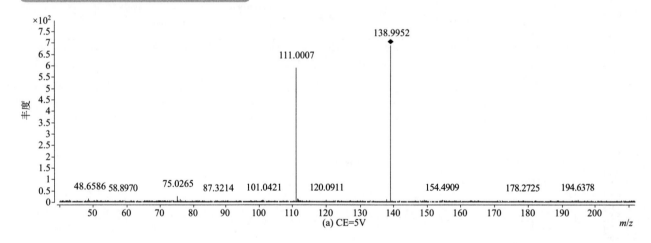

(a) CE=5V

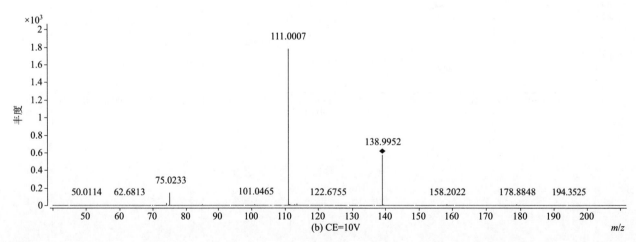

(b) CE=10V

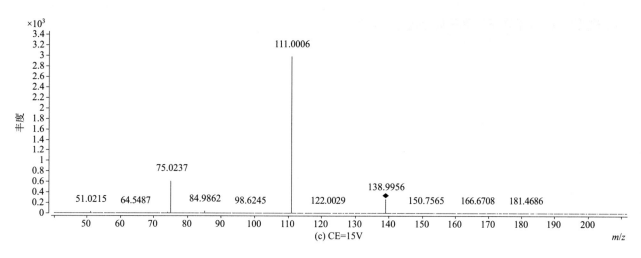

(c) CE=15V

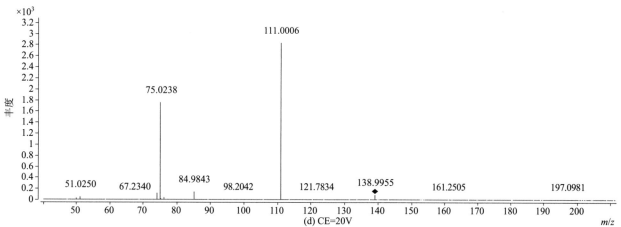

(d) CE=20V

chlorothalonil（百菌清）

CAS 登录号	1897-45-6	**分子量**	263.8810
分子式	$C_8Cl_4N_2$	**离子化模式**	电子轰击电离（EI）

总离子流色谱图

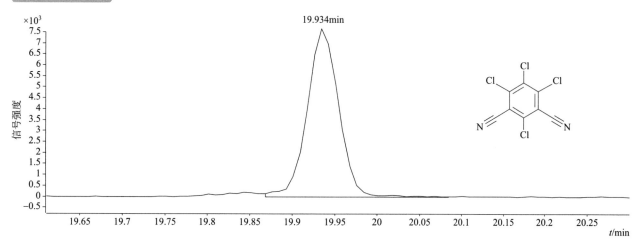

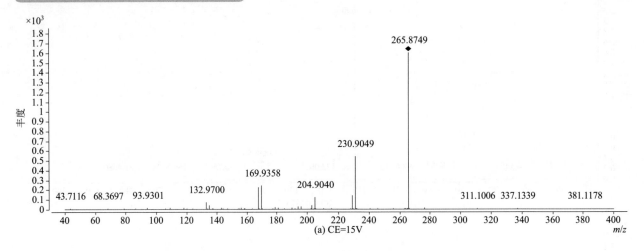

(a) CE=15V

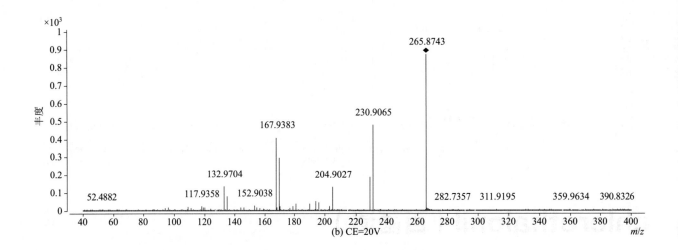

(b) CE=20V

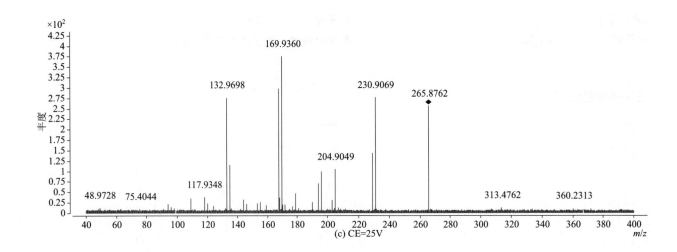

(c) CE=25V

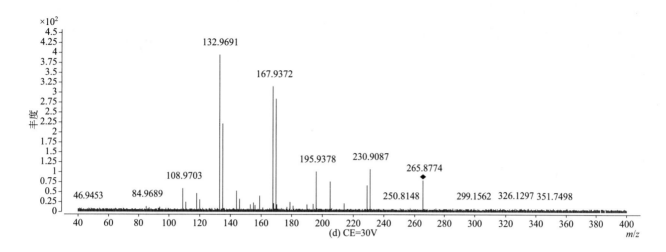

(d) CE=30V

chlorotoluron（绿麦隆）

基本信息

CAS 登录号	15545-48-9	分子量	212.0711
分子式	$C_{10}H_{13}ClN_2O$	离子化模式	电子轰击电离（EI）

总离子流色谱图

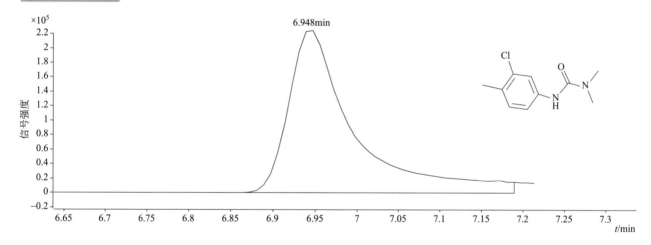

四个碰撞能量（CE）下子离子质谱图

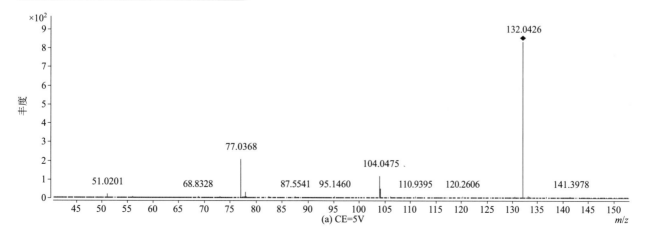

(a) CE=5V

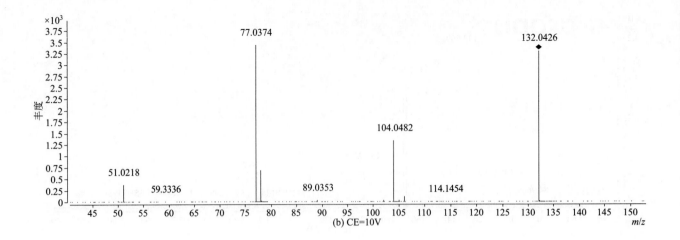

(b) CE=10V

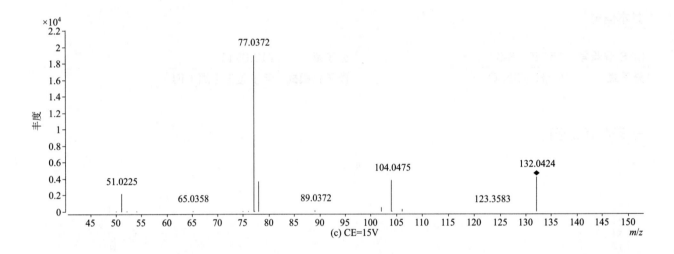

(c) CE=15V

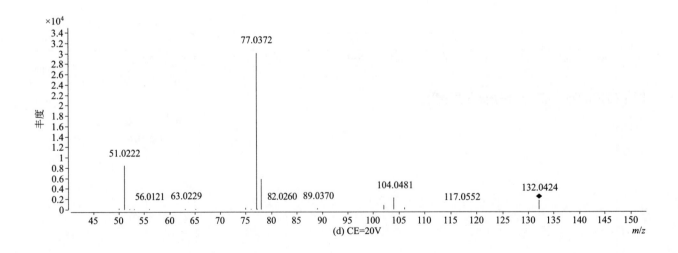

(d) CE=20V

chlorpropham（氯苯胺灵）

基本信息

CAS 登录号	101-21-3	**分子量**	213.0551
分子式	$C_{10}H_{12}ClNO_2$	**离子化模式**	电子轰击电离（EI）

总离子流色谱图

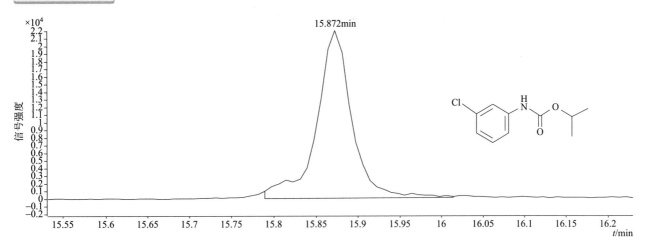

四个碰撞能量（CE）下子离子质谱图

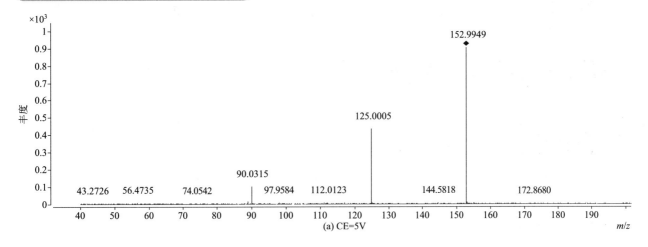

(a) CE=5V

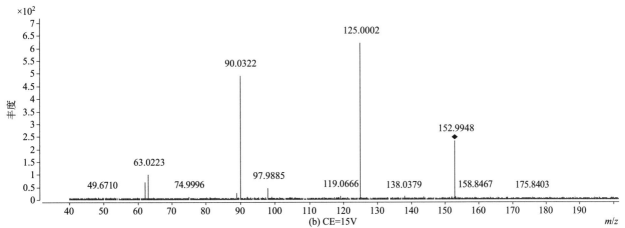

(b) CE=15V

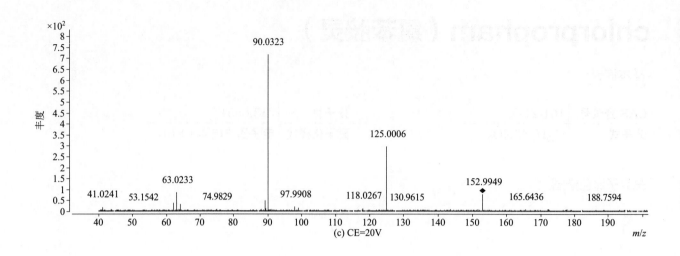

(c) CE=20V

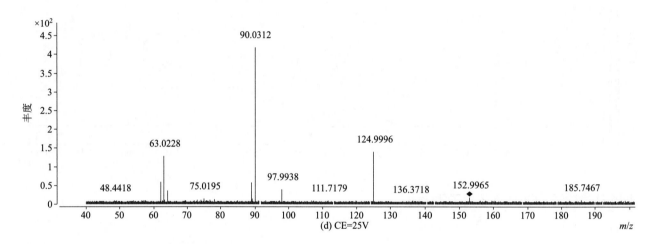

(d) CE=25V

chlorpyrifos（毒死蜱）

基本信息

CAS 登录号	2921-88-2	**分子量**	348.9257
分子式	$C_9H_{11}Cl_3NO_3PS$	**离子化模式**	电子轰击电离（EI）

总离子流色谱图

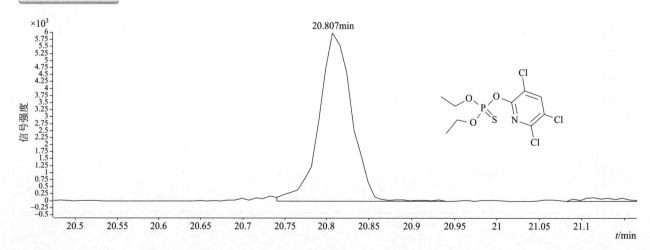

四个碰撞能量（CE）下子离子质谱图

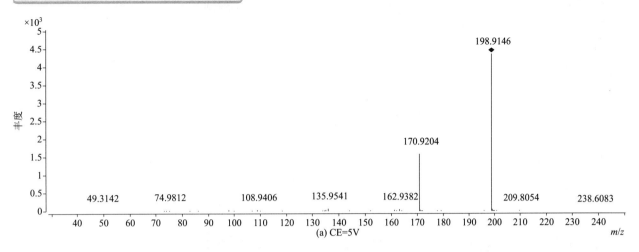

(a) CE=5V

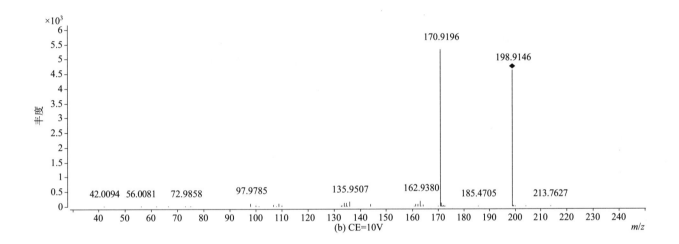

(b) CE=10V

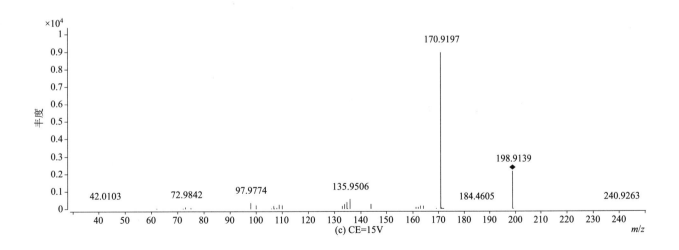

(c) CE=15V

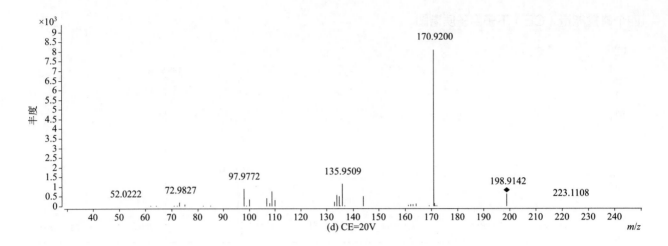

(d) CE=20V

chlorpyrifos-methyl（甲基毒死蜱）

基本信息

CAS 登录号	5598-13-0	分子量	320.8944
分子式	$C_7H_7Cl_3NO_3PS$	离子化模式	电子轰击电离（EI）

总离子流色谱图

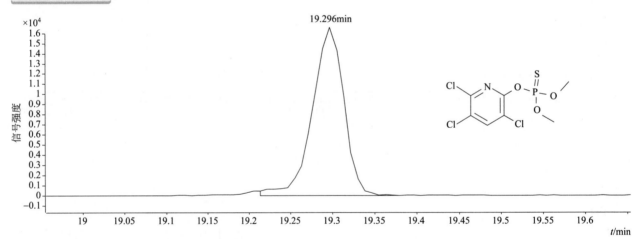

四个碰撞能量（CE）下子离子质谱图

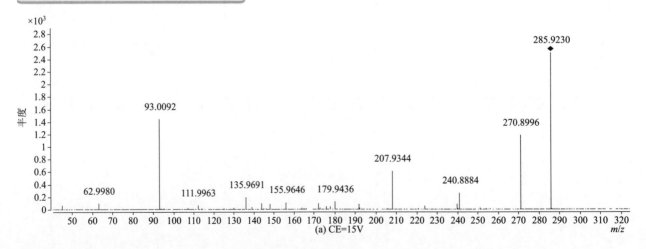

(a) CE=15V

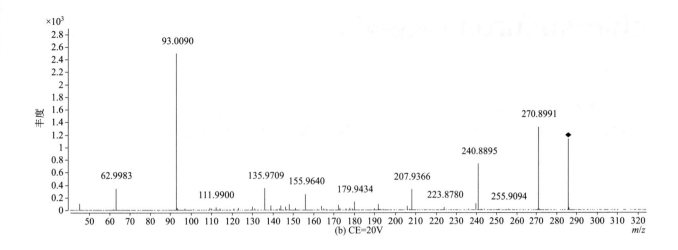

(b) CE=20V

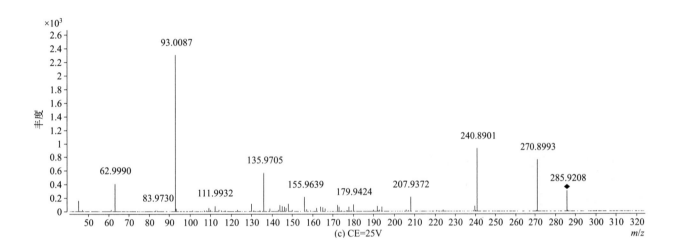

(c) CE=25V

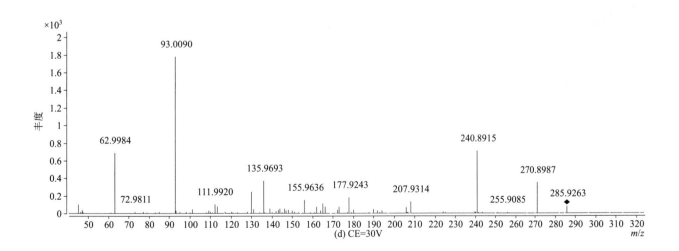

(d) CE=30V

chlorsulfuron（氯磺隆）

基本信息

CAS 登录号	64902-72-3	分子量	357.0294
分子式	$C_{12}H_{12}ClN_5O_4S$	离子化模式	电子轰击电离（EI）

总离子流色谱图

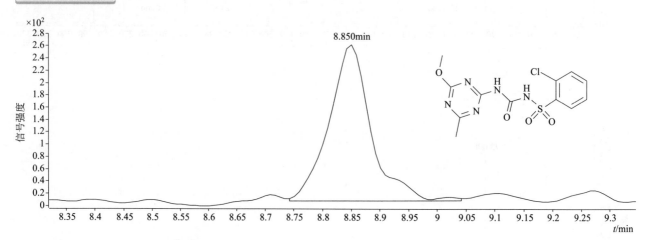

四个碰撞能量（CE）下子离子质谱图

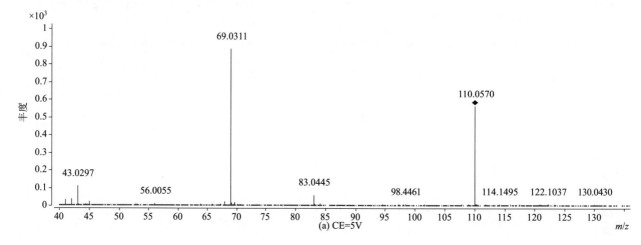

(a) CE=5V

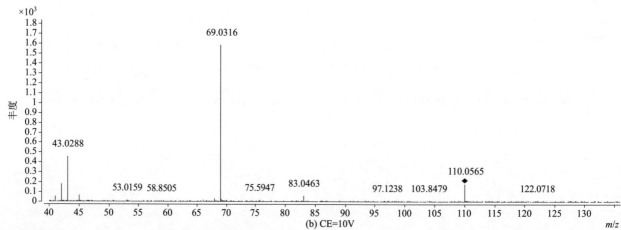

(b) CE=10V

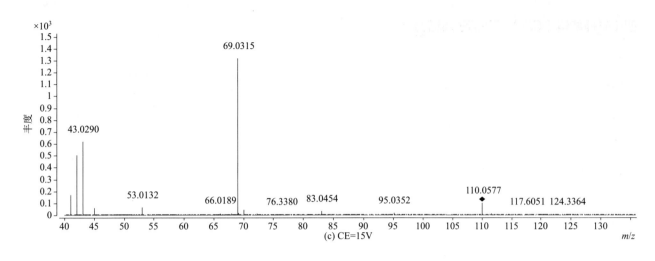

(c) CE=15V

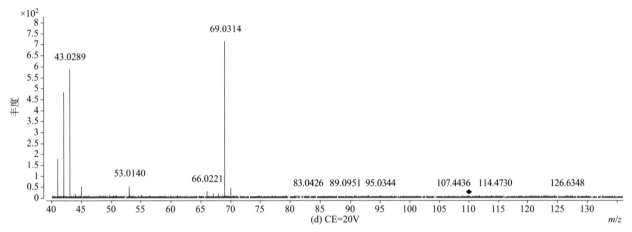

(d) CE=20V

chlorthiamid（氯硫酰草胺）

基本信息

CAS 登录号	1918-13-4		分子量	204.9514
分子式	C$_7$H$_5$Cl$_2$NS		离子化模式	电子轰击电离（EI）

总离子流色谱图

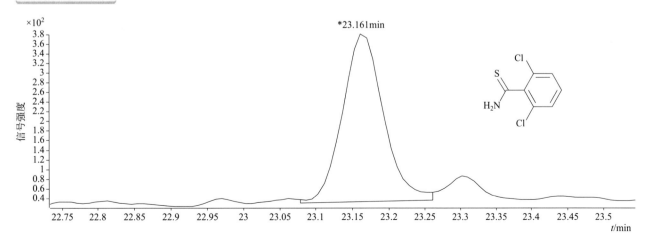

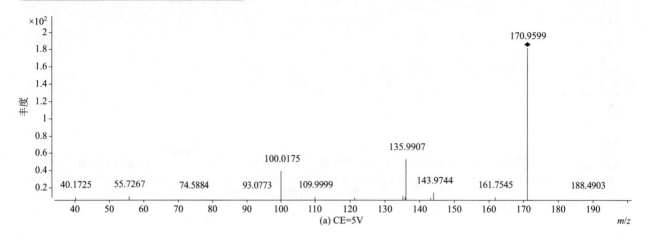

(a) CE=5V

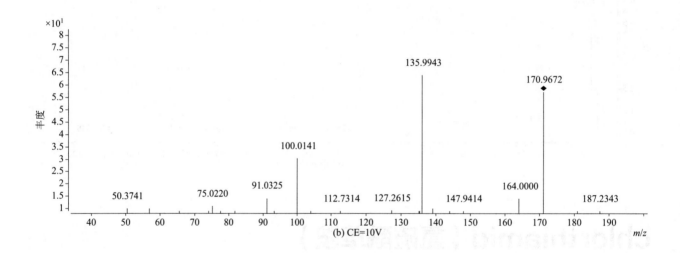

(b) CE=10V

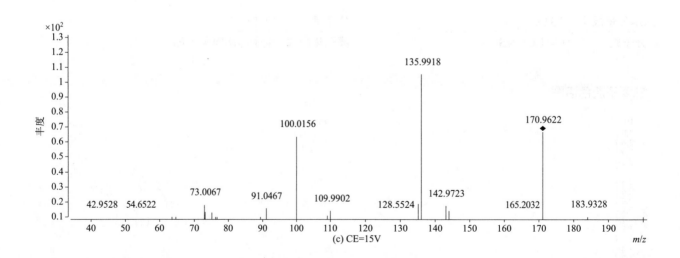

(c) CE=15V

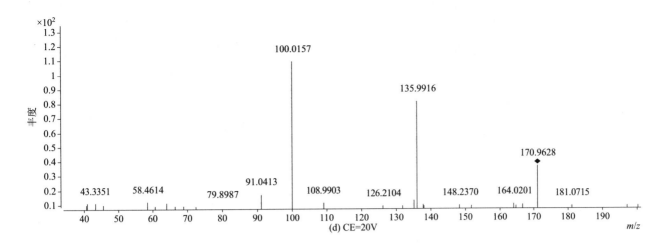
(d) CE=20V

chlorthion（氯硫磷）

基本信息

CAS 登录号	500-28-7	分子量	296.9622
分子式	C₈H₉ClNO₅PS	离子化模式	电子轰击电离（EI）

分子式：$C_8H_9ClNO_5PS$

总离子流色谱图

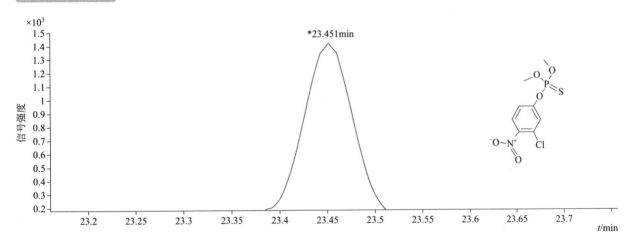
*23.451min

四个碰撞能量（CE）下子离子质谱图

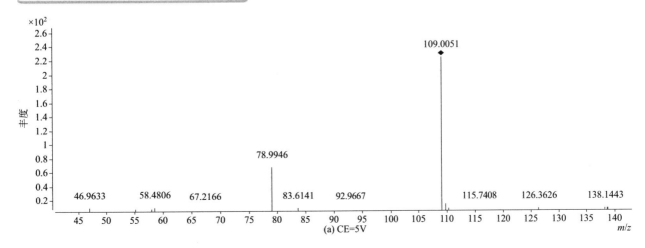
(a) CE=5V

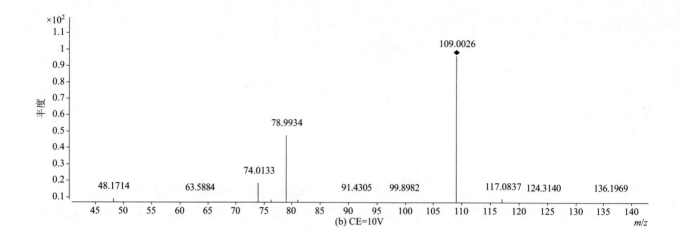

(b) CE=10V

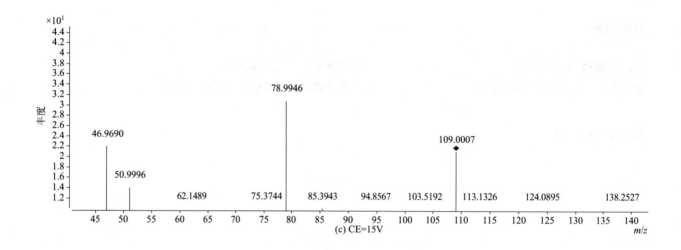

(c) CE=15V

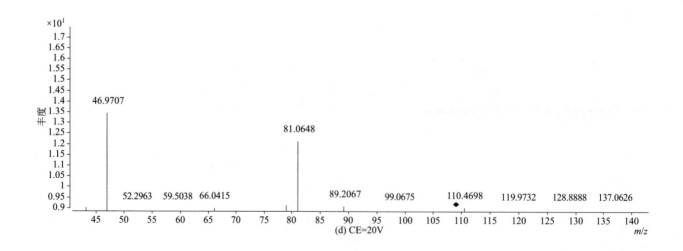

(d) CE=20V

chlorthiophos（虫螨磷）

基本信息

CAS 登录号	60238-56-4	**分子量**	359.9572
分子式	$C_{11}H_{15}Cl_2O_3PS_2$	**离子化模式**	电子轰击电离（EI）

总离子流色谱图

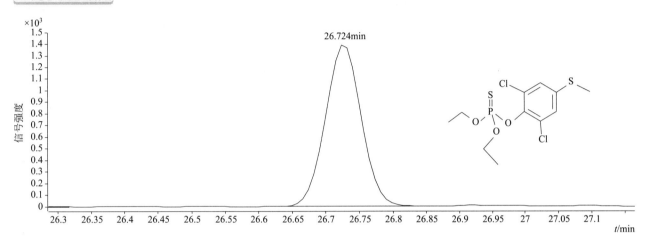

四个碰撞能量（CE）下子离子质谱图

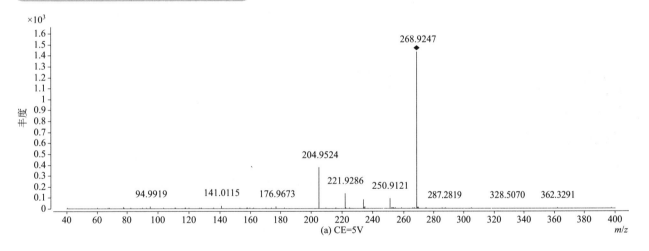

(a) CE=5V

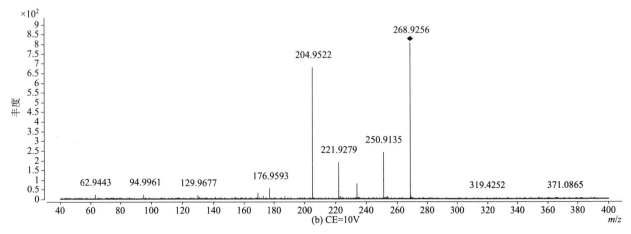

(b) CE=10V

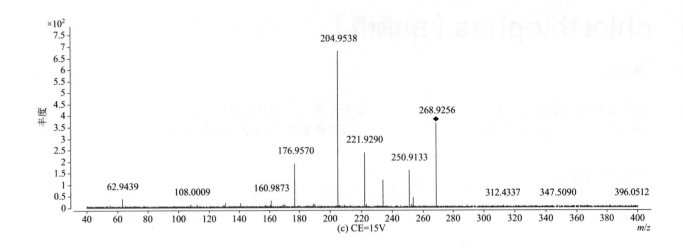

(c) CE=15V

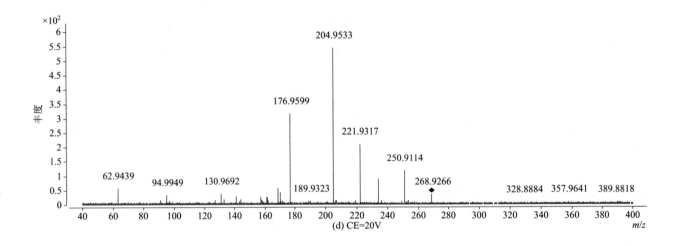

(d) CE=20V

chlozolinate（乙菌利）

基本信息

CAS 登录号	84332-86-5	**分子量**	331.0009
分子式	$C_{13}H_{11}Cl_2NO_5$	**离子化模式**	电子轰击电离（EI）

总离子流色谱图

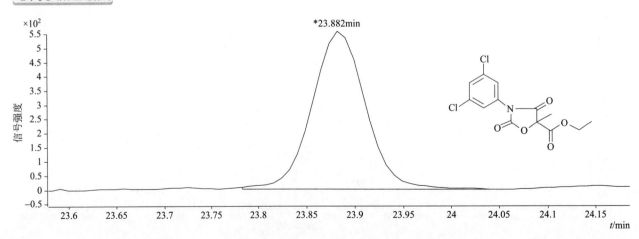

四个碰撞能量（CE）下子离子质谱图

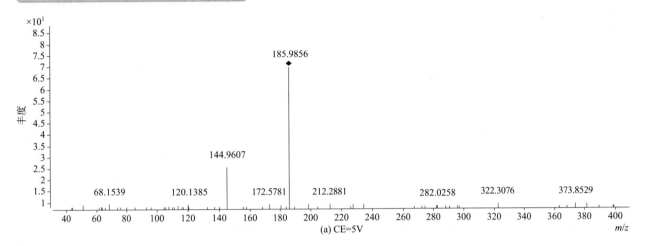

(a) CE=5V

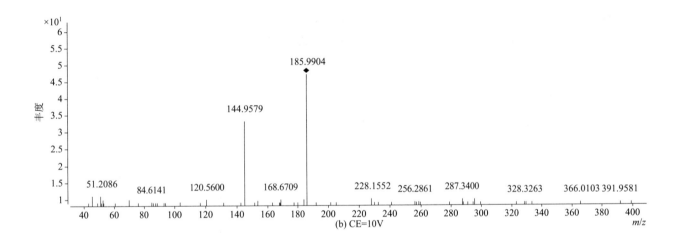

(b) CE=10V

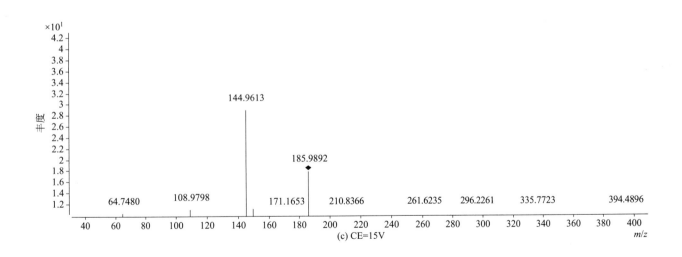

(c) CE=15V

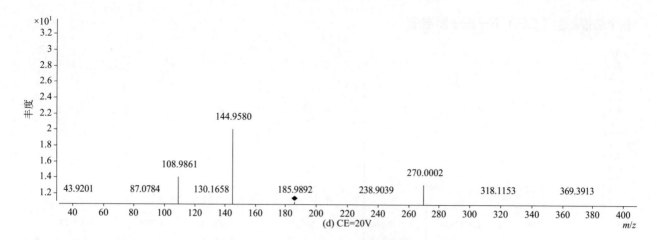

(d) CE=20V

clodinafop-propargyl（炔草酯）

基本信息

CAS 登录号	105512-06-9	分子量	349.0512
分子式	$C_{17}H_{13}ClFNO_4$	离子化模式	电子轰击电离（EI）

总离子流色谱图

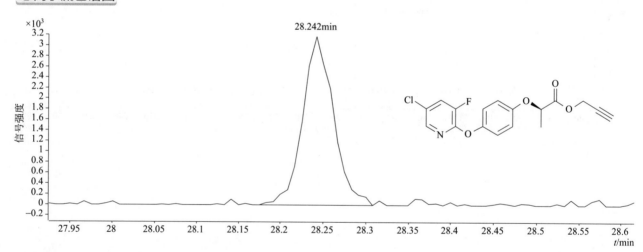

28.242min

四个碰撞能量（CE）下子离子质谱图

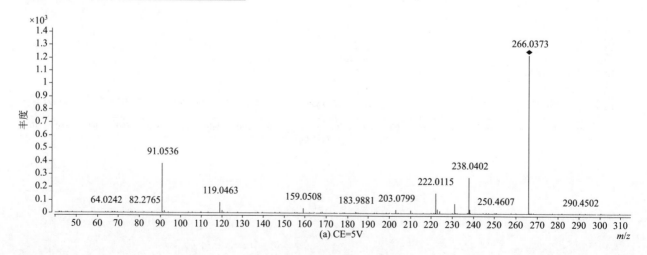

(a) CE=5V

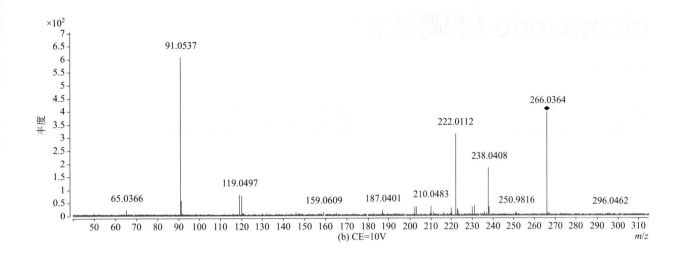

(b) CE=10V

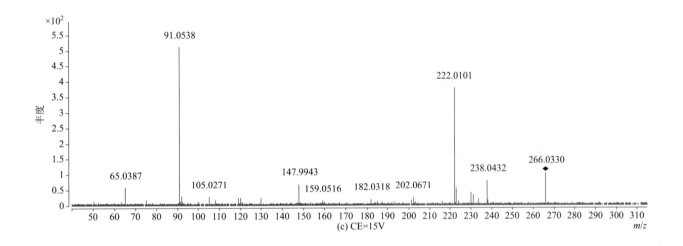

(c) CE=15V

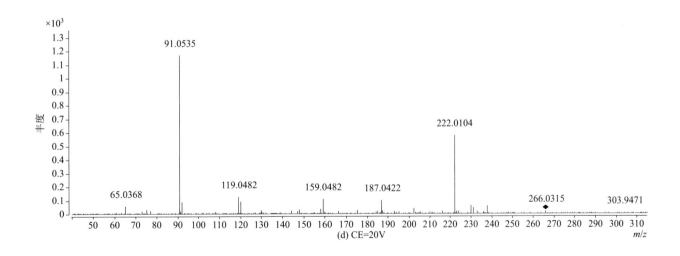

(d) CE=20V

clomazone（异噁草酮）

基本信息

CAS 登录号	81777-89-1	**分子量**	239.0706
分子式	$C_{12}H_{14}ClNO_2$	**离子化模式**	电子轰击电离（EI）

总离子流色谱图

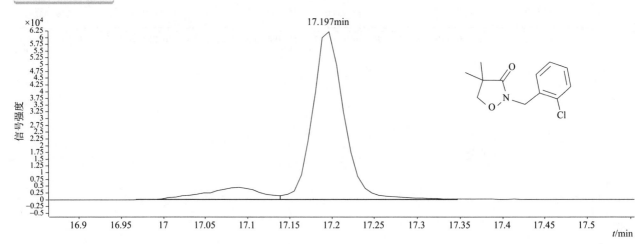

四个碰撞能量（CE）下子离子质谱图

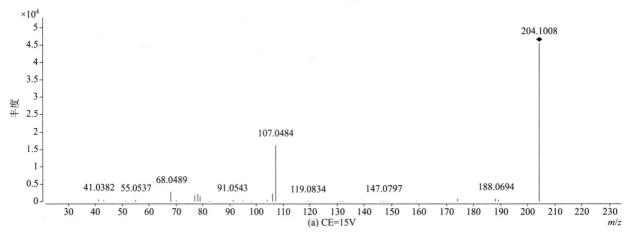

(a) CE=15V

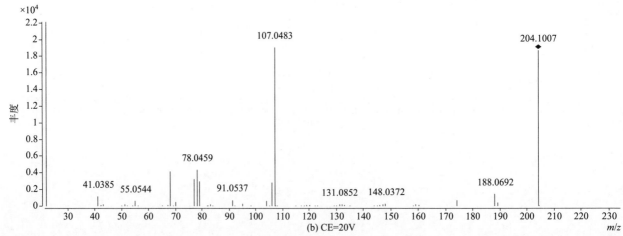

(b) CE=20V

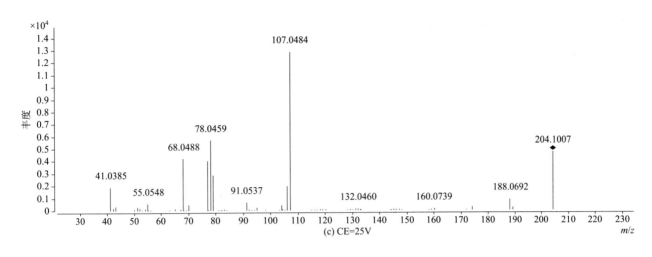

(c) CE=25V

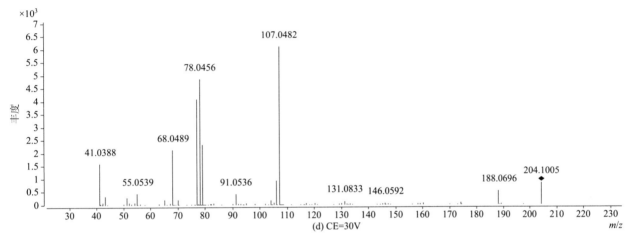

(d) CE=30V

cloprop（调果酸）

基本信息

CAS 登录号	101-10-0	**分子量**	200.0235
分子式	$C_9H_9ClO_3$	**离子化模式**	电子轰击电离（EI）

总离子流色谱图

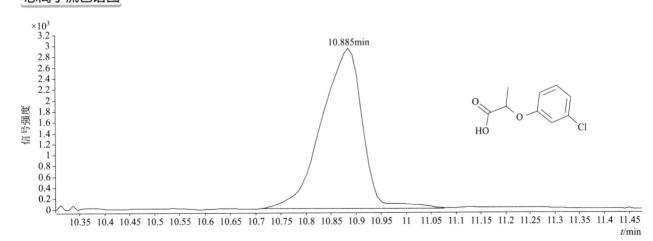

四个碰撞能量（CE）下子离子质谱图

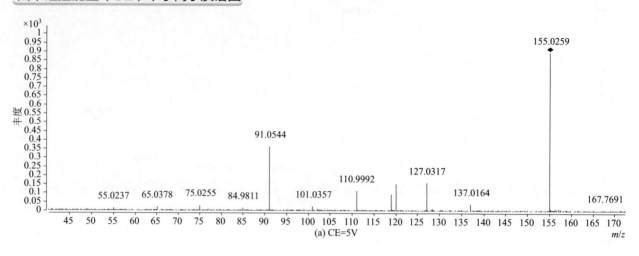

(a) CE=5V

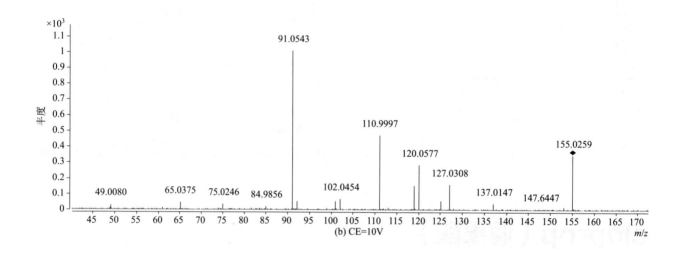

(b) CE=10V

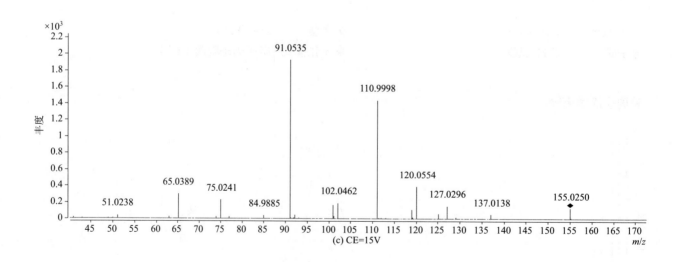

(c) CE=15V

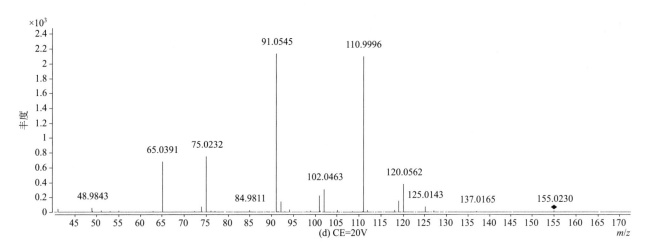

(d) CE=20V

clopyralid（二氯吡啶酸）

基本信息

CAS 登录号	1702-17-6	分子量	190.9535
分子式	$C_6H_3Cl_2NO_2$	离子化模式	电子轰击电离（EI）

总离子流色谱图

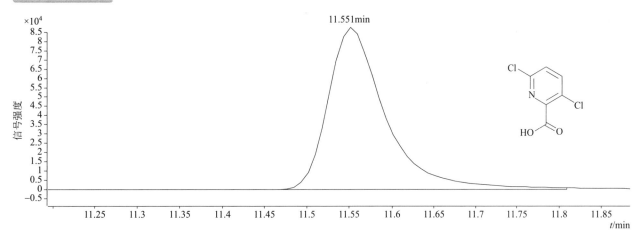

四个碰撞能量（CE）下子离子质谱图

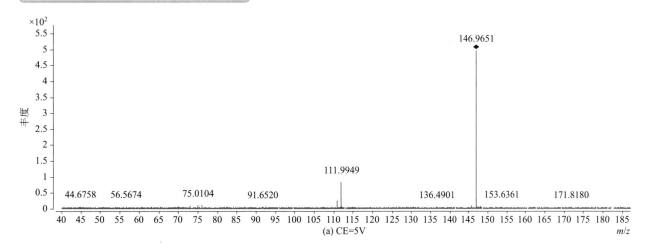

(a) CE=5V

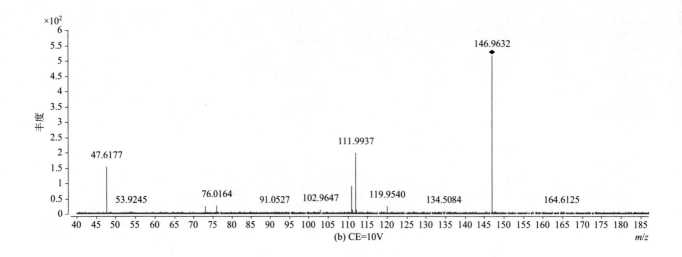

(b) CE=10V

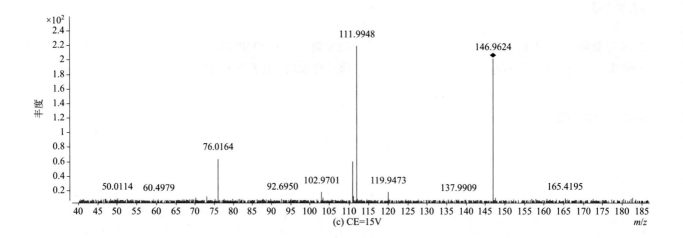

(c) CE=15V

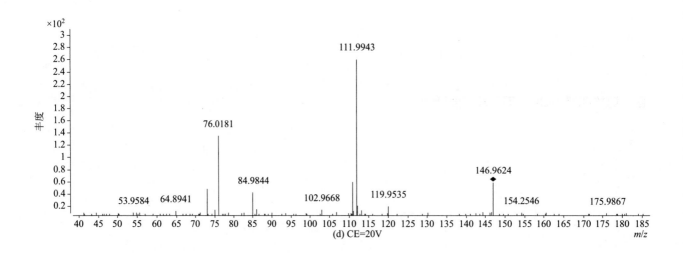

(d) CE=20V

coumaphos（蝇毒磷）

基本信息

CAS 登录号	56-72-4	**分子量**	362.0140
分子式	$C_{14}H_{16}ClO_5PS$	**离子化模式**	电子轰击电离（EI）

总离子流色谱图

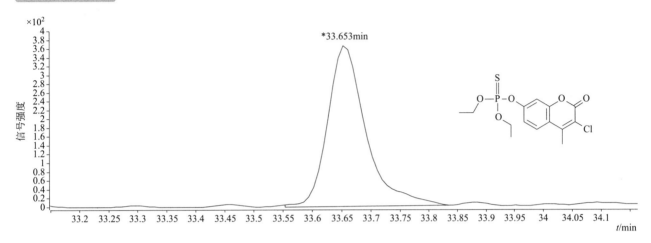

四个碰撞能量（CE）下子离子质谱图

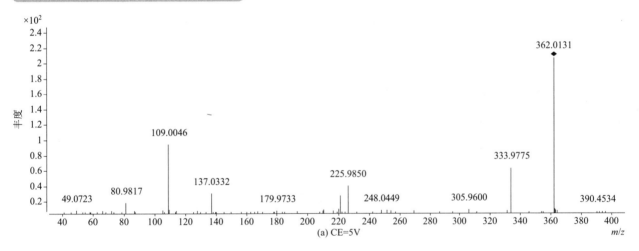

(a) CE=5V

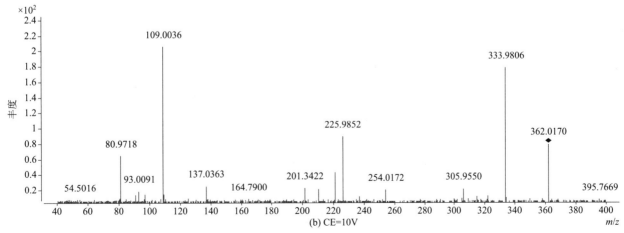

(b) CE=10V

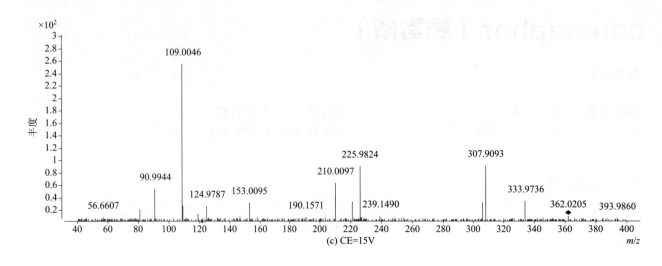

(c) CE=15V

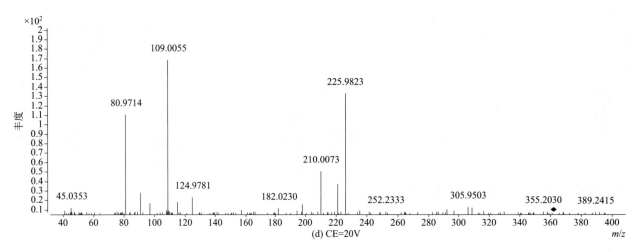

(d) CE=20V

4-CPA（氯苯氧乙酸）

基本信息

CAS 登录号	122-88-3	**分子量**	186.0078
分子式	C₈H₇ClO₃	**离子化模式**	电子轰击电离（EI）

总离子流色谱图

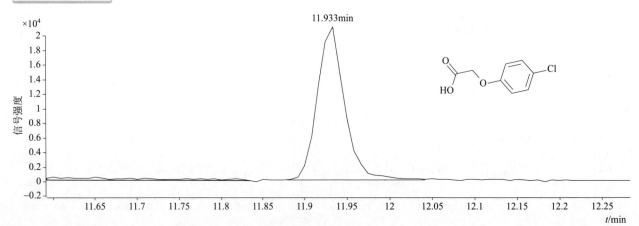

四个碰撞能量（CE）下子离子质谱图

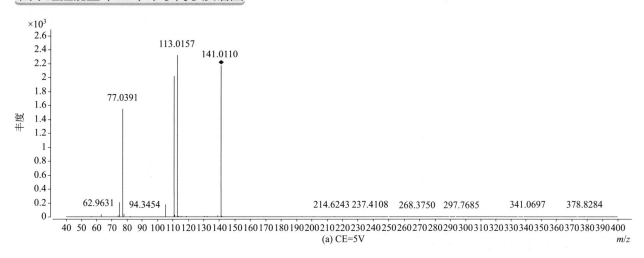

(a) CE=5V

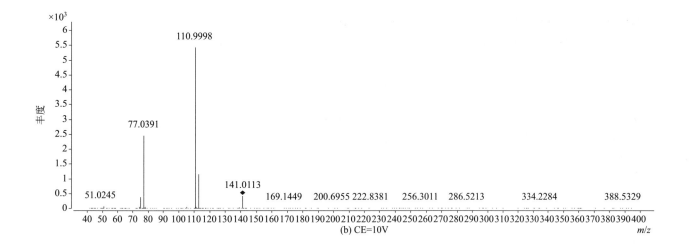

(b) CE=10V

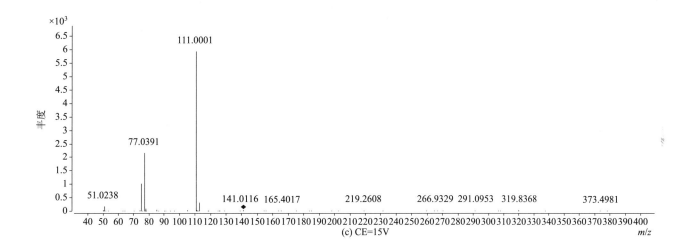

(c) CE=15V

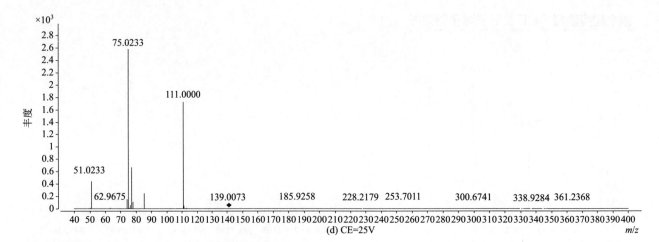

(d) CE=25V

crufomate（育畜磷）

基本信息

CAS 登录号	299-86-5	**分子量**	291.0786
分子式	C$_{12}$H$_{19}$ClNO$_3$P	**离子化模式**	电子轰击电离（EI）

总离子流色谱图

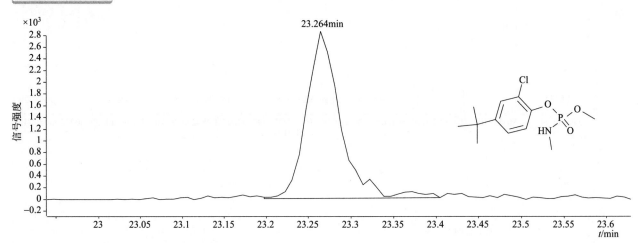

23.264min

四个碰撞能量（CE）下子离子质谱图

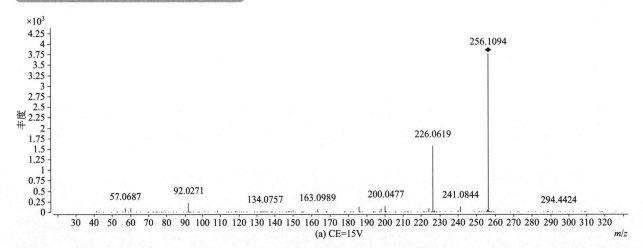

(a) CE=15V

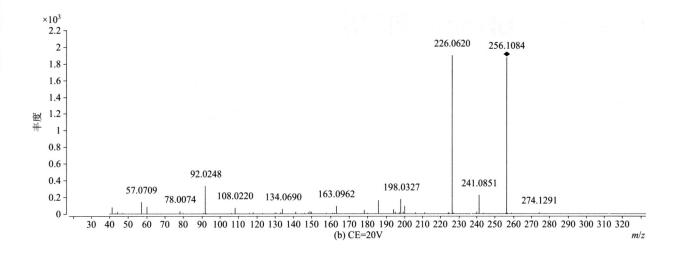

(b) CE=20V

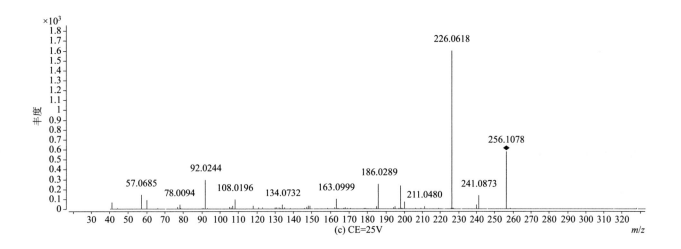

(c) CE=25V

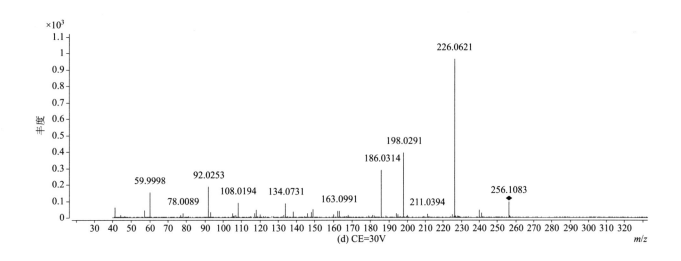

(d) CE=30V

cyanofenphos（苯腈磷）

基本信息

CAS 登录号	13067-93-1	分子量	303.0477
分子式	$C_{15}H_{14}NO_2PS$	离子化模式	电子轰击电离（EI）

总离子流色谱图

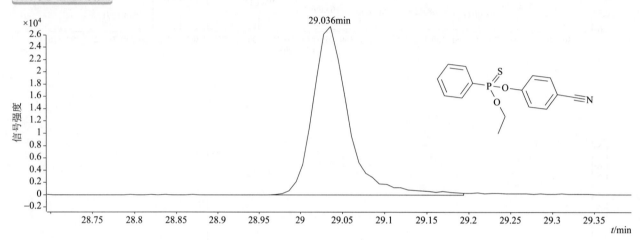

四个碰撞能量（CE）下子离子质谱图

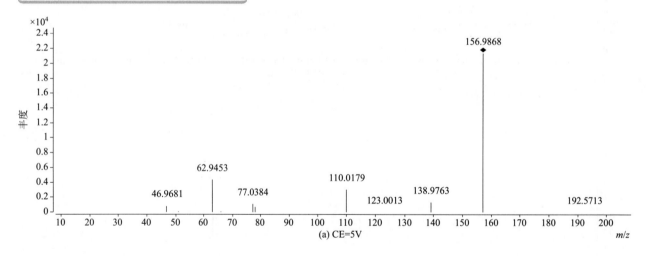

(a) CE=5V

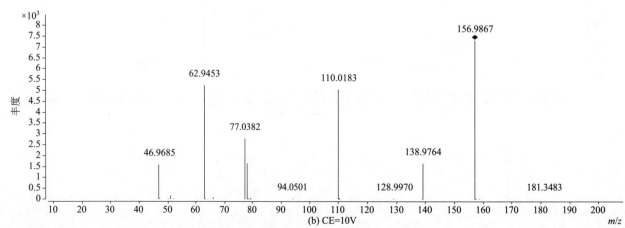

(b) CE=10V

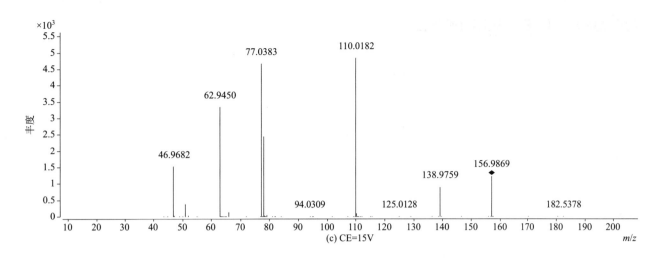

(c) CE=15V

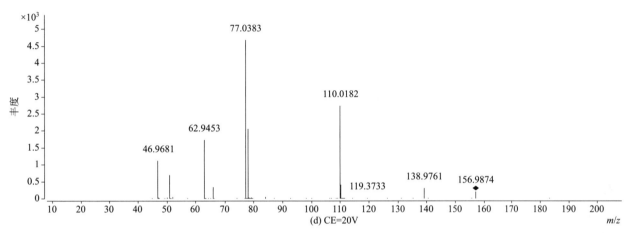

(d) CE=20V

cyanophos（杀螟腈）

基本信息

CAS 登录号	2636-26-2	分子量	243.0114
分子式	$C_9H_{10}NO_3PS$	离子化模式	电子轰击电离（EI）

总离子流色谱图

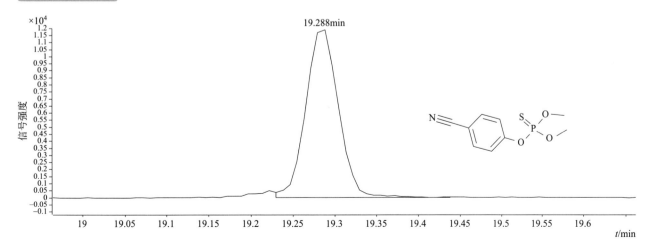

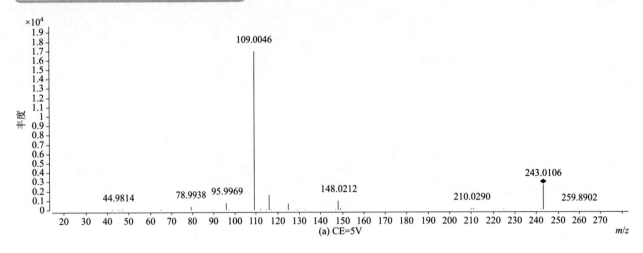

(a) CE=5V

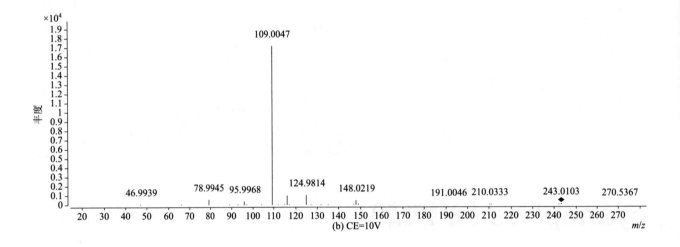

(b) CE=10V

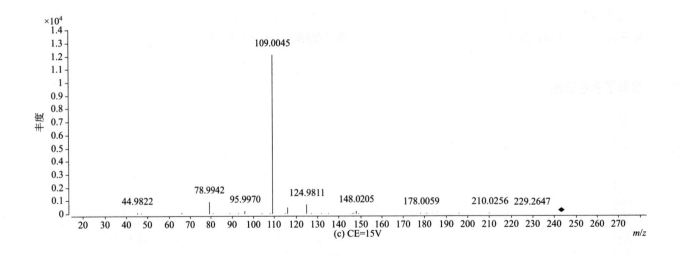

(c) CE=15V

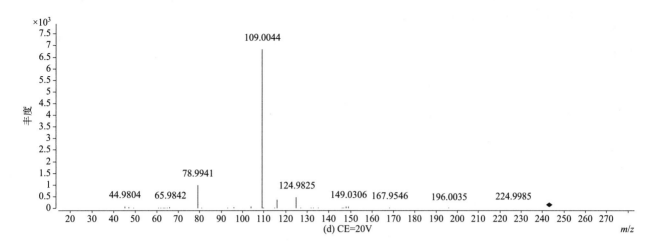

(d) CE=20V

cycloate（环草敌）

基本信息

CAS 登录号	1134-23-2	分子量	215.1339
分子式	$C_{11}H_{21}NOS$	离子化模式	电子轰击电离（EI）

总离子流色谱图

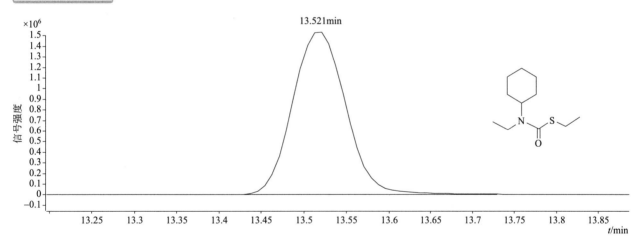

四个碰撞能量（CE）下子离子质谱图

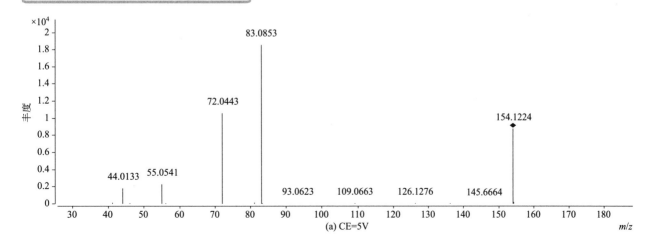

(a) CE=5V

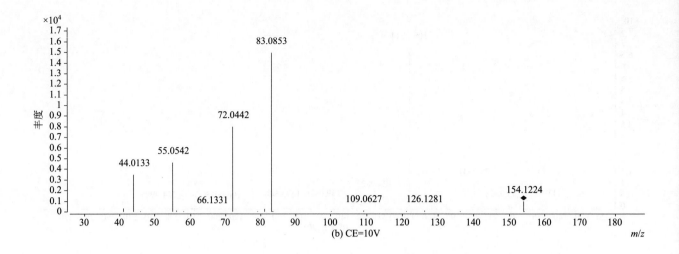

(b) CE=10V

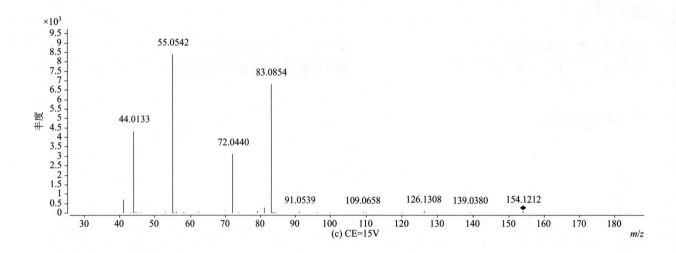

(c) CE=15V

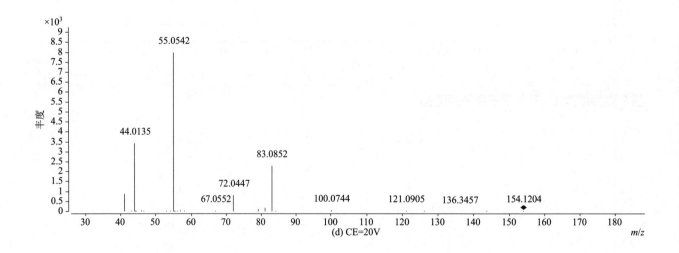

(d) CE=20V

cycloprothrin（乙氰菊酯）

基本信息

CAS 登录号	63935-38-6	**分子量**	481.0842
分子式	C$_{26}$H$_{21}$Cl$_2$NO$_4$	**离子化模式**	电子轰击电离（EI）

总离子流色谱图

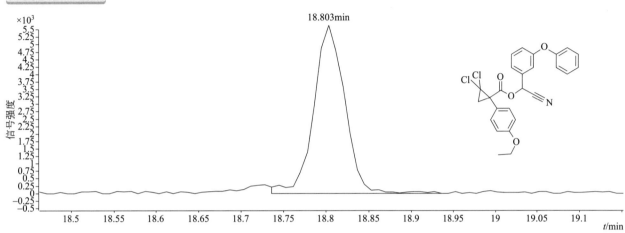

四个碰撞能量（CE）下子离子质谱图

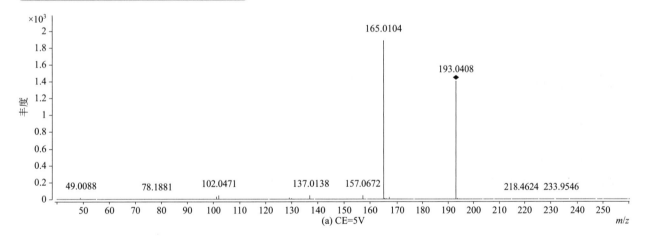

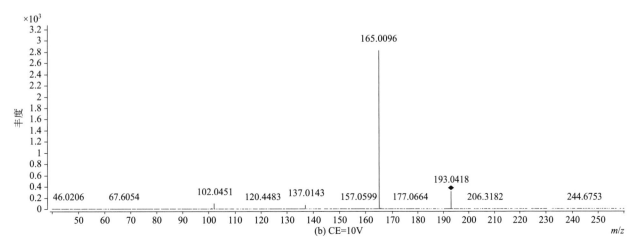

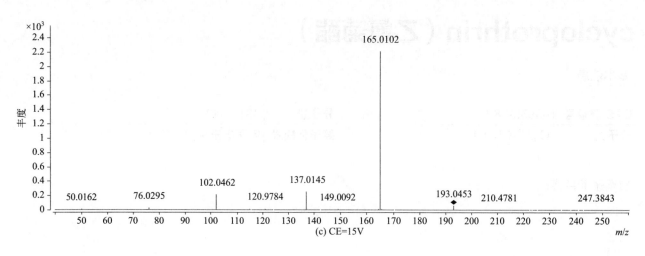

(c) CE=15V

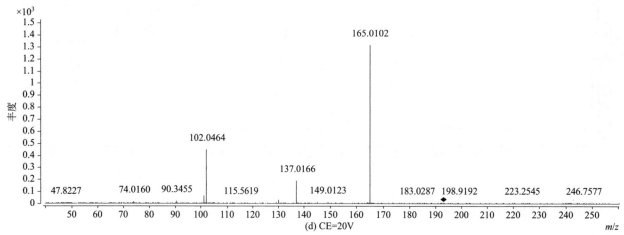

(d) CE=20V

cyflufenamid（环氟菌胺）

基本信息

CAS 登录号	180409-60-3	分子量	412.1205
分子式	$C_{20}H_{17}F_5N_2O_2$	离子化模式	电子轰击电离（EI）

总离子流色谱图

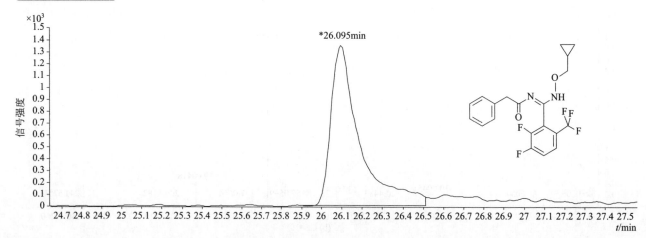

四个碰撞能量（CE）下子离子质谱图

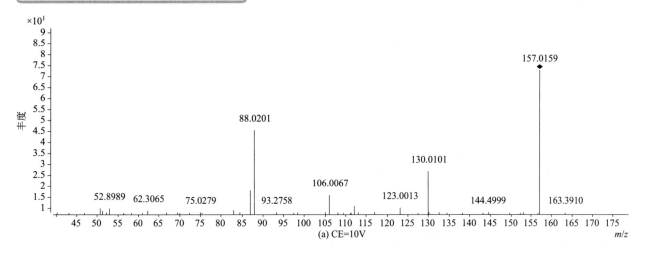

(a) CE=10V

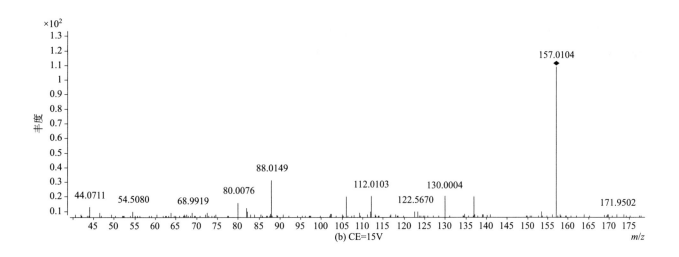

(b) CE=15V

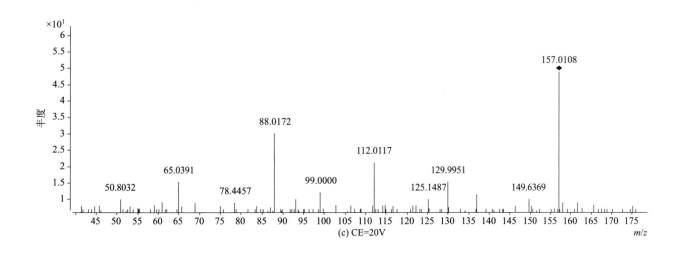

(c) CE=20V

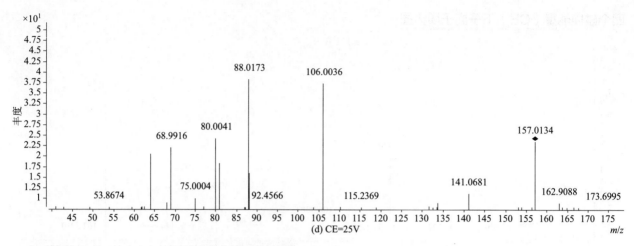
(d) CE=25V

cyfluthrin（氟氯氰菊酯）

基本信息

CAS 登录号	68359-37-5	分子量	433.0642
分子式	$C_{22}H_{18}Cl_2FNO_3$	离子化模式	电子轰击电离（EI）

总离子流色谱图

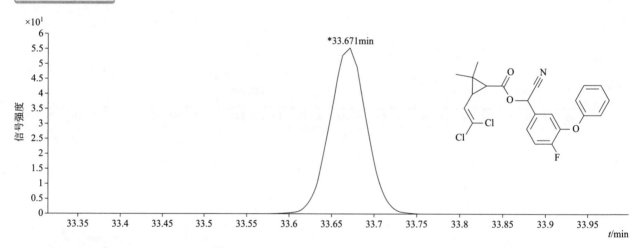

四个碰撞能量（CE）下子离子质谱图

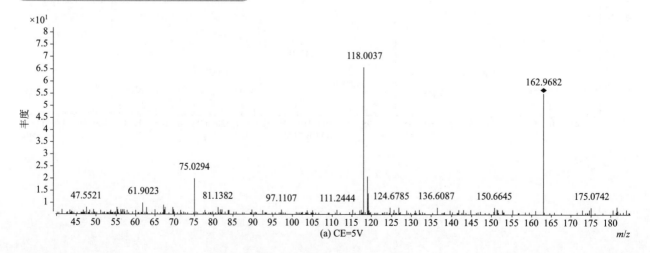

(a) CE=5V

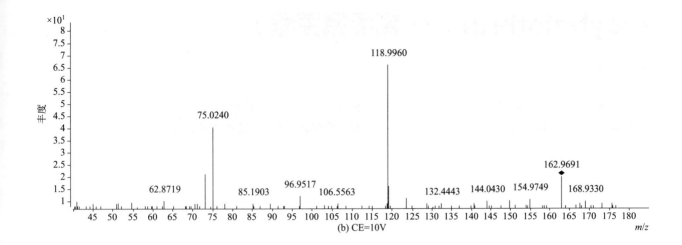

(b) CE=10V

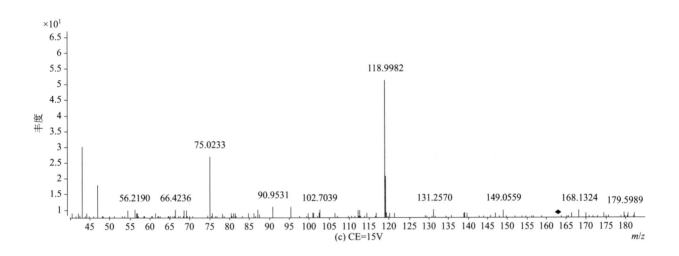

(c) CE=15V

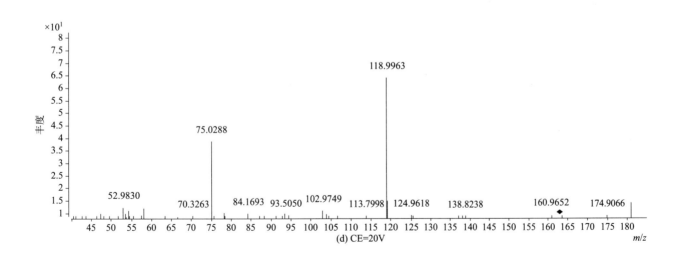

(d) CE=20V

γ-cyhalothrin（γ- 氟氯氰菌酯）

基本信息

CAS 登录号	76703-62-3	**分子量**	449.1001
分子式	$C_{23}H_{19}ClF_3NO_3$	**离子化模式**	电子轰击电离（EI）

总离子流色谱图

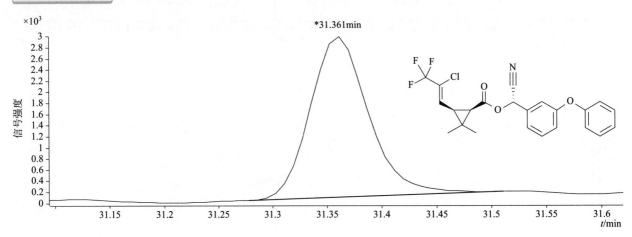

四个碰撞能量（CE）下子离子质谱图

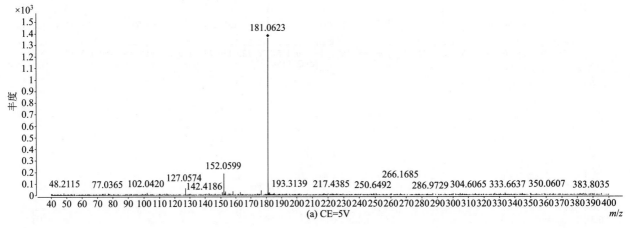

(a) CE=5V

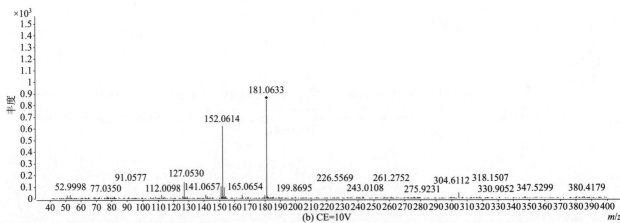

(b) CE=10V

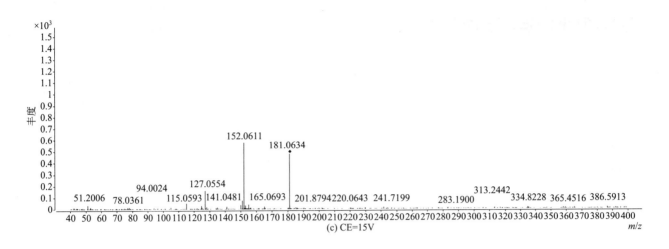

(c) CE=15V

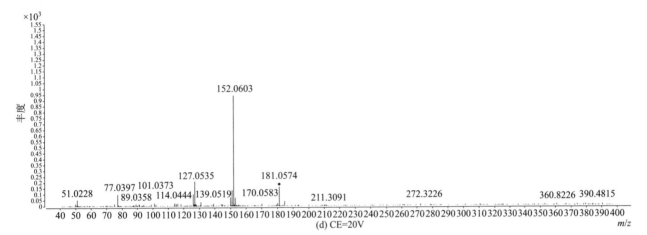

(d) CE=20V

cyphenothrin（苯醚氰菊酯）

基本信息

CAS 登录号	39515-40-7	**分子量**	375.1829
分子式	C₂₄H₂₅NO₃	**离子化模式**	电子轰击电离（EI）

总离子流色谱图

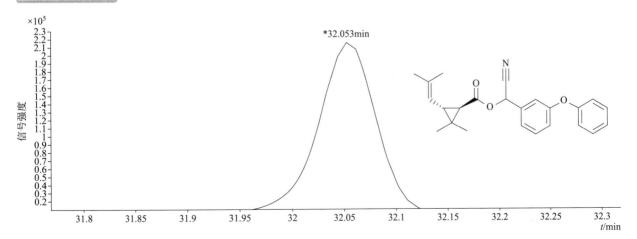

*32.053min

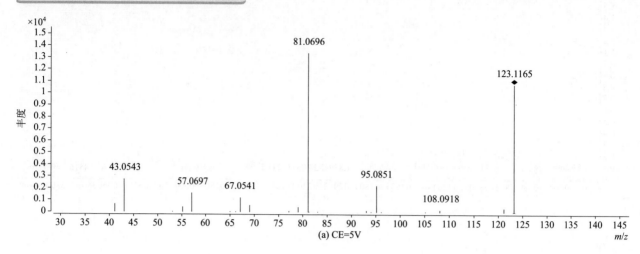

(a) CE=5V

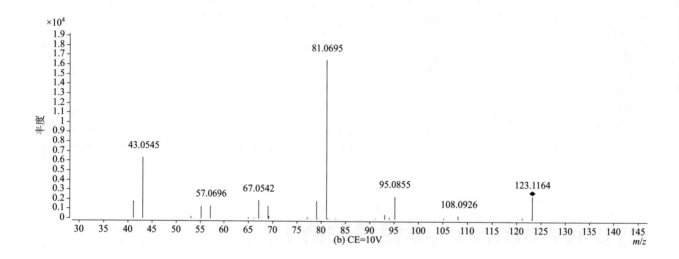

(b) CE=10V

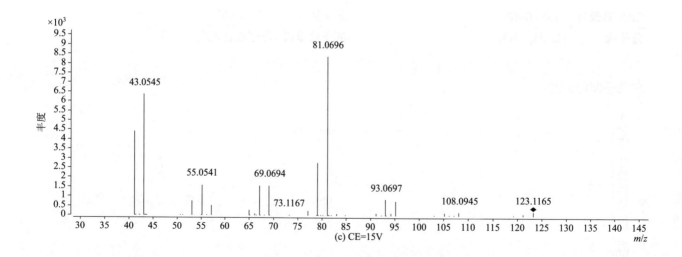

(c) CE=15V

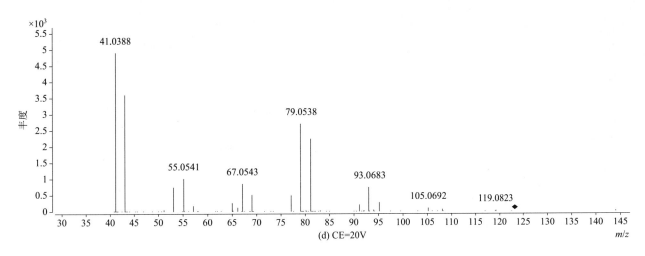

(d) CE=20V

cyprazine（环草津）

基本信息

CAS 登录号	22936-86-3	分子量	227.0933
分子式	$C_9H_{14}ClN_5$	离子化模式	电子轰击电离（EI）

总离子流色谱图

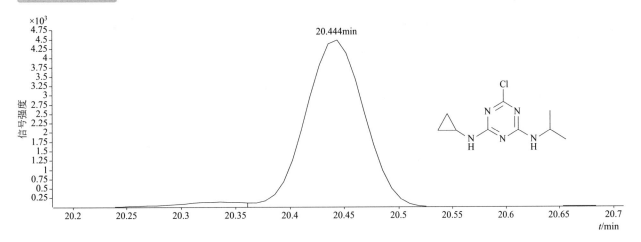

四个碰撞能量（CE）下子离子质谱图

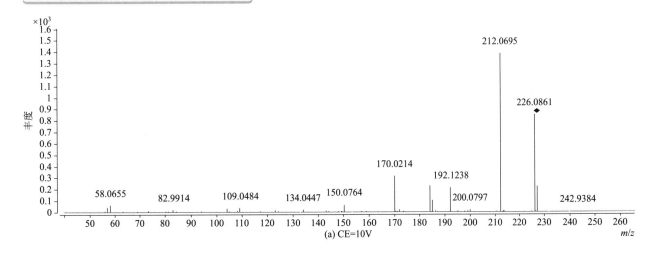

(a) CE=10V

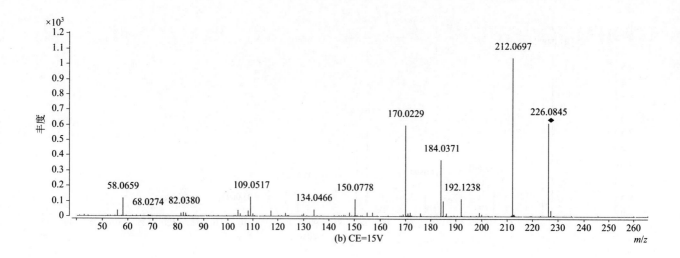

(b) CE=15V

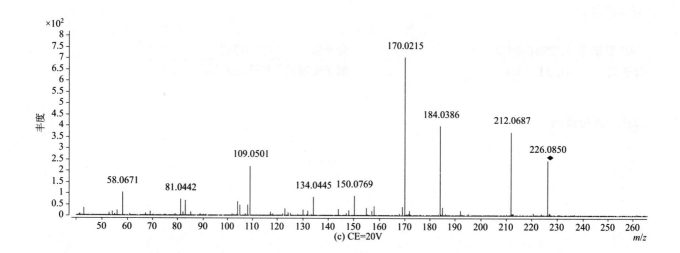

(c) CE=20V

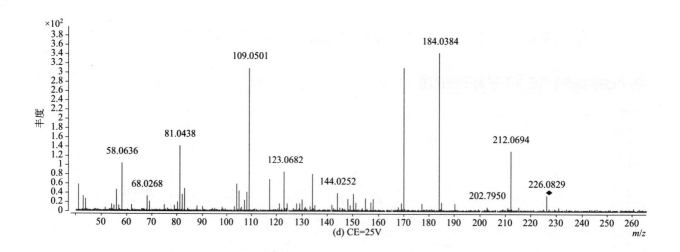

(d) CE=25V

cyproconazole（环丙唑醇）

基本信息

CAS 登录号	94361-06-5	**分子量**	291.1133
分子式	$C_{15}H_{18}ClN_3O$	**离子化模式**	电子轰击电离（EI）

总离子流色谱图

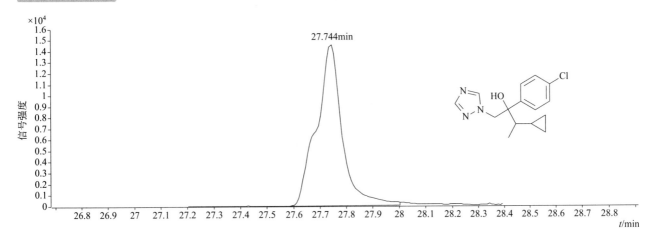

四个碰撞能量（CE）下子离子质谱图

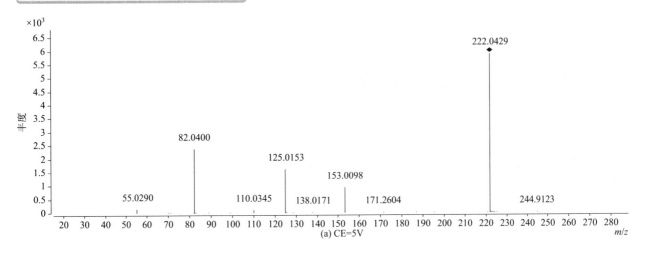

(a) CE=5V

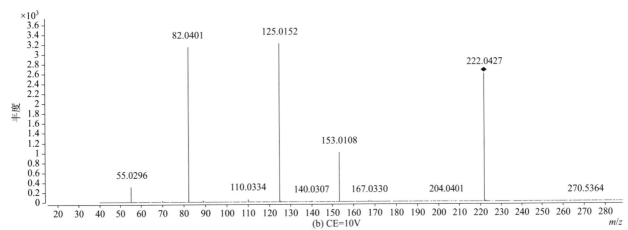

(b) CE=10V

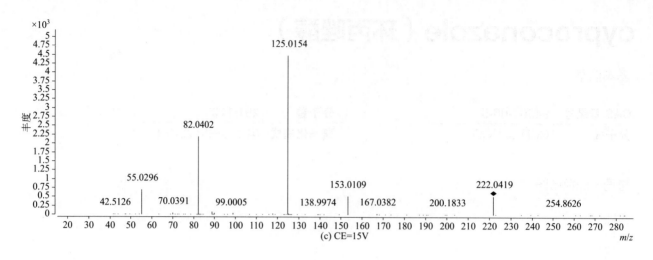

(c) CE=15V

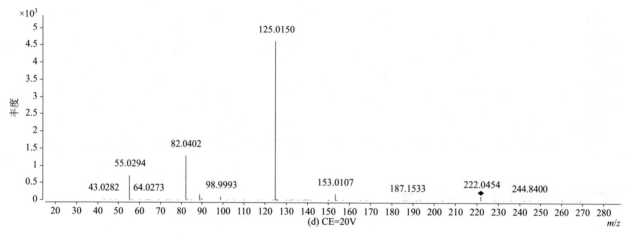

(d) CE=20V

cyprodinil（嘧菌环胺）

基本信息

CAS 登录号	121552-61-2	分子量	225.1260
分子式	$C_{14}H_{15}N_3$	离子化模式	电子轰击电离（EI）

总离子流色谱图

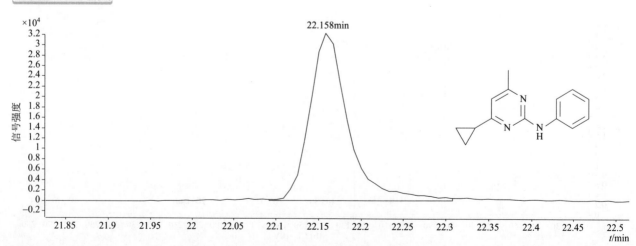

四个碰撞能量（CE）下子离子质谱图

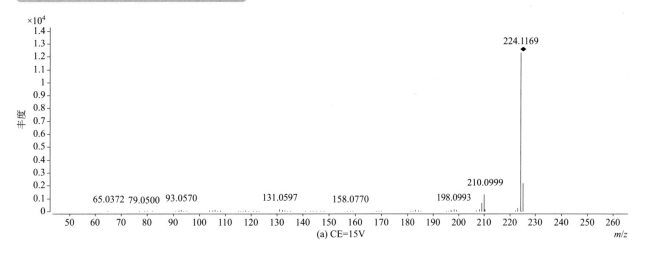

(a) CE=15V

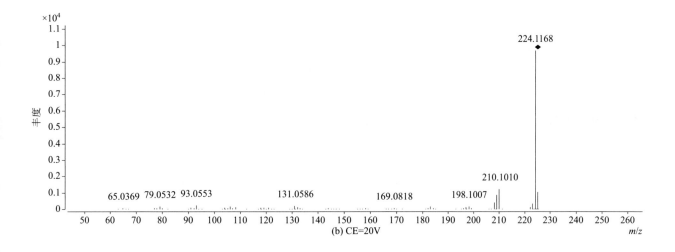

(b) CE=20V

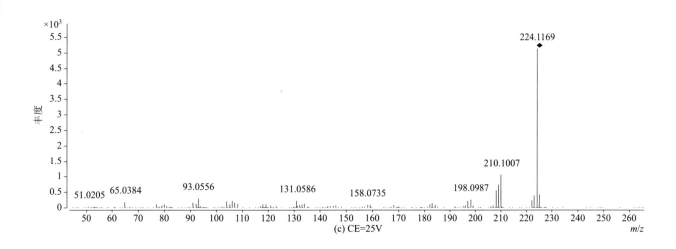

(c) CE=25V

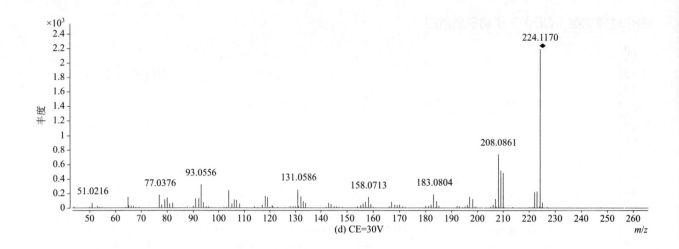

(d) CE=30V

cyprofuram（酯菌胺）

基本信息

CAS 登录号	69581-33-5	分子量	279.0662
分子式	$C_{14}H_{14}ClNO_3$	离子化模式	电子轰击电离（EI）

总离子流色谱图

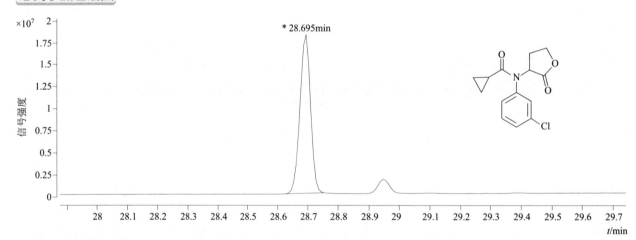

四个碰撞能量（CE）下子离子质谱图

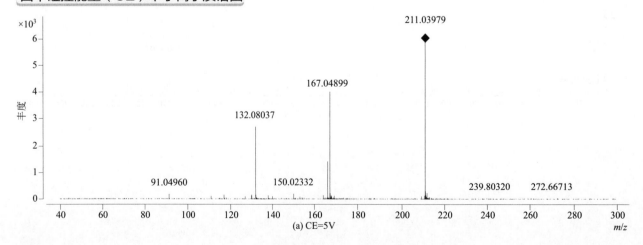

(a) CE=5V

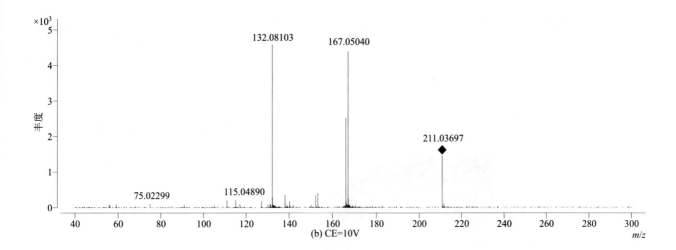

(b) CE=10V

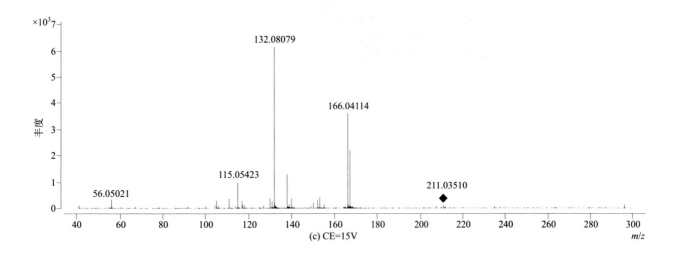

(c) CE=15V

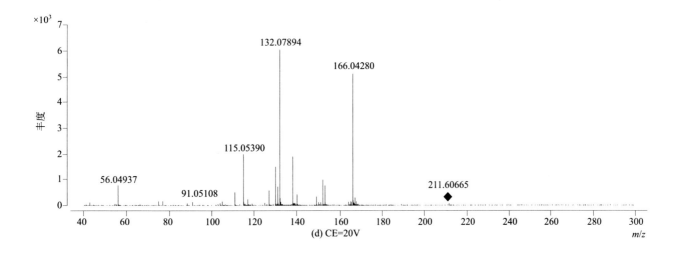

(d) CE=20V

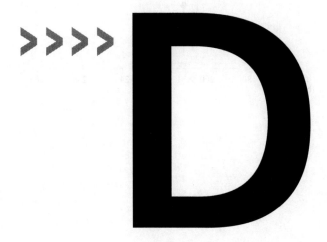

DCPA（氯酞酸二甲酯）

基本信息

CAS 登录号	1861-32-1	**分子量**	329.9015
分子式	$C_{10}H_6Cl_4O_4$	**离子化模式**	电子轰击电离（EI）

总离子流色谱图

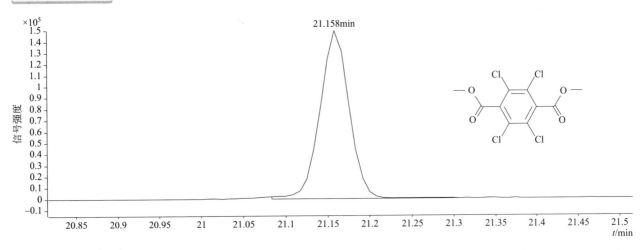

四个碰撞能量（CE）下子离子质谱图

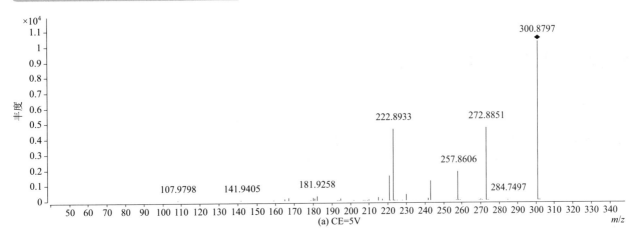

(a) CE=5V

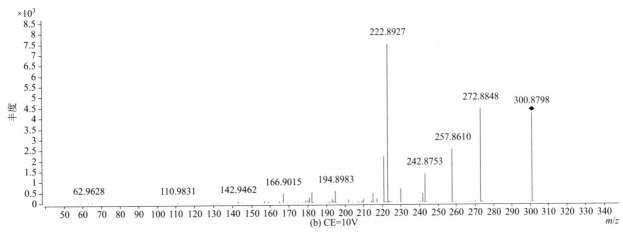

(b) CE=10V

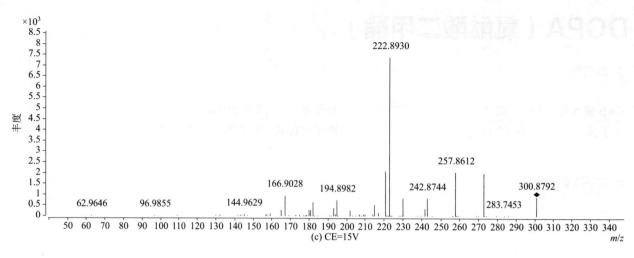

(c) CE=15V

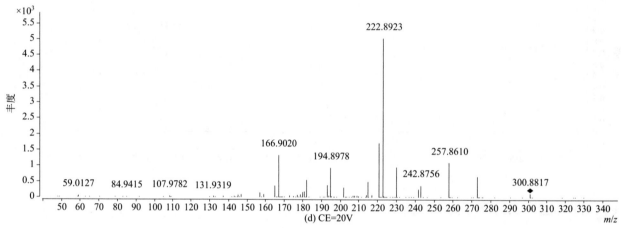

(d) CE=20V

o,p'-DDD（o,p'- 滴滴滴）

基本信息

CAS 登录号	53-19-0	分子量	317.9531
分子式	C₁₄H₁₀Cl₄	离子化模式	电子轰击电离（EI）

分子式 $C_{14}H_{10}Cl_4$

总离子流色谱图

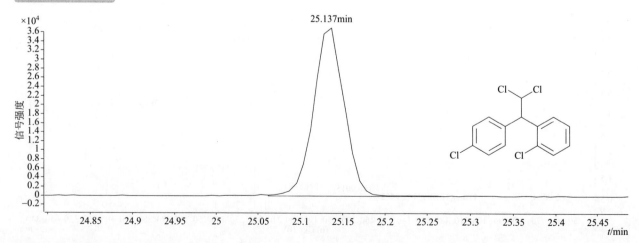

四个碰撞能量（CE）下子离子质谱图

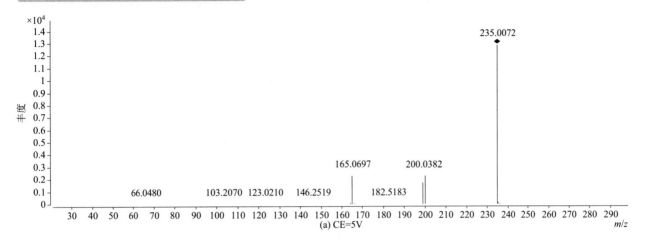

(a) CE=5V

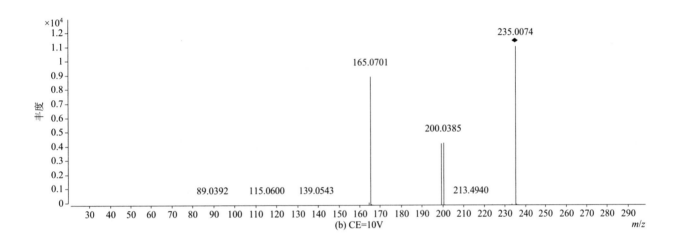

(b) CE=10V

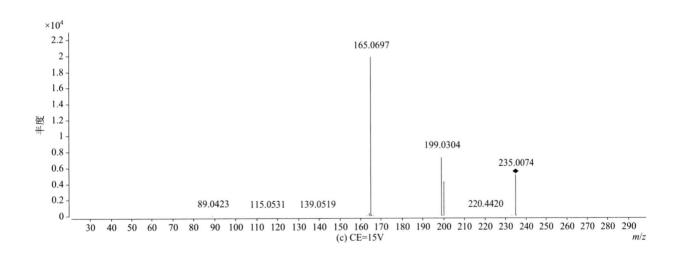

(c) CE=15V

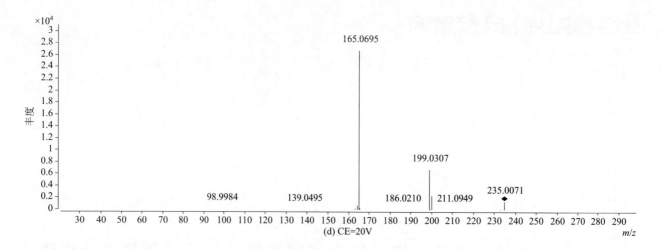

(d) CE=20V

p,p′-DDD（*p,p′*- 滴滴滴）

基本信息

CAS 登录号	72-54-8	**分子量**	317.9531
分子式	C$_{14}$H$_{10}$Cl$_4$	**离子化模式**	电子轰击电离（EI）

总离子流色谱图

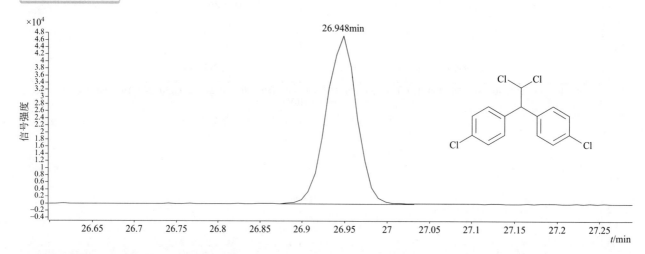

四个碰撞能量（CE）下子离子质谱图

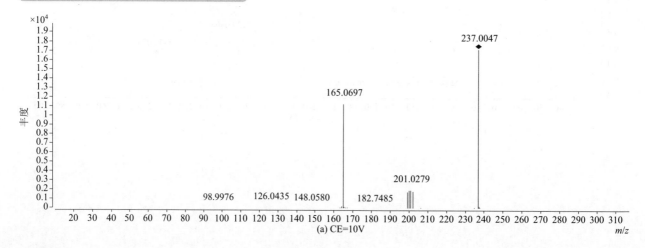

(a) CE=10V

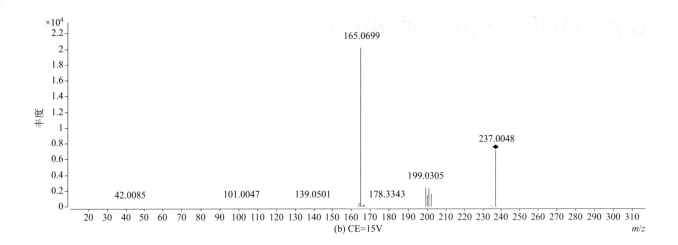

(b) CE=15V

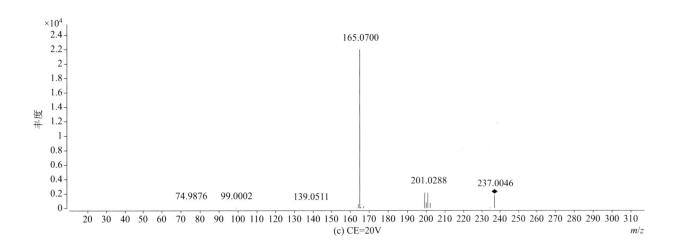

(c) CE=20V

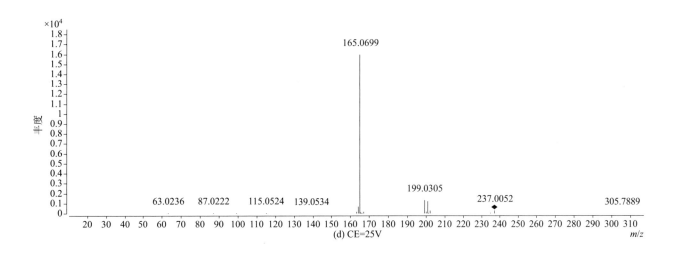

(d) CE=25V

o,p′–DDE（*o,p′*– 滴滴伊）

基本信息

CAS 登录号	3424-82-6	**分子量**	315.9375
分子式	$C_{14}H_8Cl_4$	**离子化模式**	电子轰击电离（EI）

总离子流色谱图

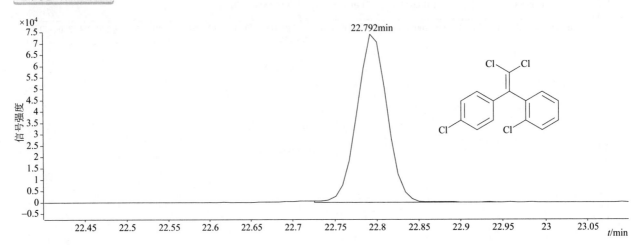

四个碰撞能量（CE）下子离子质谱图

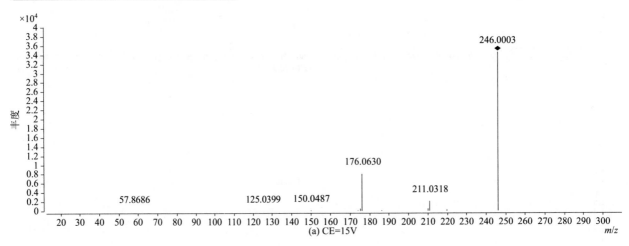

(a) CE=15V

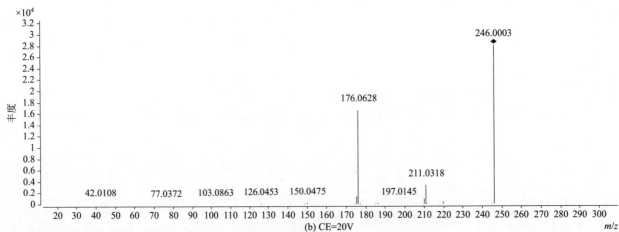

(b) CE=20V

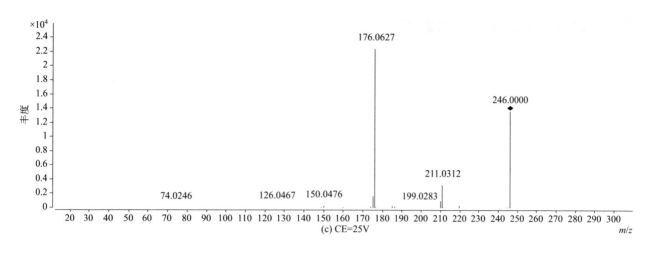

(c) CE=25V

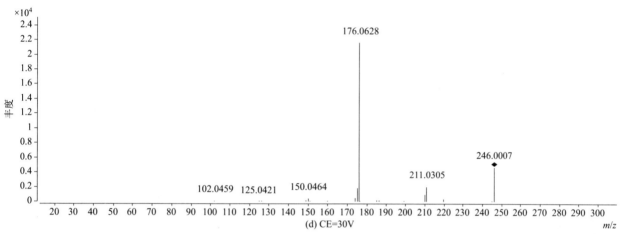

(d) CE=30V

o,p'-DDT（*o,p'*- 滴滴涕）

基本信息

CAS 登录号	789-02-6	**分子量**	351.9141
分子式	$C_{14}H_9Cl_5$	**离子化模式**	电子轰击电离（EI）

总离子流色谱图

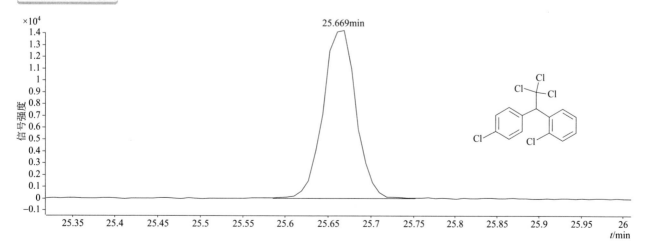

四个碰撞能量（CE）下子离子质谱图

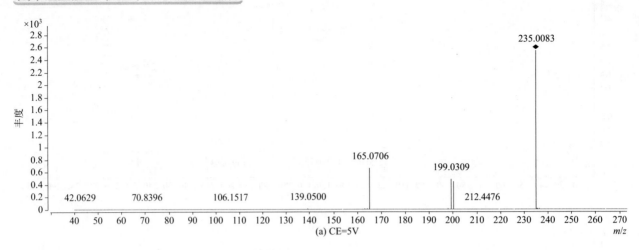

(a) CE=5V

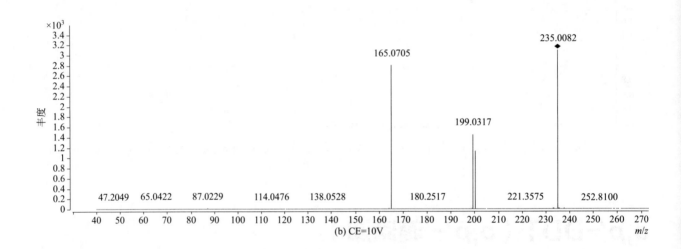

(b) CE=10V

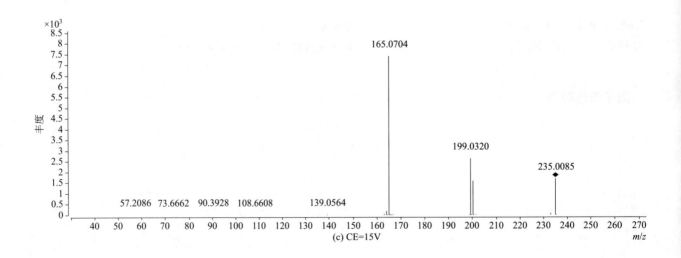

(c) CE=15V

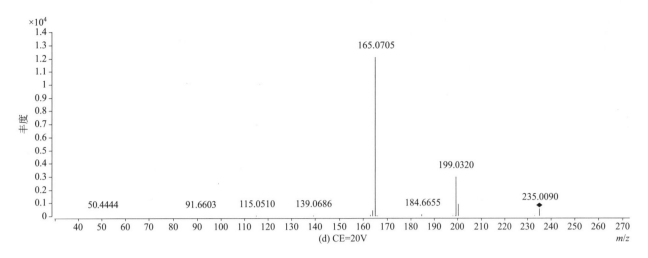

(d) CE=20V

p,p′-DDT（*p,p*′- 滴滴涕）

基本信息

CAS 登录号	50-29-3	分子量	351.9141
分子式	C₁₄H₉Cl₅	离子化模式	电子轰击电离（EI）

分子式 $C_{14}H_9Cl_5$

总离子流色谱图

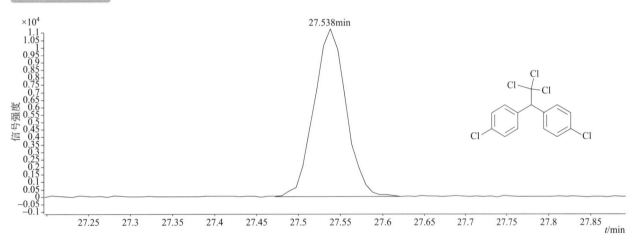

四个碰撞能量（CE）下子离子质谱图

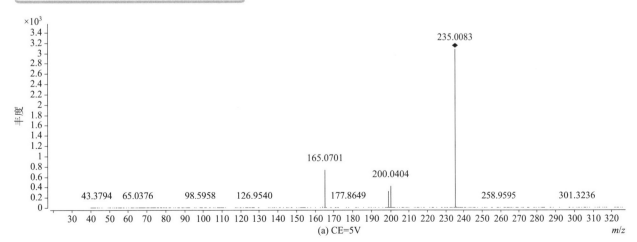

(a) CE=5V

195

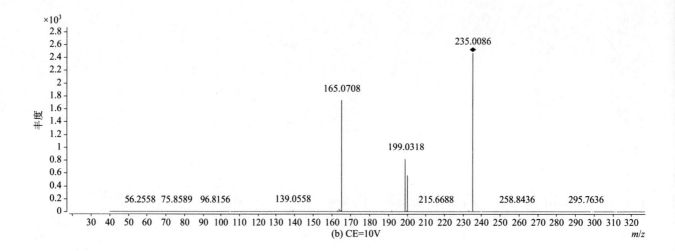

(b) CE=10V

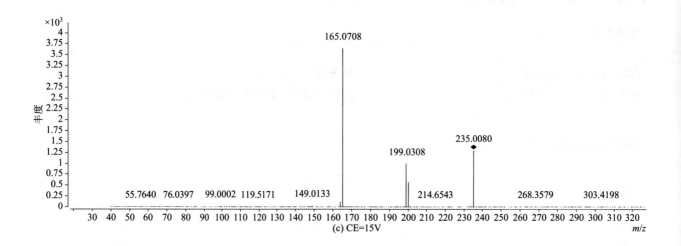

(c) CE=15V

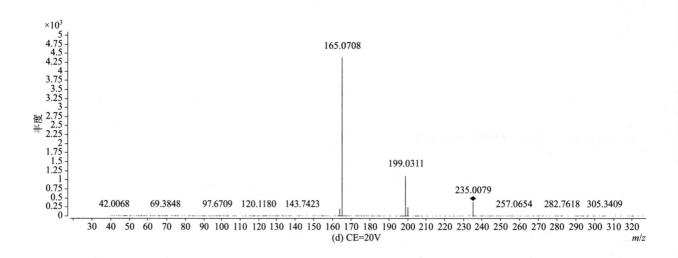

(d) CE=20V

2,2',3,3',4,4',5,5',6,6'-decachlorobiphenyl [2,2',3,3',4,4',5,5',6,6'- 十氯联苯 (PCB209)]

CAS 登录号	2051-24-3	分子量	493.6880
分子式	$C_{12}Cl_{10}$	离子化模式	电子轰击电离（EI）

总离子流色谱图

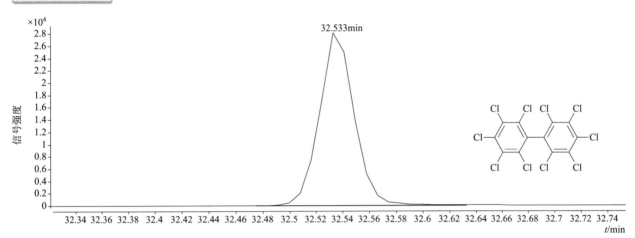

四个碰撞能量（CE）下子离子质谱图

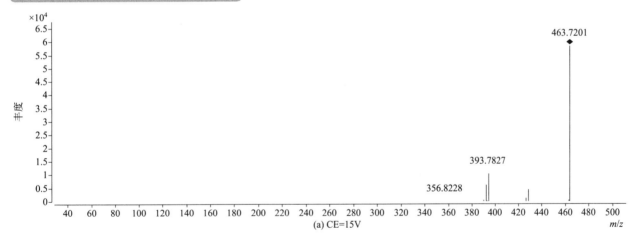

(a) CE=15V

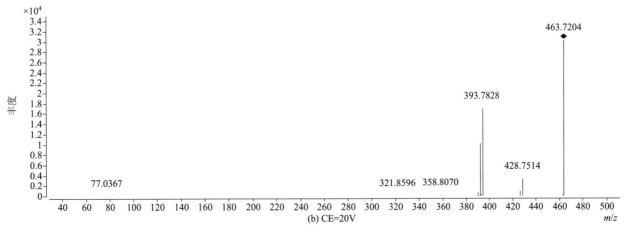

(b) CE=20V

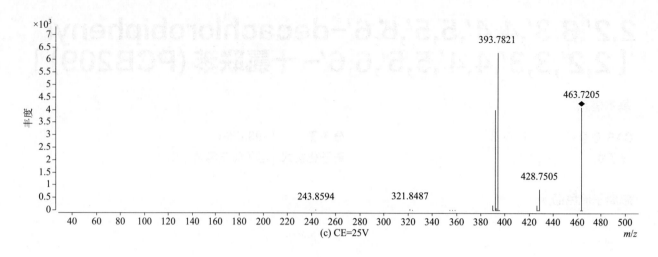

(c) CE=25V

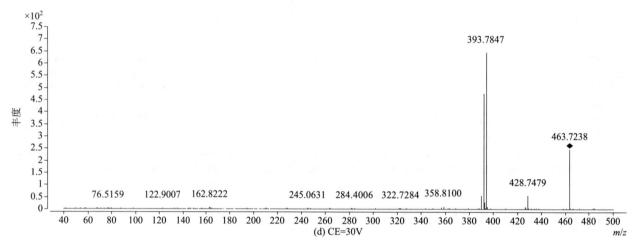

(d) CE=30V

demeton (*O*+*S*)（内吸磷）

基本信息

CAS 登录号	8065-48-3	**分子量**	516.1021
分子式	$C_{16}H_{38}O_6P_2S_4$	**离子化模式**	电子轰击电离（EI）

总离子流色谱图

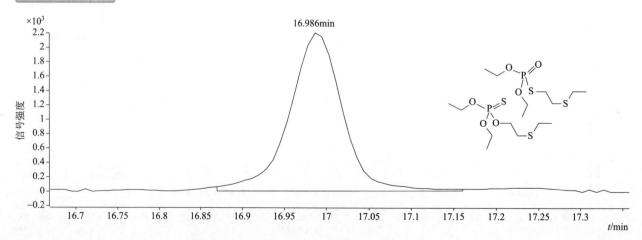

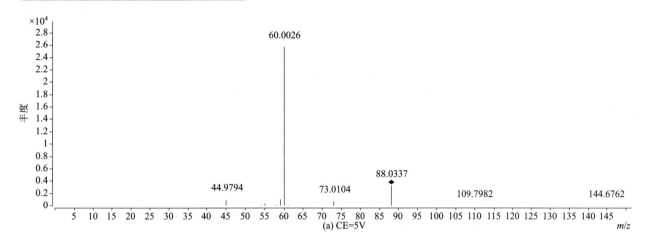

(a) CE=5V

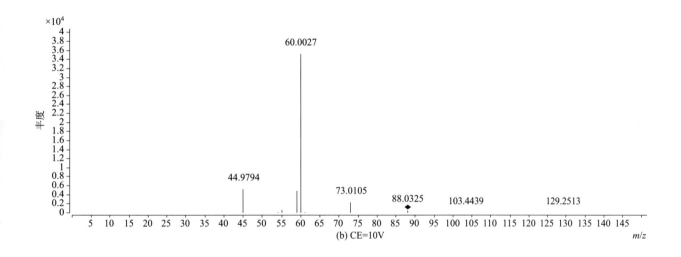

(b) CE=10V

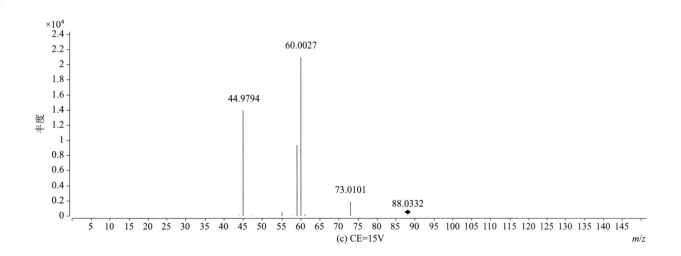

(c) CE=15V

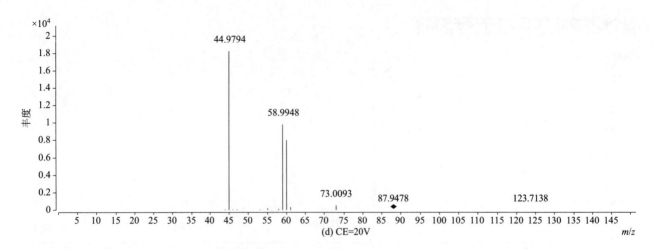

(d) CE=20V

demeton-*S*（内吸磷 –*S*）

基本信息

CAS 登录号	126-75-0	分子量	258.0508
分子式	C₈H₁₉O₃PS₂	离子化模式	电子轰击电离（EI）

总离子流色谱图

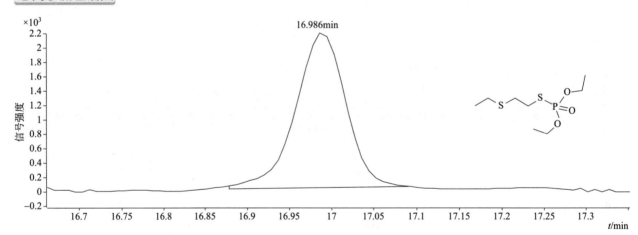

四个碰撞能量（CE）下子离子质谱图

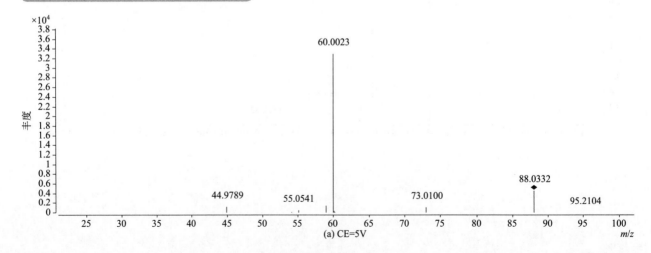

(a) CE=5V

200

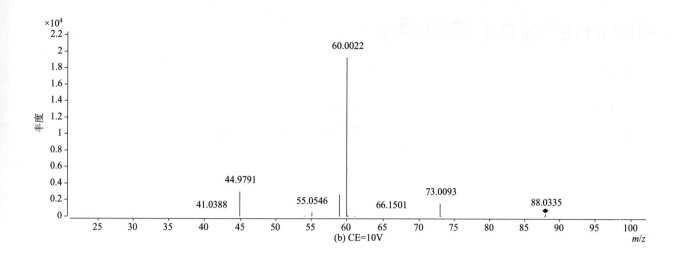

(b) CE=10V

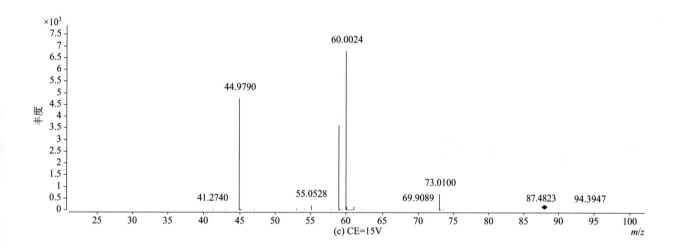

(c) CE=15V

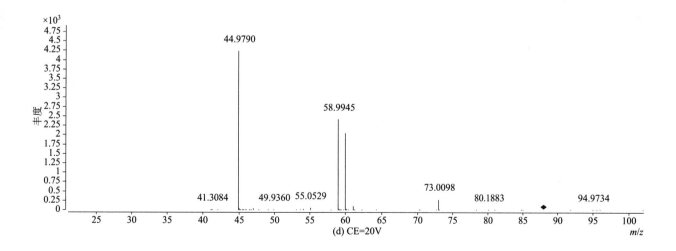

(d) CE=20V

desmetryn（敌草净）

基本信息

CAS 登录号	1014-69-3	**分子量**	213.1043
分子式	C$_8$H$_{15}$N$_5$S	**离子化模式**	电子轰击电离（EI）

总离子流色谱图

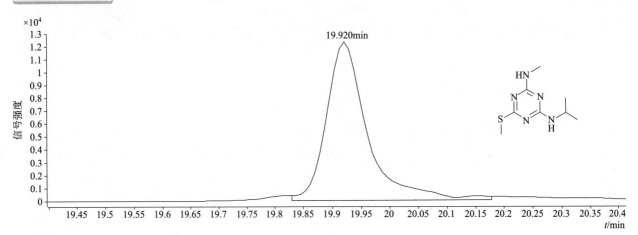

四个碰撞能量（CE）下子离子质谱图

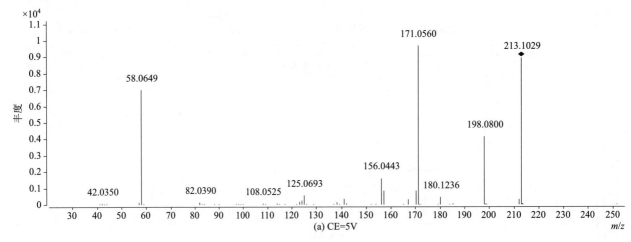

(a) CE=5V

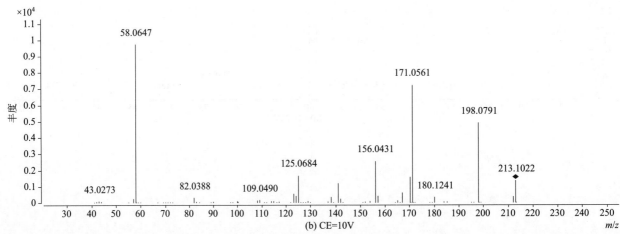

(b) CE=10V

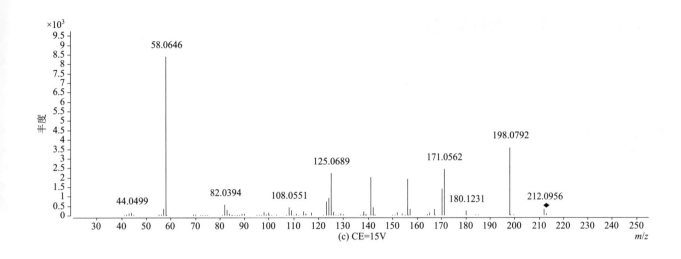

(c) CE=15V

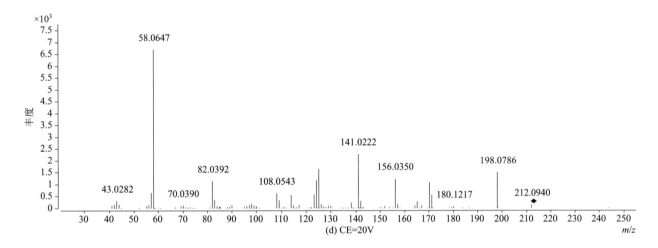

(d) CE=20V

diallate（燕麦敌）

CAS 登录号	2303-16-4	分子量	269.0403
分子式	$C_{10}H_{17}Cl_2NOS$	离子化模式	电子轰击电离（EI）

总离子流色谱图

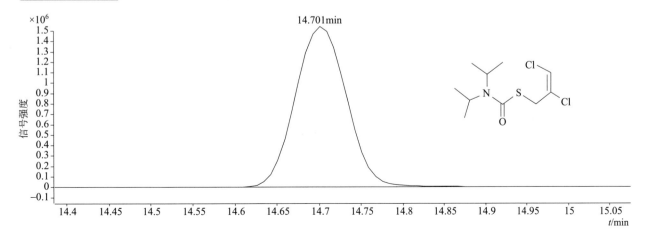

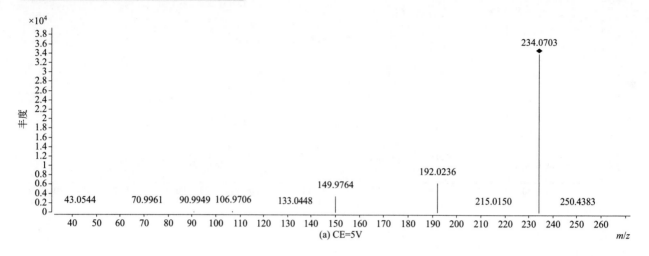

(a) CE=5V

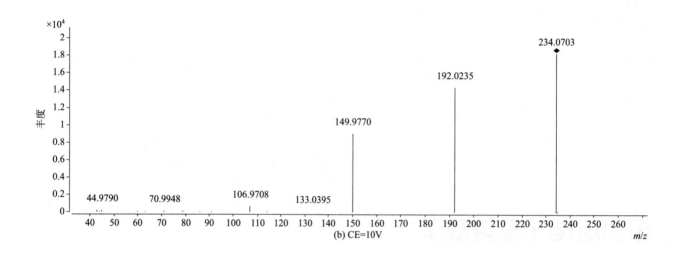

(b) CE=10V

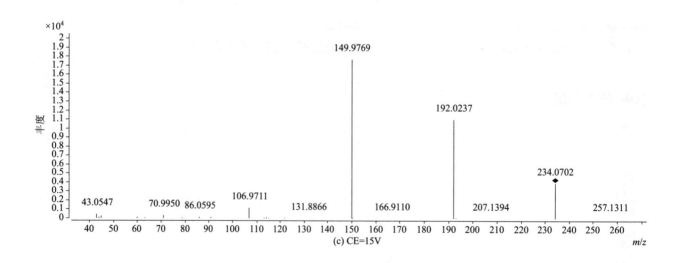

(c) CE=15V

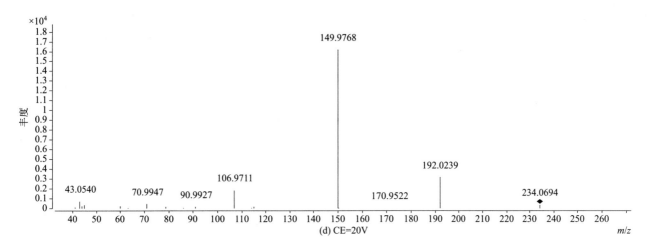

(d) CE=20V

4,4'-dibromobenzophenone（4,4'- 二溴二苯甲酮）

基本信息

CAS 登录号	3988-03-2	分子量	337.8936
分子式	$C_{13}H_8Br_2O$	离子化模式	电子轰击电离（EI）

总离子流色谱图

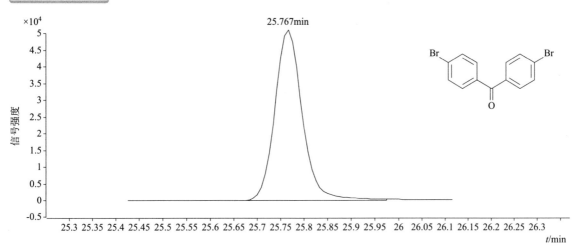

四个碰撞能量（CE）下子离子质谱图

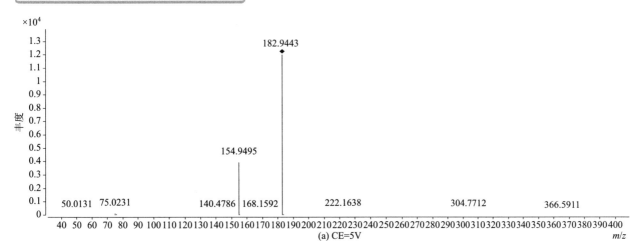

(a) CE=5V

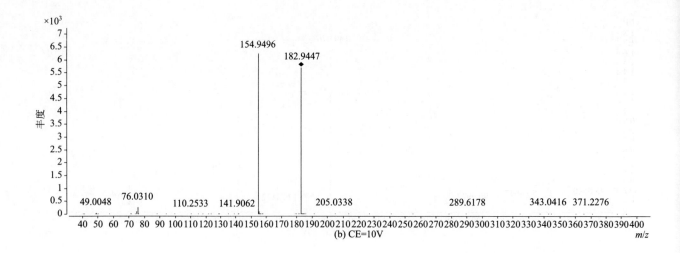

(b) CE=10V

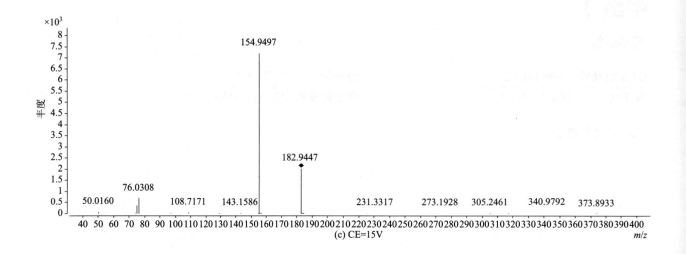

(c) CE=15V

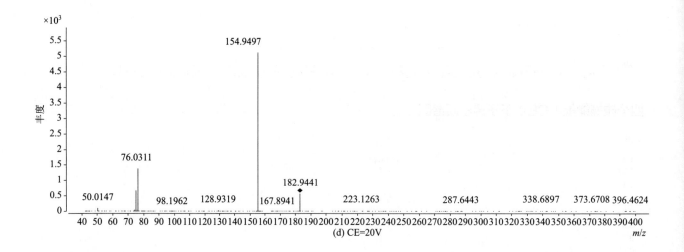

(d) CE=20V

dibutyl succinate（琥珀酸二丁酯）

基本信息

CAS 登录号	141-03-7	分子量	230.1513
分子式	$C_{12}H_{22}O_4$	离子化模式	电子轰击电离（EI）

总离子流色谱图

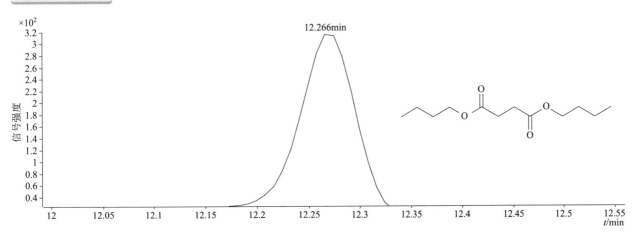

四个碰撞能量（CE）下子离子质谱图

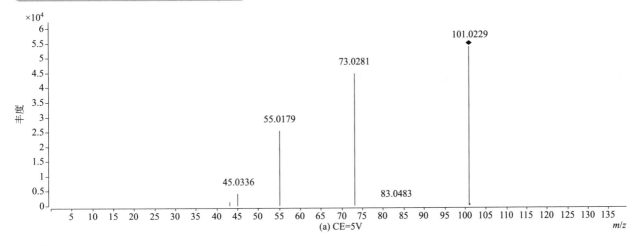

(a) CE=5V

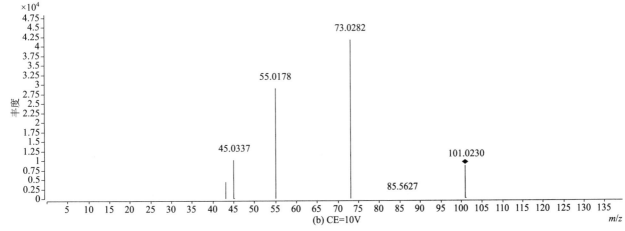

(b) CE=10V

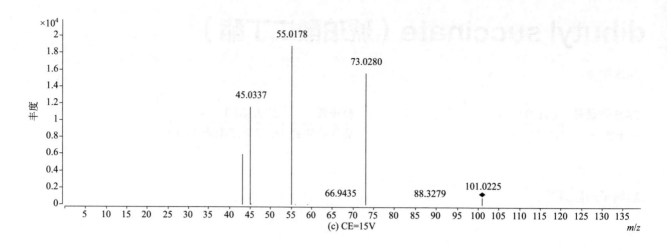

(c) CE=15V

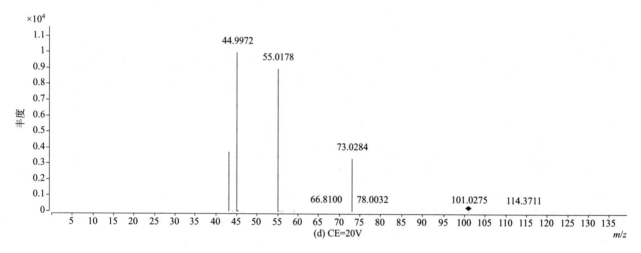

(d) CE=20V

dichlobenil（敌草腈）

基本信息

CAS 登录号	1194-65-6	分子量	170.9638
分子式	$C_7H_3Cl_2N$	离子化模式	电子轰击电离（EI）

总离子流色谱图

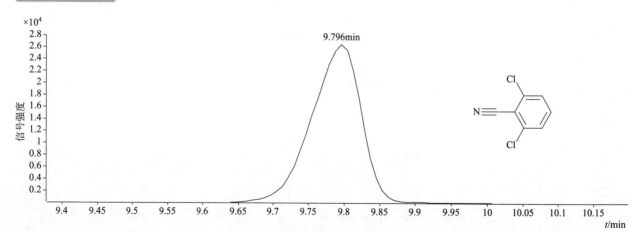

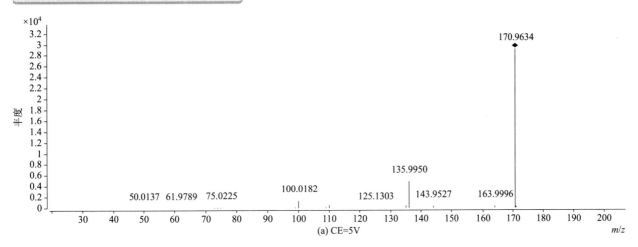

(a) CE=5V

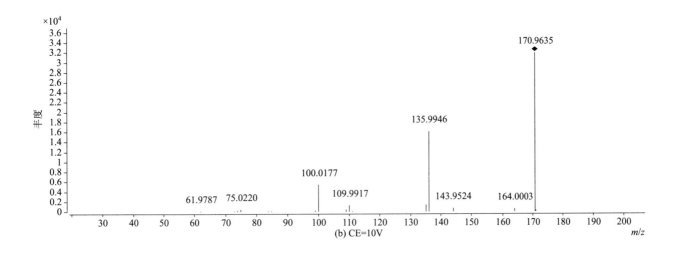

(b) CE=10V

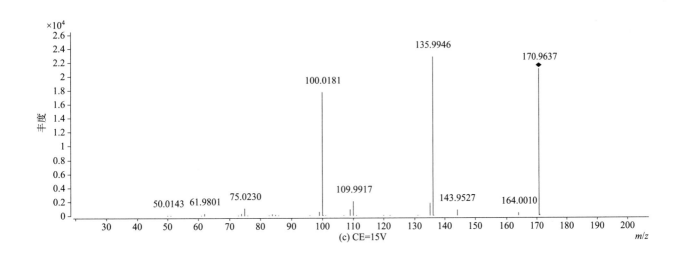

(c) CE=15V

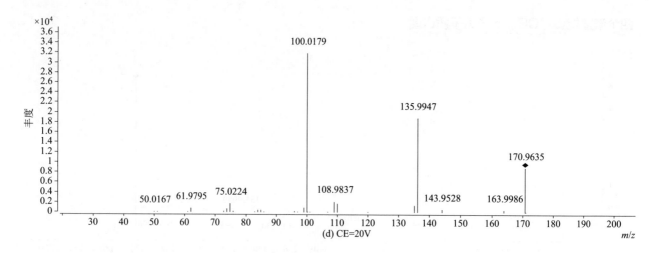

(d) CE=20V

dichlofenthion（除线磷）

基本信息

CAS 登录号	97-17-6	**分子量**	313.9695
分子式	$C_{10}H_{13}Cl_2O_3PS$	**离子化模式**	电子轰击电离（EI）

总离子流色谱图

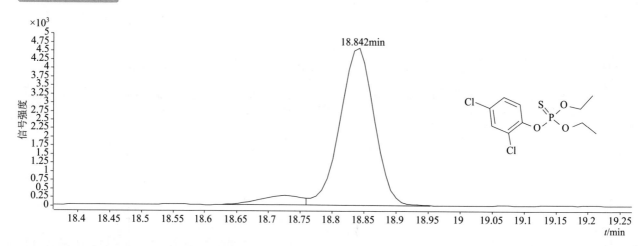

四个碰撞能量（CE）下子离子质谱图

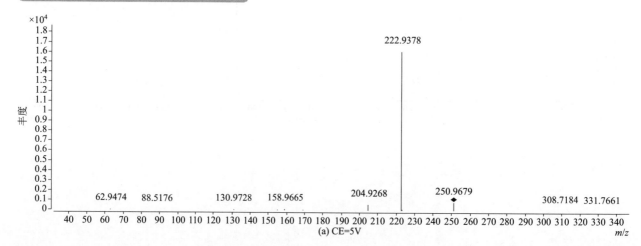

(a) CE=5V

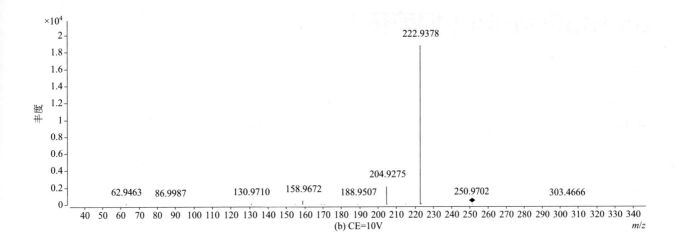

(b) CE=10V

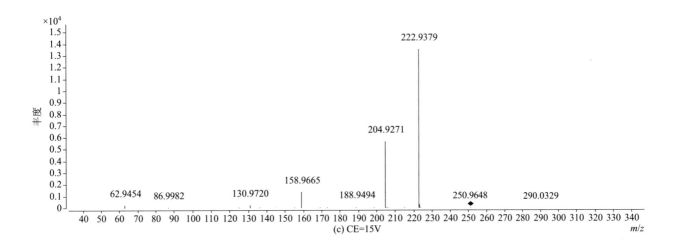

(c) CE=15V

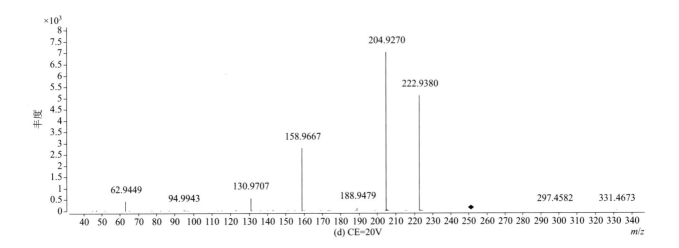

(d) CE=20V

dichlofluanid（抑菌灵）

基本信息

CAS 登录号	1085-98-9	**分子量**	331.9618
分子式	$C_9H_{11}Cl_2FN_2O_2S_2$	**离子化模式**	电子轰击电离（EI）

总离子流色谱图

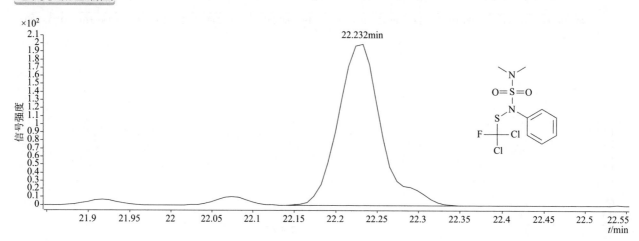

四个碰撞能量（CE）下子离子质谱图

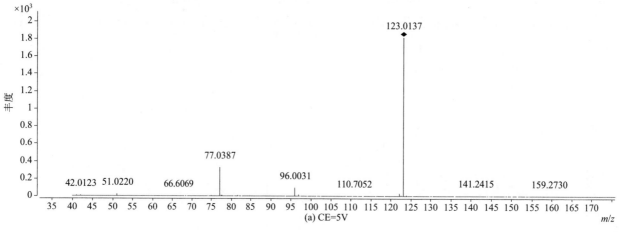

(a) CE=5V

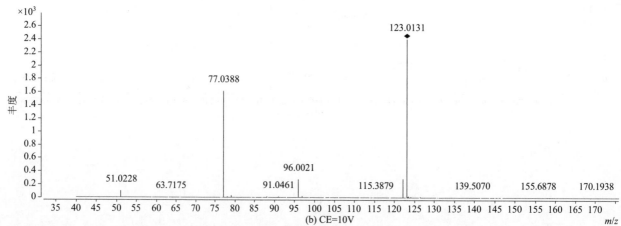

(b) CE=10V

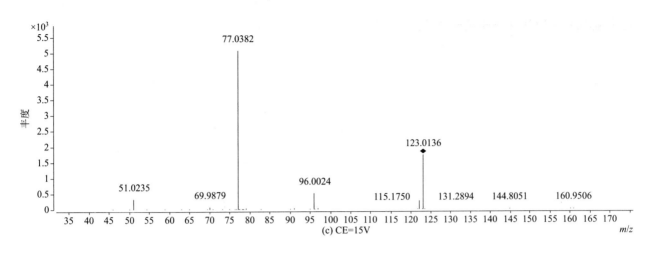

(c) CE=15V

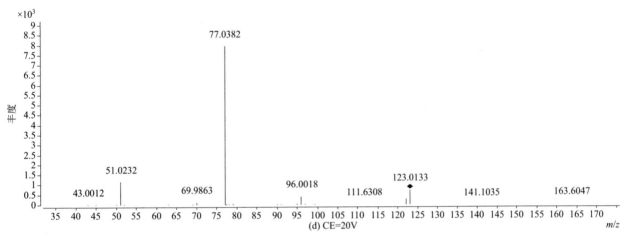

(d) CE=20V

dichloran（氯硝胺）

基本信息

CAS 登录号	99-30-9	分子量	205.9645
分子式	$C_6H_4Cl_2N_2O_2$	离子化模式	电子轰击电离（EI）

总离子流色谱图

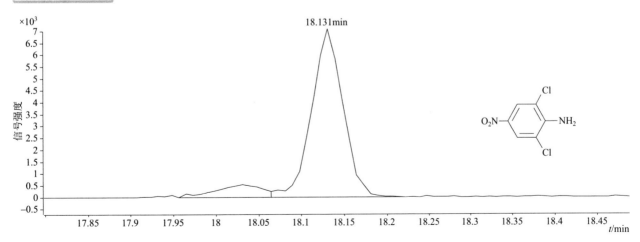

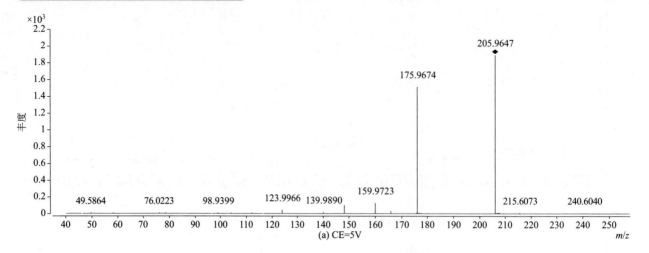

(a) CE=5V

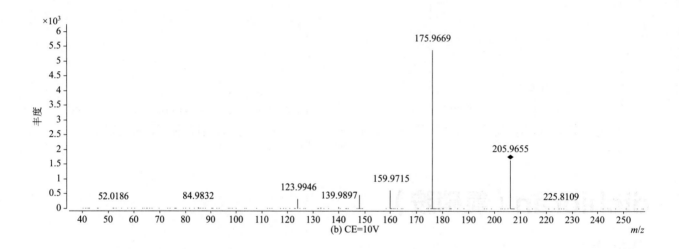

(b) CE=10V

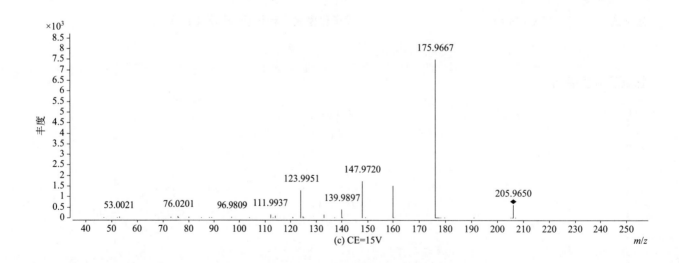

(c) CE=15V

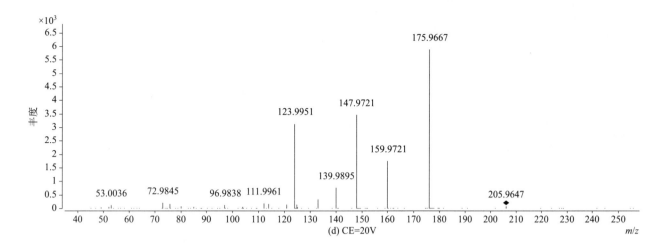

(d) CE=20V

dichlormid（二氯丙烯胺）

基本信息

CAS 登录号	37764-25-3	分子量	207.0213
分子式	$C_8H_{11}Cl_2NO$	离子化模式	电子轰击电离（EI）

总离子流色谱图

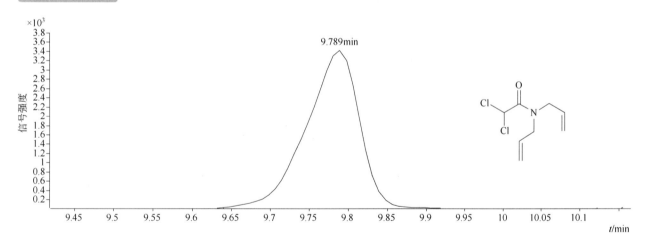

四个碰撞能量（CE）下子离子质谱图

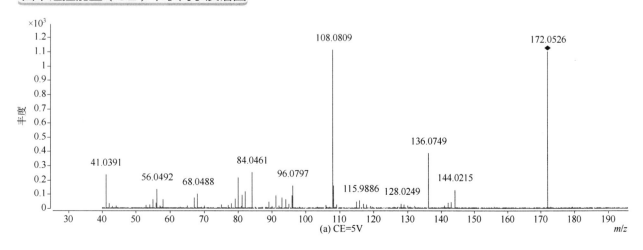

(a) CE=5V

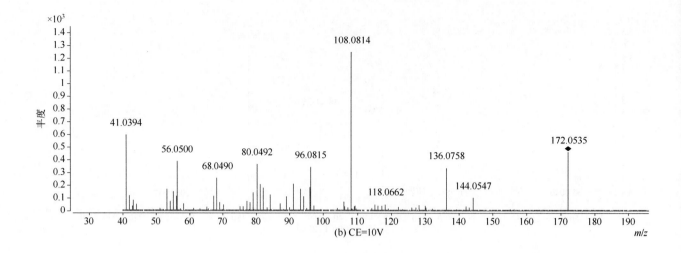

(b) CE=10V

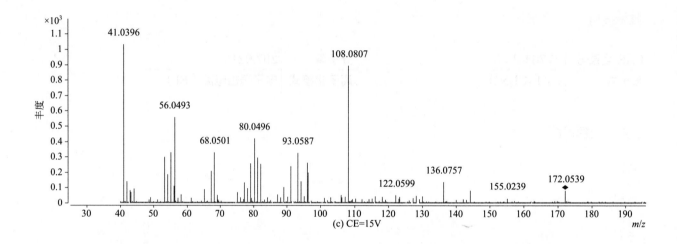

(c) CE=15V

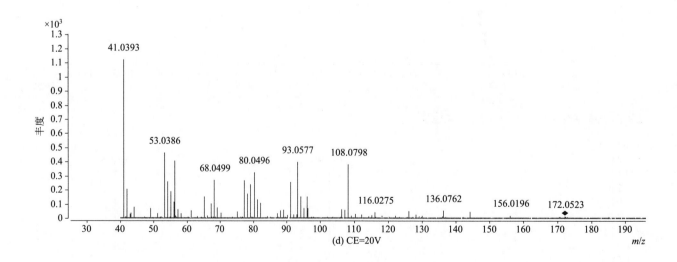

(d) CE=20V

3,5-dichloroaniline（3,5- 二氯苯胺）

基本信息

CAS 登录号	626-43-7	**分子量**	160.9794
分子式	C₆H₅Cl₂N	**离子化模式**	电子轰击电离（EI）

CAS 登录号：626-43-7

分子式：$C_6H_5Cl_2N$

分子量：160.9794

离子化模式：电子轰击电离（EI）

总离子流色谱图

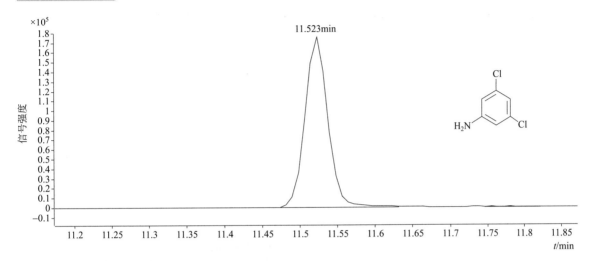

四个碰撞能量（CE）下子离子质谱图

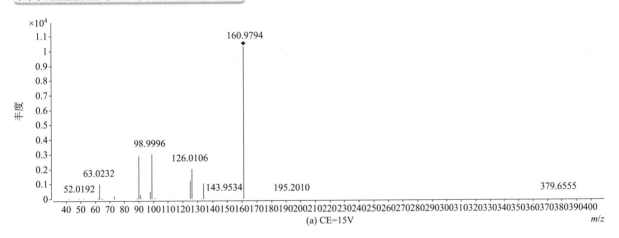

(a) CE=15V

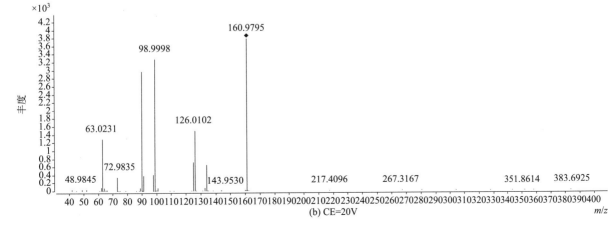

(b) CE=20V

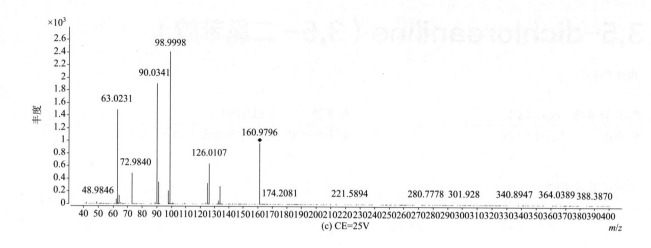

(c) CE=25V

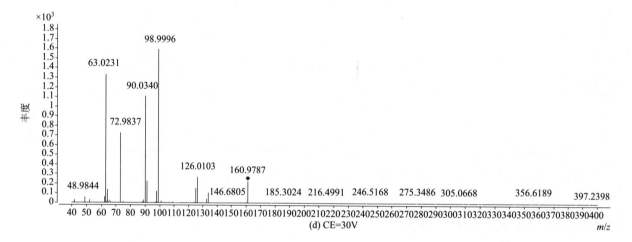

(d) CE=30V

2,6-dichlorobenzamide（2,6-二氯苯甲酰胺）

基本信息

CAS 登录号	2008-58-4	分子量	188.9743
分子式	$C_7H_5Cl_2NO$	离子化模式	电子轰击电离（EI）

总离子流色谱图

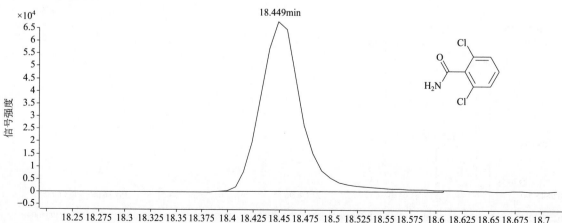

四个碰撞能量（CE）下子离子质谱图

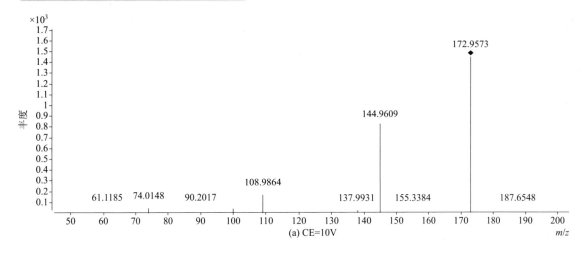

(a) CE=10V

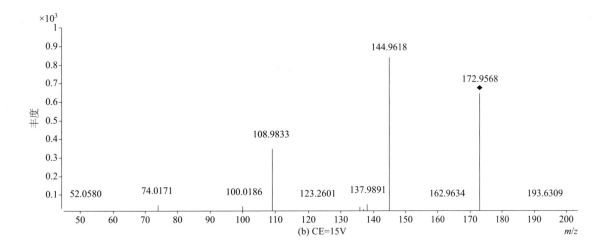

(b) CE=15V

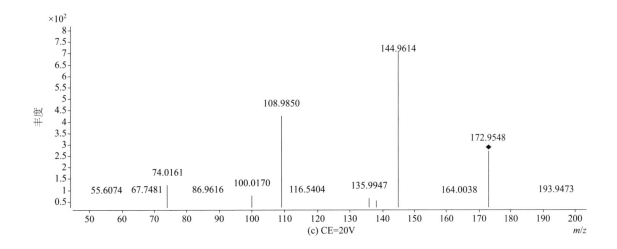

(c) CE=20V

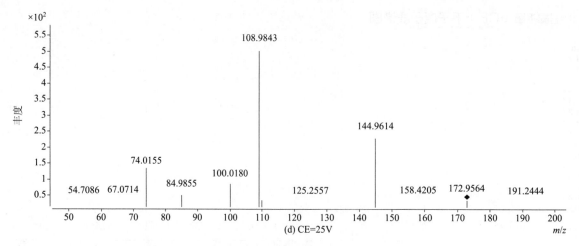

(d) CE=25V

4,4'-dichlorobenzophenone
（4,4'- 二氯二苯甲酮）

基本信息

CAS 登录号	90-98-2	分子量	249.9947
分子式	C₁₃H₈Cl₂O	离子化模式	电子轰击电离（EI）

分子式：$C_{13}H_8Cl_2O$

总离子流色谱图

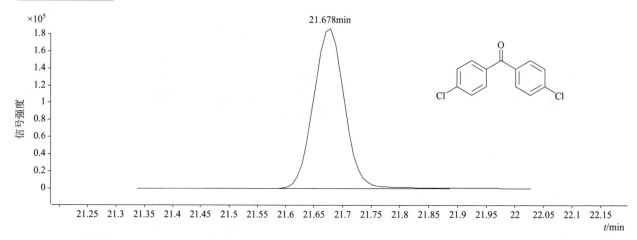

四个碰撞能量（CE）下子离子质谱图

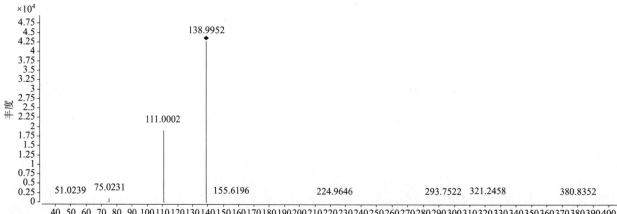

(a) CE=5V

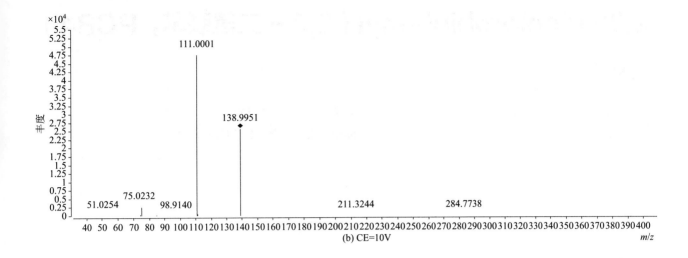

(b) CE=10V

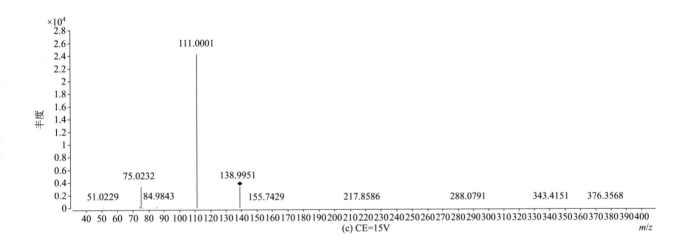

(c) CE=15V

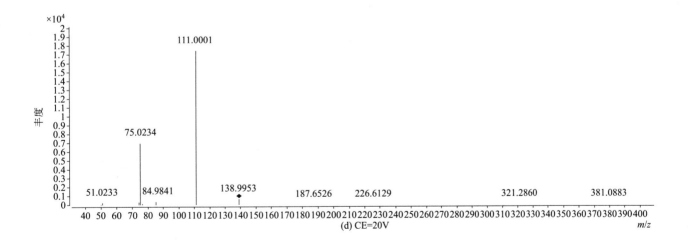

(d) CE=20V

221

2,2′-dichlorobiphenyl（2,2′-二氯联苯；PCB4）

基本信息

CAS 登录号	13029-08-8	**分子量**	221.9998
分子式	$C_{12}H_8Cl_2$	**离子化模式**	电子轰击电离（EI）

总离子流色谱图

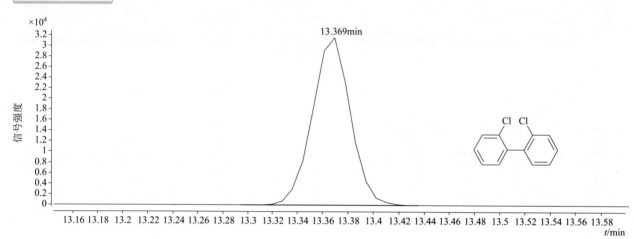

四个碰撞能量（CE）下子离子质谱图

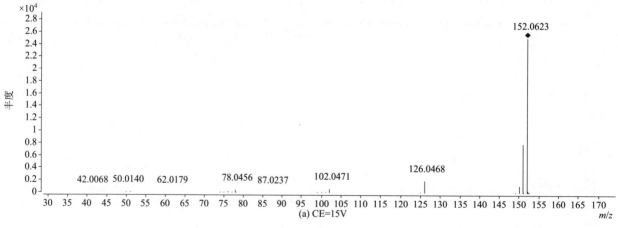

(a) CE=15V

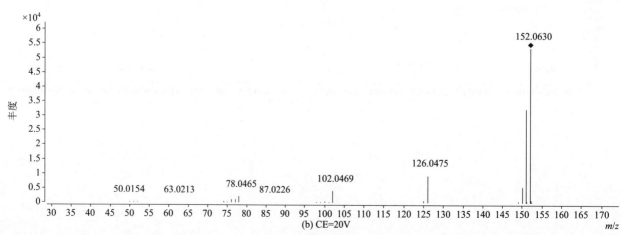

(b) CE=20V

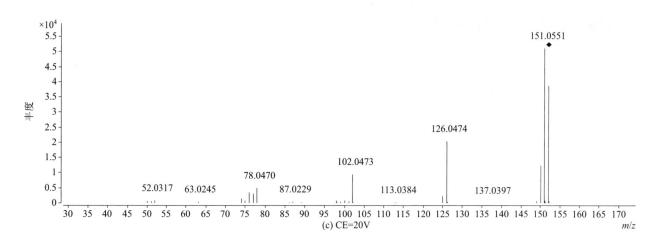

(c) CE=20V

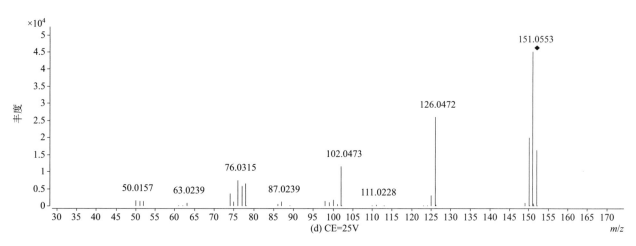

(d) CE=25V

2,3-dichlorobiphenyl（2,3- 二氯联苯；PCB5）

基本信息

CAS 登录号	16605-91-7		分子量	221.9998
分子式	$C_{12}H_8Cl_2$		离子化模式	电子轰击电离（EI）

总离子流色谱图

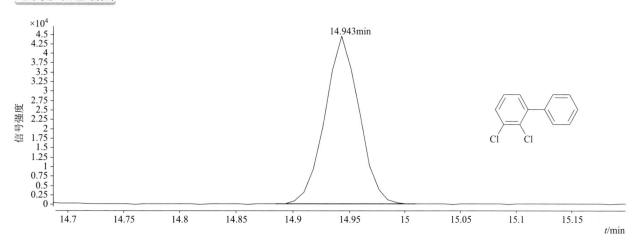

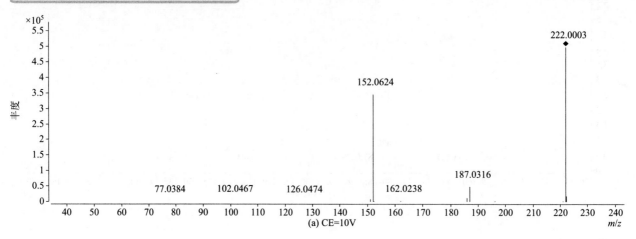

(a) CE=10V

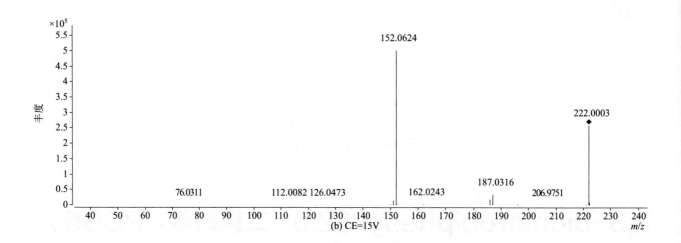

(b) CE=15V

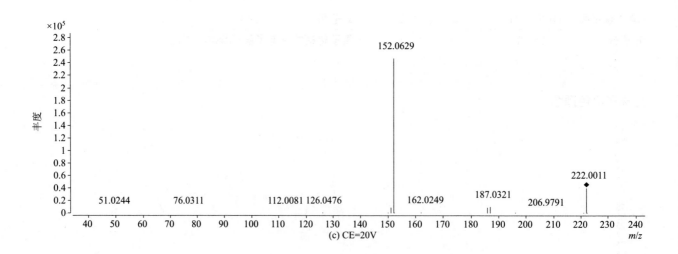

(c) CE=20V

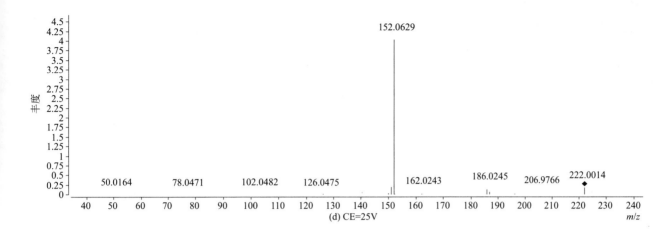

(d) CE=25V

2,3'–dichlorobiphenyl（2,3'– 二氯联苯；PCB6）

基本信息

CAS 登录号	25569-80-6	**分子量**	221.9998
分子式	$C_{12}H_8Cl_2$	**离子化模式**	电子轰击电离（EI）

总离子流色谱图

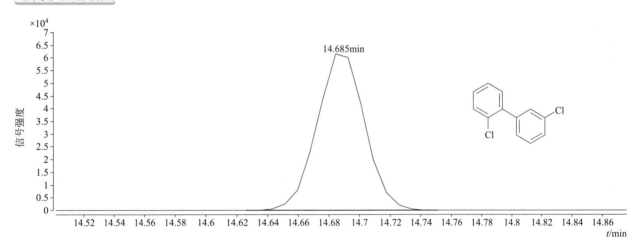

四个碰撞能量（CE）下子离子质谱图

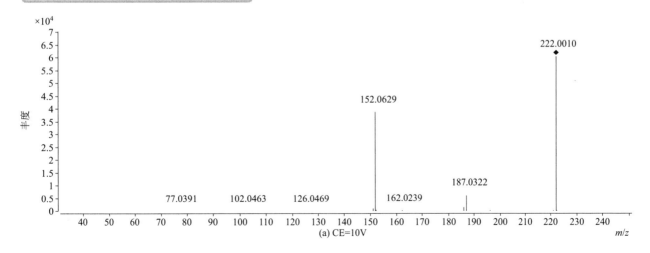

(a) CE=10V

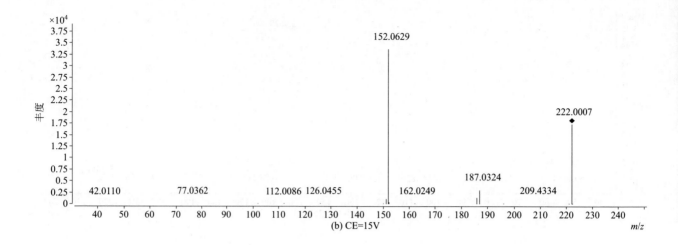

(b) CE=15V

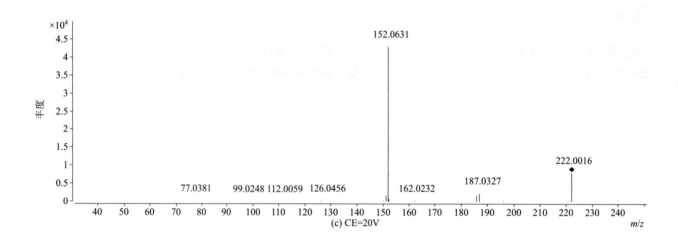

(c) CE=20V

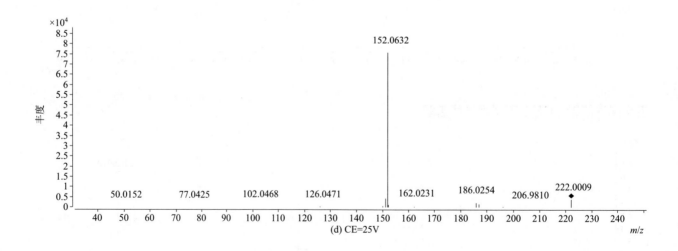

(d) CE=25V

2,4-dichlorobiphenyl（2,4- 二氯联苯；PCB7）

基本信息

CAS 登录号	33284-50-3		**分子量**	221.9998
分子式	$C_{12}H_8Cl_2$		**离子化模式**	电子轰击电离（EI）

总离子流色谱图

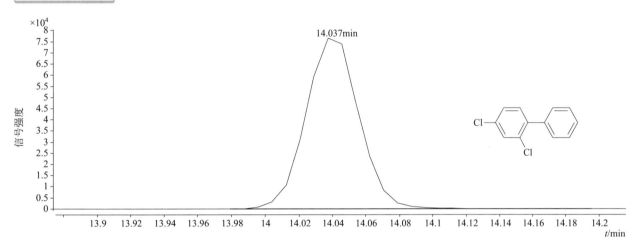

四个碰撞能量（CE）下子离子质谱图

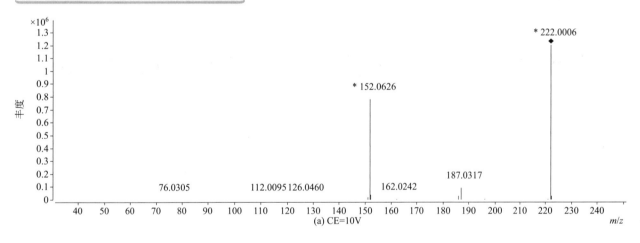

(a) CE=10V

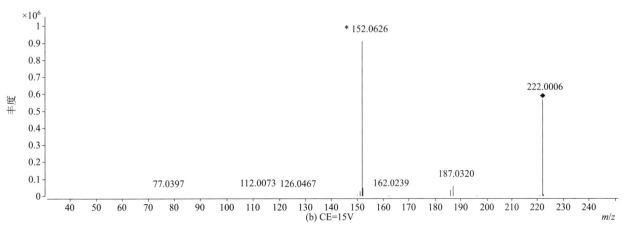

(b) CE=15V

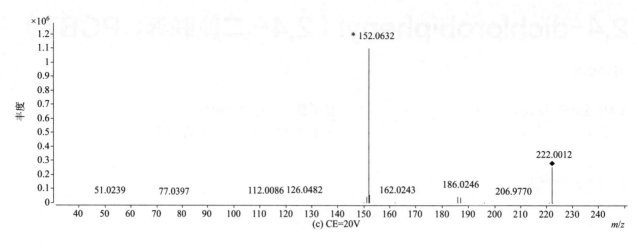

(c) CE=20V

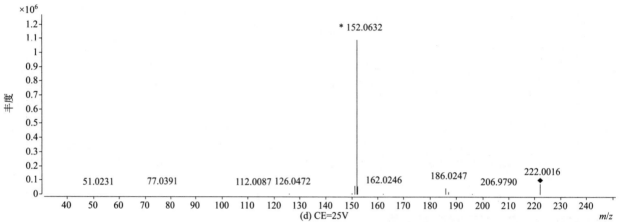

(d) CE=25V

2,4'-dichlorobiphenyl（2,4'-二氯联苯；PCB8）

基本信息

CAS 登录号	34883-43-7	分子量	221.9998
分子式	$C_{12}H_8Cl_2$	离子化模式	电子轰击电离（EI）

总离子流色谱图

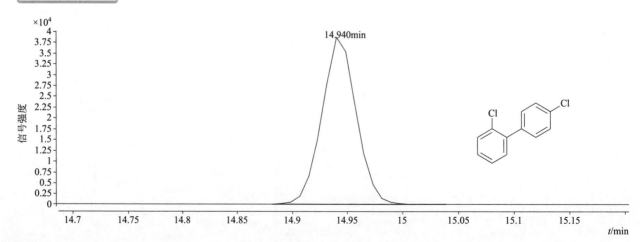

四个碰撞能量（CE）下子离子质谱图

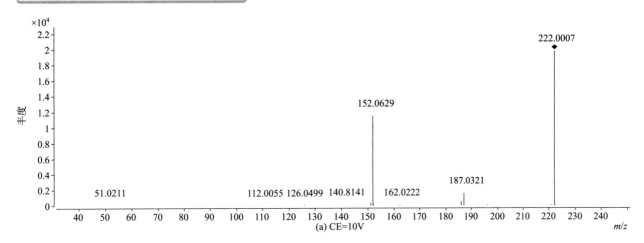

(a) CE=10V

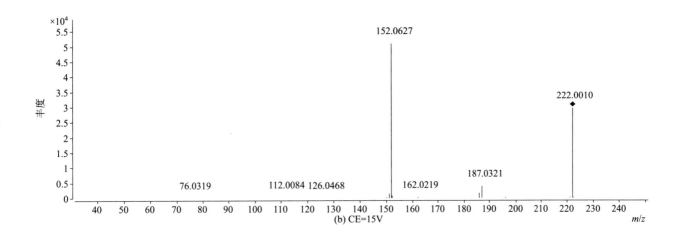

(b) CE=15V

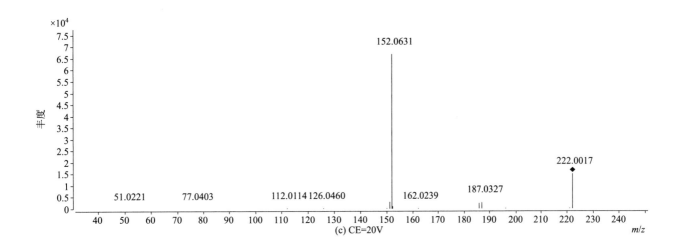

(c) CE=20V

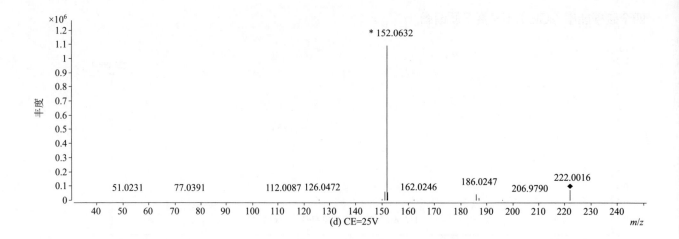

(d) CE=25V

2,5-dichlorobiphenyl（2,5- 二氯联苯；PCB9）

基本信息

CAS 登录号	34883-39-1	分子量	221.9998
分子式	$C_{12}H_8Cl_2$	离子化模式	电子轰击电离（EI）

总离子流色谱图

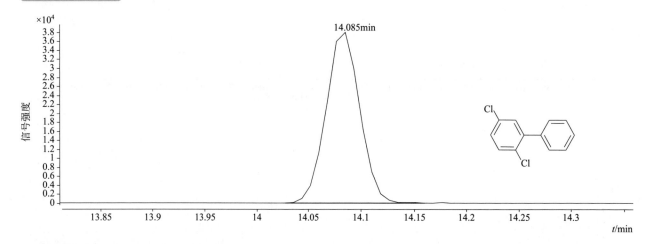

四个碰撞能量（CE）下子离子质谱图

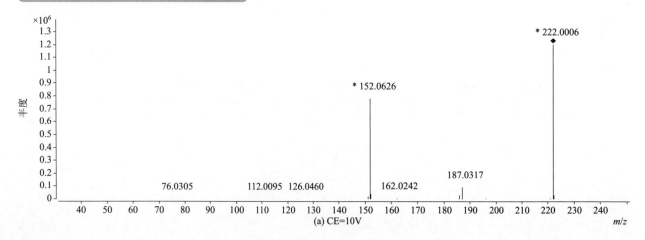

(a) CE=10V

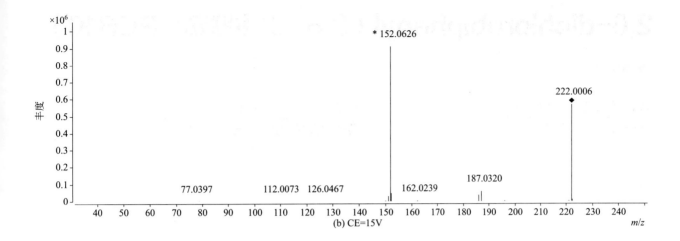

(b) CE=15V

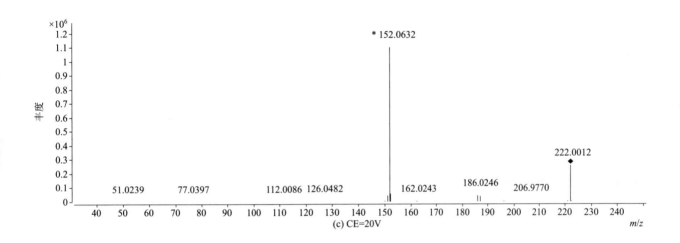

(c) CE=20V

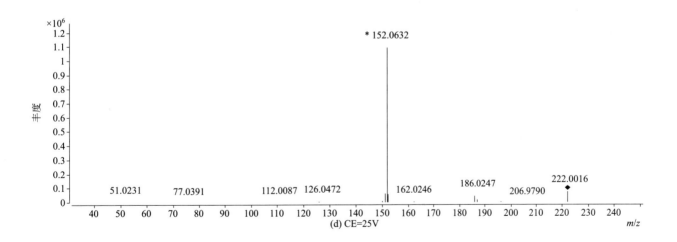

(d) CE=25V

2,6-dichlorobiphenyl（2,6- 二氯联苯；PCB10）

基本信息

CAS 登录号	33146-45-1	分子量	221.9998
分子式	$C_{12}H_8Cl_2$	离子化模式	电子轰击电离（EI）

总离子流色谱图

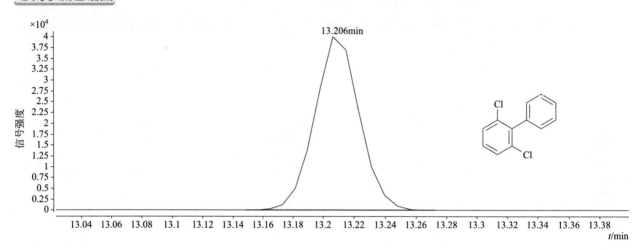

四个碰撞能量（CE）下子离子质谱图

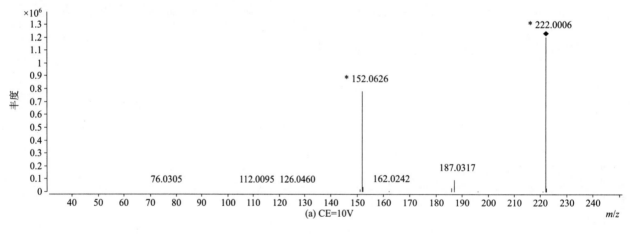

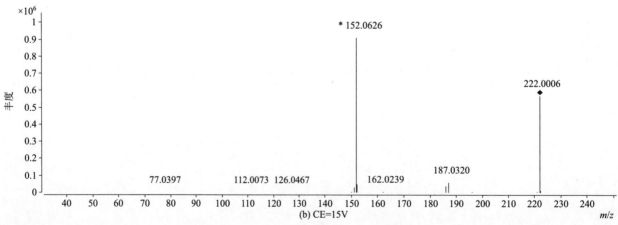

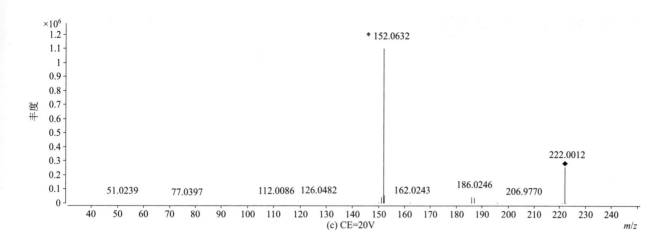

(c) CE=20V

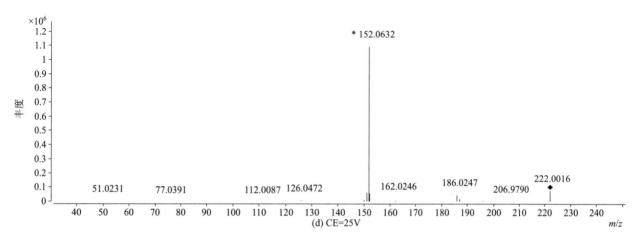

(d) CE=25V

3,3′-dichlorobiphenyl（3,3′-二氯联苯；PCB11）

CAS 登录号	2050-67-1	分子量	221.9998
分子式	$C_{12}H_8Cl_2$	离子化模式	电子轰击电离（EI）

总离子流色谱图

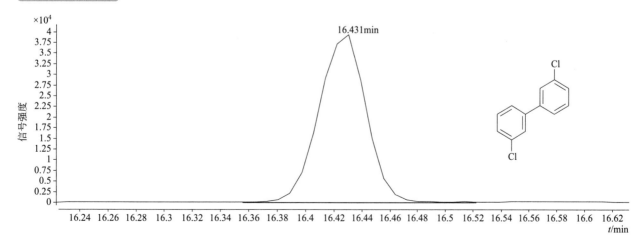

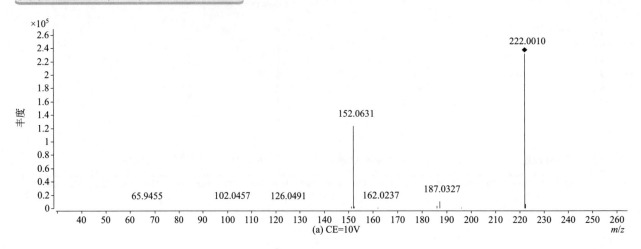

(a) CE=10V

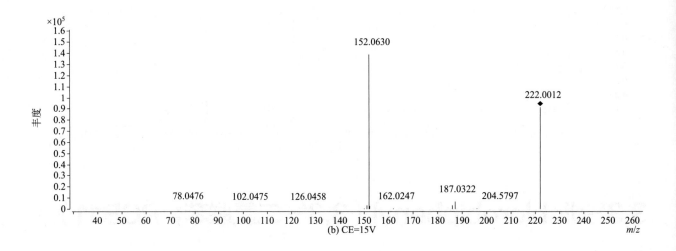

(b) CE=15V

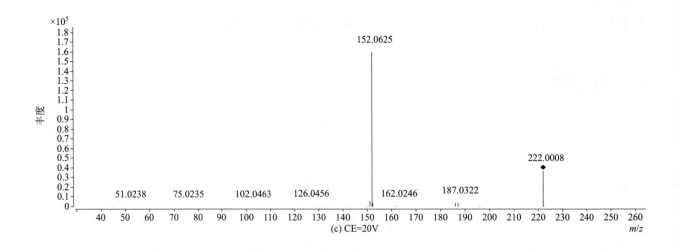

(c) CE=20V

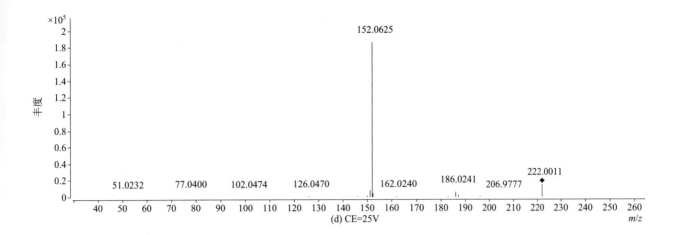

(d) CE=25V

3,4-dichlorobiphenyl（3,4- 二氯联苯；PCB12）

基本信息

CAS 登录号	2974-92-7	分子量	221.9998
分子式	$C_{12}H_8Cl_2$	离子化模式	电子轰击电离（EI）

总离子流色谱图

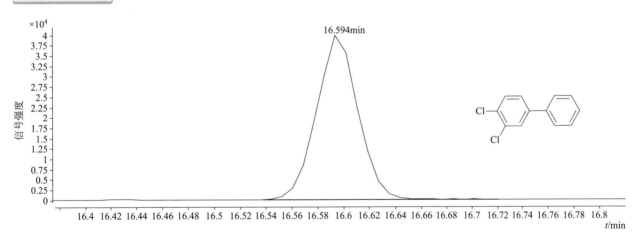

四个碰撞能量（CE）下子离子质谱图

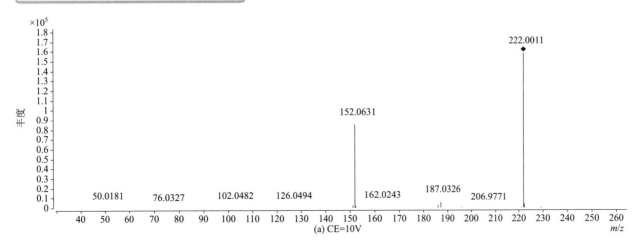

(a) CE=10V

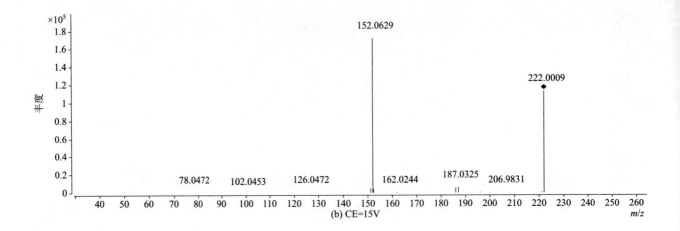

(b) CE=15V

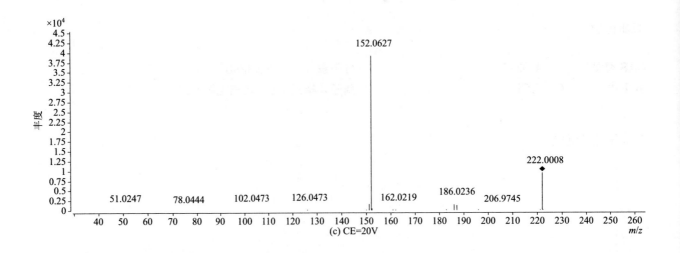

(c) CE=20V

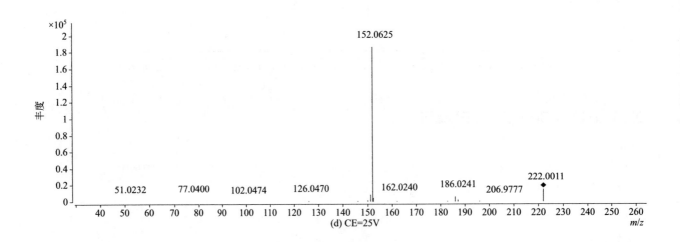

(d) CE=25V

3,4′-dichlorobiphenyl（3,4′- 二氯联苯；PCB13）

基本信息

CAS 登录号	2974-90-5	**分子量**	221.9998
分子式	$C_{12}H_8Cl_2$	**离子化模式**	电子轰击电离（EI）

总离子流色谱图

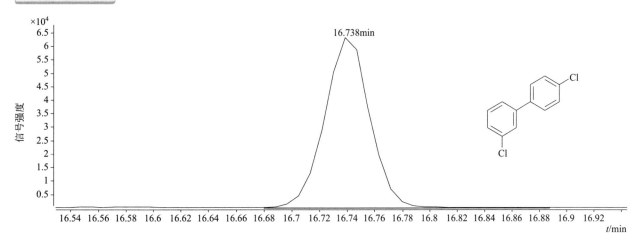

四个碰撞能量（CE）下子离子质谱图

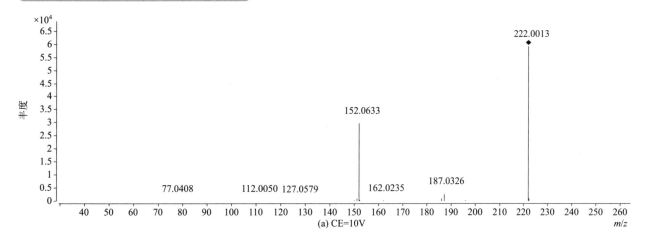

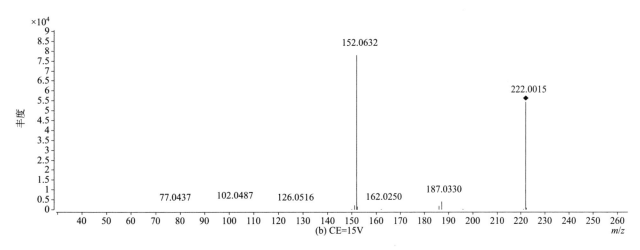

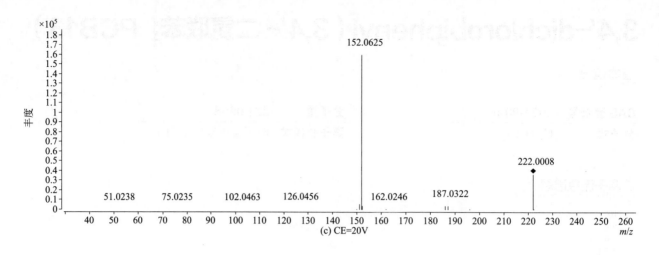

(c) CE=20V

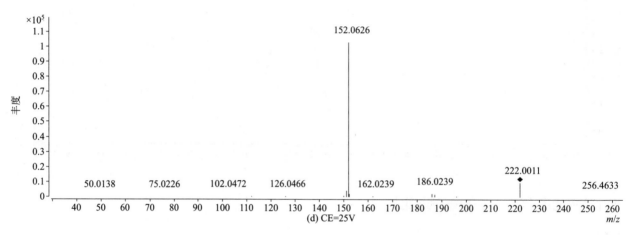

(d) CE=25V

3,5-dichlorobiphenyl（3,5- 二氯联苯；PCB14）

基本信息

CAS 登录号	34883-41-5	分子量	221.9998
分子式	$C_{12}H_8Cl_2$	离子化模式	电子轰击电离（EI）

总离子流色谱图

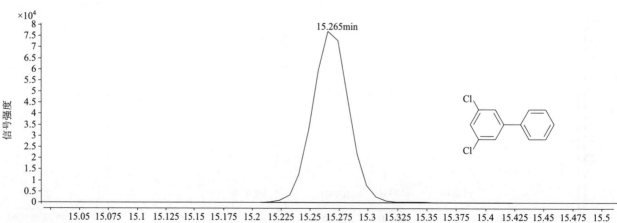

四个碰撞能量（CE）下子离子质谱图

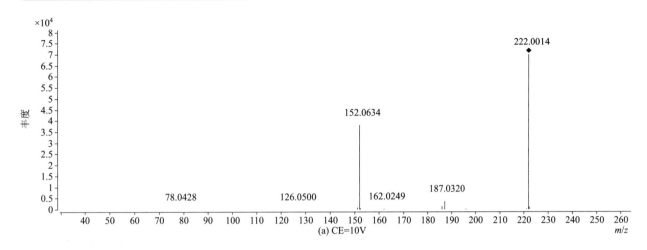

(a) CE=10V

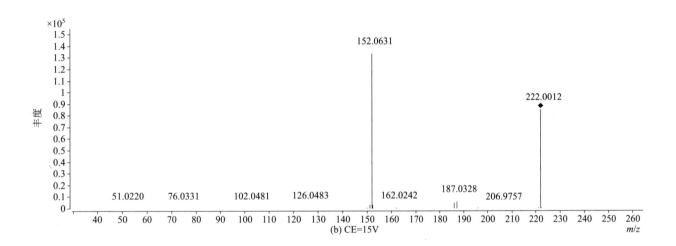

(b) CE=15V

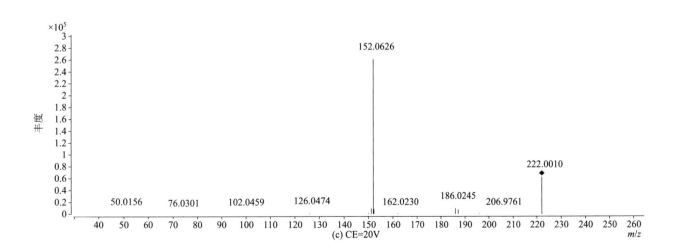

(c) CE=20V

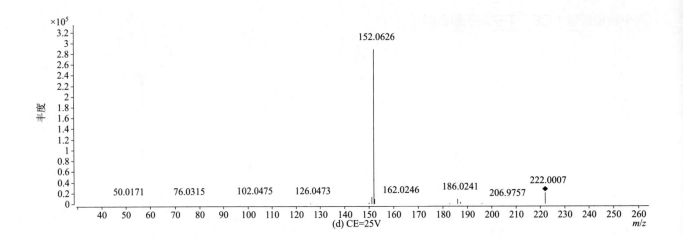

(d) CE=25V

4,4′-dichlorobiphenyl（4,4′- 二氯联苯；PCB15）

基本信息

CAS 登录号	2050-68-2	分子量	221.9998
分子式	$C_{12}H_8Cl_2$	离子化模式	电子轰击电离（EI）

总离子流色谱图

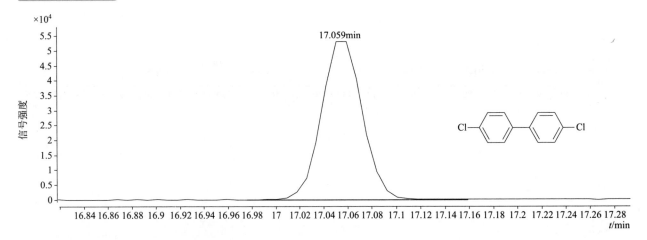

四个碰撞能量（CE）下子离子质谱图

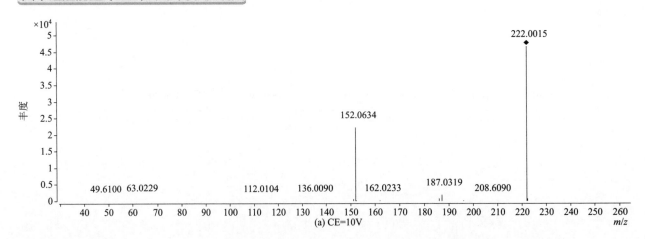

(a) CE=10V

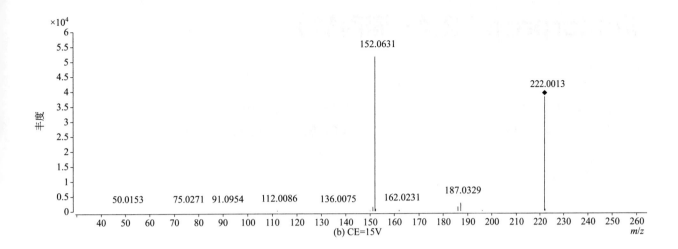

(b) CE=15V

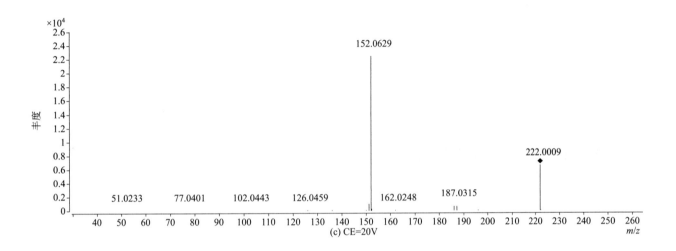

(c) CE=20V

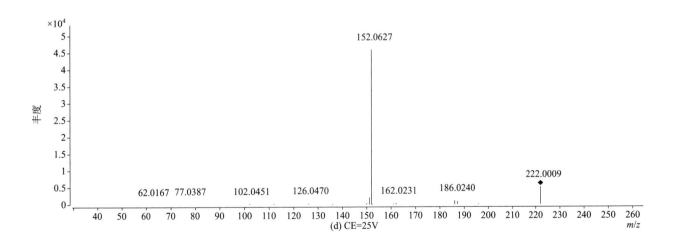

(d) CE=25V

dichlorprop（2,4- 滴丙酸）

基本信息

CAS 登录号	120-36-5	**分子量**	233.9846
分子式	C₉H₈Cl₂O₃	**离子化模式**	电子轰击电离（EI）

分子式 $C_9H_8Cl_2O_3$

总离子流色谱图

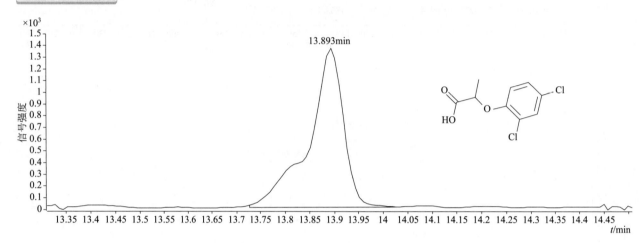

四个碰撞能量（CE）下子离子质谱图

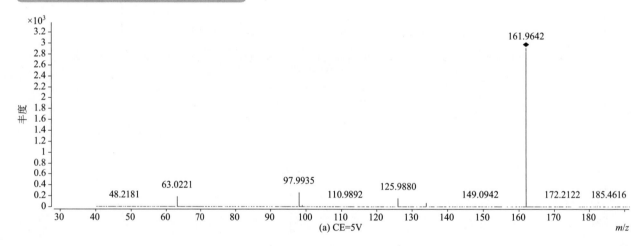

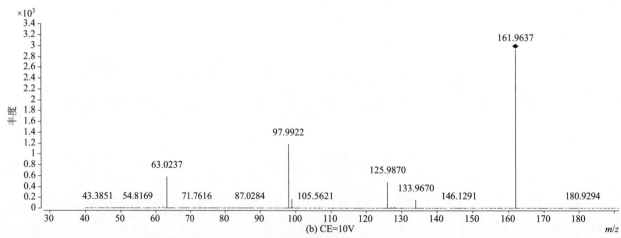

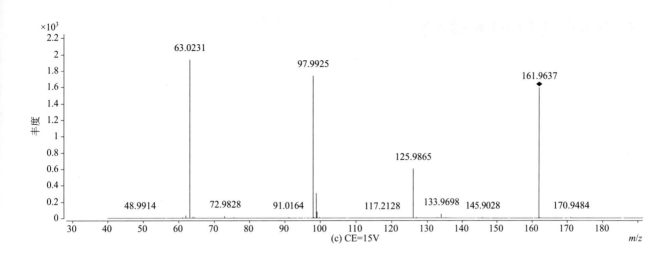

(c) CE=15V

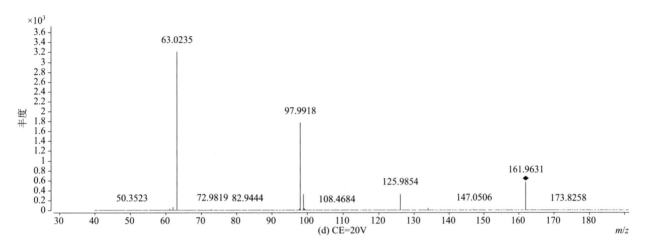

(d) CE=20V

dichlorvos（敌敌畏）

基本信息

CAS 登录号	62-73-7	分子量	219.9454
分子式	$C_4H_7Cl_2O_4P$	离子化模式	电子轰击电离（EI）

总离子流色谱图

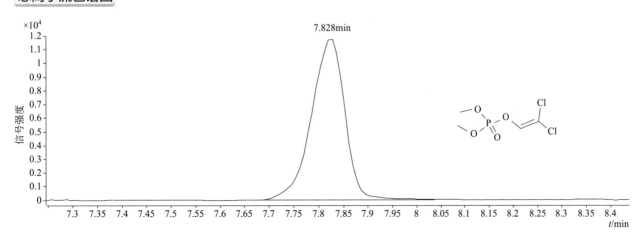

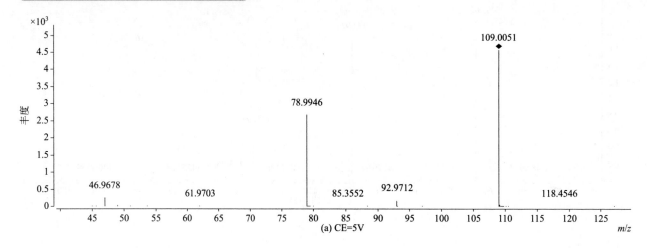

(a) CE=5V

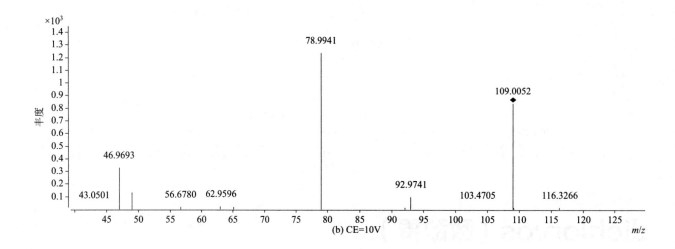

(b) CE=10V

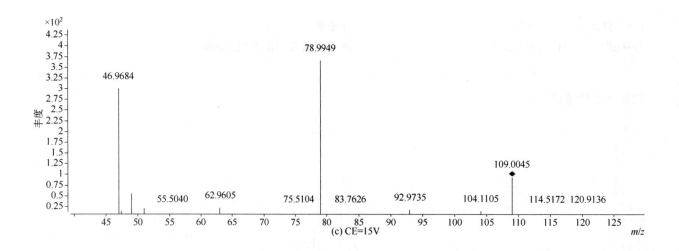

(c) CE=15V

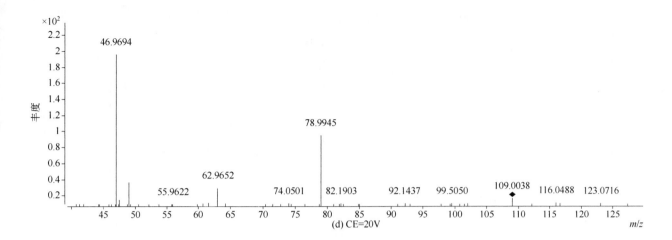

(d) CE=20V

diclofop-methyl（禾草灵甲酯）

基本信息

CAS 登录号	51338-27-3	分子量	340.0264
分子式	$C_{16}H_{14}Cl_2O_4$	离子化模式	电子轰击电离（EI）

总离子流色谱图

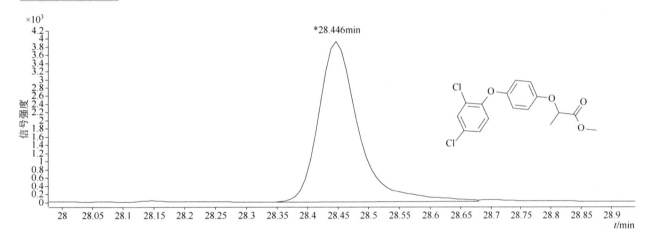

四个碰撞能量（CE）下子离子质谱图

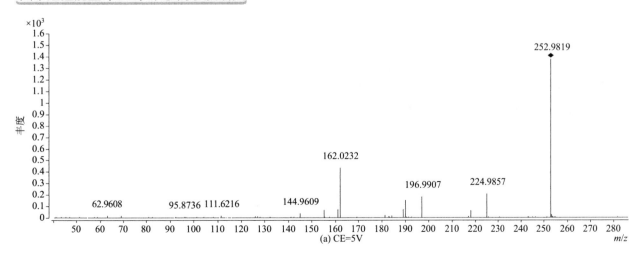

(a) CE=5V

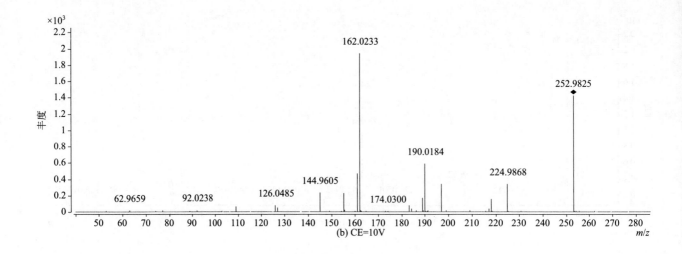

(b) CE=10V

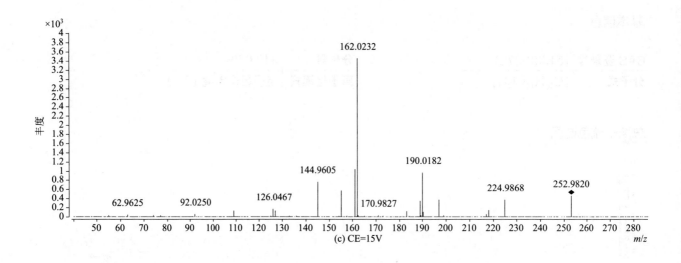

(c) CE=15V

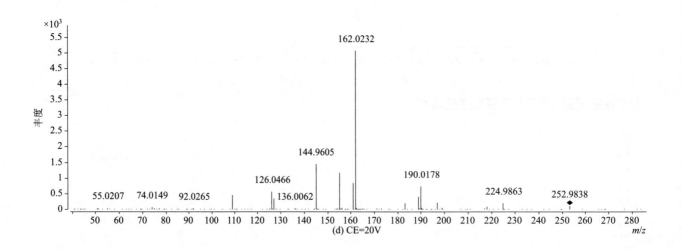

(d) CE=20V

dicofol（三氯杀螨醇）

基本信息

CAS 登录号	115-32-2	**分子量**	367.9091
分子式	$C_{14}H_9Cl_5O$	**离子化模式**	电子轰击电离（EI）

总离子流色谱图

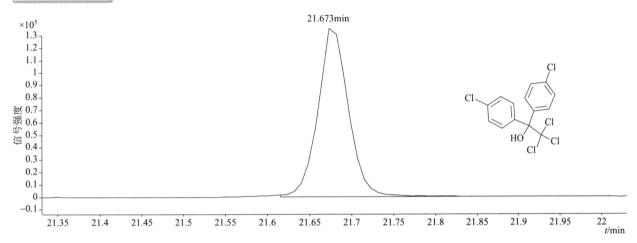

四个碰撞能量（CE）下子离子质谱图

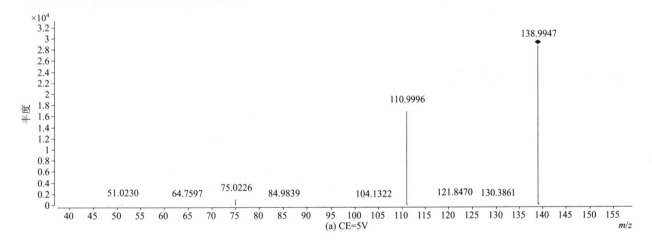

(a) CE=5V

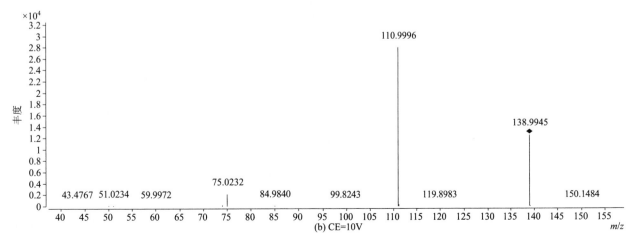

(b) CE=10V

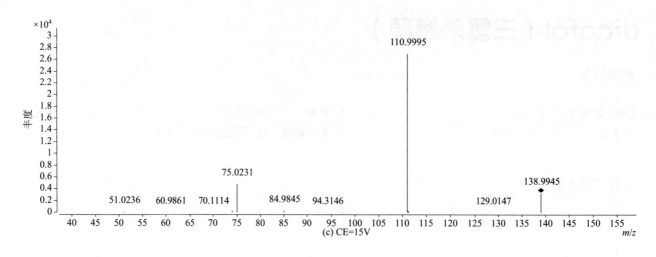

(c) CE=15V

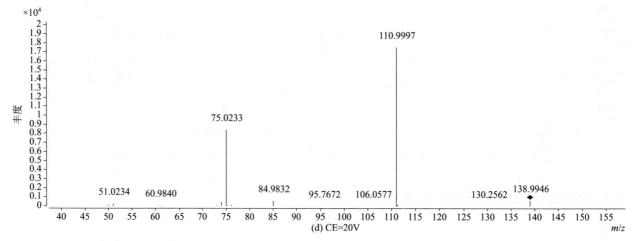

(d) CE=20V

dieldrin（狄氏剂）

基本信息

CAS 登录号	60-57-1	分子量	377.8701
分子式	$C_{12}H_8Cl_6O$	离子化模式	电子轰击电离（EI）

总离子流色谱图

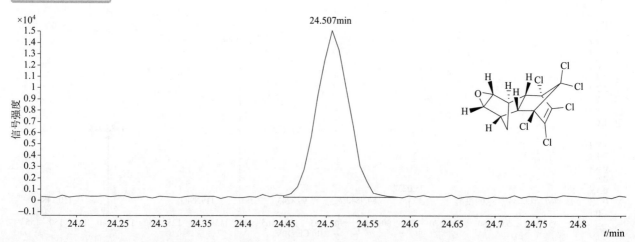

四个碰撞能量（CE）下子离子质谱图

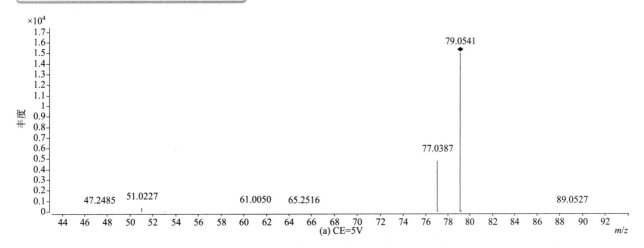

(a) CE=5V

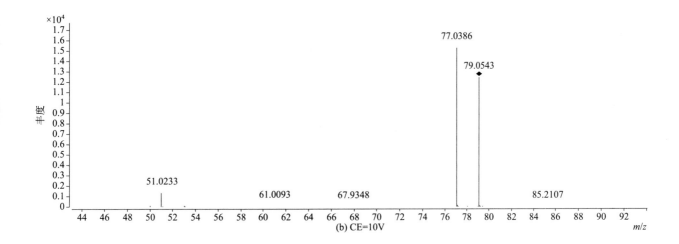

(b) CE=10V

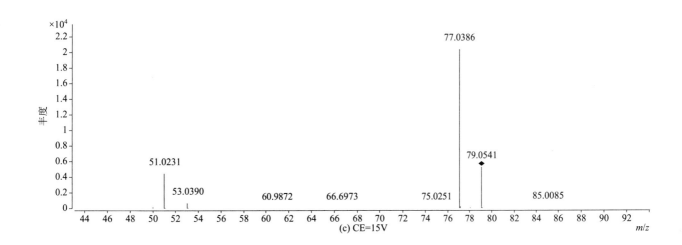

(c) CE=15V

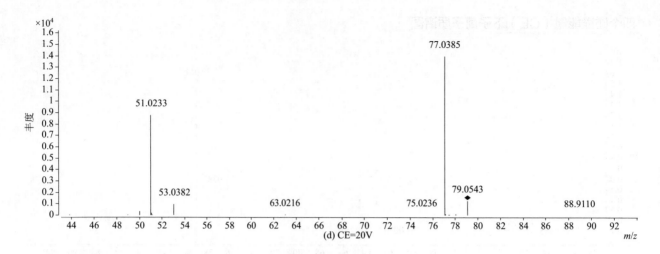

(d) CE=20V

diethyltoluamide（避蚊胺）

基本信息

CAS 登录号	134-62-3	分子量	191.1305
分子式	$C_{12}H_{17}NO$	离子化模式	电子轰击电离（EI）

总离子流色谱图

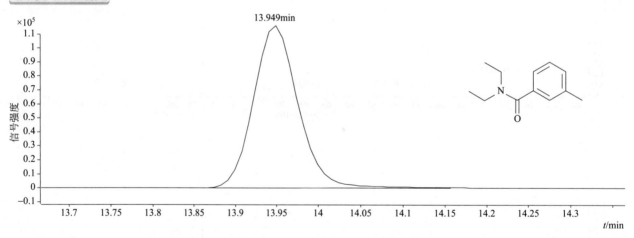

四个碰撞能量（CE）下子离子质谱图

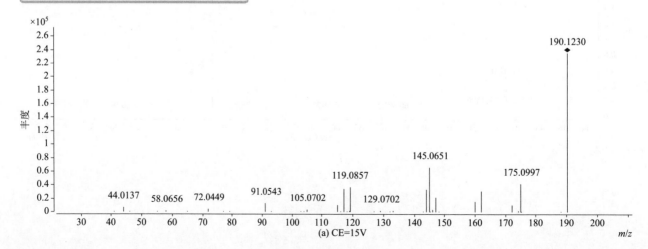

(a) CE=15V

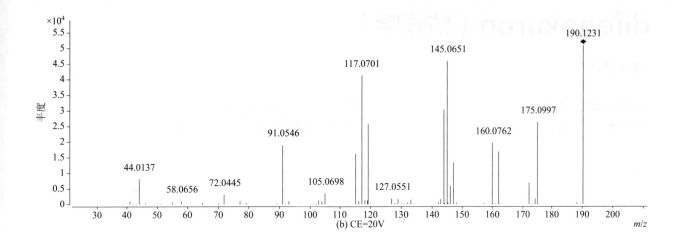

(b) CE=20V

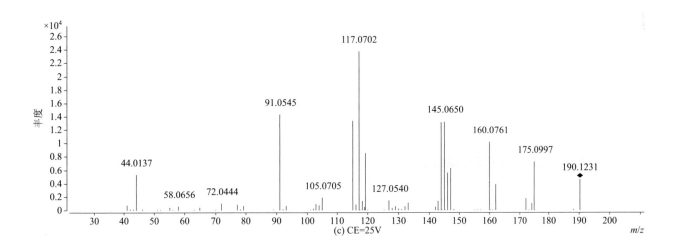

(c) CE=25V

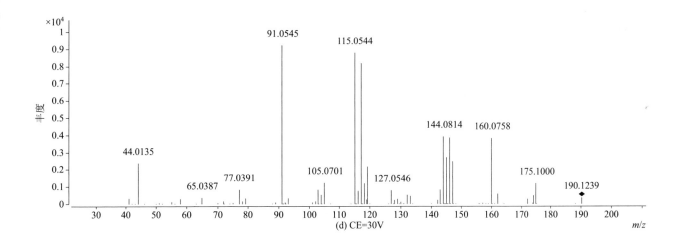

(d) CE=30V

difenoxuron（枯莠隆）

基本信息

CAS 登录号	14214-32-5	分子量	286.1312
分子式	$C_{16}H_{18}N_2O_3$	离子化模式	电子轰击电离（EI）

总离子流色谱图

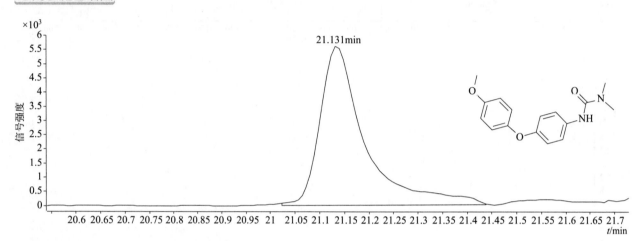

四个碰撞能量（CE）下子离子质谱图

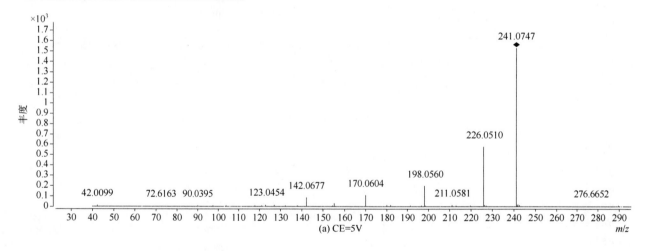

(a) CE=5V

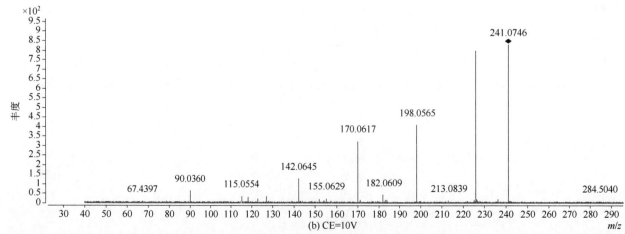

(b) CE=10V

252

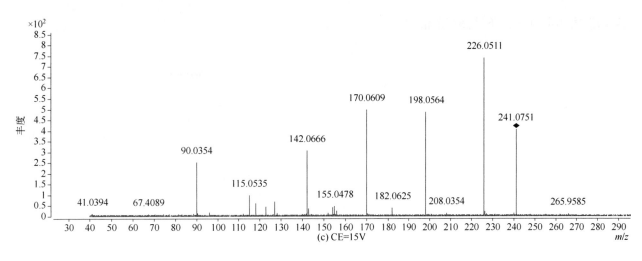

(c) CE=15V

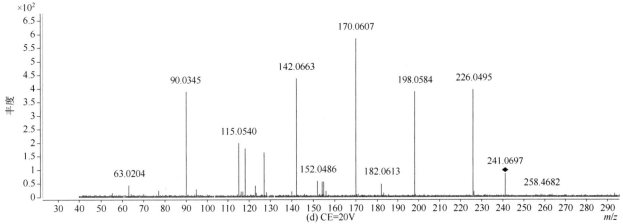

(d) CE=20V

diflufenican（吡氟酰草胺）

基本信息

CAS 登录号	83164-33-4	**分子量**	394.0736
分子式	$C_{19}H_{11}F_5N_2O_2$	**离子化模式**	电子轰击电离（EI）

总离子流色谱图

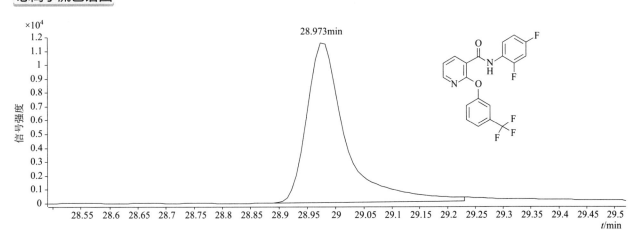

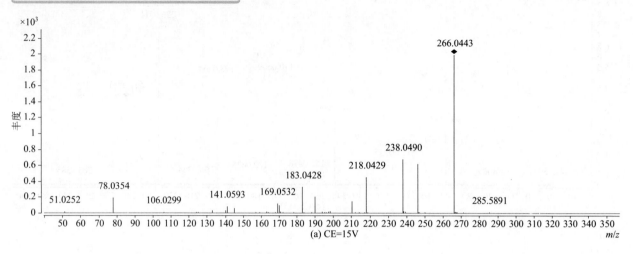

(a) CE=15V

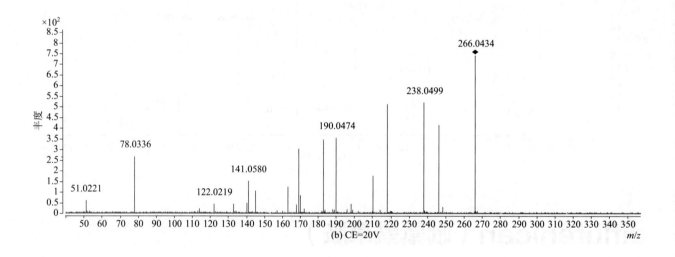

(b) CE=20V

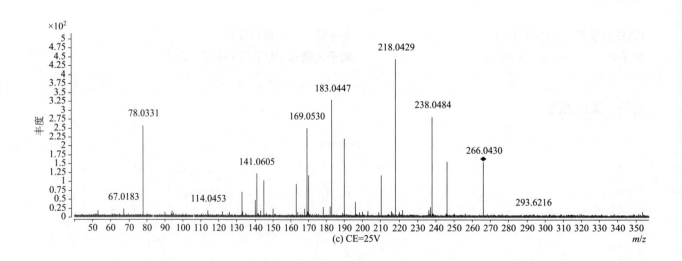

(c) CE=25V

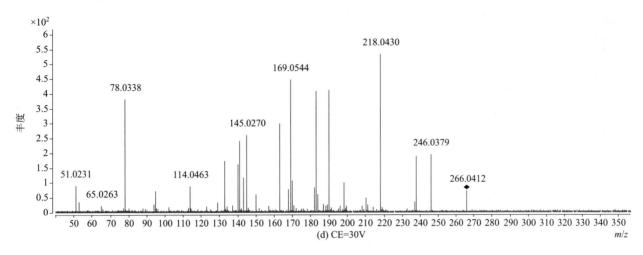

(d) CE=30V

diflufenzopyr sodium salt（氟吡草腙钠盐）

基本信息

CAS 登录号	109293-98-3	**分子量**	356.0691
分子式	$C_{15}H_{11}F_2N_4NaO_3$	**离子化模式**	电子轰击电离（EI）

总离子流色谱图

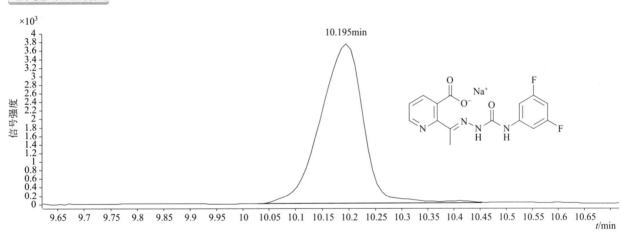

四个碰撞能量（CE）下子离子质谱图

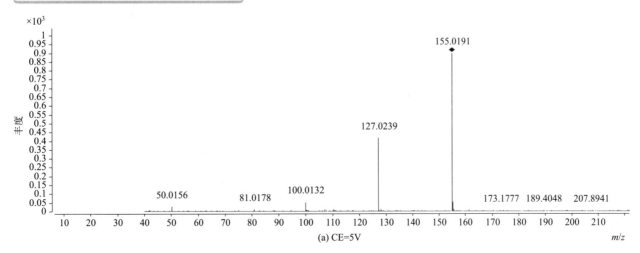

(a) CE=5V

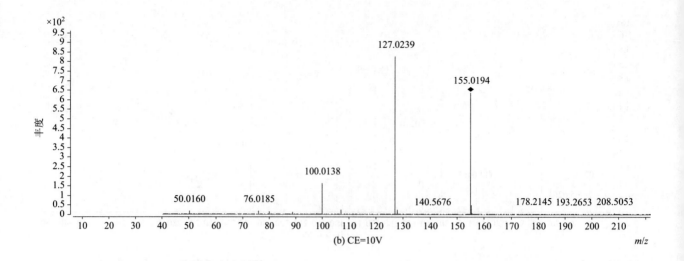

(b) CE=10V

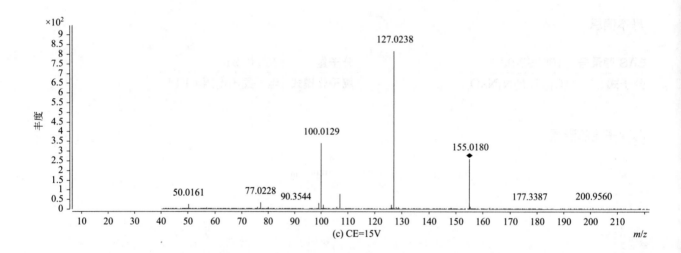

(c) CE=15V

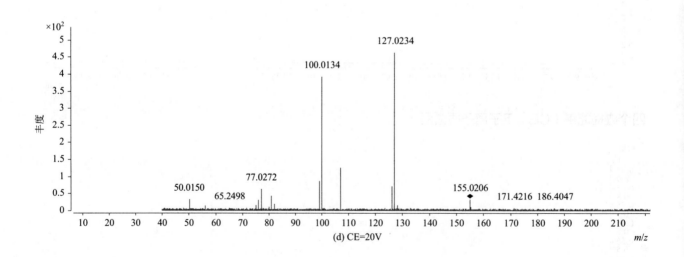

(d) CE=20V

dimethachlor（克草胺）

基本信息

CAS 登录号	50563-36-5	**分子量**	255.1021
分子式	$C_{13}H_{18}ClNO_2$	**离子化模式**	电子轰击电离（EI）

总离子流色谱图

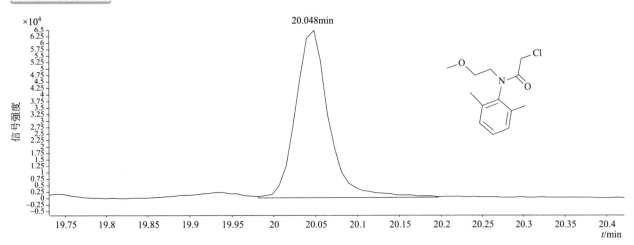

四个碰撞能量（CE）下子离子质谱图

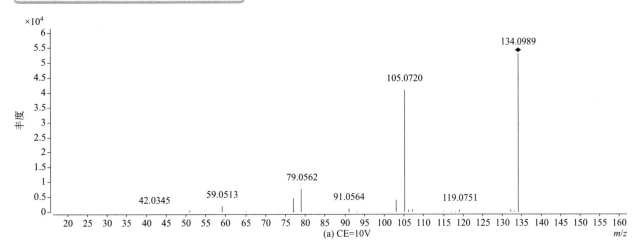

(a) CE=10V

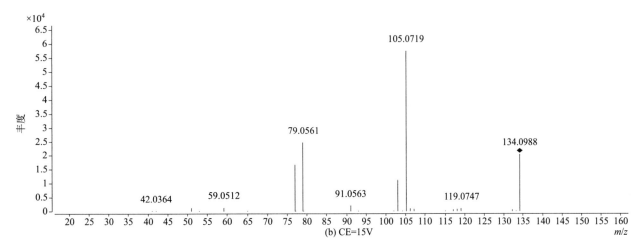

(b) CE=15V

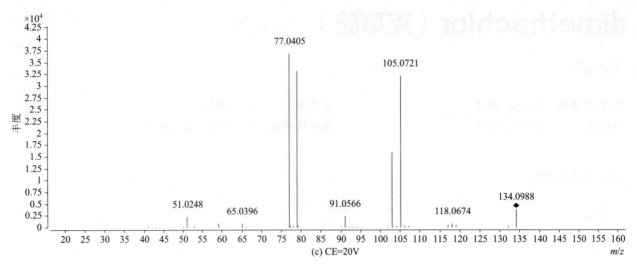

(c) CE=20V

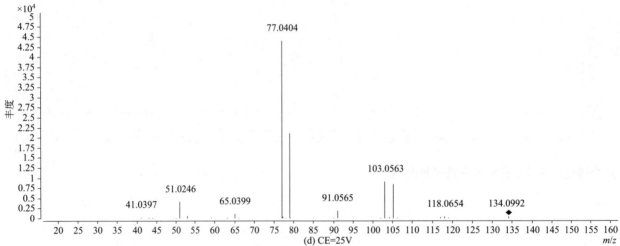

(d) CE=25V

dimethametryn（异戊乙净）

基本信息

CAS 登录号	22936-75-0	分子量	255.1021
分子式	$C_{11}H_{21}N_5S$	离子化模式	电子轰击电离（EI）

总离子流色谱图

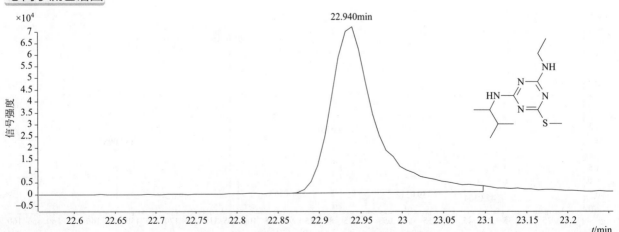

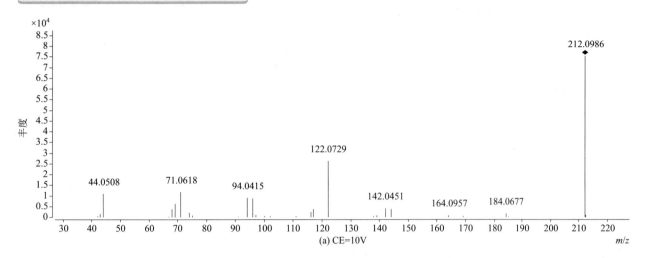

(a) CE=10V

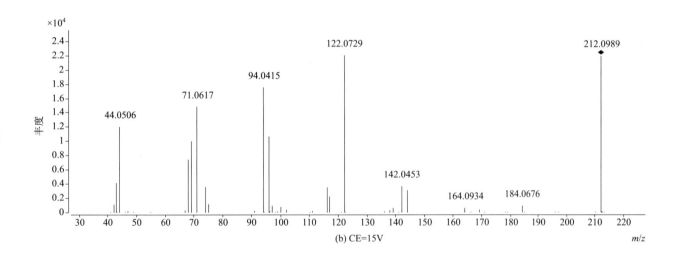

(b) CE=15V

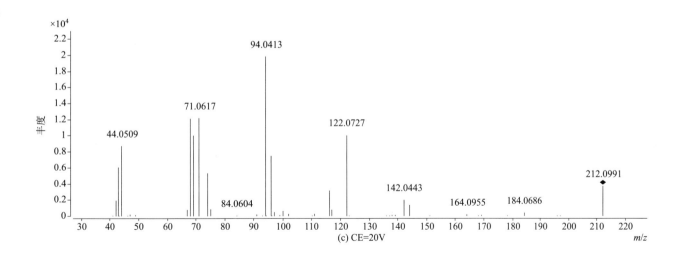

(c) CE=20V

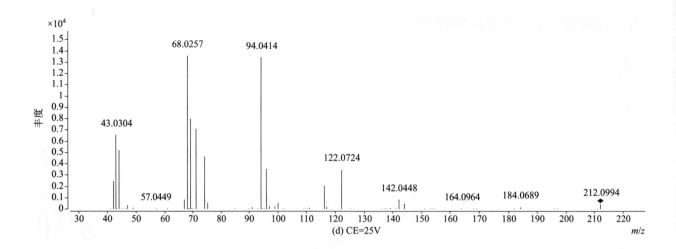

(d) CE=25V

dimethenamid（二甲噻草胺）

基本信息

CAS 登录号	87674-68-8	分子量	275.0742
分子式	$C_{12}H_{18}ClNO_2S$	离子化模式	电子轰击电离（EI）

总离子流色谱图

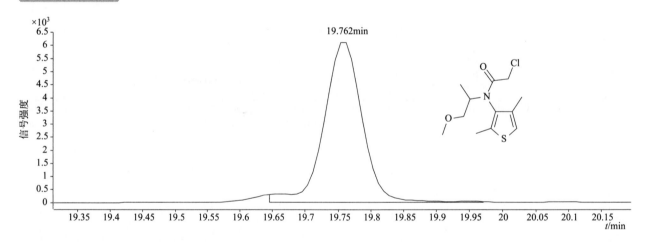

19.762min

四个碰撞能量（CE）下子离子质谱图

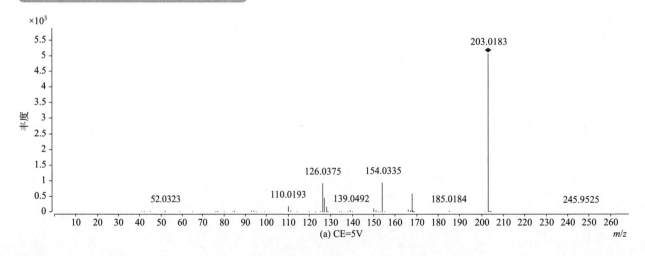

(a) CE=5V

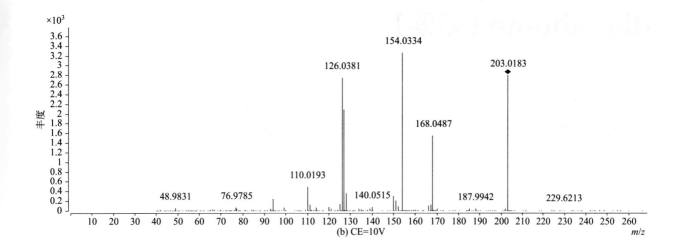

(b) CE=10V

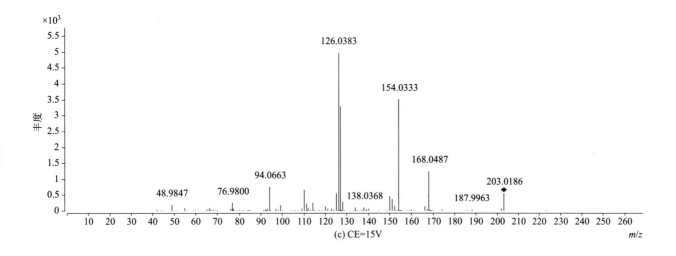

(c) CE=15V

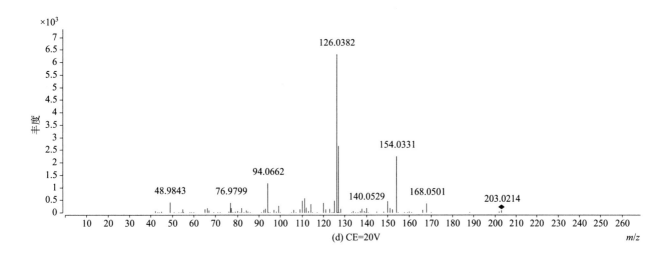

(d) CE=20V

dimethoate（乐果）

基本信息

CAS 登录号	60-51-5	**分子量**	228.9991
分子式	$C_5H_{12}NO_3PS_2$	**离子化模式**	电子轰击电离（EI）

总离子流色谱图

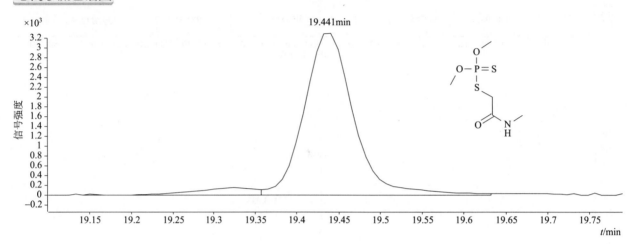

四个碰撞能量（CE）下子离子质谱图

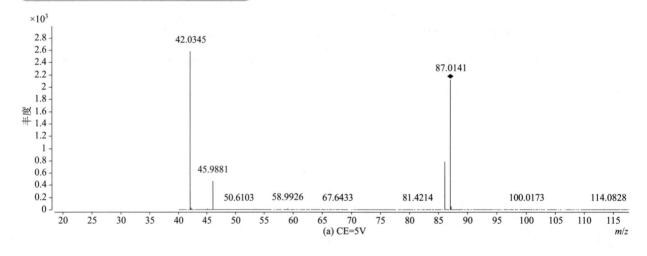

(a) CE=5V

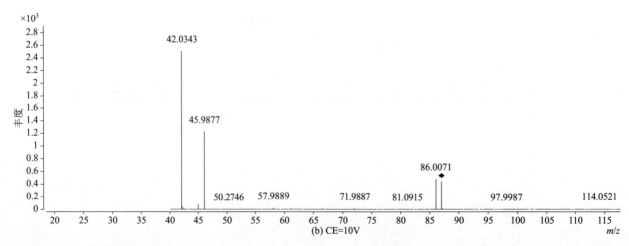

(b) CE=10V

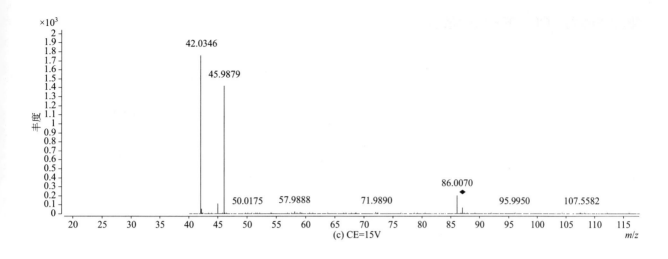

(c) CE=15V

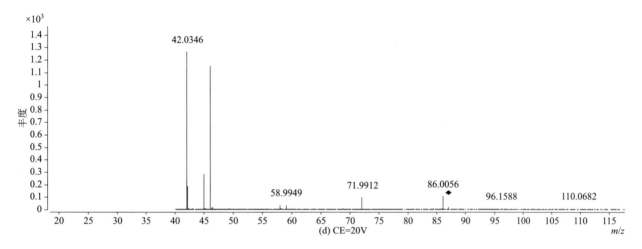

(d) CE=20V

diniconazole（烯唑醇）

基本信息

CAS 登录号	83657-24-3	分子量	325.0744
分子式	$C_{15}H_{17}Cl_2N_3O$	离子化模式	电子轰击电离（EI）

总离子流色谱图

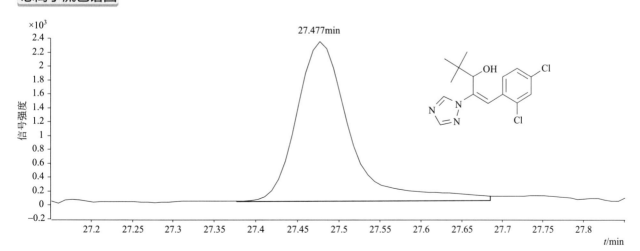

四个碰撞能量（CE）下子离子质谱图

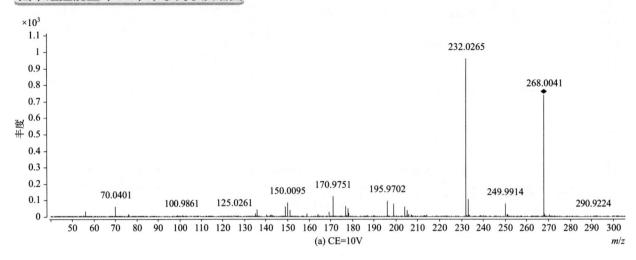

(a) CE=10V

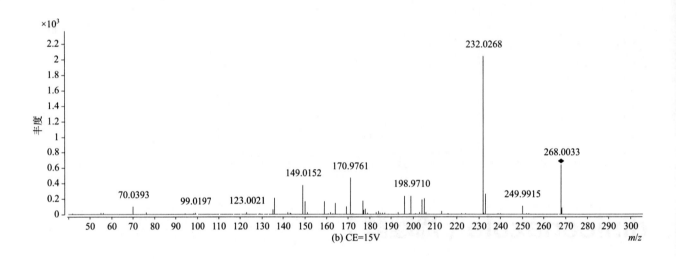

(b) CE=15V

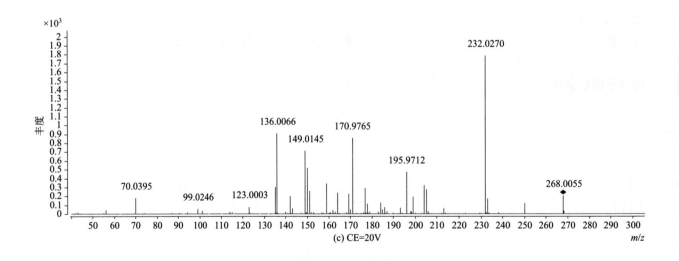

(c) CE=20V

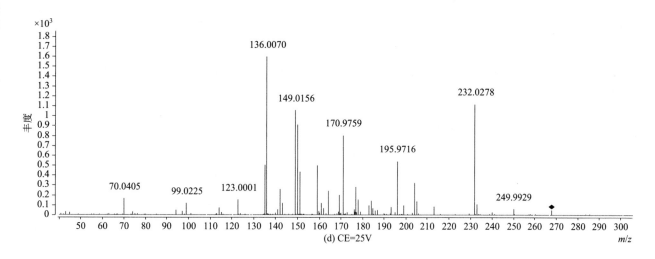

(d) CE=25V

dinitramine（氨基乙氟灵）

基本信息

CAS 登录号	29091-05-2	**分子量**	322.0884
分子式	$C_{11}H_{13}F_3N_4O_4$	**离子化模式**	电子轰击电离（EI）

总离子流色谱图

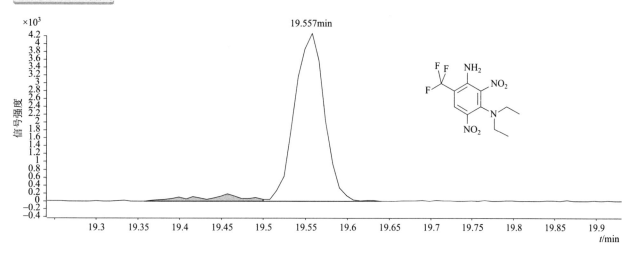

四个碰撞能量（CE）下子离子质谱图

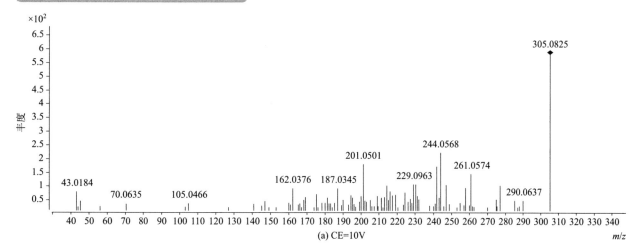

(a) CE=10V

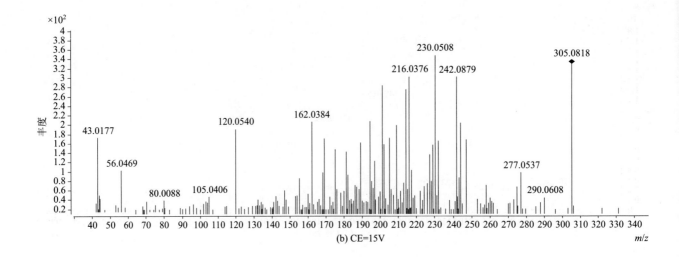

(b) CE=15V

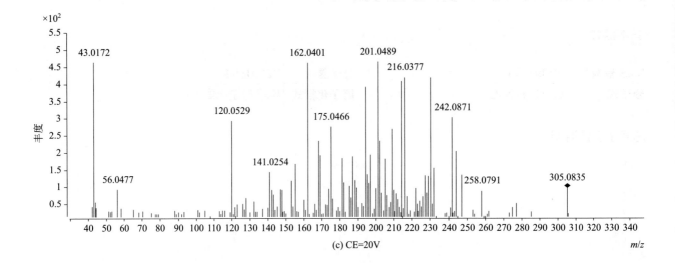

(c) CE=20V

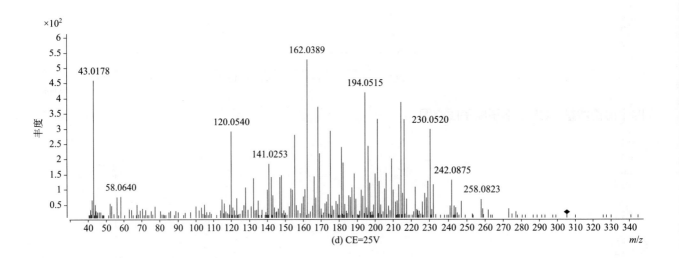

(d) CE=25V

266

dinobuton（消螨通）

基本信息

CAS 登录号	973-21-7	分子量	326.1109
分子式	$C_{14}H_{18}N_2O_7$	离子化模式	电子轰击电离（EI）

总离子流色谱图

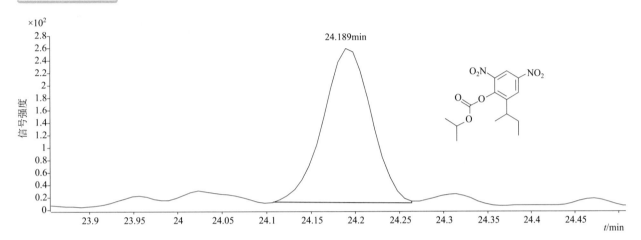

四个碰撞能量（CE）下子离子质谱图

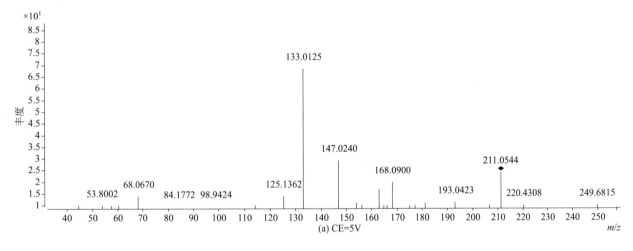

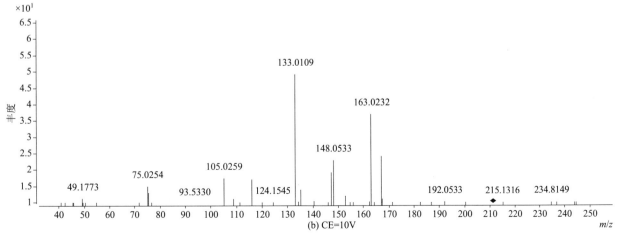

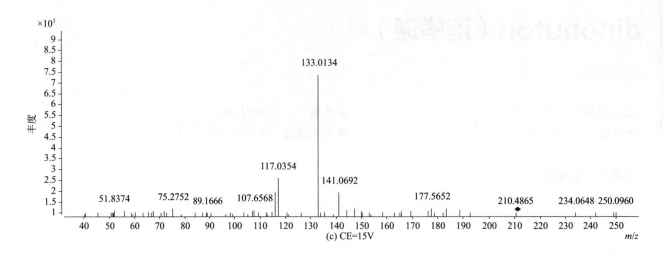
(c) CE=15V

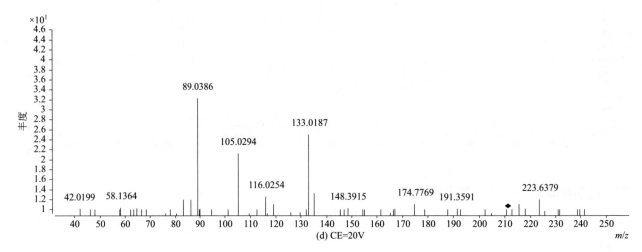
(d) CE=20V

dinoterb（特乐酚）

基本信息

CAS 登录号	1420-07-1	分子量	240.0741
分子式	$C_{10}H_{12}N_2O_5$	离子化模式	电子轰击电离（EI）

总离子流色谱图

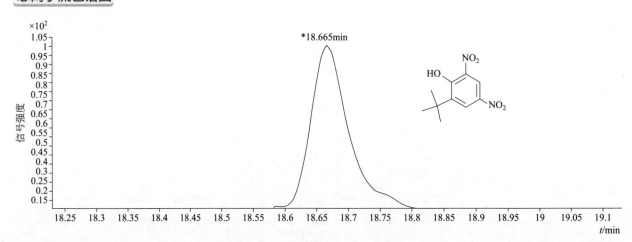

四个碰撞能量（CE）下子离子质谱图

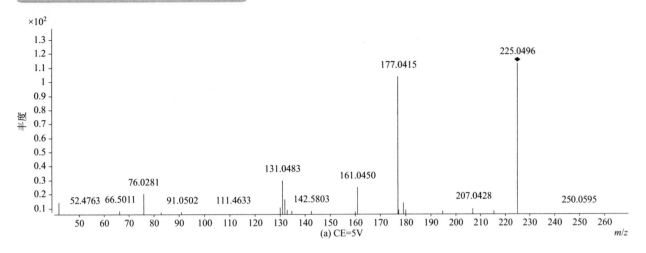

(a) CE=5V

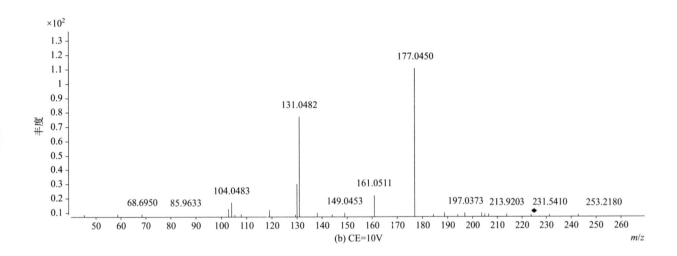

(b) CE=10V

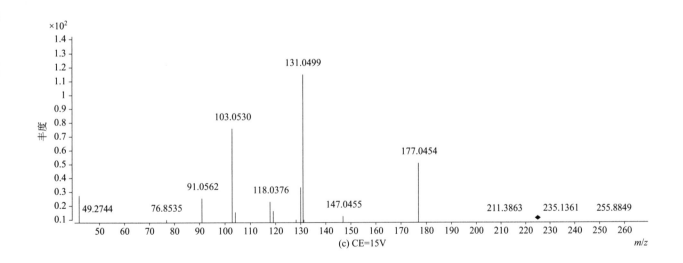

(c) CE=15V

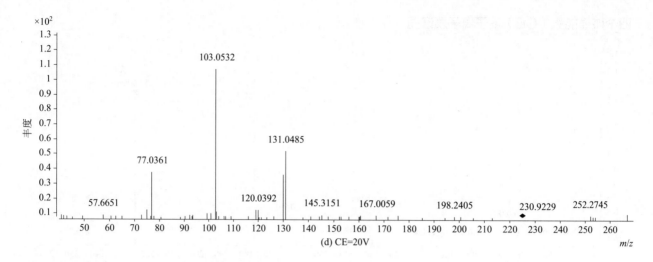

(d) CE=20V

diofenolan（噁茂醚）

基本信息

CAS 登录号	63837-33-2	分子量	300.1357
分子式	C$_{18}$H$_{20}$O$_4$	离子化模式	电子轰击电离（EI）

总离子流色谱图

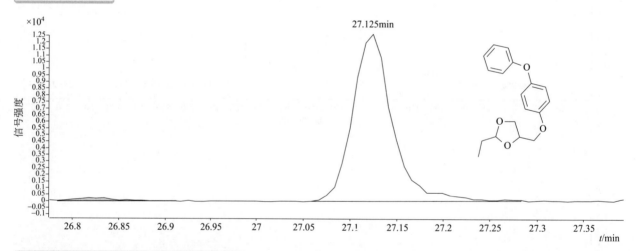

四个碰撞能量（CE）下子离子质谱图

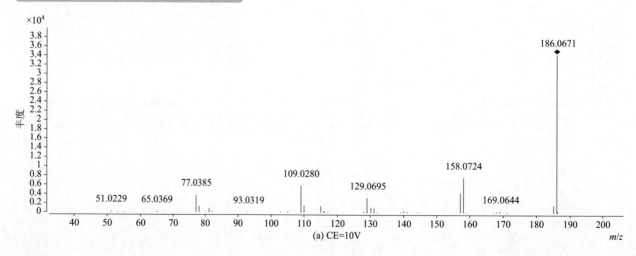

(a) CE=10V

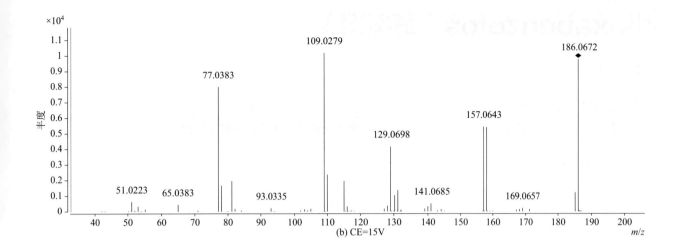

(b) CE=15V

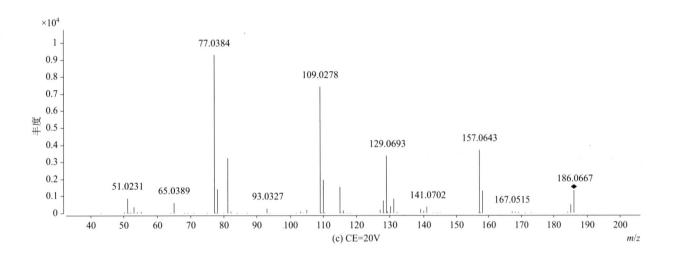

(c) CE=20V

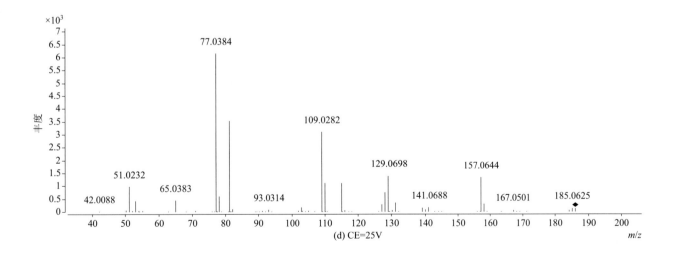

(d) CE=25V

dioxabenzofos（蔬果磷）

基本信息

CAS 登录号	3811-49-2	分子量	216.0005
分子式	C₈H₉O₃PS	离子化模式	电子轰击电离（EI）

分子式 $C_8H_9O_3PS$

分子量 216.0005

总离子流色谱图

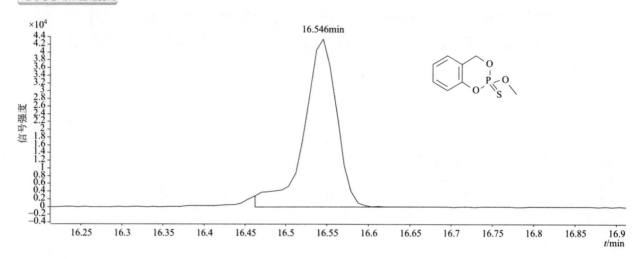

四个碰撞能量（CE）下子离子质谱图

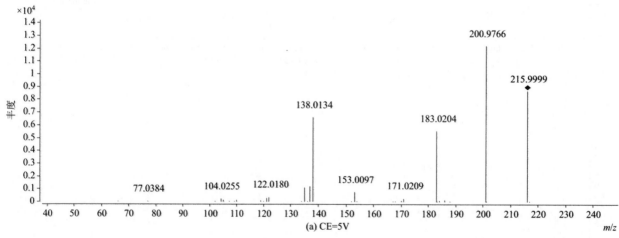

(a) CE=5V

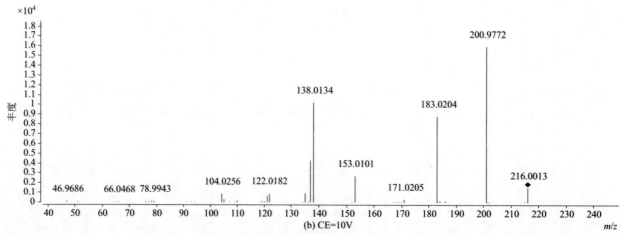

(b) CE=10V

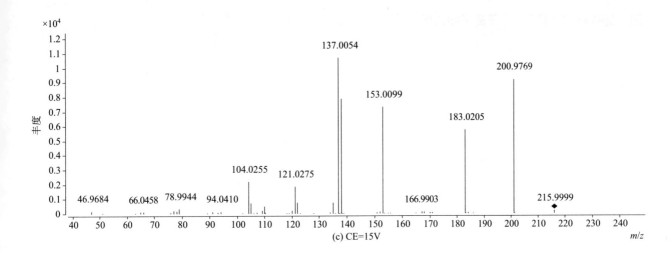

(c) CE=15V

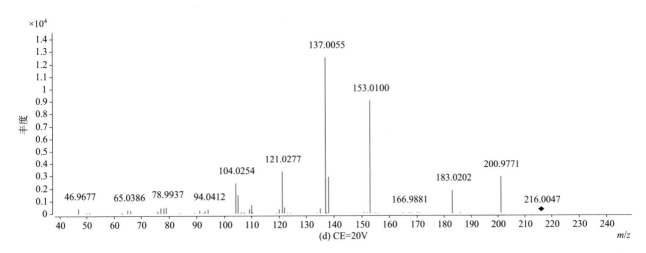

(d) CE=20V

dioxacarb（噁环虫威）

基本信息

CAS 登录号	6988-21-2	分子量	223.0840
分子式	$C_{11}H_{13}NO_4$	离子化模式	电子轰击电离（EI）

总离子流色谱图

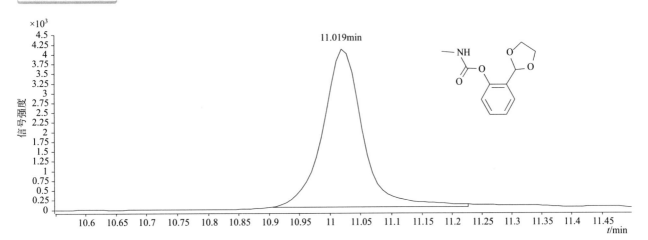

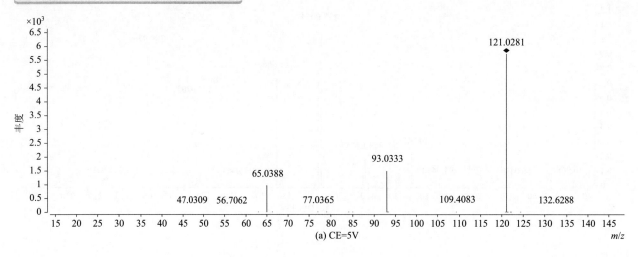

(a) CE=5V

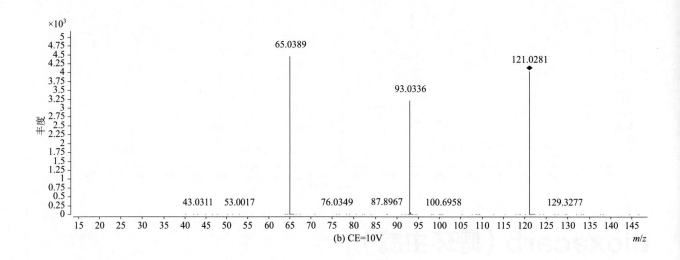

(b) CE=10V

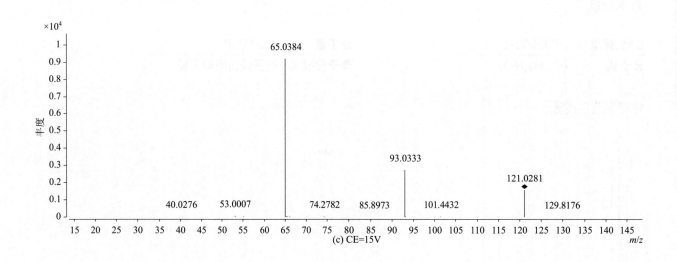

(c) CE=15V

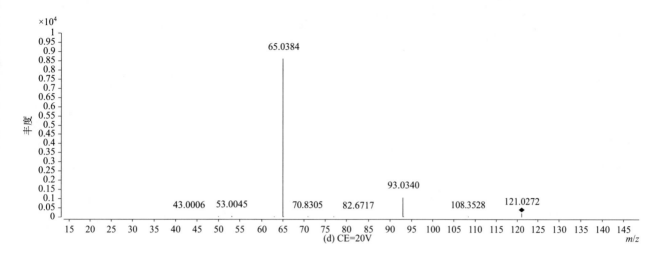

(d) CE=20V

dioxathion（敌杀磷）

基本信息

CAS 登录号	78-34-2	分子量	456.0083
分子式	$C_{12}H_{26}O_6P_2S_4$	离子化模式	电子轰击电离（EI）

总离子流色谱图

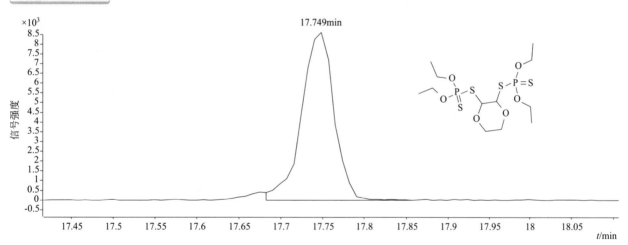

四个碰撞能量（CE）下子离子质谱图

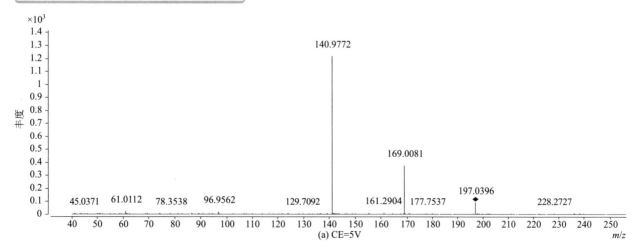

(a) CE=5V

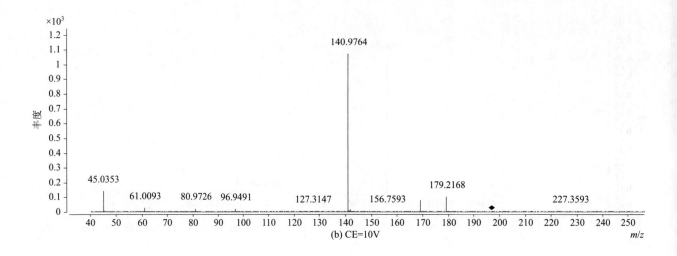

(b) CE=10V

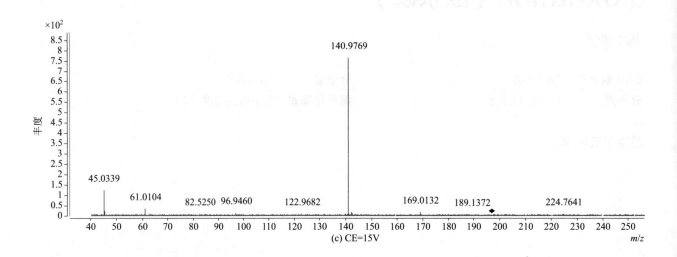

(c) CE=15V

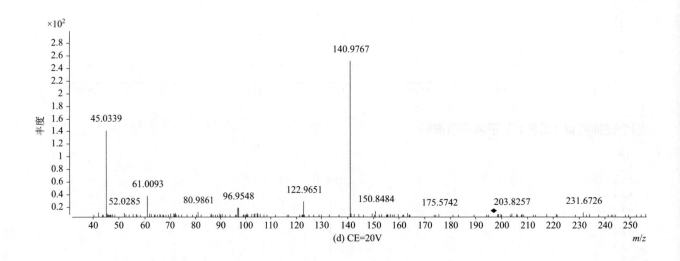

(d) CE=20V

diphenamid（草乃敌）

基本信息

CAS 登录号	957-51-7	**分子量**	239.1305
分子式	C$_{16}$H$_{17}$NO	**离子化模式**	电子轰击电离（EI）

总离子流色谱图

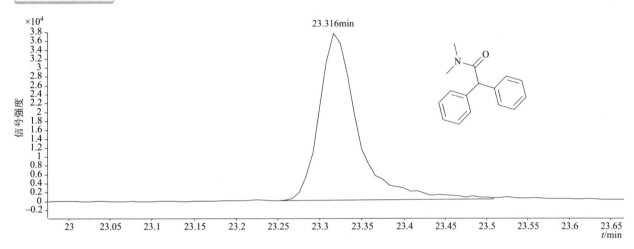

四个碰撞能量（CE）下子离子质谱图

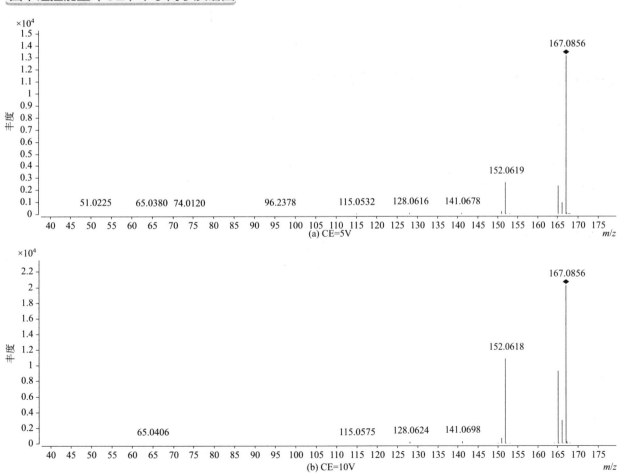

(a) CE=5V

(b) CE=10V

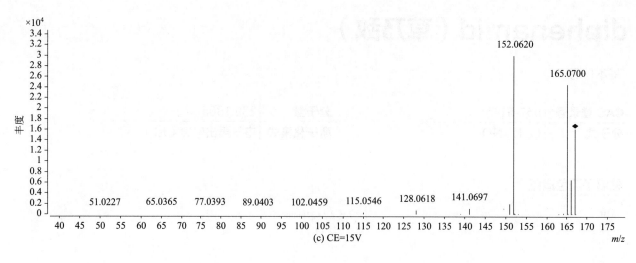

(c) CE=15V

51.0227 65.0365 77.0393 89.0403 102.0459 115.0546 128.0618 141.0697 152.0620 165.0700

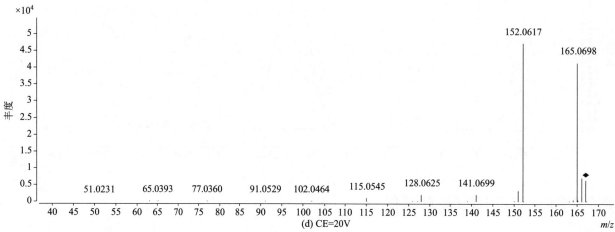

(d) CE=20V

51.0231 65.0393 77.0360 91.0529 102.0464 115.0545 128.0625 141.0699 152.0617 165.0698

diphenylamine（二苯胺）

基本信息

CAS 登录号	122-39-4	分子量	169.0886
分子式	$C_{12}H_{11}N$	离子化模式	电子轰击电离（EI）

总离子流色谱图

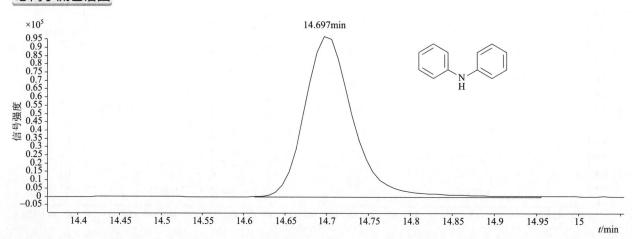

14.697min

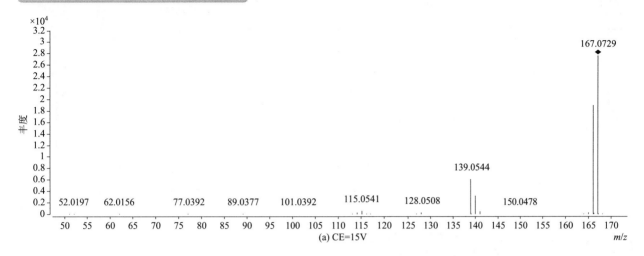

(a) CE=15V

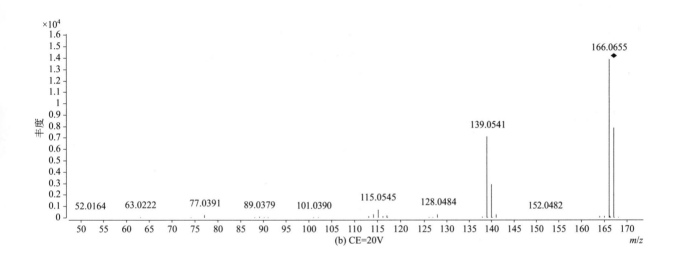

(b) CE=20V

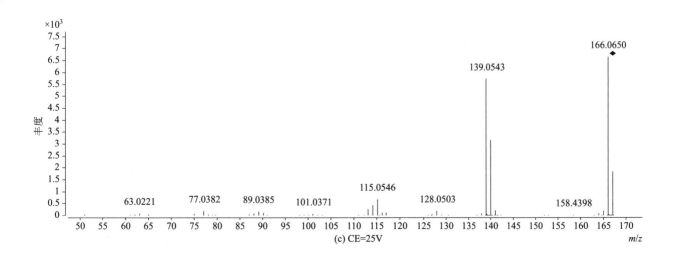

(c) CE=25V

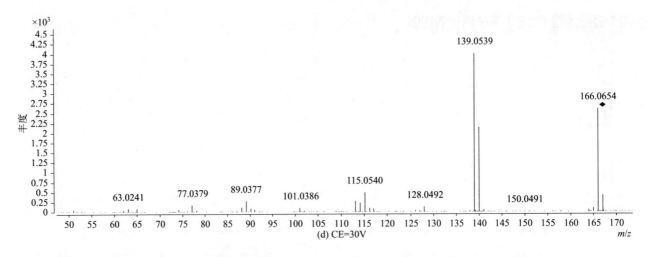

(d) CE=30V

dipropetryn（异丙净）

基本信息

CAS 登录号	4147-51-7	分子量	255.1513
分子式	C₁₁H₂₁N₅S	离子化模式	电子轰击电离（EI）

分子式 $C_{11}H_{21}N_5S$

总离子流色谱图

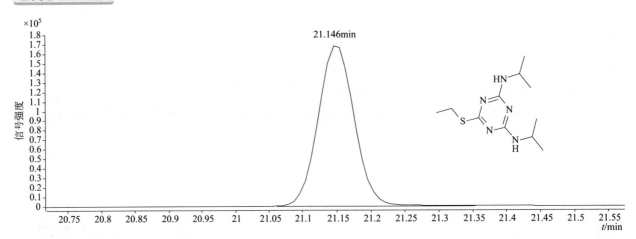

四个碰撞能量（CE）下子离子质谱图

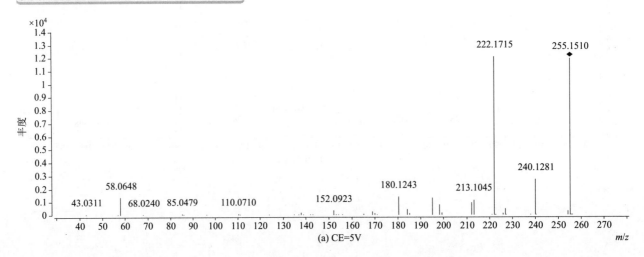

(a) CE=5V

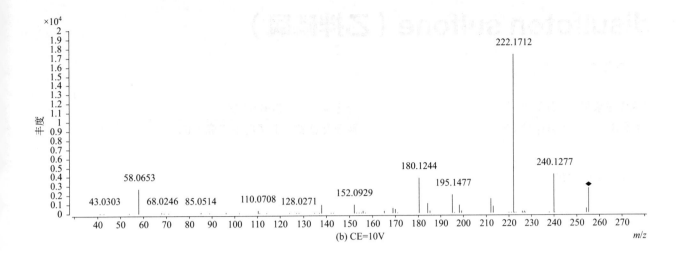

(b) CE=10V

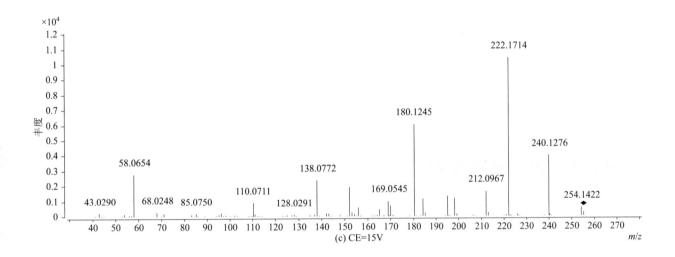

(c) CE=15V

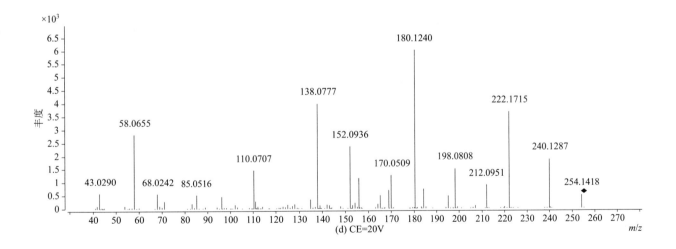

(d) CE=20V

disulfoton sulfone（乙拌磷砜）

基本信息

CAS 登录号	2497-06-5	**分子量**	306.0178
分子式	$C_8H_{19}O_4PS_3$	**离子化模式**	电子轰击电离（EI）

总离子流色谱图

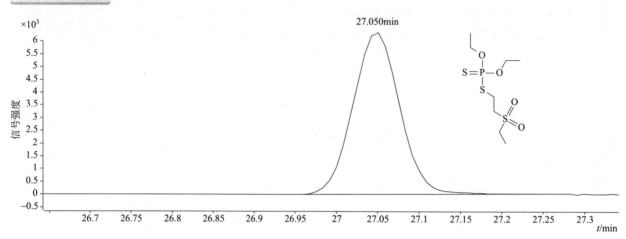

四个碰撞能量（CE）下子离子质谱图

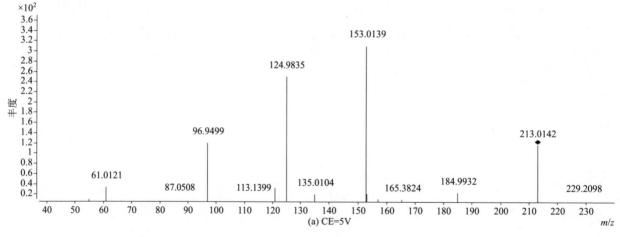

(a) CE=5V

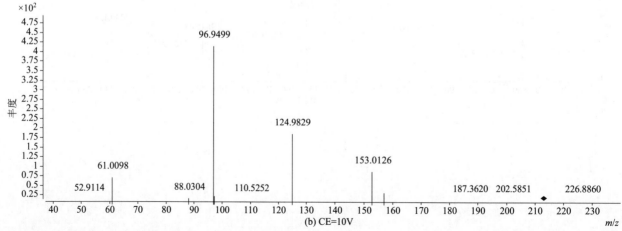

(b) CE=10V

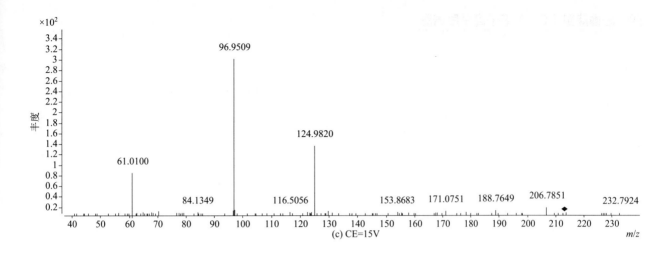

(c) CE=15V

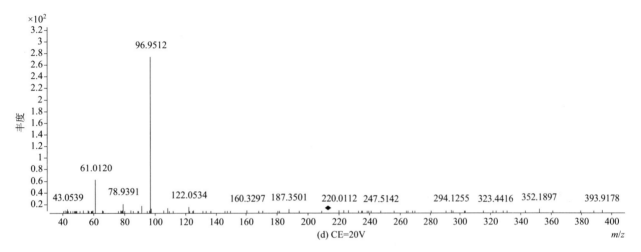

(d) CE=20V

disulfoton sulfoxide（砜拌磷）

基本信息

CAS 登录号	2497-07-6	**分子量**	290.0229
分子式	$C_8H_{19}O_3PS_3$	**离子化模式**	电子轰击电离（EI）

总离子流色谱图

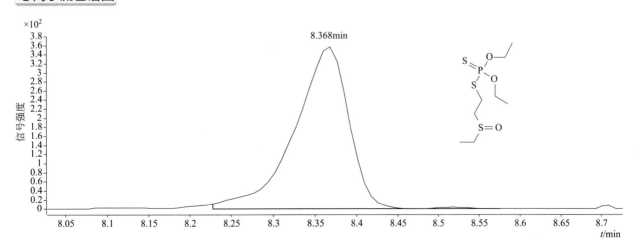

四个碰撞能量（CE）下子离子质谱图

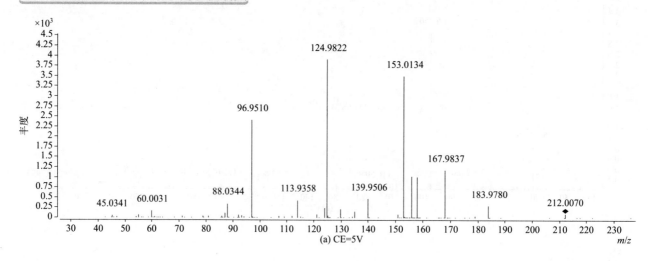

(a) CE=5V

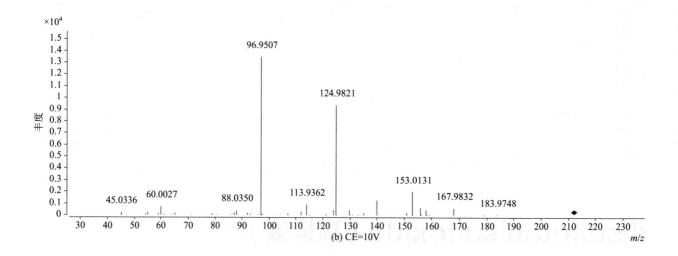

(b) CE=10V

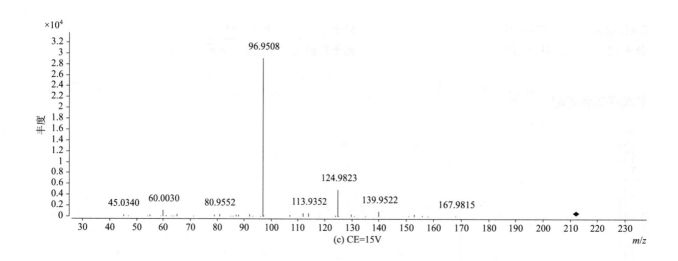

(c) CE=15V

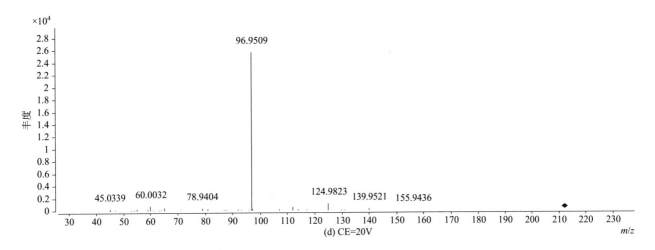

(d) CE=20V

disulfoton（乙拌磷）

基本信息

CAS 登录号	298-04-4	分子量	274.0280
分子式	C$_8$H$_{19}$O$_2$PS$_3$	离子化模式	电子轰击电离（EI）

总离子流色谱图

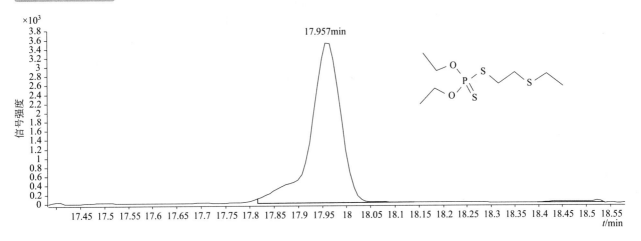

四个碰撞能量（CE）下子离子质谱图

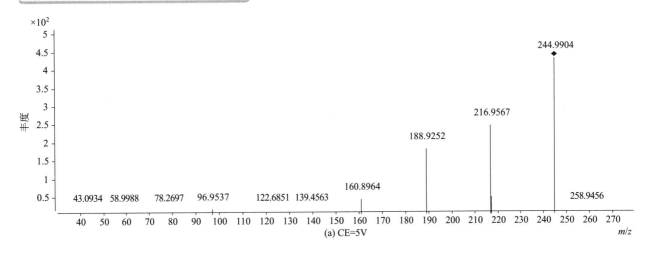

(a) CE=5V

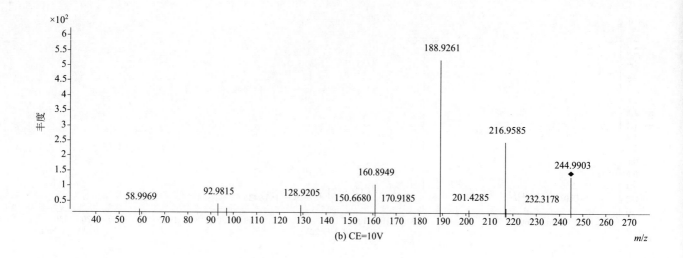

(b) CE=10V

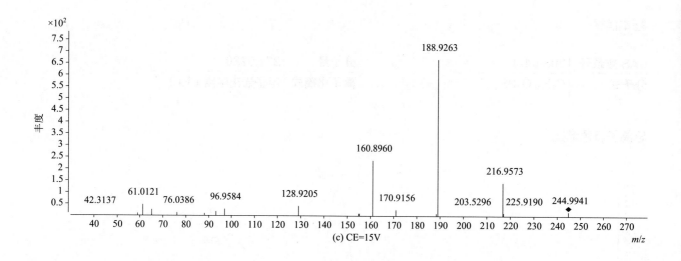

(c) CE=15V

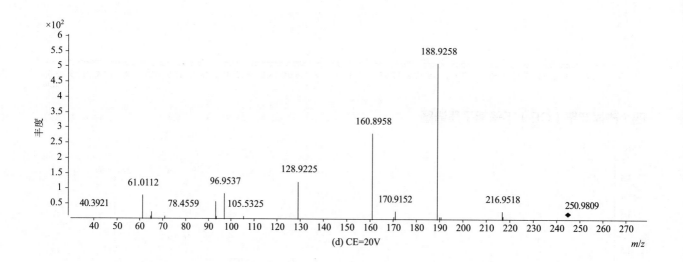

(d) CE=20V

ditalimfos（灭菌磷）

CAS 登录号	5131-24-8	**分子量**	299.0376
分子式	C₁₂H₁₄NO₄PS	**离子化模式**	电子轰击电离（EI）

分子式 $C_{12}H_{14}NO_4PS$

分子量 299.0376

离子化模式 电子轰击电离（EI）

总离子流色谱图

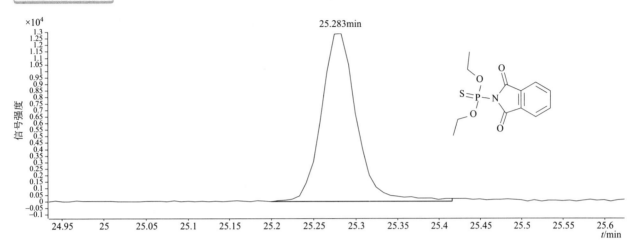

四个碰撞能量（CE）下子离子质谱图

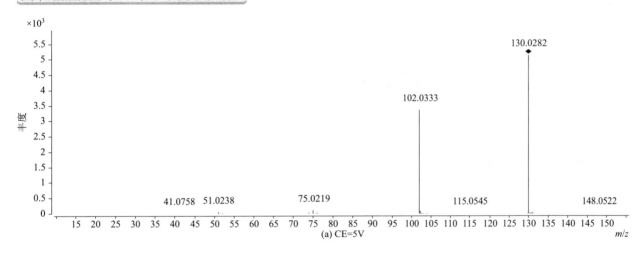

(a) CE=5V

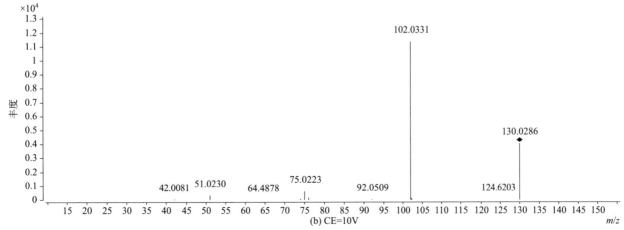

(b) CE=10V

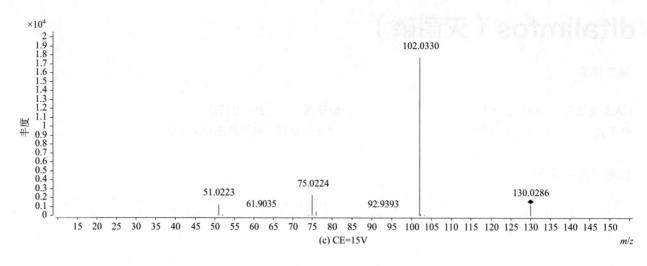

(c) CE=15V

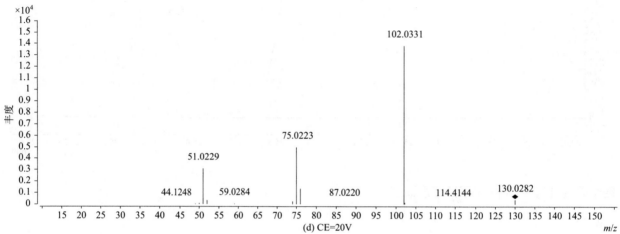

(d) CE=20V

dithiopyr（氟硫草定）

基本信息

CAS 登录号	97886-45-8	分子量	401.0538
分子式	$C_{15}H_{16}F_5NO_2S_2$	离子化模式	电子轰击电离（EI）

总离子流色谱图

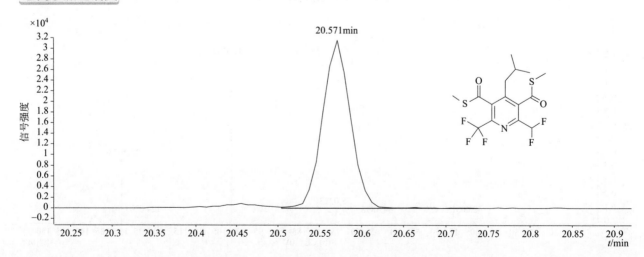

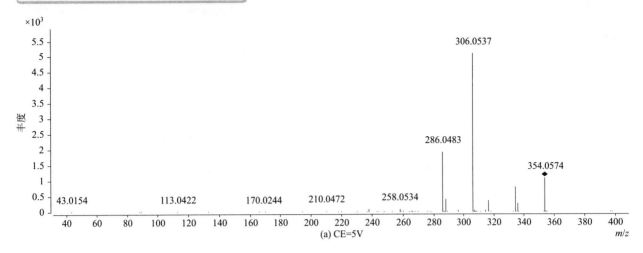

(a) CE=5V

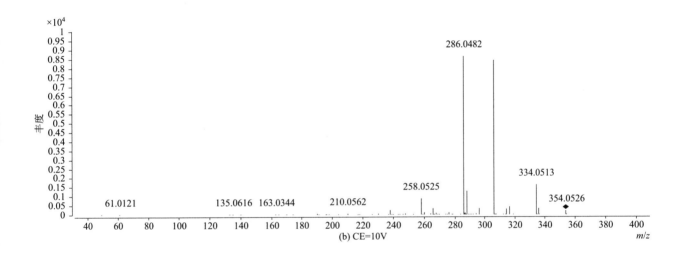

(b) CE=10V

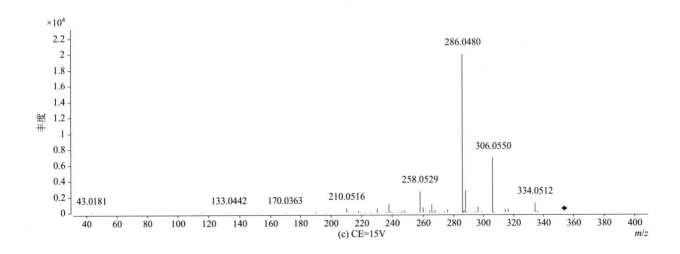

(c) CE=15V

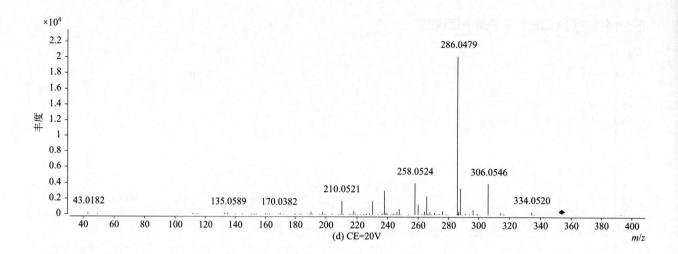

(d) CE=20V

>>>> E

edifenphos（敌瘟磷）

基本信息

CAS 登录号	17109-49-8	**分子量**	310.0246
分子式	C$_{14}$H$_{15}$O$_2$PS$_2$	**离子化模式**	电子轰击电离（EI）

总离子流色谱图

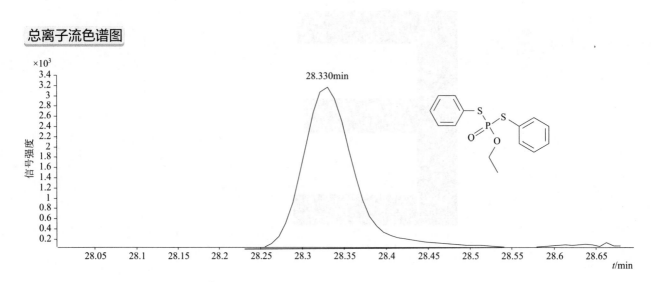

四个碰撞能量（CE）下子离子质谱图

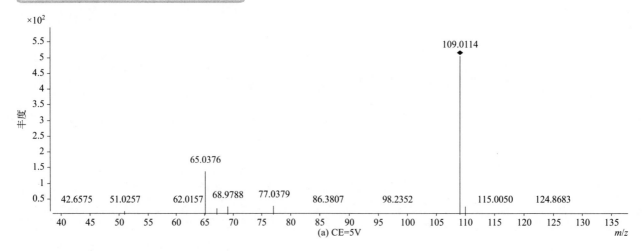

(a) CE=5V

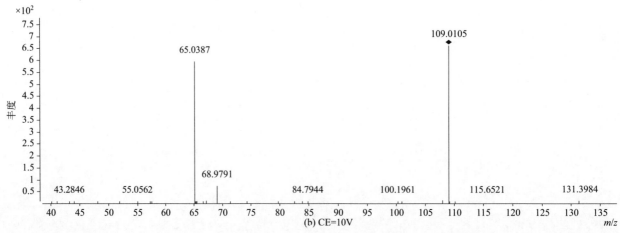

(b) CE=10V

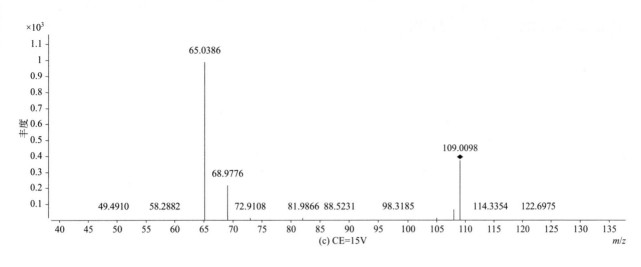

(c) CE=15V

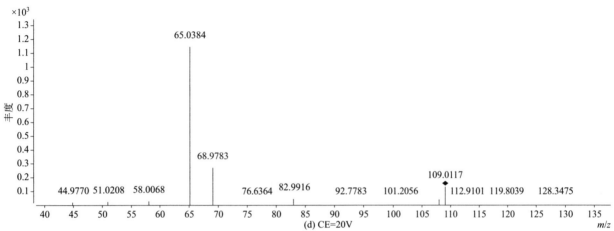

(d) CE=20V

endosulfan sulfate（硫丹硫酸酯）

CAS 登录号	1031-07-8	分子量	419.8113
分子式	$C_9H_6Cl_6O_4S$	离子化模式	电子轰击电离（EI）

总离子流色谱图

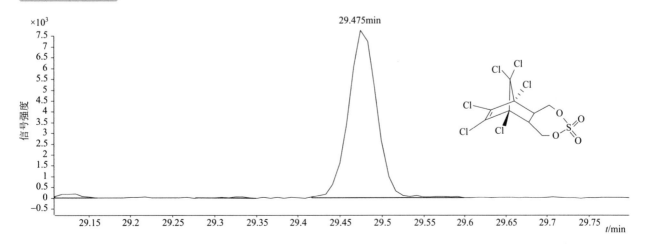

四个碰撞能量（CE）下子离子质谱图

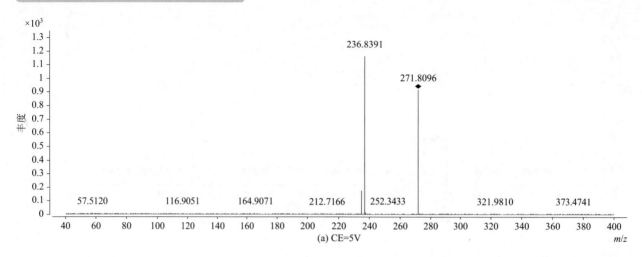

(a) CE=5V

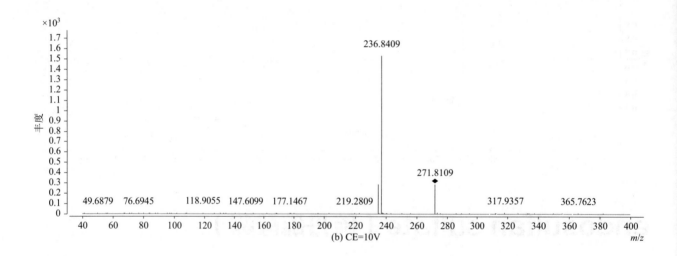

(b) CE=10V

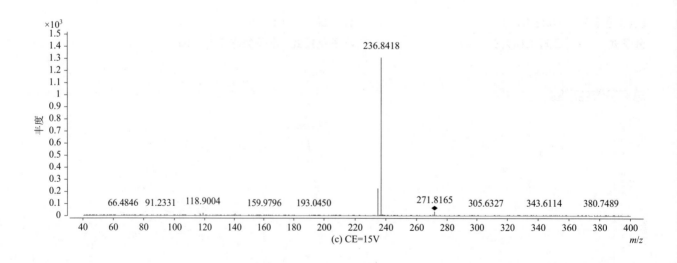

(c) CE=15V

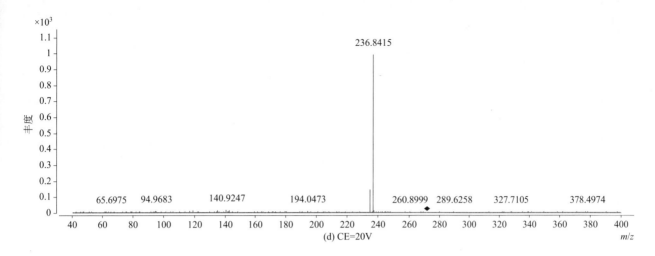

(d) CE=20V

endrin aldehyde（异狄氏剂醛）

基本信息

CAS 登录号	7421-93-4	分子量	377.8701
分子式	$C_{12}H_8Cl_6O$	离子化模式	电子轰击电离（EI）

总离子流色谱图

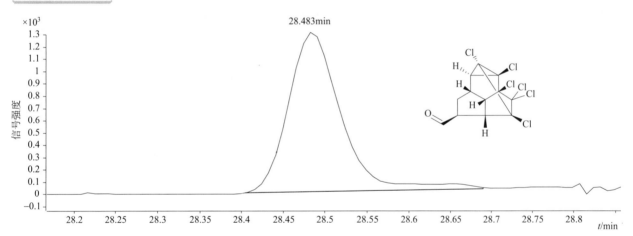

四个碰撞能量（CE）下子离子质谱图

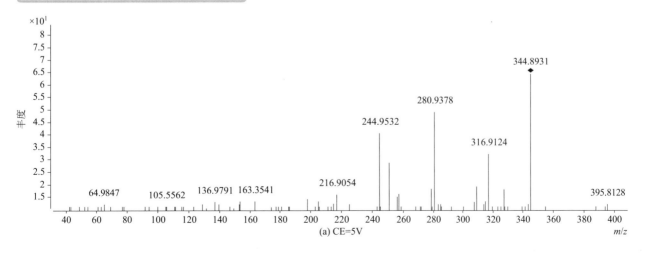

(a) CE=5V

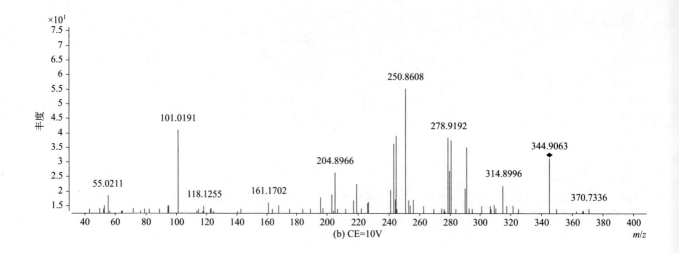

(b) CE=10V

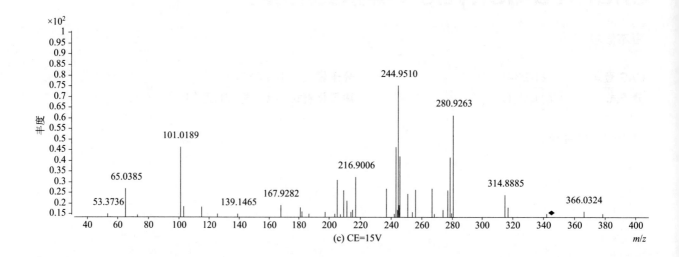

(c) CE=15V

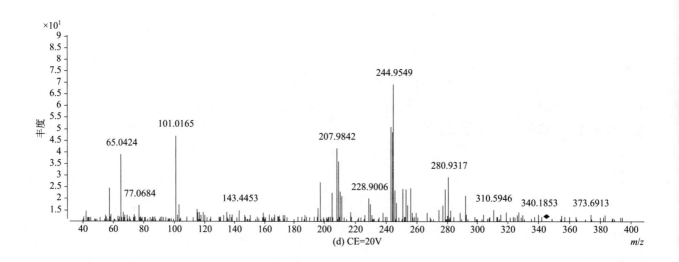

(d) CE=20V

endrin ketone（异狄氏剂酮）

基本信息

CAS 登录号	53494-70-5	**分子量**	343.9091
分子式	$C_{12}H_9Cl_5O$	**离子化模式**	电子轰击电离（EI）

总离子流色谱图

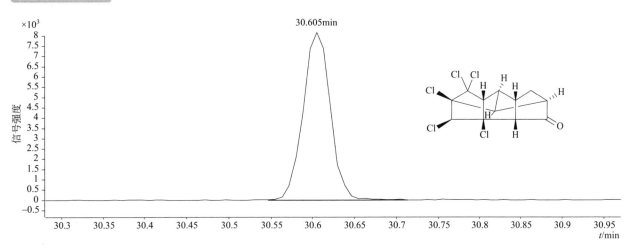

四个碰撞能量（CE）下子离子质谱图

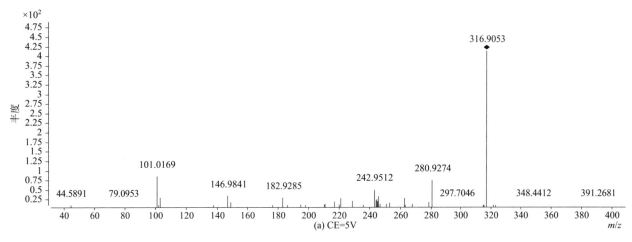

(a) CE=5V

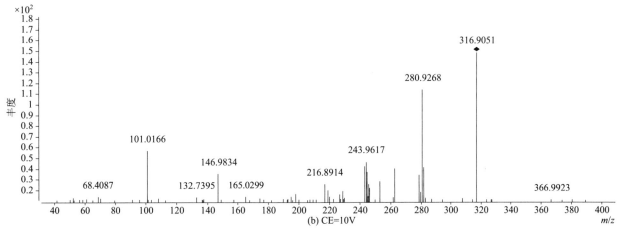

(b) CE=10V

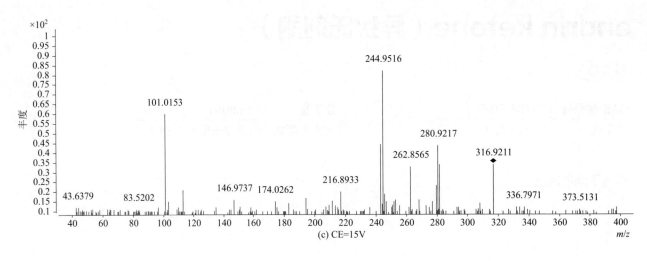

(c) CE=15V

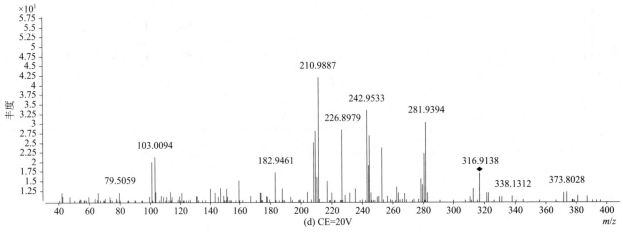

(d) CE=20V

EPN（苯硫磷）

基本信息

CAS 登录号	2104-64-5	分子量	323.0377
分子式	$C_{14}H_{14}NO_4PS$	离子化模式	电子轰击电离（EI）

总离子流色谱图

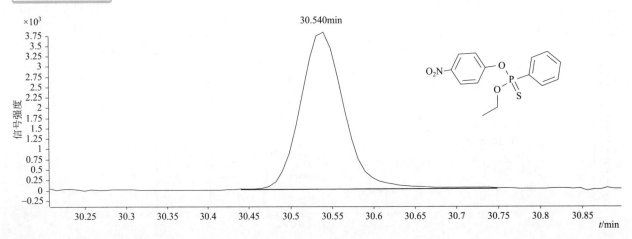

四个碰撞能量（CE）下子离子质谱图

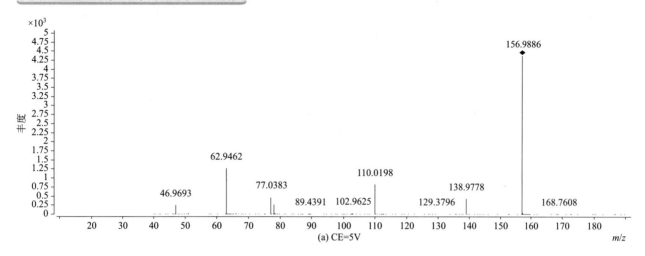

(a) CE=5V

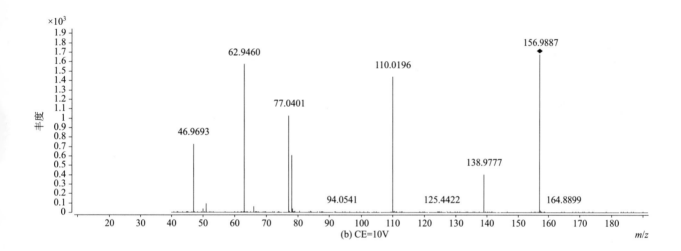

(b) CE=10V

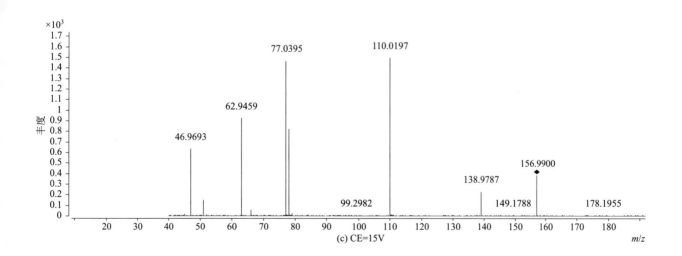

(c) CE=15V

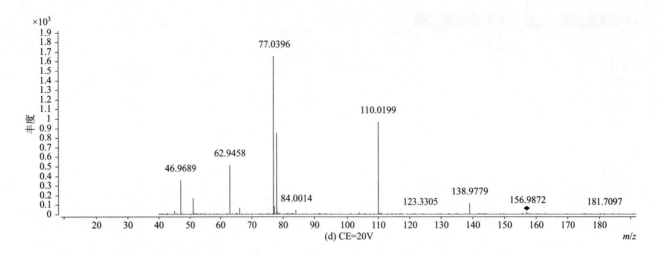

(d) CE=20V

EPTC（扑草灭）

基本信息

CAS 登录号	759-94-4	**分子量**	189.1182
分子式	C₉H₁₉NOS	**离子化模式**	电子轰击电离（EI）

总离子流色谱图

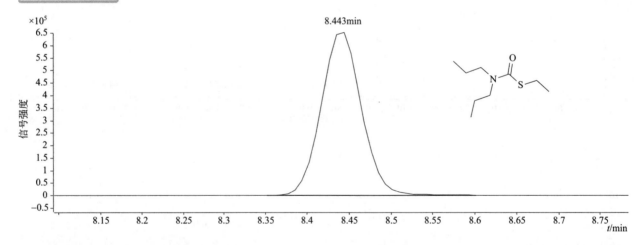

四个碰撞能量（CE）下子离子质谱图

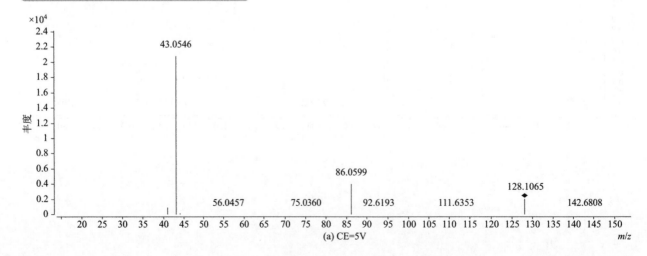

(a) CE=5V

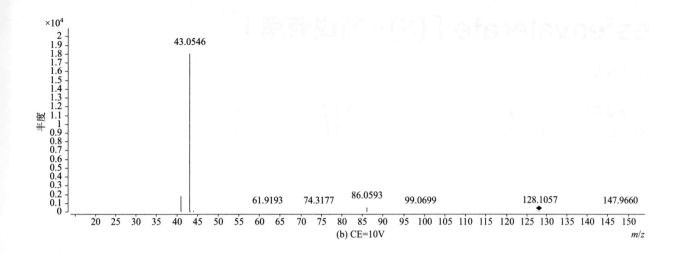

(b) CE=10V

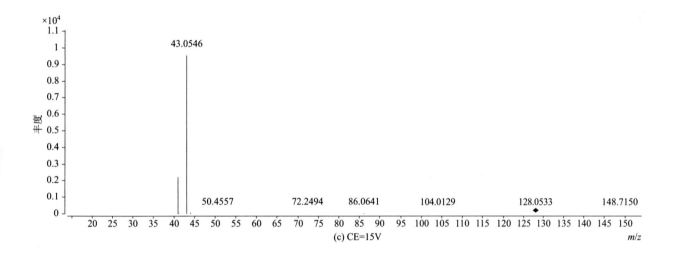

(c) CE=15V

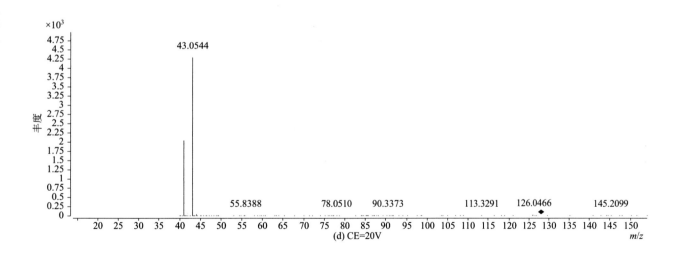

(d) CE=20V

esfenvalerate [(*S*)- 氰戊菊酯]

基本信息

CAS 登录号	66230-04-4	**分子量**	419.1283
分子式	C$_{25}$H$_{22}$ClNO$_3$	**离子化模式**	电子轰击电离（EI）

总离子流色谱图

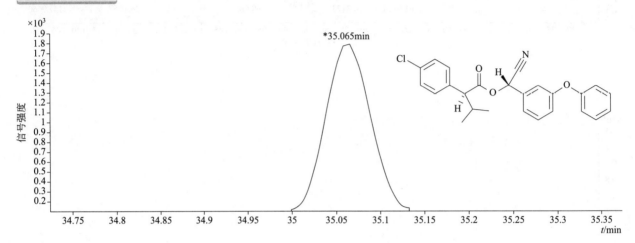

四个碰撞能量（CE）下子离子质谱图

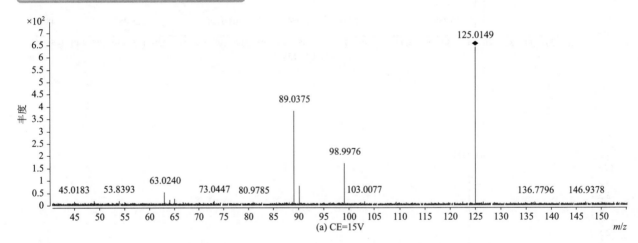

(a) CE=15V

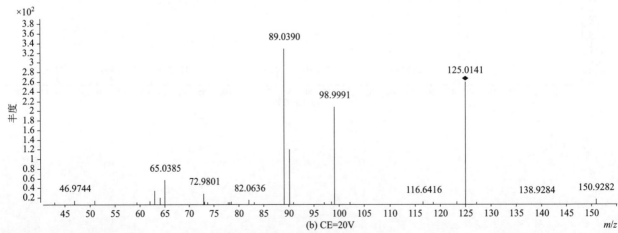

(b) CE=20V

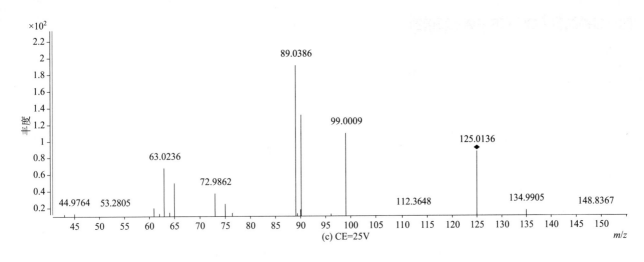

(c) CE=25V

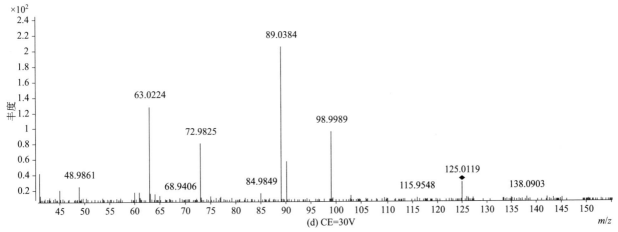

(d) CE=30V

esprocarb（禾草畏）

基本信息

CAS 登录号	85785-20-2	分子量	265.1495
分子式	$C_{15}H_{23}NOS$	离子化模式	电子轰击电离（EI）

总离子流色谱图

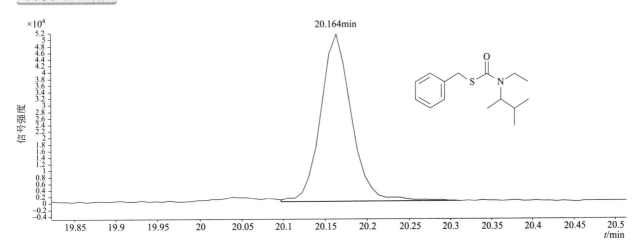

20.164min

四个碰撞能量（CE）下子离子质谱图

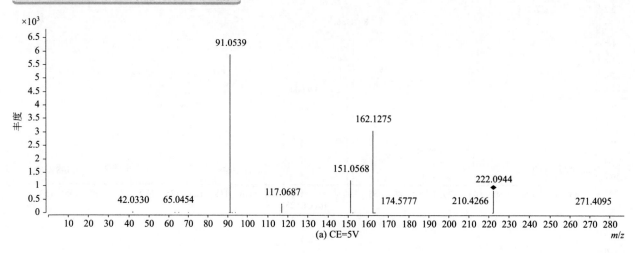

(a) CE=5V

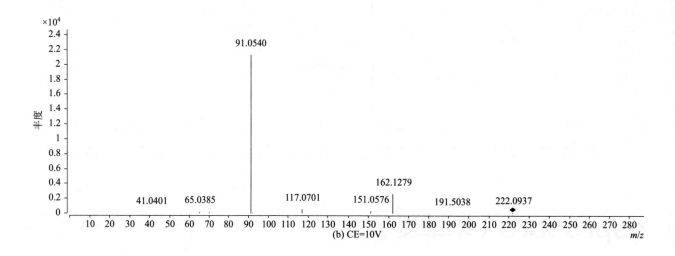

(b) CE=10V

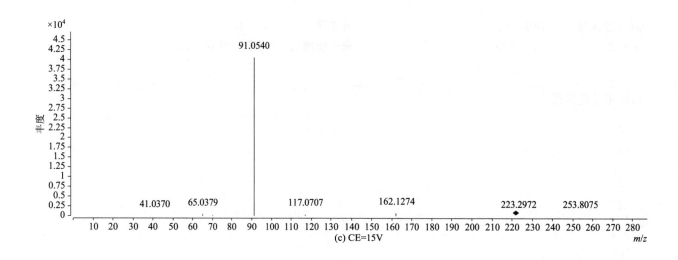

(c) CE=15V

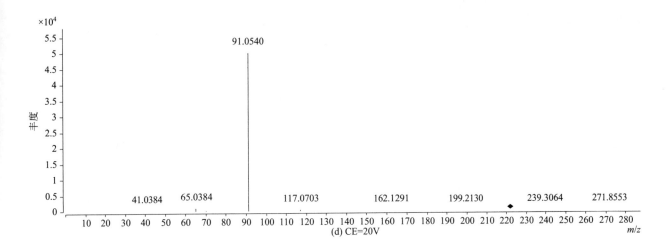

(d) CE=20V

ethalfluralin（丁氟消草）

基本信息

CAS 登录号	55283-68-6	分子量	333.0931
分子式	$C_{13}H_{14}F_3N_3O_4$	离子化模式	电子轰击电离（EI）

总离子流色谱图

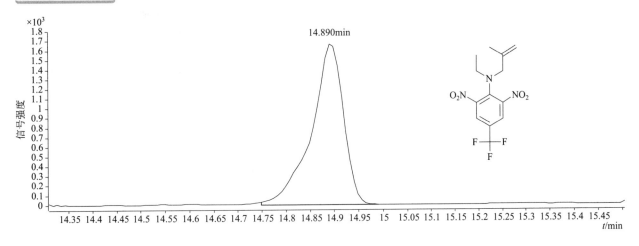

四个碰撞能量（CE）下子离子质谱图

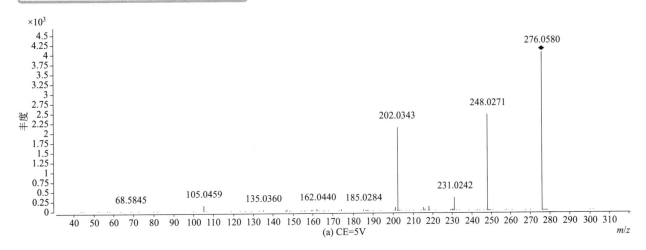

(a) CE=5V

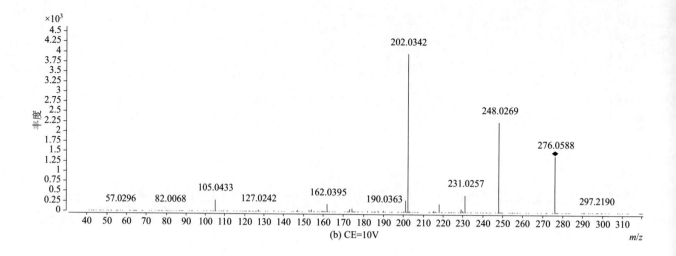

(b) CE=10V

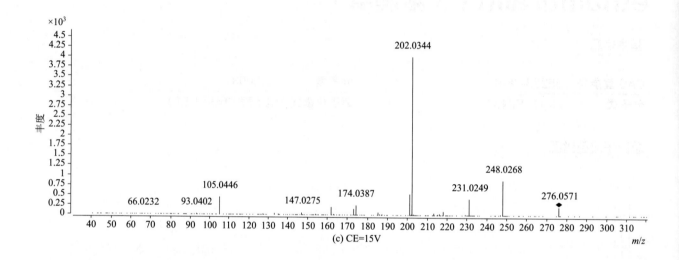

(c) CE=15V

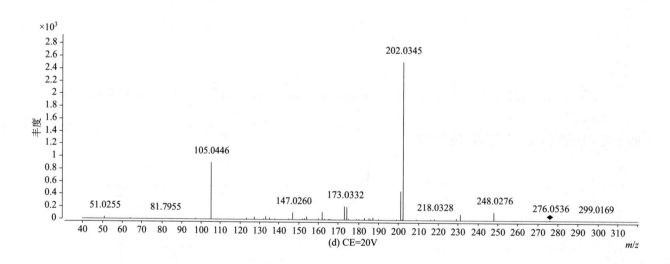

(d) CE=20V

ethion（乙硫磷）

基本信息

CAS 登录号	563-12-2	**分子量**	383.9871
分子式	$C_9H_{22}O_4P_2S_4$	**离子化模式**	电子轰击电离（EI）

总离子流色谱图

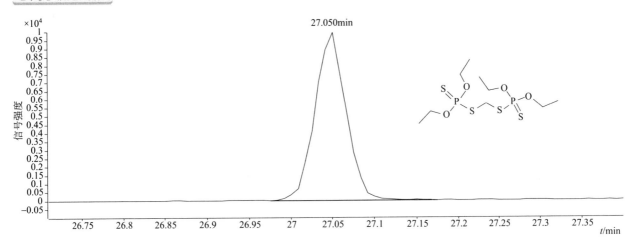

四个碰撞能量（CE）下子离子质谱图

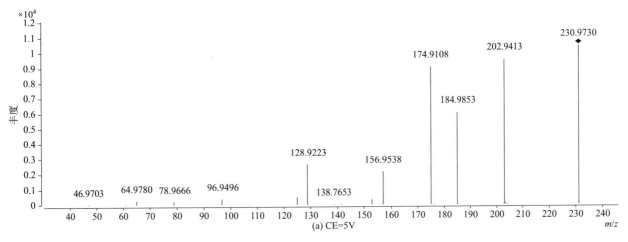

(a) CE=5V

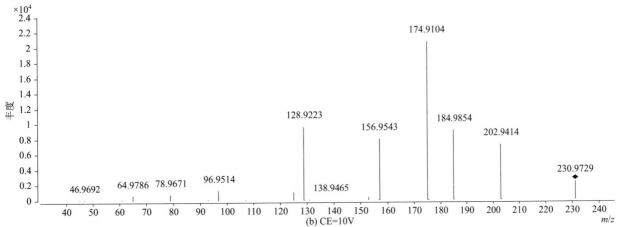

(b) CE=10V

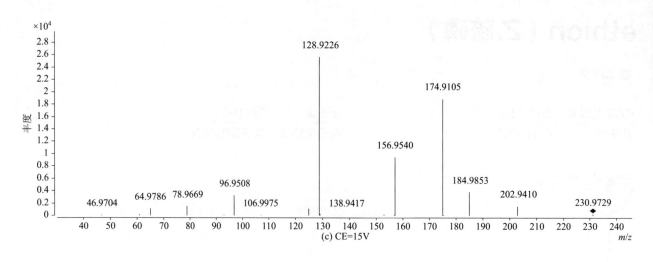

(c) CE=15V

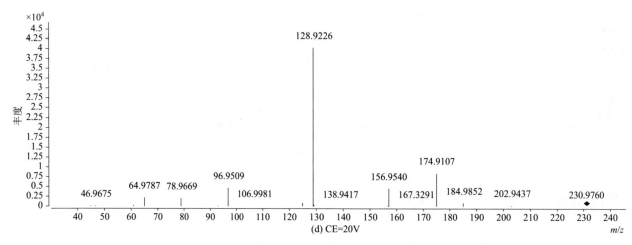

(d) CE=20V

ethofumesate（乙氧呋草黄）

基本信息

CAS 登录号	26225-79-6	分子量	286.0870
分子式	$C_{13}H_{18}O_5S$	离子化模式	电子轰击电离（EI）

总离子流色谱图

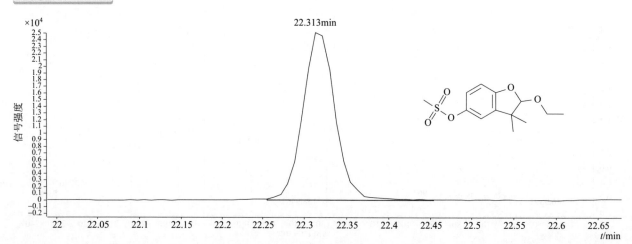

四个碰撞能量（CE）下子离子质谱图

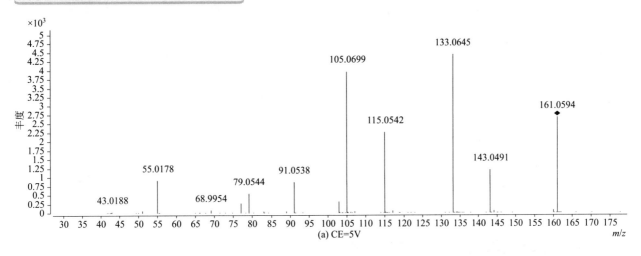

(a) CE=5V

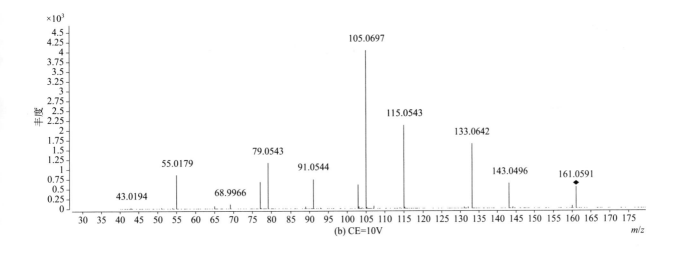

(b) CE=10V

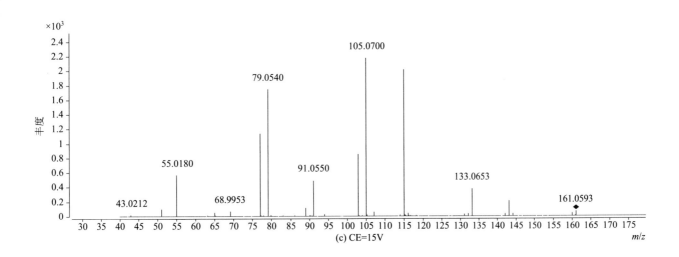

(c) CE=15V

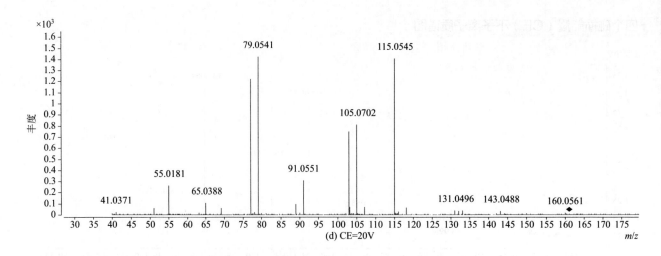

(d) CE=20V

ethoprophos（灭线磷）

基本信息

CAS 登录号	13194-48-4	分子量	242.0559
分子式	$C_8H_{19}O_2PS_2$	离子化模式	电子轰击电离（EI）

总离子流色谱图

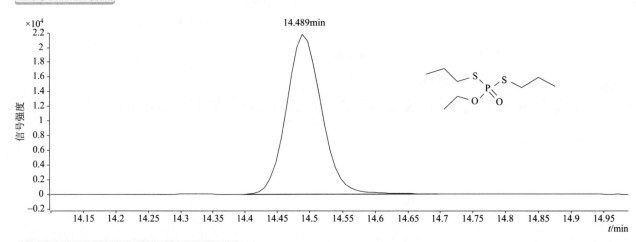

四个碰撞能量（CE）下子离子质谱图

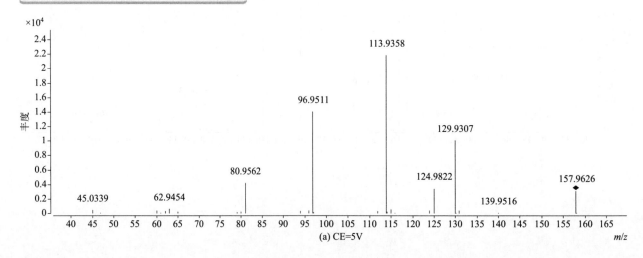

(a) CE=5V

310

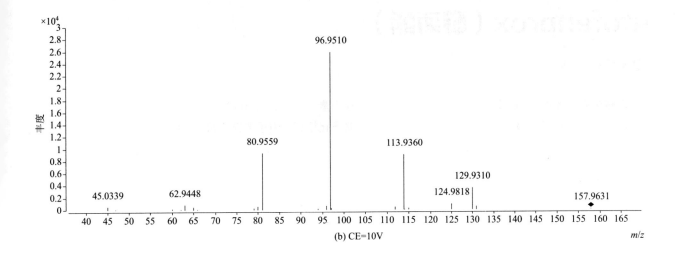

(b) CE=10V

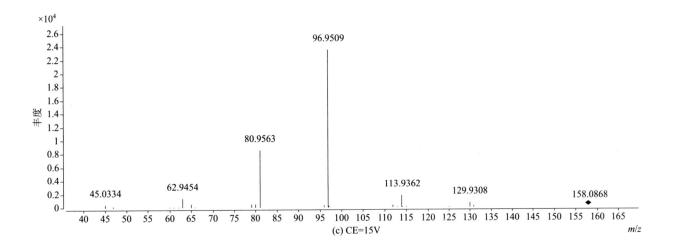

(c) CE=15V

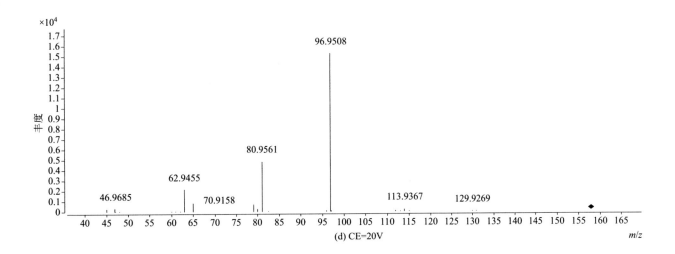

(d) CE=20V

etofenprox（醚菊酯）

基本信息

CAS 登录号	80844-07-1	**分子量**	376.2033
分子式	$C_{25}H_{28}O_3$	**离子化模式**	电子轰击电离（EI）

总离子流色谱图

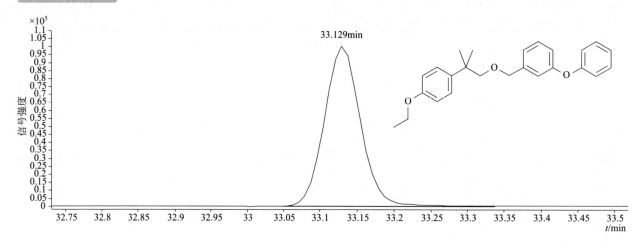

四个碰撞能量（CE）下子离子质谱图

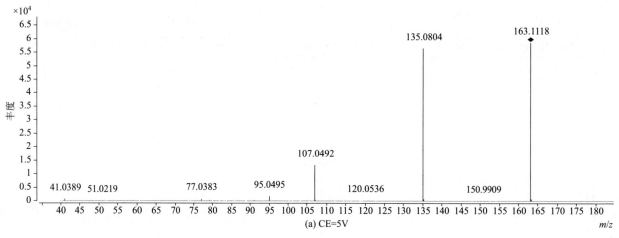

(a) CE=5V

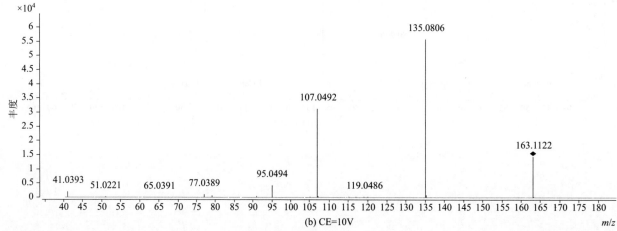

(b) CE=10V

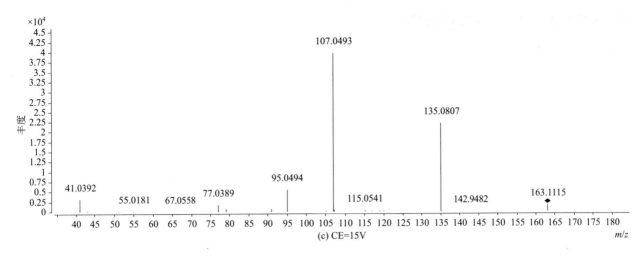

(c) CE=15V

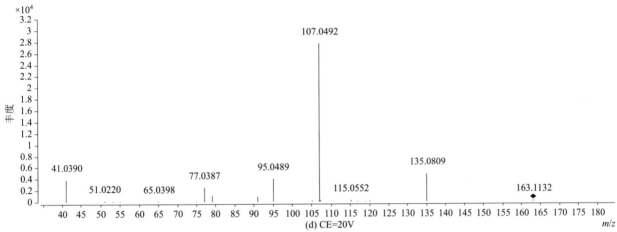

(d) CE=20V

etridiazole (土菌灵)

基本信息

CAS 登录号	2593-15-9	分子量	245.9183
分子式	$C_5H_5Cl_3N_2OS$	离子化模式	电子轰击电离（EI）

总离子流色谱图

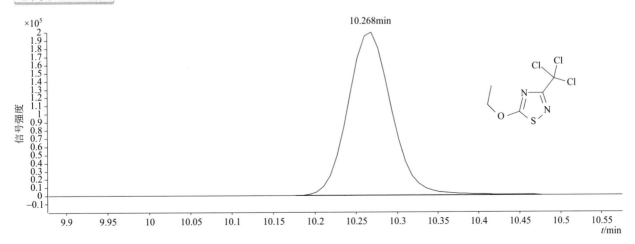

313

四个碰撞能量（CE）下子离子质谱图

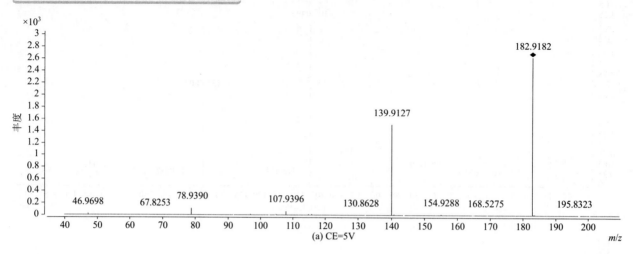

(a) CE=5V

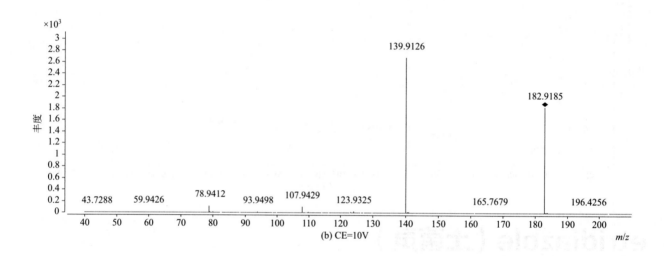

(b) CE=10V

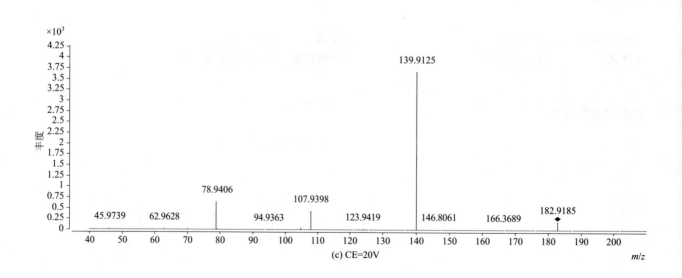

(c) CE=20V

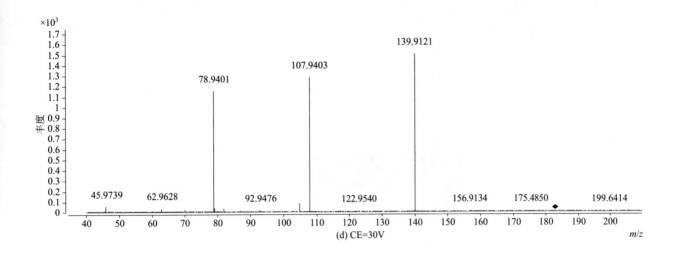

(d) CE=30V

m/z

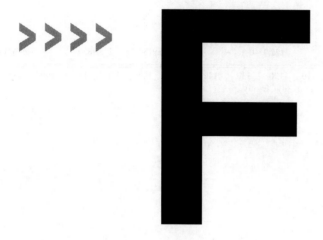

fenamiphos（苯线磷）

基本信息

CAS 登录号	22224-92-6	分子量	303.1053
分子式	C$_{13}$H$_{22}$NO$_3$PS	离子化模式	电子轰击电离（EI）

总离子流色谱图

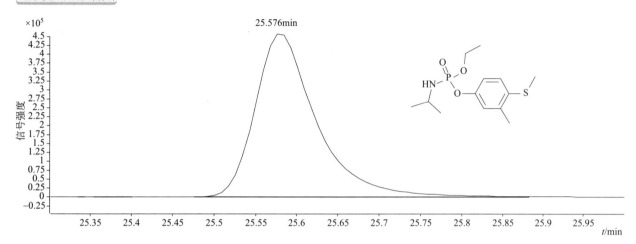

四个碰撞能量（CE）下子离子质谱图

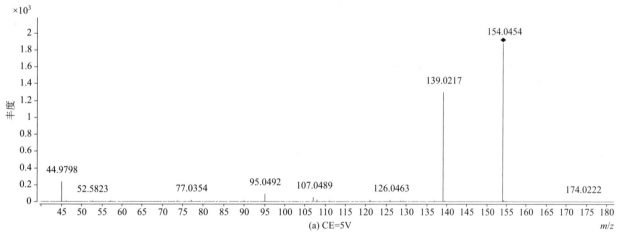

(a) CE=5V

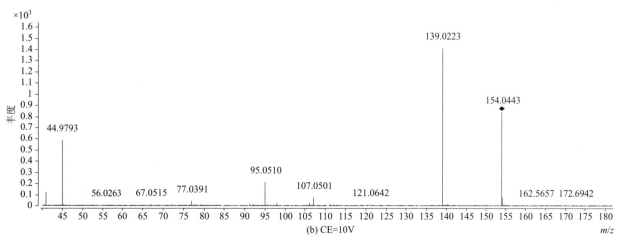

(b) CE=10V

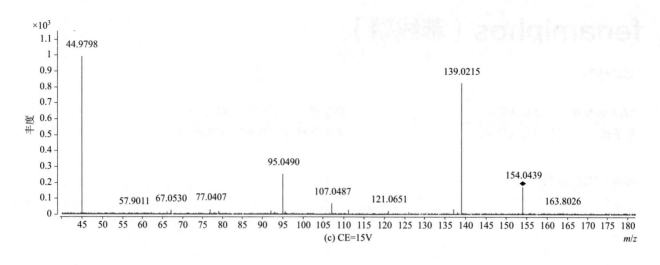

(c) CE=15V

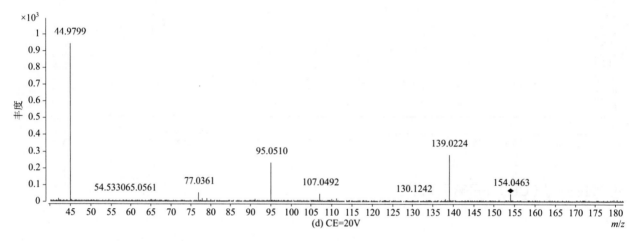

(d) CE=20V

fenazaflor（抗螨唑）

基本信息

CAS 登录号	14255-88-0	**分子量**	373.9832
分子式	$C_{15}H_7Cl_2F_3N_2O_2$	**离子化模式**	电子轰击电离（EI）

总离子流色谱图

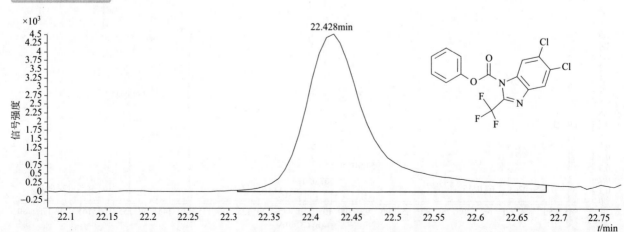

四个碰撞能量（CE）下子离子质谱图

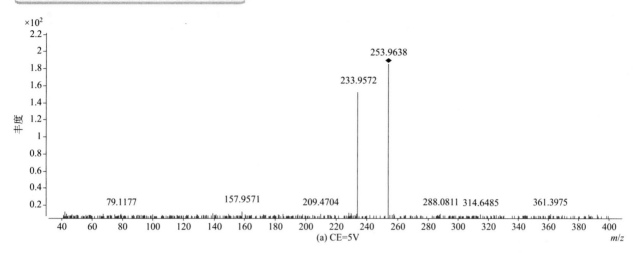

(a) CE=5V

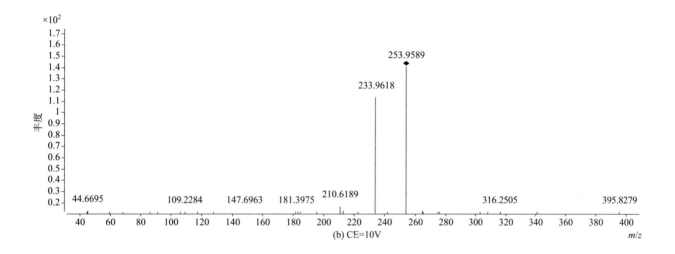

(b) CE=10V

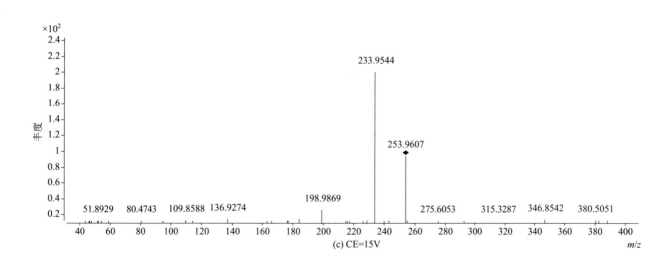

(c) CE=15V

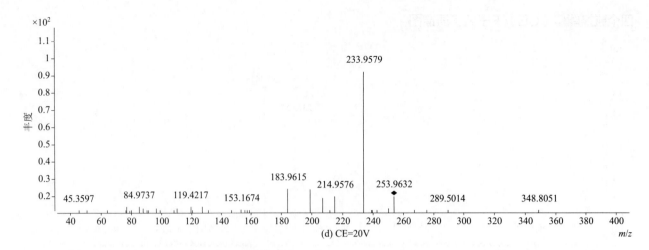

(d) CE=20V

fenazaquin（喹螨醚）

基本信息

CAS 登录号	120928-09-8	分子量	306.1727
分子式	$C_{20}H_{22}N_2O$	离子化模式	电子轰击电离（EI）

总离子流色谱图

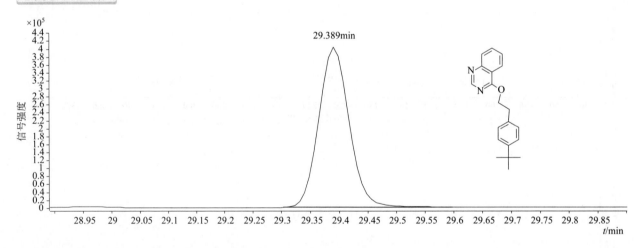

四个碰撞能量（CE）下子离子质谱图

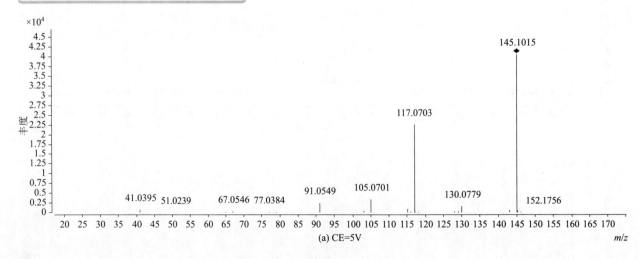

(a) CE=5V

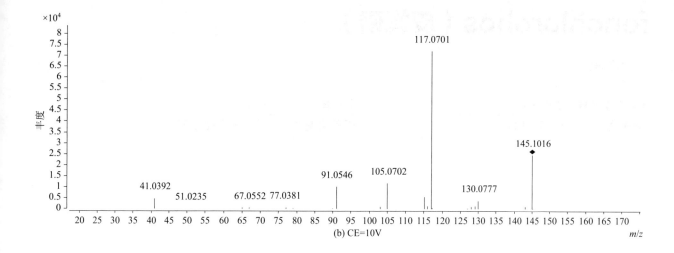

(b) CE=10V

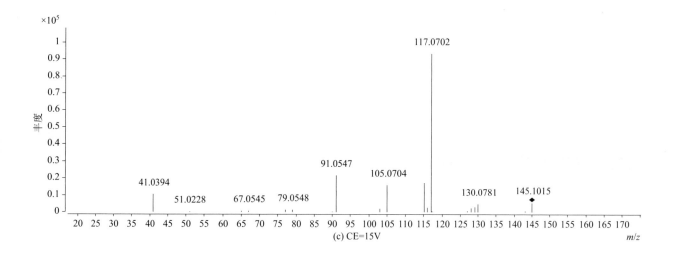

(c) CE=15V

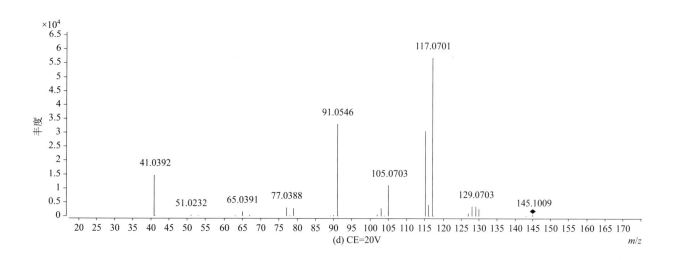

(d) CE=20V

fenchlorphos（皮蝇磷）

基本信息

CAS 登录号	299-84-3	**分子量**	319.8992
分子式	$C_8H_8Cl_3O_3PS$	**离子化模式**	电子轰击电离（EI）

总离子流色谱图

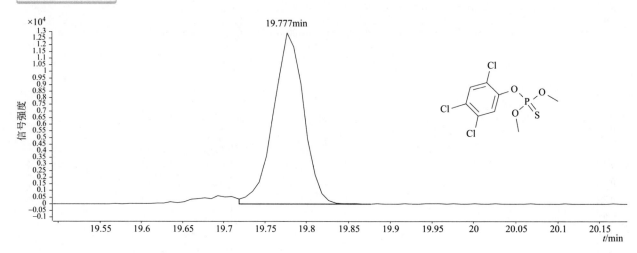

四个碰撞能量（CE）下子离子质谱图

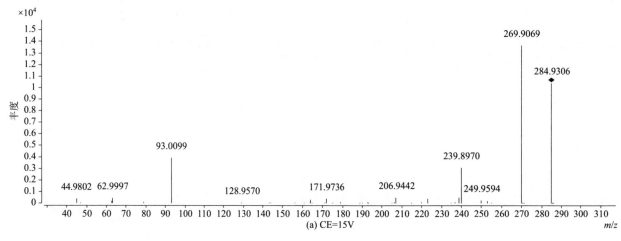

(a) CE=15V

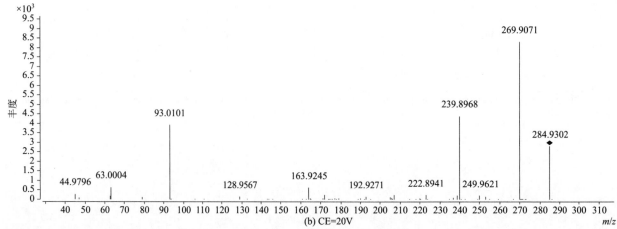

(b) CE=20V

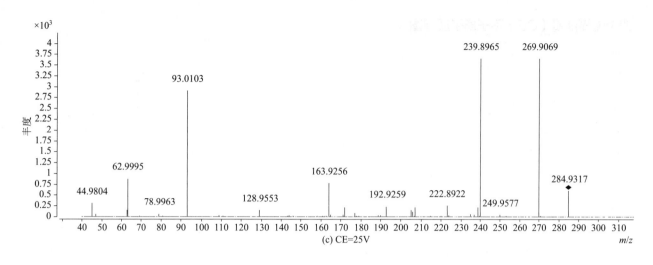

(c) CE=25V

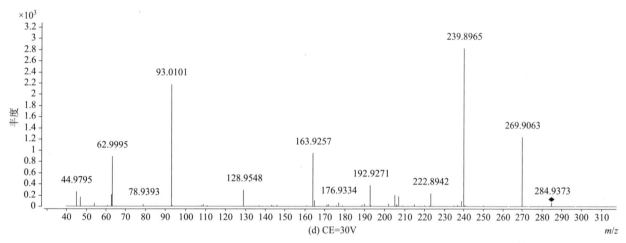

(d) CE=30V

fenchlorphos oxon（杀螟硫磷）

基本信息

CAS 登录号	3983-45-7	分子量	303.9221
分子式	$C_8H_8Cl_3O_4P$	离子化模式	电子轰击电离（EI）

总离子流色谱图

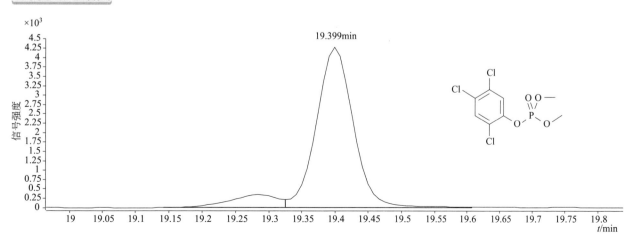

四个碰撞能量（CE）下子离子质谱图

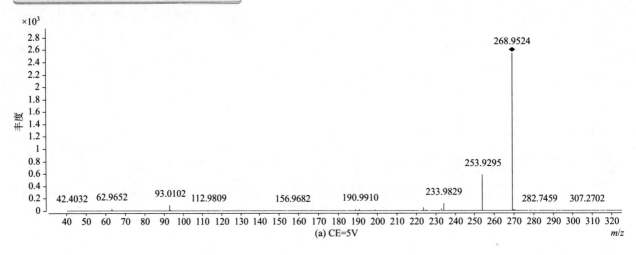

(a) CE=5V

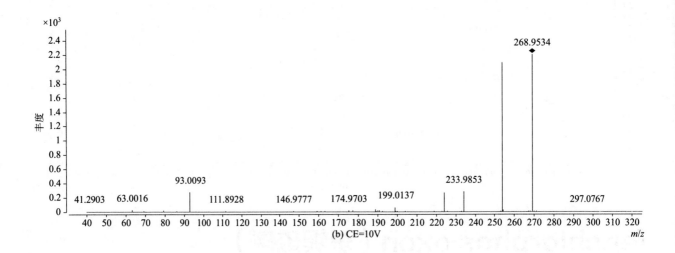

(b) CE=10V

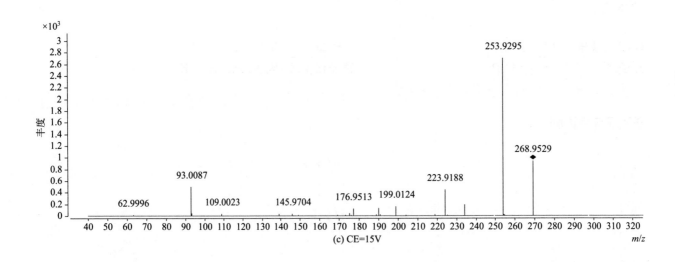

(c) CE=15V

324

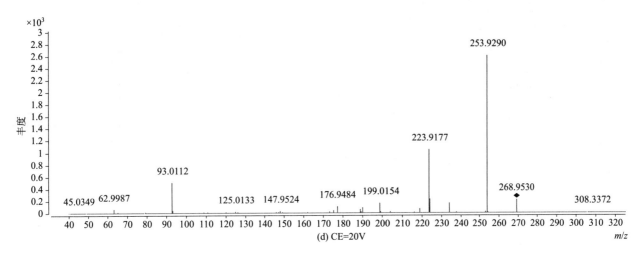

(d) CE=20V

fenfuram（甲呋酰胺）

基本信息

CAS 登录号	24691-80-3	分子量	201.0785
分子式	$C_{12}H_{11}NO_2$	离子化模式	电子轰击电离（EI）

总离子流色谱图

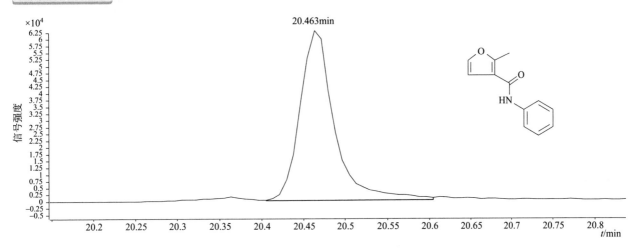

四个碰撞能量（CE）下子离子质谱图

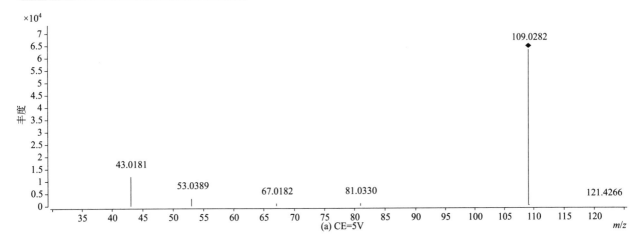

(a) CE=5V

325

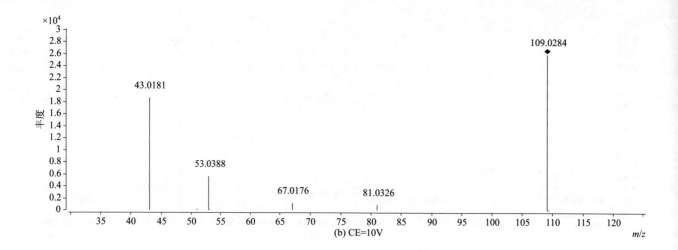

(b) CE=10V

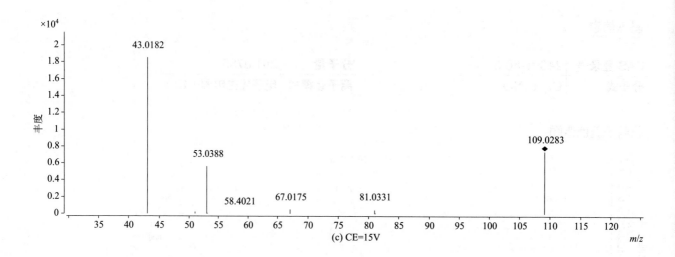

(c) CE=15V

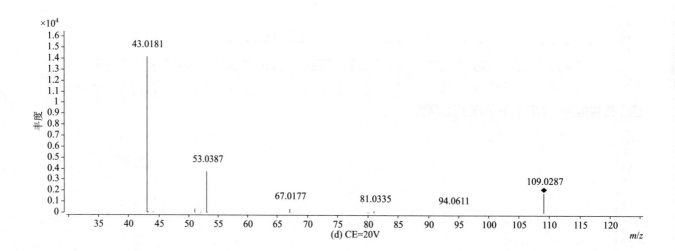

(d) CE=20V

fenobucarb（仲丁威）

基本信息

CAS 登录号	3766-81-2	**分子量**	207.1254
分子式	$C_{12}H_{17}NO_2$	**离子化模式**	电子轰击电离（EI）

总离子流色谱图

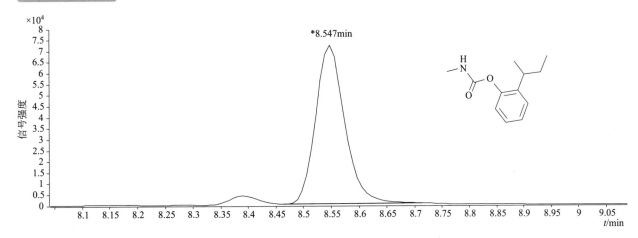

四个碰撞能量（CE）下子离子质谱图

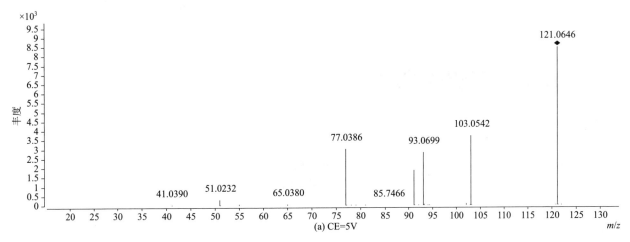

(a) CE=5V

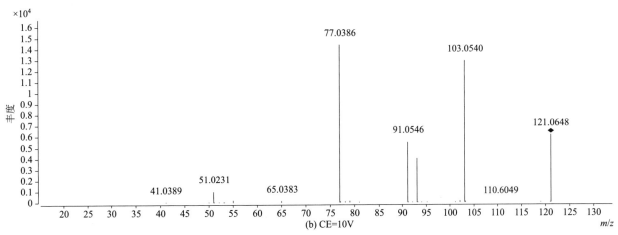

(b) CE=10V

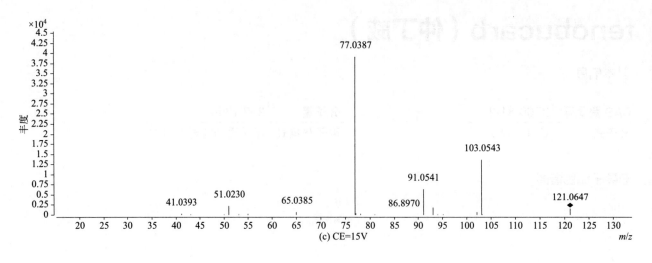

(c) CE=15V

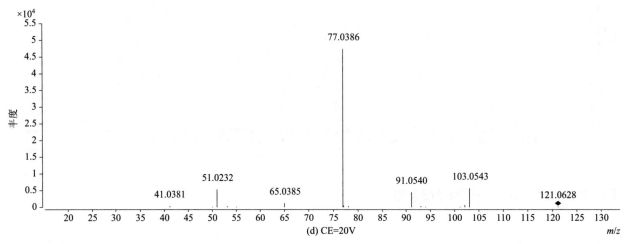

(d) CE=20V

fenoprop（涕丙酸）

基本信息

CAS 登录号	93-72-1	分子量	267.9456
分子式	$C_9H_7Cl_3O_3$	离子化模式	电子轰击电离（EI）

总离子流色谱图

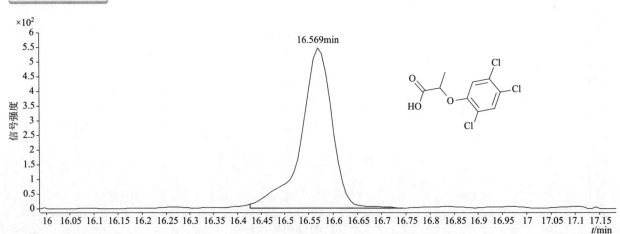

四个碰撞能量（CE）下子离子质谱图

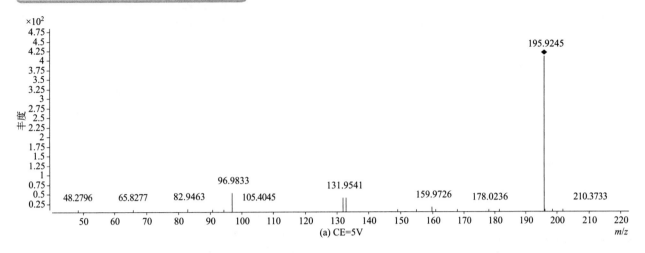

(a) CE=5V

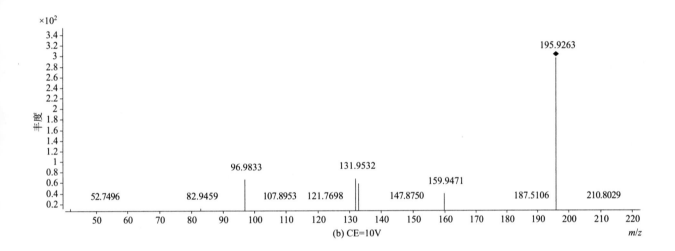

(b) CE=10V

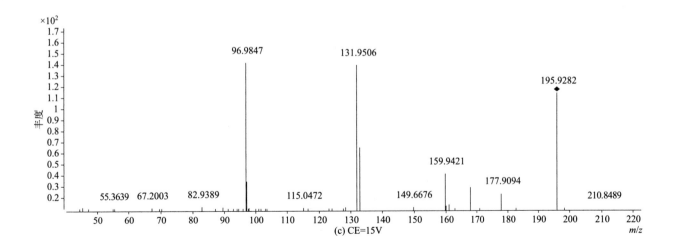

(c) CE=15V

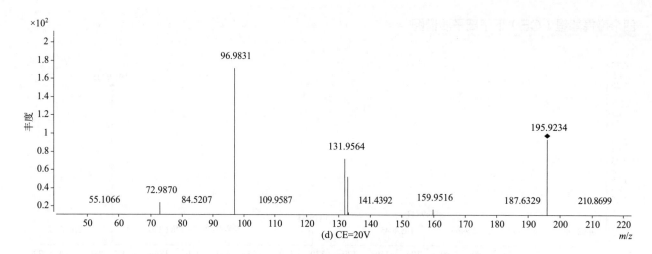

(d) CE=20V

fenoxaprop-ethyl（噁唑禾草灵乙酯）

基本信息

CAS 登录号	66441-23-4	分子量	361.0712
分子式	$C_{18}H_{16}ClNO_5$	离子化模式	电子轰击电离（EI）

总离子流色谱图

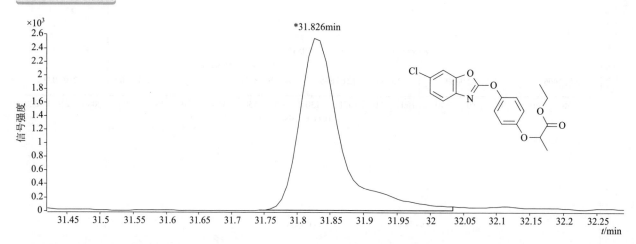

四个碰撞能量（CE）下子离子质谱图

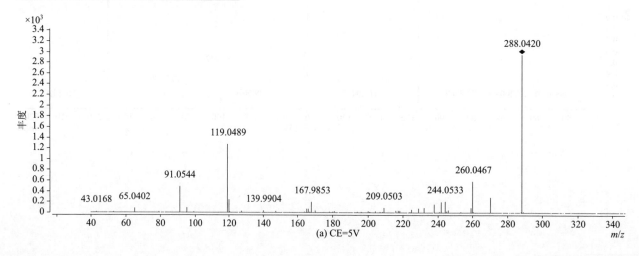

(a) CE=5V

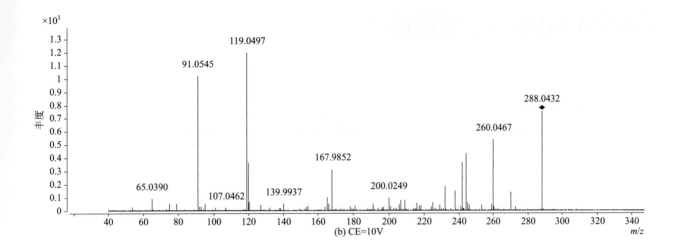

(b) CE=10V

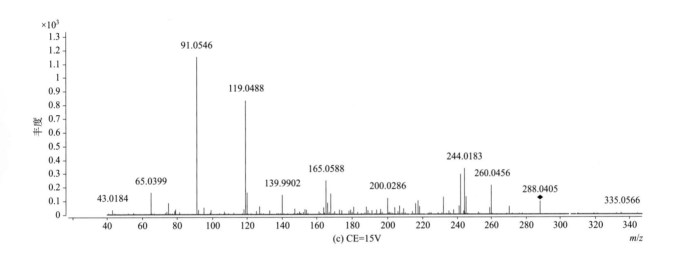

(c) CE=15V

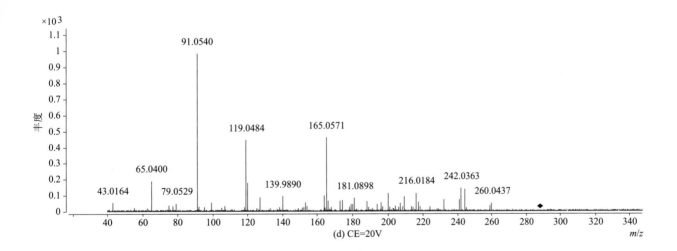

(d) CE=20V

fenoxycarb（苯氧威）

基本信息

CAS 登录号	72490-01-8	分子量	301.1309
分子式	$C_{17}H_{19}NO_4$	离子化模式	电子轰击电离（EI）

总离子流色谱图

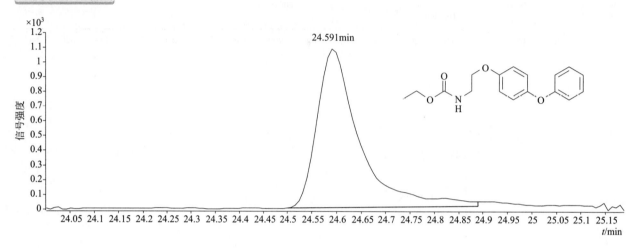

四个碰撞能量（CE）下子离子质谱图

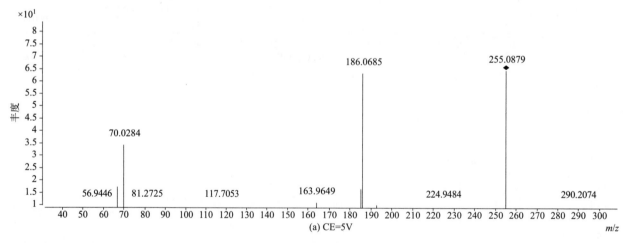

(a) CE=5V

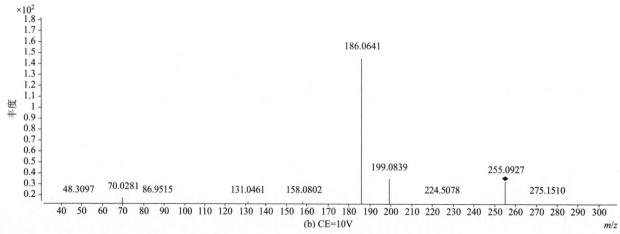

(b) CE=10V

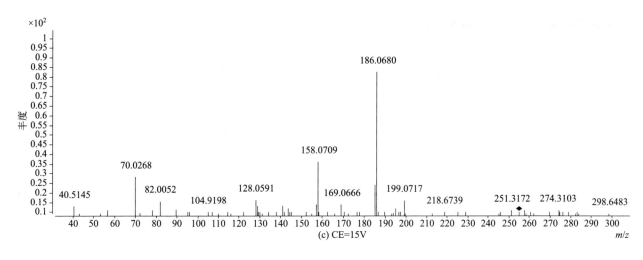

(c) CE=15V

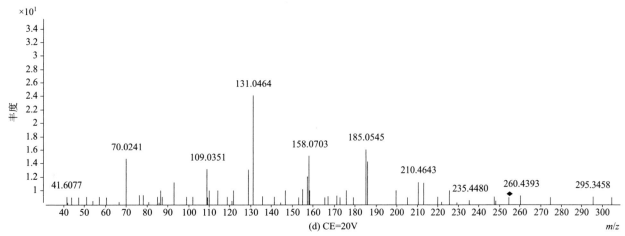

(d) CE=20V

fenpropidin（苯锈啶）

基本信息

CAS 登录号	67306-00-7	分子量	273.2452
分子式	C₁₉H₃₁N	离子化模式	电子轰击电离（EI）

总离子流色谱图

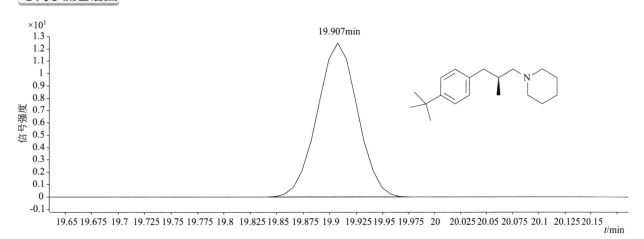

四个碰撞能量（CE）下子离子质谱图

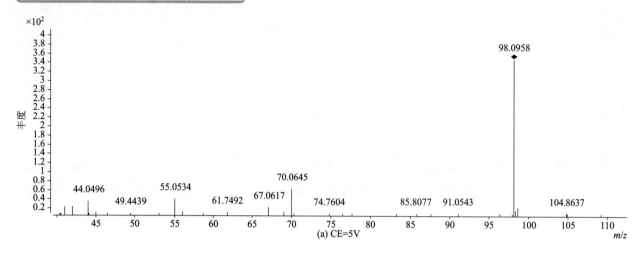

(a) CE=5V

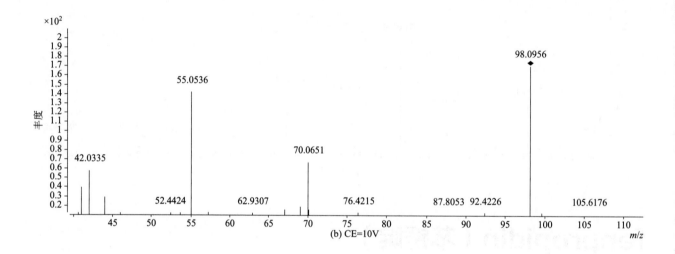

(b) CE=10V

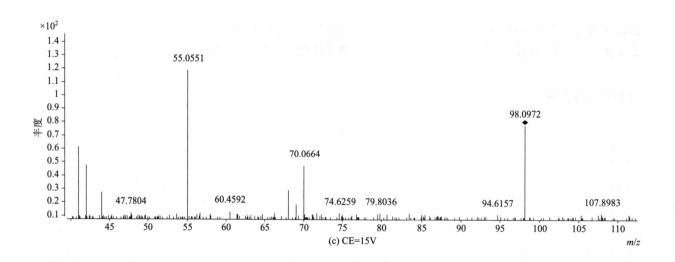

(c) CE=15V

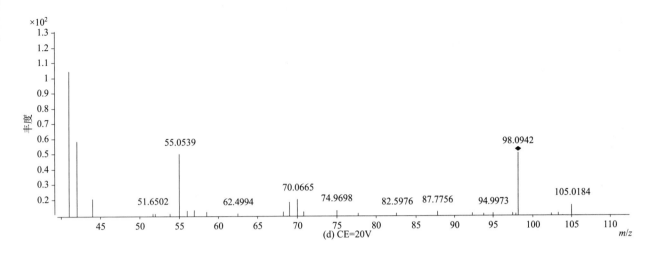

(d) CE=20V

fenpropimorph（丁苯吗啉）

基本信息

CAS 登录号	67564-91-4	分子量	303.2557
分子式	C₂₀H₃₃NO	离子化模式	电子轰击电离（EI）

总离子流色谱图

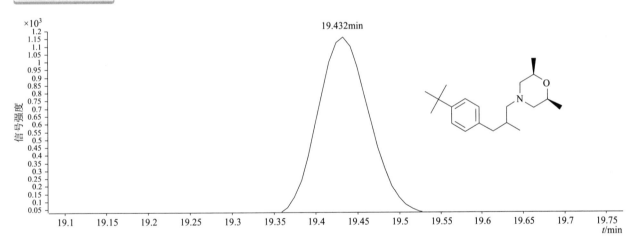

四个碰撞能量（CE）下子离子质谱图

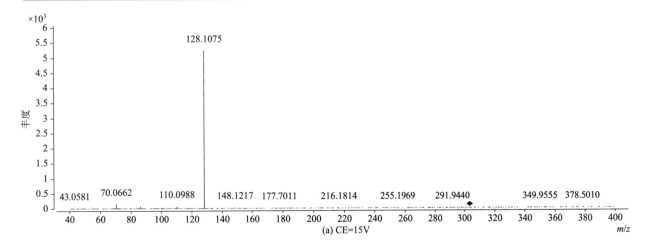

(a) CE=15V

335

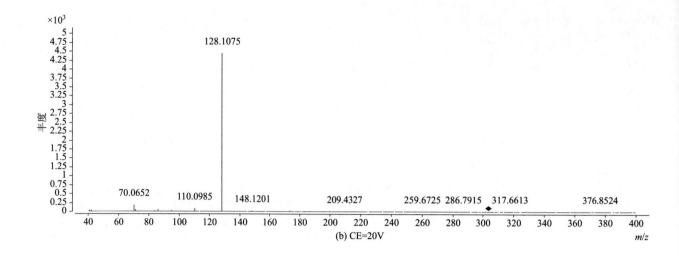

(b) CE=20V

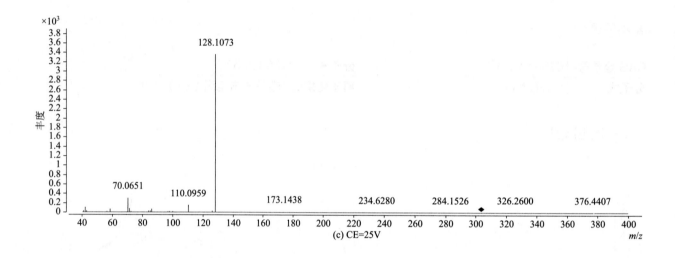

(c) CE=25V

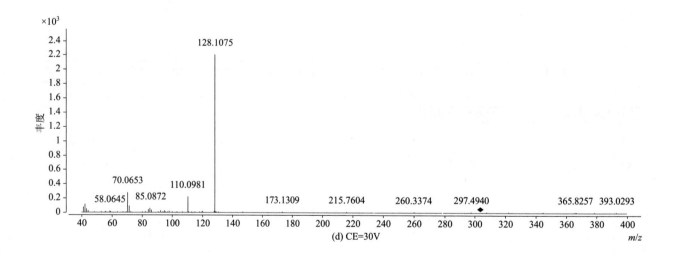

(d) CE=30V

fenson（分螨酯）

基本信息

CAS 登录号	80-38-6	**分子量**	267.9956
分子式	$C_{12}H_9ClO_3S$	**离子化模式**	电子轰击电离（EI）

总离子流色谱图

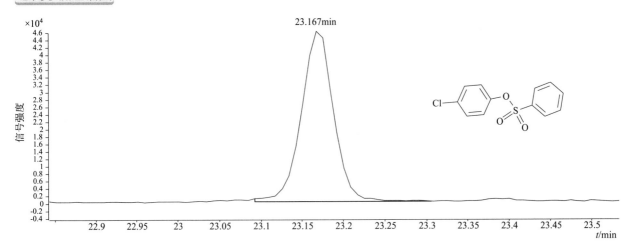

四个碰撞能量（CE）下子离子质谱图

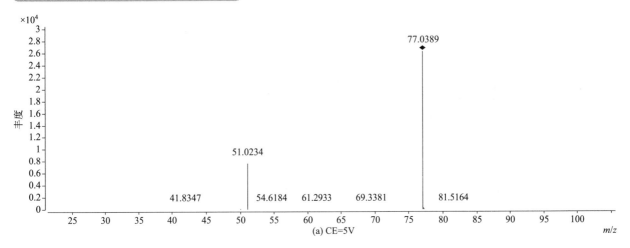

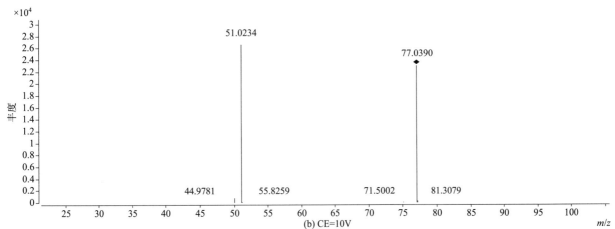

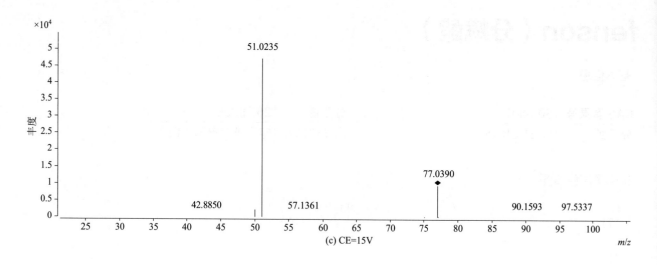

(c) CE=15V

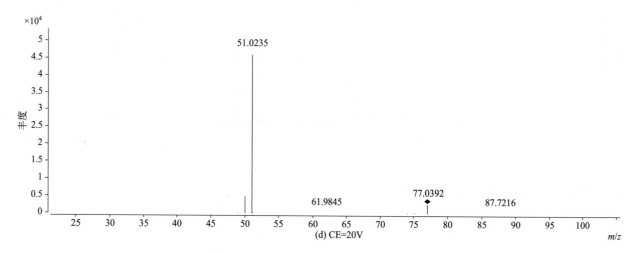

(d) CE=20V

fensulfothion(丰索磷)

CAS 登录号	115-90-2	分子量	308.0300
分子式	$C_{11}H_{17}O_4PS_2$	离子化模式	电子轰击电离（EI）

总离子流色谱图

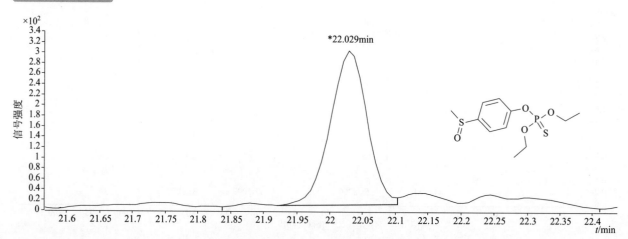

338

四个碰撞能量（CE）下子离子质谱图

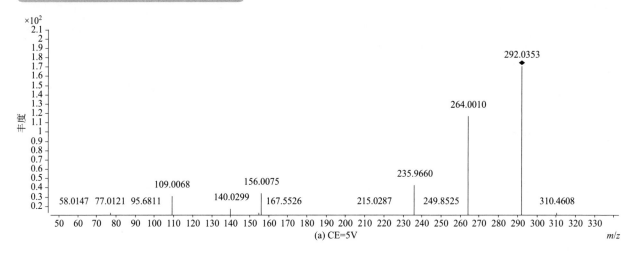

(a) CE=5V

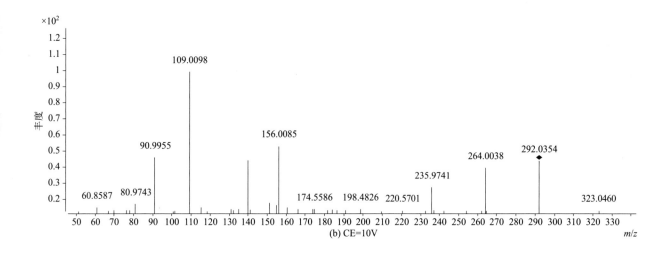

(b) CE=10V

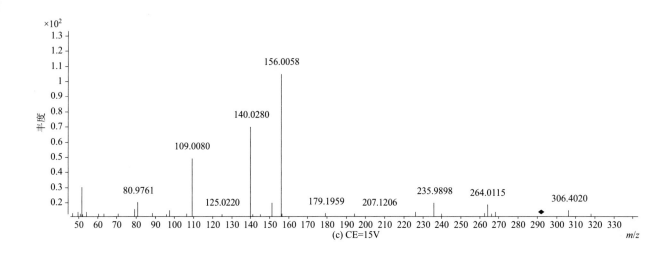

(c) CE=15V

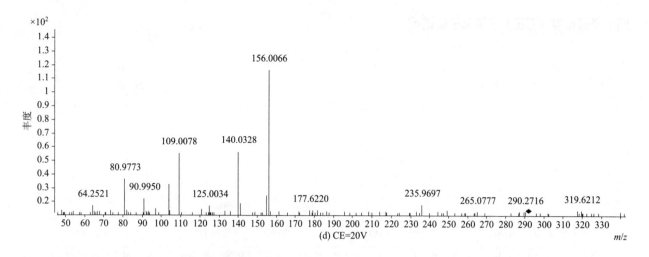

(d) CE=20V

fenthion（倍硫磷）

基本信息

CAS 登录号	55-38-9	分子量	278.0195
分子式	$C_{10}H_{15}O_3PS_2$	离子化模式	电子轰击电离（EI）

总离子流色谱图

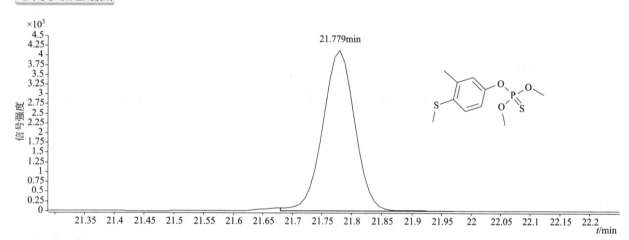

四个碰撞能量（CE）下子离子质谱图

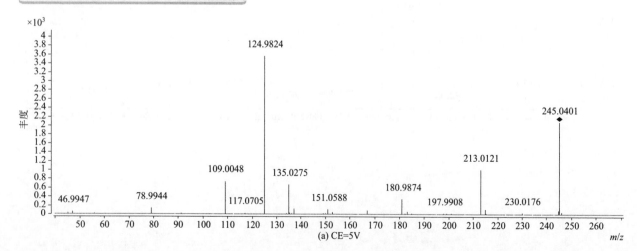

(a) CE=5V

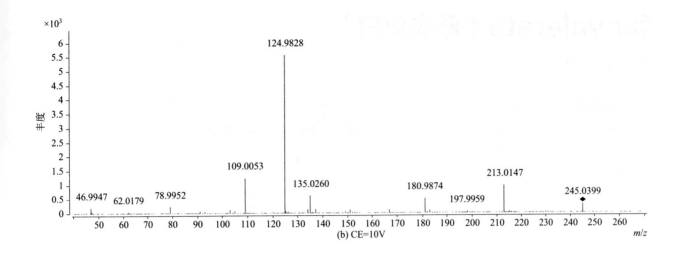

(b) CE=10V

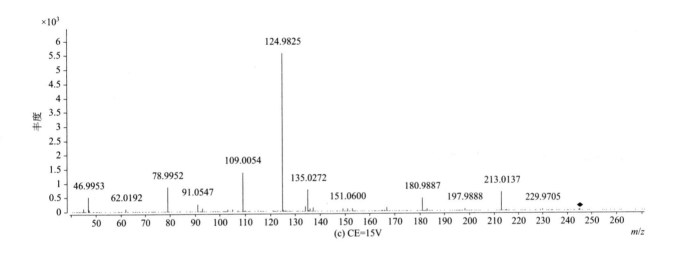

(c) CE=15V

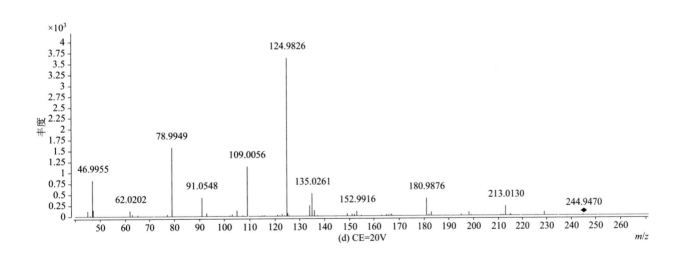

(d) CE=20V

fenvalerate（氰戊菊酯）

基本信息

CAS 登录号	51630-58-1	分子量	419.1283
分子式	$C_{25}H_{22}ClNO_3$	离子化模式	电子轰击电离（EI）

总离子流色谱图

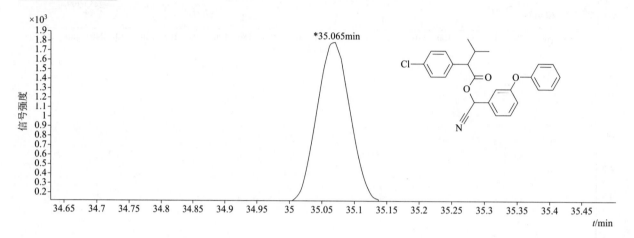

四个碰撞能量（CE）下子离子质谱图

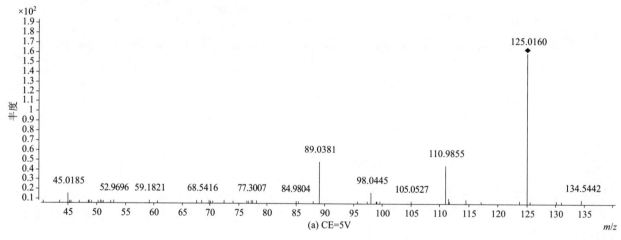

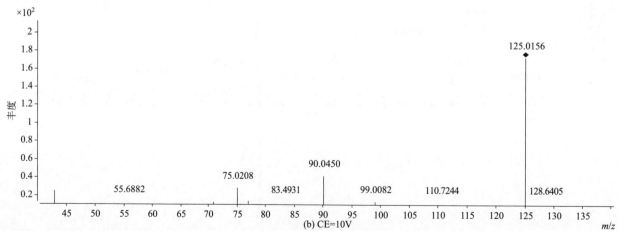

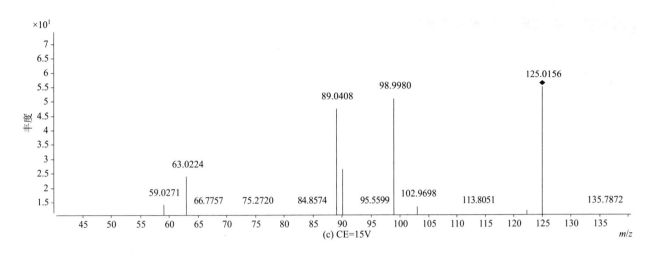

(c) CE=15V

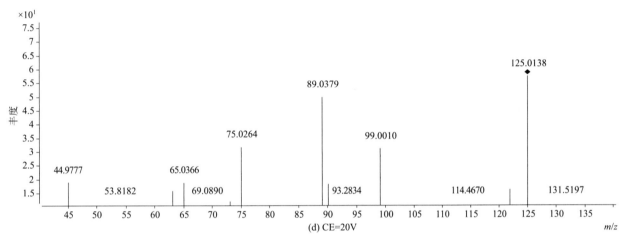

(d) CE=20V

flamprop-isopropyl（异丙基麦草伏）

基本信息

CAS 登录号	52756-22-6	分子量	363.1033
分子式	$C_{19}H_{19}ClFNO_3$	离子化模式	电子轰击电离（EI）

总离子流色谱图

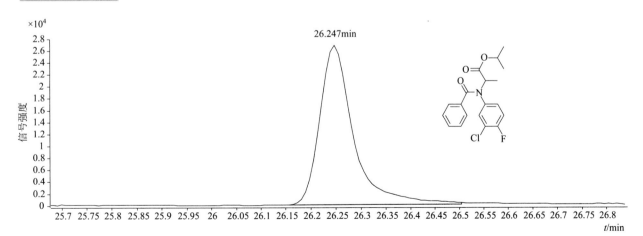

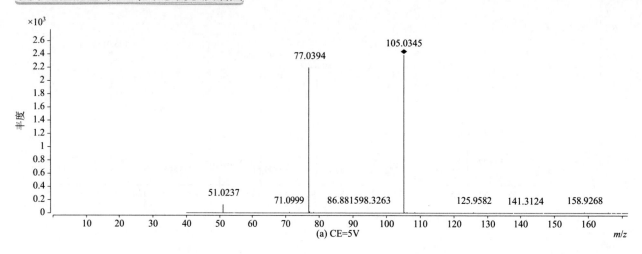

(a) CE=5V

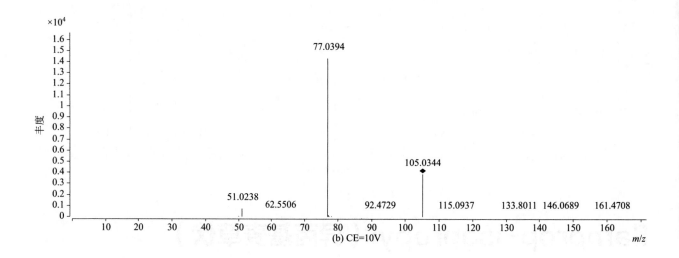

(b) CE=10V

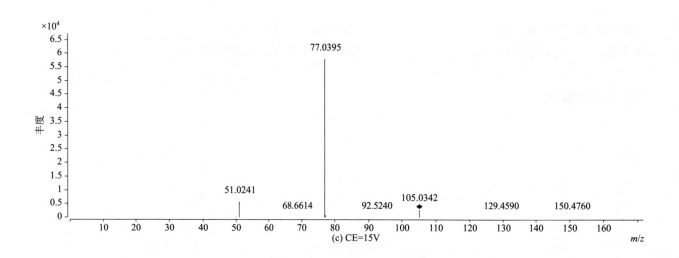

(c) CE=15V

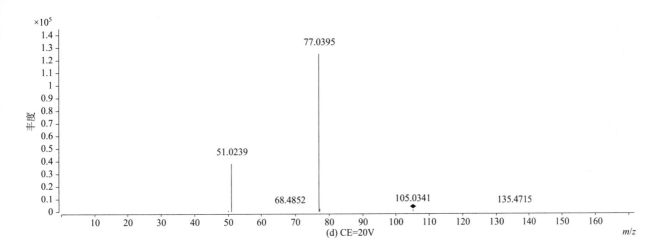

(d) CE=20V

flamprop-methyl（麦草氟甲酯）

基本信息

CAS 登录号	52756-25-9	分子量	335.0720
分子式	$C_{17}H_{15}ClFNO_3$	离子化模式	电子轰击电离（EI）

总离子流色谱图

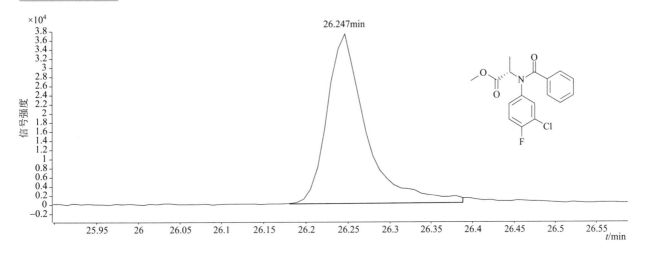

四个碰撞能量（CE）下子离子质谱图

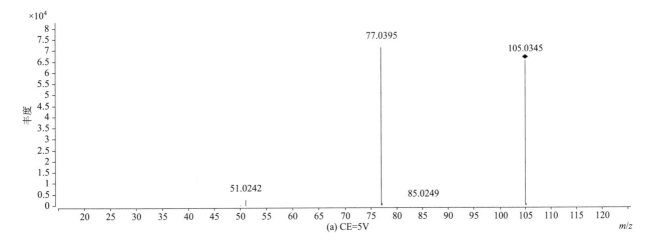

(a) CE=5V

345

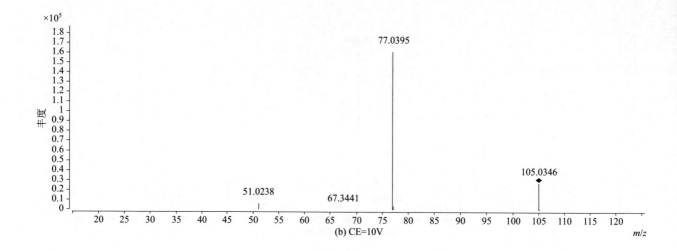

(b) CE=10V

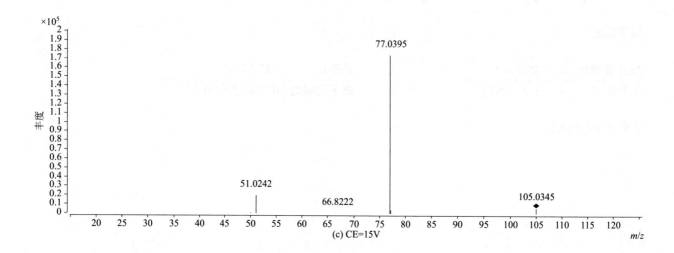

(c) CE=15V

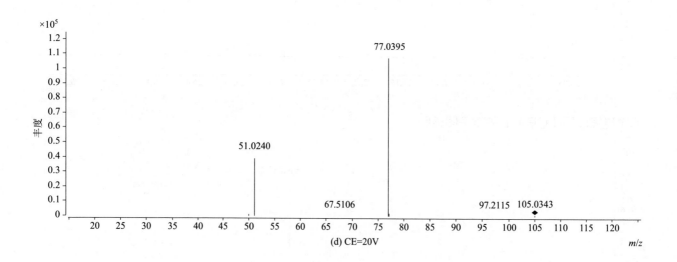

(d) CE=20V

fluazinam（氟啶胺）

基本信息

CAS 登录号	79622-59-6	分子量	463.9509
分子式	$C_{13}H_4Cl_2F_6N_4O_4$	离子化模式	电子轰击电离（EI）

总离子流色谱图

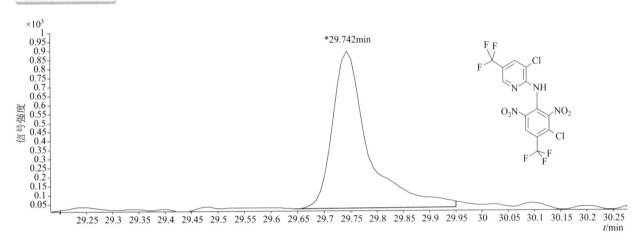

四个碰撞能量（CE）下子离子质谱图

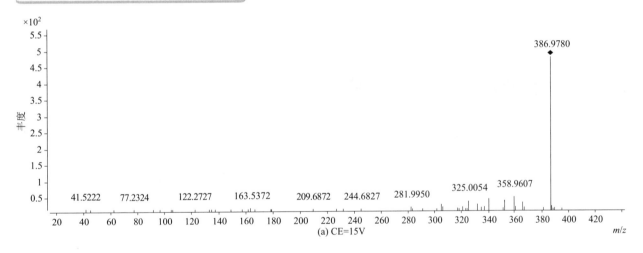

(a) CE=15V

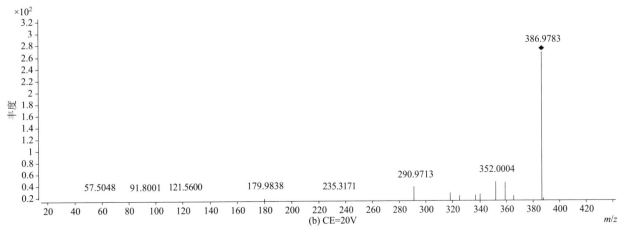

(b) CE=20V

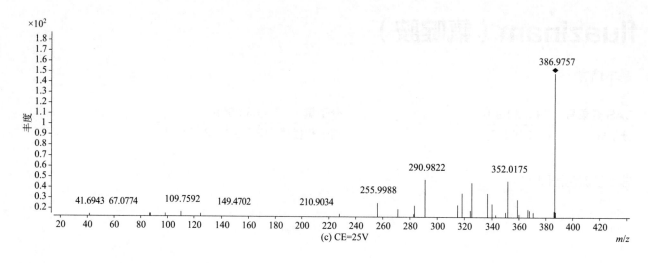

(c) CE=25V

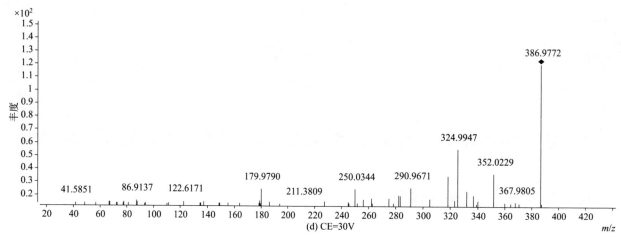

(d) CE=30V

flubenzimine（噻唑螨）

基本信息

CAS 登录号	37893-02-0	分子量	416.0525
分子式	$C_{17}H_{10}F_6N_4S$	离子化模式	电子轰击电离（EI）

总离子流色谱图

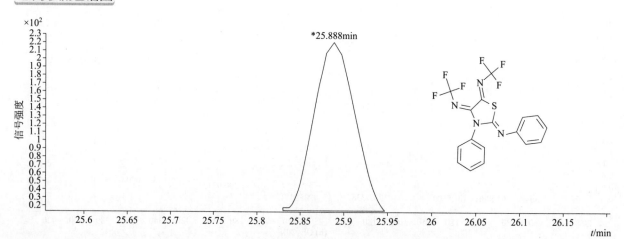

*25.888min

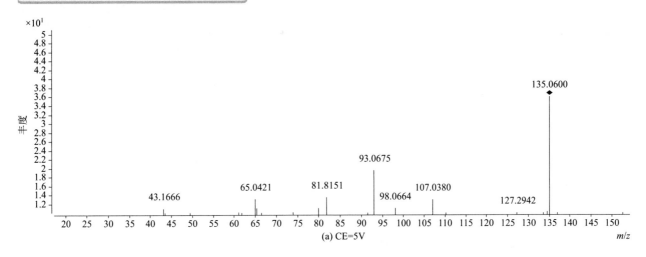

(a) CE=5V

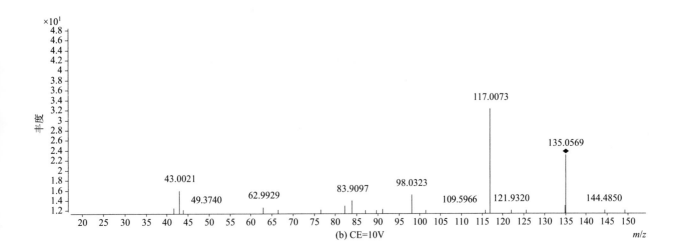

(b) CE=10V

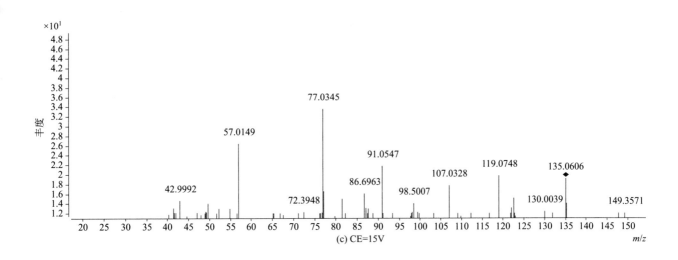

(c) CE=15V

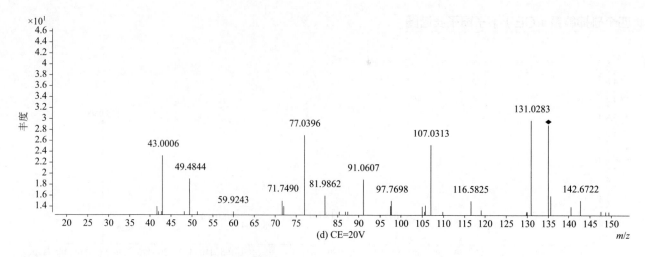

(d) CE=20V

fluchloralin（氟消草）

基本信息

CAS 登录号	33245-39-5	分子量	355.0542
分子式	$C_{12}H_{11}ClF_3N_3O_4$	离子化模式	电子轰击电离（EI）

总离子流色谱图

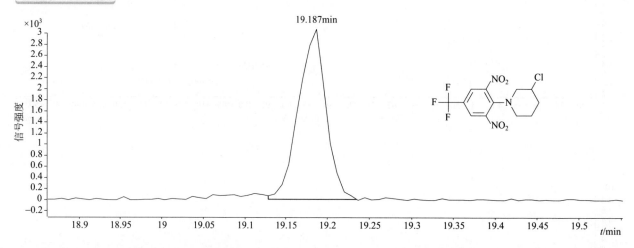

四个碰撞能量（CE）下子离子质谱图

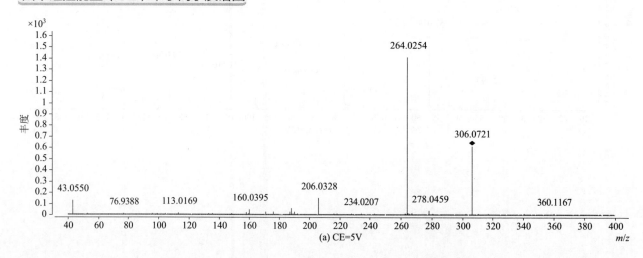

(a) CE=5V

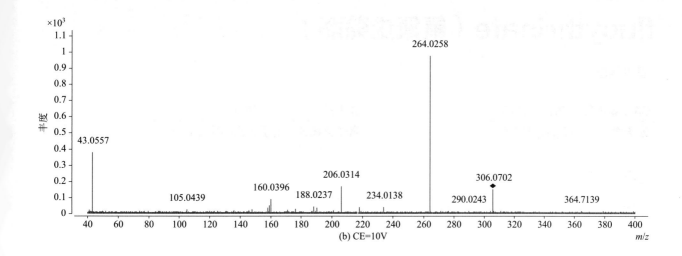

(b) CE=10V

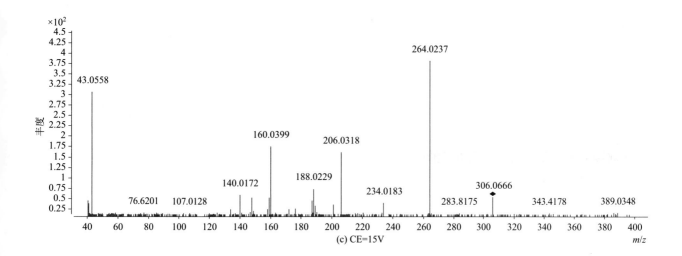

(c) CE=15V

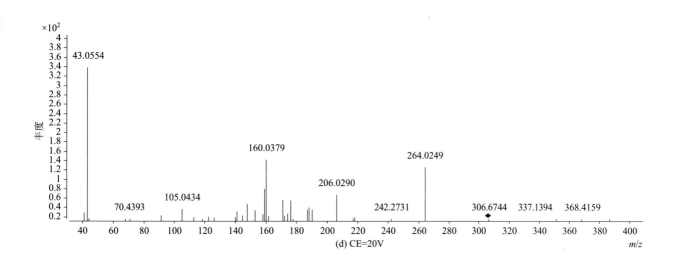

(d) CE=20V

flucythrinate（氟氰戊菊酯）

基本信息

CAS 登录号	70124-77-5	**分子量**	451.1590
分子式	$C_{26}H_{23}F_2NO_4$	**离子化模式**	电子轰击电离（EI）

总离子流色谱图

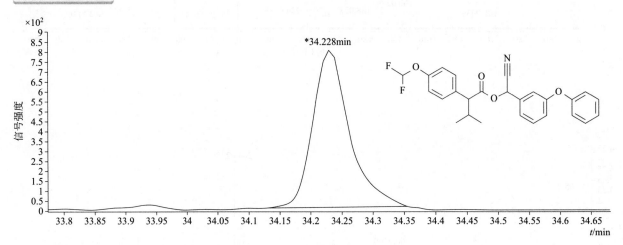

四个碰撞能量（CE）下子离子质谱图

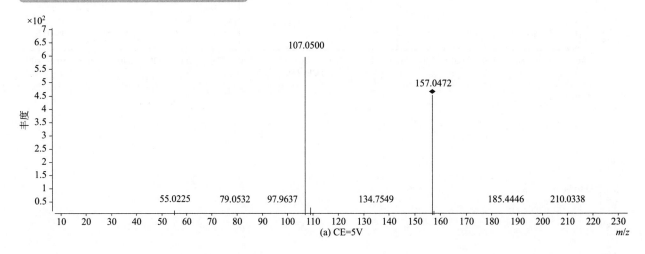

(a) CE=5V

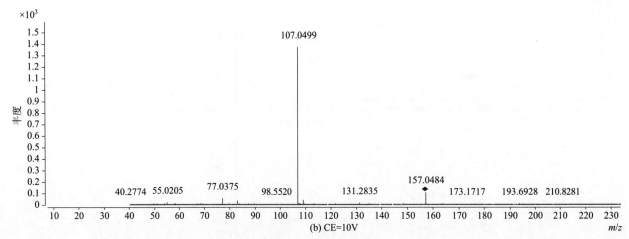

(b) CE=10V

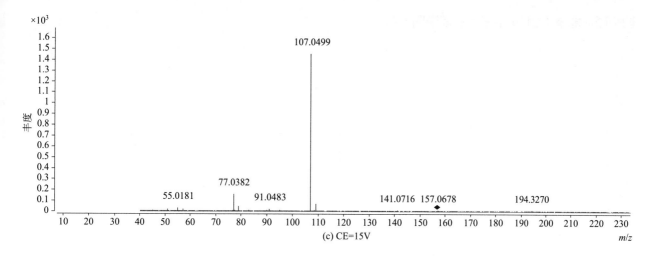

(c) CE=15V

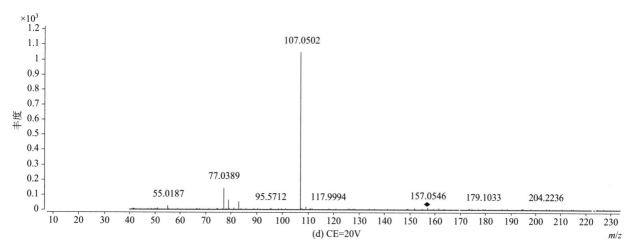

(d) CE=20V

flufenacet（氟噻草胺）

基本信息

CAS 登录号	142459-58-3	分子量	363.0660
分子式	C$_{14}$H$_{13}$F$_4$N$_3$O$_2$S	离子化模式	电子轰击电离（EI）

总离子流色谱图

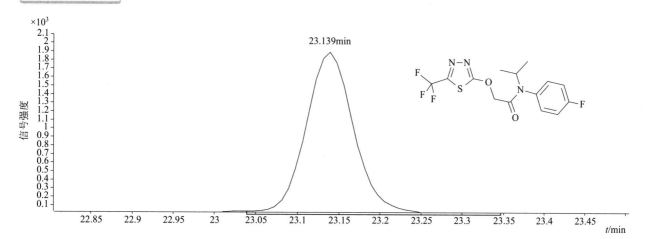

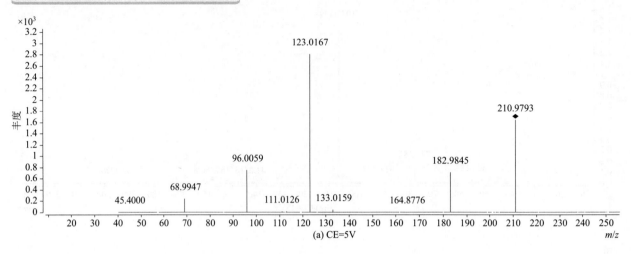

(a) CE=5V

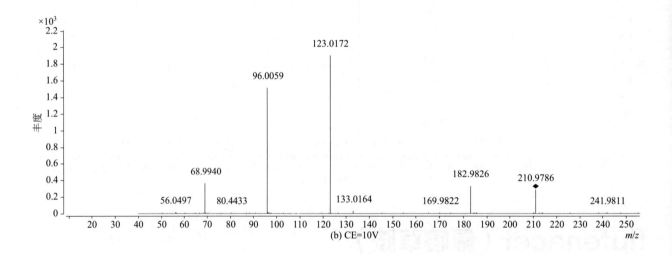

(b) CE=10V

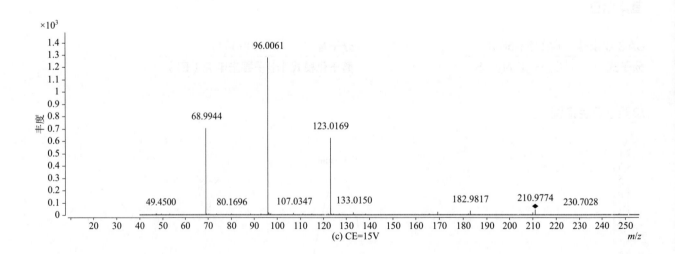

(c) CE=15V

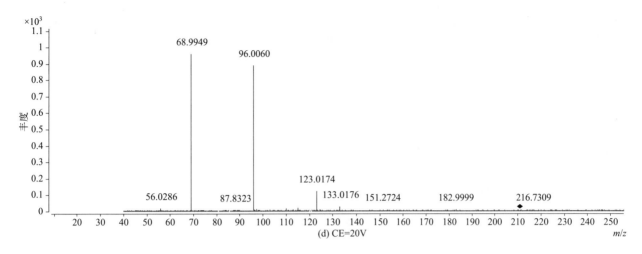

(d) CE=20V

flumetralin（氟节胺）

基本信息

CAS 登录号	62924-70-3	分子量	421.0447
分子式	$C_{16}H_{12}ClF_4N_3O_4$	离子化模式	电子轰击电离（EI）

总离子流色谱图

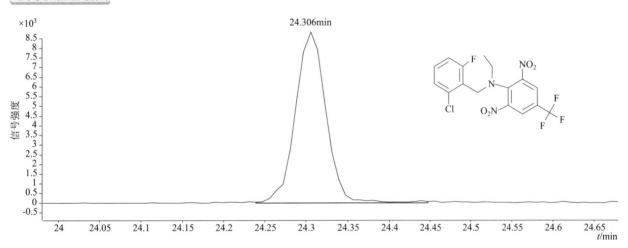

四个碰撞能量（CE）下子离子质谱图

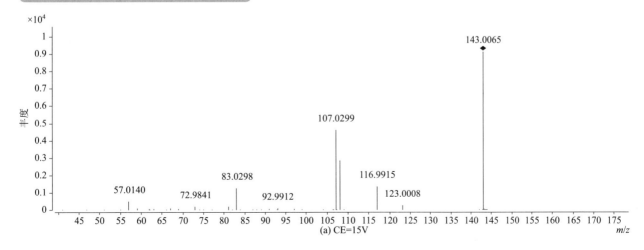

(a) CE=15V

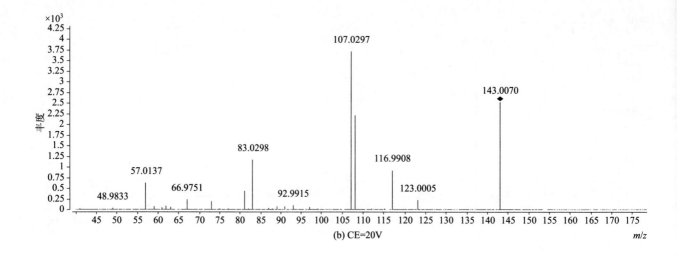

(b) CE=20V

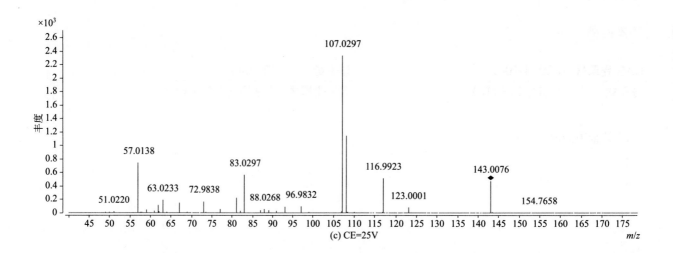

(c) CE=25V

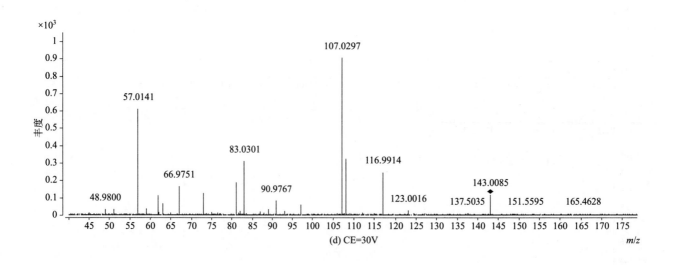

(d) CE=30V

flumioxazin（丙炔氟草胺）

基本信息

CAS 登录号	103361-09-7	分子量	354.1011
分子式	$C_{19}H_{15}FN_2O_4$	离子化模式	电子轰击电离（EI）

总离子流色谱图

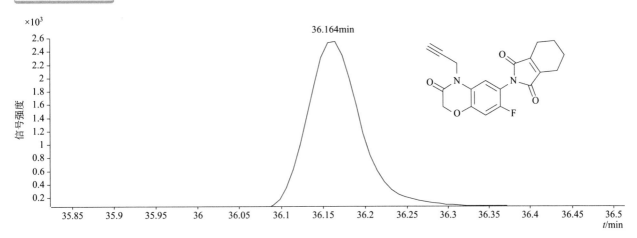

四个碰撞能量（CE）下子离子质谱图

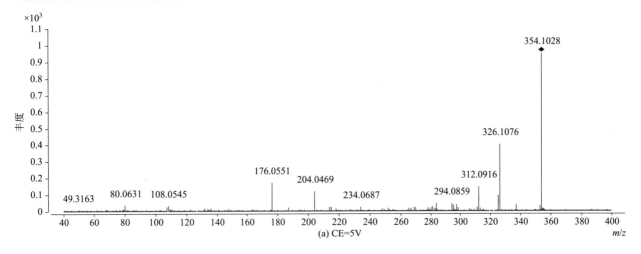

(a) CE=5V

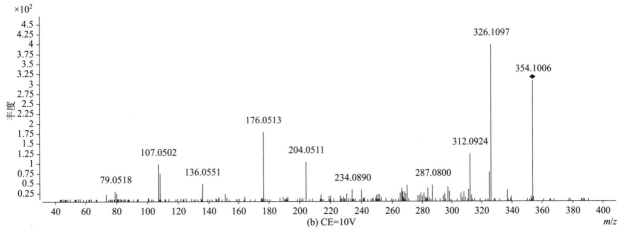

(b) CE=10V

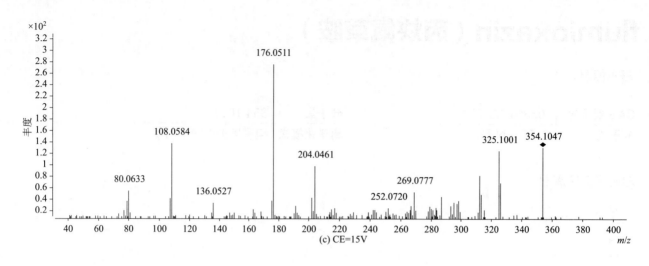

(c) CE=15V

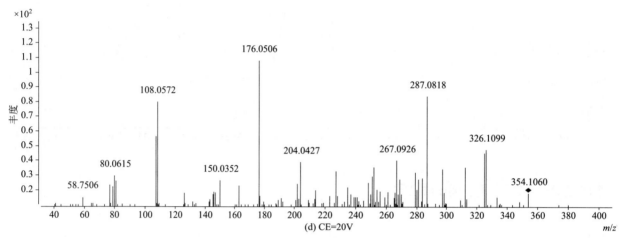

(d) CE=20V

fluorochloridone（氟咯草酮）

CAS 登录号	61213-25-0	分子量	311.0087
分子式	$C_{12}H_{10}Cl_2F_3NO$	离子化模式	电子轰击电离（EI）

总离子流色谱图

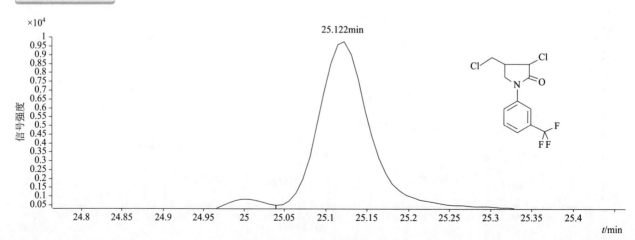

四个碰撞能量（CE）下子离子质谱图

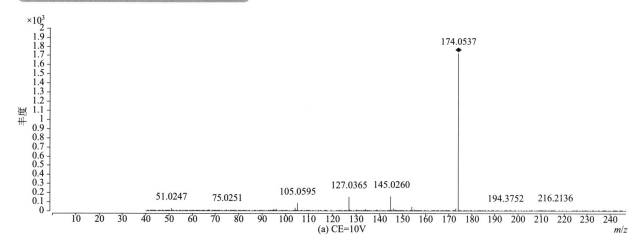

(a) CE=10V

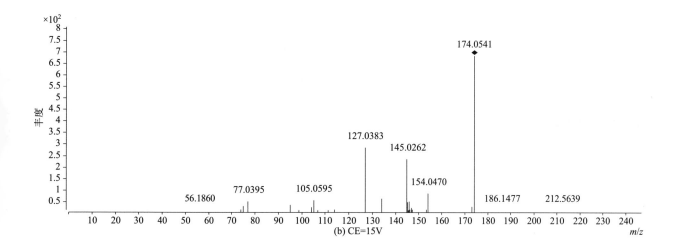

(b) CE=15V

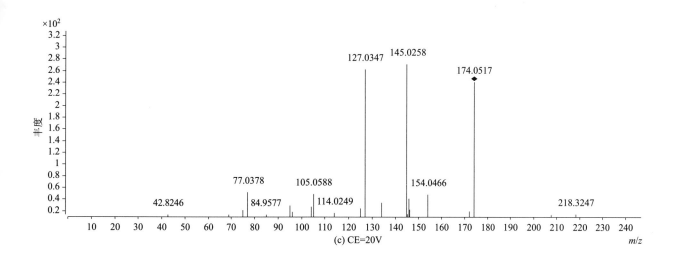

(c) CE=20V

359

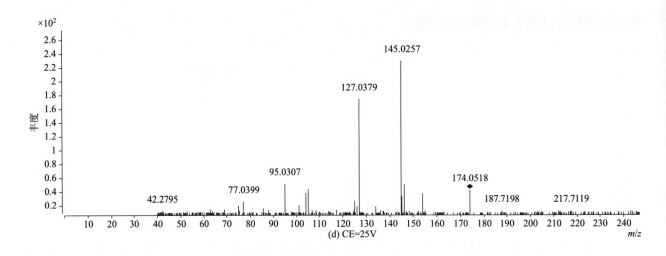

(d) CE=25V

fluorodifen（三氟硝草醚）

基本信息

CAS 登录号	15457-05-3	分子量	328.0302
分子式	$C_{13}H_7F_3N_2O_5$	离子化模式	电子轰击电离（EI）

总离子流色谱图

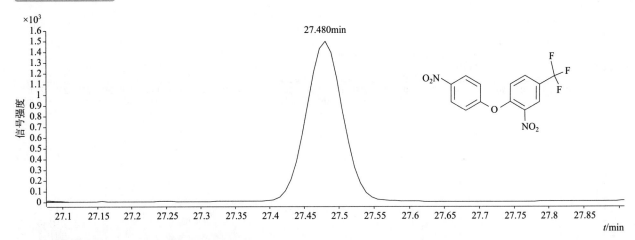

四个碰撞能量（CE）下子离子质谱图

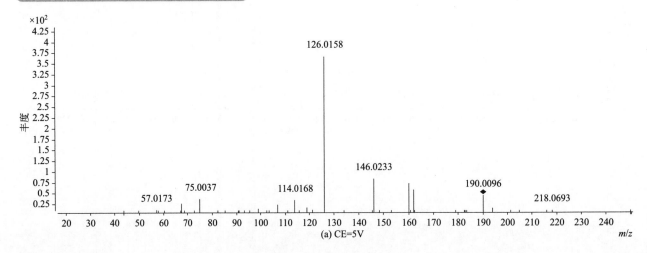

(a) CE=5V

360

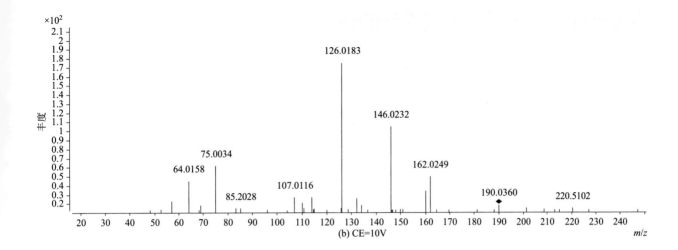

(b) CE=10V

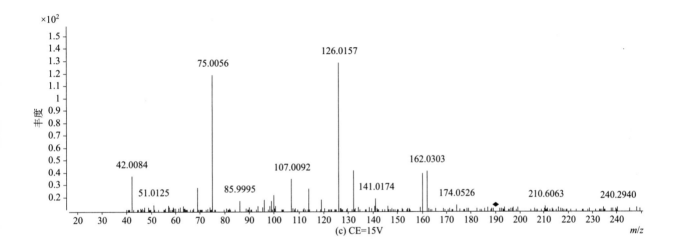

(c) CE=15V

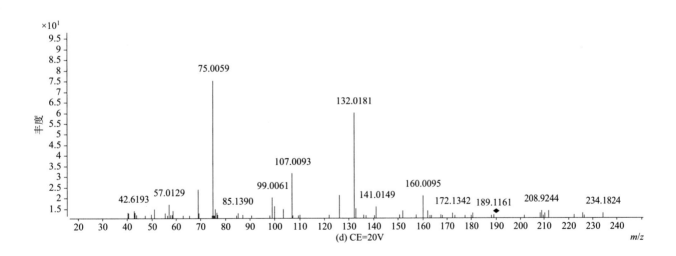

(d) CE=20V

fluotrimazole（三氟苯唑）

CAS 登录号	31251-03-3	分子量	379.1291
分子式	$C_{22}H_{16}F_3N_3$	离子化模式	电子轰击电离（EI）

总离子流色谱图

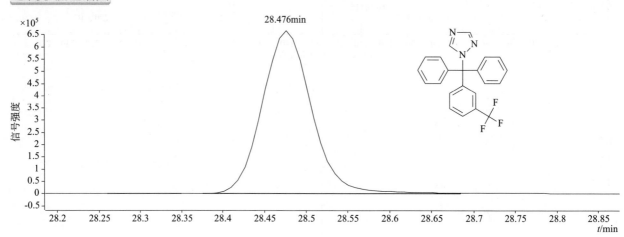

四个碰撞能量（CE）下子离子质谱图

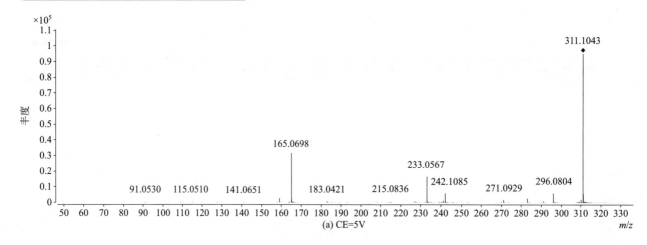

(a) CE=5V

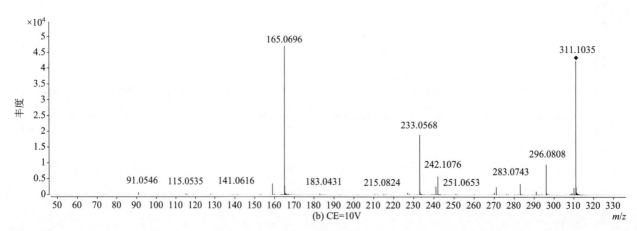

(b) CE=10V

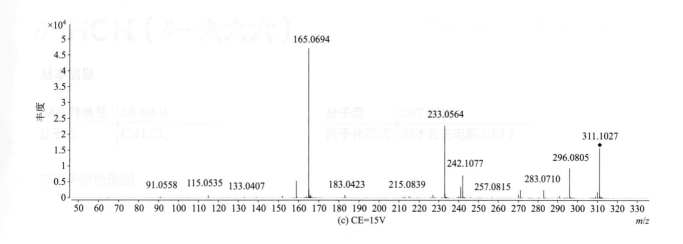

(c) CE=15V

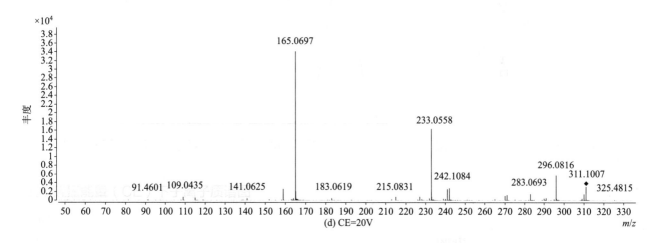

(d) CE=20V

fluroxypr 1-methylheptyl ester（氯氟吡氧乙酸异辛酯）

基本信息

CAS 登录号	81406-37-3		分子量	366.0908
分子式	C$_{15}$H$_{21}$Cl$_2$FN$_2$O$_3$		离子化模式	电子轰击电离（EI）

总离子流色谱图

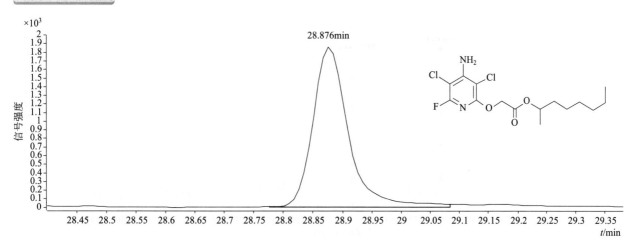

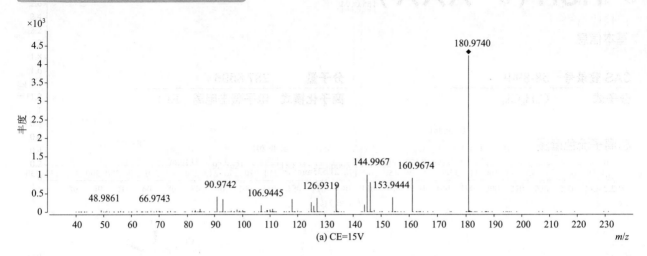

(a) CE=15V

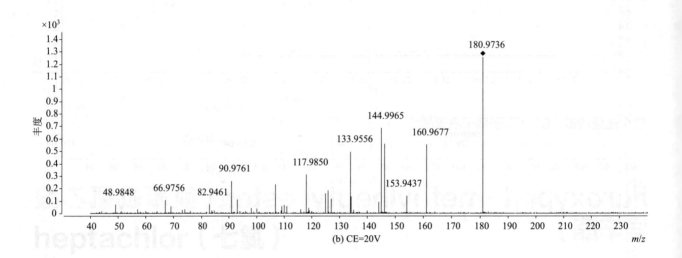

(b) CE=20V

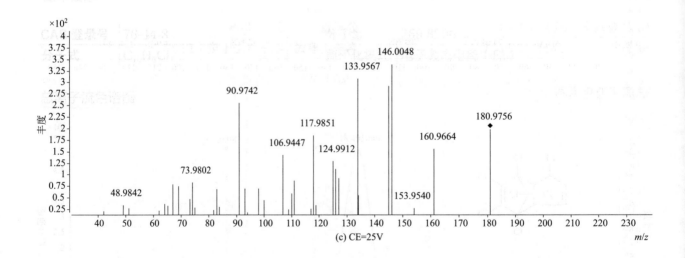

(c) CE=25V

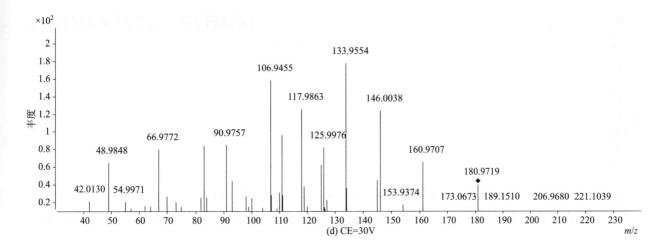

(d) CE=30V

fluroxypyr（氯氟吡氧乙酸）

基本信息

CAS 登录号	69377-81-7		分子量	253.9656
分子式	C₇H₅Cl₂FN₂O₃		离子化模式	电子轰击电离（EI）

总离子流色谱图

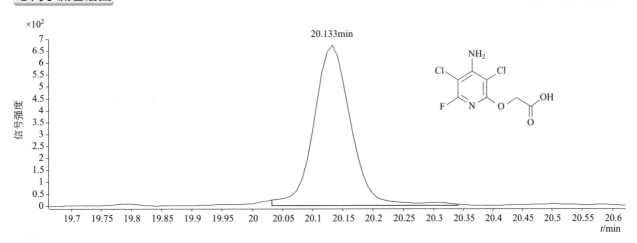

四个碰撞能量（CE）下子离子质谱图

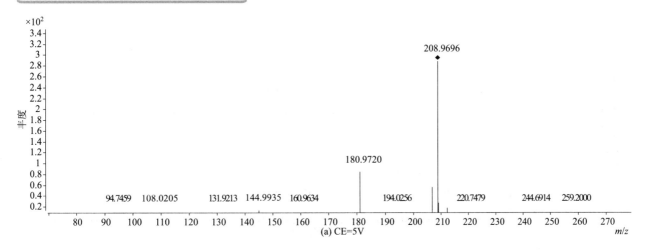

(a) CE=5V

365

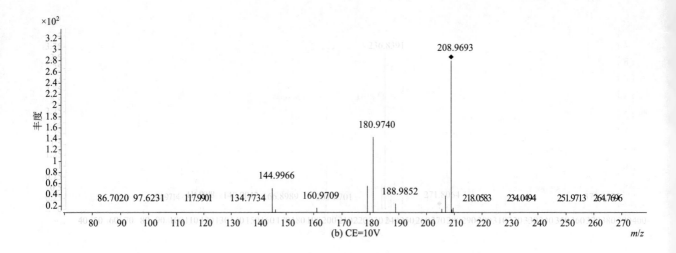

(b) CE=10V

heptachlor epoxide, endo（内环氧七氯）

基本信息

| CAS登录号 | 28044-83-9 | 分子量 | 385.8155 |
| 分子式 | C₁₀H₅Cl₇O | 离子化模式 | 电子轰击电离（EI） |

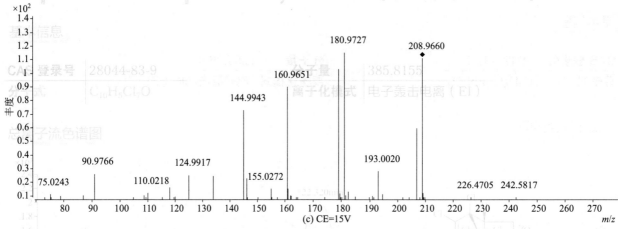

(c) CE=15V

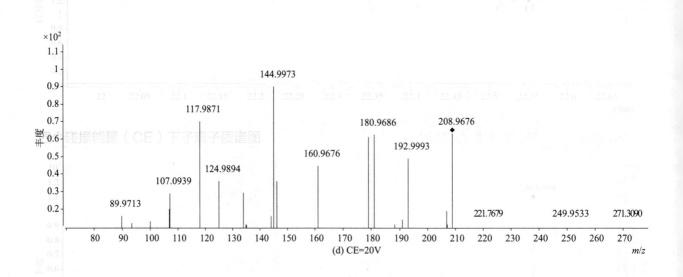

(d) CE=20V

flusilazole（氟哇唑）

基本信息

CAS 登录号	85509-19-9	**分子量**	315.0998
分子式	$C_{16}H_{15}F_2N_3Si$	**离子化模式**	电子轰击电离（EI）

总离子流色谱图

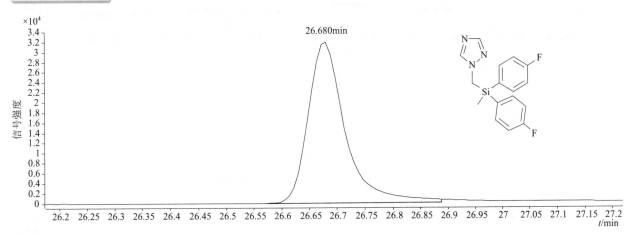

四个碰撞能量（CE）下子离子质谱图

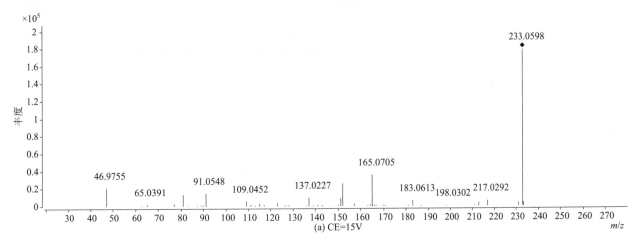

(a) CE=15V

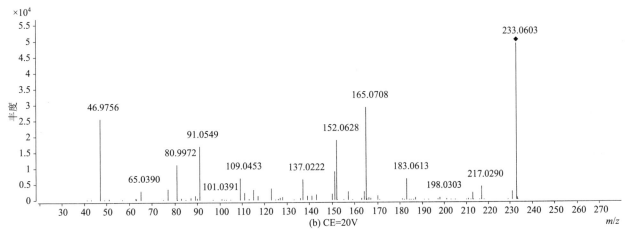

(b) CE=20V

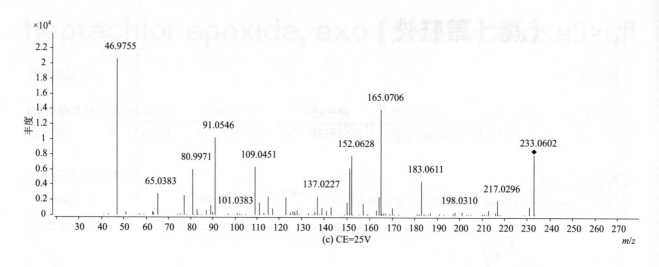

(c) CE=25V

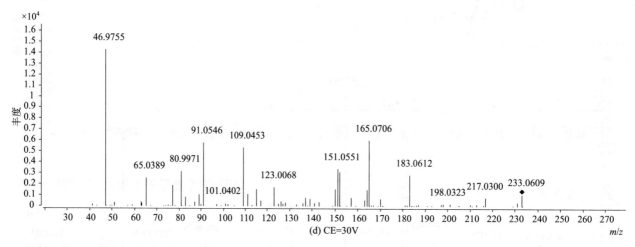

(d) CE=30V

flutolanil（氟酰胺）

CAS 登录号	66332-96-5	分子量	323.1128
分子式	$C_{17}H_{16}F_3NO_2$	离子化模式	电子轰击电离（EI）

总离子流色谱图

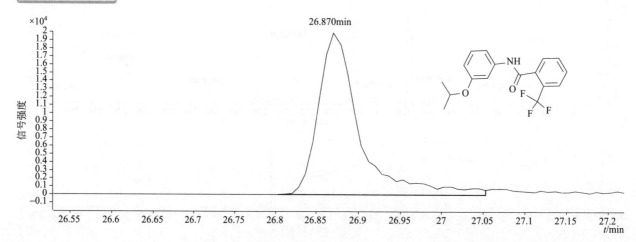

四个碰撞能量（CE）下子离子质谱图

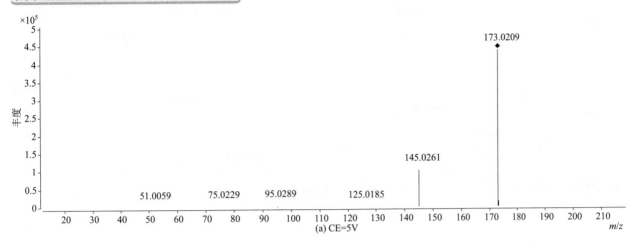

(a) CE=5V

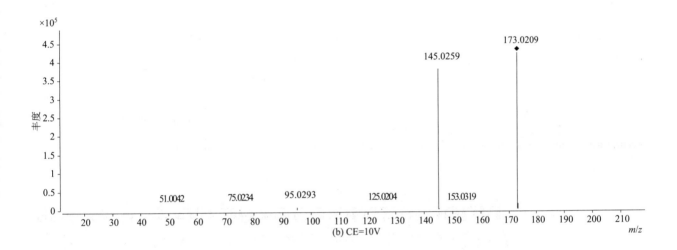

(b) CE=10V

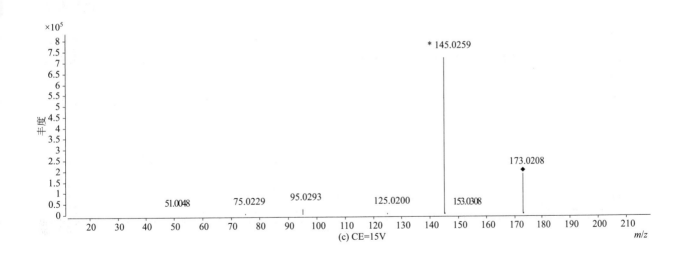

(c) CE=15V

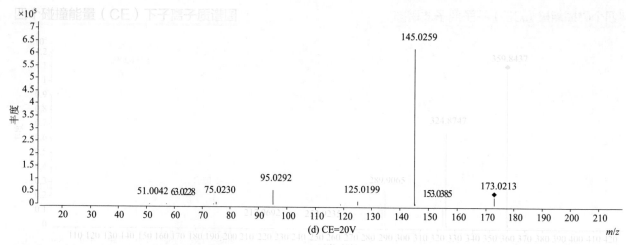

×10⁵ 碰撞能量（CE）下子离子质谱图

(d) CE=20V

flutriafol（粉唑醇）

基本信息

CAS 登录号	76674-21-0	分子量	301.1022
分子式	C₁₆H₁₃F₂N₃O	离子化模式	电子轰击电离（EI）

总离子流色谱图

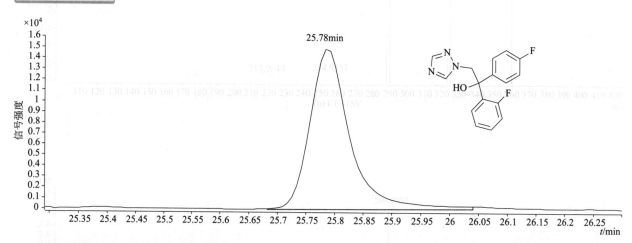

25.78min

四个碰撞能量（CE）下子离子质谱图

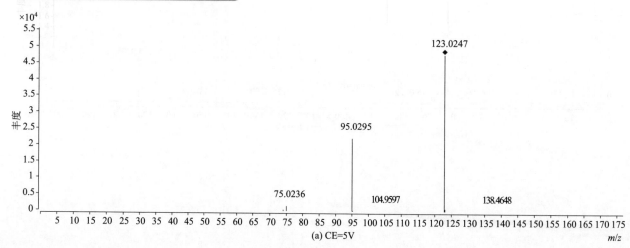

(a) CE=5V

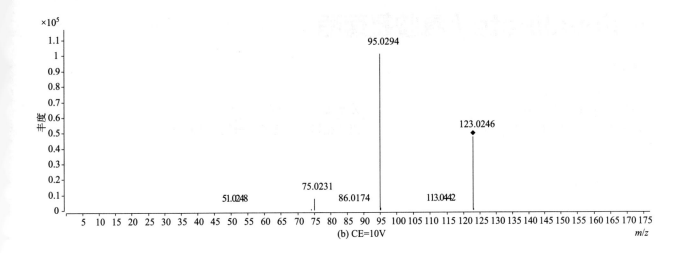

(b) CE=10V

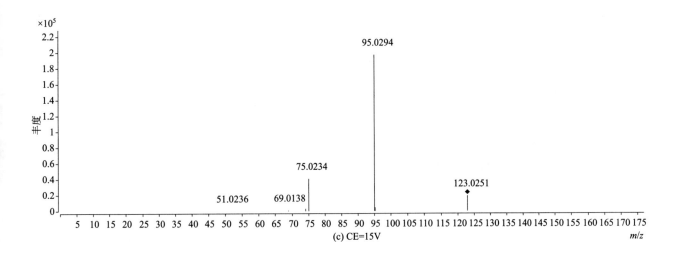

(c) CE=15V

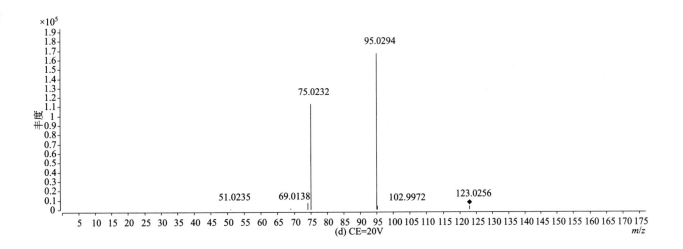

(d) CE=20V

τ–fluvalinate（氟胺氰菊酯）

基本信息

CAS 登录号	102851-06-9	分子量	502.1266
分子式	$C_{26}H_{22}ClF_3N_2O_3$	离子化模式	电子轰击电离（EI）

总离子流色谱图

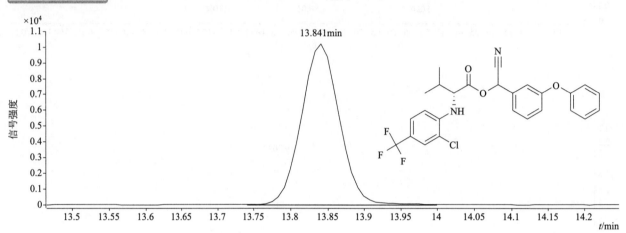

四个碰撞能量（CE）下子离子质谱图

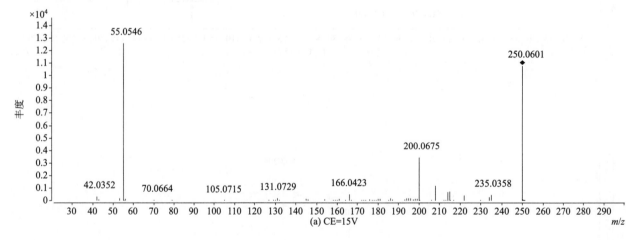

(a) CE=15V

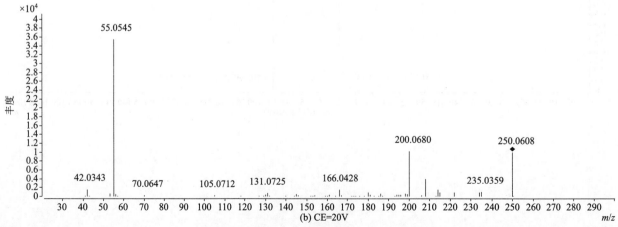

(b) CE=20V

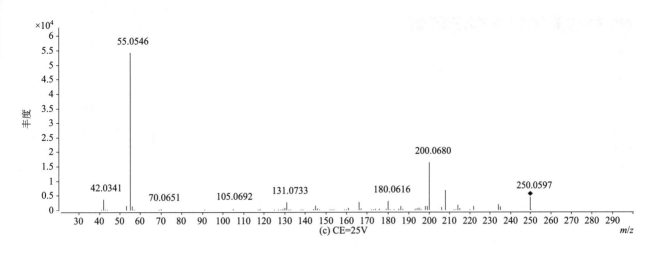

(c) CE=25V

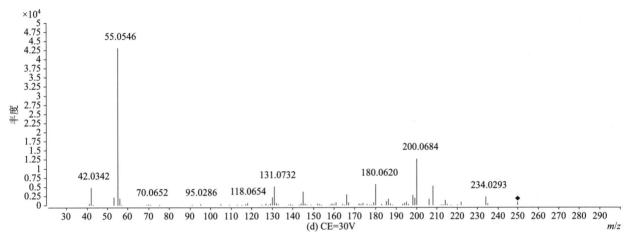

(d) CE=30V

folpet（灭菌丹）

基本信息

CAS 登录号	133-07-3	**分子量**	294.9023
分子式	$C_9H_4Cl_3NO_2S$	**离子化模式**	电子轰击电离（EI）

总离子流色谱图

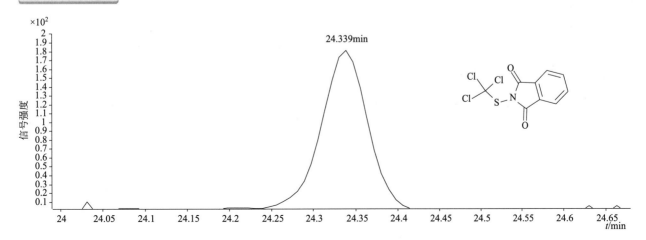

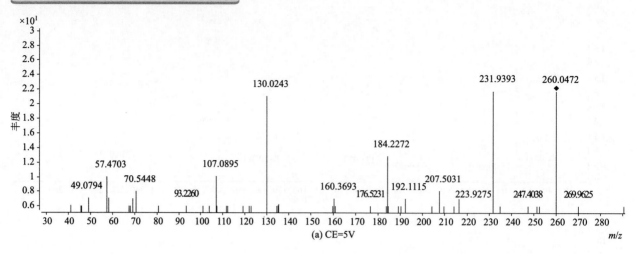

(a) CE=5V

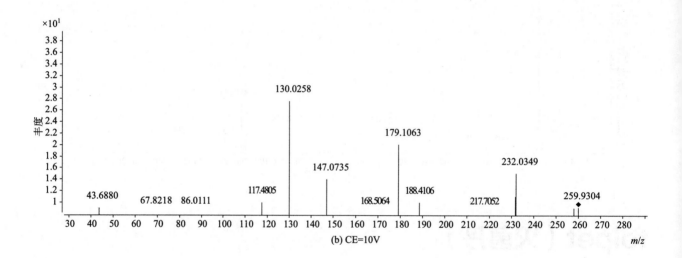

(b) CE=10V

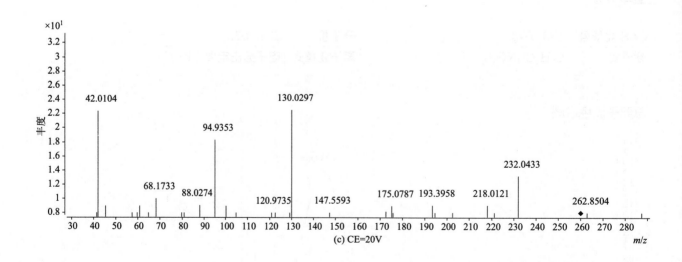

(c) CE=20V

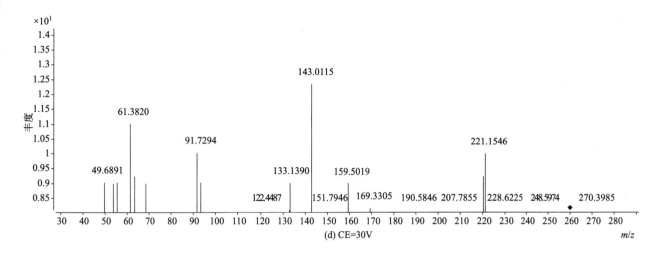

(d) CE=30V

fonofos（地虫硫磷）

基本信息

CAS 登录号	944-22-9	分子量	246.0297
分子式	$C_{10}H_{15}OPS_2$	离子化模式	电子轰击电离（EI）

总离子流色谱图

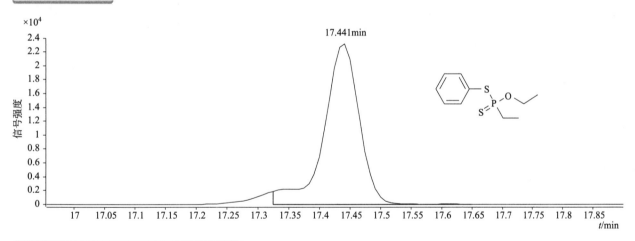

四个碰撞能量（CE）下子离子质谱图

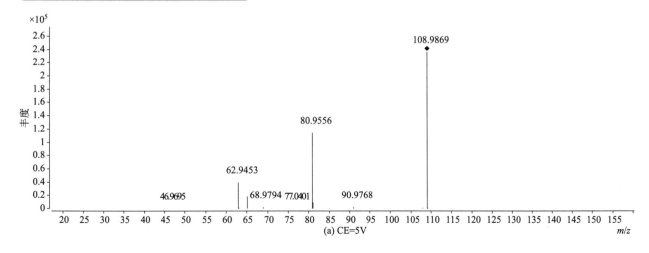

(a) CE=5V

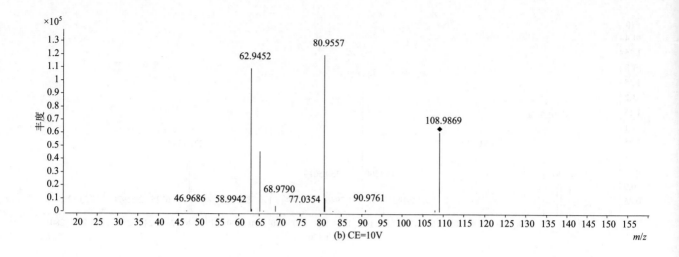

(b) CE=10V

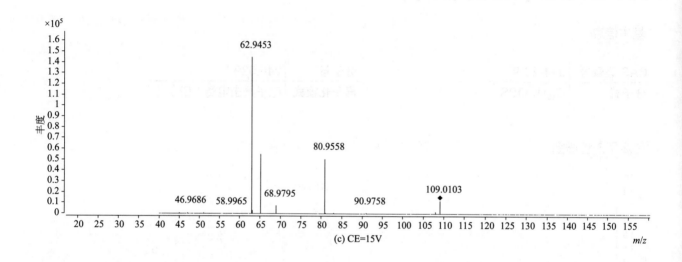

(c) CE=15V

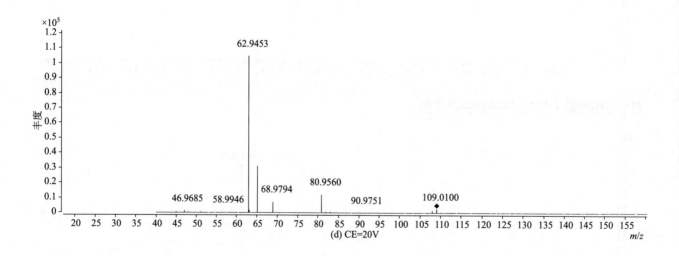

(d) CE=20V

formothion（安硫磷）

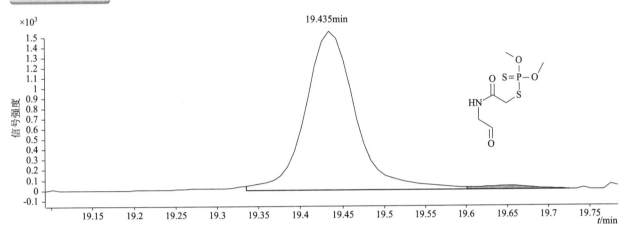

基本信息

CAS 登录号	2540-82-1	**分子量**	256.9940
分子式	$C_6H_{12}NO_4PS_2$	**离子化模式**	电子轰击电离（EI）

总离子流色谱图

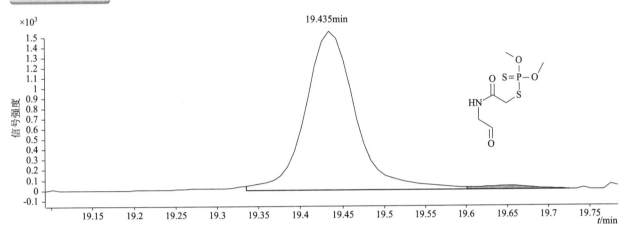

四个碰撞能量（CE）下子离子质谱图

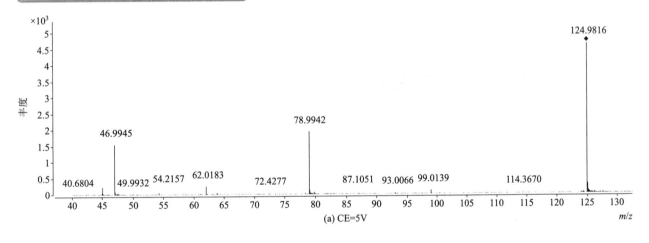

(a) CE=5V

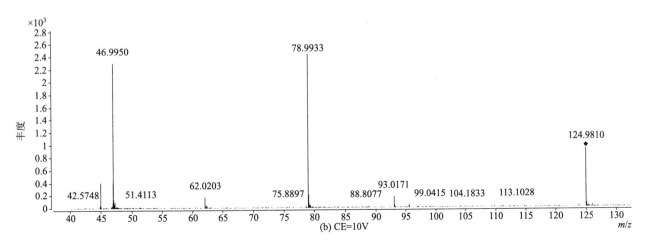

(b) CE=10V

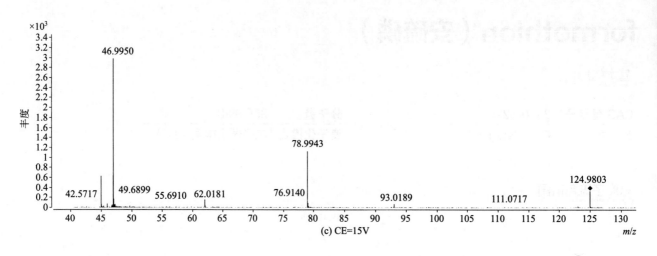

(c) CE=15V

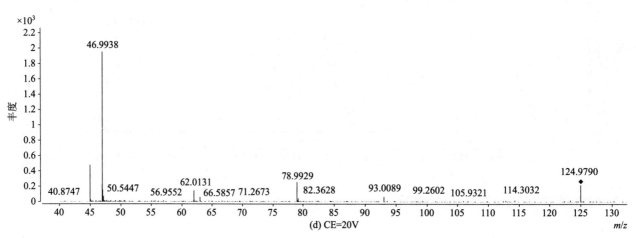

(d) CE=20V

fuberidazole（麦穗宁）

基本信息

CAS 登录号	3878-19-1	**分子量**	184.0632
分子式	$C_{11}H_8N_2O$	**离子化模式**	电子轰击电离（EI）

总离子流色谱图

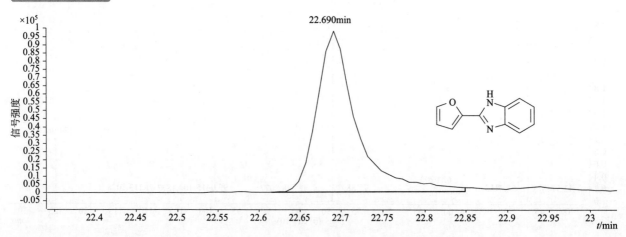

22.690min

四个碰撞能量（CE）下子离子质谱图

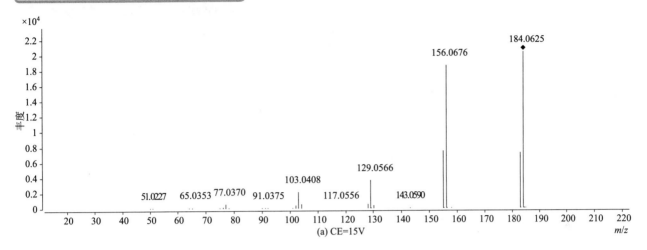

(a) CE=15V

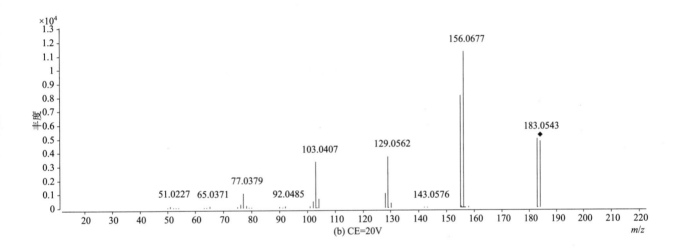

(b) CE=20V

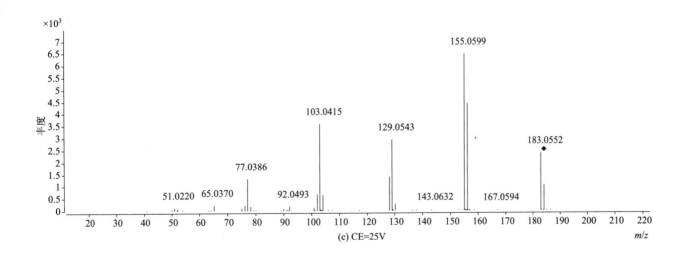

(c) CE=25V

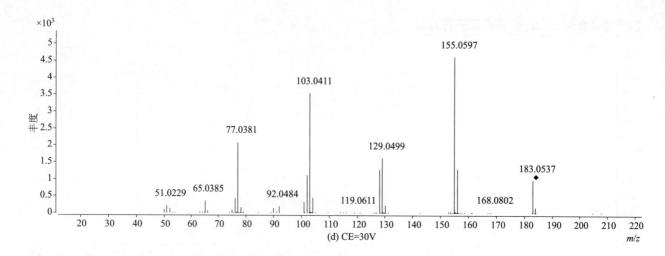

(d) CE=30V

furathiocarb（呋线威）

基本信息

CAS 登录号	65907-30-4	分子量	382.1557
分子式	$C_{18}H_{26}N_2O_5S$	离子化模式	电子轰击电离（EI）

总离子流色谱图

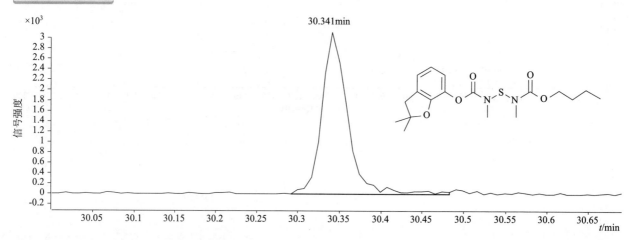

30.341min

四个碰撞能量（CE）下子离子质谱图

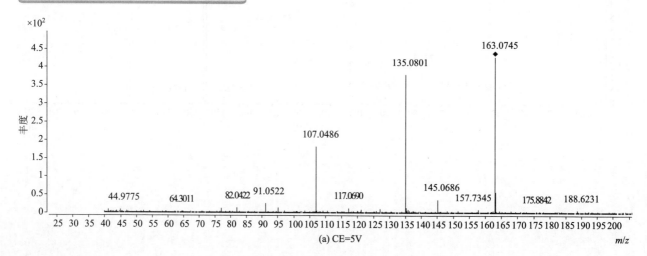

(a) CE=5V

380

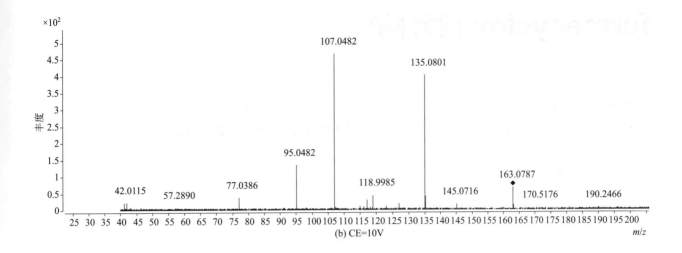

(b) CE=10V

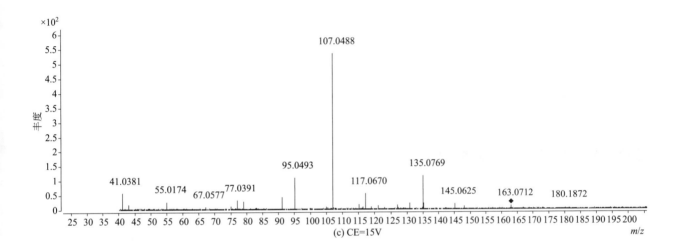

(c) CE=15V

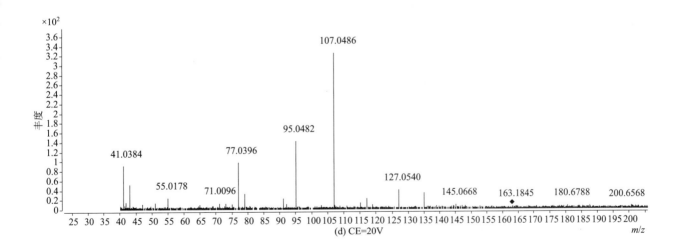

(d) CE=20V

furmecyclox（拌种胺）

基本信息

CAS 登录号	60568-05-0	分子量	251.1516
分子式	$C_{14}H_{21}NO_3$	离子化模式	电子轰击电离（EI）

总离子流色谱图

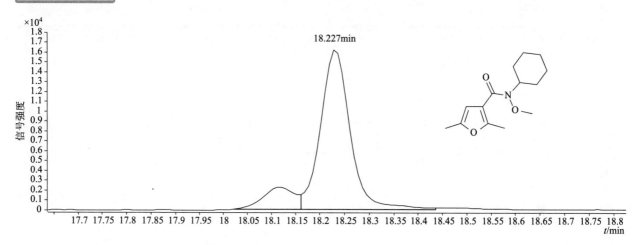

四个碰撞能量（CE）下子离子质谱图

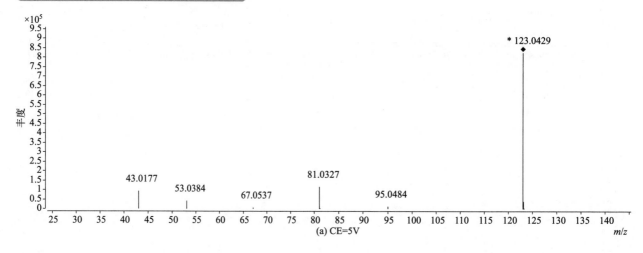

(a) CE=5V

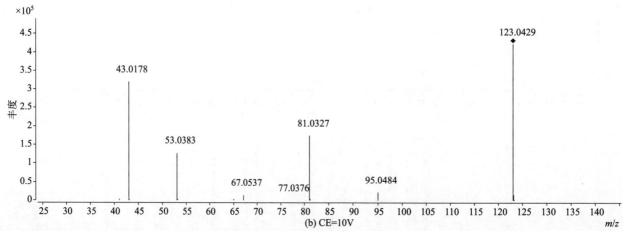

(b) CE=10V

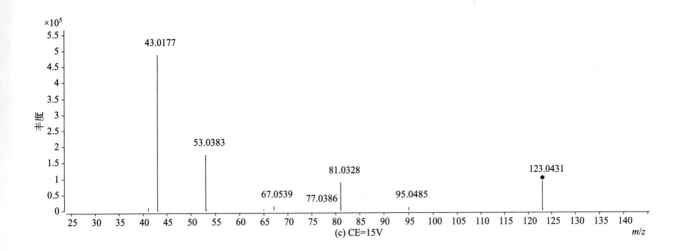

(c) CE=15V

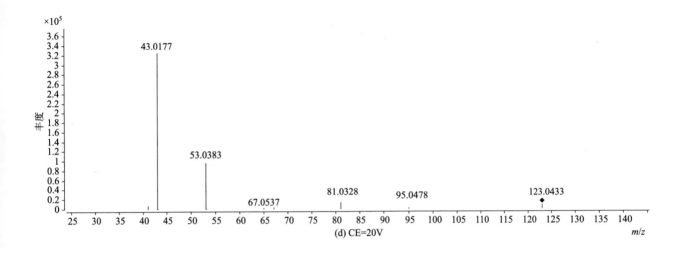

(d) CE=20V

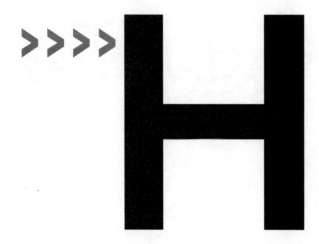

halfenprox（溴氟醚菊酯）

基本信息

CAS 登录号	111872-58-3	分子量	476.0794
分子式	$C_{24}H_{23}BrF_2O_3$	离子化模式	电子轰击电离（EI）

总离子流色谱图

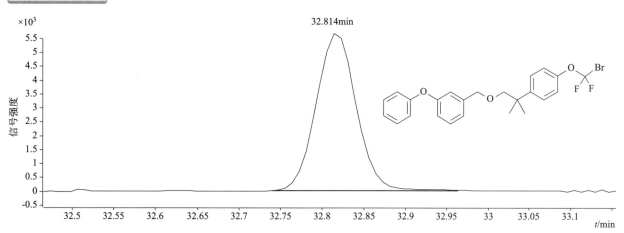

四个碰撞能量（CE）下子离子质谱图

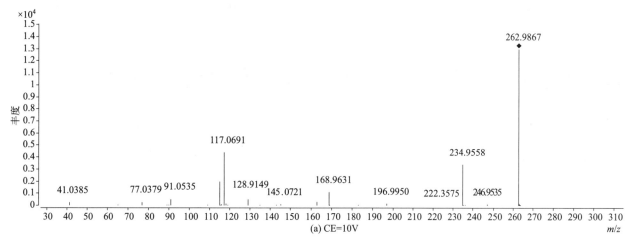

(a) CE=10V

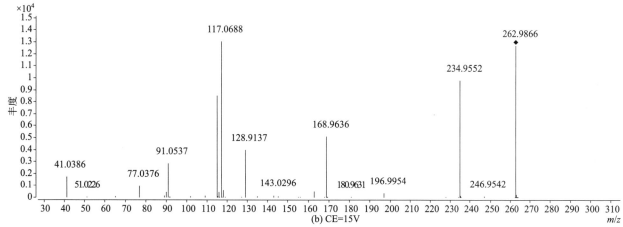

(b) CE=15V

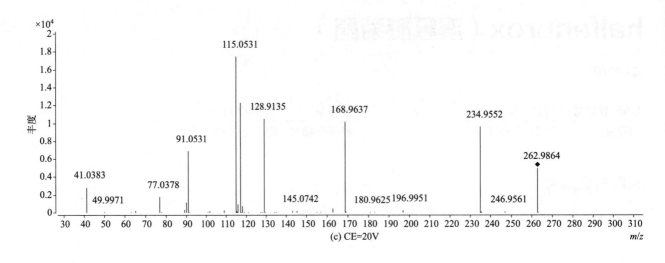

(c) CE=20V

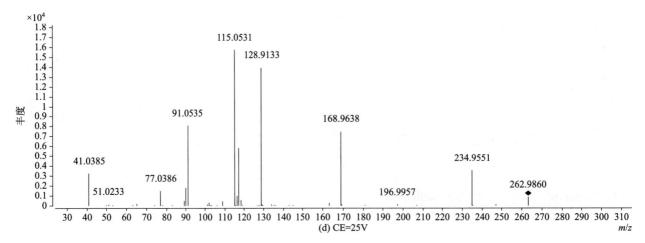

(d) CE=25V

haloxyfop-2-ethoxyethyl（吡氟甲禾灵）

基本信息

CAS 登录号	87237-48-7	分子量	433.0899
分子式	$C_{19}H_{19}ClF_3NO_5$	离子化模式	电子轰击电离（EI）

总离子流色谱图

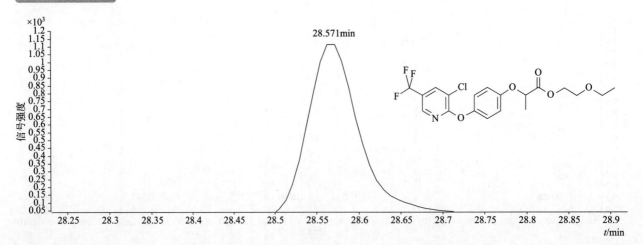

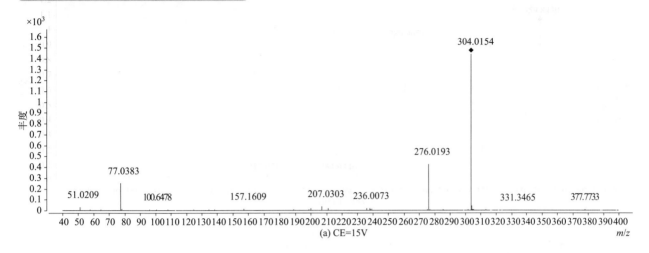

(a) CE=15V

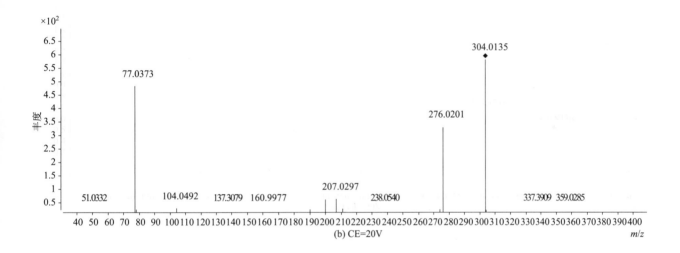

(b) CE=20V

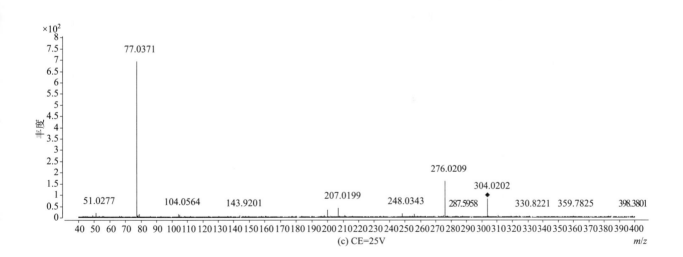

(c) CE=25V

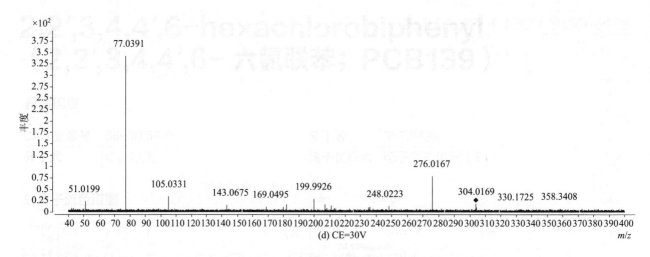

(d) CE=30V

haloxyfop-methyl（氟吡甲禾灵）

基本信息

CAS 登录号	69806-40-2	分子量	375.0480
分子式	$C_{16}H_{13}ClF_3NO_4$	离子化模式	电子轰击电离（EI）

总离子流色谱图

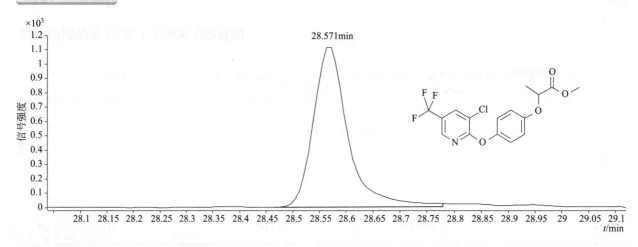

四个碰撞能量（CE）下子离子质谱图

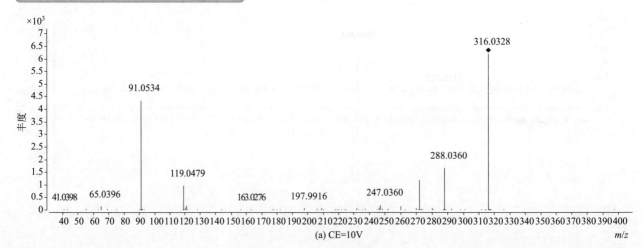

(a) CE=10V

388

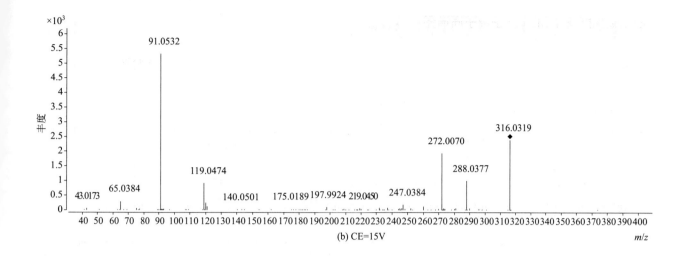

(b) CE=15V   *m/z*

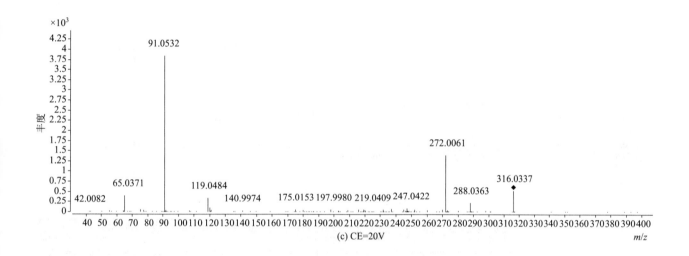

(c) CE=20V   *m/z*

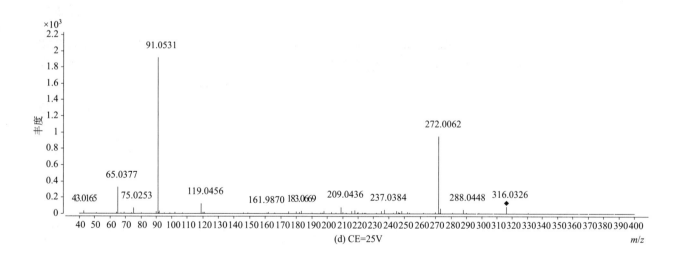

(d) CE=25V   *m/z*

α-HCH（α- 六六六）

基本信息

CAS 登录号	319-84-6	**分子量**	287.8596
分子式	C₆H₆Cl₆	**离子化模式**	电子轰击电离（EI）

总离子流色谱图

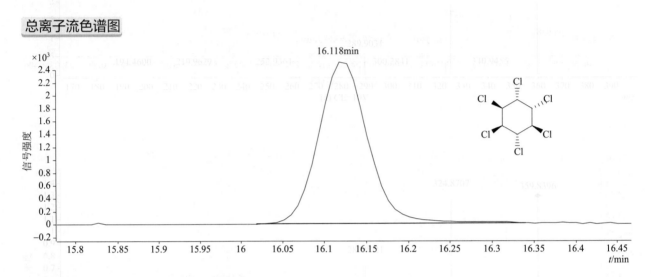

四个碰撞能量（CE）下子离子质谱图

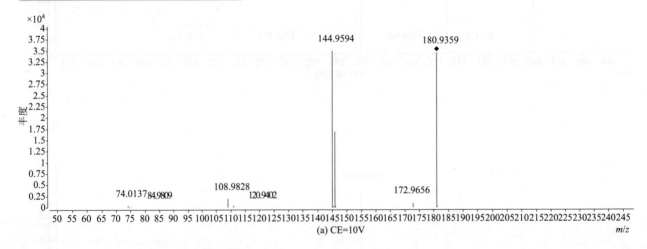

(a) CE=10V

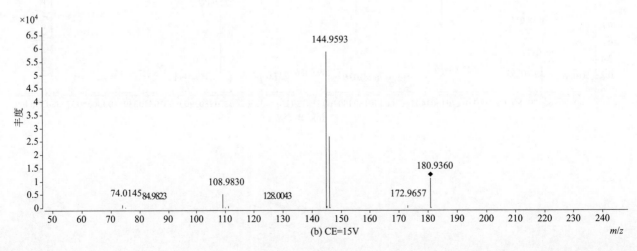

(b) CE=15V

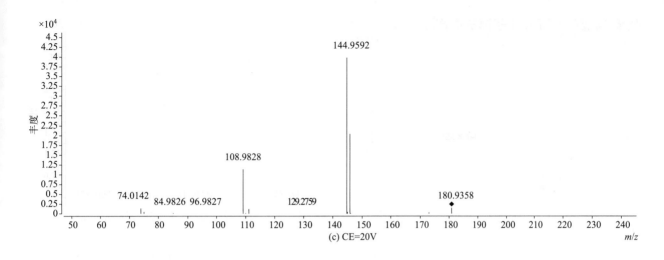

(c) CE=20V

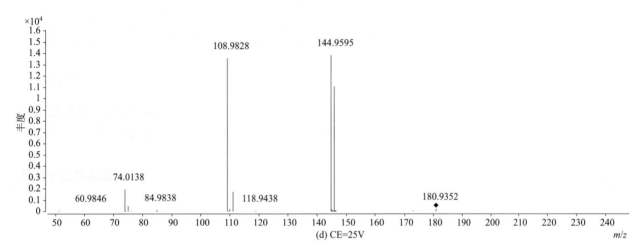

(d) CE=25V

β-HCH（β-六六六）

基本信息

CAS 登录号	319-85-7	分子量	287.8596
分子式	$C_6H_6Cl_6$	离子化模式	电子轰击电离（EI）

总离子流色谱图

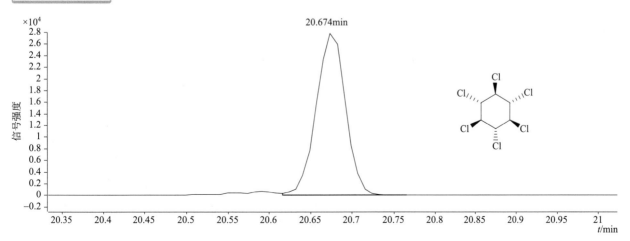

四个碰撞能量（CE）下子离子质谱图

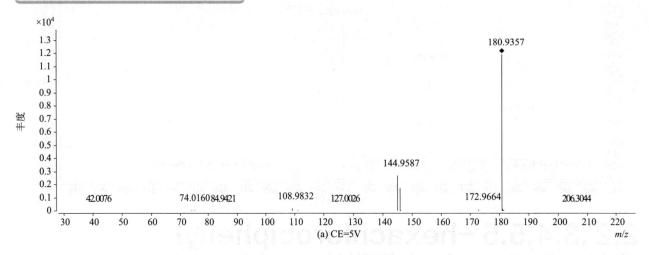

(a) CE=5V

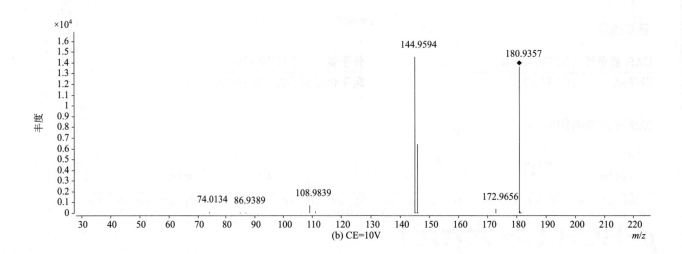

(b) CE=10V

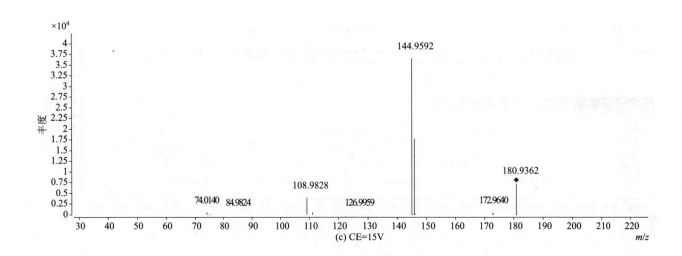

(c) CE=15V

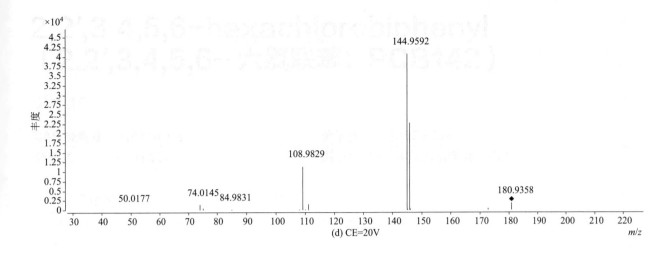

(d) CE=20V

γ-HCH（γ-六六六）

基本信息

CAS 登录号	319-86-8	分子量	287.8596
分子式	$C_6H_6Cl_6$	离子化模式	电子轰击电离（EI）

总离子流色谱图

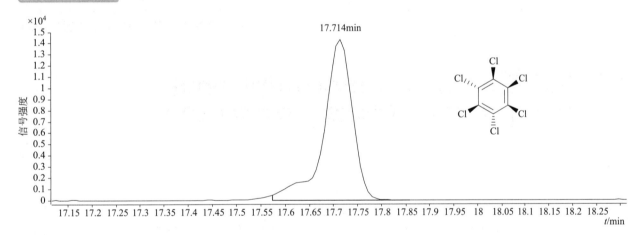

四个碰撞能量（CE）下子离子质谱图

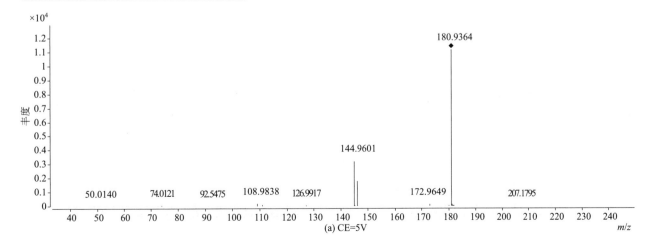

(a) CE=5V

393

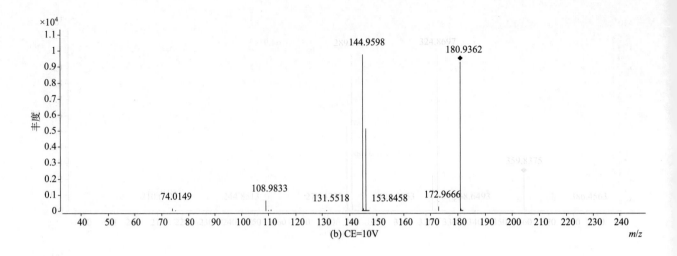

(b) CE=10V

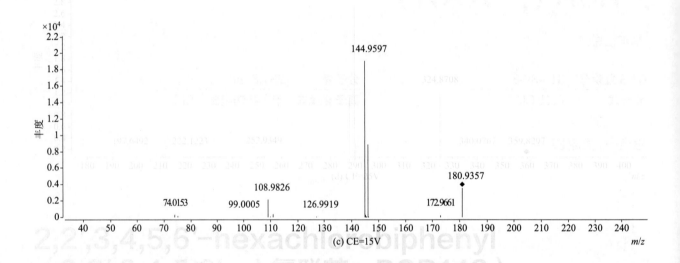

(c) CE=15V

2,2',3,4,5,6'-hexachlorobiphenyl
（2,2',3,4,5,6'-六氯联苯；PCB143）

基本信息

| CAS 登录号 | 68194-15-0 | 分子量 | 357.8439 |
| 分子式 | C₁₂H₄Cl₆ | 离子化模式 | 电子轰击电离（EI） |

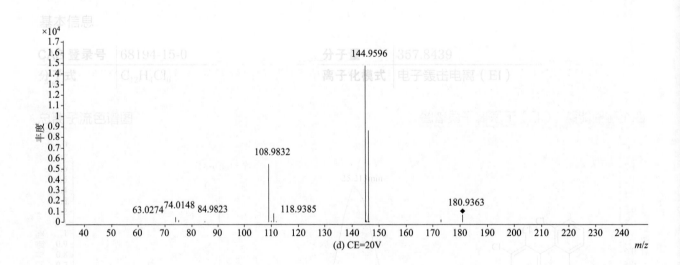

(d) CE=20V

δ-HCH（δ- 六六六）

基本信息

CAS 登录号	58-89-9	**分子量**	287.8596
分子式	$C_6H_6Cl_6$	**离子化模式**	电子轰击电离（EI）

总离子流色谱图

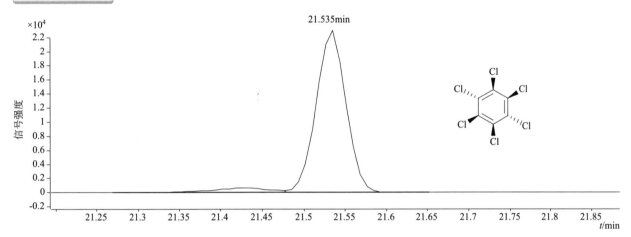

四个碰撞能量（CE）下子离子质谱图

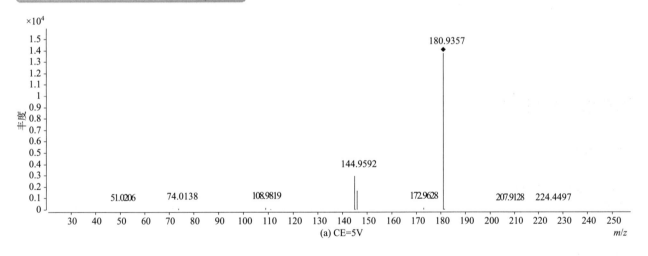

(a) CE=5V

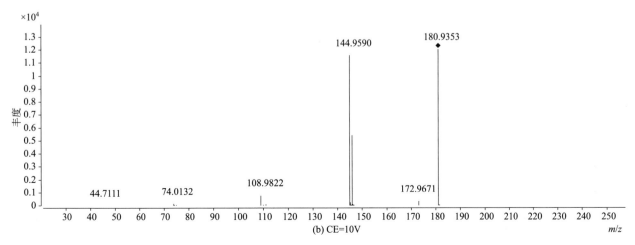

(b) CE=10V

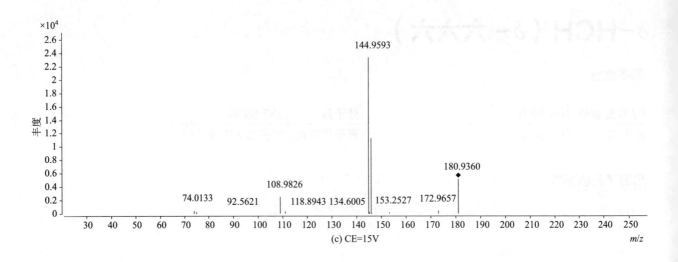

(c) CE=15V

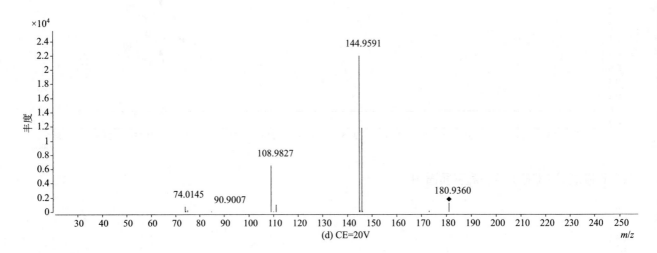

(d) CE=20V

heptachlor（七氯）

基本信息

CAS 登录号	76-44-8	分子量	369.8206
分子式	$C_{10}H_5Cl_7$	离子化模式	电子轰击电离（EI）

总离子流色谱图

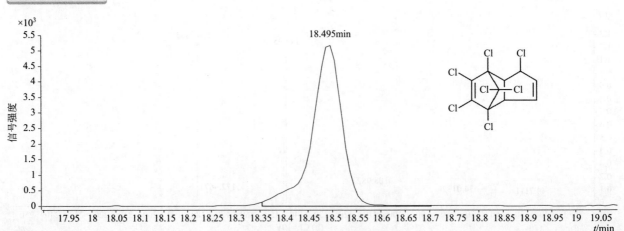

396

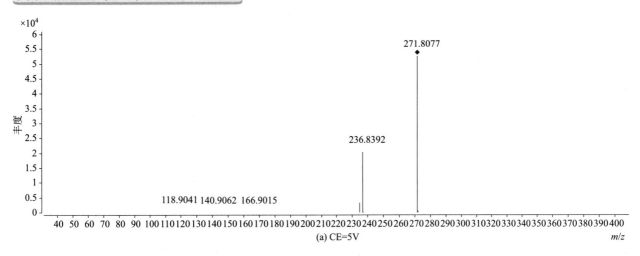

(a) CE=5V

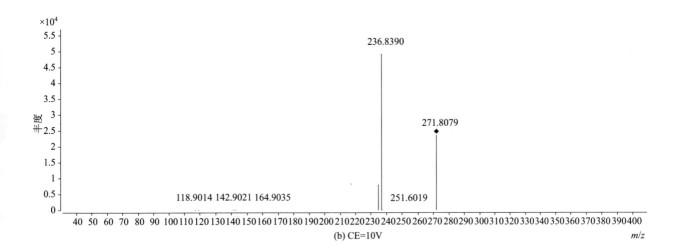

(b) CE=10V

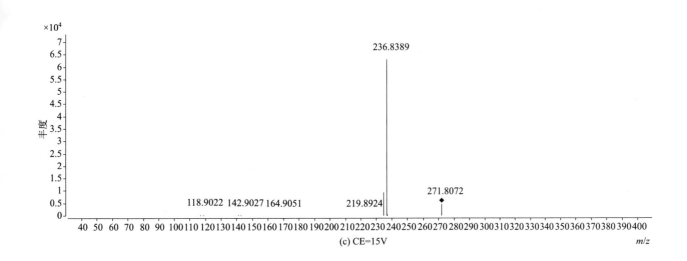

(c) CE=15V

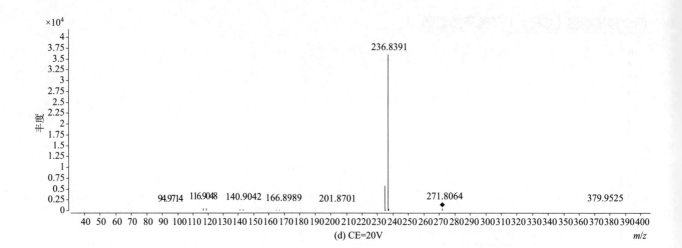

(d) CE=20V

heptachlor epoxide, endo（内环氧七氯）

基本信息

CAS 登录号	28044-83-9	分子量	385.8155
分子式	$C_{10}H_5Cl_7O$	离子化模式	电子轰击电离（EI）

总离子流色谱图

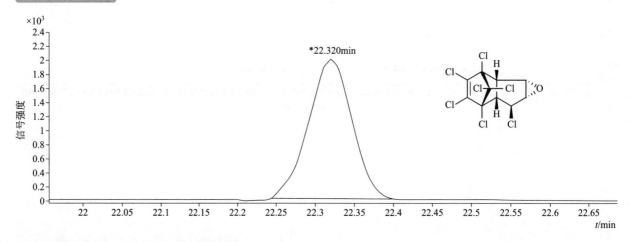

四个碰撞能量（CE）下子离子质谱图

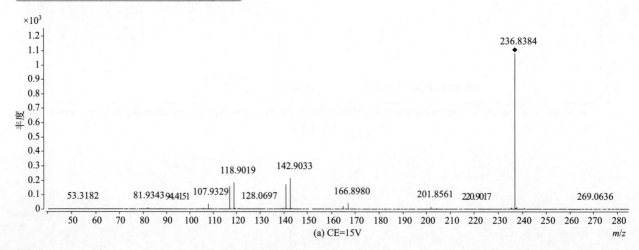

(a) CE=15V

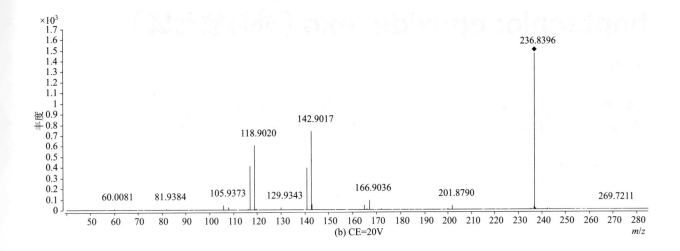

(b) CE=20V

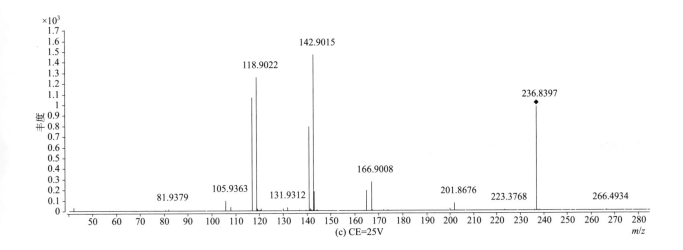

(c) CE=25V

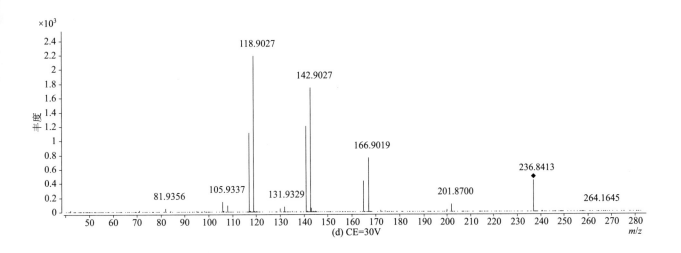

(d) CE=30V

heptachlor epoxide, exo（外环氧七氯）

基本信息

CAS 登录号	1024-57-3	**分子量**	385.8155
分子式	$C_{10}H_5Cl_7O$	**离子化模式**	电子轰击电离（EI）

总离子流色谱图

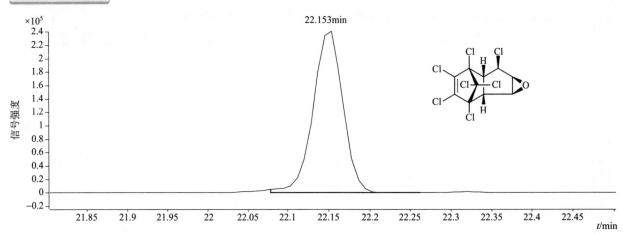

四个碰撞能量（CE）下子离子质谱图

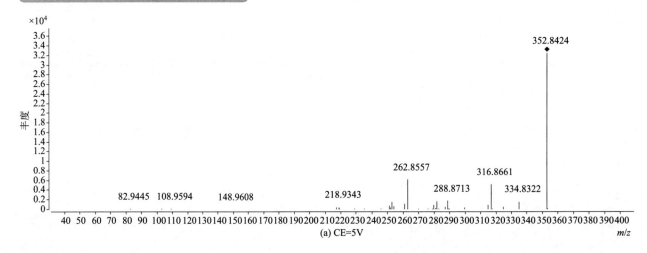

(a) CE=5V

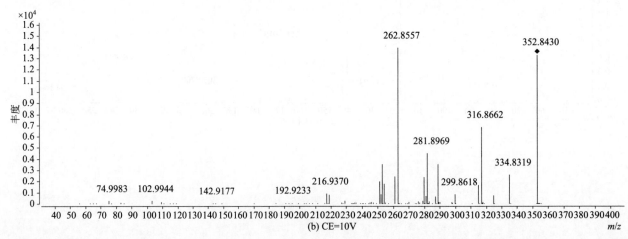

(b) CE=10V

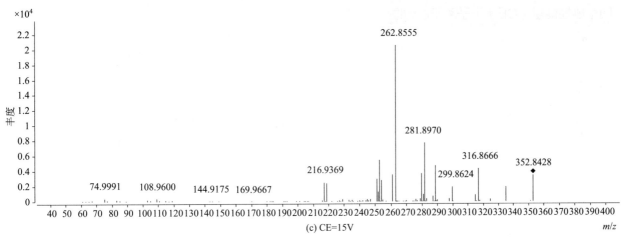

(c) CE=15V

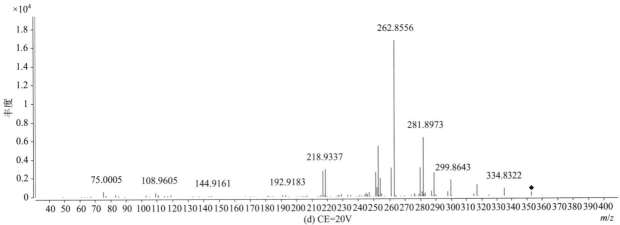

(d) CE=20V

2,2′,3,3′,4,4′-hexachlorobiphenyl
（2,2′,3,3′,4,4′- 六氯联苯；PCB128）

基本信息

CAS 登录号	38380-07-3	分子量	357.8439
分子式	$C_{12}H_4Cl_6$	离子化模式	电子轰击电离（EI）

总离子流色谱图

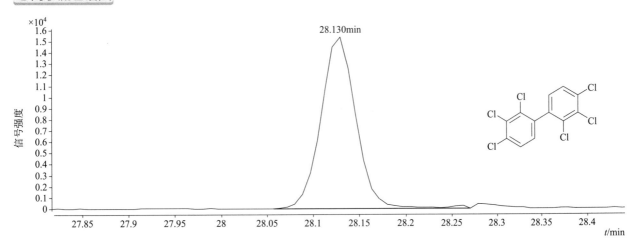

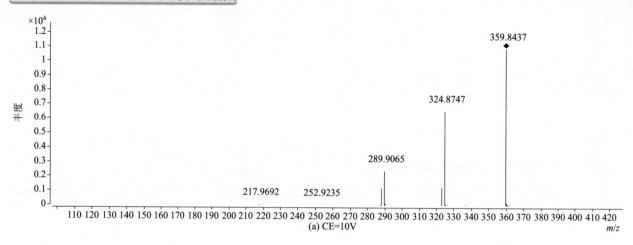

(a) CE=10V

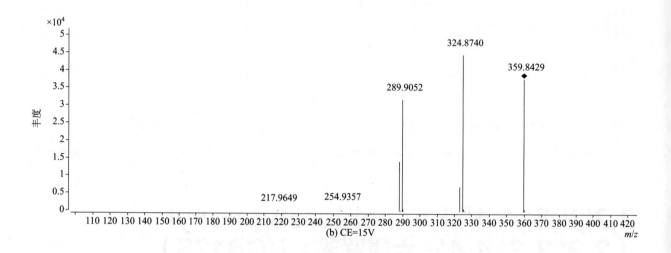

(b) CE=15V

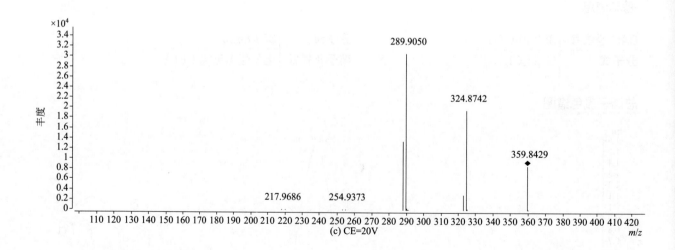

(c) CE=20V

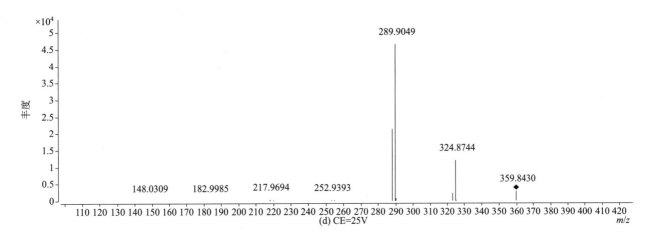
(d) CE=25V

2,2',3,3',4,5-hexachlorobiphenyl
（2,2',3,3',4,5- 六氯联苯；PCB129）

基本信息

CAS 登录号	55215-18-4	分子量	357.8439
分子式	$C_{12}H_4Cl_6$	离子化模式	电子轰击电离（EI）

总离子流色谱图

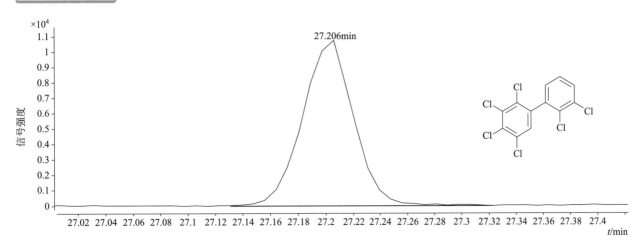

四个碰撞能量（CE）下子离子质谱图

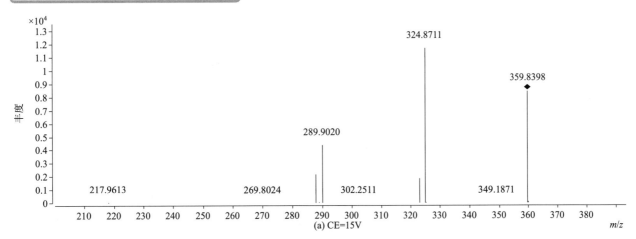
(a) CE=15V

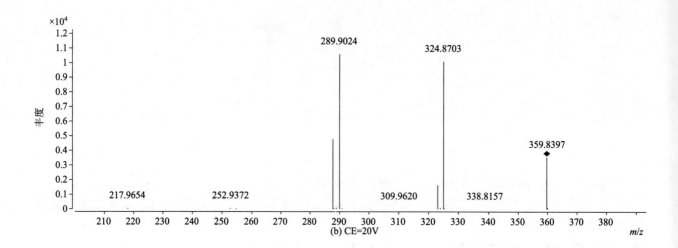

(b) CE=20V

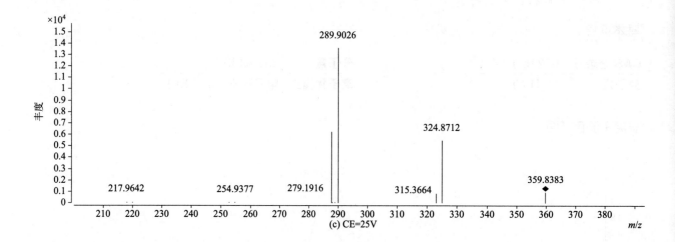

(c) CE=25V

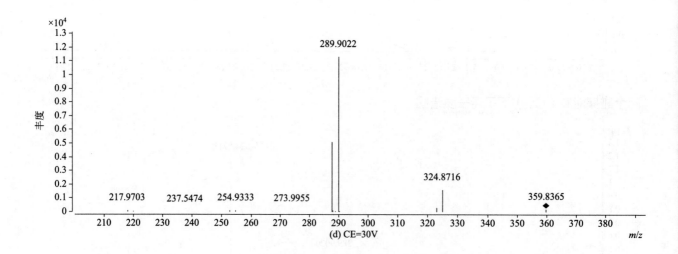

(d) CE=30V

2,2′,3,3′,4,5′-hexachlorobiphenyl
（2,2′,3,3′,4,5′- 六氯联苯；PCB130）

基本信息

CAS 登录号	52663-66-8	**分子量**	357.8439
分子式	$C_{12}H_4Cl_6$	**离子化模式**	电子轰击电离（EI）

总离子流色谱图

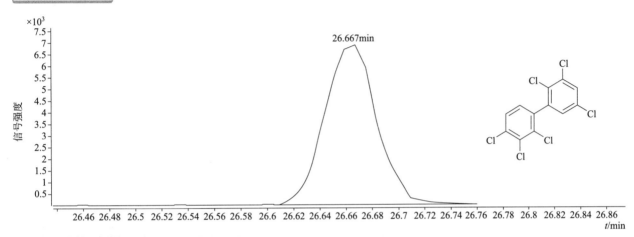

四个碰撞能量（CE）下子离子质谱图

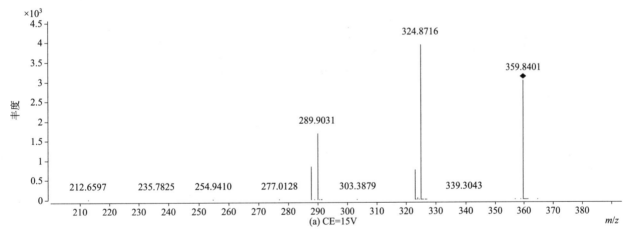

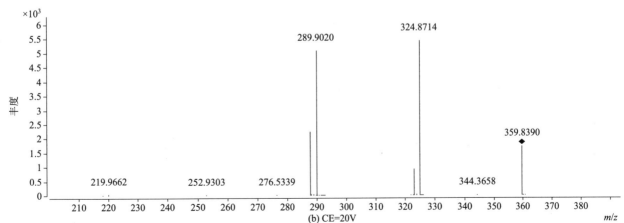

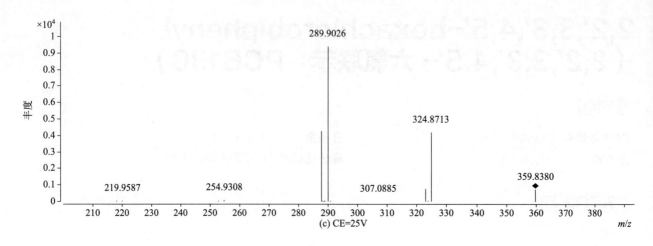

(c) CE=25V

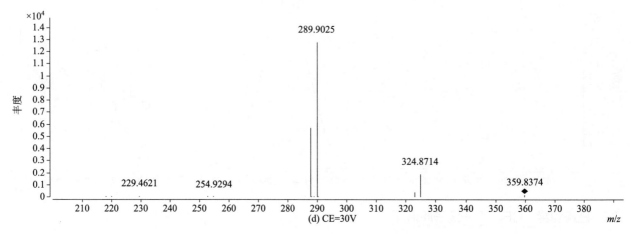

(d) CE=30V

2,2′,3,3′,4,6-hexachlorobiphenyl（2,2′,3,3′,4,6- 六氯联苯；PCB131）

基本信息

CAS 登录号	61798-70-7	分子量	357.8439
分子式	$C_{12}H_4Cl_6$	离子化模式	电子轰击电离（EI）

总离子流色谱图

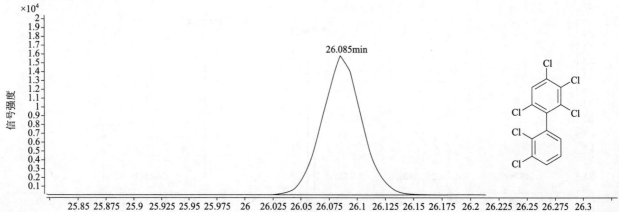

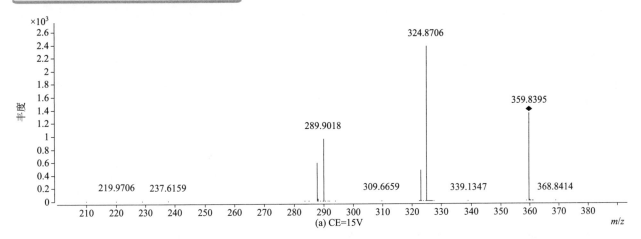

(a) CE=15V

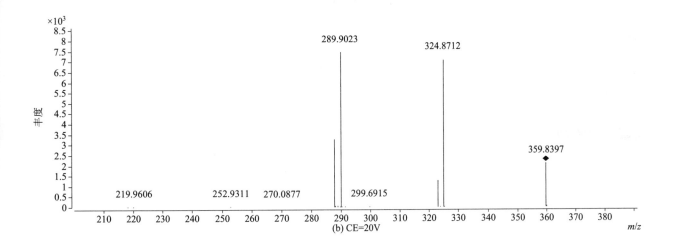

(b) CE=20V

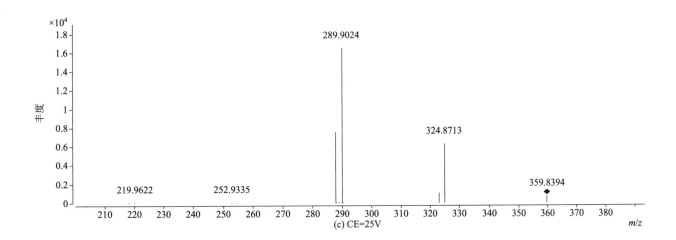

(c) CE=25V

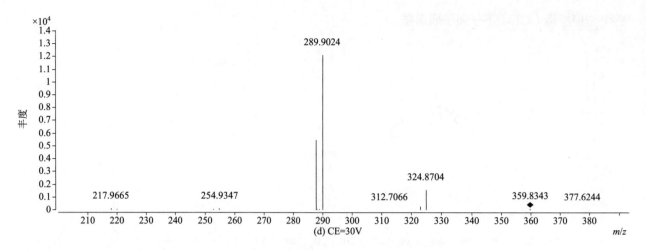

(d) CE=30V

2,2′,3,3′,4,6′–hexachlorobiphenyl
（2,2′,3,3′,4,6′– 六氯联苯；PCB132）

基本信息

CAS 登录号	38380-05-1	分子量	357.8439
分子式	$C_{12}H_4Cl_6$	离子化模式	电子轰击电离（EI）

总离子流色谱图

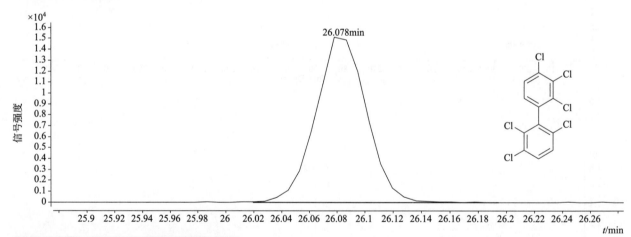

四个碰撞能量（CE）下子离子质谱图

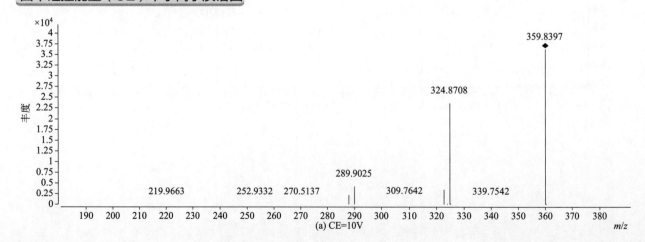

(a) CE=10V

408

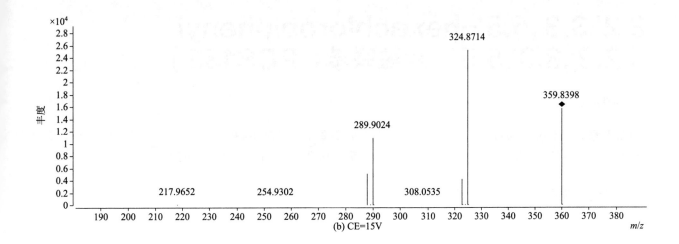

(b) CE=15V

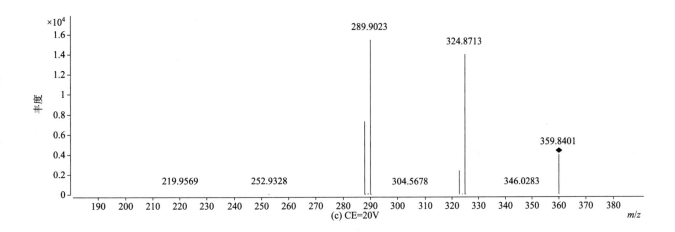

(c) CE=20V

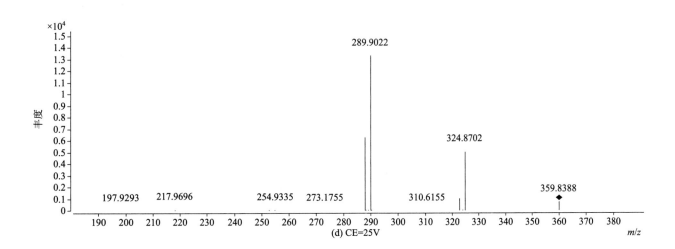

(d) CE=25V

2,2',3,3',5,5'-hexachlorobiphenyl
（2,2',3,3',5,5'- 六氯联苯；PCB133）

基本信息

CAS 登录号	35694-04-3	分子量	357.8439
分子式	$C_{12}H_4Cl_6$	离子化模式	电子轰击电离（EI）

总离子流色谱图

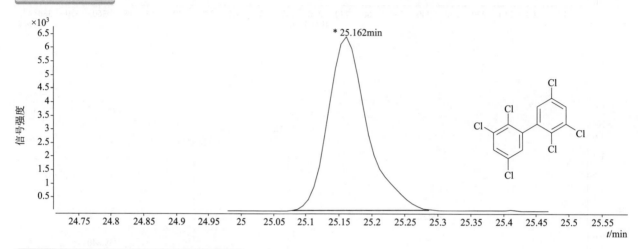

四个碰撞能量（CE）下子离子质谱图

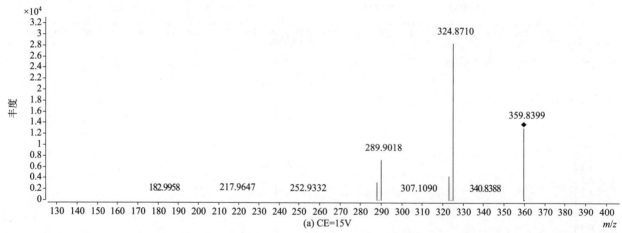

(a) CE=15V

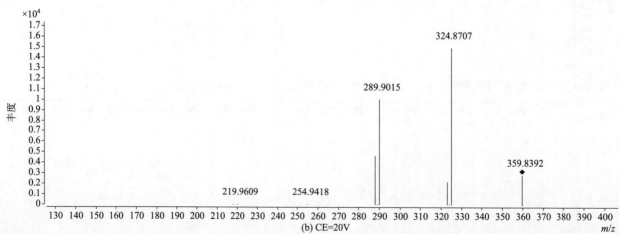

(b) CE=20V

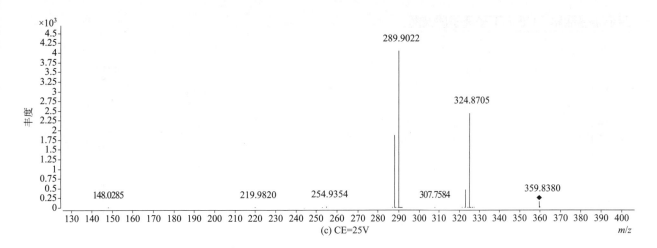

(c) CE=25V

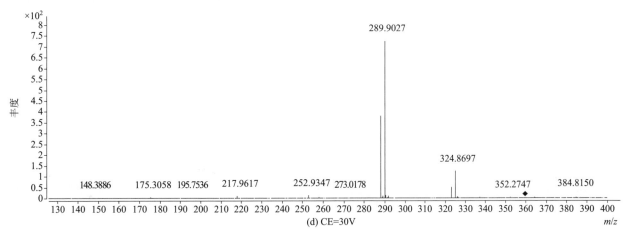

(d) CE=30V

2,2′,3,3′,5,6-hexachlorobiphenyl
（2,2′,3,3′,5,6- 六氯联苯；PCB134）

基本信息

CAS 登录号	52704-70-8	分子量	357.8439
分子式	$C_{12}H_4Cl_6$	离子化模式	电子轰击电离（EI）

总离子流色谱图

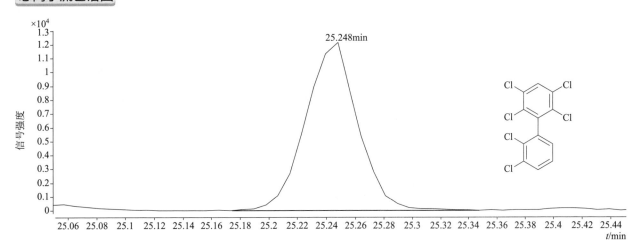

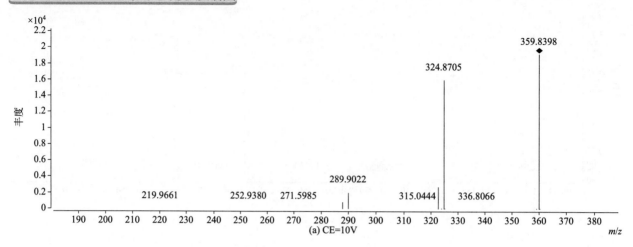

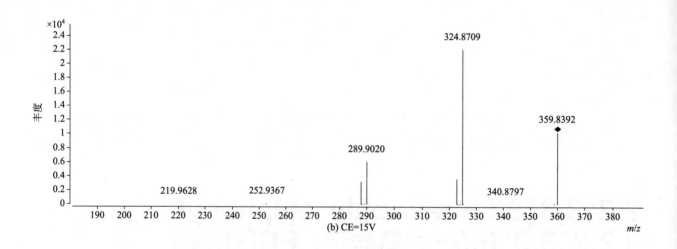

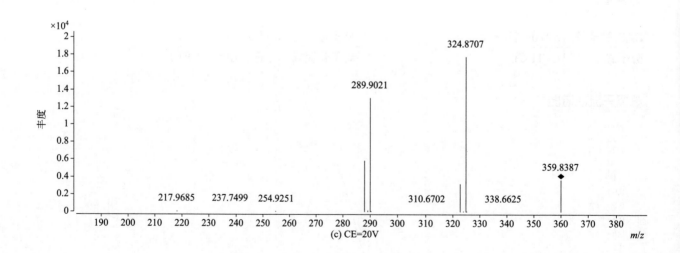

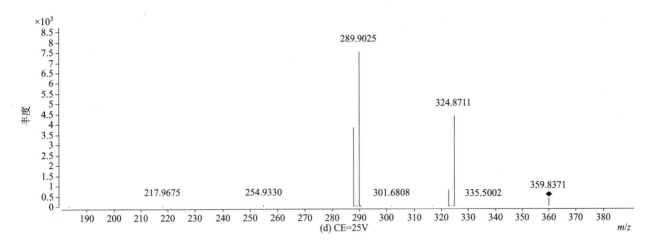

(d) CE=25V

2,2',3,3',5,6'-hexachlorobiphenyl
（2,2',3,3',5,6'- 六氯联苯；PCB135）

基本信息

CAS 登录号	52744-13-5	**分子量**	357.8439
分子式	$C_{12}H_4Cl_6$	**离子化模式**	电子轰击电离（EI）

总离子流色谱图

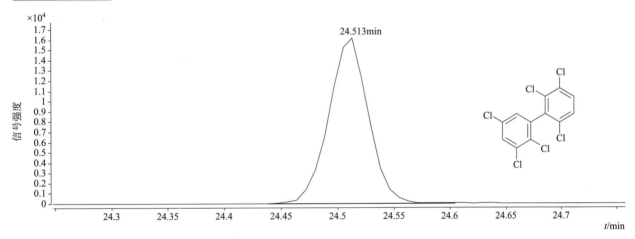

四个碰撞能量（CE）下子离子质谱图

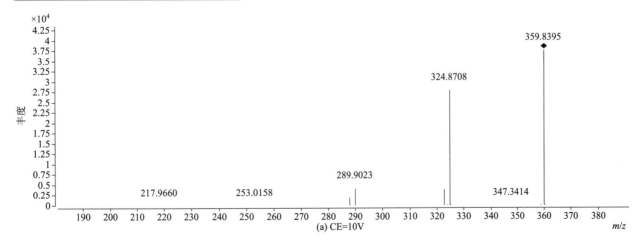

(a) CE=10V

413

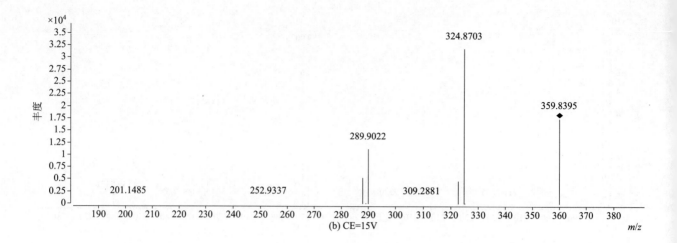

(b) CE=15V

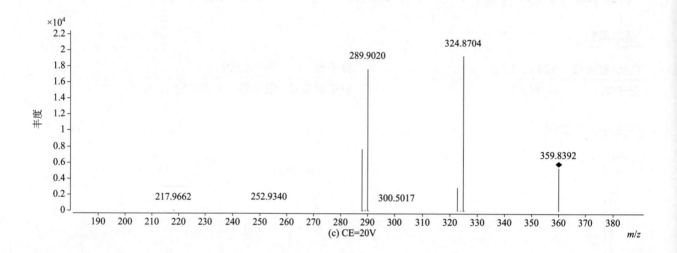

(c) CE=20V

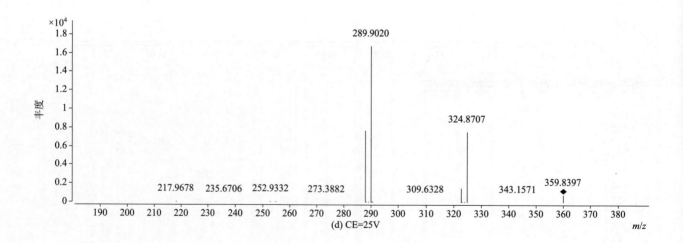

(d) CE=25V

2,2',3,3',6,6'-hexachlorobiphenyl（2,2',3,3',6,6'- 六氯联苯；PCB136）

基本信息

CAS 登录号	38411-22-2	**分子量**	357.8439
分子式	$C_{12}H_4Cl_6$	**离子化模式**	电子轰击电离（EI）

总离子流色谱图

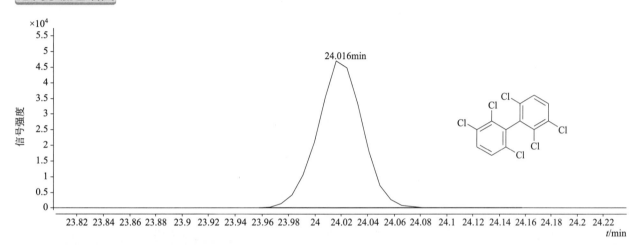

四个碰撞能量（CE）下子离子质谱图

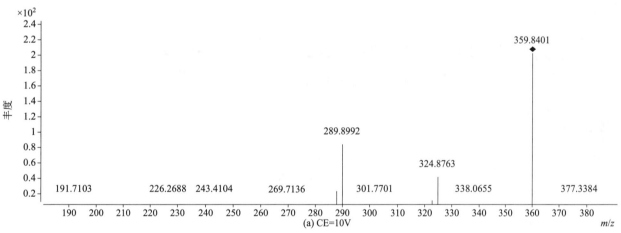

(a) CE=10V

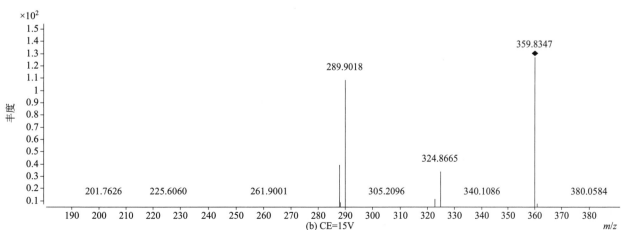

(b) CE=15V

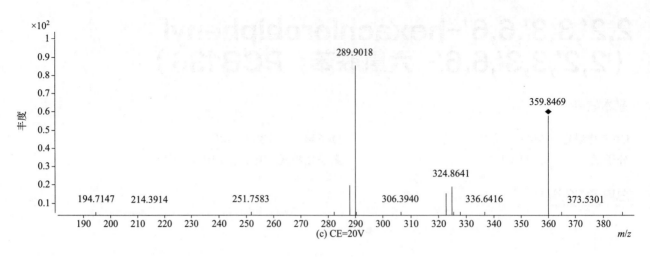

(c) CE=20V

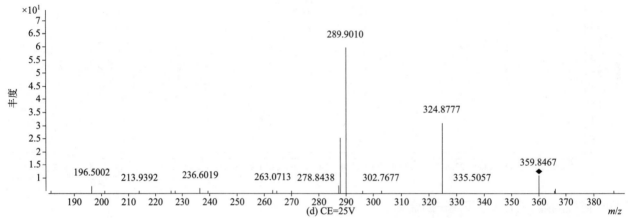

(d) CE=25V

2,2',3,4,4',5-hexachlorobiphenyl
（2,2',3,4,4',5,- 六氯联苯；PCB137）

基本信息

CAS 登录号	35694-06-5	分子量	357.8439
分子式	C$_{12}$H$_4$Cl$_6$	离子化模式	电子轰击电离（EI）

总离子流色谱图

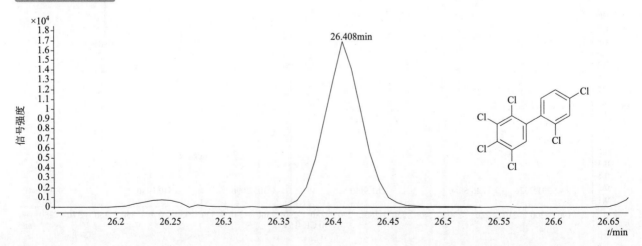

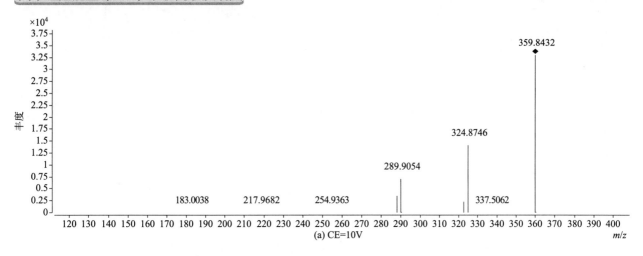

(a) CE=10V

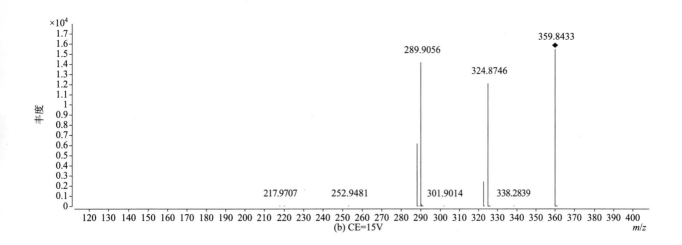

(b) CE=15V

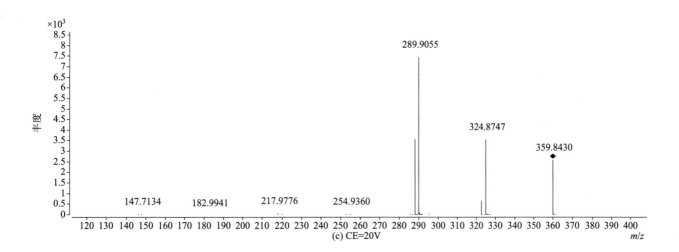

(c) CE=20V

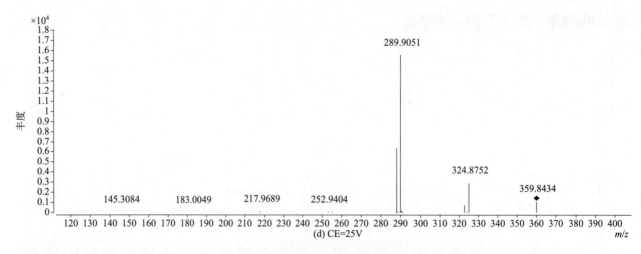

(d) CE=25V

2,2′,3,4,4′,5′-hexachlorobiphenyl
（2,2′,3,4,4′,5′- 六氯联苯；PCB138）

CAS 登录号	35065-28-2	分子量	357.8439
分子式	$C_{12}H_4Cl_6$	离子化模式	电子轰击电离（EI）

总离子流色谱图

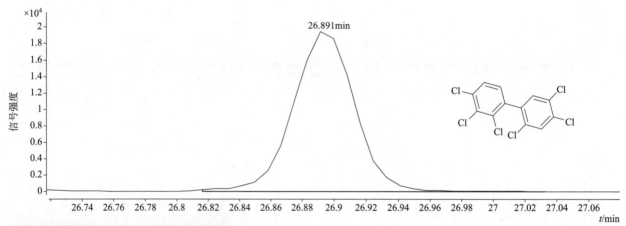

四个碰撞能量（CE）下子离子质谱图

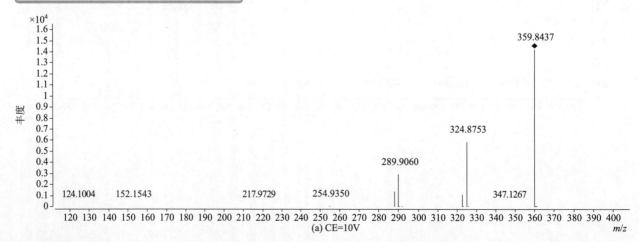

(a) CE=10V

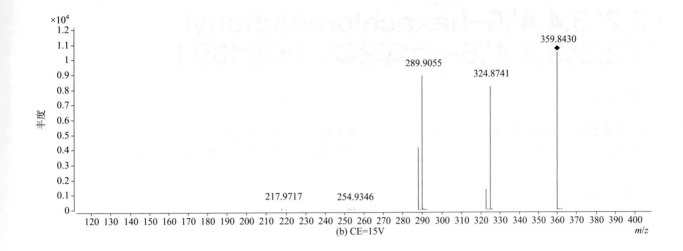

(b) CE=15V

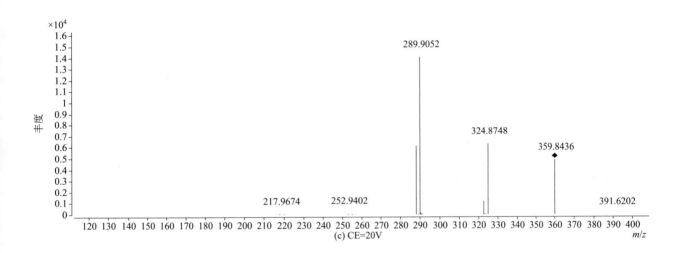

(c) CE=20V

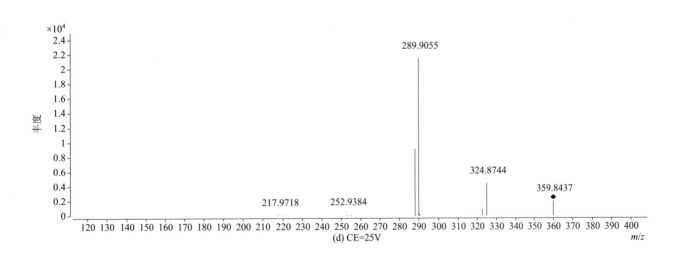

(d) CE=25V

2,2′,3,4,4′,6-hexachlorobiphenyl
（2,2′,3,4,4′,6- 六氯联苯；PCB139）

基本信息

CAS 登录号	56030-56-9	**分子量**	357.8439
分子式	$C_{12}H_4Cl_6$	**离子化模式**	电子轰击电离（EI）

总离子流色谱图

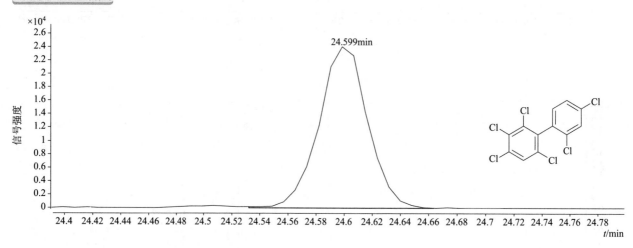

四个碰撞能量（CE）下子离子质谱图

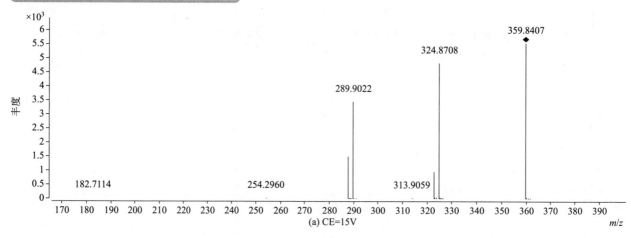

(a) CE=15V

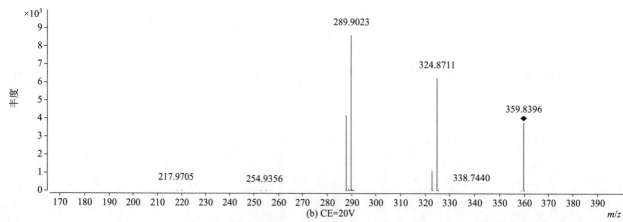

(b) CE=20V

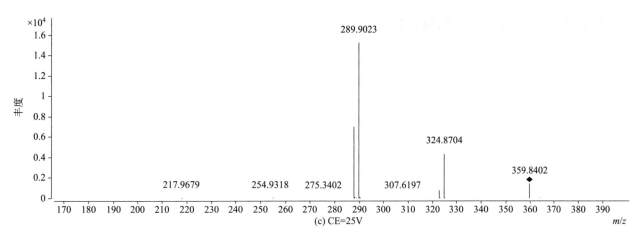

(c) CE=25V

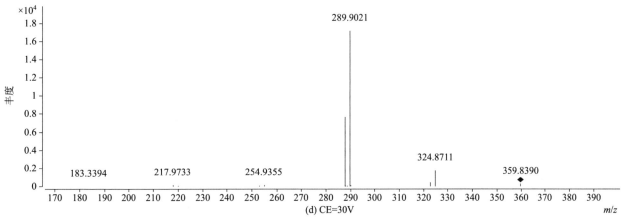

(d) CE=30V

2,2',3,4,4',6'-hexachlorobiphenyl
（2,2',3,4,4',6'- 六氯联苯；PCB140）

基本信息

CAS 登录号	59291-64-4	分子量	357.8439
分子式	$C_{12}H_4Cl_6$	离子化模式	电子轰击电离（EI）

总离子流色谱图

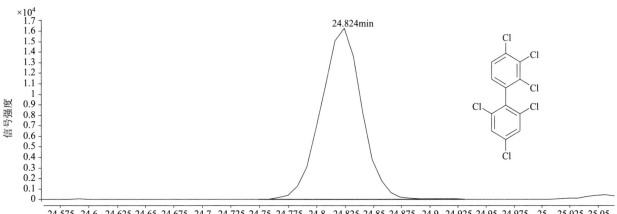

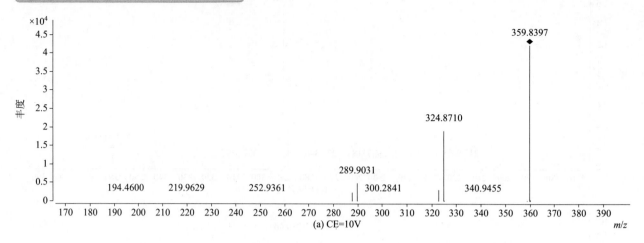

(a) CE=10V

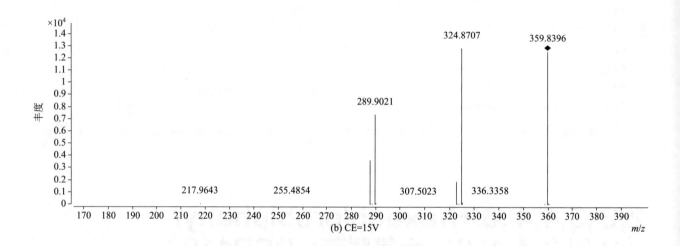

(b) CE=15V

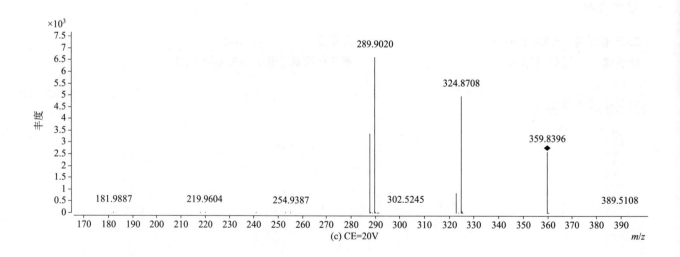

(c) CE=20V

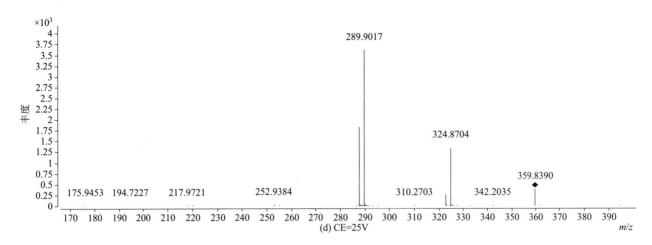

(d) CE=25V

2,2′,3,4,5,5′-hexachlorobiphenyl （2,2′,3,4,5,5′- 六氯联苯；PCB141）

基本信息

CAS 登录号	52712-04-6	**分子量**	357.8439
分子式	$C_{12}H_4Cl_6$	**离子化模式**	电子轰击电离（EI）

总离子流色谱图

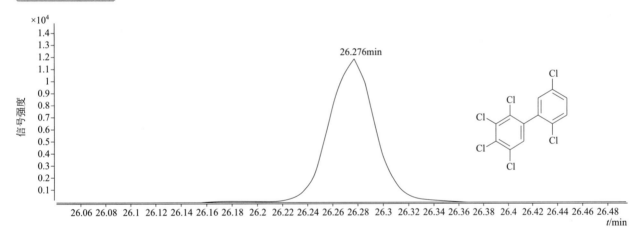

四个碰撞能量（CE）下子离子质谱图

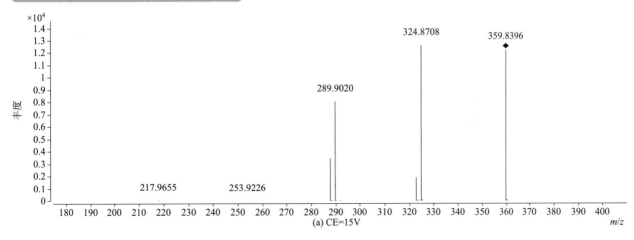

(a) CE=15V

423

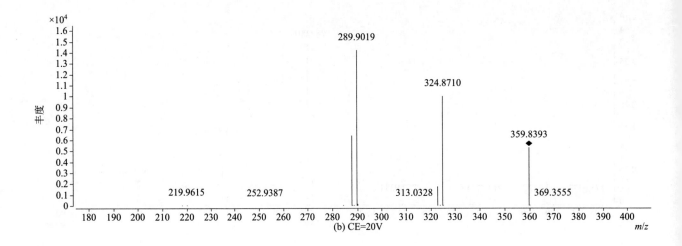

(b) CE=20V

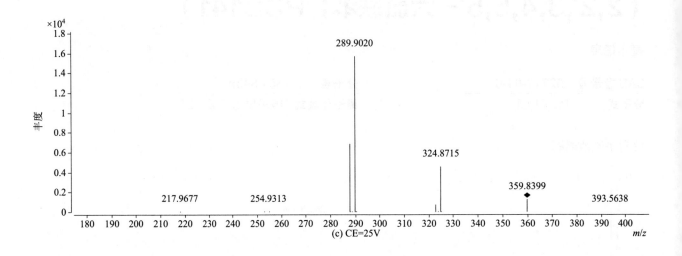

(c) CE=25V

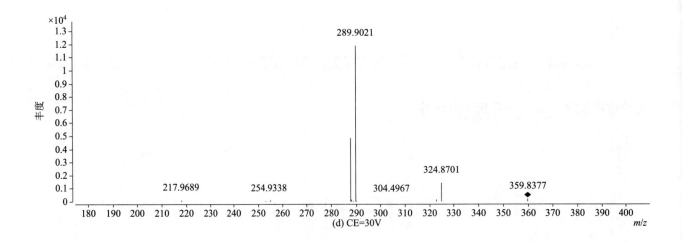

(d) CE=30V

2,2',3,4,5,6-hexachlorobiphenyl（2,2',3,4,5,6- 六氯联苯；PCB142）

基本信息

CAS 登录号	41411-61-4	**分子量**	357.8439
分子式	$C_{12}H_4Cl_6$	**离子化模式**	电子轰击电离（EI）

总离子流色谱图

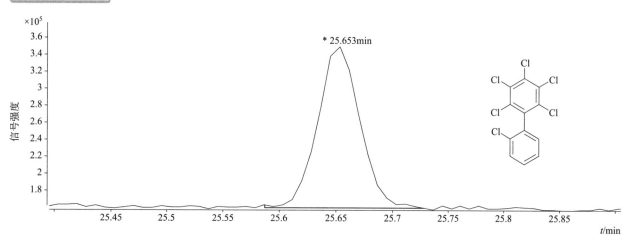

四个碰撞能量（CE）下子离子质谱图

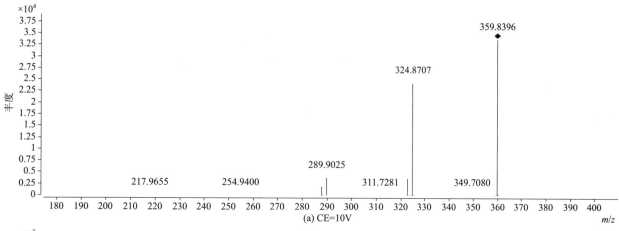

(a) CE=10V

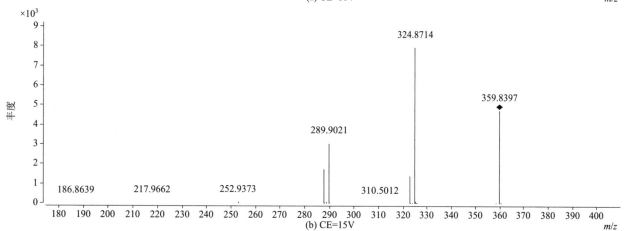

(b) CE=15V

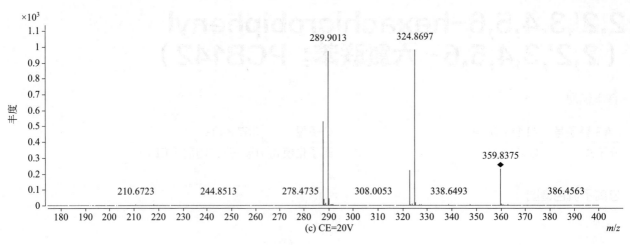

(c) CE=20V

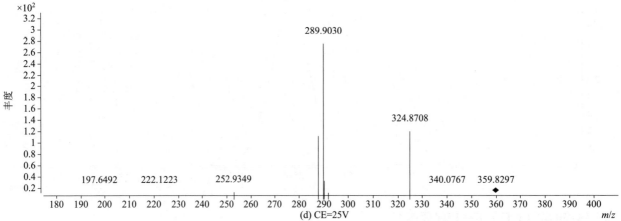

(d) CE=25V

2,2′,3,4,5,6′-hexachlorobiphenyl
（2,2′,3,4,5,6′- 六氯联苯；PCB143）

基本信息

CAS 登录号	68194-15-0	分子量	357.8439
分子式	C₁₂H₄Cl₆	离子化模式	电子轰击电离（EI）

总离子流色谱图

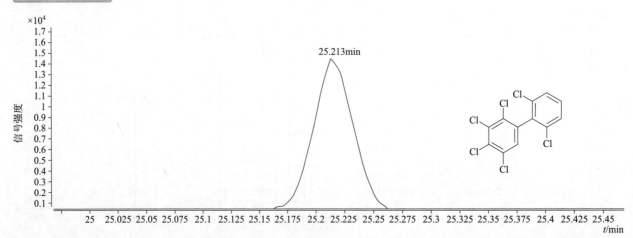

四个碰撞能量（CE）下子离子质谱图

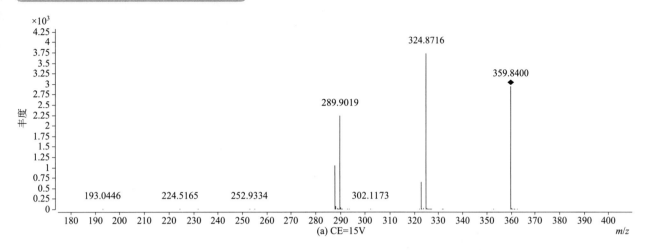

(a) CE=15V

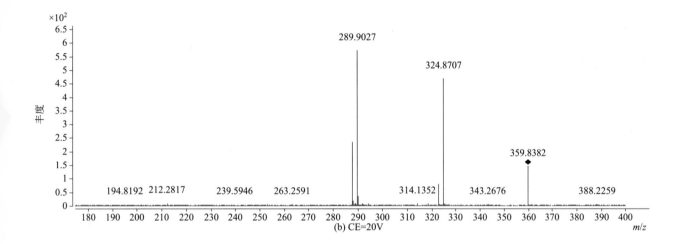

(b) CE=20V

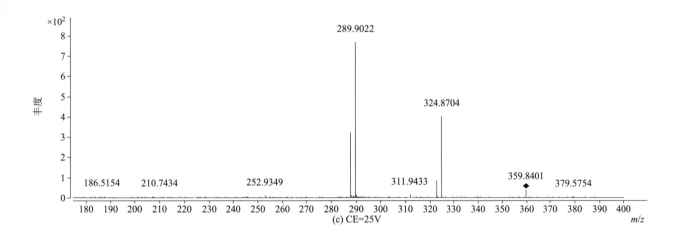

(c) CE=25V

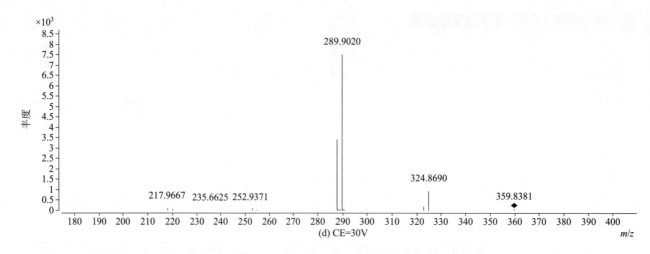

(d) CE=30V

2,2′,3,4,5′,6-hexachlorobiphenyl
（2,2′,3,4,5′,6- 六氯联苯；PCB144）

基本信息

CAS 登录号	68194-14-9	分子量	357.8439
分子式	C$_{12}$H$_4$Cl$_6$	离子化模式	电子轰击电离（EI）

总离子流色谱图

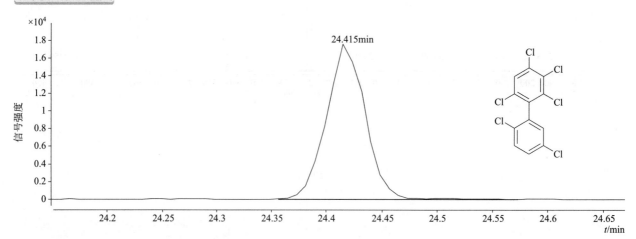

四个碰撞能量（CE）下子离子质谱图

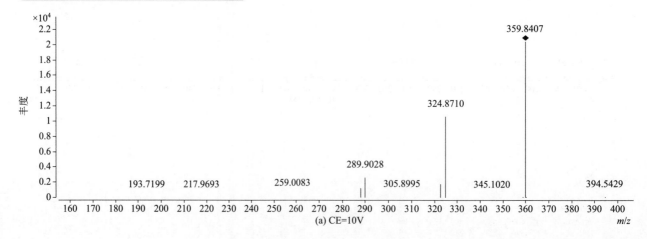

(a) CE=10V

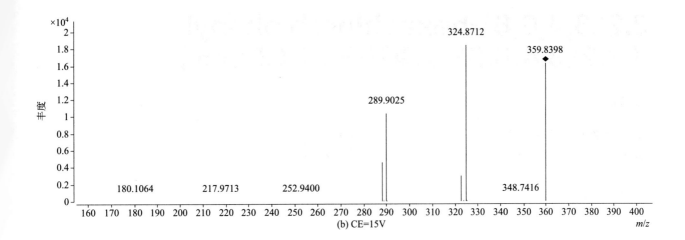

(b) CE=15V

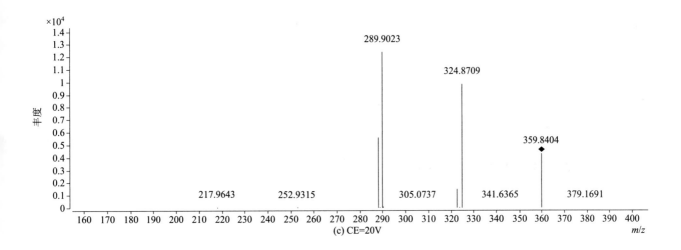

(c) CE=20V

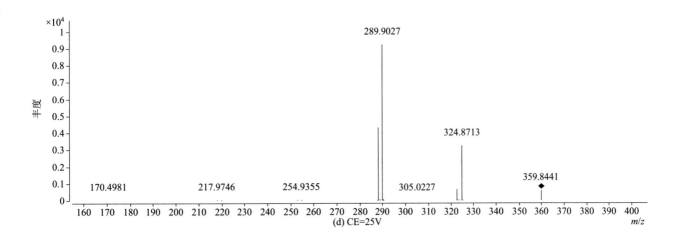

(d) CE=25V

2,2',3,4,6,6'-hexachlorobiphenyl
（2,2',3,4,6,6'- 六氯联苯；PCB145）

基本信息

CAS 登录号	74472-40-5	分子量	357.8439
分子式	$C_{12}H_4Cl_6$	离子化模式	电子轰击电离（EI）

总离子流色谱图

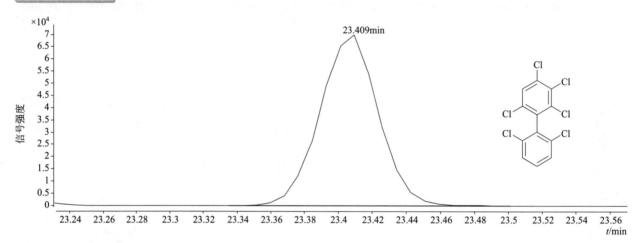

四个碰撞能量（CE）下子离子质谱图

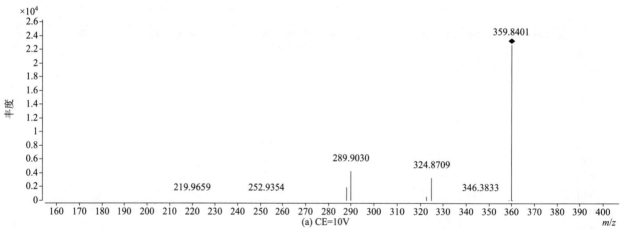

(a) CE=10V

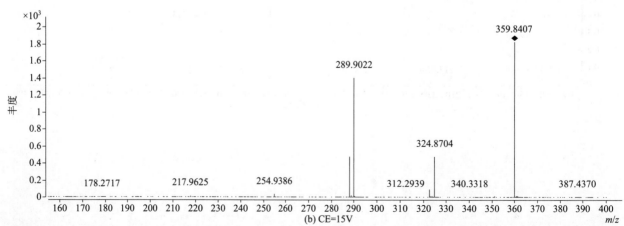

(b) CE=15V

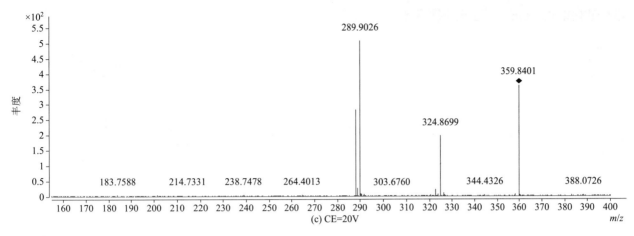

(c) CE=20V

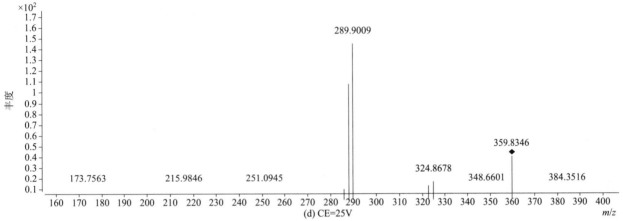

(d) CE=25V

2,2′,3,4′,5,5′-hexachlorobiphenyl
（2,2′,3,4′,5,5′- 六氯联苯；PCB146）

基本信息

CAS 登录号	51908-16-8	分子量	357.8439
分子式	$C_{12}H_4Cl_6$	离子化模式	电子轰击电离（EI）

总离子流色谱图

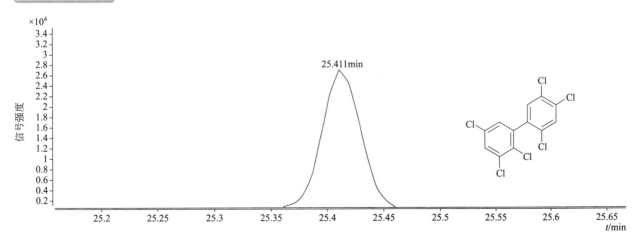

四个碰撞能量（CE）下子离子质谱图

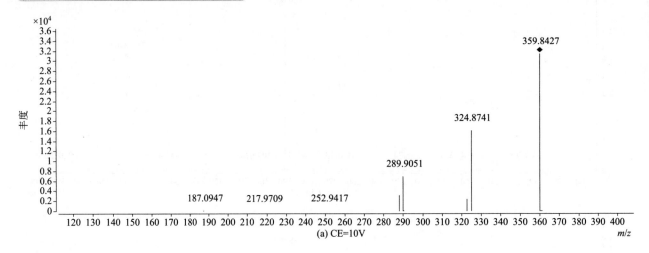

(a) CE=10V

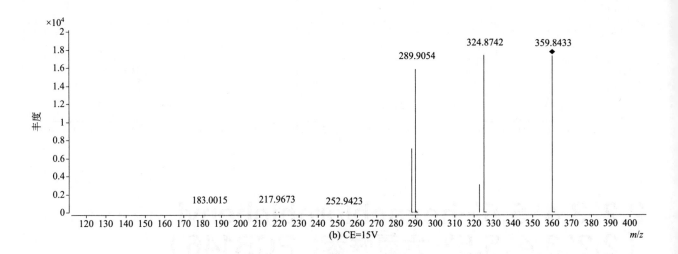

(b) CE=15V

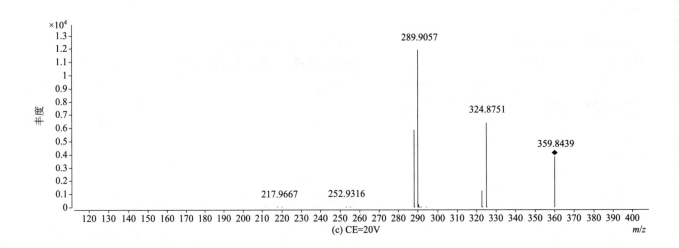

(c) CE=20V

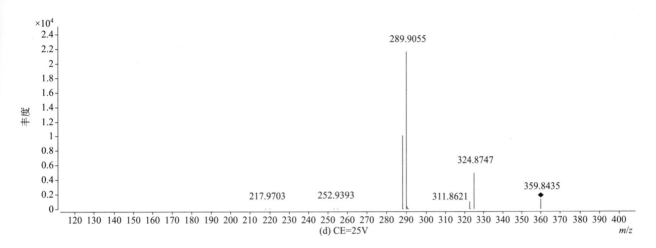

(d) CE=25V

2,2′,3,4′,5,6–hexachlorobiphenyl
（2,2′,3,4′,5,6- 六氯联苯；PCB147）

基本信息

CAS 登录号	68194-13-8	分子量	357.8439
分子式	$C_{12}H_4Cl_6$	离子化模式	电子轰击电离（EI）

总离子流色谱图

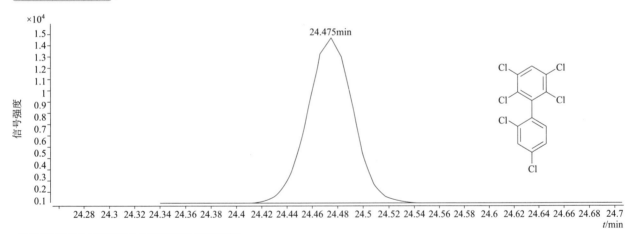

四个碰撞能量（CE）下子离子质谱图

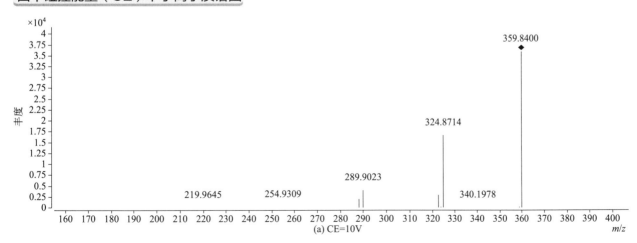

(a) CE=10V

433

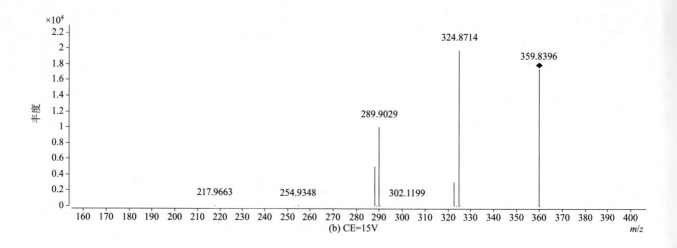

(b) CE=15V

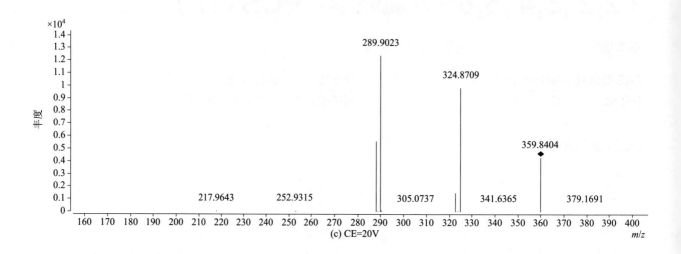

(c) CE=20V

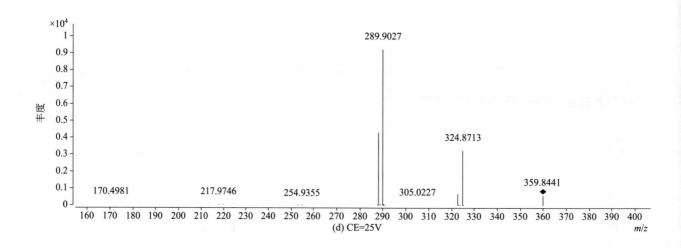

(d) CE=25V

2,2',3,4',5,6'-hexachlorobiphenyl
（2,2',3,4',5,6'- 六氯联苯；PCB148）

CAS 登录号	74472-41-6	分子量	357.8439
分子式	$C_{12}H_4Cl_6$	离子化模式	电子轰击电离（EI）

总离子流色谱图

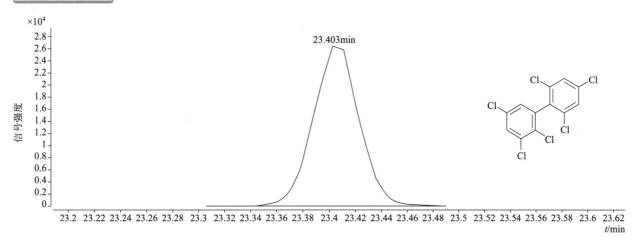

四个碰撞能量（CE）下子离子质谱图

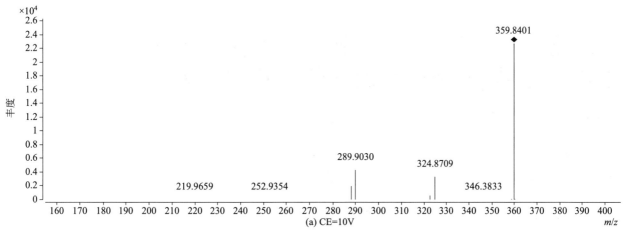

(a) CE=10V

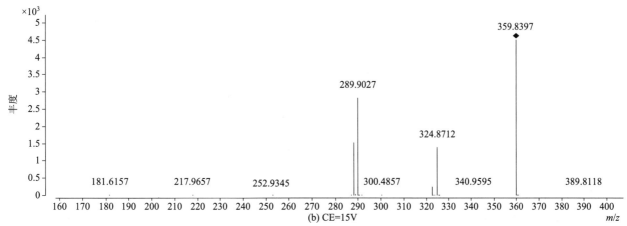

(b) CE=15V

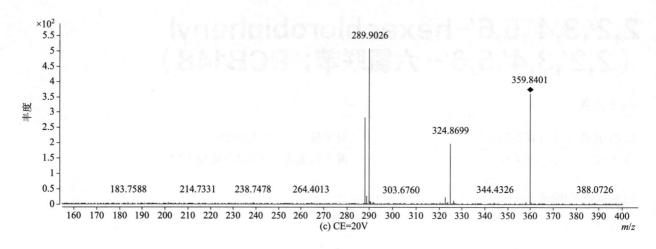
(c) CE=20V

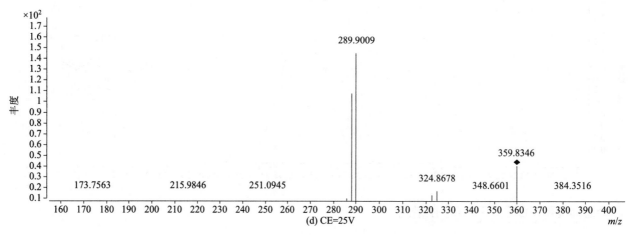
(d) CE=25V

2,2',3,4',5',6-hexachlorobiphenyl
（2,2',3,4',5',6- 六氯联苯；PCB149）

基本信息

CAS 登录号	38380-04-0	分子量	357.8439
分子式	C₁₂H₄Cl₆	离子化模式	电子轰击电离（EI）

分子式 $C_{12}H_4Cl_6$

离子化模式 电子轰击电离（EI）

总离子流色谱图

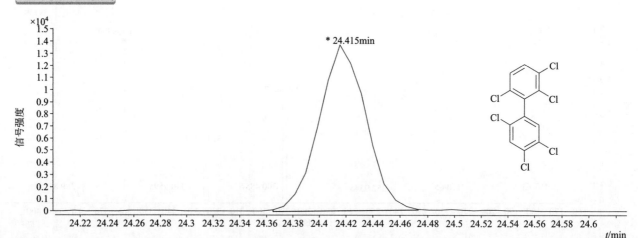

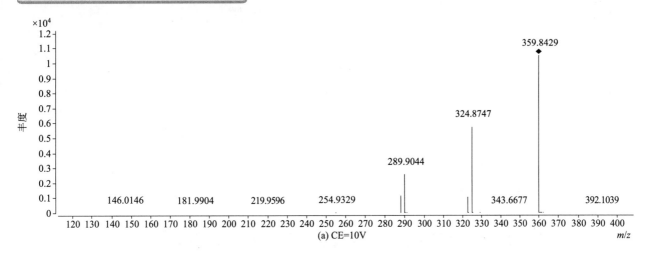

(a) CE=10V

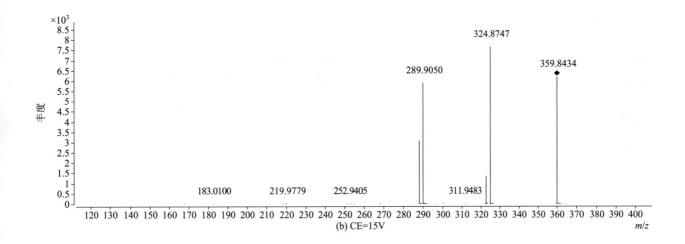

(b) CE=15V

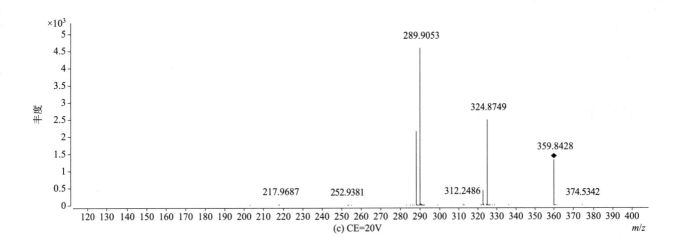

(c) CE=20V

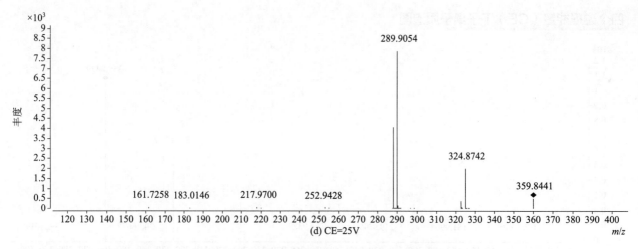

(d) CE=25V

2,2′,3,4′,6,6′-hexachlorobiphenyl
（2,2′,3,4′,6,6′-六氯联苯；PCB150）

基本信息

CAS 登录号	68194-08-1	分子量	357.8439
分子式	$C_{12}H_4Cl_6$	离子化模式	电子轰击电离（EI）

总离子流色谱图

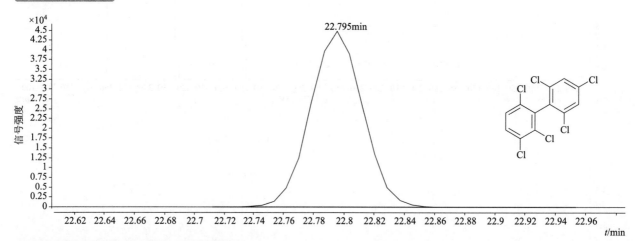

四个碰撞能量（CE）下子离子质谱图

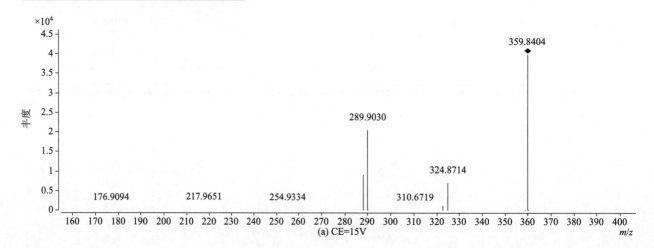

(a) CE=15V

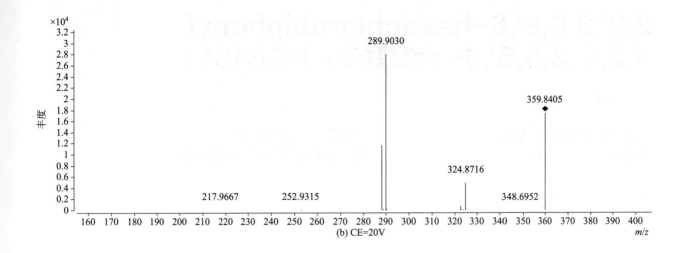

(b) CE=20V

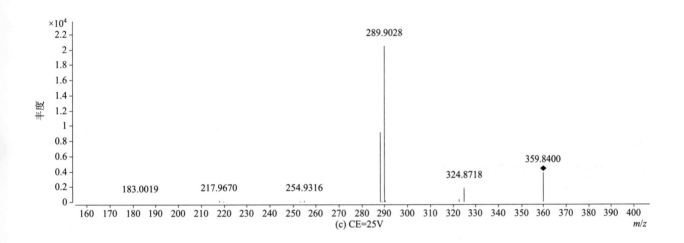

(c) CE=25V

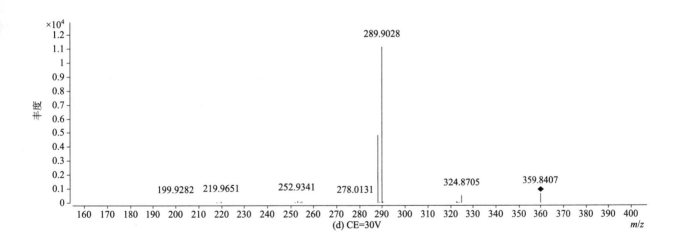

(d) CE=30V

2,2′,3,5,5′,6-hexachlorobiphenyl（2,2′,3,5,5′,6- 六氯联苯；PCB151）

基本信息

CAS 登录号	52663-63-5	分子量	357.8439
分子式	$C_{12}H_4Cl_6$	离子化模式	电子轰击电离（EI）

总离子流色谱图

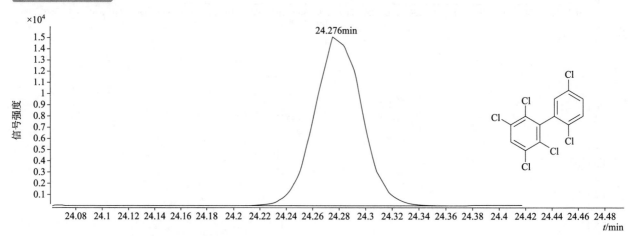

四个碰撞能量（CE）下子离子质谱图

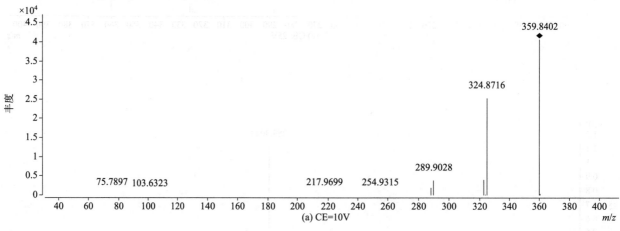

(a) CE=10V

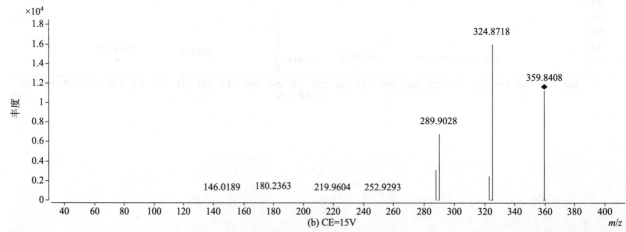

(b) CE=15V

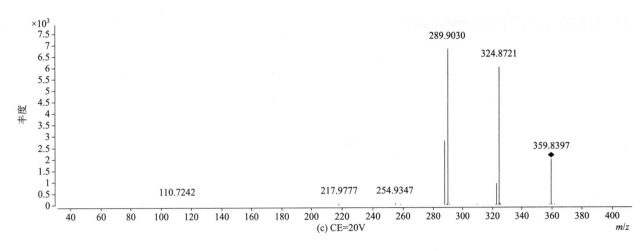

(c) CE=20V

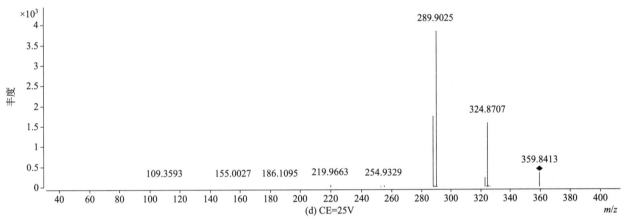

(d) CE=25V

2,2',3,5,6,6'-hexachlorobiphenyl
（2,2',3,5,6,6'- 六氯联苯；PCB152）

基本信息

CAS 登录号	68194-09-2	分子量	357.8439
分子式	$C_{12}H_4Cl_6$	离子化模式	电子轰击电离（EI）

总离子流色谱图

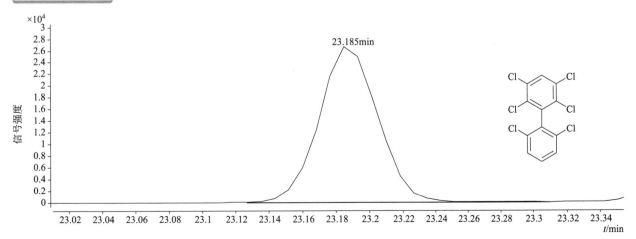

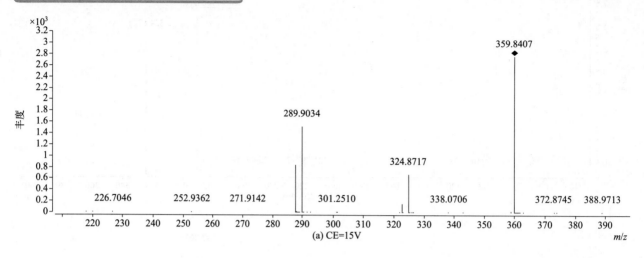

(a) CE=15V

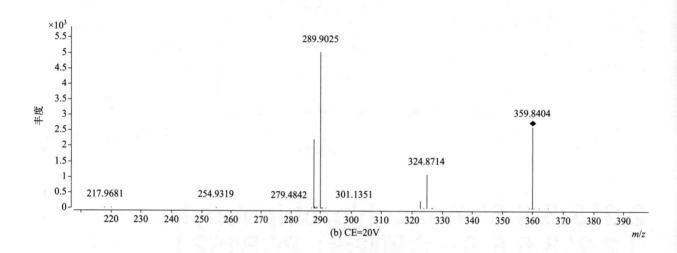

(b) CE=20V

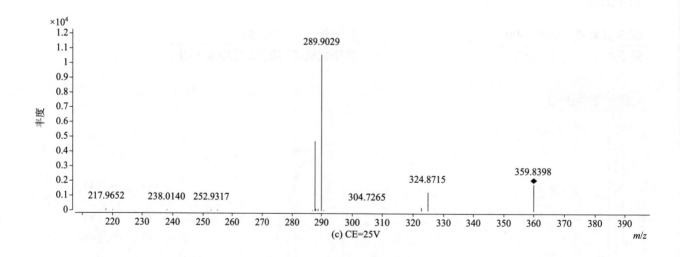

(c) CE=25V

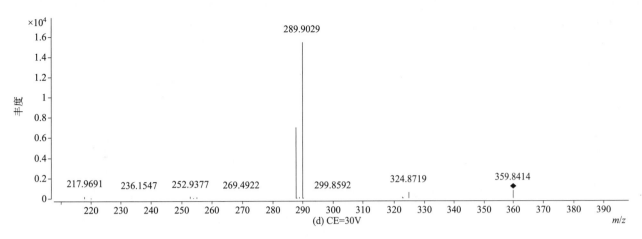

(d) CE=30V

2,2′,4,4′,5,5′–hexachlorobiphenyl
（2,2′,4,4′,5,5′– 六氯联苯；PCB153）

基本信息

CAS 登录号	35065-27-1	分子量	357.8439
分子式	$C_{12}H_4Cl_6$	离子化模式	电子轰击电离（EI）

总离子流色谱图

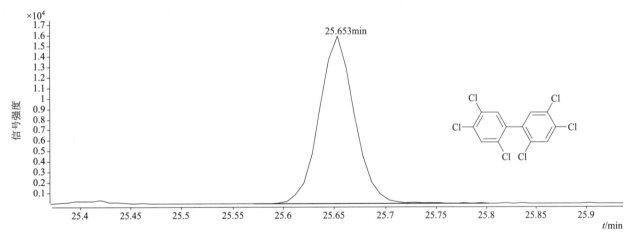

四个碰撞能量（CE）下子离子质谱图

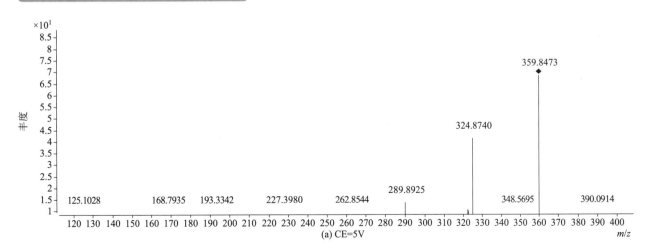

(a) CE=5V

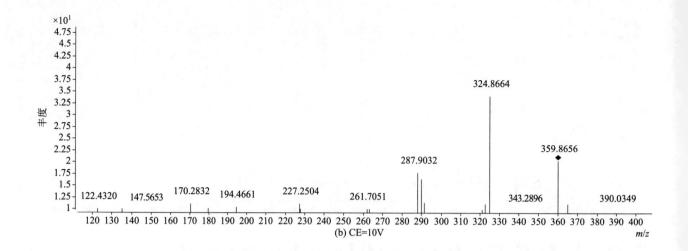

(b) CE=10V

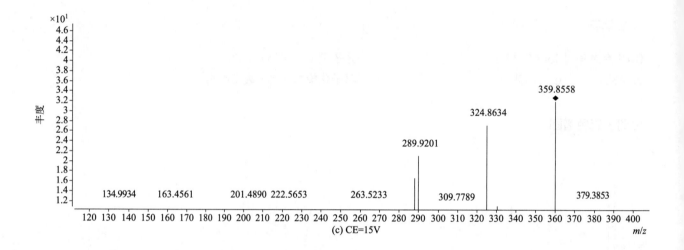

(c) CE=15V

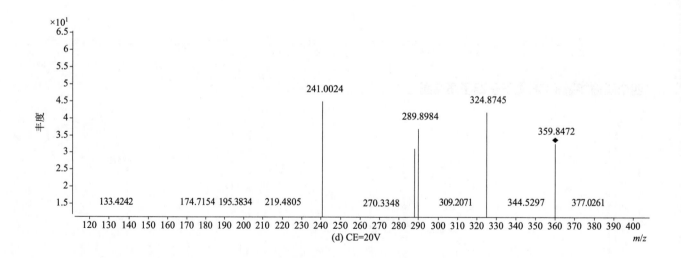

(d) CE=20V

2,2',4,4',5,6'-hexachlorobiphenyl
(2,2',4,4',5,6'- 六氯联苯；PCB154)

CAS 登录号	60145-22-4	**分子量**	357.8439
分子式	$C_{12}H_4Cl_6$	**离子化模式**	电子轰击电离（EI）

总离子流色谱图

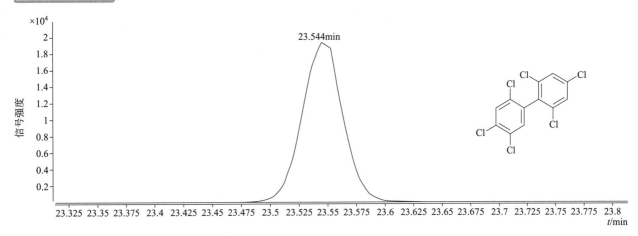

四个碰撞能量（CE）下子离子质谱图

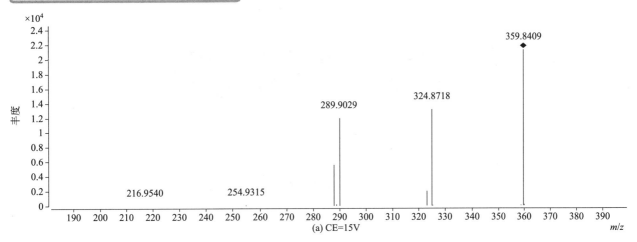

(a) CE=15V

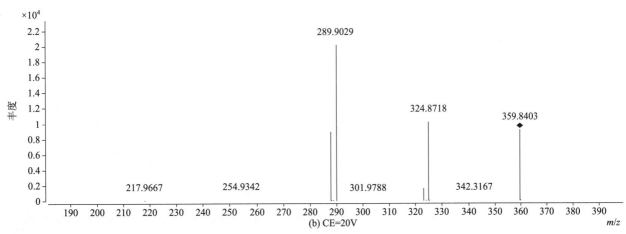

(b) CE=20V

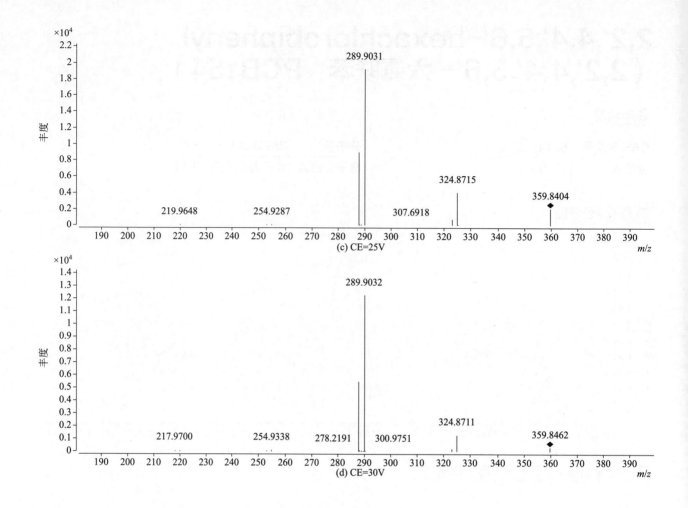

(c) CE=25V

(d) CE=30V

2,2',4,4',6,6'-hexachlorobiphenyl （2,2',4,4',6,6'- 六氯二苯；PCB155）

基本信息

CAS 登录号	33979-03-2	分子量	357.8439
分子式	C$_{12}$H$_4$Cl$_6$	离子化模式	电子轰击电离（EI）

总离子流色谱图

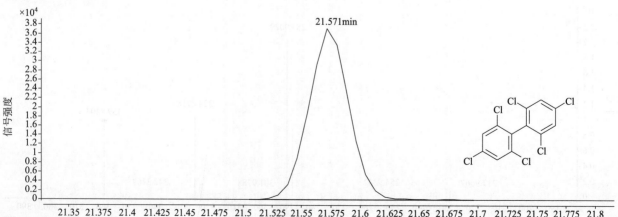

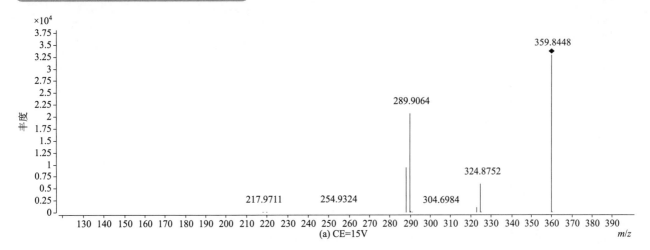

(a) CE=15V

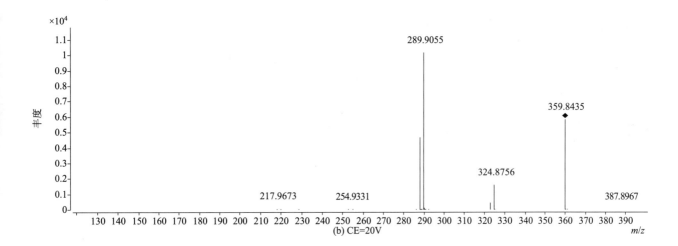

(b) CE=20V

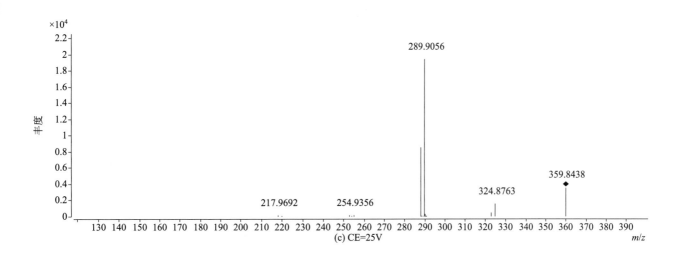

(c) CE=25V

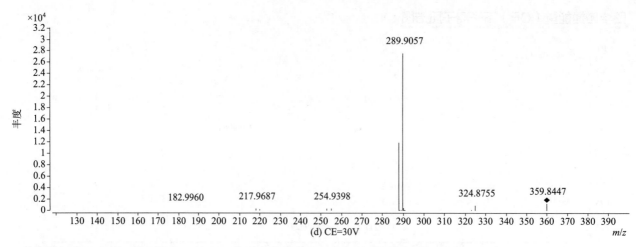

(d) CE=30V

2,3,3',4,4',5-hexachlorobiphenyl
（2,3,3',4,4',5- 六氯联苯；PCB156）

基本信息

CAS 登录号	38380-08-4	分子量	357.8439
分子式	$C_{12}H_4Cl_6$	离子化模式	电子轰击电离（EI）

总离子流色谱图

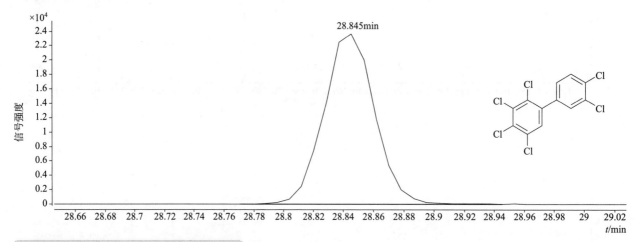

四个碰撞能量（CE）下子离子质谱图

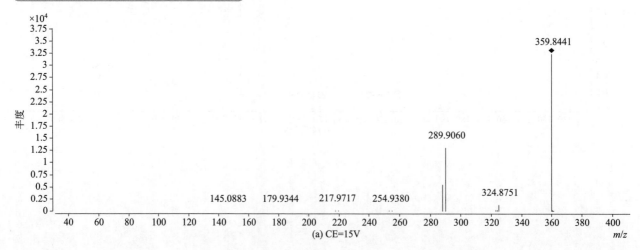

(a) CE=15V

448

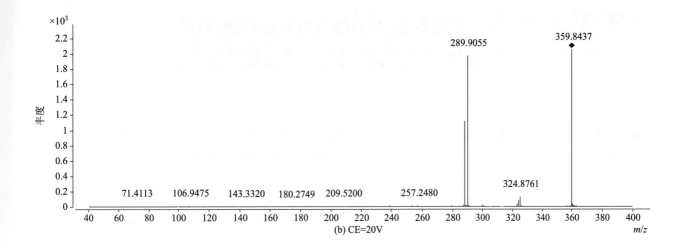

(b) CE=20V

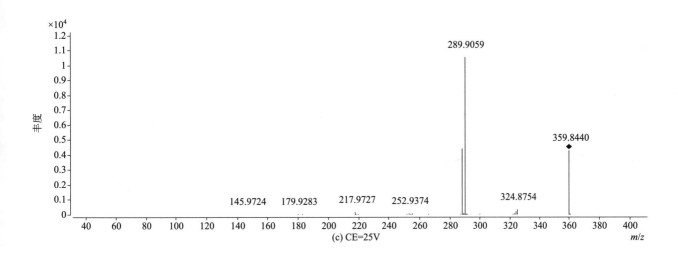

(c) CE=25V

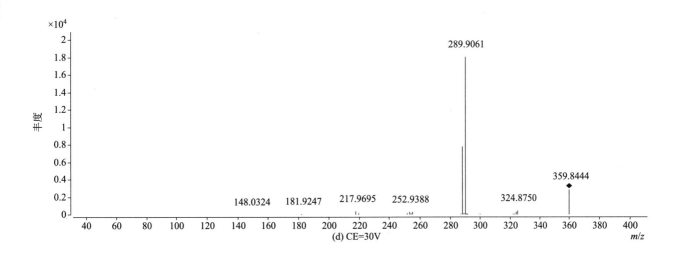

(d) CE=30V

2,3,3′,4,4′,5′-hexachlorobiphenyl
（2,3,3′,4,4′,5′- 六氯联苯；PCB157）

基本信息

CAS 登录号	69782-90-7	分子量	357.8439
分子式	$C_{12}H_4Cl_6$	离子化模式	电子轰击电离（EI）

总离子流色谱图

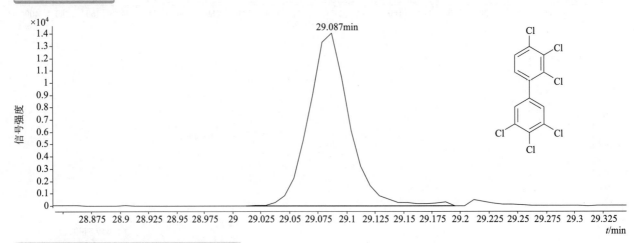

四个碰撞能量（CE）下子离子质谱图

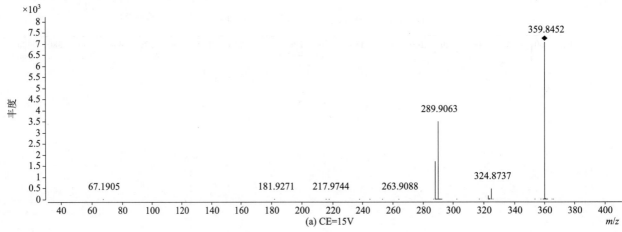

(a) CE=15V

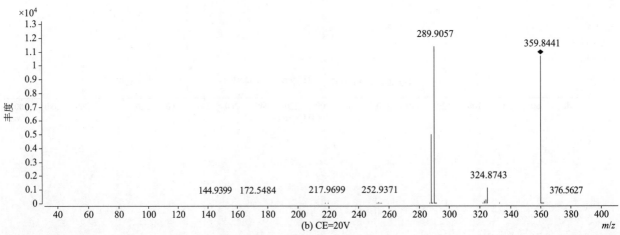

(b) CE=20V

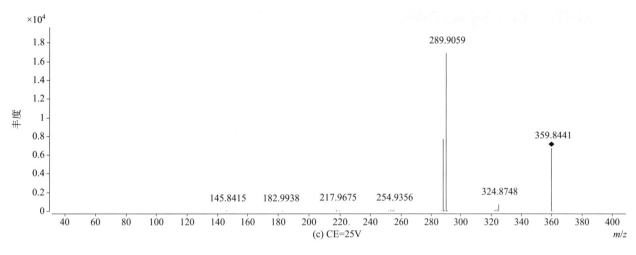

(c) CE=25V

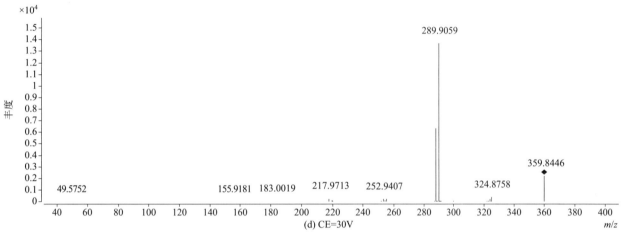

(d) CE=30V

2,3,3′,4,4′,6-hexachlorobiphenyl
（2,3,3′,4,4′,6- 六氯联苯；PCB158）

基本信息

CAS 登录号	74472-42-7	分子量	357.8439
分子式	$C_{12}H_4Cl_6$	离子化模式	电子轰击电离（EI）

总离子流色谱图

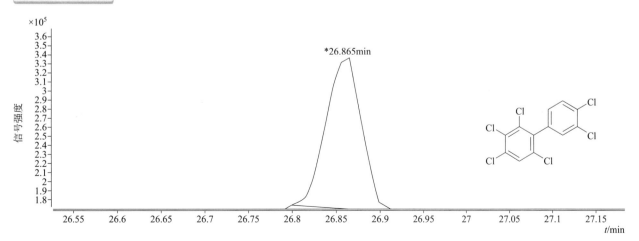

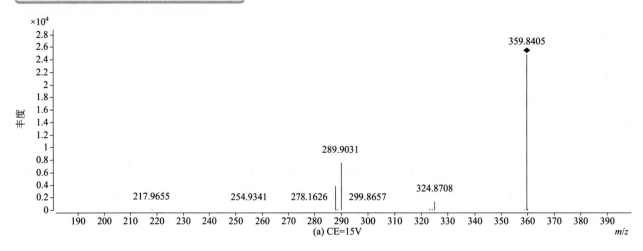

(a) CE=15V

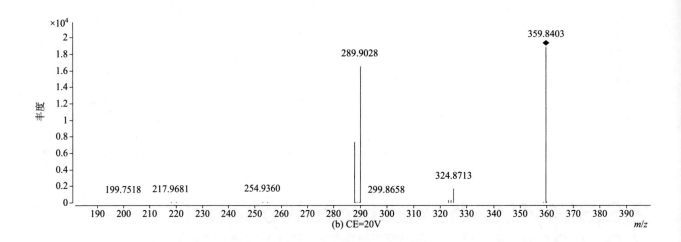

(b) CE=20V

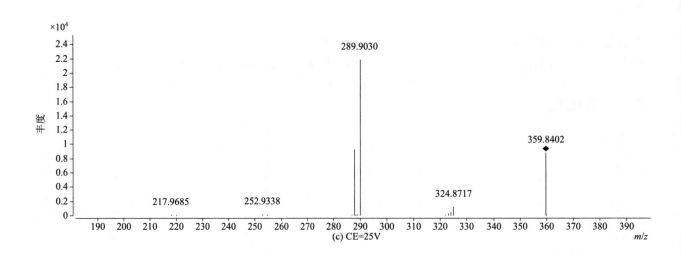

(c) CE=25V

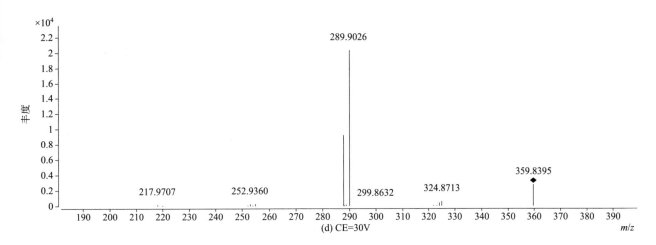

(d) CE=30V

2,3,3′,4,5,5′-hexachlorobiphenyl
（2,3,3′,4,5,5′- 六氯联苯；PCB159）

基本信息

CAS 登录号	39635-35-3	分子量	357.8439
分子式	C$_{12}$H$_4$Cl$_6$	离子化模式	电子轰击电离（EI）

总离子流色谱图

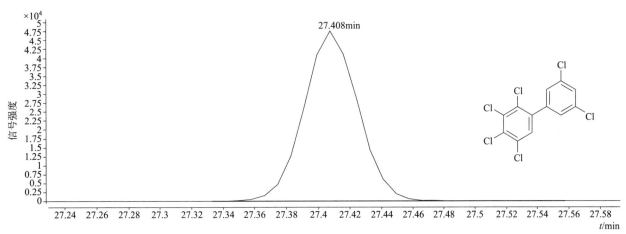

四个碰撞能量（CE）下子离子质谱图

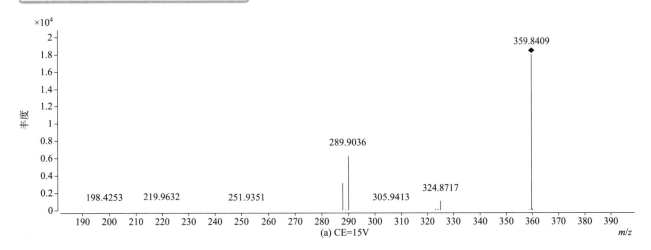

(a) CE=15V

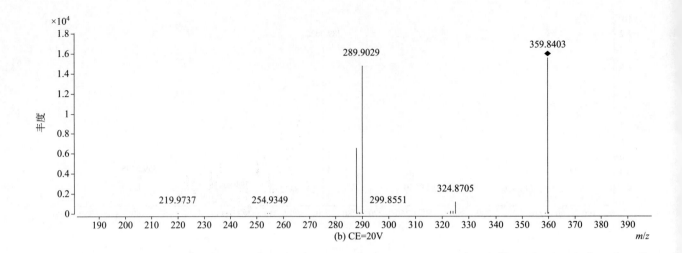

(b) CE=20V

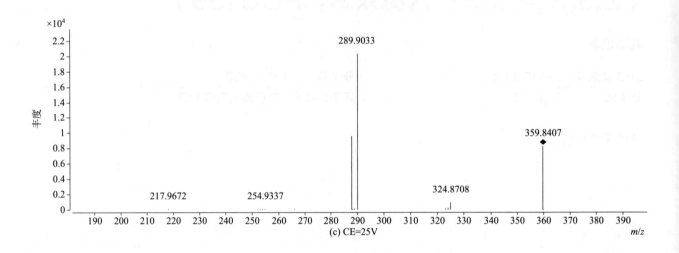

(c) CE=25V

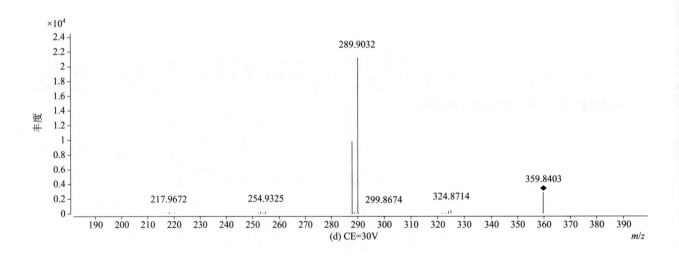

(d) CE=30V

2,3,3′,4,5,6-hexachlorobiphenyl
（2,3,3′,4,5,6- 六氯联苯；PCB160）

基本信息

CAS 登录号	41411-62-5	**分子量**	357.8439
分子式	$C_{12}H_4Cl_6$	**离子化模式**	电子轰击电离（EI）

总离子流色谱图

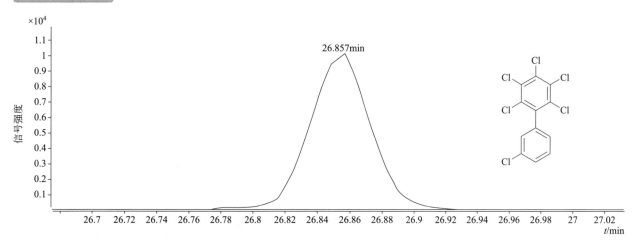

四个碰撞能量（CE）下子离子质谱图

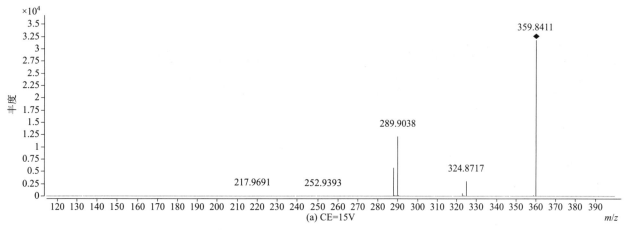

(a) CE=15V

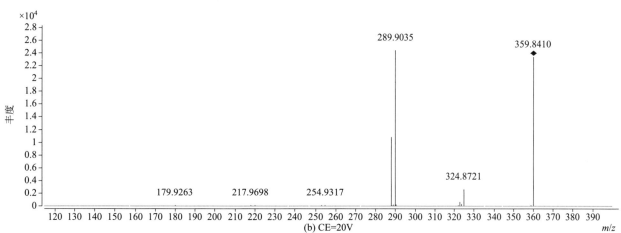

(b) CE=20V

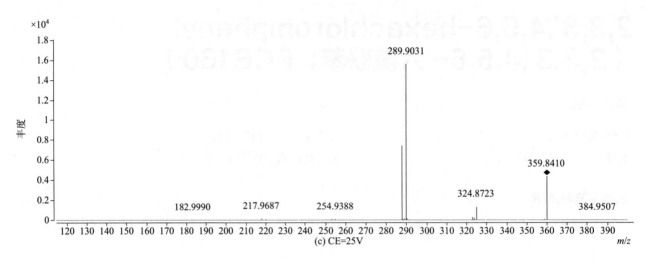

(c) CE=25V

(d) CE=30V

2,3,3',4,5',6-hexachlorobiphenyl
（2,3,3',4,5',6- 六氯联苯；PCB161）

基本信息

CAS 登录号	74474-43-8	分子量	357.8439
分子式	C₁₂H₄Cl₆	离子化模式	电子轰击电离（EI）

总离子流色谱图

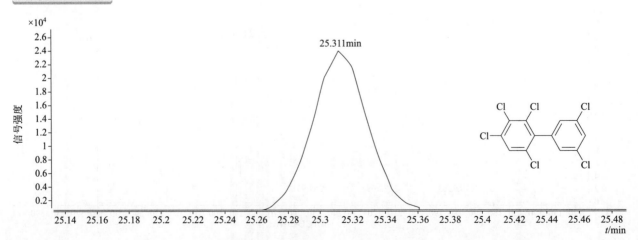

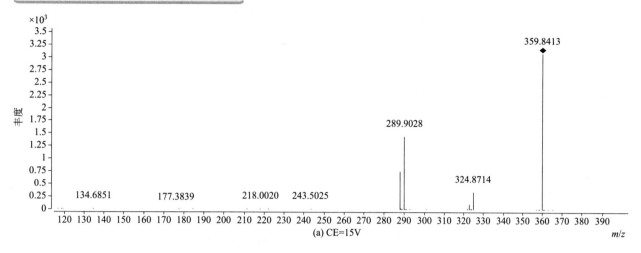

(a) CE=15V

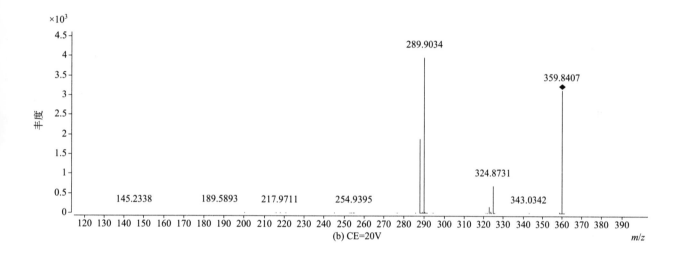

(b) CE=20V

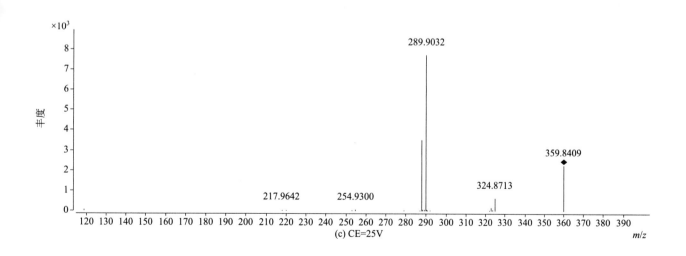

(c) CE=25V

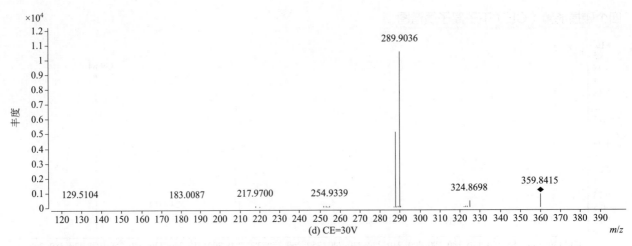

(d) CE=30V

2,3,3′,4′,5,5′-hexachlorobiphenyl
（2,3,3′,4′,5,5′- 六氯联苯；PCB162）

基本信息

CAS 登录号	39635-34-2	分子量	357.8439
分子式	$C_{12}H_4Cl_6$	离子化模式	电子轰击电离（EI）

总离子流色谱图

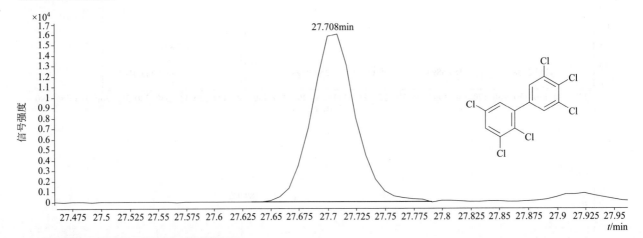

四个碰撞能量（CE）下子离子质谱图

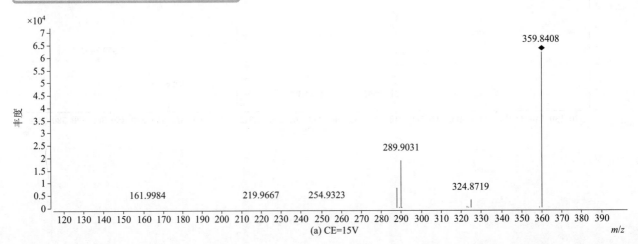

(a) CE=15V

458

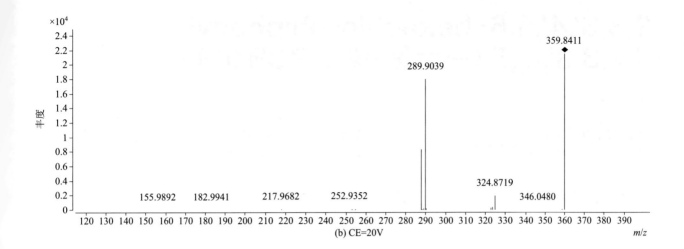

(b) CE=20V

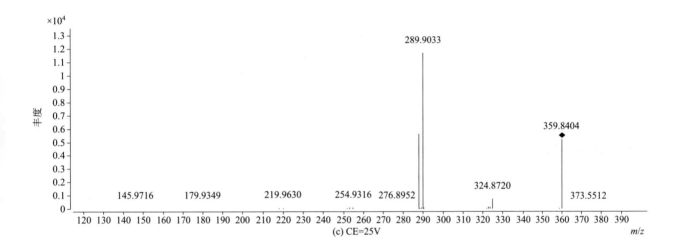

(c) CE=25V

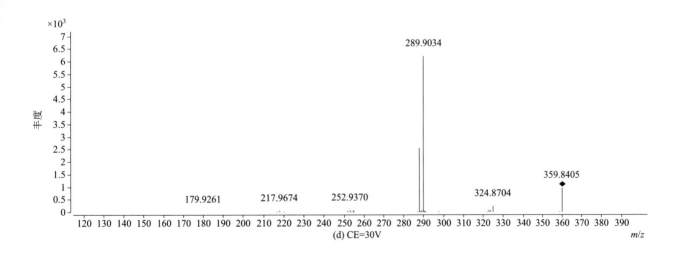

(d) CE=30V

2,3,3',4',5,6-hexachlorobiphenyl
（2,3,3',4',5,6- 六氯联苯；PCB163）

基本信息

CAS 登录号	74472-44-9	**分子量**	357.8439
分子式	$C_{12}H_4Cl_6$	**离子化模式**	电子轰击电离（EI）

总离子流色谱图

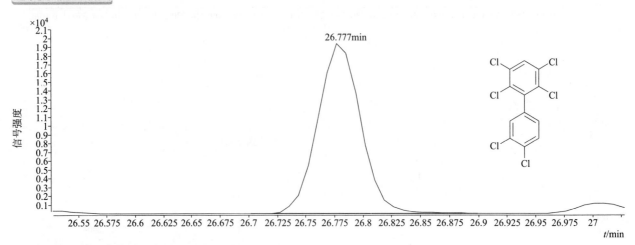

四个碰撞能量（CE）下子离子质谱图

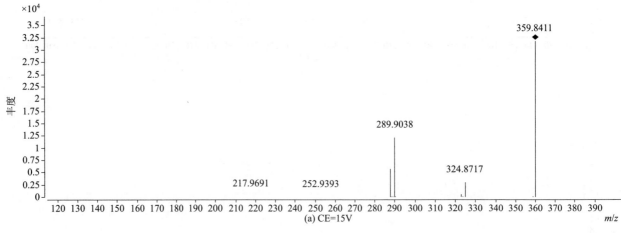

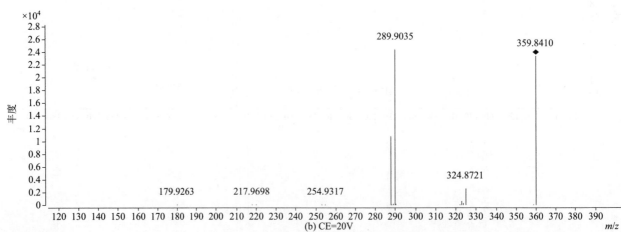

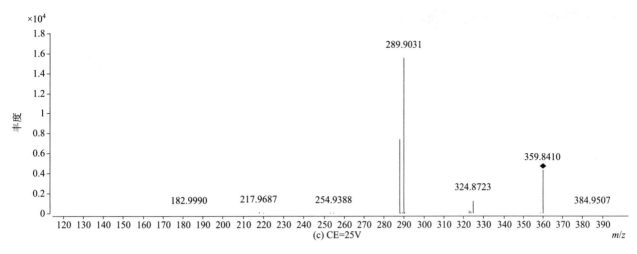

(c) CE=25V

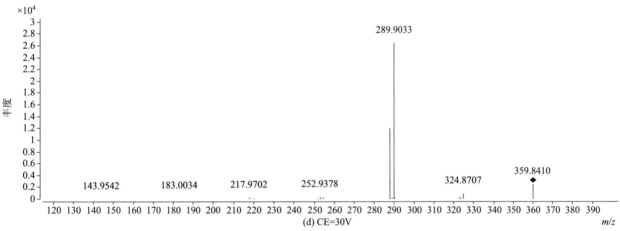

(d) CE=30V

2,3,3′,4′,5′,6-hexachlorobiphenyl
（2,3,3′,4′,5′,6- 六氯联苯；PCB164）

基本信息

CAS 登录号	74472-45-0	分子量	357.8439
分子式	$C_{12}H_4Cl_6$	离子化模式	电子轰击电离（EI）

总离子流色谱图

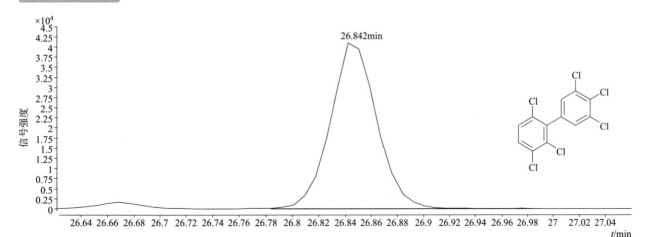

四个碰撞能量（CE）下子离子质谱图

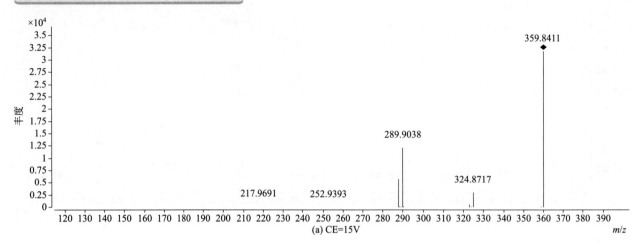

(a) CE=15V

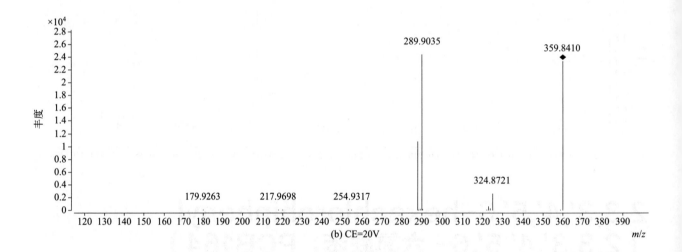

(b) CE=20V

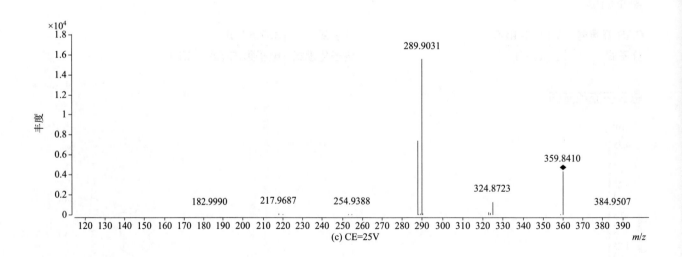

(c) CE=25V

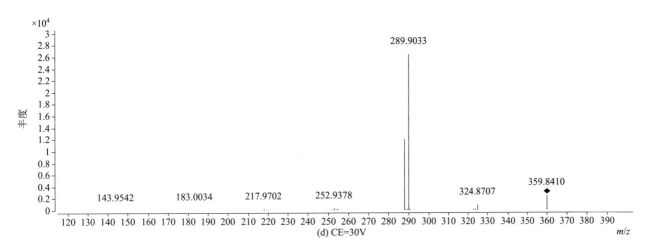

(d) CE=30V

2,3,3′,5,5′,6-hexachlorobiphenyl
（2,3,3′,5,5′,6- 六氯联苯；PCB165）

基本信息

CAS 登录号	74472-46-1	**分子量**	357.8439
分子式	$C_{12}H_4Cl_6$	**离子化模式**	电子轰击电离（EI）

总离子流色谱图

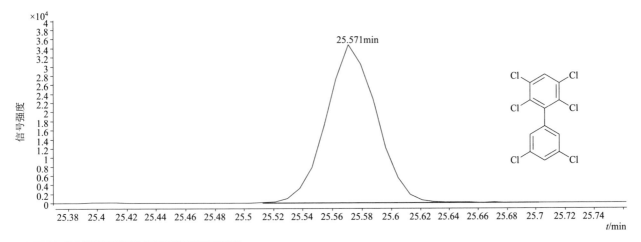

四个碰撞能量（CE）下子离子质谱图

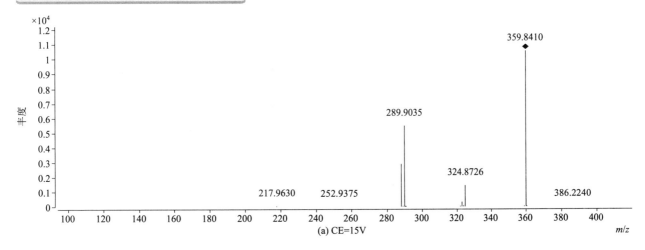

(a) CE=15V

463

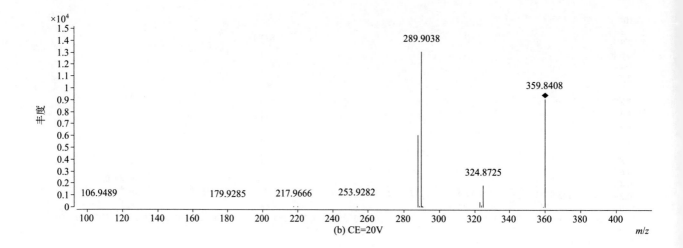

(b) CE=20V

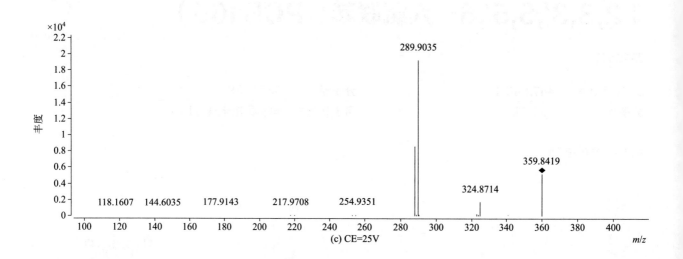

(c) CE=25V

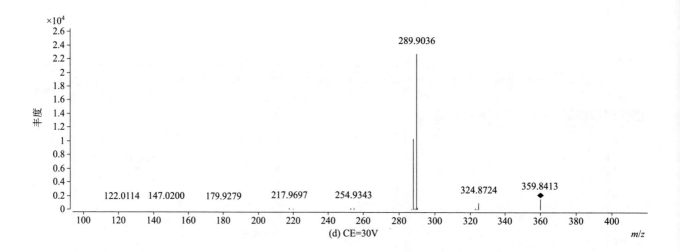

(d) CE=30V

464

2,3,4,4',5,6-hexachlorobiphenyl
（2,3,4,4',5,6- 六氯联苯；PCB166）

基本信息

CAS 登录号	41411-63-6	**分子量**	357.8439
分子式	$C_{12}H_4Cl_6$	**离子化模式**	电子轰击电离（EI）

总离子流色谱图

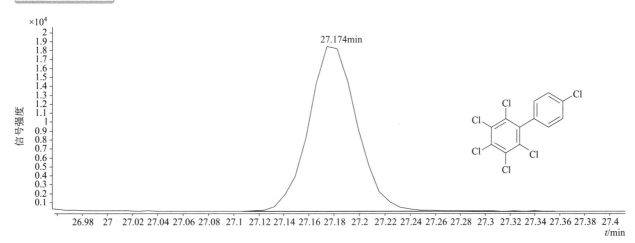

四个碰撞能量（CE）下子离子质谱图

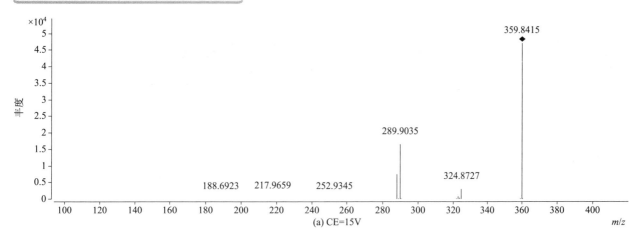

(a) CE=15V

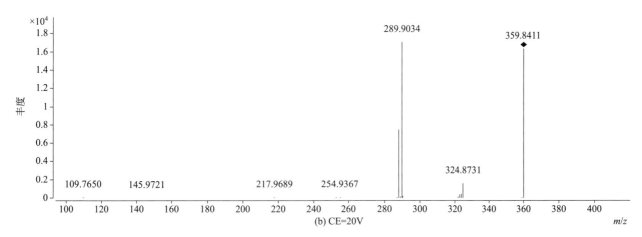

(b) CE=20V

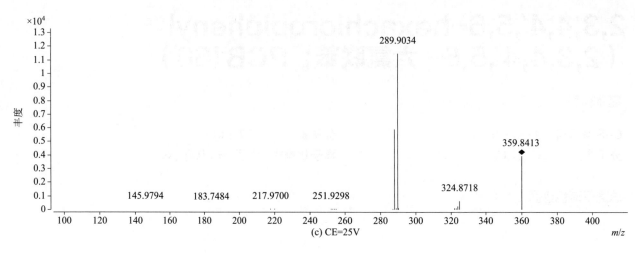

(c) CE=25V

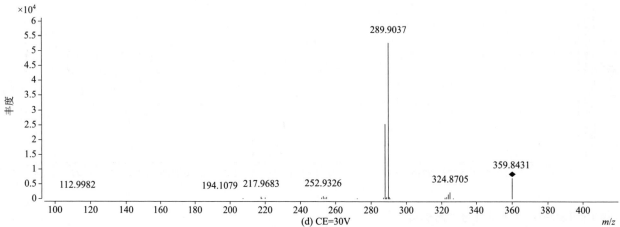

(d) CE=30V

2,3′,4,4′,5,5′-hexachlorobiphenyl
（2,3′,4,4′,5,5′- 六氯联苯；PCB167）

基本信息

CAS 登录号	52663-72-6	分子量	357.8439
分子式	$C_{12}H_4Cl_6$	离子化模式	电子轰击电离（EI）

总离子流色谱图

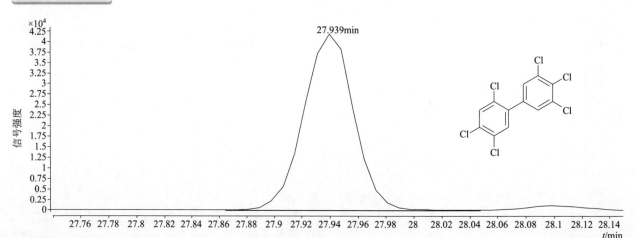

四个碰撞能量（CE）下子离子质谱图

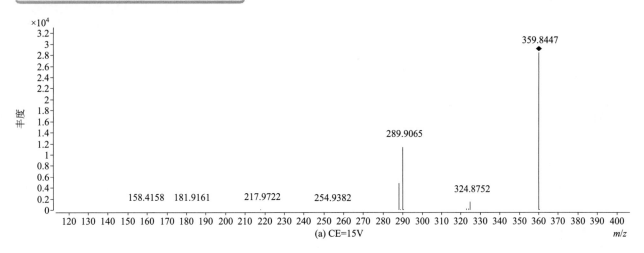

(a) CE=15V

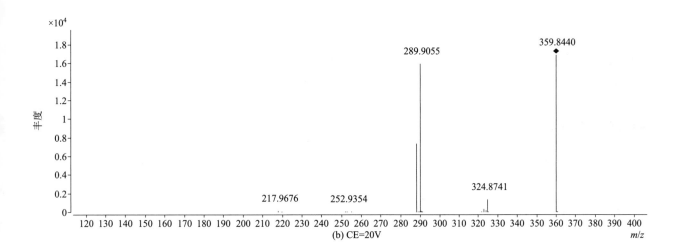

(b) CE=20V

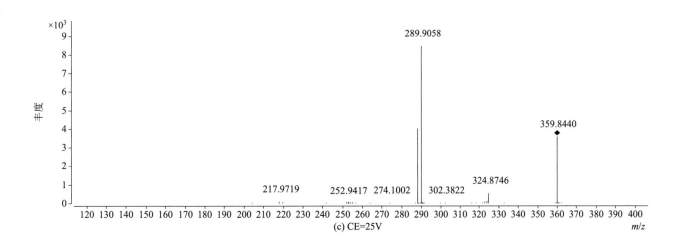

(c) CE=25V

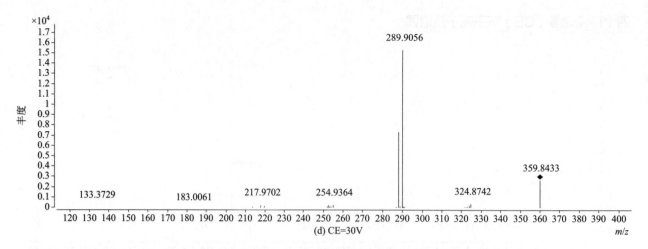

(d) CE=30V

2,3',4,4',5',6-hexachlorobiphenyl
（2,3',4,4',5',6- 六氯联苯；PCB168）

基本信息

CAS 登录号	59291-65-5	分子量	357.8439
分子式	C$_{12}$H$_4$Cl$_6$	离子化模式	电子轰击电离（EI）

总离子流色谱图

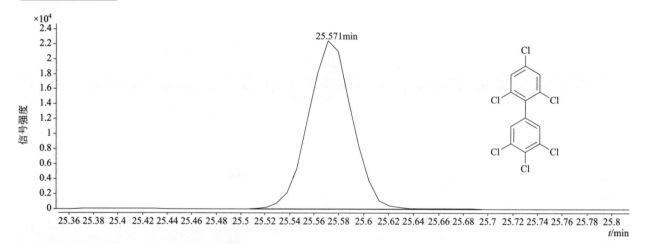

四个碰撞能量（CE）下子离子质谱图

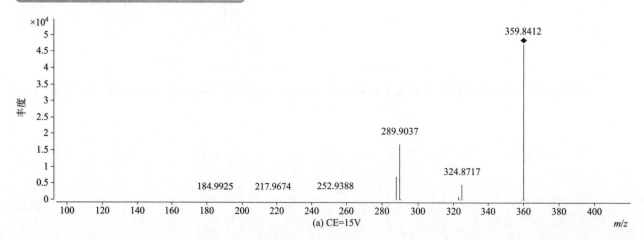

(a) CE=15V

468

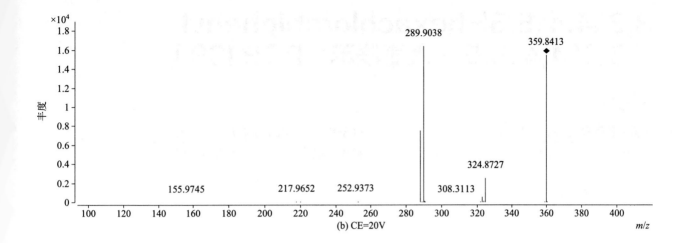
(b) CE=20V

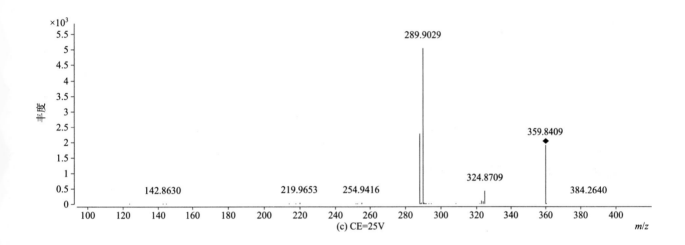
(c) CE=25V

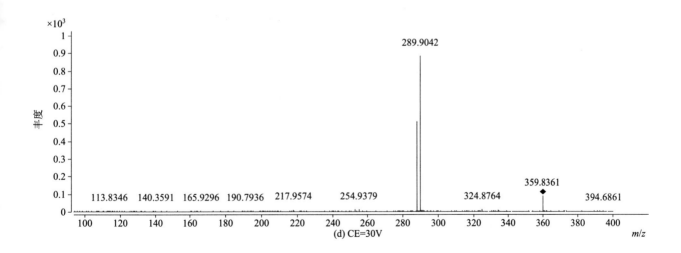
(d) CE=30V

3,3′,4,4′,5,5′-hexachlorobiphenyl
（3,3′,4,4′,5,5′- 六氯联苯；PCB169）

CAS 登录号	32774-16-6	分子量	357.8439
分子式	$C_{12}H_4Cl_6$	离子化模式	电子轰击电离（EI）

总离子流色谱图

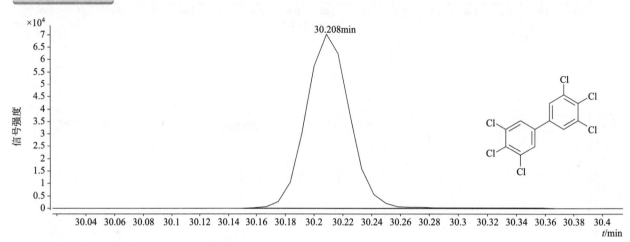

四个碰撞能量（CE）下子离子质谱图

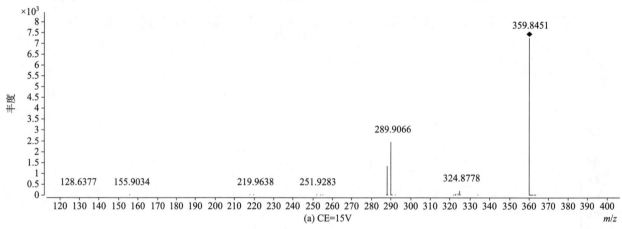

(a) CE=15V

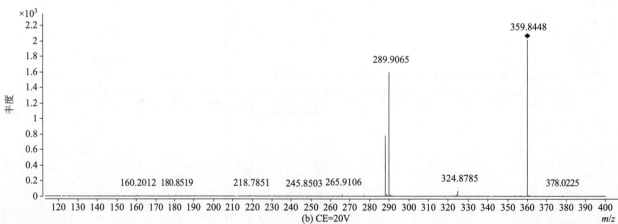

(b) CE=20V

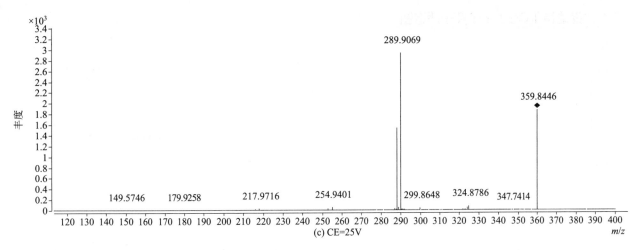

(c) CE=25V

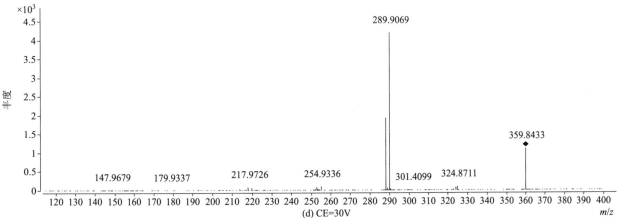

(d) CE=30V

2,2′,3,3′,4,4′,5-heptachlorobiphenyl
（2,2′,3,3′,4,4′,5- 七氯联苯；PCB170）

基本信息

CAS 登录号	35065-30-6	分子量	391.8049
分子式	C₁₂H₃Cl₇	离子化模式	电子轰击电离（EI）

总离子流色谱图

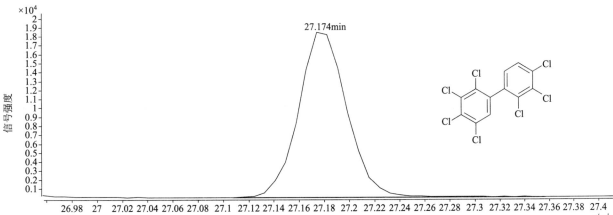

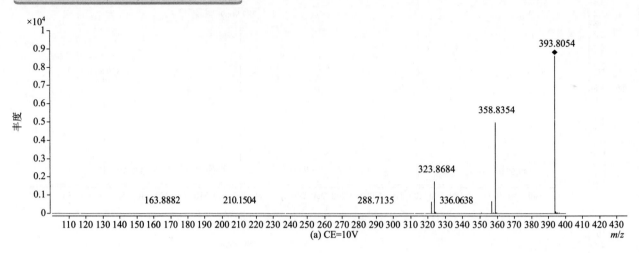

(a) CE=10V

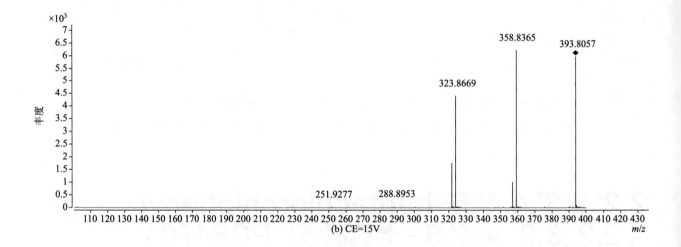

(b) CE=15V

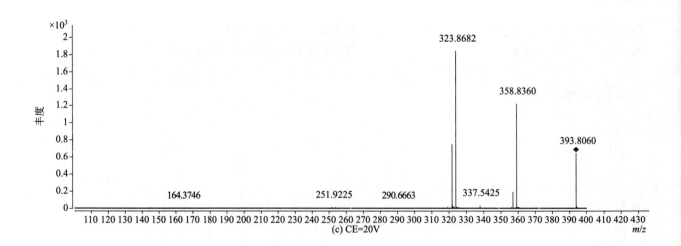

(c) CE=20V

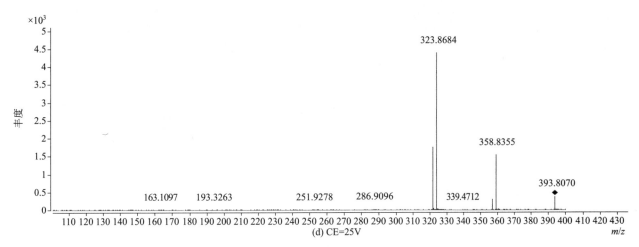

(d) CE=25V

2,2',3,3',4,4',6-heptachlorobiphenyl（2,2',3,3',4,4',6- 七氯联苯；PCB171）

基本信息

CAS 登录号	52663-71-5	分子量	391.8049
分子式	$C_{12}H_3Cl_7$	离子化模式	电子轰击电离（EI）

总离子流色谱图

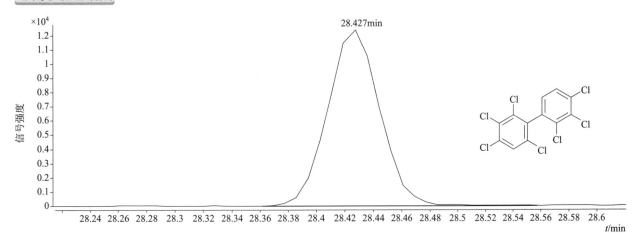

四个碰撞能量（CE）下子离子质谱图

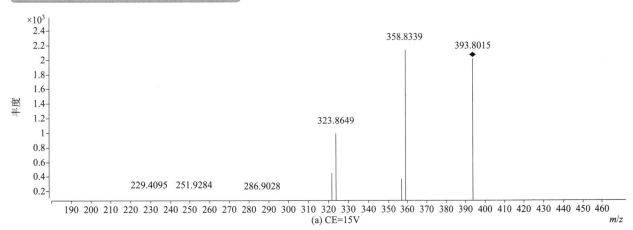

(a) CE=15V

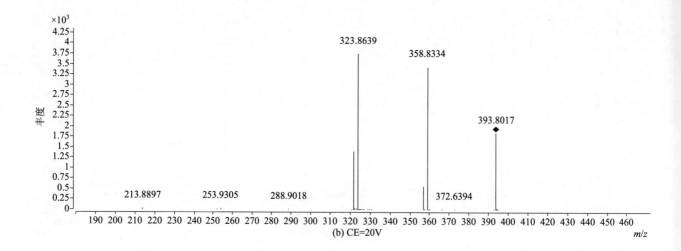

(b) CE=20V

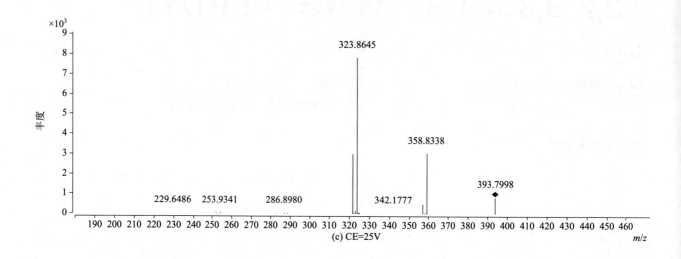

(c) CE=25V

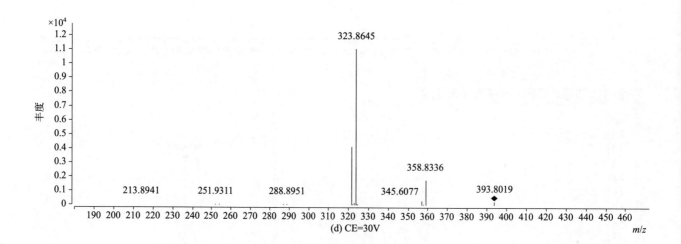

(d) CE=30V

2,2′,3,3′,4,5,5′-heptachlorobiphenyl
（2,2′,3,3′,4,5,5′- 七氯联苯；PCB172）

基本信息

CAS 登录号	52663-74-8	**分子量**	391.8049
分子式	$C_{12}H_3Cl_7$	**离子化模式**	电子轰击电离（EI）

总离子流色谱图

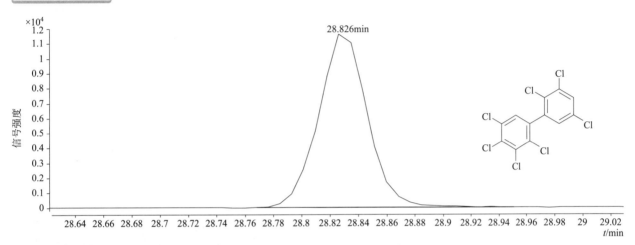

四个碰撞能量（CE）下子离子质谱图

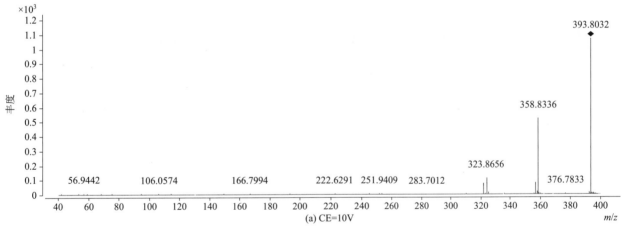

(a) CE=10V

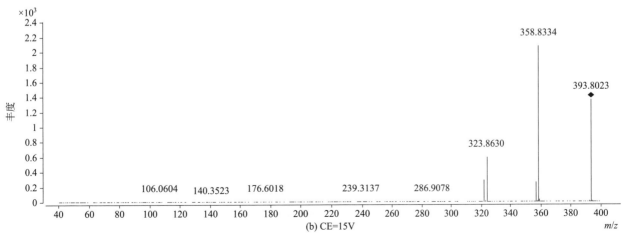

(b) CE=15V

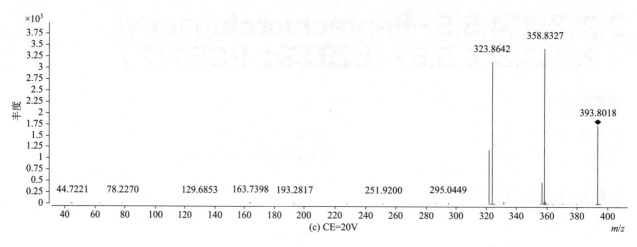

(c) CE=20V

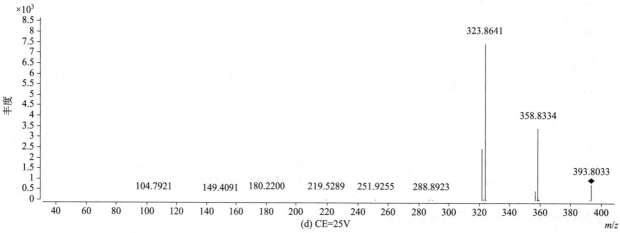

(d) CE=25V

2,2',3,3',4,5,6-heptachlorobiphenyl
（2,2',3,3',4,5,6- 七氯联苯；PCB173）

基本信息

CAS 登录号	68194-16-1	分子量	391.8049
分子式	$C_{12}H_3Cl_7$	离子化模式	电子轰击电离（EI）

总离子流色谱图

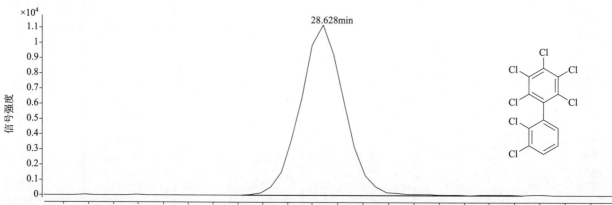

476

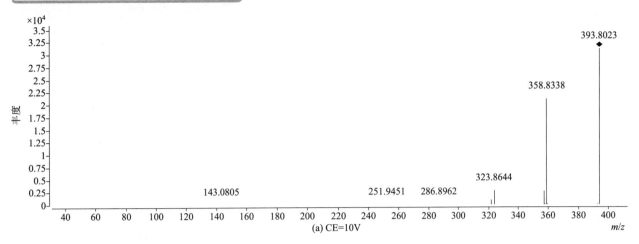

(a) CE=10V

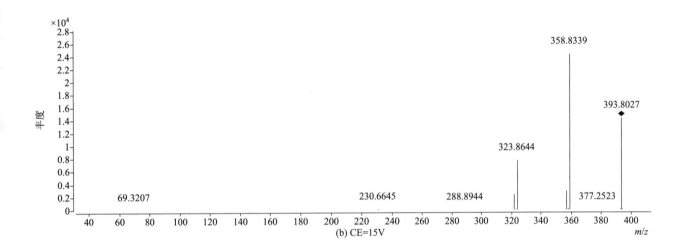

(b) CE=15V

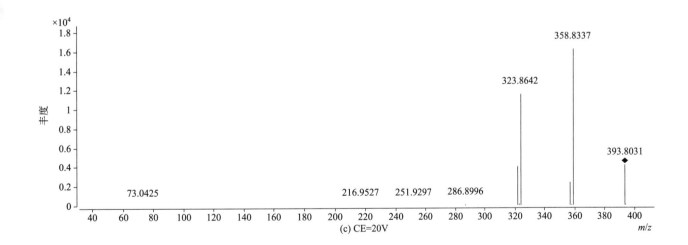

(c) CE=20V

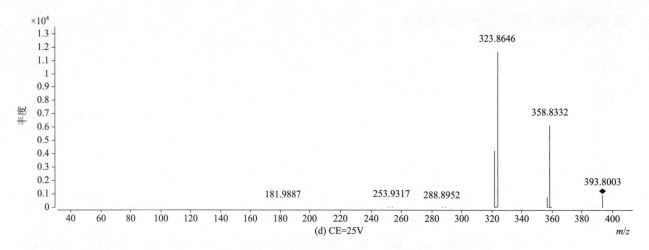

(d) CE=25V

2,2′,3,3′,4,5,6′-heptachlorobiphenyl
（2,2′,3,3′,4,5,6′- 七氯联苯；PCB174）

基本信息

CAS 登录号	38411-25-5	分子量	391.8049
分子式	$C_{12}H_3Cl_7$	离子化模式	电子轰击电离（EI）

总离子流色谱图

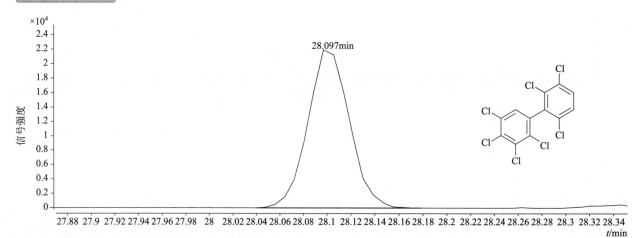

四个碰撞能量（CE）下子离子质谱图

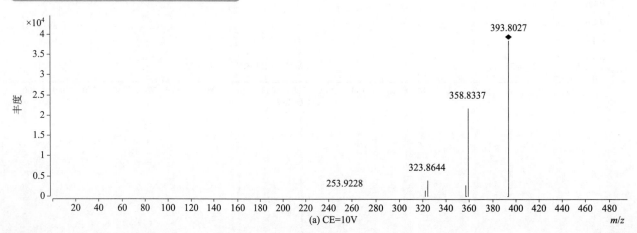

(a) CE=10V

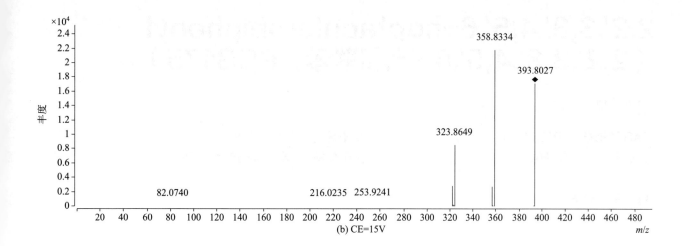

(b) CE=15V

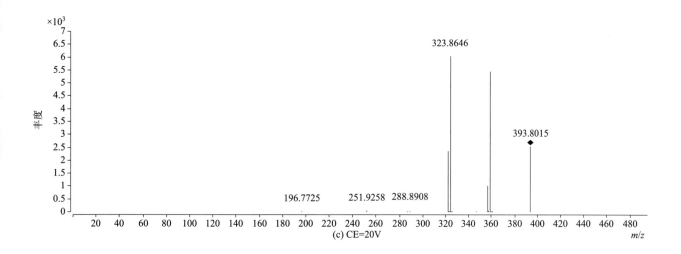

(c) CE=20V

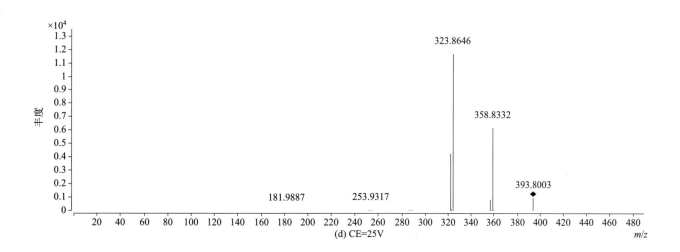

(d) CE=25V

2,2′,3,3′,4,5′,6-heptachlorobiphenyl
（2,2′,3,3′,4,5′,6- 七氯联苯；PCB175）

CAS 登录号	40186-70-7	分子量	391.8049
分子式	$C_{12}H_3Cl_7$	离子化模式	电子轰击电离（EI）

总离子流色谱图

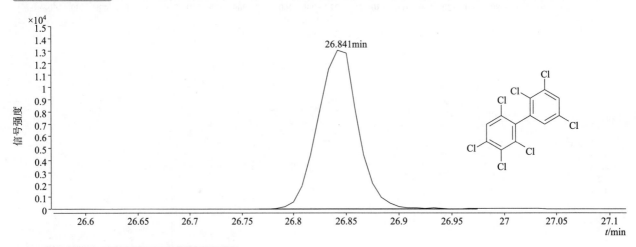

四个碰撞能量（CE）下子离子质谱图

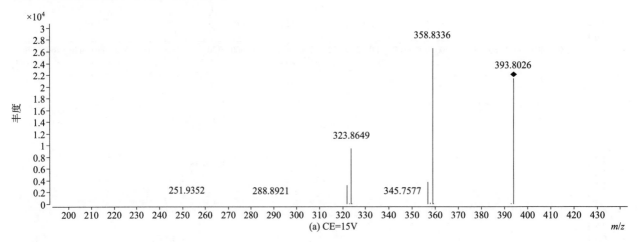

(a) CE=15V

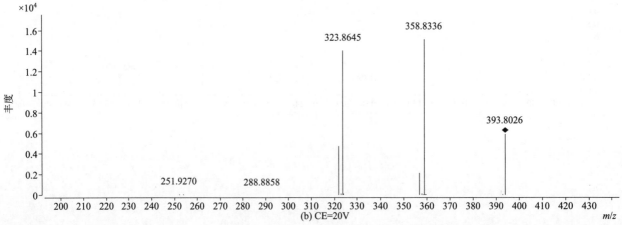

(b) CE=20V

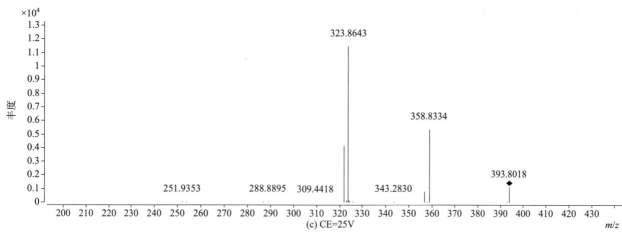

(c) CE=25V

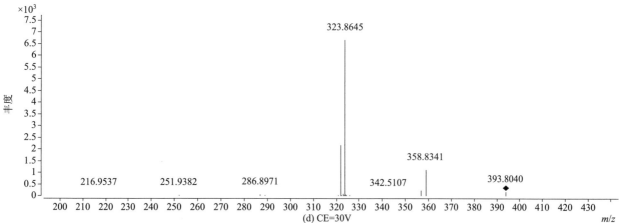

(d) CE=30V

2,2′,3,3′,4,6,6′-heptachlorobiphenyl
（2,2′,3,3′,4,6,6′- 七氯联苯；PCB176）

基本信息

CAS 登录号	52663-65-7	分子量	391.8049
分子式	$C_{12}H_3Cl_7$	离子化模式	电子轰击电离（EI）

总离子流色谱图

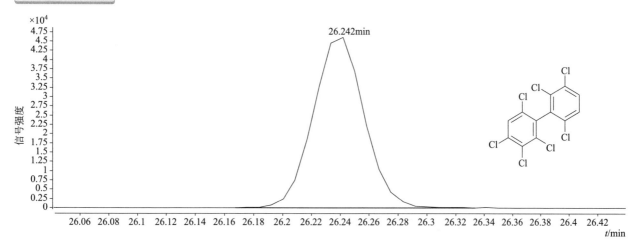

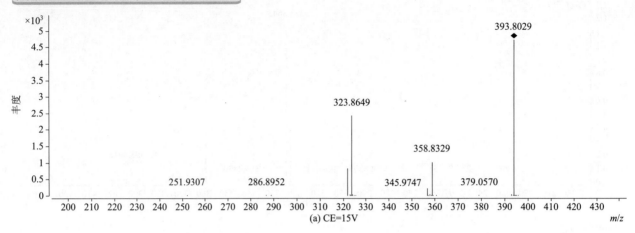

(a) CE=15V

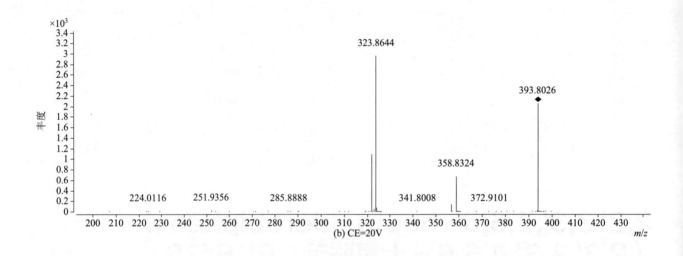

(b) CE=20V

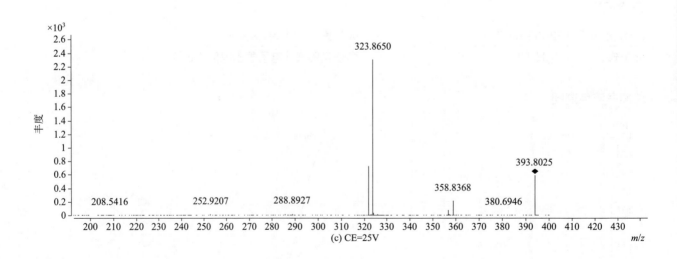

(c) CE=25V

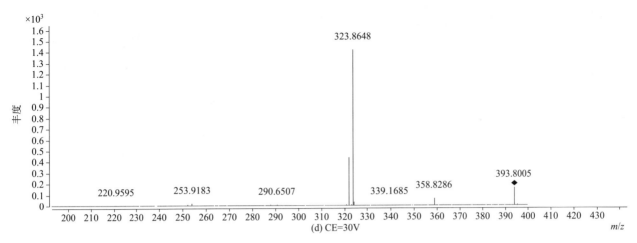

(d) CE=30V

2,2',3,3',4',5,6-heptachlorobiphenyl
（2,2',3,3',4',5,6- 七氯联苯；PCB177）

CAS 登录号	52663-70-4	分子量	391.8049
分子式	$C_{12}H_3Cl_7$	离子化模式	电子轰击电离（EI）

总离子流色谱图

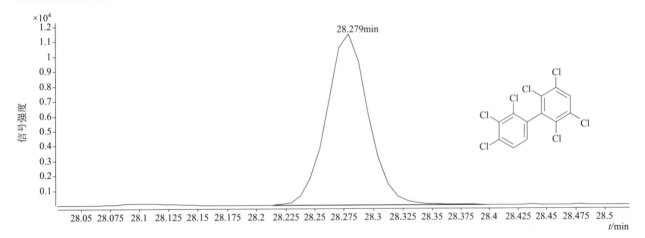

四个碰撞能量（CE）下子离子质谱图

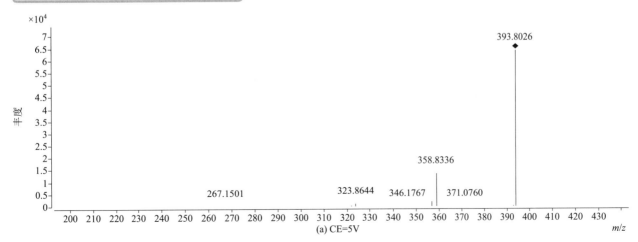

(a) CE=5V

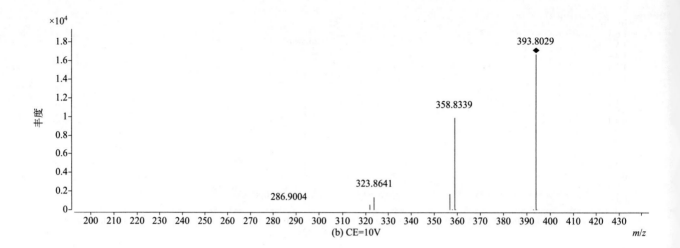

(b) CE=10V

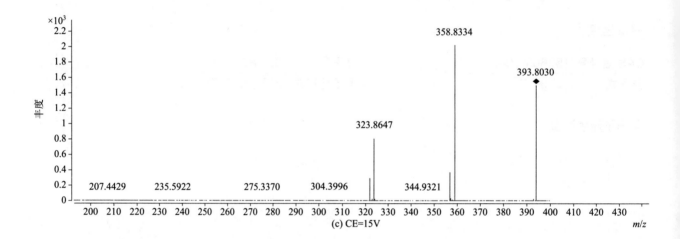

(c) CE=15V

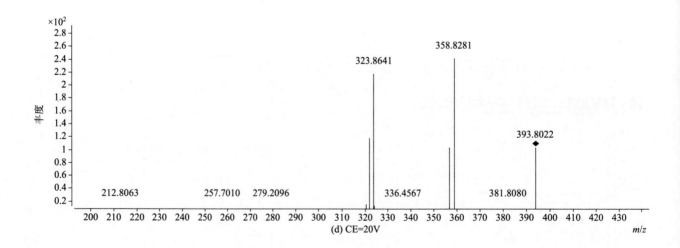

(d) CE=20V

2,2′,3,3′,5,5′,6-heptachlorobiphenyl
（2,2′,3,3′,5,5′,6- 七氯联苯；PCB178）

基本信息

CAS 登录号	52663-67-9	分子量	391.8049
分子式	$C_{12}H_3Cl_7$	离子化模式	电子轰击电离（EI）

总离子流色谱图

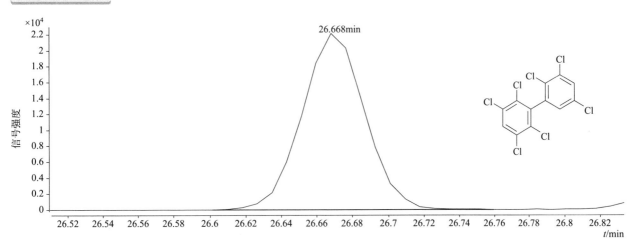

四个碰撞能量（CE）下子离子质谱图

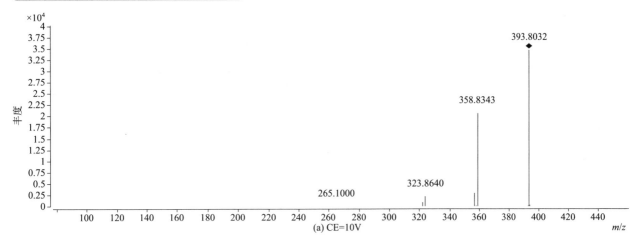

(a) CE=10V

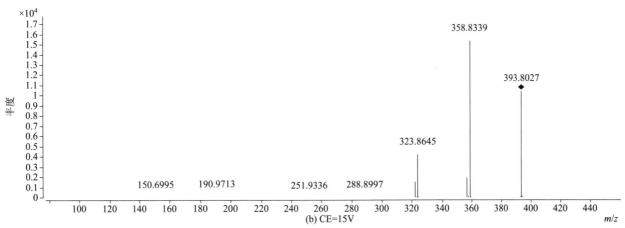

(b) CE=15V

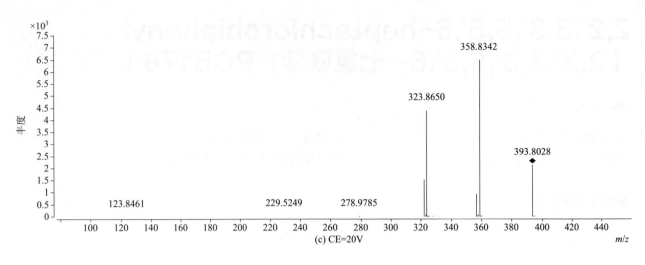

(c) CE=20V

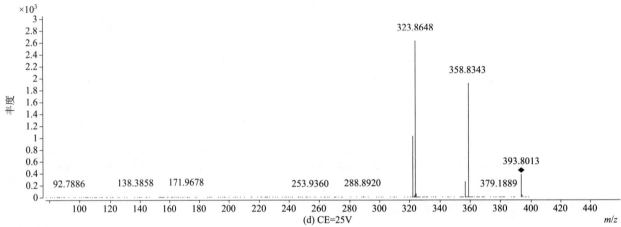

(d) CE=25V

2,2′,3,3′,5,6,6′-heptachlorobiphenyl
（2,2′,3,3′,5,6,6′- 七氯联苯；PCB179）

基本信息

CAS 登录号	52663-64-6	分子量	391.8049
分子式	C$_{12}$H$_3$Cl$_7$	离子化模式	电子轰击电离（EI）

总离子流色谱图

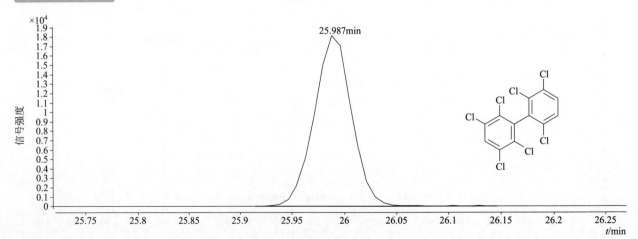

四个碰撞能量（CE）下子离子质谱图

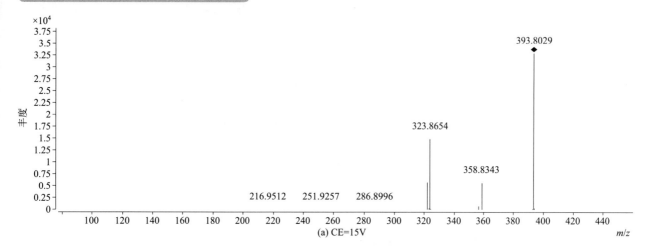

(a) CE=15V

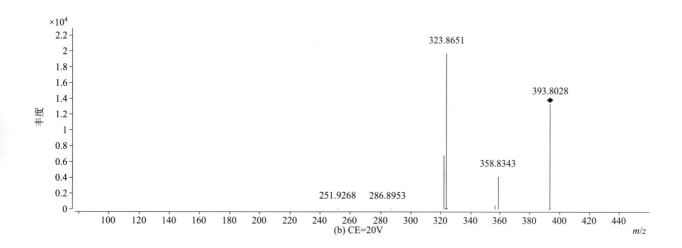

(b) CE=20V

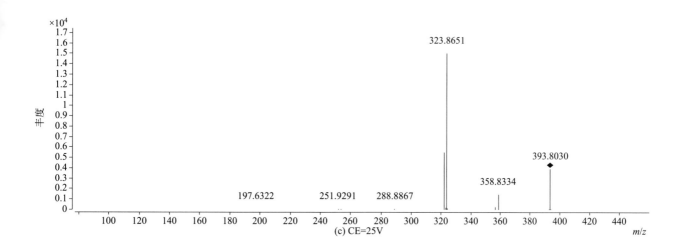

(c) CE=25V

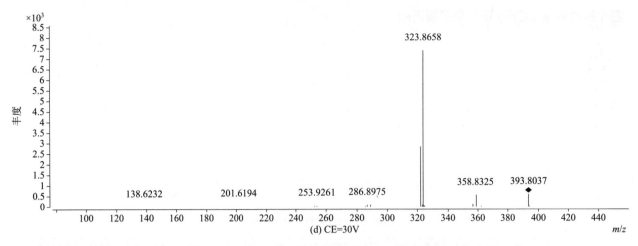

(d) CE=30V

2,2′,3,4,4′,5,5′-heptachlorobiphenyl
（2,2′,3,4,4′,5,5′- 七氯联苯；PCB180）

基本信息

CAS 登录号	35065-29-3	分子量	391.8049
分子式	$C_{12}H_3Cl_7$	离子化模式	电子轰击电离（EI）

总离子流色谱图

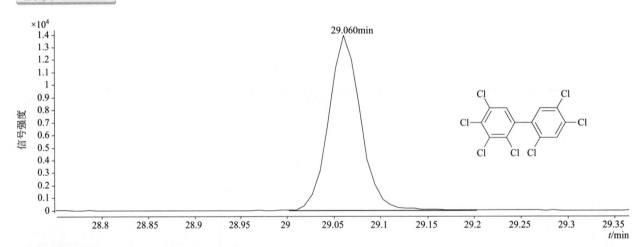

四个碰撞能量（CE）下子离子质谱图

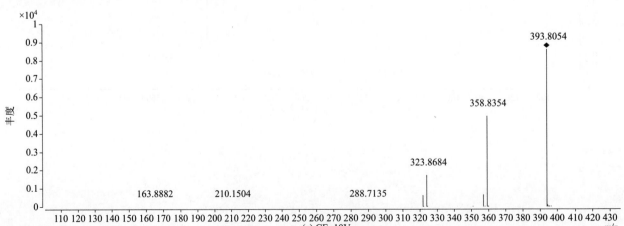

(a) CE=10V

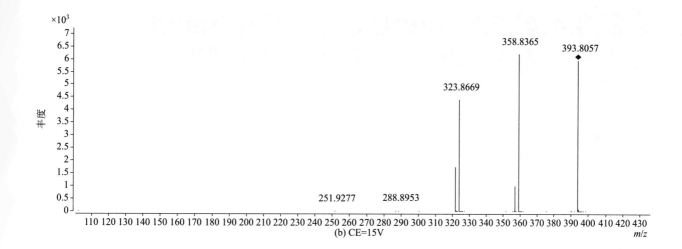

(b) CE=15V

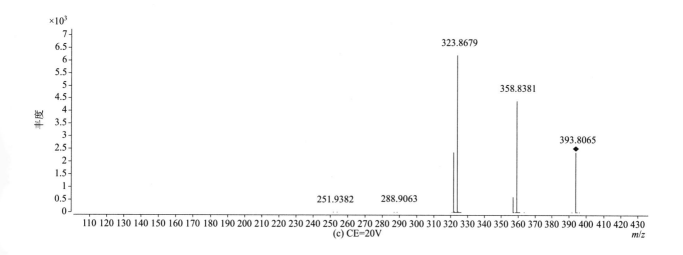

(c) CE=20V

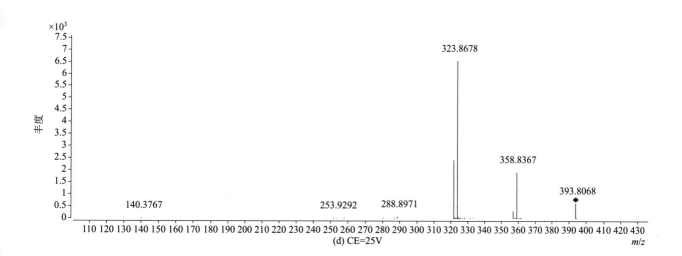

(d) CE=25V

2,2',3,4,4',5,6-heptachlorobiphenyl
（2,2',3,4,4',5,6- 七氯联苯；PCB181）

基本信息

CAS 登录号	74472-47-2	**分子量**	391.8049
分子式	$C_{12}H_3Cl_7$	**离子化模式**	电子轰击电离（EI）

总离子流色谱图

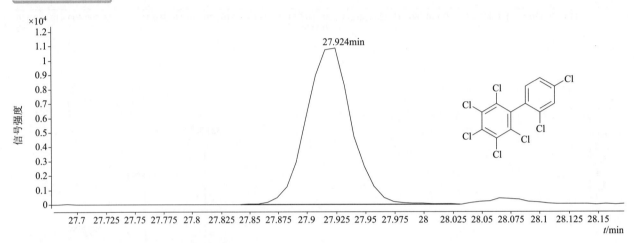

四个碰撞能量（CE）下子离子质谱图

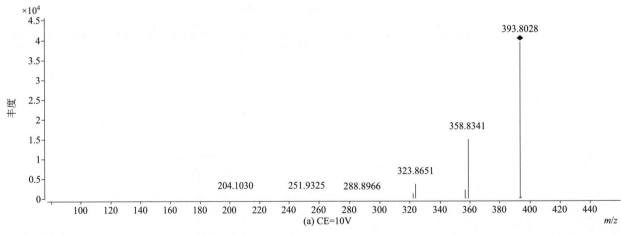

(a) CE=10V

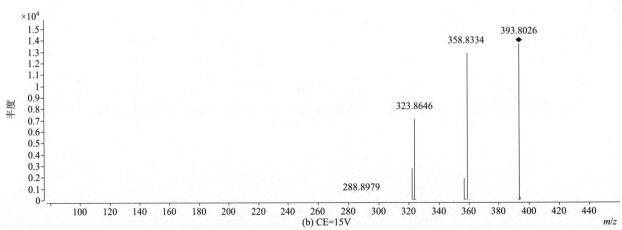

(b) CE=15V

490

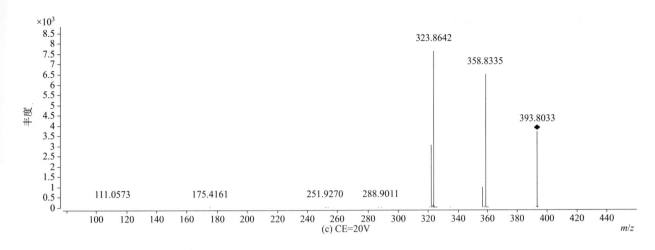

(c) CE=20V

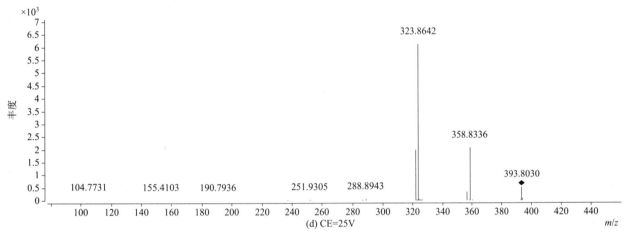

(d) CE=25V

2,2′,3,4,4′,5,6′-heptachlorobiphenyl
（2,2′,3,4,4′,5,6′- 七氯联苯；PCB182）

基本信息

CAS 登录号	60145-23-5	分子量	391.8049
分子式	$C_{12}H_3Cl_7$	离子化模式	电子轰击电离（EI）

总离子流色谱图

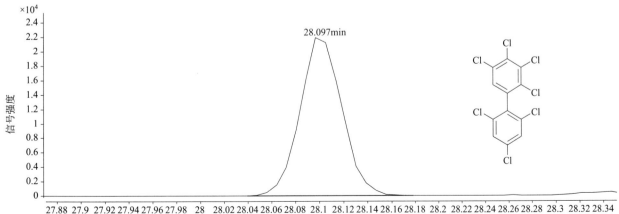

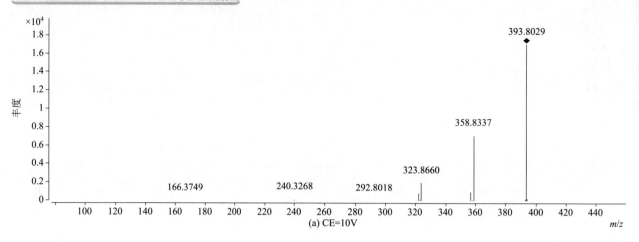

(a) CE=10V

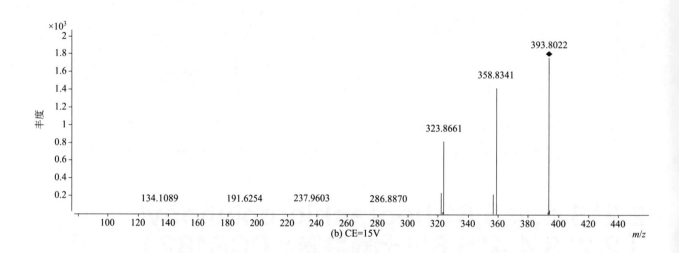

(b) CE=15V

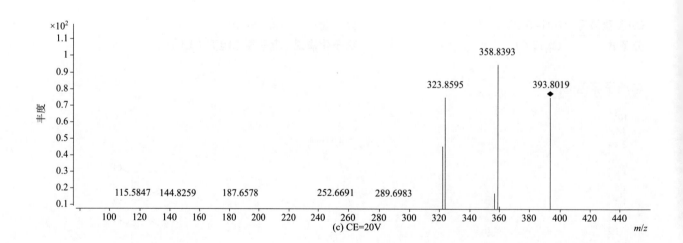

(c) CE=20V

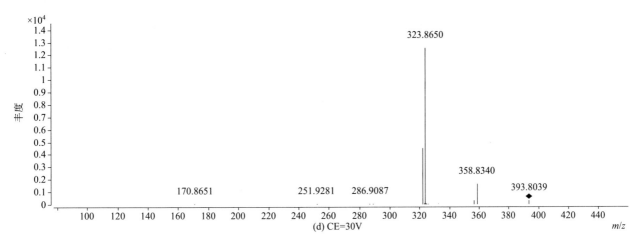

(d) CE=30V

2,2',3,4,4',5',6-heptachlorobiphenyl
（2,2',3,4,4',5',6- 七氯联苯；PCB183）

基本信息

CAS 登录号	52663-69-1	分子量	391.8049
分子式	C₁₂H₃Cl₇	离子化模式	电子轰击电离（EI）

分子式 $C_{12}H_3Cl_7$

总离子流色谱图

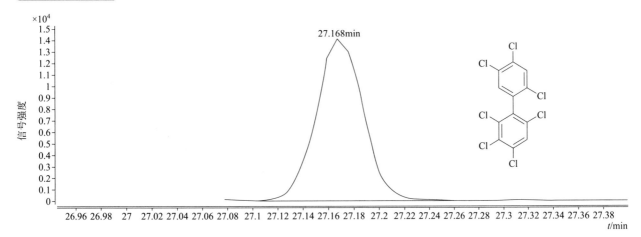

四个碰撞能量（CE）下子离子质谱图

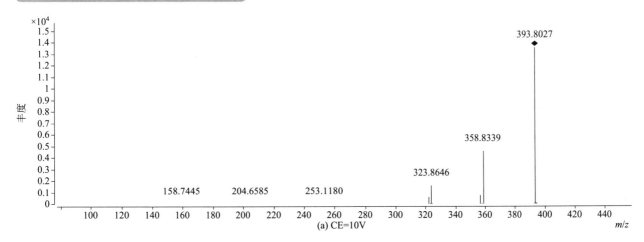

(a) CE=10V

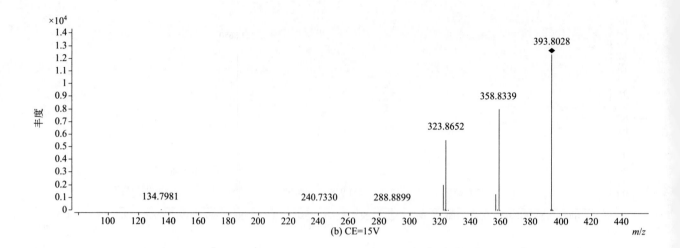

(b) CE=15V

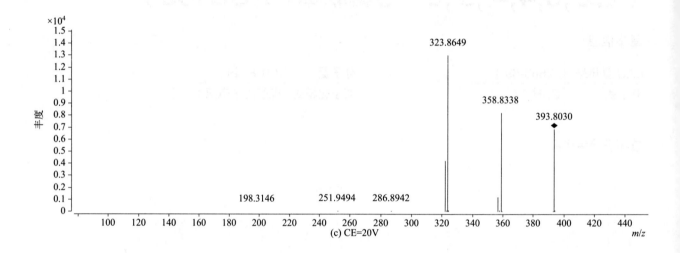

(c) CE=20V

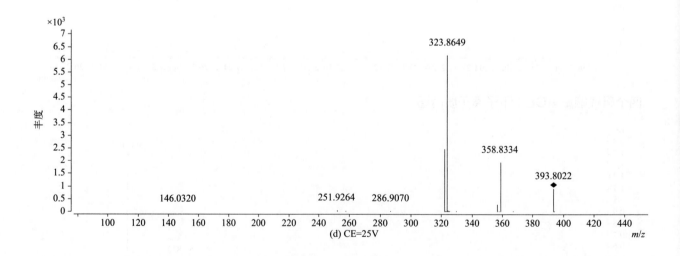

(d) CE=25V

2,2′,3,4,4′,6,6′-heptachlorobiphenyl
（2,2′,3,4,4′,6,6′- 七氯联苯；PCB184）

基本信息

CAS 登录号	74472-48-3	**分子量**	391.8049
分子式	$C_{12}H_3Cl_7$	**离子化模式**	电子轰击电离（EI）

总离子流色谱图

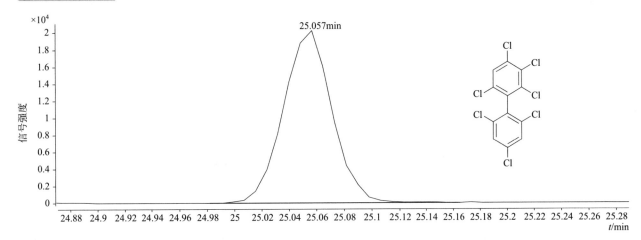

四个碰撞能量（CE）下子离子质谱图

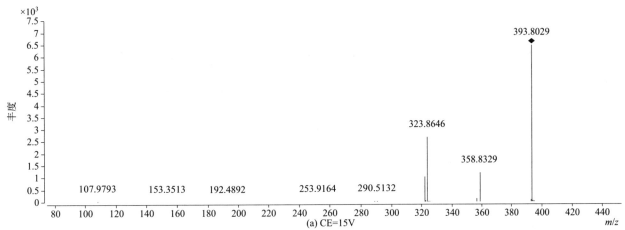

(a) CE=15V

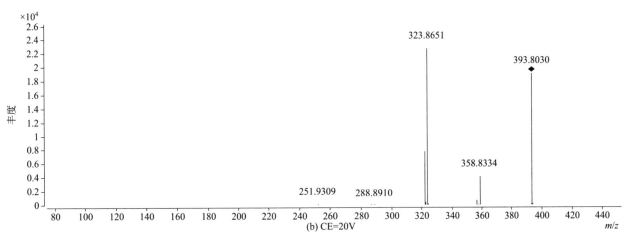

(b) CE=20V

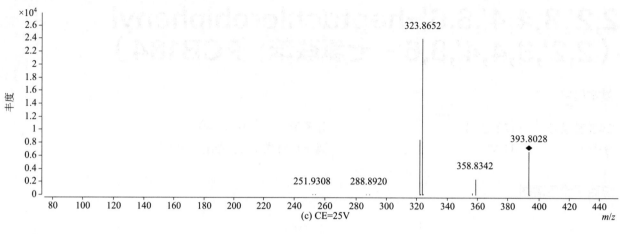

(c) CE=25V

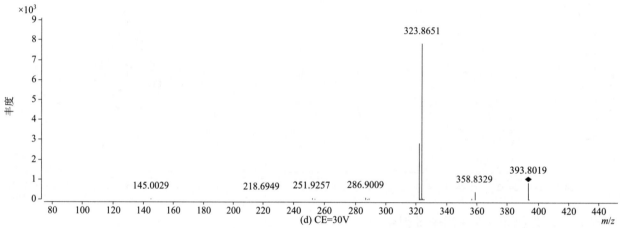

(d) CE=30V

2,2′,3,4,5,5′,6-heptachlorobiphenyl
（2,2′,3,4,5,5′,6- 七氯联苯；PCB185）

基本信息

CAS 登录号	52712-05-7	分子量	391.8049
分子式	C₁₂H₃Cl₇	离子化模式	电子轰击电离（EI）

总离子流色谱图

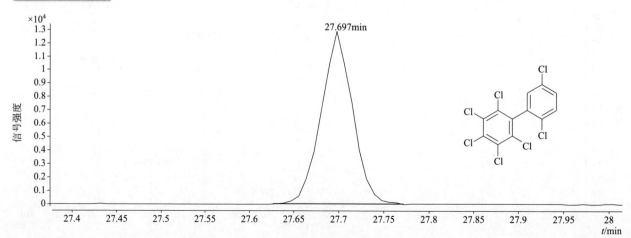

四个碰撞能量（CE）下子离子质谱图

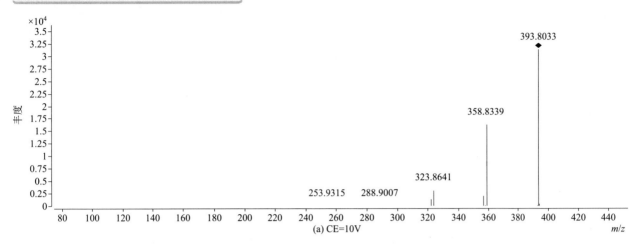

(a) CE=10V

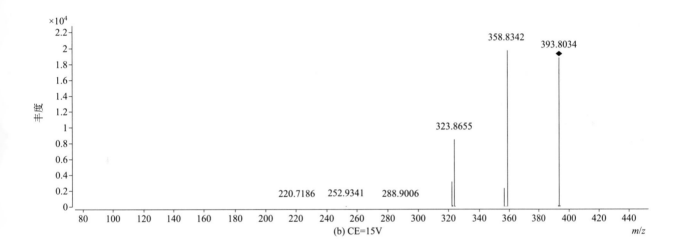

(b) CE=15V

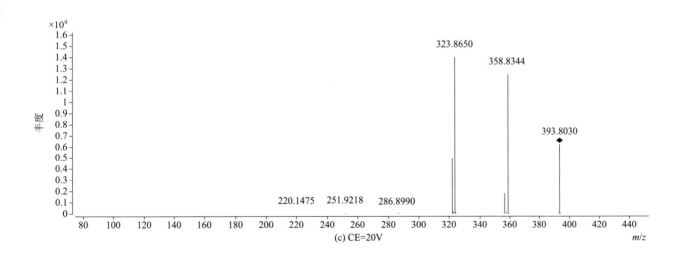

(c) CE=20V

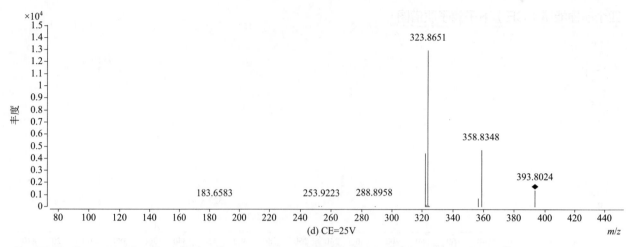

(d) CE=25V

2,2′,3,4,5,6,6′-heptachlorobiphenyl （2,2′,3,4,5,6,6′- 七氯联苯；PCB186 ）

CAS 登录号	74472-49-4		**分子量**	391.8049
分子式	$C_{12}H_3Cl_7$		**离子化模式**	电子轰击电离（EI）

总离子流色谱图

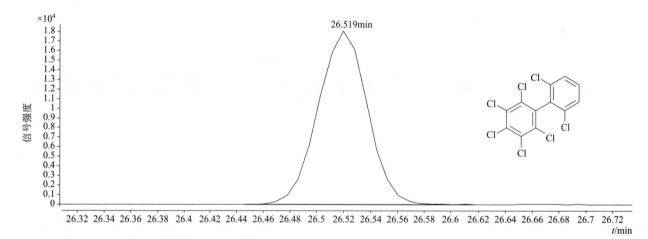

四个碰撞能量（CE）下子离子质谱图

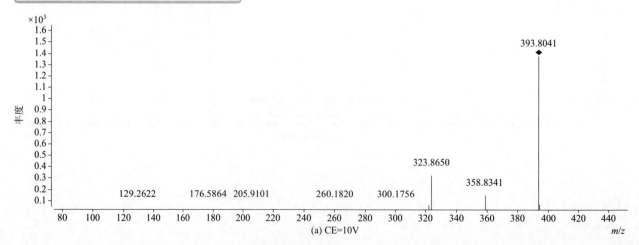

(a) CE=10V

498

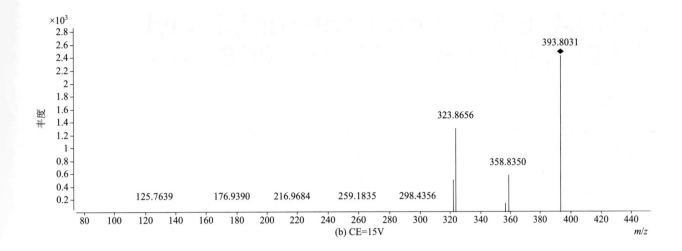

(b) CE=15V

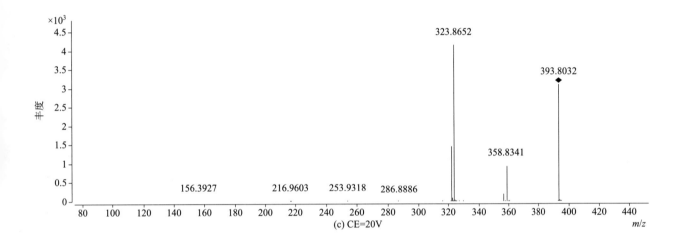

(c) CE=20V

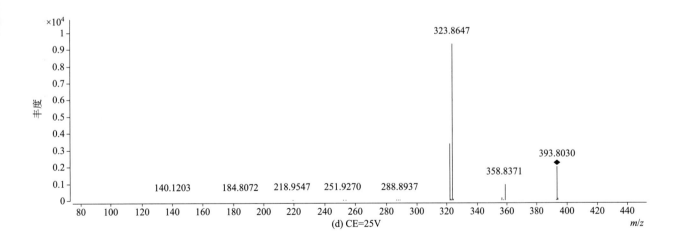

(d) CE=25V

2,2',3,4',5,5',6-heptachlorobiphenyl
（2,2',3,4',5,5',6- 七氯联苯；PCB187）

基本信息

CAS 登录号	52663-68-0	**分子量**	391.8049
分子式	$C_{12}H_3Cl_7$	**离子化模式**	电子轰击电离（EI）

总离子流色谱图

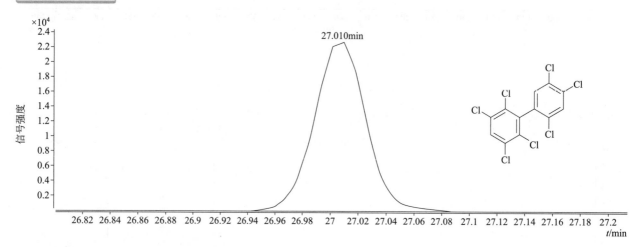

四个碰撞能量（CE）下子离子质谱图

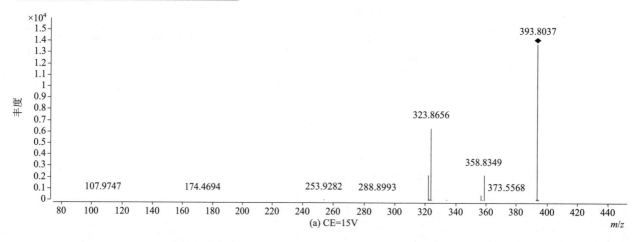

(a) CE=15V

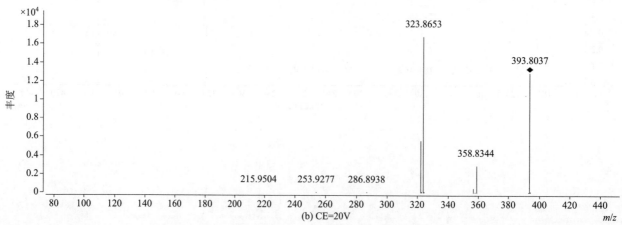

(b) CE=20V

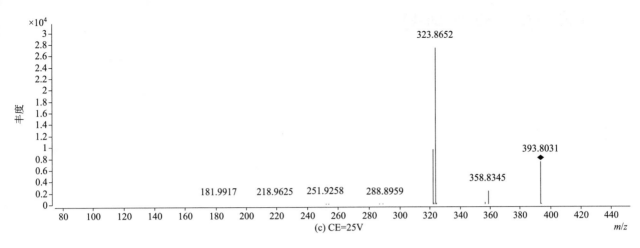

(c) CE=25V

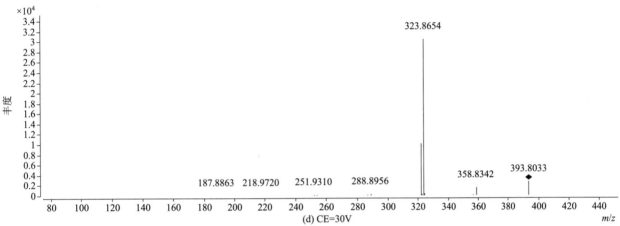

(d) CE=30V

2,2′,3,4′,5,6,6′-heptachlorobiphenyl（2,2′,3,4′,5,6,6′- 七氯联苯；PCB188）

基本信息

CAS 登录号	74487-85-7	分子量	391.8049
分子式	$C_{12}H_3Cl_7$	离子化模式	电子轰击电离（EI）

总离子流色谱图

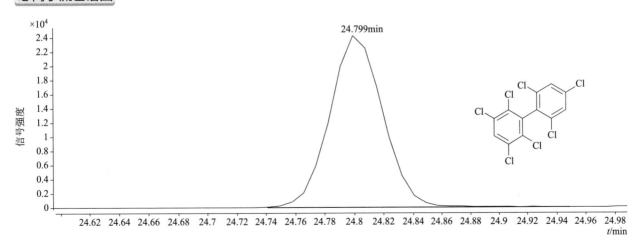

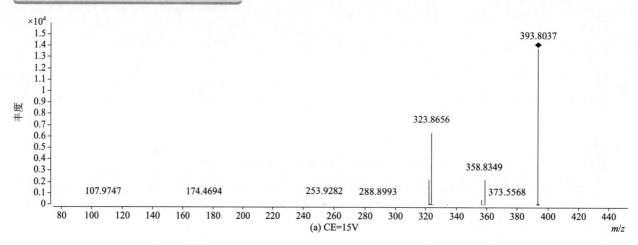

(a) CE=15V

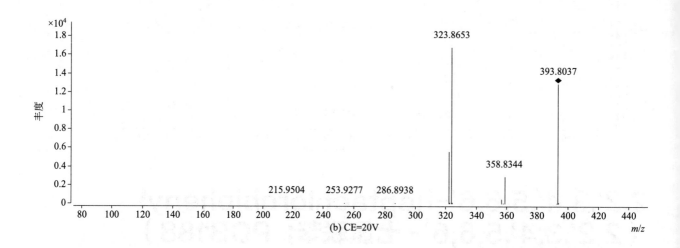

(b) CE=20V

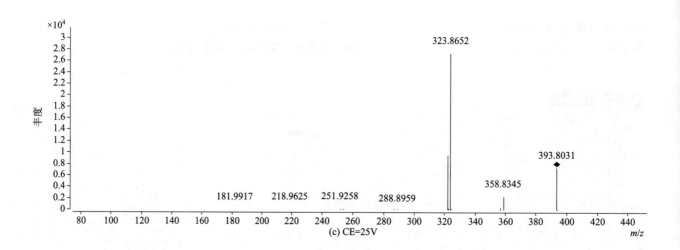

(c) CE=25V

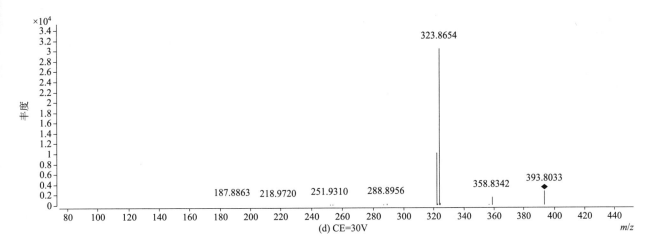

(d) CE=30V

2,3,3′,4,4′,5,5′-heptachlorobiphenyl
（2,3,3′,4,4′,5,5′- 七氯联苯；PCB189）

基本信息

CAS 登录号	39635-31-9	**分子量**	391.8049
分子式	$C_{12}H_3Cl_7$	**离子化模式**	电子轰击电离（EI）

总离子流色谱图

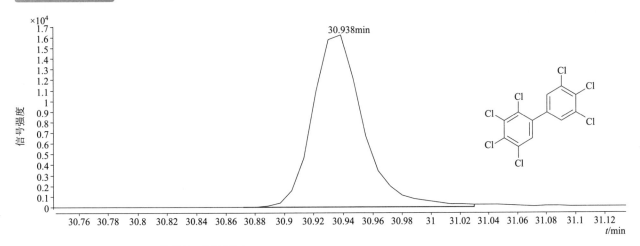

四个碰撞能量（CE）下子离子质谱图

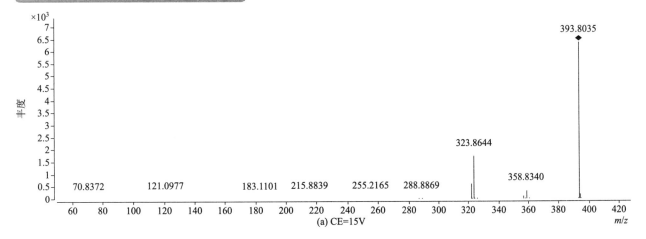

(a) CE=15V

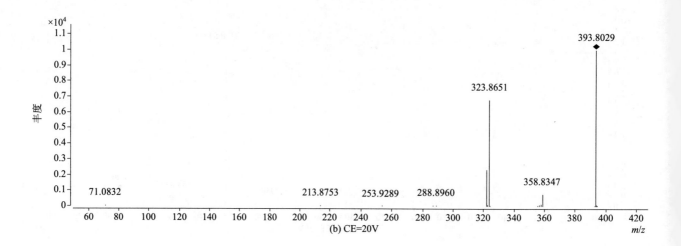

(b) CE=20V

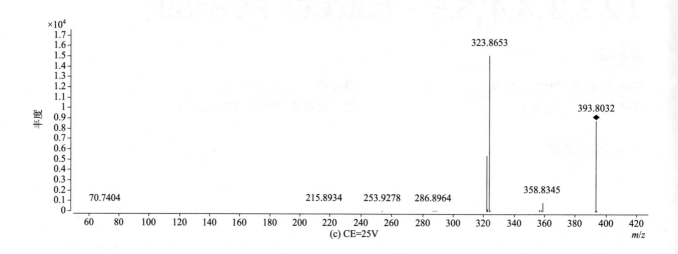

(c) CE=25V

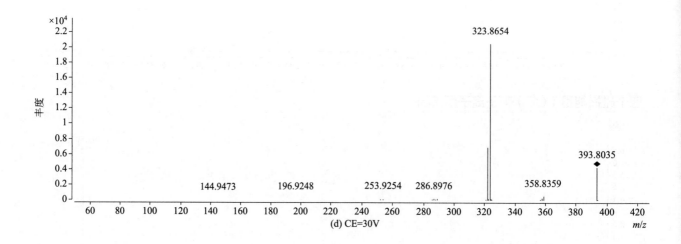

(d) CE=30V

2,3,3',4,4',5,6-heptachlorobiphenyl
（2,3,3',4,4',5,6- 七氯联苯；PCB190）

基本信息

CAS 登录号	41411-64-7	**分子量**	391.8049
分子式	$C_{12}H_3Cl_7$	**离子化模式**	电子轰击电离（EI）

总离子流色谱图

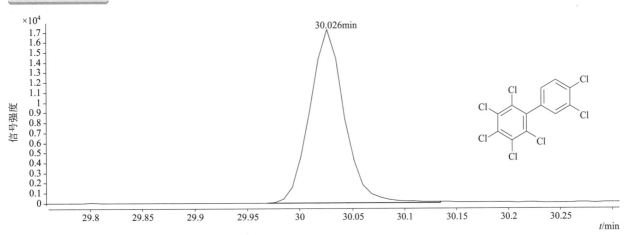

四个碰撞能量（CE）下子离子质谱图

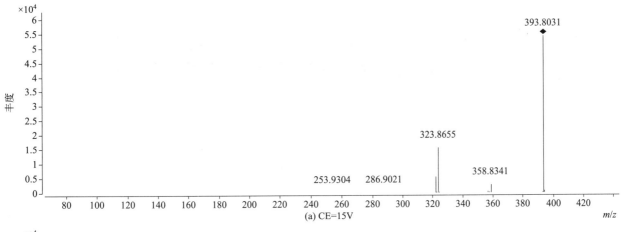

(a) CE=15V

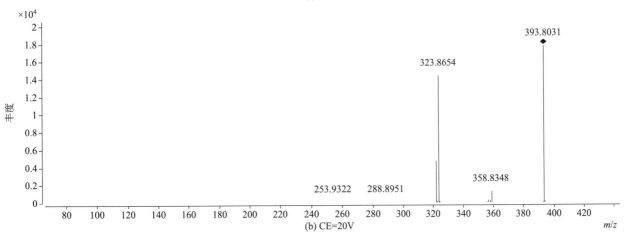

(b) CE=20V

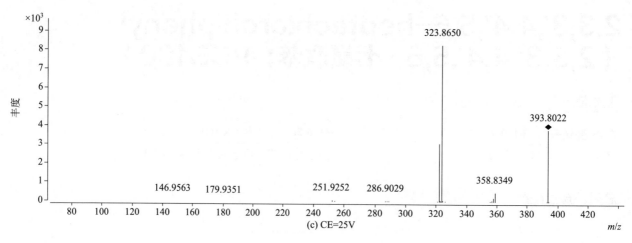

(c) CE=25V

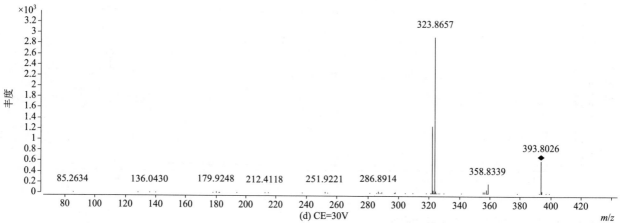

(d) CE=30V

2,3,3′,4,4′,5′,6-heptachlorobiphenyl
（2,3,3′,4,4′,5′,6- 七氯联苯；PCB191）

基本信息

CAS 登录号	74472-50-7	分子量	391.8049
分子式	C₁₂H₃Cl₇	离子化模式	电子轰击电离（EI）

分子式 $C_{12}H_3Cl_7$

总离子流色谱图

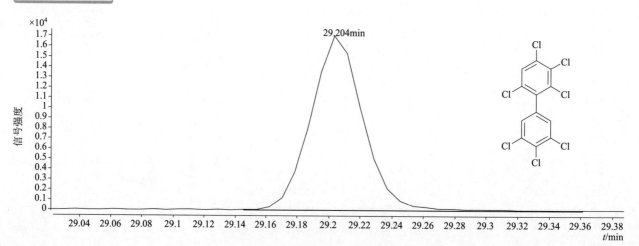

四个碰撞能量（CE）下子离子质谱图

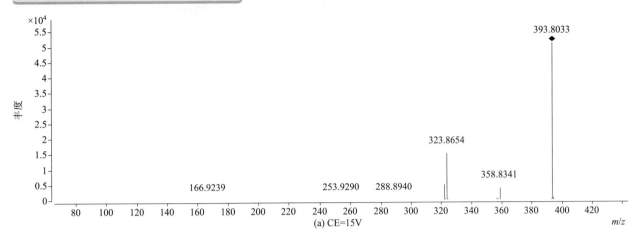

(a) CE=15V

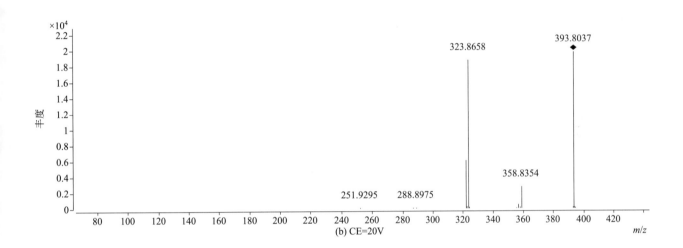

(b) CE=20V

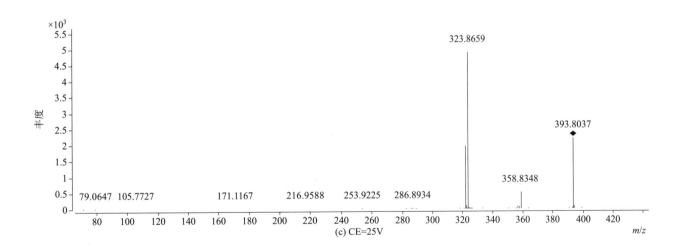

(c) CE=25V

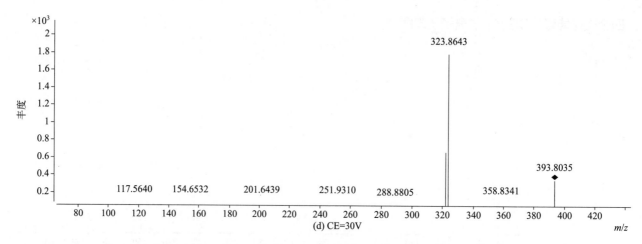

(d) CE=30V

2,3,3′,4,5,5′,6-heptachlorobiphenyl
（2,3,3′,4,5,5′,6- 七氯联苯；PCB192）

基本信息

CAS 登录号	74472-51-8	分子量	391.8049
分子式	$C_{12}H_3Cl_7$	离子化模式	电子轰击电离（EI）

总离子流色谱图

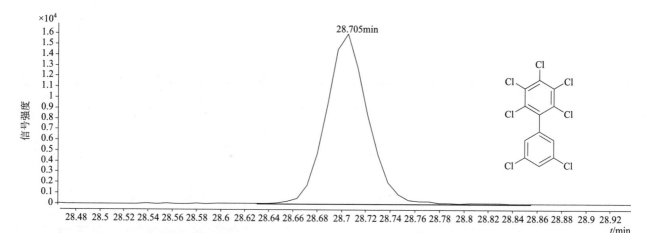

四个碰撞能量（CE）下子离子质谱图

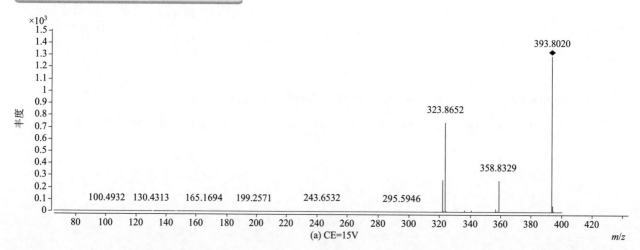

(a) CE=15V

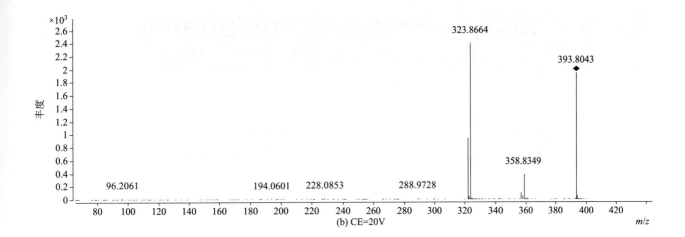

(b) CE=20V

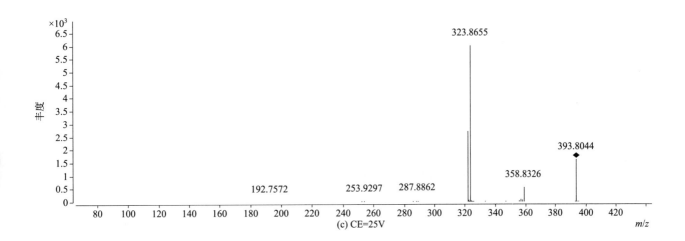

(c) CE=25V

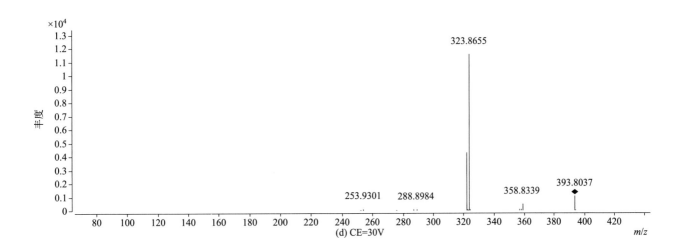

(d) CE=30V

2,3,3',4',5,5',6-heptachlorobiphenyl
（2,3,3',4',5,5',6- 七氯联苯；PCB193）

基本信息

CAS 登录号	69782-91-8	分子量	391.8049
分子式	$C_{12}H_3Cl_7$	离子化模式	电子轰击电离（EI）

总离子流色谱图

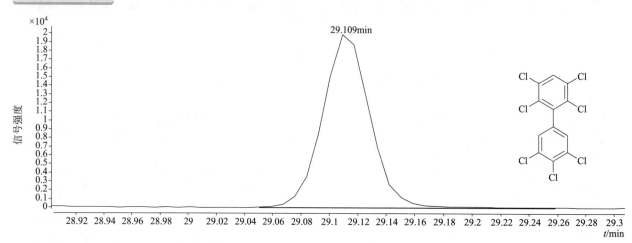

四个碰撞能量（CE）下子离子质谱图

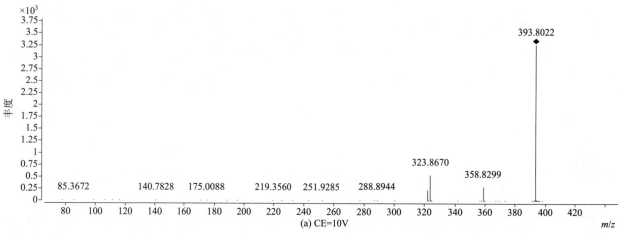

(a) CE=10V

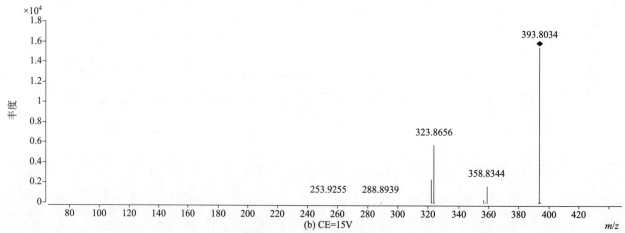

(b) CE=15V

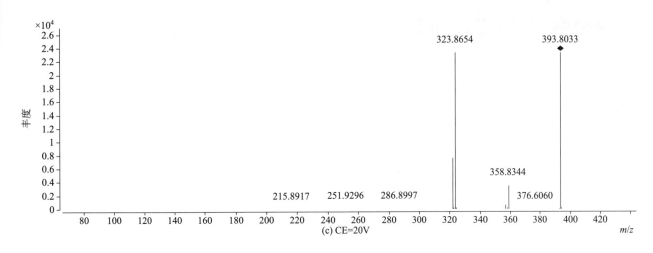

(c) CE=20V

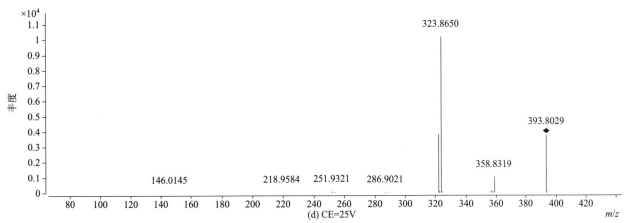

(d) CE=25V

heptenophos（庚虫磷）

CAS 登录号	23560-59-0	分子量	250.0156
分子式	$C_9H_{12}ClO_4P$	离子化模式	电子轰击电离（EI）

总离子流色谱图

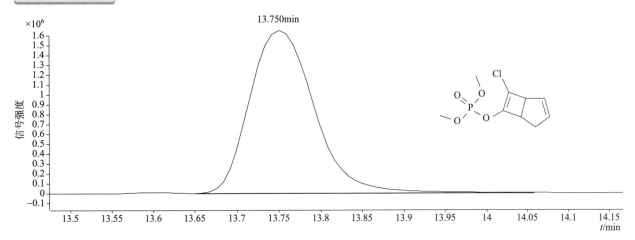

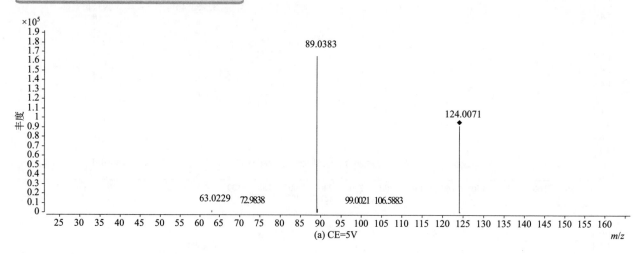

(a) CE=5V

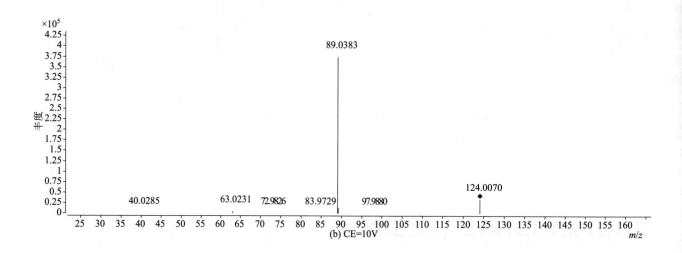

(b) CE=10V

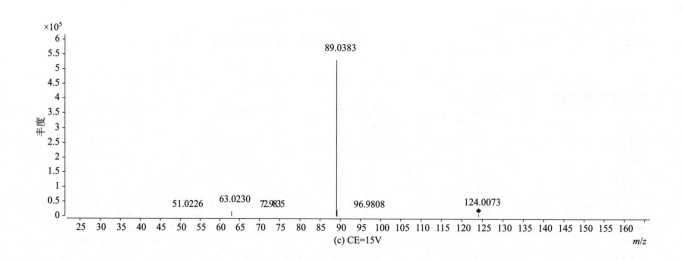

(c) CE=15V

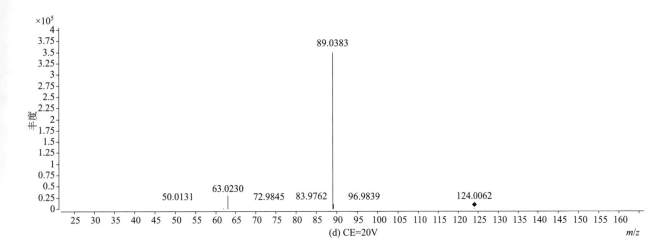

(d) CE=20V

hexaconazole（己唑醇）

hexaconazole（己唑醇）

基本信息

CAS 登录号	79983-71-4	**分子量**	313.0744
分子式	$C_{14}H_{17}Cl_2N_3O$	**离子化模式**	电子轰击电离（EI）

总离子流色谱图

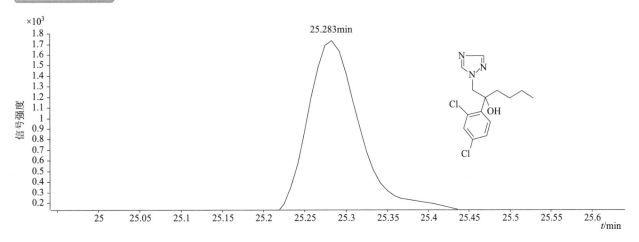

四个碰撞能量（CE）下子离子质谱图

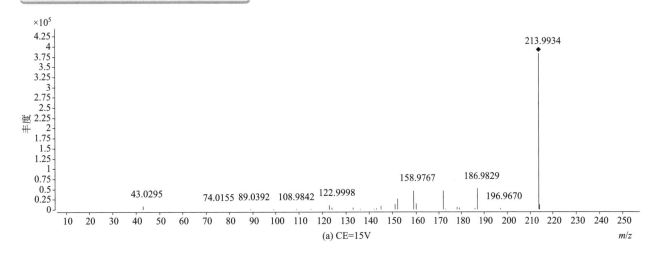

(a) CE=15V

513

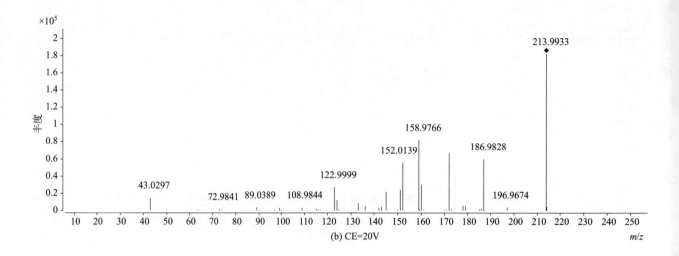

(b) CE=20V

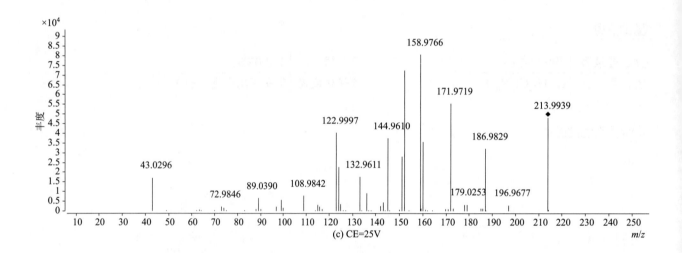

(c) CE=25V

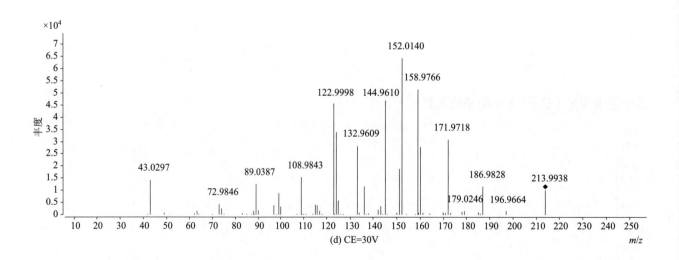

(d) CE=30V

hexazinone（环嗪酮）

基本信息

CAS 登录号	51235-04-2	**分子量**	252.1581
分子式	$C_{12}H_{20}N_4O_2$	**离子化模式**	电子轰击电离（EI）

总离子流色谱图

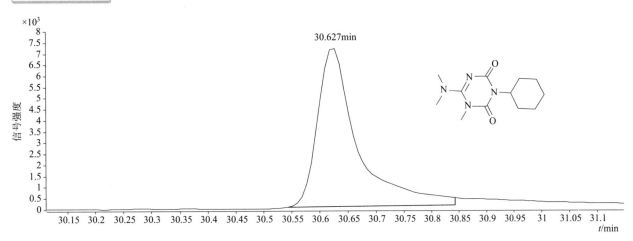

四个碰撞能量（CE）下子离子质谱图

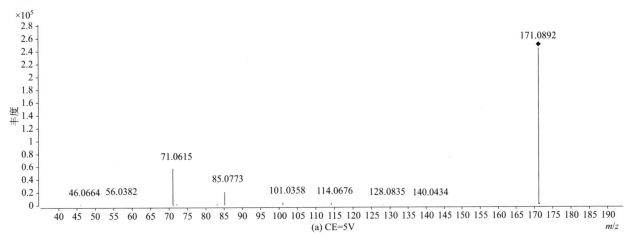

(a) CE=5V

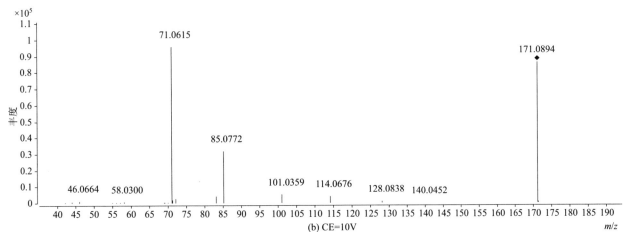

(b) CE=10V

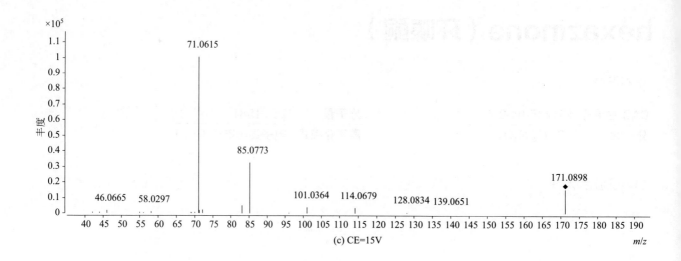

(c) CE=15V

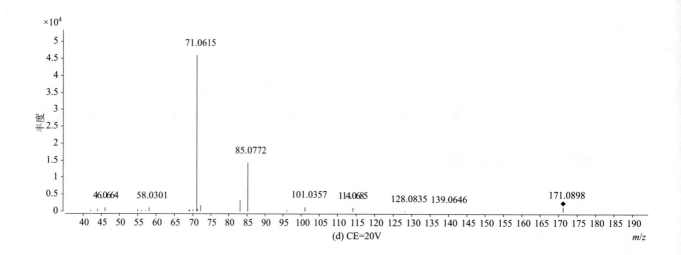

(d) CE=20V

imazamethabenz-methyl（咪草酸甲酯）

基本信息

CAS 登录号	81405-85-8	**分子量**	288.1469
分子式	$C_{16}H_{20}N_2O_3$	**离子化模式**	电子轰击电离（EI）

总离子流色谱图

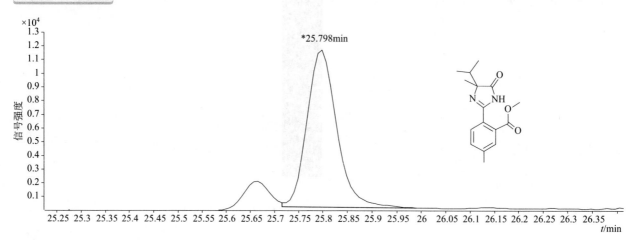

四个碰撞能量（CE）下子离子质谱图

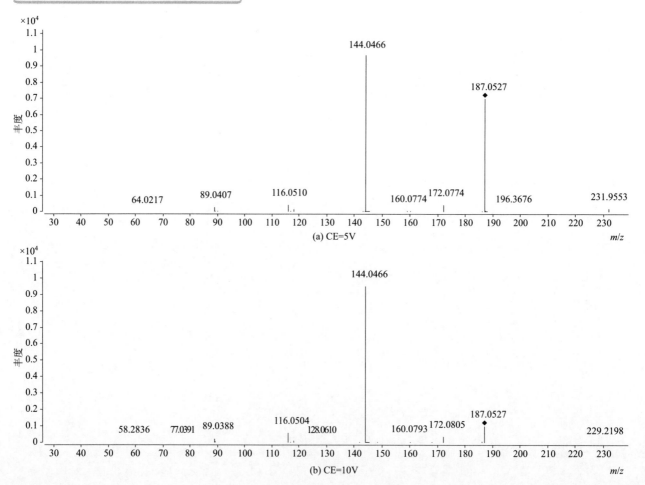

(a) CE=5V

(b) CE=10V

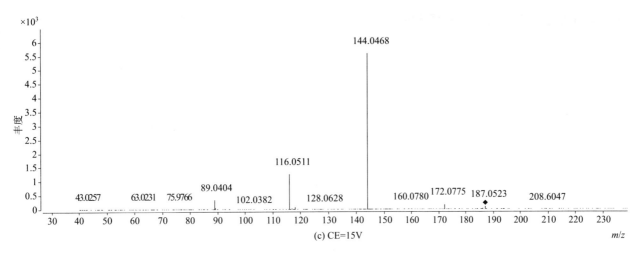

(c) CE=15V

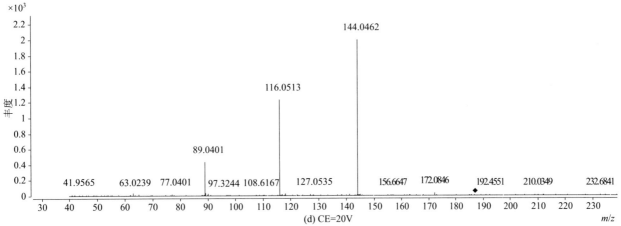

(d) CE=20V

iodofenphos（碘硫磷）

基本信息

CAS 登录号	18181-70-9	分子量	411.8349
分子式	$C_8H_8Cl_2IO_3PS$	离子化模式	电子轰击电离（EI）

总离子流色谱图

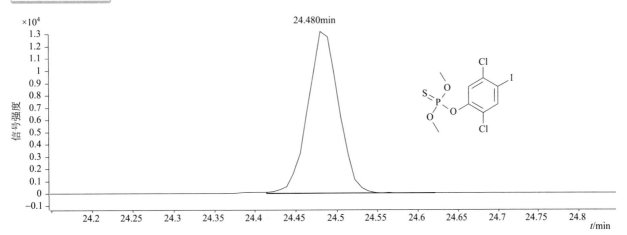

四个碰撞能量（CE）下子离子质谱图

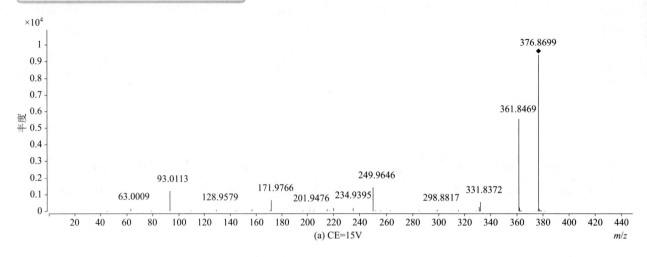

(a) CE=15V

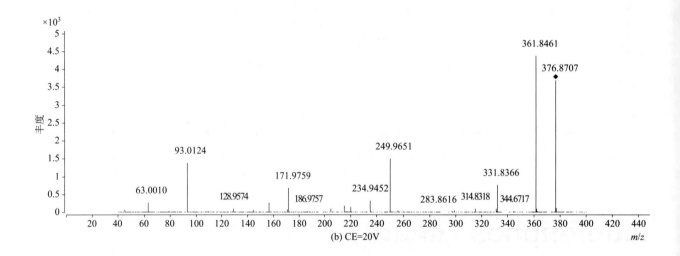

(b) CE=20V

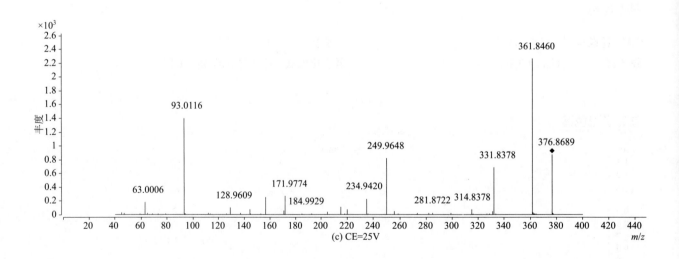

(c) CE=25V

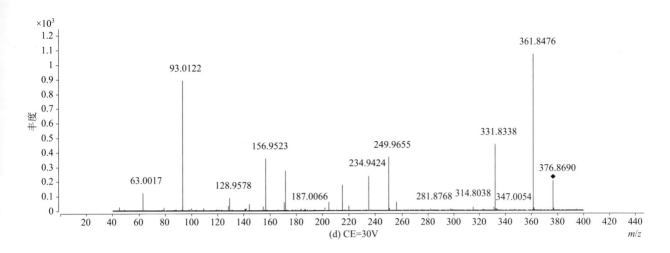

(d) CE=30V

iprobenfos（异稻瘟净）

基本信息

CAS 登录号	26087-47-8	分子量	288.0944
分子式	$C_{13}H_{21}O_3PS$	离子化模式	电子轰击电离（EI）

总离子流色谱图

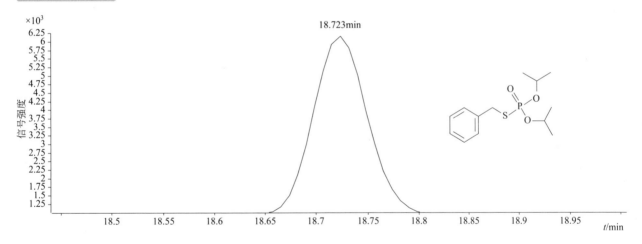

四个碰撞能量（CE）下子离子质谱图

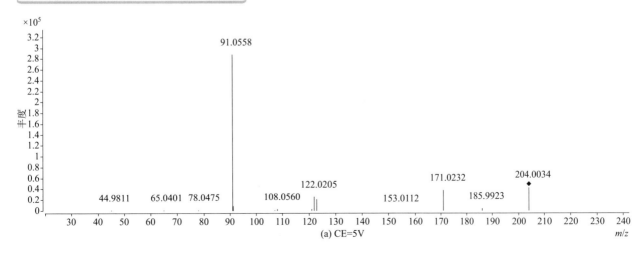

(a) CE=5V

521

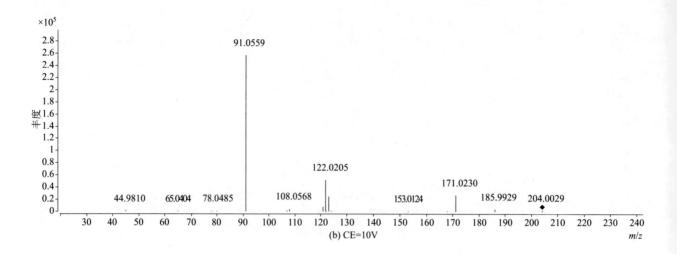

(b) CE=10V

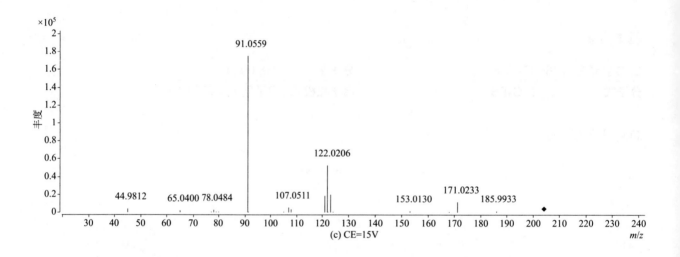

(c) CE=15V

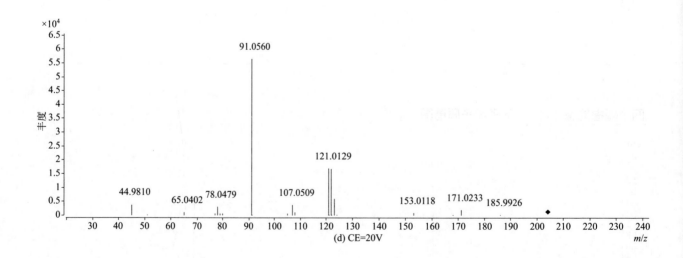

(d) CE=20V

iprodione（异菌脲）

基本信息

CAS 登录号	36734-19-7	分子量	329.0329
分子式	$C_{13}H_{13}Cl_2N_3O_3$	离子化模式	电子轰击电离（EI）

总离子流色谱图

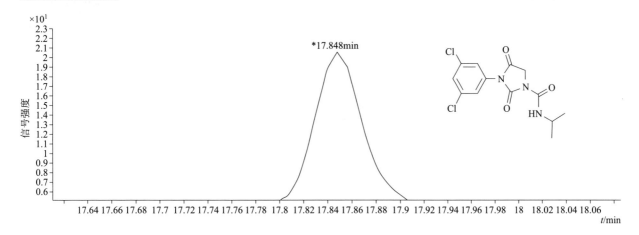

四个碰撞能量（CE）下子离子质谱图

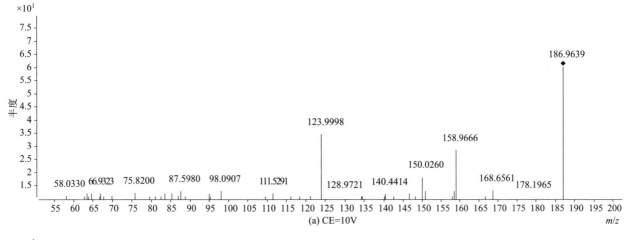

(a) CE=10V

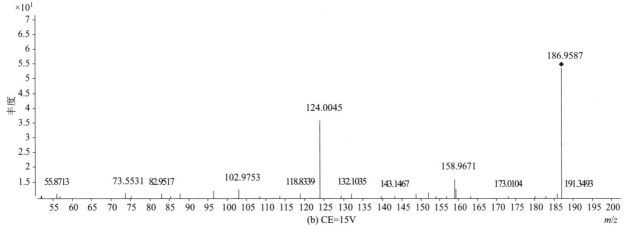

(b) CE=15V

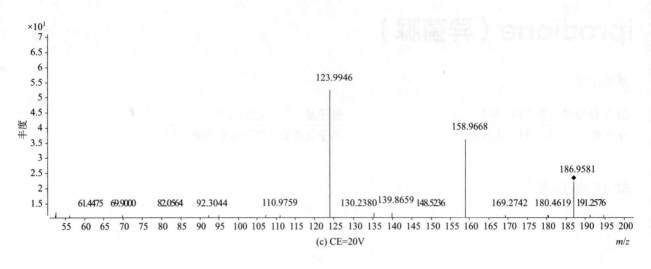

(c) CE=20V

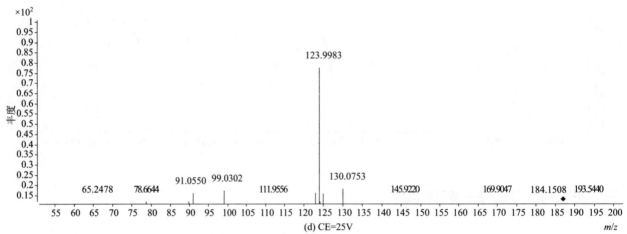

(d) CE=25V

iprovalicarb（异丙菌胺）

基本信息

CAS 登录号	140923-17-7	分子量	320.2095
分子式	C₁₈H₂₈N₂O₃	离子化模式	电子轰击电离（EI）

总离子流色谱图

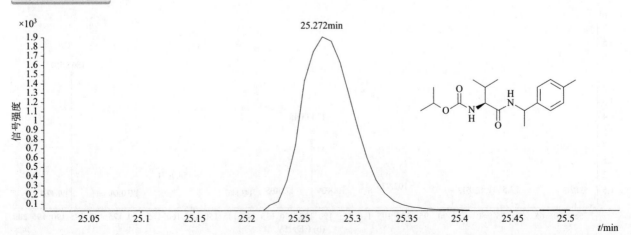

25.272min

四个碰撞能量（CE）下子离子质谱图

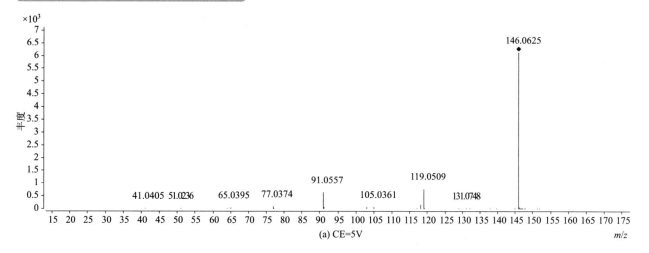

(a) CE=5V

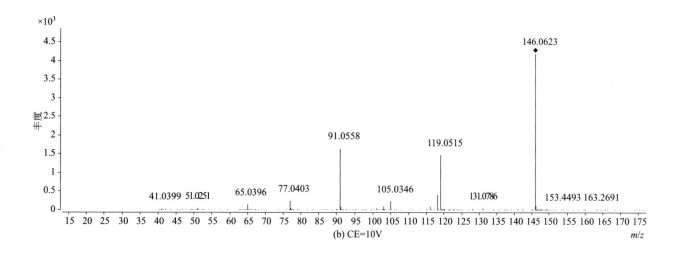

(b) CE=10V

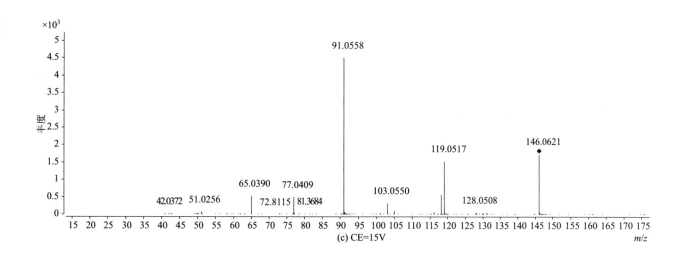

(c) CE=15V

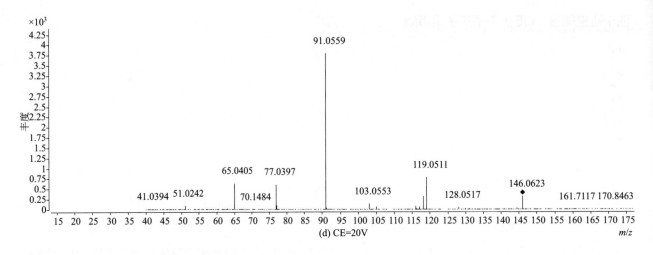

(d) CE=20V

isazofos（氯唑磷）

基本信息

CAS 登录号	42509-80-8	分子量	313.0412
分子式	C$_9$H$_{17}$ClN$_3$O$_3$PS	离子化模式	电子轰击电离（EI）

总离子流色谱图

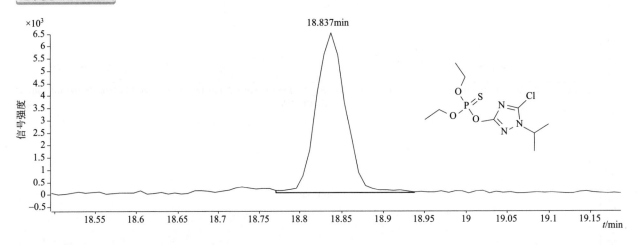

四个碰撞能量（CE）下子离子质谱图

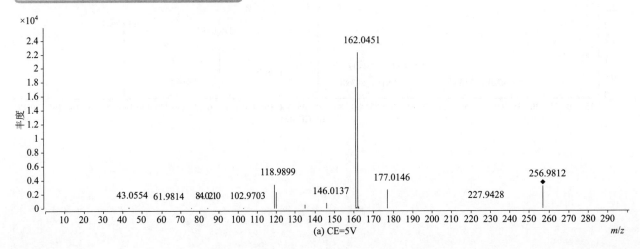

(a) CE=5V

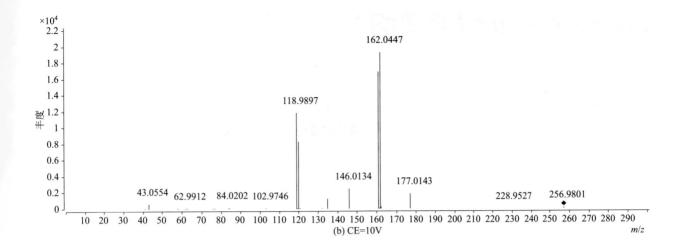

(b) CE=10V

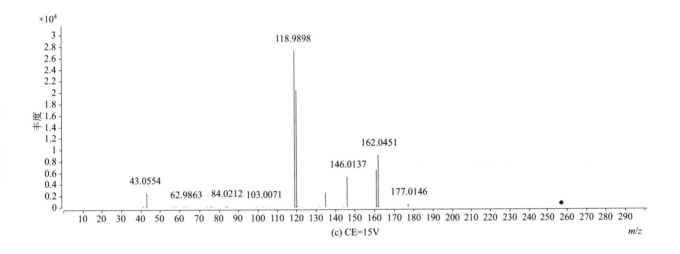

(c) CE=15V

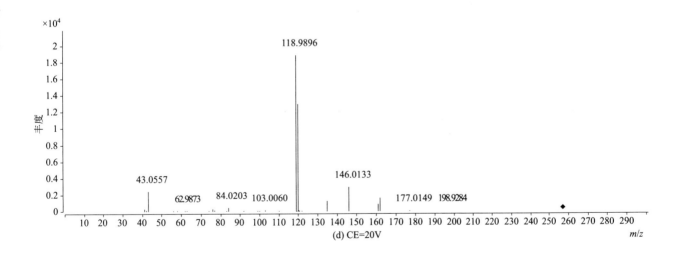

(d) CE=20V

isocarbamid（草灵酮）

基本信息

CAS 登录号	30979-48-7	分子量	185.1159
分子式	C₈H₁₅N₃O₂	离子化模式	电子轰击电离（EI）

分子式 $C_8H_{15}N_3O_2$; 分子量 185.1159 ; 离子化模式 电子轰击电离（EI）

总离子流色谱图

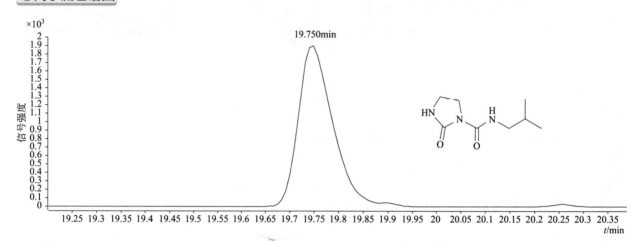

四个碰撞能量（CE）下子离子质谱图

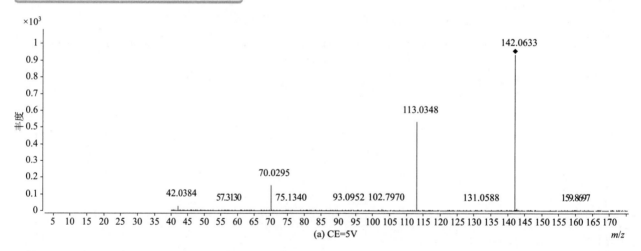

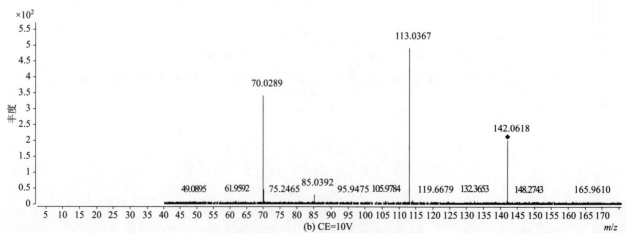

528

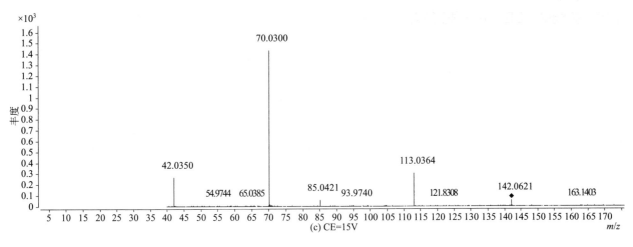

(c) CE=15V

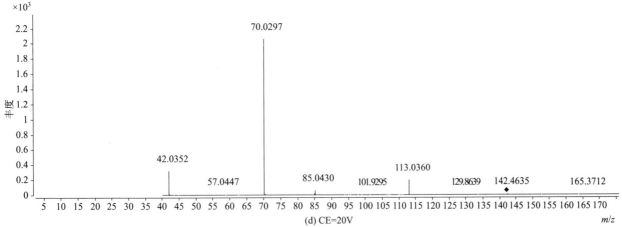

(d) CE=20V

isocarbophos（水胺硫磷）

CAS 登录号	24353-61-5	分子量	289.0533
分子式	$C_{11}H_{16}NO_4PS$	离子化模式	电子轰击电离（EI）

总离子流色谱图

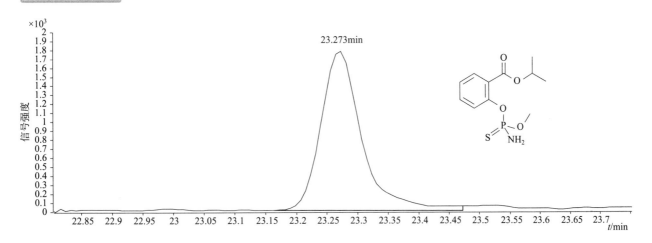

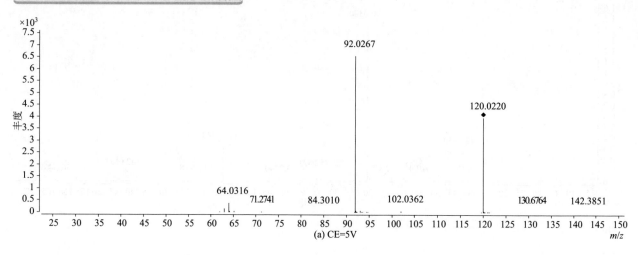

(a) CE=5V

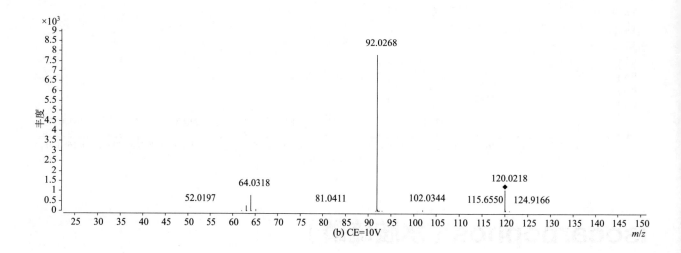

(b) CE=10V

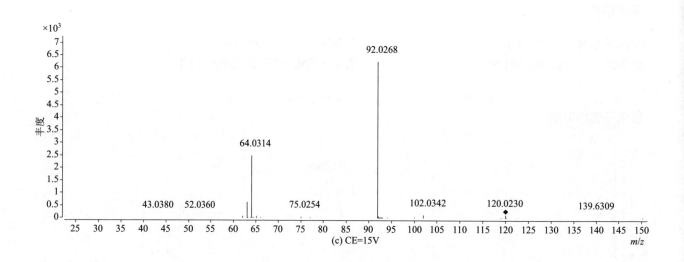

(c) CE=15V

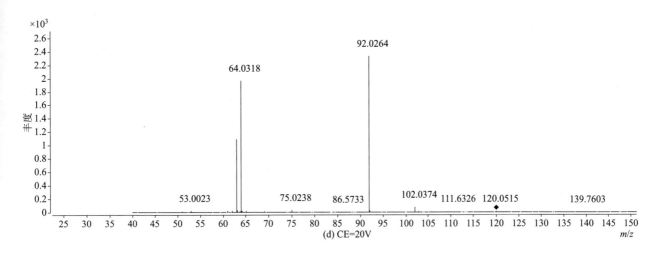
(d) CE=20V

isodrin（异艾氏剂）

基本信息

CAS 登录号	465-73-6	分子量	361.8752
分子式	$C_{12}H_8Cl_6$	离子化模式	电子轰击电离（EI）

总离子流色谱图

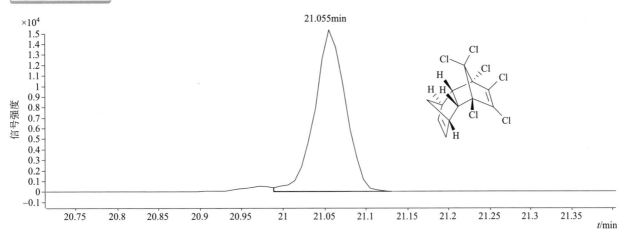

四个碰撞能量（CE）下子离子质谱图

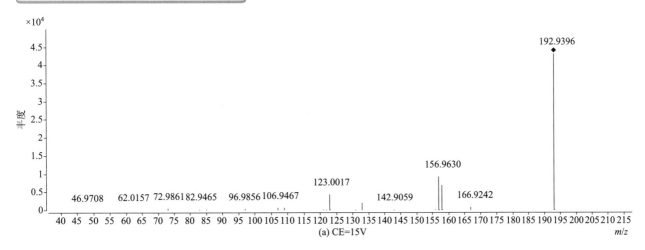
(a) CE=15V

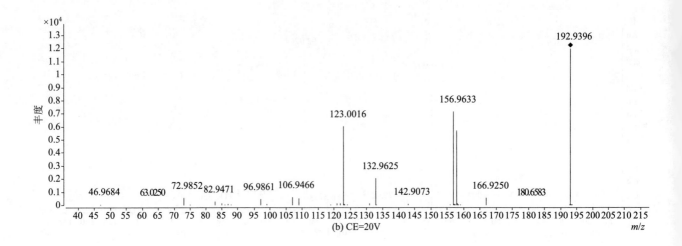

(b) CE=20V

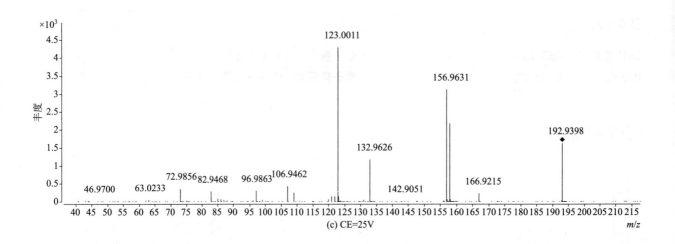

(c) CE=25V

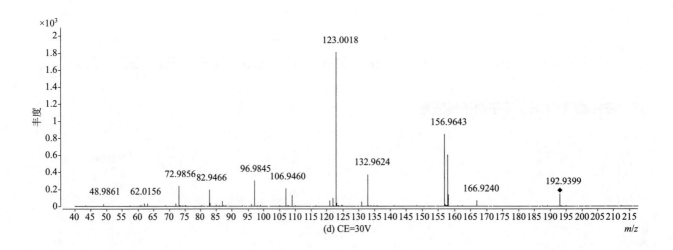

(d) CE=30V

isofenphos oxon（氧丙胺磷）

基本信息

CAS 登录号	31120-85-1	**分子量**	329.1387
分子式	C₁₅H₂₄NO₅P	**离子化模式**	电子轰击电离（EI）

总离子流色谱图

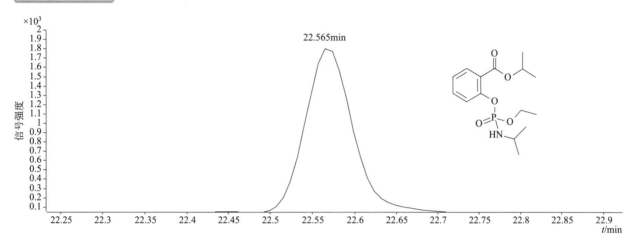

四个碰撞能量（CE）下子离子质谱图

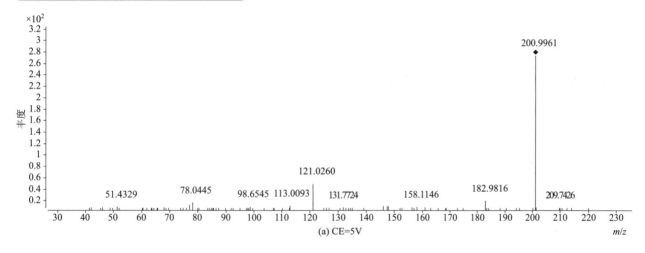

(a) CE=5V

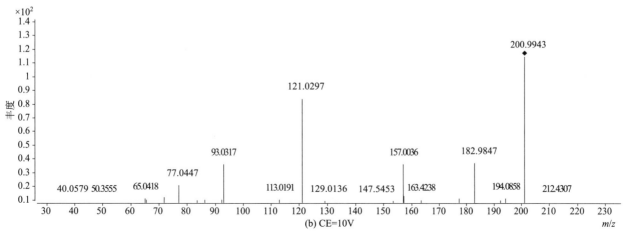

(b) CE=10V

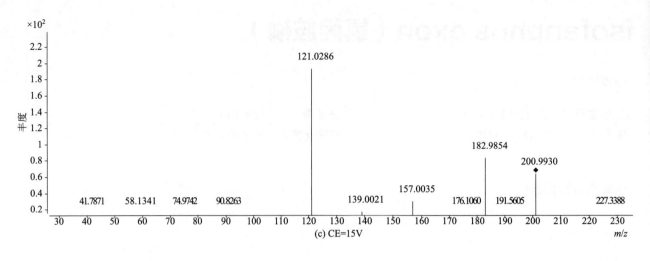

(c) CE=15V

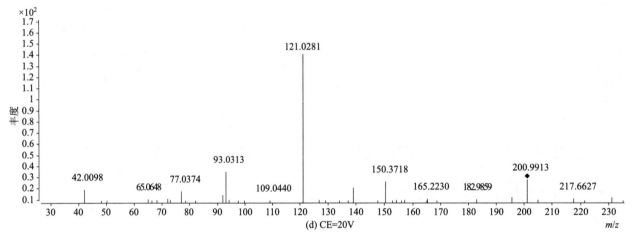

(d) CE=20V

isoprocarb（异丙威）

CAS 登录号	2631-40-5	分子量	193.1098
分子式	C$_{11}$H$_{15}$NO$_2$	离子化模式	电子轰击电离（EI）

总离子流色谱图

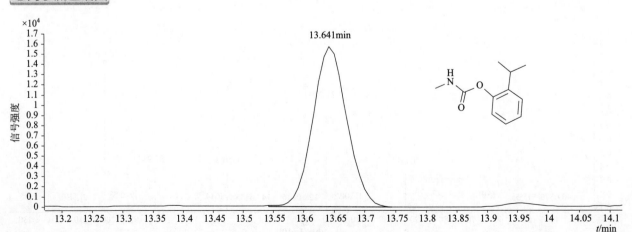

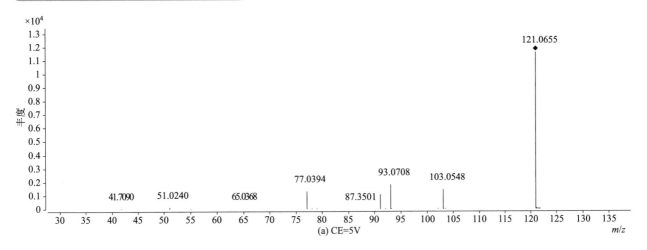

(a) CE=5V

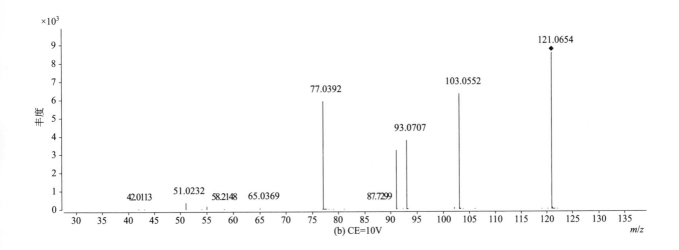

(b) CE=10V

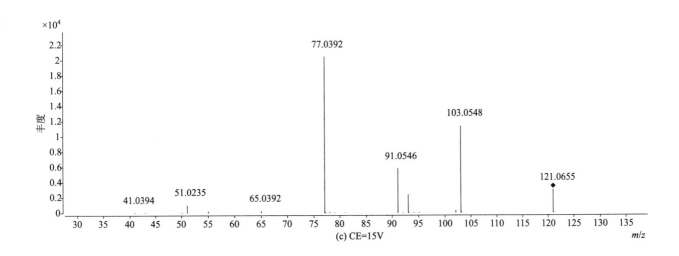

(c) CE=15V

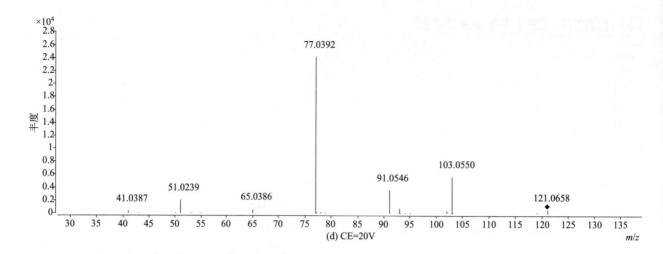

(d) CE=20V

isopropalin（异乐灵）

基本信息

CAS 登录号	33820-53-0	**分子量**	309.1684
分子式	$C_{15}H_{23}N_3O_4$	**离子化模式**	电子轰击电离（EI）

总离子流色谱图

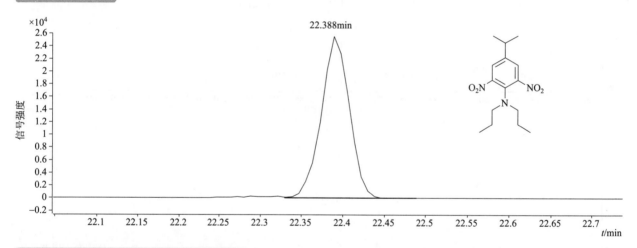

四个碰撞能量（CE）下子离子质谱图

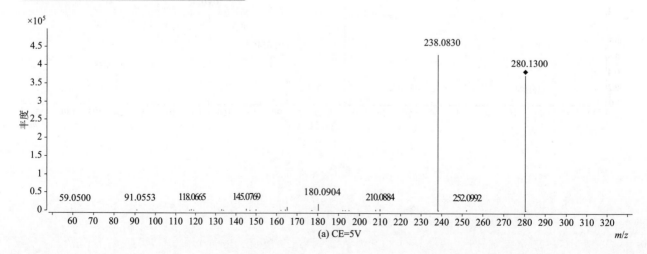

(a) CE=5V

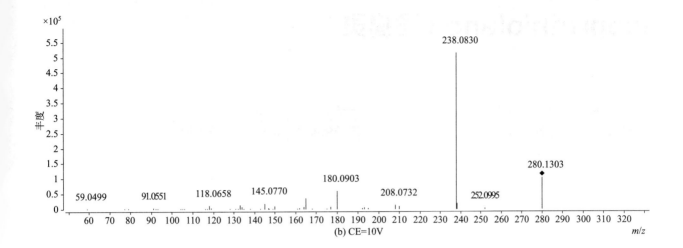

(b) CE=10V

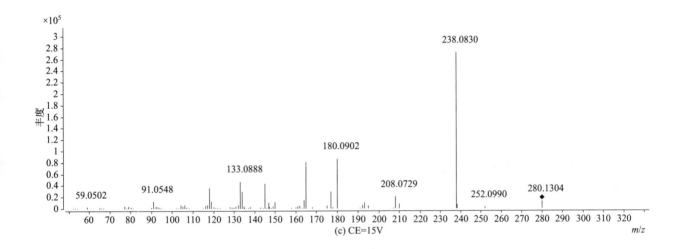

(c) CE=15V

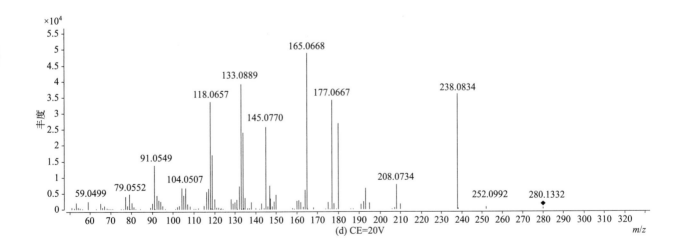

(d) CE=20V

isoprothiolane（稻瘟灵）

基本信息

CAS 登录号	50512-35-1	**分子量**	290.0642
分子式	$C_{12}H_{18}O_4S_2$	**离子化模式**	电子轰击电离（EI）

总离子流色谱图

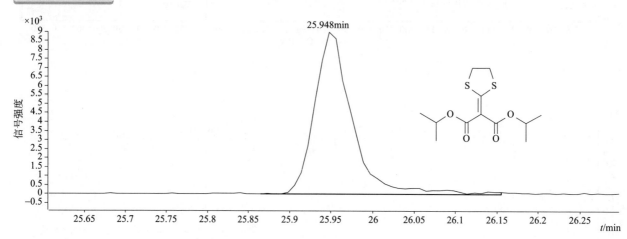

四个碰撞能量（CE）下子离子质谱图

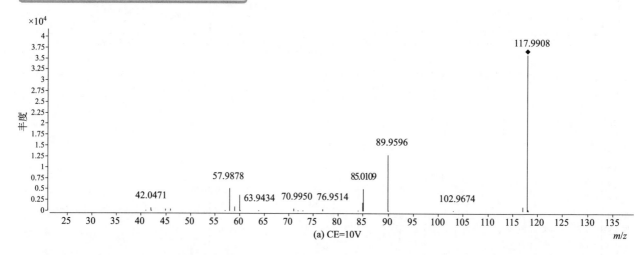

(a) CE=10V

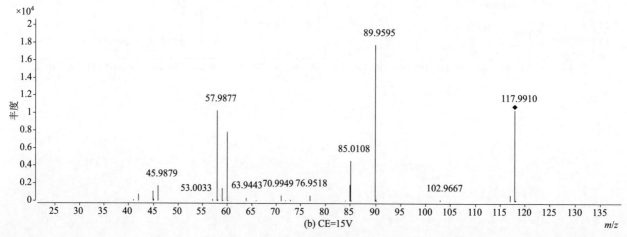

(b) CE=15V

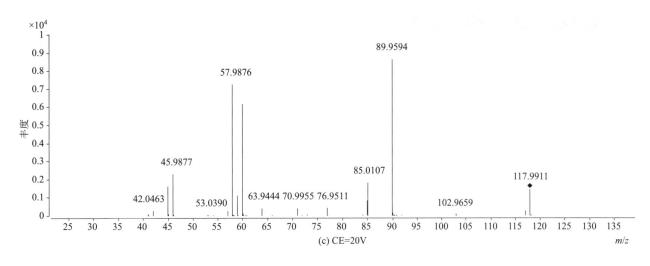

(c) CE=20V

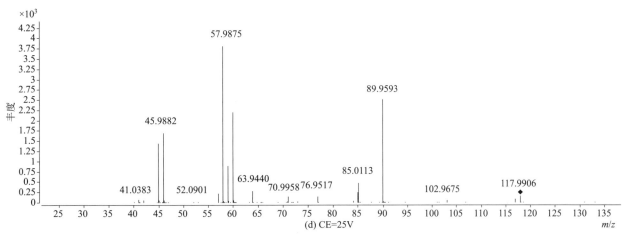

(d) CE=25V

isoxaflutole（异噁唑草酮）

CAS 登录号	141112-29-0	分子量	359.0434
分子式	$C_{15}H_{12}F_3NO_4S$	离子化模式	电子轰击电离（EI）

总离子流色谱图

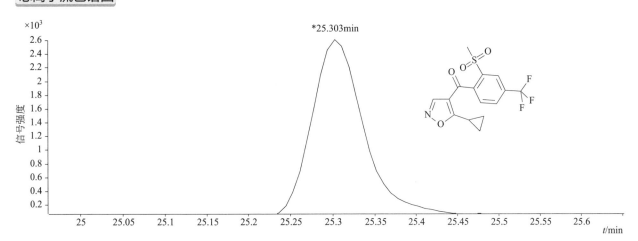

*25.303min

四个碰撞能量（CE）下子离子质谱图

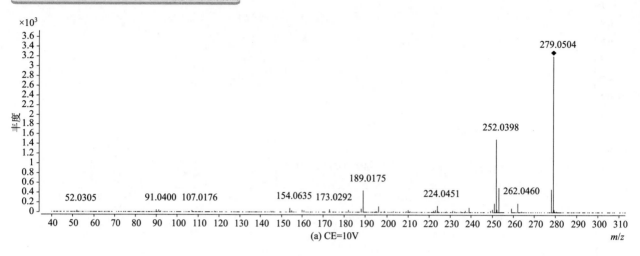

(a) CE=10V

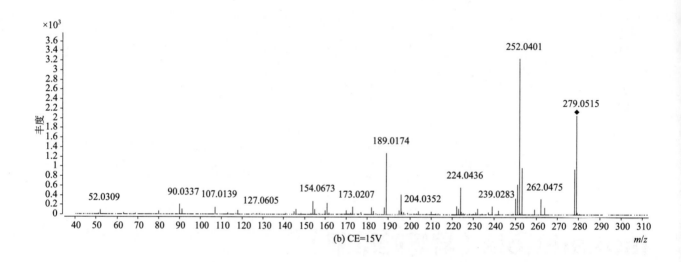

(b) CE=15V

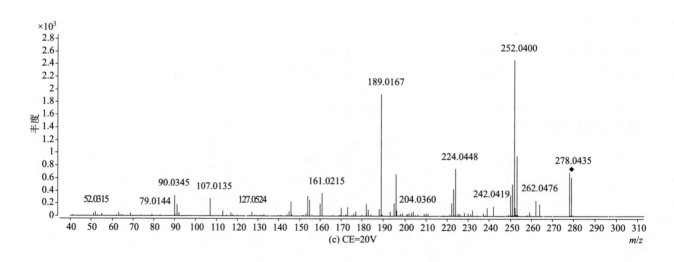

(c) CE=20V

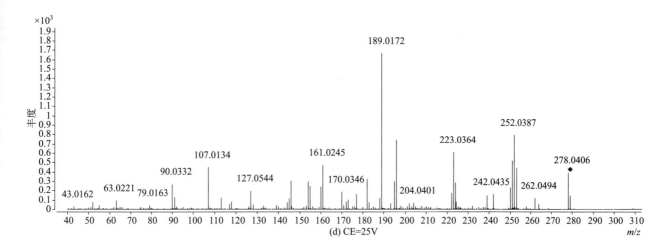

(d) CE=25V

isoxathion（噁唑磷）

基本信息

CAS 登录号	18854-01-8	分子量	313.0533
分子式	$C_{13}H_{16}NO_4PS$	离子化模式	电子轰击电离（EI）

总离子流色谱图

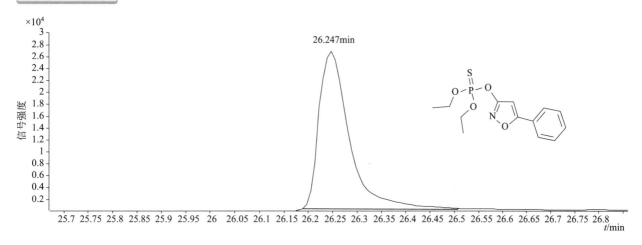

四个碰撞能量（CE）下子离子质谱图

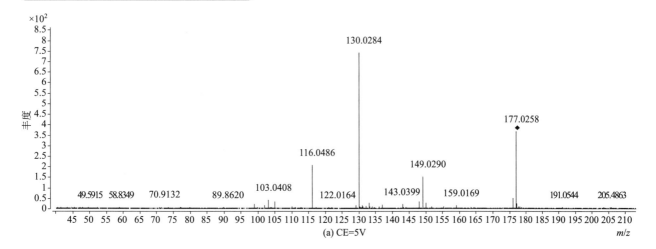

(a) CE=5V

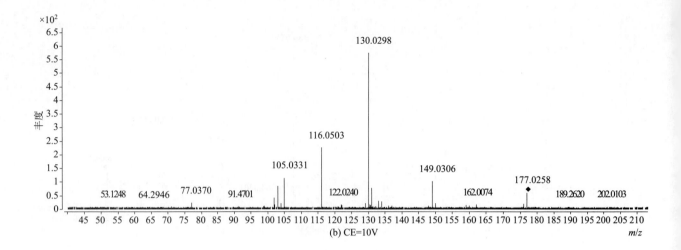

(b) CE=10V

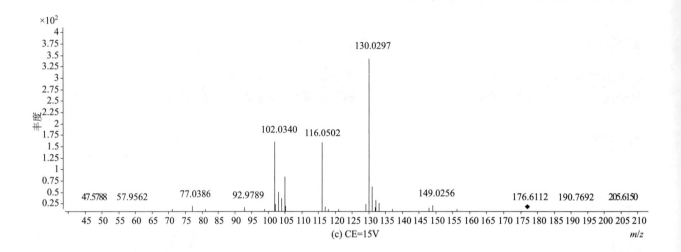

(c) CE=15V

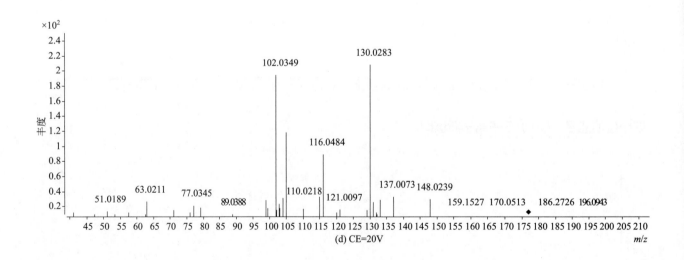

(d) CE=20V

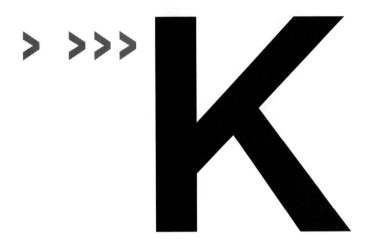

kresoxim-methyl（醚菌酯）

基本信息

CAS 登录号	143390-89-0	**分子量**	313.1309
分子式	$C_{18}H_{19}NO_4$	**离子化模式**	电子轰击电离（EI）

总离子流色谱图

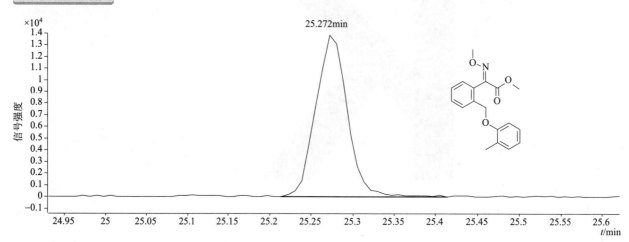

四个碰撞能量（CE）下子离子质谱图

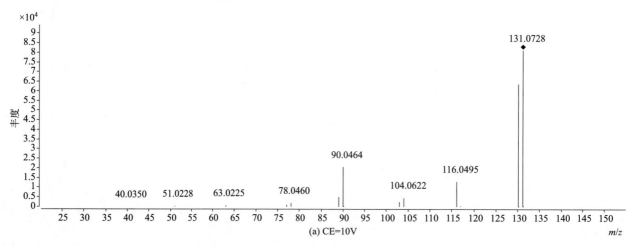

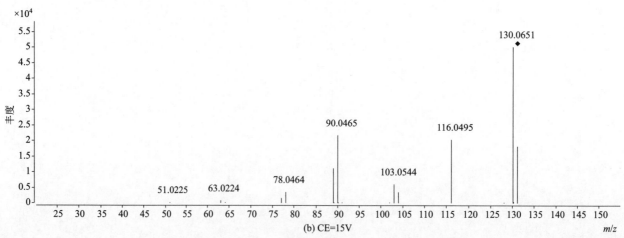

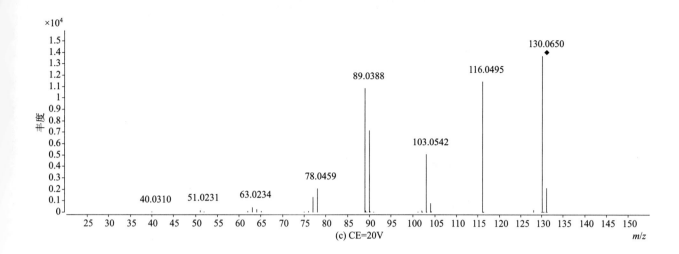

(c) CE=20V

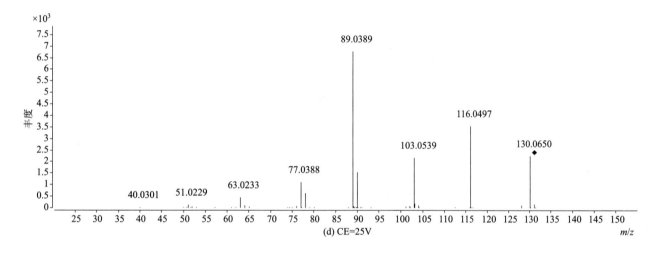

(d) CE=25V

lactofen（乳氟禾草灵）

基本信息

CAS 登录号	77501-63-4	**分子量**	461.0484
分子式	$C_{19}H_{15}ClF_3NO_7$	**离子化模式**	电子轰击电离（EI）

总离子流色谱图

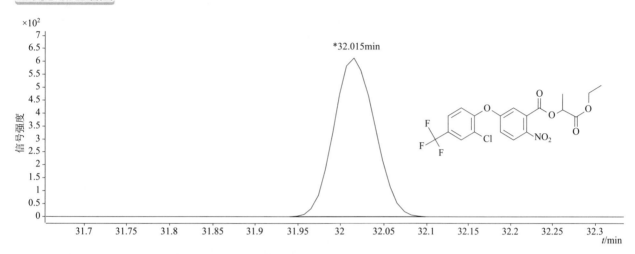

四个碰撞能量（CE）下子离子质谱图

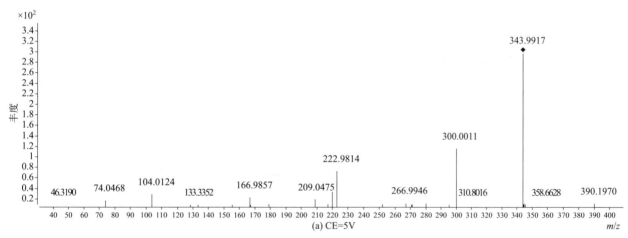

(a) CE=5V

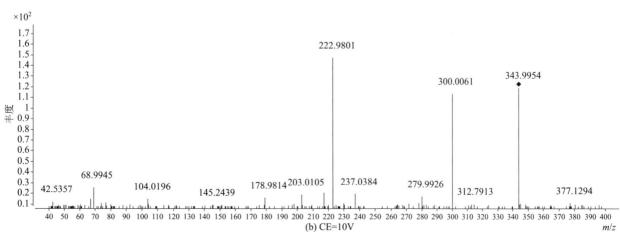

(b) CE=10V

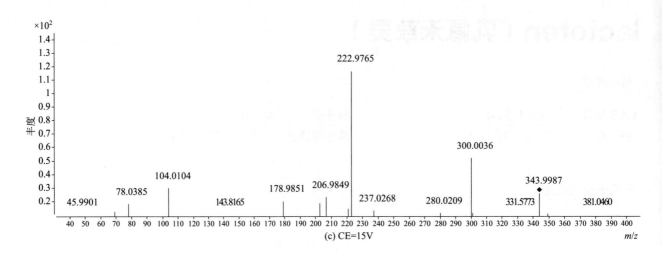

(c) CE=15V

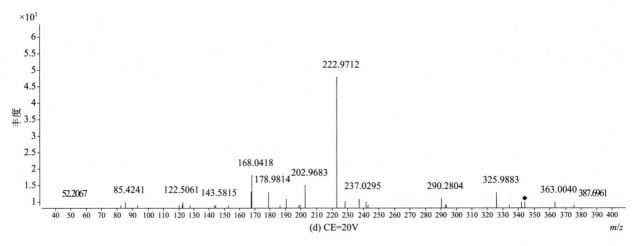

(d) CE=20V

linuron（利谷隆）

基本信息

CAS 登录号	330-55-2	分子量	248.0114
分子式	$C_9H_{10}Cl_2N_2O_2$	离子化模式	电子轰击电离（EI）

总离子流色谱图

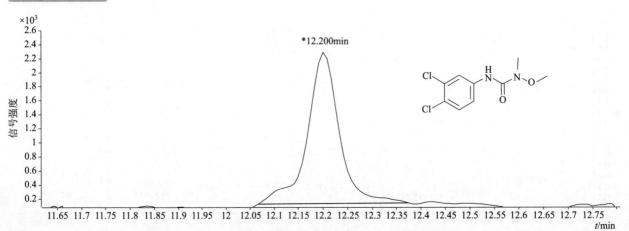

548

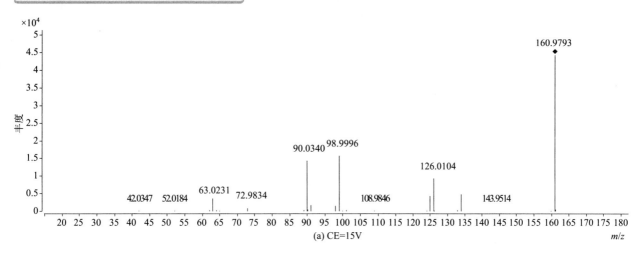

(a) CE=15V

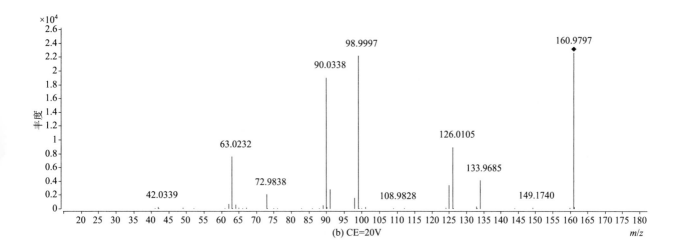

(b) CE=20V

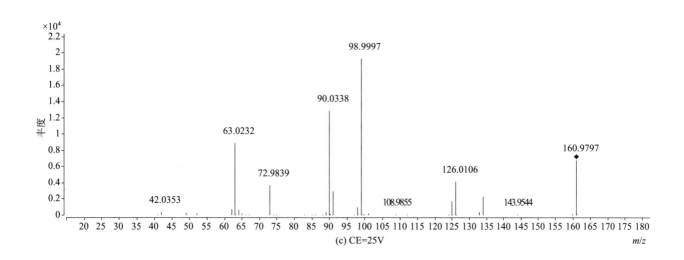

(c) CE=25V

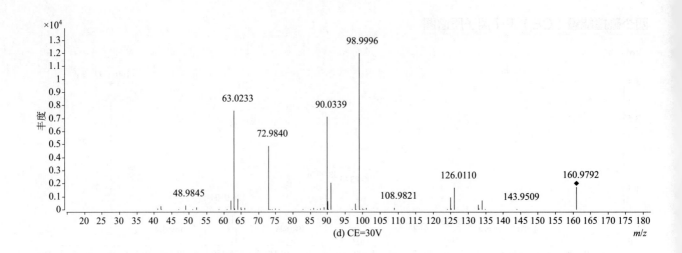

(d) CE=30V

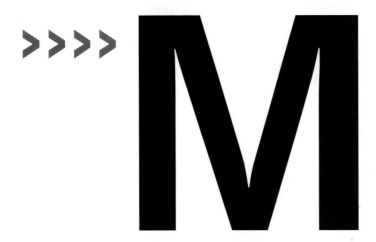

malathion（马拉硫磷）

基本信息

CAS 登录号	121-75-5	**分子量**	330.0356
分子式	$C_{10}H_{19}O_6PS_2$	**离子化模式**	电子轰击电离（EI）

总离子流色谱图

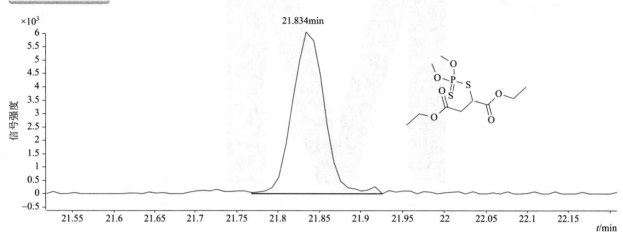

四个碰撞能量（CE）下子离子质谱图

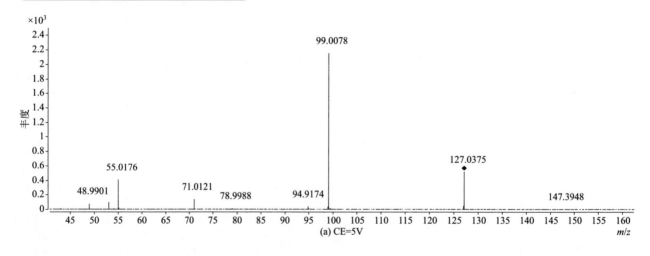

(a) CE=5V

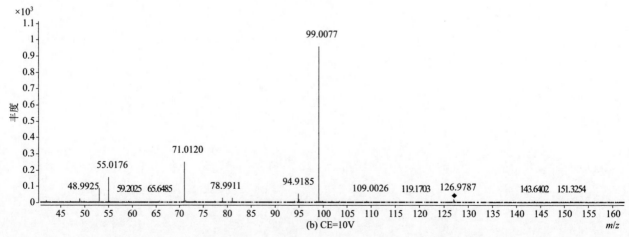

(b) CE=10V

552

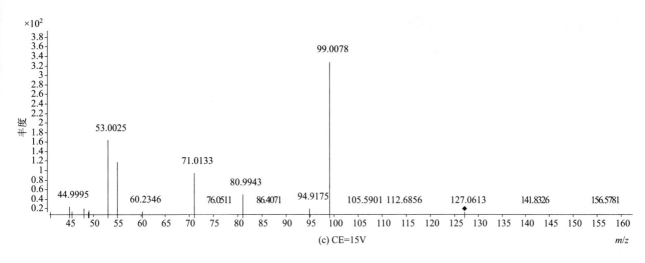

(c) CE=15V　　　　　　　　　　　　　　　　　*m/z*

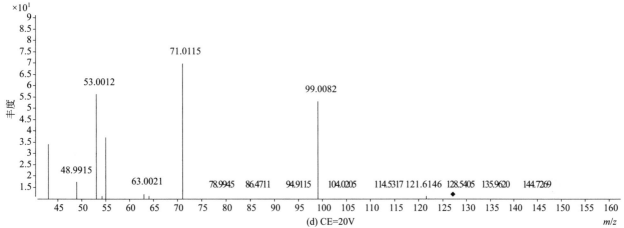

(d) CE=20V　　　　　　　　　　　　　　　　　*m/z*

MCPA butoxyethyl（2 甲 4 氯丁氧乙基酯）

CAS 登录号	19480-43-4	分子量	300.1123
分子式	C$_{15}$H$_{21}$ClO$_4$	离子化模式	电子轰击电离（EI）

总离子流色谱图

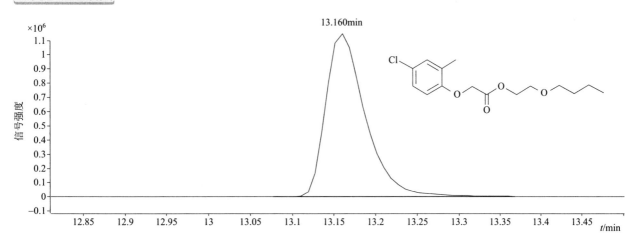

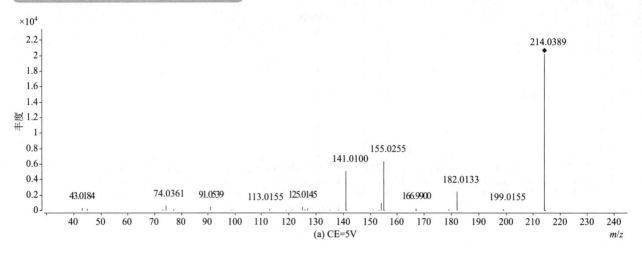

(a) CE=5V

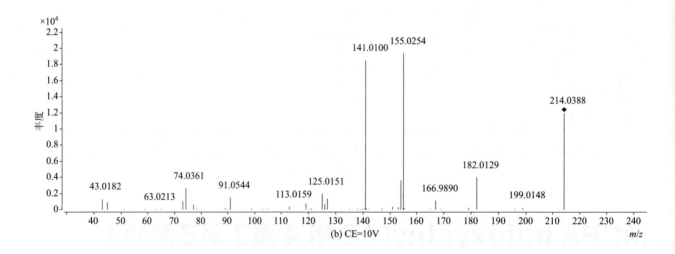

(b) CE=10V

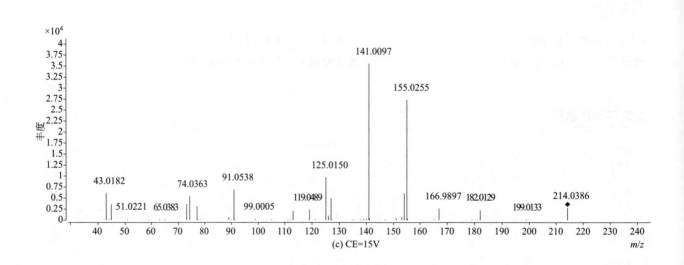

(c) CE=15V

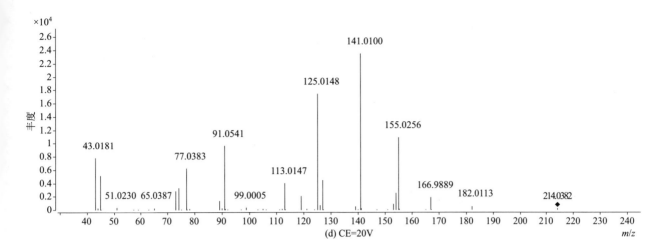

(d) CE=20V

mefenacet（苯噻酰草胺）

基本信息

CAS 登录号	73250-68-7	分子量	298.0771
分子式	C$_{16}$H$_{14}$N$_2$O$_2$S	离子化模式	电子轰击电离（EI）

总离子流色谱图

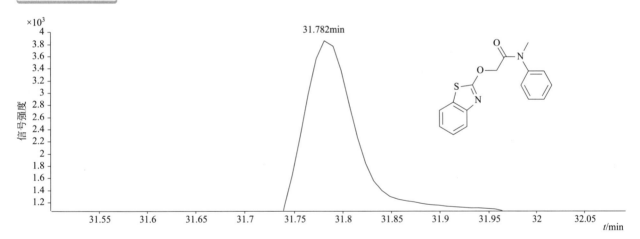

四个碰撞能量（CE）下子离子质谱图

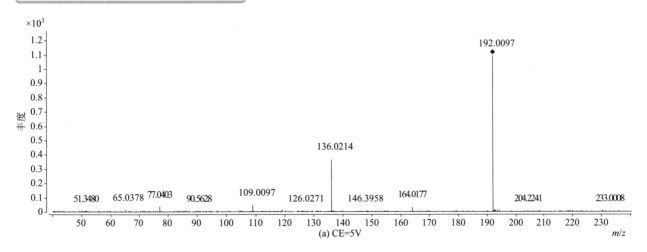

(a) CE=5V

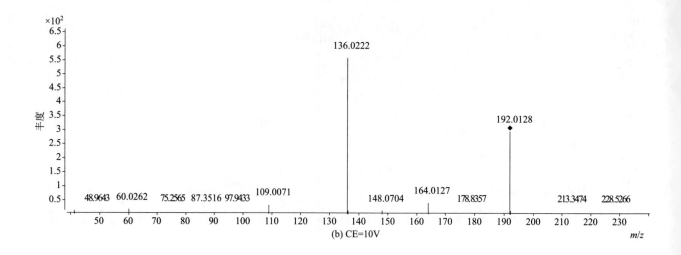

(b) CE=10V

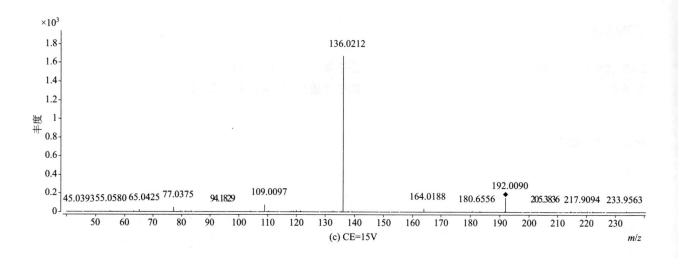

(c) CE=15V

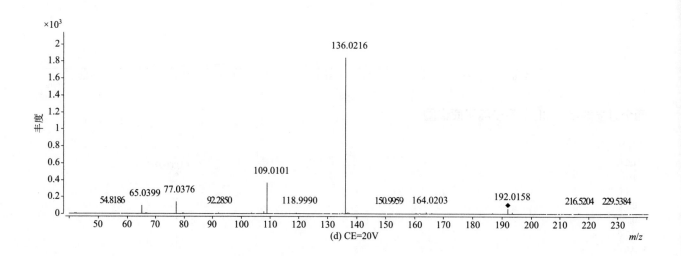

(d) CE=20V

mefenpyr-diethyl（吡唑解草酯）

基本信息

CAS 登录号	135590-91-9	分子量	372.0639
分子式	$C_{16}H_{18}Cl_2N_2O_4$	离子化模式	电子轰击电离（EI）

总离子流色谱图

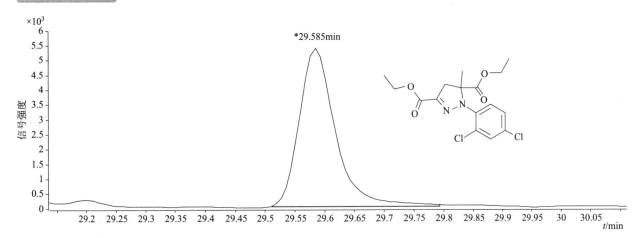

四个碰撞能量（CE）下子离子质谱图

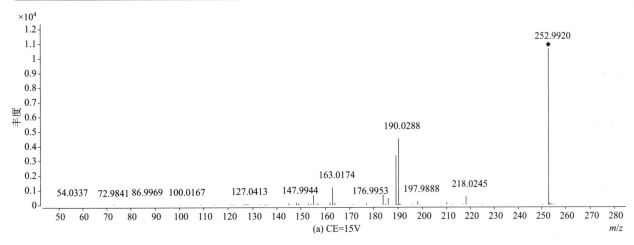

(a) CE=15V

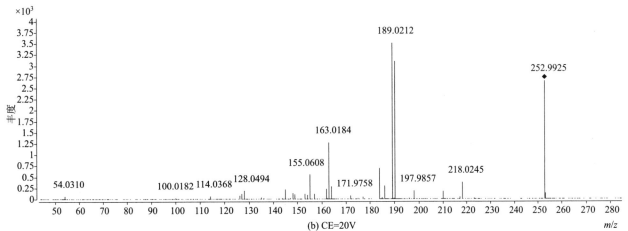

(b) CE=20V

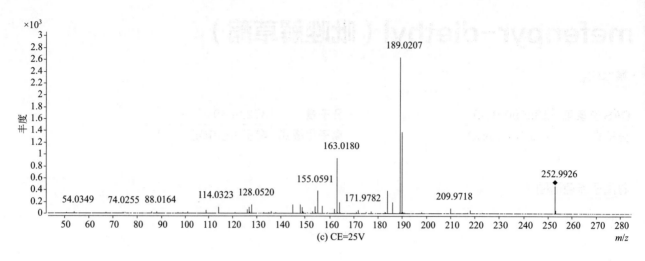

(c) CE=25V

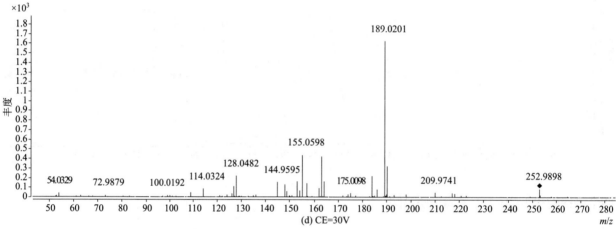

(d) CE=30V

mepanipyrim（嘧菌胺）

基本信息

CAS 登录号	110235-47-7	分子量	223.1105
分子式	$C_{14}H_{13}N_3$	离子化模式	电子轰击电离（EI）

总离子流色谱图

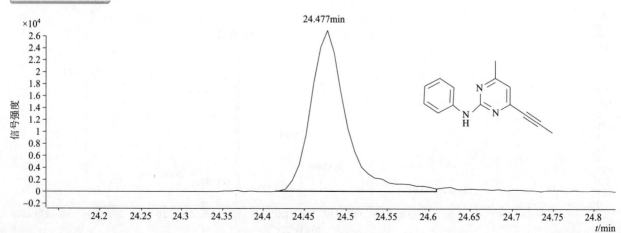

四个碰撞能量（CE）下子离子质谱图

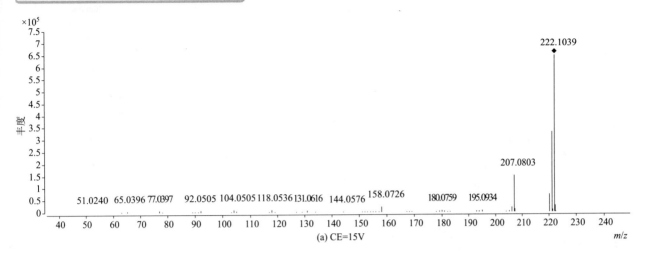

(a) CE=15V

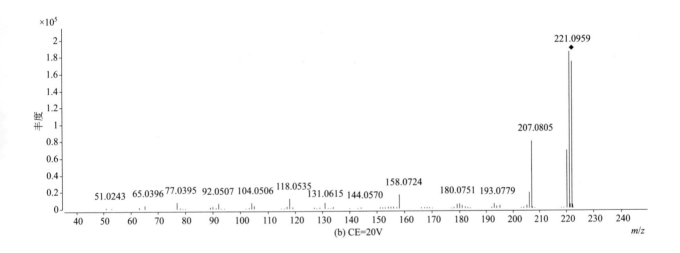

(b) CE=20V

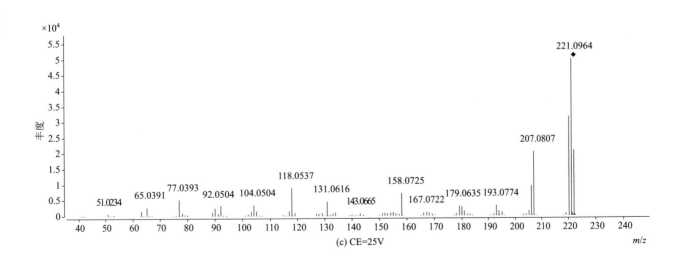

(c) CE=25V

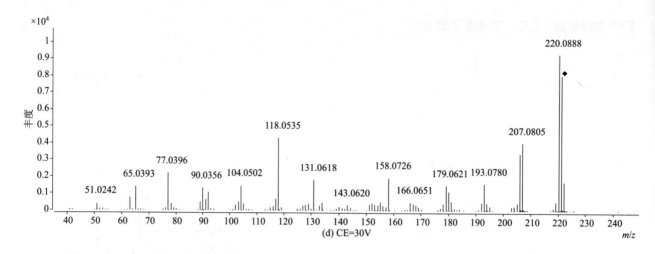

(d) CE=30V

mepronil（灭锈胺）

基本信息

CAS 登录号	55814-41-0	分子量	269.1411
分子式	$C_{17}H_{19}NO_2$	离子化模式	电子轰击电离（EI）

总离子流色谱图

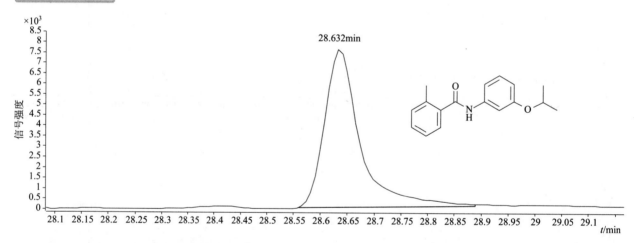

28.632min

四个碰撞能量（CE）下子离子质谱图

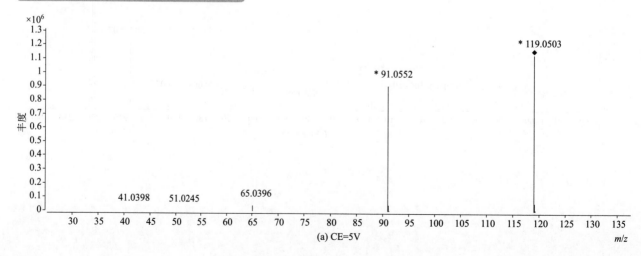

* 91.0552

* 119.0503

41.0398   51.0245   65.0396

(a) CE=5V

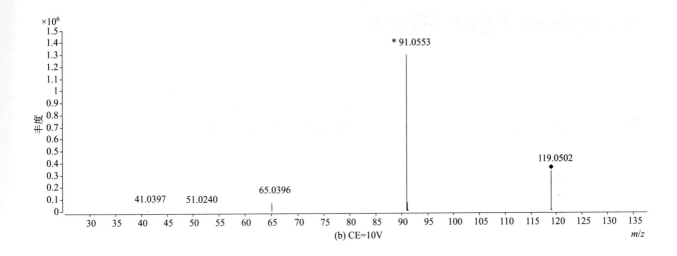

(b) CE=10V

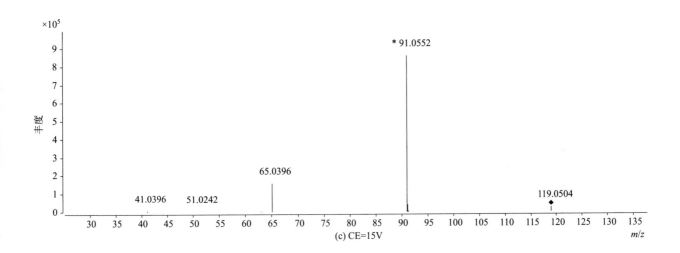

(c) CE=15V

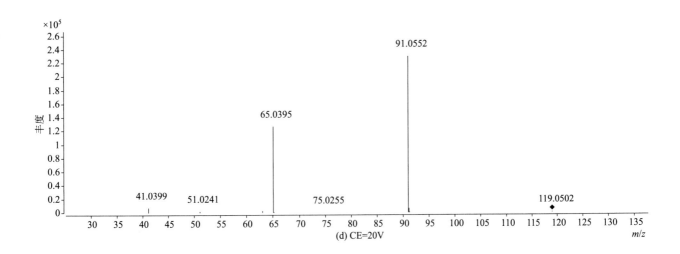

(d) CE=20V

merphos（脱叶亚磷）

基本信息

CAS 登录号	150-50-5	**分子量**	298.1008
分子式	$C_{12}H_{27}PS_3$	**离子化模式**	电子轰击电离（EI）

总离子流色谱图

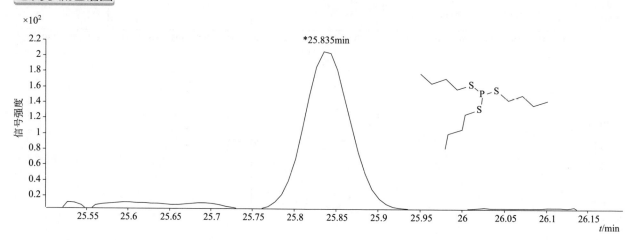

四个碰撞能量（CE）下子离子质谱图

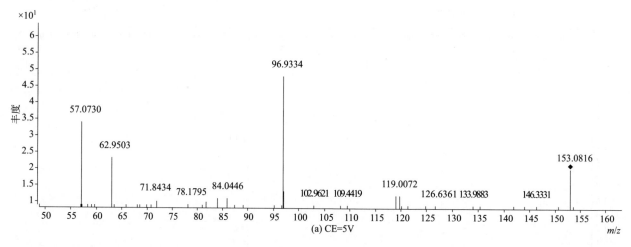

(a) CE=5V

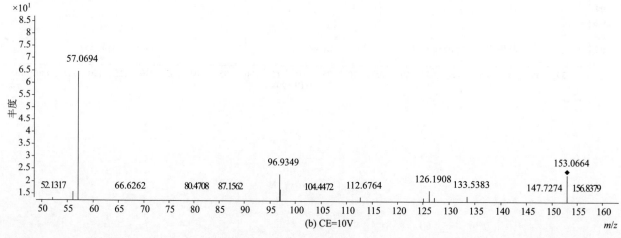

(b) CE=10V

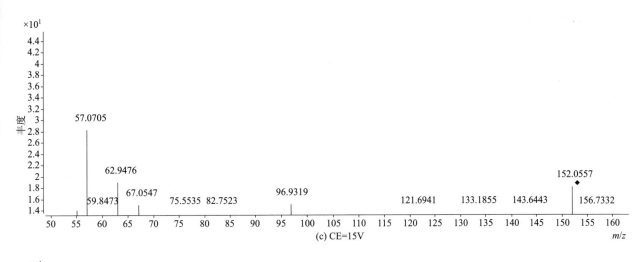

(c) CE=15V

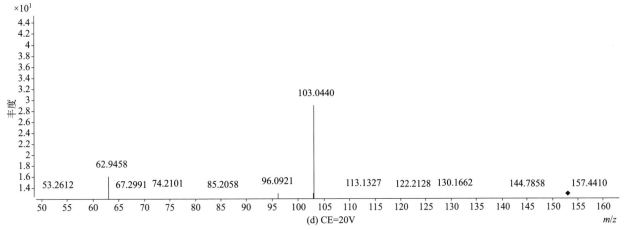

(d) CE=20V

metalaxyl（甲霜灵）

基本信息

CAS 登录号	57837-19-1	分子量	279.1466
分子式	$C_{15}H_{21}NO_4$	离子化模式	电子轰击电离（EI）

总离子流色谱图

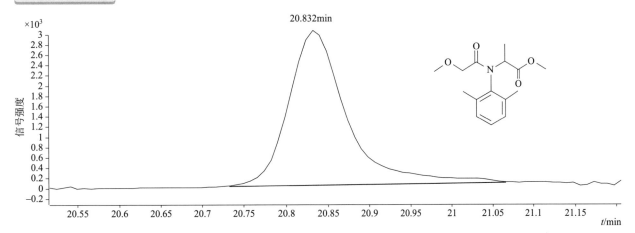

四个碰撞能量（CE）下子离子质谱图

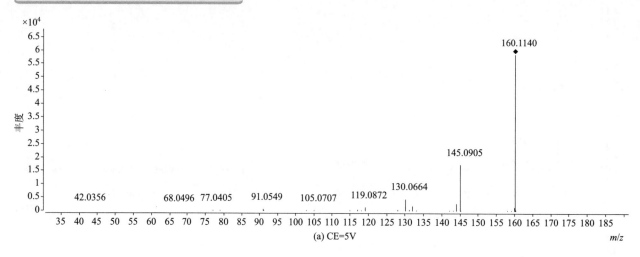

(a) CE=5V

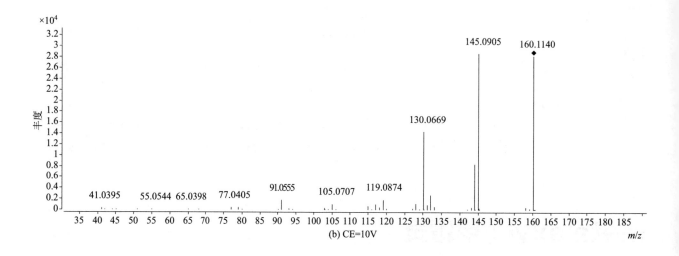

(b) CE=10V

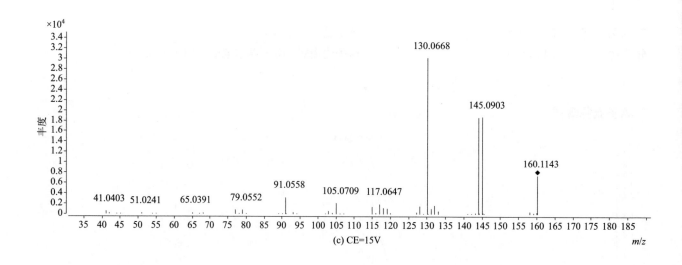

(c) CE=15V

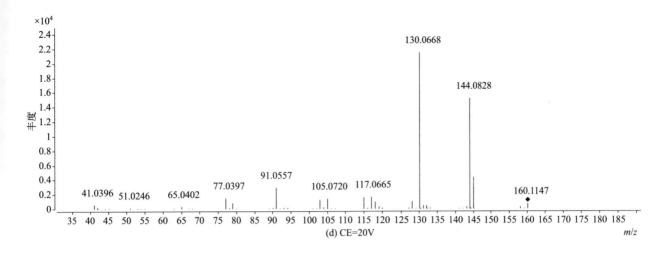

(d) CE=20V

metamitron（苯嗪草酮）

CAS 登录号	41394-05-2	分子量	202.0850
分子式	$C_{10}H_{10}N_4O$	离子化模式	电子轰击电离（EI）

总离子流色谱图

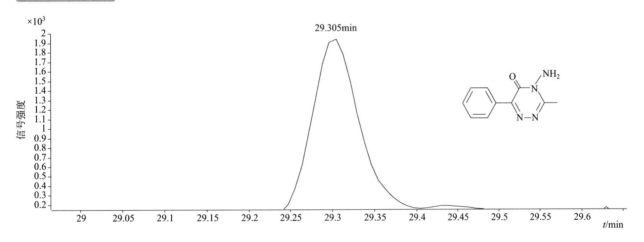

四个碰撞能量（CE）下子离子质谱图

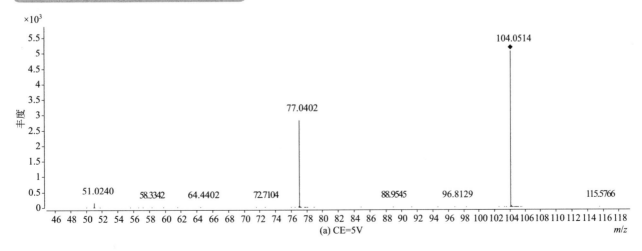

(a) CE=5V

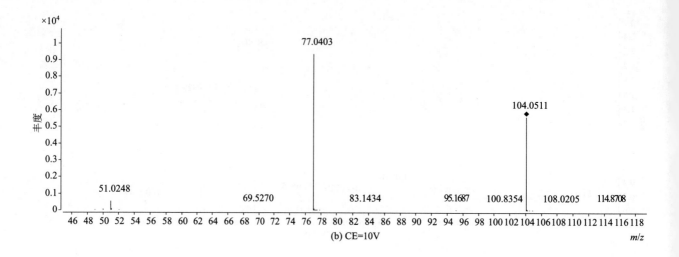

(b) CE=10V

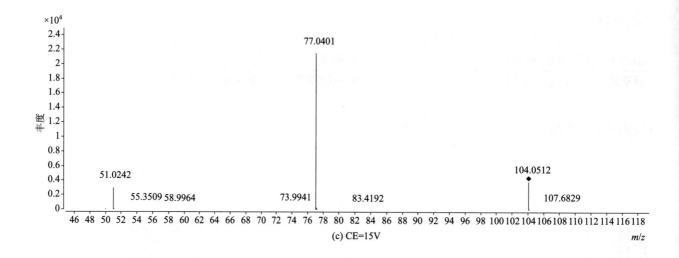

(c) CE=15V

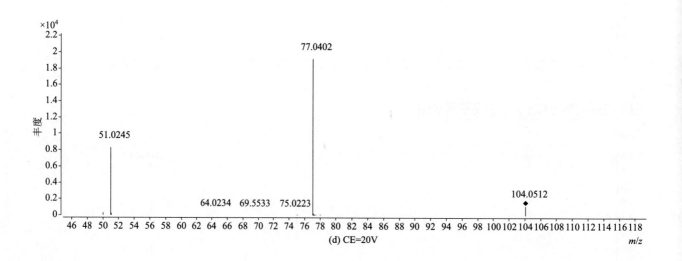

(d) CE=20V

metazachlor（吡唑草胺）

基本信息

CAS 登录号	67129-08-2	**分子量**	277.0977
分子式	C$_{14}$H$_{16}$ClN$_3$O	**离子化模式**	电子轰击电离（EI）

总离子流色谱图

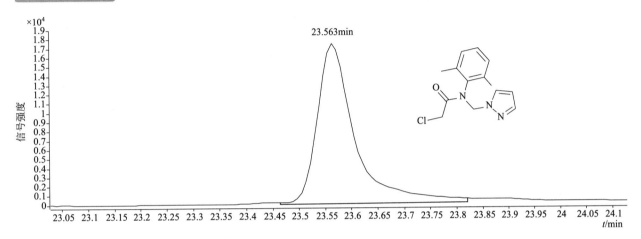

四个碰撞能量（CE）下子离子质谱图

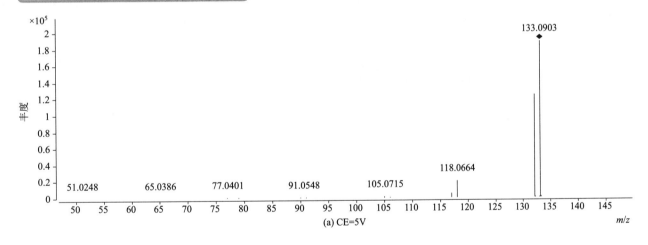

(a) CE=5V

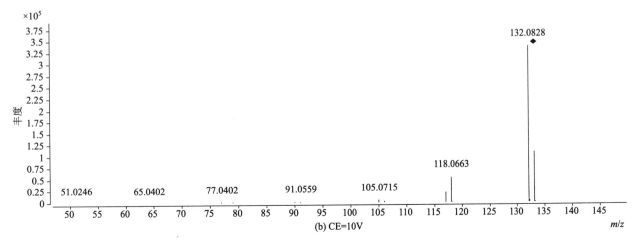

(b) CE=10V

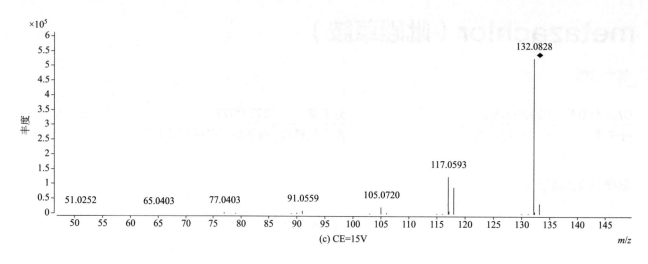

(c) CE=15V

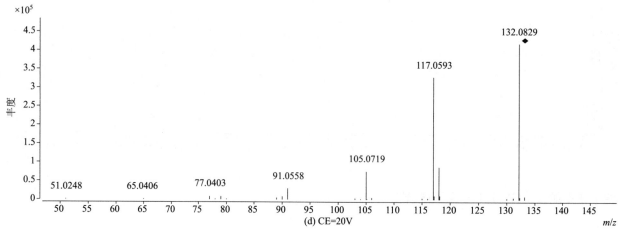

(d) CE=20V

metconazole（叶菌唑）

基本信息

CAS 登录号	125116-23-6	分子量	319.1446
分子式	$C_{17}H_{22}ClN_3O$	离子化模式	电子轰击电离（EI）

总离子流色谱图

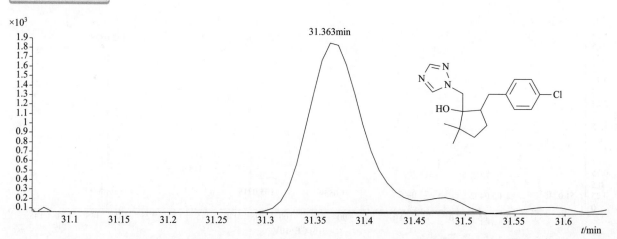

四个碰撞能量（CE）下子离子质谱图

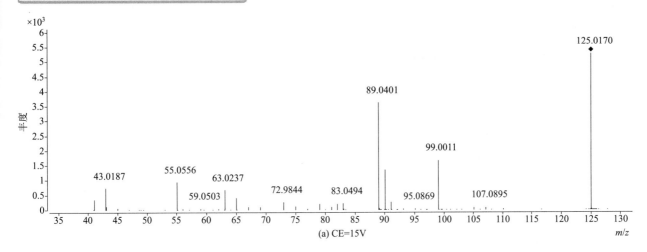

(a) CE=15V

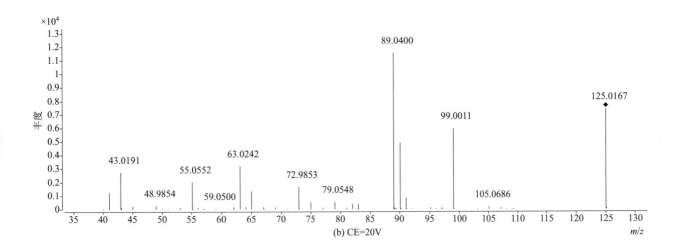

(b) CE=20V

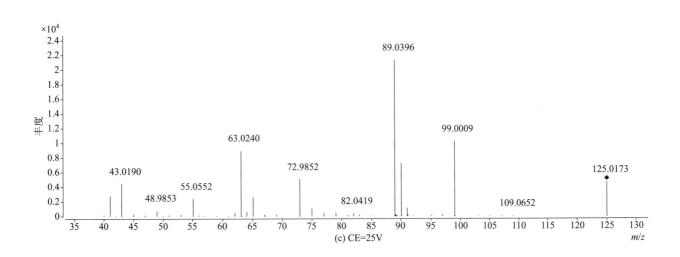

(c) CE=25V

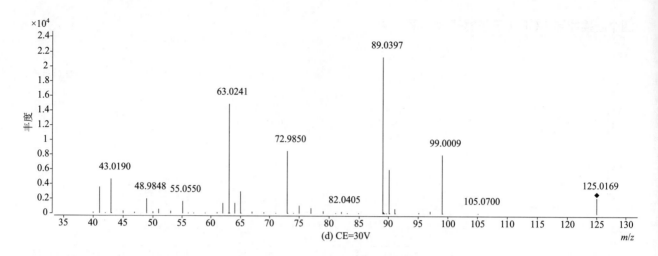

(d) CE=30V

methabenzthiazuron（噻唑隆）

基本信息

CAS 登录号	18691-97-9	分子量	221.0618
分子式	$C_{10}H_{11}N_3OS$	离子化模式	电子轰击电离（EI）

总离子流色谱图

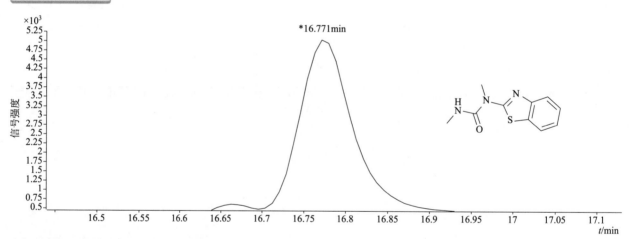

四个碰撞能量（CE）下子离子质谱图

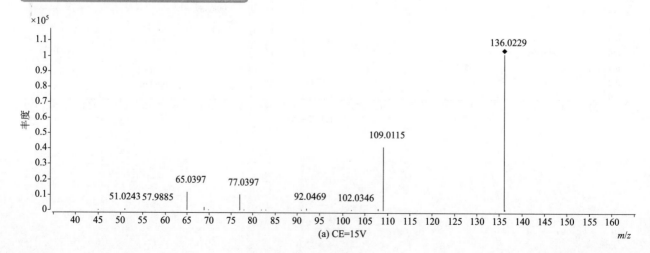

(a) CE=15V

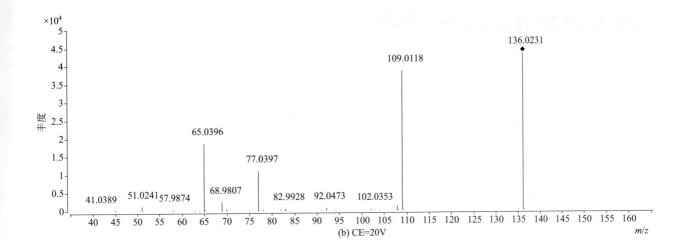
(b) CE=20V

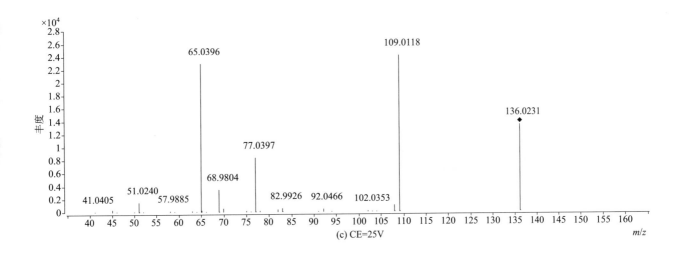
(c) CE=25V

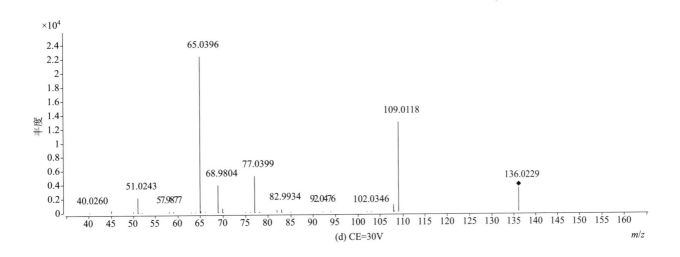
(d) CE=30V

methacrifos（虫螨畏）

基本信息

CAS 登录号	62610-77-9	分子量	240.0216
分子式	$C_7H_{13}O_5PS$	离子化模式	电子轰击电离（EI）

总离子流色谱图

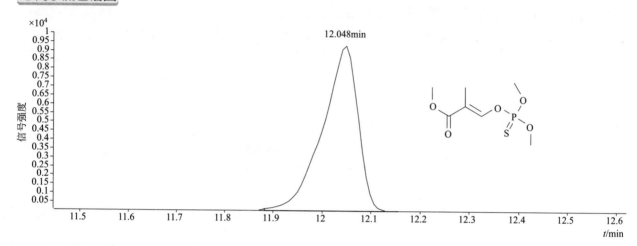

四个碰撞能量（CE）下子离子质谱图

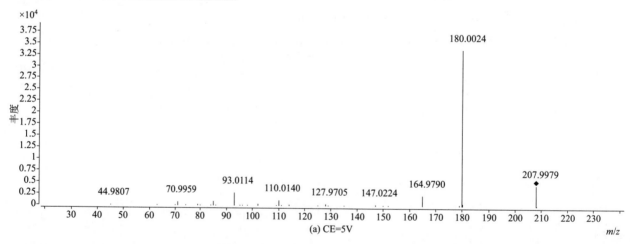

(a) CE=5V

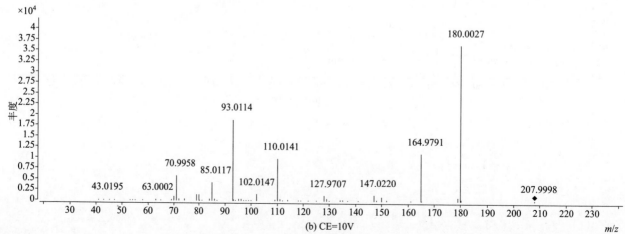

(b) CE=10V

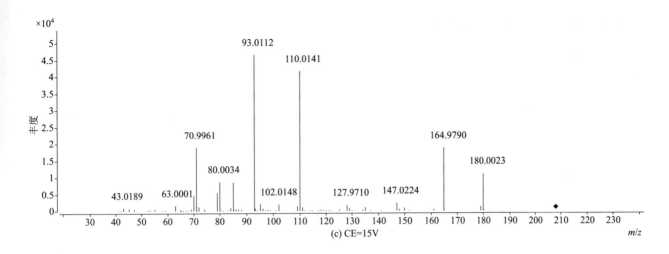

(c) CE=15V

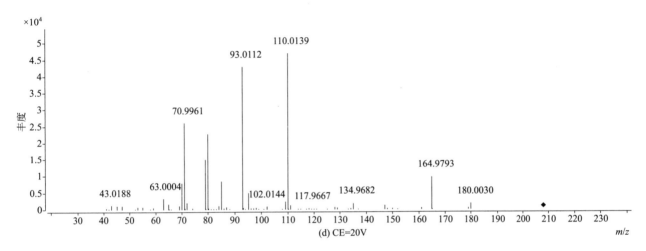

(d) CE=20V

methamidophos（甲胺磷）

基本信息

CAS 登录号	10265-92-6	**分子量**	141.0008
分子式	C₂H₈NO₂PS	**离子化模式**	电子轰击电离（EI）

分子式 $C_2H_8NO_2PS$

分子量 141.0008

总离子流色谱图

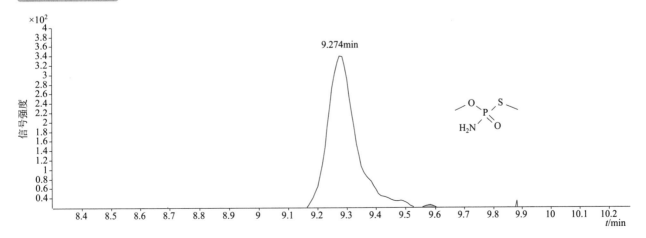

9.274min

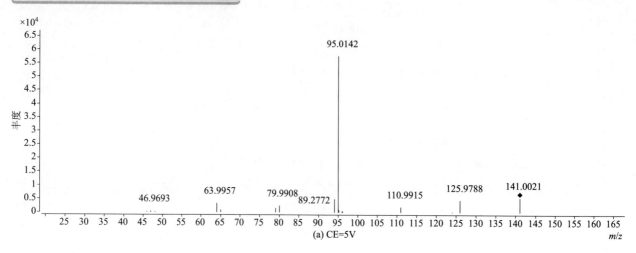

(a) CE=5V

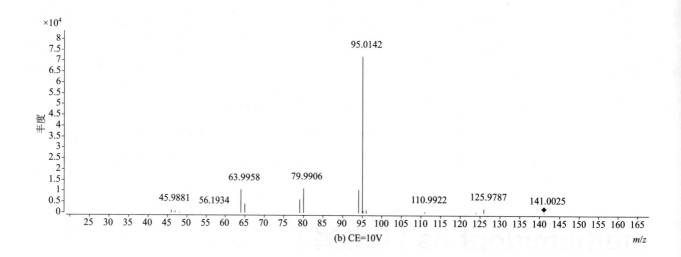

(b) CE=10V

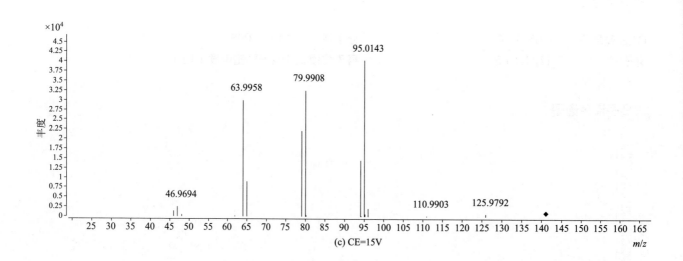

(c) CE=15V

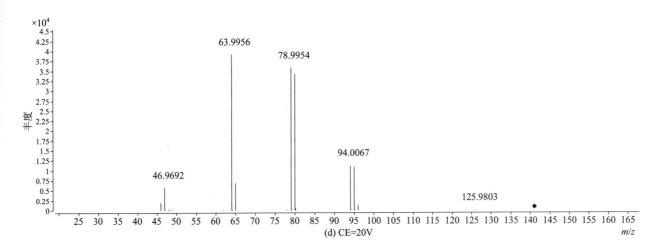

(d) CE=20V

methfuroxam（甲呋菌胺）

基本信息

CAS 登录号	28730-17-8	分子量	229.1098
分子式	$C_{14}H_{15}NO_2$	离子化模式	电子轰击电离（EI）

总离子流色谱图

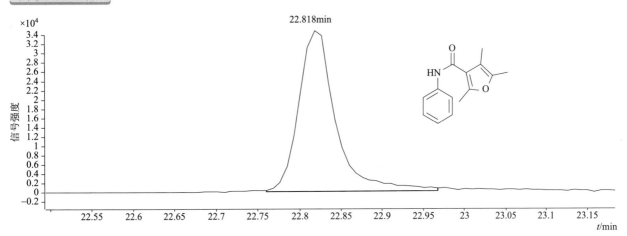

四个碰撞能量（CE）下子离子质谱图

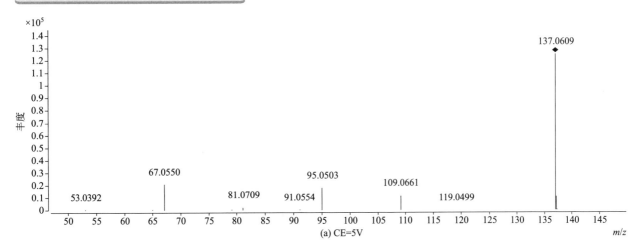

(a) CE=5V

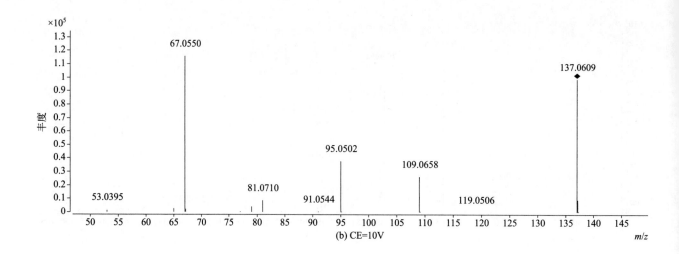

(b) CE=10V

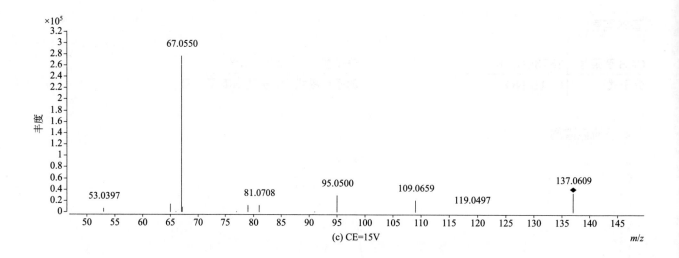

(c) CE=15V

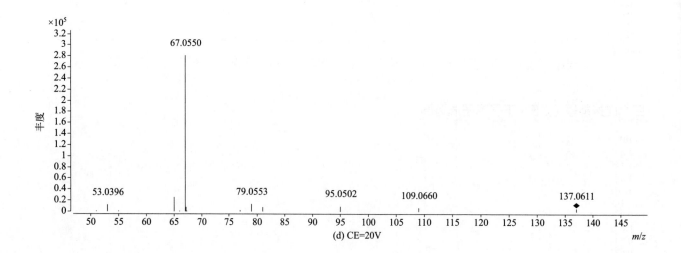

(d) CE=20V

methidathion（杀扑磷）

基本信息

CAS 登录号	950-37-8	分子量	301.9614
分子式	$C_6H_{11}N_2O_4PS_3$	离子化模式	电子轰击电离（EI）

总离子流色谱图

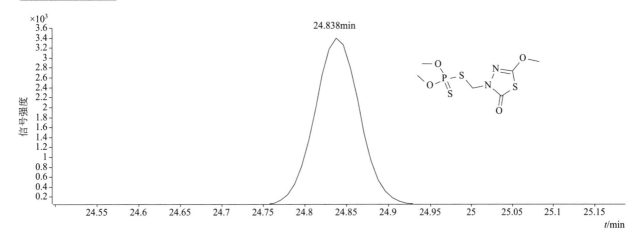

四个碰撞能量（CE）下子离子质谱图

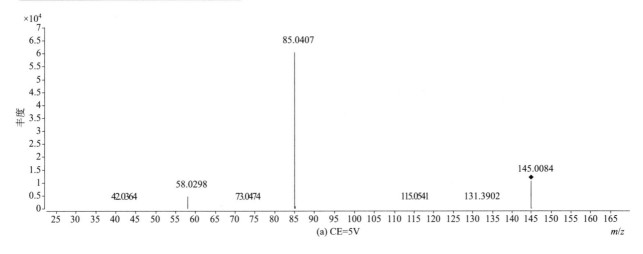

(a) CE=5V

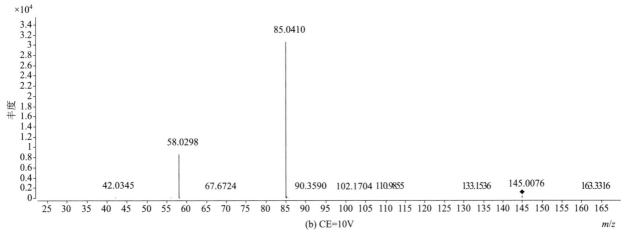

(b) CE=10V

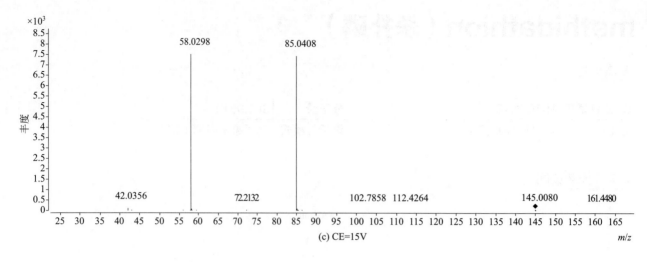

(c) CE=15V

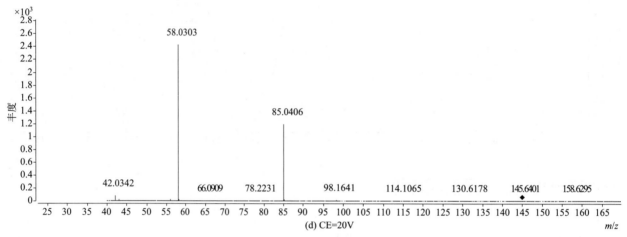

(d) CE=20V

methoprene（烯虫酯）

CAS 登录号	40596-69-8	分子量	310.2503
分子式	$C_{19}H_{34}O_3$	离子化模式	电子轰击电离（EI）

总离子流色谱图

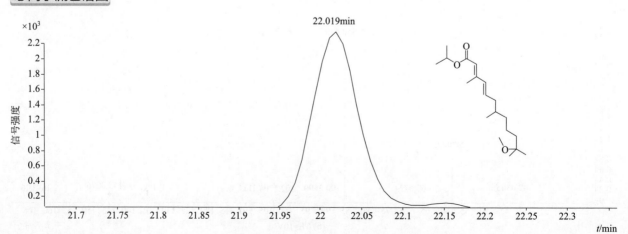

四个碰撞能量（CE）下子离子质谱图

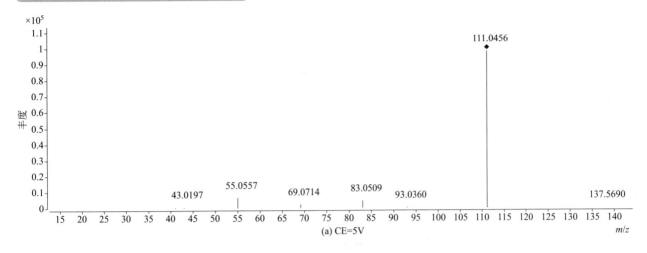

(a) CE=5V

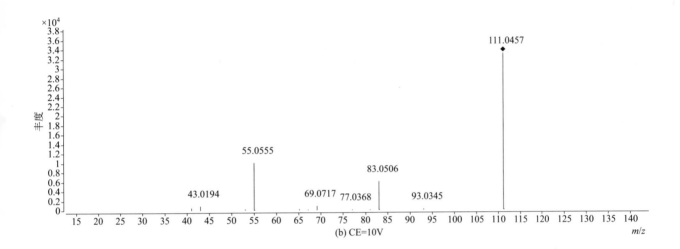

(b) CE=10V

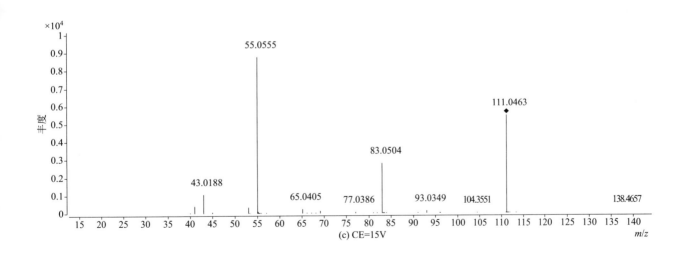

(c) CE=15V

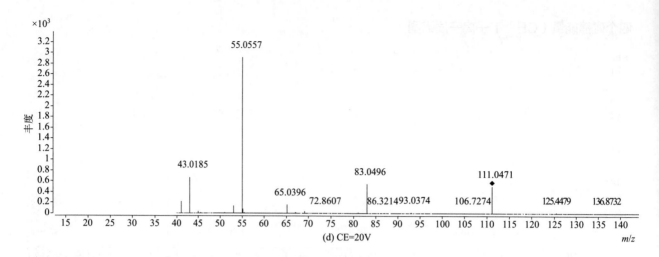

(d) CE=20V

methoprotryne（盖草津）

基本信息

CAS 登录号	841-06-5	分子量	271.1462
分子式	$C_{11}H_{21}N_5OS$	离子化模式	电子轰击电离（EI）

总离子流色谱图

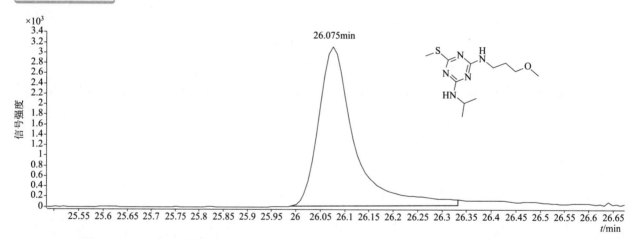

四个碰撞能量（CE）下子离子质谱图

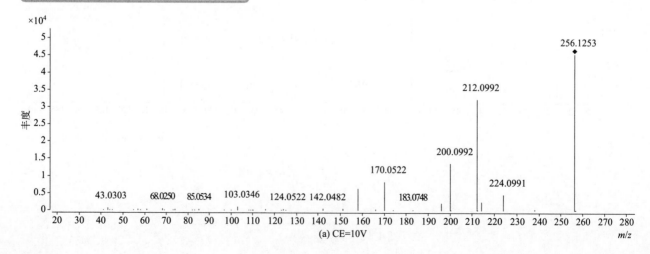

(a) CE=10V

580

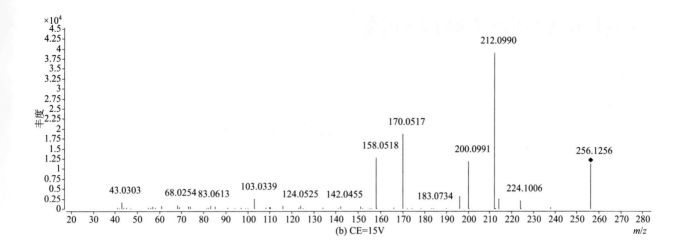

(b) CE=15V

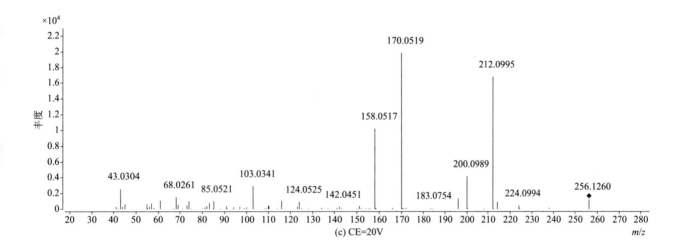

(c) CE=20V

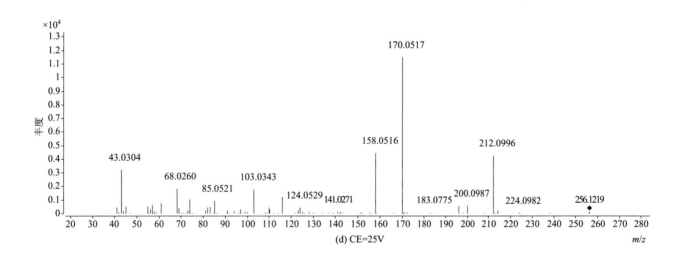

(d) CE=25V

methothrin（甲醚菊酯）

基本信息

CAS 登录号	34388-29-9	分子量	302.1877
分子式	$C_{19}H_{26}O_3$	离子化模式	电子轰击电离（EI）

总离子流色谱图

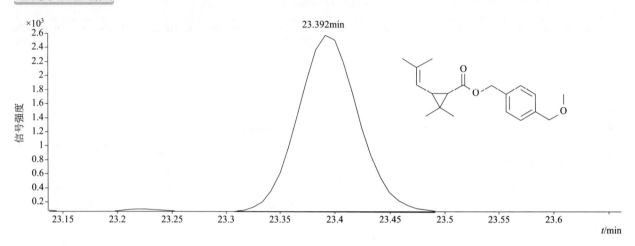

四个碰撞能量（CE）下子离子质谱图

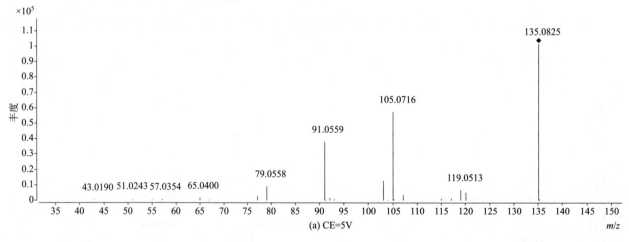

(a) CE=5V

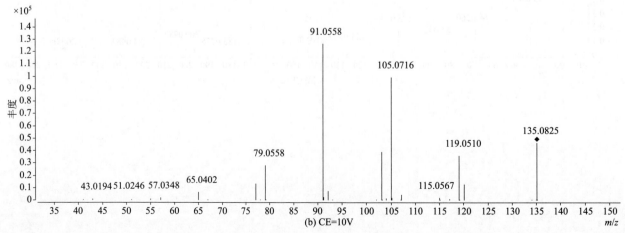

(b) CE=10V

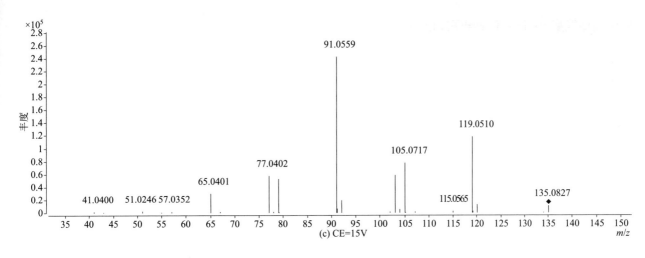

(c) CE=15V

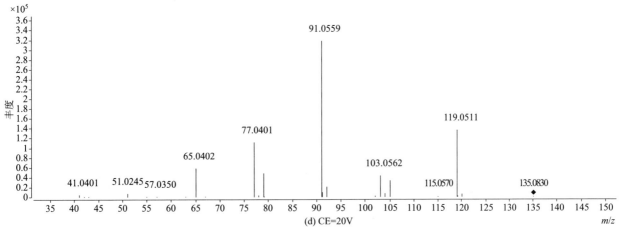

(d) CE=20V

methoxychlor（甲氧滴滴涕）

基本信息

CAS 登录号	72-43-5	分子量	344.0133
分子式	$C_{16}H_{15}Cl_3O_2$	离子化模式	电子轰击电离（EI）

总离子流色谱图

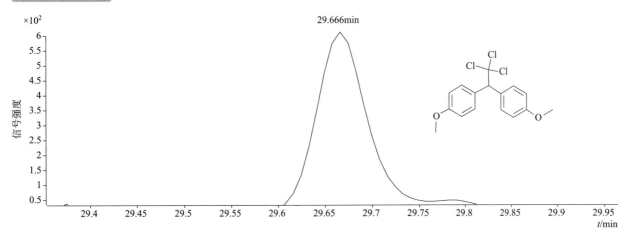

四个碰撞能量（CE）下子离子质谱图

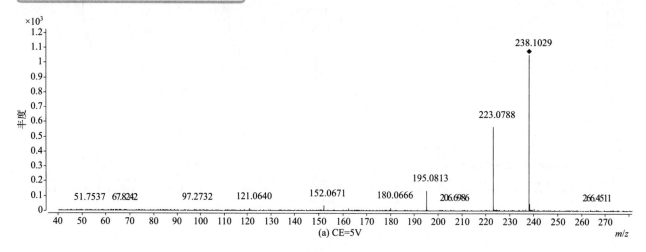

(a) CE=5V

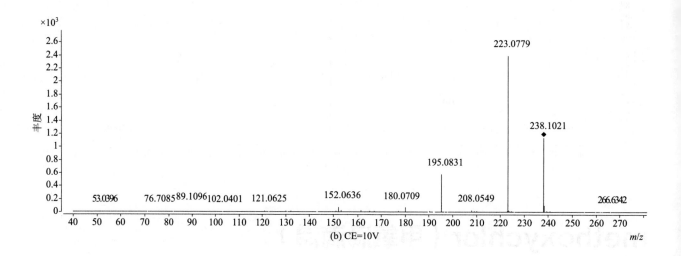

(b) CE=10V

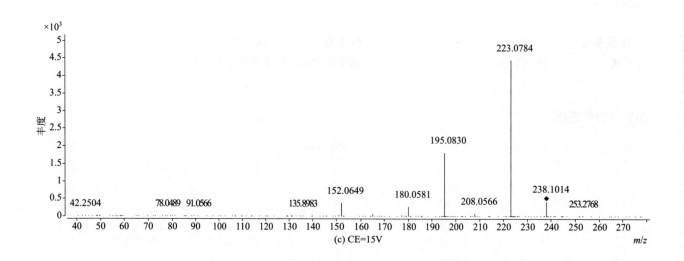

(c) CE=15V

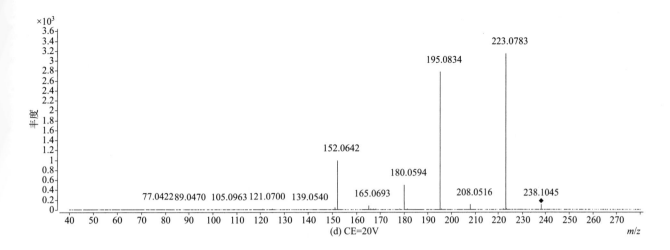

(d) CE=20V

metolachlor（异丙甲草胺）

基本信息

CAS 登录号	51218-45-2	分子量	283.1334
分子式	$C_{15}H_{22}ClNO_2$	离子化模式	电子轰击电离（EI）

总离子流色谱图

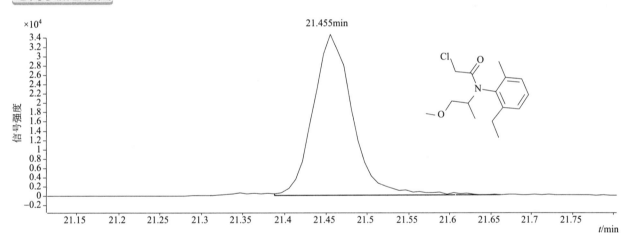

21.455min

四个碰撞能量（CE）下子离子质谱图

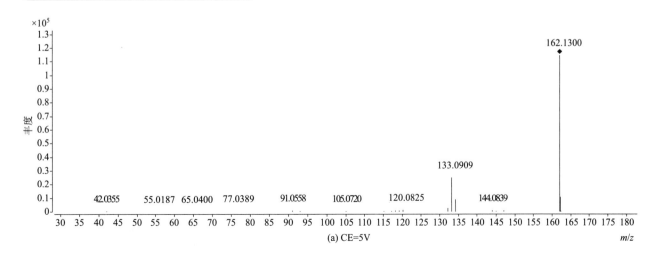

(a) CE=5V

585

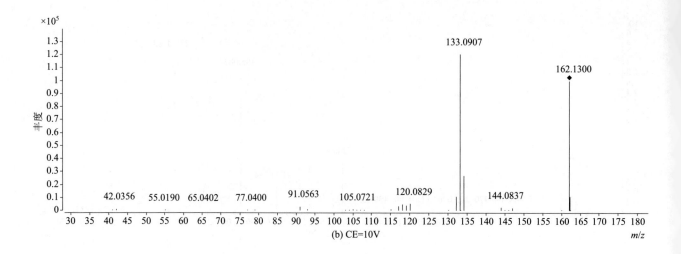

(b) CE=10V

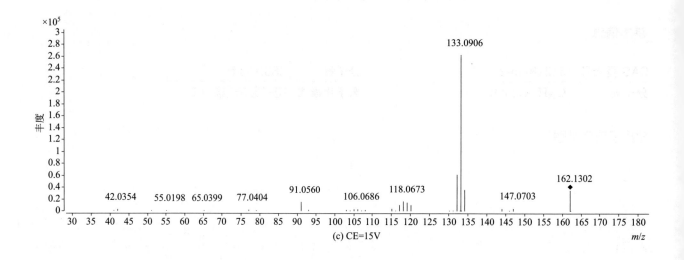

(c) CE=15V

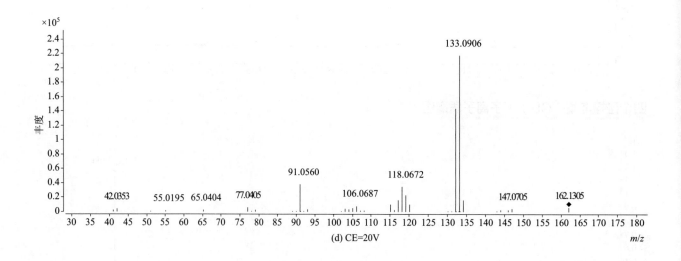

(d) CE=20V

metolcarb（速灭威）

基本信息

CAS 登录号	1129-41-5	**分子量**	165.0785
分子式	$C_9H_{11}NO_2$	**离子化模式**	电子轰击电离（EI）

总离子流色谱图

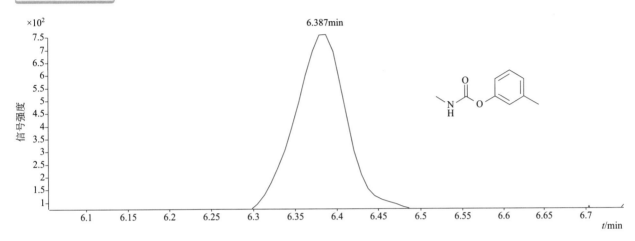

四个碰撞能量（CE）下子离子质谱图

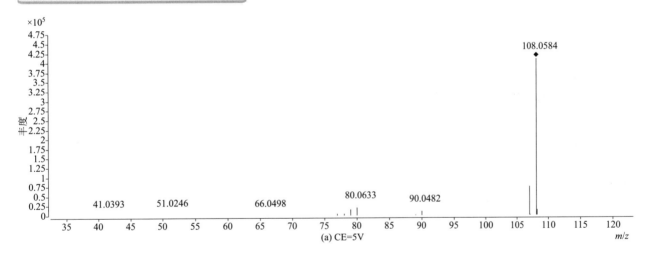

(a) CE=5V

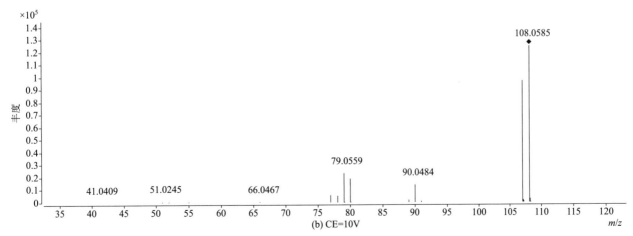

(b) CE=10V

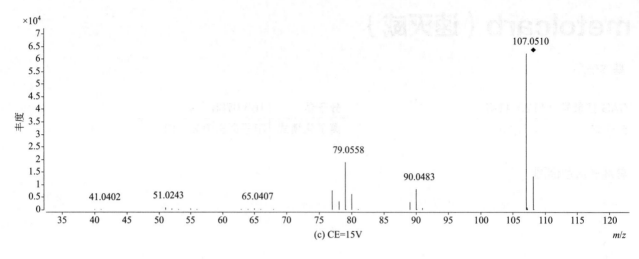

(c) CE=15V

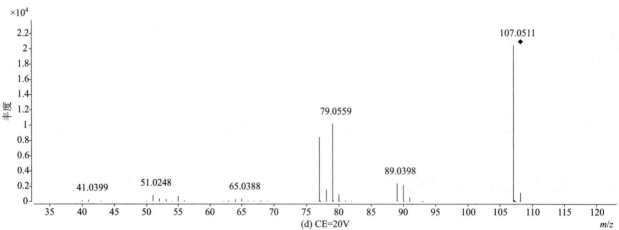

(d) CE=20V

metribuzin（嗪草酮）

基本信息

CAS 登录号	21087-64-9	分子量	214.0883
分子式	$C_8H_{14}N_4OS$	离子化模式	电子轰击电离（EI）

总离子流色谱图

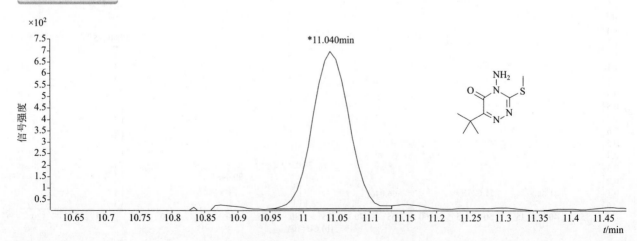

四个碰撞能量（CE）下子离子质谱图

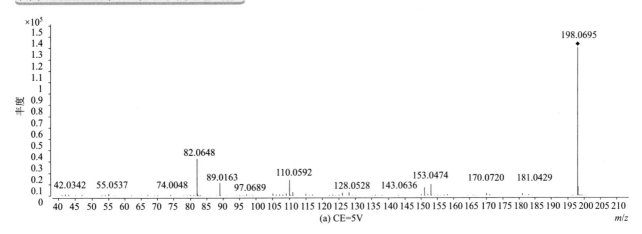

(a) CE=5V

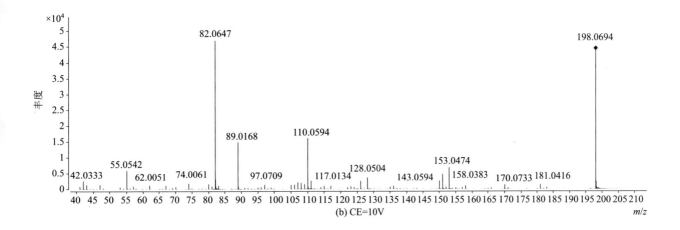

(b) CE=10V

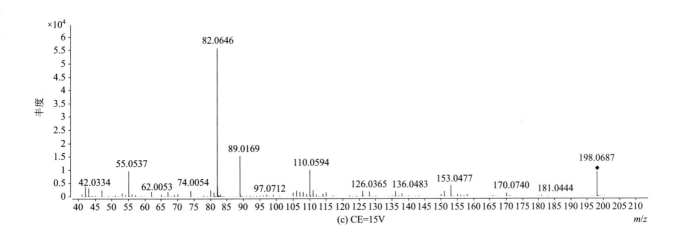

(c) CE=15V

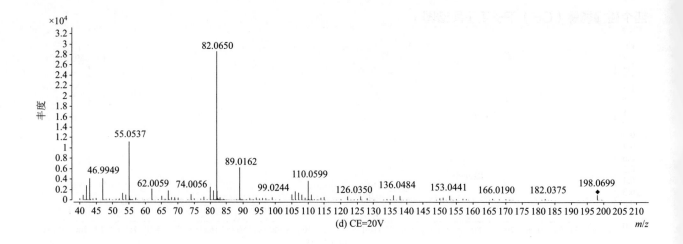

(d) CE=20V

mevinphos（速灭磷）

基本信息

CAS 登录号	7786-34-7	分子量	224.0445
分子式	C₇H₁₃O₆P	离子化模式	电子轰击电离（EI）

分子式 $C_7H_{13}O_6P$

总离子流色谱图

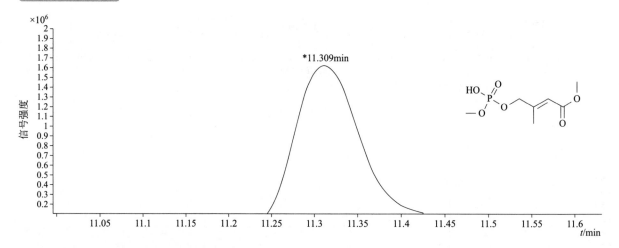

四个碰撞能量（CE）下子离子质谱图

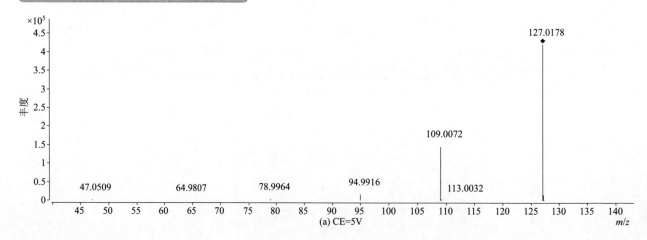

(a) CE=5V

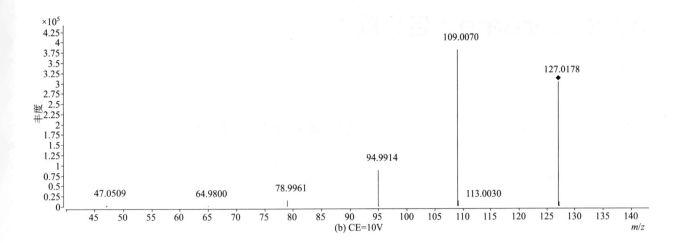

(b) CE=10V

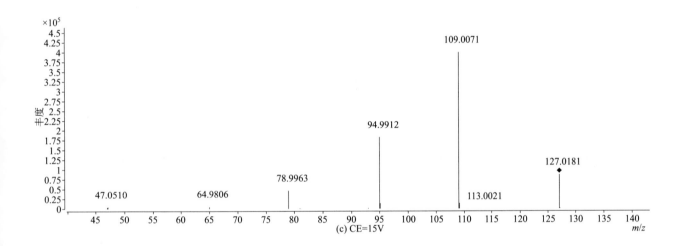

(c) CE=15V

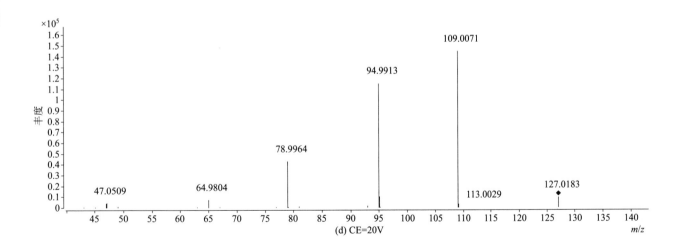

(d) CE=20V

mexacarbate（自克威）

基本信息

CAS 登录号	315-18-4	分子量	222.1363
分子式	$C_{12}H_{18}N_2O_2$	离子化模式	电子轰击电离（EI）

总离子流色谱图

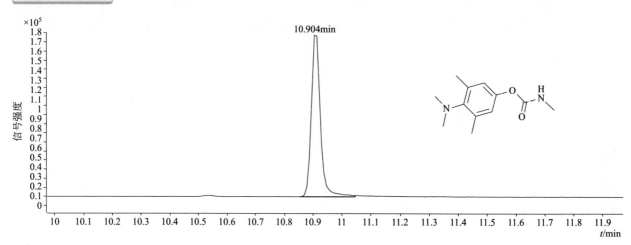

四个碰撞能量（CE）下子离子质谱图

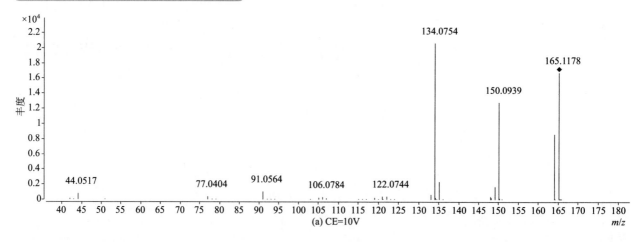

(a) CE=10V

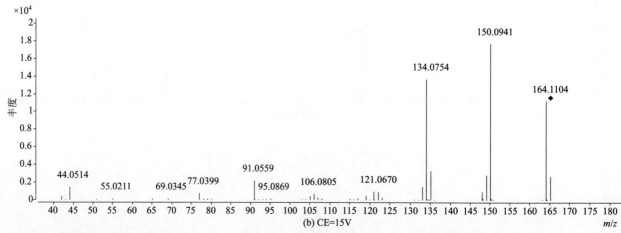

(b) CE=15V

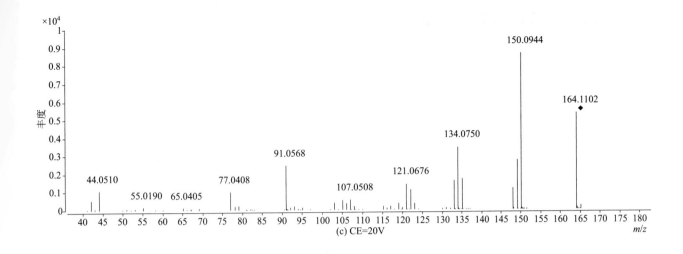

(c) CE=20V

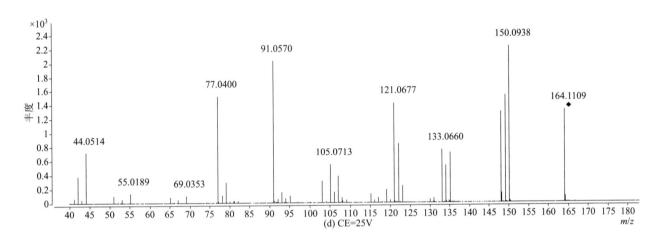

(d) CE=25V

mirex（灭蚁灵）

基本信息

CAS 登录号	2385-85-5
分子式	$C_{10}Cl_{12}$

分子量	539.6257
离子化模式	电子轰击电离（EI）

总离子流色谱图

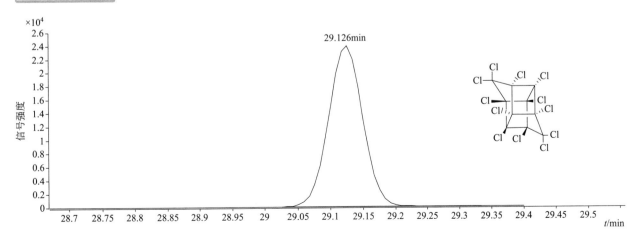

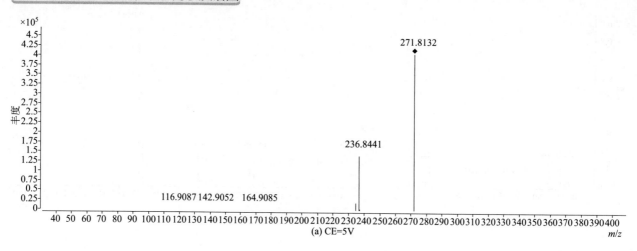

(a) CE=5V

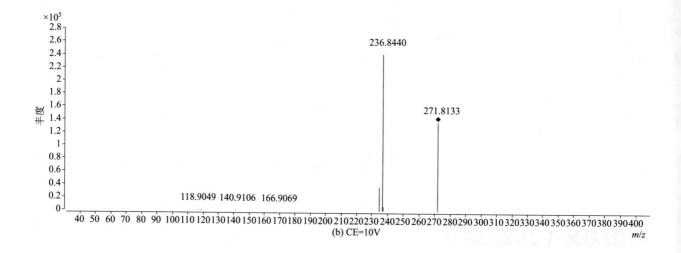

(b) CE=10V

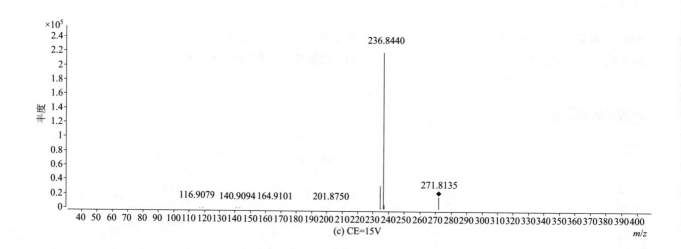

(c) CE=15V

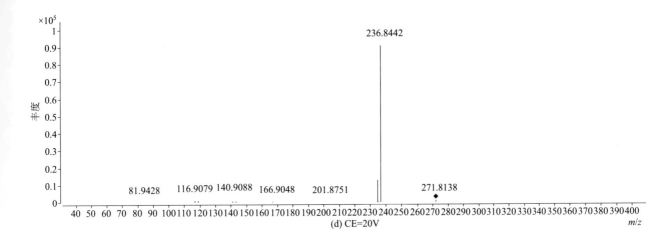

(d) CE=20V

molinate（禾草敌）

基本信息

CAS 登录号	2212-67-1	分子量	187.1026
分子式	C₉H₁₇NOS	离子化模式	电子轰击电离（EI）

总离子流色谱图

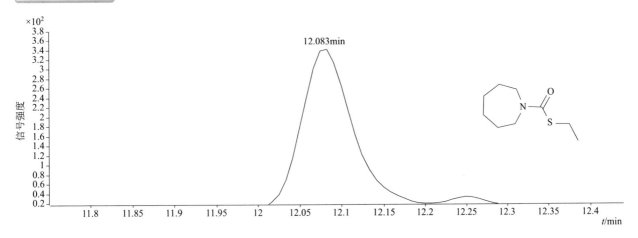

四个碰撞能量（CE）下子离子质谱图

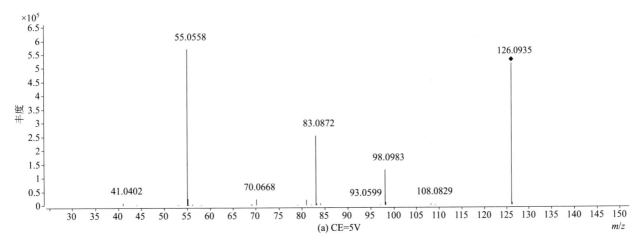

(a) CE=5V

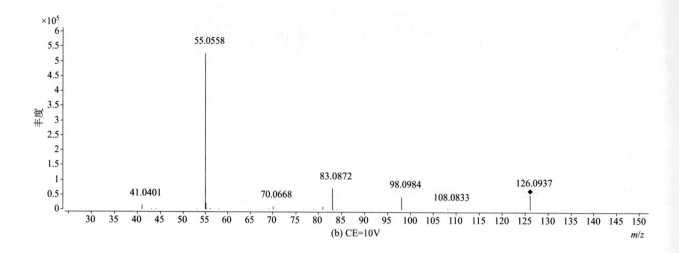

(b) CE=10V

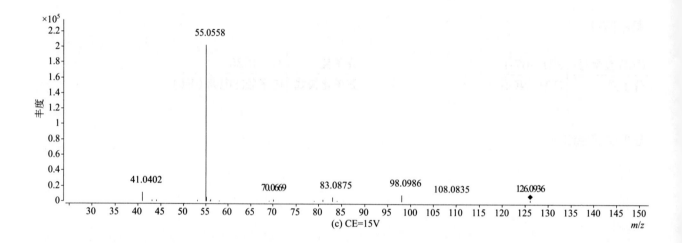

(c) CE=15V

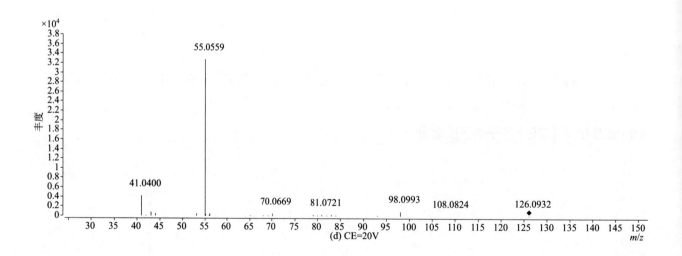

(d) CE=20V

monalide（庚酰草胺）

基本信息

CAS 登录号	7287-36-7	**分子量**	239.1072
分子式	C₁₃H₁₈ClNO	**离子化模式**	电子轰击电离（EI）

分子式 $C_{13}H_{18}ClNO$

总离子流色谱图

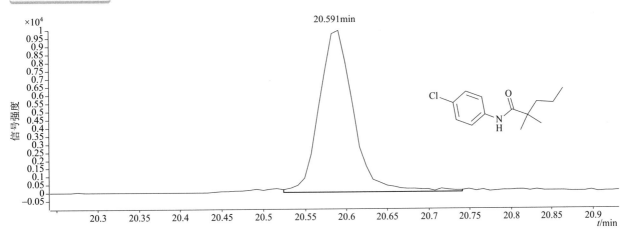

四个碰撞能量（CE）下子离子质谱图

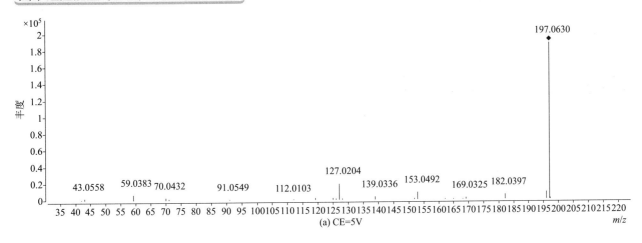

(a) CE=5V

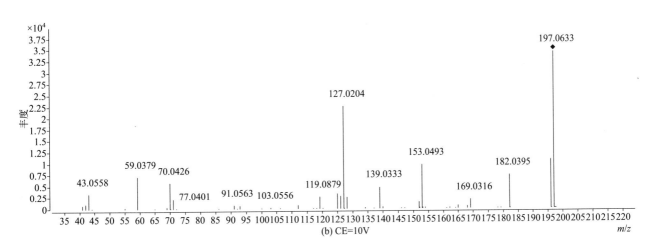

(b) CE=10V

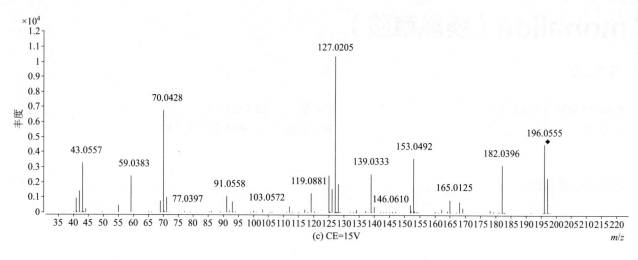

(c) CE=15V

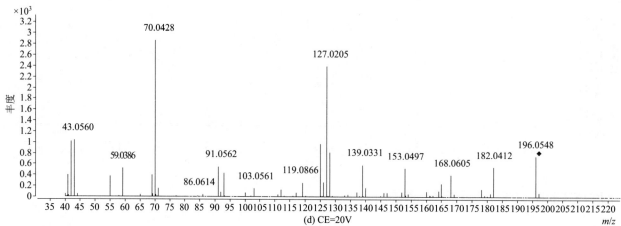

(d) CE=20V

monuron（季草隆）

基本信息

CAS 登录号	150-68-5	**分子量**	198.0555
分子式	C₉H₁₁ClN₂O	**离子化模式**	电子轰击电离（EI）

总离子流色谱图

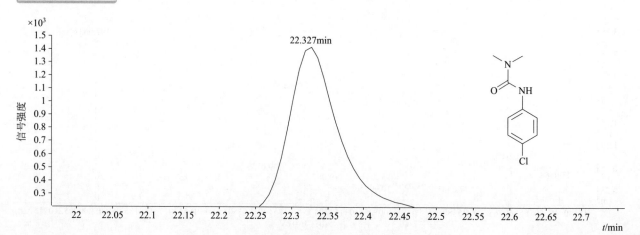

22.327min

四个碰撞能量（CE）下子离子质谱图

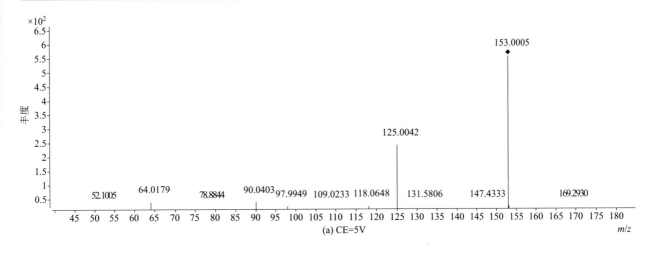

(a) CE=5V

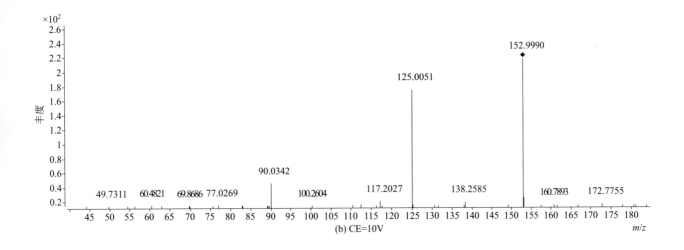

(b) CE=10V

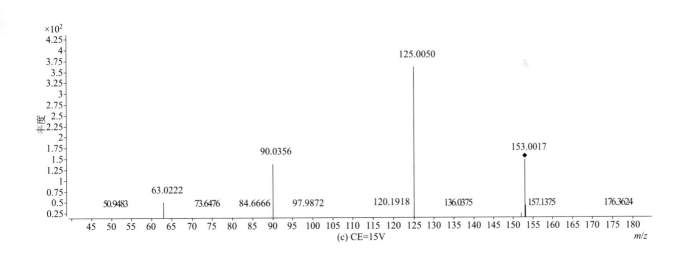

(c) CE=15V

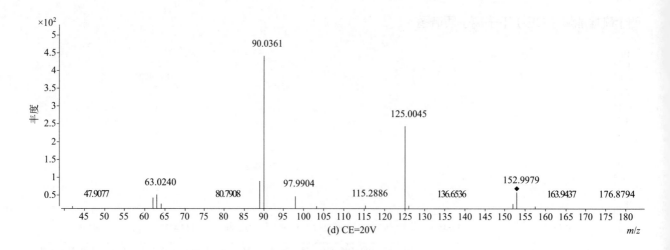

(d) CE=20V

musk ambrette（合成麝香）

基本信息

CAS 登录号	83-66-9	分子量	268.1054
分子式	$C_{12}H_{16}N_2O_5$	离子化模式	电子轰击电离（EI）

总离子流色谱图

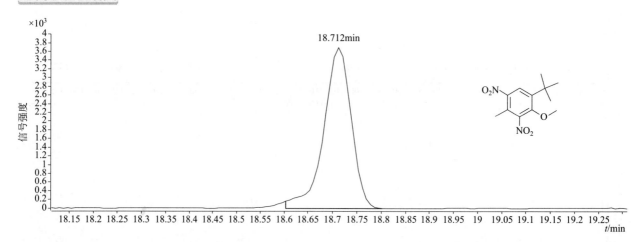

四个碰撞能量（CE）下子离子质谱图

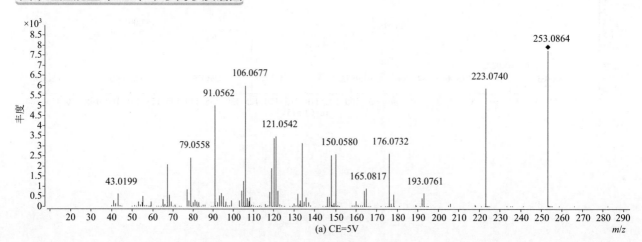

(a) CE=5V

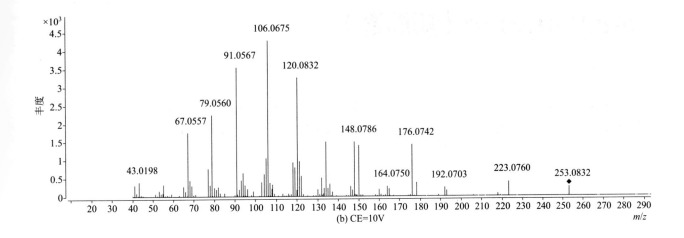
(b) CE=10V

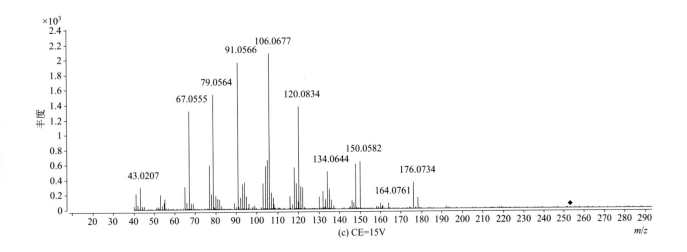
(c) CE=15V

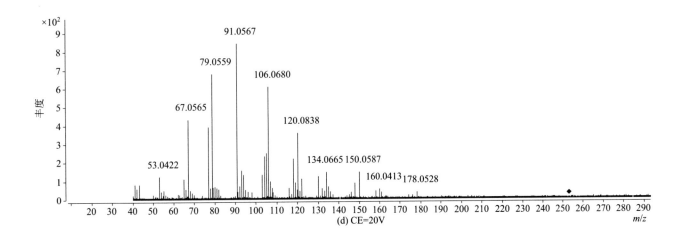
(d) CE=20V

musk ketone（酮麝香）

基本信息

CAS 登录号	81-14-1
分子式	$C_{14}H_{18}N_2O_5$

分子量	294.1211
离子化模式	电子轰击电离（EI）

总离子流色谱图

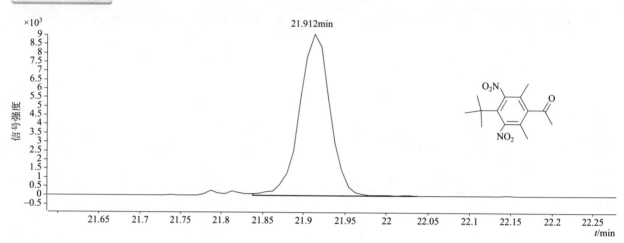

四个碰撞能量（CE）下子离子质谱图

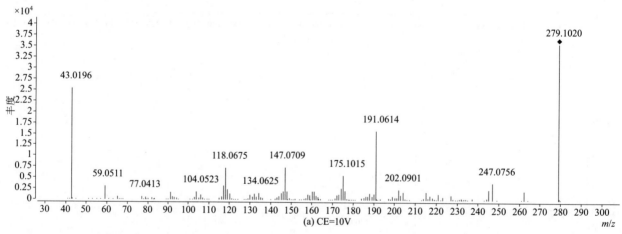

(a) CE=10V

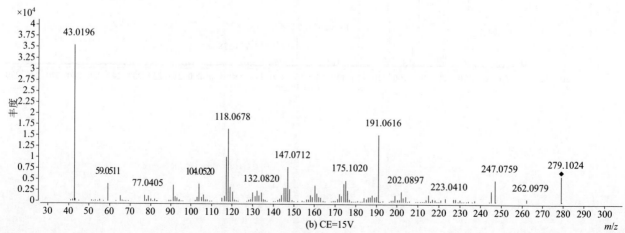

(b) CE=15V

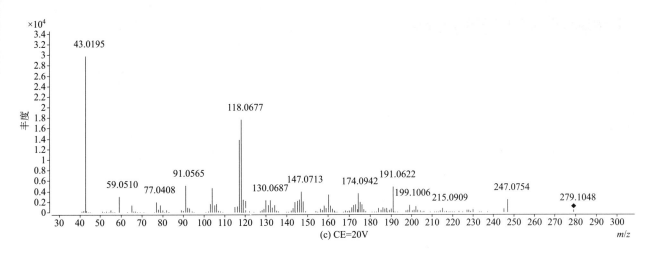

(c) CE=20V

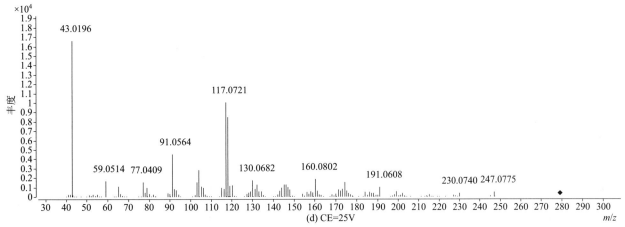

(d) CE=25V

myclobutanil（腈菌唑）

基本信息

CAS 登录号	88761-89-0	分子量	288.1137
分子式	$C_{15}H_{17}ClN_4$	离子化模式	电子轰击电离（EI）

总离子流色谱图

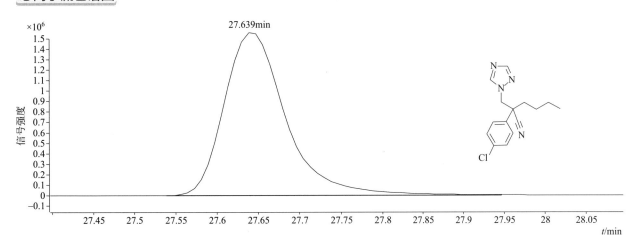

四个碰撞能量（CE）下子离子质谱图

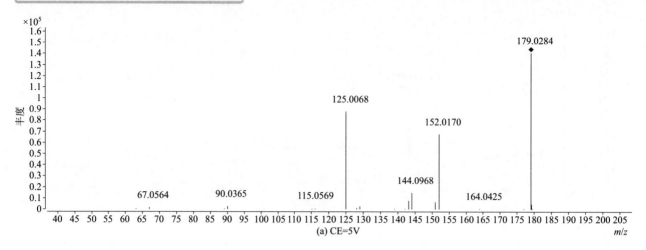

(a) CE=5V

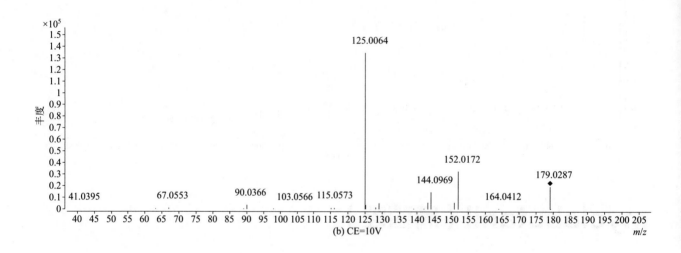

(b) CE=10V

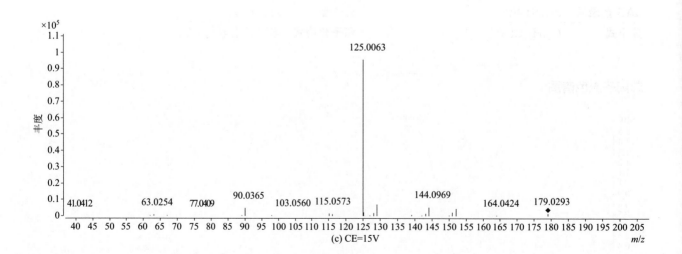

(c) CE=15V

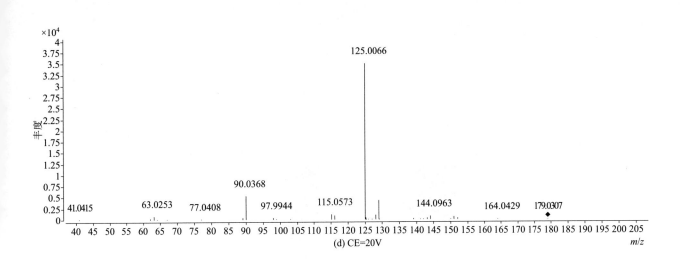

(d) CE=20V

m/z

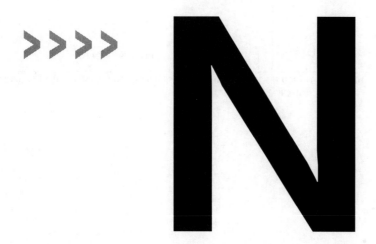

2,2',3,3',4,4',5,5',6-nachlorobiphenyl
（2,2',3,3',4,4',5,5',6- 九氯联苯；PCB206 ）

基本信息

CAS 登录号	40186-72-9	分子量	459.7270
分子式	$C_{12}HCl_9$	离子化模式	电子轰击电离（EI）

总离子流色谱图

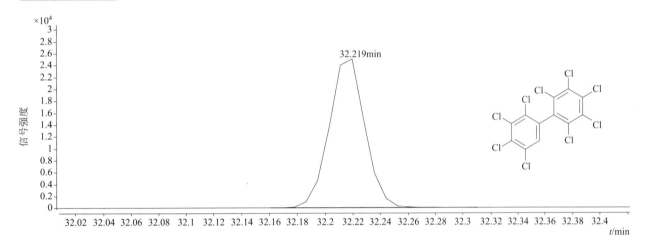

四个碰撞能量（CE）下子离子质谱图

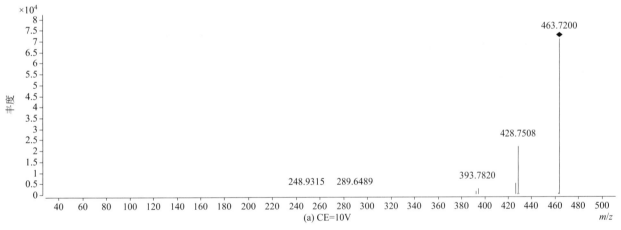

(a) CE=10V

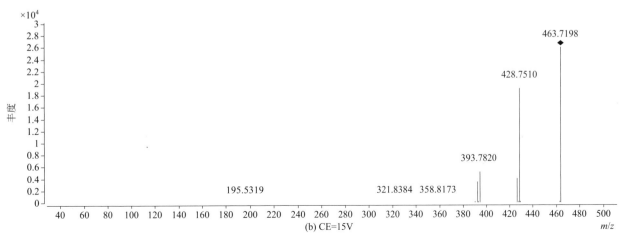

(b) CE=15V

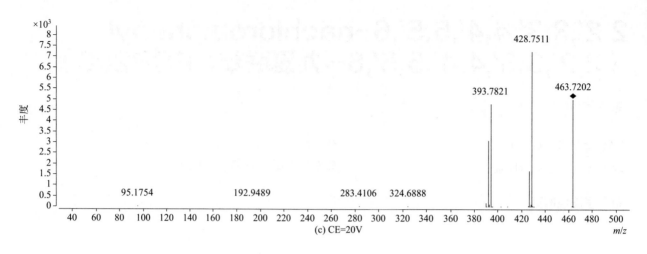

(c) CE=20V

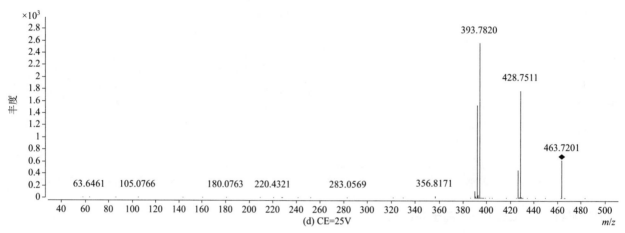

(d) CE=25V

2,2',3,3',4,4',5,6,6'-nachlorobiphenyl（2,2',3,3',4,4',5,6,6'- 九氯联苯；PCB207）

基本信息

CAS 登录号	52663-79-3	分子量	459.7270
分子式	$C_{12}HCl_9$	离子化模式	电子轰击电离（EI）

总离子流色谱图

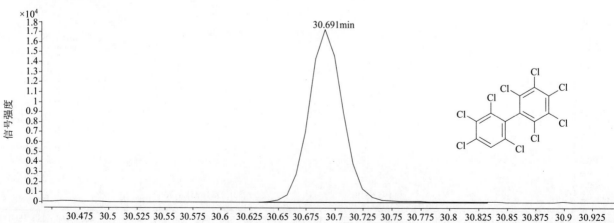

608

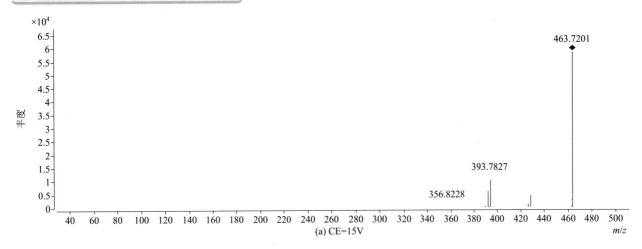

(a) CE=15V

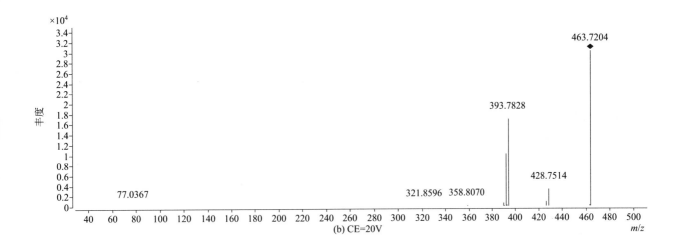

(b) CE=20V

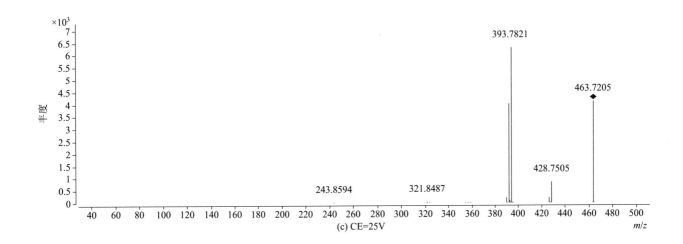

(c) CE=25V

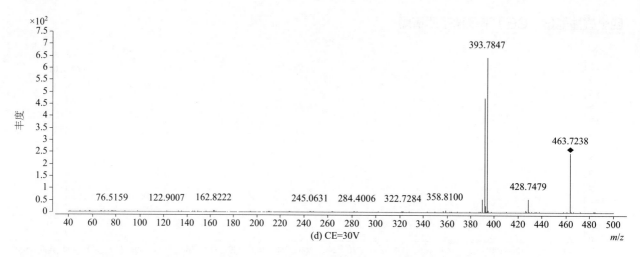

(d) CE=30V

2,2′,3,3′,4,5,5′,6,6′-nachlorobiphenyl
（2,2′,3,3′,4,5,5′,6,6′-九氯联苯；PCB208）

基本信息

CAS 登录号	52663-77-1	**分子量**	459.7270
分子式	C₁₂HCl₉	**离子化模式**	电子轰击电离（EI）

总离子流色谱图

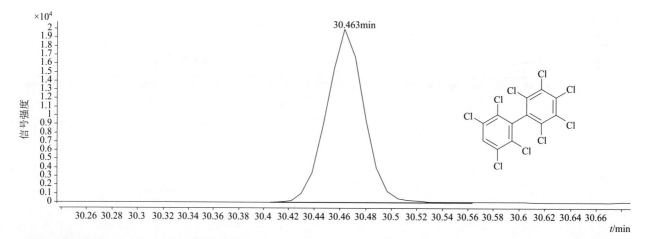

四个碰撞能量（CE）下子离子质谱图

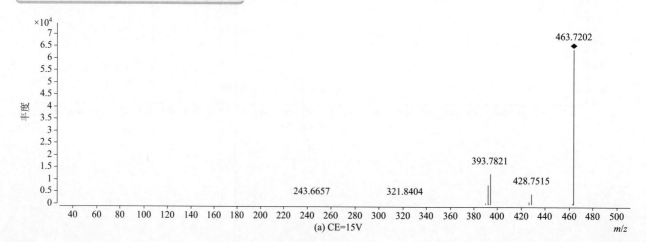

(a) CE=15V

610

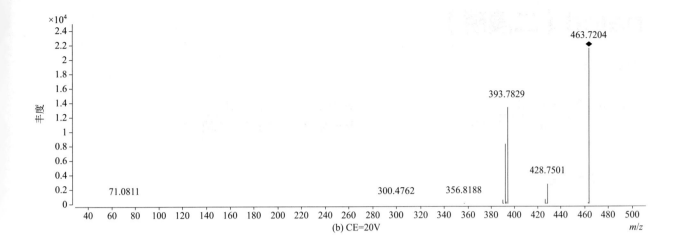

(b) CE=20V

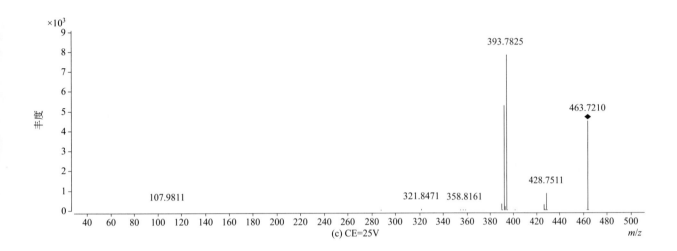

(c) CE=25V

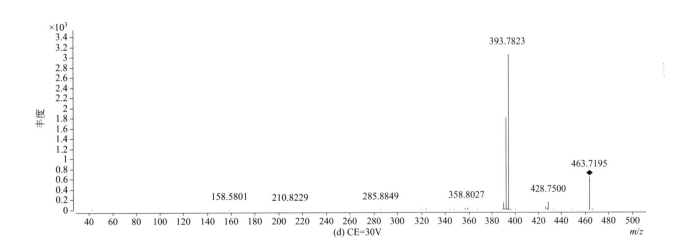

(d) CE=30V

naled（二溴磷）

CAS 登录号	300-76-5	分子量	377.7821
分子式	$C_4H_7Br_2Cl_2O_4P$	离子化模式	电子轰击电离（EI）

总离子流色谱图

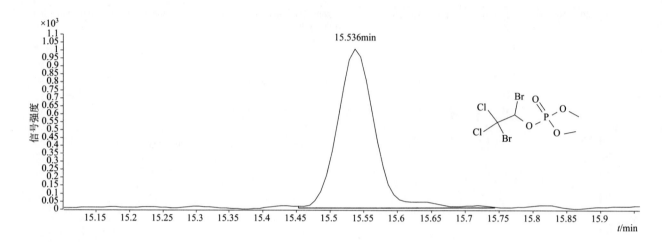

四个碰撞能量（CE）下子离子质谱图

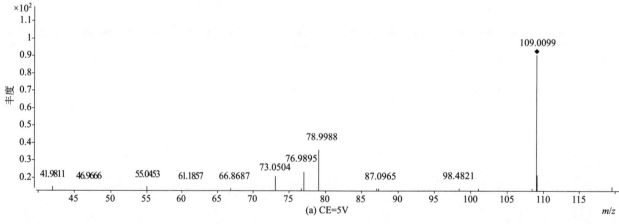

(a) CE=5V

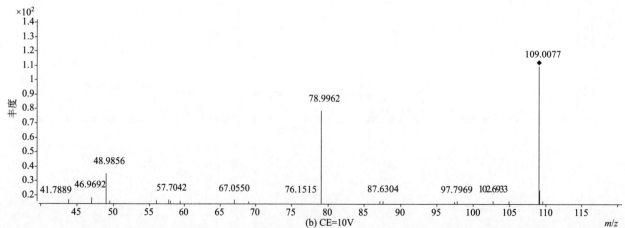

(b) CE=10V

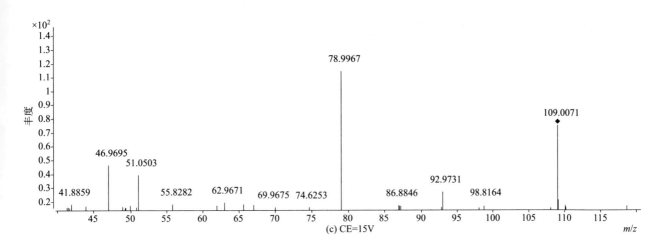

(c) CE=15V

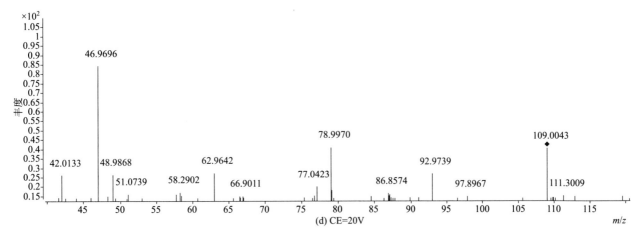

(d) CE=20V

1-naphthalene acetic acid（萘乙酸）

基本信息

CAS 登录号	86-87-3	分子量	186.0675
分子式	$C_{12}H_{10}O_2$	离子化模式	电子轰击电离（EI）

总离子流色谱图

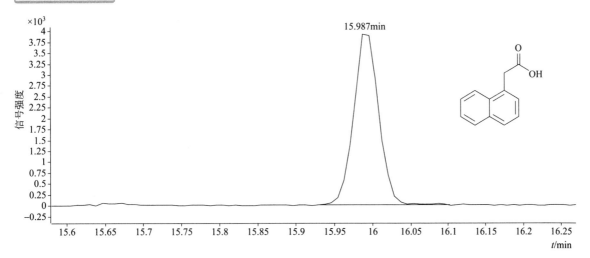

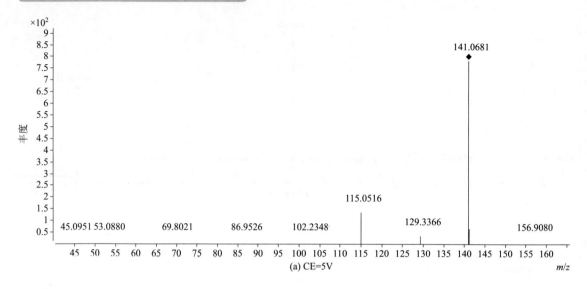

(a) CE=5V

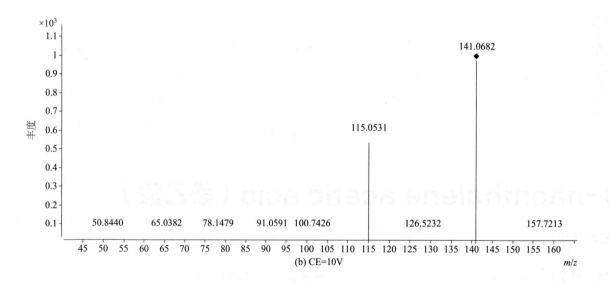

(b) CE=10V

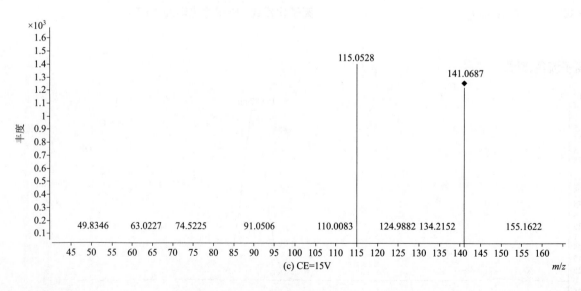

(c) CE=15V

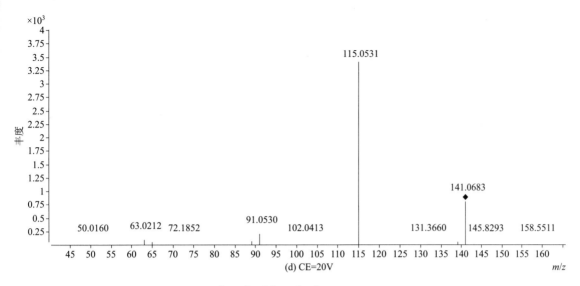

(d) CE=20V

napropamide（敌草胺）

基本信息

CAS 登录号	15299-99-7	分子量	271.1567
分子式	$C_{17}H_{21}NO_2$	离子化模式	电子轰击电离（EI）

总离子流色谱图

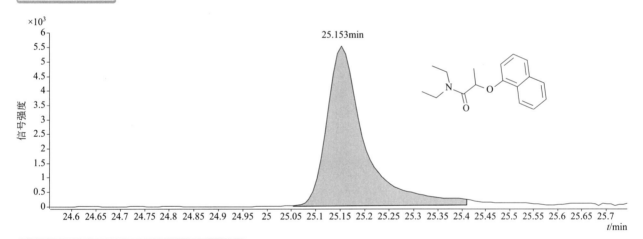

四个碰撞能量（CE）下子离子质谱图

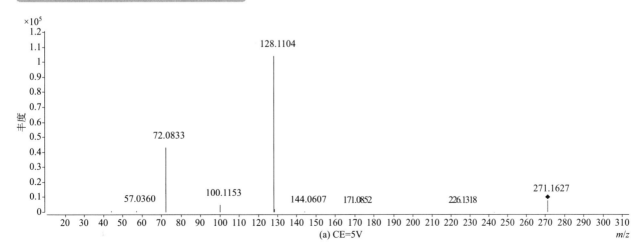

(a) CE=5V

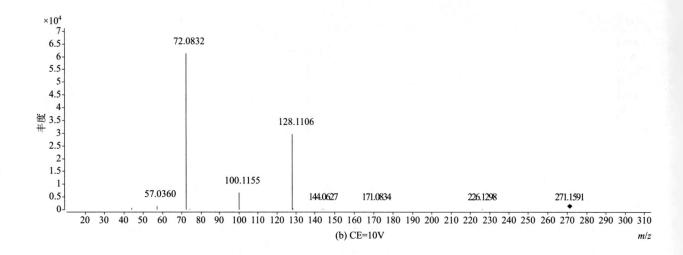

(b) CE=10V *m/z*

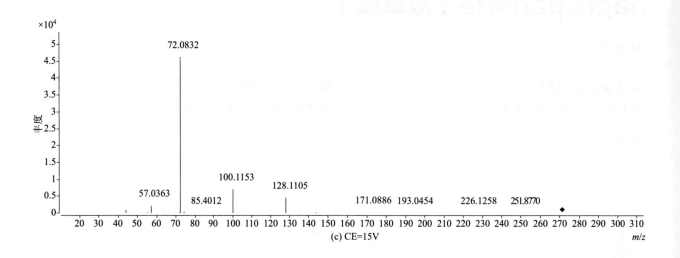

(c) CE=15V *m/z*

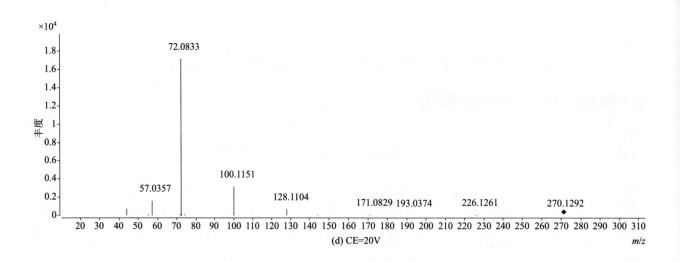

(d) CE=20V *m/z*

nitralin（磺乐灵）

基本信息

CAS 登录号	4726-14-1	**分子量**	345.0990
分子式	$C_{13}H_{19}N_3O_6S$	**离子化模式**	电子轰击电离（EI）

总离子流色谱图

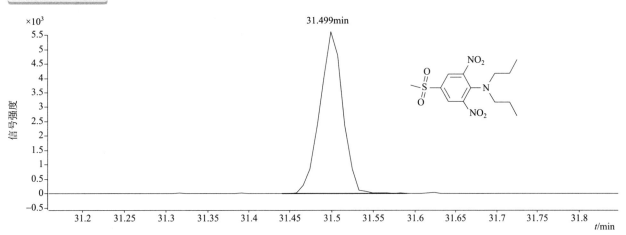

四个碰撞能量（CE）下子离子质谱图

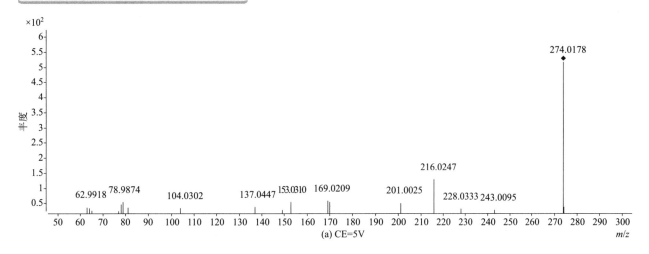

(a) CE=5V

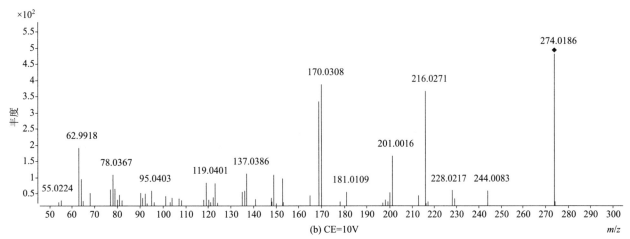

(b) CE=10V

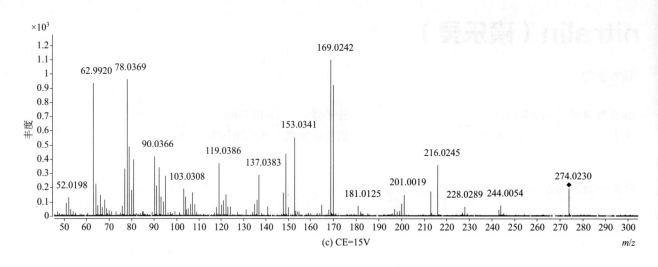

(c) CE=15V *m/z*

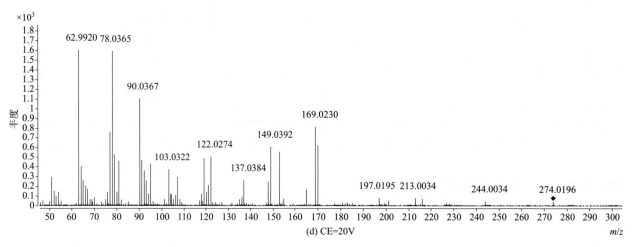

(d) CE=20V *m/z*

nitrapyrin（氯啶）

基本信息

CAS 登录号	1929-82-4	**分子量**	228.9015
分子式	C₆H₃Cl₄N	**离子化模式**	电子轰击电离（EI）

总离子流色谱图

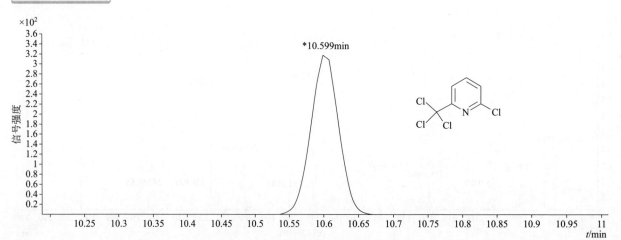

*10.599min

t/min

618

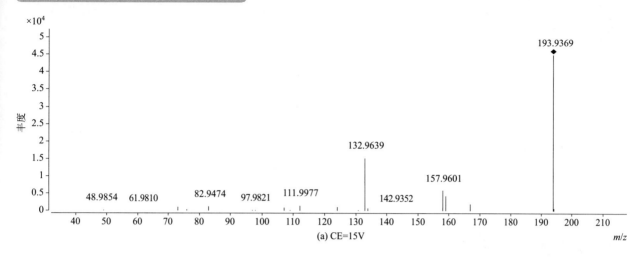

(a) CE=15V

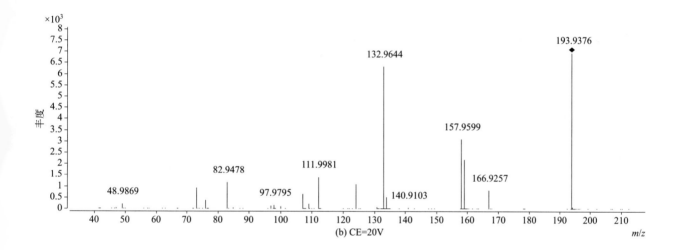

(b) CE=20V

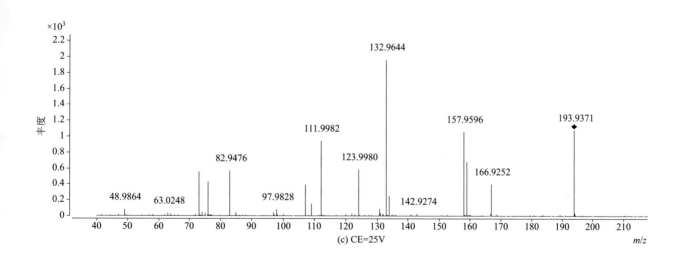

(c) CE=25V

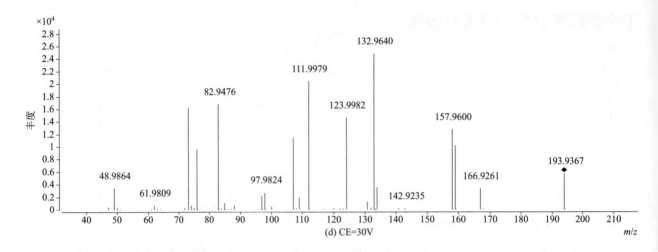

(d) CE=30V

nitrofen（除草醚）

基本信息

| **CAS 登录号** | 1836-75-5 | **分子量** | 282.9798 |
| **分子式** | C₁₂H₇Cl₂NO₃ | **离子化模式** | 电子轰击电离（EI） |

总离子流色谱图

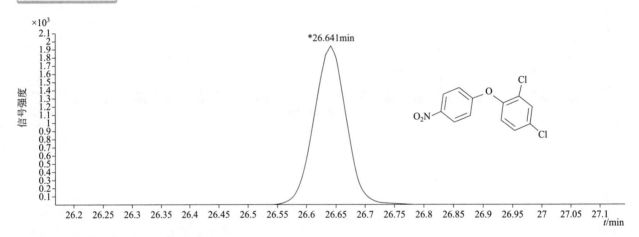

四个碰撞能量（CE）下子离子质谱图

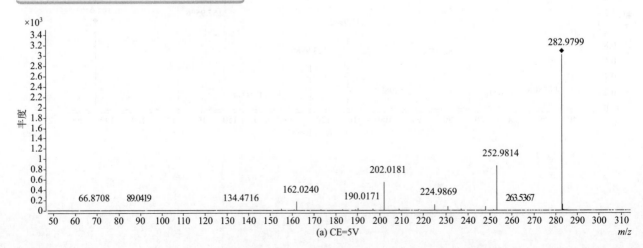

(a) CE=5V

620

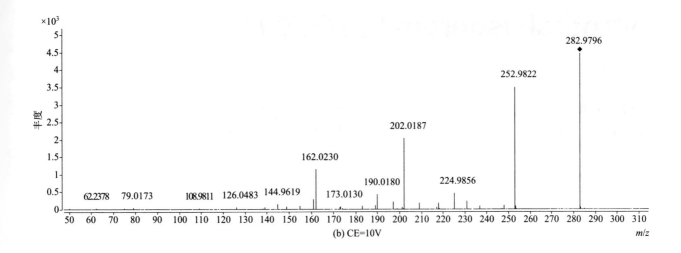

(b) CE=10V

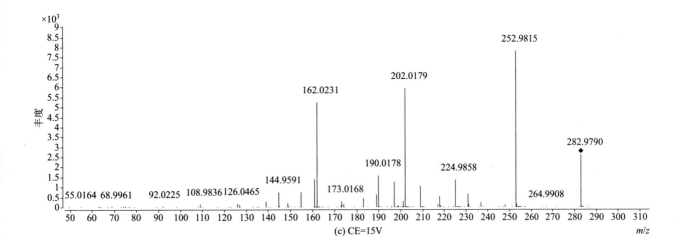

(c) CE=15V

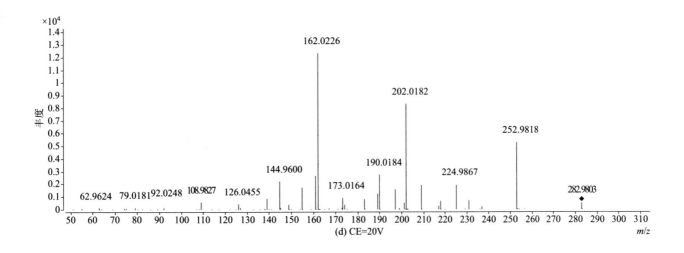

(d) CE=20V

nitrothal-isopropyl（酞菌酯）

基本信息

CAS 登录号	10552-74-6	分子量	295.1051
分子式	$C_{14}H_{17}NO_6$	离子化模式	电子轰击电离（EI）

总离子流色谱图

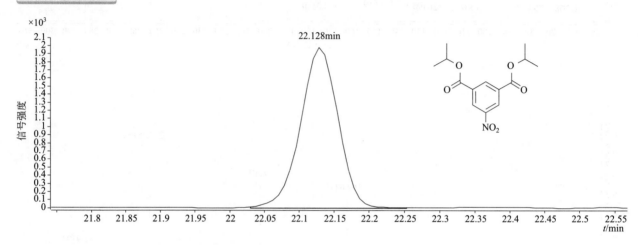

四个碰撞能量（CE）下子离子质谱图

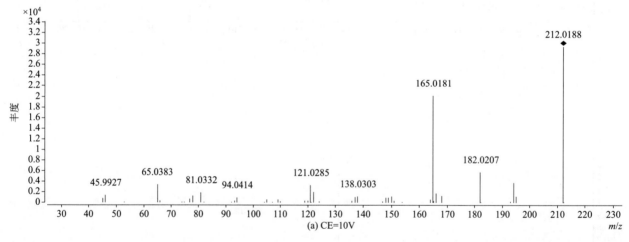

(a) CE=10V

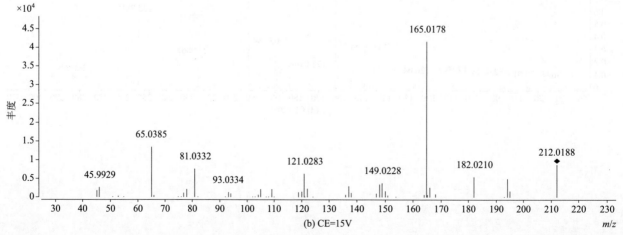

(b) CE=15V

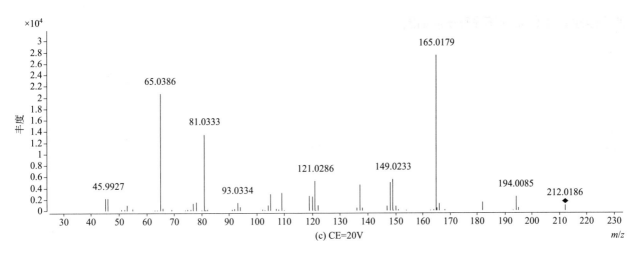

(c) CE=20V

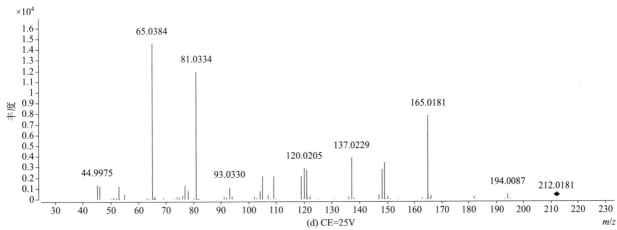

(d) CE=25V

norflurazon（氟草敏）

基本信息

CAS 登录号	27314-13-2	分子量	303.0381
分子式	$C_{12}H_9ClF_3N_3O$	离子化模式	电子轰击电离（EI）

总离子流色谱图

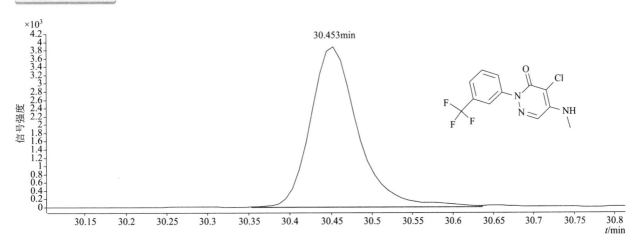

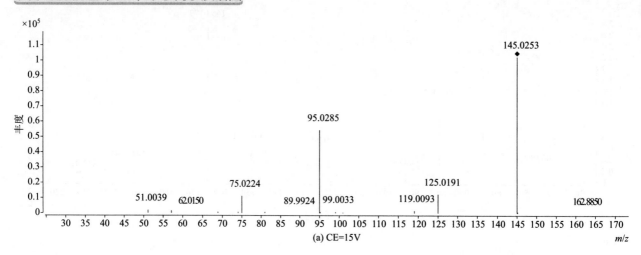

(a) CE=15V

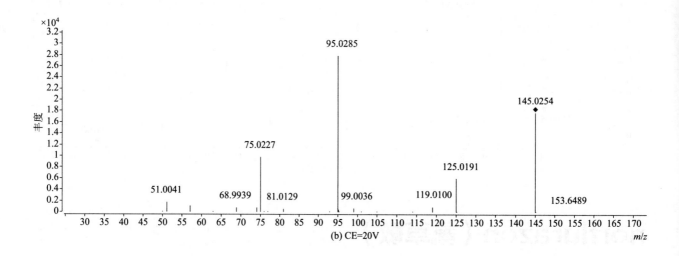

(b) CE=20V

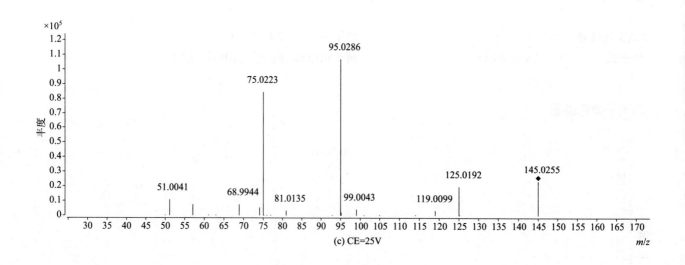

(c) CE=25V

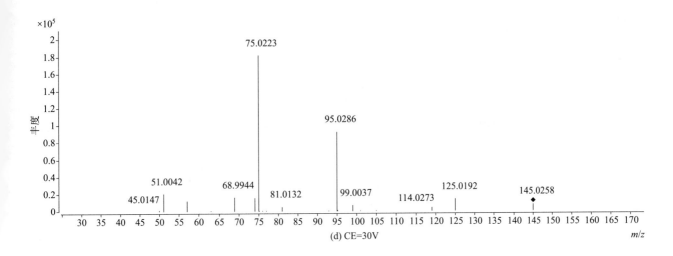

(d) CE=30V

nuarimol（氟苯嘧啶醇）

基本信息

CAS 登录号	63284-71-9	分子量	314.0617
分子式	C$_{17}$H$_{12}$ClFN$_2$O	离子化模式	电子轰击电离（EI）

总离子流色谱图

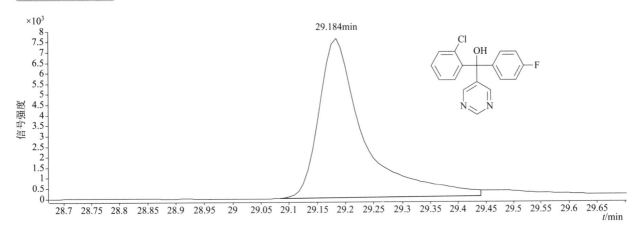

29.184min

四个碰撞能量（CE）下子离子质谱图

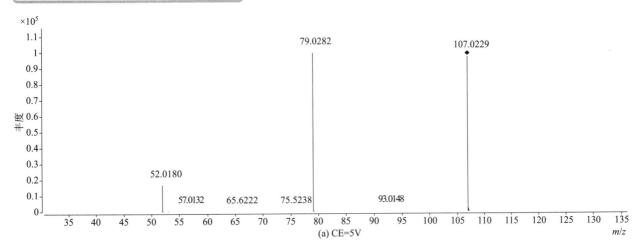

(a) CE=5V

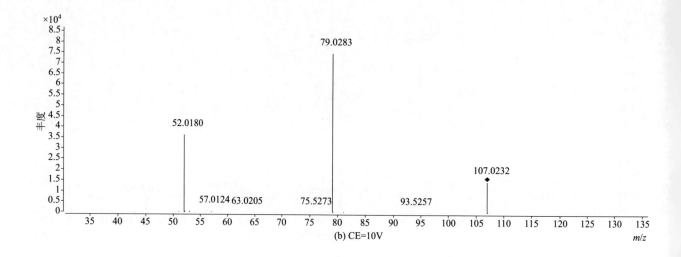

(b) CE=10V

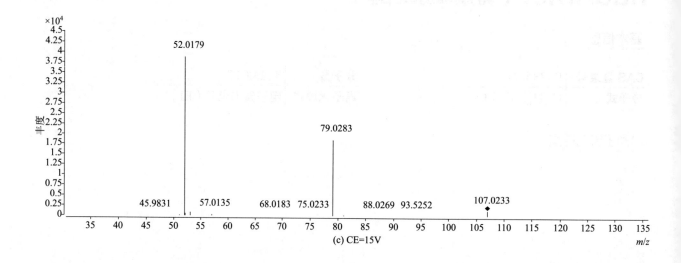

(c) CE=15V

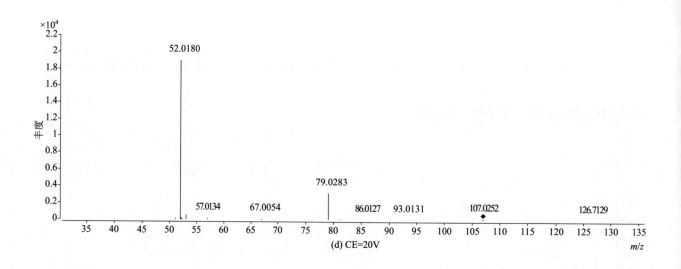

(d) CE=20V

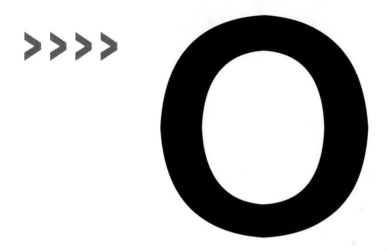

2,2′,3,3′,4,4′,5,5′-octachlorobiphenyl（2,2′,3,3′,4,4′,5,5′- 八氯联苯；PCB194）

基本信息

CAS 登录号	35694-08-7	分子量	425.7660
分子式	$C_{12}H_2Cl_8$	离子化模式	电子轰击电离（EI）

总离子流色谱图

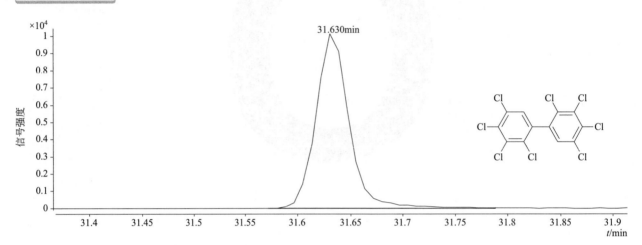

四个碰撞能量（CE）下子离子质谱图

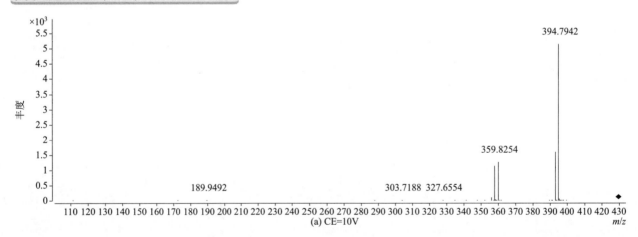

(a) CE=10V

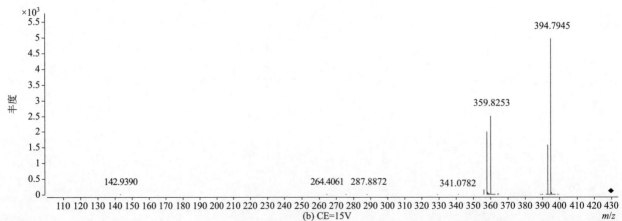

(b) CE=15V

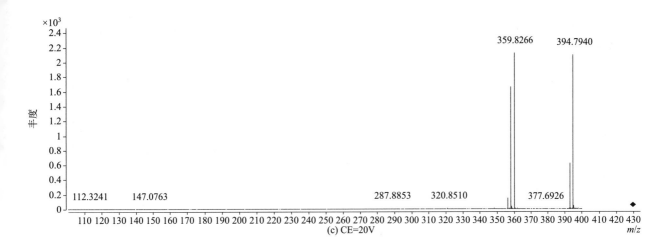

(c) CE=20V

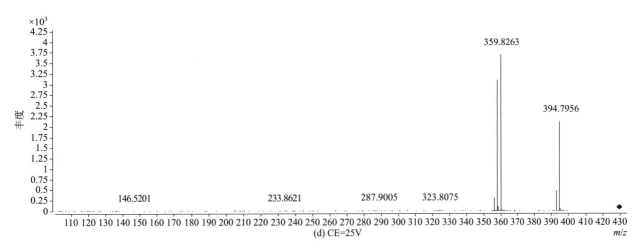

(d) CE=25V

2,2′,3,3′,4,4′,5,6-octachlorobiphenyl
（2,2′,3,3′,4,4′,5,6- 八氯联苯；PCB195）

基本信息

CAS 登录号	52663-78-2	分子量	425.7660
分子式	$C_{12}H_2Cl_8$	离子化模式	电子轰击电离（EI）

总离子流色谱图

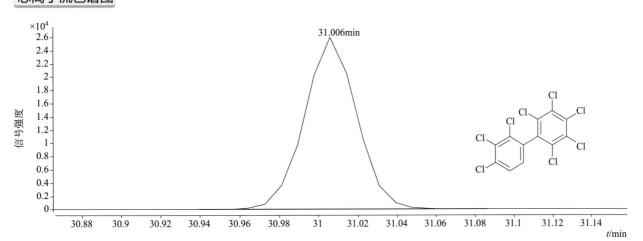

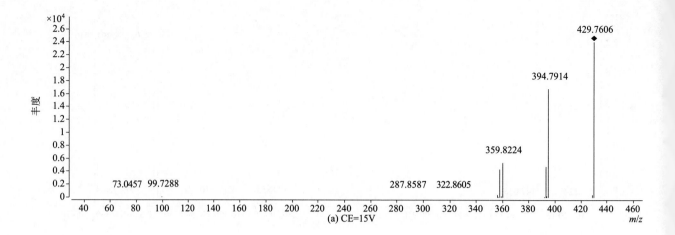

(a) CE=15V

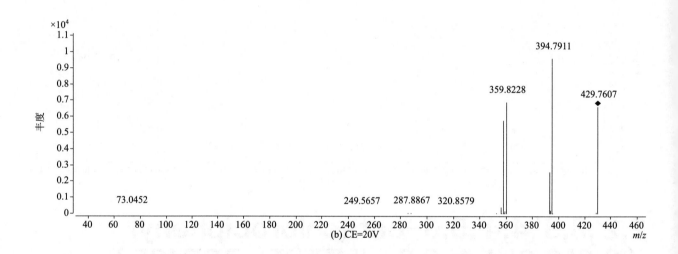

(b) CE=20V

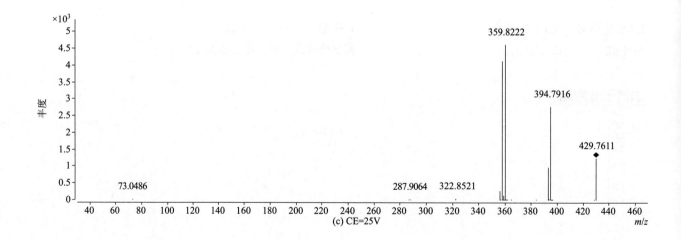

(c) CE=25V

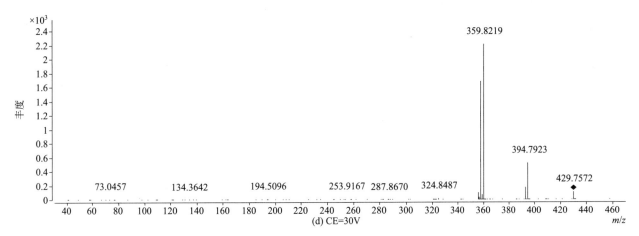

(d) CE=30V

2,2′,3,3′,4,4′,5,6′–octachlorobiphenyl（2,2′,3,3′,4,4′,5,6′– 八氯联苯；PCB196）

基本信息

CAS 登录号	42740-50-1	分子量	425.7660
分子式	$C_{12}H_2Cl_8$	离子化模式	电子轰击电离（EI）

总离子流色谱图

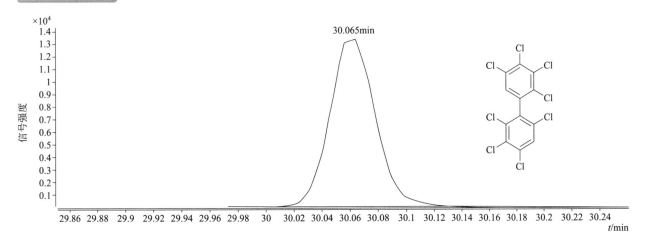

四个碰撞能量（CE）下子离子质谱图

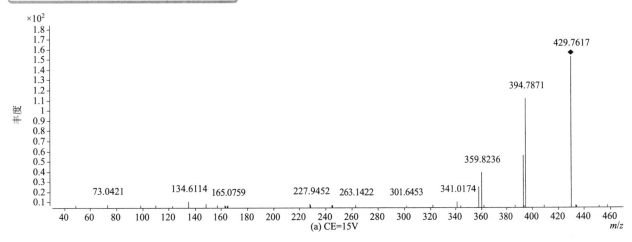

(a) CE=15V

631

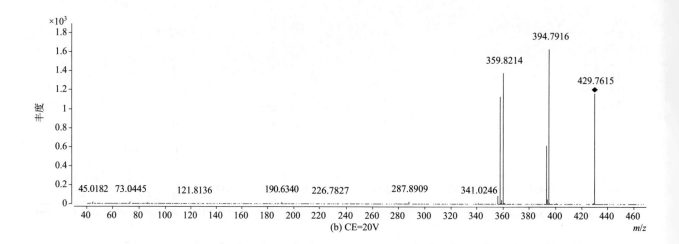
(b) CE=20V

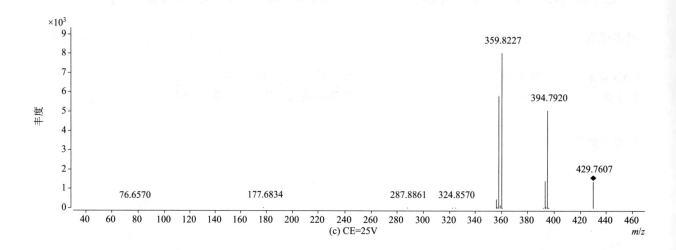
(c) CE=25V

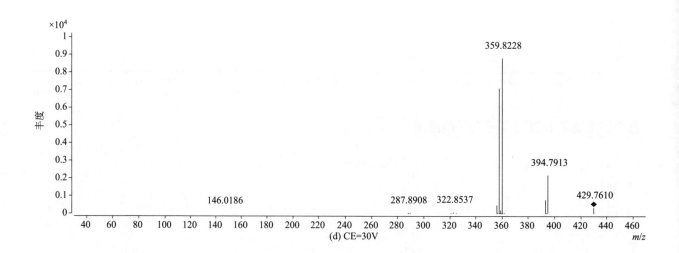
(d) CE=30V

2,2',3,3',4,4',6,6'-octachlorobiphenyl
（2,2',3,3',4,4',6,6'- 八氯联苯；PCB197）

基本信息

CAS 登录号	33091-17-7	分子量	425.7660
分子式	$C_{12}H_2Cl_8$	离子化模式	电子轰击电离（EI）

总离子流色谱图

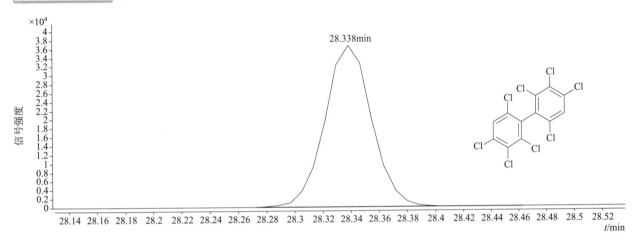

四个碰撞能量（CE）下子离子质谱图

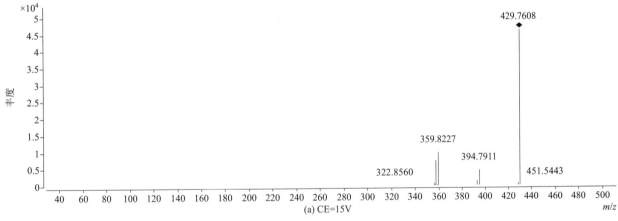

(a) CE=15V

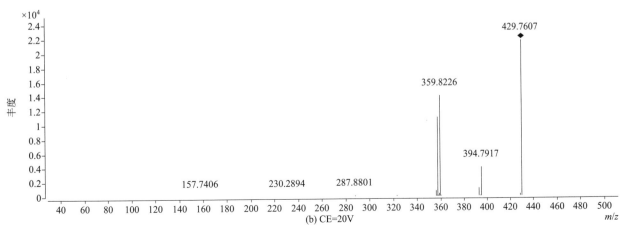

(b) CE=20V

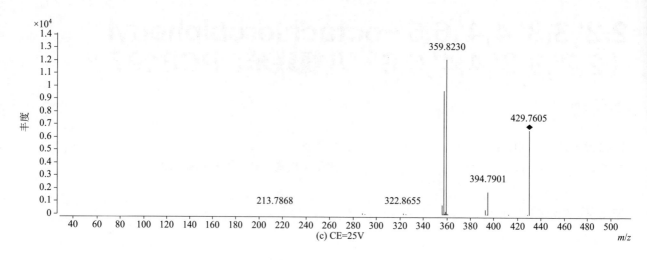

(c) CE=25V

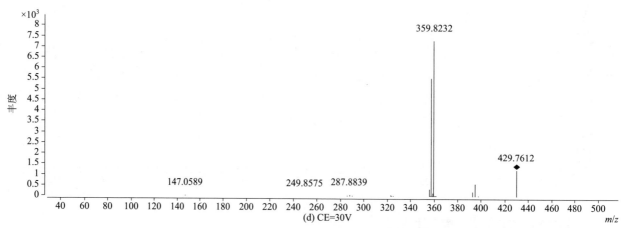

(d) CE=30V

2,2′,3,3′,4,5,5′,6-octachlorobiphenyl
（2,2′,3,3′,4,5,5′,6- 八氯联苯；PCB198）

基本信息

CAS 登录号	68194-17-2	分子量	425.7660
分子式	$C_{12}H_2Cl_8$	离子化模式	电子轰击电离（EI）

总离子流色谱图

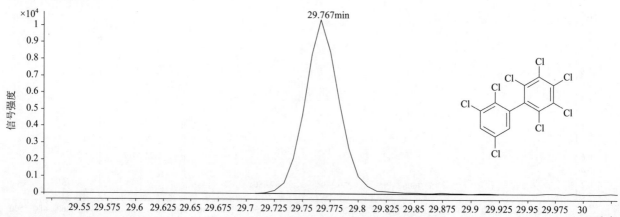

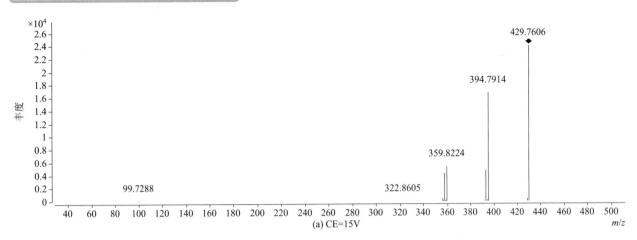

(a) CE=15V

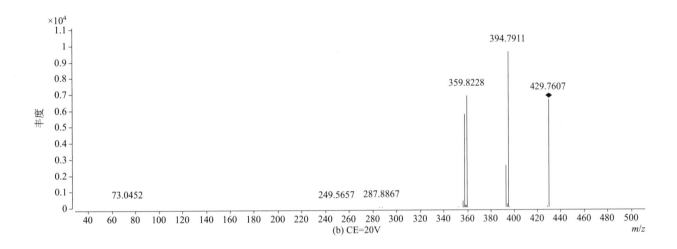

(b) CE=20V

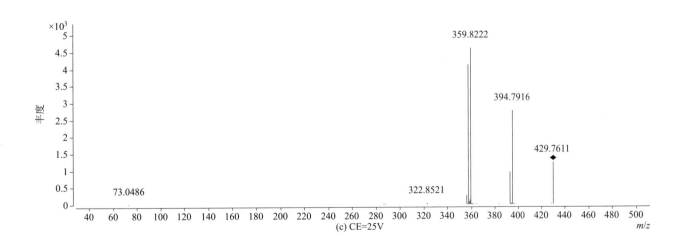

(c) CE=25V

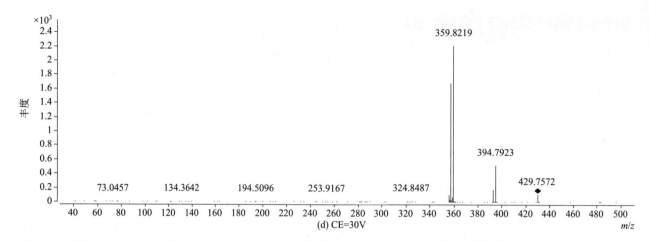

(d) CE=30V

2,2',3,3',4,5,5',6'-octachlorobiphenyl
（2,2',3,3',4,5,5',6'- 八氯联苯；PCB199）

基本信息

CAS 登录号	52663-75-9	分子量	425.7660
分子式	$C_{12}H_2Cl_8$	离子化模式	电子轰击电离（EI）

总离子流色谱图

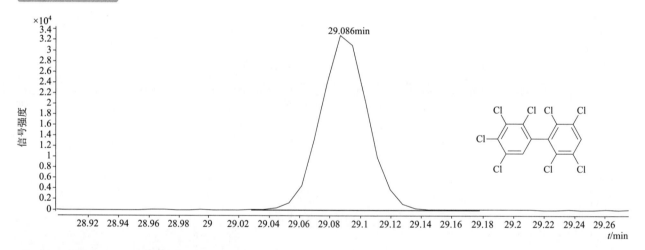

四个碰撞能量（CE）下子离子质谱图

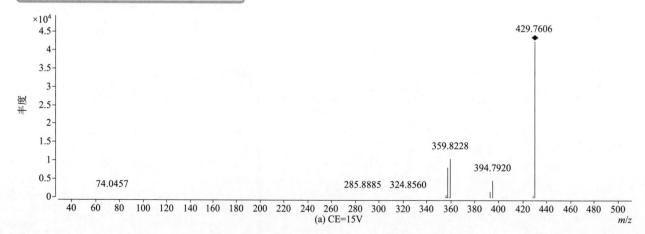

(a) CE=15V

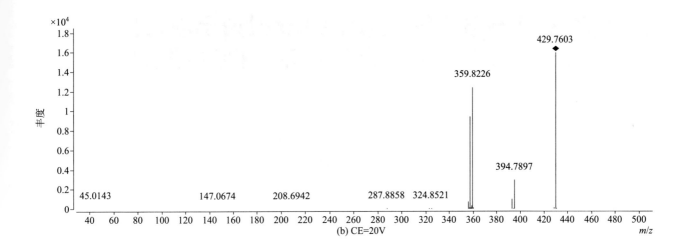

(b) CE=20V

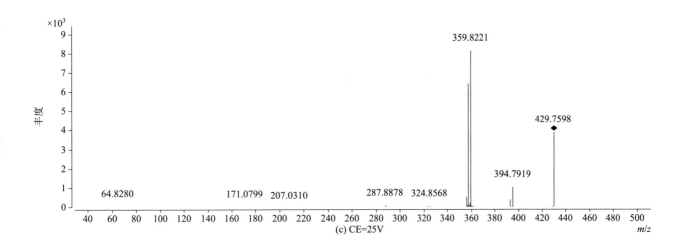

(c) CE=25V

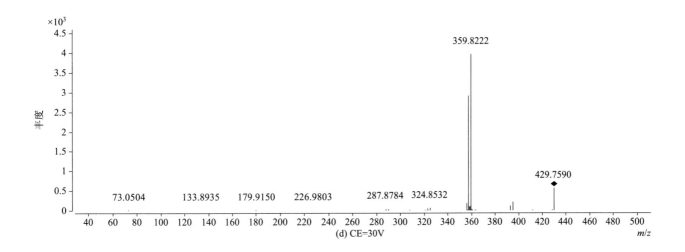

(d) CE=30V

2,2',3,3',4,5,6,6'-octachlorobiphenyl
（2,2',3,3',4,5,6,6'-八氯联苯；PCB200）

基本信息

CAS 登录号	52663-73-7	分子量	425.7660
分子式	$C_{12}H_2Cl_8$	离子化模式	电子轰击电离（EI）

总离子流色谱图

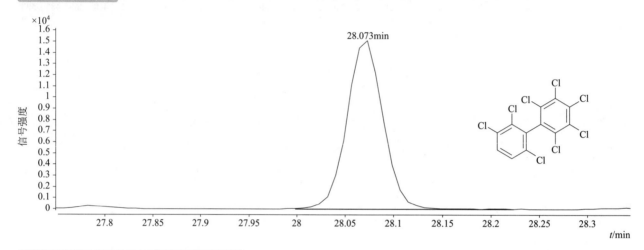

四个碰撞能量（CE）下子离子质谱图

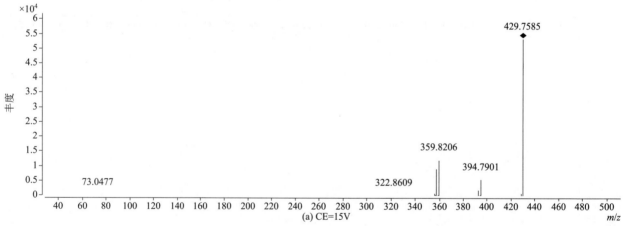

(a) CE=15V

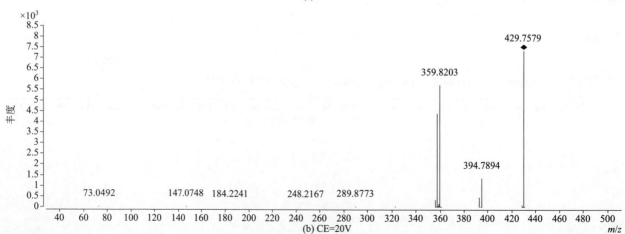

(b) CE=20V

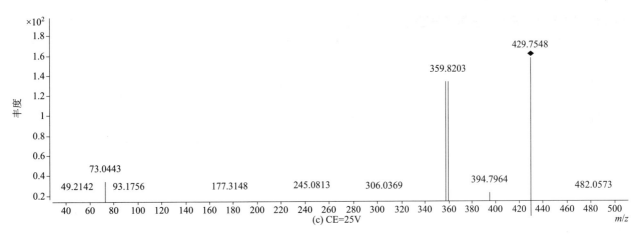

(c) CE=25V

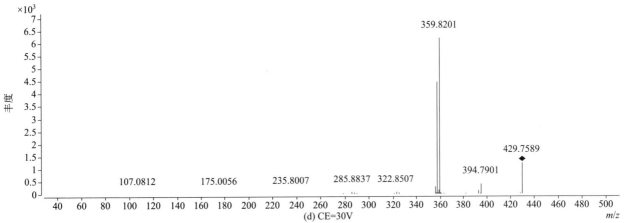

(d) CE=30V

2,2′,3,3′,4,5′,6,6′-octachlorobiphenyl （2,2′,3,3′,4,5′,6,6′- 八氯联苯；PCB201）

基本信息

CAS 登录号	40186-71-8	分子量	425.7660
分子式	$C_{12}H_2Cl_8$	离子化模式	电子轰击电离（EI）

总离子流色谱图

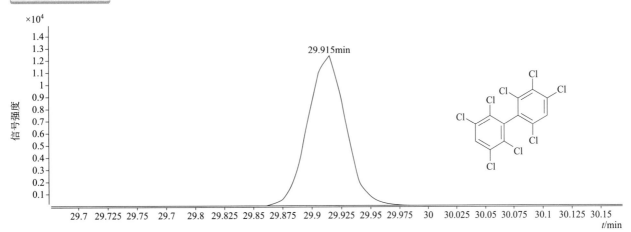

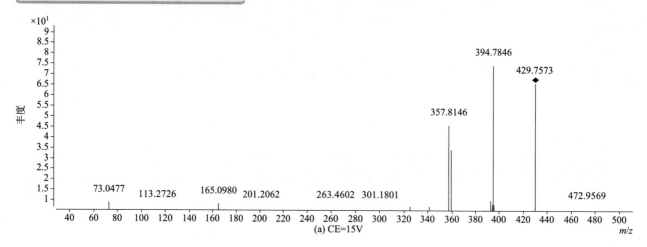

(a) CE=15V

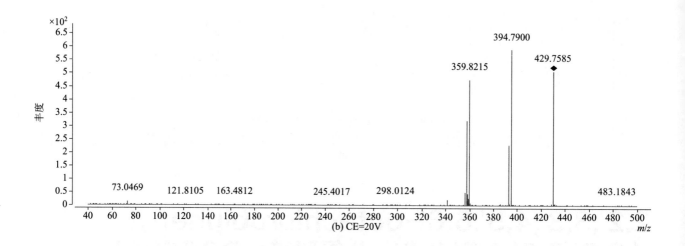

(b) CE=20V

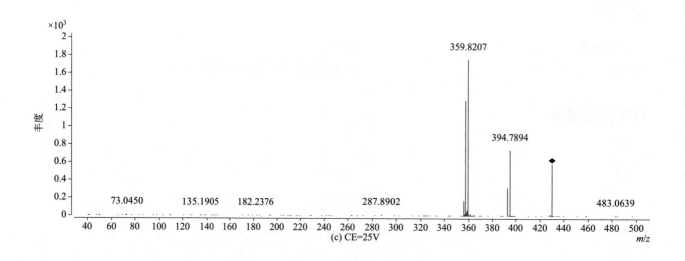

(c) CE=25V

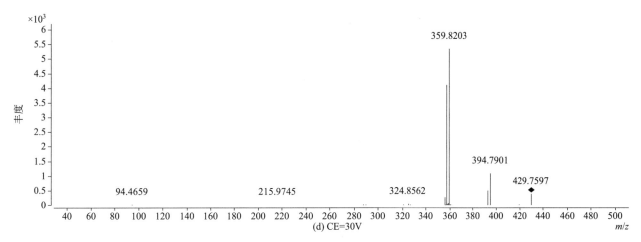

(d) CE=30V

2,2′,3,3′,5,5′,6,6′–octachlorobiphenyl
（2,2′,3,3′,5,5′,6,6′– 八氯联苯；PCB202）

基本信息

CAS 登录号	2136-99-4		分子量	425.7660
分子式	$C_{12}H_2Cl_8$		离子化模式	电子轰击电离（EI）

总离子流色谱图

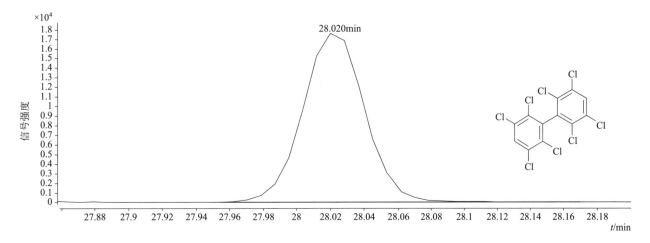

四个碰撞能量（CE）下子离子质谱图

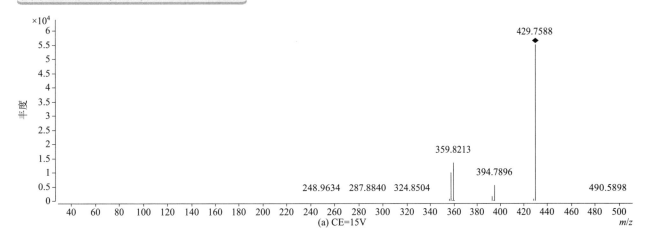

(a) CE=15V

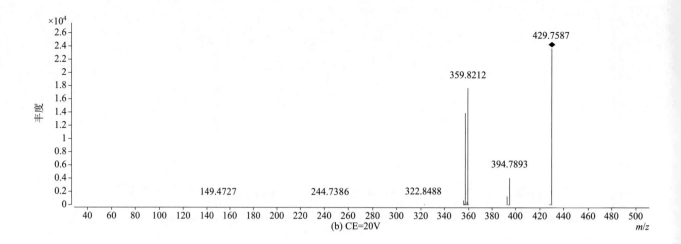

(b) CE=20V

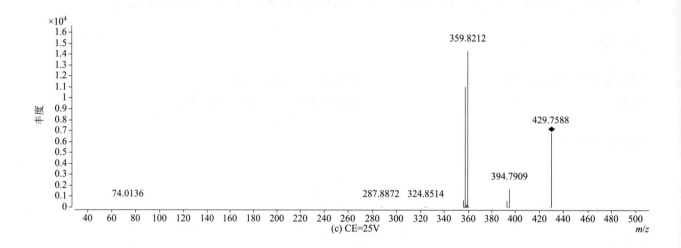

(c) CE=25V

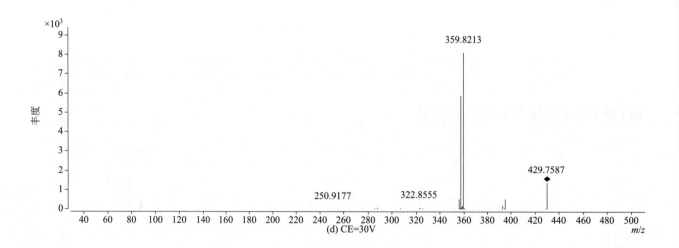

(d) CE=30V

2,2',3,4,4',5,5',6-octachlorobiphenyl
（2,2',3,4,4',5,5',6- 八氯联苯；PCB203）

基本信息

CAS 登录号	52663-76-0	分子量	425.7660
分子式	$C_{12}H_2Cl_8$	离子化模式	电子轰击电离（EI）

总离子流色谱图

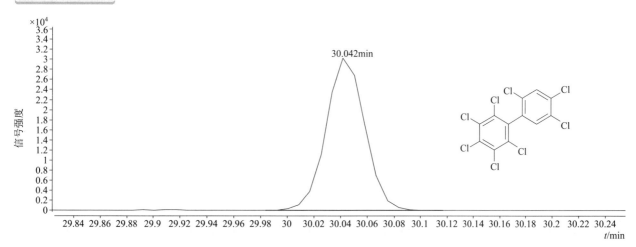

四个碰撞能量（CE）下子离子质谱图

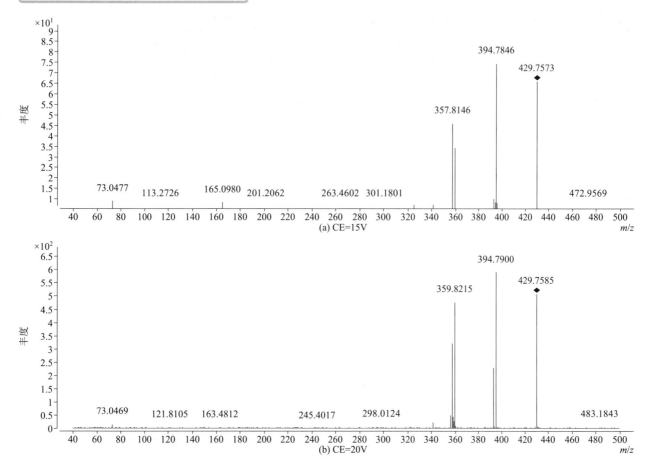

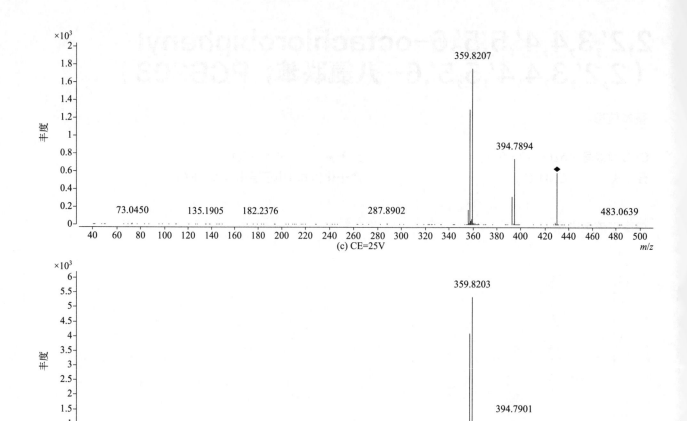

(c) CE=25V

(d) CE=30V

2,2′,3,4,4′,5,6,6′-octachlorobiphenyl （2,2′,3,4,4′,5,6,6′- 八氯联苯；PCB204）

基本信息

CAS 登录号	74472-52-9	分子量	425.7660
分子式	$C_{12}H_2Cl_8$	离子化模式	电子轰击电离（EI）

总离子流色谱图

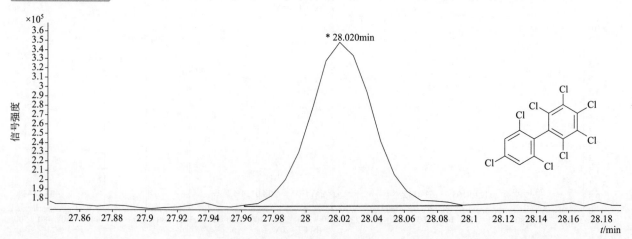

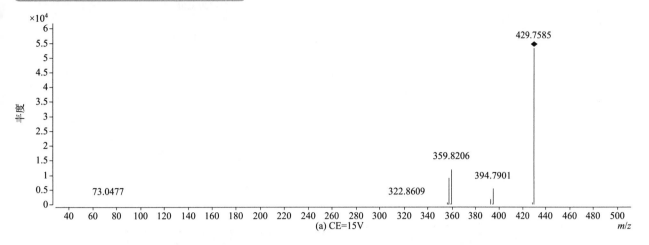

(a) CE=15V

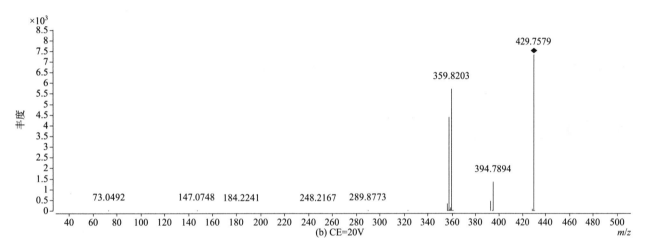

(b) CE=20V

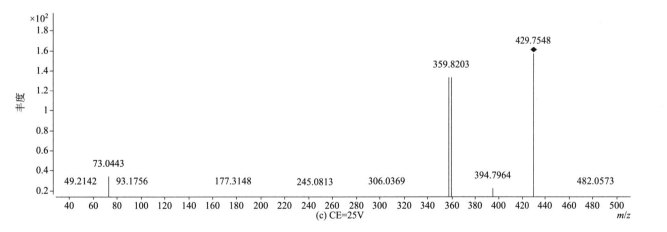

(c) CE=25V

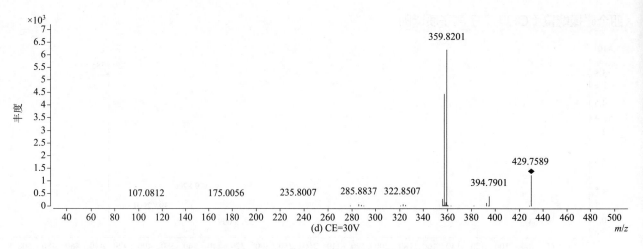

(d) CE=30V

2,3,3',4,4',5,5',6-octachlorobiphenyl
（2,3,3',4,4',5,5',6- 八氯联苯；PCB205）

基本信息

CAS 登录号	74472-53-0	分子量	425.7660
分子式	$C_{12}H_2Cl_8$	离子化模式	电子轰击电离（EI）

总离子流色谱图

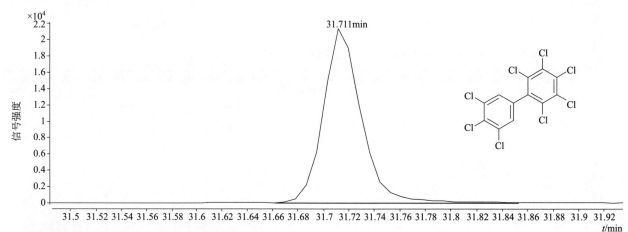

四个碰撞能量（CE）下子离子质谱图

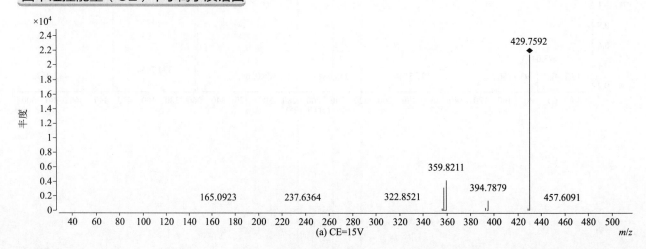

(a) CE=15V

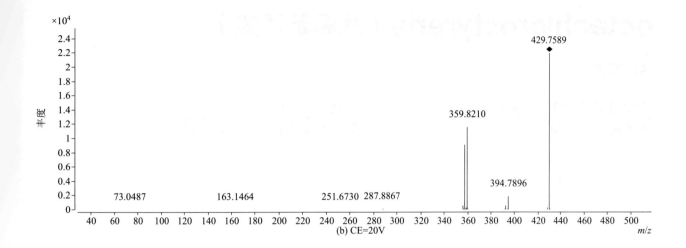

(b) CE=20V

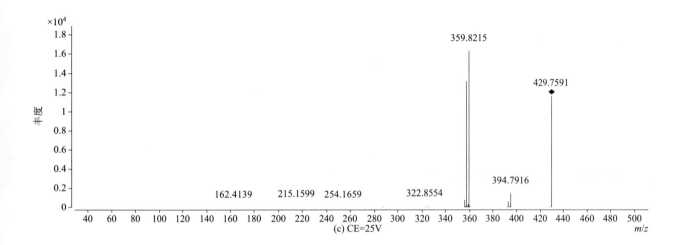

(c) CE=25V

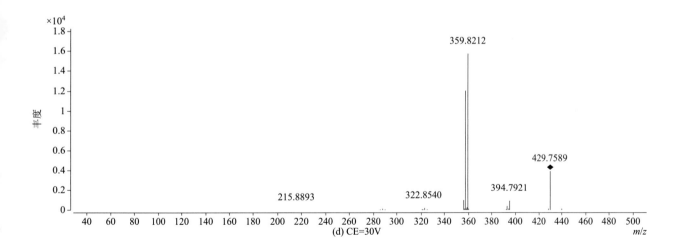

(d) CE=30V

octachlorostyrene（八氯苯乙烯）

基本信息

CAS 登录号	29082-74-4	分子量	375.7503
分子式	C_8Cl_8	离子化模式	电子轰击电离（EI）

总离子流色谱图

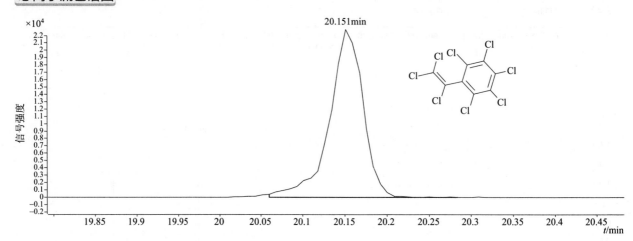

四个碰撞能量（CE）下子离子质谱图

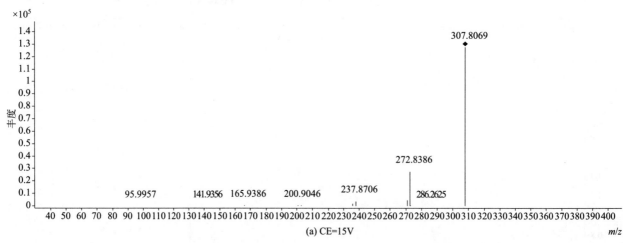

(a) CE=15V

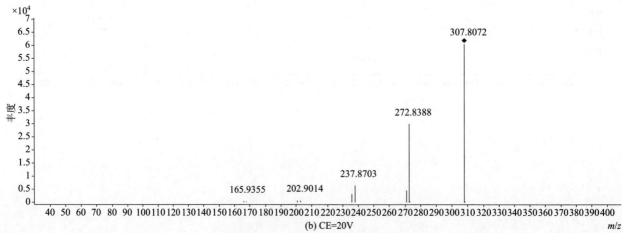

(b) CE=20V

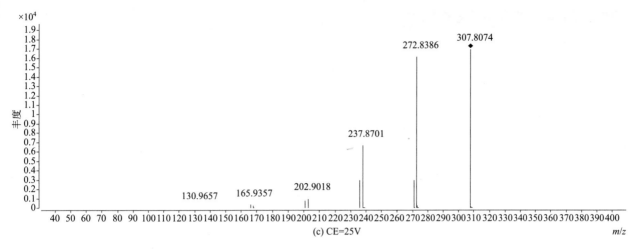

(c) CE=25V

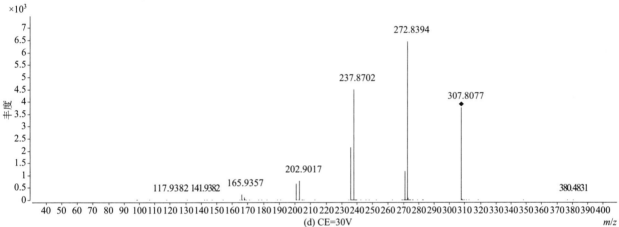

(d) CE=30V

ofurace（呋酰胺）

基本信息

CAS 登录号	58810-48-3	分子量	281.0814
分子式	$C_{14}H_{16}ClNO_3$	离子化模式	电子轰击电离（EI）

总离子流色谱图

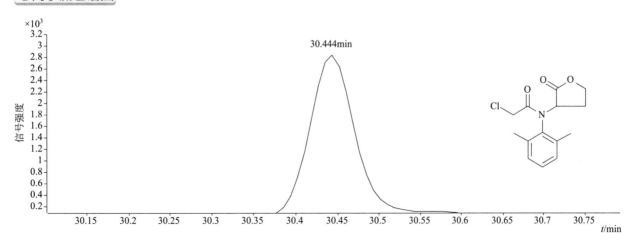

30.444min

四个碰撞能量（CE）下子离子质谱图

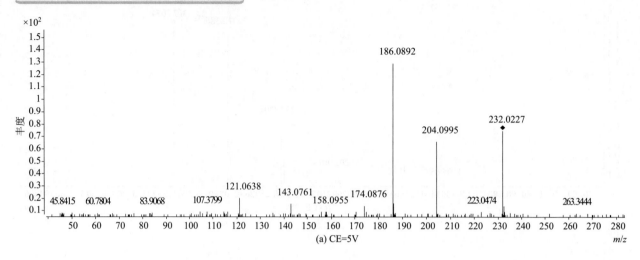

(a) CE=5V

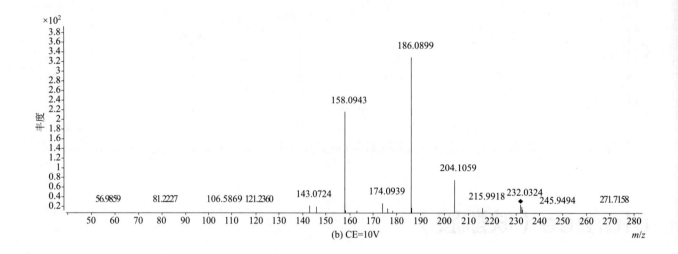

(b) CE=10V

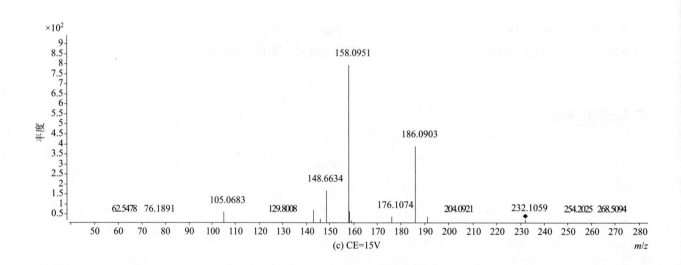

(c) CE=15V

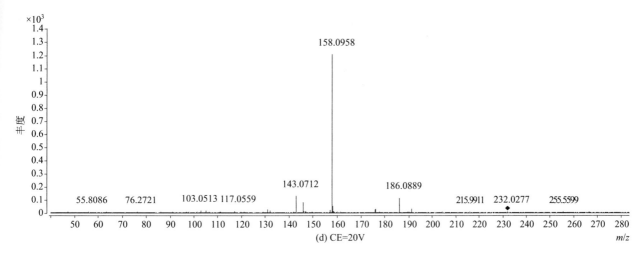

(d) CE=20V

oxadiazone（恶草酮）

基本信息

CAS 登录号	19666-30-9	分子量	344.0690
分子式	$C_{15}H_{18}Cl_2N_2O_3$	离子化模式	电子轰击电离（EI）

总离子流色谱图

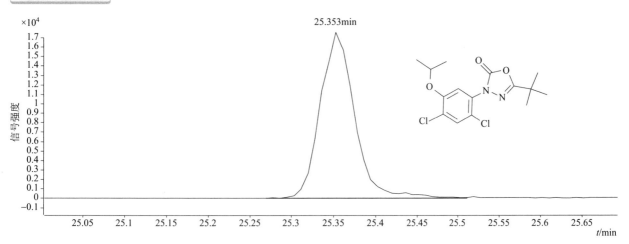

四个碰撞能量（CE）下子离子质谱图

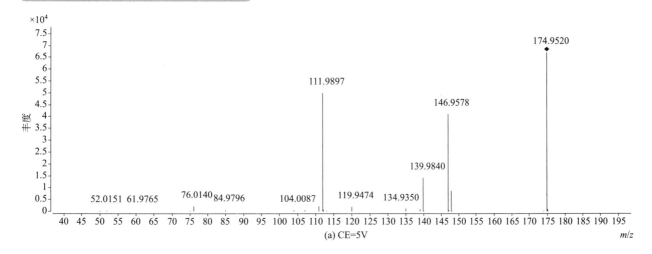

(a) CE=5V

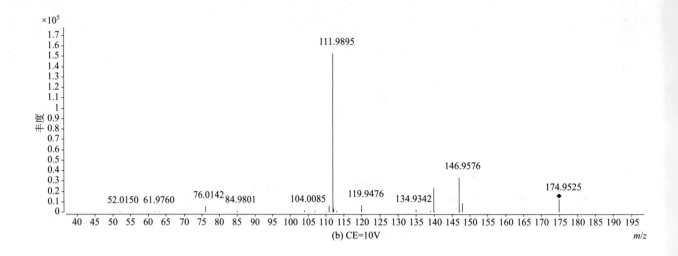

(b) CE=10V

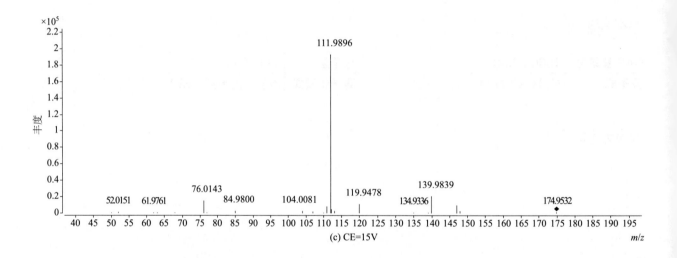

(c) CE=15V

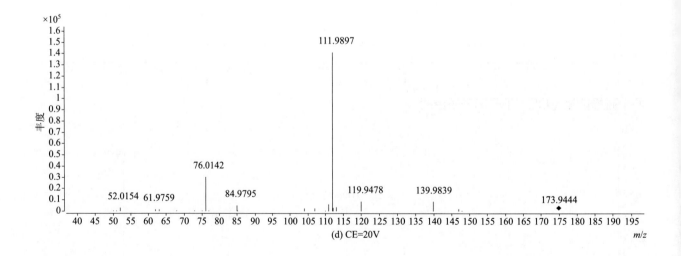

(d) CE=20V

oxadixyl（噁霜灵）

基本信息

CAS 登录号	77732-09-3	分子量	278.1262
分子式	$C_{14}H_{18}N_2O_4$	离子化模式	电子轰击电离（EI）

总离子流色谱图

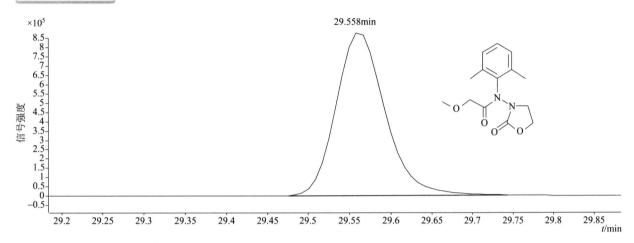

四个碰撞能量（CE）下子离子质谱图

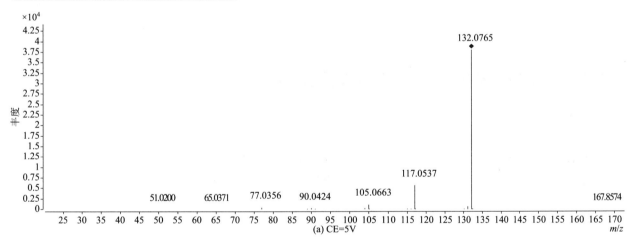

(a) CE=5V

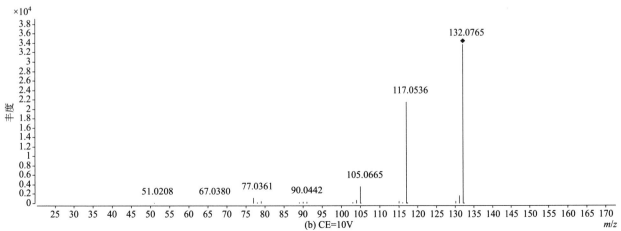

(b) CE=10V

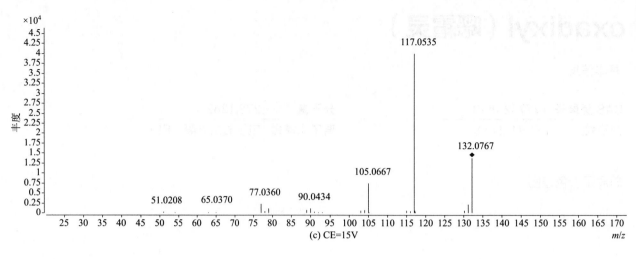

(c) CE=15V

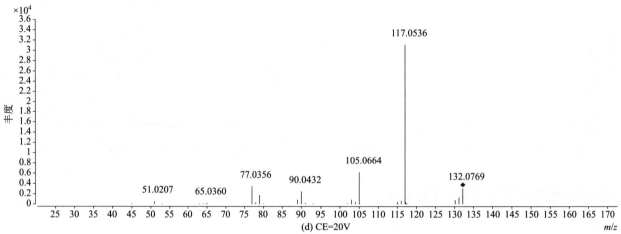

(d) CE=20V

oxycarboxin（氧化萎锈灵）

基本信息

CAS 登录号	5259-88-1	**分子量**	267.0560
分子式	$C_{12}H_{13}NO_4S$	**离子化模式**	电子轰击电离（EI）

总离子流色谱图

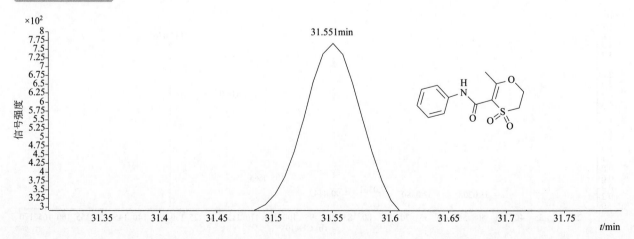

654

四个碰撞能量（CE）下子离子质谱图

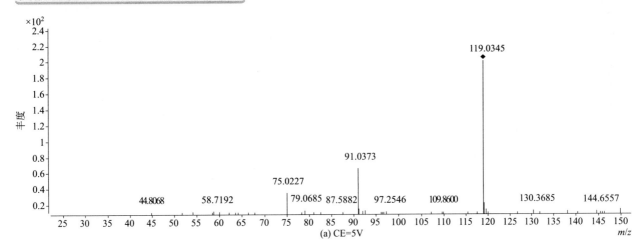

(a) CE=5V

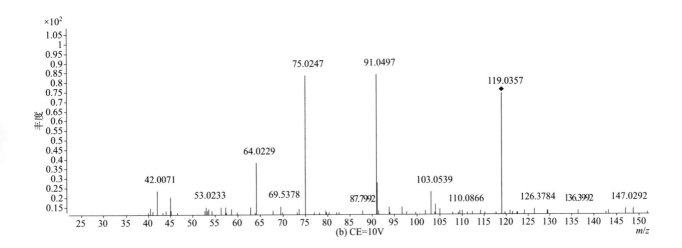

(b) CE=10V

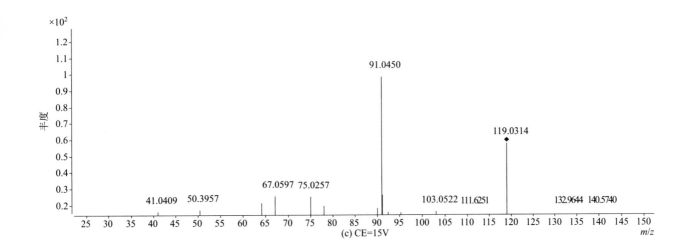

(c) CE=15V

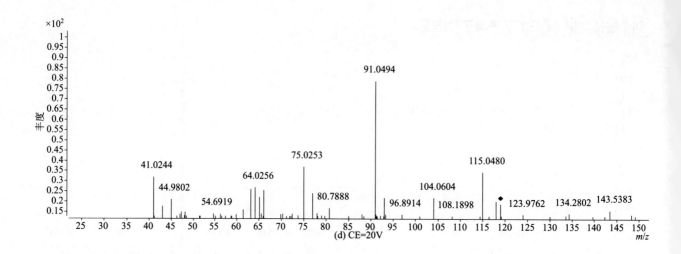

>>>> P

paclobutrazol（多效唑）

基本信息

CAS 登录号	76738-62-0	**分子量**	293.1290
分子式	$C_{15}H_{20}ClN_3O$	**离子化模式**	电子轰击电离（EI）

总离子流色谱图

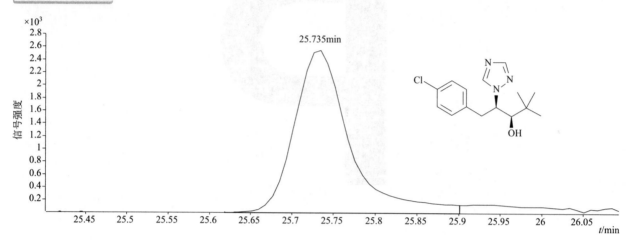

四个碰撞能量（CE）下子离子质谱图

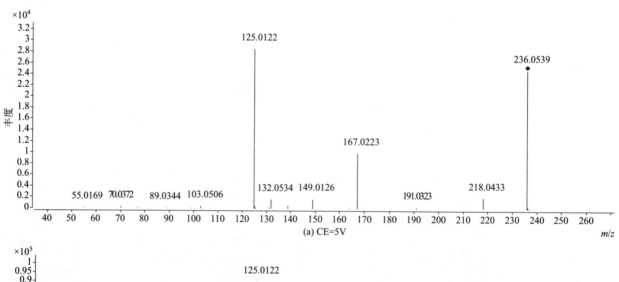

(a) CE=5V

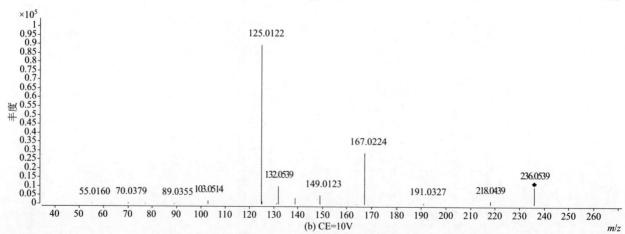

(b) CE=10V

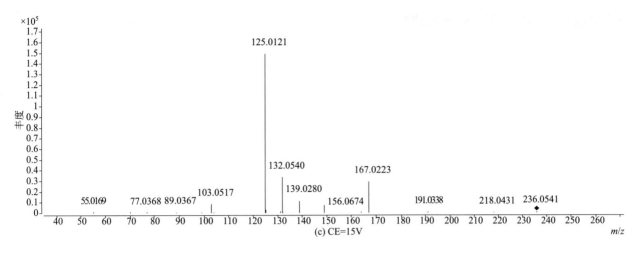

(c) CE=15V

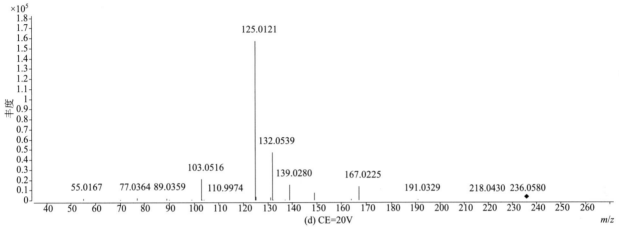

(d) CE=20V

paraoxon-methyl（甲基对氧磷）

基本信息

CAS 登录号	950-35-6	分子量	247.0241
分子式	$C_8H_{10}NO_6P$	离子化模式	电子轰击电离（EI）

总离子流色谱图

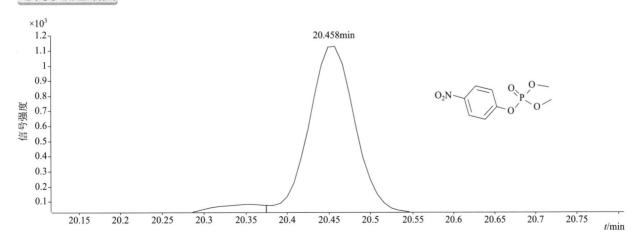

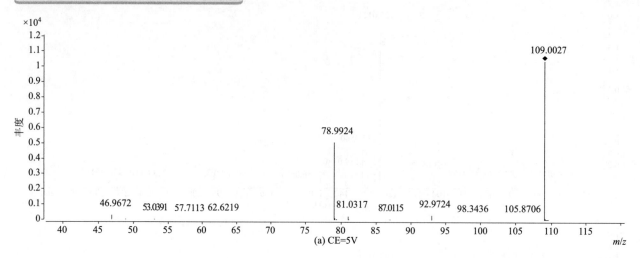

(a) CE=5V

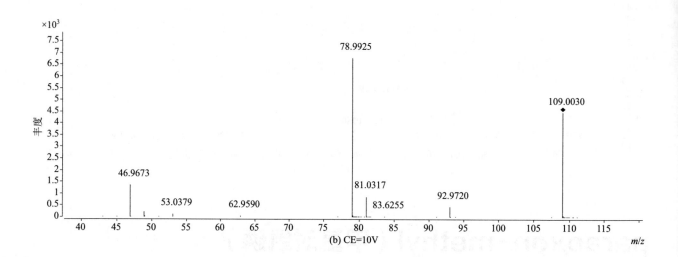

(b) CE=10V

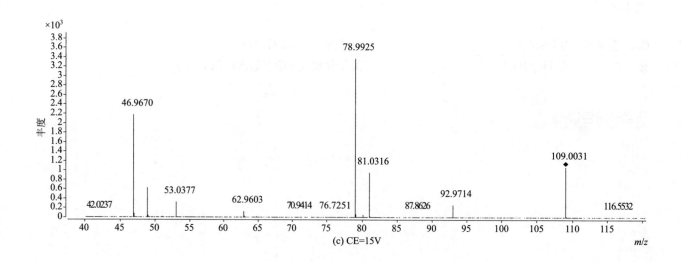

(c) CE=15V

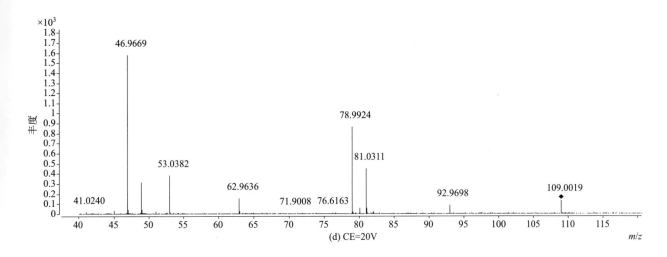

(d) CE=20V

parathion-ethyl（对硫磷）

基本信息

CAS 登录号	56-38-2	分子量	291.0325
分子式	$C_{10}H_{14}NO_5PS$	离子化模式	电子轰击电离（EI）

总离子流色谱图

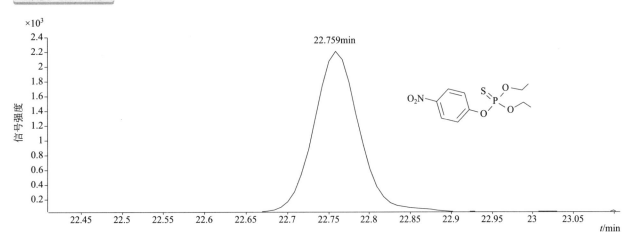

四个碰撞能量（CE）下子离子质谱图

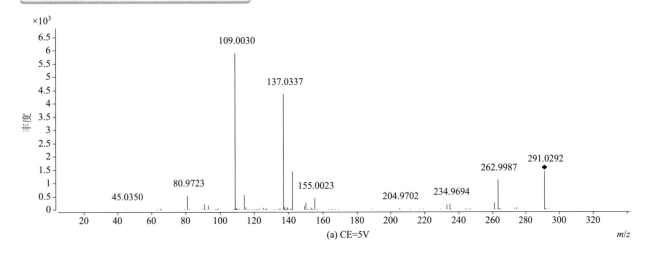

(a) CE=5V

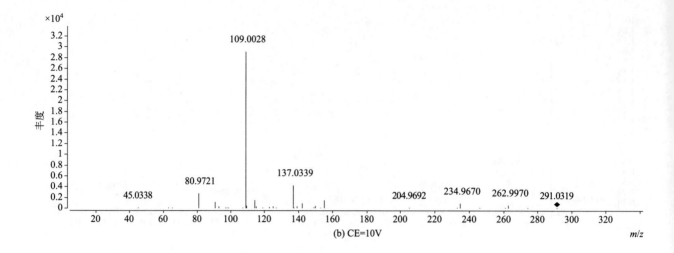

(b) CE=10V

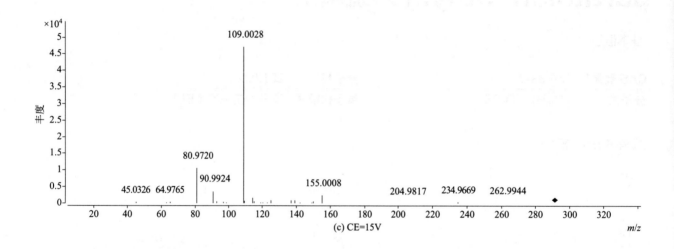

(c) CE=15V

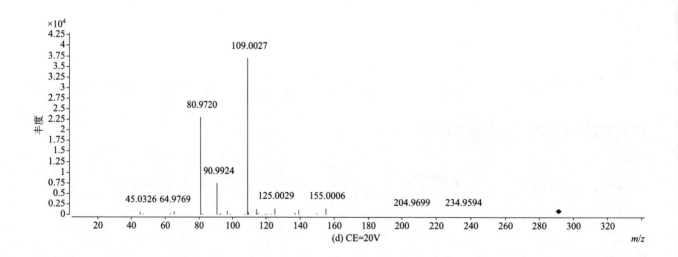

(d) CE=20V

parathion-methyl（甲基对硫磷）

基本信息

CAS 登录号	298-00-0	**分子量**	263.0012
分子式	$C_8H_{10}NO_5PS$	**离子化模式**	电子轰击电离（EI）

总离子流色谱图

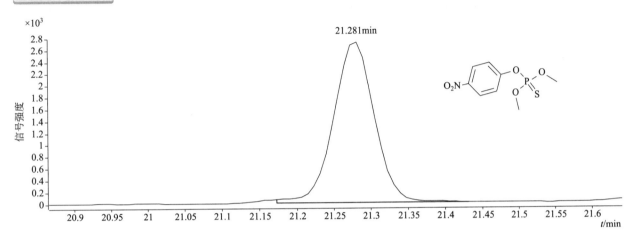

四个碰撞能量（CE）下子离子质谱图

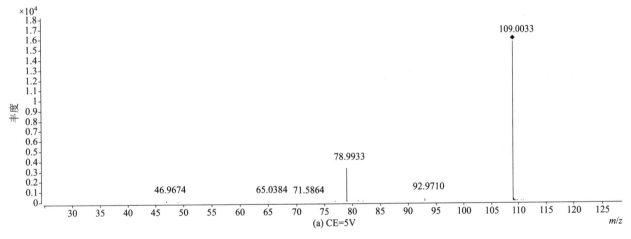

(a) CE=5V

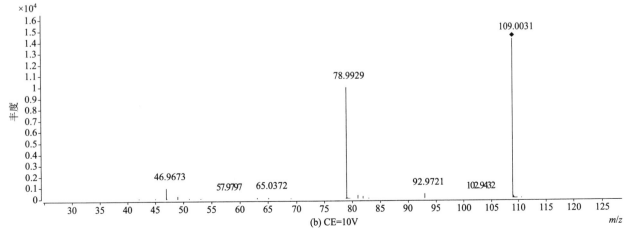

(b) CE=10V

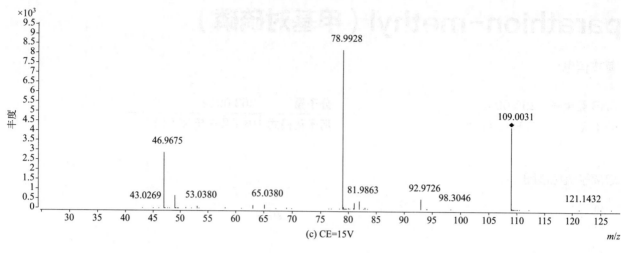
(c) CE=15V

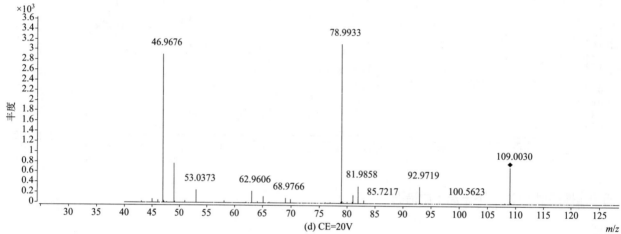
(d) CE=20V

pebulate（克草猛）

基本信息

CAS 登录号	1114-71-2	**分子量**	203.1339
分子式	$C_{10}H_{21}NOS$	**离子化模式**	电子轰击电离（EI）

总离子流色谱图

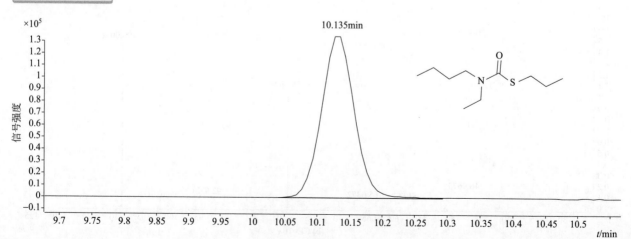

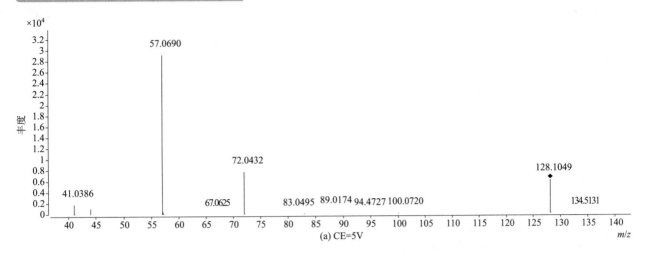

(a) CE=5V

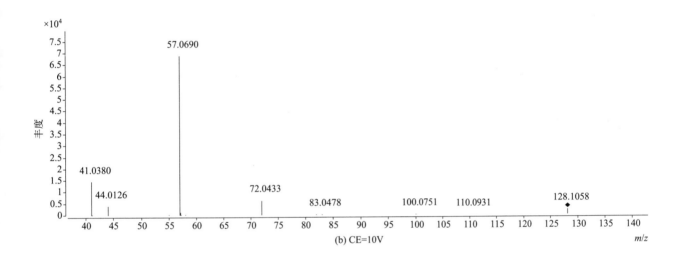

(b) CE=10V

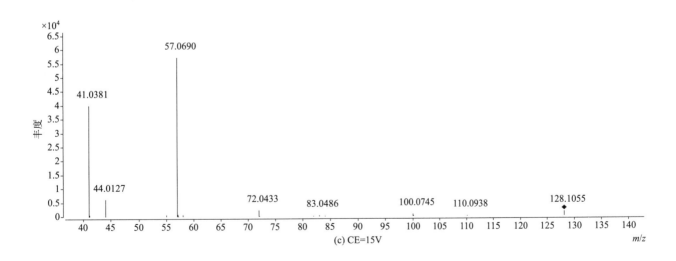

(c) CE=15V

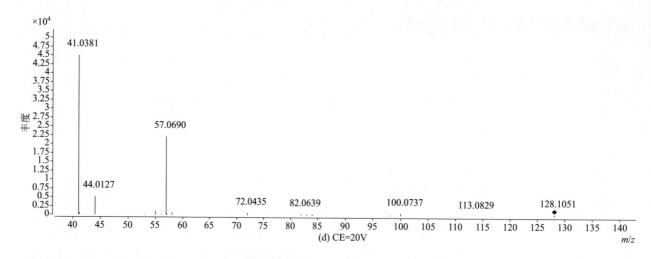
(d) CE=20V

penconazole（戊菌唑）

基本信息

CAS 登录号	66246-88-6	分子量	283.0638
分子式	$C_{13}H_{15}Cl_2N_3$	离子化模式	电子轰击电离（EI）

总离子流色谱图

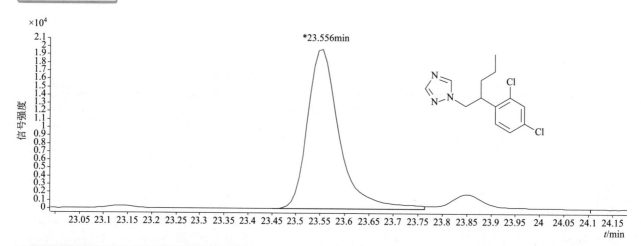

四个碰撞能量（CE）下子离子质谱图

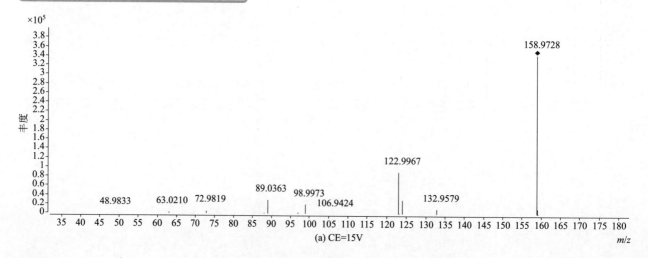
(a) CE=15V

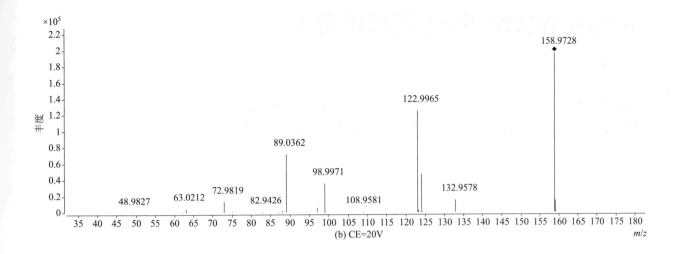

(b) CE=20V

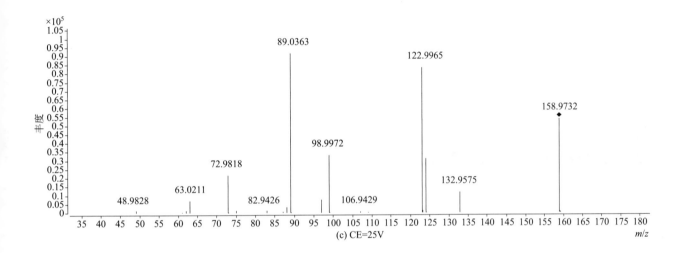

(c) CE=25V

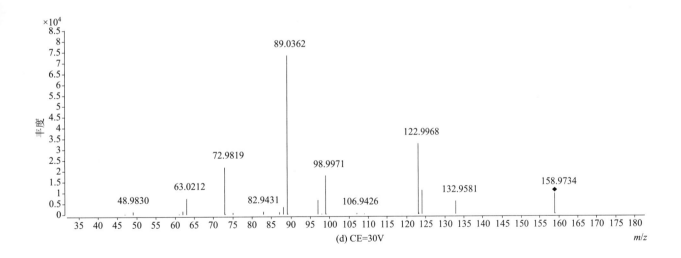

(d) CE=30V

pendimethalin（二甲戊灵）

基本信息

CAS 登录号	40487-42-1	**分子量**	281.1371
分子式	$C_{13}H_{19}N_3O_4$	**离子化模式**	电子轰击电离（EI）

总离子流色谱图

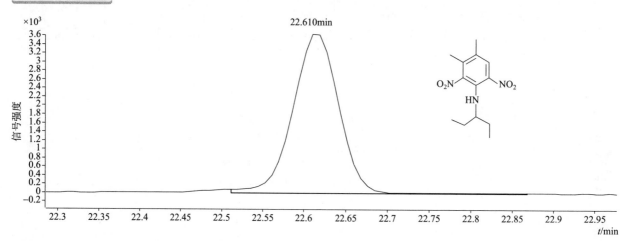

四个碰撞能量（CE）下子离子质谱图

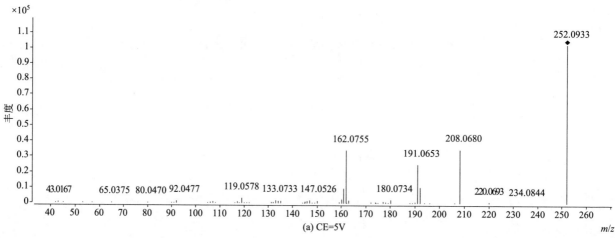

(a) CE=5V

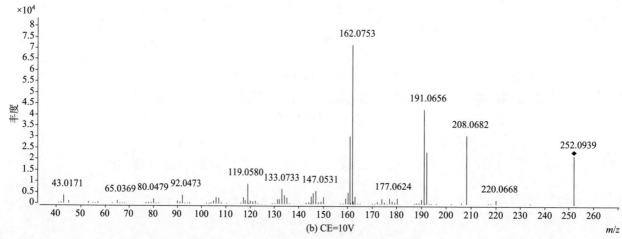

(b) CE=10V

668

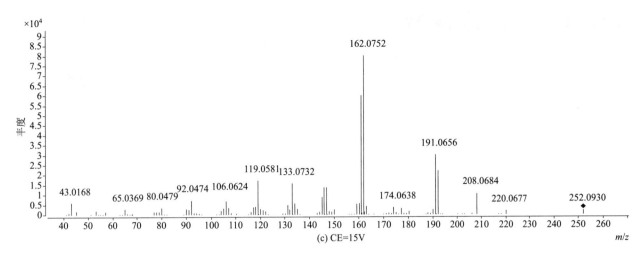

(c) CE=15V

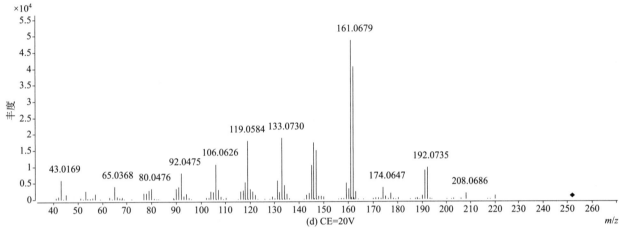

(d) CE=20V

pentachloroaniline (五氯苯胺)

CAS 登录号	527-20-8	分子量	262.8625
分子式	C₆H₂Cl₅N	离子化模式	电子轰击电离（EI）

总离子流色谱图

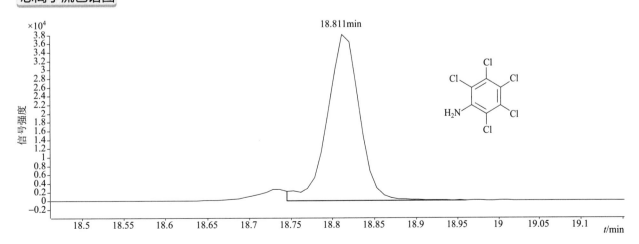

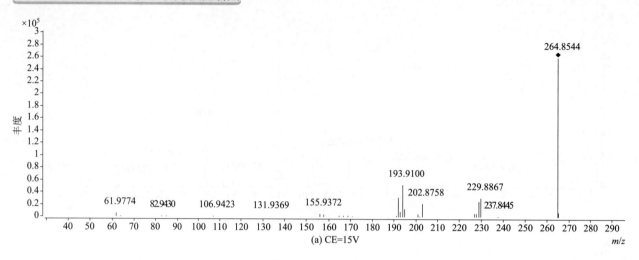

(a) CE=15V

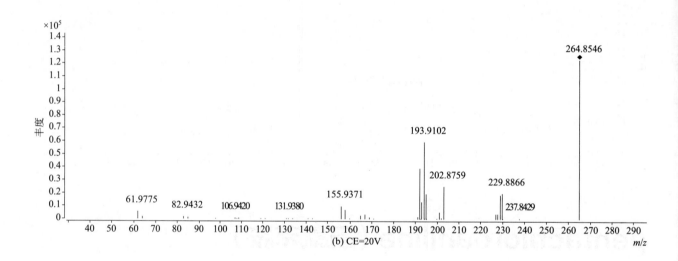

(b) CE=20V

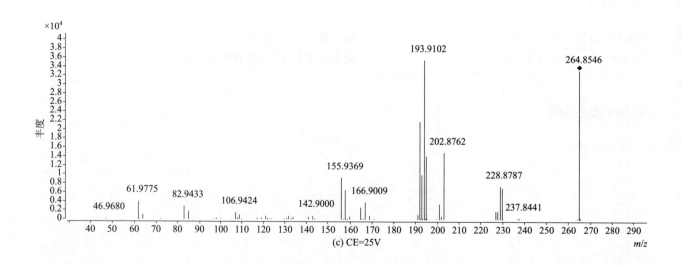

(c) CE=25V

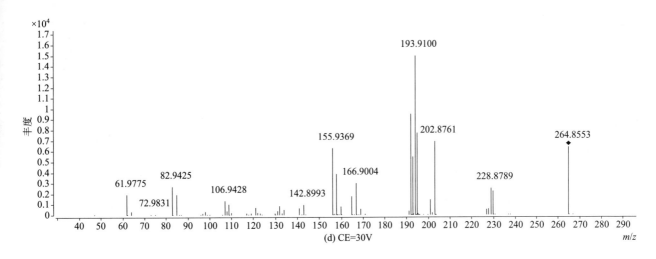

(d) CE=30V

pentachloroanisole（五氯甲氧基苯）

基本信息

CAS 登录号	1825-21-4	分子量	277.8622
分子式	$C_7H_3Cl_5O$	离子化模式	电子轰击电离（EI）

总离子流色谱图

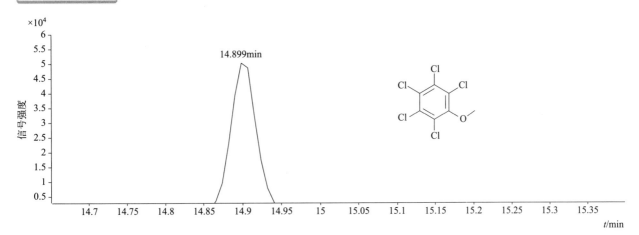

14.899min

四个碰撞能量（CE）下子离子质谱图

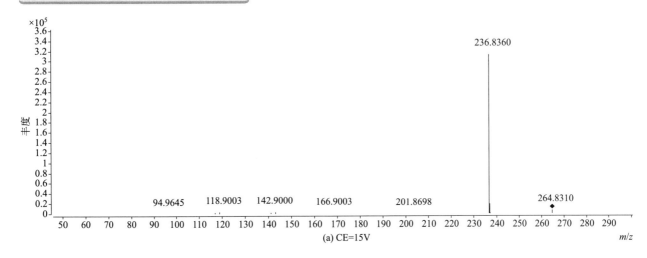

(a) CE=15V

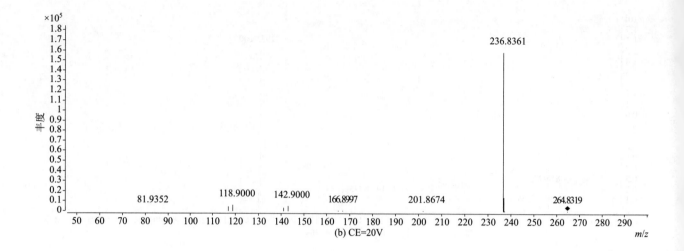

(b) CE=20V

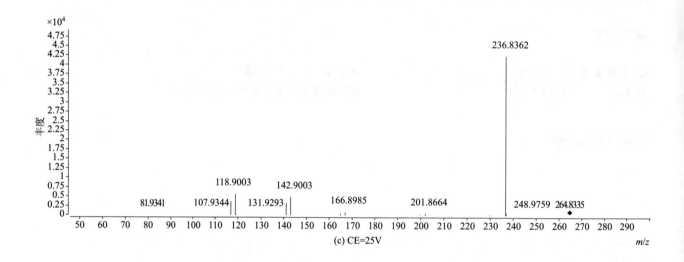

(c) CE=25V

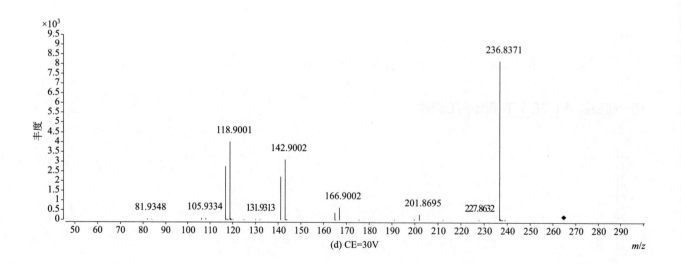

(d) CE=30V

pentachlorobenzene（五氯苯）

基本信息

CAS 登录号	608-93-5	**分子量**	247.8516
分子式	C₆HCl₅	**离子化模式**	电子轰击电离（EI）

总离子流色谱图

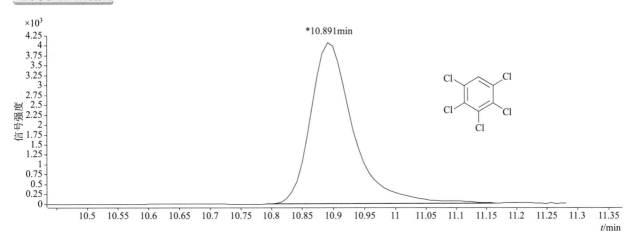

四个碰撞能量（CE）下子离子质谱图

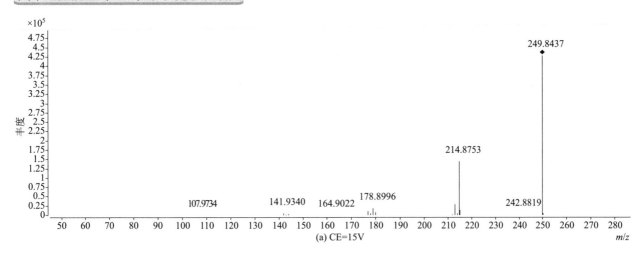

(a) CE=15V

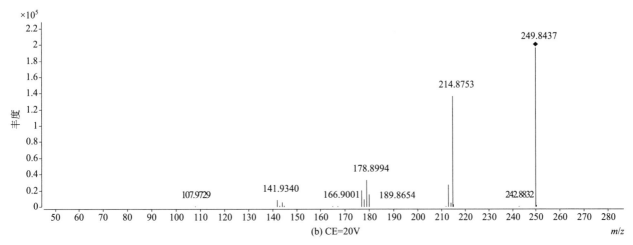

(b) CE=20V

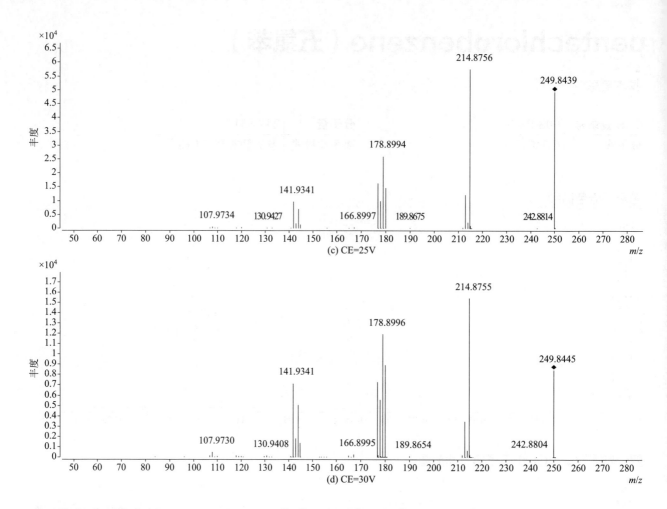

(c) CE=25V

(d) CE=30V

2,2′,3,3′,4-pentachlorobiphenyl
（2,2′,3,3′,4- 五氯联苯；PCB82）

CAS 登录号	52663-62-4	分子量	323.8828
分子式	$C_{12}H_5Cl_5$	离子化模式	电子轰击电离（EI）

总离子流色谱图

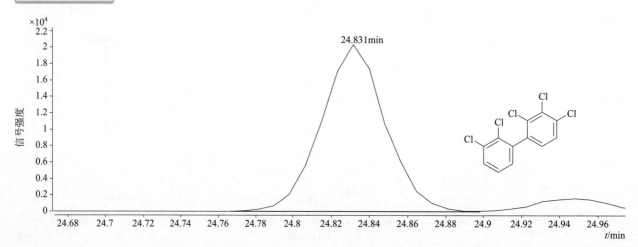

24.831min

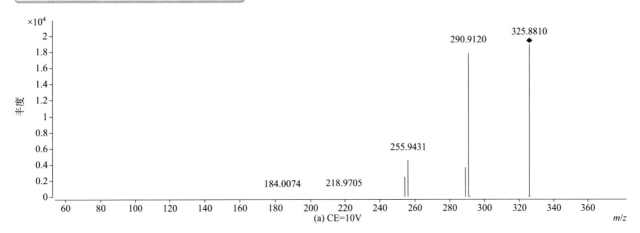

(a) CE=10V

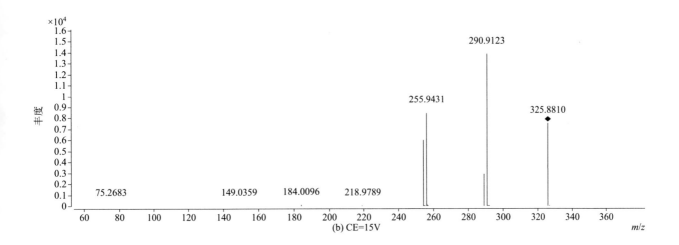

(b) CE=15V

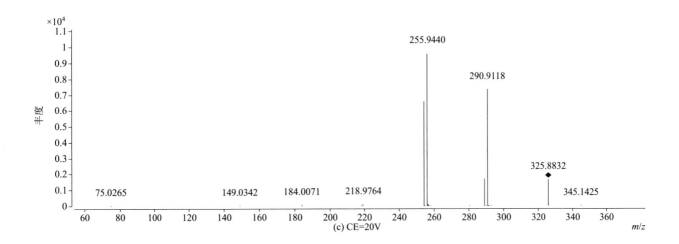

(c) CE=20V

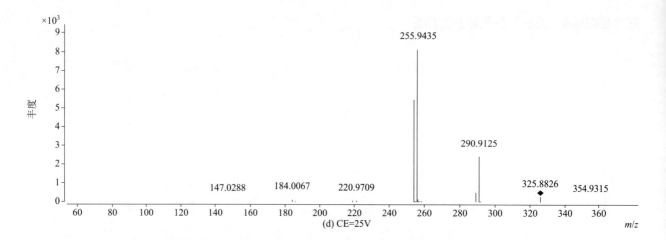

(d) CE=25V

2,2',3,3',5-pentachlorobiphenyl
（2,2',3,3',5- 五氯联苯；PCB83）

基本信息

CAS 登录号	60145-20-2	分子量	323.8828
分子式	$C_{12}H_5Cl_5$	离子化模式	电子轰击电离（EI）

总离子流色谱图

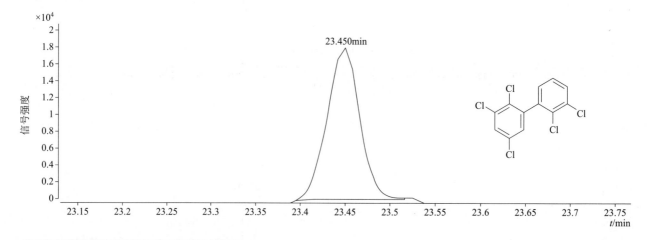

四个碰撞能量（CE）下子离子质谱图

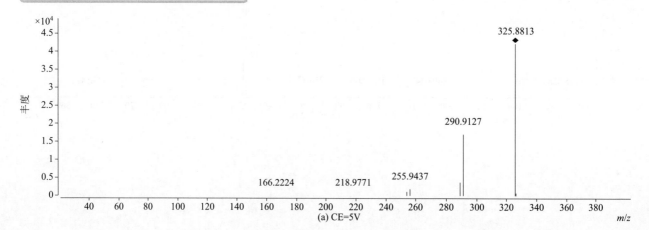

(a) CE=5V

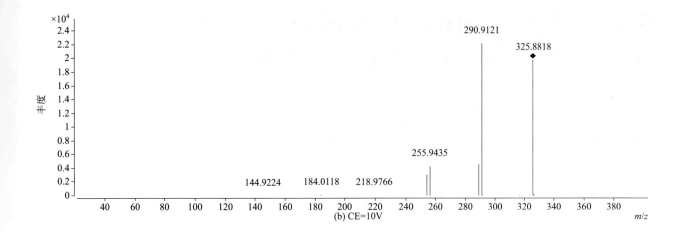
(b) CE=10V

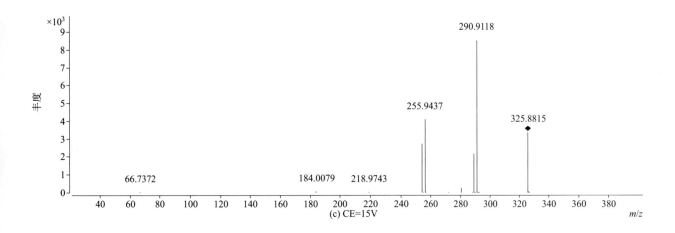
(c) CE=15V

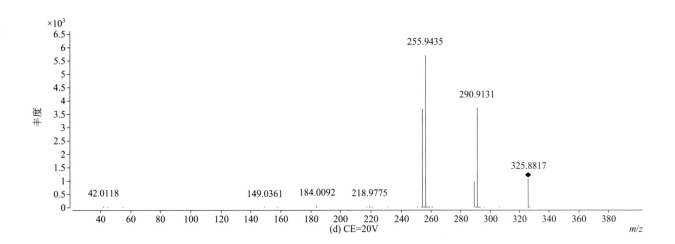
(d) CE=20V

2,2',3,3',6-pentachlorobiphenyl（2,2',3,3',6- 五氯联苯；PCB84）

基本信息

CAS 登录号	52663-60-2	**分子量**	323.8828
分子式	$C_{12}H_5Cl_5$	**离子化模式**	电子轰击电离（EI）

总离子流色谱图

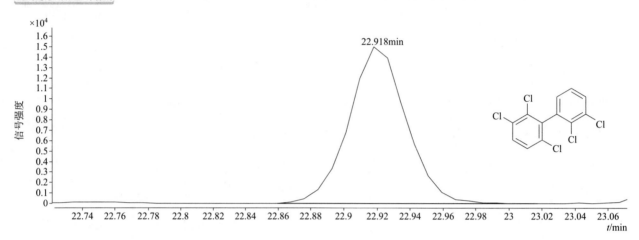

四个碰撞能量（CE）下子离子质谱图

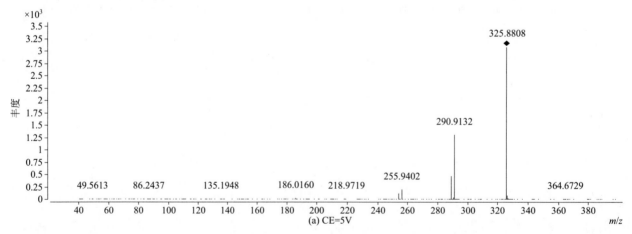

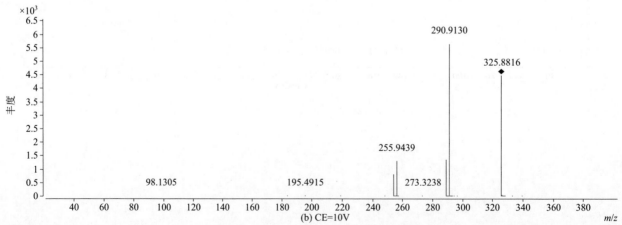

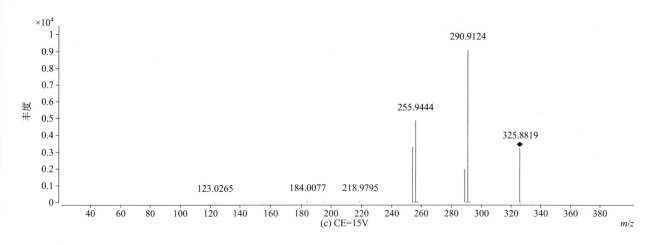

(c) CE=15V

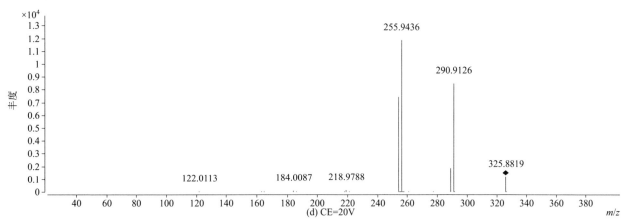

(d) CE=20V

2,2',3,4,4'-pentachlorobiphenyl
（2,2',3,4,4'- 五氯联苯；PCB85）

基本信息

CAS 登录号	65510-45-4	**分子量**	323.8828
分子式	$C_{12}H_5Cl_5$	**离子化模式**	电子轰击电离（EI）

总离子流色谱图

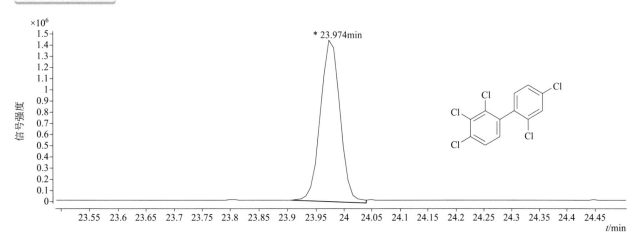

四个碰撞能量（CE）下子离子质谱图

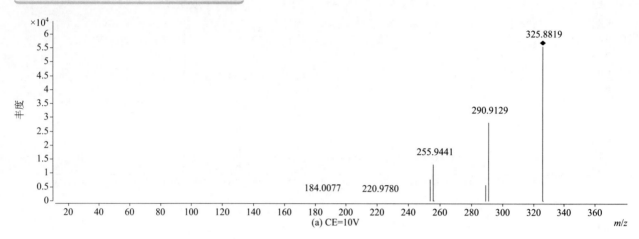

(a) CE=10V

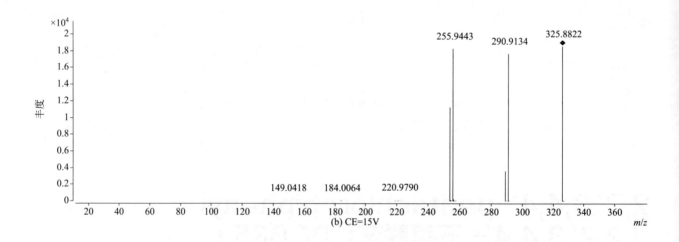

(b) CE=15V

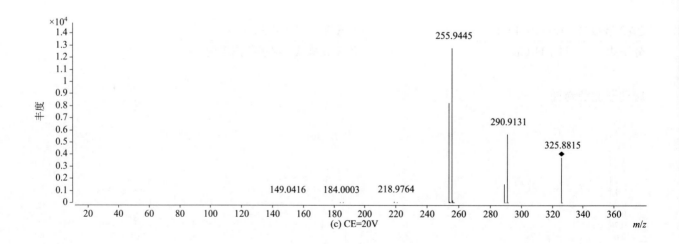

(c) CE=20V

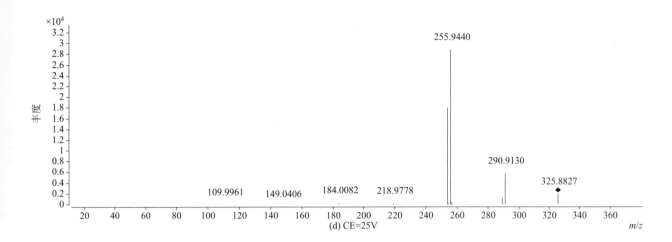

(d) CE=25V

2,2′,3,4,5-pentachlorobiphenyl
（2,2′,3,4,5- 五氯联苯；PCB86）

CAS 登录号	55312-69-1	分子量	323.8828
分子式	C₁₂H₅Cl₅	离子化模式	电子轰击电离（EI）

总离子流色谱图

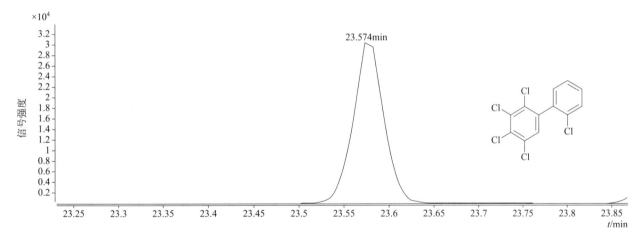

四个碰撞能量（CE）下子离子质谱图

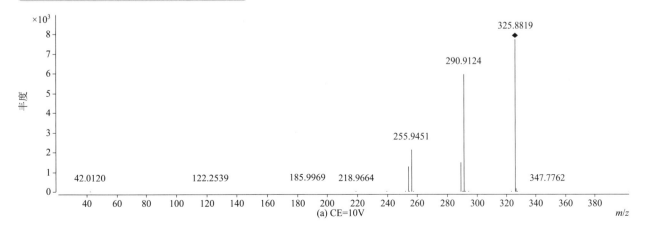

(a) CE=10V

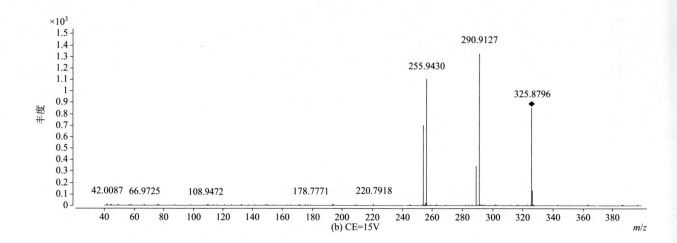

(b) CE=15V

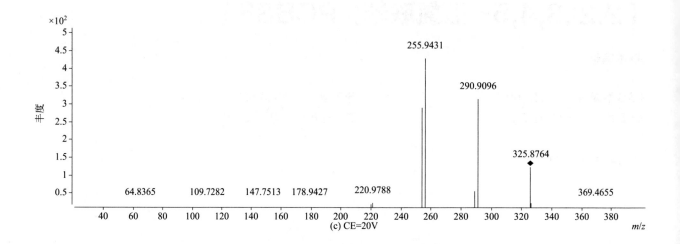

(c) CE=20V

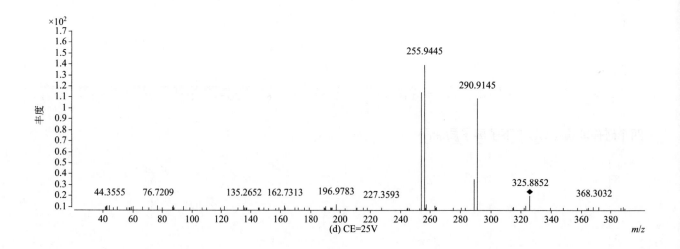

(d) CE=25V

2,2′,3,4,5′-pentachlorobiphenyl
（2,2′,3,4,5′- 五氯联苯；PCB87）

基本信息

CAS 登录号	38380-02-8	分子量	323.8828
分子式	$C_{12}H_5Cl_5$	离子化模式	电子轰击电离（EI）

总离子流色谱图

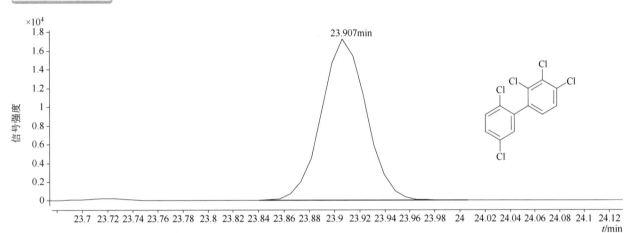

四个碰撞能量（CE）下子离子质谱图

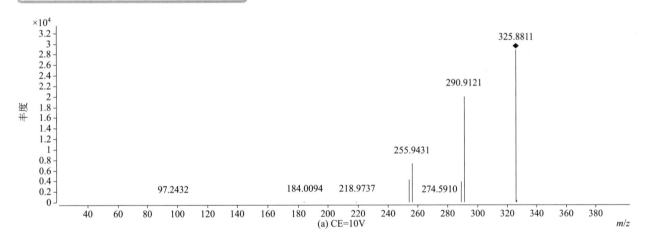

(a) CE=10V

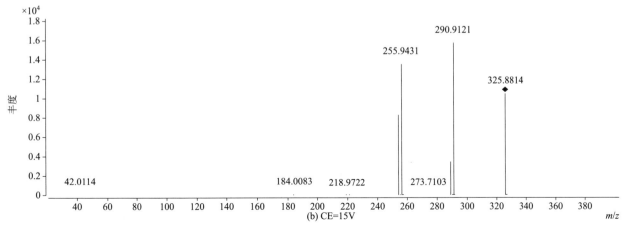

(b) CE=15V

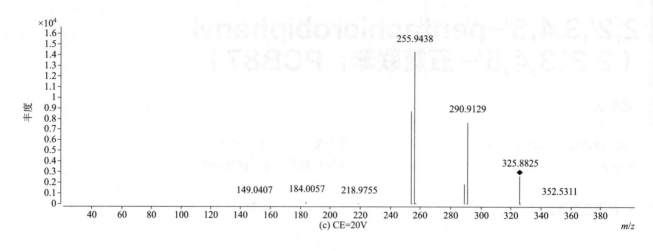

(c) CE=20V

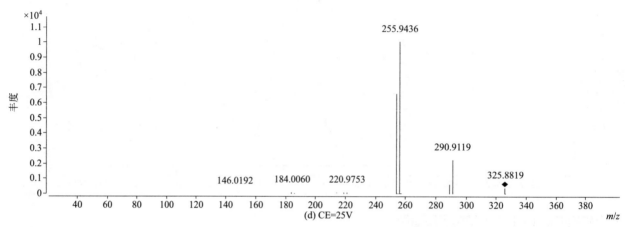

(d) CE=25V

2,2′,3,4,6-pentachlorobiphenyl
（2,2′,3,4,6- 五氯联苯；PCB88）

基本信息

CAS 登录号	55215-17-3	分子量	323.8828
分子式	C₁₂H₅Cl₅	离子化模式	电子轰击电离（EI）

CAS 登录号 55215-17-3　　分子式 $C_{12}H_5Cl_5$
分子量 323.8828　　离子化模式 电子轰击电离（EI）

总离子流色谱图

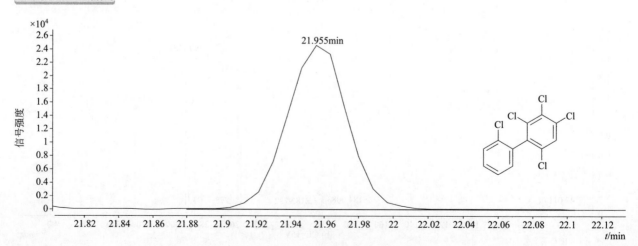

四个碰撞能量（CE）下子离子质谱图

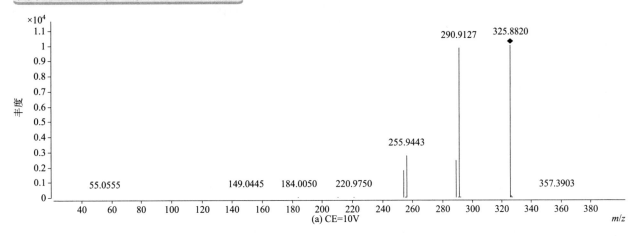

(a) CE=10V

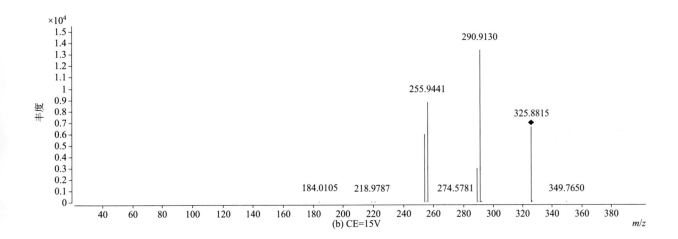

(b) CE=15V

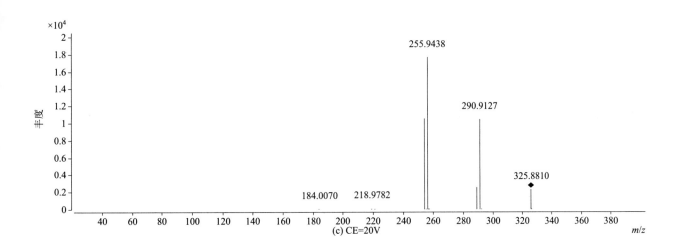

(c) CE=20V

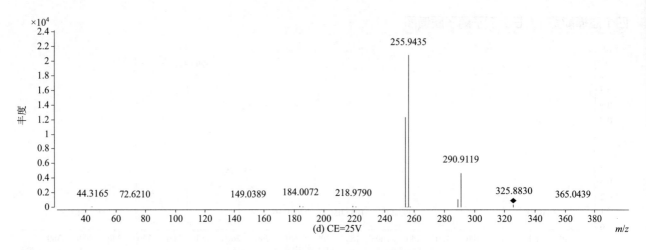

(d) CE=25V

2,2′,3,4,6′-pentachlorobiphenyl
（2,2′,3,4,6′- 五氯联苯；PCB89）

基本信息

CAS 登录号	73575-57-2	分子量	323.8828
分子式	$C_{12}H_5Cl_5$	离子化模式	电子轰击电离（EI）

总离子流色谱图

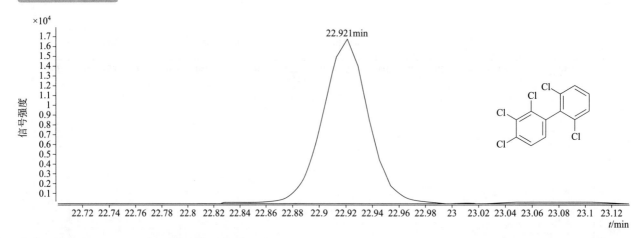

四个碰撞能量（CE）下子离子质谱图

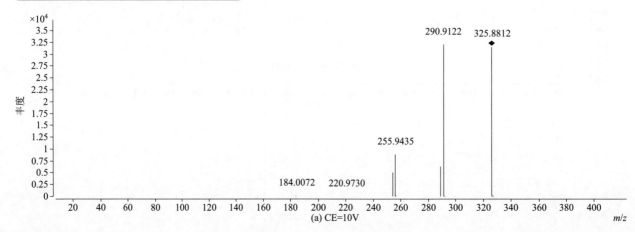

(a) CE=10V

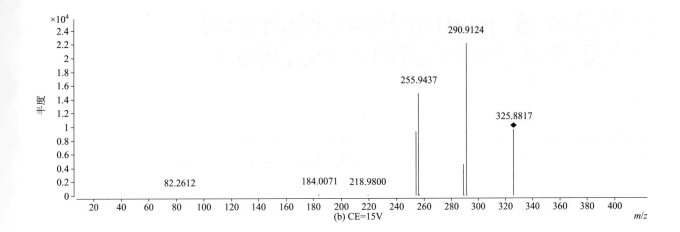

(b) CE=15V

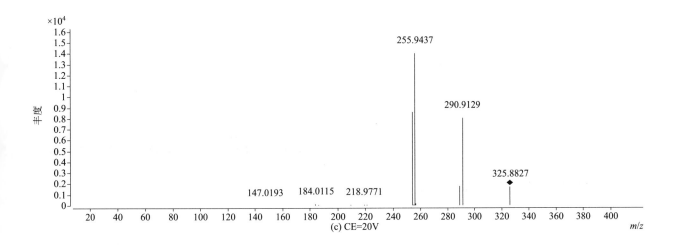

(c) CE=20V

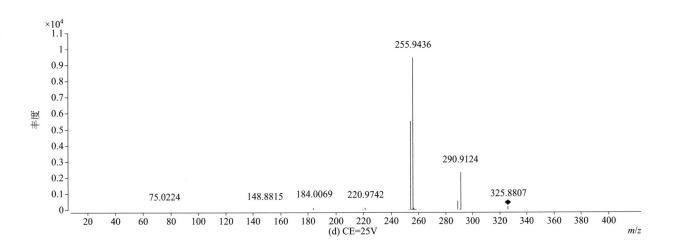

(d) CE=25V

2,2',3,4',5-pentachlorobiphenyl （2,2',3,4',5- 五氯联苯；PCB90）

CAS 登录号	68194-07-0	分子量	323.8828
分子式	$C_{12}H_5Cl_5$	离子化模式	电子轰击电离（EI）

总离子流色谱图

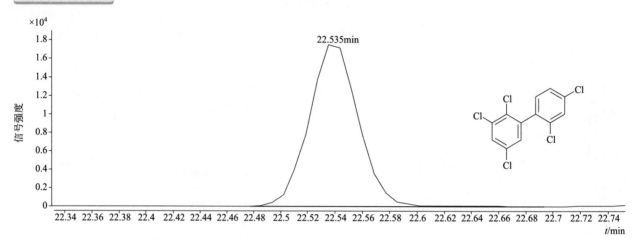

四个碰撞能量（CE）下子离子质谱图

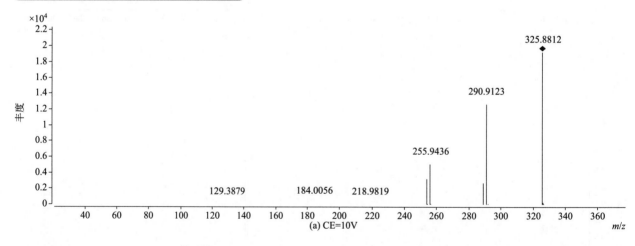

(a) CE=10V

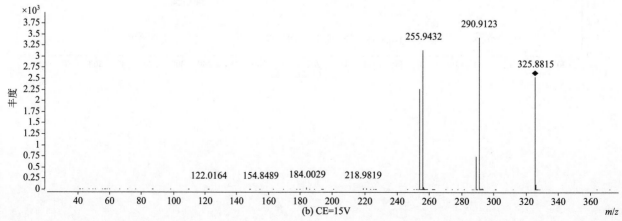

(b) CE=15V

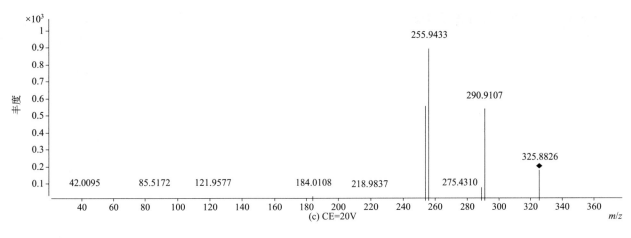

(c) CE=20V

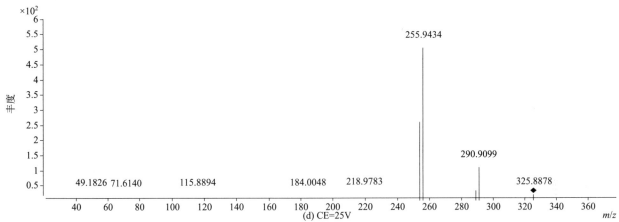

(d) CE=25V

2,2′,3,4′,6-pentachlorobiphenyl（2,2′,3,4′,6- 五氯联苯；PCB91）

基本信息

CAS 登录号	68194-05-8	分子量	323.8828
分子式	C₁₂H₅Cl₅	离子化模式	电子轰击电离（EI）

分子式 $C_{12}H_5Cl_5$

总离子流色谱图

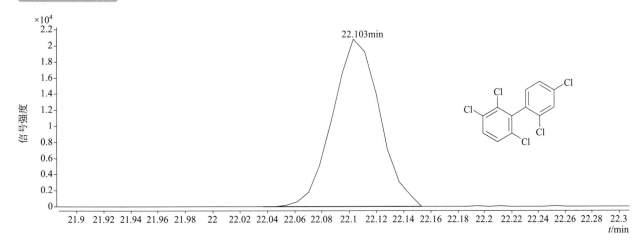

四个碰撞能量（CE）下子离子质谱图

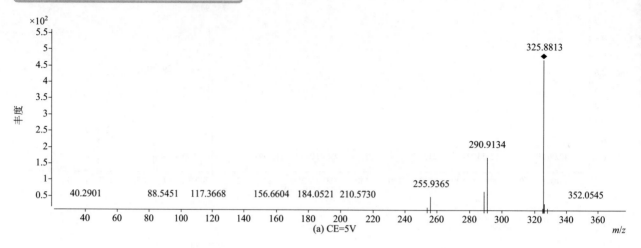

(a) CE=5V

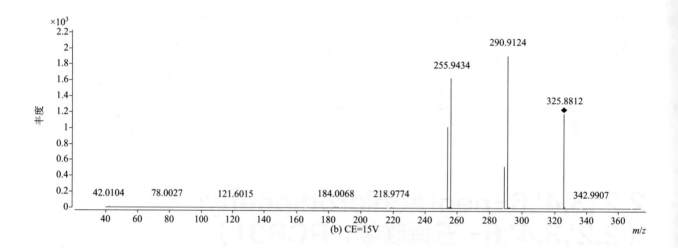

(b) CE=15V

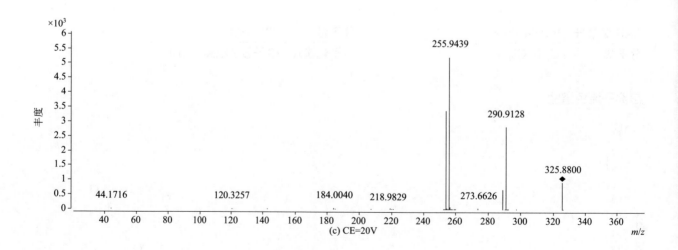

(c) CE=20V

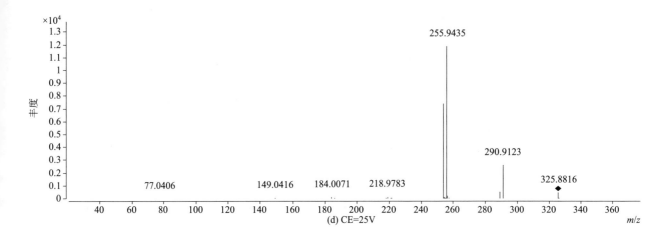

(d) CE=25V

2,2',3,5,5'-pentachlorobiphenyl
（2,2',3,5,5'- 五氯联苯；PCB92）

基本信息

CAS 登录号	52663-61-3	分子量	323.8828
分子式	C$_{12}$H$_5$Cl$_5$	离子化模式	电子轰击电离（EI）

总离子流色谱图

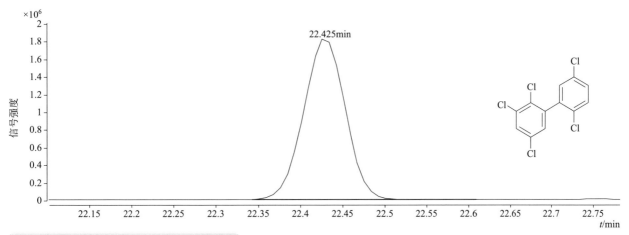

四个碰撞能量（CE）下子离子质谱图

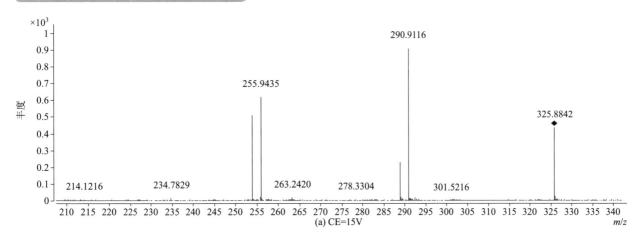

(a) CE=15V

691

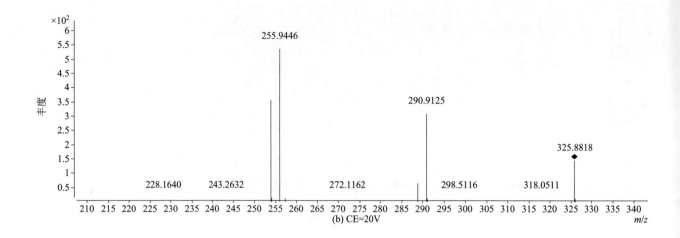

(b) CE=20V

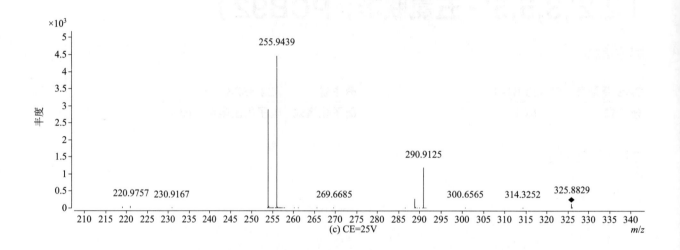

(c) CE=25V

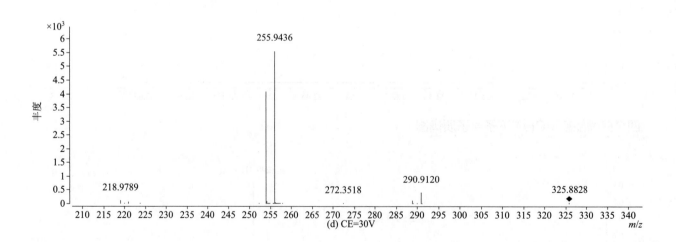

(d) CE=30V

2,2',3,5,6-pentachlorobiphenyl
（2,2',3,5,6- 五氯联苯；PCB93）

基本信息

CAS 登录号	73575-56-1	**分子量**	323.8828
分子式	$C_{12}H_5Cl_5$	**离子化模式**	电子轰击电离（EI）

总离子流色谱图

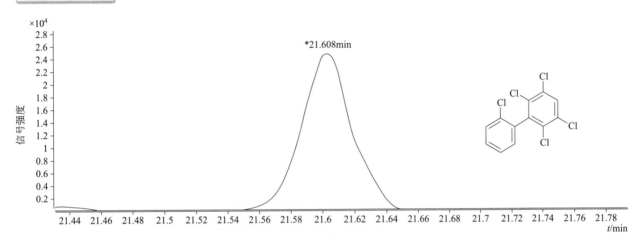

四个碰撞能量（CE）下子离子质谱图

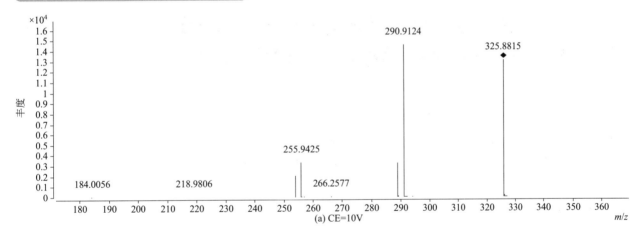

(a) CE=10V

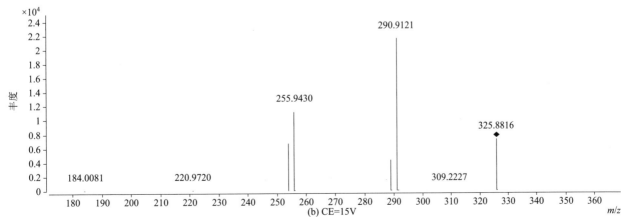

(b) CE=15V

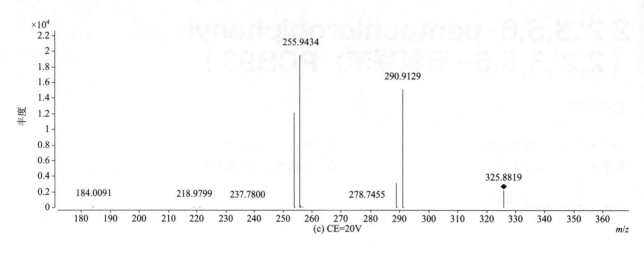

(c) CE=20V

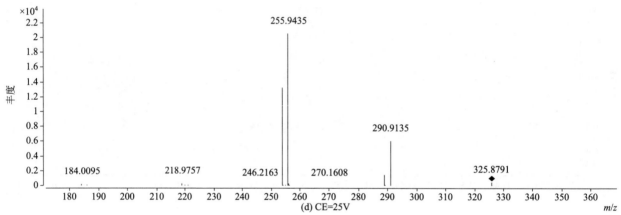

(d) CE=25V

2,2′,3,5,6′-pentachlorobiphenyl（2,2′,3,5,6′- 五氯联苯；PCB94）

基本信息

CAS 登录号	73575-55-0	分子量	323.8828
分子式	$C_{12}H_5Cl_5$	离子化模式	电子轰击电离（EI）

总离子流色谱图

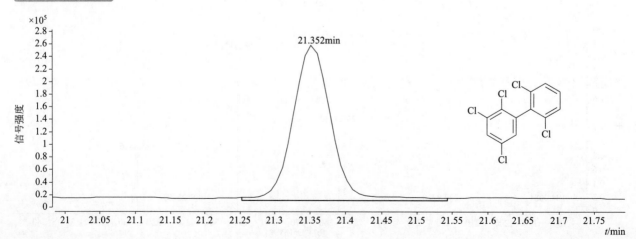

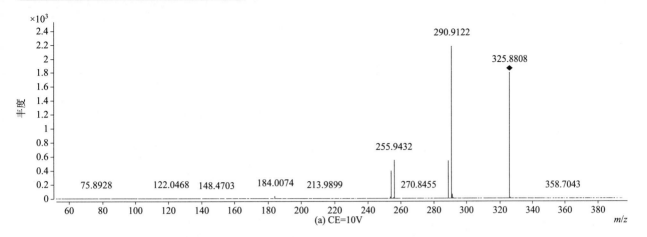

(a) CE=10V

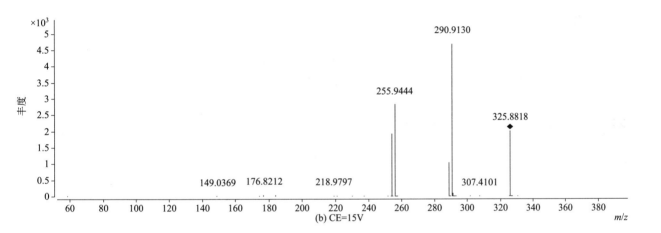

(b) CE=15V

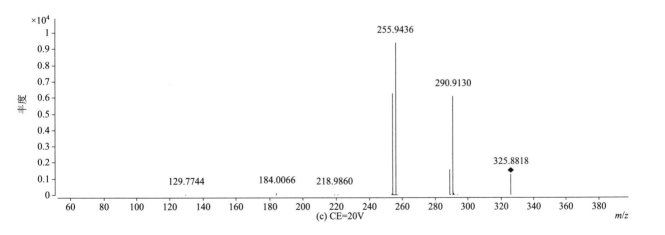

(c) CE=20V

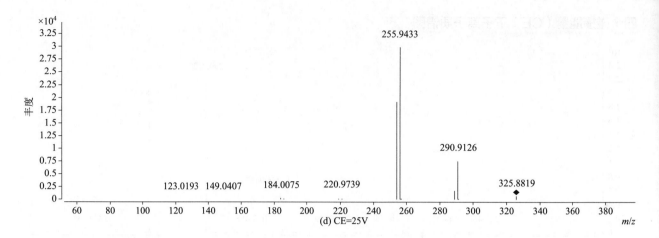

(d) CE=25V

2,2',3,5',6-pentachlorobiphenyl
（2,2',3,5',6- 五氯联苯；PCB95）

基本信息

CAS 登录号	38379-99-6	分子量	323.8828
分子式	$C_{12}H_5Cl_5$	离子化模式	电子轰击电离（EI）

总离子流色谱图

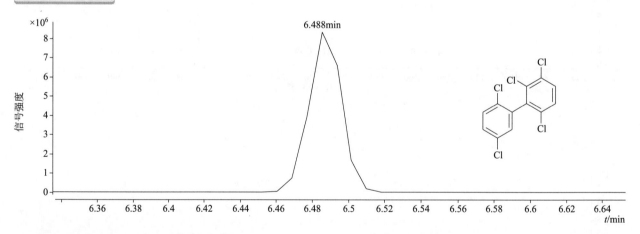

四个碰撞能量（CE）下子离子质谱图

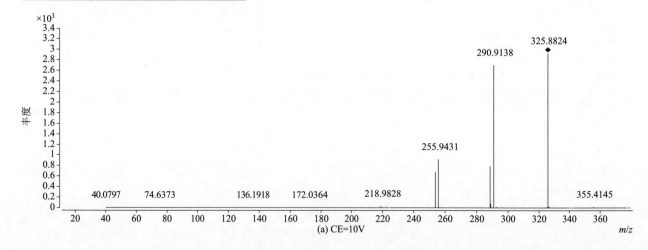

(a) CE=10V

696

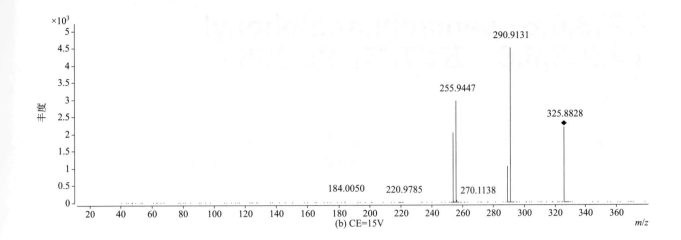

(b) CE=15V

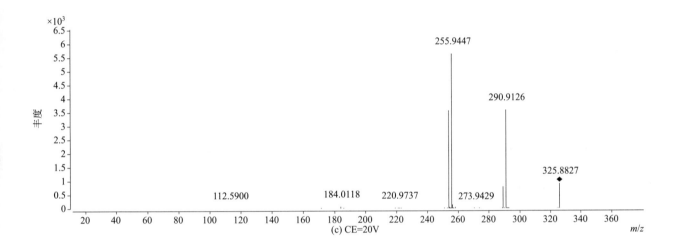

(c) CE=20V

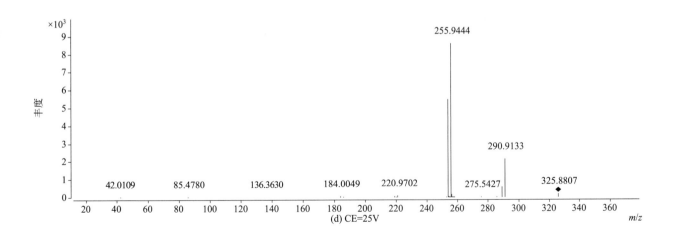

(d) CE=25V

2,2',3,6,6'-pentachlorobiphenyl（2,2',3,6,6'- 五氯联苯；PCB96）

基本信息

CAS 登录号	73575-54-9	**分子量**	323.8828
分子式	$C_{12}H_5Cl_5$	**离子化模式**	电子轰击电离（EI）

总离子流色谱图

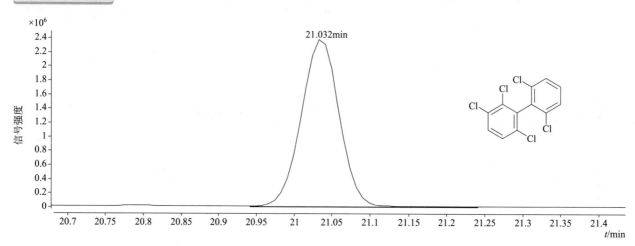

四个碰撞能量（CE）下子离子质谱图

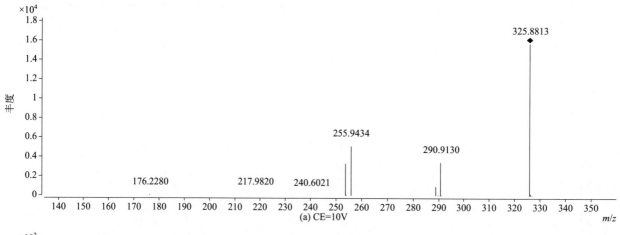

(a) CE=10V

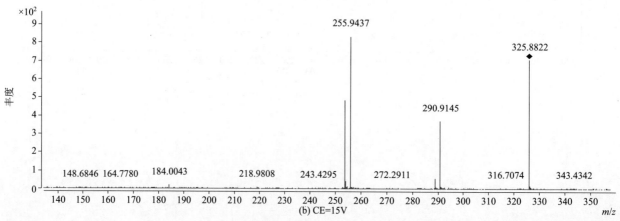

(b) CE=15V

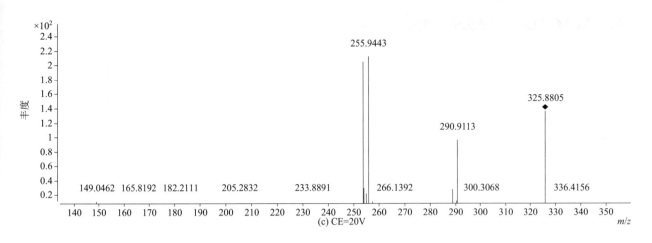

(c) CE=20V

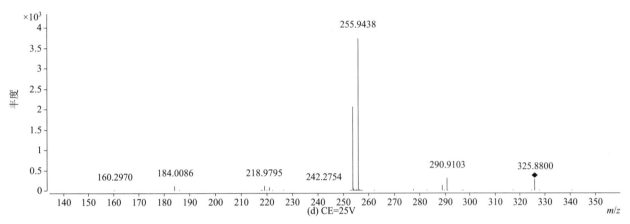

(d) CE=25V

2,2′,3′,4,5-pentachlorobiphenyl
（2,2′,3′,4,5- 五氯联苯；PCB97）

基本信息

CAS 登录号	41464-51-1	分子量	323.8828
分子式	$C_{12}H_5Cl_5$	离子化模式	电子轰击电离（EI）

总离子流色谱图

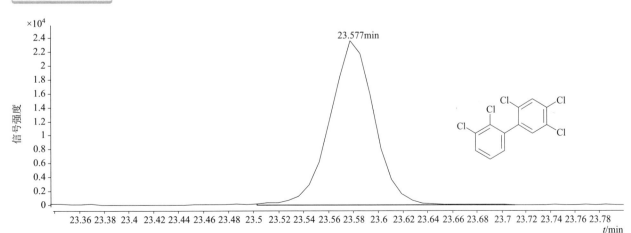

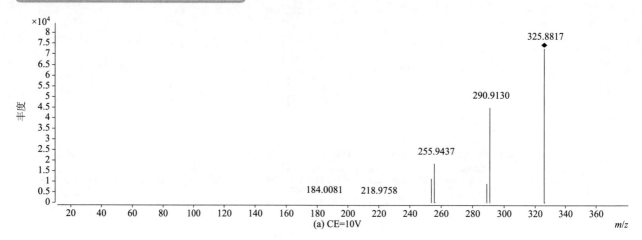

(a) CE=10V

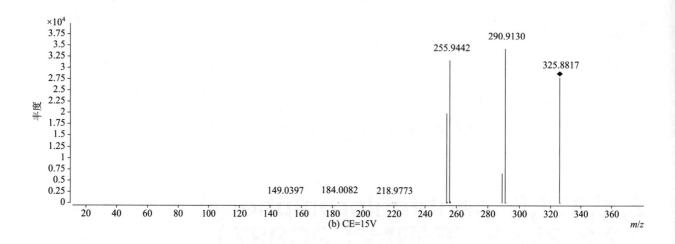

(b) CE=15V

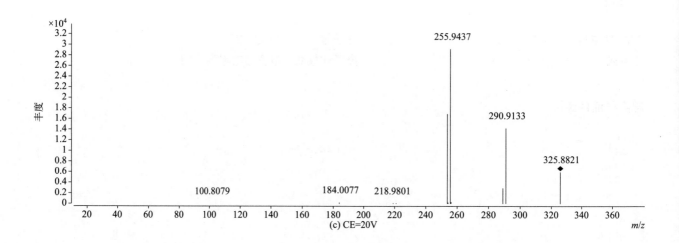

(c) CE=20V

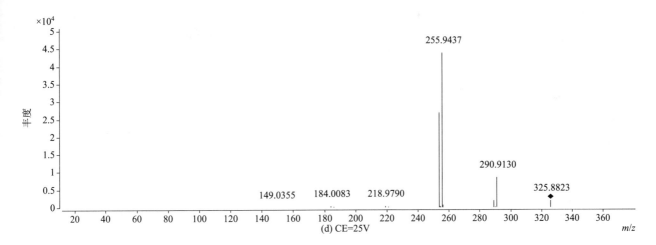

(d) CE=25V

2,2′,3′,4,6-pentachlorobiphenyl
（2,2′,3′,4,6- 五氯联苯；PCB98）

基本信息

CAS 登录号	60233-25-2	分子量	323.8828
分子式	C_{12}H_5Cl_5	离子化模式	电子轰击电离（EI）

总离子流色谱图

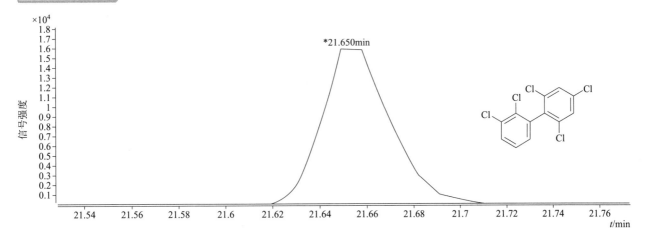

四个碰撞能量（CE）下子离子质谱图

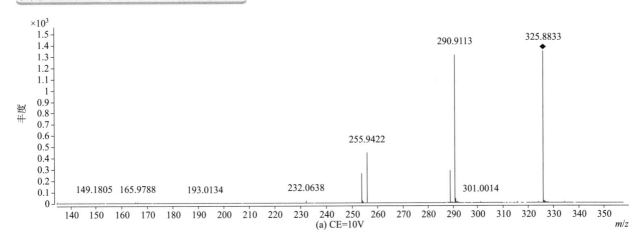

(a) CE=10V

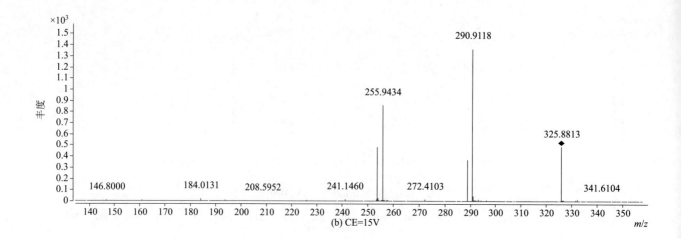

(b) CE=15V

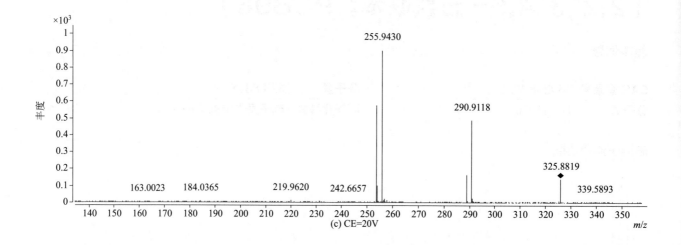

(c) CE=20V

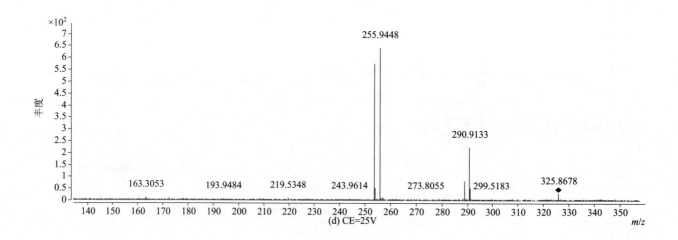

(d) CE=25V

2,2',4,4',5-pentachlorobiphenyl
（2,2',4,4',5- 五氯联苯；PCB99）

基本信息

CAS 登录号	38380-01-7	分子量	323.8828
分子式	$C_{12}H_5Cl_5$	离子化模式	电子轰击电离（EI）

总离子流色谱图

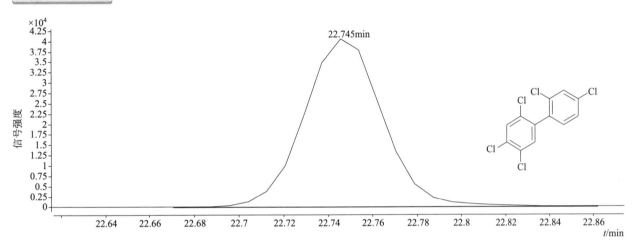

四个碰撞能量（CE）下子离子质谱图

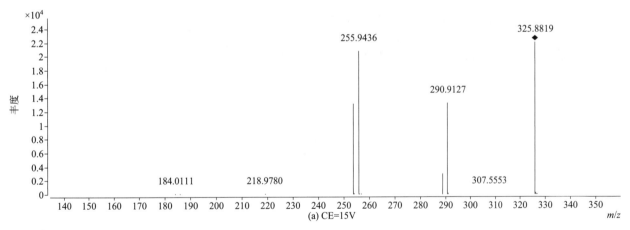

(a) CE=15V

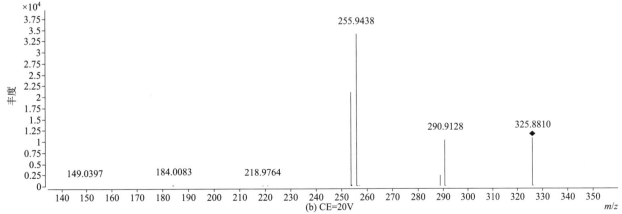

(b) CE=20V

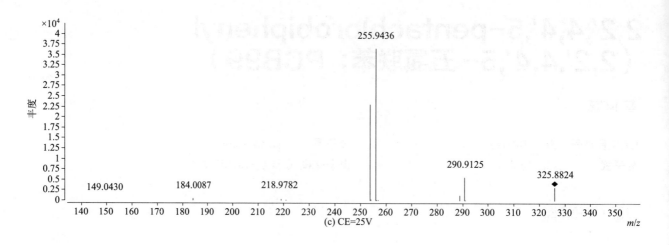

(c) CE=25V

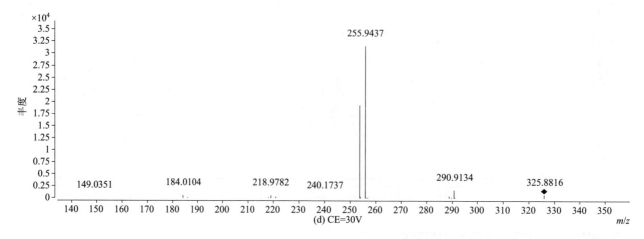

(d) CE=30V

2,2',4,4',6-pentachlorobiphenyl
（2,2',4,4',6- 五氯联苯；PCB100）

基本信息

CAS 登录号	39485-83-1	分子量	323.8828
分子式	$C_{12}H_5Cl_5$	离子化模式	电子轰击电离（EI）

总离子流色谱图

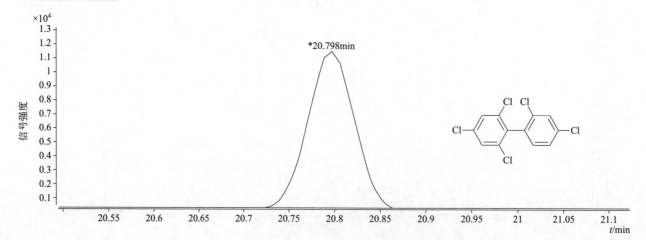

四个碰撞能量（CE）下子离子质谱图

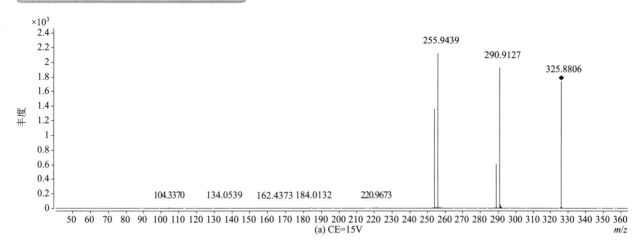

(a) CE=15V

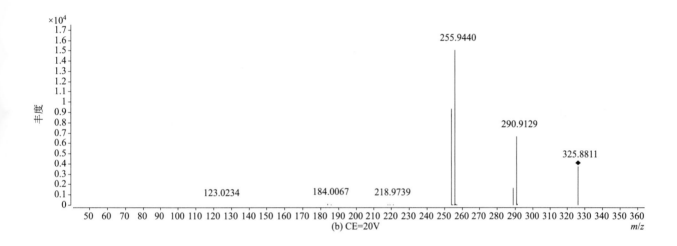

(b) CE=20V

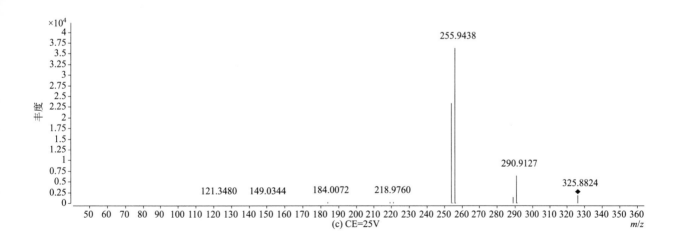

(c) CE=25V

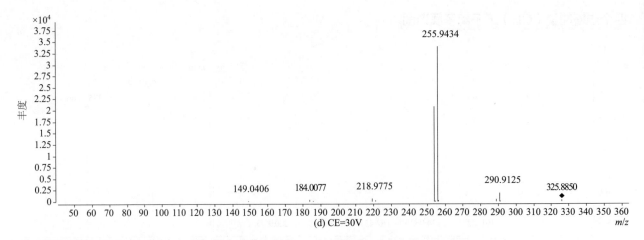

(d) CE=30V

2,2′,4,5,5′-pentachlorobiphenyl
（2,2′,4,5,5′- 五氯联苯；PCB101）

基本信息

CAS 登录号	37680-73-2	分子量	323.8828
分子式	$C_{12}H_5Cl_5$	离子化模式	电子轰击电离（EI）

总离子流色谱图

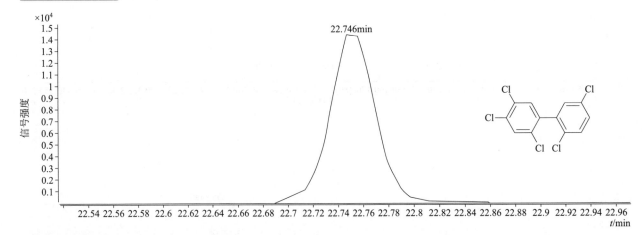

四个碰撞能量（CE）下子离子质谱图

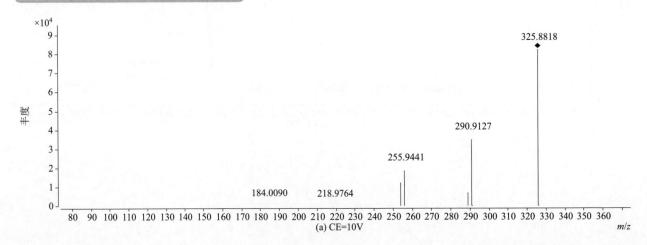

(a) CE=10V

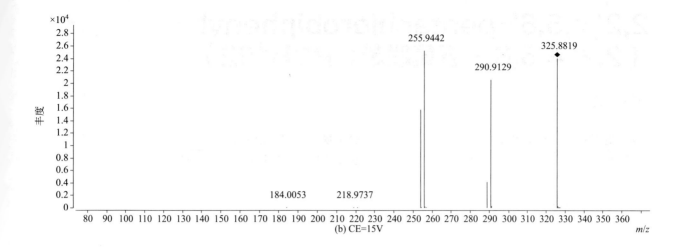

(b) CE=15V

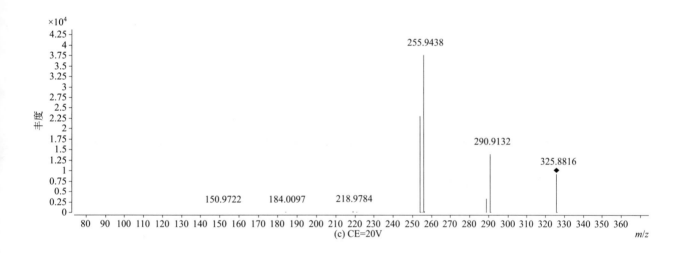

(c) CE=20V

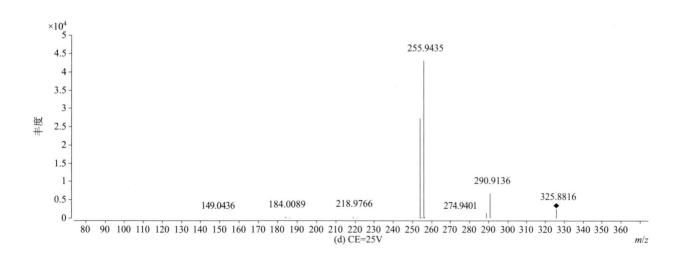

(d) CE=25V

2,2′,4,5,6′-pentachlorobiphenyl
（2,2′,4,5,6′-五氯联苯；PCB102）

基本信息

CAS 登录号	68194-06-9	**分子量**	323.8828
分子式	$C_{12}H_5Cl_5$	**离子化模式**	电子轰击电离（EI）

总离子流色谱图

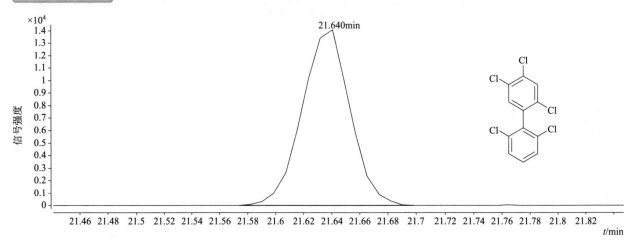

四个碰撞能量（CE）下子离子质谱图

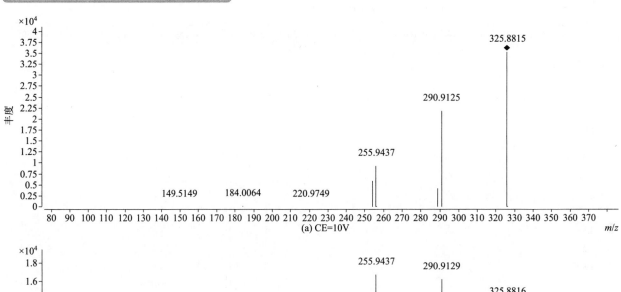

(a) CE=10V

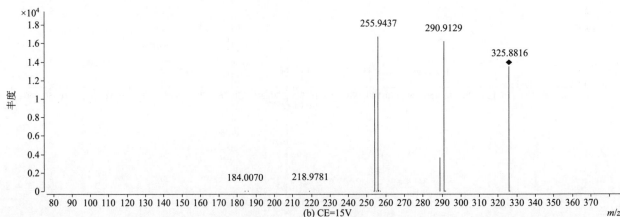

(b) CE=15V

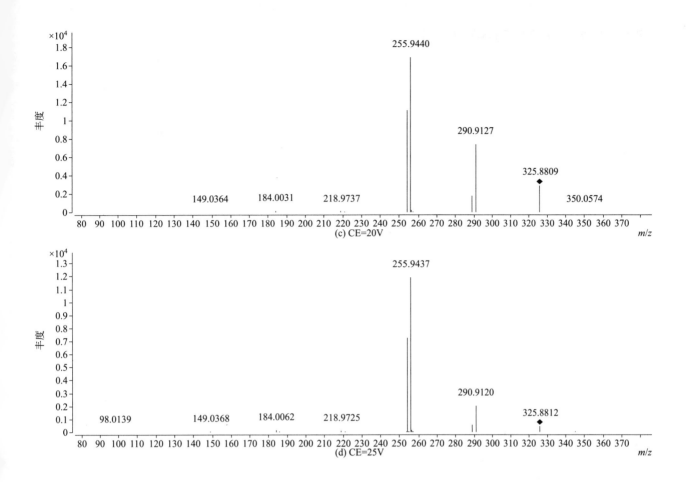

(c) CE=20V

(d) CE=25V

2,2′,4,5′,6-pentachlorobiphenyl（2,2′,4,5′,6- 五氯联苯；PCB103）

基本信息

CAS 登录号	60145-21-3	分子量	323.8828
分子式	C₁₂H₅Cl₅	离子化模式	电子轰击电离（EI）

总离子流色谱图

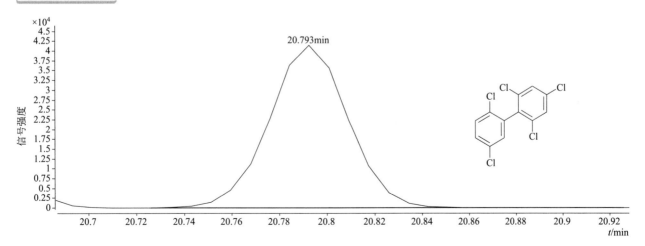

四个碰撞能量（CE）下子离子质谱图

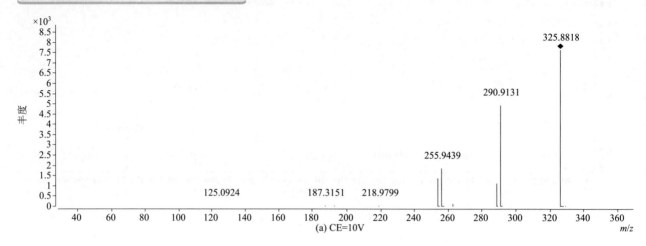

(a) CE=10V

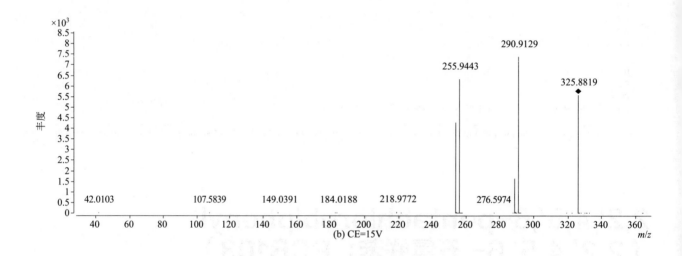

(b) CE=15V

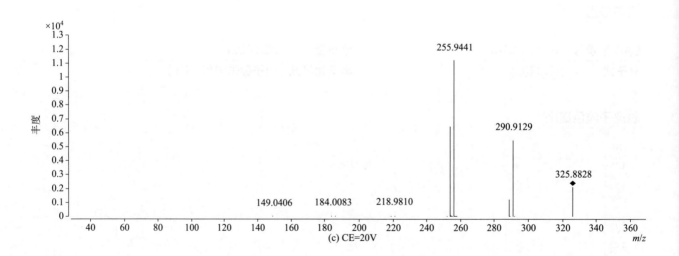

(c) CE=20V

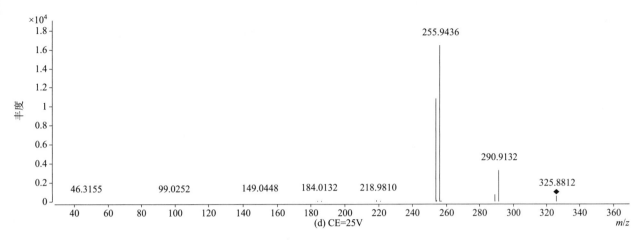
(d) CE=25V

2,2',4,6,6'-pentachlorobiphenyl
（2,2',4,6,6'- 五氯联苯；PCB104）

基本信息

CAS 登录号	56558-16-8	分子量	323.8828
分子式	$C_{12}H_5Cl_5$	离子化模式	电子轰击电离（EI）

总离子流色谱图

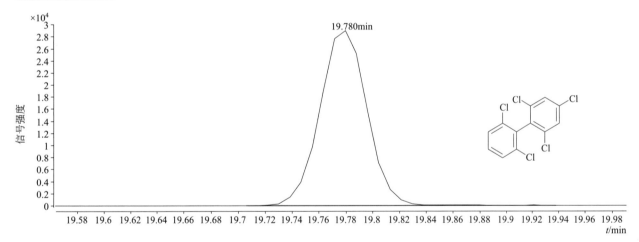

四个碰撞能量（CE）下子离子质谱图

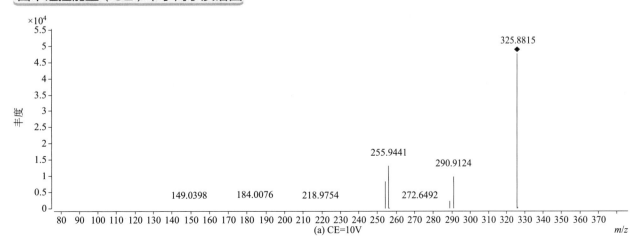
(a) CE=10V

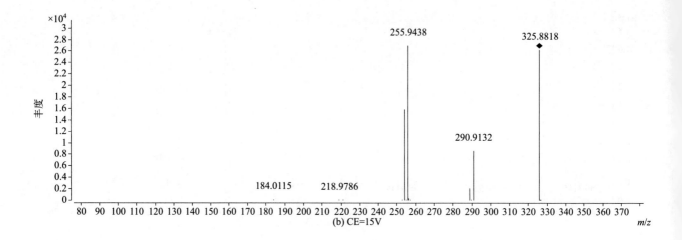

(b) CE=15V

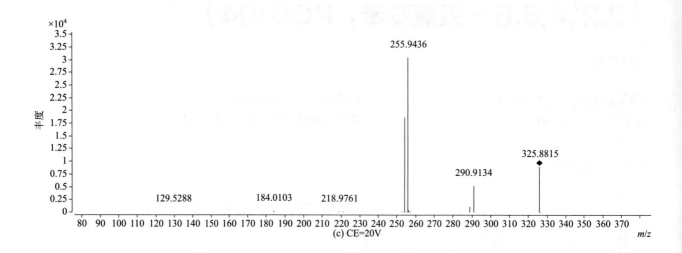

(c) CE=20V

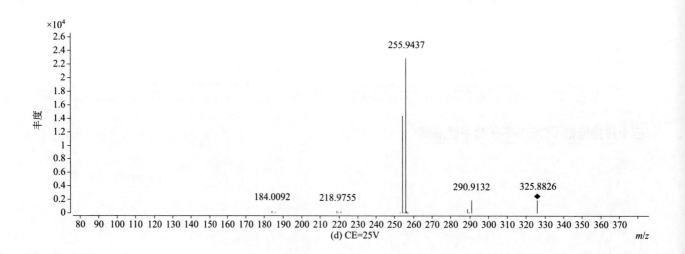

(d) CE=25V

2,3,3′,4,4′-pentachlorobiphenyl
（2,3,3′,4,4′- 五氯联苯；PCB105）

CAS 登录号	32598-14-4	分子量	323.8828
分子式	C₁₂H₅Cl₅	离子化模式	电子轰击电离（EI）

总离子流色谱图

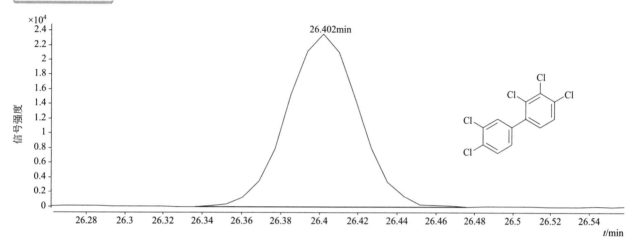

四个碰撞能量（CE）下子离子质谱图

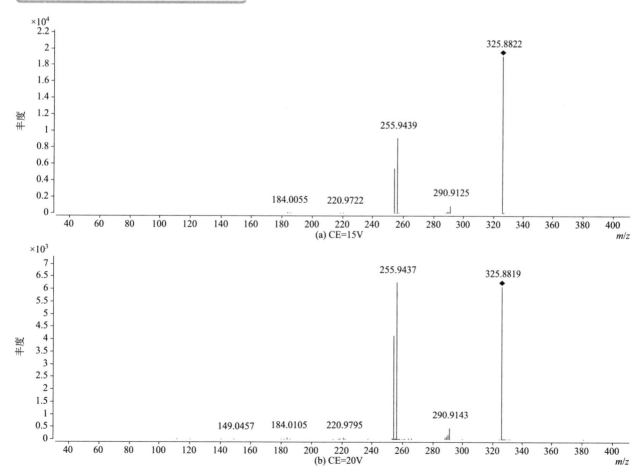

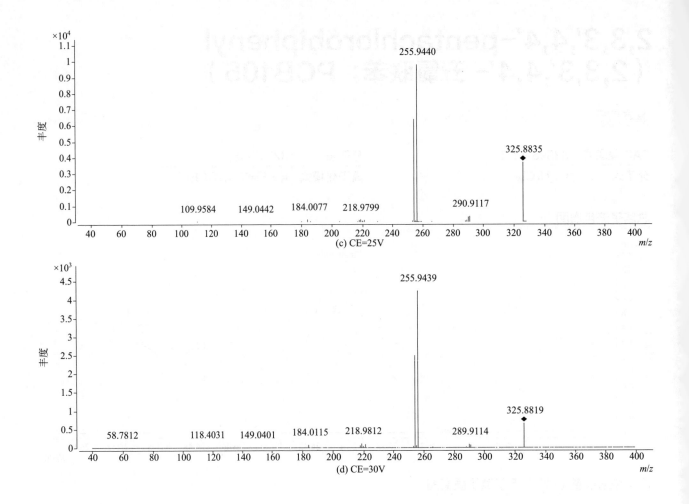

(c) CE=25V

(d) CE=30V

2,3,3′,4,5-pentachlorobiphenyl
（2,3,3′,4,5- 五氯联苯；PCB106）

CAS 登录号	70424-69-0	分子量	323.8828
分子式	$C_{12}H_5Cl_5$	离子化模式	电子轰击电离（EI）

总离子流色谱图

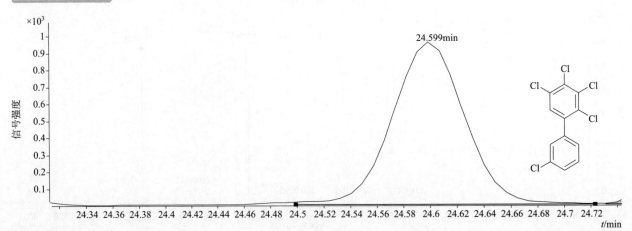

714

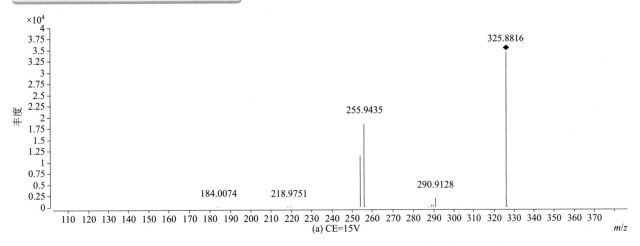

(a) CE=15V

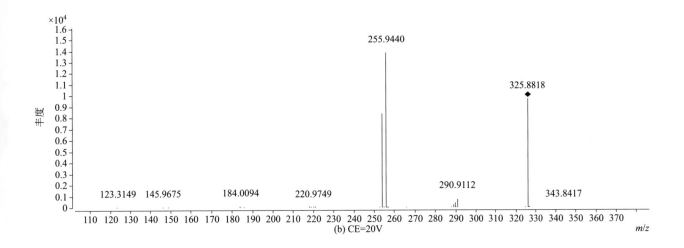

(b) CE=20V

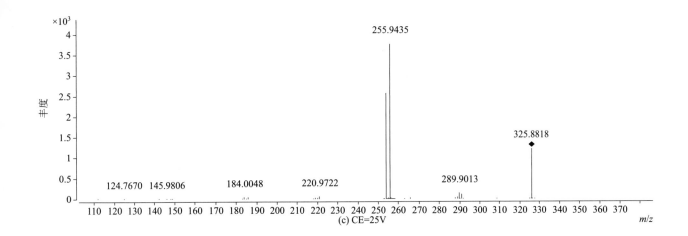

(c) CE=25V

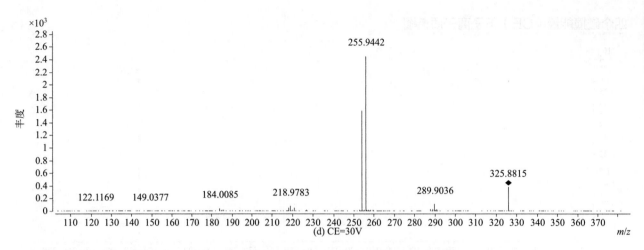
(d) CE=30V

2,3,3′,4′,5-pentachlorobiphenyl
（2,3,3′,4′,5- 五氯联苯；PCB107）

基本信息

CAS 登录号	70424-68-9	分子量	323.8828
分子式	$C_{12}H_5Cl_5$	离子化模式	电子轰击电离（EI）

总离子流色谱图

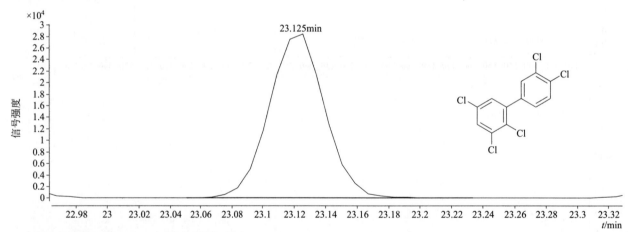

四个碰撞能量（CE）下子离子质谱图

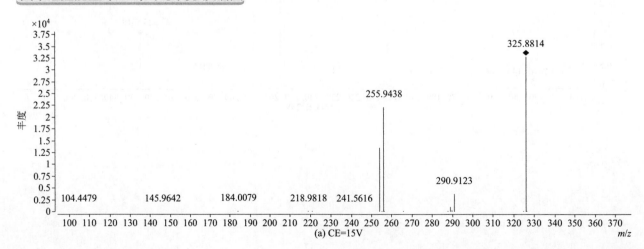
(a) CE=15V

716

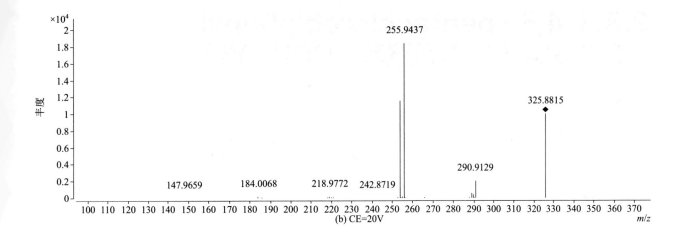
(b) CE=20V

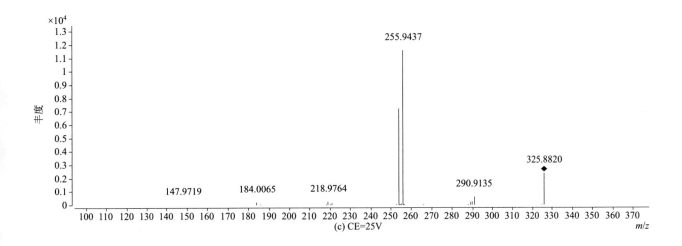
(c) CE=25V

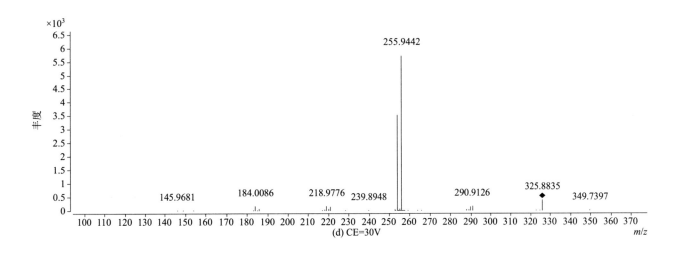
(d) CE=30V

2,3,3′,4,5′-pentachlorobiphenyl
（2,3,3′,4,5′-五氯联苯；PCB108）

基本信息

CAS 登录号	70362-41-3	分子量	323.8828
分子式	C₁₂H₅Cl₅	离子化模式	电子轰击电离（EI）

分子式 $C_{12}H_5Cl_5$

总离子流色谱图

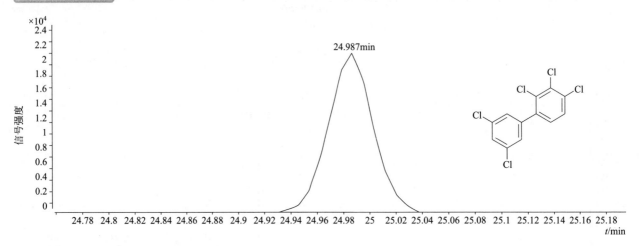

四个碰撞能量（CE）下子离子质谱图

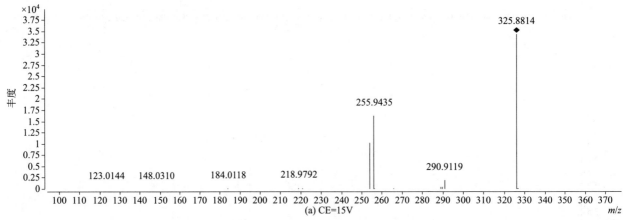

(a) CE=15V

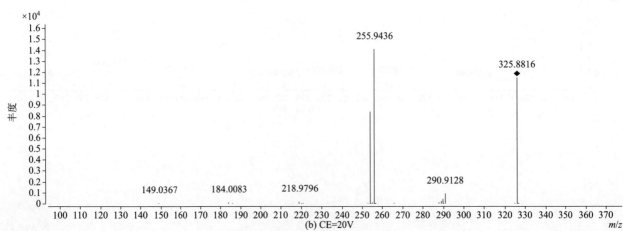

(b) CE=20V

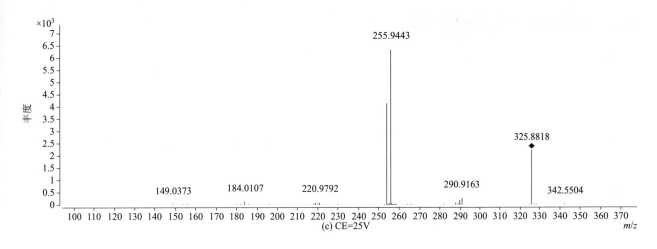

(c) CE=25V

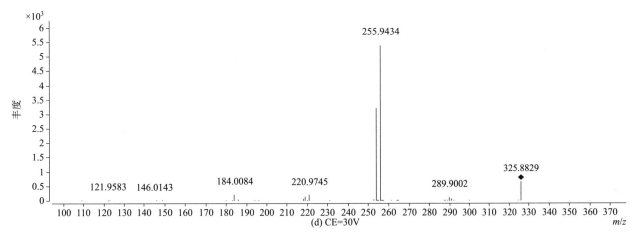

(d) CE=30V

2,3,3′,4,6-pentachlorobiphenyl
（2,3,3′,4,6- 五氯联苯；PCB109）

基本信息

CAS 登录号	74472-35-8	分子量	323.8828
分子式	$C_{12}H_5Cl_5$	离子化模式	电子轰击电离（EI）

总离子流色谱图

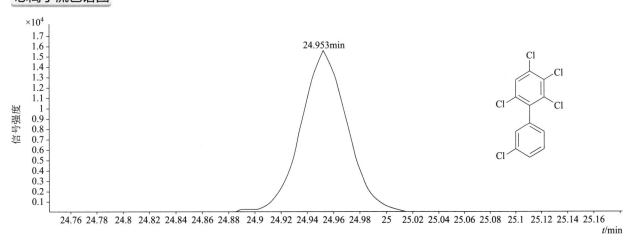

四个碰撞能量（CE）下子离子质谱图

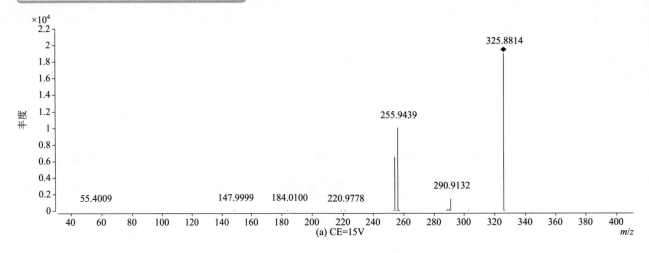

(a) CE=15V

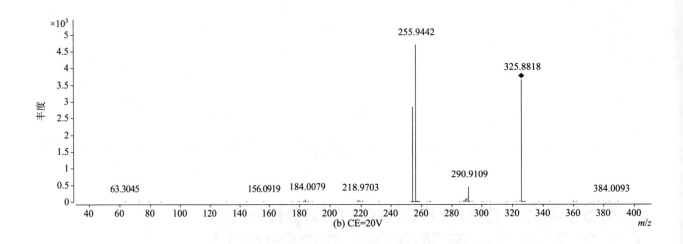

(b) CE=20V

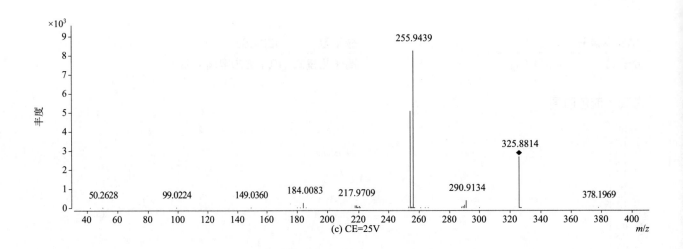

(c) CE=25V

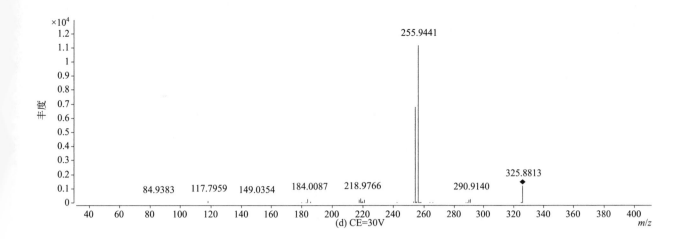
(d) CE=30V

2,3,3',4',6-pentachlorobiphenyl
（2,3,3',4',6- 五氯联苯；PCB110）

基本信息

CAS 登录号	38380-03-9	分子量	323.8828
分子式	C$_{12}$H$_5$Cl$_5$	离子化模式	电子轰击电离（EI）

总离子流色谱图

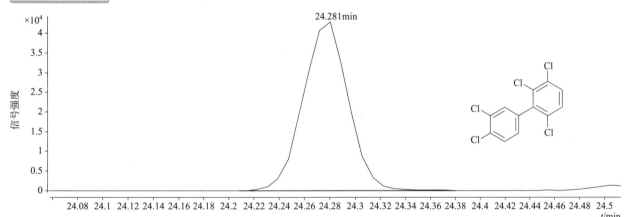

四个碰撞能量（CE）下子离子质谱图

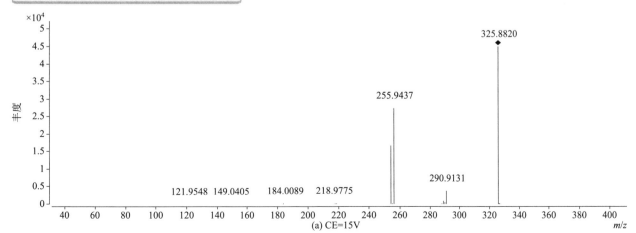
(a) CE=15V

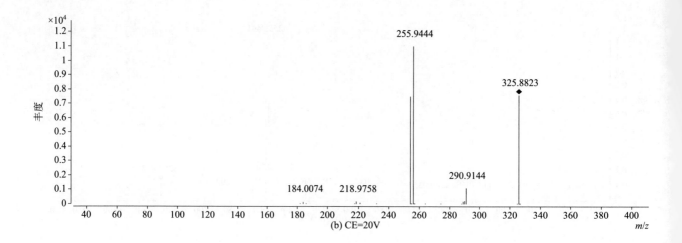

(b) CE=20V

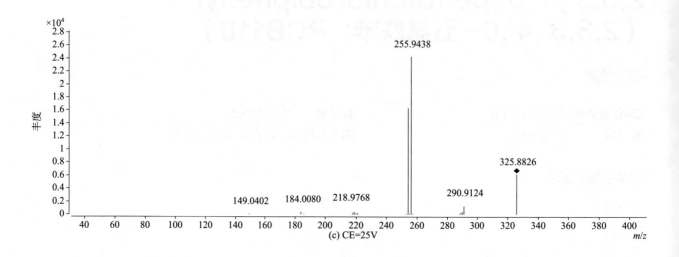

(c) CE=25V

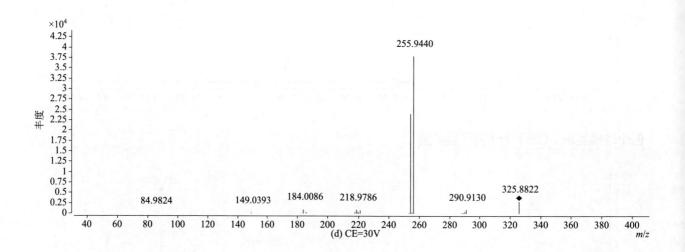

(d) CE=30V

2,3,3′,5,5′-pentachlorobiphenyl （2,3,3′,5,5′- 五氯联苯；PCB111）

基本信息

CAS 登录号	39635-32-0	分子量	323.8828
分子式	$C_{12}H_5Cl_5$	离子化模式	电子轰击电离（EI）

总离子流色谱图

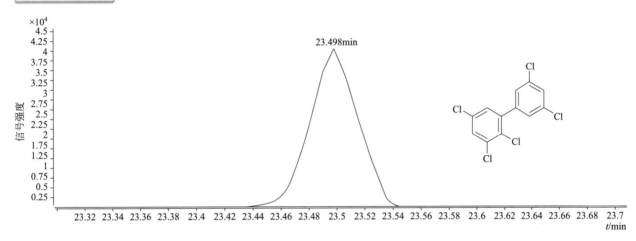

四个碰撞能量（CE）下子离子质谱图

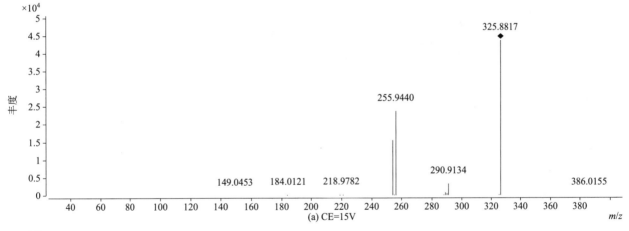

(a) CE=15V

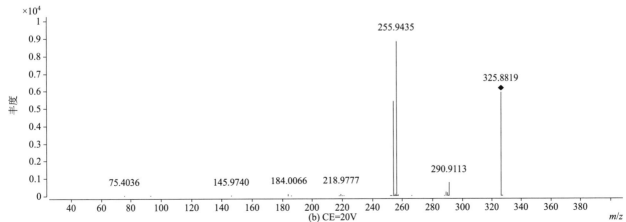

(b) CE=20V

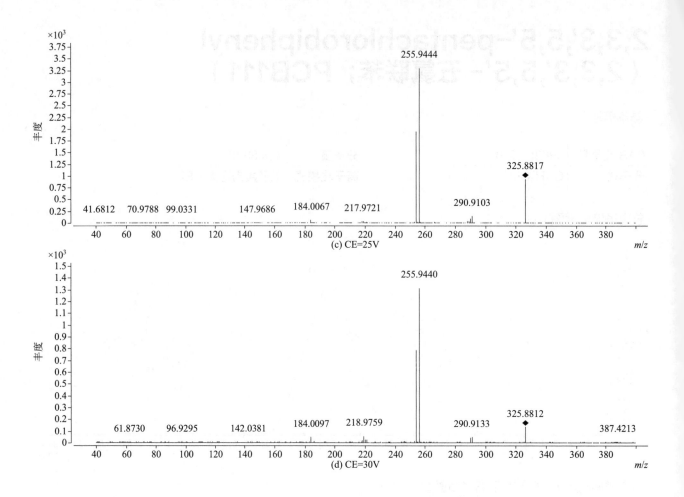

(c) CE=25V

(d) CE=30V

2,3,3′,5,6-pentachlorobiphenyl
（2,3,3′,5,6- 五氯联苯；PCB112）

基本信息

CAS 登录号	74472-36-9	分子量	323.8828
分子式	C₁₂H₅Cl₅	离子化模式	电子轰击电离（EI）

$C_{12}H_5Cl_5$

总离子流色谱图

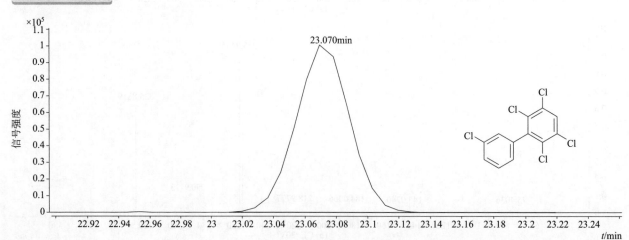

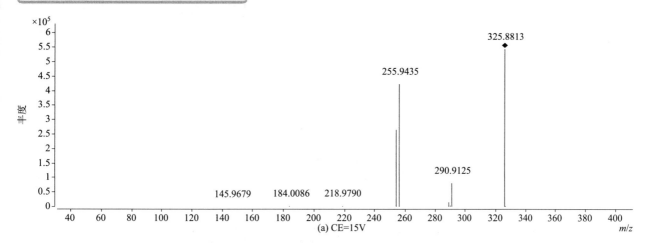

(a) CE=15V

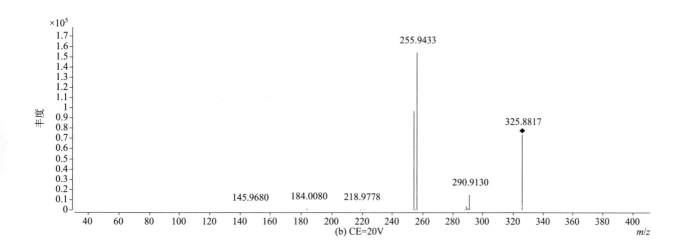

(b) CE=20V

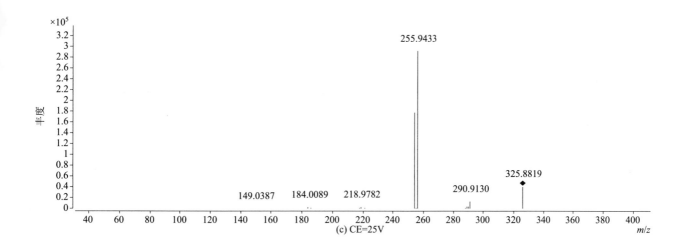

(c) CE=25V

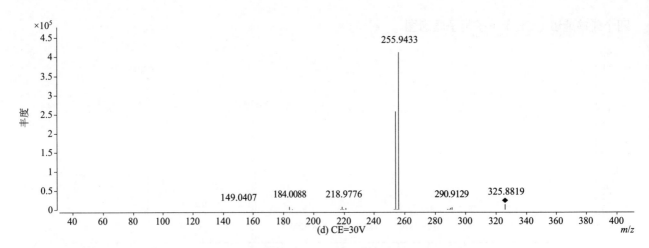

(d) CE=30V

2,3,3′,5′,6-pentachlorobiphenyl
（2,3,3′,5′,6- 五氯联苯；PCB113）

基本信息

CAS 登录号	68194-10-5	分子量	323.8828
分子式	C$_{12}$H$_5$Cl$_5$	离子化模式	电子轰击电离（EI）

总离子流色谱图

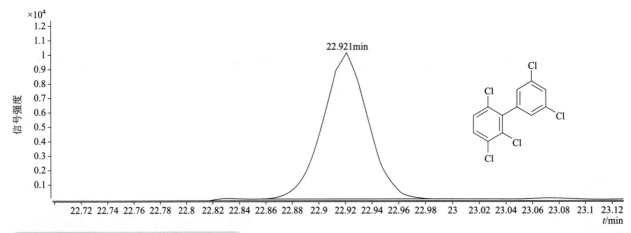

四个碰撞能量（CE）下子离子质谱图

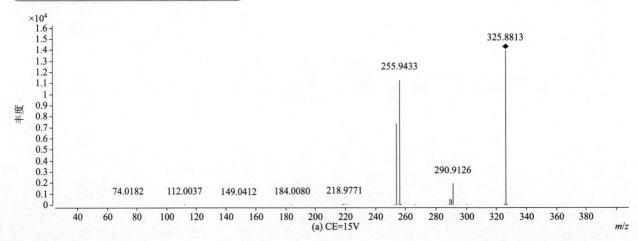

(a) CE=15V

726

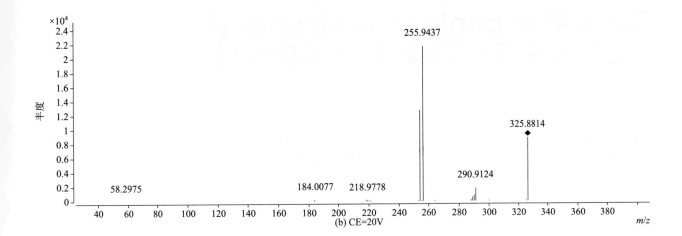

(b) CE=20V

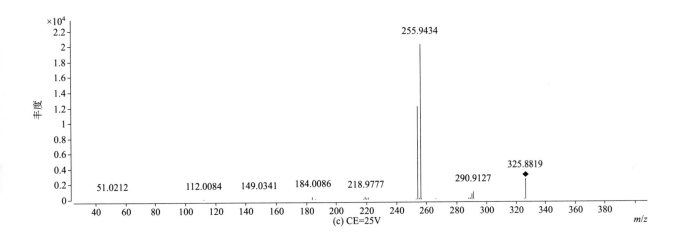

(c) CE=25V

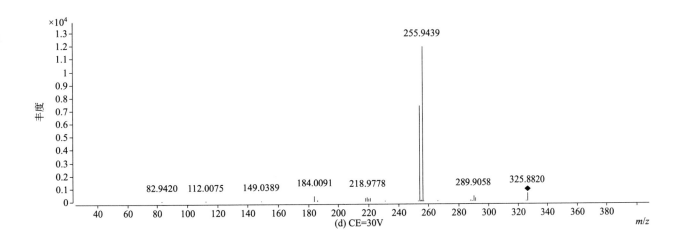

(d) CE=30V

2,3,4,4′,5-pentachlorobiphenyl（2,3,4,4′,5-五氯联苯；PCB114）

基本信息

CAS 登录号	74472-37-0	分子量	323.8828
分子式	$C_{12}H_5Cl_5$	离子化模式	电子轰击电离（EI）

总离子流色谱图

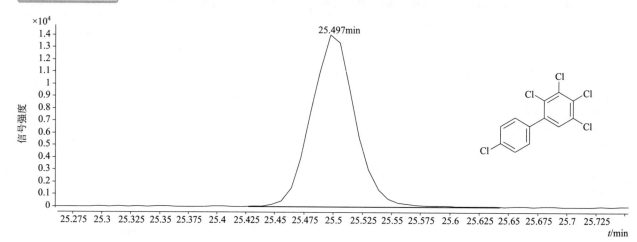

四个碰撞能量（CE）下子离子质谱图

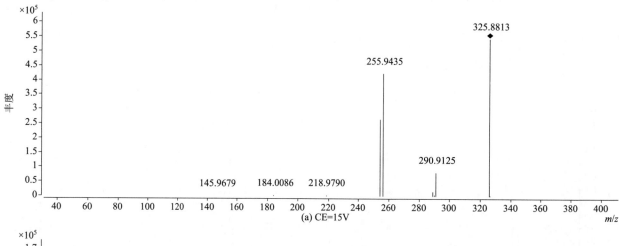

(a) CE=15V

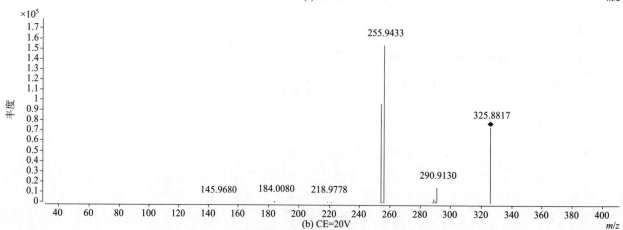

(b) CE=20V

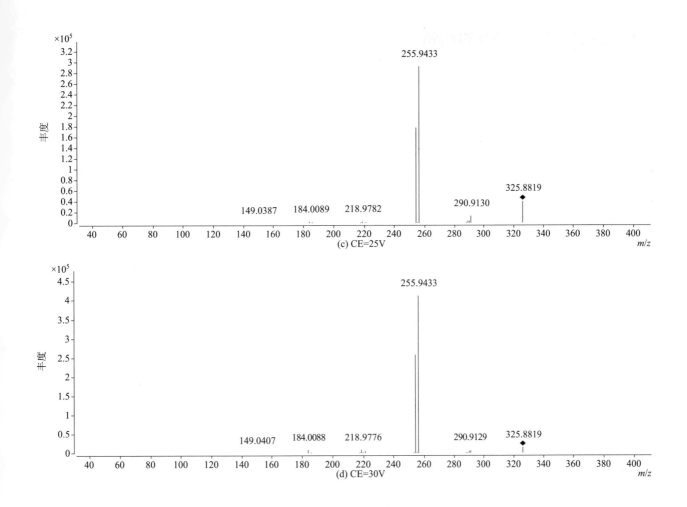

(c) CE=25V

(d) CE=30V

2,3,4,4',6-pentachlorobiphenyl
(2,3,4,4',6- 五氯联苯；PCB115)

基本信息

CAS 登录号	74472-38-1	分子量	323.8828
分子式	$C_{12}H_5Cl_5$	离子化模式	电子轰击电离（EI）

总离子流色谱图

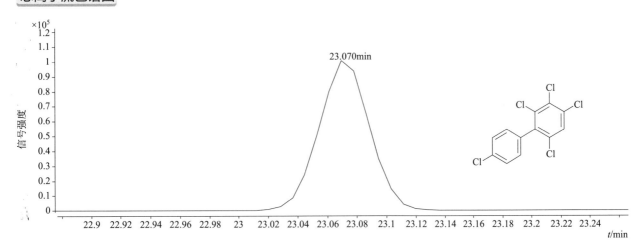

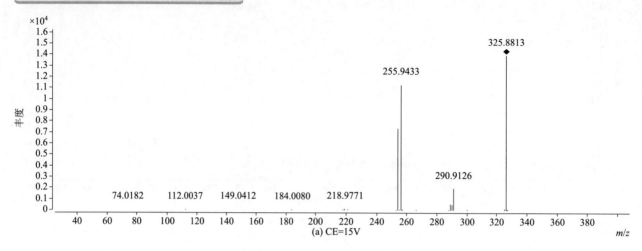

(a) CE=15V

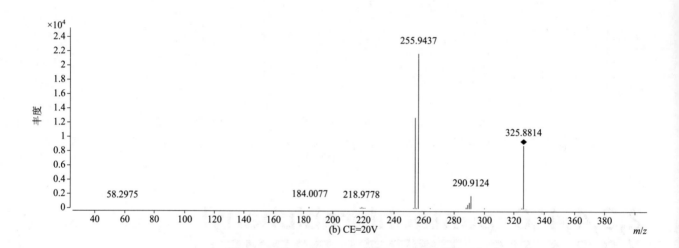

(b) CE=20V

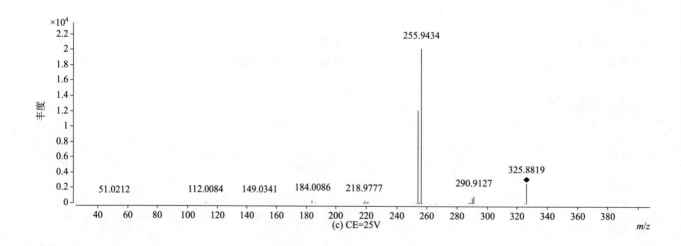

(c) CE=25V

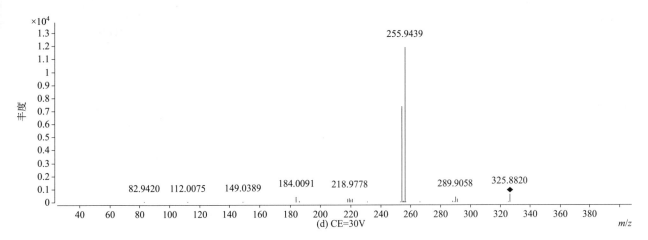

(d) CE=30V

2,3,4,5,6- pentachlorobiphenyl
（2,3,4,5,6- 五氯联苯；PCB116）

CAS 登录号	18259-05-7	分子量	323.8828
分子式	$C_{12}H_5Cl_5$	离子化模式	电子轰击电离（EI）

总离子流色谱图

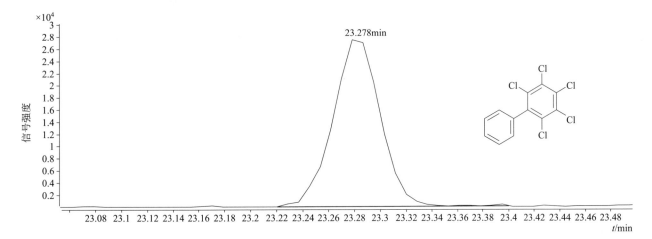

四个碰撞能量（CE）下子离子质谱图

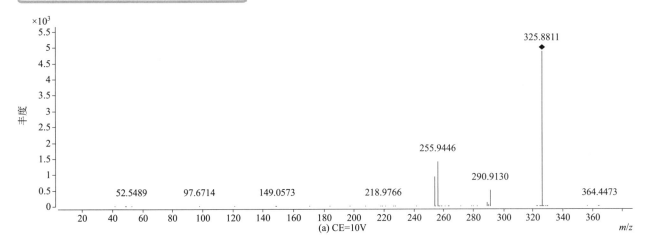

(a) CE=10V

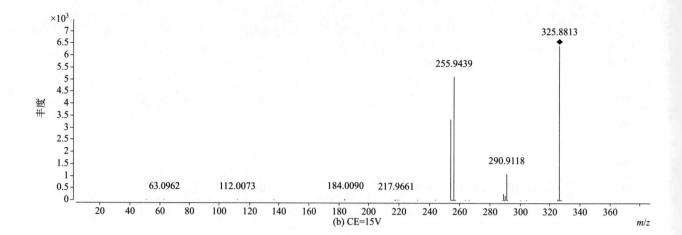

(b) CE=15V

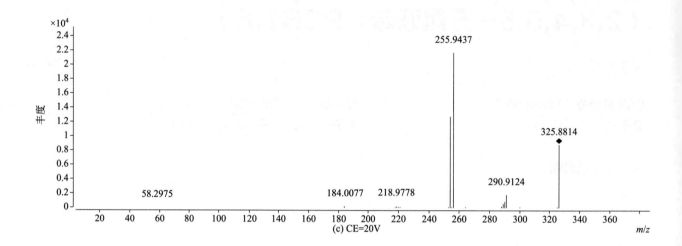

(c) CE=20V

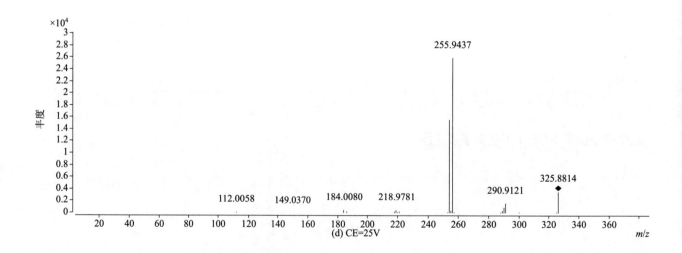

(d) CE=25V

2,3,4',5,6-pentachlorobiphenyl
（2,3,4',5,6- 五氯联苯；PCB117）

CAS 登录号	68194-11-6	分子量	323.8828
分子式	$C_{12}H_5Cl_5$	离子化模式	电子轰击电离（EI）

总离子流色谱图

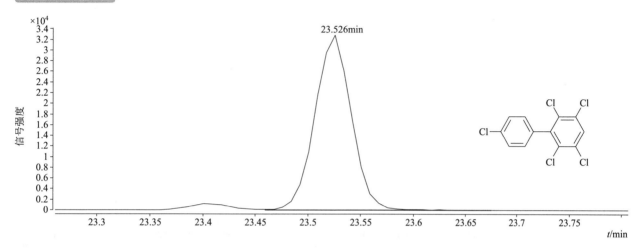

四个碰撞能量（CE）下子离子质谱图

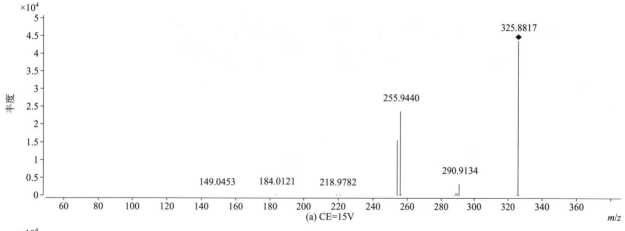

(a) CE=15V

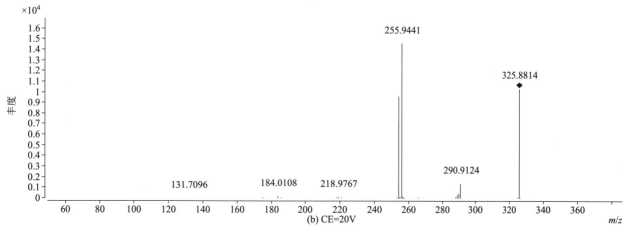

(b) CE=20V

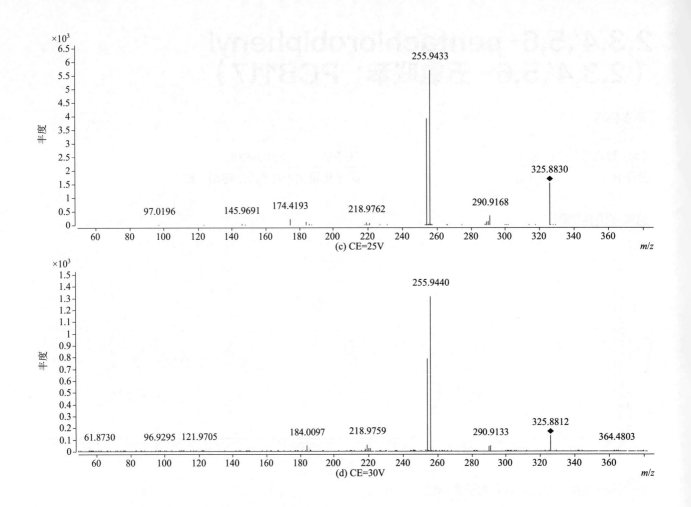

(c) CE=25V

(d) CE=30V

2,3',4,4',5-pentachlorobiphenyl
（2,3',4,4',5- 五氯联苯；PCB118）

基本信息

CAS 登录号	31508-00-6	分子量	323.8828
分子式	$C_{12}H_5Cl_5$	离子化模式	电子轰击电离（EI）

总离子流色谱图

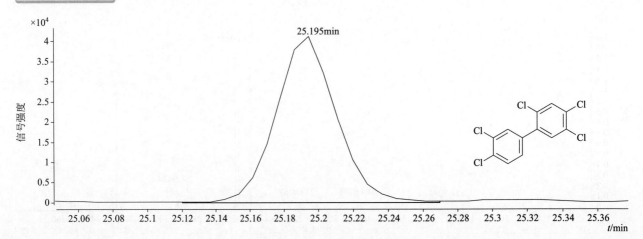

734

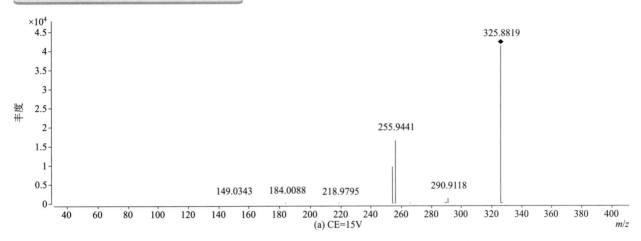

(a) CE=15V

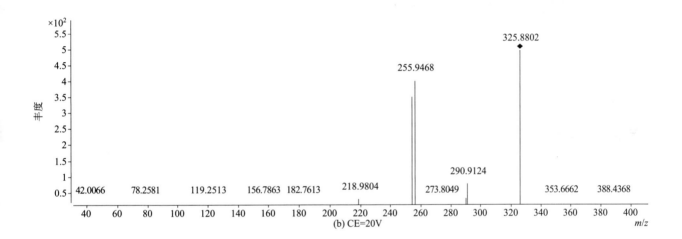

(b) CE=20V

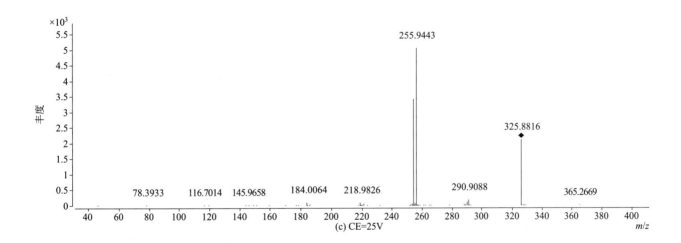

(c) CE=25V

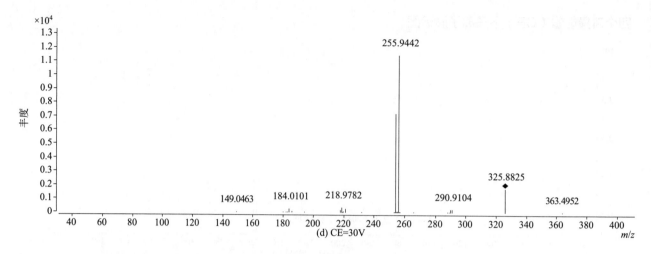

(d) CE=30V

2,3',4,4',6-pentachlorobiphenyl
（2,3',4,4',6- 五氯联苯；PCB119）

基本信息

CAS 登录号	56558-17-9	分子量	323.8828
分子式	$C_{12}H_5Cl_5$	离子化模式	电子轰击电离（EI）

总离子流色谱图

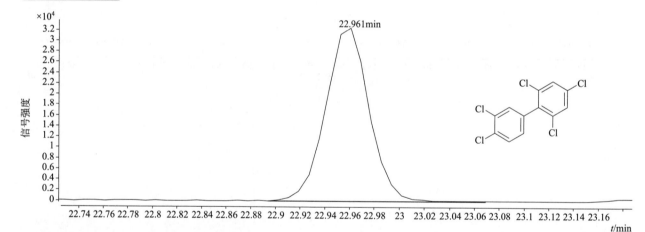

四个碰撞能量（CE）下子离子质谱图

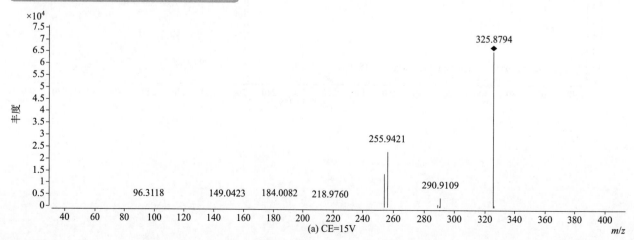

(a) CE=15V

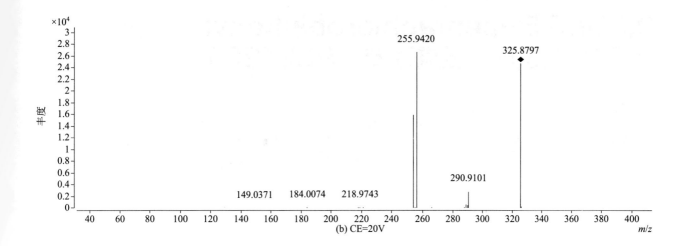

(b) CE=20V

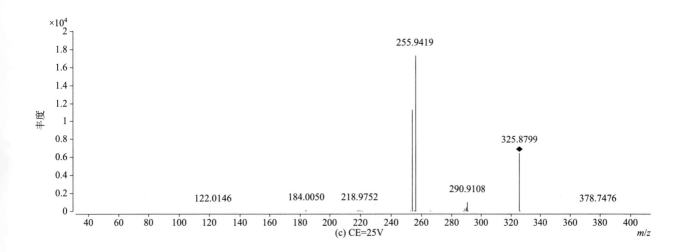

(c) CE=25V

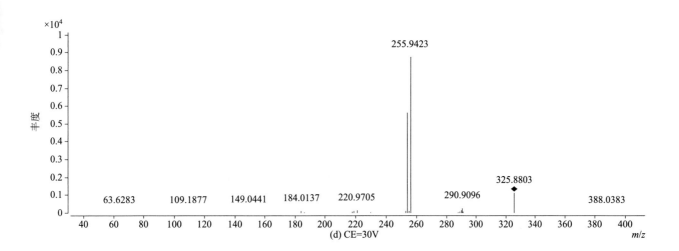

(d) CE=30V

2,3',4,5,5'-pentachlorobiphenyl
（2,3',4,5,5'- 五氯联苯；PCB120）

基本信息

CAS 登录号	68194-12-7	**分子量**	323.8828
分子式	$C_{12}H_5Cl_5$	**离子化模式**	电子轰击电离（EI）

总离子流色谱图

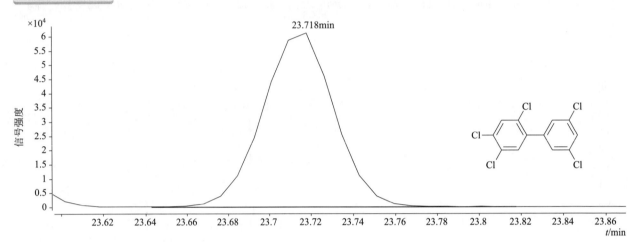

四个碰撞能量（CE）下子离子质谱图

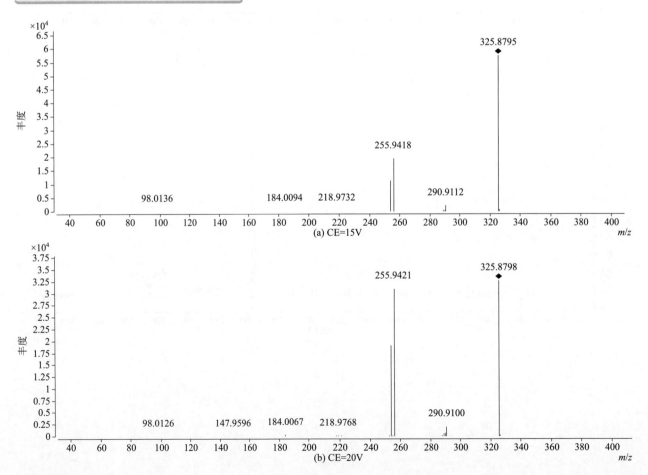

(a) CE=15V

(b) CE=20V

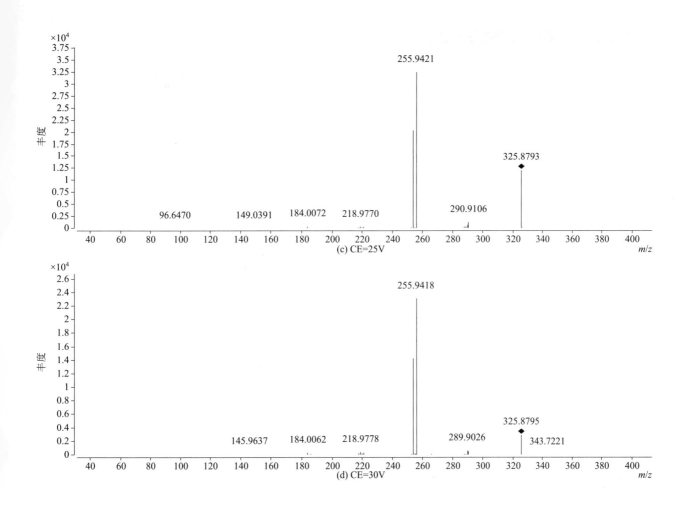

(c) CE=25V

(d) CE=30V

2,3',4,5',6-pentachlorobiphenyl
（2,3',4,5',6- 五氯联苯；PCB121）

基本信息

CAS 登录号	56558-18-0	分子量	323.8828
分子式	C$_{12}$H$_5$Cl$_5$	离子化模式	电子轰击电离（EI）

总离子流色谱图

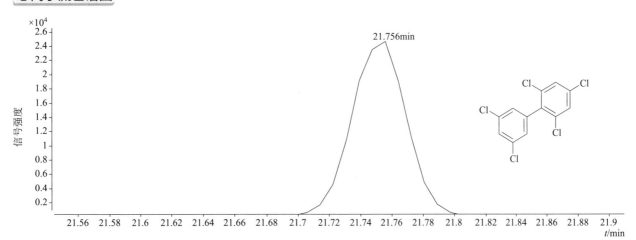

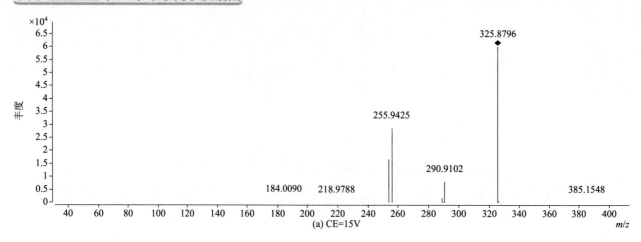

(a) CE=15V

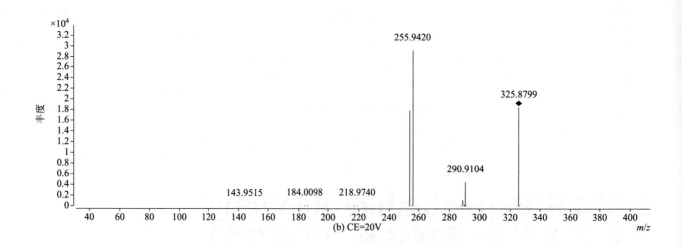

(b) CE=20V

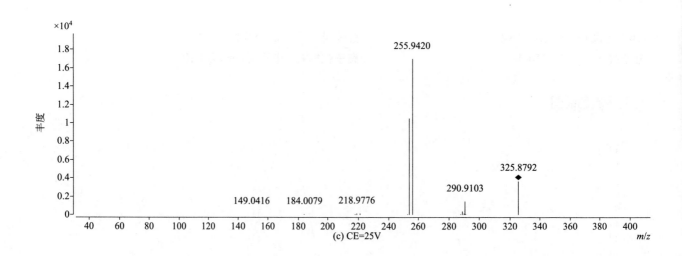

(c) CE=25V

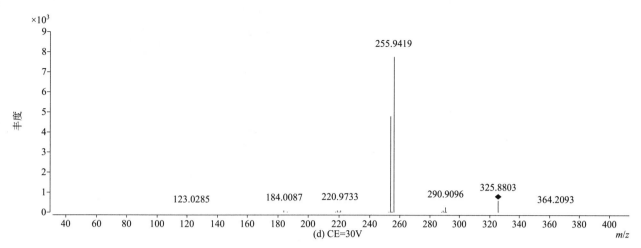

(d) CE=30V

2′,3,3′,4,5- pentachlorobiphenyl
（2′,3,3′,4,5- 五氯联苯；PCB122）

基本信息

CAS 登录号	76842-07-4	分子量	323.8828
分子式	$C_{12}H_5Cl_5$	离子化模式	电子轰击电离（EI）

总离子流色谱图

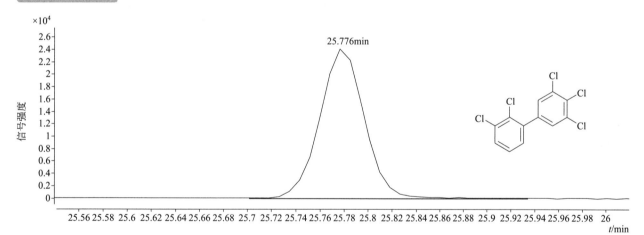

四个碰撞能量（CE）下子离子质谱图

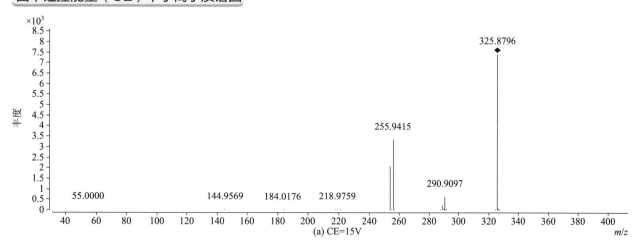

(a) CE=15V

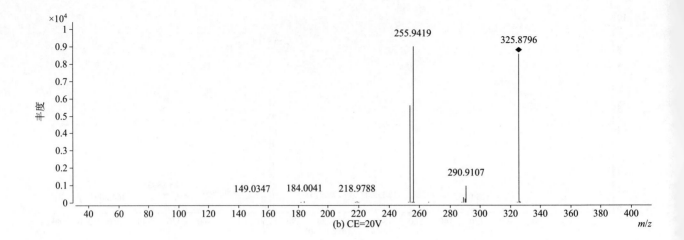

(b) CE=20V

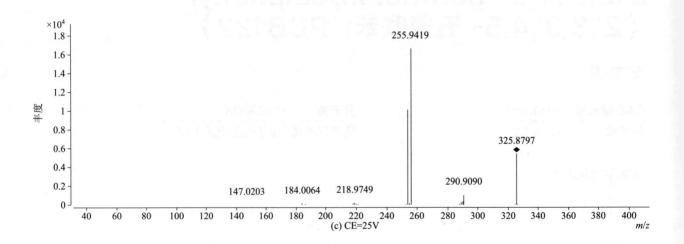

(c) CE=25V

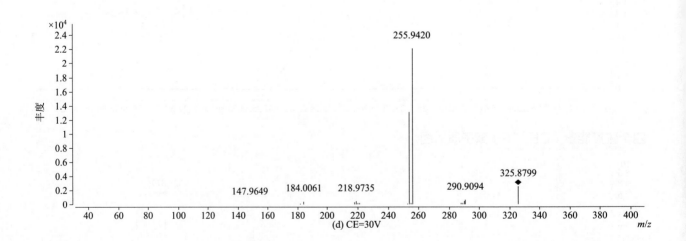

(d) CE=30V

2′,3,4,4′,5-pentachlorobiphenyl
（2′,3,4,4′,5- 五氯联苯；PCB123）

基本信息

CAS 登录号	65510-44-3	分子量	323.8828
分子式	$C_{12}H_5Cl_5$	离子化模式	电子轰击电离（EI）

总离子流色谱图

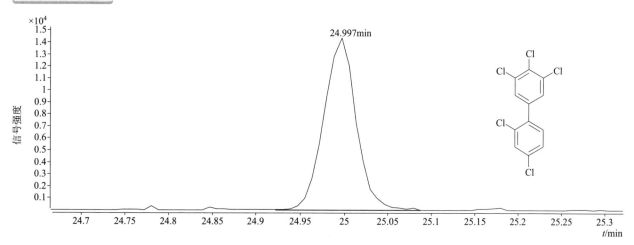

四个碰撞能量（CE）下子离子质谱图

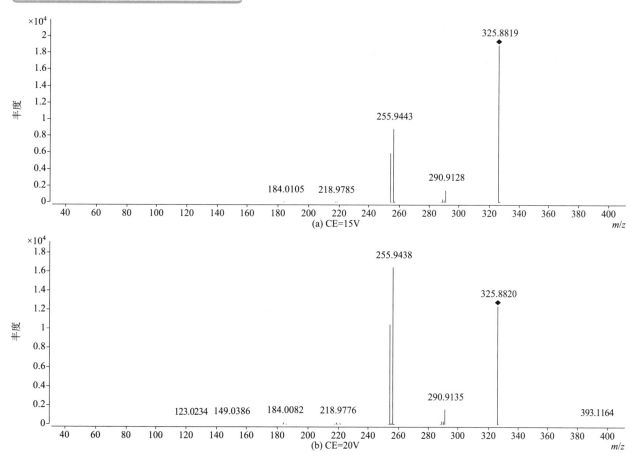

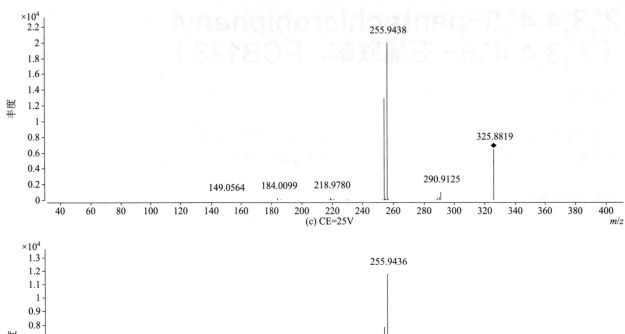

(c) CE=25V

(d) CE=30V

2′,3,4,5,5′-pentachlorobiphenyl
（2′,3,4,5,5′- 五氯联苯；PCB124）

基本信息

CAS 登录号	70424-70-3	分子量	323.8828
分子式	C₁₂H₅Cl₅	离子化模式	电子轰击电离（EI）

总离子流色谱图

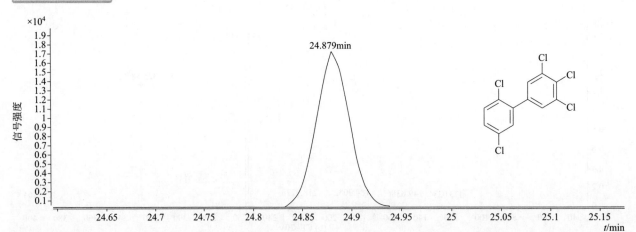

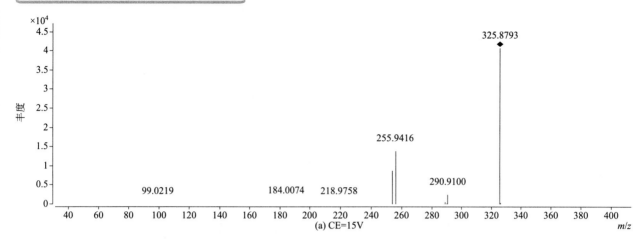

(a) CE=15V

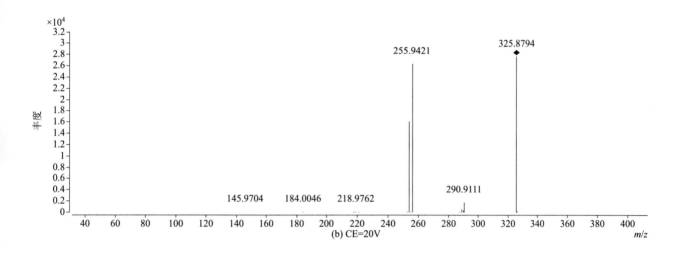

(b) CE=20V

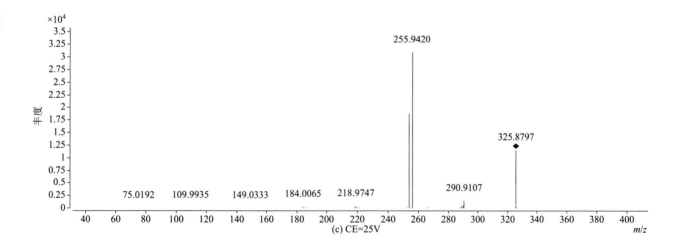

(c) CE=25V

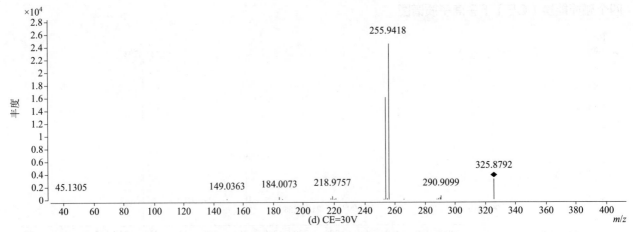

(d) CE=30V

2′,3,4,5,6′-pentachlorobiphenyl
（2′,3,4,5,6′-五氯联苯；PCB125）

基本信息

CAS 登录号	74472-39-2	分子量	323.8828
分子式	$C_{12}H_5Cl_5$	离子化模式	电子轰击电离（EI）

总离子流色谱图

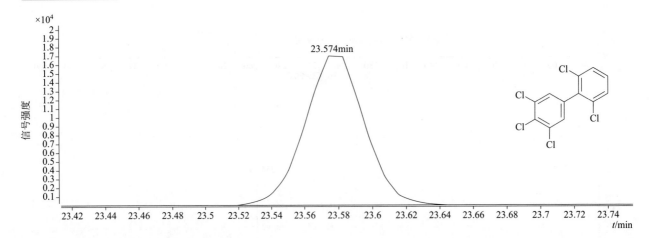

四个碰撞能量（CE）下子离子质谱图

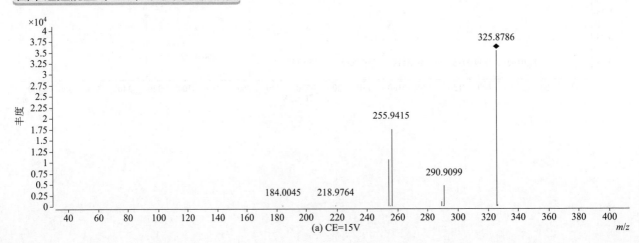

(a) CE=15V

746

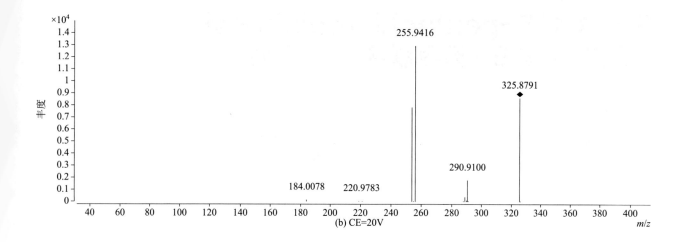

(b) CE=20V

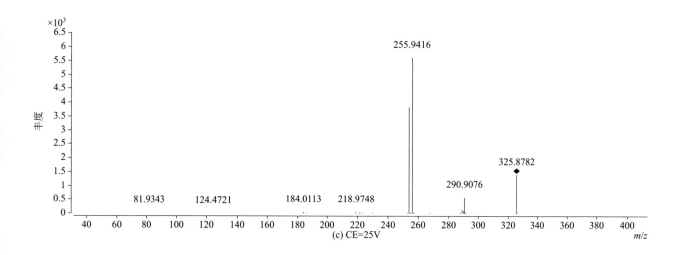

(c) CE=25V

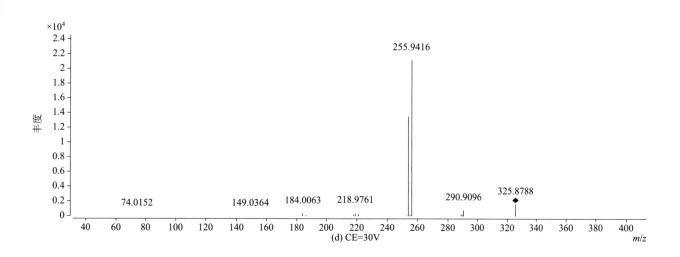

(d) CE=30V

3,3',4,4',5-pentachlorobiphenyl
（3,3',4,4',5-五氯联苯；PCB126）

CAS 登录号	57465-28-8	分子量	323.8828
分子式	C$_{12}$H$_5$Cl$_5$	离子化模式	电子轰击电离（EI）

总离子流色谱图

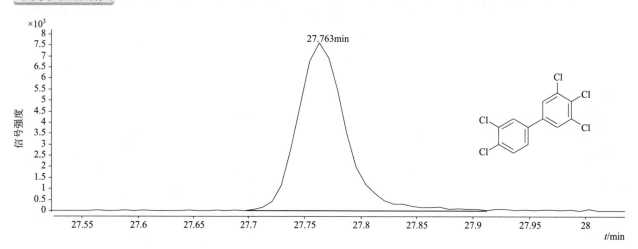

四个碰撞能量（CE）下子离子质谱图

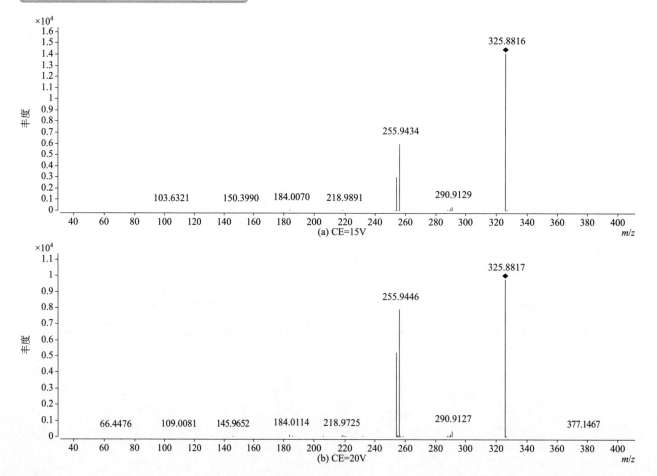

(a) CE=15V

(b) CE=20V

748

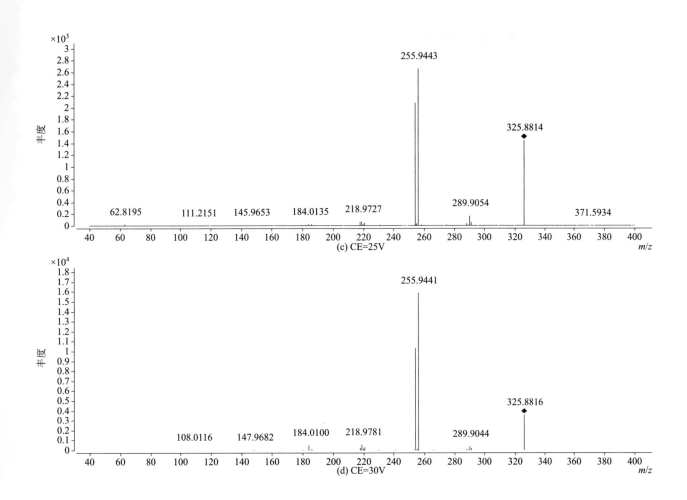

(c) CE=25V

(d) CE=30V

3,3′,4,5,5′-pentachlorobiphenyl
（3,3′,4,5,5′- 五氯联苯；PCB127）

基本信息

CAS 登录号	39635-33-1	**分子量**	323.8828
分子式	$C_{12}H_5Cl_5$	**离子化模式**	电子轰击电离（EI）

总离子流色谱图

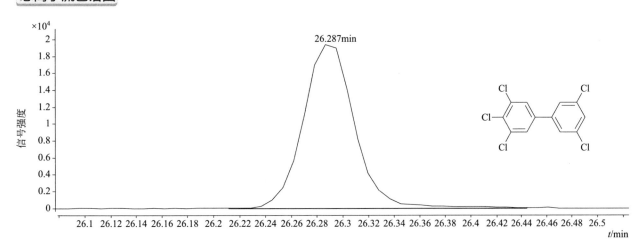

26.287min

四个碰撞能量（CE）下子离子质谱图

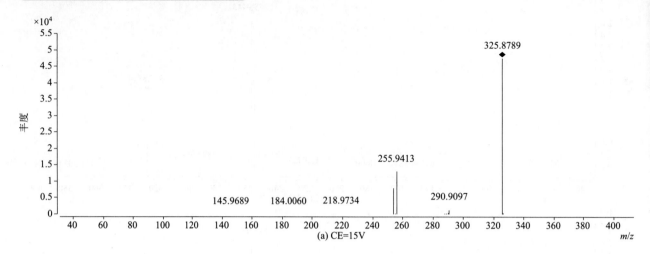

(a) CE=15V

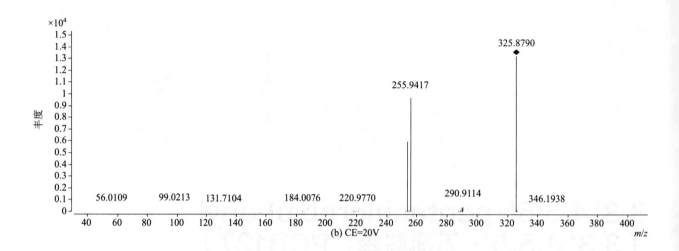

(b) CE=20V

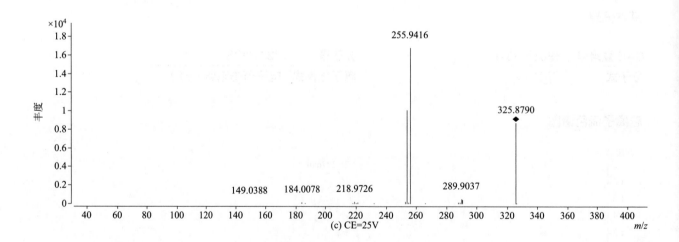

(c) CE=25V

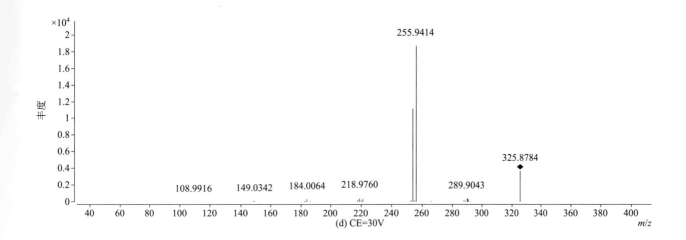
(d) CE=30V

permethrin（氯菊酯）

基本信息

CAS 登录号	52645-53-1	分子量	390.0785
分子式	$C_{21}H_{20}Cl_2O_3$	离子化模式	电子轰击电离（EI）

总离子流色谱图

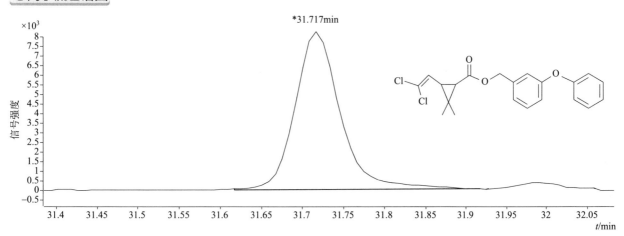

四个碰撞能量（CE）下子离子质谱图

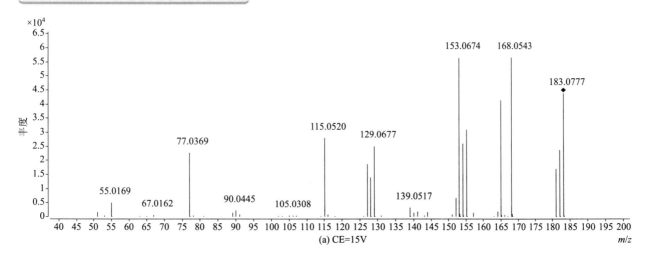
(a) CE=15V

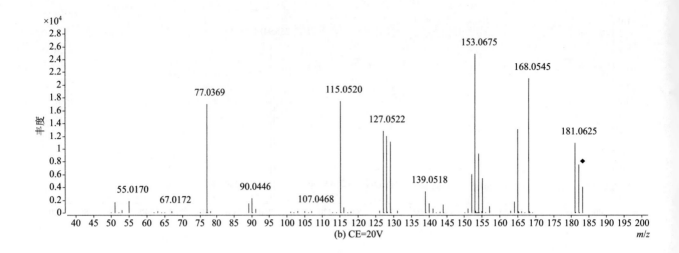

(b) CE=20V

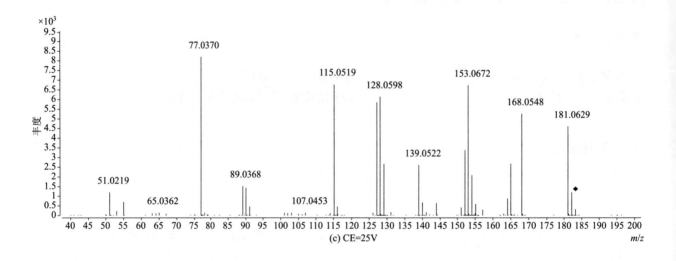

(c) CE=25V

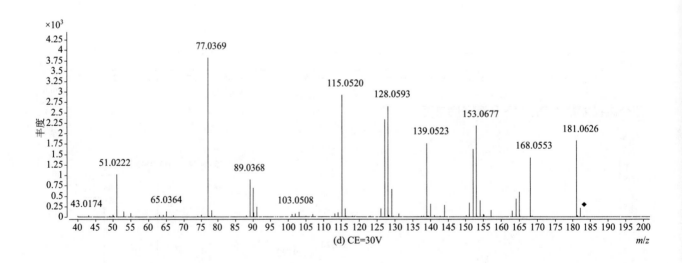

(d) CE=30V

cis-permethrin（顺式氯菊酯）

基本信息

CAS 登录号	61949-76-6	**分子量**	390.0784
分子式	$C_{21}H_{20}Cl_2O_3$	**离子化模式**	电子轰击电离（EI）

总离子流色谱图

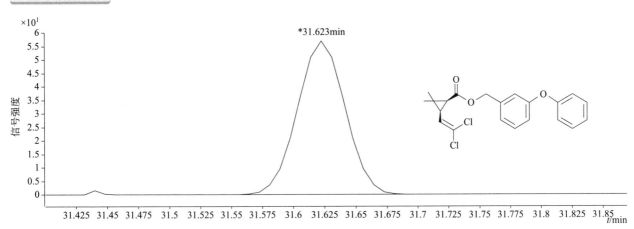

四个碰撞能量（CE）下子离子质谱图

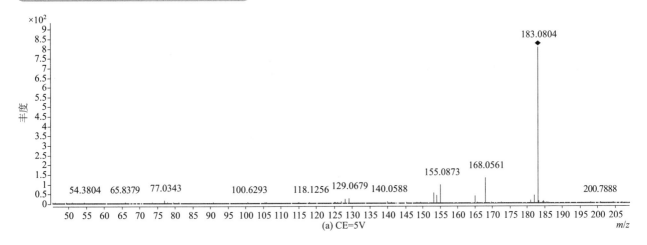

(a) CE=5V

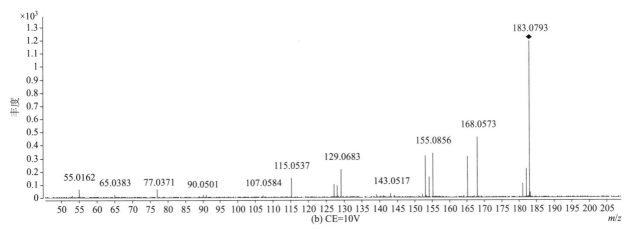

(b) CE=10V

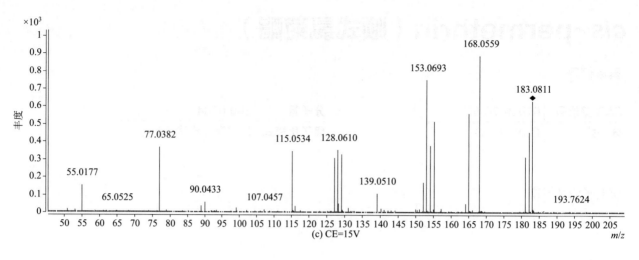
(c) CE=15V

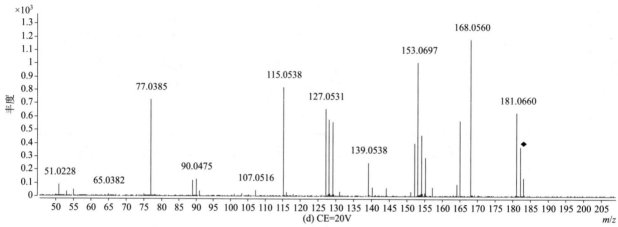
(d) CE=20V

trans-permethrin（反式氯菊酯）

基本信息

CAS 登录号	551877-74-8	分子量	390.0785
分子式	$C_{21}H_{20}Cl_2O_3$	离子化模式	电子轰击电离（EI）

总离子流色谱图

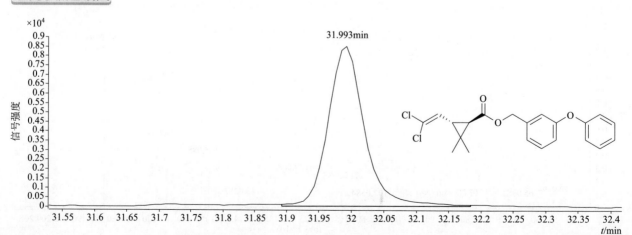

四个碰撞能量（CE）下子离子质谱图

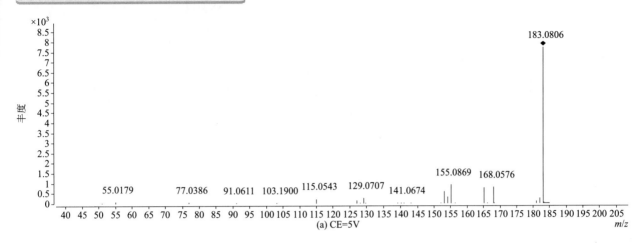

(a) CE=5V

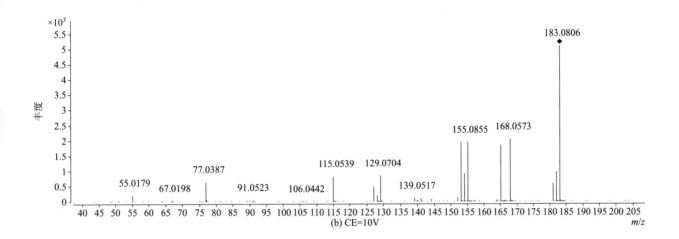

(b) CE=10V

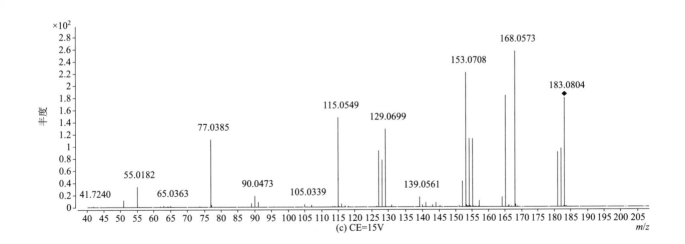

(c) CE=15V

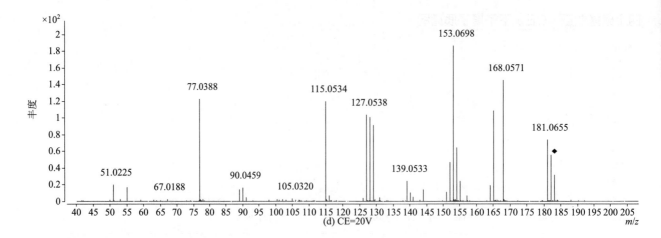

(d) CE=20V

perthane（乙滴滴）

基本信息

CAS 登录号	72-56-0	分子量	306.0937
分子式	$C_{18}H_{20}Cl_2$	离子化模式	电子轰击电离（EI）

总离子流色谱图

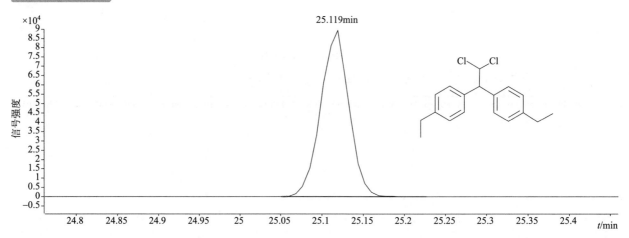

四个碰撞能量（CE）下子离子质谱图

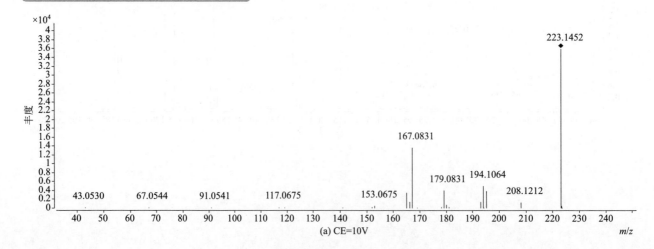

(a) CE=10V

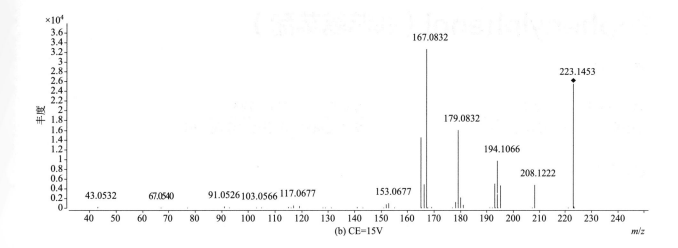

(b) CE=15V

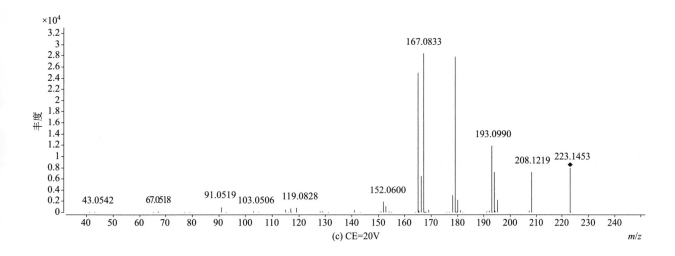

(c) CE=20V

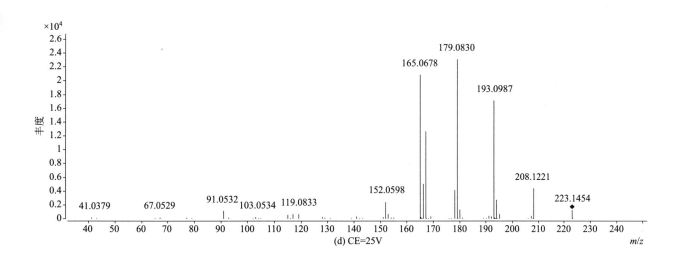

(d) CE=25V

2-phenylphenol（邻苯基苯酚）

基本信息

CAS 登录号	90-43-7	分子量	170.0726
分子式	$C_{12}H_{10}O$	离子化模式	电子轰击电离（EI）

总离子流色谱图

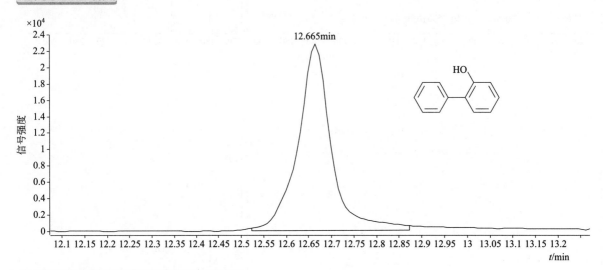

四个碰撞能量（CE）下子离子质谱图

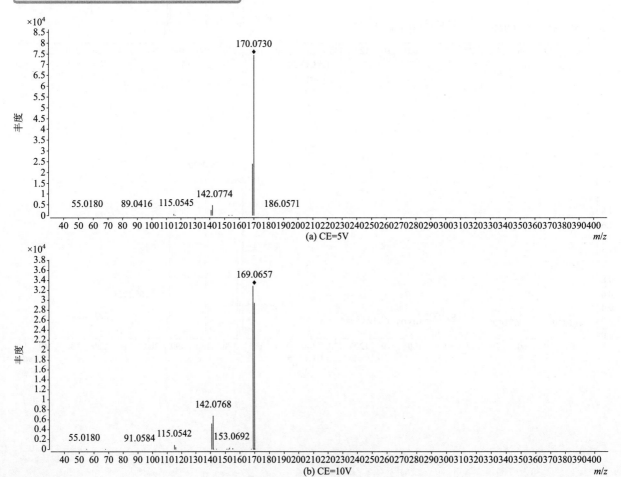

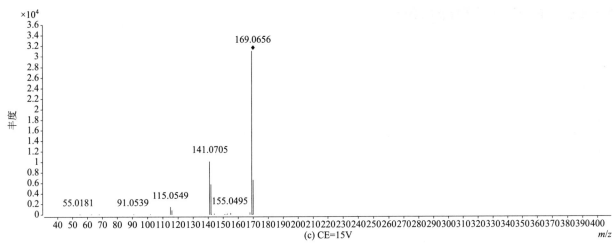

(c) CE=15V

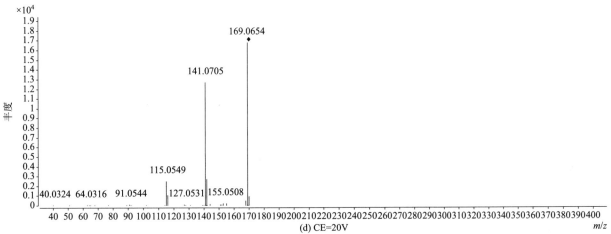

(d) CE=20V

3-phenylphenol（3- 苯基苯酚）

基本信息

CAS 登录号	580-51-8	分子量	170.0726
分子式	C$_{12}$H$_{10}$O	离子化模式	电子轰击电离（EI）

总离子流色谱图

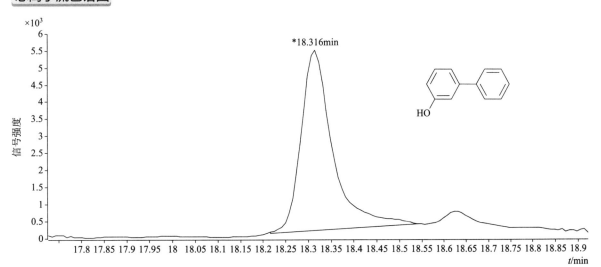

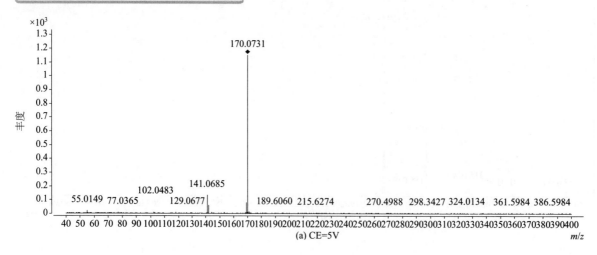

(a) CE=5V

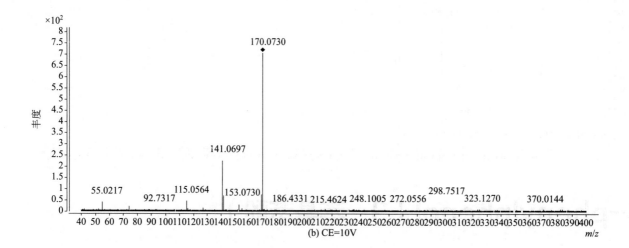

(b) CE=10V

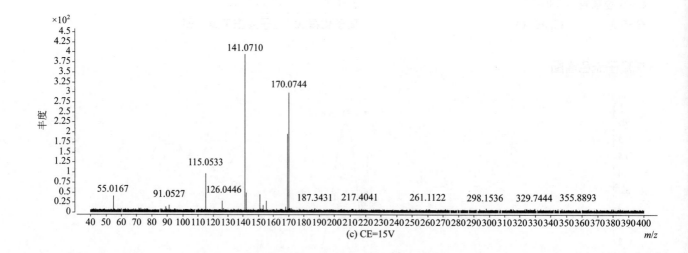

(c) CE=15V

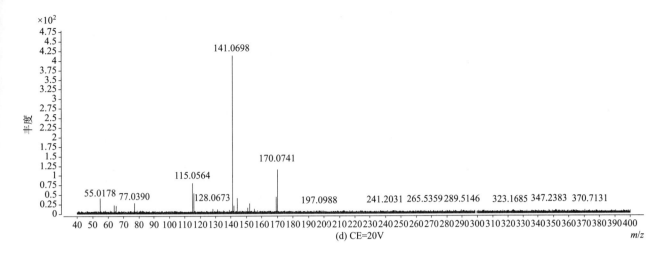

(d) CE=20V

phenthoate（稻丰散）

基本信息

CAS 登录号	2597-03-7	**分子量**	320.0301
分子式	$C_{12}H_{17}O_4PS_2$	**离子化模式**	电子轰击电离（EI）

总离子流色谱图

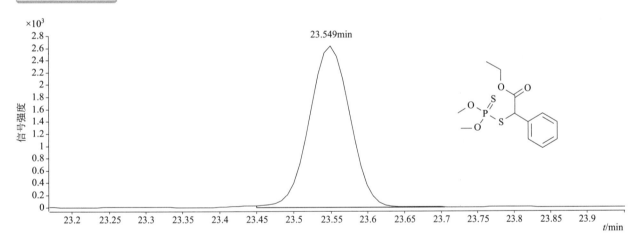

四个碰撞能量（CE）下子离子质谱图

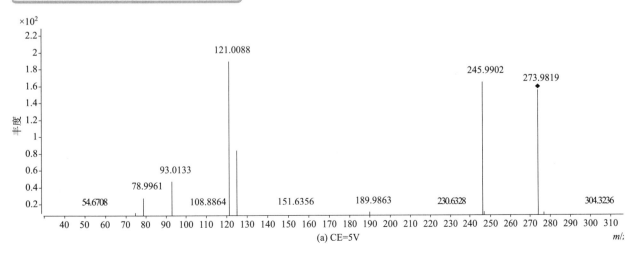

(a) CE=5V

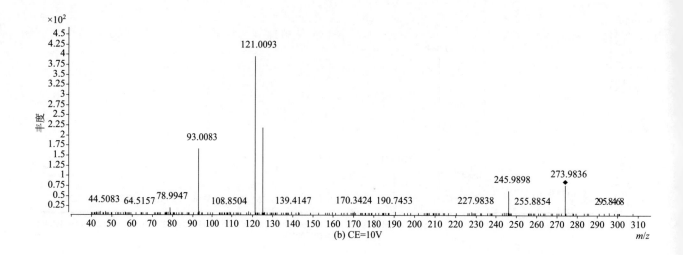

(b) CE=10V

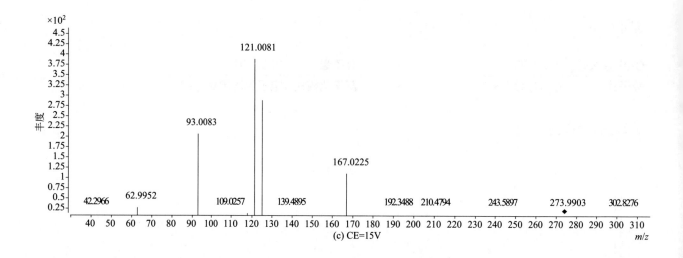

(c) CE=15V

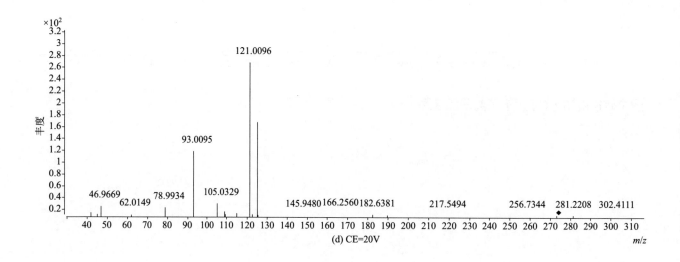

(d) CE=20V

phorate sulfone（甲拌磷砜）

基本信息

CAS 登录号	2588-04-7	**分子量**	292.0022
分子式	$C_7H_{17}O_4PS_3$	**离子化模式**	电子轰击电离（EI）

总离子流色谱图

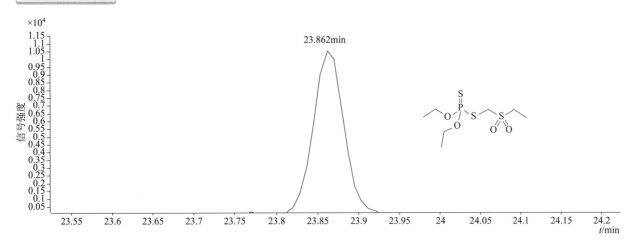

四个碰撞能量（CE）下子离子质谱图

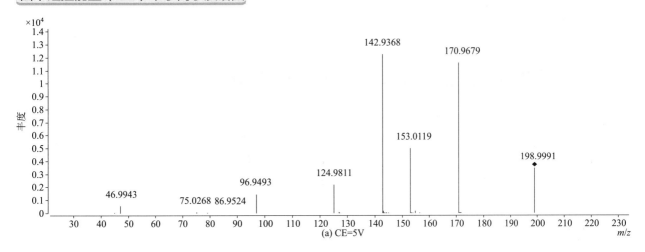

(a) CE=5V

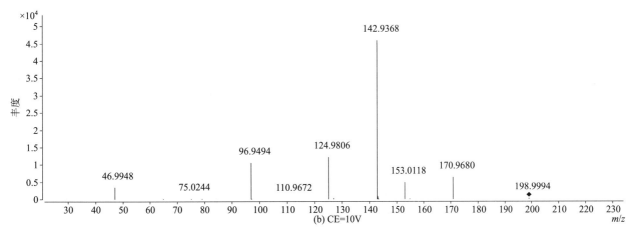

(b) CE=10V

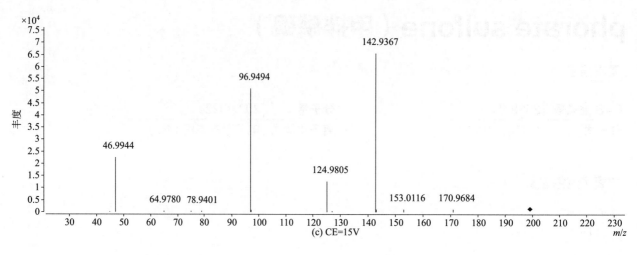

(c) CE=15V

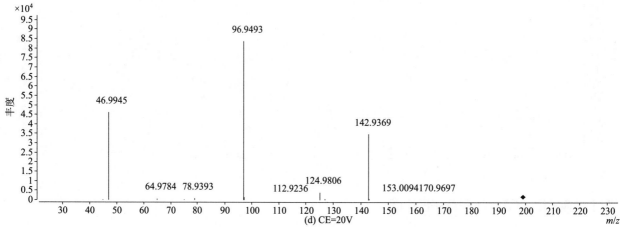

(d) CE=20V

phorate sulfoxide（甲拌磷亚砜）

基本信息

CAS 登录号	2588-03-6	**分子量**	276.0072
分子式	$C_7H_{17}O_3PS_3$	**离子化模式**	电子轰击电离（EI）

总离子流色谱图

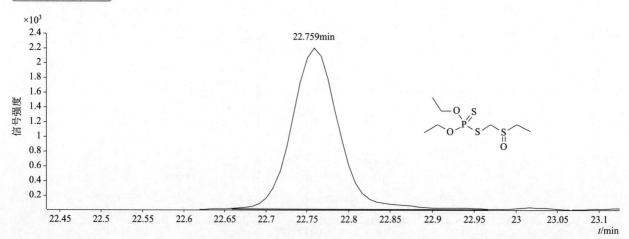

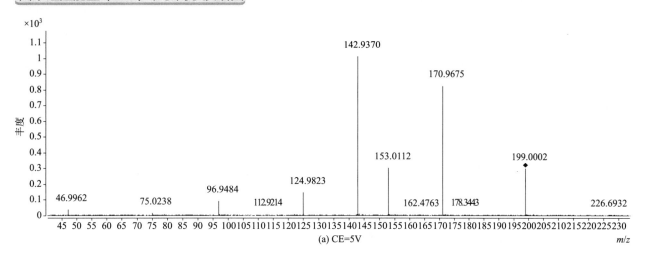

(a) CE=5V

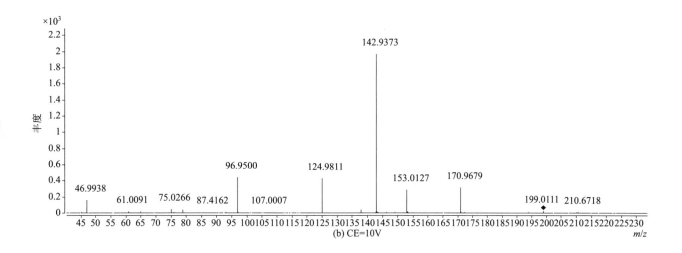

(b) CE=10V

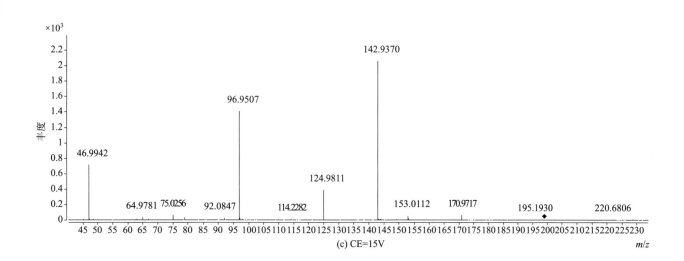

(c) CE=15V

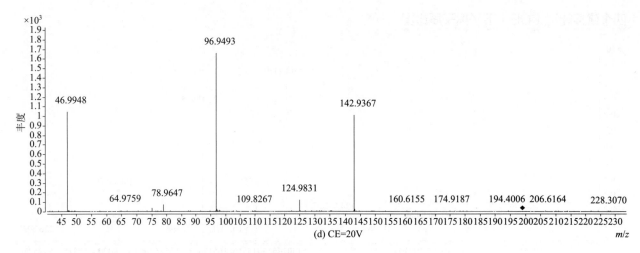

(d) CE=20V　　　　*m/z*

phosalone（伏杀硫磷）

基本信息

CAS 登录号	2310-17-0	分子量	366.9864
分子式	C₁₂H₁₅ClNO₄PS₂	离子化模式	电子轰击电离（EI）

总离子流色谱图

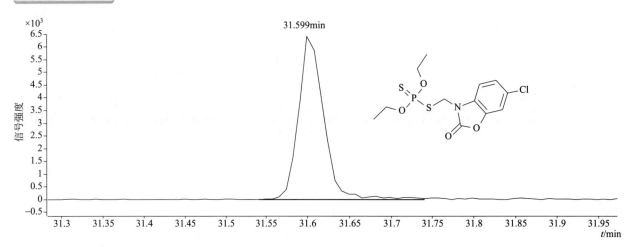

四个碰撞能量（CE）下子离子质谱图

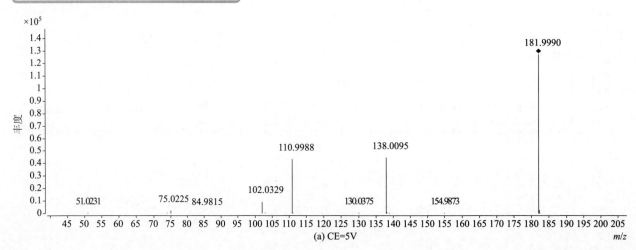

(a) CE=5V　　　　*m/z*

766

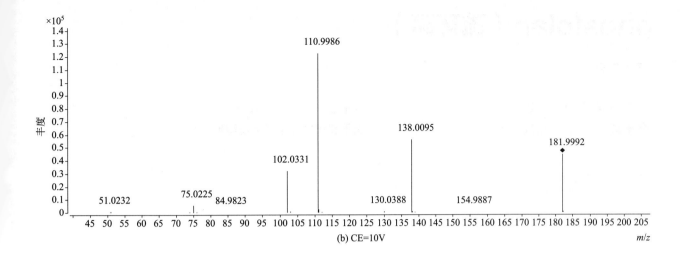

(b) CE=10V

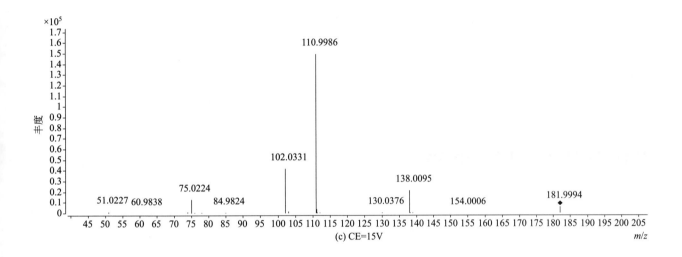

(c) CE=15V

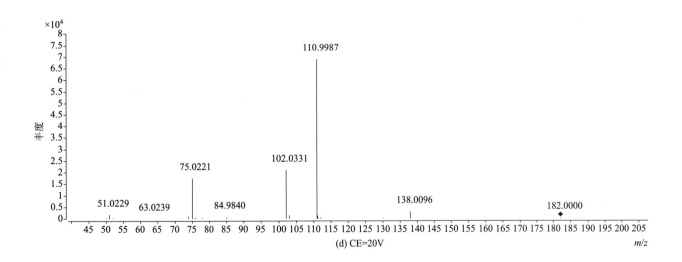

(d) CE=20V

phosfolan（硫环磷）

基本信息

CAS 登录号	947-02-4	**分子量**	255.0148
分子式	$C_7H_{14}NO_3PS_2$	**离子化模式**	电子轰击电离（EI）

总离子流色谱图

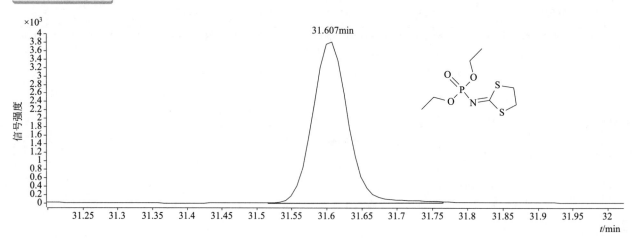

四个碰撞能量（CE）下子离子质谱图

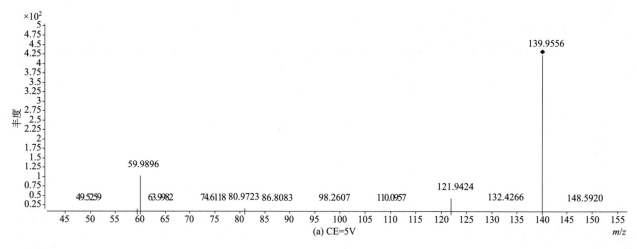

(a) CE=5V

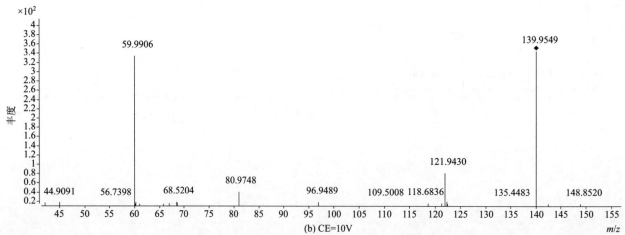

(b) CE=10V

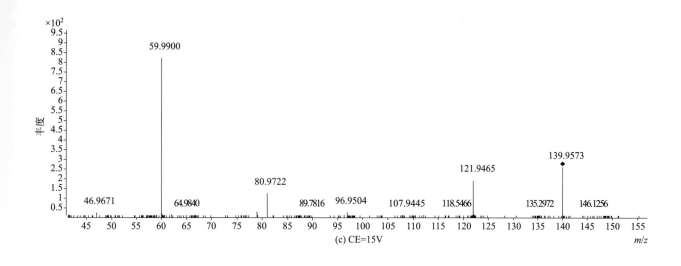

(c) CE=15V

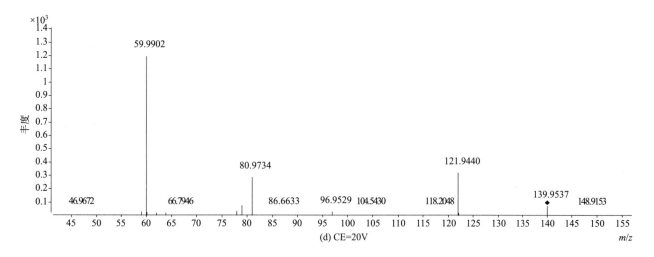

(d) CE=20V

phosmet（亚胺硫磷）

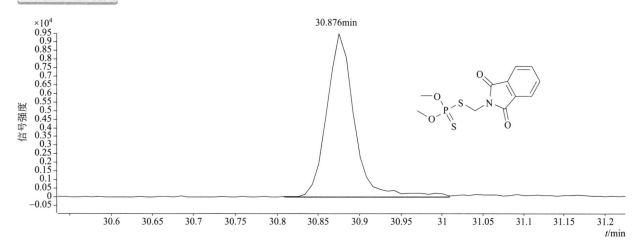

基本信息

CAS 登录号	732-11-6	分子量	316.9940
分子式	C₁₁H₁₂NO₄PS₂	离子化模式	电子轰击电离（EI）

CAS 登录号 732-11-6

分子式 $C_{11}H_{12}NO_4PS_2$

分子量 316.9940

离子化模式 电子轰击电离（EI）

总离子流色谱图

30.876min

769

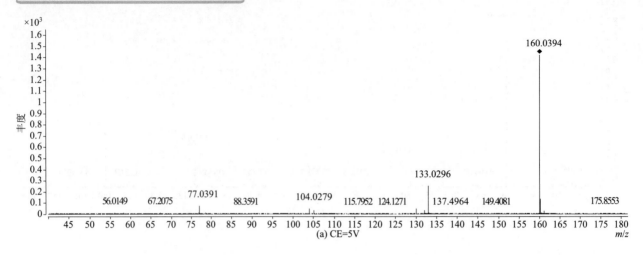

(a) CE=5V

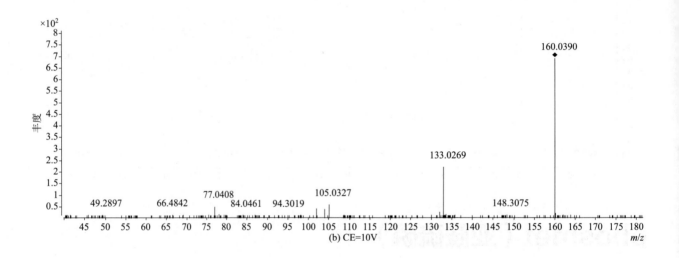

(b) CE=10V

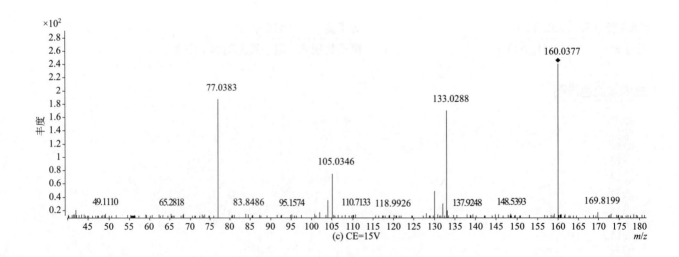

(c) CE=15V

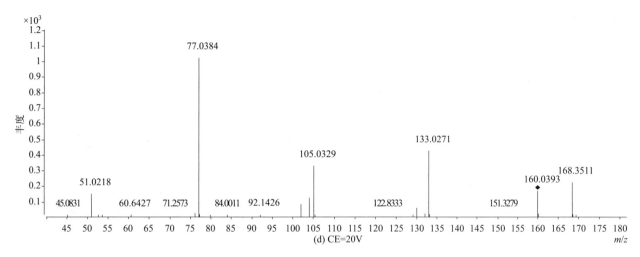

(d) CE=20V

phosphamidon（磷胺）

基本信息

CAS 登录号	13171-21-6	分子量	299.0684
分子式	C₁₀H₁₉ClNO₅P	离子化模式	电子轰击电离（EI）

分子式: $C_{10}H_{19}ClNO_5P$

总离子流色谱图

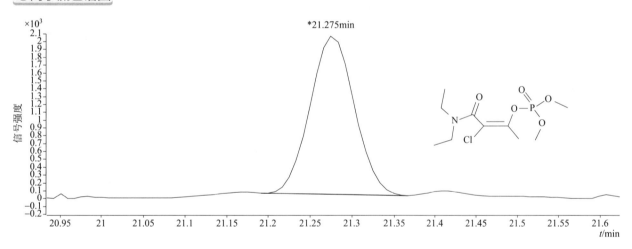

*21.275min

四个碰撞能量（CE）下子离子质谱图

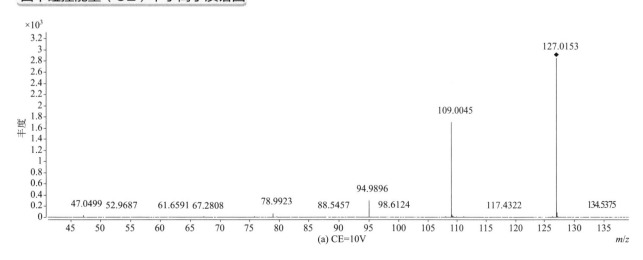

(a) CE=10V

771

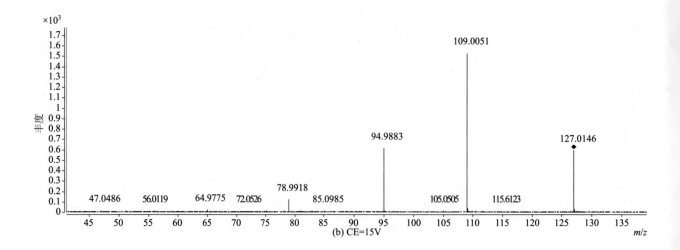

(b) CE=15V

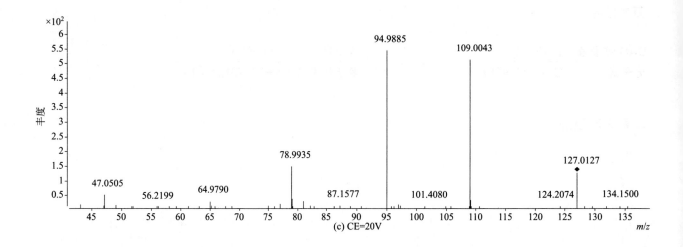

(c) CE=20V

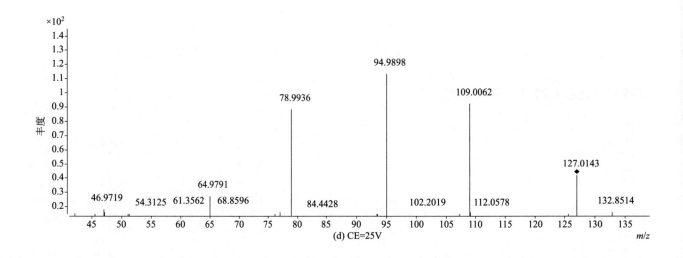

(d) CE=25V

phthalic acid, benzyl butyl ester
（邻苯二甲酸丁苄酯）

基本信息

CAS 登录号	85-68-7	**分子量**	312.1357
分子式	$C_{19}H_{20}O_4$	**离子化模式**	电子轰击电离（EI）

总离子流色谱图

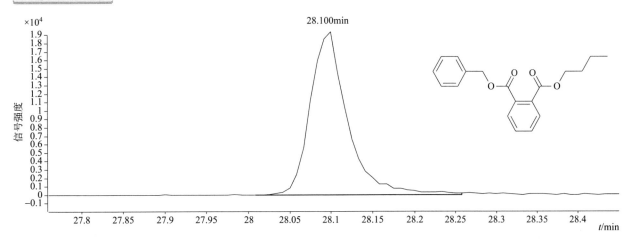

四个碰撞能量（CE）下子离子质谱图

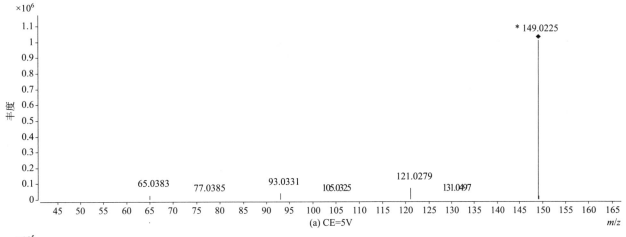

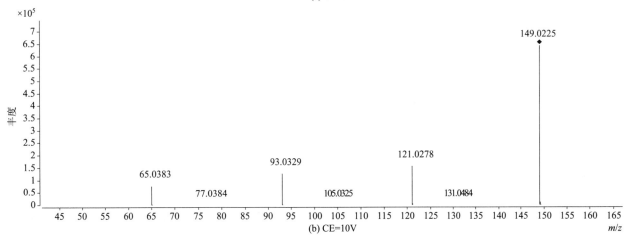

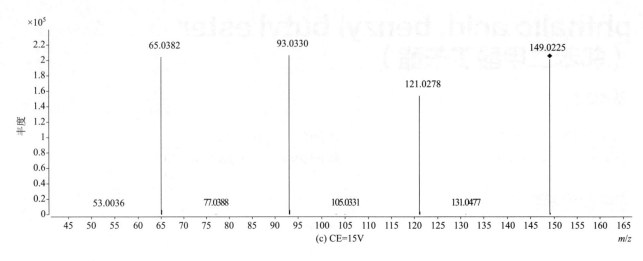

(c) CE=15V

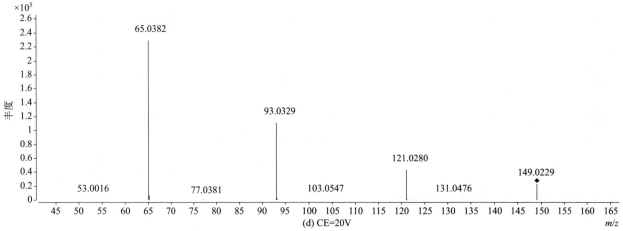

(d) CE=20V

phthalic acid, dicyclohexyl ester
（邻苯二甲酸二环己酯）

基本信息

CAS 登录号	84-61-7	分子量	330.1826
分子式	$C_{20}H_{26}O_4$	离子化模式	电子轰击电离（EI）

总离子流色谱图

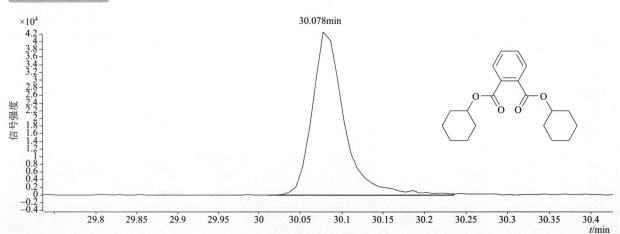

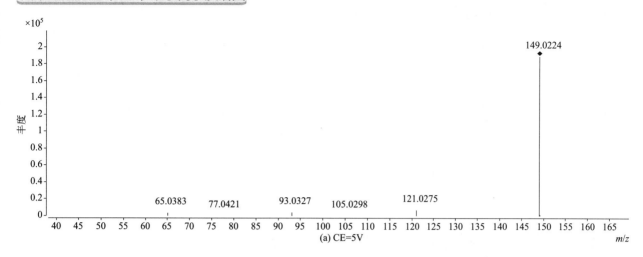

(a) CE=5V

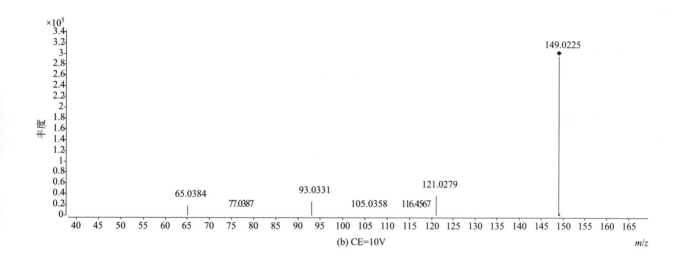

(b) CE=10V

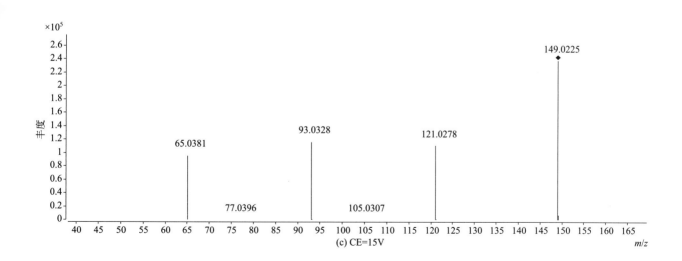

(c) CE=15V

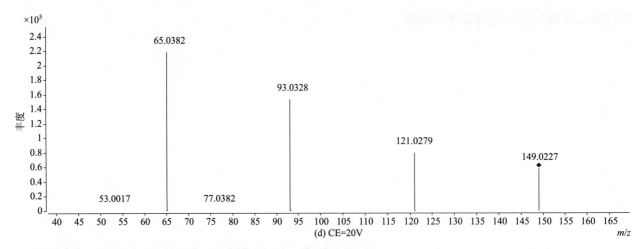

(d) CE=20V

phthalic acid, dibutyl ester
（邻苯二甲酸二丁酯）

基本信息

CAS 登录号	84-74-2	分子量	278.1513
分子式	$C_{16}H_{22}O_4$	离子化模式	电子轰击电离（EI）

总离子流色谱图

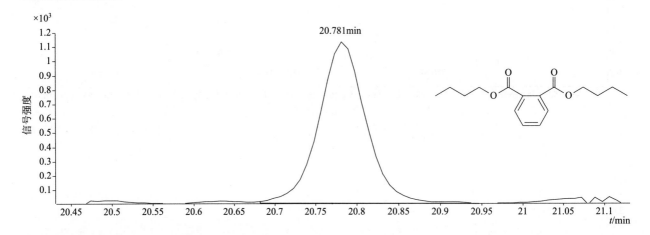

四个碰撞能量（CE）下子离子质谱图

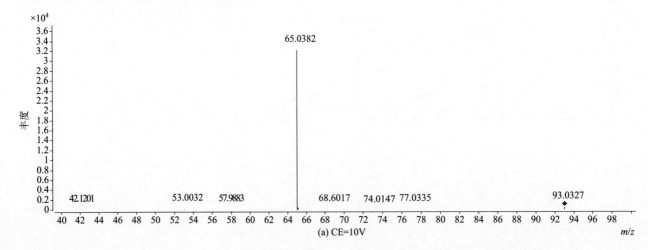

(a) CE=10V

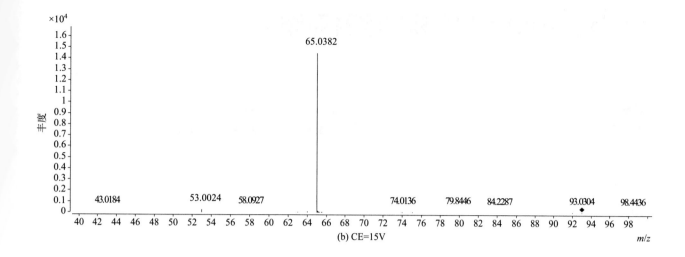

(b) CE=15V

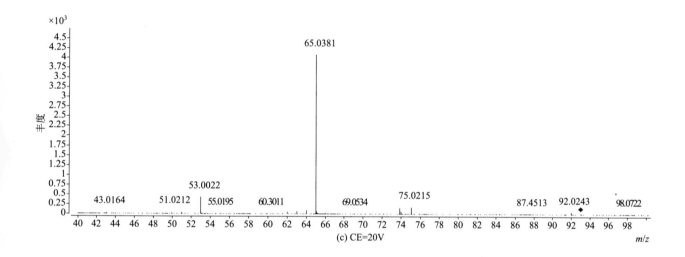

(c) CE=20V

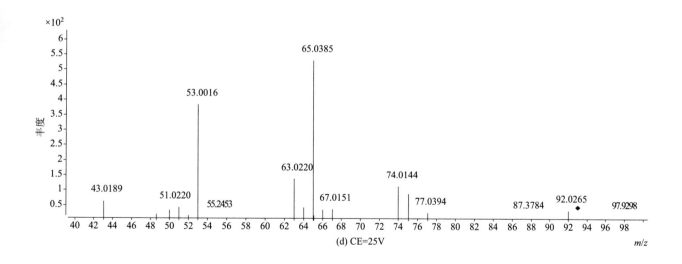

(d) CE=25V

phthalimide（邻苯二甲酰亚胺）

基本信息

CAS 登录号	85-41-6	**分子量**	147.0316
分子式	$C_8H_5NO_2$	**离子化模式**	电子轰击电离（EI）

总离子流色谱图

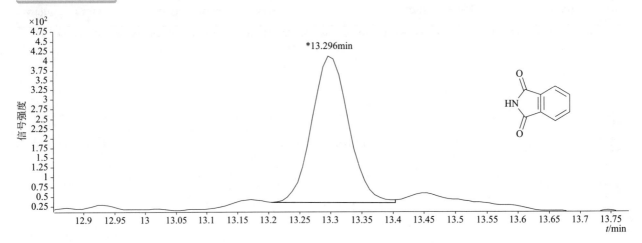

四个碰撞能量（CE）下子离子质谱图

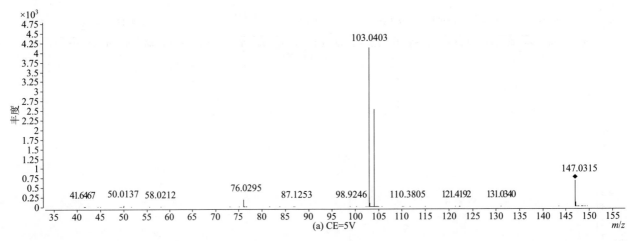

(a) CE=5V

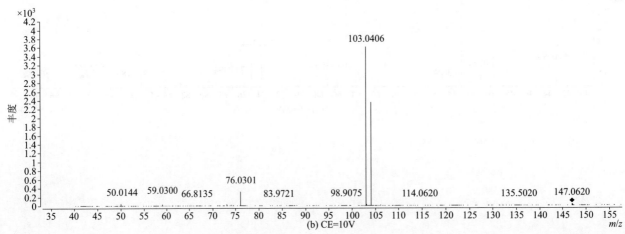

(b) CE=10V

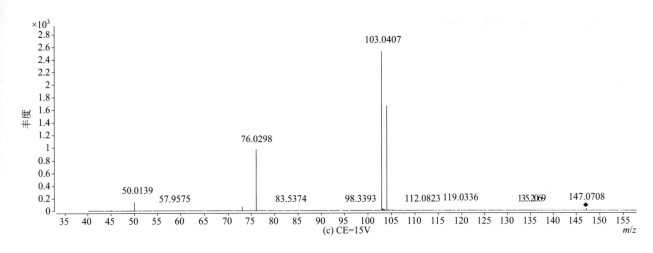

(c) CE=15V

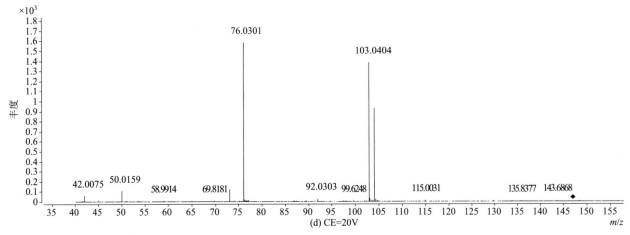

(d) CE=20V

picolinafen（氟吡酰草胺）

基本信息

CAS 登录号	137641-05-5	**分子量**	376.0830
分子式	$C_{19}H_{12}F_4N_2O_2$	**离子化模式**	电子轰击电离（EI）

总离子流色谱图

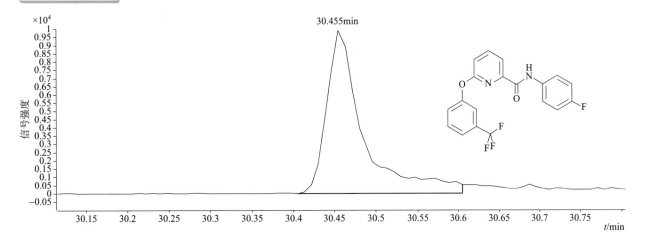

四个碰撞能量（CE）下子离子质谱图

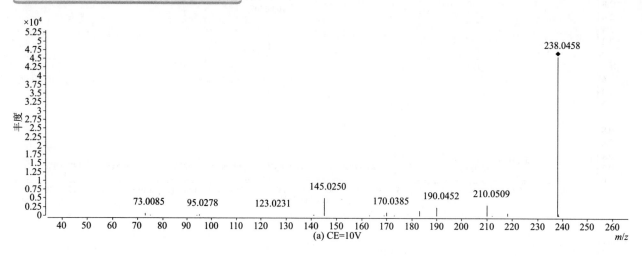

(a) CE=10V

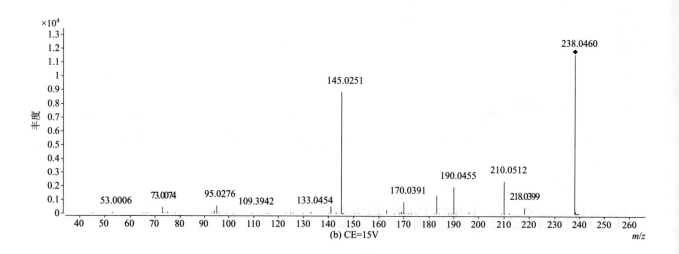

(b) CE=15V

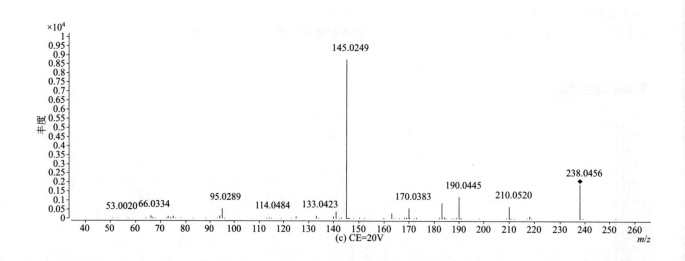

(c) CE=20V

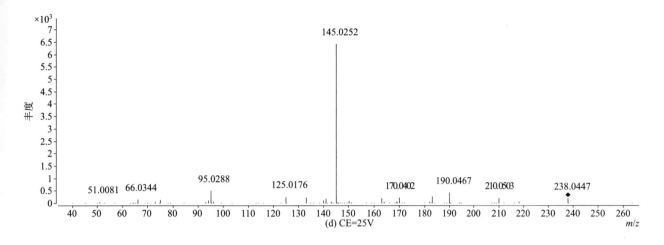

(d) CE=25V

picoxystrobin（啶氧菌酯）

基本信息

CAS 登录号	117428-22-5	分子量	367.1026
分子式	$C_{18}H_{16}F_3NO_4$	离子化模式	电子轰击电离（EI）

总离子流色谱图

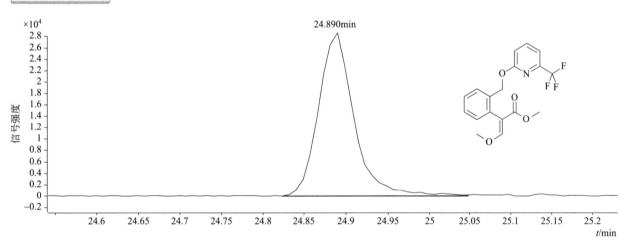

24.890min

四个碰撞能量（CE）下子离子质谱图

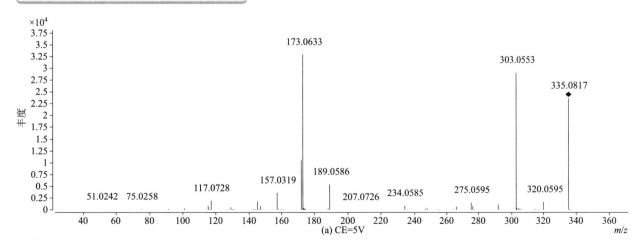

(a) CE=5V

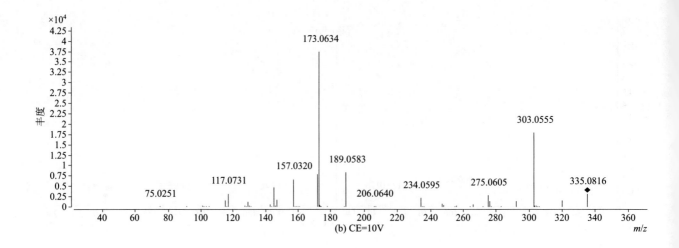

(b) CE=10V

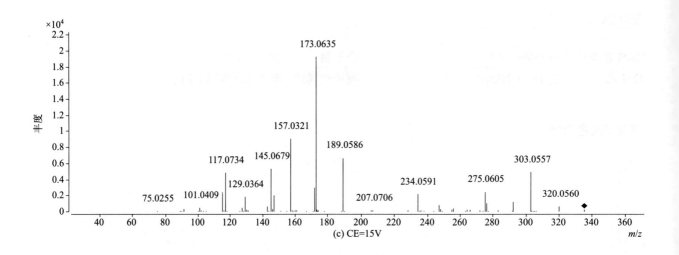

(c) CE=15V

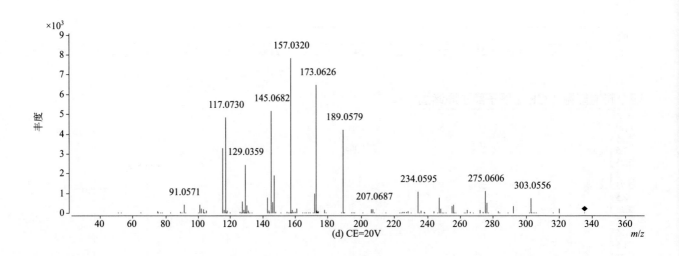

(d) CE=20V

782

piperonyl butoxide（增效醚）

基本信息

CAS 登录号	51-03-6	分子量	338.2088
分子式	$C_{19}H_{30}O_5$	离子化模式	电子轰击电离（EI）

总离子流色谱图

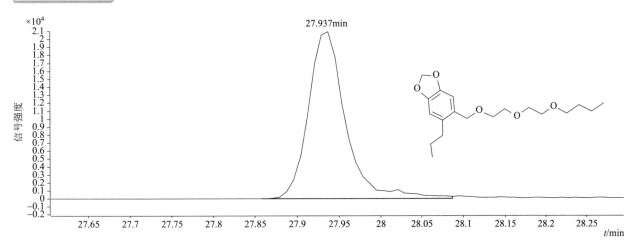

四个碰撞能量（CE）下子离子质谱图

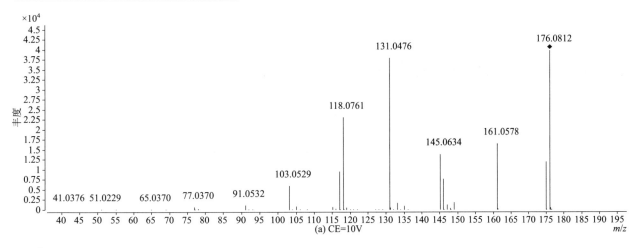

(a) CE=10V

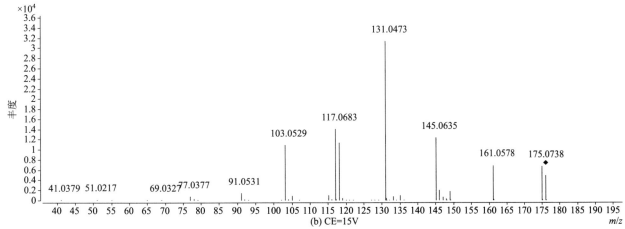

(b) CE=15V

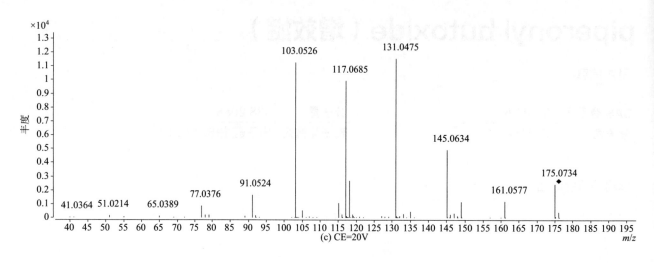

(c) CE=20V

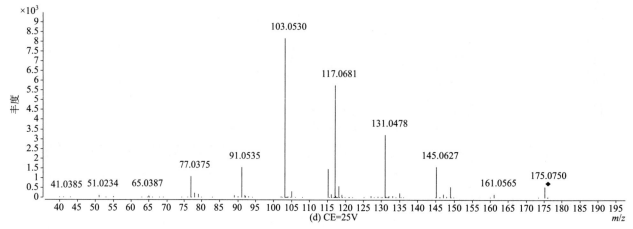

(d) CE=25V

piperophos（哌草磷）

基本信息

CAS 登录号	24151-93-7	**分子量**	353.1243
分子式	$C_{14}H_{28}NO_3PS_2$	**离子化模式**	电子轰击电离（EI）

总离子流色谱图

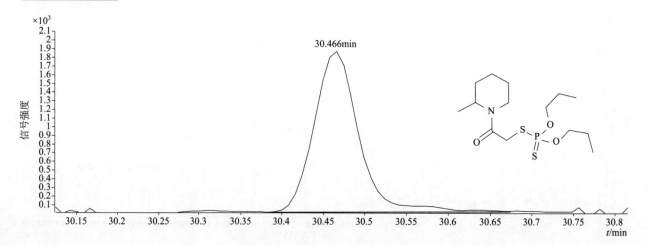

四个碰撞能量（CE）下子离子质谱图

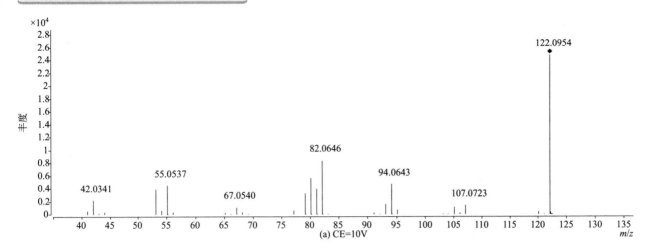

(a) CE=10V

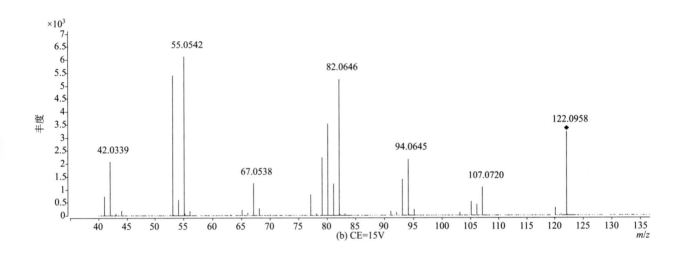

(b) CE=15V

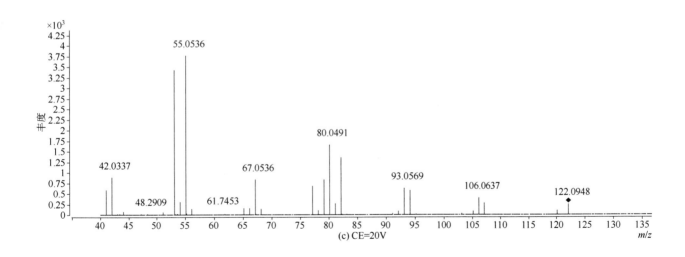

(c) CE=20V

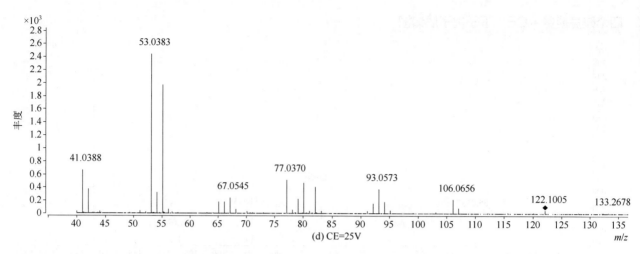

(d) CE=25V

pirimicarb（抗蚜威）

基本信息

CAS 登录号	23103-98-2	分子量	238.1425
分子式	$C_{11}H_{18}N_4O_2$	离子化模式	电子轰击电离（EI）

总离子流色谱图

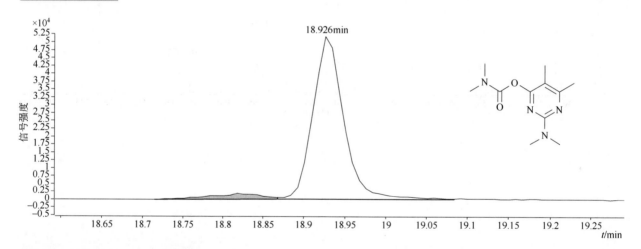

四个碰撞能量（CE）下子离子质谱图

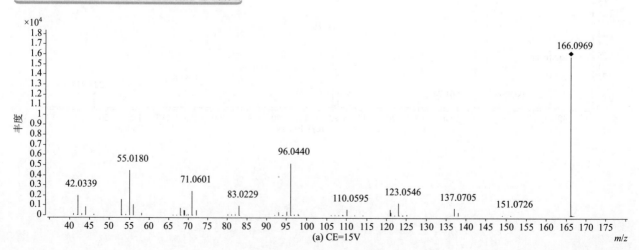

(a) CE=15V

786

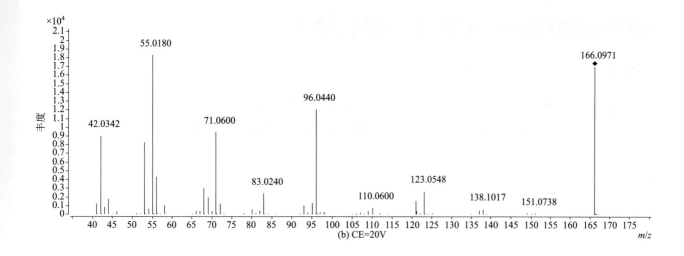

(b) CE=20V

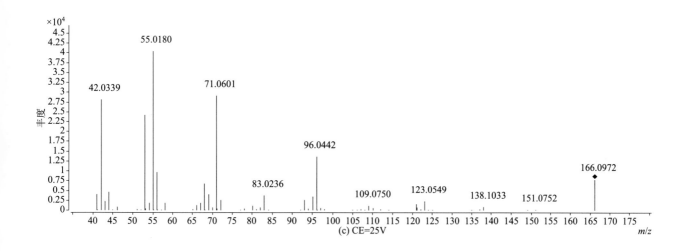

(c) CE=25V

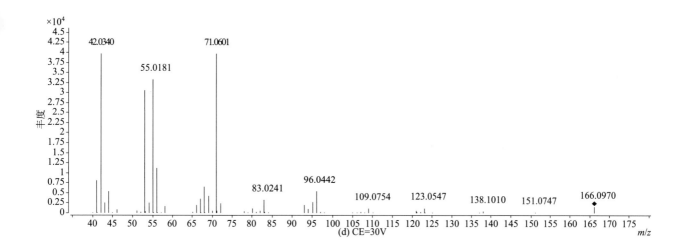

(d) CE=30V

pirimiphos-ethyl（嘧啶磷）

CAS 登录号	23505-41-1	分子量	333.1271
分子式	$C_{13}H_{24}N_3O_3PS$	离子化模式	电子轰击电离（EI）

总离子流色谱图

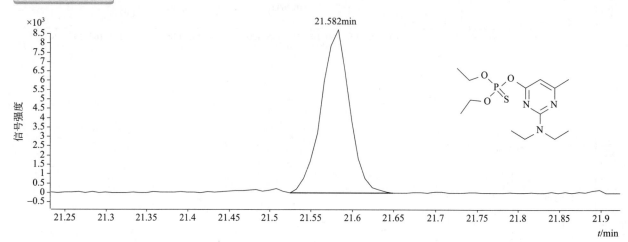

四个碰撞能量（CE）下子离子质谱图

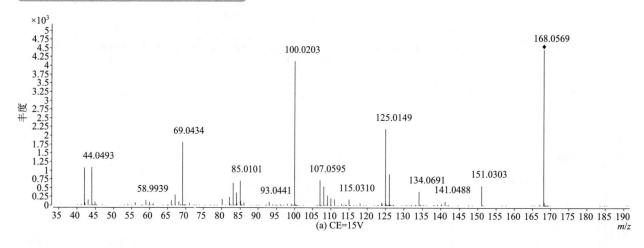

(a) CE=15V

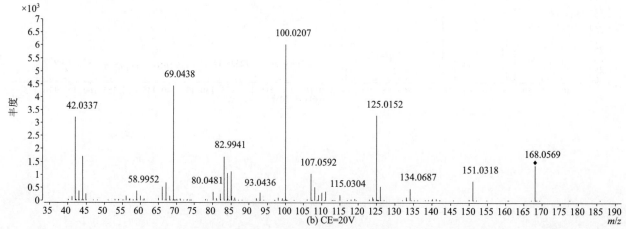

(b) CE=20V

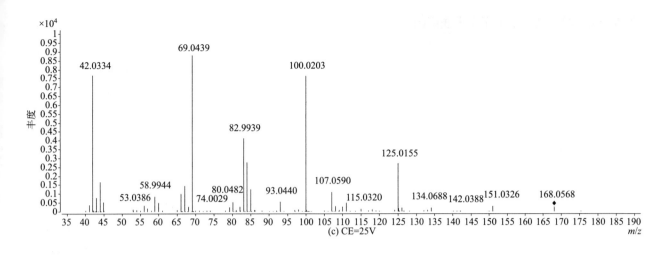

(c) CE=25V

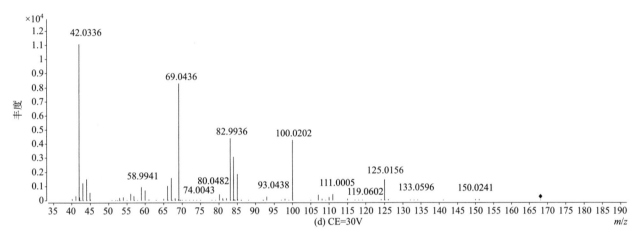

(d) CE=30V

pirimiphos-methyl（甲基嘧啶磷）

基本信息

CAS 登录号	29232-93-7	分子量	305.0958
分子式	$C_{11}H_{20}N_3O_3PS$	离子化模式	电子轰击电离（EI）

总离子流色谱图

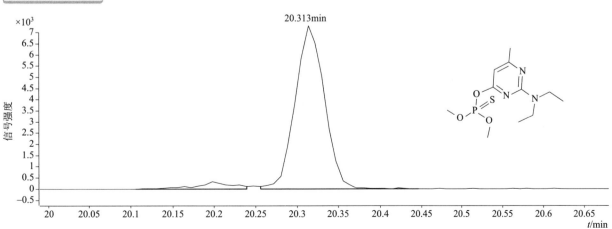

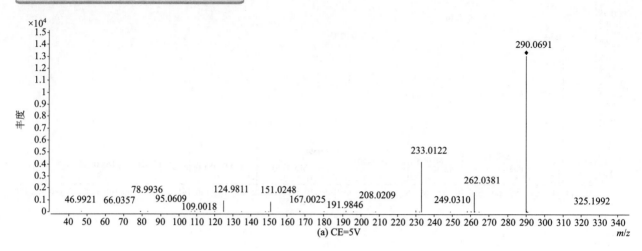

(a) CE=5V

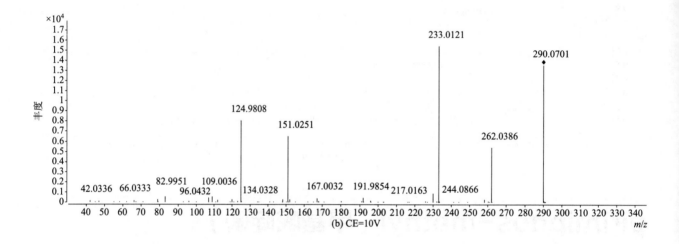

(b) CE=10V

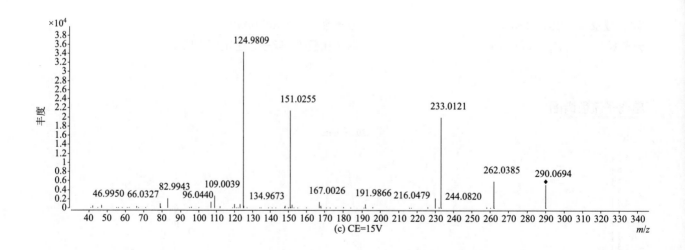

(c) CE=15V

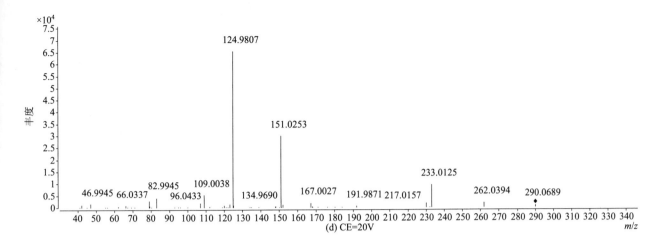

(d) CE=20V

plifenate（三氯杀虫酯）

基本信息

CAS 登录号	21757-82-4	分子量	333.8884
分子式	$C_{10}H_7Cl_5O_2$	离子化模式	电子轰击电离（EI）

总离子流色谱图

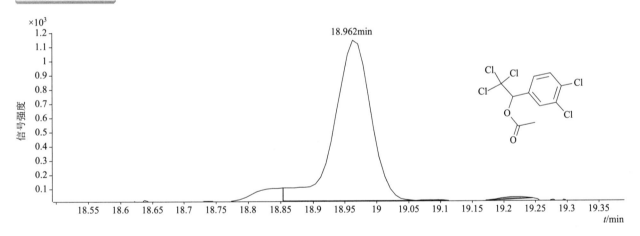

四个碰撞能量（CE）下子离子质谱图

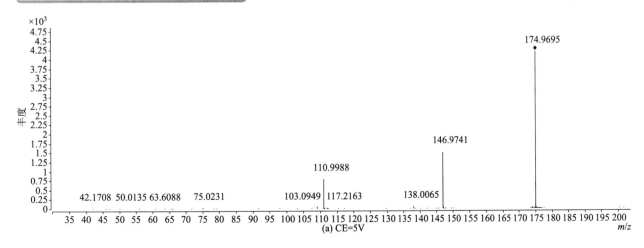

(a) CE=5V

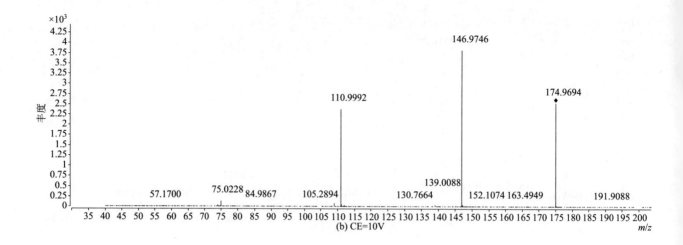

(b) CE=10V

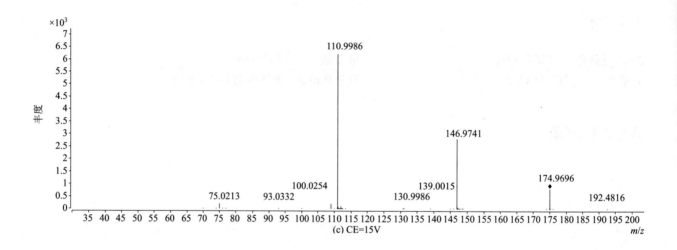

(c) CE=15V

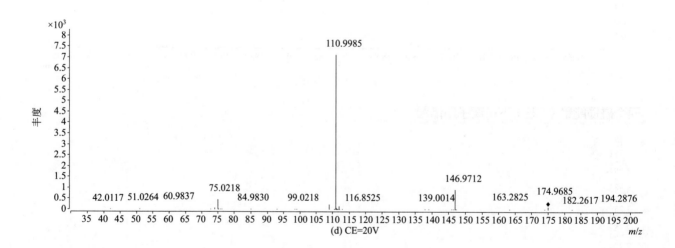

(d) CE=20V

prallethrin（炔丙菊酯）

基本信息

CAS 登录号	23031-36-9	分子量	300.1720
分子式	$C_{19}H_{24}O_3$	离子化模式	电子轰击电离（EI）

总离子流色谱图

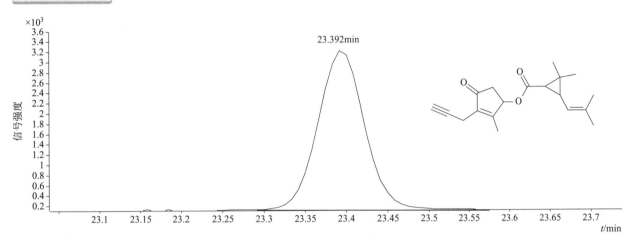

四个碰撞能量（CE）下子离子质谱图

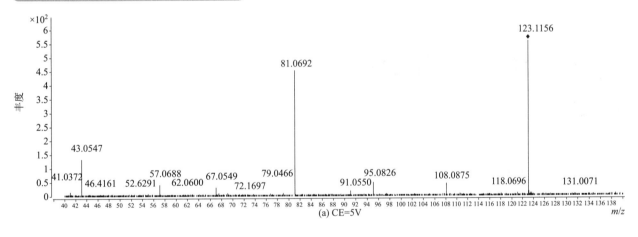

(a) CE=5V

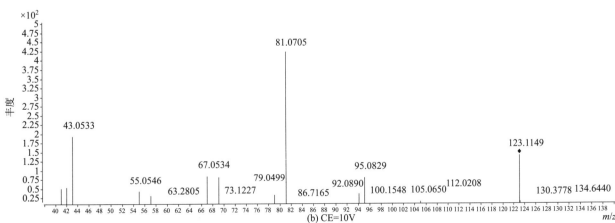

(b) CE=10V

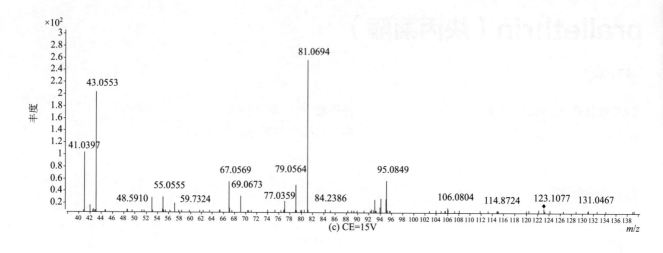

(c) CE=15V

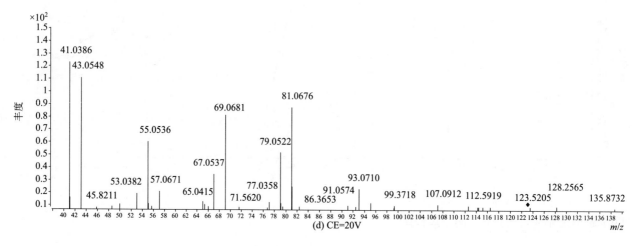

(d) CE=20V

pretilachlor（丙草胺）

基本信息

CAS 登录号	51218-49-6	分子量	311.1647
分子式	$C_{17}H_{26}ClNO_2$	离子化模式	电子轰击电离（EI）

总离子流色谱图

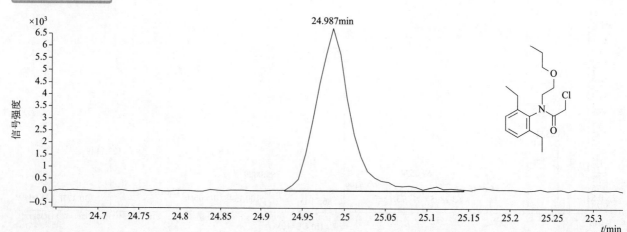

四个碰撞能量（CE）下子离子质谱图

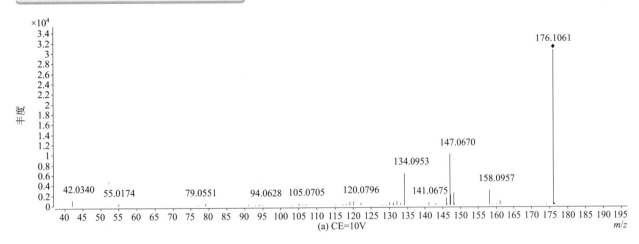

(a) CE=10V

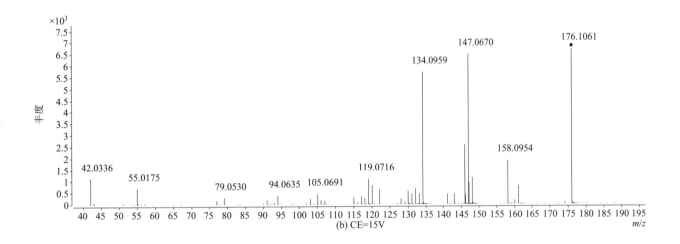

(b) CE=15V

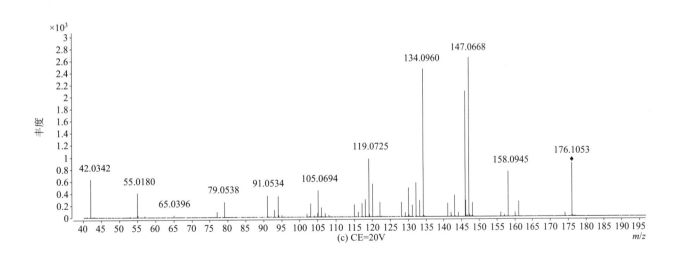

(c) CE=20V

795

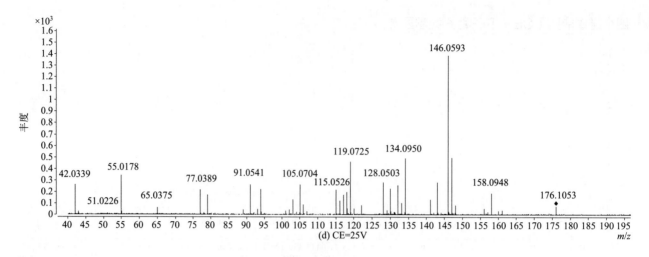

(d) CE=25V

probenazole（烯丙苯噻唑）

基本信息

CAS 登录号	27605-76-1	分子量	223.0298
分子式	$C_{10}H_9NO_3S$	离子化模式	电子轰击电离（EI）

总离子流色谱图

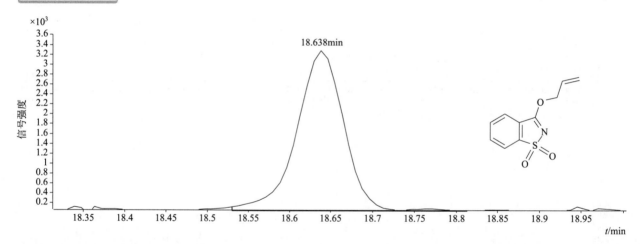

四个碰撞能量（CE）下子离子质谱图

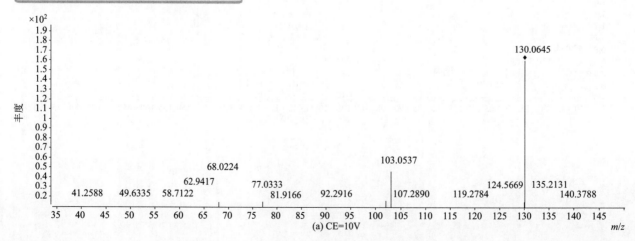

(a) CE=10V

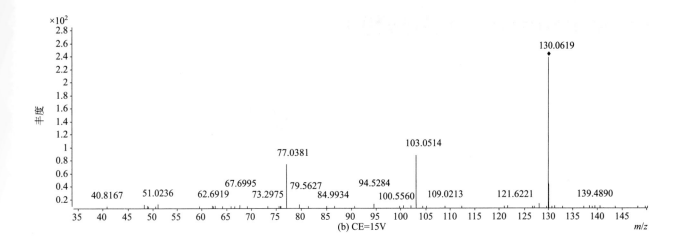

(b) CE=15V

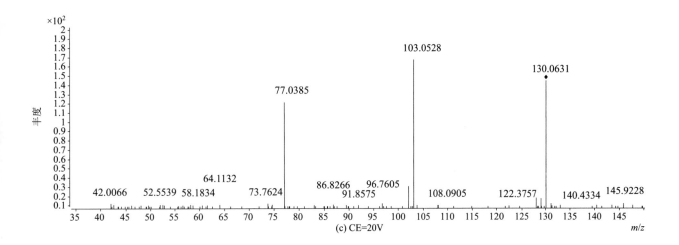

(c) CE=20V

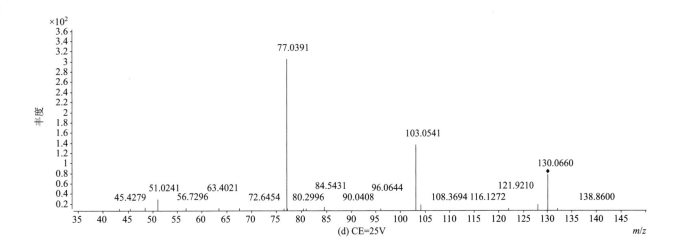

(d) CE=25V

procymidone（腐霉利）

基本信息

CAS 登录号	32809-16-8	**分子量**	283.0161
分子式	$C_{13}H_{11}Cl_2NO_2$	**离子化模式**	电子轰击电离（EI）

总离子流色谱图

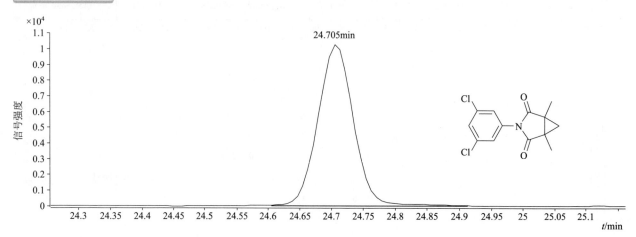

四个碰撞能量（CE）下子离子质谱图

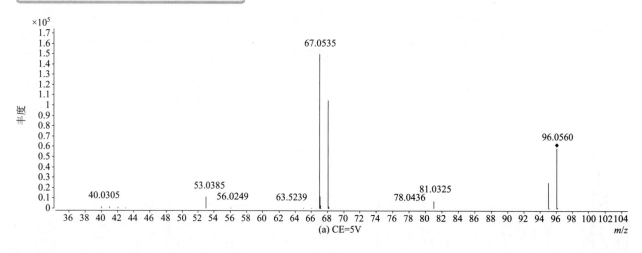

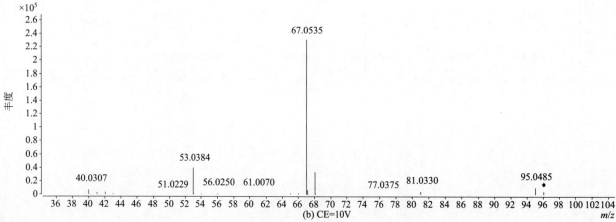

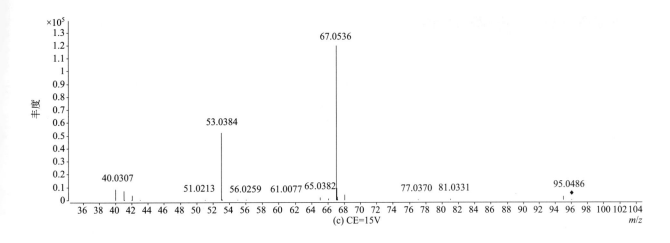

(c) CE=15V

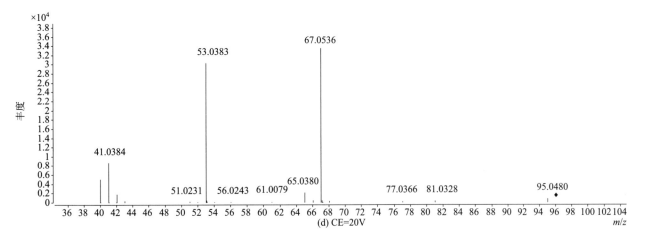

(d) CE=20V

profenofos（丙溴磷）

基本信息

CAS 登录号	41198-08-7	分子量	371.9346
分子式	$C_{11}H_{15}BrClO_3PS$	离子化模式	电子轰击电离（EI）

总离子流色谱图

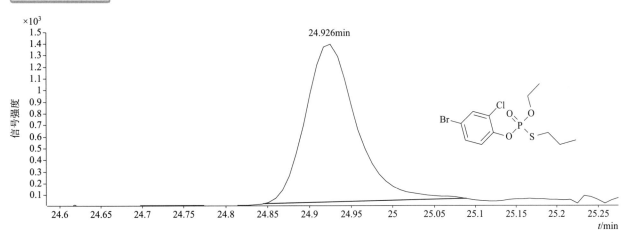

四个碰撞能量（CE）下子离子质谱图

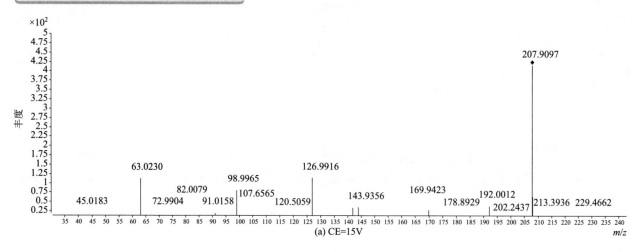

(a) CE=15V

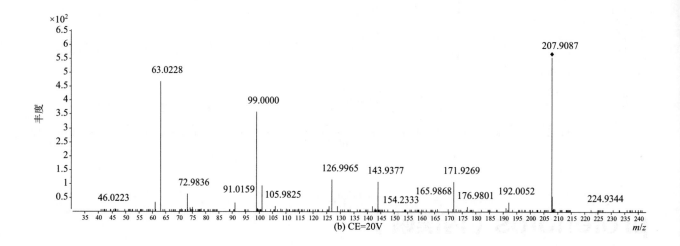

(b) CE=20V

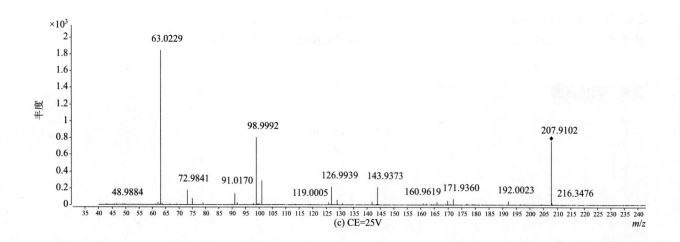

(c) CE=25V

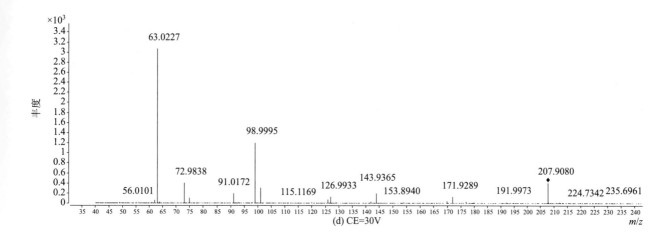

(d) CE=30V

profluralin（环丙氟灵）

基本信息

CAS 登录号	26399-36-0	分子量	347.1088
分子式	$C_{14}H_{16}F_3N_3O_4$	离子化模式	电子轰击电离（EI）

总离子流色谱图

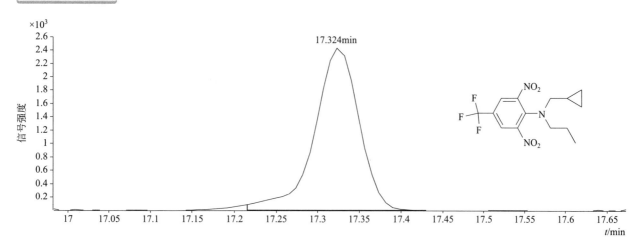

四个碰撞能量（CE）下子离子质谱图

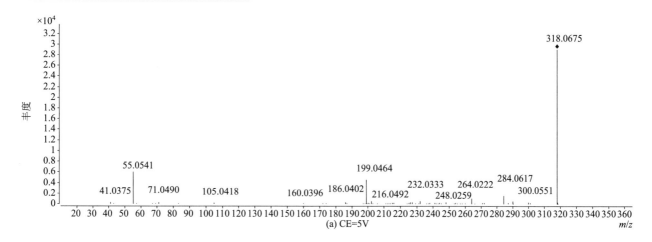

(a) CE=5V

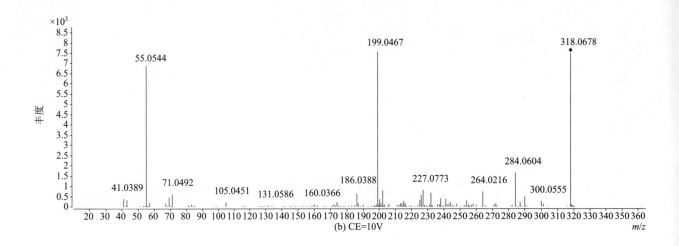
(b) CE=10V

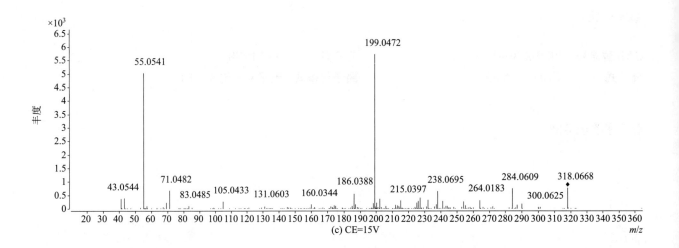
(c) CE=15V

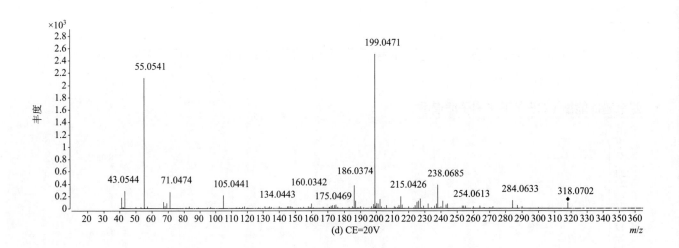
(d) CE=20V

promecarb（猛杀威）

CAS 登录号	2631-37-0	**分子量**	207.1254
分子式	$C_{12}H_{17}NO_2$	**离子化模式**	电子轰击电离（EI）

总离子流色谱图

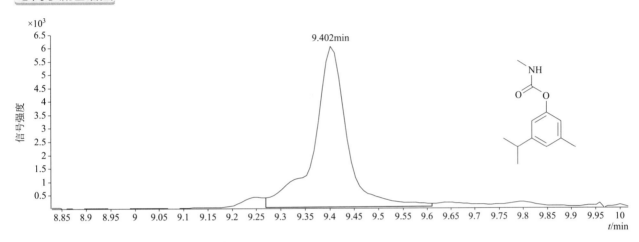

四个碰撞能量（CE）下子离子质谱图

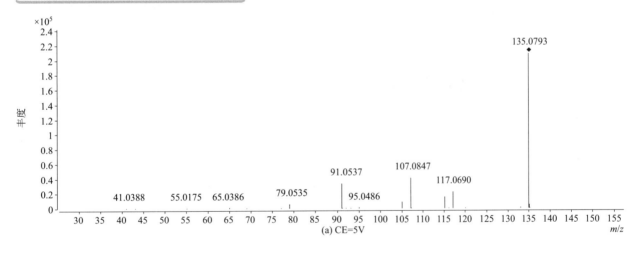

(a) CE=5V

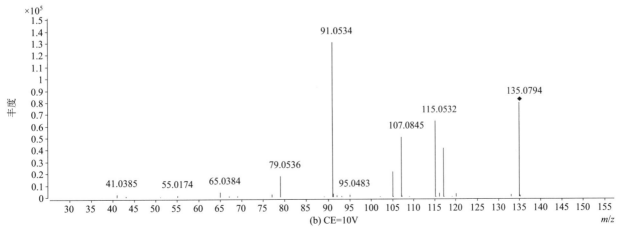

(b) CE=10V

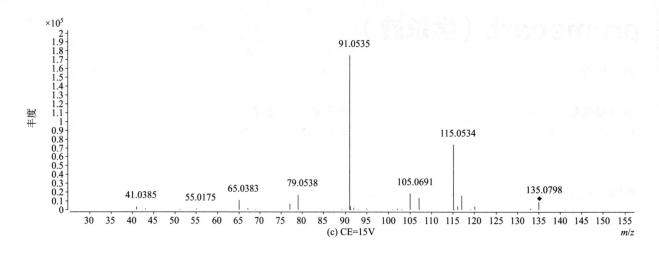

(c) CE=15V

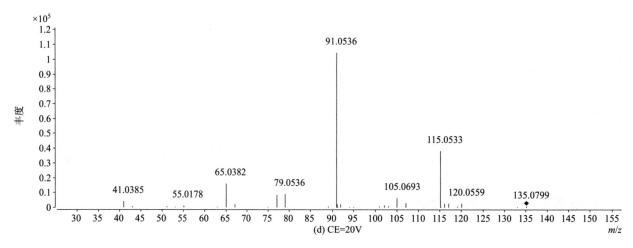

(d) CE=20V

prometon（扑灭通）

CAS 登录号	1610-18-0	分子量	225.1585
分子式	$C_{10}H_{19}N_5O$	离子化模式	电子轰击电离（EI）

总离子流色谱图

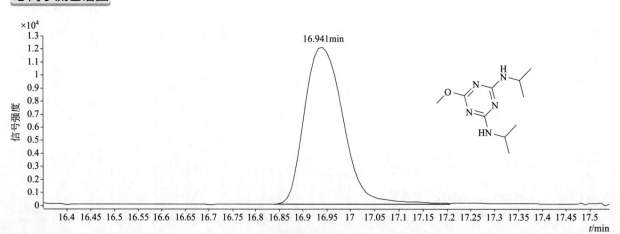

四个碰撞能量（CE）下子离子质谱图

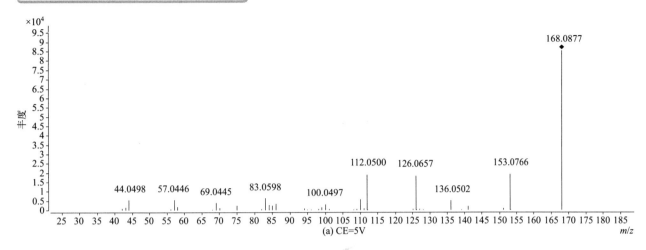

(a) CE=5V

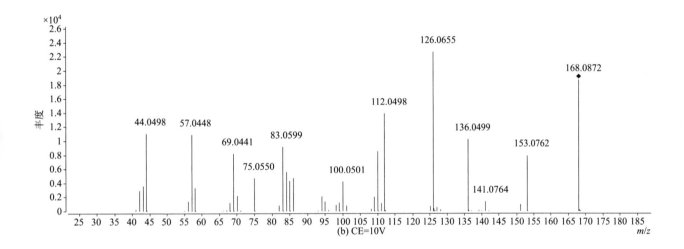

(b) CE=10V

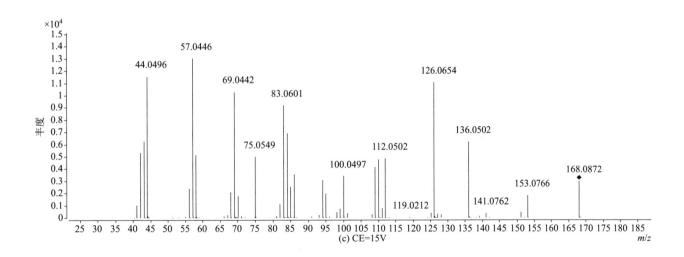

(c) CE=15V

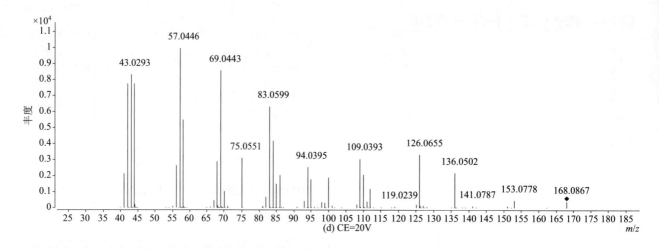

(d) CE=20V

prometryn（扑草净）

基本信息

CAS 登录号	7287-19-6	分子量	241.1356
分子式	$C_{10}H_{19}N_5S$	离子化模式	电子轰击电离（EI）

总离子流色谱图

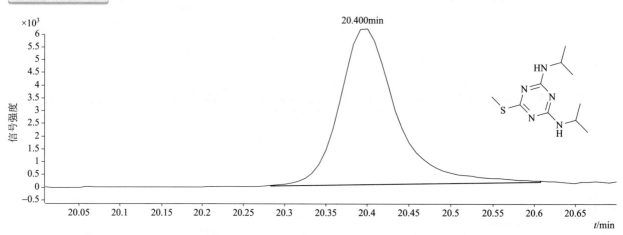

20.400min

四个碰撞能量（CE）下子离子质谱图

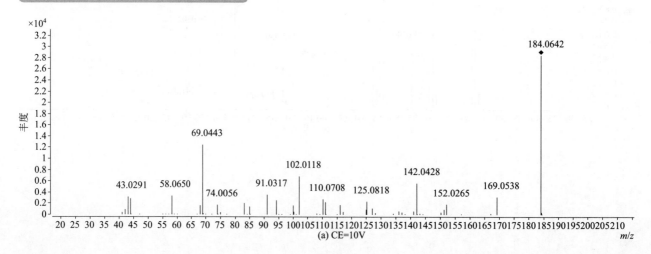

(a) CE=10V

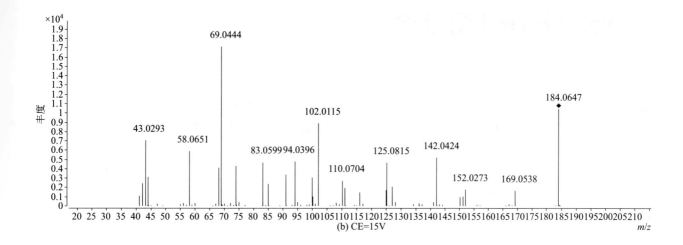

(b) CE=15V

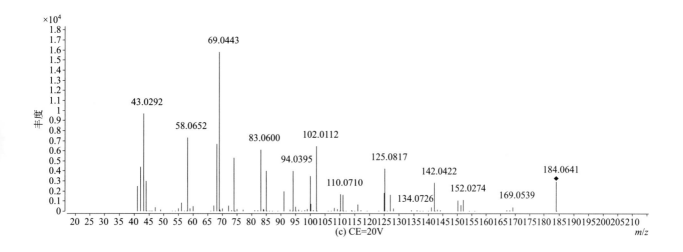

(c) CE=20V

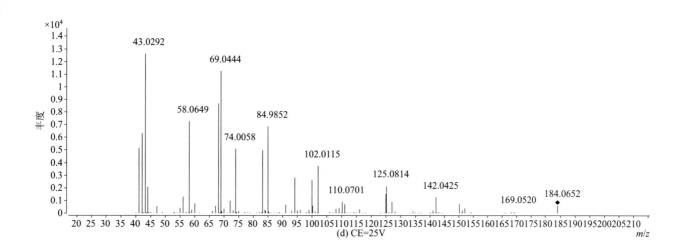

(d) CE=25V

807

propachlor（毒草胺）

基本信息

CAS 登录号	1918-16-7	**分子量**	211.0759
分子式	$C_{11}H_{14}ClNO$	**离子化模式**	电子轰击电离（EI）

总离子流色谱图

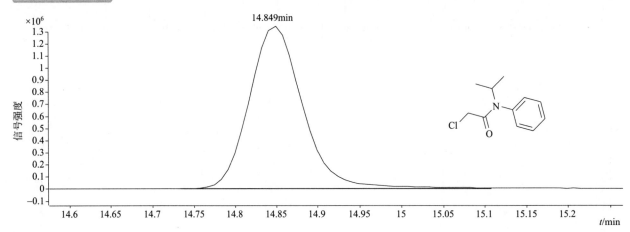

四个碰撞能量（CE）下子离子质谱图

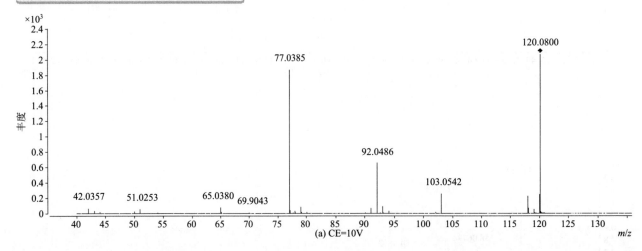

(a) CE=10V

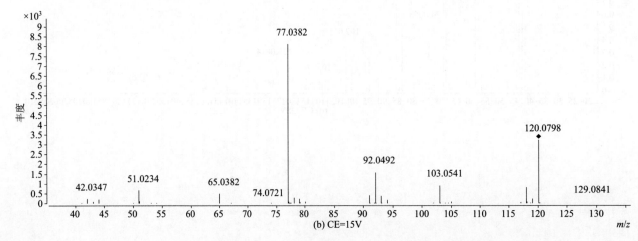

(b) CE=15V

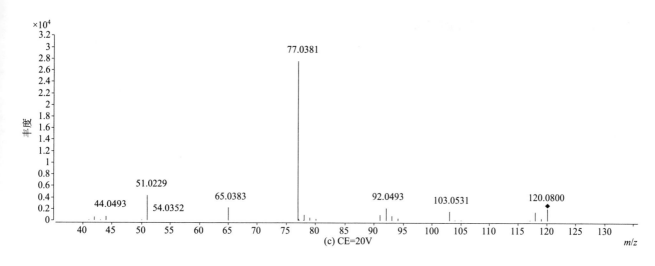

(c) CE=20V

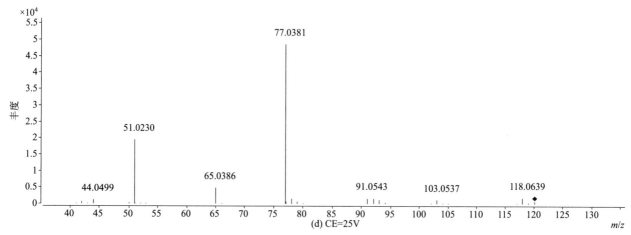

(d) CE=25V

propamocarb（霜霉威）

基本信息

CAS 登录号	24579-73-5	分子量	188.1520
分子式	$C_9H_{20}N_2O_2$	离子化模式	电子轰击电离（EI）

总离子流色谱图

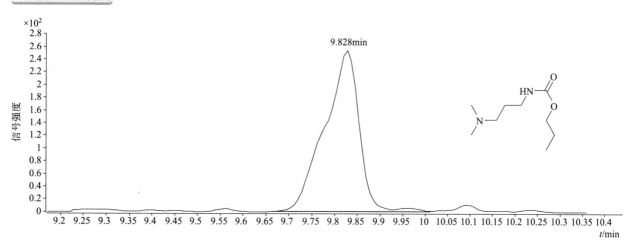

四个碰撞能量（CE）下子离子质谱图

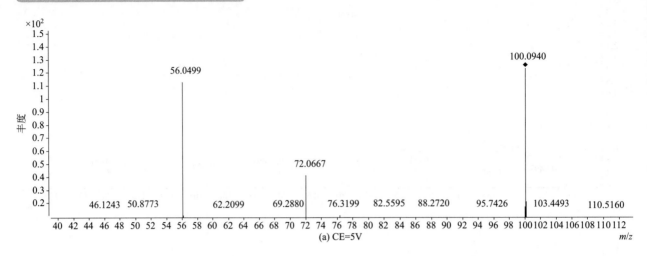

(a) CE=5V

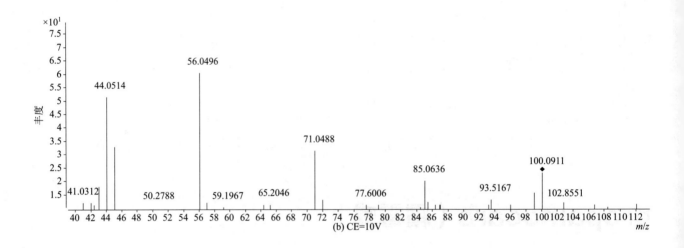

(b) CE=10V

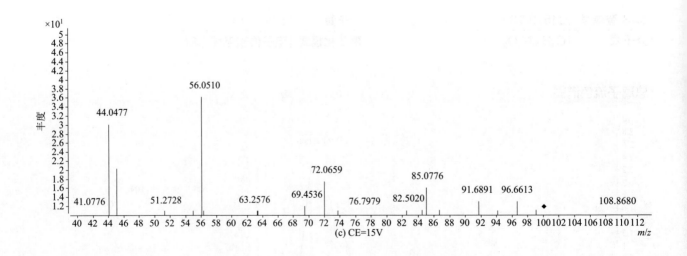

(c) CE=15V

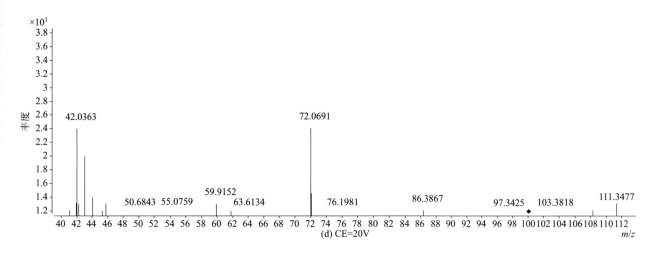

(d) CE=20V

propanil（敌稗）

基本信息

CAS 登录号	709-98-8	分子量	217.0056
分子式	$C_9H_9Cl_2NO$	离子化模式	电子轰击电离（EI）

总离子流色谱图

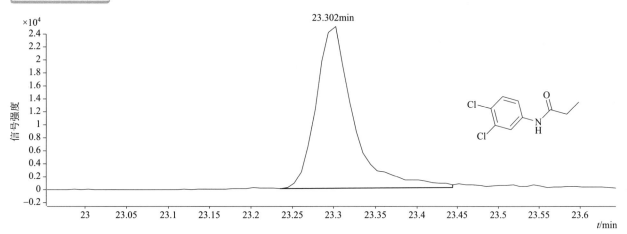

四个碰撞能量（CE）下子离子质谱图

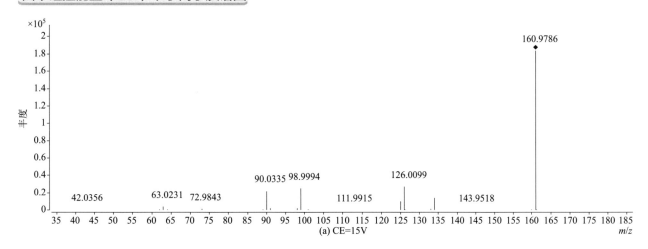

(a) CE=15V

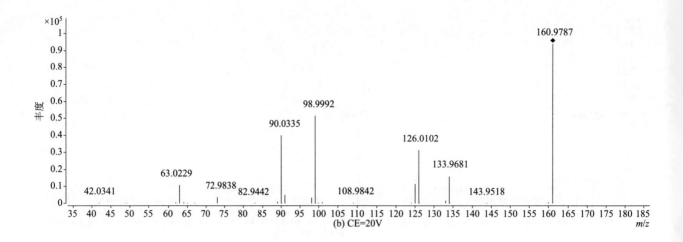

(b) CE=20V

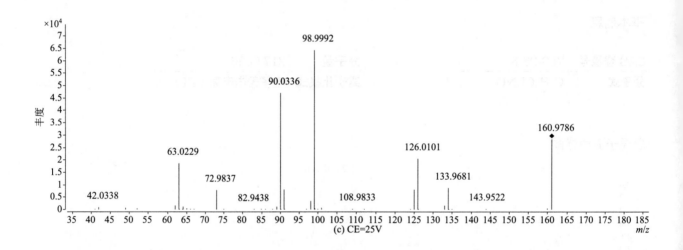

(c) CE=25V

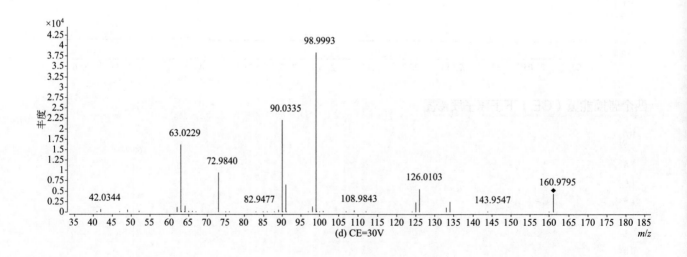

(d) CE=30V

propaphos（丙虫磷）

基本信息

CAS 登录号	7292-16-2	**分子量**	304.0893
分子式	C₁₃H₂₁O₄PS	**离子化模式**	电子轰击电离（EI）

分子式：$C_{13}H_{21}O_4PS$ 分子量 304.0893

总离子流色谱图

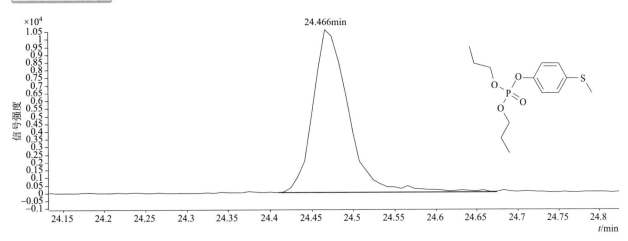

四个碰撞能量（CE）下子离子质谱图

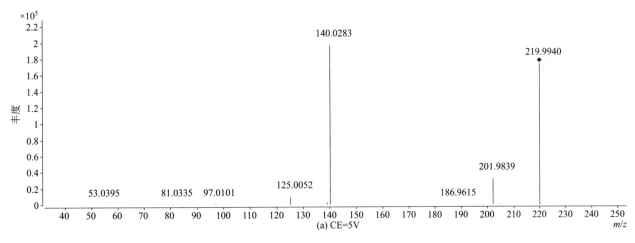

(a) CE=5V

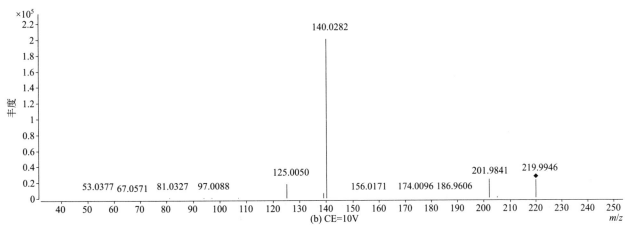

(b) CE=10V

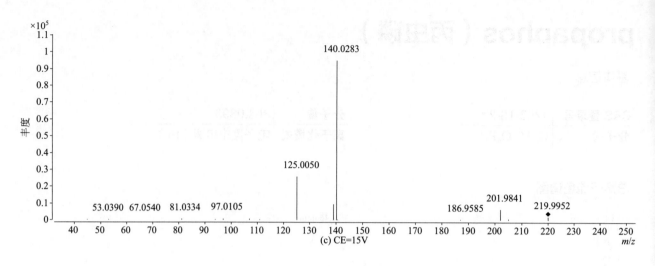

(c) CE=15V

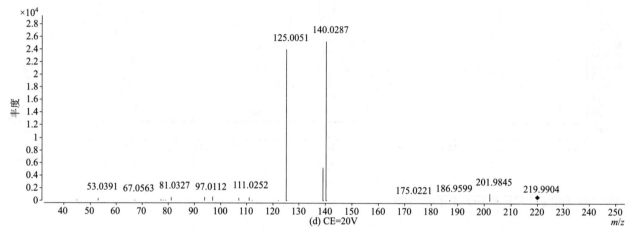

(d) CE=20V

propargite（炔螨特）

基本信息

CAS 登录号	2312-35-8	分子量	350.1547
分子式	$C_{19}H_{26}O_4S$	离子化模式	电子轰击电离（EI）

总离子流色谱图

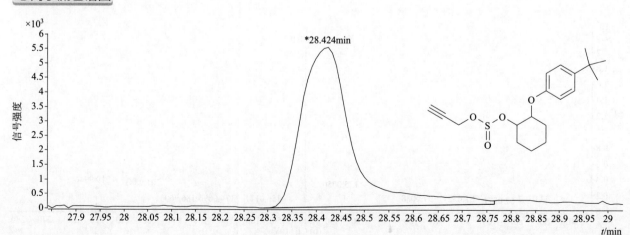

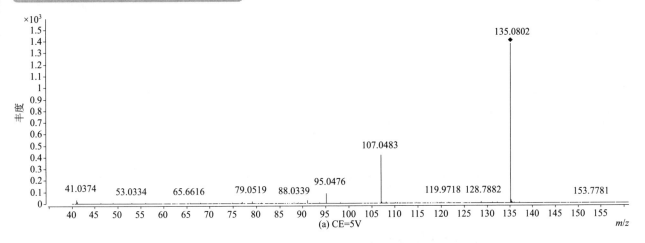

(a) CE=5V

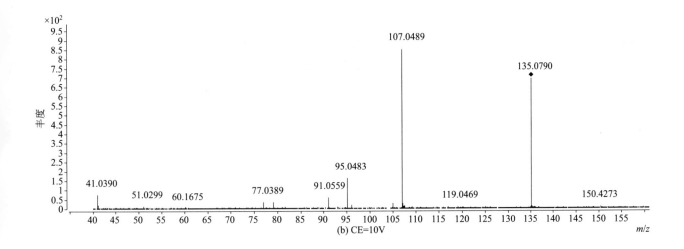

(b) CE=10V

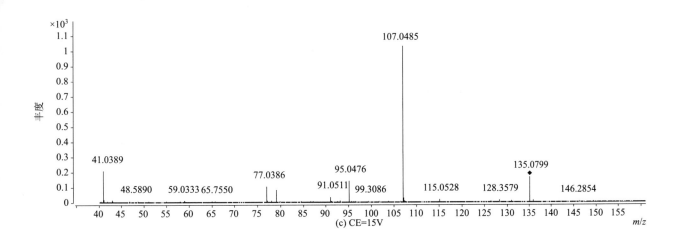

(c) CE=15V

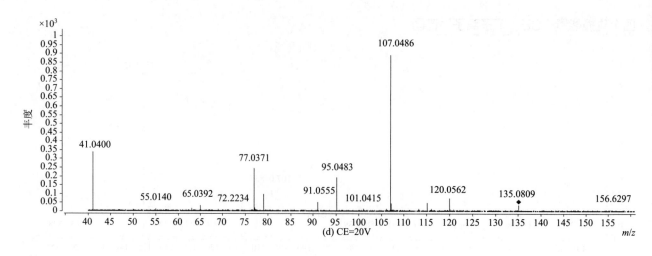

(d) CE=20V

propazine（扑灭津）

基本信息

CAS 登录号	139-40-2	分子量	229.1089
分子式	$C_9H_{16}ClN_5$	离子化模式	电子轰击电离（EI）

总离子流色谱图

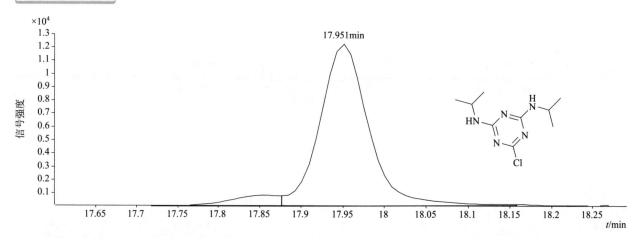

四个碰撞能量（CE）下子离子质谱图

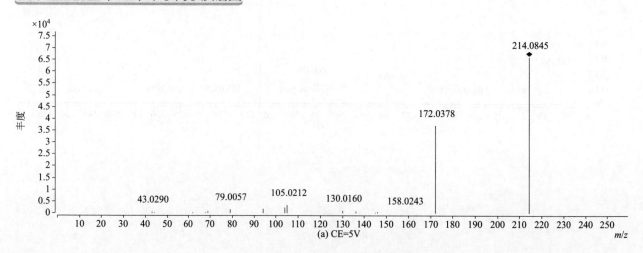

(a) CE=5V

816

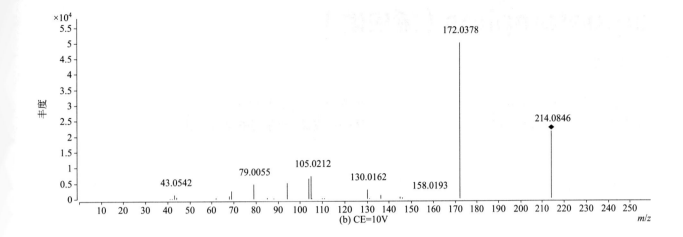

(b) CE=10V

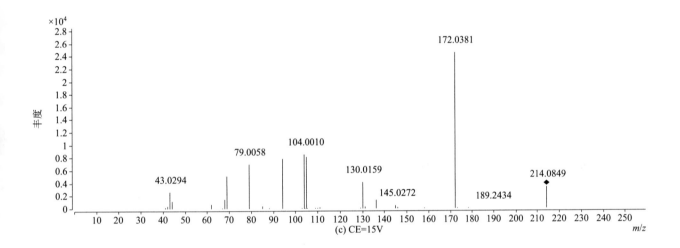

(c) CE=15V

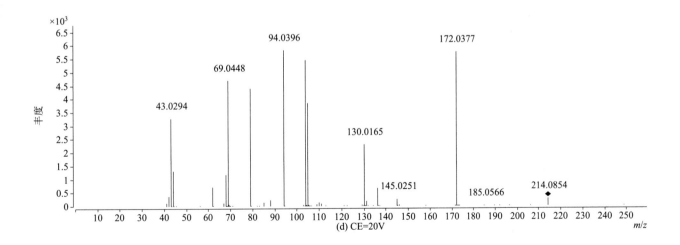

(d) CE=20V

817

propetamphos（烯虫磷）

基本信息

CAS 登录号	31218-83-4	**分子量**	281.0846
分子式	$C_{10}H_{20}NO_4PS$	**离子化模式**	电子轰击电离（EI）

总离子流色谱图

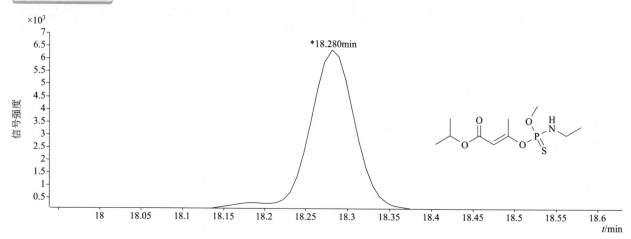

四个碰撞能量（CE）下子离子质谱图

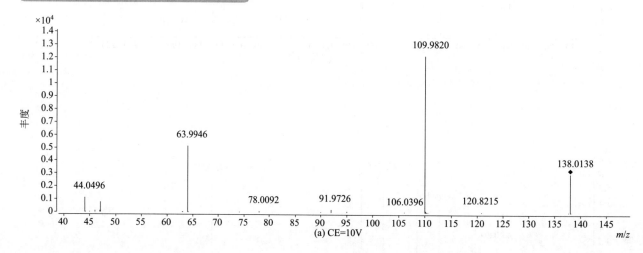

(a) CE=10V

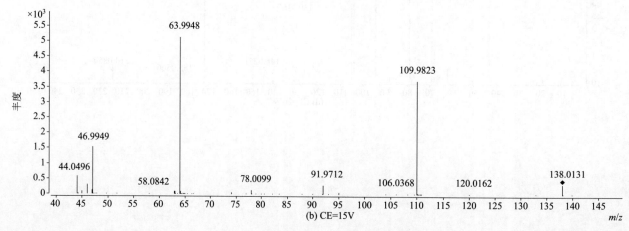

(b) CE=15V

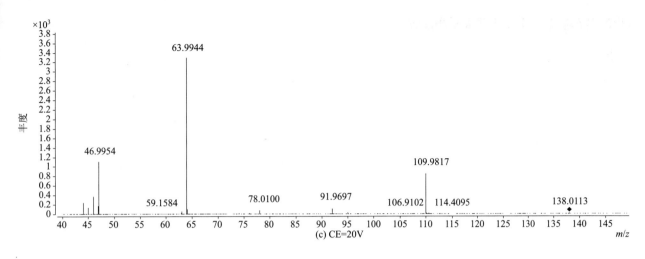

(c) CE=20V

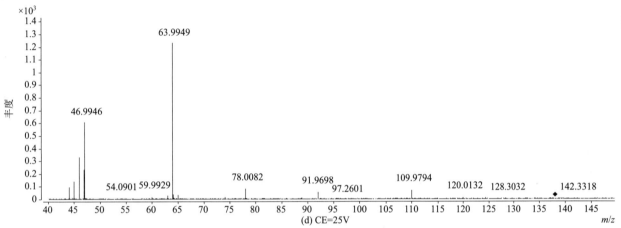

(d) CE=25V

propham（苯胺灵）

基本信息

CAS 登录号	122-42-9	分子量	179.0941
分子式	$C_{10}H_{13}NO_2$	离子化模式	电子轰击电离（EI）

总离子流色谱图

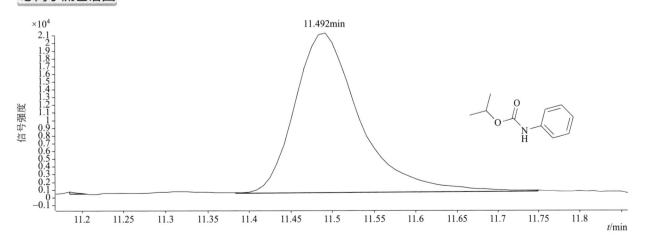

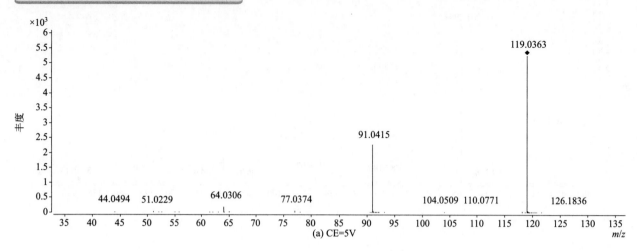

(a) CE=5V

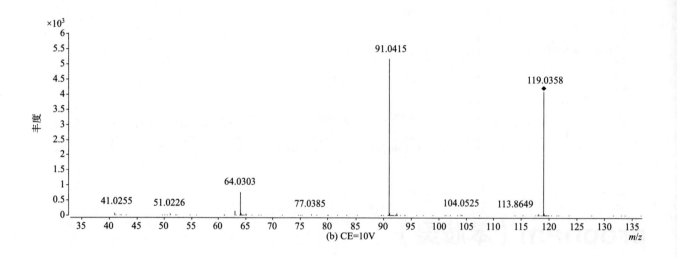

(b) CE=10V

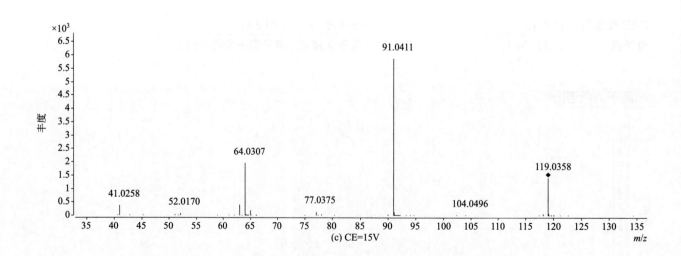

(c) CE=15V

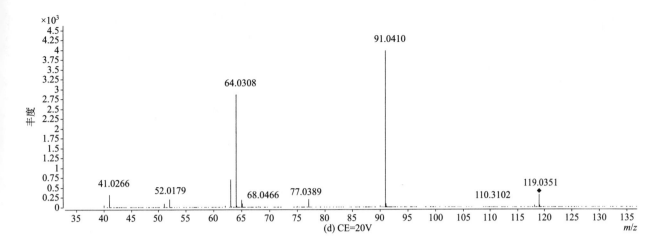

(d) CE=20V

propisochlor（异丙草胺）

基本信息

CAS 登录号	86763-47-5	分子量	283.1334
分子式	$C_{15}H_{22}ClNO_2$	离子化模式	电子轰击电离（EI）

总离子流色谱图

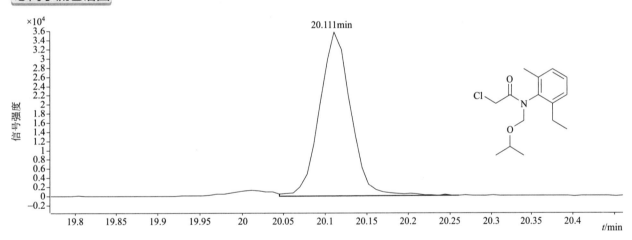

四个碰撞能量（CE）下子离子质谱图

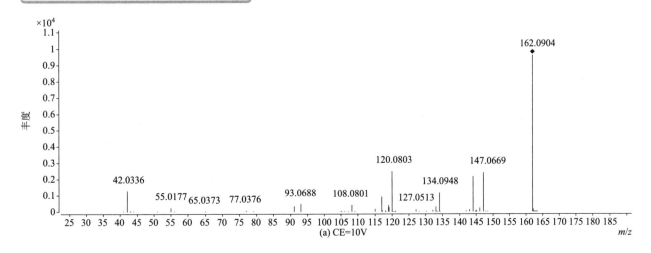

(a) CE=10V

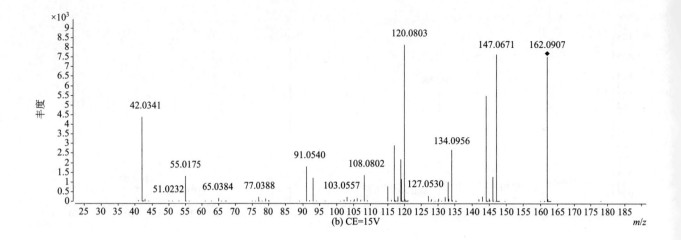

(b) CE=15V

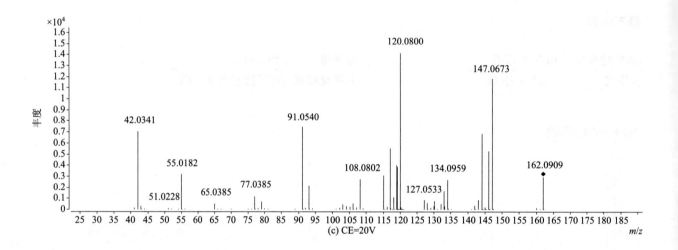

(c) CE=20V

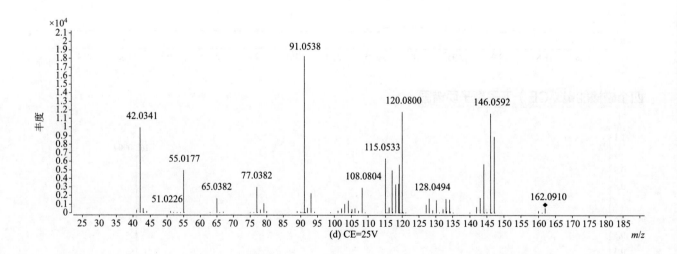

(d) CE=25V

prosulfocarb（苄草丹）

基本信息

CAS 登录号	52888-80-9	**分子量**	251.1339
分子式	C₁₄H₂₁NOS	**离子化模式**	电子轰击电离（EI）

总离子流色谱图

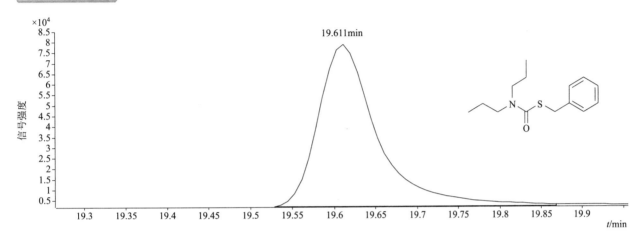

四个碰撞能量（CE）下子离子质谱图

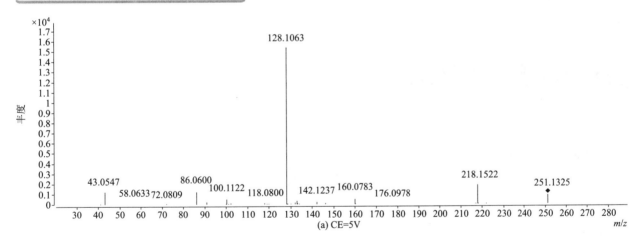

(a) CE=5V

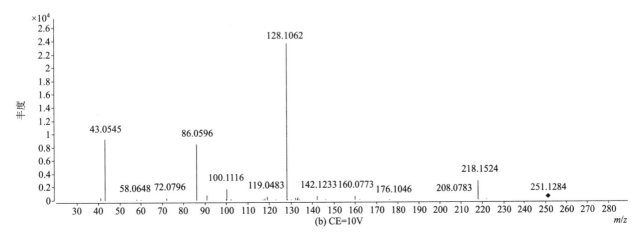

(b) CE=10V

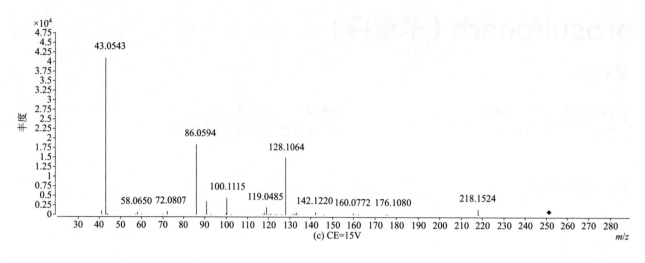

(c) CE=15V

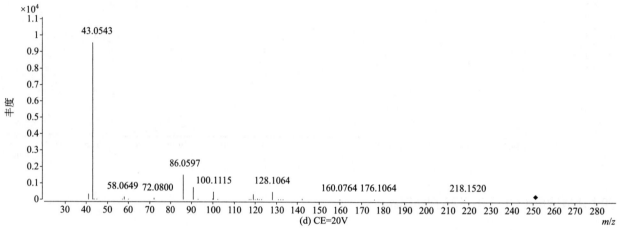

(d) CE=20V

prothiofos（丙硫磷）

基本信息

CAS 登录号	34643-46-4	分子量	343.9623
分子式	$C_{11}H_{15}Cl_2O_2PS_2$	离子化模式	电子轰击电离（EI）

总离子流色谱图

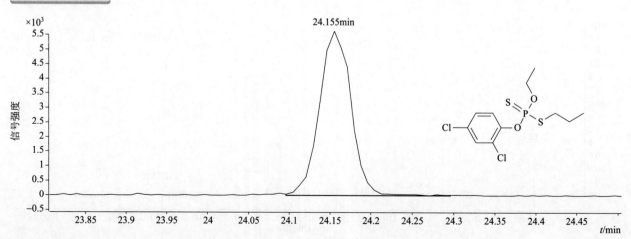

四个碰撞能量（CE）下子离子质谱图

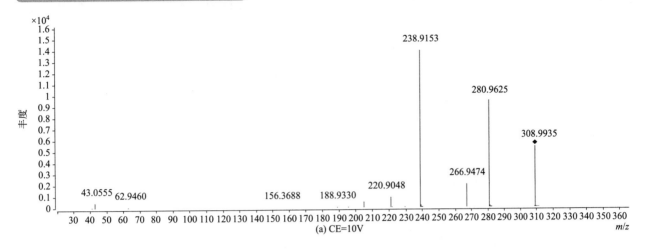

(a) CE=10V

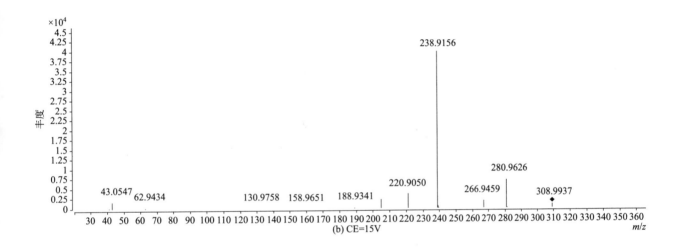

(b) CE=15V

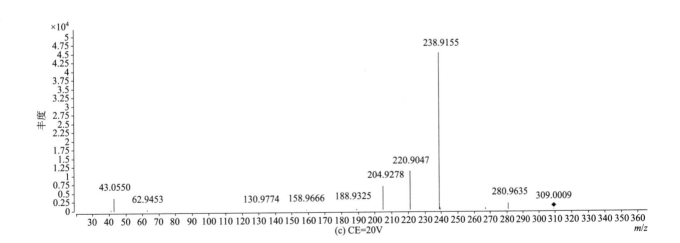

(c) CE=20V

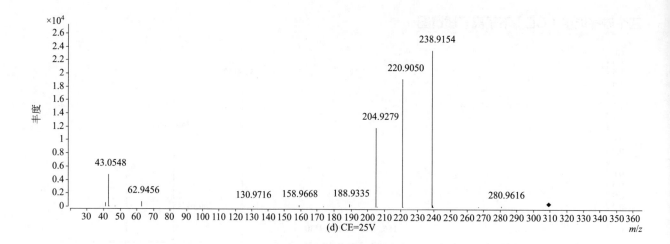
(d) CE=25V

pyraclostrobin（吡唑嘧菌酯）

基本信息

CAS 登录号	175013-18-0	分子量	387.0981
分子式	$C_{19}H_{18}ClN_3O_4$	离子化模式	电子轰击电离（EI）

总离子流色谱图

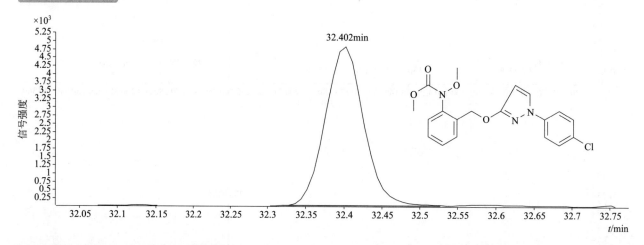
32.402min

四个碰撞能量（CE）下子离子质谱图

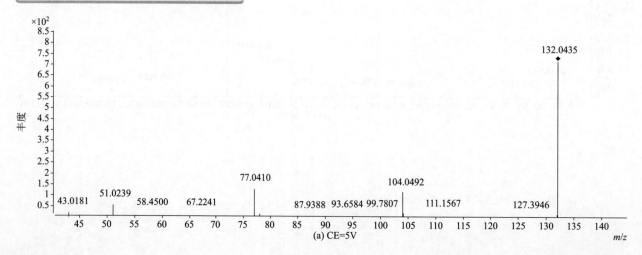
(a) CE=5V

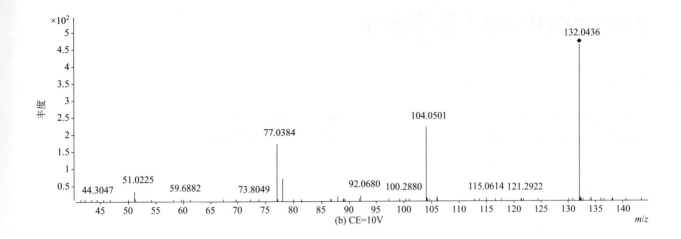

(b) CE=10V

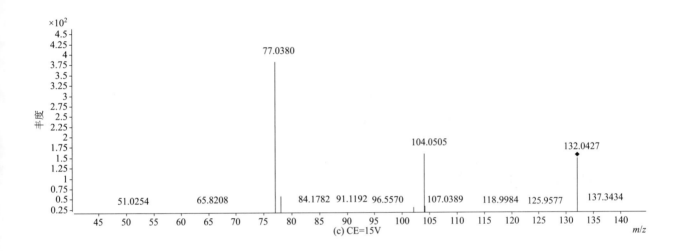

(c) CE=15V

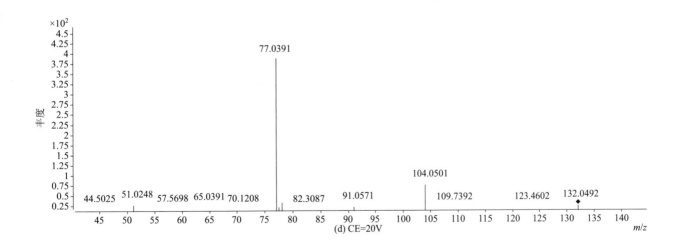

(d) CE=20V

pyrazophos（定菌磷）

基本信息

CAS 登录号	13457-18-6	**分子量**	373.0856
分子式	C₁₄H₂₀N₃O₅PS	**离子化模式**	电子轰击电离（EI）

分子式 | $C_{14}H_{20}N_3O_5PS$ | **离子化模式** | 电子轰击电离（EI）

总离子流色谱图

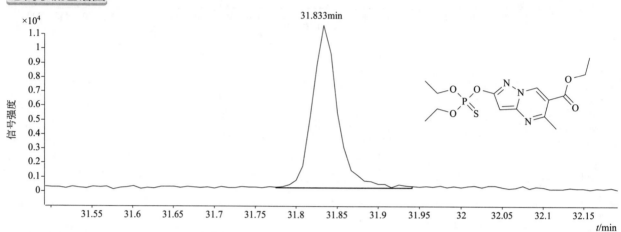

四个碰撞能量（CE）下子离子质谱图

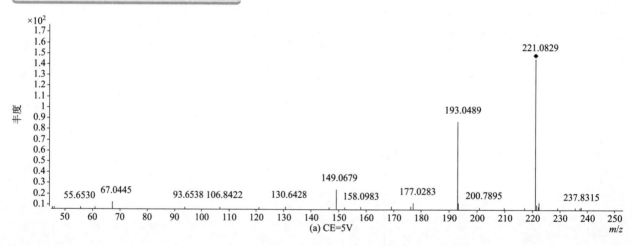

(a) CE=5V

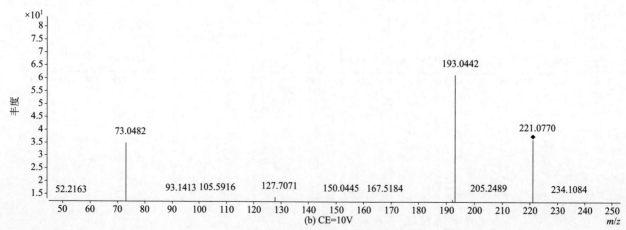

(b) CE=10V

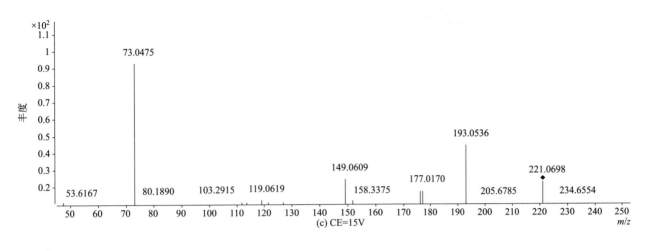

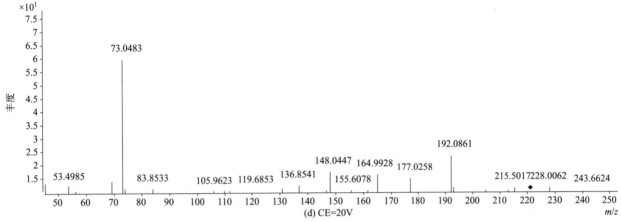

pyrethrins（除虫菊酯）

CAS 登录号	8003-34-7	分子量	372.1931
分子式	$C_{22}H_{28}O_5$	离子化模式	电子轰击电离（EI）

总离子流色谱图

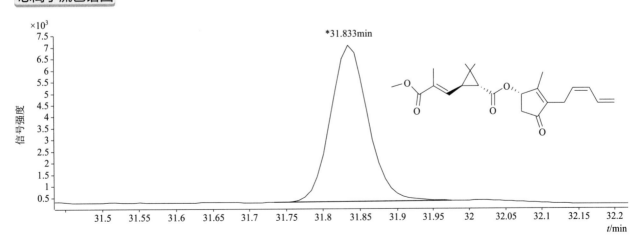

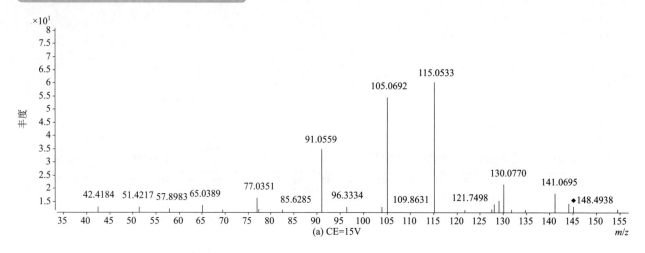

(a) CE=15V

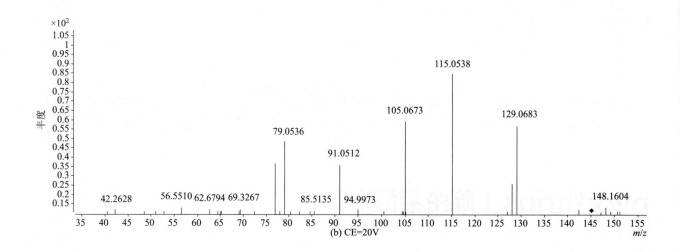

(b) CE=20V

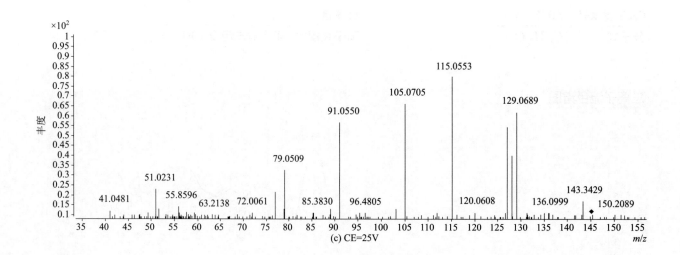

(c) CE=25V

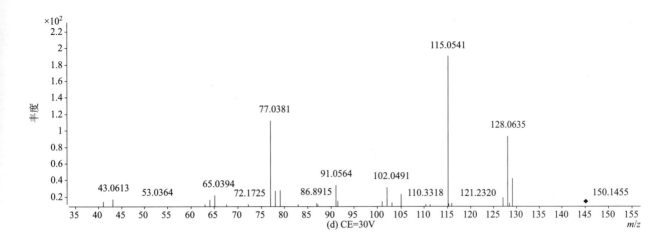
(d) CE=30V

pyributicarb（稗草畏）

基本信息

CAS 登录号	88678-67-5	分子量	330.1397
分子式	C$_{18}$H$_{22}$N$_2$O$_2$S	离子化模式	电子轰击电离（EI）

总离子流色谱图

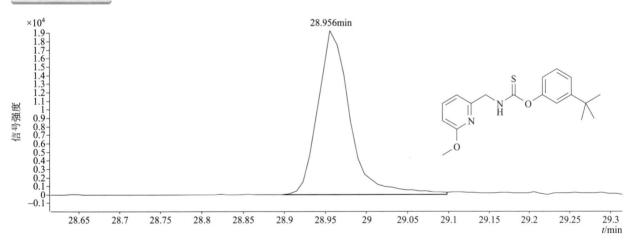

四个碰撞能量（CE）下子离子质谱图

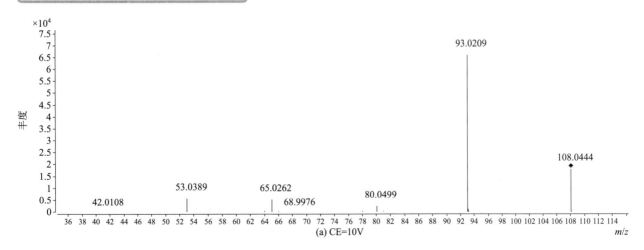

(a) CE=10V

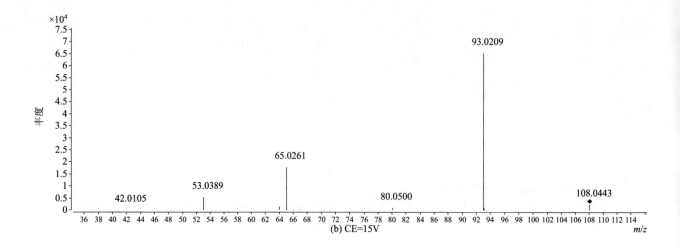

(b) CE=15V

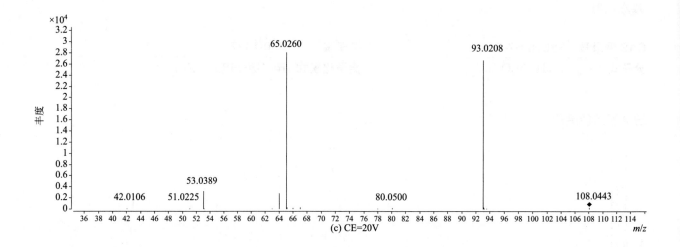

(c) CE=20V

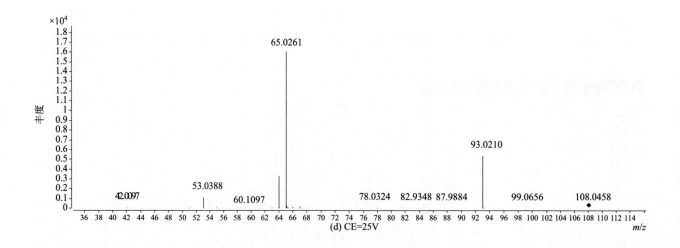

(d) CE=25V

pyridaben（哒螨灵）

基本信息

CAS 登录号	96489-71-3	分子量	364.1371
分子式	$C_{19}H_{25}ClN_2OS$	离子化模式	电子轰击电离（EI）

总离子流色谱图

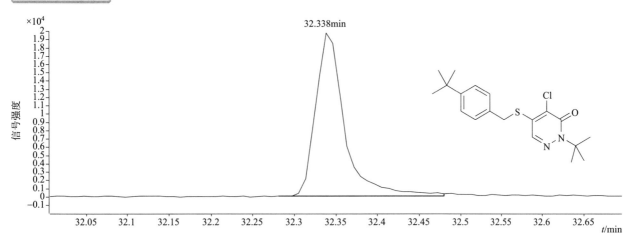

四个碰撞能量（CE）下子离子质谱图

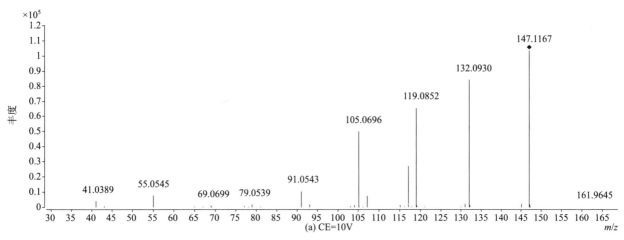

(a) CE=10V

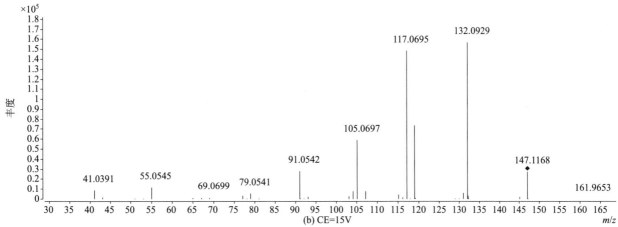

(b) CE=15V

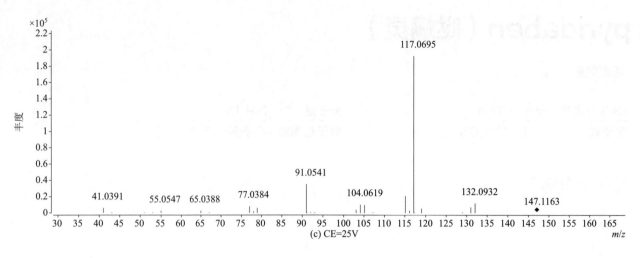

(c) CE=25V

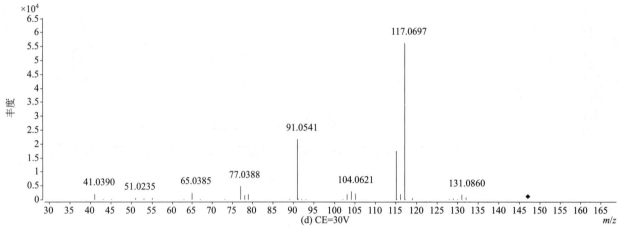

(d) CE=30V

pyridaphenthion（哒嗪硫磷）

基本信息

CAS 登录号	119-12-0	分子量	340.0642
分子式	$C_{14}H_{17}N_2O_4PS$	离子化模式	电子轰击电离（EI）

总离子流色谱图

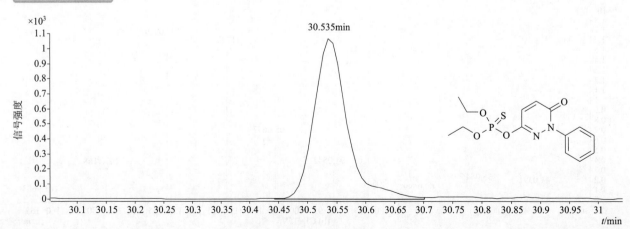

四个碰撞能量（CE）下子离子质谱图

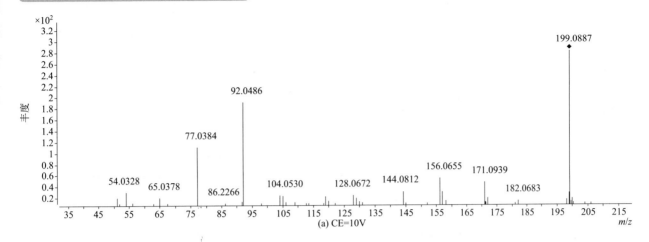

(a) CE=10V

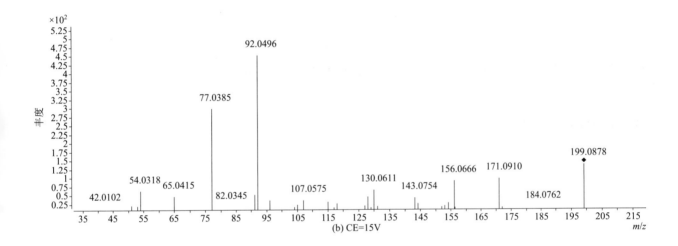

(b) CE=15V

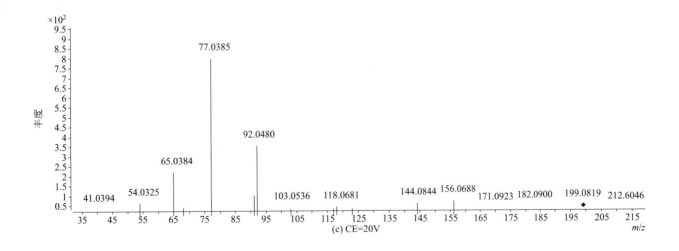

(c) CE=20V

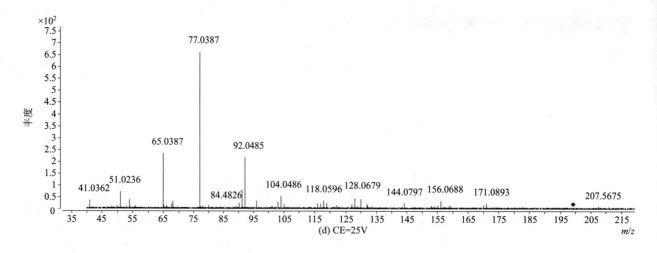

(d) CE=25V

pyrifenox（啶斑肟）

基本信息

CAS 登录号	88283-41-4	分子量	294.0322
分子式	$C_{14}H_{12}Cl_2N_2O$	离子化模式	电子轰击电离（EI）

总离子流色谱图

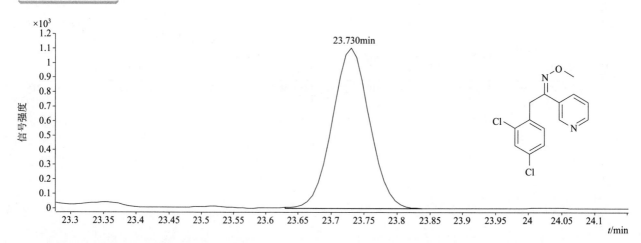

四个碰撞能量（CE）下子离子质谱图

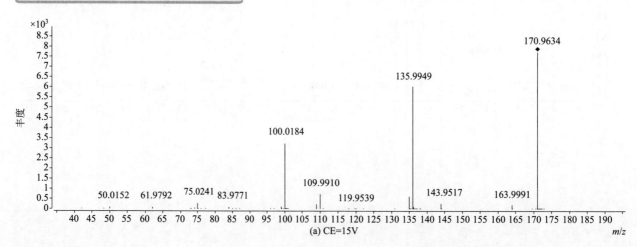

(a) CE=15V

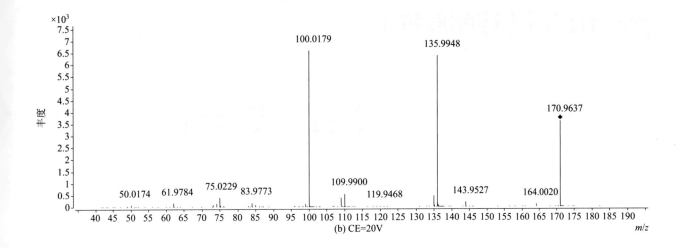

(b) CE=20V

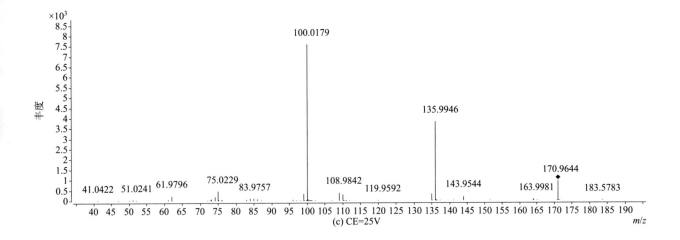

(c) CE=25V

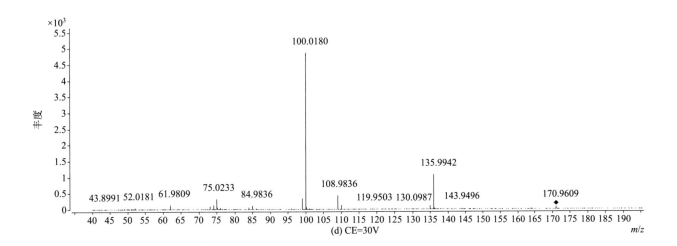

(d) CE=30V

pyriftalid（环酯草醚）

基本信息

CAS 登录号	135186-78-6	**分子量**	318.0669
分子式	$C_{15}H_{14}N_2O_4S$	**离子化模式**	电子轰击电离（EI）

总离子流色谱图

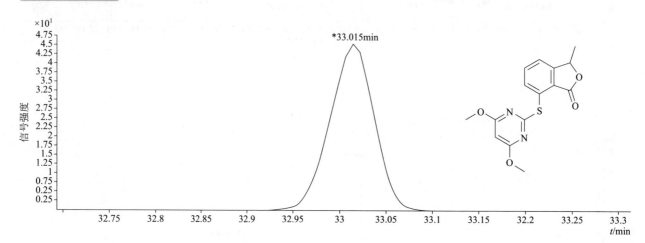

四个碰撞能量（CE）下子离子质谱图

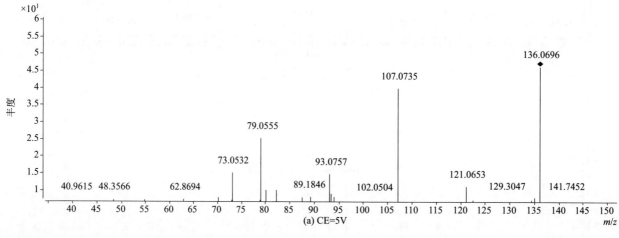

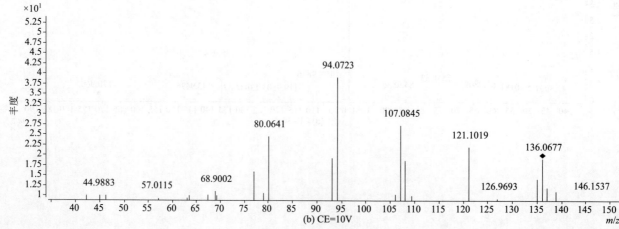

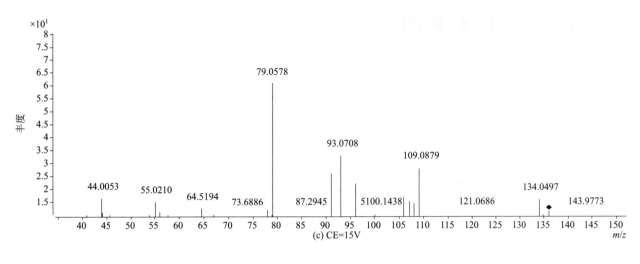

(c) CE=15V

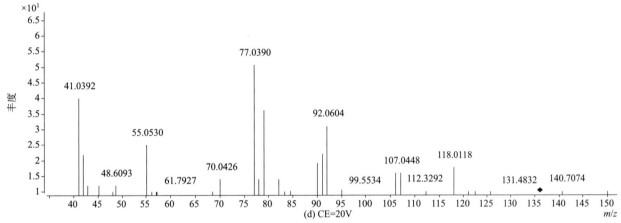

(d) CE=20V

pyrimethanil（嘧霉胺）

基本信息

CAS 登录号	53112-28-0	**分子量**	199.1105
分子式	$C_{12}H_{13}N_3$	**离子化模式**	电子轰击电离（EI）

总离子流色谱图

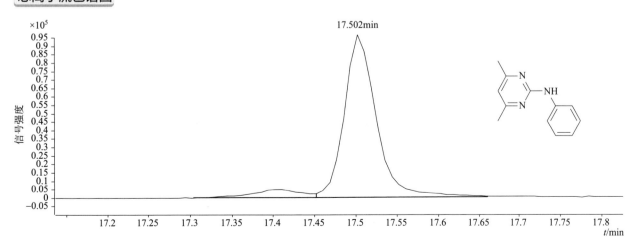

四个碰撞能量（CE）下子离子质谱图

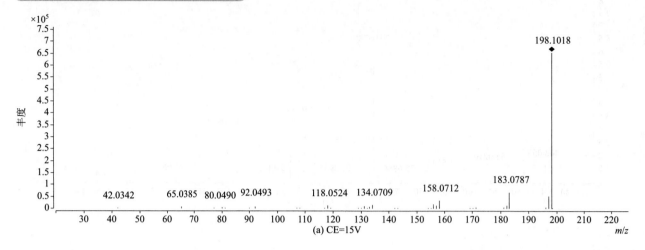

(a) CE=15V

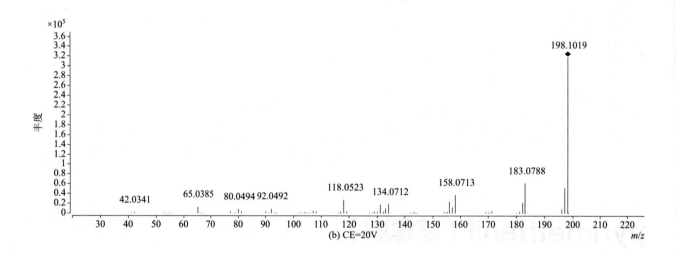

(b) CE=20V

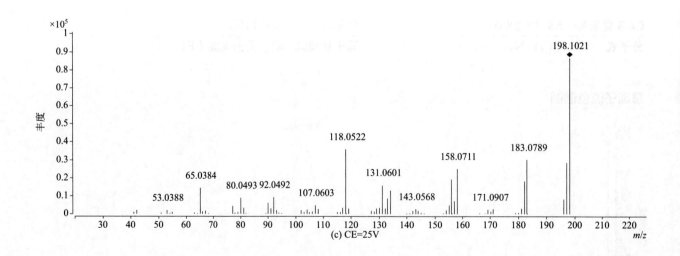

(c) CE=25V

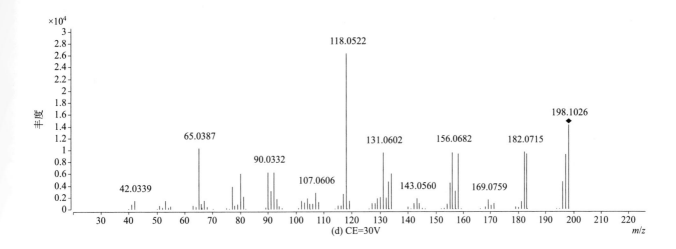

(d) CE=30V

pyriproxyfen（吡丙醚）

基本信息

CAS 登录号	95737-68-1	分子量	321.1360
分子式	C$_{20}$H$_{19}$NO$_3$	离子化模式	电子轰击电离（EI）

总离子流色谱图

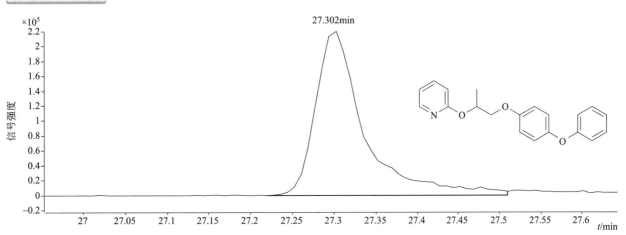

四个碰撞能量（CE）下子离子质谱图

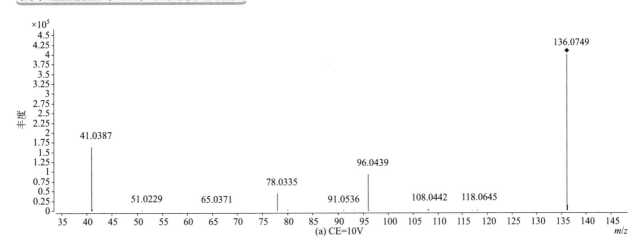

(a) CE=10V

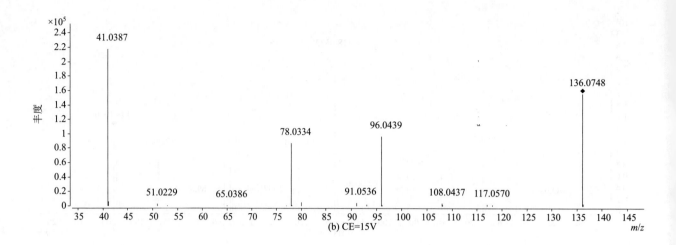

(b) CE=15V

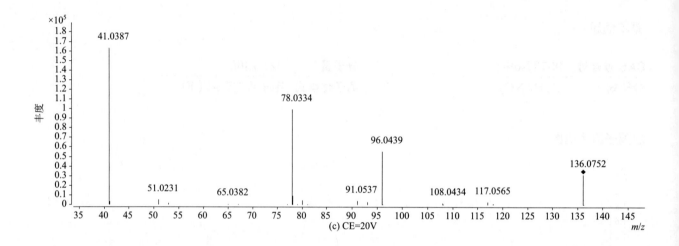

(c) CE=20V

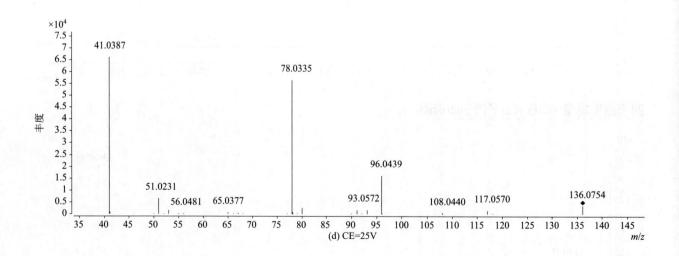

(d) CE=25V

pyroquilon（咯喹酮）

基本信息

CAS 登录号	57369-32-1	分子量	173.0836
分子式	C₁₁H₁₁NO	离子化模式	电子轰击电离（EI）

总离子流色谱图

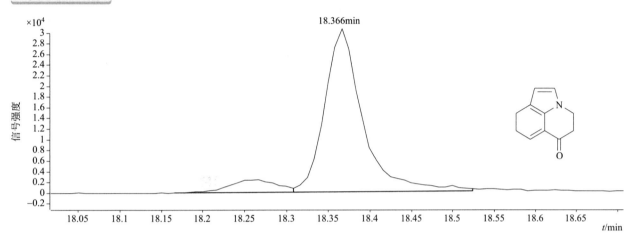

四个碰撞能量（CE）下子离子质谱图

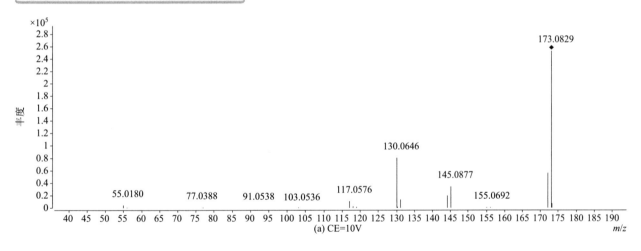

(a) CE=10V

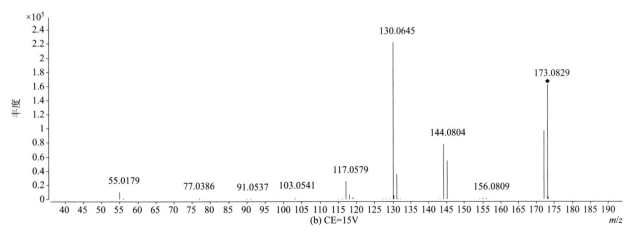

(b) CE=15V

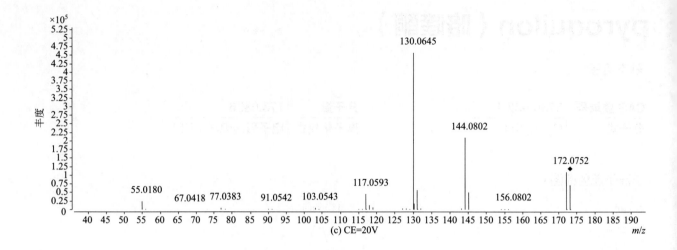

(c) CE=20V

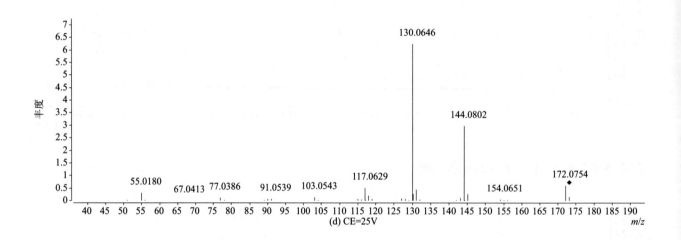

(d) CE=25V

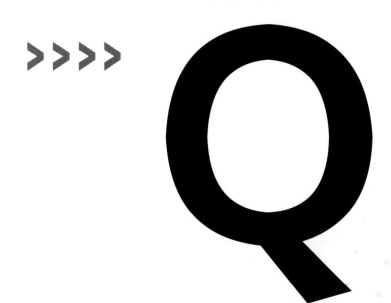

quinalphos（喹硫磷）

基本信息

CAS 登录号	13593-03-8	**分子量**	298.0536
分子式	$C_{12}H_{15}N_2O_3PS$	**离子化模式**	电子轰击电离（EI）

总离子流色谱图

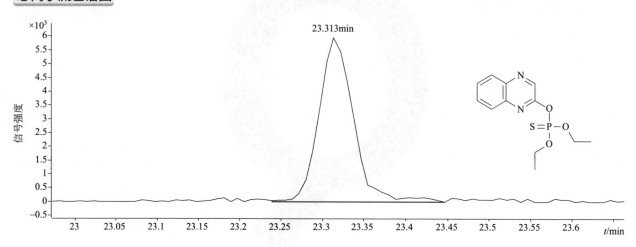

四个碰撞能量（CE）下子离子质谱图

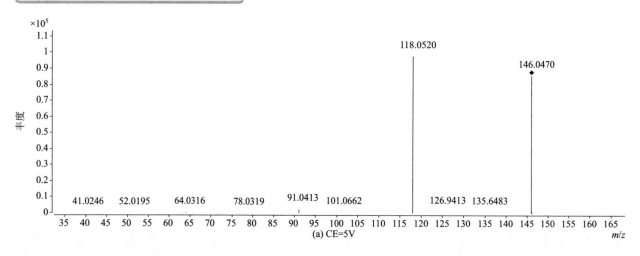

(a) CE=5V

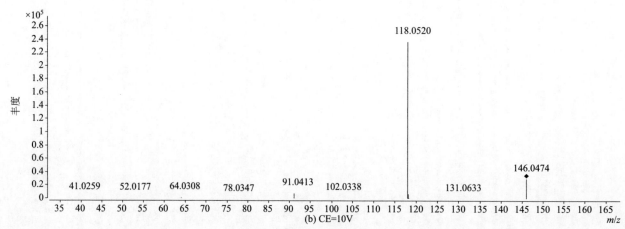

(b) CE=10V

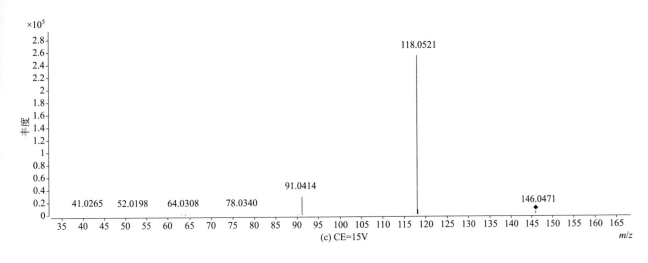

(c) CE=15V

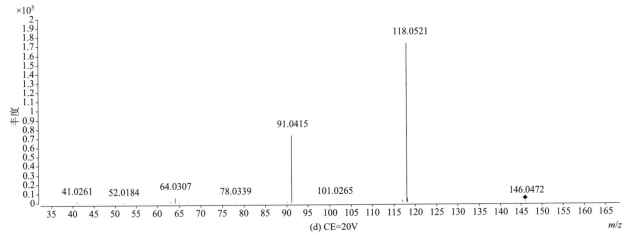

(d) CE=20V

quinoclamine（灭藻醌）

基本信息

CAS 登录号	2797-51-5	分子量	207.0082
分子式	$C_{10}H_6ClNO_2$	离子化模式	电子轰击电离（EI）

总离子流色谱图

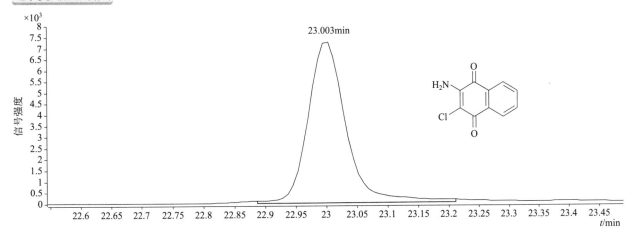

847

四个碰撞能量（CE）下子离子质谱图

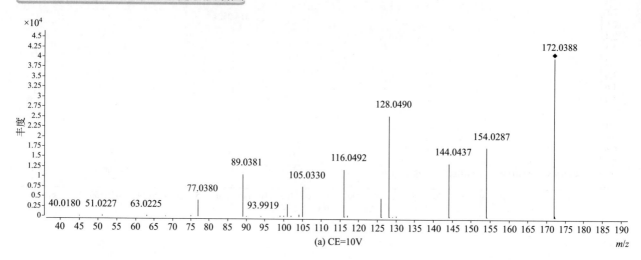

(a) CE=10V

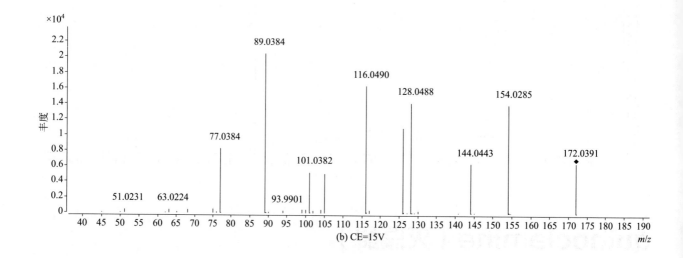

(b) CE=15V

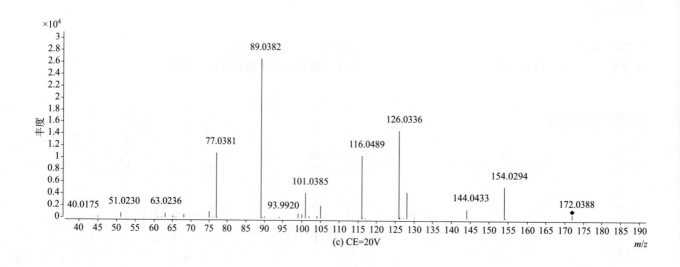

(c) CE=20V

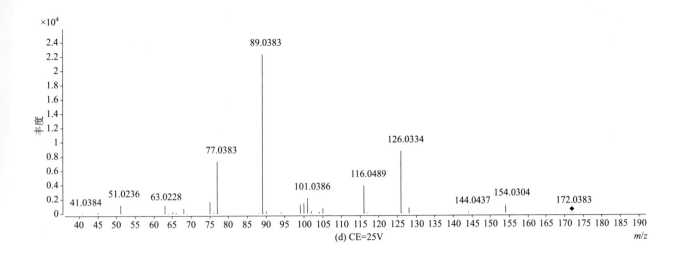

(d) CE=25V

quinoxyfen（喹氧灵）

基本信息

CAS 登录号	124495-18-7	分子量	306.9962
分子式	$C_{15}H_8Cl_2FNO$	离子化模式	电子轰击电离（EI）

总离子流色谱图

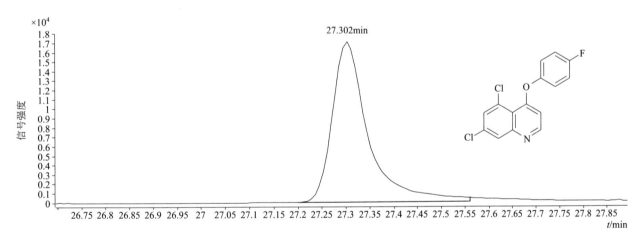

四个碰撞能量（CE）下子离子质谱图

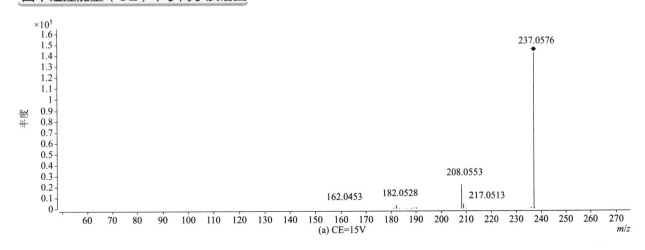

(a) CE=15V

849

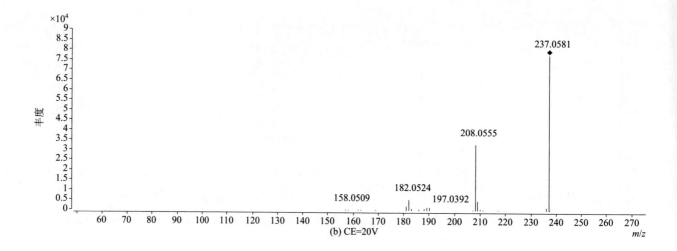

(b) CE=20V

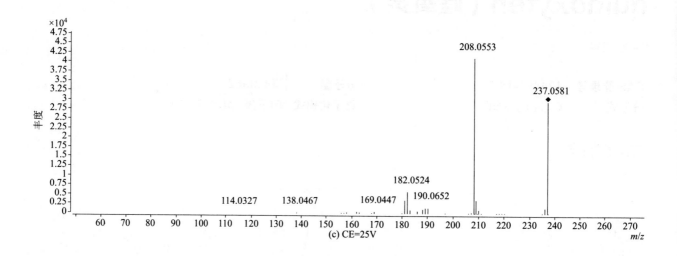

(c) CE=25V

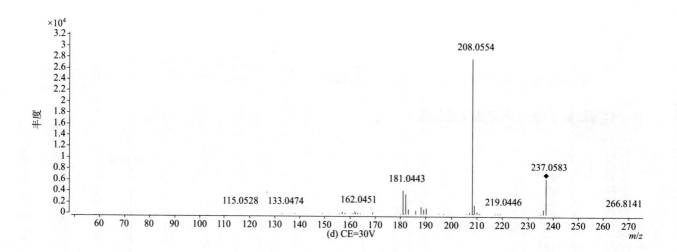

(d) CE=30V

quintozene（五氯硝基苯）

基本信息

CAS 登录号	82-68-8	**分子量**	292.8367
分子式	$C_6Cl_5NO_2$	**离子化模式**	电子轰击电离（EI）

总离子流色谱图

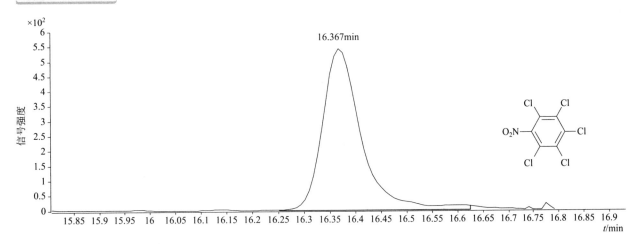

四个碰撞能量（CE）下子离子质谱图

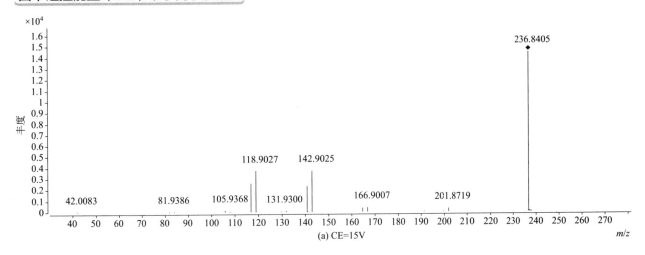

(a) CE=15V

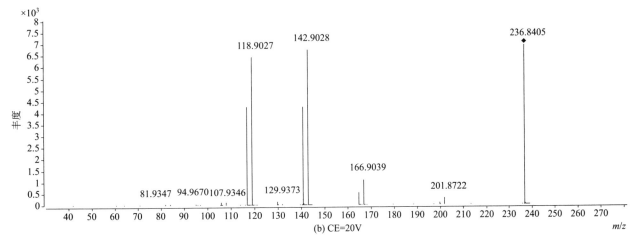

(b) CE=20V

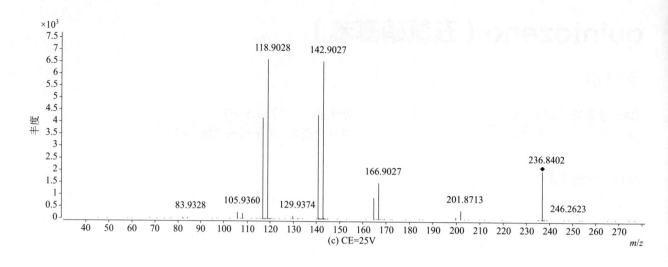

(c) CE=25V

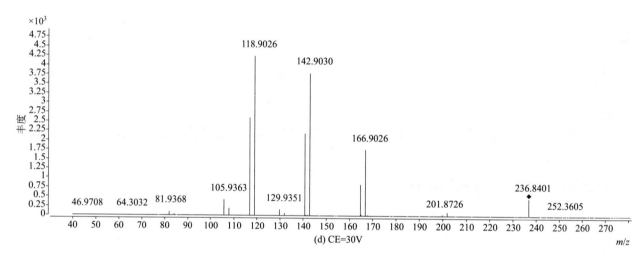

(d) CE=30V

quizalofop-ethyl（喹禾灵乙酯）

基本信息

CAS 登录号	76578-14-8	分子量	372.0872
分子式	$C_{19}H_{17}ClN_2O_4$	离子化模式	电子轰击电离（EI）

总离子流色谱图

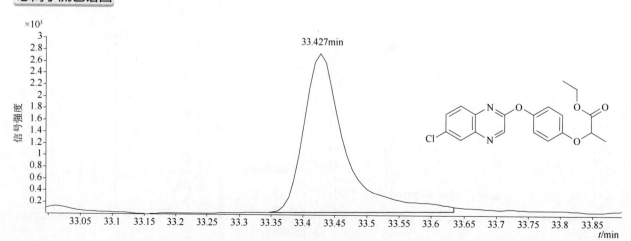

四个碰撞能量（CE）下子离子质谱图

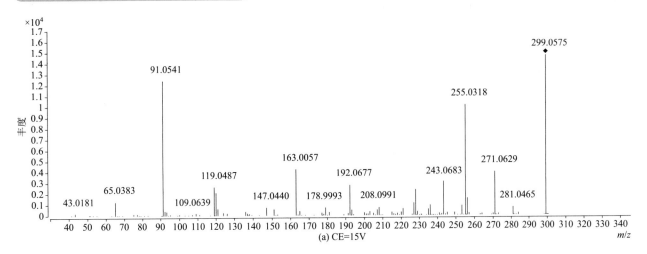

(a) CE=15V

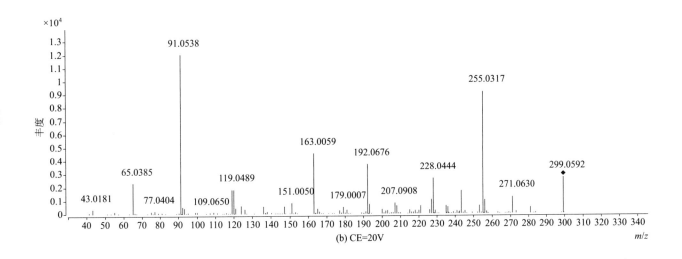

(b) CE=20V

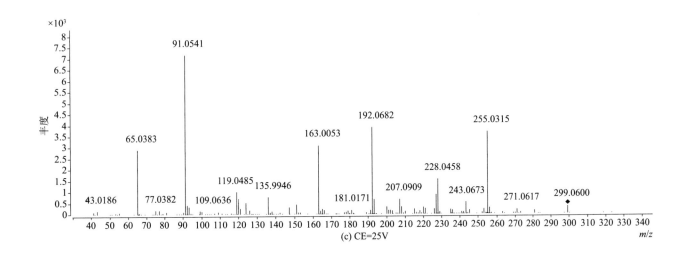

(c) CE=25V

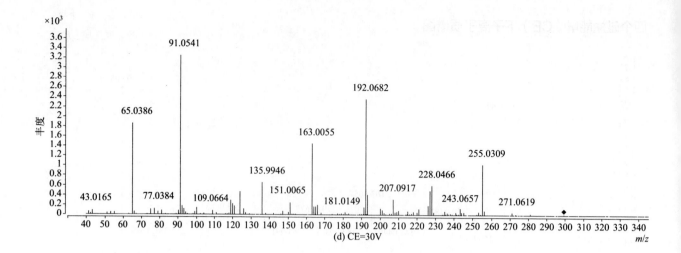

(d) CE=30V

>>>> R

rabenzazole（吡咪唑菌）

基本信息

CAS 登录号	40341-04-6	**分子量**	212.1057
分子式	$C_{12}H_{12}N_4$	**离子化模式**	电子轰击电离（EI）

总离子流色谱图

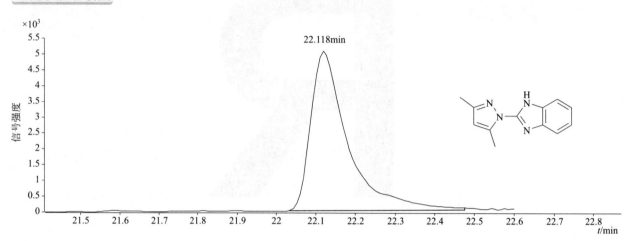

四个碰撞能量（CE）下子离子质谱图

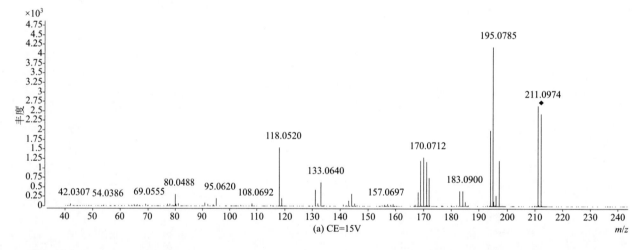

(a) CE=15V

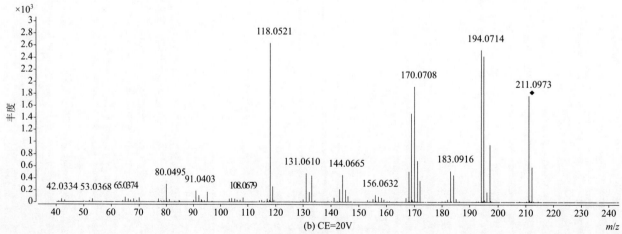

(b) CE=20V

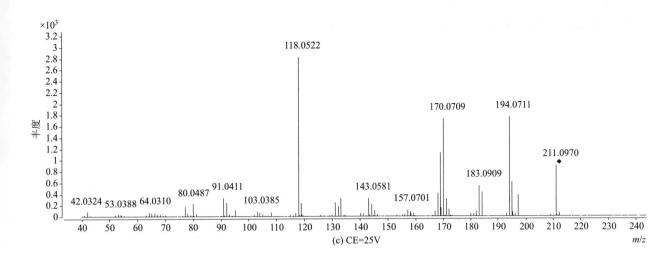

(c) CE=25V

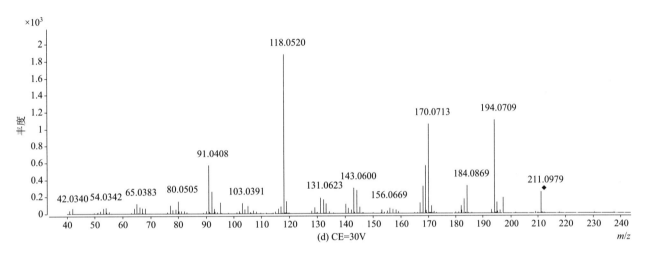

(d) CE=30V

resmethrin（苄呋菊酯）

基本信息

CAS 登录号	10453-86-8	**分子量**	338.1877
分子式	$C_{22}H_{26}O_3$	**离子化模式**	电子轰击电离（EI）

总离子流色谱图

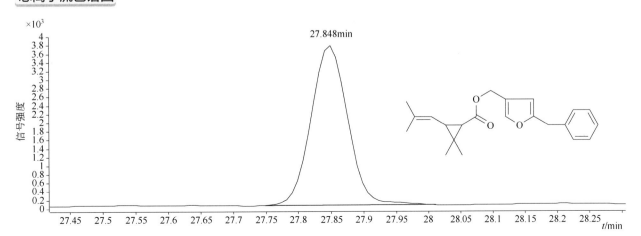

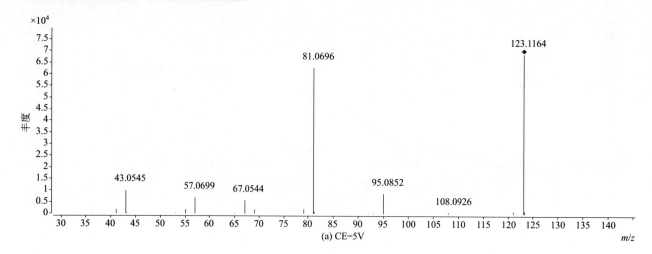

(a) CE=5V

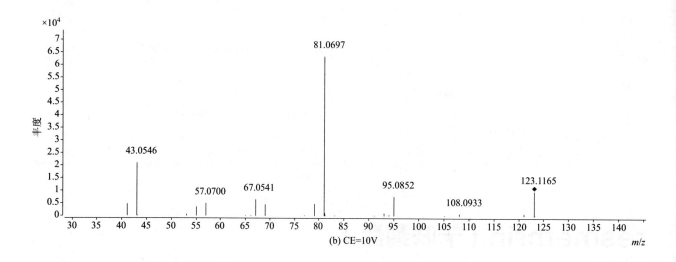

(b) CE=10V

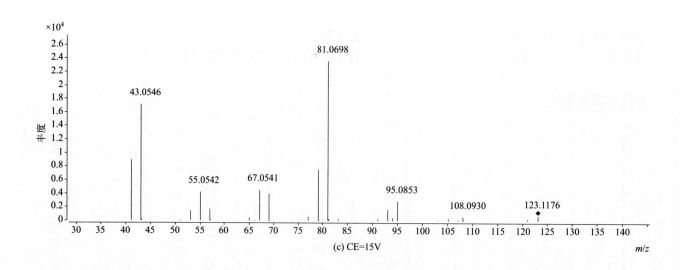

(c) CE=15V

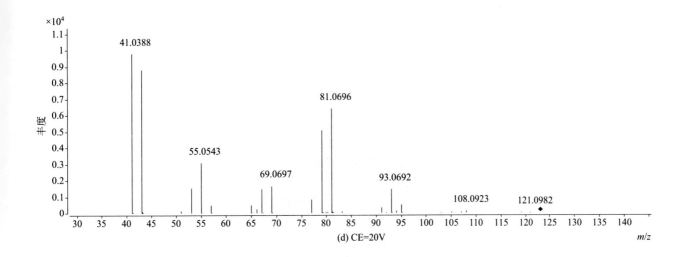

(d) CE=20V

>>>> S

S 421（八氯二丙醚）

CAS 登录号	127-90-2	**分子量**	373.7922
分子式	$C_6H_6Cl_8O$	**离子化模式**	电子轰击电离（EI）

总离子流色谱图

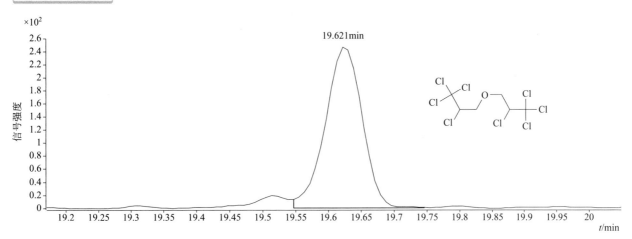

四个碰撞能量（CE）下子离子质谱图

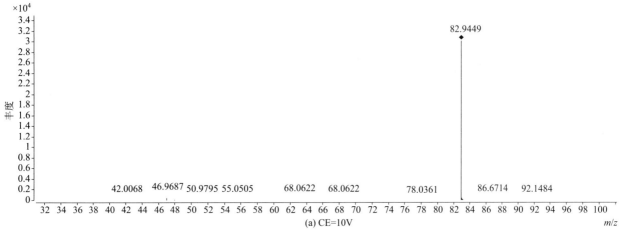

(a) CE=10V

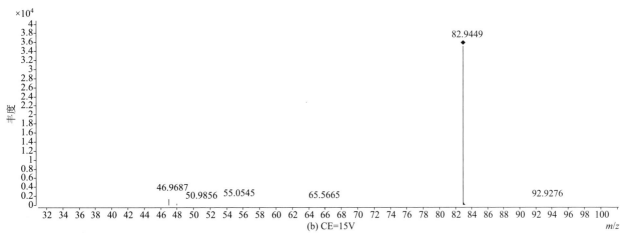

(b) CE=15V

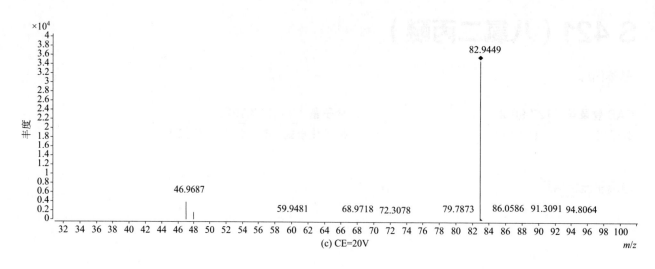

(c) CE=20V

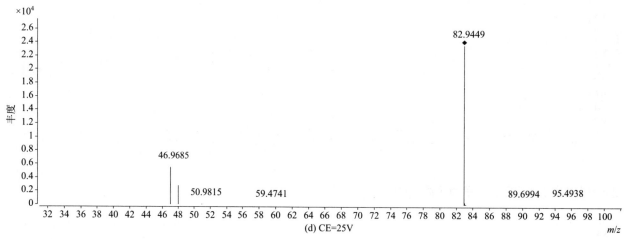

(d) CE=25V

sebutylazine（另丁津）

基本信息

CAS 登录号	7286-69-3	分子量	229.1089
分子式	$C_9H_{16}ClN_5$	离子化模式	电子轰击电离（EI）

总离子流色谱图

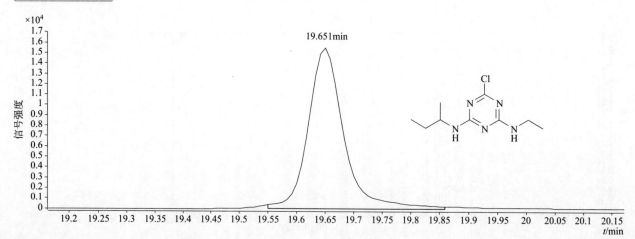

四个碰撞能量（CE）下子离子质谱图

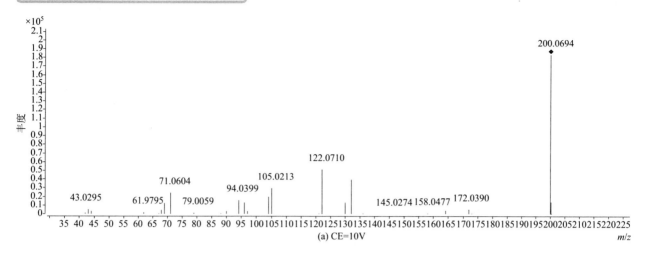

(a) CE=10V

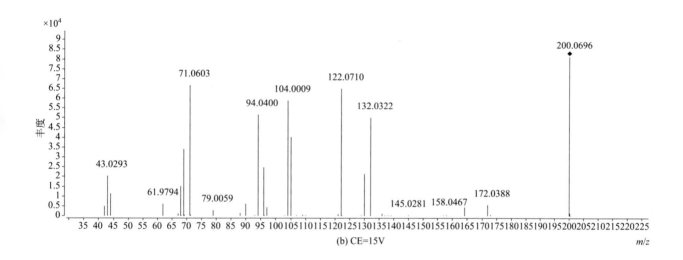

(b) CE=15V

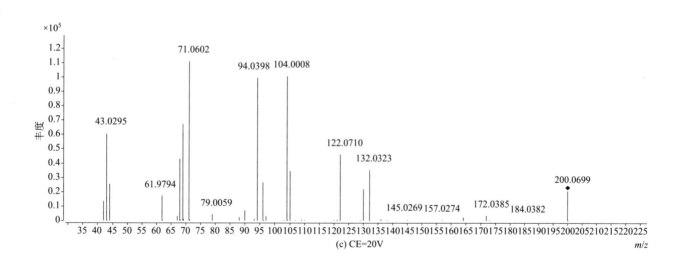

(c) CE=20V

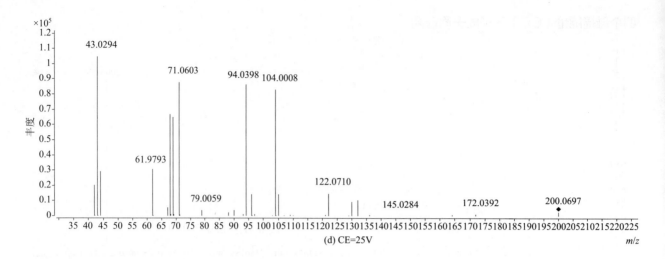

(d) CE=25V

secbumeton（仲丁通）

基本信息

CAS 登录号	26259-45-0	分子量	225.1585
分子式	$C_{10}H_{19}N_5O$	离子化模式	电子轰击电离（EI）

总离子流色谱图

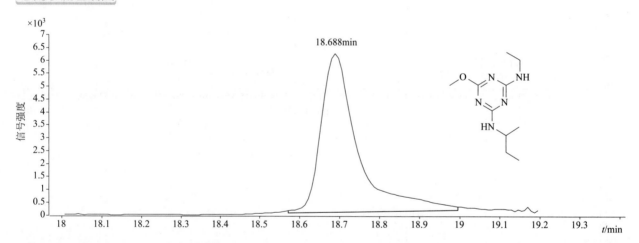

四个碰撞能量（CE）下子离子质谱图

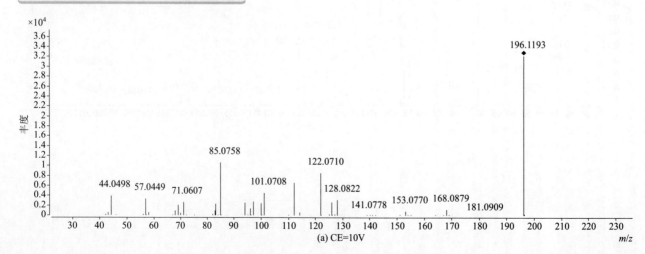

(a) CE=10V

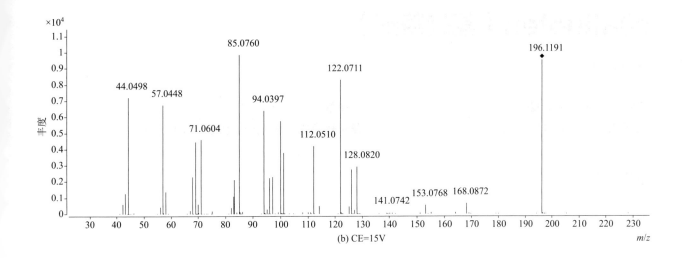

(b) CE=15V

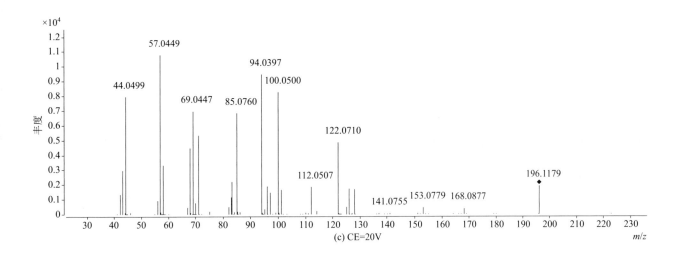

(c) CE=20V

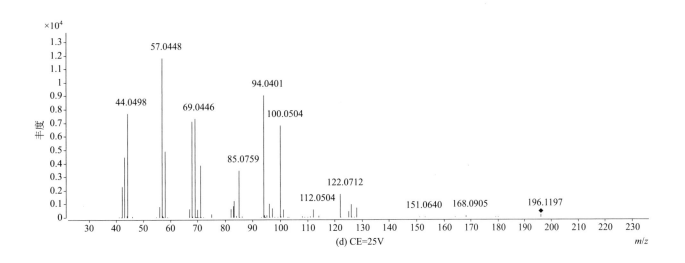

(d) CE=25V

silafluofen（氟硅菊酯）

基本信息

CAS 登录号	105024-66-6	**分子量**	408.1916
分子式	C$_{25}$H$_{29}$FO$_2$Si	**离子化模式**	电子轰击电离（EI）

总离子流色谱图

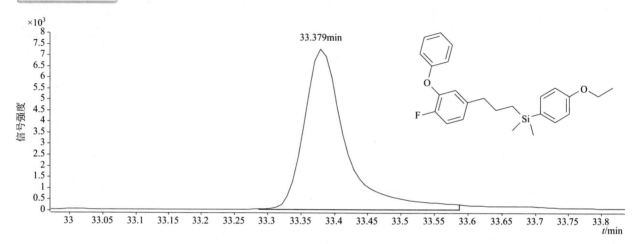

四个碰撞能量（CE）下子离子质谱图

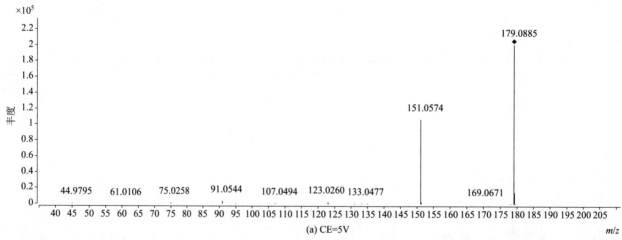

(a) CE=5V

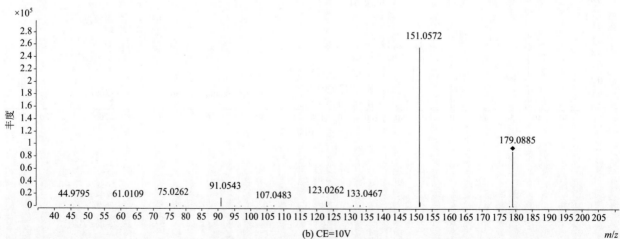

(b) CE=10V

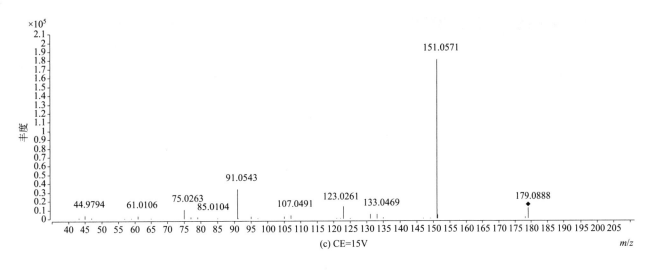

(c) CE=15V

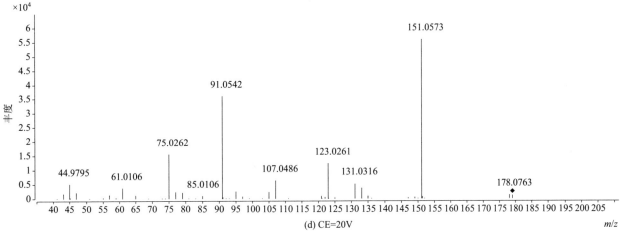

(d) CE=20V

simazine（西玛津）

基本信息

CAS 登录号	122-34-9	分子量	201.0776
分子式	C$_7$H$_{12}$ClN$_5$	离子化模式	电子轰击电离（EI）

总离子流色谱图

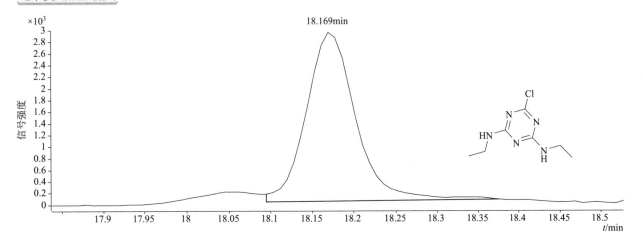

四个碰撞能量（CE）下子离子质谱图

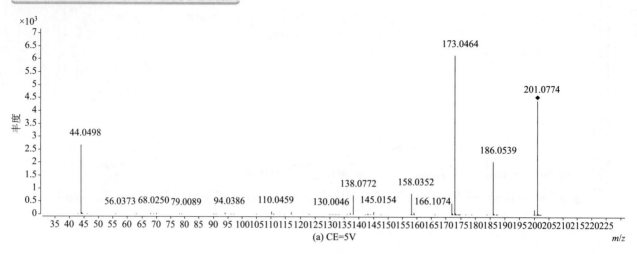

(a) CE=5V

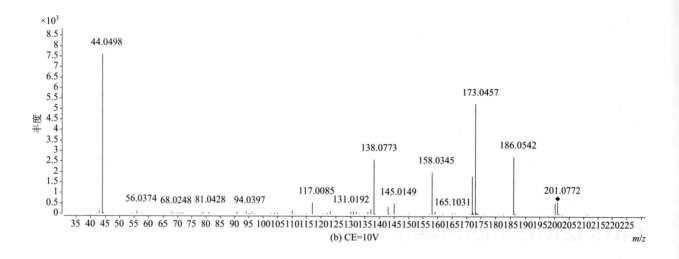

(b) CE=10V

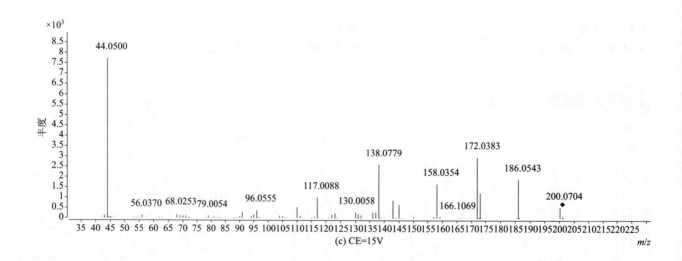

(c) CE=15V

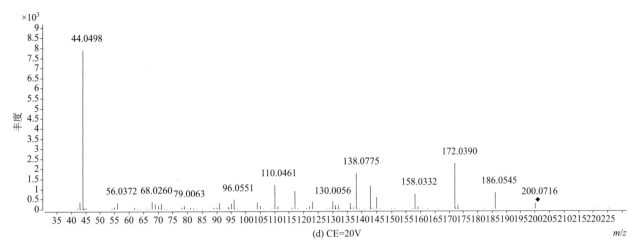

(d) CE=20V

simeconazole（硅氟唑）

基本信息

CAS 登录号	149508-90-7	分子量	293.1355
分子式	$C_{14}H_{20}FN_3OSi$	离子化模式	电子轰击电离（EI）

总离子流色谱图

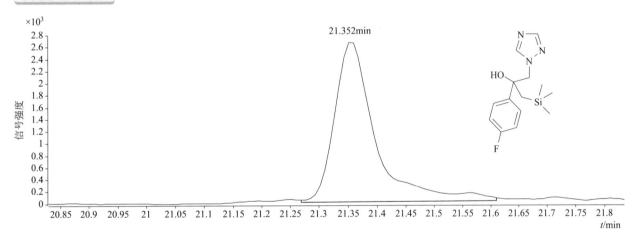

21.352min

四个碰撞能量（CE）下子离子质谱图

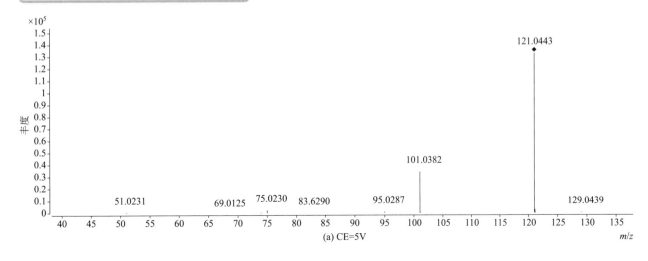

(a) CE=5V

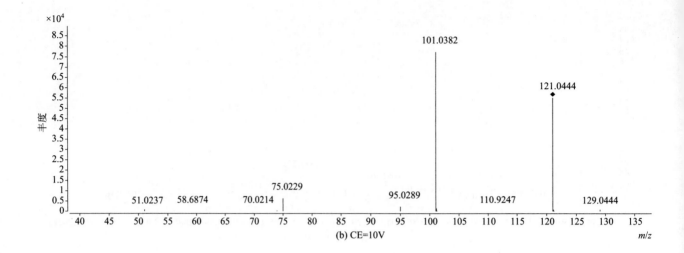

(b) CE=10V

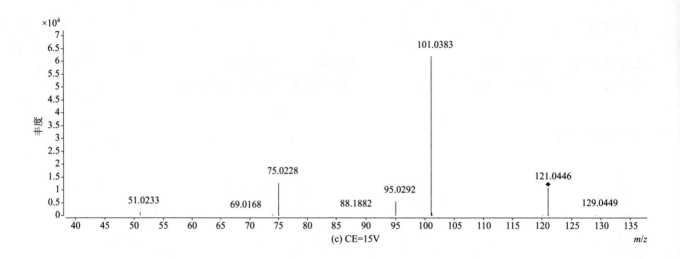

(c) CE=15V

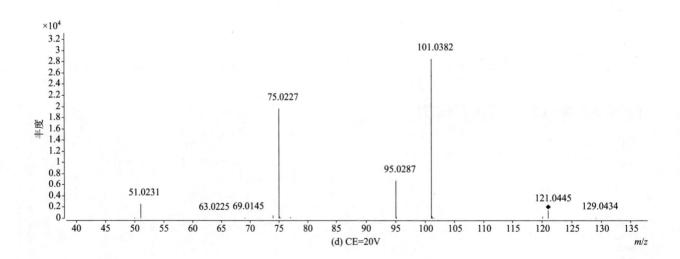

(d) CE=20V

simeton（西玛通）

基本信息

CAS 登录号	673-04-1	**分子量**	197.1272
分子式	$C_8H_{15}N_5O$	**离子化模式**	电子轰击电离（EI）

总离子流色谱图

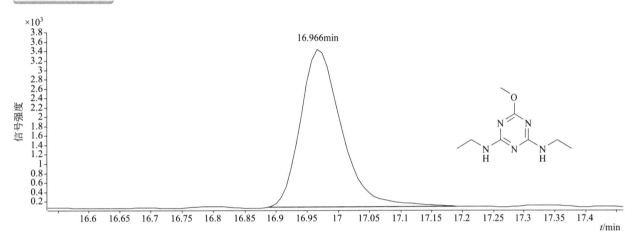

四个碰撞能量（CE）下子离子质谱图

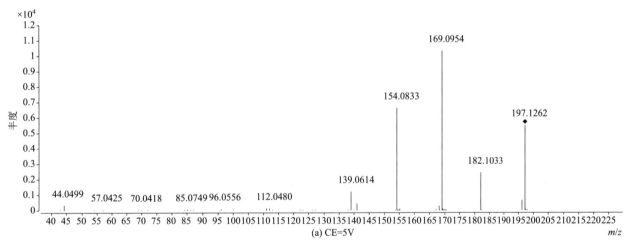

(a) CE=5V

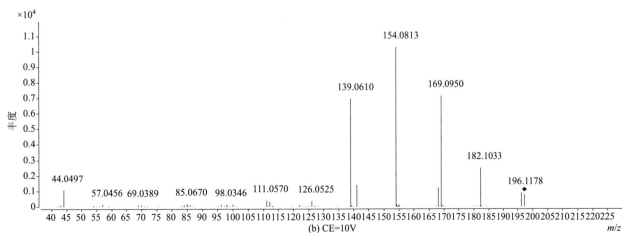

(b) CE=10V

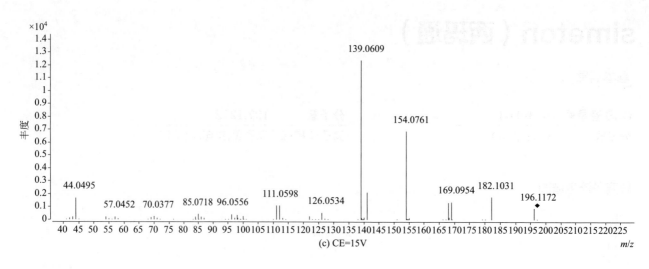

(c) CE=15V

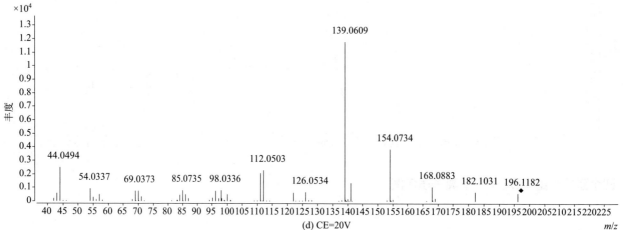

(d) CE=20V

simetryn（西草净）

simetryn（西草净）

基本信息

CAS 登录号	1014-70-6	分子量	213.1043
分子式	$C_8H_{15}N_5S$	离子化模式	电子轰击电离（EI）

总离子流色谱图

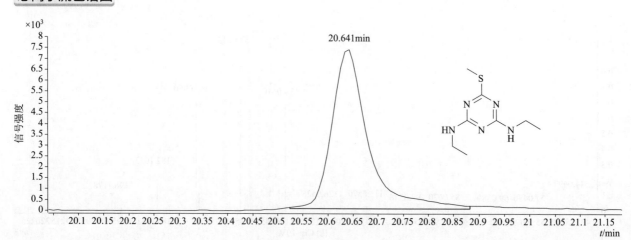

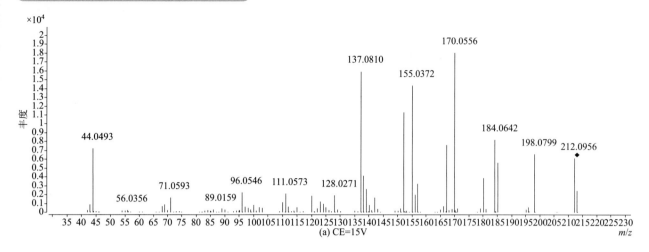

(a) CE=15V

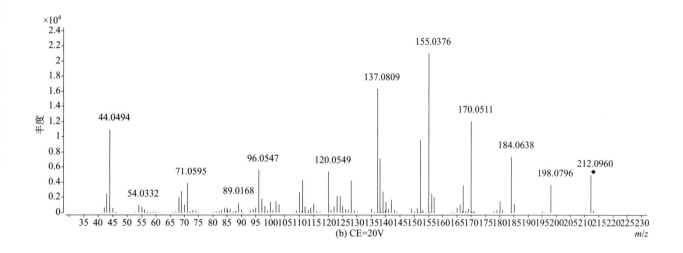

(b) CE=20V

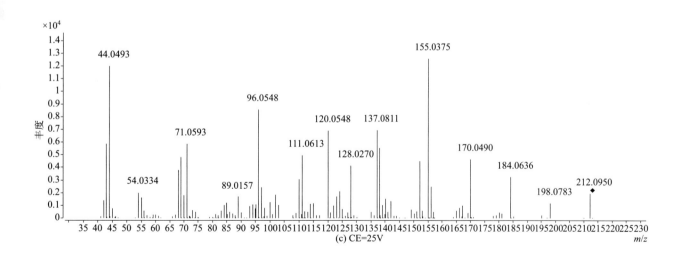

(c) CE=25V

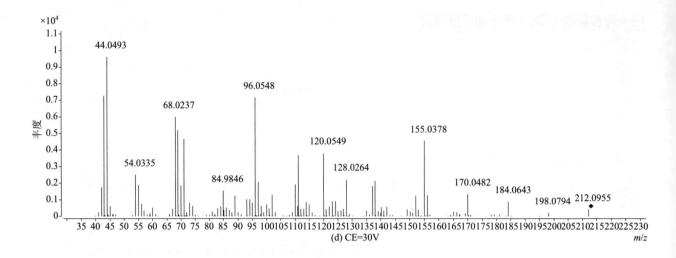

(d) CE=30V

spirodiclofen（螺螨酯）

基本信息

CAS 登录号	148477-71-8	**分子量**	410.1047
分子式	$C_{21}H_{24}Cl_2O_4$	**离子化模式**	电子轰击电离（EI）

总离子流色谱图

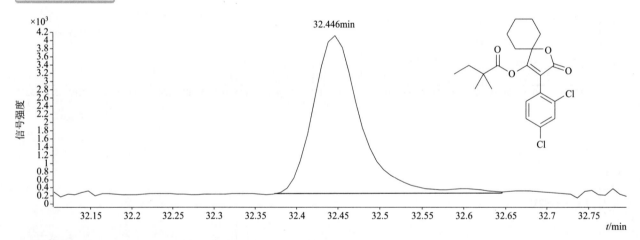

32.446min

四个碰撞能量（CE）下子离子质谱图

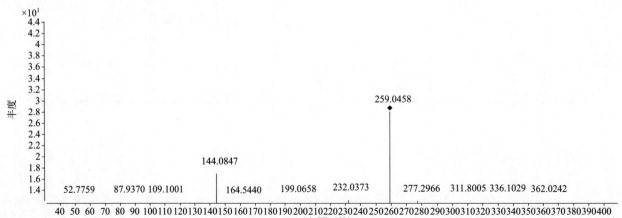

(a) CE=10V

874

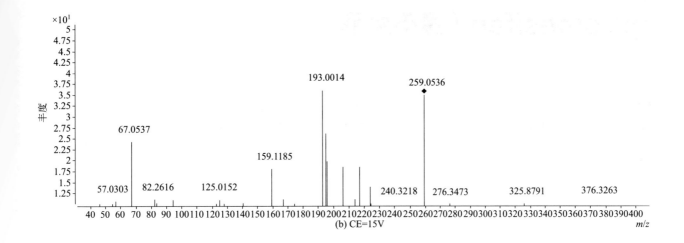

(b) CE=15V

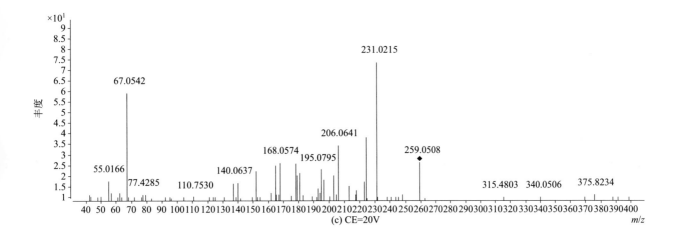

(c) CE=20V

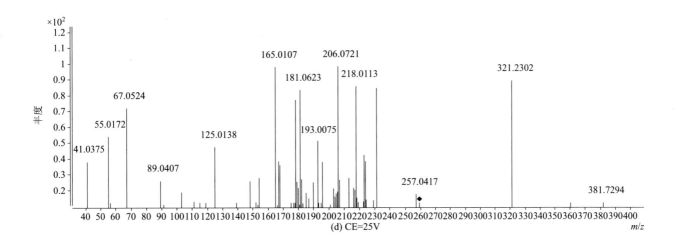

(d) CE=25V

spiromesifen（螺甲螨酯）

基本信息

CAS 登录号	283594-90-1	分子量	370.2139
分子式	$C_{23}H_{30}O_4$	离子化模式	电子轰击电离（EI）

总离子流色谱图

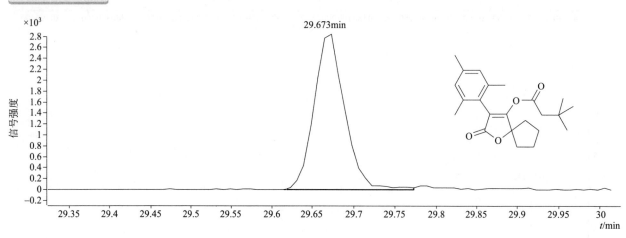

四个碰撞能量（CE）下子离子质谱图

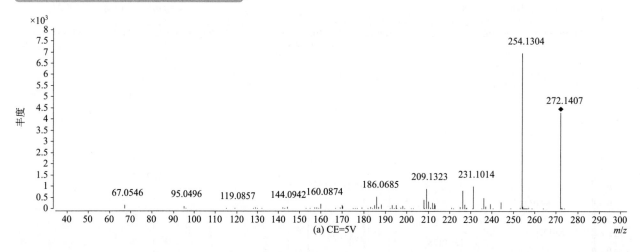

(a) CE=5V

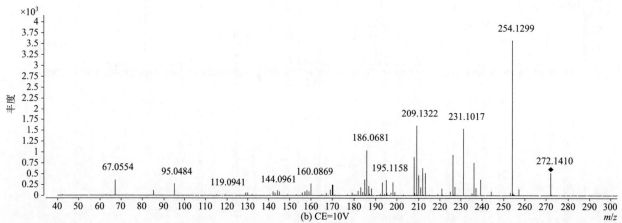

(b) CE=10V

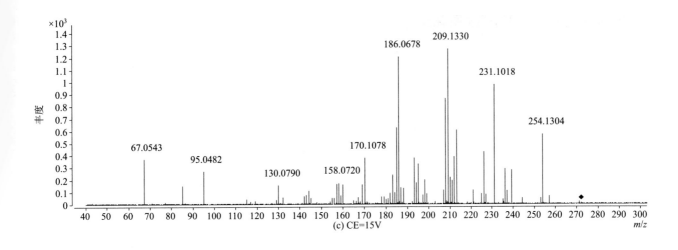

(c) CE=15V

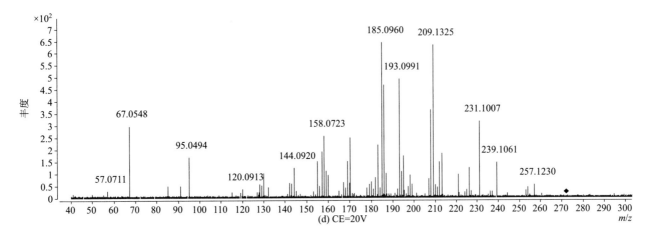

(d) CE=20V

spiroxamine（螺环菌胺）

基本信息

CAS 登录号	118134-30-8
分子式	$C_{18}H_{35}NO_2$

分子量	297.2663
离子化模式	电子轰击电离（EI）

总离子流色谱图

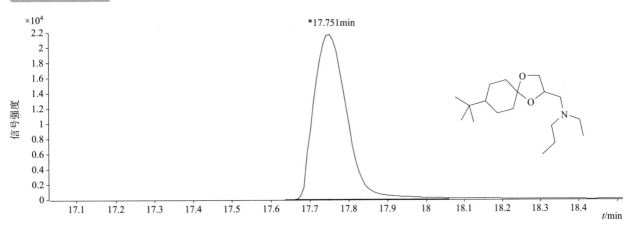

四个碰撞能量（CE）下子离子质谱图

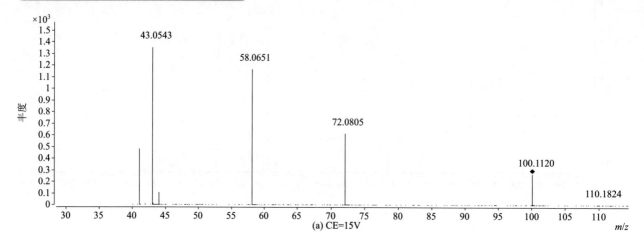

(a) CE=15V

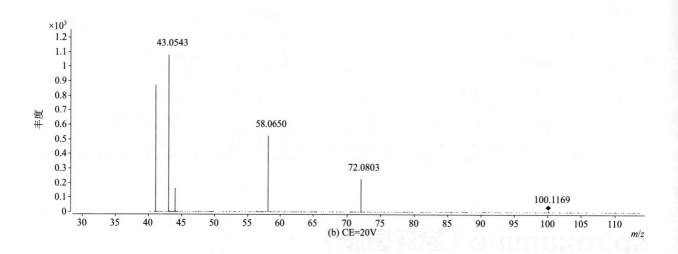

(b) CE=20V

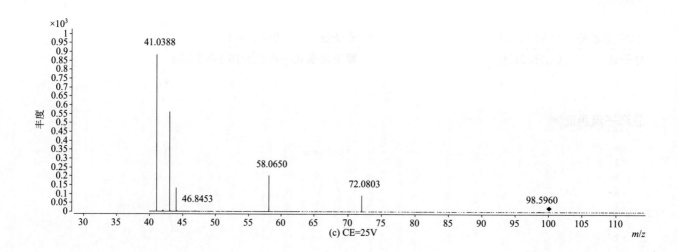

(c) CE=25V

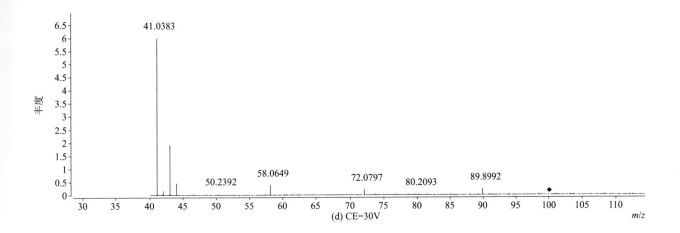

(d) CE=30V

sulfallate（草克死）

CAS 登录号	95-06-7	分子量	223.0251
分子式	$C_8H_{14}ClNS_2$	离子化模式	电子轰击电离（EI）

总离子流色谱图

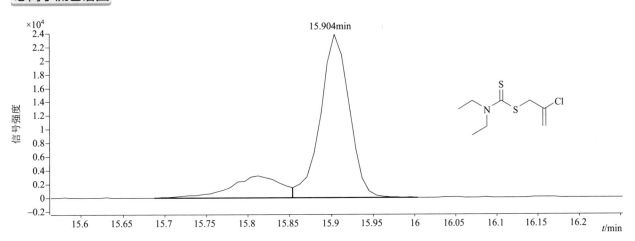

15.904min

四个碰撞能量（CE）下子离子质谱图

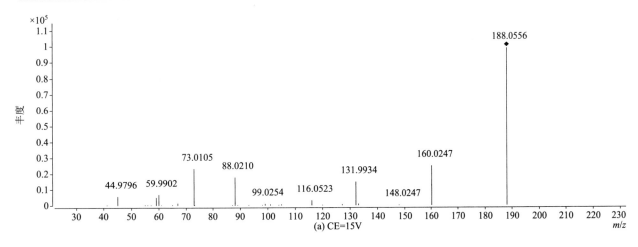

(a) CE=15V

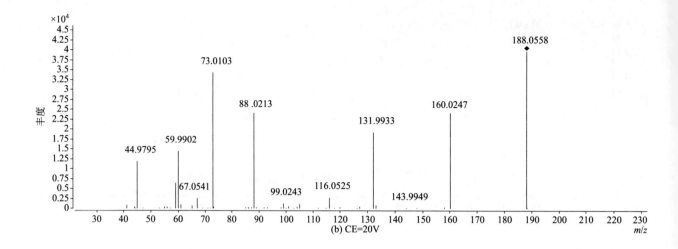

(b) CE=20V

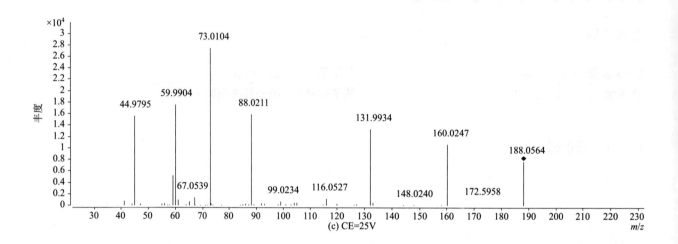

(c) CE=25V

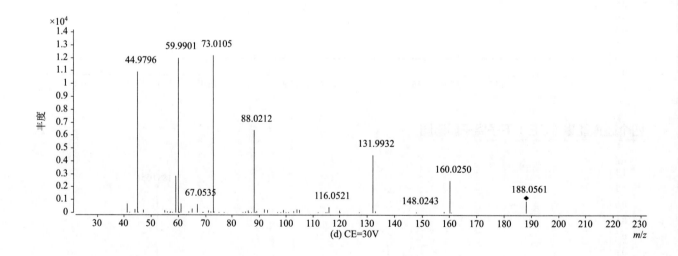

(d) CE=30V

sulfotep（治螟磷）

基本信息

CAS 登录号	3689-24-5	**分子量**	322.0222
分子式	$C_8H_{20}O_5P_2S_2$	**离子化模式**	电子轰击电离（EI）

总离子流色谱图

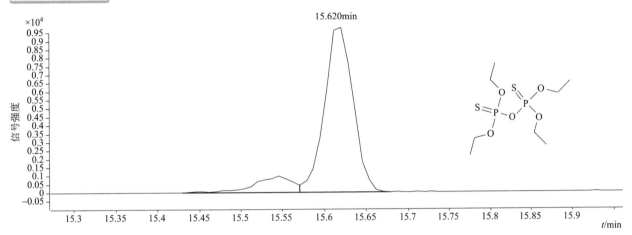

四个碰撞能量（CE）下子离子质谱图

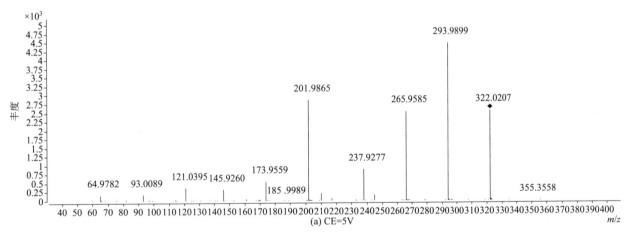

(a) CE=5V

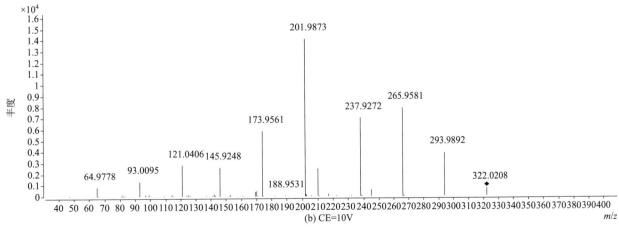

(b) CE=10V

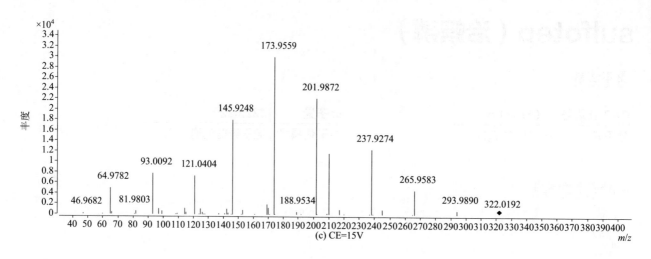

(c) CE=15V

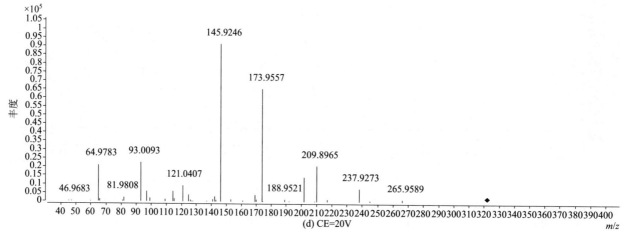

(d) CE=20V

sulprofos（硫丙磷）

sulfotep（硫特普）

基本信息

CAS 登录号	35400-43-2		分子量	322.0280
分子式	$C_{12}H_{19}O_2PS_3$		离子化模式	电子轰击电离（EI）

总离子流色谱图

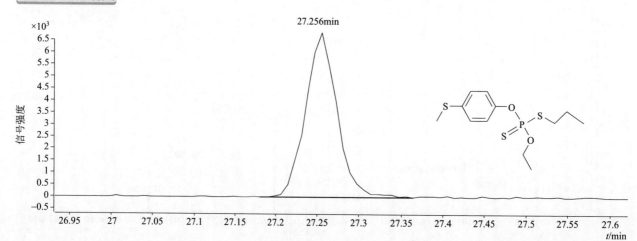

882

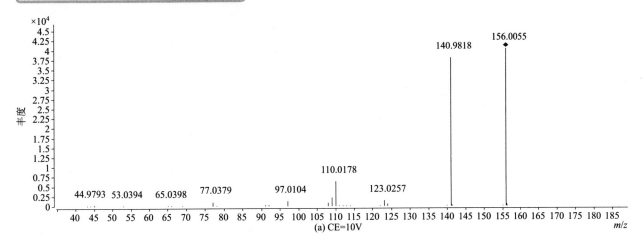

(a) CE=10V

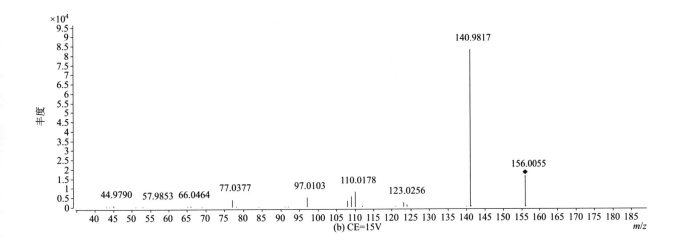

(b) CE=15V

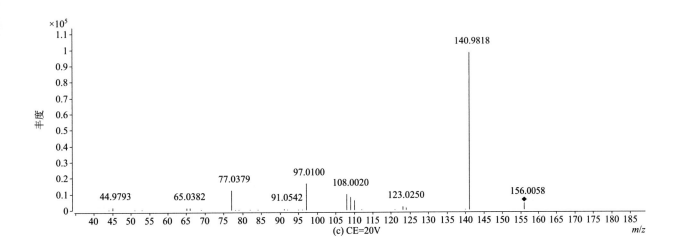

(c) CE=20V

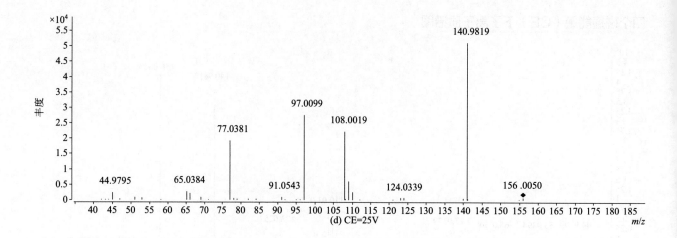

(d) CE=25V

TCMTB（清菌噻唑）

基本信息

CAS 登录号	21564-17-0	分子量	237.9689
分子式	$C_9H_6N_2S_3$	离子化模式	电子轰击电离（EI）

总离子流色谱图

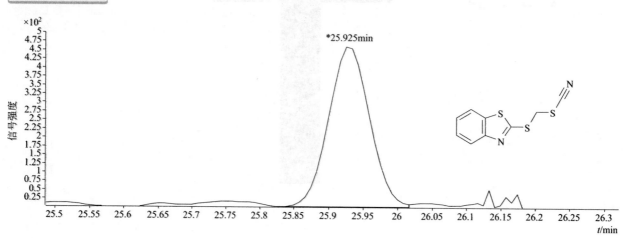

四个碰撞能量（CE）下子离子质谱图

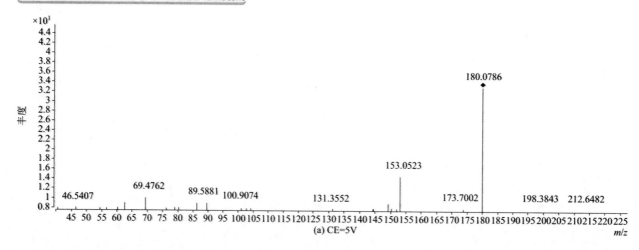

(a) CE=5V

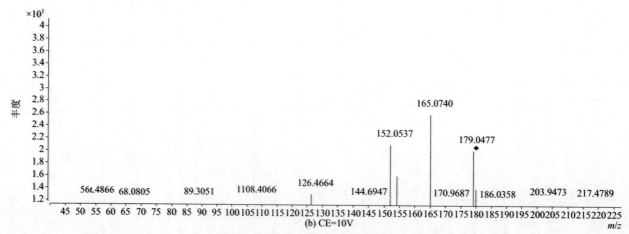

(b) CE=10V

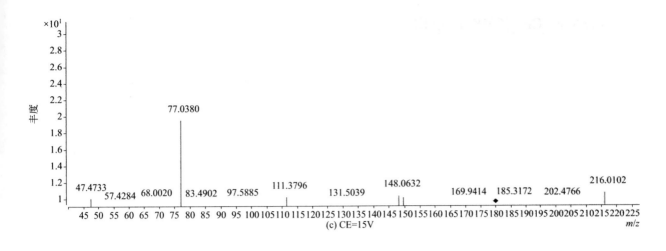

(c) CE=15V

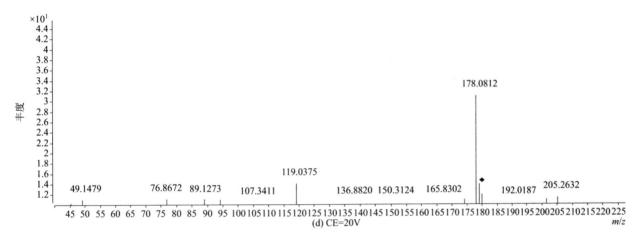

(d) CE=20V

tebuconazole（戊唑醇）

基本信息

CAS 登录号	107534-96-3	分子量	307.1446
分子式	C₁₆H₂₂ClN₃O	离子化模式	电子轰击电离（EI）

分子式 $C_{16}H_{22}ClN_3O$

总离子流色谱图

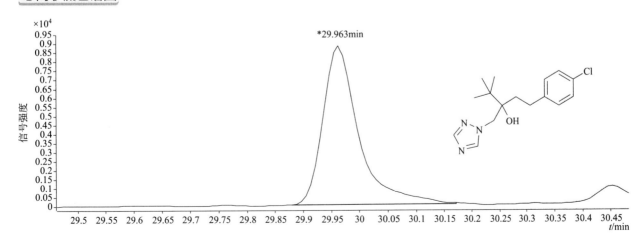

四个碰撞能量（CE）下子离子质谱图

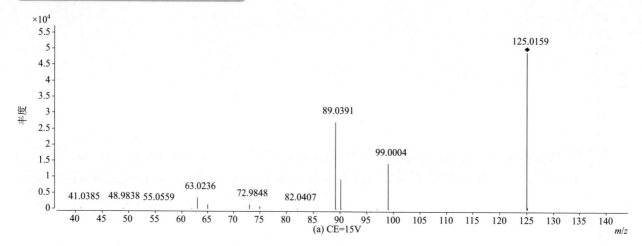

(a) CE=15V

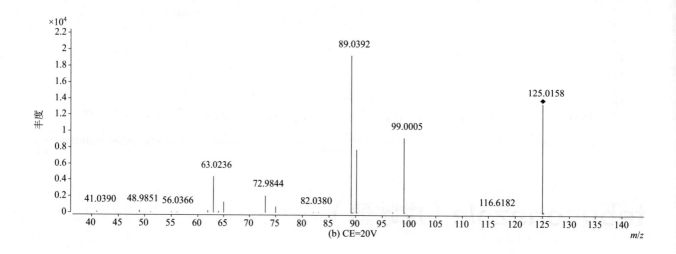

(b) CE=20V

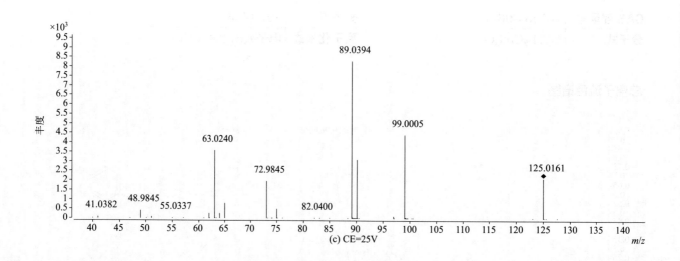

(c) CE=25V

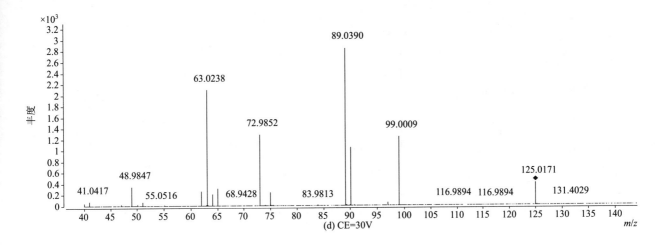

(d) CE=30V

tebufenpyrad（吡螨胺）

基本信息

CAS 登录号	119168-77-3	分子量	333.1603
分子式	$C_{18}H_{24}ClN_3O$	离子化模式	电子轰击电离（EI）

总离子流色谱图

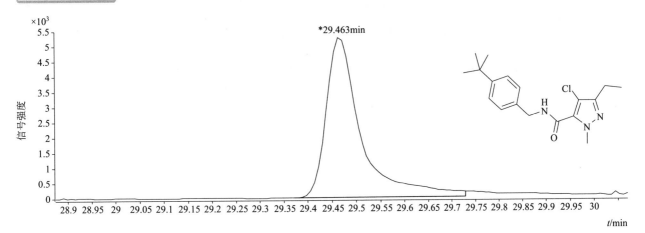

四个碰撞能量（CE）下子离子质谱图

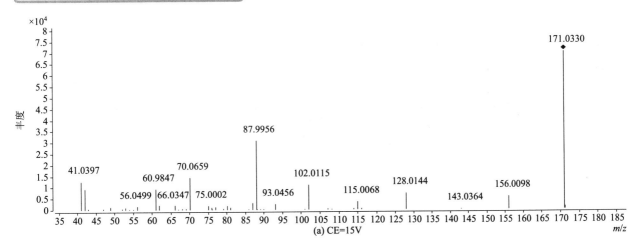

(a) CE=15V

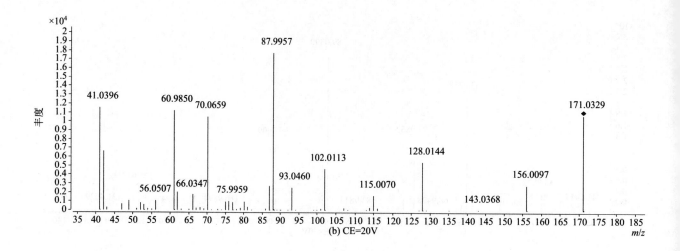

(b) CE=20V

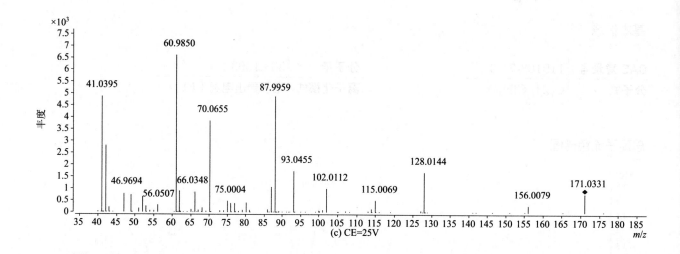

(c) CE=25V

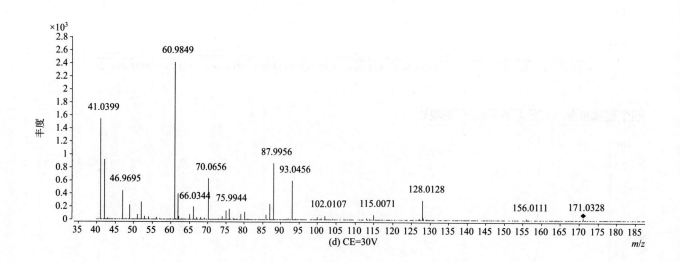

(d) CE=30V

tebupirimfos（丁基嘧啶磷）

基本信息

CAS 登录号	96182-53-5	分子量	318.1162
分子式	$C_{13}H_{23}N_2O_3PS$	离子化模式	电子轰击电离（EI）

总离子流色谱图

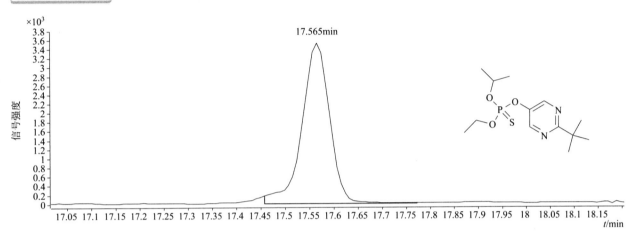

四个碰撞能量（CE）下子离子质谱图

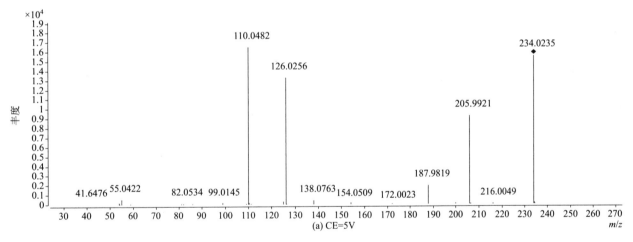

(a) CE=5V

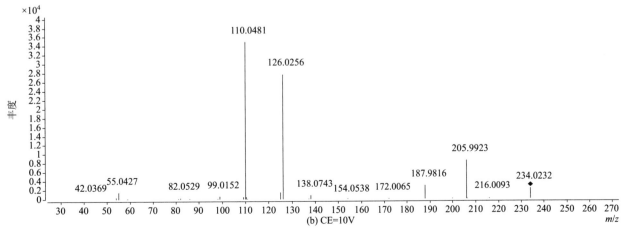

(b) CE=10V

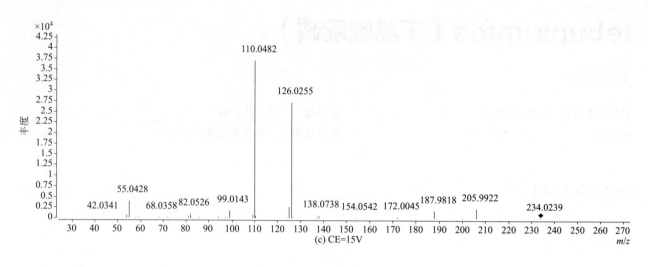

(c) CE=15V

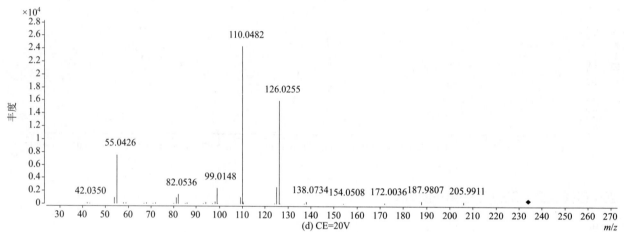

(d) CE=20V

tebutam（丙戊草胺）

CAS 登录号	35256-85-0	分子量	233.1775
分子式	$C_{15}H_{23}NO$	离子化模式	电子轰击电离（EI）

总离子流色谱图

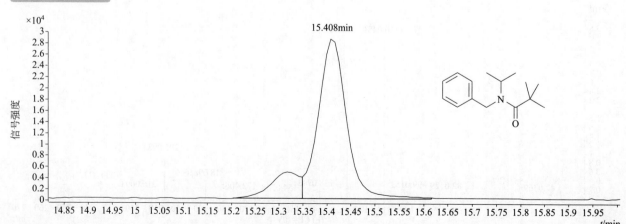

四个碰撞能量（CE）下子离子质谱图

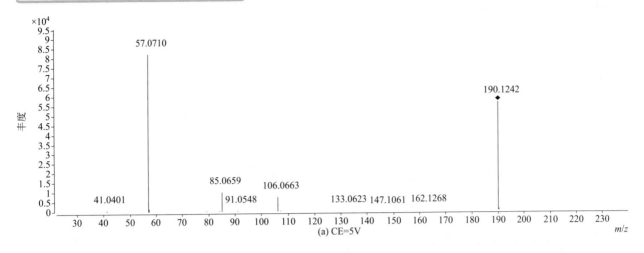

(a) CE=5V

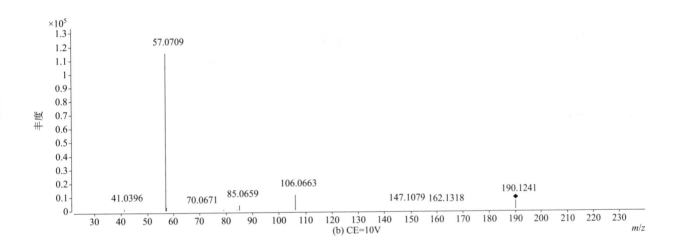

(b) CE=10V

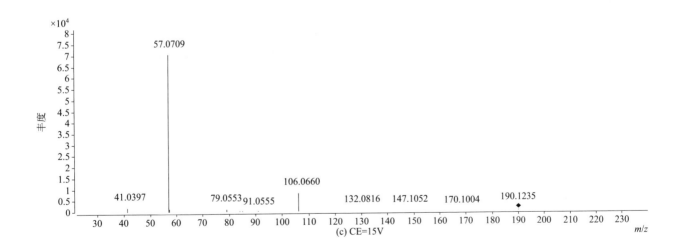

(c) CE=15V

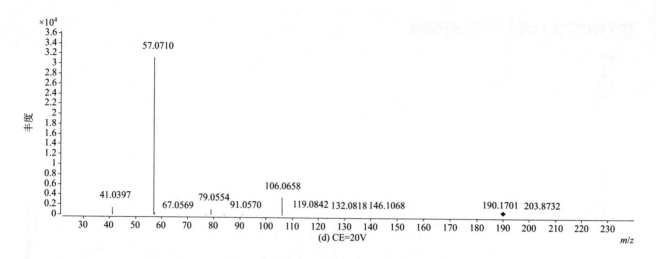

(d) CE=20V

tebuthiuron（特丁噻草隆）

基本信息

CAS 登录号	34014-18-1	分子量	228.1040
分子式	C₉H₁₆N₄OS	离子化模式	电子轰击电离（EI）

总离子流色谱图

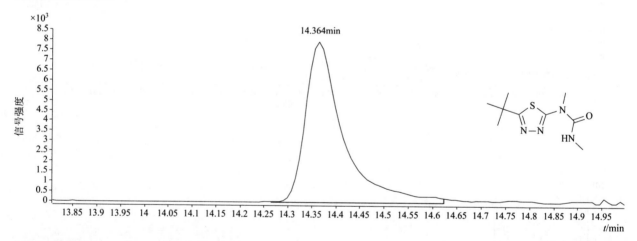

14.364min

四个碰撞能量（CE）下子离子质谱图

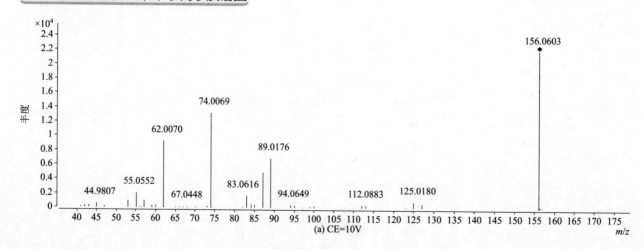

(a) CE=10V

894

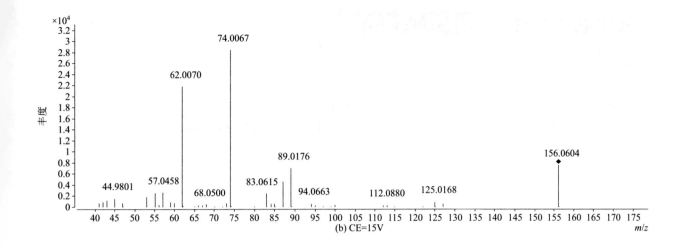

(b) CE=15V

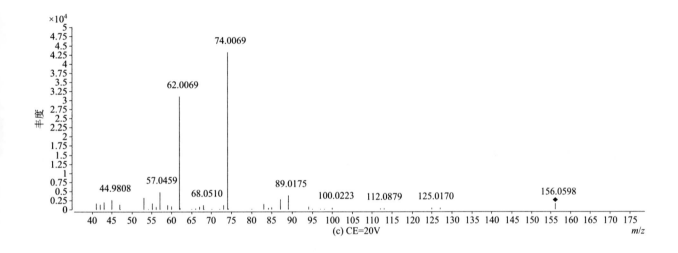

(c) CE=20V

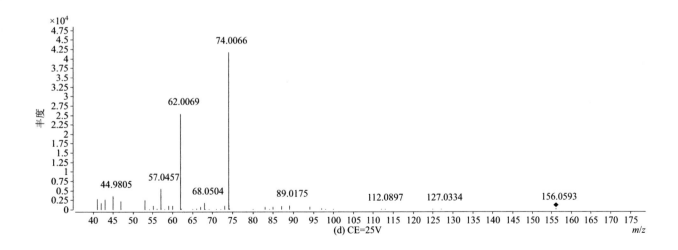

(d) CE=25V

tecnazene（四氯硝基苯）

基本信息

CAS 登录号	117-18-0	**分子量**	258.8756
分子式	$C_6HCl_4NO_2$	**离子化模式**	电子轰击电离（EI）

总离子流色谱图

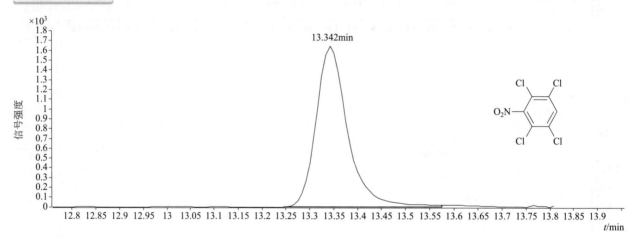

四个碰撞能量（CE）下子离子质谱图

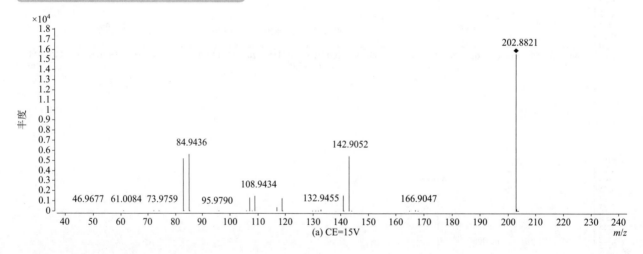

(a) CE=15V

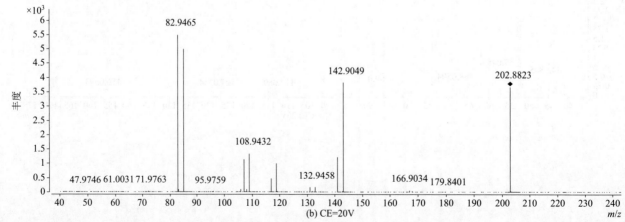

(b) CE=20V

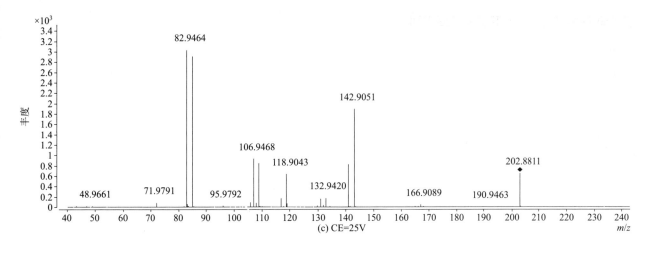

(c) CE=25V

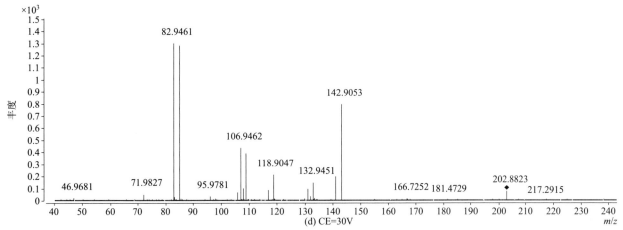

(d) CE=30V

teflubenzuron（氟苯脲）

基本信息

CAS 登录号	83121-18-0	分子量	379.9737
分子式	$C_{14}H_6Cl_2F_4N_2O_2$	离子化模式	电子轰击电离（EI）

总离子流色谱图

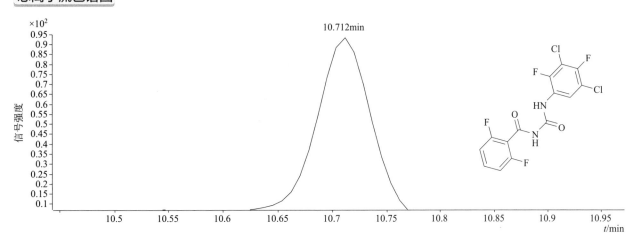

四个碰撞能量（CE）下子离子质谱图

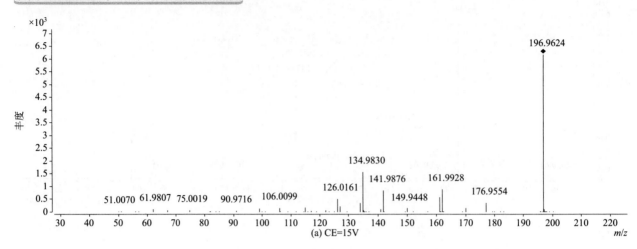

(a) CE=15V

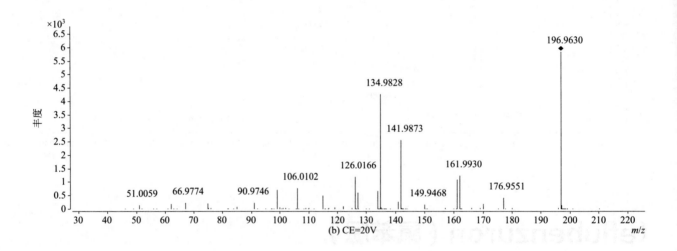

(b) CE=20V

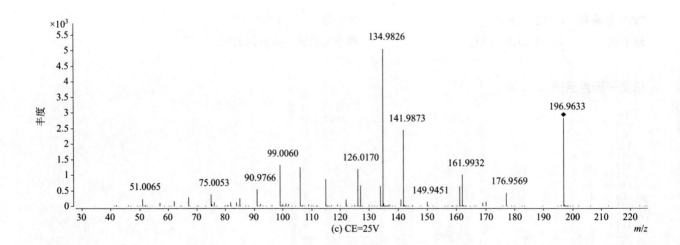

(c) CE=25V

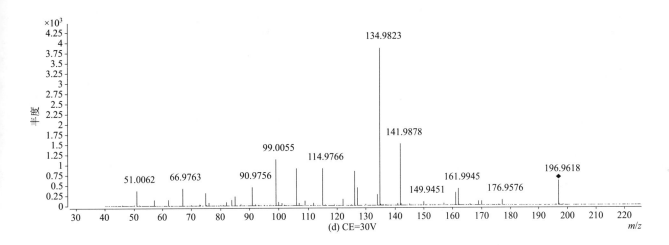

(d) CE=30V

tefluthrin（七氟菊酯）

基本信息

CAS 登录号	79538-32-2	**分子量**	418.0566
分子式	$C_{17}H_{14}ClF_7O_2$	**离子化模式**	电子轰击电离（EI）

总离子流色谱图

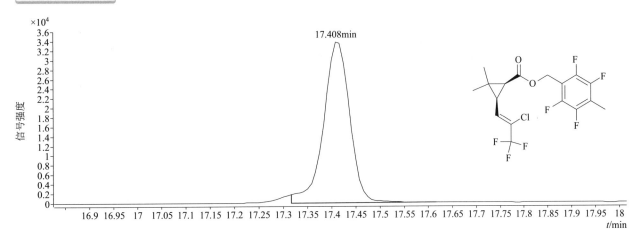

四个碰撞能量（CE）下子离子质谱图

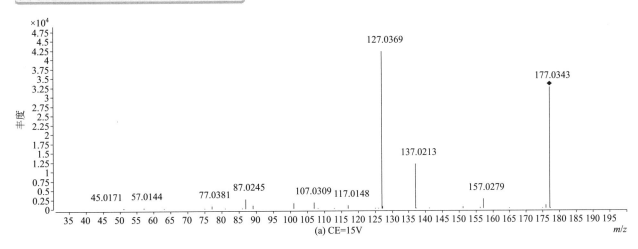

(a) CE=15V

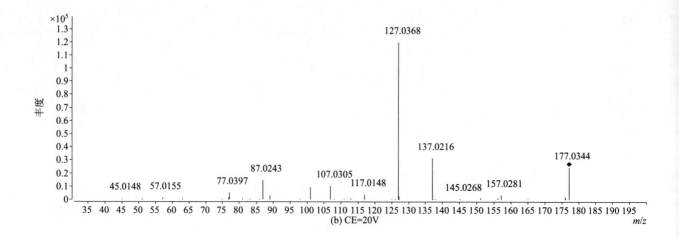
(b) CE=20V

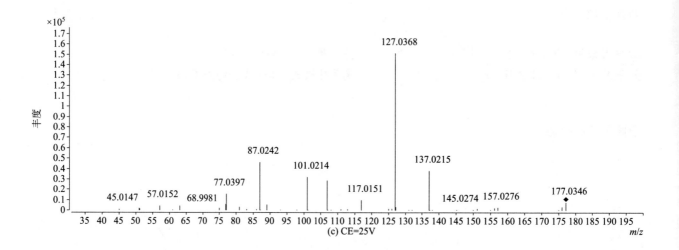
(c) CE=25V

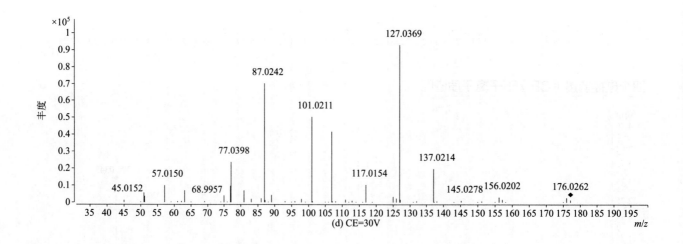
(d) CE=30V

telodrim（碳氯灵）

基本信息

CAS 登录号	297-78-9	**分子量**	407.7765
分子式	$C_9H_4Cl_8O$	**离子化模式**	电子轰击电离（EI）

总离子流色谱图

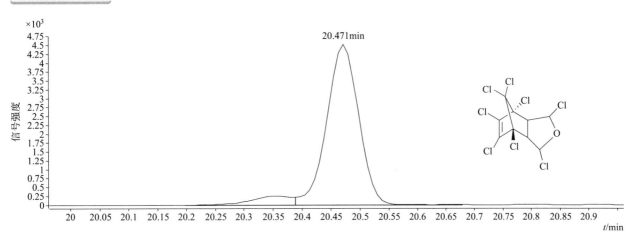

四个碰撞能量（CE）下子离子质谱图

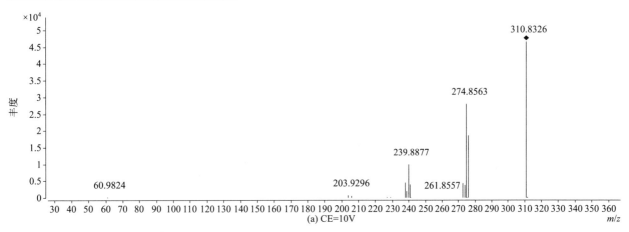

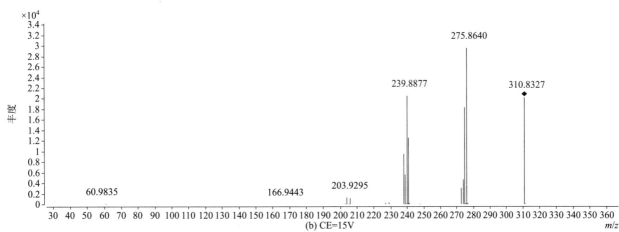

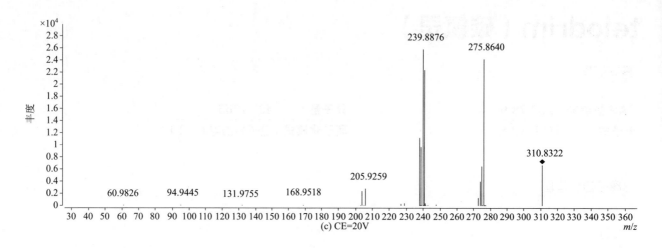

(c) CE=20V

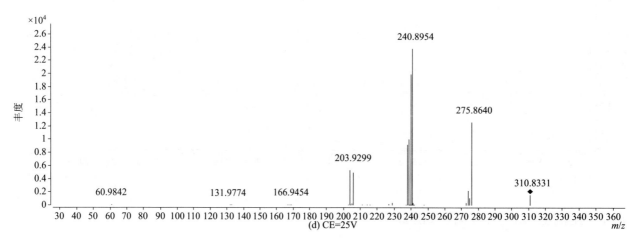

(d) CE=25V

tepraloxydim（吡喃草酮）

基本信息

CAS 登录号	149979-41-9	分子量	341.1389
分子式	$C_{17}H_{24}ClNO_4$	离子化模式	电子轰击电离（EI）

总离子流色谱图

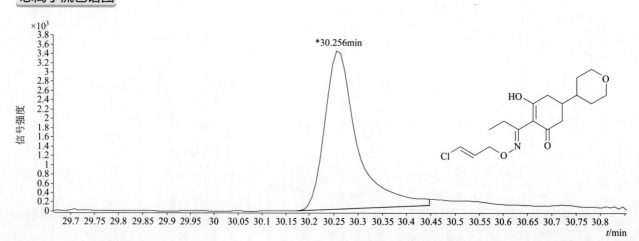

四个碰撞能量（CE）下子离子质谱图

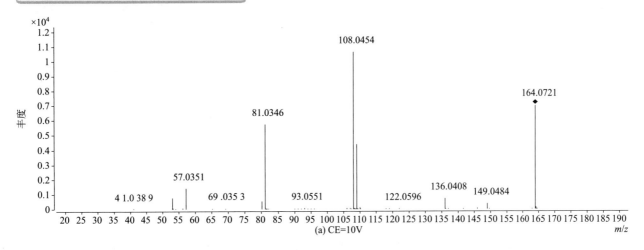

(a) CE=10V

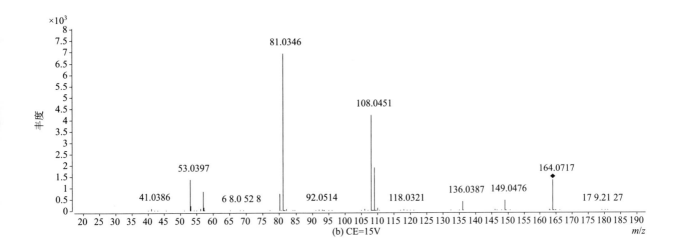

(b) CE=15V

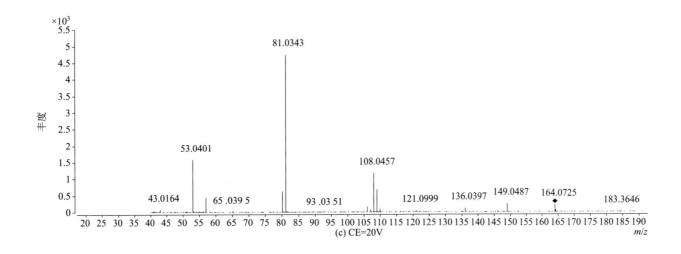

(c) CE=20V

903

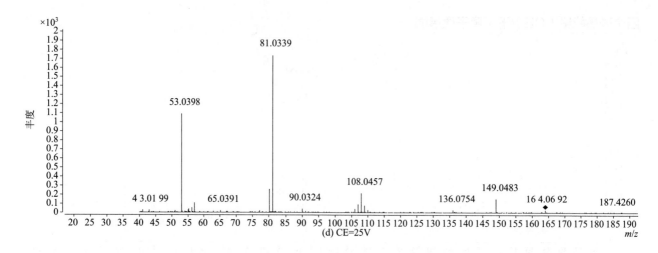

(d) CE=25V

2,3,5,6-tetrachloroaniline（2,3,5,6- 四氯苯胺）

基本信息

CAS 登录号	3481-20-7	分子量	228.9015
分子式	C$_6$H$_3$Cl$_4$N	离子化模式	电子轰击电离（EI）

总离子流色谱图

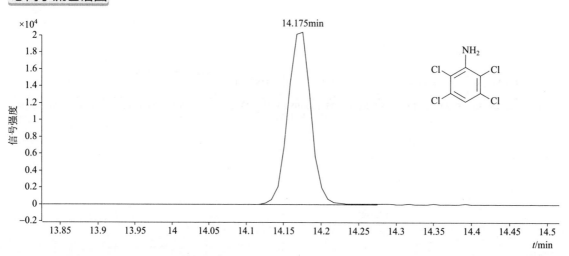

四个碰撞能量（CE）下子离子质谱图

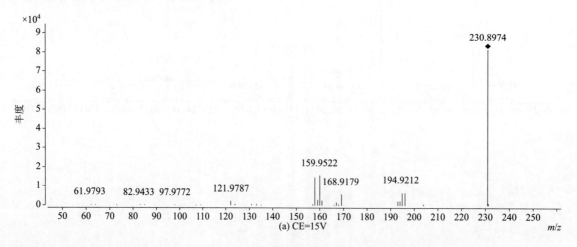

(a) CE=15V

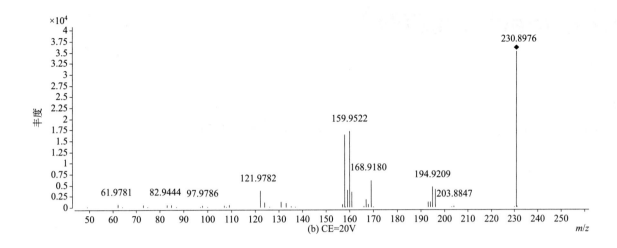

(b) CE=20V

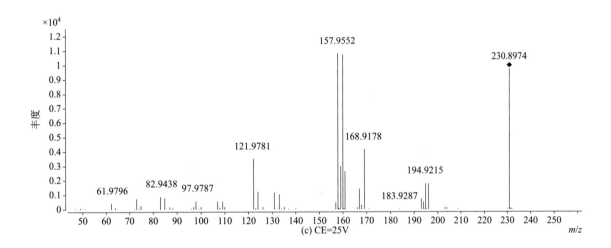

(c) CE=25V

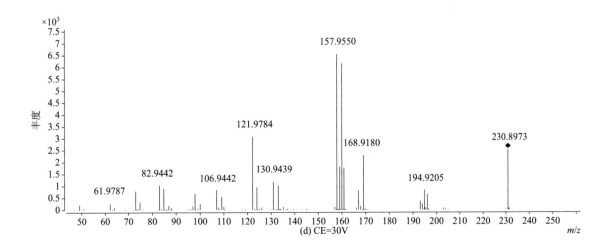

(d) CE=30V

terbucarb（特草灵）

基本信息

CAS 登录号	1918-11-2	分子量	277.2037
分子式	C₁₇H₂₇NO₂	离子化模式	电子轰击电离（EI）

分子式 $C_{17}H_{27}NO_2$ 分子量 277.2037 离子化模式 电子轰击电离（EI）

总离子流色谱图

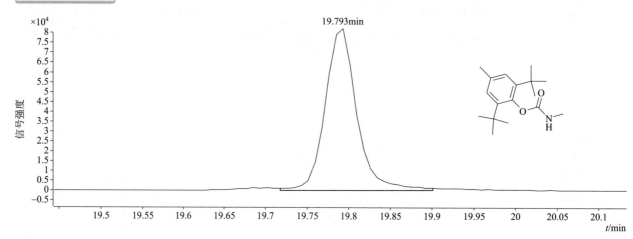

四个碰撞能量（CE）下子离子质谱图

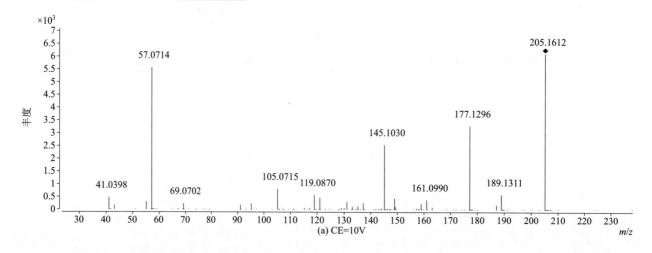

(a) CE=10V

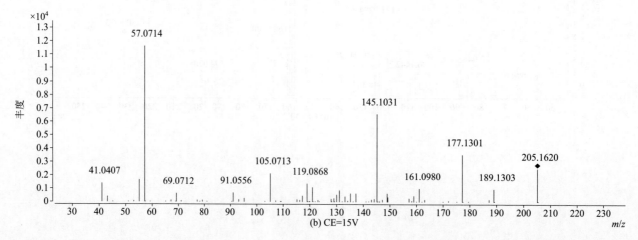

(b) CE=15V

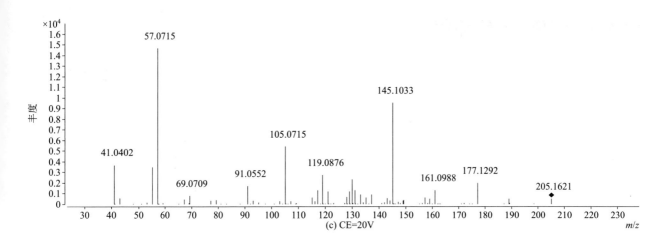

(c) CE=20V

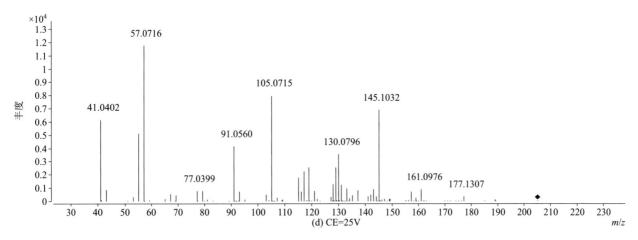

(d) CE=25V

terbufos（特丁硫磷）

基本信息

CAS 登录号	13071-79-9	**分子量**	288.0436
分子式	$C_9H_{21}O_2PS_3$	**离子化模式**	电子轰击电离（EI）

总离子流色谱图

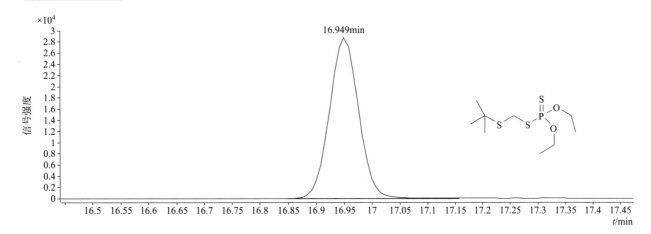

四个碰撞能量（CE）下子离子质谱图

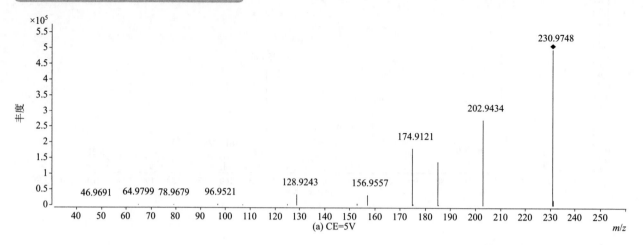

(a) CE=5V

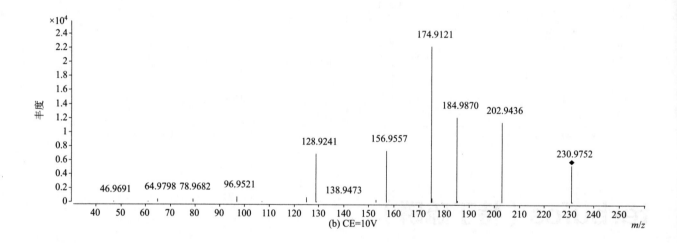

(b) CE=10V

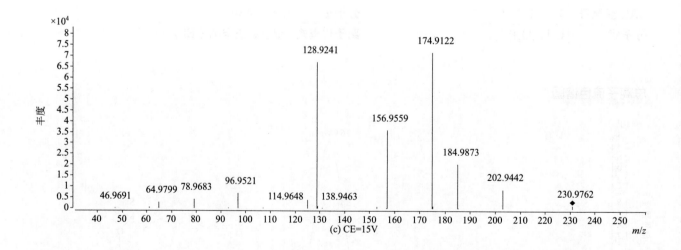

(c) CE=15V

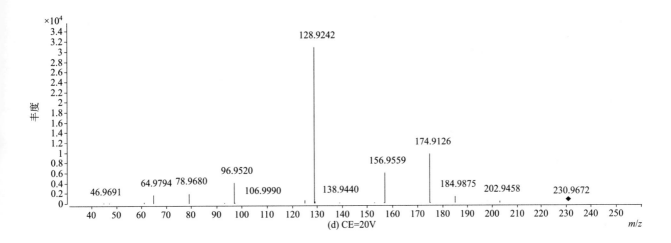

(d) CE=20V

terbumeton（特丁通）

CAS 登录号	33693-04-8	**分子量**	225.1585
分子式	$C_{10}H_{19}N_5O$	**离子化模式**	电子轰击电离（EI）

总离子流色谱图

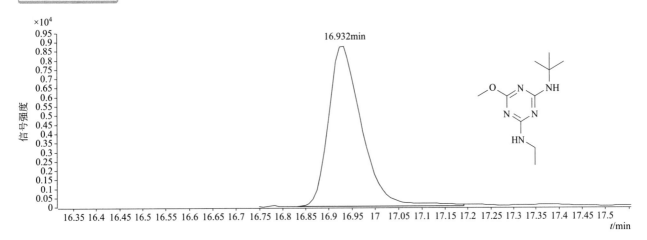

四个碰撞能量（CE）下子离子质谱图

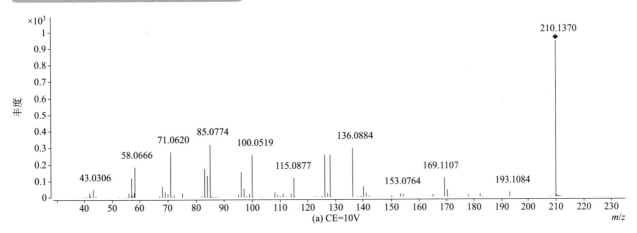

(a) CE=10V

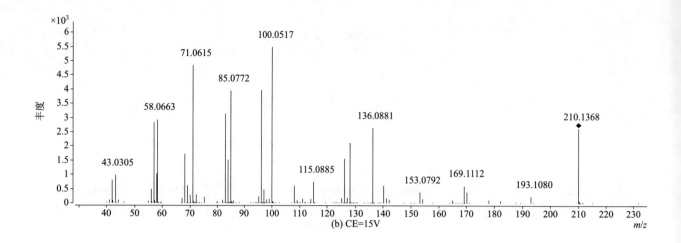

(b) CE=15V

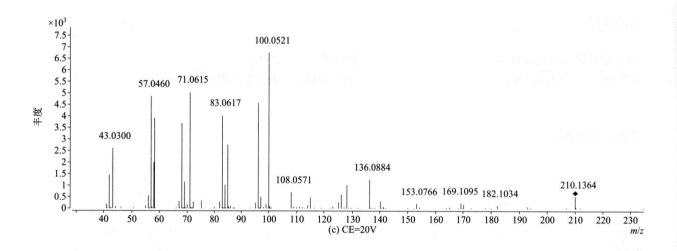

(c) CE=20V

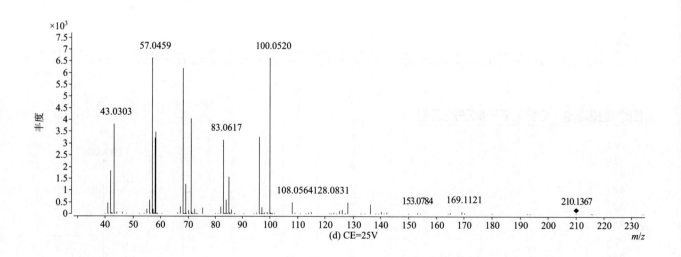

(d) CE=25V

terbuthylazine（特丁津）

基本信息

CAS 登录号	5915-41-3	**分子量**	229.1089
分子式	$C_9H_{16}ClN_5$	**离子化模式**	电子轰击电离（EI）

总离子流色谱图

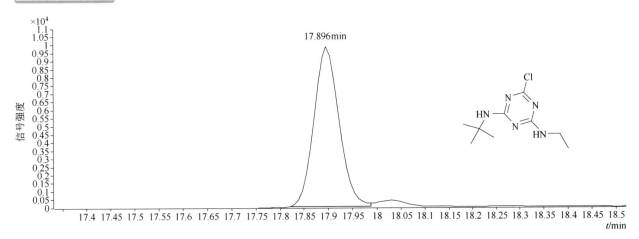

四个碰撞能量（CE）下子离子质谱图

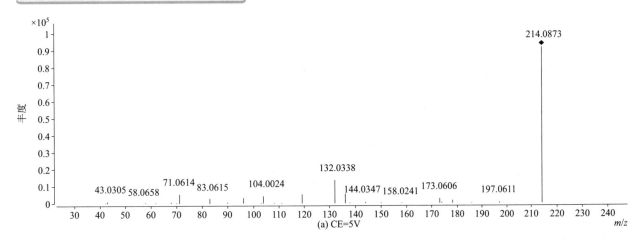

(a) CE=5V

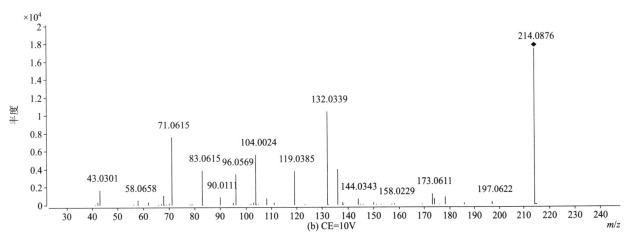

(b) CE=10V

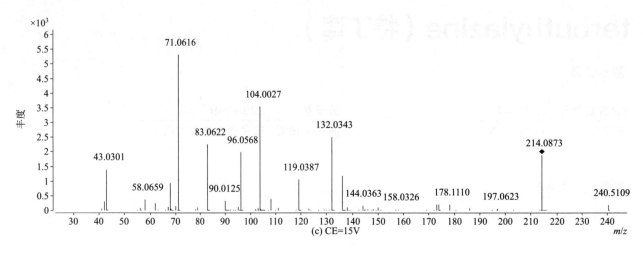

(c) CE=15V

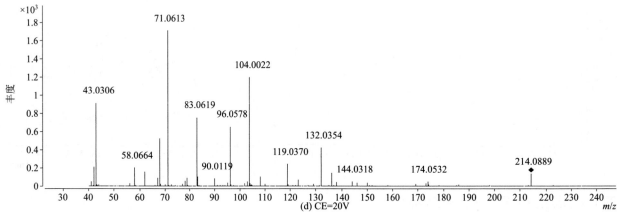

(d) CE=20V

terbutryn（特丁净）

基本信息

CAS 登录号	886-50-0	分子量	241.1356
分子式	$C_{10}H_{19}N_5S$	离子化模式	电子轰击电离（EI）

总离子流色谱图

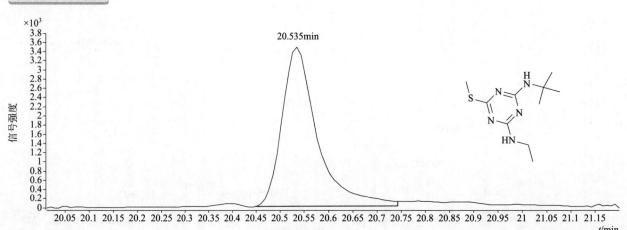

912

四个碰撞能量（CE）下子离子质谱图

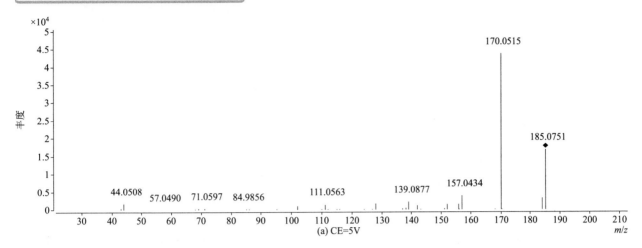

(a) CE=5V

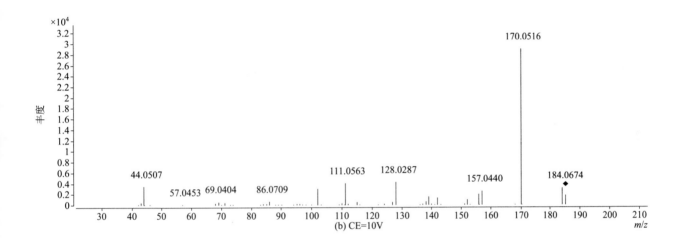

(b) CE=10V

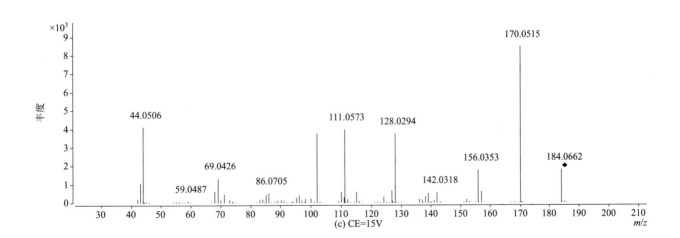

(c) CE=15V

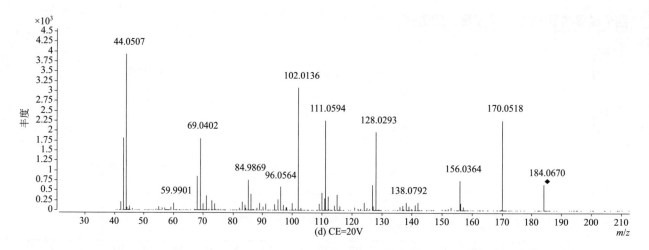

(d) CE=20V

tert-butyl-4-hydroxyanisole（丁羟茴香醚）

基本信息

CAS 登录号	25013-16-5	分子量	180.1145
分子式	$C_{11}H_{16}O_2$	离子化模式	电子轰击电离（EI）

总离子流色谱图

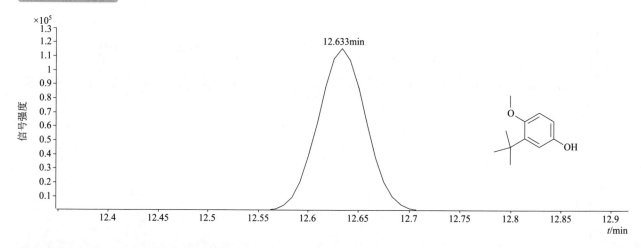

四个碰撞能量（CE）下子离子质谱图

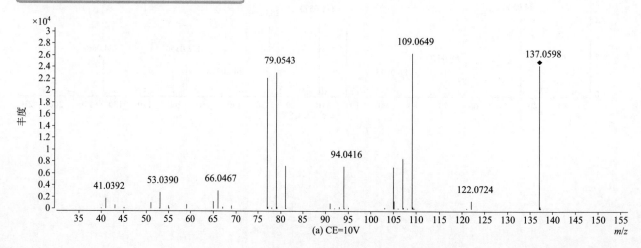

(a) CE=10V

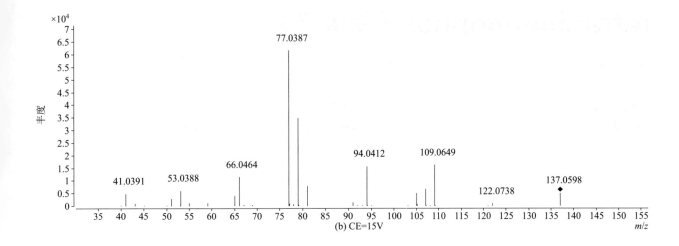

(b) CE=15V

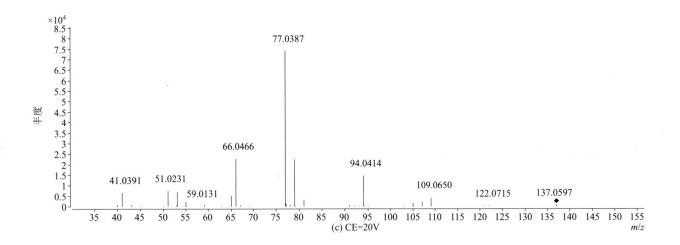

(c) CE=20V

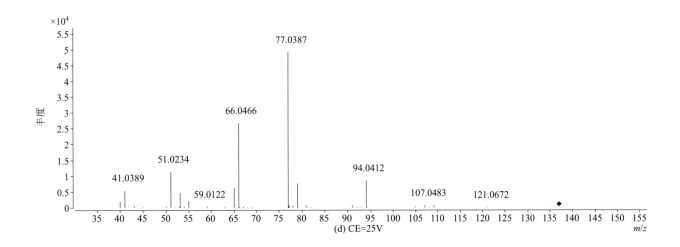

(d) CE=25V

tetrachlorvinphos（杀虫畏）

基本信息

CAS 登录号	22248-79-9	**分子量**	363.8988
分子式	$C_{10}H_9Cl_4O_4P$	**离子化模式**	电子轰击电离（EI）

总离子流色谱图

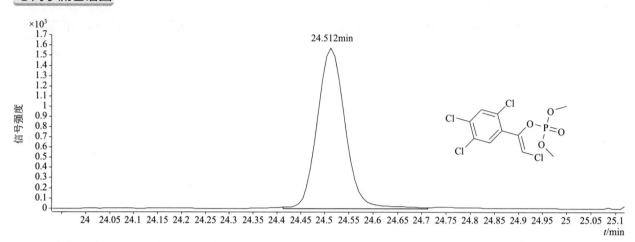

四个碰撞能量（CE）下子离子质谱图

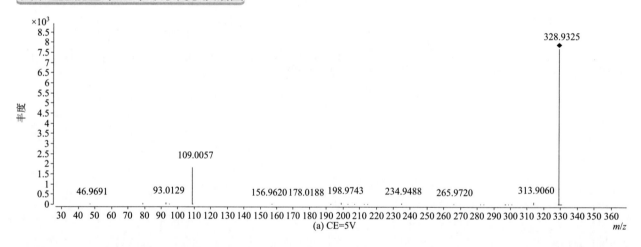

(a) CE=5V

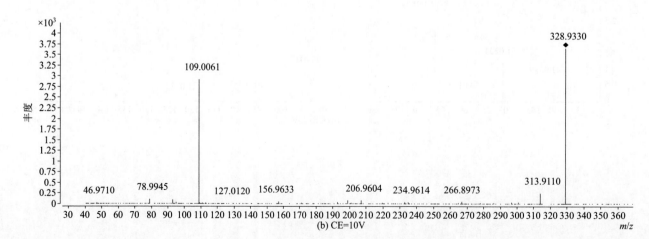

(b) CE=10V

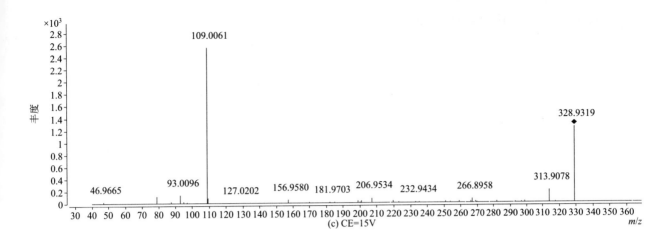

(c) CE=15V

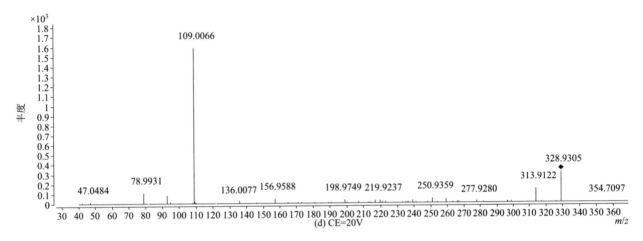

(d) CE=20V

tetraconazole（氟醚唑）

基本信息

CAS 登录号	112281-77-3	分子量	371.0210
分子式	$C_{13}H_{11}Cl_2F_4N_3O$	离子化模式	电子轰击电离（EI）

总离子流色谱图

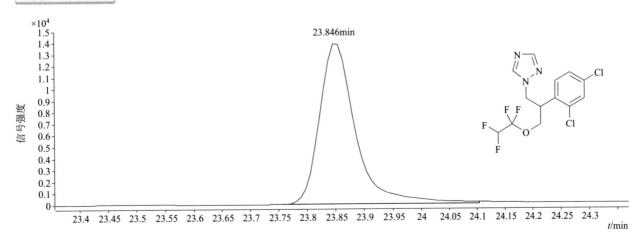

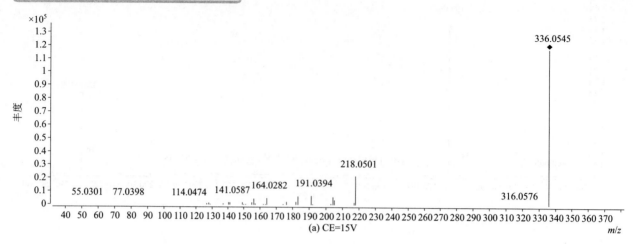

(a) CE=15V

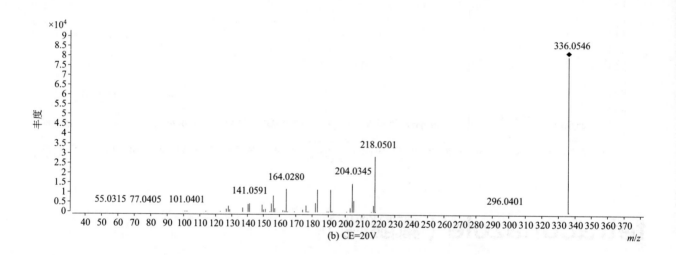

(b) CE=20V

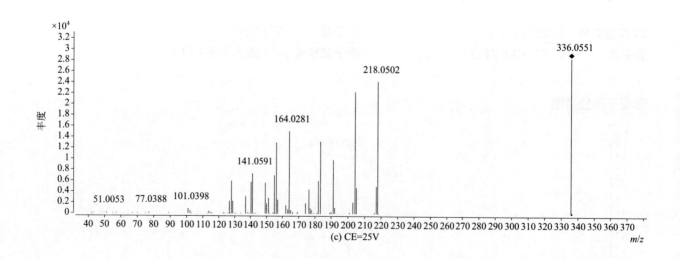

(c) CE=25V

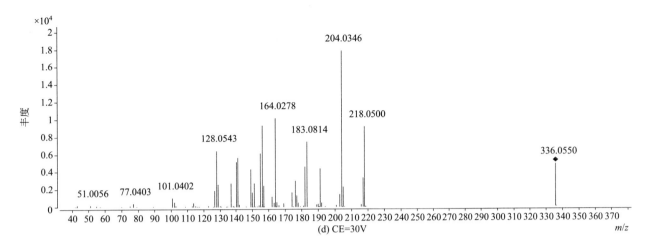

(d) CE=30V

tetradifon（三氯杀螨砜）

基本信息

CAS 登录号	116-29-0	分子量	353.8838
分子式	$C_{12}H_6Cl_4O_2S$	离子化模式	电子轰击电离（EI）

总离子流色谱图

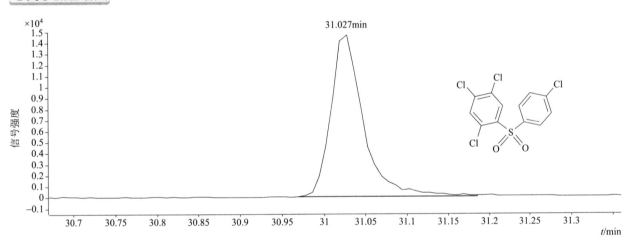

四个碰撞能量（CE）下子离子质谱图

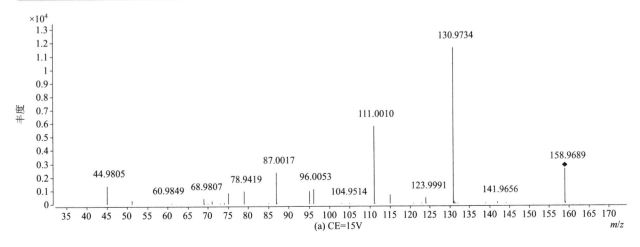

(a) CE=15V

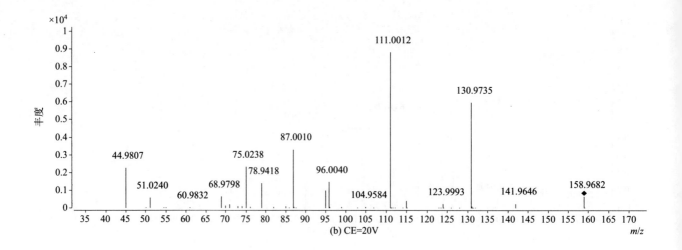

(b) CE=20V

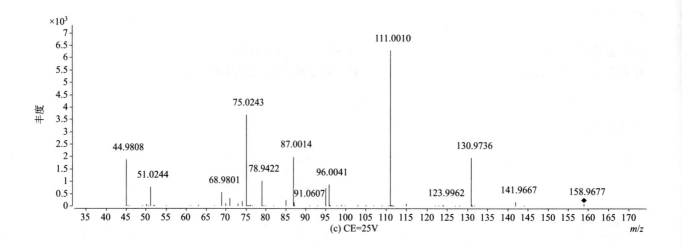

(c) CE=25V

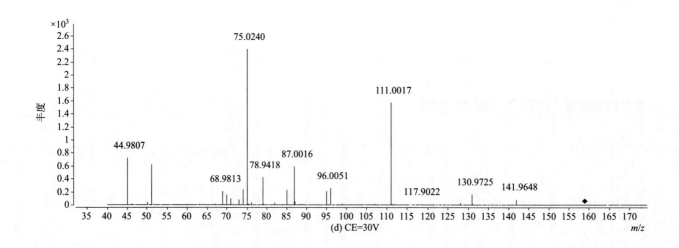

(d) CE=30V

cis-1,2,3,6-tetrahydrophthalimide
（四氢吩胺）

基本信息

CAS 登录号	85-40-5	**分子量**	151.0628
分子式	$C_8H_9NO_2$	**离子化模式**	电子轰击电离（EI）

总离子流色谱图

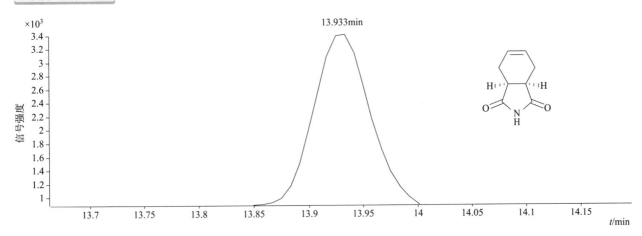

四个碰撞能量（CE）下子离子质谱图

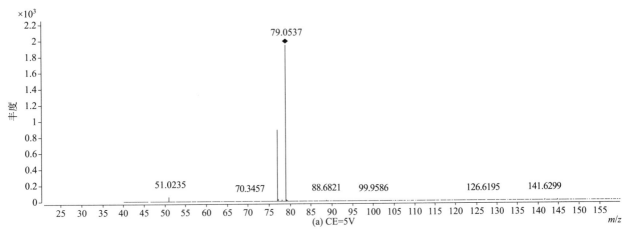

(a) CE=5V

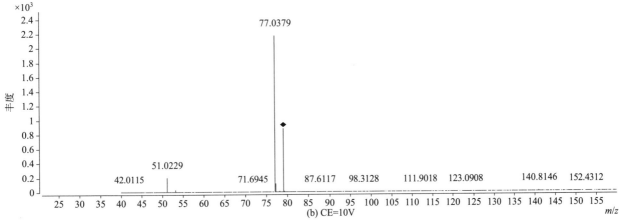

(b) CE=10V

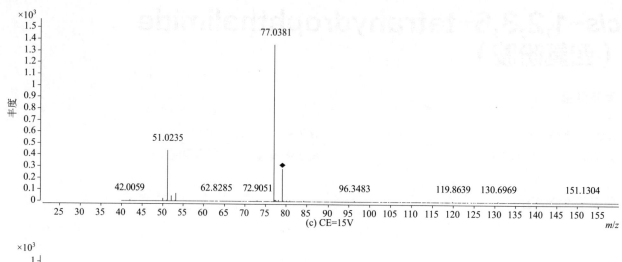

(c) CE=15V

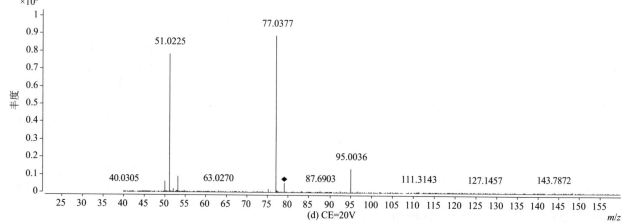

(d) CE=20V

tetramethrin（胺菊酯）

基本信息

CAS 登录号	7696-12-0	分子量	331.1779
分子式	C₁₉H₂₅NO₄	离子化模式	电子轰击电离（EI）

注：此表中分子式应为 $C_{19}H_{25}NO_4$

总离子流色谱图

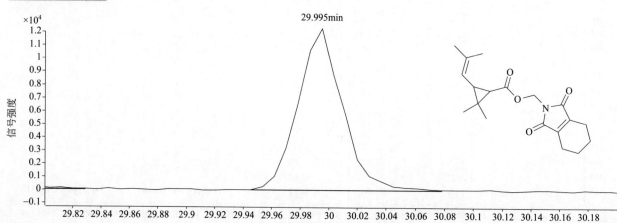

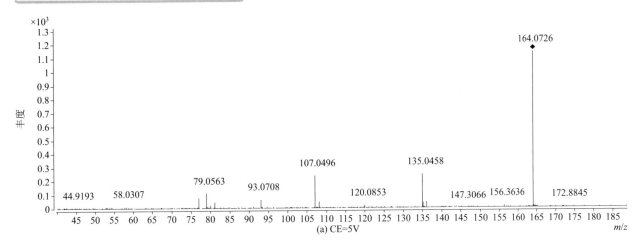

(a) CE=5V

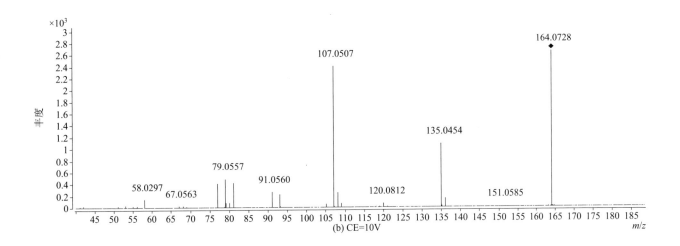

(b) CE=10V

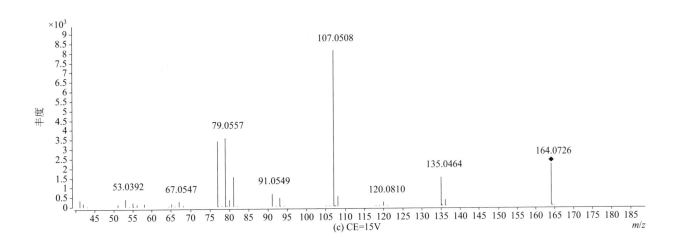

(c) CE=15V

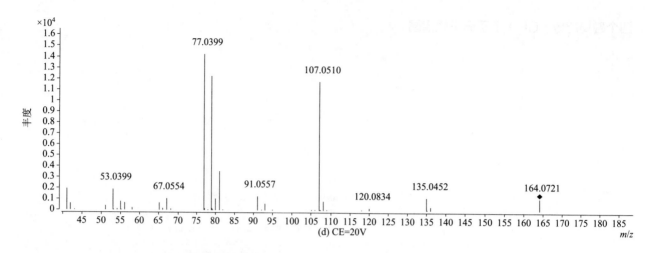

(d) CE=20V

tetrasul（杀螨硫醚）

基本信息

CAS 登录号	2227-13-6	分子量	321.8939
分子式	$C_{12}H_6Cl_4S$	离子化模式	电子轰击电离（EI）

总离子流色谱图

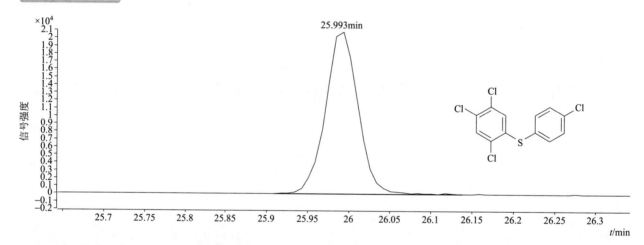

四个碰撞能量（CE）下子离子质谱图

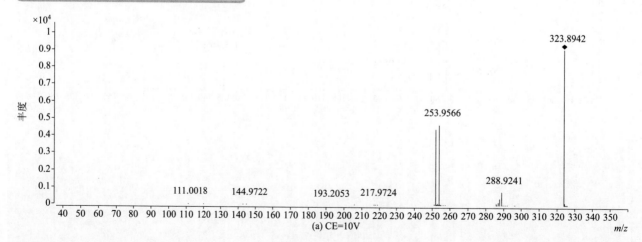

(a) CE=10V

924

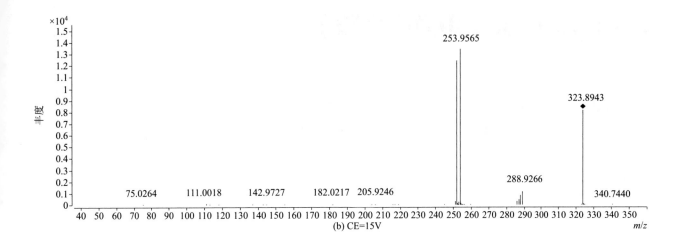
(b) CE=15V

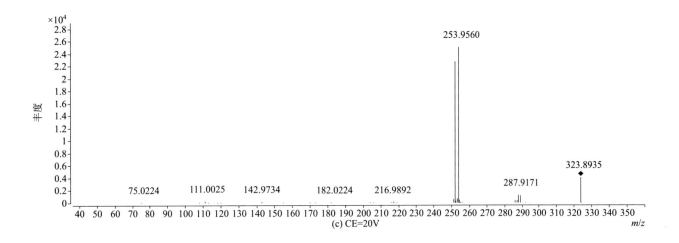
(c) CE=20V

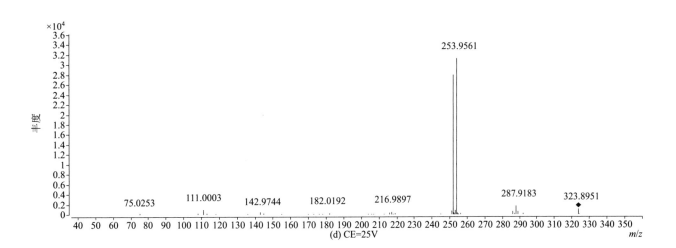
(d) CE=25V

thenylchlor（甲氧噻草胺）

基本信息

CAS 登录号	96491-05-3	分子量	323.0742
分子式	$C_{16}H_{18}ClNO_2S$	离子化模式	电子轰击电离（EI）

总离子流色谱图

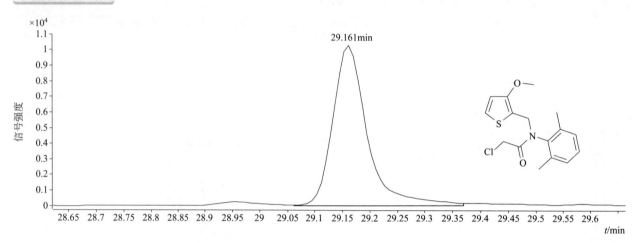

四个碰撞能量（CE）下子离子质谱图

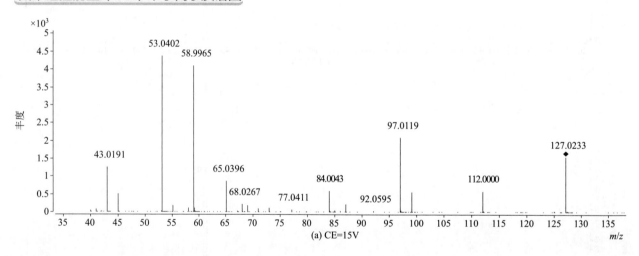

(a) CE=15V

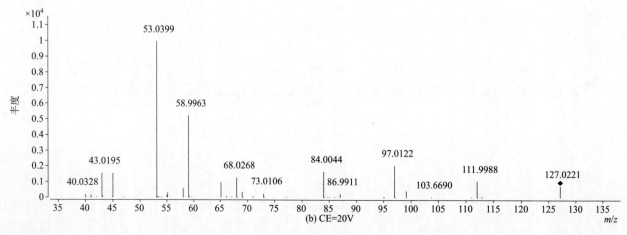

(b) CE=20V

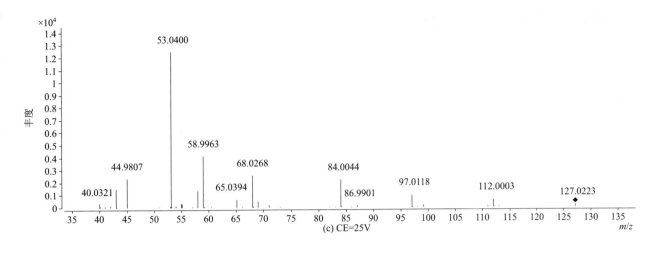

(c) CE=25V

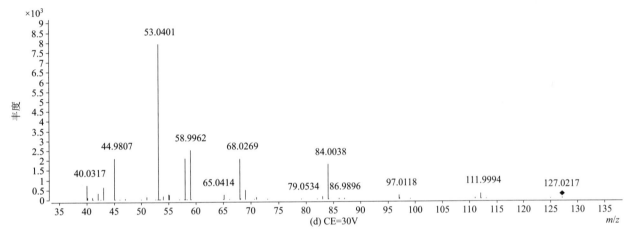

(d) CE=30V

thiabendazole（噻菌灵）

基本信息

CAS 登录号	148-79-8	分子量	201.0356
分子式	$C_{10}H_7N_3S$	离子化模式	电子轰击电离（EI）

总离子流色谱图

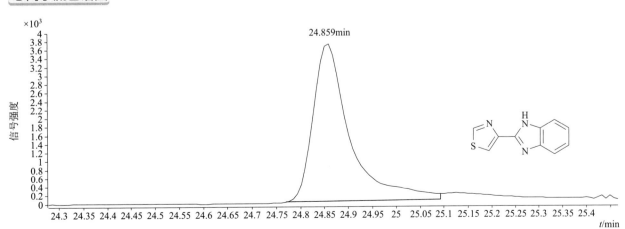

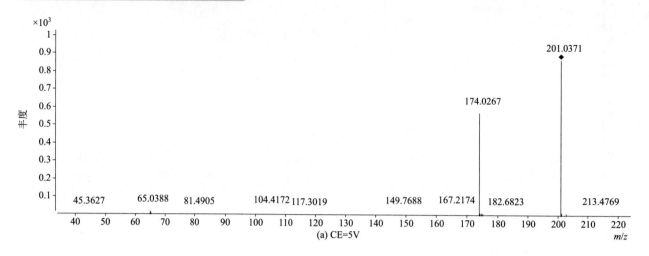

(a) CE=5V

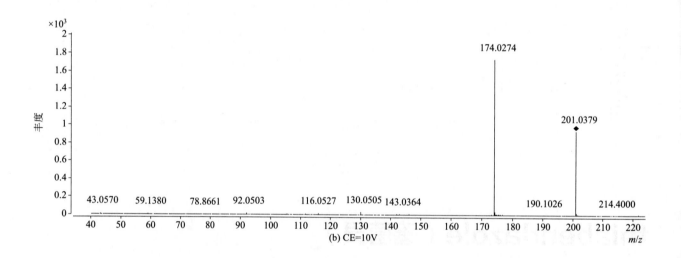

(b) CE=10V

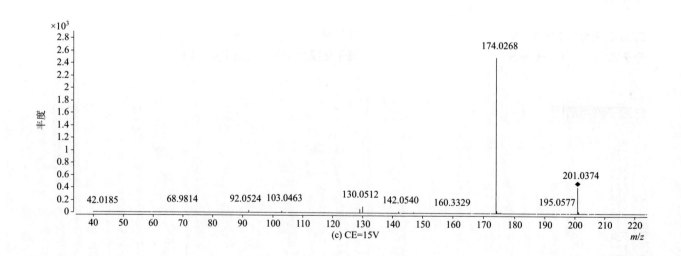

(c) CE=15V

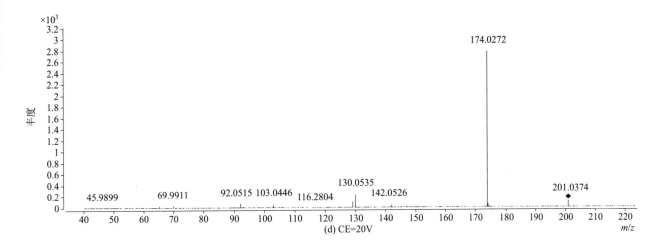

(d) CE=20V

thiazopyr（噻草啶）

基本信息

CAS 登录号	117718-60-2	分子量	396.0926
分子式	$C_{16}H_{17}F_5N_2O_2S$	离子化模式	电子轰击电离（EI）

总离子流色谱图

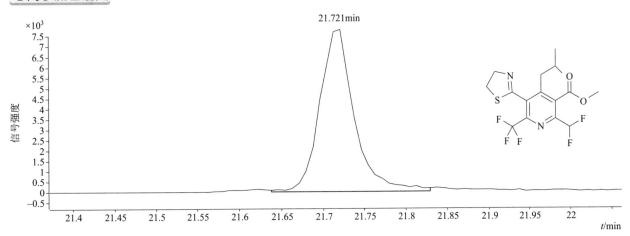

四个碰撞能量（CE）下子离子质谱图

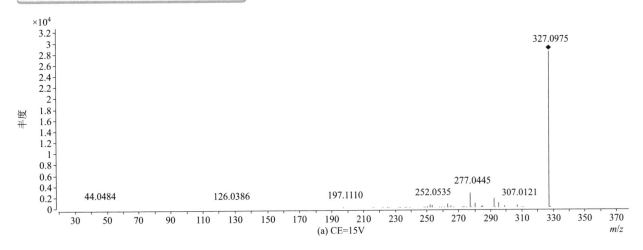

(a) CE=15V

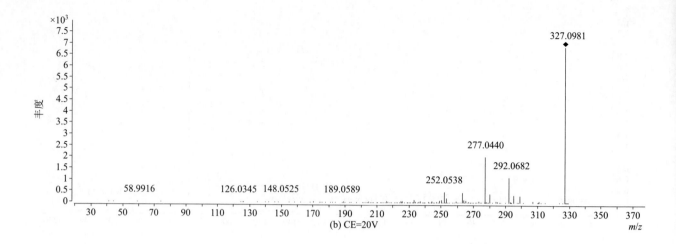

(b) CE=20V

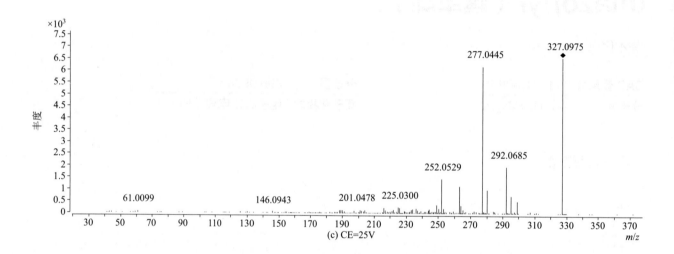

(c) CE=25V

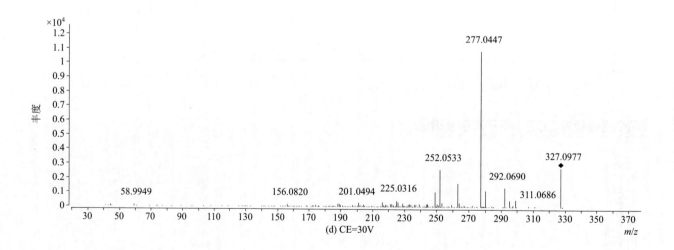

(d) CE=30V

thiobencarb（禾草丹）

基本信息

CAS 登录号	28249-77-6	**分子量**	257.0636
分子式	$C_{12}H_{16}ClNOS$	**离子化模式**	电子轰击电离（EI）

总离子流色谱图

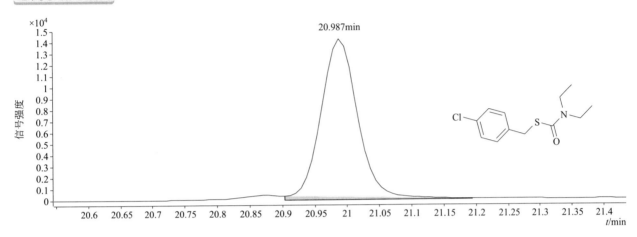

四个碰撞能量（CE）下子离子质谱图

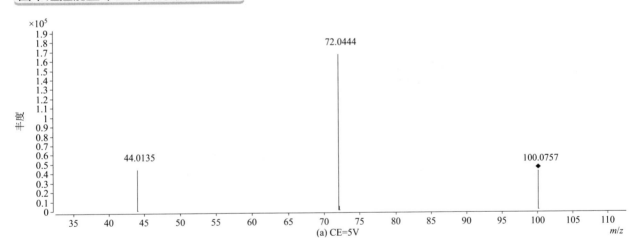

(a) CE=5V

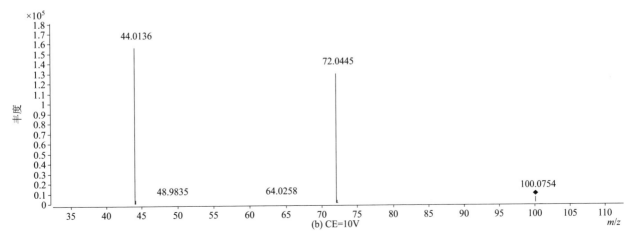

(b) CE=10V

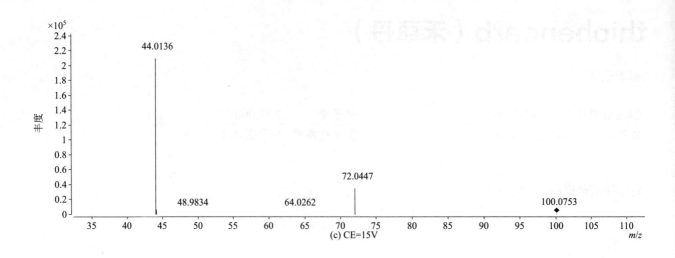

(c) CE=15V

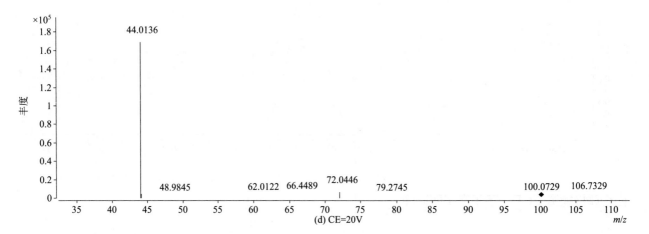

(d) CE=20V

thionazin（治线磷）

CAS 登录号	297-97-2	分子量	248.0380
分子式	$C_8H_{13}N_2O_3PS$	离子化模式	电子轰击电离（EI）

总离子流色谱图

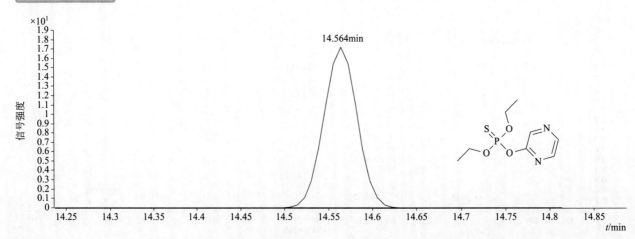

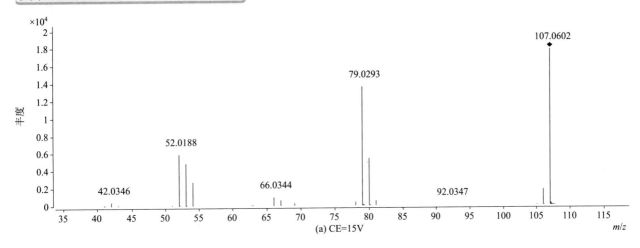

(a) CE=15V

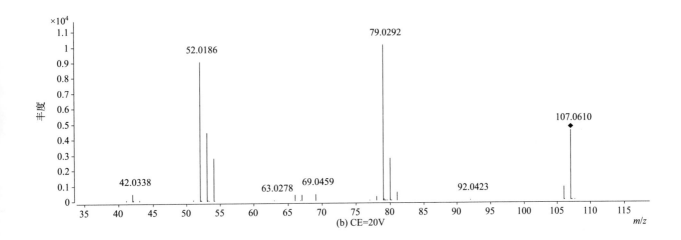

(b) CE=20V

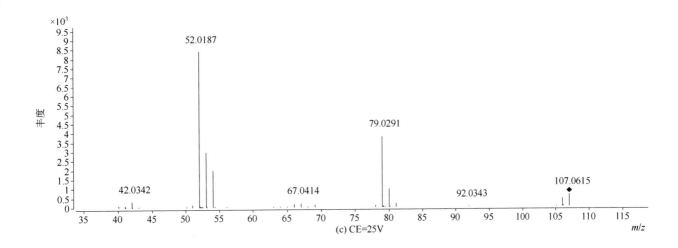

(c) CE=25V

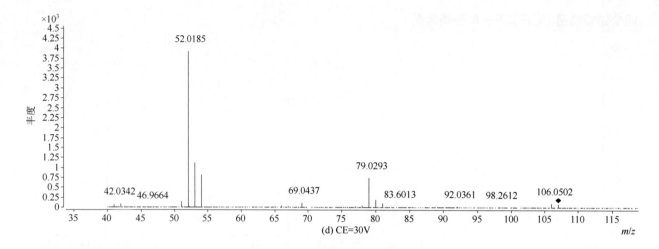

(d) CE=30V

tolclofos-methyl（甲基立枯磷）

基本信息

CAS 登录号	57018-04-9	分子量	299.9539
分子式	$C_9H_{11}Cl_2O_3PS$	离子化模式	电子轰击电离（EI）

总离子流色谱图

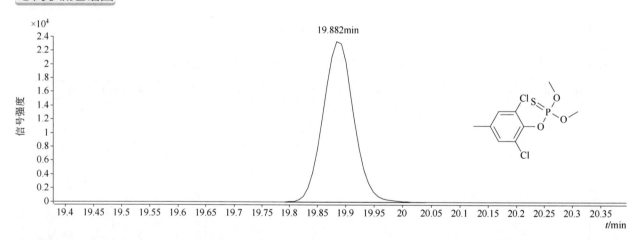

四个碰撞能量（CE）下子离子质谱图

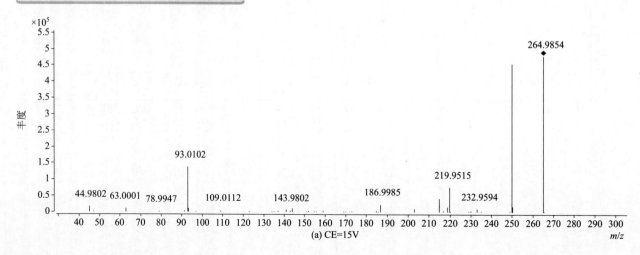

(a) CE=15V

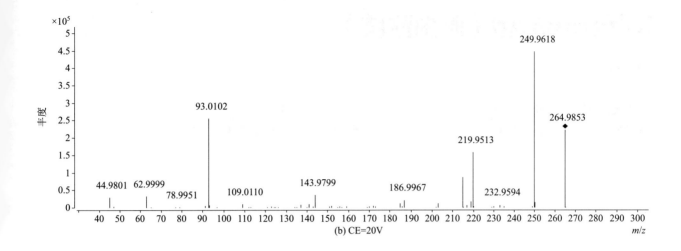

(b) CE=20V

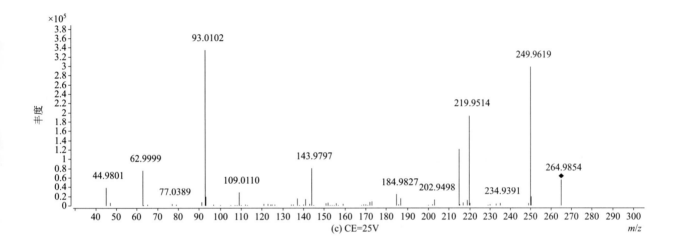

(c) CE=25V

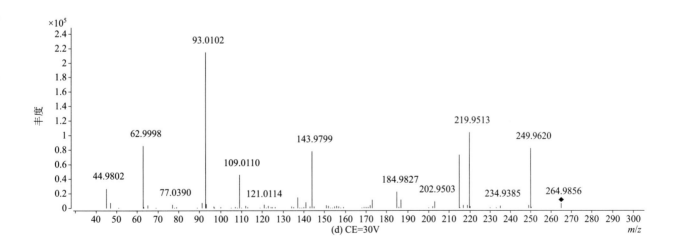

(d) CE=30V

tolfenpyrad（唑虫酰胺）

基本信息

CAS 登录号	129558-76-5	**分子量**	383.1395
分子式	C$_{21}$H$_{22}$ClN$_3$O$_2$	**离子化模式**	电子轰击电离（EI）

总离子流色谱图

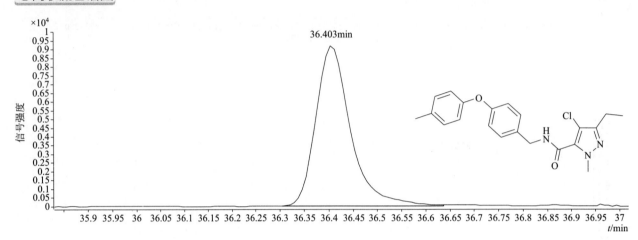

四个碰撞能量（CE）下子离子质谱图

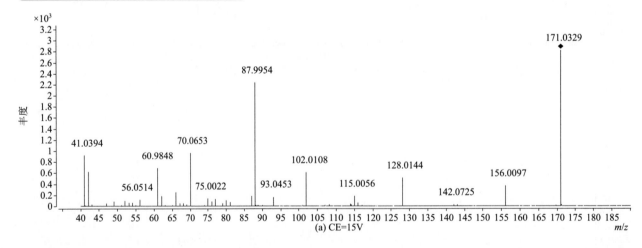

(a) CE=15V

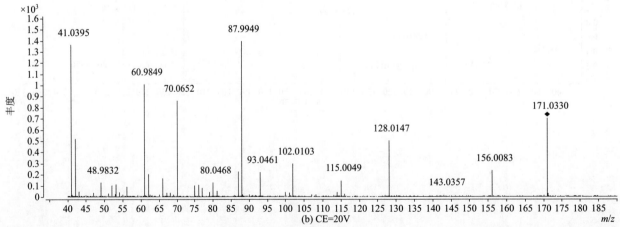

(b) CE=20V

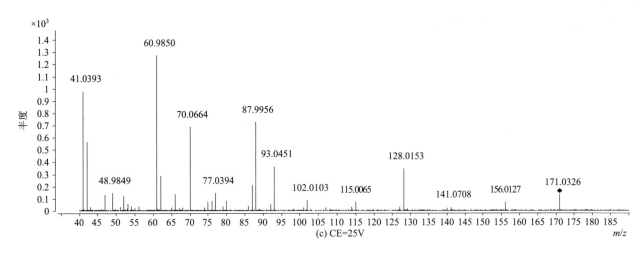

(c) CE=25V

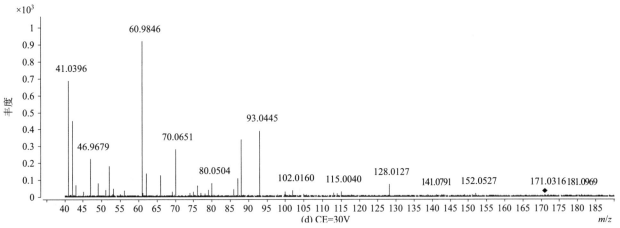

(d) CE=30V

tolylfluanid（甲苯氟磺胺）

CAS 登录号	731-27-1	**分子量**	345.9775
分子式	$C_{10}H_{13}Cl_2FN_2O_2S_2$	**离子化模式**	电子轰击电离（EI）

总离子流色谱图

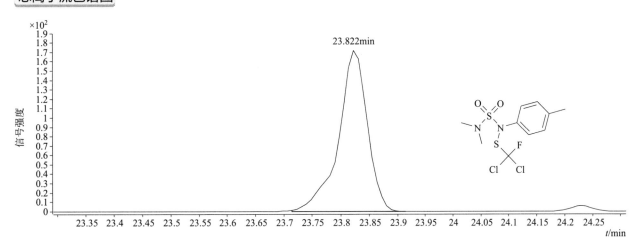

四个碰撞能量（CE）下子离子质谱图

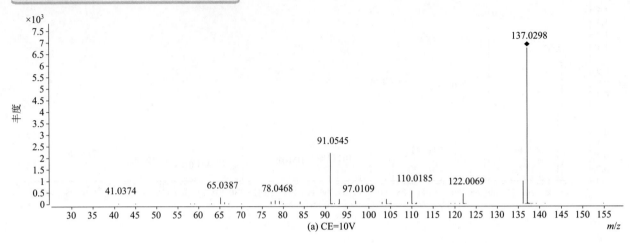

(a) CE=10V

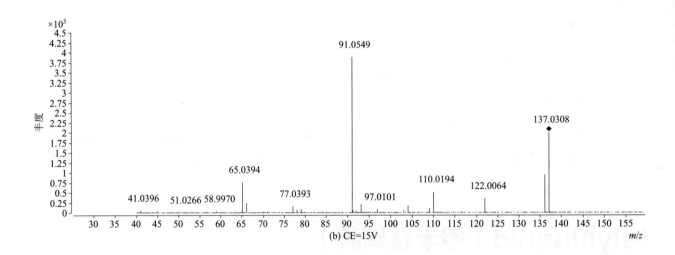

(b) CE=15V

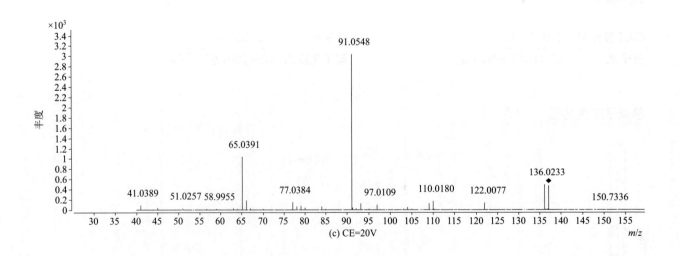

(c) CE=20V

938

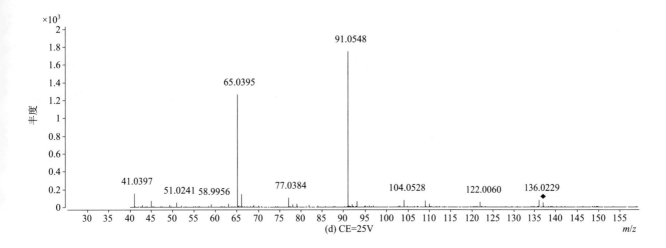
(d) CE=25V

tralkoxydim（肟草酮）

基本信息

CAS 登录号	87820-88-0	分子量	329.1986
分子式	$C_{20}H_{27}NO_3$	离子化模式	电子轰击电离（EI）

总离子流色谱图

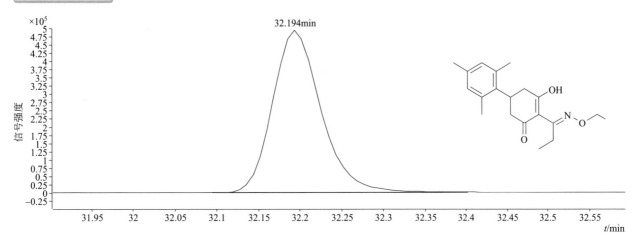

四个碰撞能量（CE）下子离子质谱图

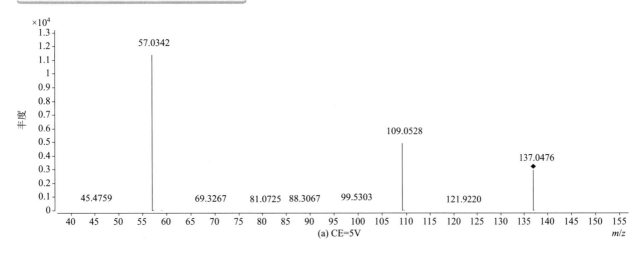
(a) CE=5V

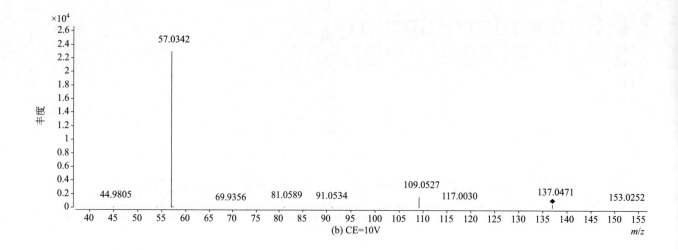

(b) CE=10V

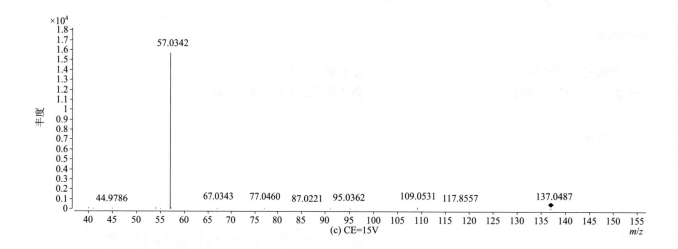

(c) CE=15V

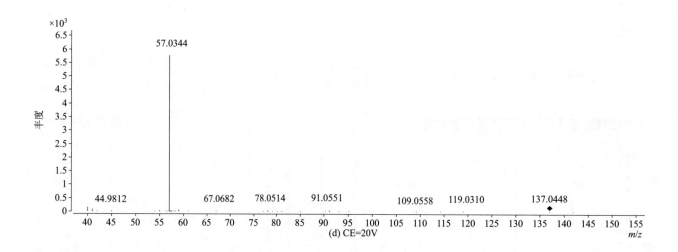

(d) CE=20V

transfluthrin（四氟苯菊酯）

基本信息

CAS 登录号	118712-89-3	分子量	370.0146
分子式	$C_{15}H_{12}Cl_2F_4O_2$	离子化模式	电子轰击电离（EI）

总离子流色谱图

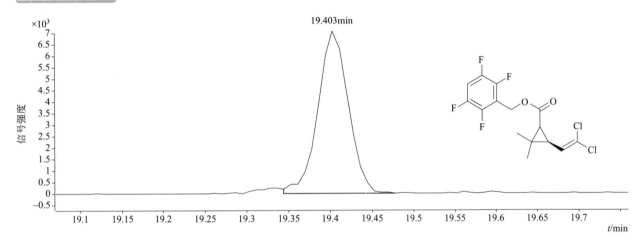

四个碰撞能量（CE）下子离子质谱图

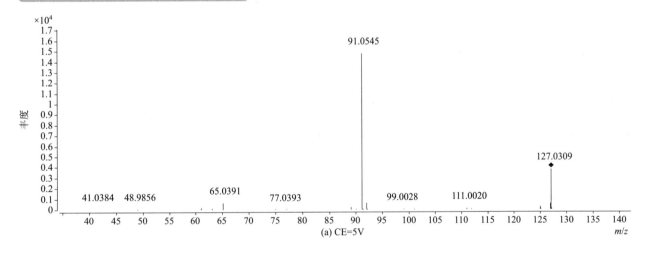

(a) CE=5V

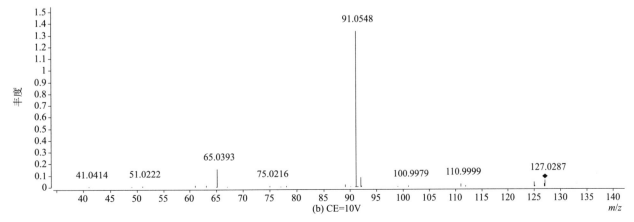

(b) CE=10V

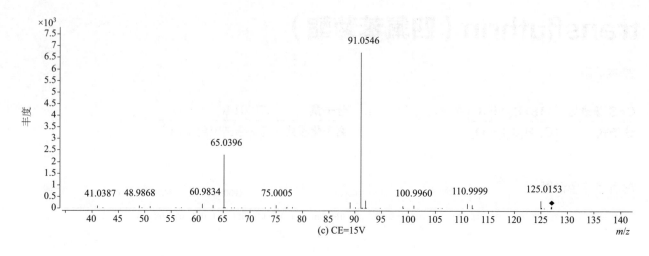

(c) CE=15V

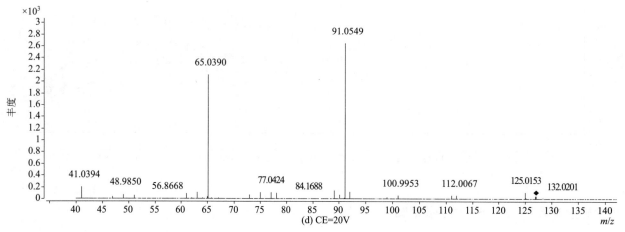

(d) CE=20V

triadimefon（三唑酮）

基本信息

| **CAS 登录号** | 43121-43-3 | **分子量** | 293.0926 |
| **分子式** | $C_{14}H_{16}ClN_3O_2$ | **离子化模式** | 电子轰击电离（EI） |

总离子流色谱图

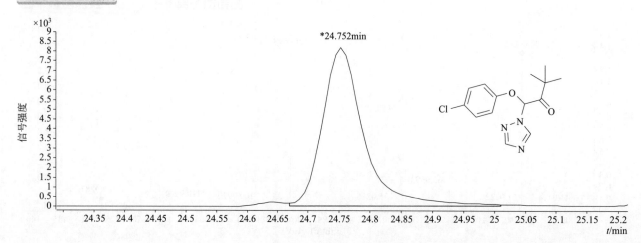

四个碰撞能量（CE）下子离子质谱图

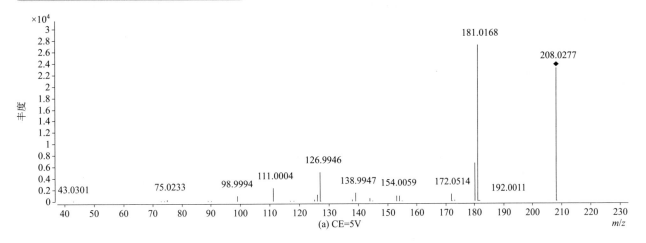

(a) CE=5V

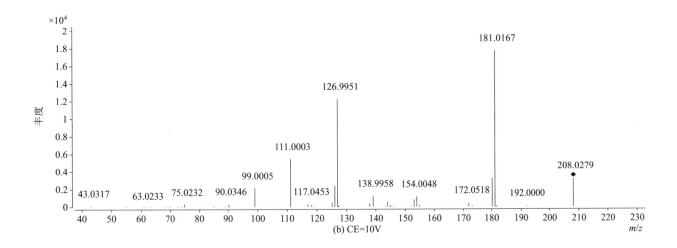

(b) CE=10V

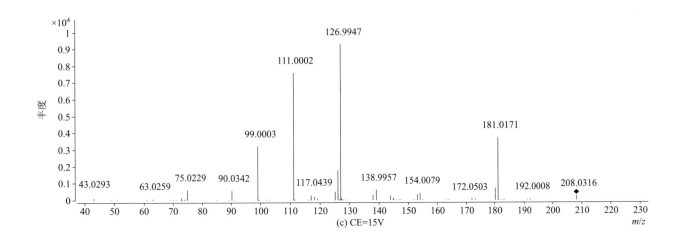

(c) CE=15V

943

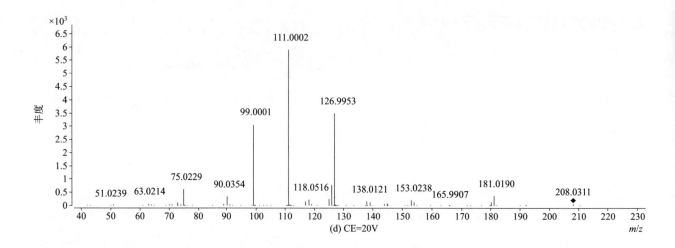

(d) CE=20V

triadimenol（三唑醇）

基本信息

CAS 登录号	55219-65-3	分子量	295.1083
分子式	$C_{14}H_{18}ClN_3O_2$	离子化模式	电子轰击电离（EI）

总离子流色谱图

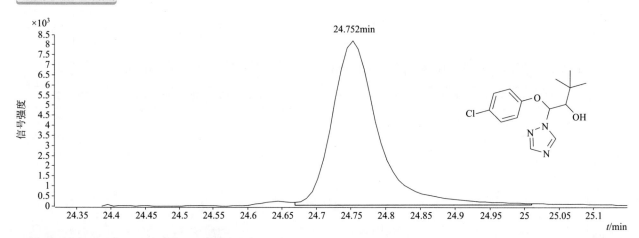

四个碰撞能量（CE）下子离子质谱图

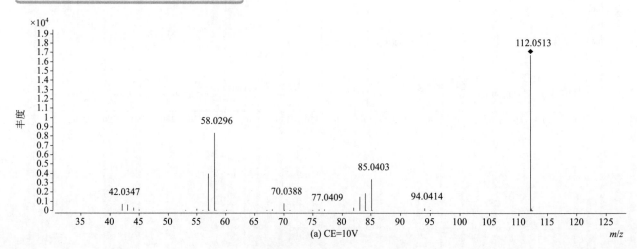

(a) CE=10V

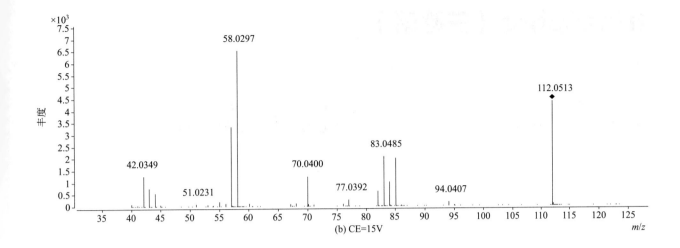

(b) CE=15V

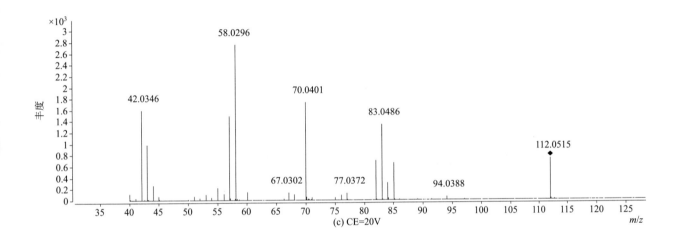

(c) CE=20V

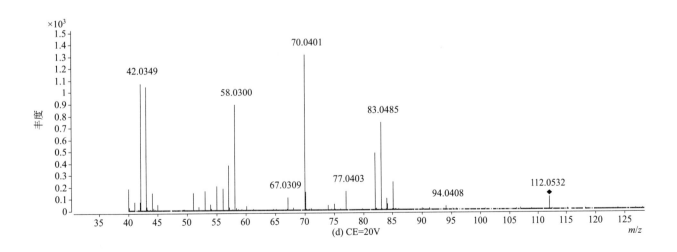

(d) CE=20V

triazophos（三唑磷）

基本信息

CAS 登录号	24017-47-8	**分子量**	313.0645
分子式	$C_{12}H_{16}N_3O_3PS$	**离子化模式**	电子轰击电离（EI）

总离子流色谱图

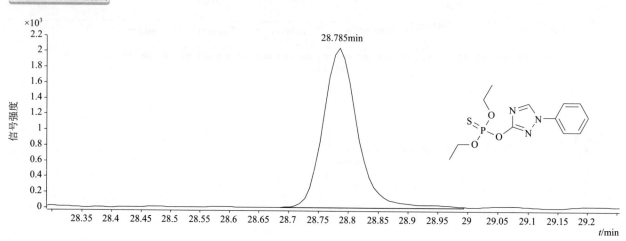

四个碰撞能量（CE）下子离子质谱图

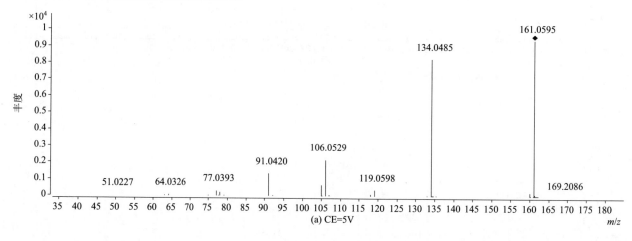

(a) CE=5V

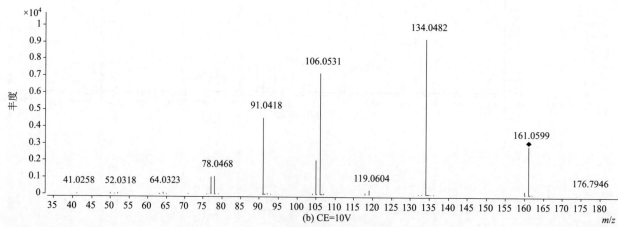

(b) CE=10V

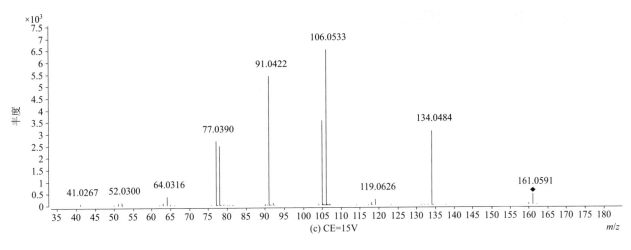

(c) CE=15V

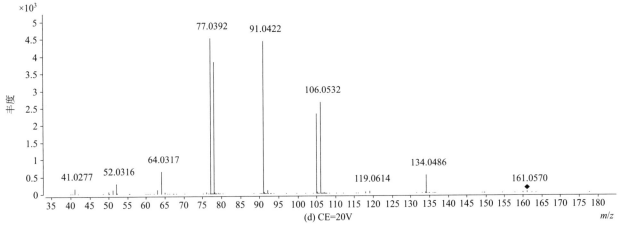

(d) CE=20V

2,2',3-trichlorobiphenyl
（2,2',3- 三氯联苯；PCB16）

基本信息

CAS 登录号	38444-78-9	分子量	255.9608
分子式	$C_{12}H_7Cl_3$	离子化模式	电子轰击电离（EI）

总离子流色谱图

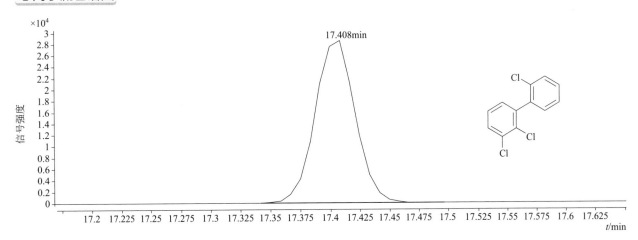

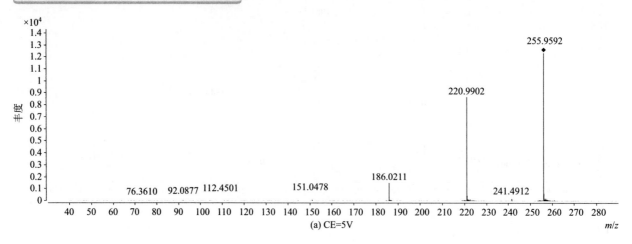

(a) CE=5V

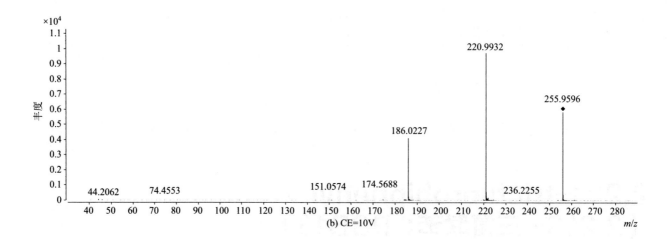

(b) CE=10V

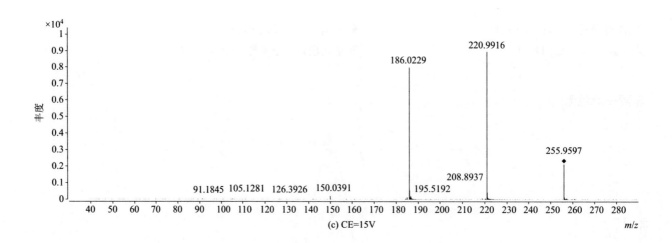

(c) CE=15V

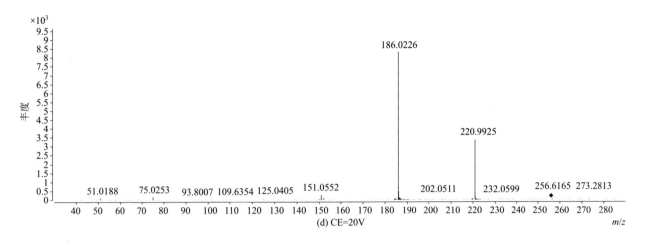

(d) CE=20V

2,2',4-trichlorobiphenyl
（2,2',4- 三氯联苯；PCB17）

CAS 登录号	37680-66-3	分子量	255.9608
分子式	$C_{12}H_7Cl_3$	离子化模式	电子轰击电离（EI）

总离子流色谱图

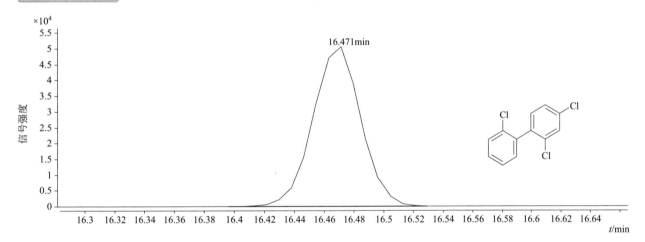

四个碰撞能量（CE）下子离子质谱图

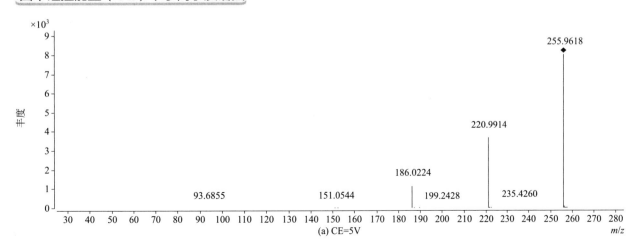

(a) CE=5V

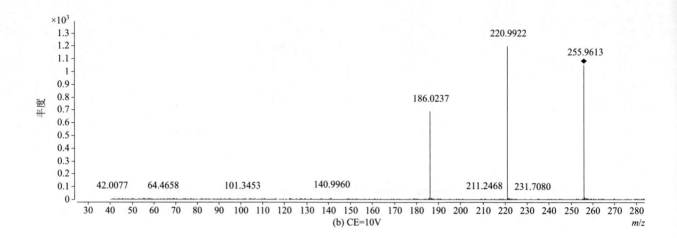

(b) CE=10V

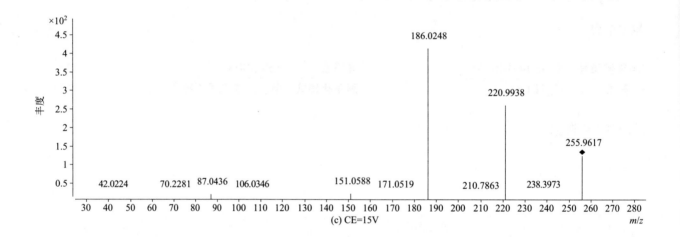

(c) CE=15V

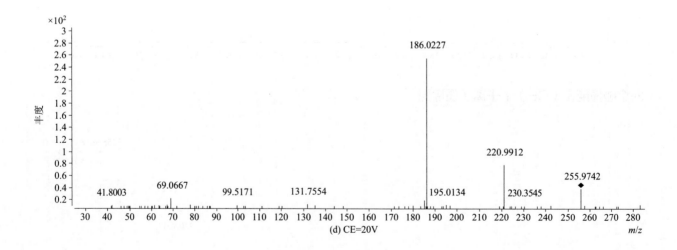

(d) CE=20V

2,2',5-trichlorobiphenyl
（2,2',5- 三氯联苯；PCB18）

基本信息

CAS 登录号	37680-65-2	**分子量**	255.9608
分子式	C₁₂H₇Cl₃	**离子化模式**	电子轰击电离（EI）

CAS 登录号	37680-65-2	**分子量**	255.9608
分子式	$C_{12}H_7Cl_3$	**离子化模式**	电子轰击电离（EI）

总离子流色谱图

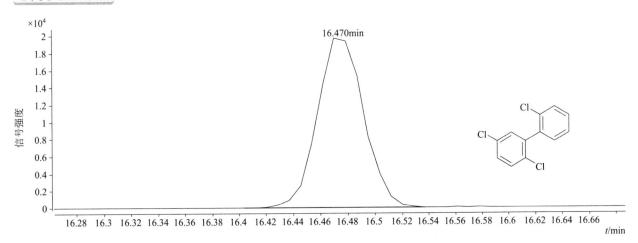

四个碰撞能量（CE）下子离子质谱图

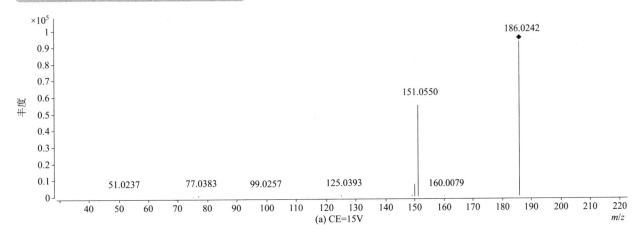

(a) CE=15V

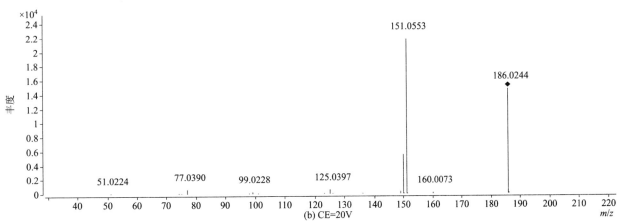

(b) CE=20V

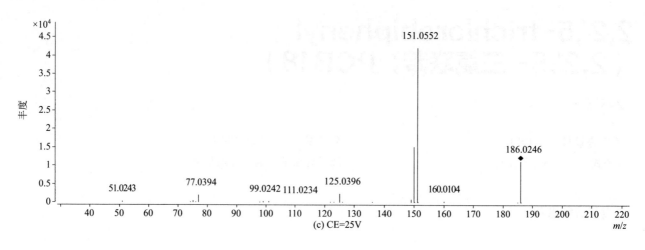

(c) CE=25V

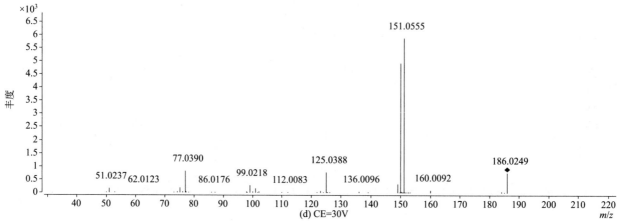

(d) CE=30V

2,2′,6-trichlorobiphenyl
（2,2′,6- 三氯联苯；PCB19）

基本信息

CAS 登录号	38444-73-4	分子量	255.9608
分子式	C$_{12}$H$_7$Cl$_3$	离子化模式	电子轰击电离（EI）

总离子流色谱图

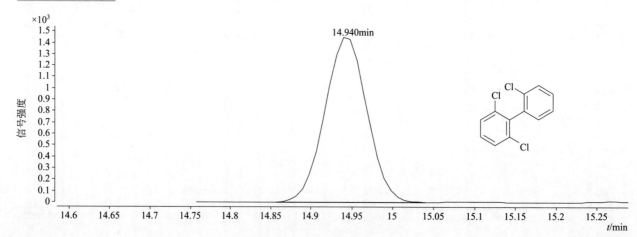

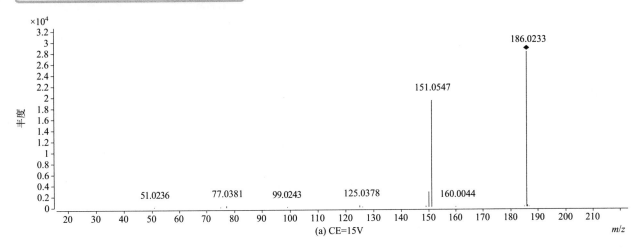

(a) CE=15V

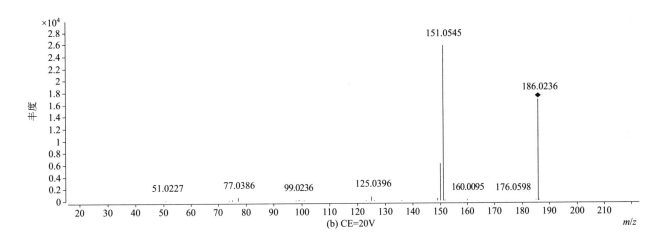

(b) CE=20V

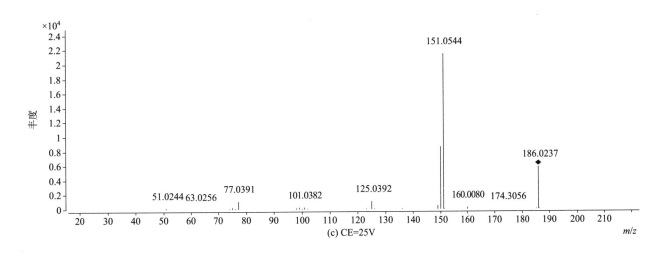

(c) CE=25V

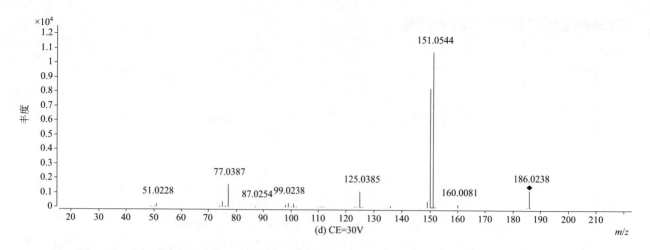

(d) CE=30V

2,3,3'-trichlorobiphenyl
（2,3,3'- 三氯联苯；PCB20）

基本信息

CAS 登录号	38444-84-7
分子式	$C_{12}H_7Cl_3$

分子量	255.9608
离子化模式	电子轰击电离（EI）

总离子流色谱图

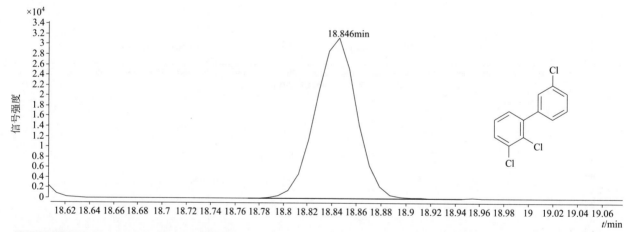

四个碰撞能量（CE）下子离子质谱图

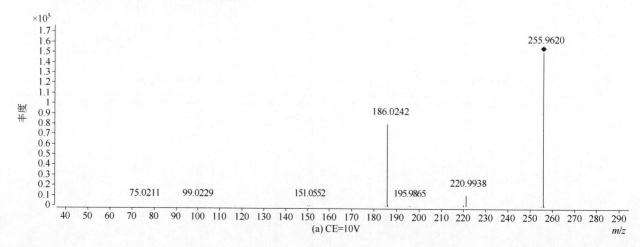

(a) CE=10V

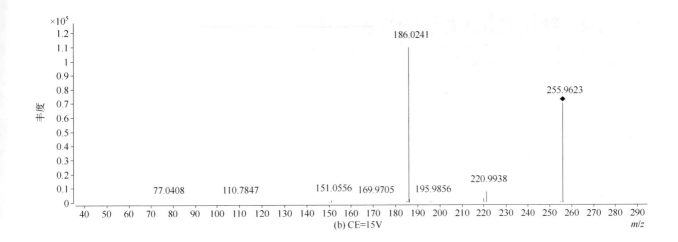

(b) CE=15V

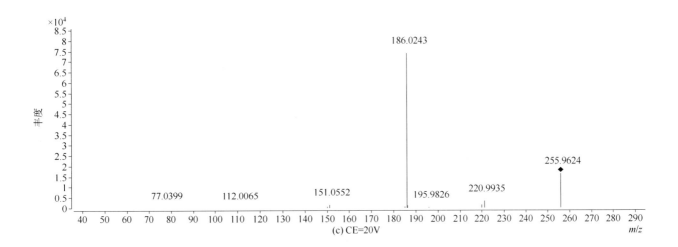

(c) CE=20V

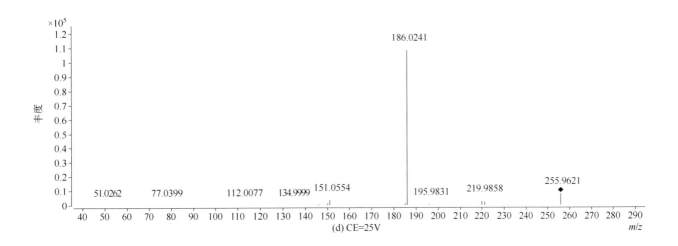

(d) CE=25V

2,3,4-trichlorobiphenyl
（2,3,4- 三氯联苯；PCB21）

基本信息

CAS 登录号	55702-46-0	**分子量**	255.9608
分子式	$C_{12}H_7Cl_3$	**离子化模式**	电子轰击电离（EI）

总离子流色谱图

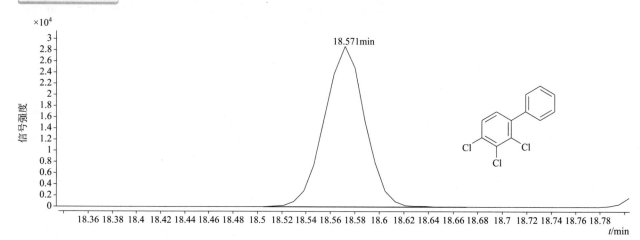

四个碰撞能量（CE）下子离子质谱图

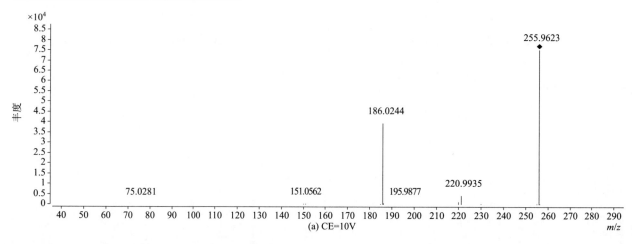

(a) CE=10V

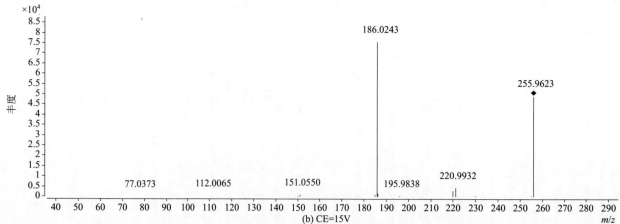

(b) CE=15V

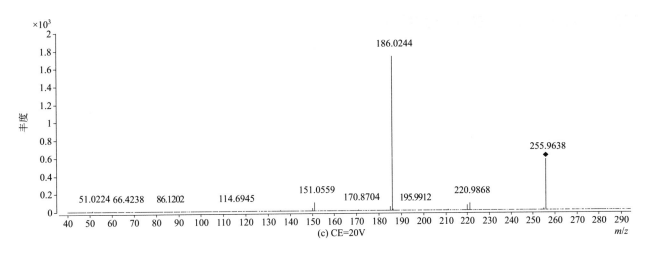

(c) CE=20V

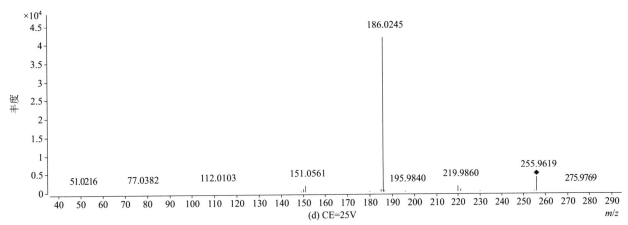

(d) CE=25V

2,3,4′-trichlorobiphenyl
（2,3,4′- 三氯联苯；PCB22）

基本信息

CAS 登录号	38444-85-8	分子量	255.9608
分子式	$C_{12}H_7Cl_3$	离子化模式	电子轰击电离（EI）

总离子流色谱图

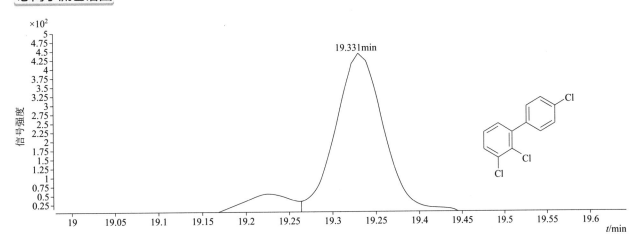

957

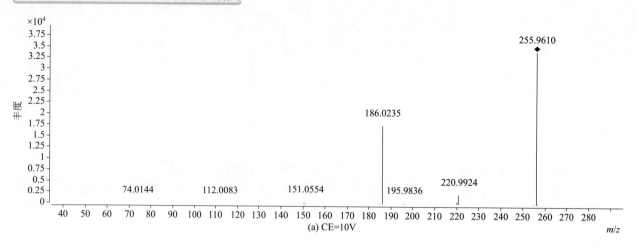

(a) CE=10V

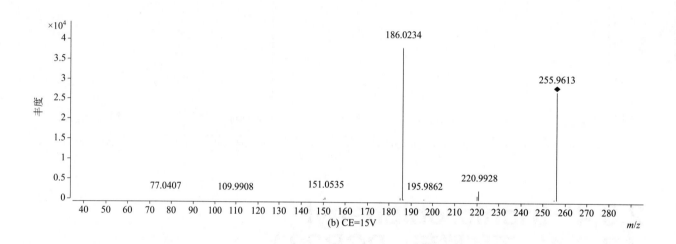

(b) CE=15V

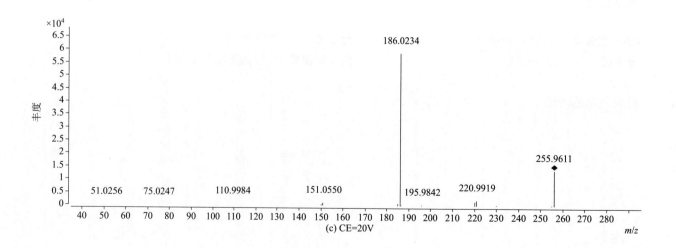

(c) CE=20V

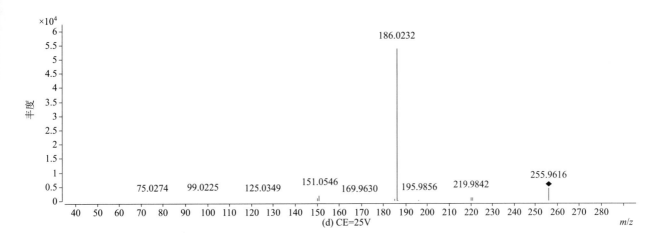

(d) CE=25V

2,3,5-trichlorobiphenyl
（2,3,5- 三氯联苯；PCB23）

基本信息

CAS 登录号	55720-44-0	分子量	255.9608
分子式	$C_{12}H_7Cl_3$	离子化模式	电子轰击电离（EI）

总离子流色谱图

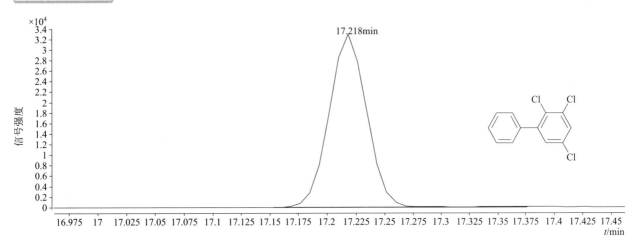

四个碰撞能量（CE）下子离子质谱图

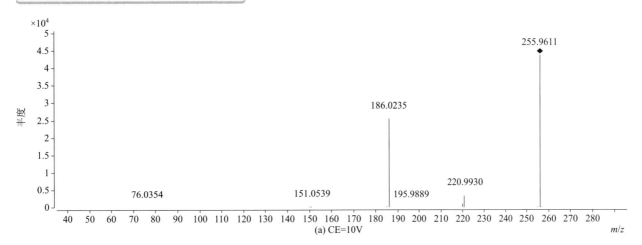

(a) CE=10V

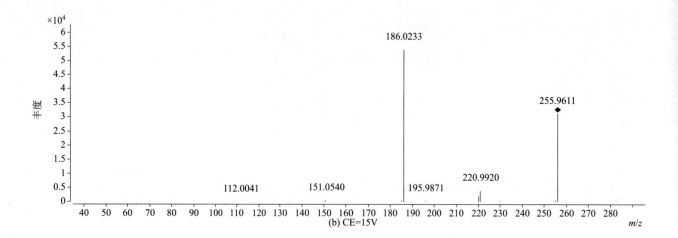
(b) CE=15V

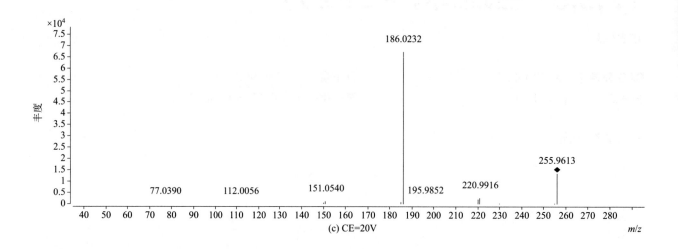
(c) CE=20V

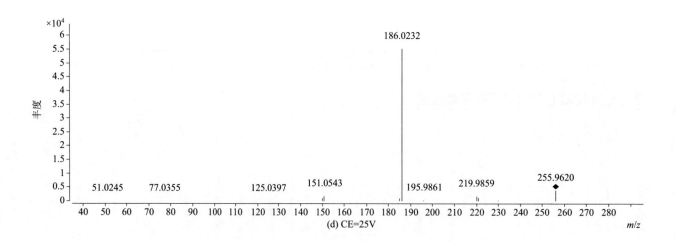
(d) CE=25V

2,3,6-trichlorobiphenyl
（2,3,6- 三氯联苯；PCB24）

CAS 登录号	55702-45-9	**分子量**	255.9608
分子式	$C_{12}H_7Cl_3$	**离子化模式**	电子轰击电离（EI）

总离子流色谱图

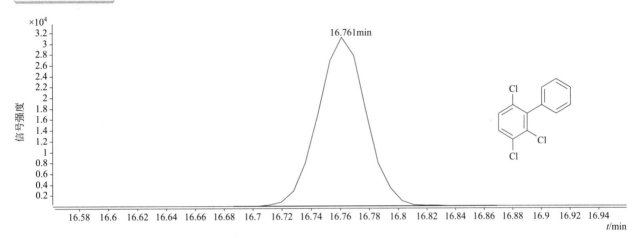

四个碰撞能量（CE）下子离子质谱图

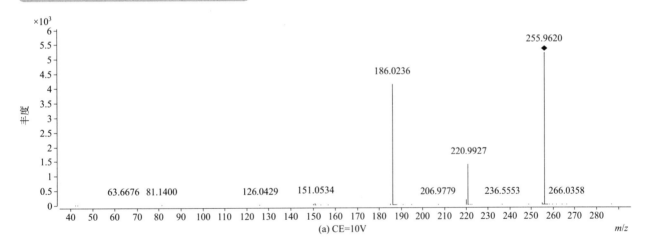

(a) CE=10V

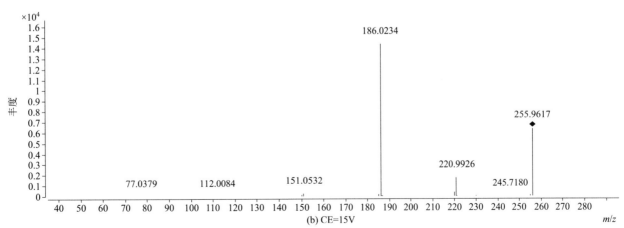

(b) CE=15V

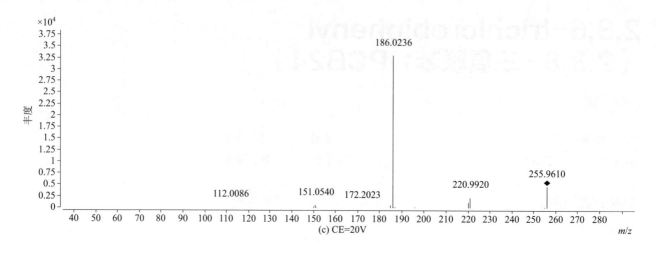

(c) CE=20V

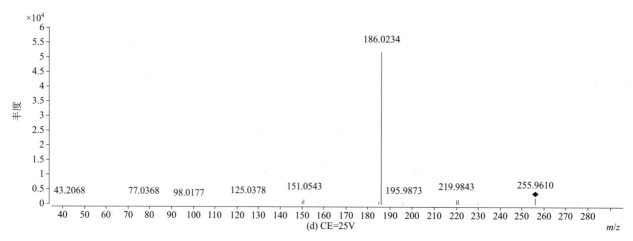

(d) CE=25V

2,3′,4–trichlorobiphenyl
（2,3′,4- 三氯联苯；PCB25）

基本信息

CAS 登录号	55712-37-3	分子量	255.9608
分子式	$C_{12}H_7Cl_3$	离子化模式	电子轰击电离（EI）

总离子流色谱图

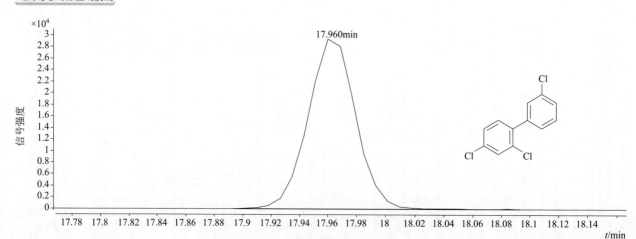

四个碰撞能量（CE）下子离子质谱图

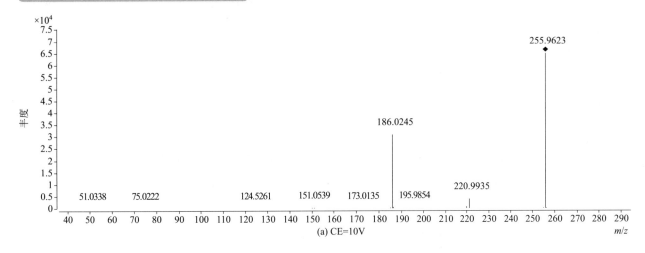

(a) CE=10V

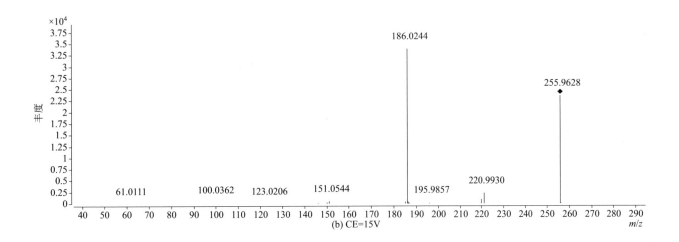

(b) CE=15V

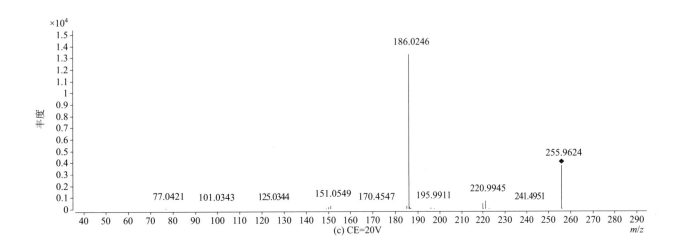

(c) CE=20V

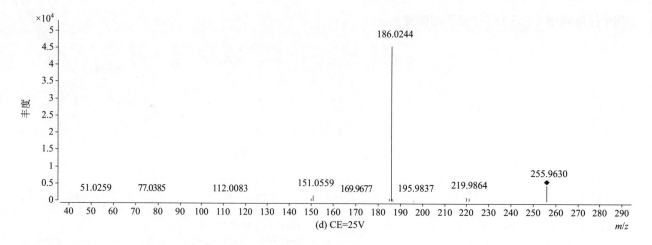

(d) CE=25V

2,3',5-trichlorobiphenyl
（2,3',5- 三氯联苯；PCB26）

基本信息

CAS 登录号	38444-81-4	分子量	255.9608
分子式	$C_{12}H_7Cl_3$	离子化模式	电子轰击电离（EI）

总离子流色谱图

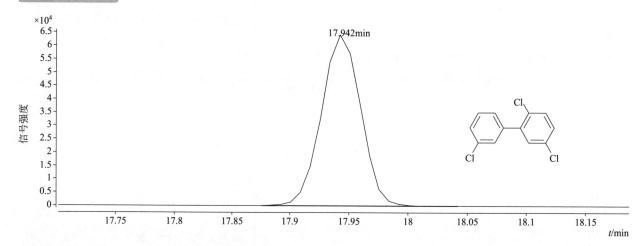

四个碰撞能量（CE）下子离子质谱图

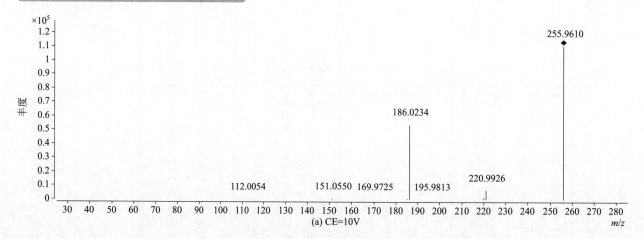

(a) CE=10V

964

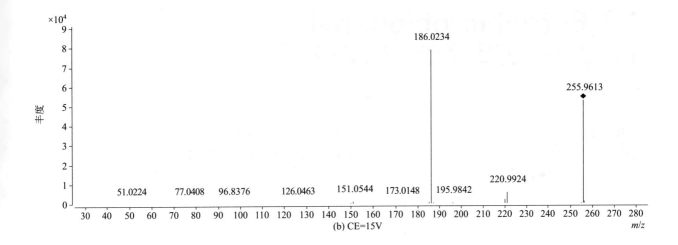

(b) CE=15V

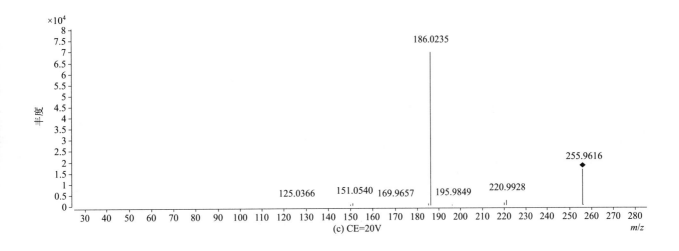

(c) CE=20V

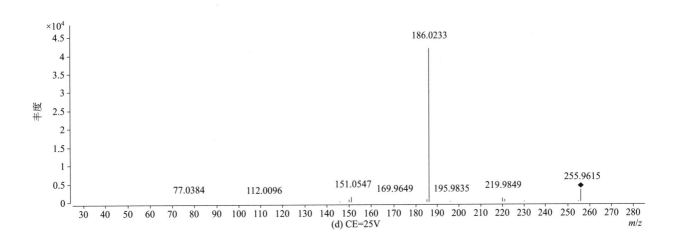

(d) CE=25V

2,3′,6-trichlorobiphenyl
（2,3′,6- 三氯联苯；PCB27）

基本信息

CAS 登录号	38444-76-7	**分子量**	255.9608
分子式	$C_{12}H_7Cl_3$	**离子化模式**	电子轰击电离（EI）

总离子流色谱图

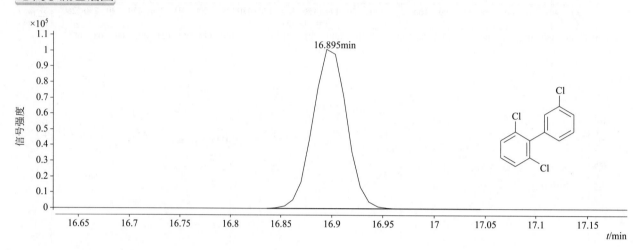

四个碰撞能量（CE）下子离子质谱图

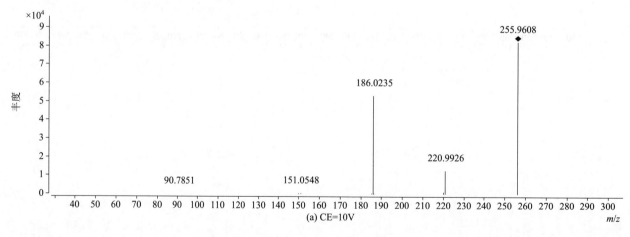

(a) CE=10V

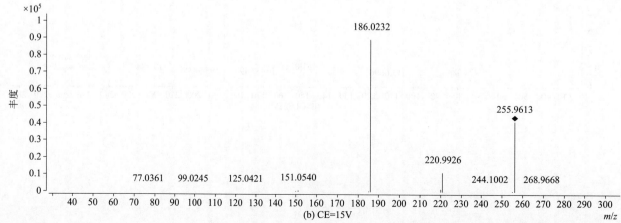

(b) CE=15V

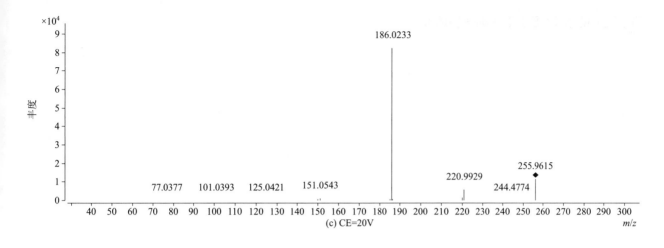

(c) CE=20V

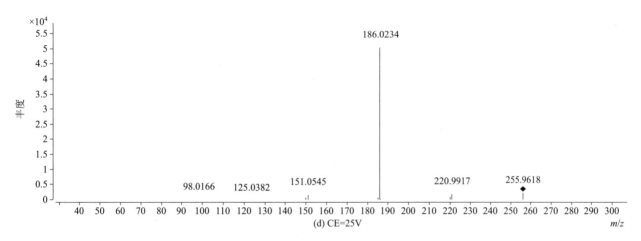

(d) CE=25V

2,4,4′-trichlorobiphenyl
（2,4,4′- 三氯联苯；PCB28）

CAS 登录号	7012-37-5	分子量	255.9608
分子式	$C_{12}H_7Cl_3$	离子化模式	电子轰击电离（EI）

总离子流色谱图

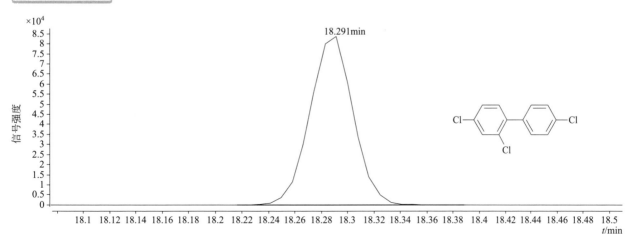

四个碰撞能量（CE）下子离子质谱图

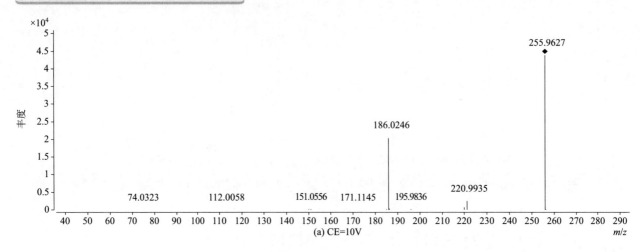

(a) CE=10V

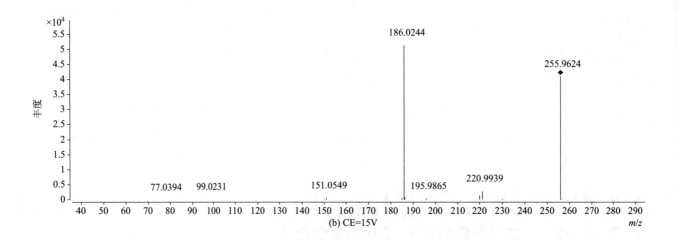

(b) CE=15V

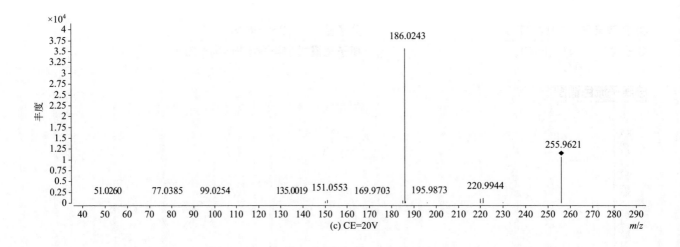

(c) CE=20V

968

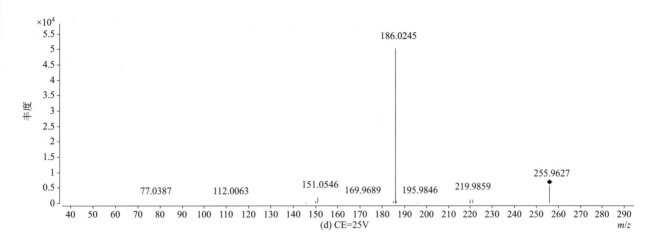

(d) CE=25V

2,4,5-trichlorobiphenyl
（2,4,5- 三氯联苯；PCB29）

基本信息

CAS 登录号	15862-07-4	分子量	255.9608
分子式	$C_{12}H_7Cl_3$	离子化模式	电子轰击电离（EI）

总离子流色谱图

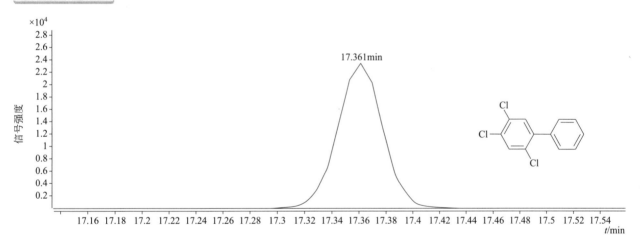

四个碰撞能量（CE）下子离子质谱图

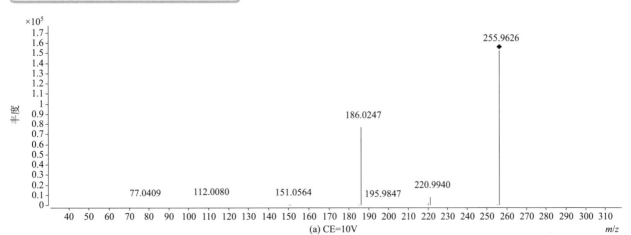

(a) CE=10V

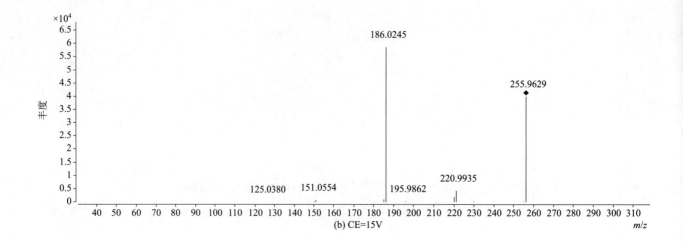

(b) CE=15V

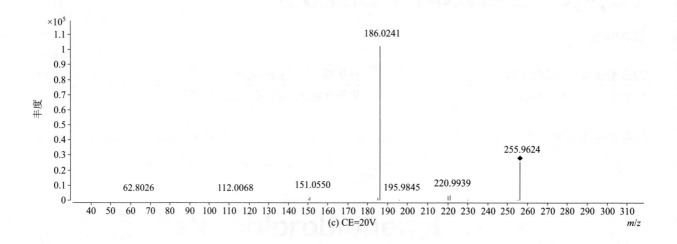

(c) CE=20V

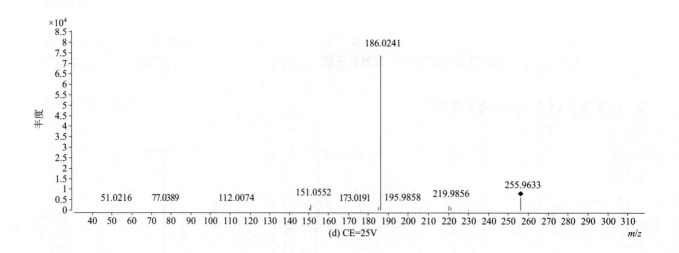

(d) CE=25V

2,4,6-trichlorobiphenyl
（2,4,6- 三氯联苯；PCB30）

基本信息

CAS 登录号	35693-92-6	**分子量**	255.9608
分子式	$C_{12}H_7Cl_3$	**离子化模式**	电子轰击电离（EI）

总离子流色谱图

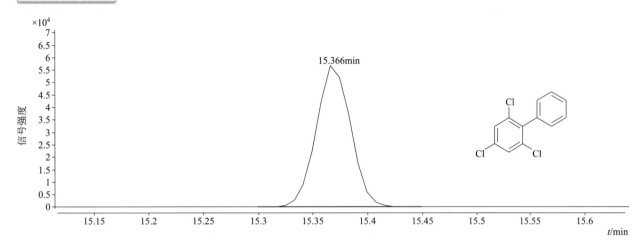

四个碰撞能量（CE）下子离子质谱图

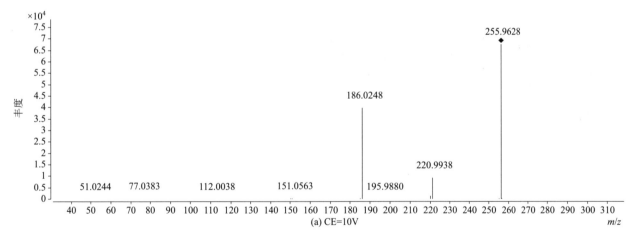

(a) CE=10V

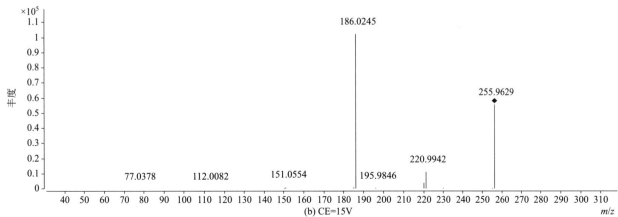

(b) CE=15V

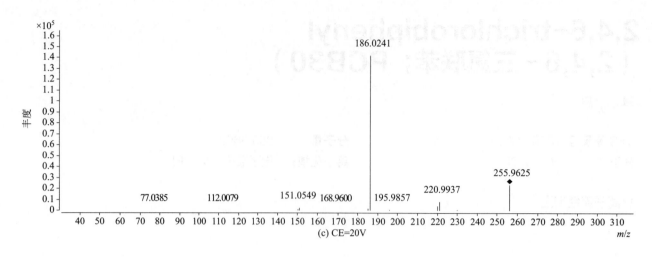

(c) CE=20V

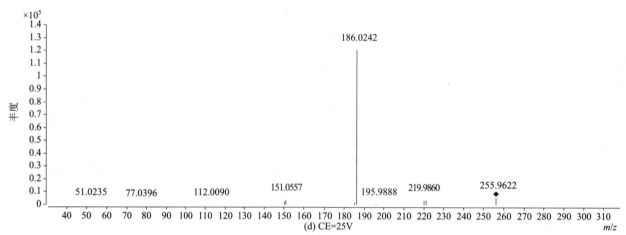

(d) CE=25V

2,4',5-trichlorobiphenyl
（2,4',5- 三氯联苯；PCB31）

2,4',6-trichlorobiphenyl
（2,4',6- 三氯联苯；PCB30）

基本信息

CAS 登录号	16606-02-3	分子量	255.9608
分子式	$C_{12}H_7Cl_3$	离子化模式	电子轰击电离（EI）

总离子流色谱图

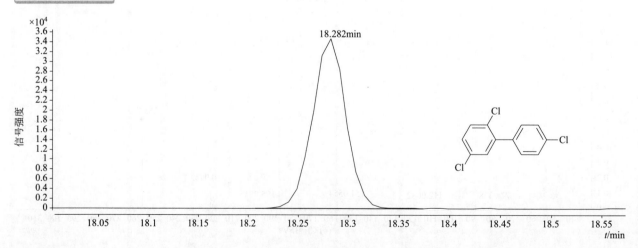

972

四个碰撞能量（CE）下子离子质谱图

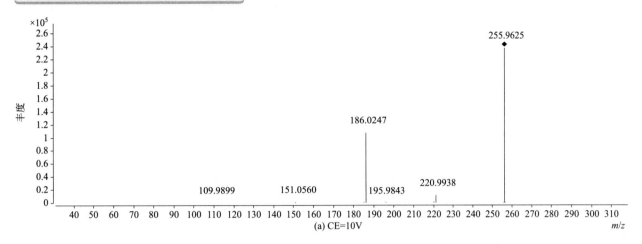

(a) CE=10V

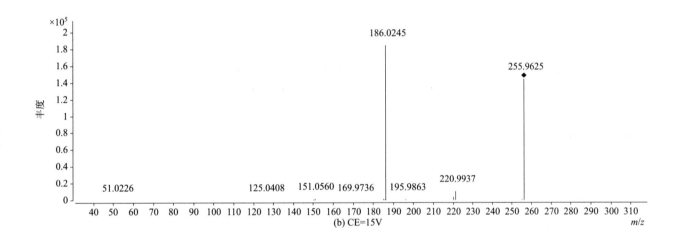

(b) CE=15V

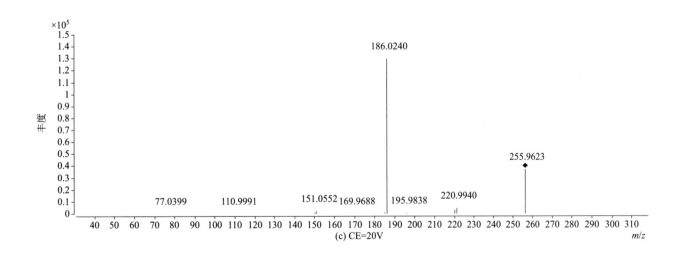

(c) CE=20V

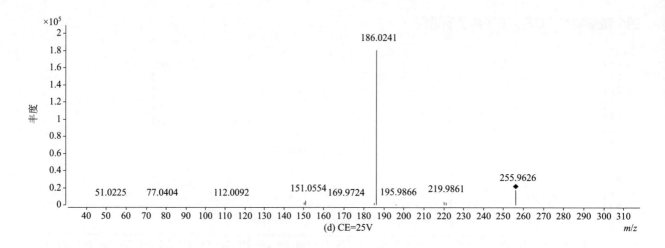

(d) CE=25V

2,4',6-trichlorobiphenyl
（2,4',6- 三氯联苯；PCB32）

CAS 登录号	38444-77-4	分子量	255.9608
分子式	$C_{12}H_7Cl_3$	离子化模式	电子轰击电离（EI）

总离子流色谱图

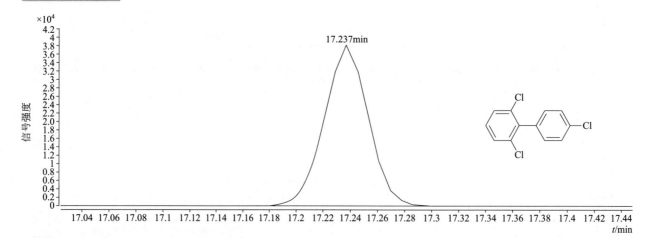

四个碰撞能量（CE）下子离子质谱图

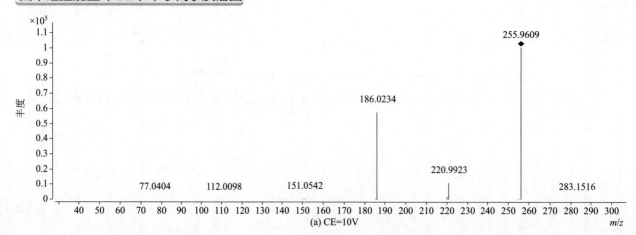

(a) CE=10V

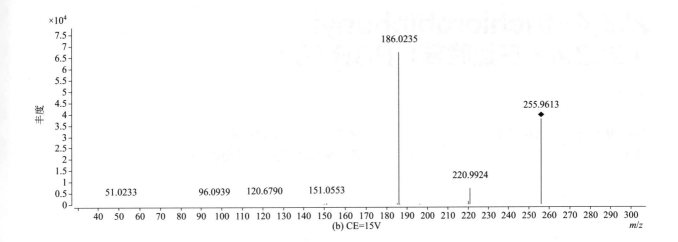

(b) CE=15V

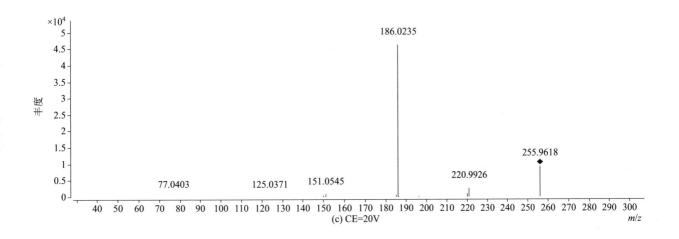

(c) CE=20V

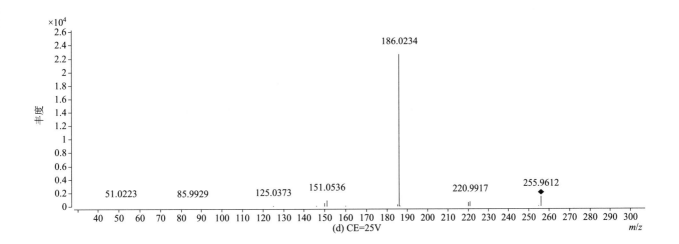

(d) CE=25V

2′,3,4-trichlorobiphenyl
（2′,3,4- 三氯联苯；PCB33）

基本信息

CAS 登录号	38444-86-9	分子量	255.9608
分子式	$C_{12}H_7Cl_3$	离子化模式	电子轰击电离（EI）

总离子流色谱图

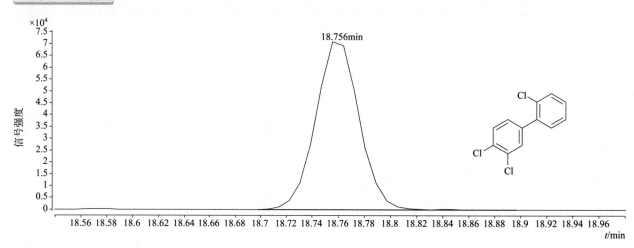

四个碰撞能量（CE）下子离子质谱图

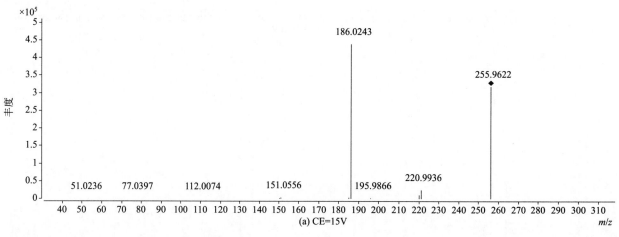

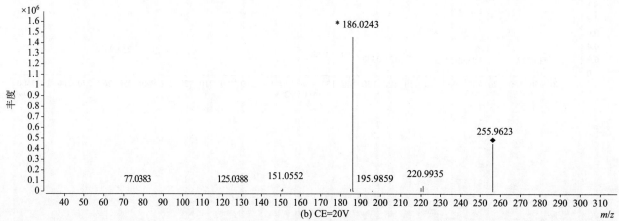

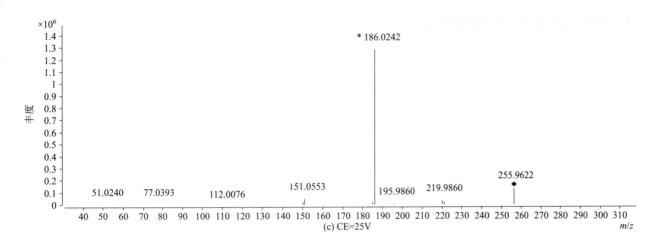

(c) CE=25V

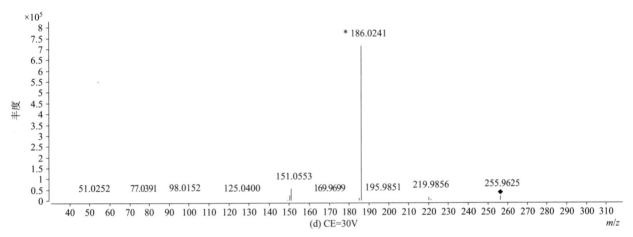

(d) CE=30V

2′,3,5–trichlorobiphenyl
（2′,3,5- 三氯联苯；PCB34）

基本信息

CAS 登录号	37680-68-5	分子量	255.9608
分子式	$C_{12}H_7Cl_3$	离子化模式	电子轰击电离（EI）

总离子流色谱图

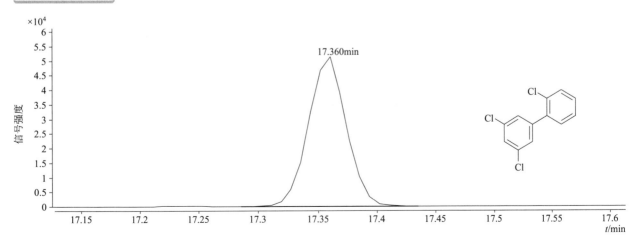

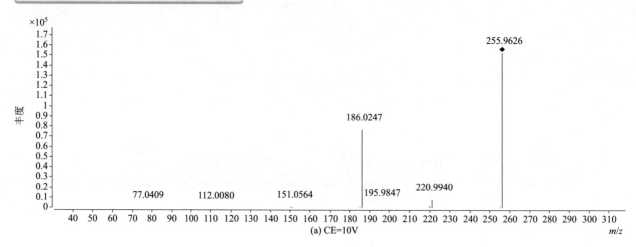

(a) CE=10V

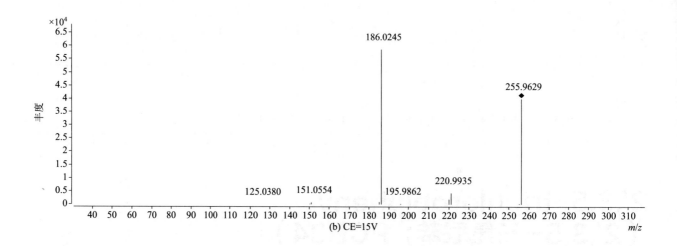

(b) CE=15V

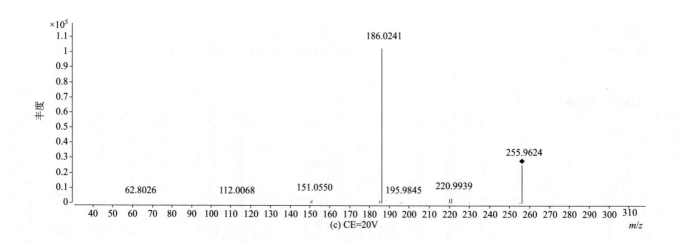

(c) CE=20V

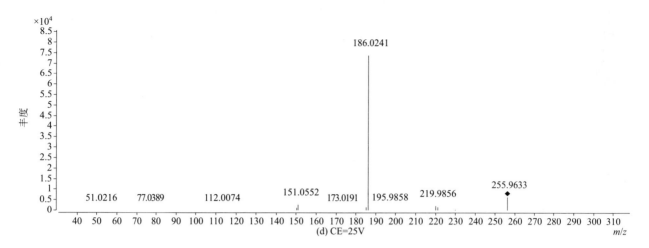

(d) CE=25V

3,3′,4-trichlorobiphenyl
（3,3′,4- 三氯联苯；PCB35）

基本信息

CAS 登录号	37680-69-6	分子量	255.9608
分子式	$C_{12}H_7Cl_3$	离子化模式	电子轰击电离（EI）

总离子流色谱图

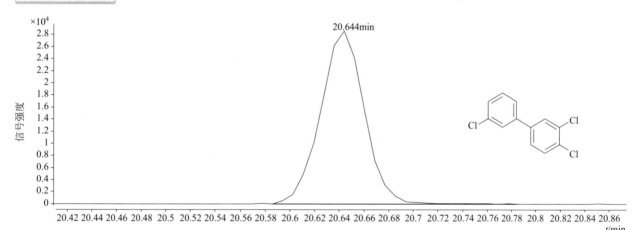

四个碰撞能量（CE）下子离子质谱图

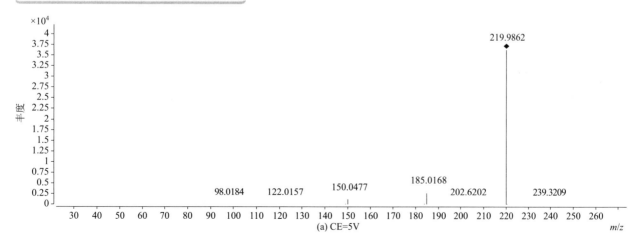

(a) CE=5V

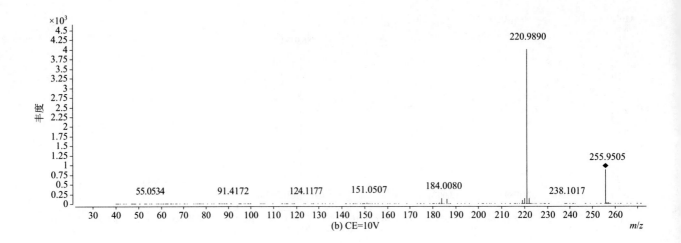

(b) CE=10V

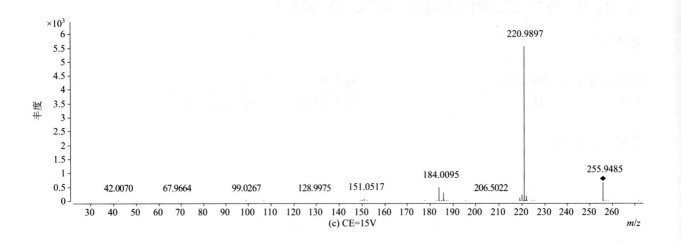

(c) CE=15V

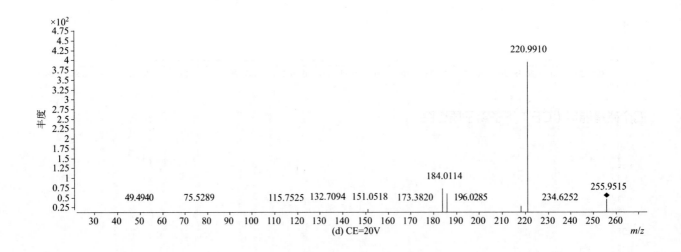

(d) CE=20V

3,3′,5-trichlorobiphenyl
（3,3′,5- 三氯联苯；PCB36）

CAS 登录号	38444-87-0	分子量	255.9608
分子式	$C_{12}H_7Cl_3$	离子化模式	电子轰击电离（EI）

总离子流色谱图

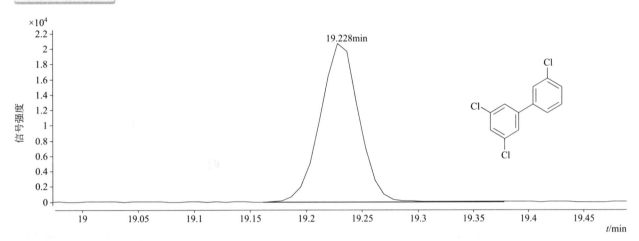

四个碰撞能量（CE）下子离子质谱图

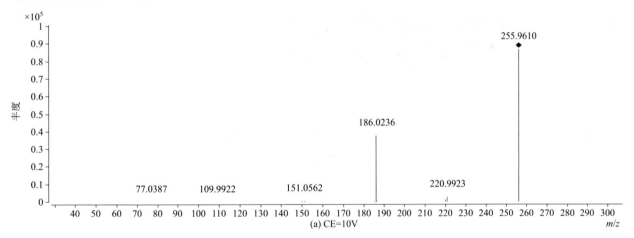

(a) CE=10V

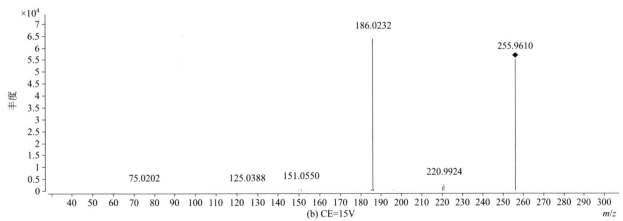

(b) CE=15V

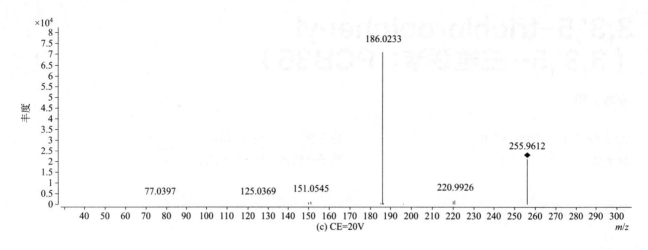

(c) CE=20V

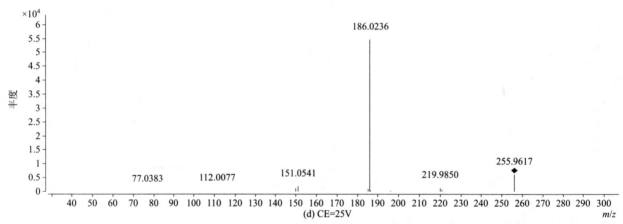

(d) CE=25V

3,4,4′-trichlorobiphenyl
（3,4,4′- 三氯联苯；PCB37）

基本信息

CAS 登录号	38444-90-5	分子量	255.9608
分子式	$C_{12}H_7Cl_3$	离子化模式	电子轰击电离（EI）

总离子流色谱图

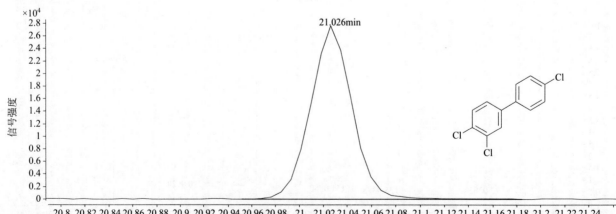

四个碰撞能量（CE）下子离子质谱图

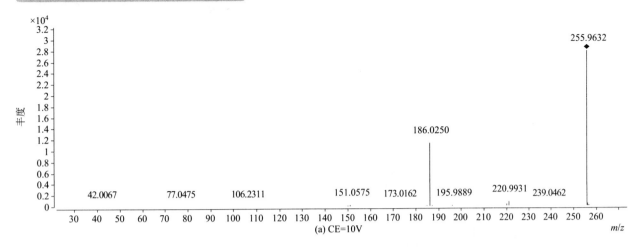

(a) CE=10V

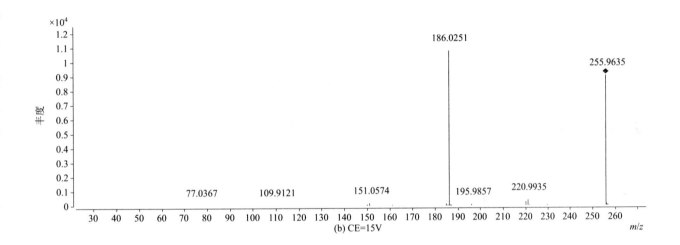

(b) CE=15V

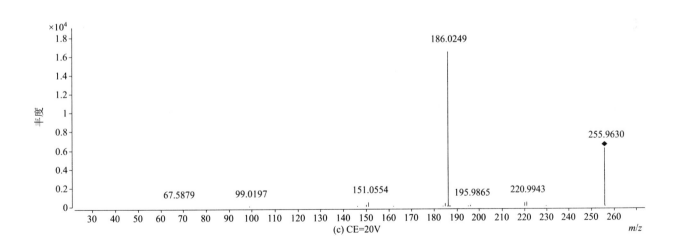

(c) CE=20V

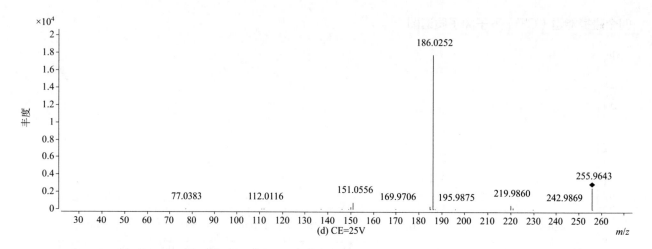

(d) CE=25V

3,4,5-trichlorobiphenyl
（3,4,5- 三氯联苯；PCB38）

基本信息

CAS 登录号	53555-66-1	分子量	255.9608
分子式	C$_{12}$H$_7$Cl$_3$	离子化模式	电子轰击电离（EI）

总离子流色谱图

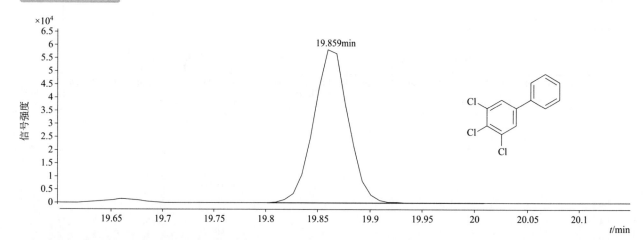

19.859min

四个碰撞能量（CE）下子离子质谱图

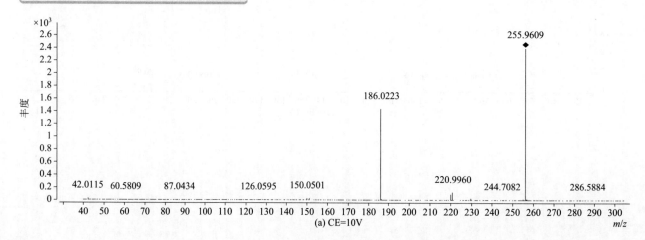

(a) CE=10V

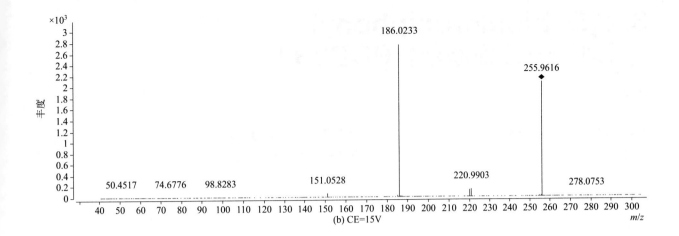

(b) CE=15V

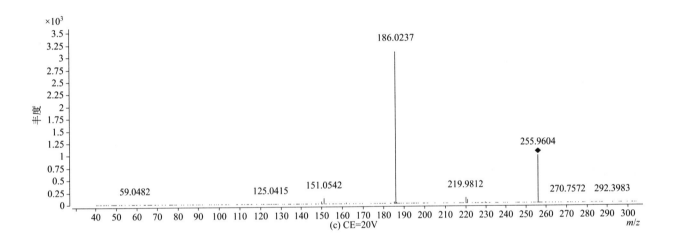

(c) CE=20V

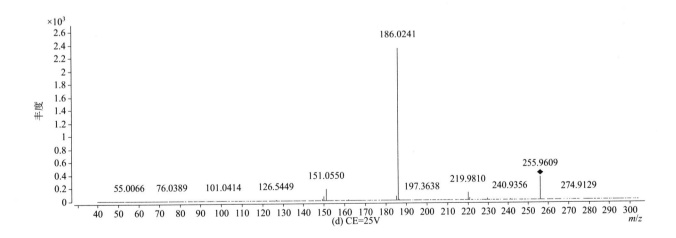

(d) CE=25V

3,4',5-trichlorobiphenyl
（3,4',5- 三氯联苯；PCB39）

基本信息

CAS 登录号	38444-88-1	**分子量**	255.9608
分子式	$C_{12}H_7Cl_3$	**离子化模式**	电子轰击电离（EI）

总离子流色谱图

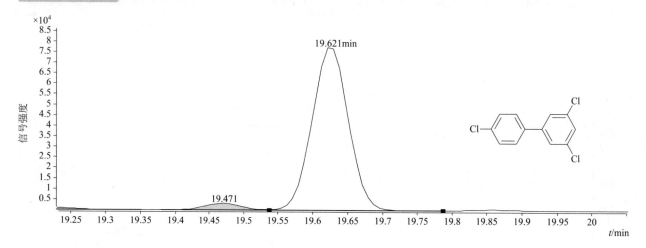

四个碰撞能量（CE）下子离子质谱图

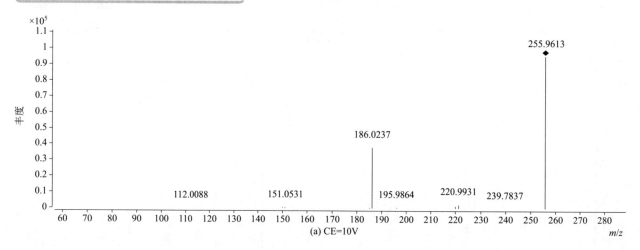

(a) CE=10V

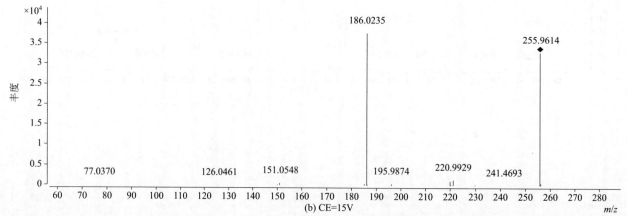

(b) CE=15V

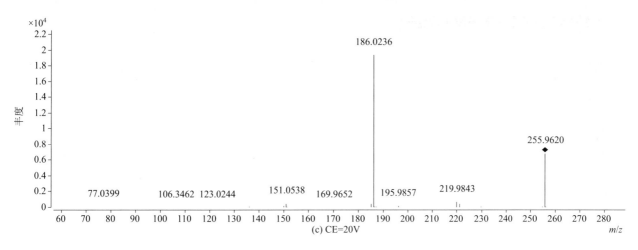

(c) CE=20V

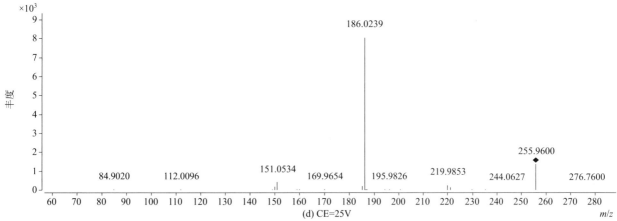

(d) CE=25V

2,2',3,3'-tetrachlorobiphenyl
（2,2',3,3'- 四氯联苯；PCB40）

基本信息

CAS 登录号	38444-93-8	**分子量**	289.9218
分子式	$C_{12}H_6Cl_4$	**离子化模式**	电子轰击电离（EI）

总离子流色谱图

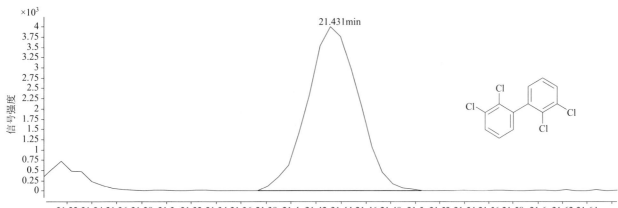

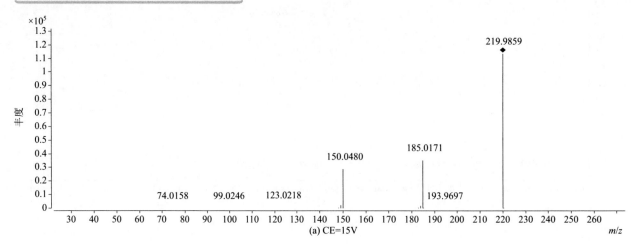

(a) CE=15V

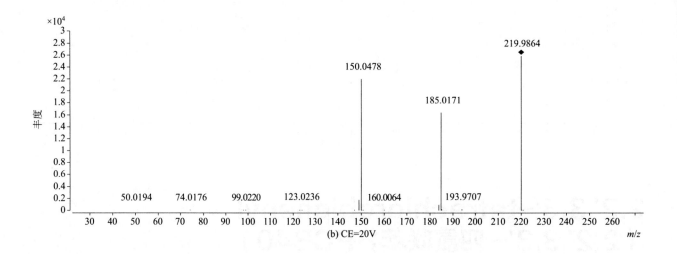

(b) CE=20V

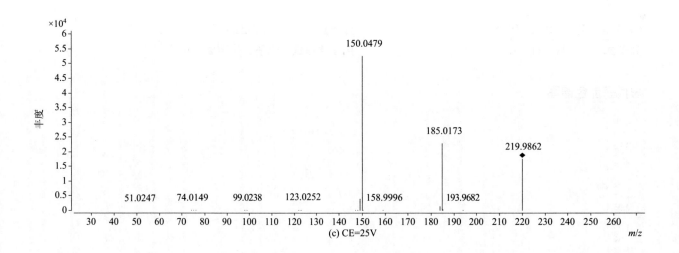

(c) CE=25V

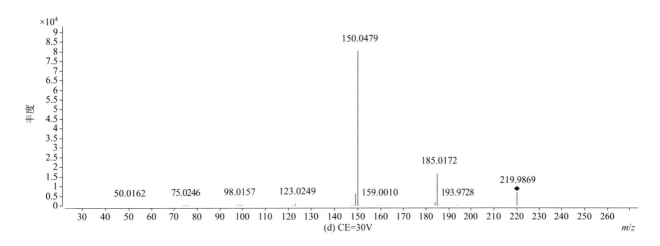

(d) CE=30V

2,2',3,4-tetrachlorobiphenyl
（2,2',3,4- 四氯联苯；PCB41）

基本信息

CAS 登录号	52663-59-9	分子量	289.9218
分子式	$C_{12}H_6Cl_4$	离子化模式	电子轰击电离（EI）

总离子流色谱图

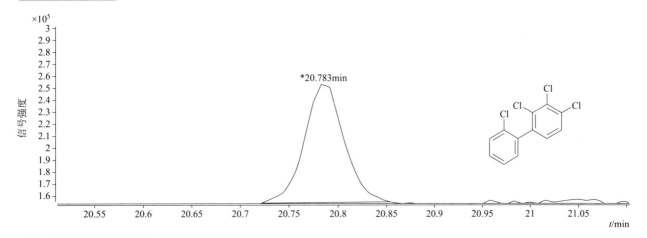

四个碰撞能量（CE）下子离子质谱图

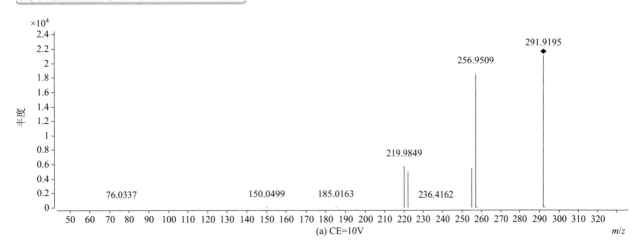

(a) CE=10V

989

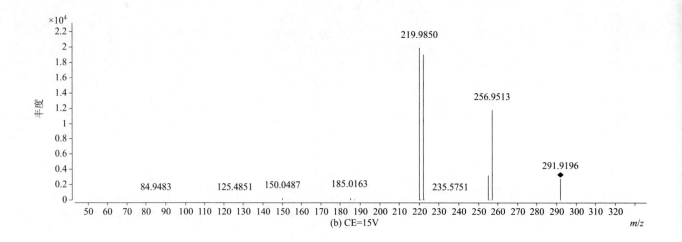

(b) CE=15V

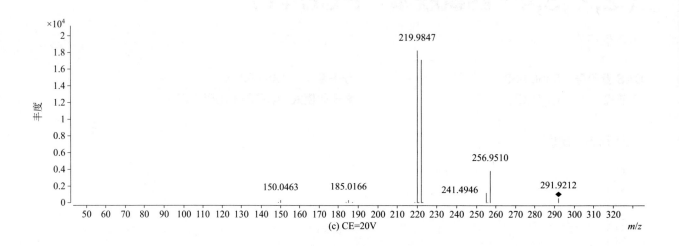

(c) CE=20V

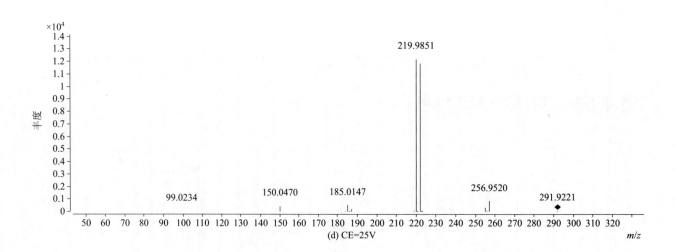

(d) CE=25V

2,2',3,4'-tetrachlorobiphenyl
（2,2',3,4'- 四氯联苯；PCB42）

基本信息

CAS 登录号	36559-22-5	**分子量**	289.9218
分子式	$C_{12}H_6Cl_4$	**离子化模式**	电子轰击电离（EI）

总离子流色谱图

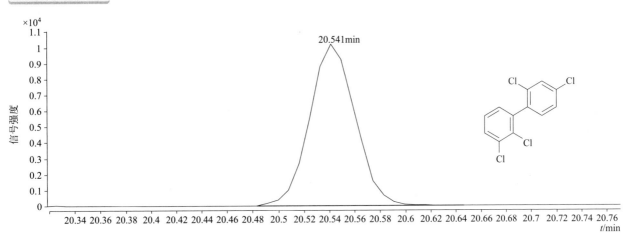

四个碰撞能量（CE）下子离子质谱图

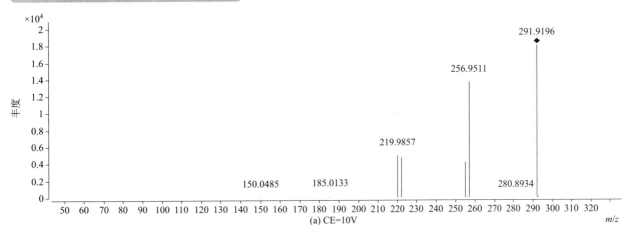

(a) CE=10V

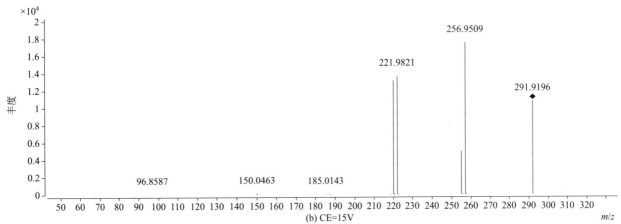

(b) CE=15V

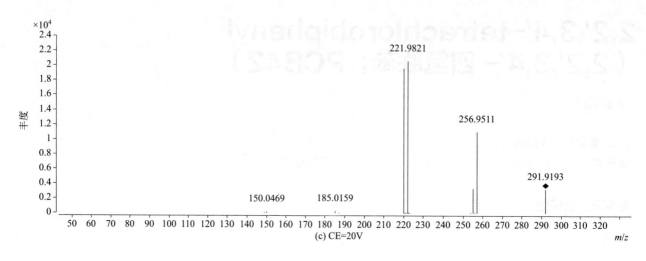

(c) CE=20V

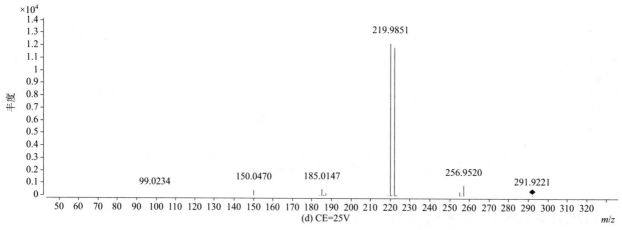

(d) CE=25V

2,2',3,5–tetrachlorobiphenyl
（2,2',3,5- 四氯联苯；PCB43）

基本信息

CAS 登录号	70362-46-8	分子量	289.9218
分子式	$C_{12}H_6Cl_4$	离子化模式	电子轰击电离（EI）

总离子流色谱图

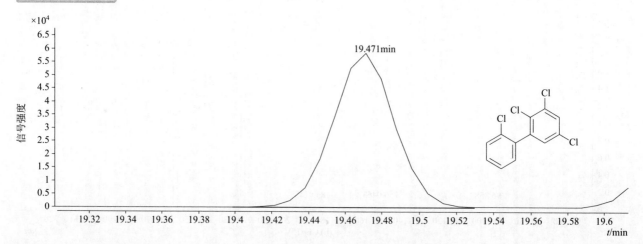

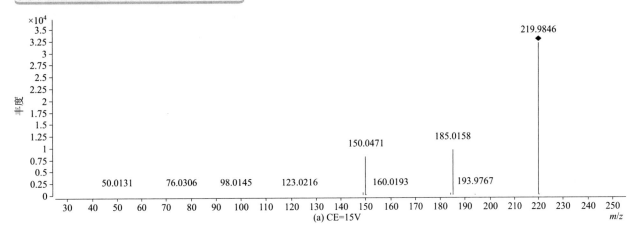

(a) CE=15V

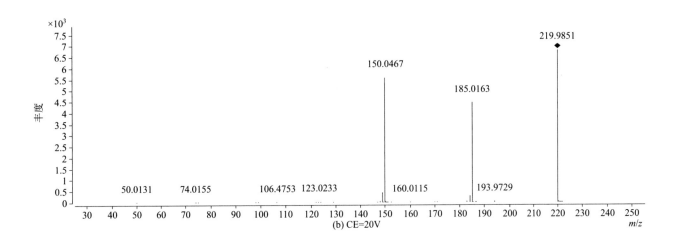

(b) CE=20V

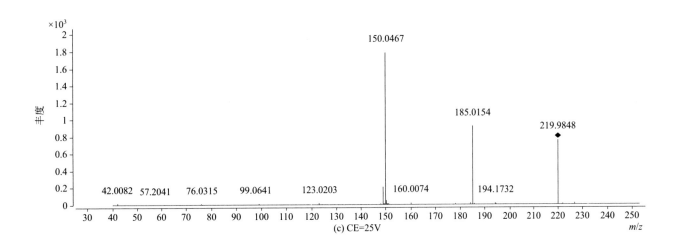

(c) CE=25V

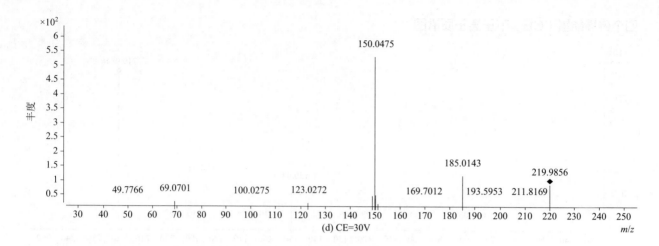

(d) CE=30V

2,2′,3,5′-tetrachlorobiphenyl
（2,2′,3,5′- 四氯联苯；PCB44）

基本信息

CAS 登录号	41464-39-5	分子量	289.9218
分子式	$C_{12}H_6Cl_4$	离子化模式	电子轰击电离（EI）

总离子流色谱图

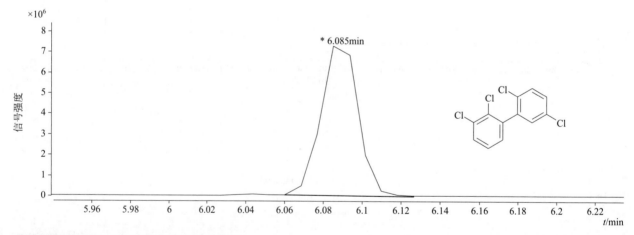

* 6.085min

四个碰撞能量（CE）下子离子质谱图

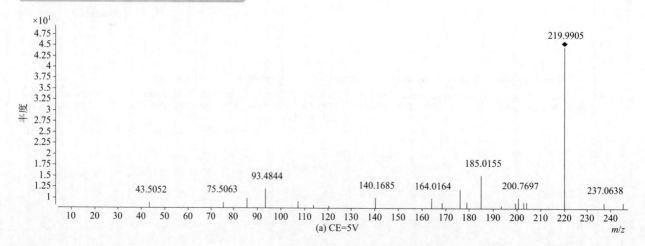

(a) CE=5V

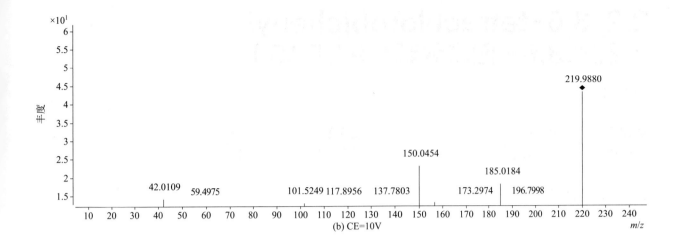

(b) CE=10V

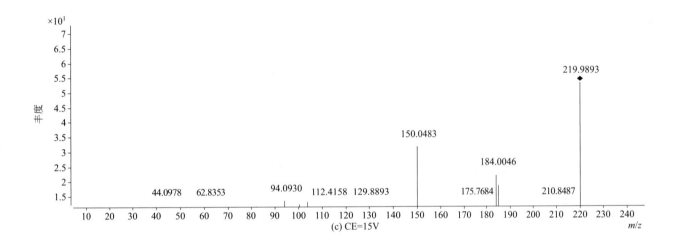

(c) CE=15V

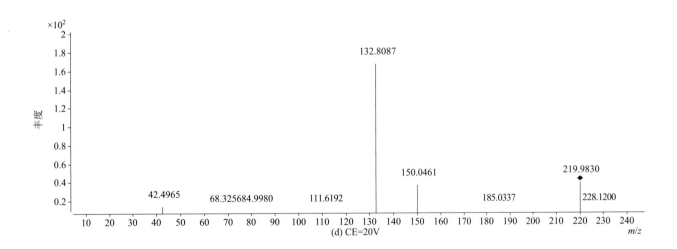

(d) CE=20V

2,2',3,6-tetrachlorobiphenyl（2,2',3,6- 四氯联苯；PCB45）

基本信息

CAS 登录号	70362-45-7	**分子量**	289.9218
分子式	$C_{12}H_6Cl_4$	**离子化模式**	电子轰击电离（EI）

总离子流色谱图

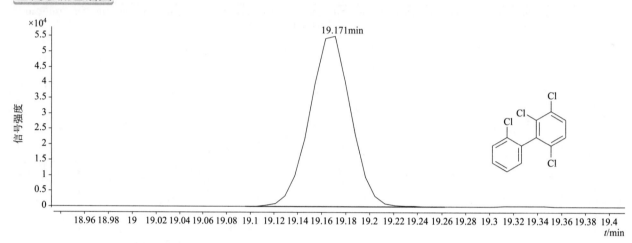

四个碰撞能量（CE）下子离子质谱图

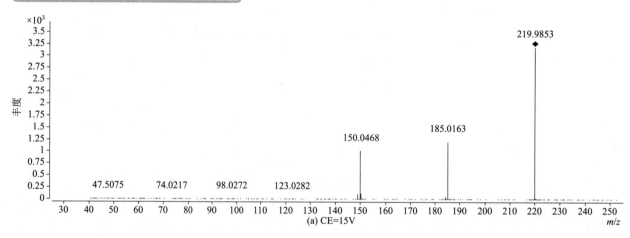

(a) CE=15V

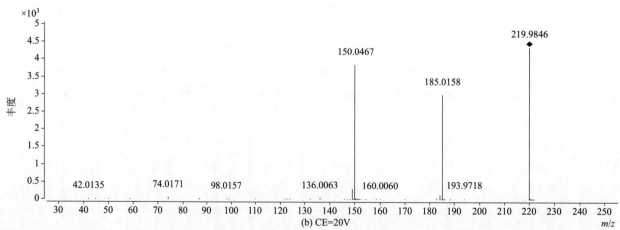

(b) CE=20V

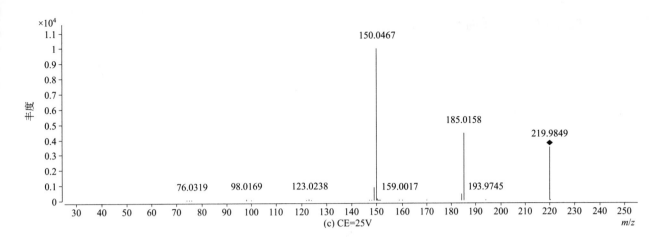

(c) CE=25V

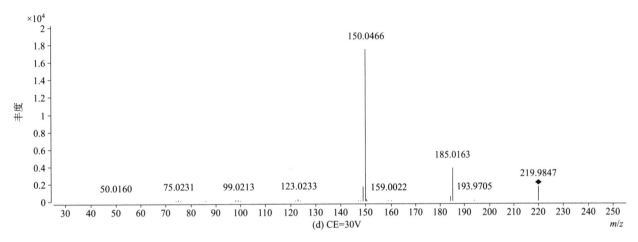

(d) CE=30V

2,2′,3,6′-tetrachlorobiphenyl
（2,2′,3,6′- 四氯联苯；PCB46）

基本信息

CAS 登录号	41464-47-5	分子量	289.9218
分子式	$C_{12}H_6Cl_4$	离子化模式	电子轰击电离（EI）

总离子流色谱图

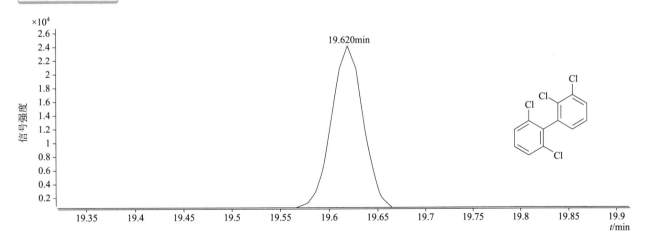

四个碰撞能量（CE）下子离子质谱图

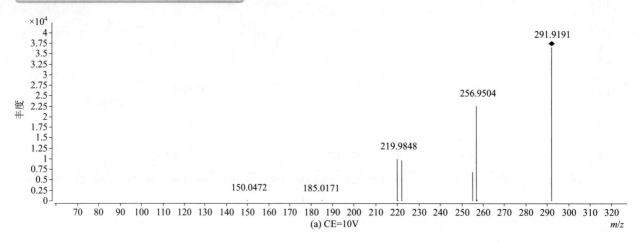

(a) CE=10V

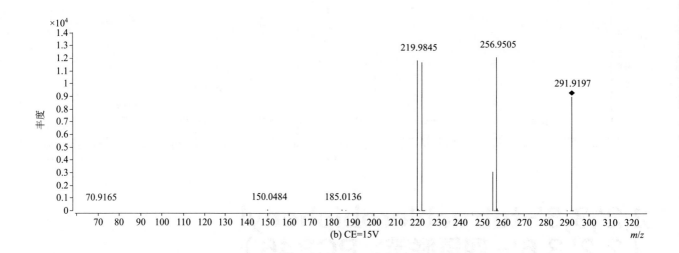

(b) CE=15V

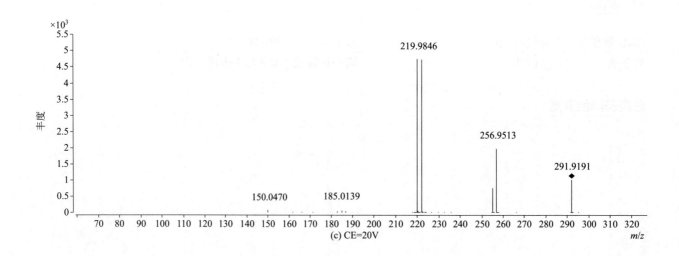

(c) CE=20V

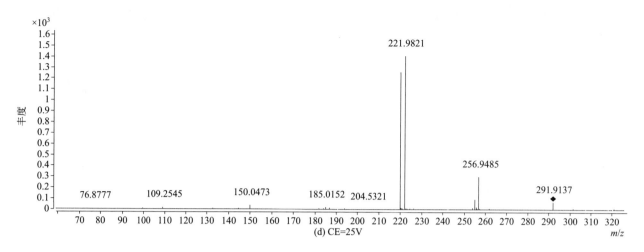

(d) CE=25V

2,2',4,4'-tetrachlorobiphenyl
（2,2',4,4'- 四氯联苯；PCB47）

基本信息

CAS 登录号	2437-79-8	分子量	289.9218
分子式	$C_{12}H_6Cl_4$	离子化模式	电子轰击电离（EI）

总离子流色谱图

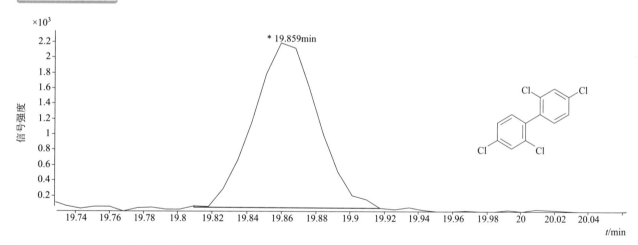

四个碰撞能量（CE）下子离子质谱图

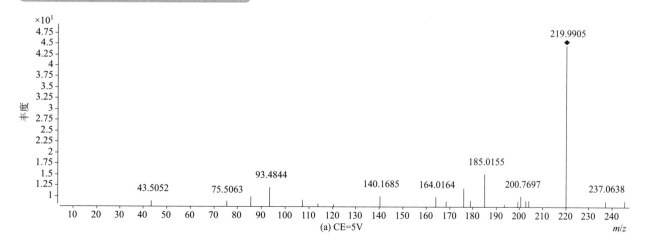

(a) CE=5V

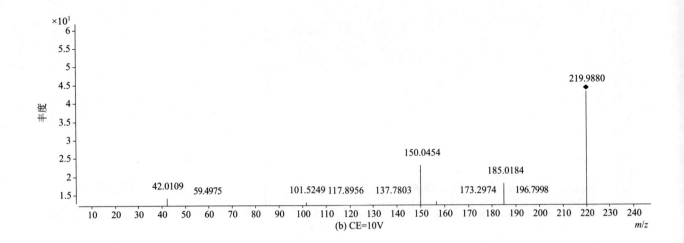

(b) CE=10V

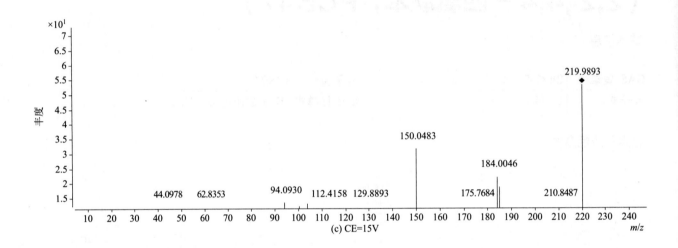

(c) CE=15V

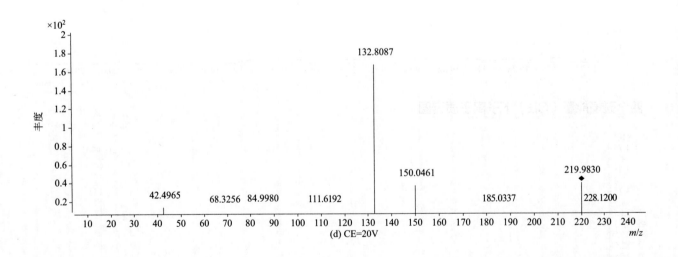

(d) CE=20V

2,2′,4,5-tetrachlorobiphenyl
（2,2′,4,5-四氯联苯；PCB48）

基本信息

CAS 登录号	70362-47-9	**分子量**	289.9218
分子式	$C_{12}H_6Cl_4$	**离子化模式**	电子轰击电离（EI）

总离子流色谱图

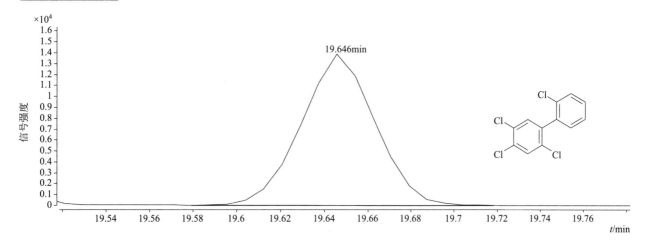

四个碰撞能量（CE）下子离子质谱图

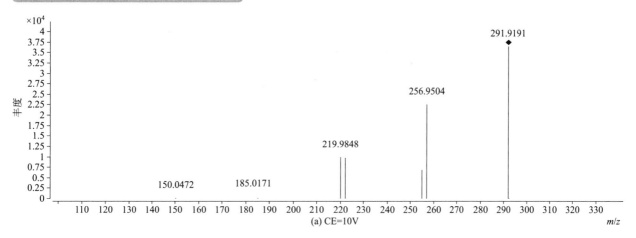

(a) CE=10V

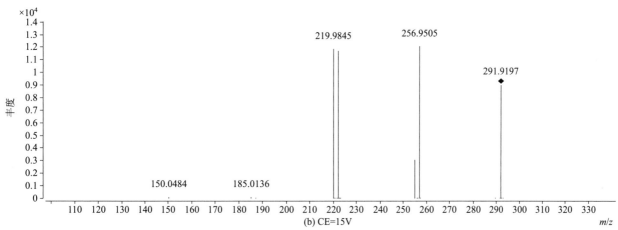

(b) CE=15V

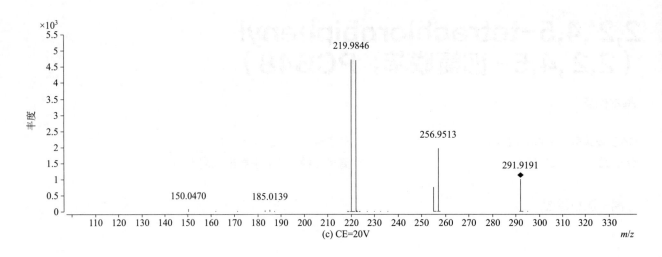

(c) CE=20V

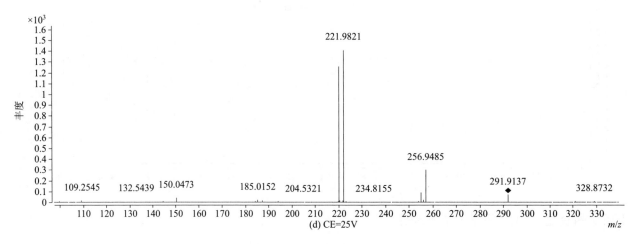

(d) CE=25V

2,2′,4,5′-tetrachlorobiphenyl
（2,2′,4,5′– 四氯联苯；PCB49）

基本信息

CAS 登录号	41464-40-8	分子量	289.9218
分子式	$C_{12}H_6Cl_4$	离子化模式	电子轰击电离（EI）

总离子流色谱图

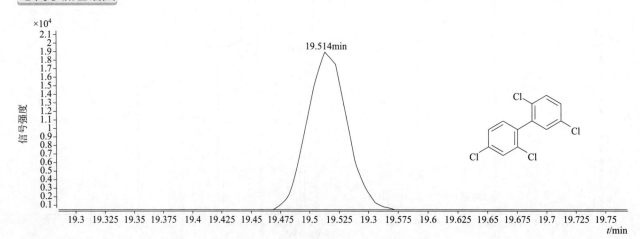

四个碰撞能量（CE）下子离子质谱图

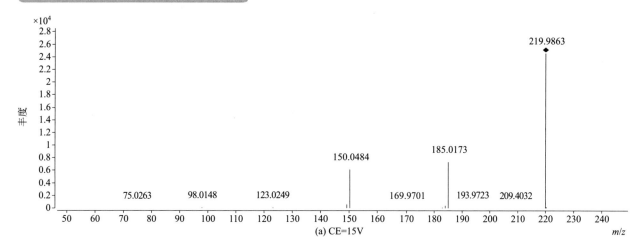

(a) CE=15V

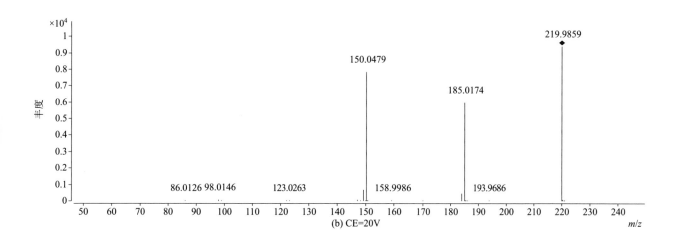

(b) CE=20V

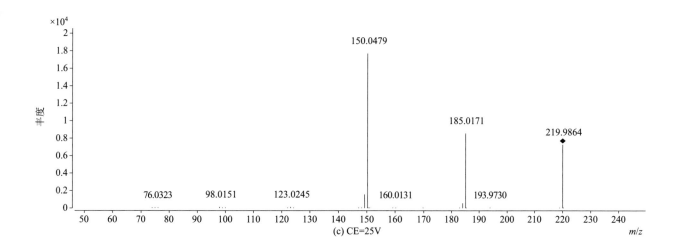

(c) CE=25V

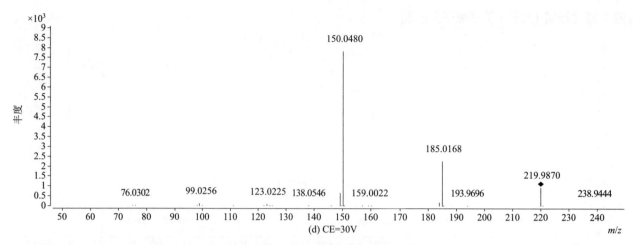

(d) CE=30V

2,2',4,6-tetrachlorobiphenyl
（2,2',4,6- 四氯联苯；PCB50）

基本信息

CAS 登录号	62796-65-0	分子量	289.9218
分子式	C₁₂H₆Cl₄	离子化模式	电子轰击电离（EI）

分子式 $C_{12}H_6Cl_4$

总离子流色谱图

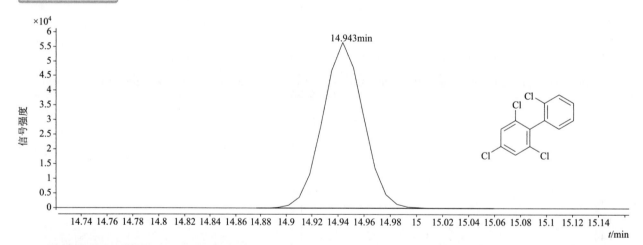

四个碰撞能量（CE）下子离子质谱图

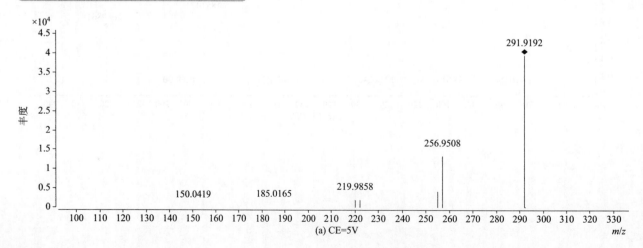

(a) CE=5V

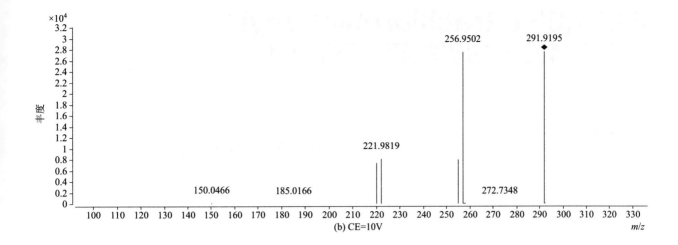

(b) CE=10V

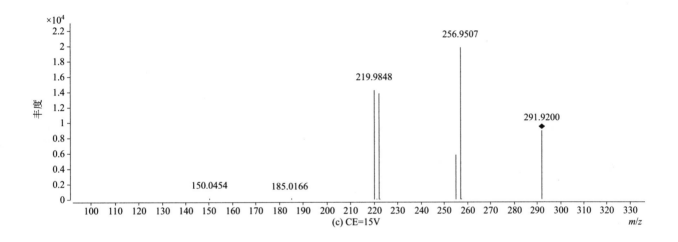

(c) CE=15V

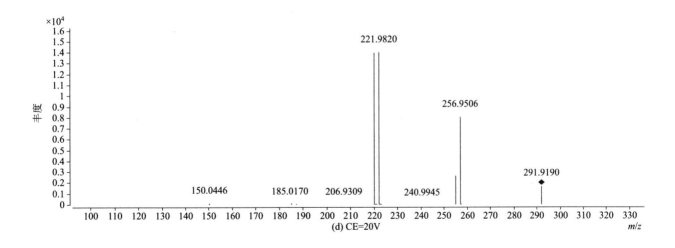

(d) CE=20V

2,2',4,6'-tetrachlorobiphenyl
（2,2',4,6'- 四氯联苯；PCB51）

CAS 登录号	68194-04-7	**分子量**	289.9218
分子式	$C_{12}H_6Cl_4$	**离子化模式**	电子轰击电离（EI）

总离子流色谱图

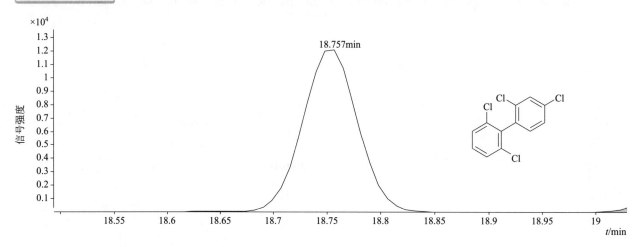

四个碰撞能量（CE）下子离子质谱图

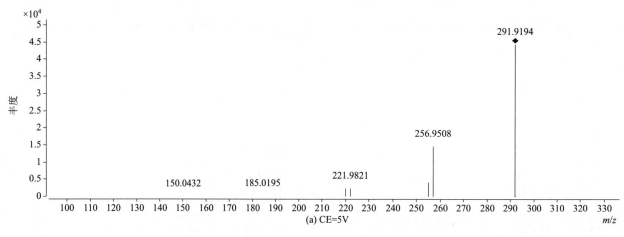

(a) CE=5V

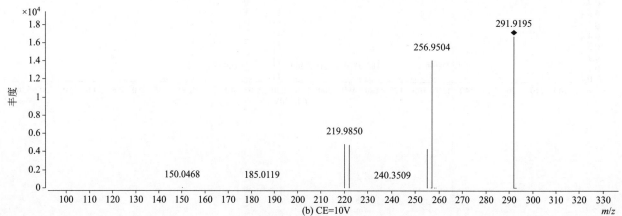

(b) CE=10V

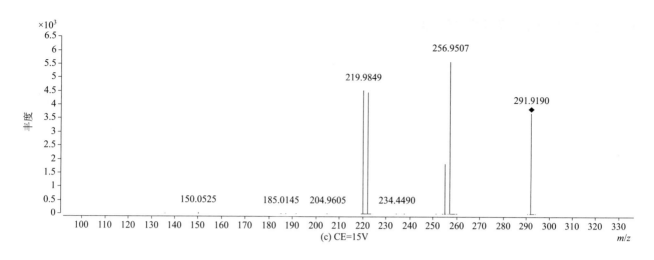

(c) CE=15V

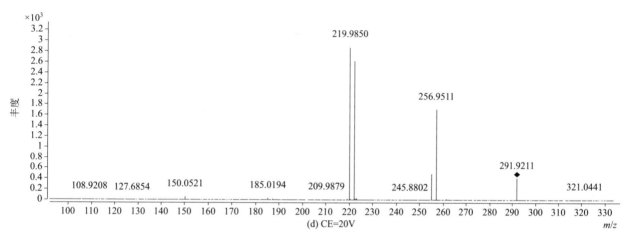

(d) CE=20V

2,2',5,5'-tetrachlorobiphenyl
（2,2',5,5'- 四氯联苯；PCB52）

基本信息

CAS 登录号	35693-99-3	分子量	289.9218
分子式	$C_{12}H_6Cl_4$	离子化模式	电子轰击电离（EI）

总离子流色谱图

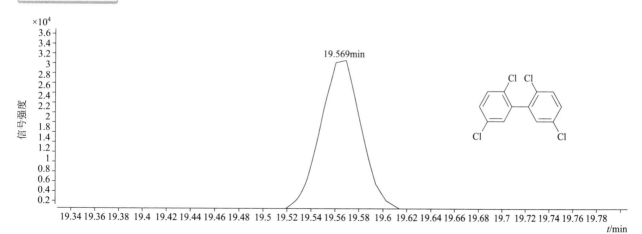

四个碰撞能量（CE）下子离子质谱图

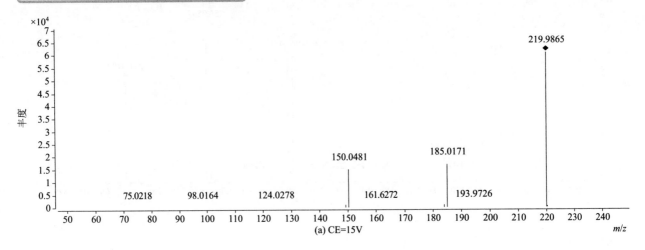

(a) CE=15V

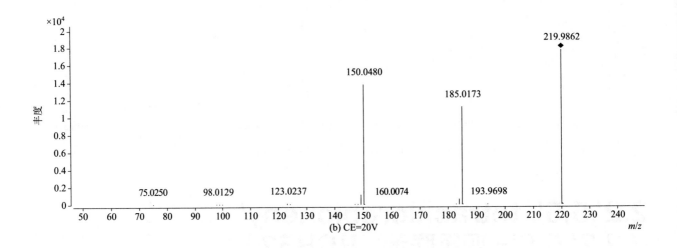

(b) CE=20V

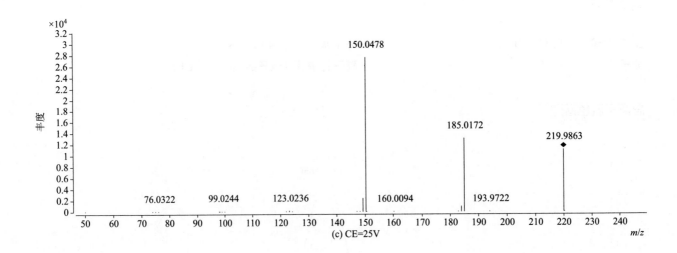

(c) CE=25V

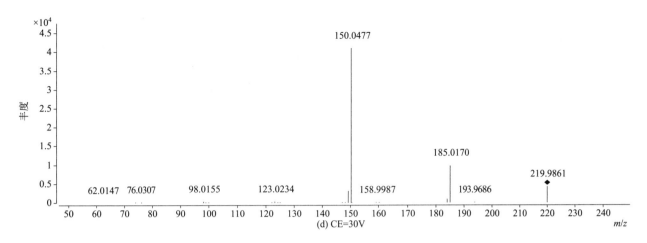

(d) CE=30V

2,2',5,6'-tetrachlorobiphenyl
（2,2',5,6'- 四氯联苯；PCB53）

基本信息

CAS 登录号	41464-41-9	分子量	289.9218
分子式	C$_{12}$H$_6$Cl$_4$	离子化模式	电子轰击电离（EI）

总离子流色谱图

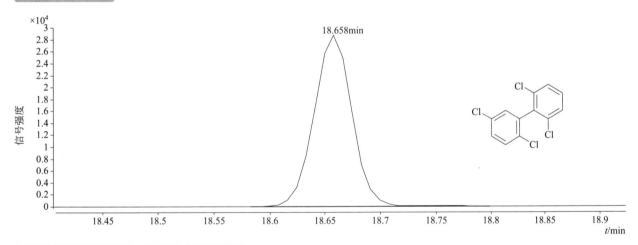

四个碰撞能量（CE）下子离子质谱图

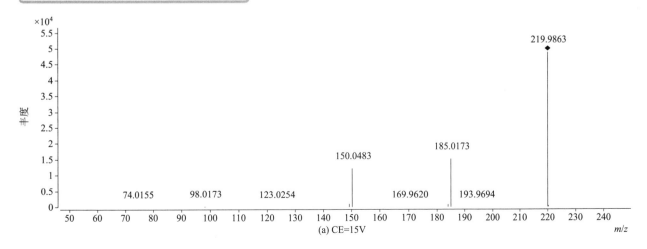

(a) CE=15V

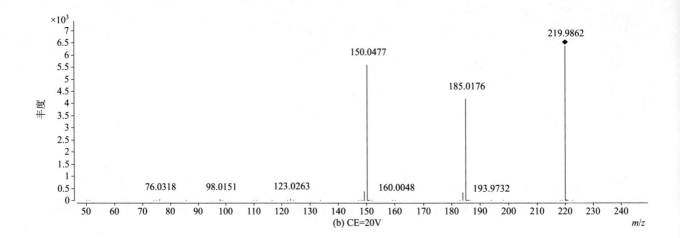

(b) CE=20V

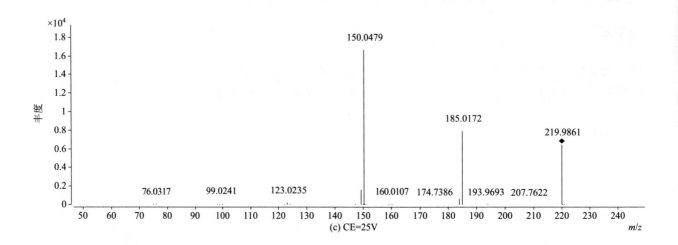

(c) CE=25V

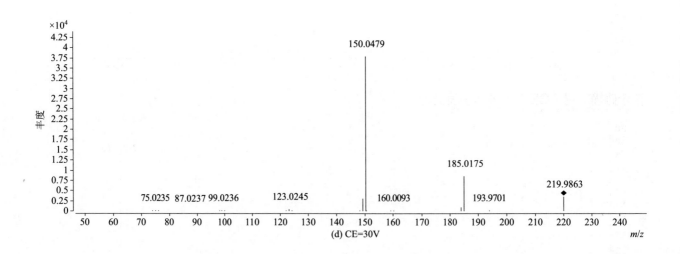

(d) CE=30V

2,2',6,6'-tetrachlorobiphenyl
（2,2',6,6'- 四氯联苯；PCB54）

基本信息

CAS 登录号	15968-05-5	**分子量**	289.9218
分子式	$C_{12}H_6Cl_4$	**离子化模式**	电子轰击电离（EI）

总离子流色谱图

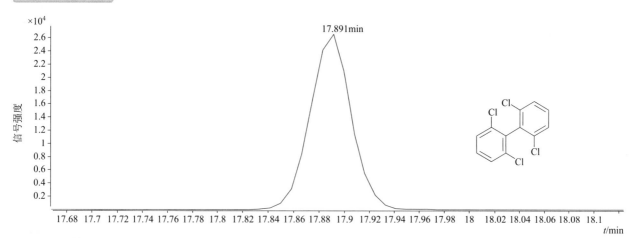

四个碰撞能量（CE）下子离子质谱图

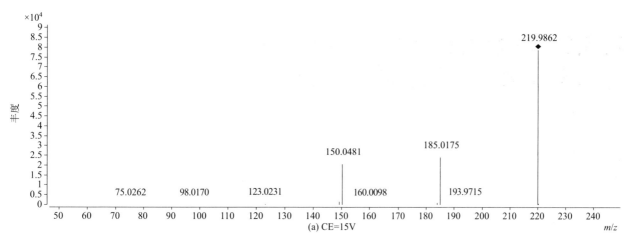

(a) CE=15V

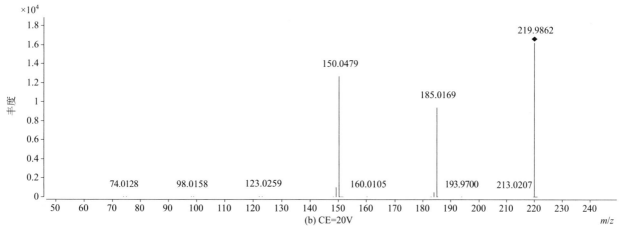

(b) CE=20V

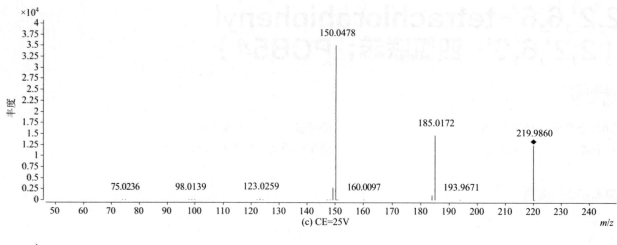

(c) CE=25V

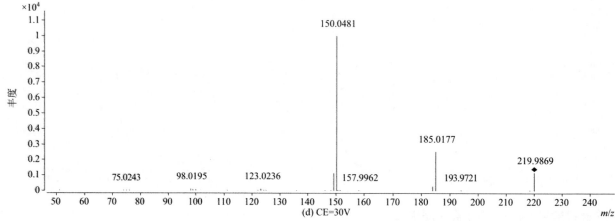

(d) CE=30V

2,3,3′,4-tetrachlorobiphenyl
（2,3,3′,4- 四氯联苯；PCB55）

基本信息

CAS 登录号	74338-24-2	分子量	289.9218
分子式	C₁₂H₆Cl₄	离子化模式	电子轰击电离（EI）

总离子流色谱图

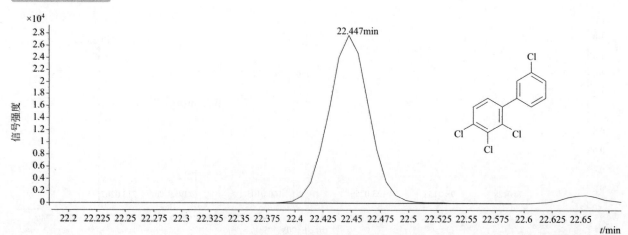

四个碰撞能量（CE）下子离子质谱图

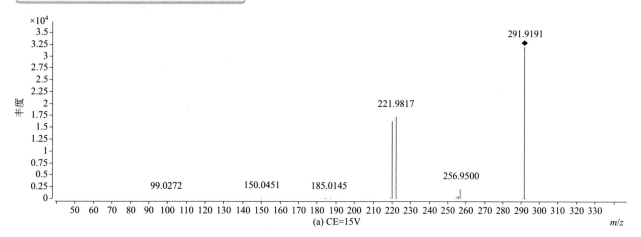

(a) CE=15V

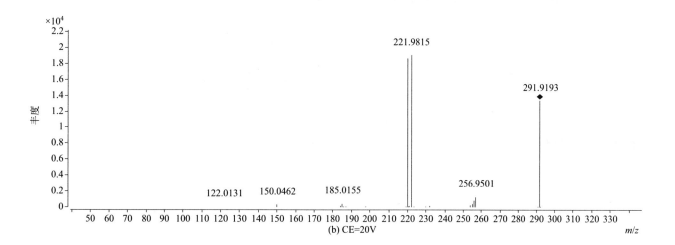

(b) CE=20V

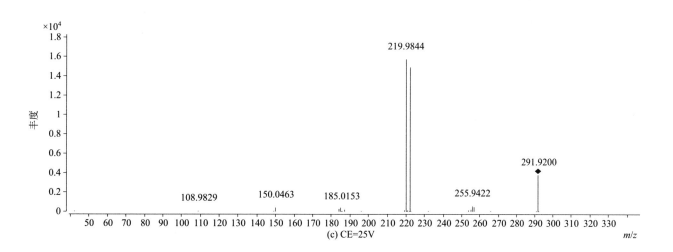

(c) CE=25V

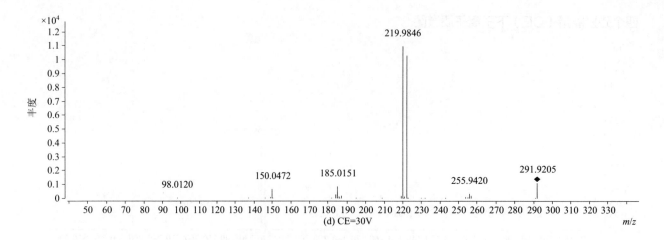

(d) CE=30V

2,3,3',4'-tetrachlorobiphenyl
（2,3,3',4'- 四氯联苯；PCB56）

基本信息

CAS 登录号	41464-43-1	分子量	289.9218
分子式	C$_{12}$H$_6$Cl$_4$	离子化模式	电子轰击电离（EI）

总离子流色谱图

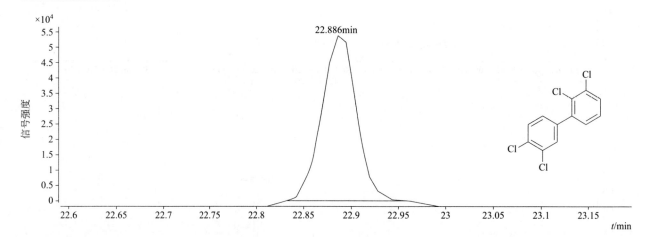

四个碰撞能量（CE）下子离子质谱图

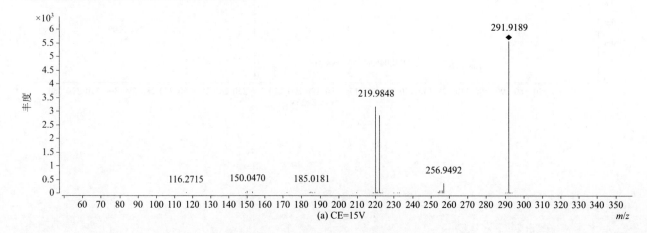

(a) CE=15V

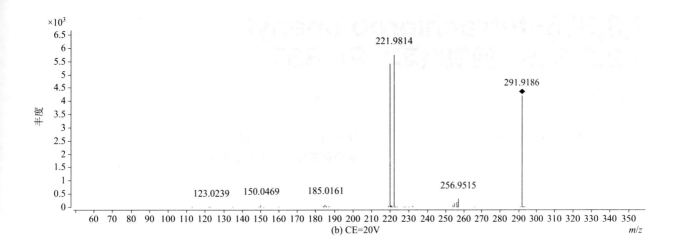

(b) CE=20V

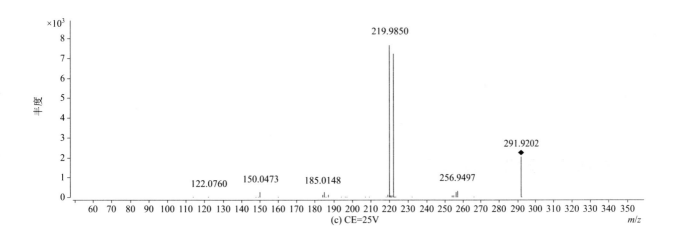

(c) CE=25V

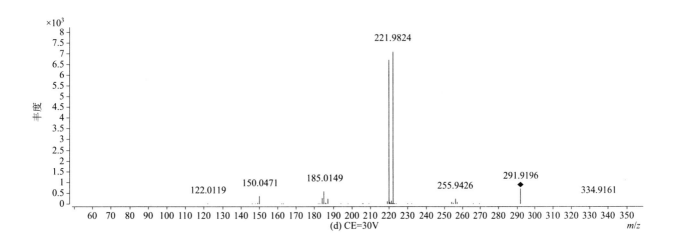

(d) CE=30V

2,3,3′,5-tetrachlorobiphenyl
（2,3,3′,5- 四氯联苯；PCB57）

基本信息

CAS 登录号	70424-67-8	分子量	289.9218
分子式	$C_{12}H_6Cl_4$	离子化模式	电子轰击电离（EI）

总离子流色谱图

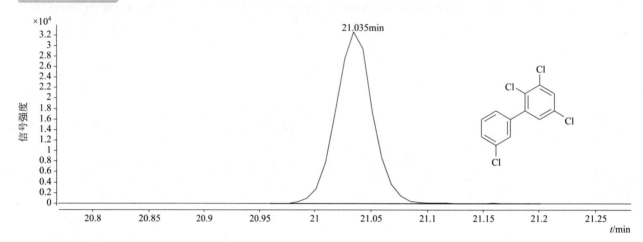

四个碰撞能量（CE）下子离子质谱图

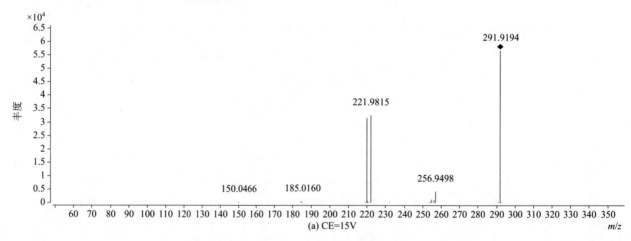

(a) CE=15V

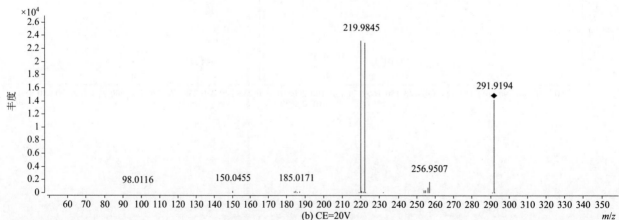

(b) CE=20V

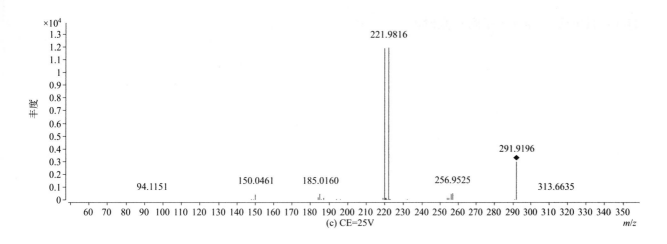

(c) CE=25V

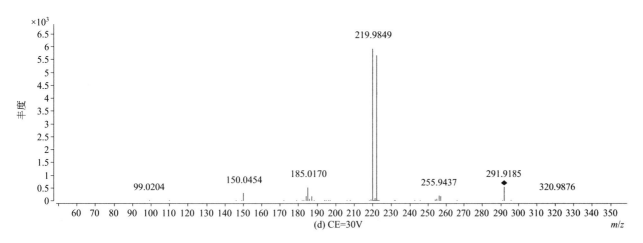

(d) CE=30V

2,3,3',5'-tetrachlorobiphenyl
（2,3,3',5'- 四氯联苯；PCB58）

<u>基本信息</u>

CAS 登录号	41464-49-7	**分子量**	289.9218
分子式	$C_{12}H_6Cl_4$	**离子化模式**	电子轰击电离（EI）

总离子流色谱图

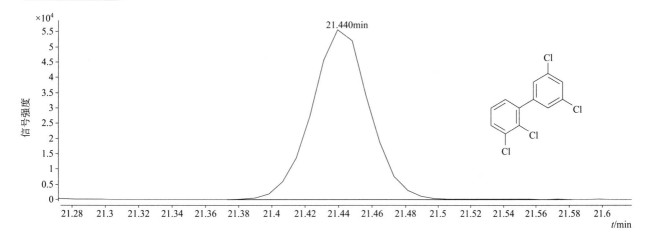

四个碰撞能量（CE）下子离子质谱图

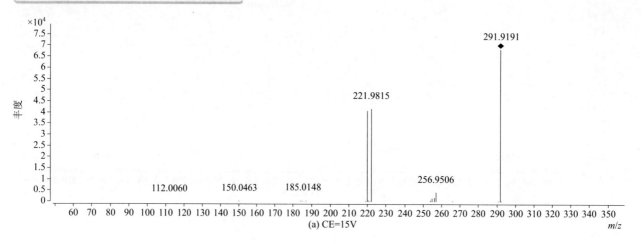

(a) CE=15V

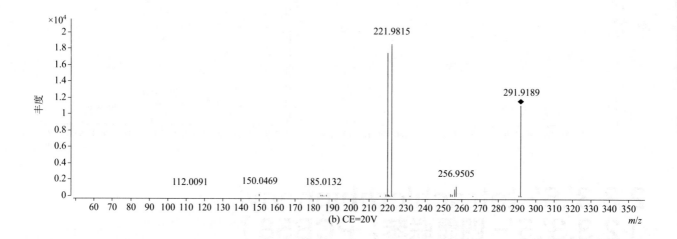

(b) CE=20V

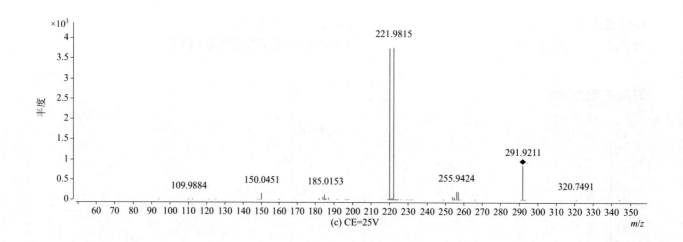

(c) CE=25V

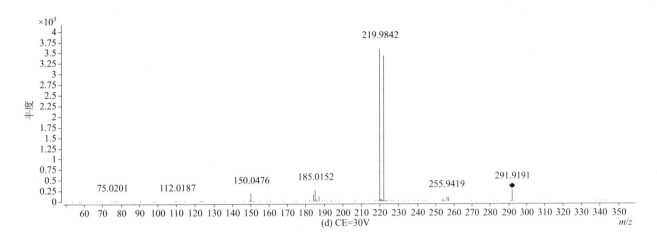

(d) CE=30V

2,3,3',6-tetrachlorobiphenyl
（2,3,3',6- 四氯联苯；PCB59）

基本信息

CAS 登录号	74472-33-6	分子量	289.9218
分子式	$C_{12}H_6Cl_4$	离子化模式	电子轰击电离（EI）

总离子流色谱图

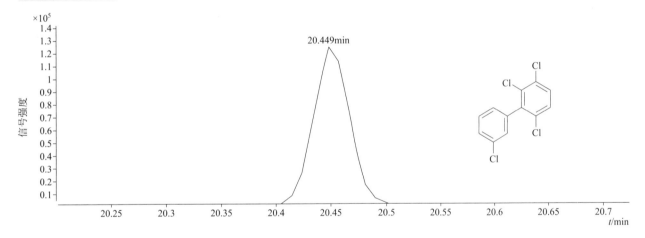

四个碰撞能量（CE）下子离子质谱图

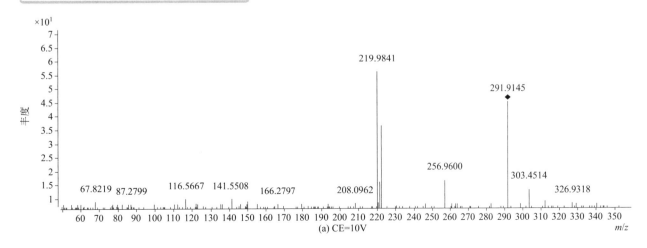

(a) CE=10V

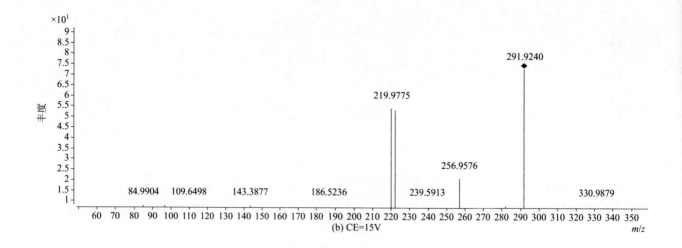

(b) CE=15V

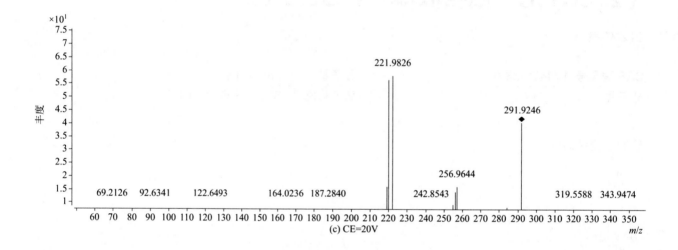

(c) CE=20V

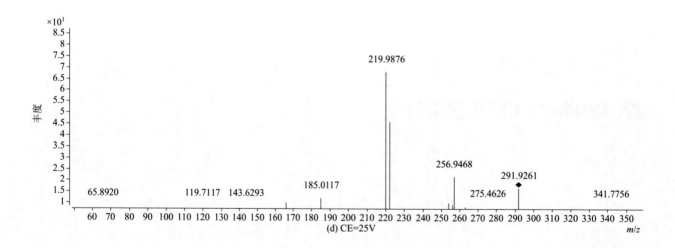

(d) CE=25V

2,3,4,4'-tetrachlorobiphenyl
（2,3,4,4'- 四氯联苯；PCB60）

基本信息

CAS 登录号	33025-41-1	**分子量**	289.9218
分子式	$C_{12}H_6Cl_4$	**离子化模式**	电子轰击电离（EI）

总离子流色谱图

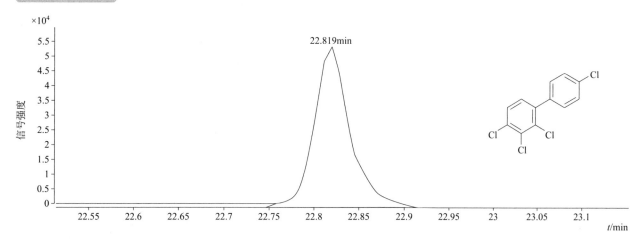

四个碰撞能量（CE）下子离子质谱图

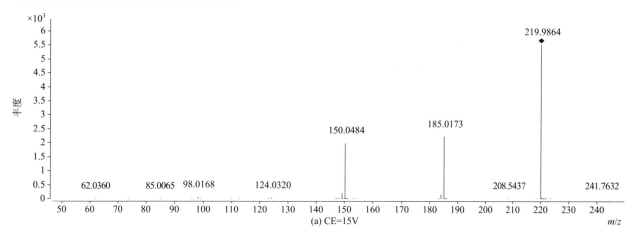

(a) CE=15V

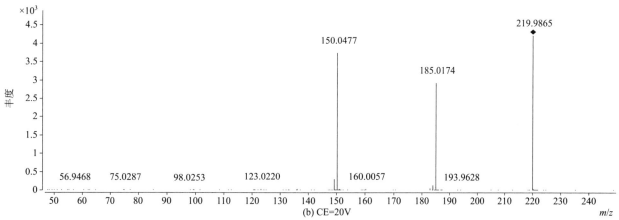

(b) CE=20V

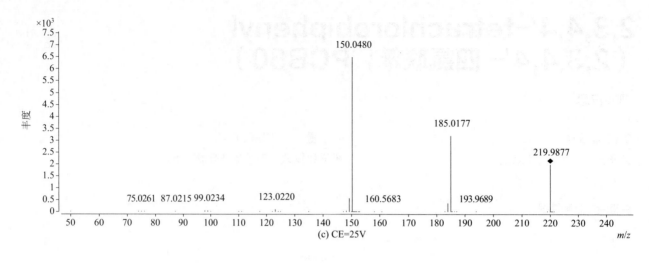

(c) CE=25V

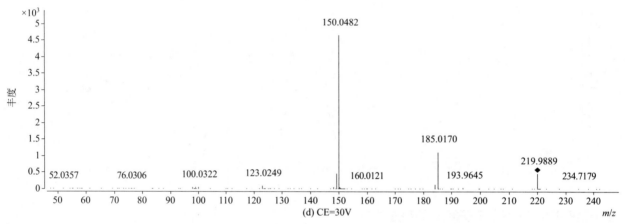

(d) CE=30V

2,3,4,5-tetrachlorobiphenyl
（2,3,4,5- 四氯联苯；PCB61）

基本信息

CAS 登录号	33284-53-6	分子量	289.9218
分子式	C$_{12}$H$_6$Cl$_4$	离子化模式	电子轰击电离（EI）

总离子流色谱图

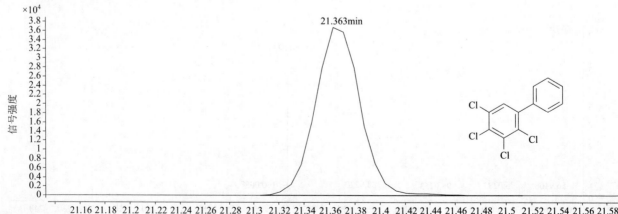

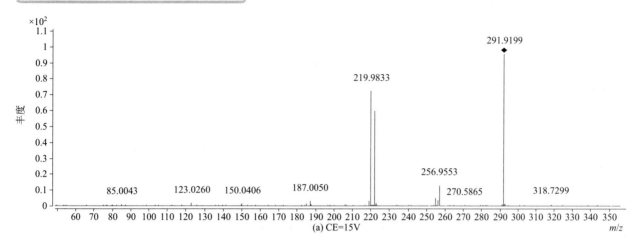

(a) CE=15V

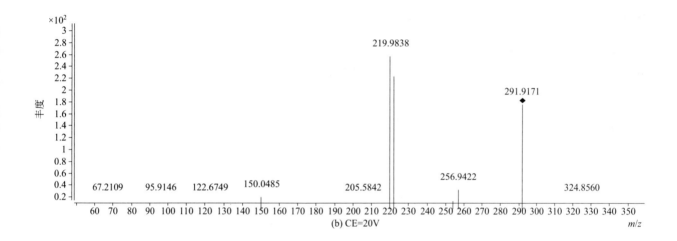

(b) CE=20V

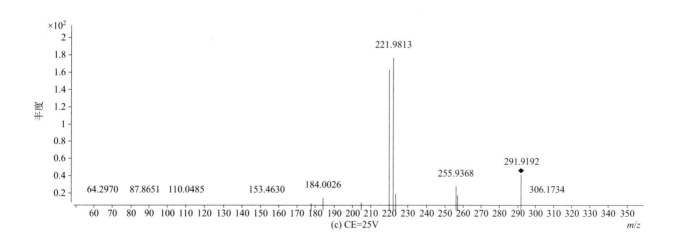

(c) CE=25V

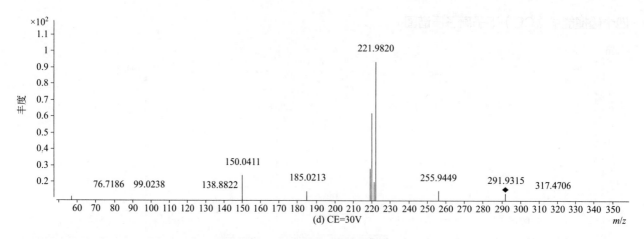

(d) CE=30V

2,3,4,6-tetrachlorobiphenyl
（2,3,4,6- 四氯联苯；PCB62）

CAS 登录号	54230-22-7	分子量	289.9218
分子式	$C_{12}H_6Cl_4$	离子化模式	电子轰击电离（EI）

总离子流色谱图

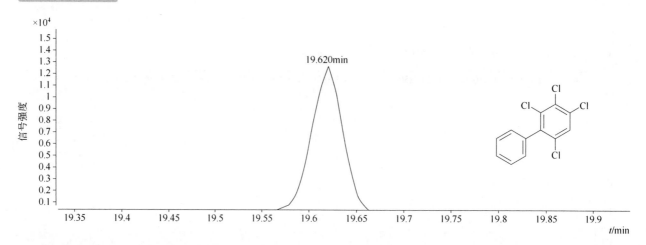

四个碰撞能量（CE）下子离子质谱图

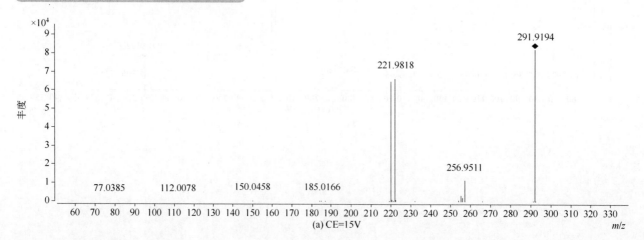

(a) CE=15V

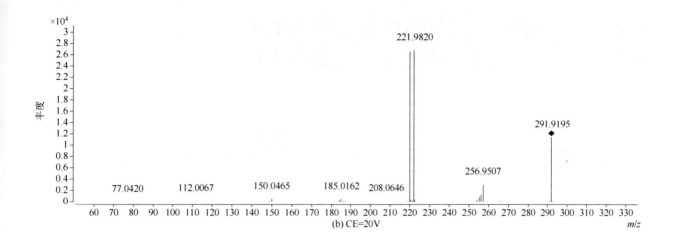

(b) CE=20V

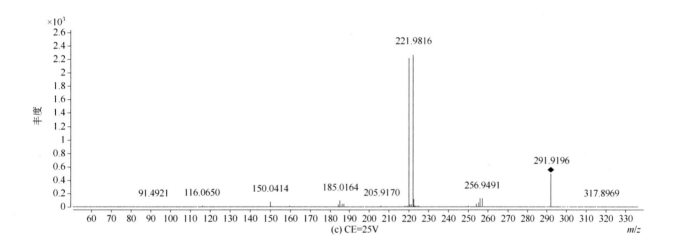

(c) CE=25V

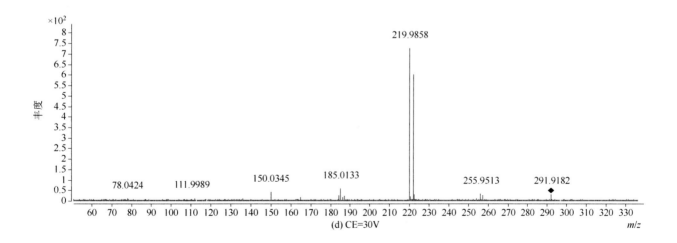

(d) CE=30V

2,3,4',5-tetrachlorobiphenyl
（2,3,4',5- 四氯联苯；PCB63）

基本信息

CAS 登录号	74472-34-7	分子量	289.9218
分子式	$C_{12}H_6Cl_4$	离子化模式	电子轰击电离（EI）

总离子流色谱图

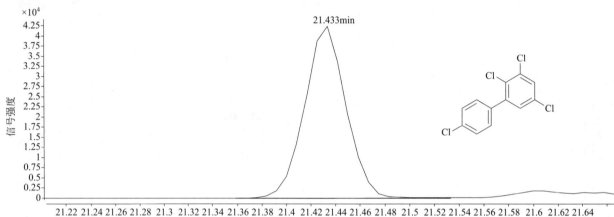

四个碰撞能量（CE）下子离子质谱图

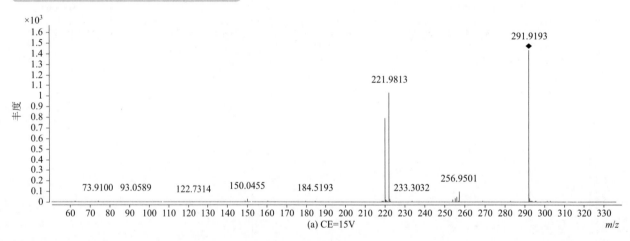

(a) CE=15V

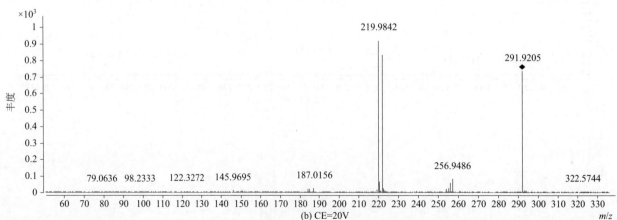

(b) CE=20V

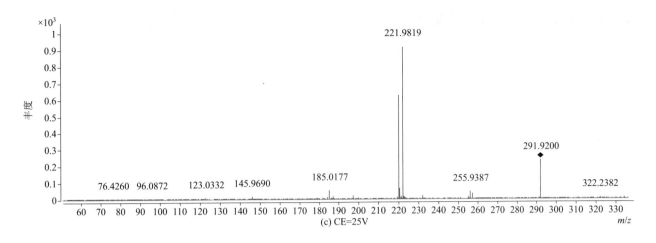

(c) CE=25V

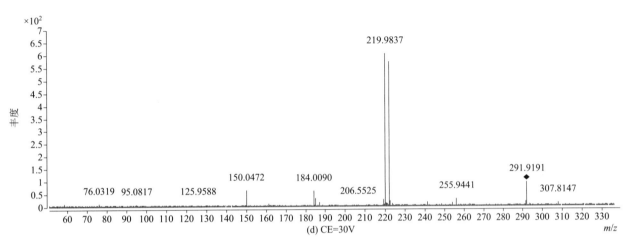

(d) CE=30V

2,3,4',6-tetrachlorobiphenyl
（2,3,4',6- 四氯联苯；PCB64）

CAS 登录号	52663-58-8	分子量	289.9218
分子式	$C_{12}H_6Cl_4$	离子化模式	电子轰击电离（EI）

总离子流色谱图

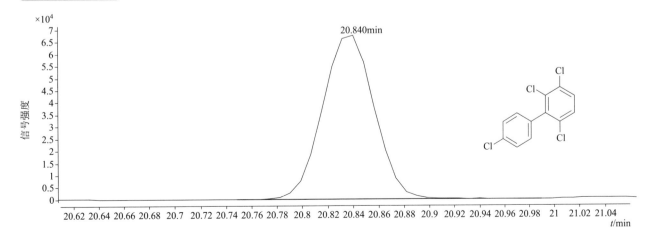

20.840min

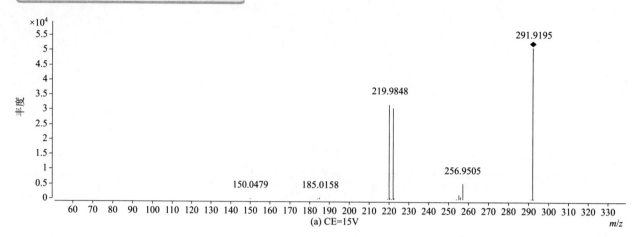

(a) CE=15V

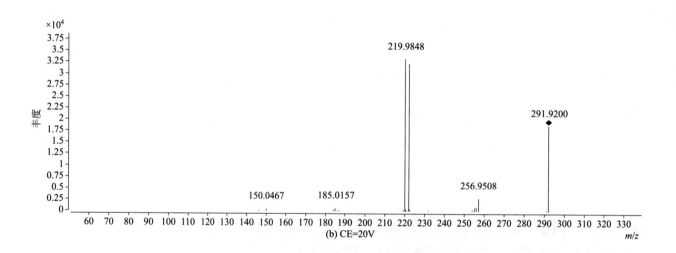

(b) CE=20V

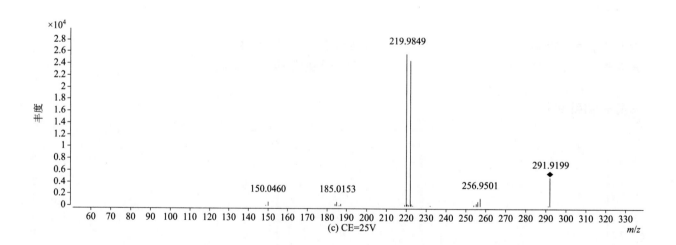

(c) CE=25V

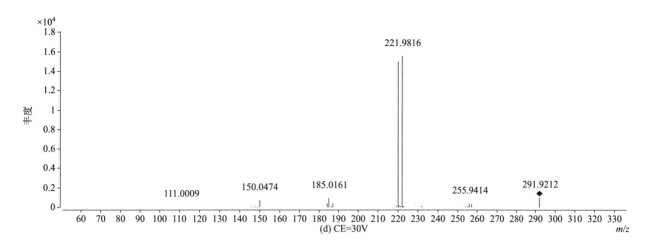

(d) CE=30V

2,3,5,6-tetrachlorobiphenyl
（2,3,5,6- 四氯联苯；PCB65）

CAS 登录号	33284-54-7	分子量	289.9218
分子式	$C_{12}H_6Cl_4$	离子化模式	电子轰击电离（EI）

总离子流色谱图

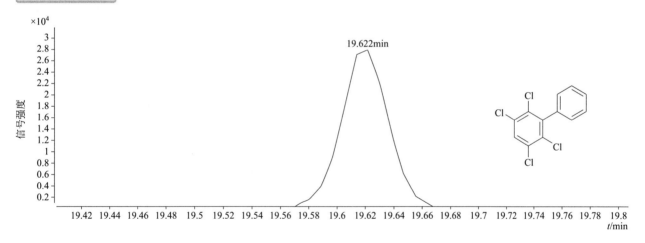

四个碰撞能量（CE）下子离子质谱图

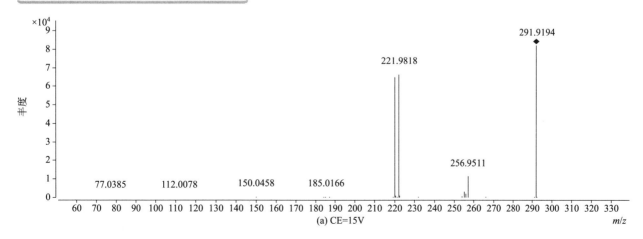

(a) CE=15V

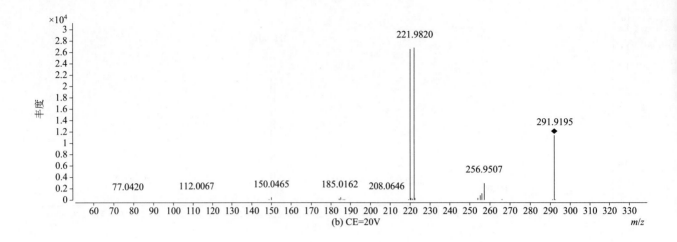

(b) CE=20V

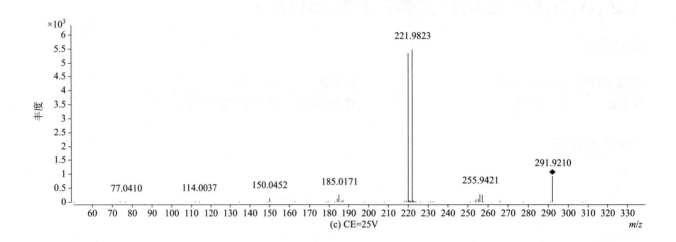

(c) CE=25V

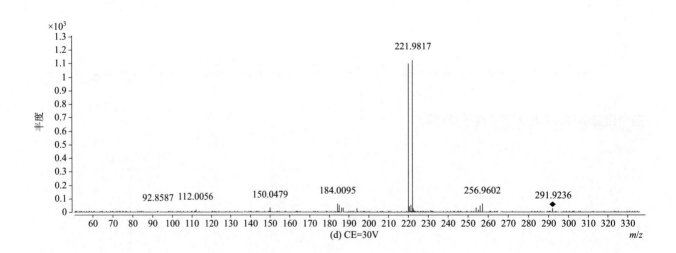

(d) CE=30V

2,3′,4,4′-tetrachlorobiphenyl
（2,3′,4,4′- 四氯联苯；PCB66）

基本信息

CAS 登录号	32598-10-0	分子量	289.9218
分子式	$C_{12}H_6Cl_4$	离子化模式	电子轰击电离（EI）

总离子流色谱图

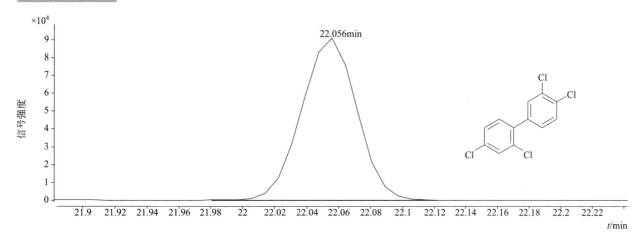

四个碰撞能量（CE）下子离子质谱图

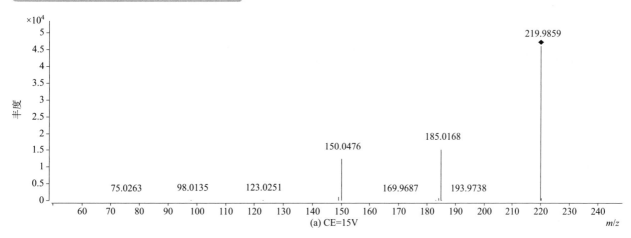

(a) CE=15V

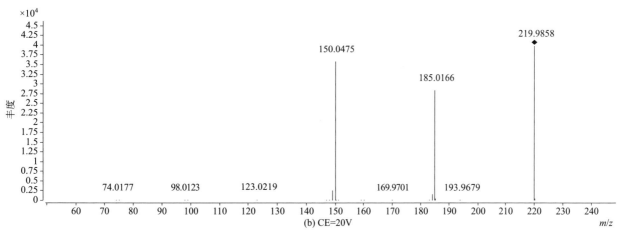

(b) CE=20V

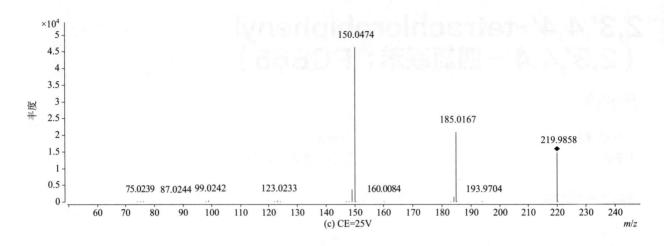

(c) CE=25V

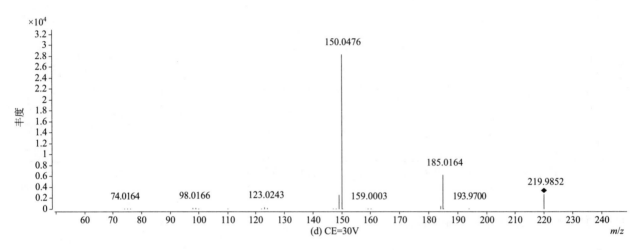

(d) CE=30V

2,3′,4,5-tetrachlorobiphenyl
（2,3′,4,5- 四氯联苯；PCB67）

基本信息

CAS 登录号	73557-53-8	分子量	289.9218
分子式	$C_{12}H_6Cl_4$	离子化模式	电子轰击电离（EI）

总离子流色谱图

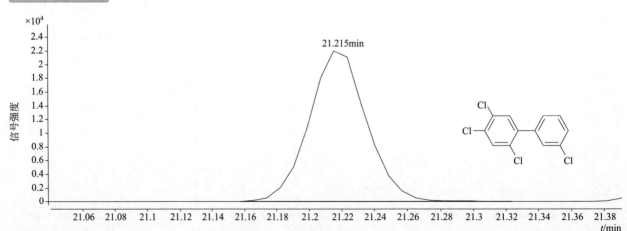

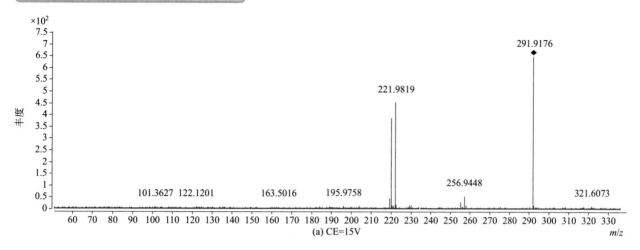

(a) CE=15V

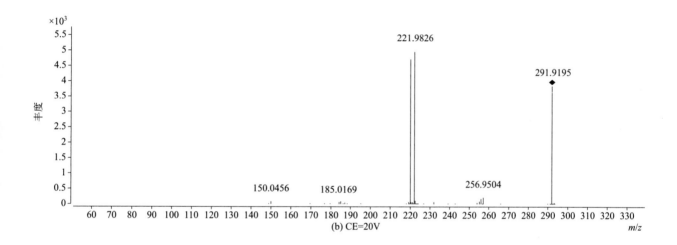

(b) CE=20V

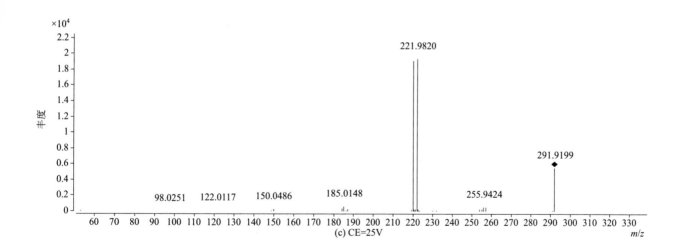

(c) CE=25V

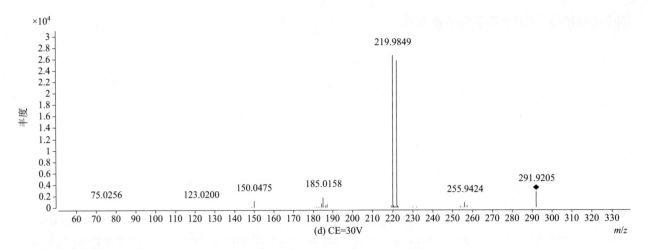

(d) CE=30V

2,3',4,5'-tetrachlorobiphenyl
（2,3',4,5'- 四氯联苯；PCB68）

基本信息

CAS 登录号	73575-52-7	分子量	289.9218
分子式	$C_{12}H_6Cl_4$	离子化模式	电子轰击电离（EI）

总离子流色谱图

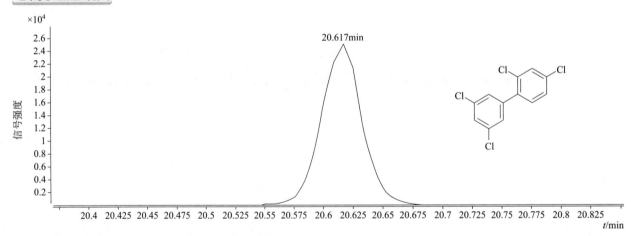

四个碰撞能量（CE）下子离子质谱图

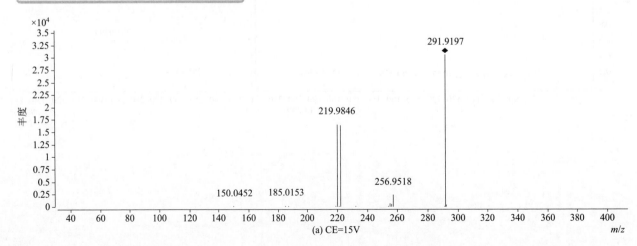

(a) CE=15V

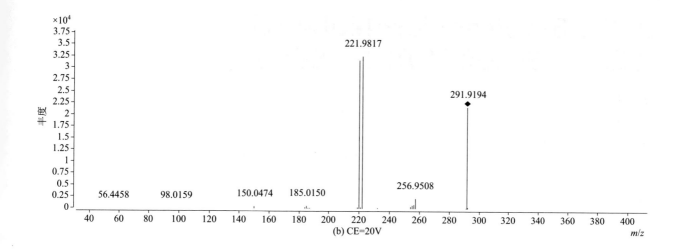

(b) CE=20V

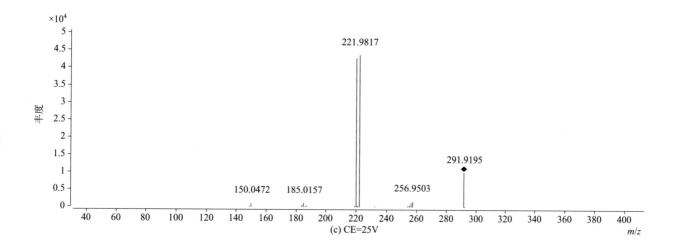

(c) CE=25V

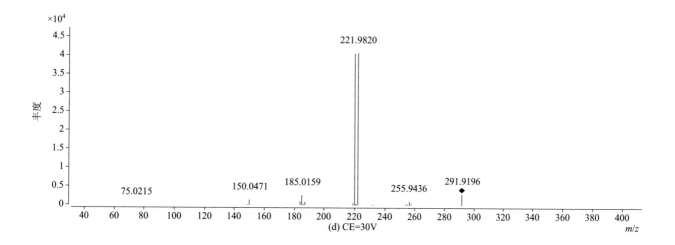

(d) CE=30V

2,3',4,6-tetrachlorobiphenyl
（2,3',4,6- 四氯联苯；PCB69）

基本信息

CAS 登录号	60233-24-1	分子量	289.9218
分子式	$C_{12}H_6Cl_4$	离子化模式	电子轰击电离（EI）

总离子流色谱图

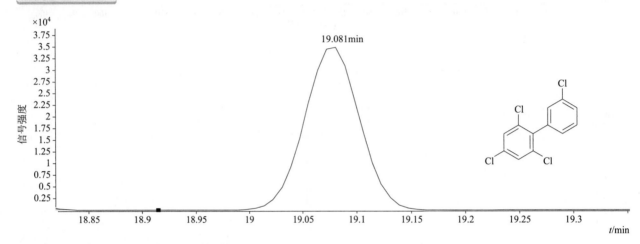

四个碰撞能量（CE）下子离子质谱图

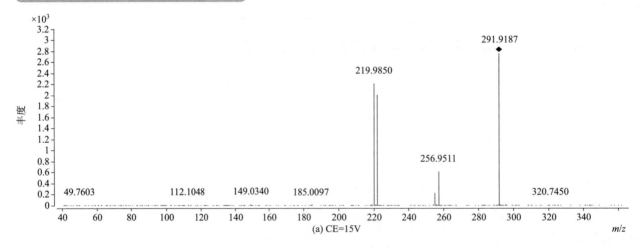

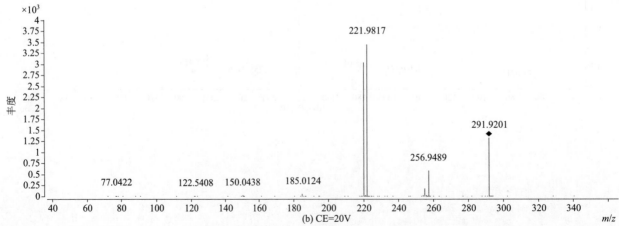

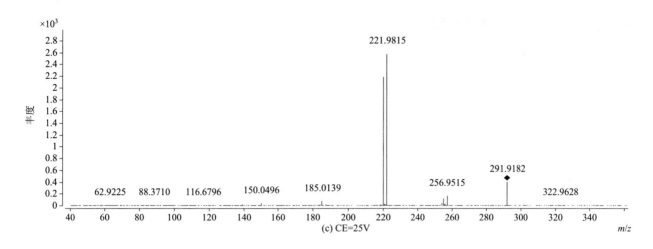

(c) CE=25V

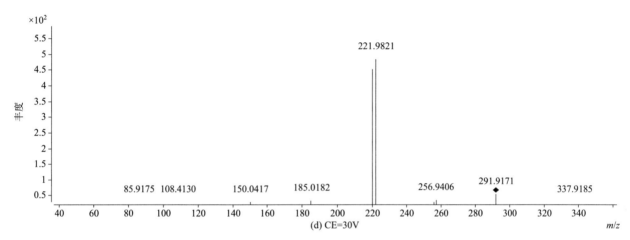

(d) CE=30V

2,3',4',5-tetrachlorobiphenyl
（2,3',4',5- 四氯联苯；PCB70）

基本信息

CAS 登录号	32598-11-1	分子量	289.9218
分子式	C$_{12}$H$_6$Cl$_4$	离子化模式	电子轰击电离（EI）

总离子流色谱图

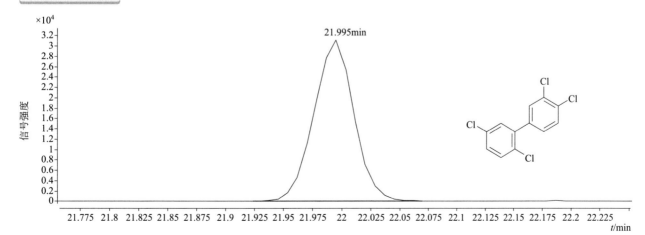

四个碰撞能量（CE）下子离子质谱图

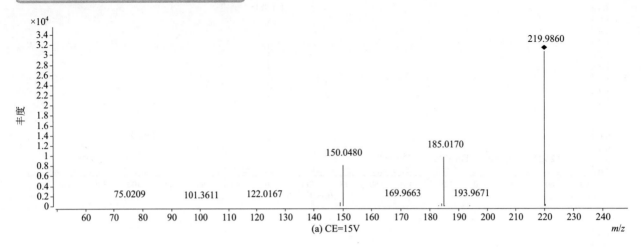

(a) CE=15V

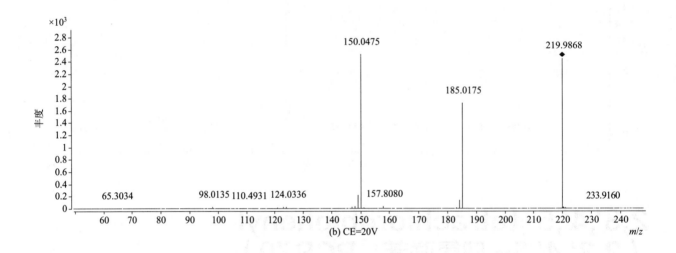

(b) CE=20V

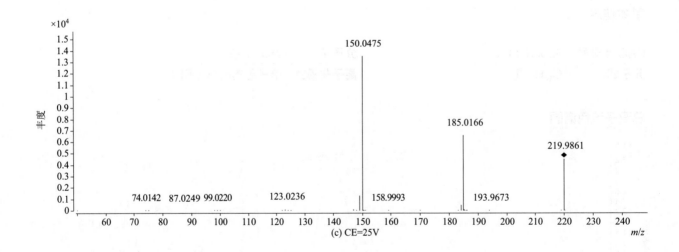

(c) CE=25V

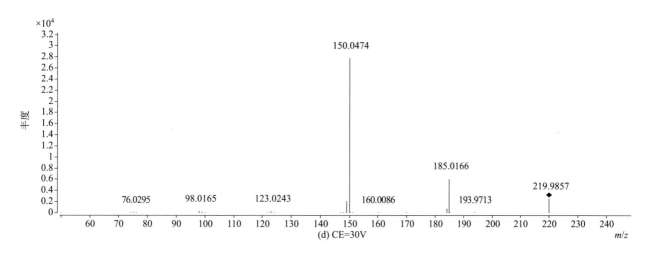

(d) CE=30V

2,3',4',6-tetrachlorobiphenyl
（2,3',4',6- 四氯联苯；PCB71）

基本信息

CAS 登录号	41464-46-4	分子量	289.9218
分子式	$C_{12}H_6Cl_4$	离子化模式	电子轰击电离（EI）

总离子流色谱图

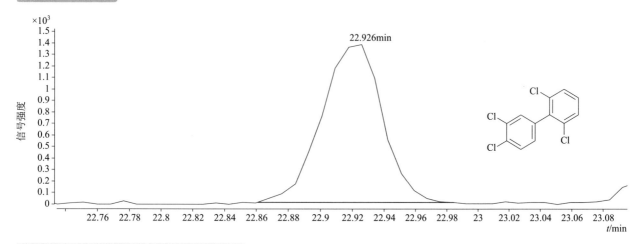

四个碰撞能量（CE）下子离子质谱图

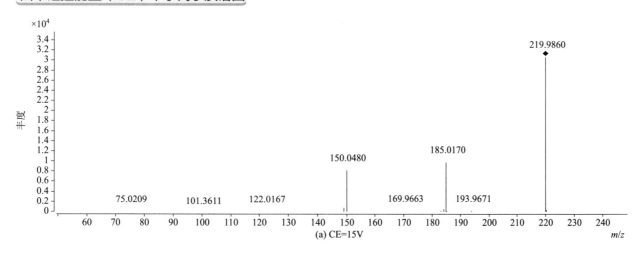

(a) CE=15V

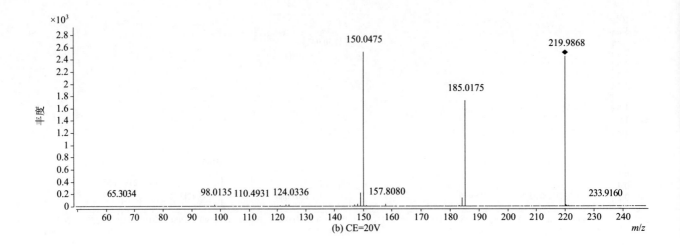

(b) CE=20V

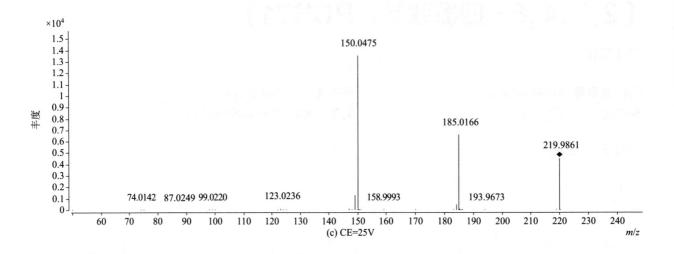

(c) CE=25V

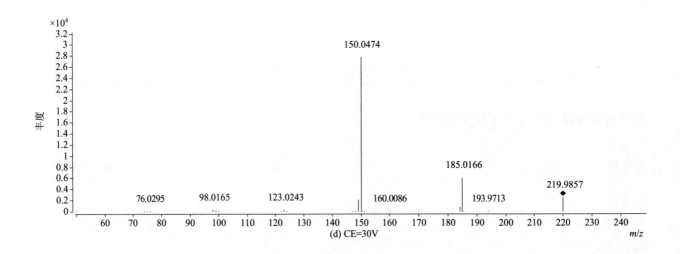

(d) CE=30V

2,3',5,5'-tetrachlorobiphenyl
（2,3',5,5'- 四氯联苯；PCB72）

基本信息

CAS 登录号	41464-42-0	分子量	289.9218
分子式	$C_{12}H_6Cl_4$	离子化模式	电子轰击电离（EI）

总离子流色谱图

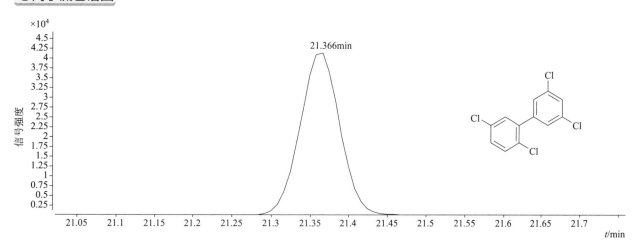

四个碰撞能量（CE）下子离子质谱图

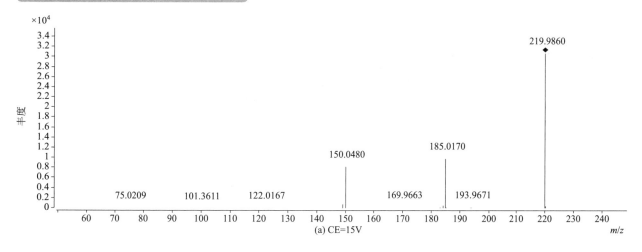

(a) CE=15V

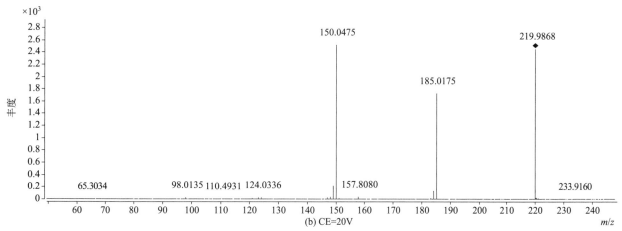

(b) CE=20V

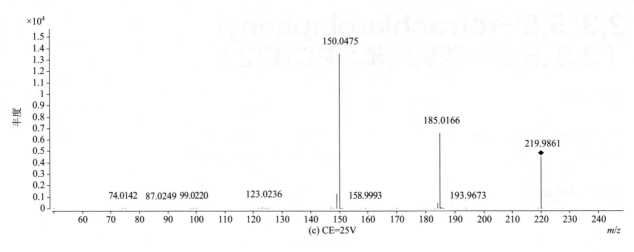

(c) CE=25V

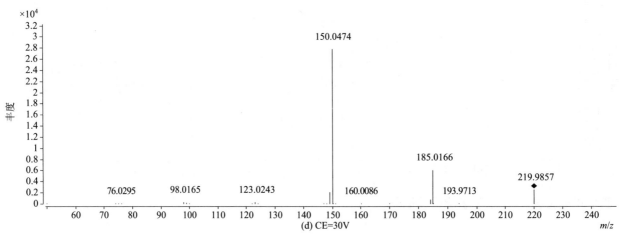

(d) CE=30V

2,3′,5′,6-tetrachlorobiphenyl
（2,3′,5′,6- 四氯联苯；PCB73）

基本信息

CAS 登录号	74338-23-1	分子量	289.9218
分子式	$C_{12}H_6Cl_4$	离子化模式	电子轰击电离（EI）

总离子流色谱图

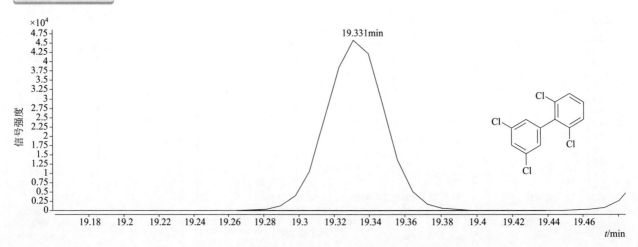

四个碰撞能量（CE）下子离子质谱图

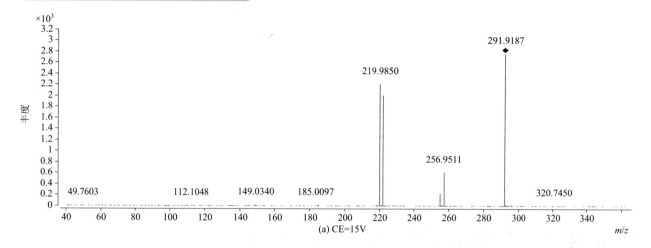

(a) CE=15V

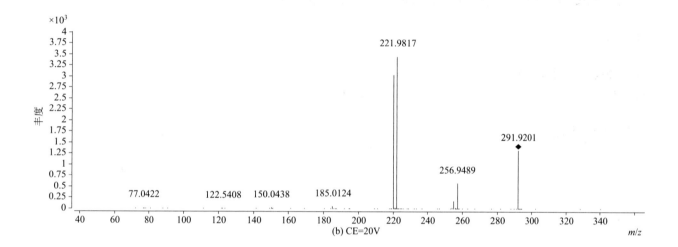

(b) CE=20V

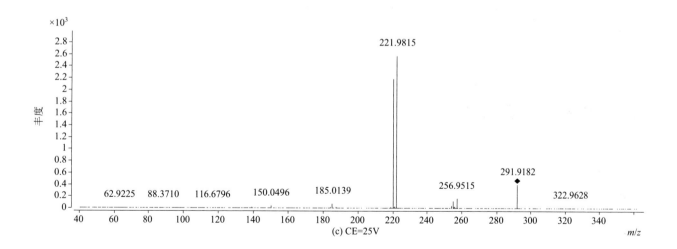

(c) CE=25V

1043

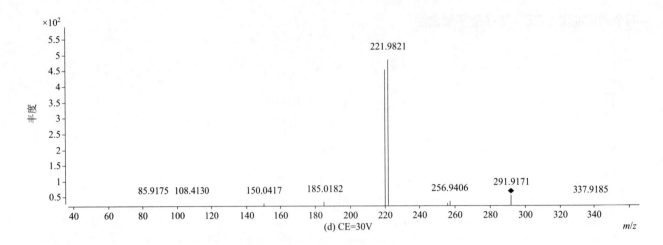

(d) CE=30V

2,4,4′,5-tetrachlorobiphenyl
（2,4,4′,5- 四氯联苯；PCB74）

基本信息

CAS 登录号	32690-93-0	分子量	289.9218
分子式	$C_{12}H_6Cl_4$	离子化模式	电子轰击电离（EI）

总离子流色谱图

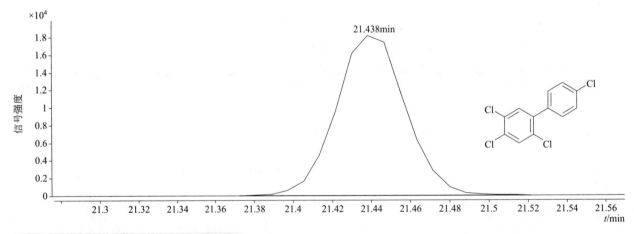

四个碰撞能量（CE）下子离子质谱图

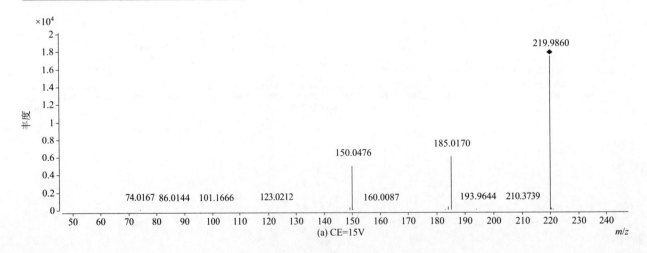

(a) CE=15V

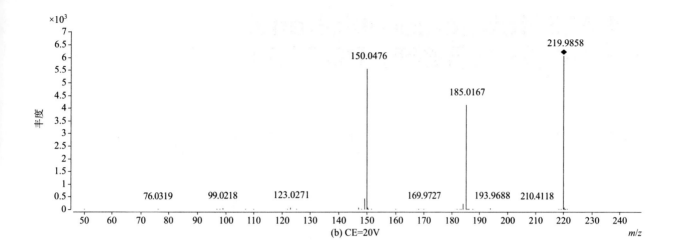

(b) CE=20V

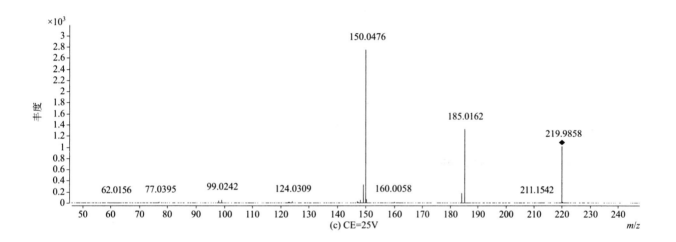

(c) CE=25V

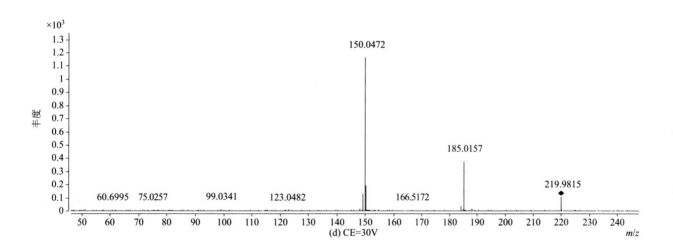

(d) CE=30V

2,4,4',6-tetrachlorobiphenyl
（2,4,4',6- 四氯联苯；PCB75）

基本信息

CAS 登录号	32598-12-2	分子量	289.9218
分子式	$C_{12}H_6Cl_4$	离子化模式	电子轰击电离（EI）

总离子流色谱图

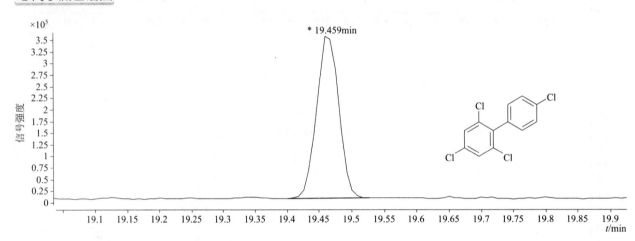

四个碰撞能量（CE）下子离子质谱图

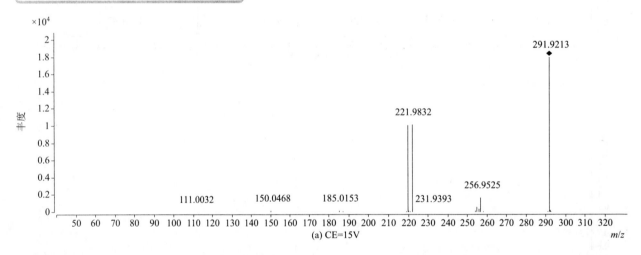

(a) CE=15V

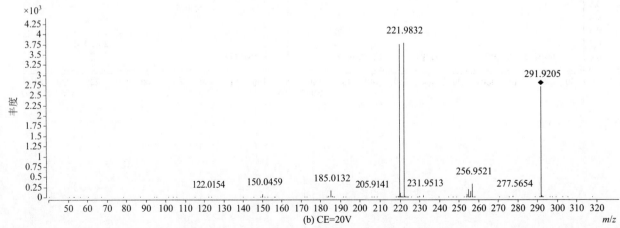

(b) CE=20V

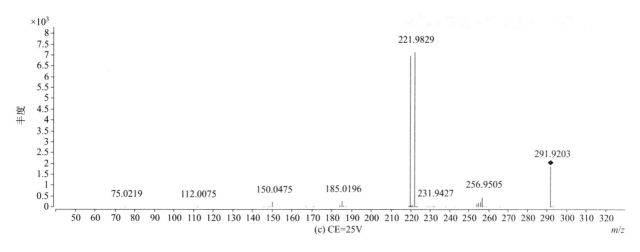

(c) CE=25V

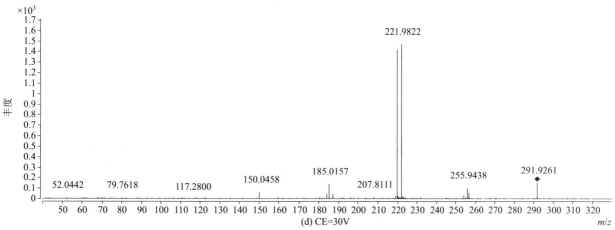

(d) CE=30V

2′,3,4,5-tetrachlorobiphenyl
（2′,3,4,5- 四氯联苯；PCB76）

基本信息

CAS 登录号	70362-48-0	分子量	289.9218
分子式	$C_{12}H_6Cl_4$	离子化模式	电子轰击电离（EI）

总离子流色谱图

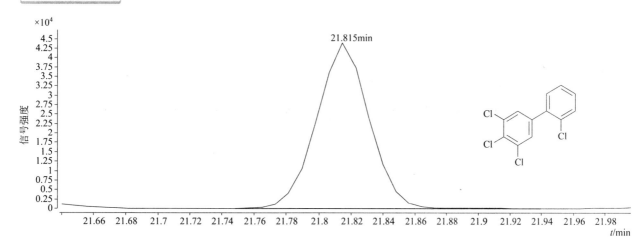

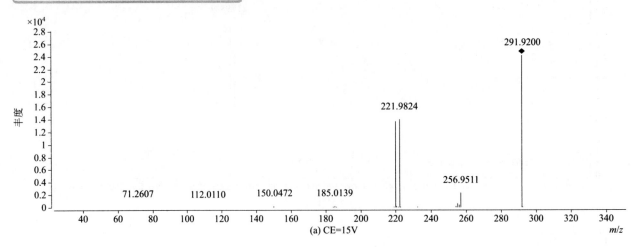

(a) CE=15V

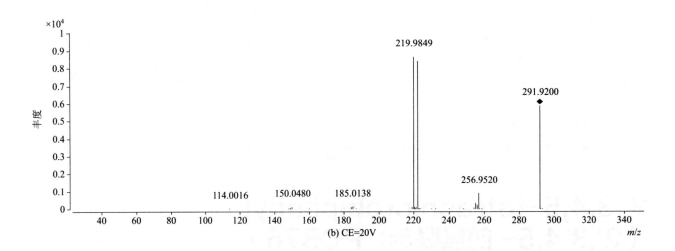

(b) CE=20V

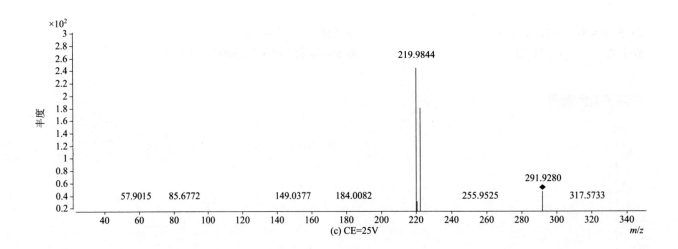

(c) CE=25V

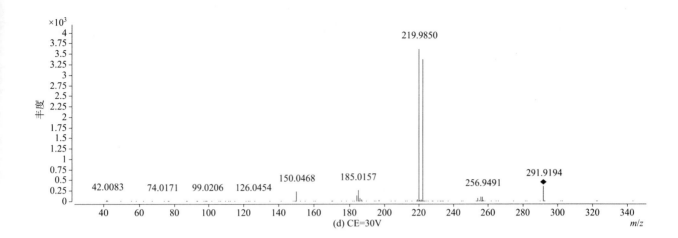

(d) CE=30V

3,3',4,4'-tetrachlorobiphenyl
（3,3',4,4'- 四氯联苯；PCB77）

基本信息

CAS 登录号	32598-13-3	分子量	289.9218
分子式	$C_{12}H_6Cl_4$	离子化模式	电子轰击电离（EI）

总离子流色谱图

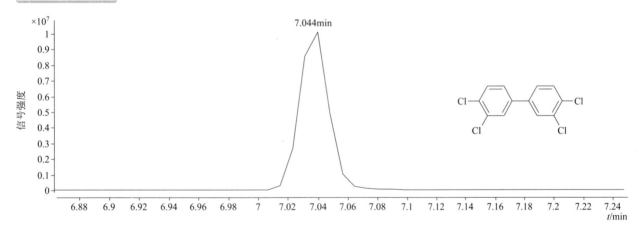

四个碰撞能量（CE）下子离子质谱图

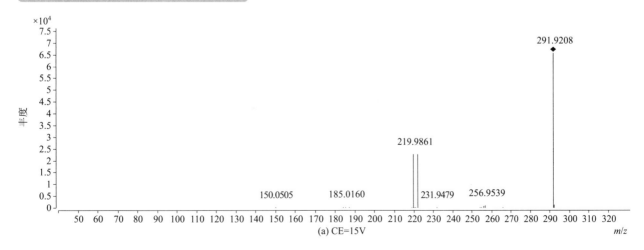

(a) CE=15V

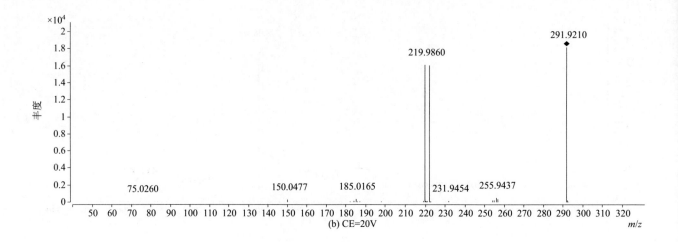

(b) CE=20V

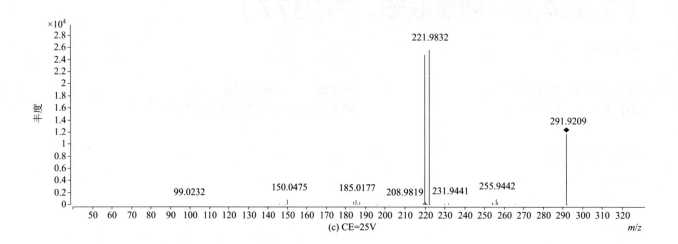

(c) CE=25V

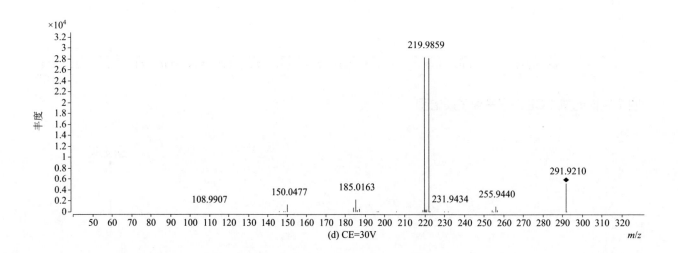

(d) CE=30V

3,3',4,5-tetrachlorobiphenyl
（3,3',4,5- 四氯联苯；PCB78）

基本信息

CAS 登录号	70362-49-1	分子量	289.9218
分子式	$C_{12}H_6Cl_4$	离子化模式	电子轰击电离（EI）

总离子流色谱图

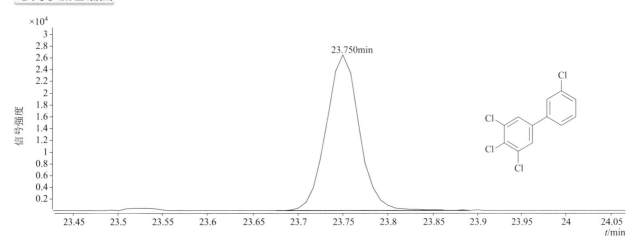

四个碰撞能量（CE）下子离子质谱图

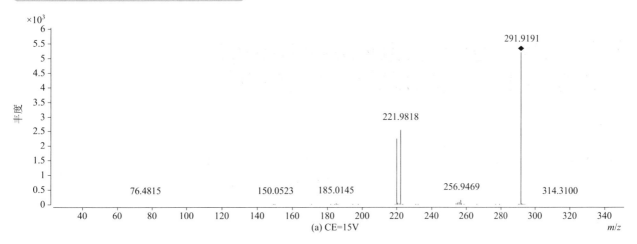

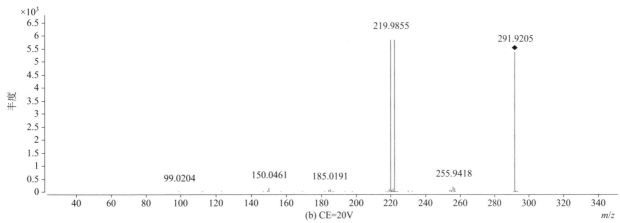

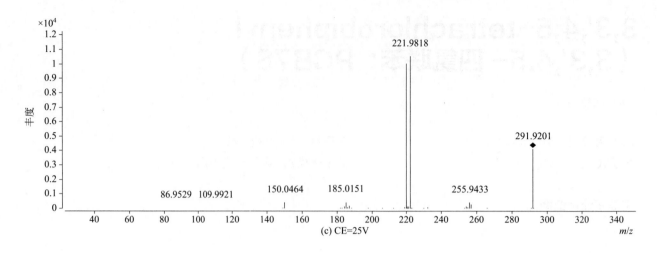

(c) CE=25V

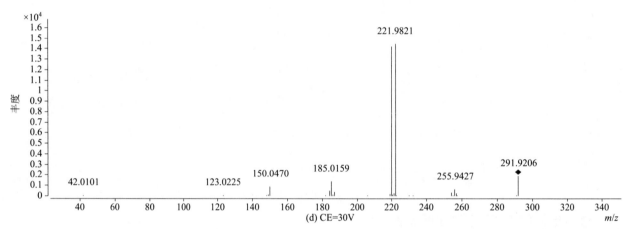

(d) CE=30V

3,3′,4,5′-tetrachlorobiphenyl
（3,3′,4,5′- 四氯联苯；PCB79）

CAS 登录号	41464-48-6	分子量	289.9218
分子式	$C_{12}H_6Cl_4$	离子化模式	电子轰击电离（EI）

总离子流色谱图

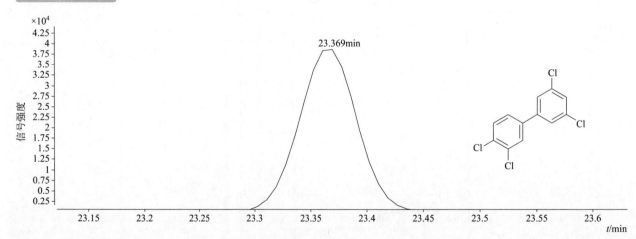

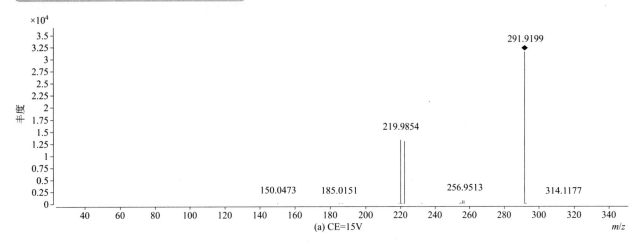

(a) CE=15V

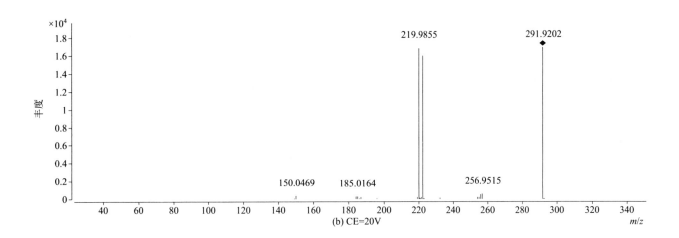

(b) CE=20V

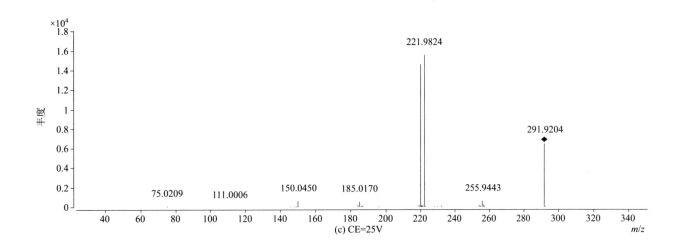

(c) CE=25V

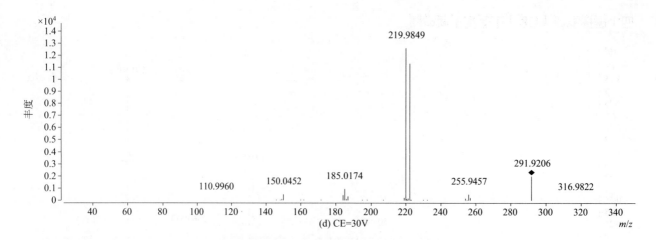

(d) CE=30V

3,3′,5,5′-tetrachlorobiphenyl
（3,3′,5,5′- 四氯联苯；PCB80）

基本信息

CAS 登录号	33284-52-5	分子量	289.9218
分子式	C₁₂H₆Cl₄	离子化模式	电子轰击电离（EI）

其中分子式应为 $C_{12}H_6Cl_4$

总离子流色谱图

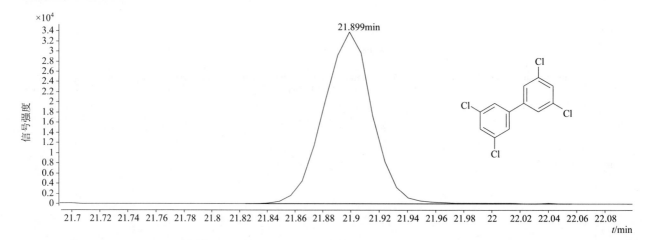

四个碰撞能量（CE）下子离子质谱图

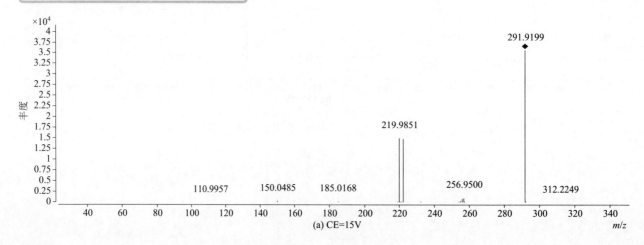

(a) CE=15V

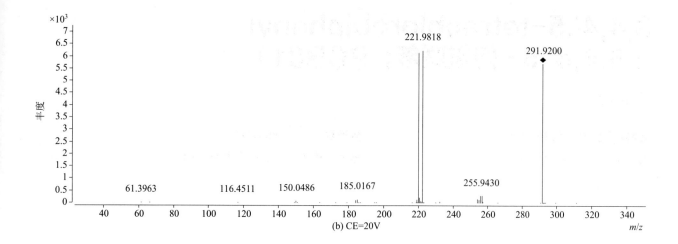

(b) CE=20V

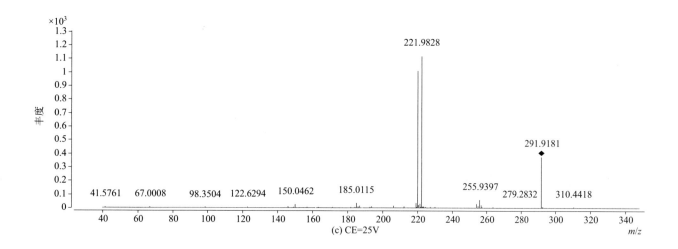

(c) CE=25V

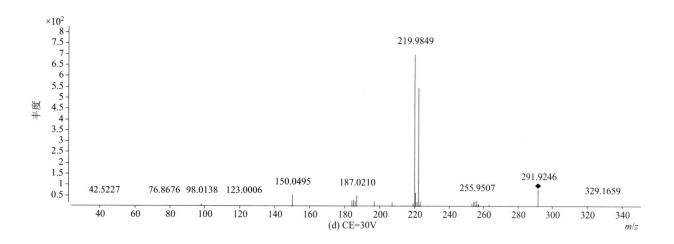

(d) CE=30V

3,4,4',5-tetrachlorobiphenyl
（3,4,4',5- 四氯联苯；PCB81）

基本信息

CAS 登录号	70362-50-4	分子量	289.9218
分子式	$C_{12}H_6Cl_4$	离子化模式	电子轰击电离（EI）

总离子流色谱图

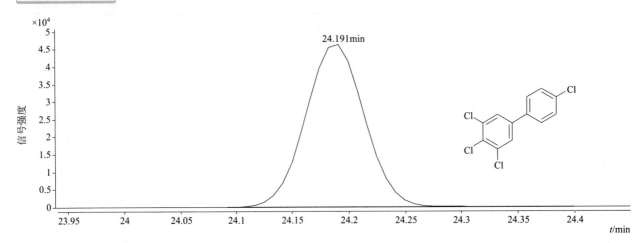

四个碰撞能量（CE）下子离子质谱图

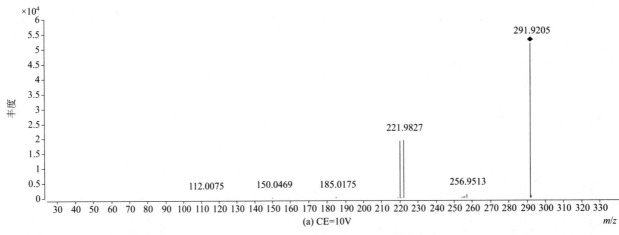

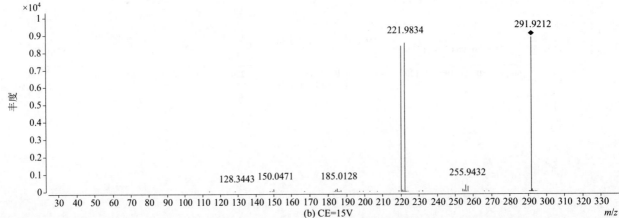

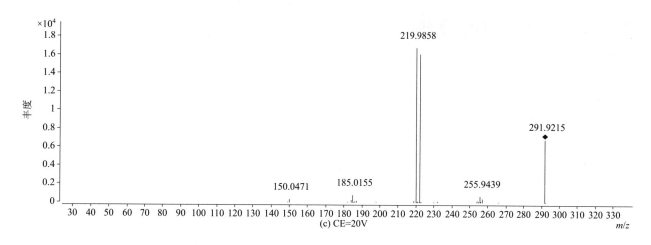

(c) CE=20V

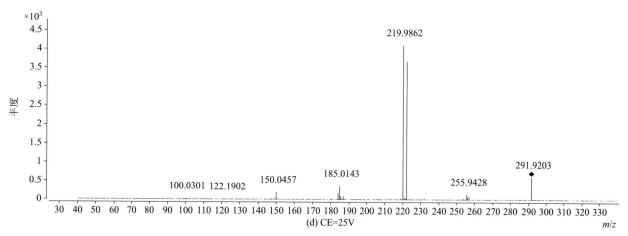

(d) CE=25V

thiocyclam（杀虫环）

基本信息

CAS 登录号	31895-21-3	分子量	181.0048
分子式	C₅H₁₁NS₃	离子化模式	电子轰击电离（EI）

总离子流色谱图

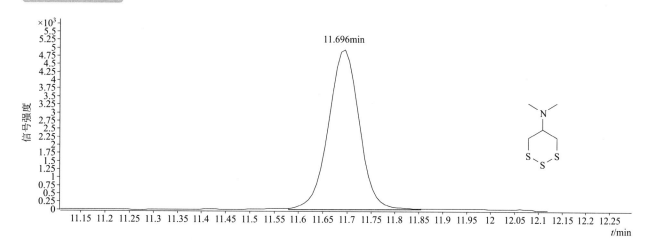

四个碰撞能量（CE）下子离子质谱图

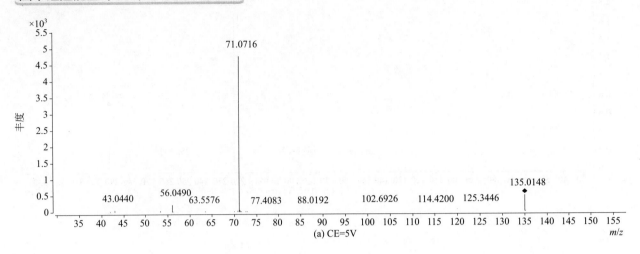

(a) CE=5V

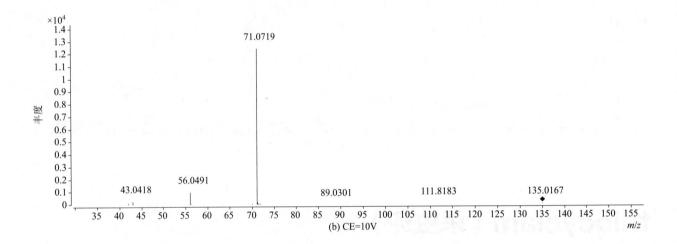

(b) CE=10V

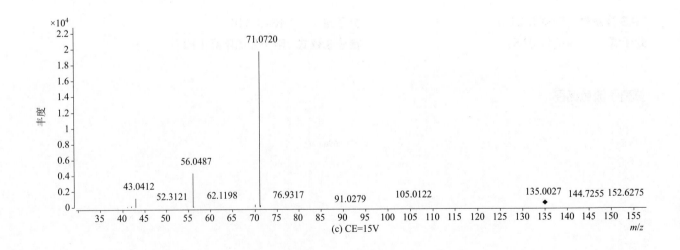

(c) CE=15V

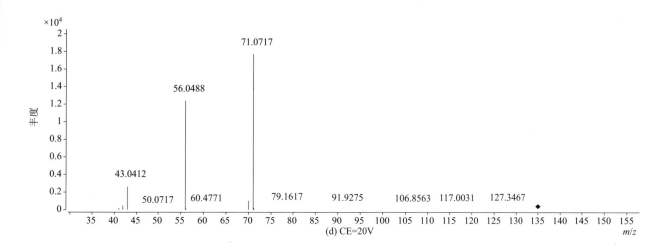

(d) CE=20V

thiofanox（久效威）

基本信息

CAS 登录号	39196-18-4	分子量	218.1084
分子式	$C_9H_{18}N_2O_2S$	离子化模式	电子轰击电离（EI）

总离子流色谱图

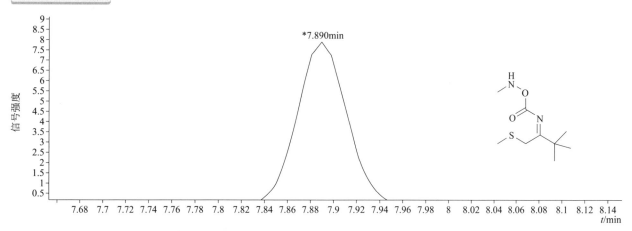

四个碰撞能量（CE）下子离子质谱图

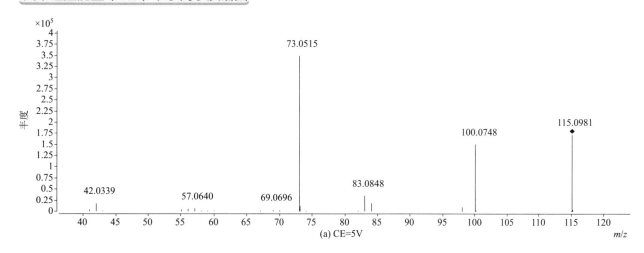

(a) CE=5V

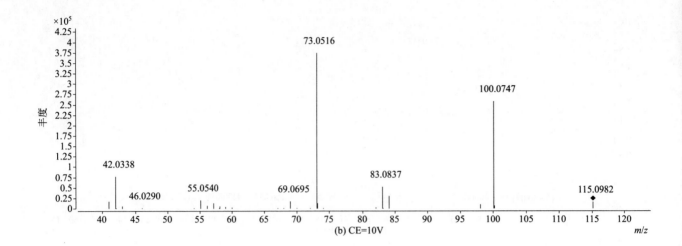

(b) CE=10V

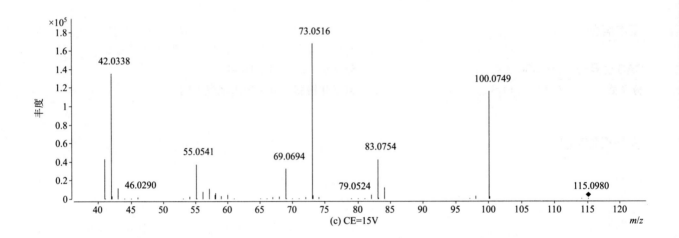

(c) CE=15V

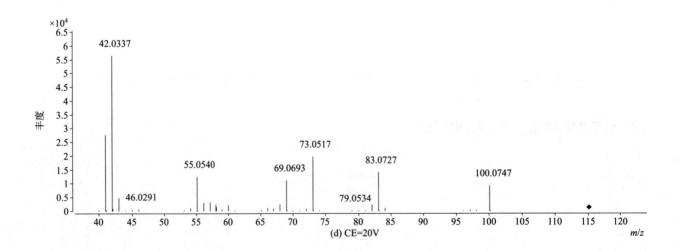

(d) CE=20V

tiocarbazil（丁草威）

基本信息

CAS 登录号	36756-79-3	分子量	279.1652
分子式	$C_{16}H_{25}NOS$	离子化模式	电子轰击电离（EI）

总离子流色谱图

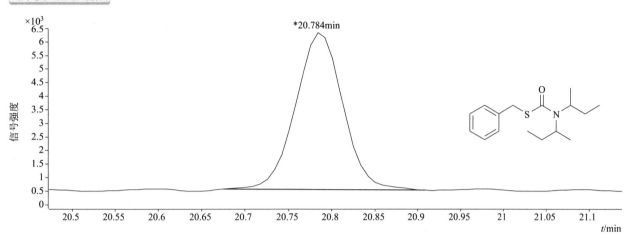

四个碰撞能量（CE）下子离子质谱图

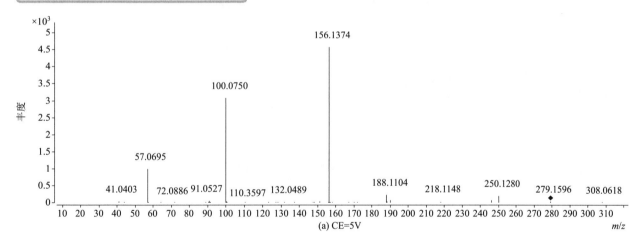

(a) CE=5V

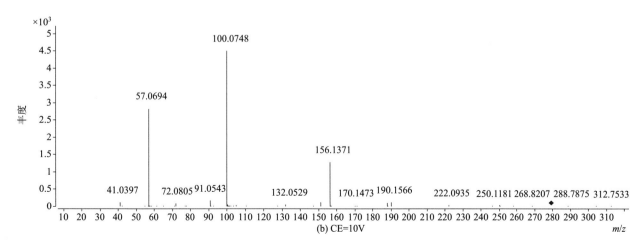

(b) CE=10V

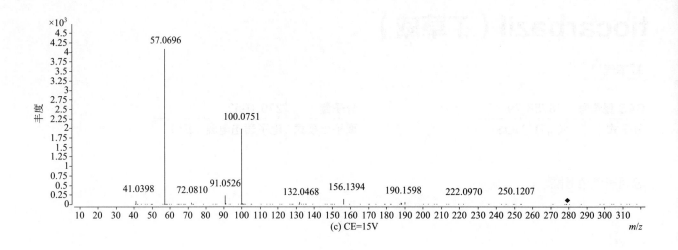

(c) CE=15V

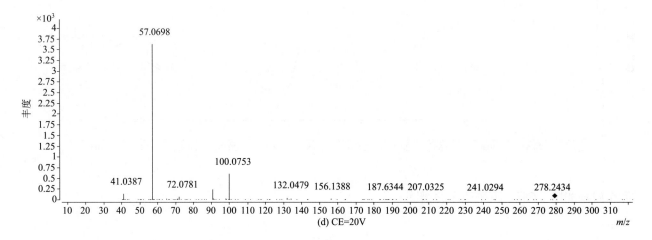

(d) CE=20V

triallate（野麦畏）

基本信息

CAS 登录号	2303-17-5	分子量	303.0013
分子式	$C_{10}H_{16}Cl_3NOS$	离子化模式	电子轰击电离（EI）

总离子流色谱图

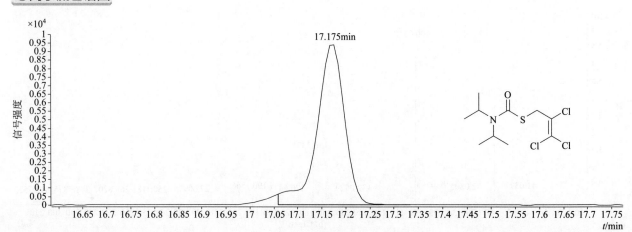

四个碰撞能量（CE）下子离子质谱图

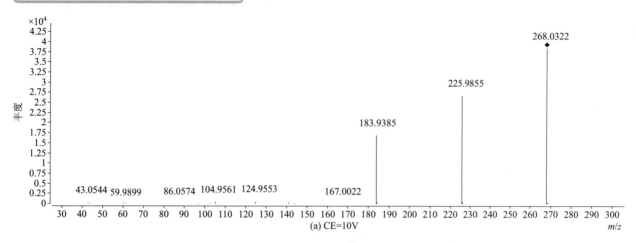

(a) CE=10V

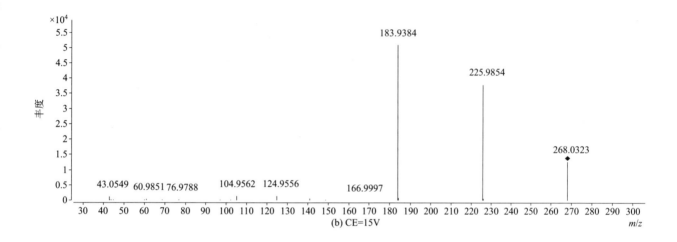

(b) CE=15V

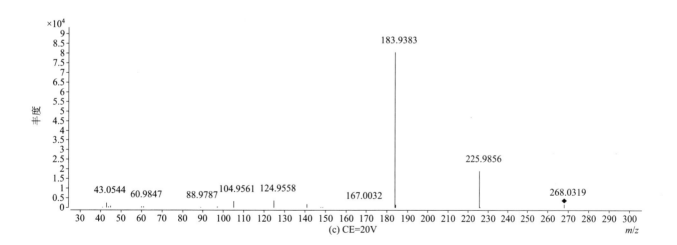

(c) CE=20V

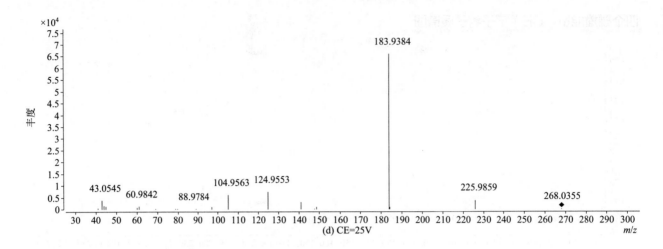

(d) CE=25V

triapenthenol（抑芽唑）

基本信息

CAS 登录号	76608-88-3		**分子量**	263.1992
分子式	C$_{15}$H$_{25}$N$_3$O		**离子化模式**	电子轰击电离（EI）

总离子流色谱图

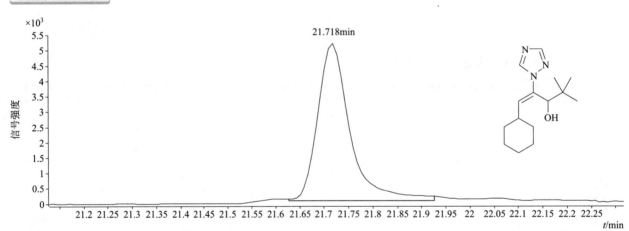

四个碰撞能量（CE）下子离子质谱图

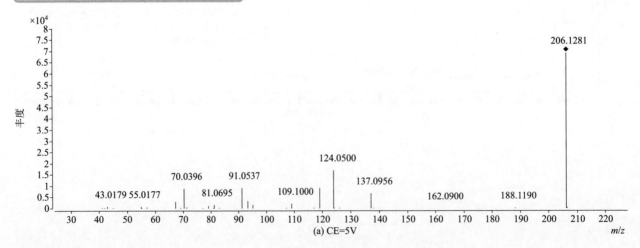

(a) CE=5V

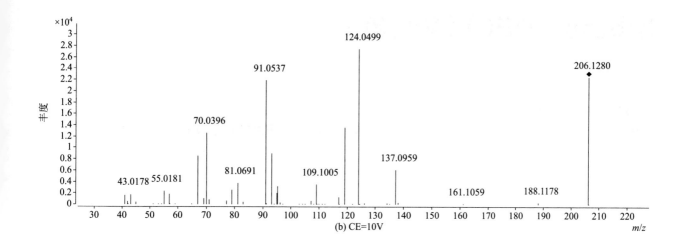

(b) CE=10V

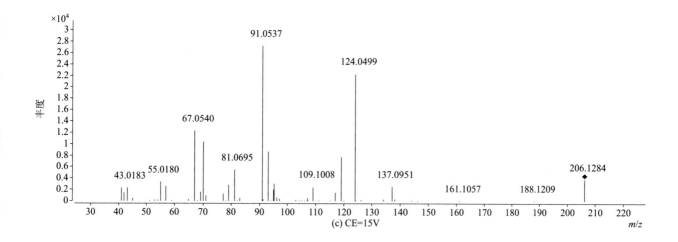

(c) CE=15V

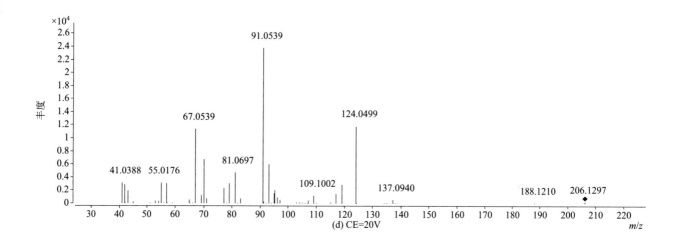

(d) CE=20V

tribufos(DEF)（脱叶磷）

基本信息

CAS 登录号	78-48-8	**分子量**	314.0957
分子式	C$_{12}$H$_{27}$OPS$_3$	**离子化模式**	电子轰击电离（EI）

总离子流色谱图

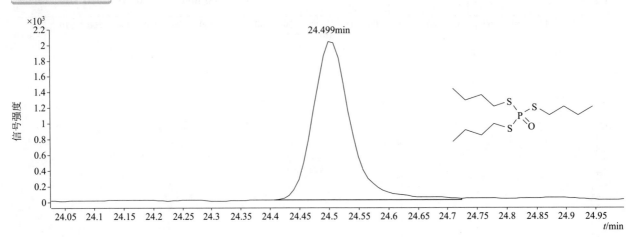

四个碰撞能量（CE）下子离子质谱图

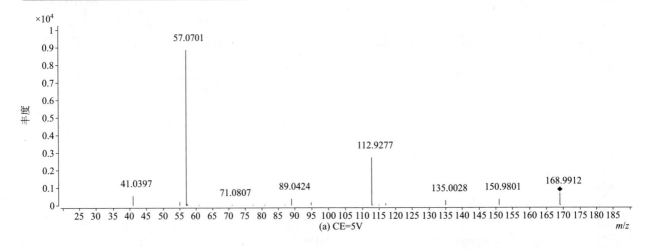

(a) CE=5V

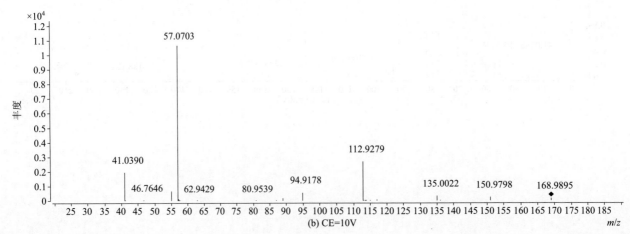

(b) CE=10V

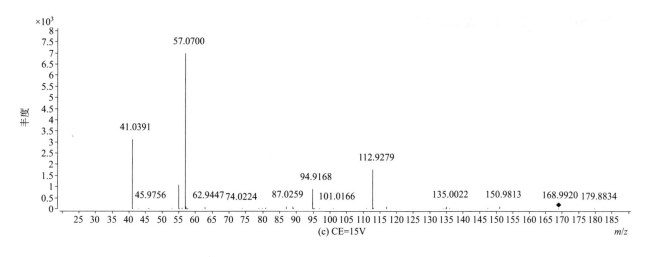

(c) CE=15V

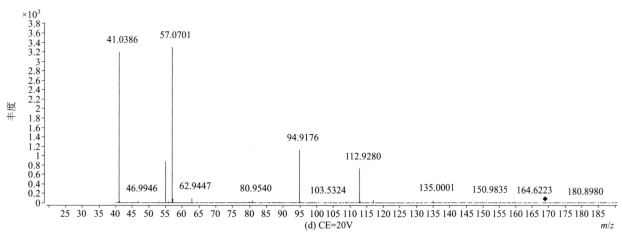

(d) CE=20V

tributyl phosphate（磷酸三丁酯）

基本信息

CAS 登录号	126-73-8	分子量	266.1641
分子式	$C_{12}H_{27}O_4P$	离子化模式	电子轰击电离（EI）

总离子流色谱图

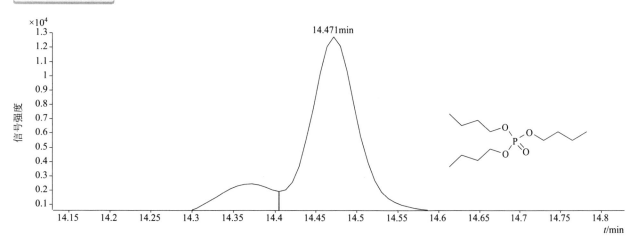

四个碰撞能量（CE）下子离子质谱图

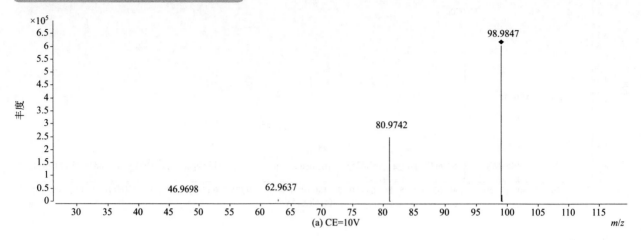

(a) CE=10V

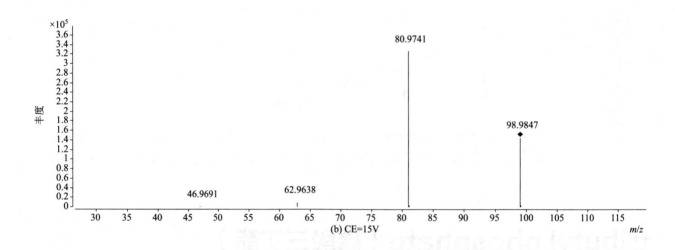

(b) CE=15V

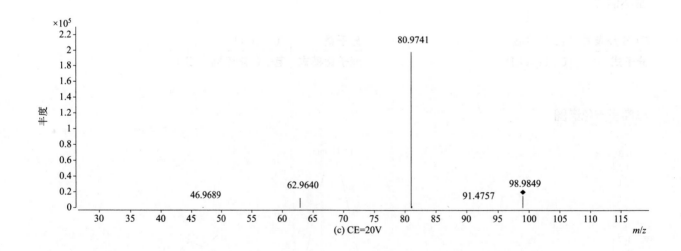

(c) CE=20V

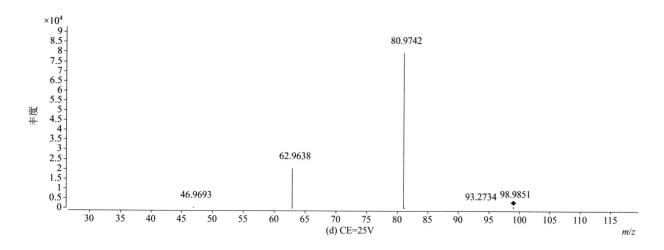

trichloronat（毒壤磷）

基本信息

CAS 登录号	327-98-0	分子量	331.9356
分子式	$C_{10}H_{12}Cl_3O_2PS$	离子化模式	电子轰击电离（EI）

总离子流色谱图

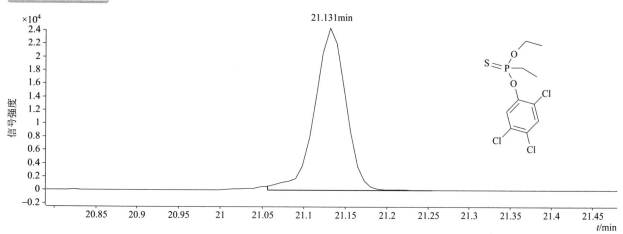

四个碰撞能量（CE）下子离子质谱图

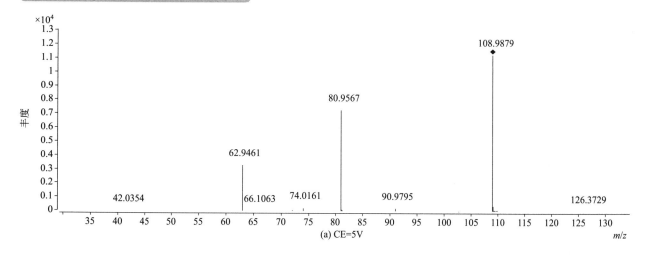

(a) CE=5V

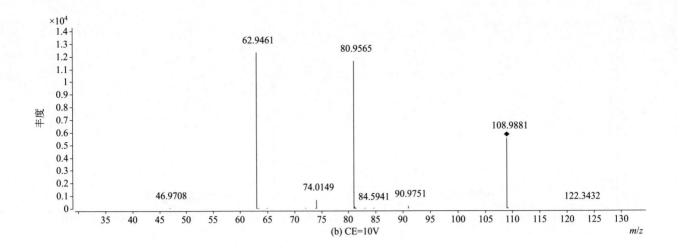

(b) CE=10V

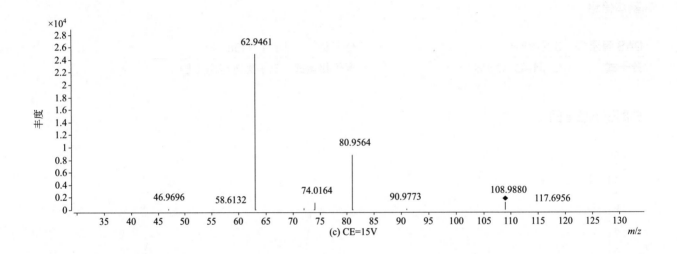

(c) CE=15V

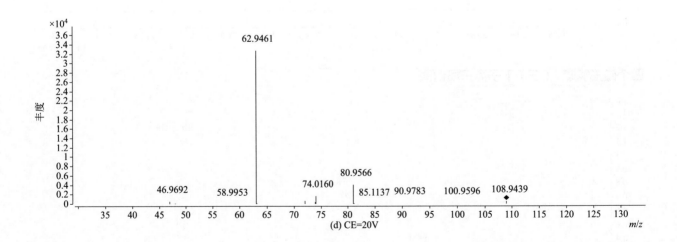

(d) CE=20V

triclopyr（三氯吡氧乙酸）

基本信息

CAS 登录号	55335-06-3	**分子量**	254.9251
分子式	C₇H₄Cl₃NO₃	**离子化模式**	电子轰击电离（EI）

分子式 $C_7H_4Cl_3NO_3$

总离子流色谱图

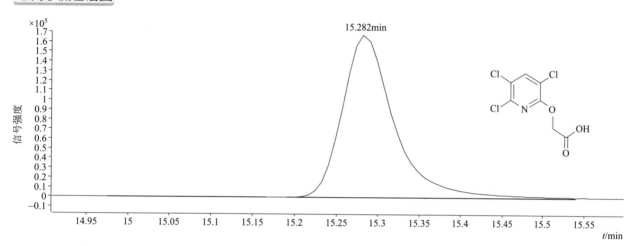

四个碰撞能量（CE）下子离子质谱图

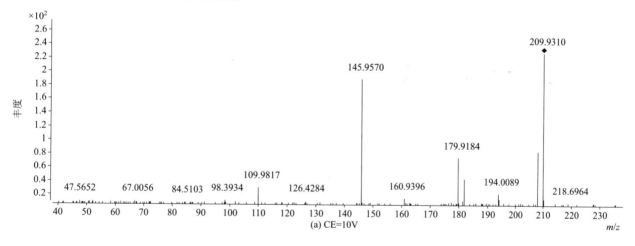

(a) CE=10V

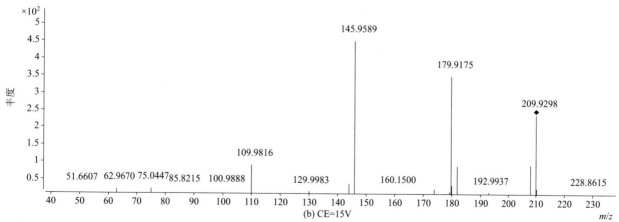

(b) CE=15V

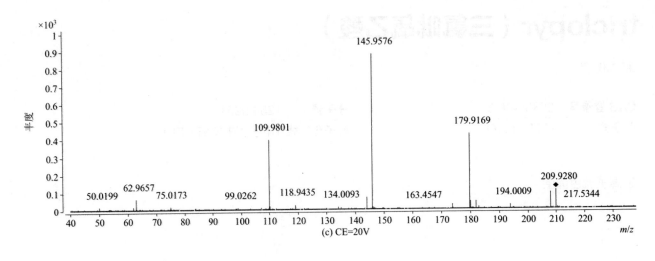

(c) CE=20V

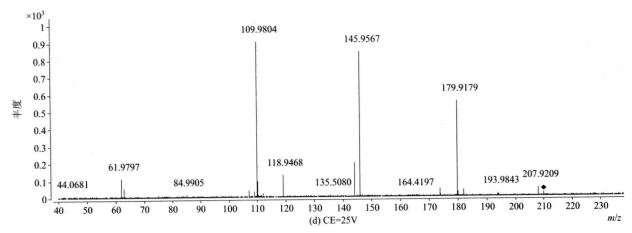

(d) CE=25V

tricyclazole（三环唑）

基本信息

CAS 登录号	41814-78-2	分子量	189.0356
分子式	$C_9H_7N_3S$	离子化模式	电子轰击电离（EI）

总离子流色谱图

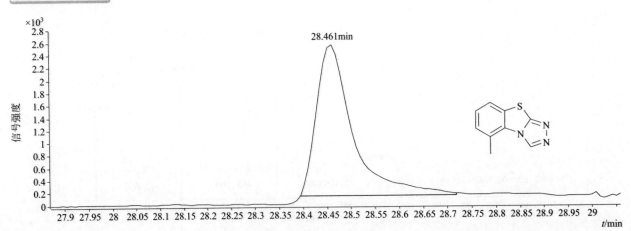

四个碰撞能量（CE）下子离子质谱图

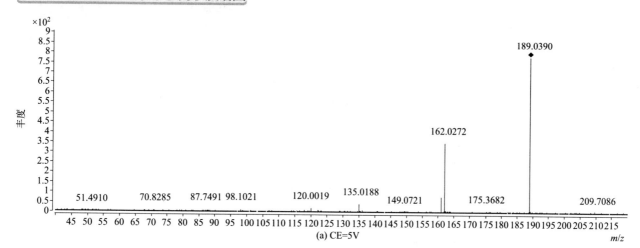

(a) CE=5V

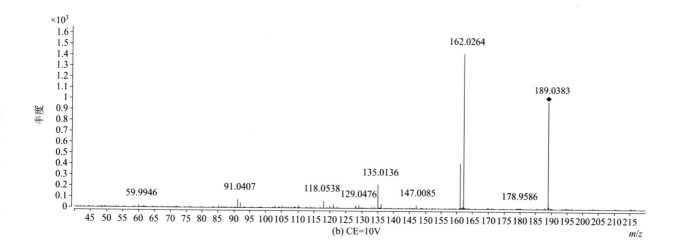

(b) CE=10V

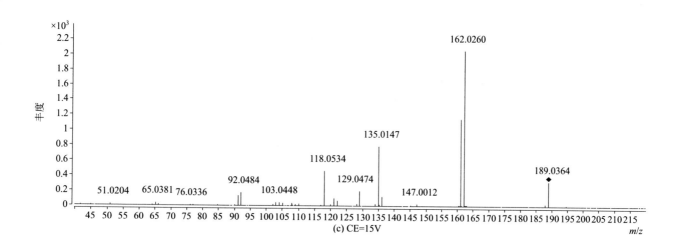

(c) CE=15V

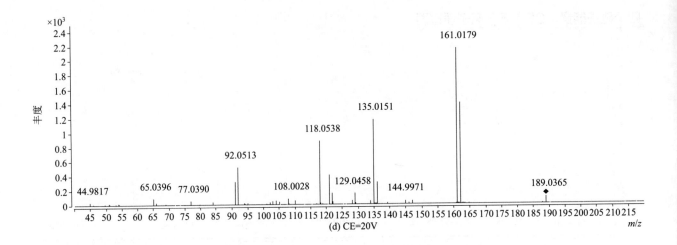

(d) CE=20V

tridiphane（灭草环）

基本信息

CAS 登录号	58138-08-2	分子量	317.8935
分子式	$C_{10}H_7Cl_5O$	离子化模式	电子轰击电离（EI）

总离子流色谱图

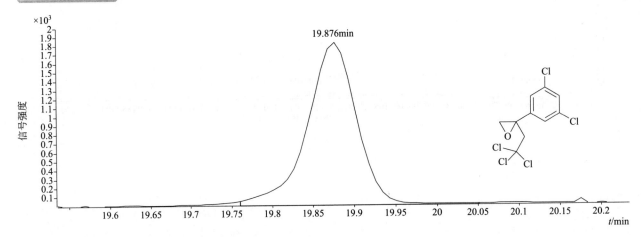

四个碰撞能量（CE）下子离子质谱图

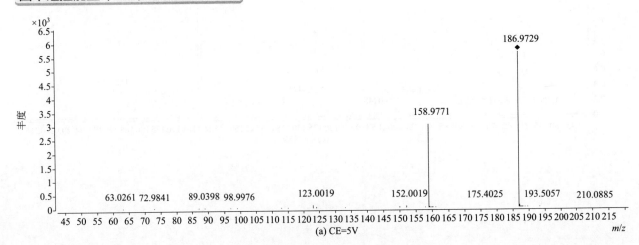

(a) CE=5V

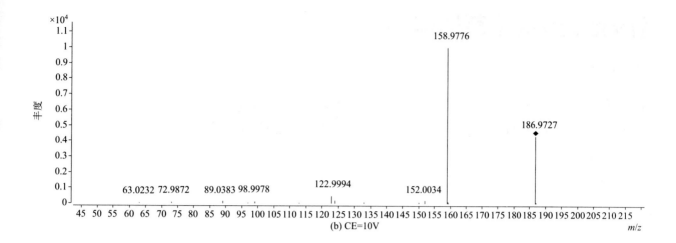

(b) CE=10V

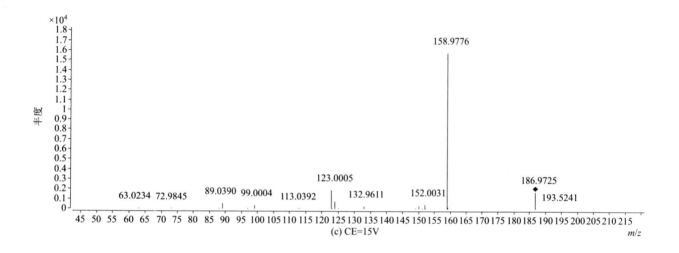

(c) CE=15V

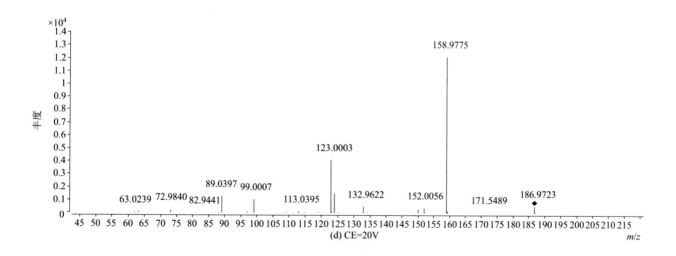

(d) CE=20V

trietazine（草达津）

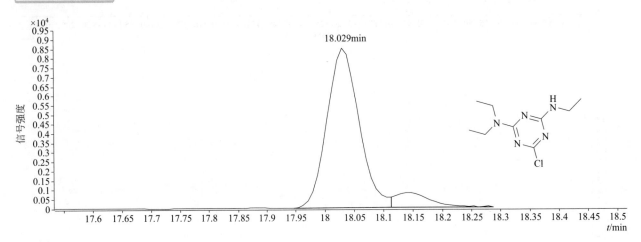

基本信息

CAS 登录号	1912-26-1	**分子量**	229.1089
分子式	$C_9H_{16}ClN_5$	**离子化模式**	电子轰击电离（EI）

总离子流色谱图

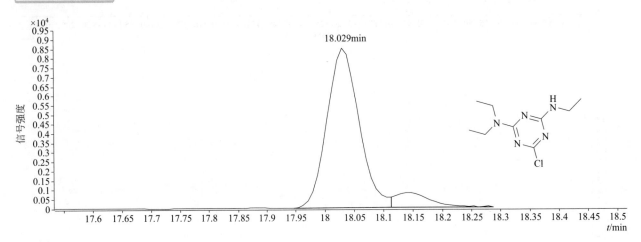

四个碰撞能量（CE）下子离子质谱图

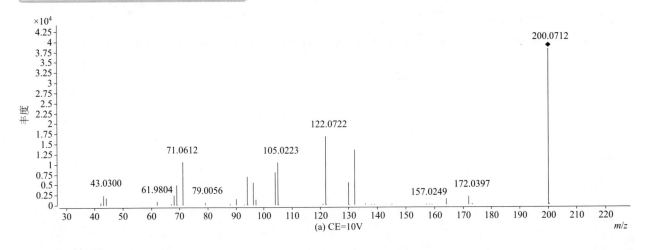

(a) CE=10V

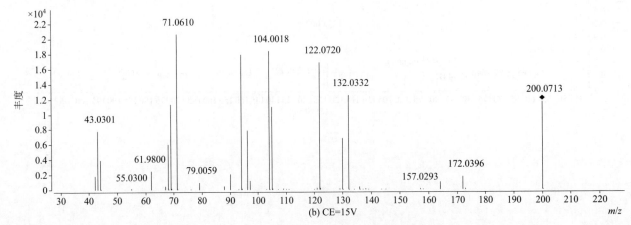

(b) CE=15V

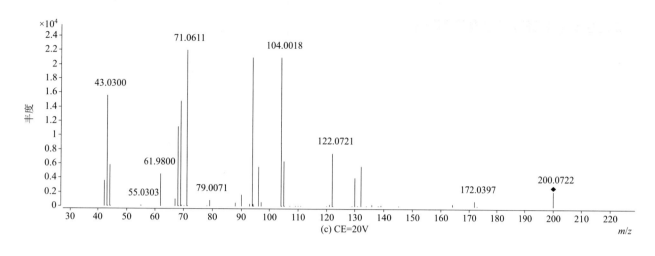

(c) CE=20V

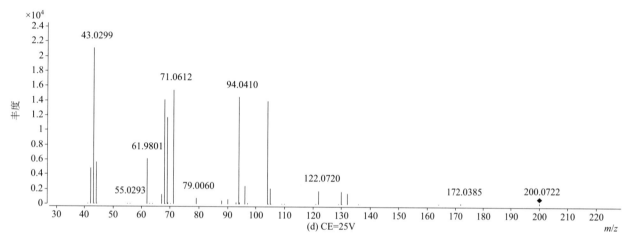

(d) CE=25V

trifenmorph（蜗螺杀）

基本信息

CAS 登录号	1420-06-0	分子量	329.1774
分子式	$C_{23}H_{23}NO$	离子化模式	电子轰击电离（EI）

总离子流色谱图

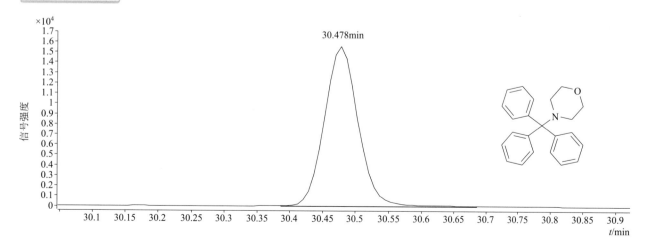

1077

四个碰撞能量（CE）下子离子质谱图

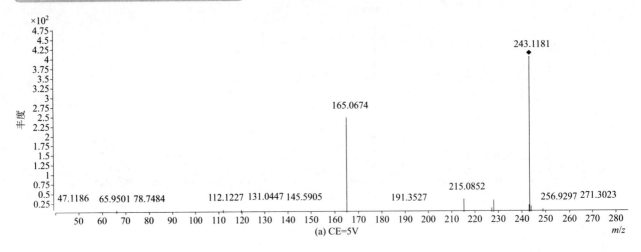

(a) CE=5V

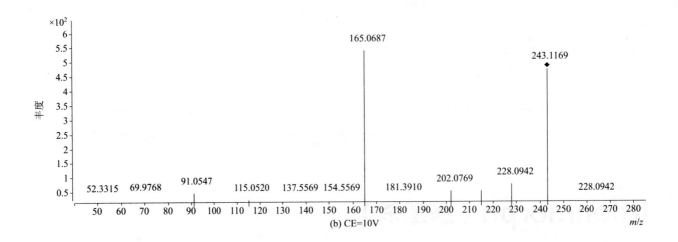

(b) CE=10V

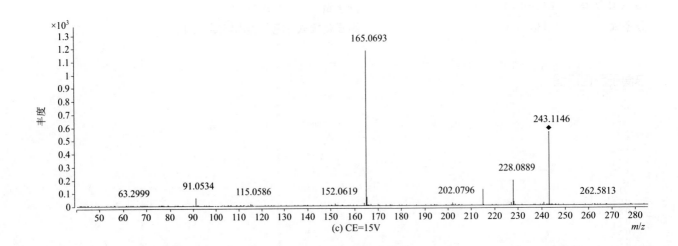

(c) CE=15V

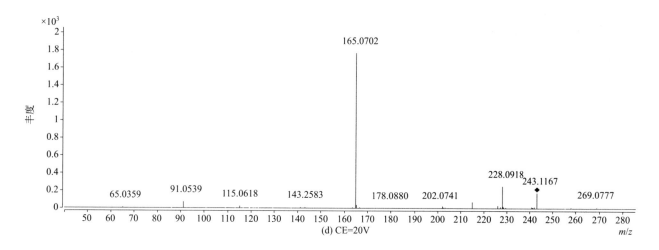

(d) CE=20V

trifloxystrobin（肟菌酯）

基本信息

CAS 登录号	141517-21-7	分子量	408.1292
分子式	$C_{20}H_{19}F_3N_2O_4$	离子化模式	电子轰击电离（EI）

总离子流色谱图

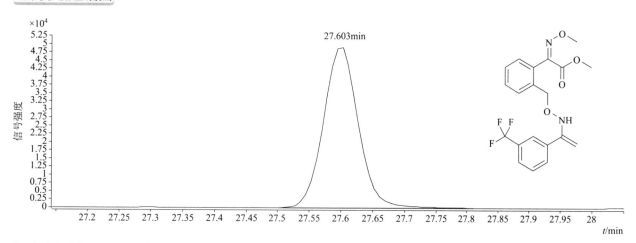

27.603min

四个碰撞能量（CE）下子离子质谱图

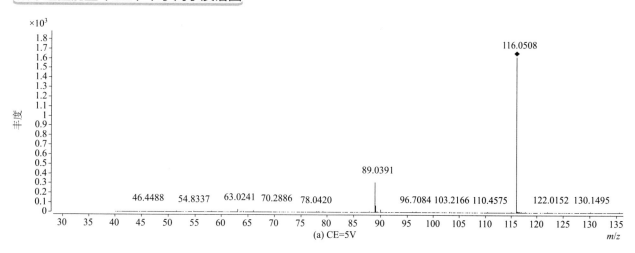

(a) CE=5V

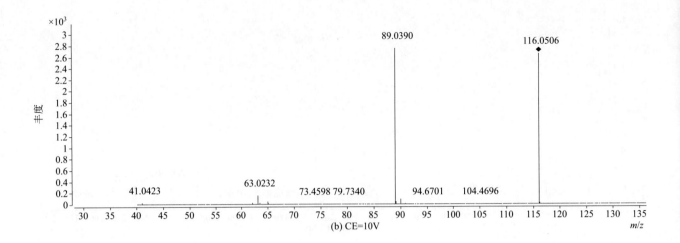

(b) CE=10V

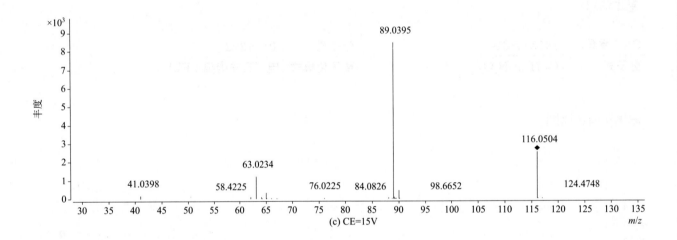

(c) CE=15V

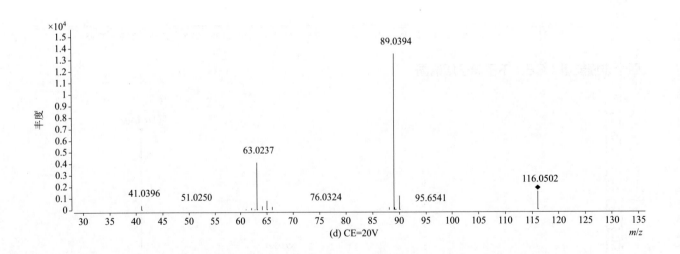

(d) CE=20V

trifluralin（氟乐灵）

基本信息

CAS 登录号	1582-09-8	分子量	335.1088
分子式	$C_{13}H_{16}F_3N_3O_4$	离子化模式	电子轰击电离（EI）

总离子流色谱图

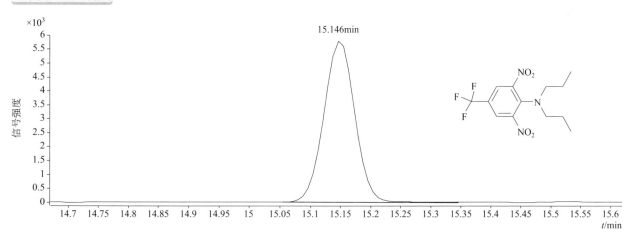

四个碰撞能量（CE）下子离子质谱图

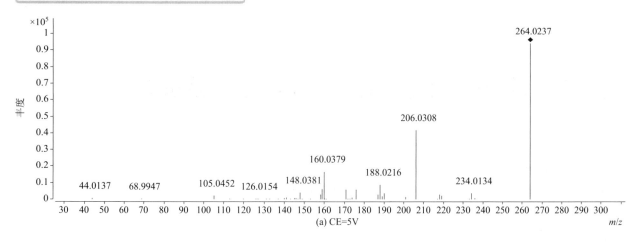

(a) CE=5V

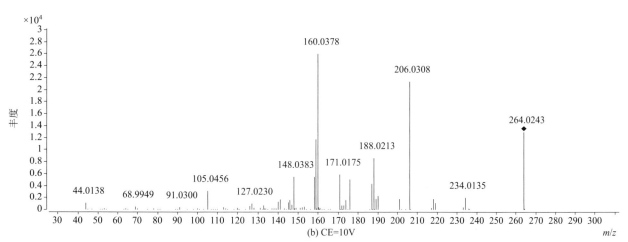

(b) CE=10V

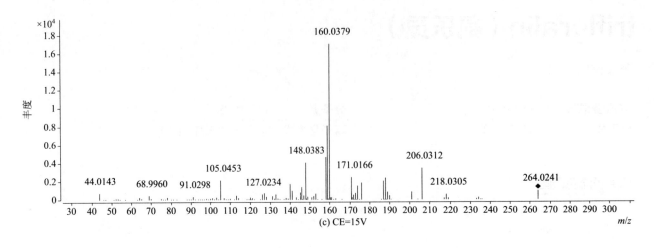

(c) CE=15V

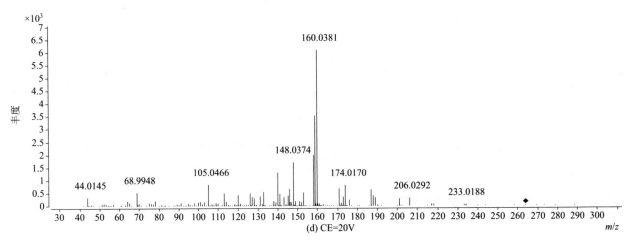

(d) CE=20V

3,4,5-trimenthacarb（3,4,5-混杀威）

基本信息

CAS 登录号	2686-99-9	分子量	193.1098
分子式	$C_{11}H_{15}NO_2$	离子化模式	电子轰击电离（EI）

总离子流色谱图

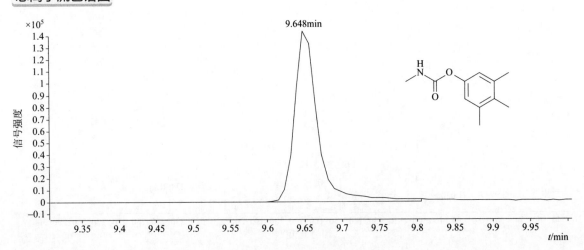

四个碰撞能量（CE）下子离子质谱图

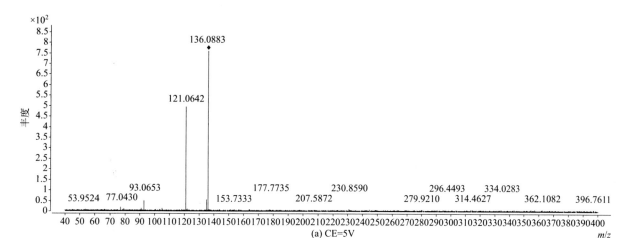

(a) CE=5V

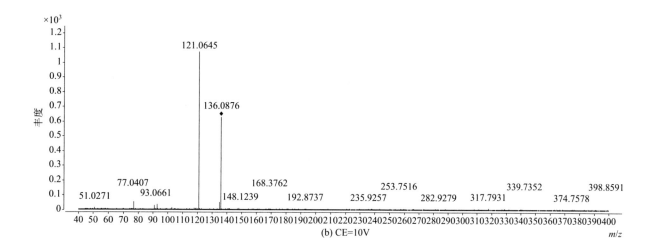

(b) CE=10V

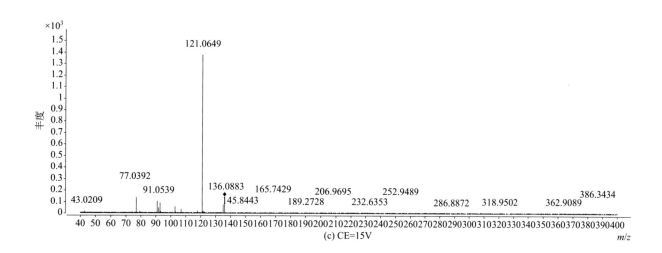

(c) CE=15V

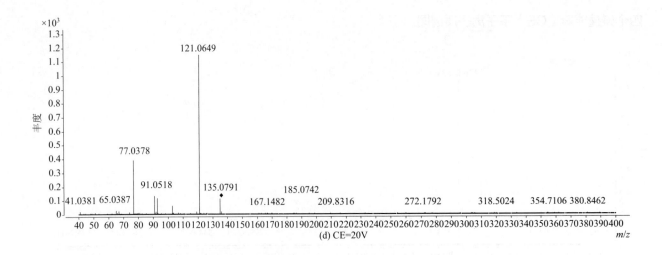

(d) CE=20V

triphenyl phosphate（磷酸三苯酯）

基本信息

CAS 登录号	115-86-6	分子量	326.0703
分子式	$C_{18}H_{15}O_4P$	离子化模式	电子轰击电离（EI）

总离子流色谱图

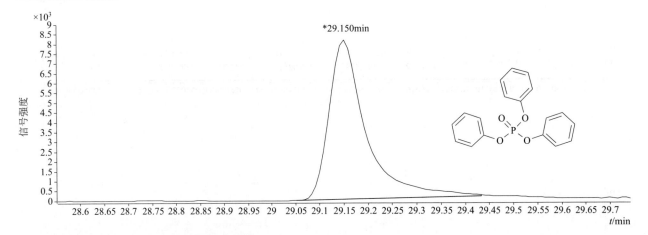

四个碰撞能量（CE）下子离子质谱图

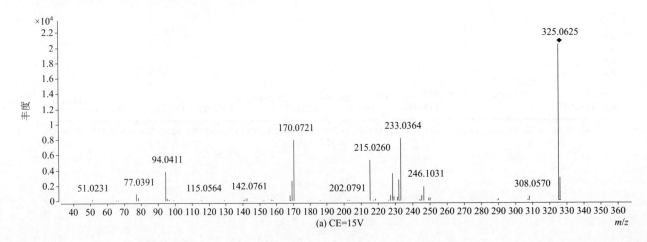

(a) CE=15V

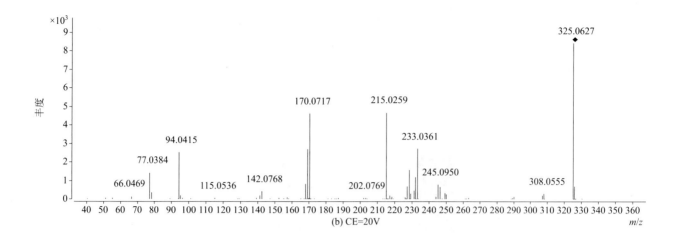

(b) CE=20V

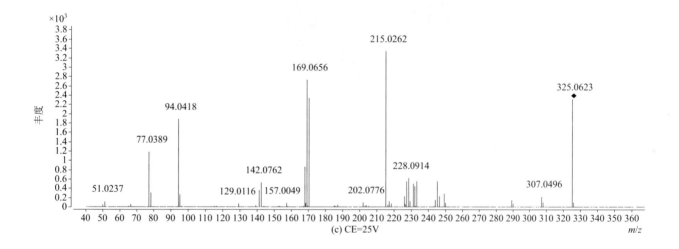

(c) CE=25V

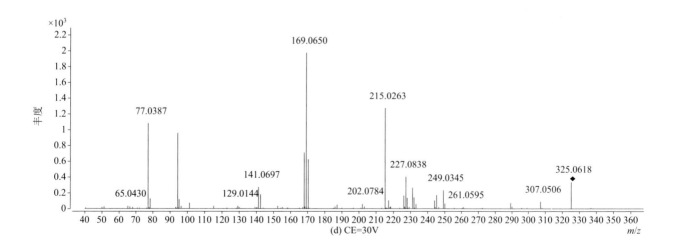

(d) CE=30V

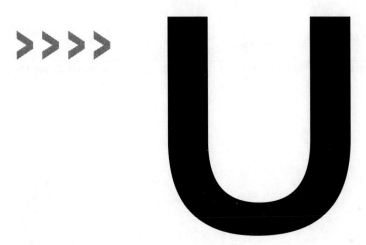

uniconazole（烯效唑）

基本信息

CAS 登录号	83657-22-1	分子量	291.1133
分子式	$C_{15}H_{18}ClN_3O$	离子化模式	电子轰击电离（EI）

总离子流色谱图

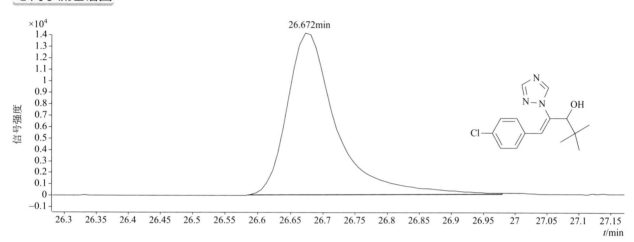

四个碰撞能量（CE）下子离子质谱图

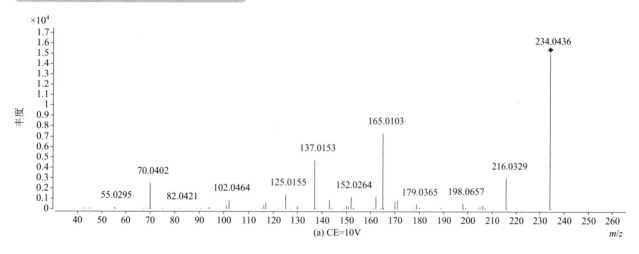

(a) CE=10V

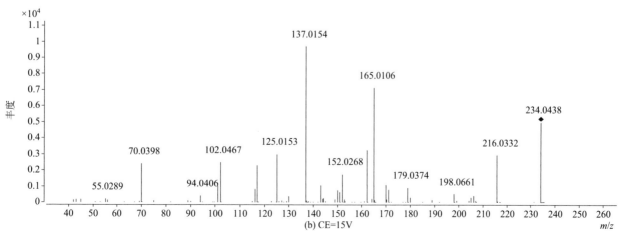

(b) CE=15V

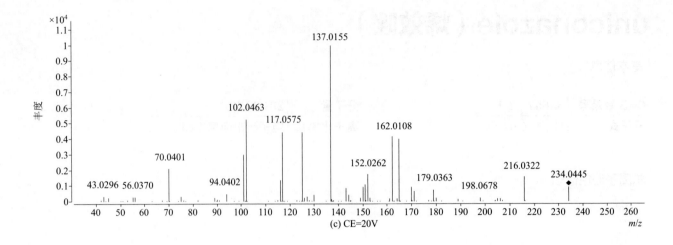

(c) CE=20V

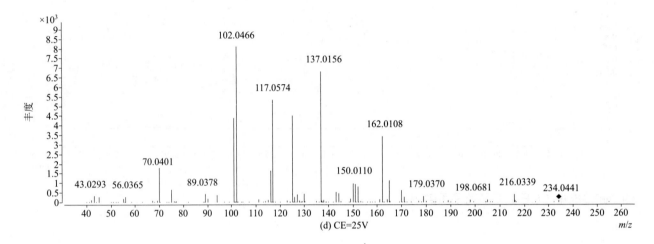

(d) CE=25V

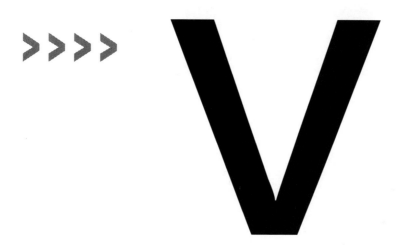

vernolate（灭草敌）

基本信息

CAS 登录号	1929-77-7	分子量	203.1339
分子式	$C_{10}H_{21}NOS$	离子化模式	电子轰击电离（EI）

总离子流色谱图

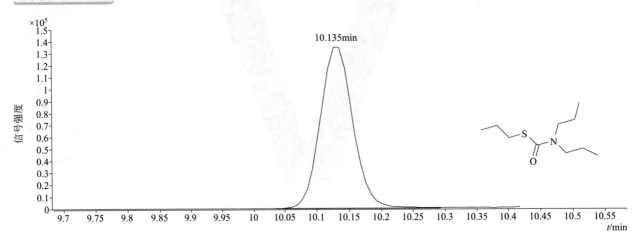

四个碰撞能量（CE）下子离子质谱图

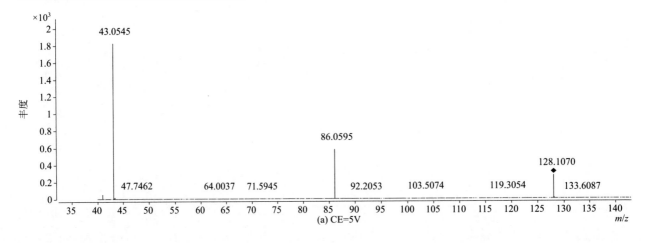

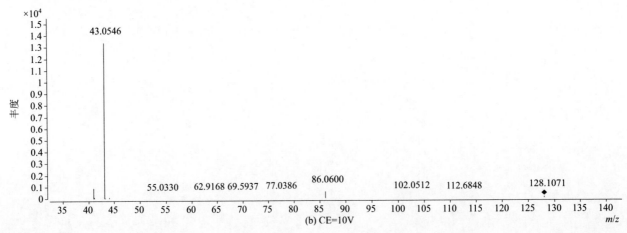

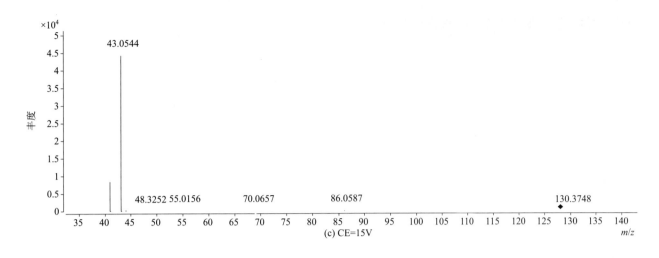

(c) CE=15V

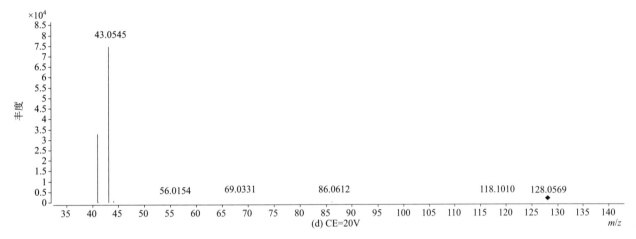

(d) CE=20V

vinclozolin（乙烯菌核利）

基本信息

CAS 登录号	50471-44-8	分子量	284.9955
分子式	C₁₂H₉Cl₂NO₃	离子化模式	电子轰击电离（EI）

总离子流色谱图

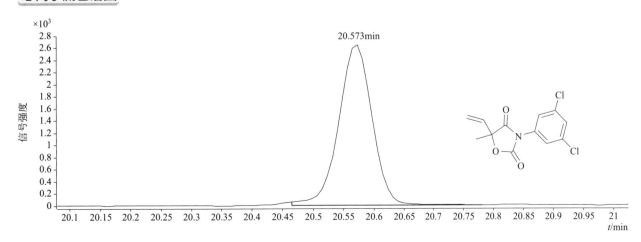

四个碰撞能量（CE）下子离子质谱图

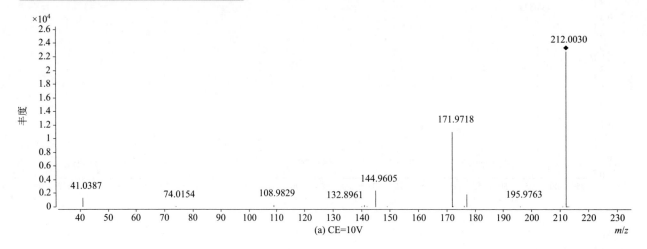

(a) CE=10V

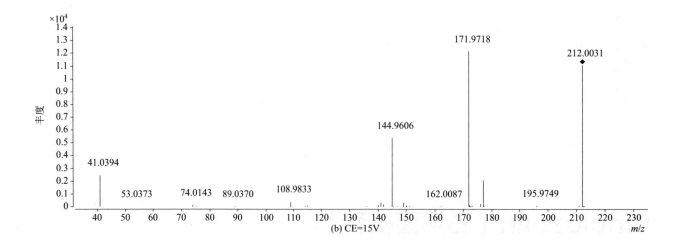

(b) CE=15V

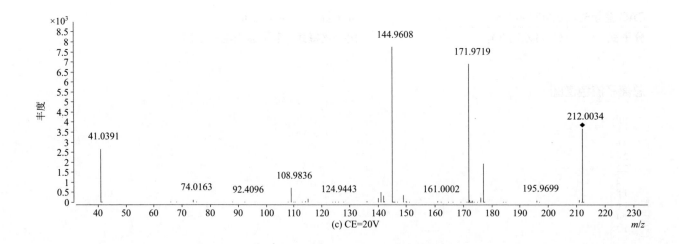

(c) CE=20V

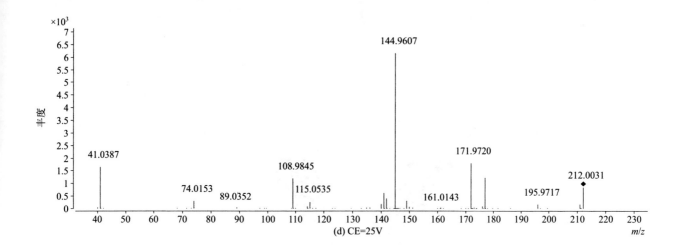

(d) CE=25V

1093

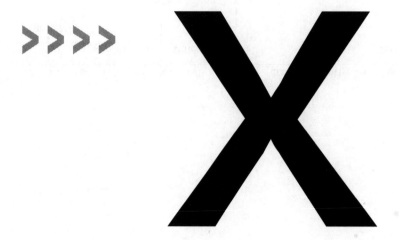

XMC（二甲威）

基本信息

CAS 登录号	2655-14-3	分子量	179.0941
分子式	$C_{10}H_{13}NO_2$	离子化模式	电子轰击电离（EI）

总离子流色谱图

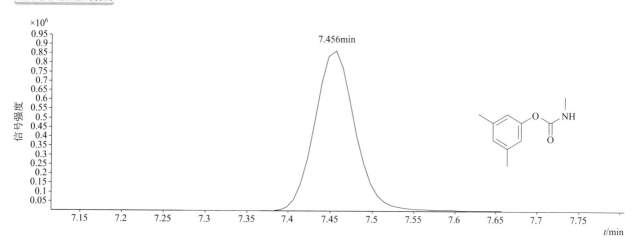

四个碰撞能量（CE）下子离子质谱图

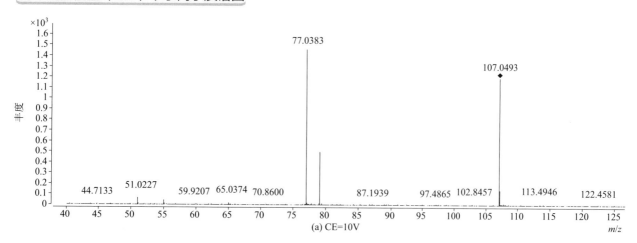

(a) CE=10V

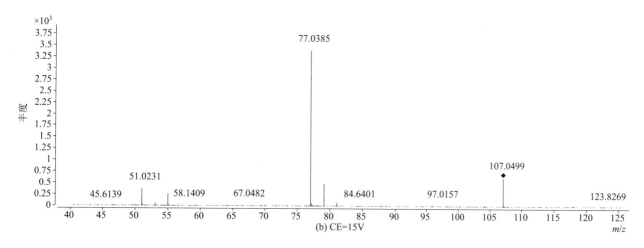

(b) CE=15V

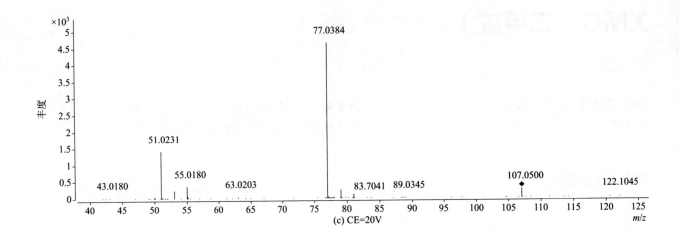

(c) CE=20V

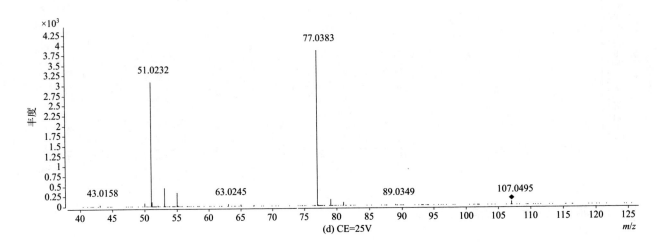

(d) CE=25V

参考文献

[1] GB 2763—2016.

[2] MacBean C. 农药手册. 胡笑形等译. 北京：化学工业出版社，2015.

[3] Hernández F, Portolés T, Pitarch E, López F J. Gas chromatography coupled to high-resolution time-of-flight mass spectrometry to analyze trace-level organic compounds in the environment, food safety and toxicology. TrAC-Trend Anal Chem, 2011, 30(2): 388.

[4] Zhang F, Wang H, Zhang L, Zhang J, Fan R, Yu C, Guo Y. Suspected-target pesticide screening using gas chromatography–quadrupole time-of-flight mass spectrometry with high resolution deconvolution and retention index/mass spectrum library. Talanta, 2014, 128: 156.

[5] Portolés T, Pitarch E, López F J, Sancho J V, Hernández F. Methodical approach for the use of GC-TOF MS for screening and confirmation of organic pollutants in environmental water. J Mass Spectrom, 2007, 42(9): 1175.

[6] Nácher-Mestre J, Serrano R, Portolés T, Berntssen M H, Pérez-Sánchez J, Hernández F. Screening of pesticides and polycyclic aromatic hydrocarbons in feeds and fish tissues by gas chromatography coupled to high-resolution mass spectrometry using atmospheric pressure chemical ionization. J Agric Food Chem, 2014, 62(10): 2165.

[7] Hakme E, Lozano A, Gómez-Ramos M M, Hernando M D, Fernández-Alba A R. Non-target evaluation of contaminants in honey bees and pollen samples by gas chromatography time-of-flight mass spectrometry. Chemosphere, 2017, 184: 1310.

[8] Cheng Z, Dong F, Xu J, Liu X, Wu X, Chen Z, Zheng Y. Simultaneous determination of organophosphorus pesticides in fruits and vegetables using atmospheric pressure gas chromatography quadrupole-time-of-flight mass spectrometry. Food Chem, 2017, 231: 365.

[9] Cheng Z, Dong F, Xu J, Liu X, Wu X, Chen Z, Zheng Y. Atmospheric pressure gas chromatography quadrupole-time-of-flight mass spectrometry for simultaneous determination of fifteen organochlorine pesticides in soil and water. J Chromatogr A, 2016, 1435: 115.

[10] Geng D, Jogsten I E, Dunstan J, Hagberg J, Wang T, Ruzzin J, van Bavel B. Gas chromatography/atmospheric pressure chemical ionization/mass spectrometry for the analysis of organochlorine pesticides and polychlorinated biphenyls in human serum. J Chromatogr A, 2016, 1453: 88.

[11] 庞国芳，等. 农药残留高通量检测技术. 北京：科学出版社，2012.

[12] 庞国芳，等. 农药兽药残留现代分析技术. 北京：科学出版社，2007.

[13] 庞国芳，等. 常用农药残留量检测方法标准选编. 北京：中国标准出版社，2009.

[14] 庞国芳，等. 常用兽药残留量检测方法标准选编. 北京：中国标准出版社，2009.

[15] Pang Guo-Fang, et al. Compilation of Official Methods Used in the People's Republic of China for the Analysis of over 800 Pesticide and Veterinary Drug Residues in Foods of Plant and Animal Origin. Beijing: Elsevier & Science Press of China, 2007.

[16] Pang Guo-Fang, Fan Chun-Lin, Chang Qiao-Ying, Li Yan, Kang Jian, Wang Wen-Wen, Cao Jing, Zhao Yan-Bin, Li Nan, Li Zeng-Yin, Chen Zong-Mao, Luo Feng-Jian, Lou Zheng-Yun. High-throughput analytical techniques for multiresidue, multiclass determination of 653 pesticides and chemical pollutants in tea. Part III: Evaluation of the cleanup efficiency of an SPE cartridge newly developed for multiresidues in tea. J AOAC Int, 2013, 96(4): 887.

[17] Fan Chun-Lin, Chang Qiao-Ying, Pang Guo-Fang, Li Zeng-Yin, Kang Jian, Pan Guo-Qing, Zheng Shu-Zhan, Wang Wen-Wen, Yao Cui-Cui, Ji Xin-Xin. High-throughput analytical techniques for determination of residues of 653 multiclass pesticides and chemical pollutants in tea. Part II: comparative study of extraction efficiencies of three sample preparation techniques. J AOAC Int, 2013, 96(2): 432.

[18] Pang Guo-Fang, Fan Chun-Lin, Zhang Feng, Li Yan, Chang Qiao-Ying, Cao Yan-Zhong, Liu Yong-Ming, Li Zeng-Yin, Wang Qun-Jie, Hu Xue-Yan, Liang Ping. High-throughput GC/MS and HPLC/MS/MS techniques for the multiclass, multiresidue determination of 653 pesticides and chemical pollutants in tea. J AOAC Int, 2011, 94(4): 1253.

[19] Lian Yu-Jing, Pang Guo-Fang, Shu Huai-Rui, Fan Chun-Lin, Liu Yong-Ming, Feng Jie, Wu Yan-Ping, Chang Qiao-Ying. Simultaneous determination of 346 multiresidue pesticides in grapes by PSA-MSPD and GC-MS-SIM. J Agric Food Chem, 2010, 58(17): 9428.

[20] Pang Guo-Fang, Cao Yan-Zhong, Fan Chun-Lin, Jia Guang-Qun, Zhang Jin-Jie, Li Xue-Min, Liu Yong-Ming, Shi Yu-Qiu, Li Zeng-Yin, Zheng Feng, Lian Yu-Jing. Analysis method study on 839 pesticide and chemical contaminant multiresidues in animal muscles by gel permeation chromatography cleanup, GC/MS, and LC/MS/MS. J AOAC Int, 2009, 92(3): 933.

[21] Pang Guo-Fang, Fan Chun-Lin, Liu Yong-Ming, Cao Yan-Zhong, Zhang Jin-Jie, Li Xue-Min, Li Zeng-Yin, Wu Yan-Ping, Guo Tong-Tong. Determination of residues of 446 pesticides in fruits and vegetables by three-cartridge solid-phase extraction-gas

chromatography-mass spectrometry and liquid chromatography-tandem mass spectrometry. J AOAC Int, 2006,89(3):740.

[22] Pang Guo-Fang, Cao Yan-Zhong, Zhang Jin-Jie, Fan Chun-Lin, Liu Yong-Ming, Li Xue-Min, Jia Guang-Qun, Li Zeng-Yin, Shi YQ, Wu Yan-Ping, Guo Tong-Tong.Validation study on 660 pesticide residues in animal tissues by gel permeation chromatography cleanup/gas chromatography-mass spectrometry and liquid chromatography-tandem mass spectrometry. J Chromatogr A, 2006,1125(1):1.

[23] Pang Guo-Fang, Liu Yong-Ming, Fan Chun-Lin, Zhang Jin-Jie, Cao Yan-Zhong, Li Xue-Min, Li Zeng-Yin, Wu Yan-Ping, Guo Tong-Tong. Simultaneous determination of 405 pesticide residues in grain by accelerated solvent extraction then gas chromatography-mass spectrometry or liquid chromatography-tandem mass spectrometry. Anal Bioanal Chem, 2006,384(6):1366.

[24] Pang Guo-Fang, Fan Chun-Lin, Liu Yong-Ming, Cao Yan-Zhong, Zhang Jin-Jie, Fu Bao-Lian, Li Xue-Min, Li Zeng-Yin, Wu Yan-Ping. Multi-residue method for the determination of 450 pesticide residues in honey, fruit juice and wine by double-cartridge solid-phase extraction/gas chromatography-mass spectrometry and liquid chromatography-tandem mass spectrometry. Food Addit Contam, 2006 ,23(8):777.

[25] 李岩, 郑锋, 王明林, 庞国芳. 液相色谱 - 串联质谱法快速筛查测定浓缩果蔬汁中的 156 种农药残留. 色谱, 2009,02:127.

[26] 郑军红, 庞国芳, 范春林, 王明林. 液相色谱 - 串联四极杆质谱法测定牛奶中 128 种农药残留. 色谱, 2009,03:254.

[27] 郑锋, 庞国芳, 李岩, 王明林, 范春林. 凝胶渗透色谱净化气相色谱 - 质谱法检测河豚鱼、鳗鱼和对虾中 191 种农药残留. 色谱, 2009,05:700.

[28] 纪欣欣, 石志红, 曹彦忠, 石利利, 王娜, 庞国芳. 凝胶渗透色谱净化 / 液相色谱 - 串联质谱法对动物脂肪中 111 种农药残留量的同时测定. 分析测试学报, 2009,12:1433.

[29] 姚翠翠, 石志红, 曹彦忠, 石利利, 王娜, 庞国芳. 凝胶渗透色谱 - 气相色谱串联质谱法测定动物脂肪中 164 种农药残留. 分析试验室, 2010,02:84.

[30] 曹静, 庞国芳, 王明林, 范春林. 液相色谱 - 电喷雾串联质谱法测定生姜中的 215 种农药残留. 色谱, 2010,06:579.

[31] 李南, 石志红, 庞国芳, 范春林. 坚果中 185 种农药残留的气相色谱 - 串联质谱法测定. 分析测试学报, 2011,05:513.

[32] 赵雁冰, 庞国芳, 范春林, 石志红. 气相色谱 - 串联质谱法快速测定禽蛋中 203 种农药及化学污染物残留. 分析试验室, 2011,05:8.

[33] 金春丽, 石志红, 范春林, 庞国芳. LC-MS/MS 法同时测定 4 种中草药中 155 种农药残留. 分析试验室, 2012,05:84.

[34] 庞国芳, 范春林, 李岩, 康健, 常巧英, 卜明楠, 金春丽, 陈辉. 茶叶中 653 种农药化学品残留 GC-MS、GC-MS/MS 与 LC-MS/MS 分析方法 : 国际 AOAC 方法评价预研究. 分析测试学报, 2012,09:1017.

[35] 赵志远, 石志红, 康健, 彭兴, 曹新悦, 范春林, 庞国芳, 吕美玲. 液相色谱 - 四极杆 / 飞行时间质谱快速筛查与确证苹果、番茄和甘蓝中的 281 种农药残留量. 色谱, 2013,04:372.

[36] GB/T 23216—2008.

[37] GB/T 23214—2008.

[38] GB/T 23211—2008.

[39] GB/T 23210—2008.

[40] GB/T 23208—2008.

[41] GB/T 23207—2008.

[42] GB/T 23206—2008.

[43] GB/T 23205—2008.

[44] GB/T 23204—2008.

[45] GB/T 23202—2008.

[46] GB/T 23201—2008.

[47] GB/T 23200—2008.

[48] GB/T 20772—2008.

[49] GB/T 20771—2008.

[50] GB/T 20770—2008.

[51] GB/T 20769—2008.

[52] GB/T 19650—2006.

[53] GB/T 19649—2006.

[54] GB/T 19648—2006.

[55] GB/T 19426—2006.

>>>> **索引**

化合物中文名称索引
Index of Compound Chinese Name

PCB53	1009		PCB107	716
PCB54	1011		PCB108	718
PCB55	1012		PCB109	719
PCB56	1014		PCB110	721
PCB57	1016		PCB111	723
PCB58	1017		PCB112	724
PCB59	1019		PCB113	726
PCB60	1021		PCB114	728
PCB61	1022		PCB115	729
PCB62	1024		PCB116	731
PCB63	1026		PCB117	733
PCB64	1027		PCB118	734
PCB65	1029		PCB119	736
PCB66	1031		PCB120	738
PCB67	1032		PCB121	739
PCB68	1034		PCB122	741
PCB69	1036		PCB123	743
PCB70	1037		PCB124	744
PCB71	1039		PCB125	746
PCB72	1041		PCB126	748
PCB73	1042		PCB127	749
PCB74	1044		PCB128	401
PCB75	1046		PCB129	403
PCB76	1047		PCB130	405
PCB77	1049		PCB131	406
PCB78	1051		PCB132	408
PCB79	1052		PCB133	410
PCB80	1054		PCB134	411
PCB81	1056		PCB135	413
PCB82	674		PCB136	415
PCB83	676		PCB137	416
PCB84	678		PCB138	418
PCB85	679		PCB139	420
PCB86	681		PCB140	421
PCB87	683		PCB141	423
PCB88	684		PCB142	425
PCB89	686		PCB143	426
PCB90	688		PCB144	428
PCB91	689		PCB145	430
PCB92	691		PCB146	431
PCB93	693		PCB147	433
PCB94	694		PCB148	435
PCB95	696		PCB149	436
PCB96	698		PCB150	438
PCB97	699		PCB151	440
PCB98	701		PCB152	441
PCB99	703		PCB153	443
PCB100	704		PCB154	445
PCB101	706		PCB155	446
PCB102	708		PCB156	448
PCB103	709		PCB157	450
PCB104	711		PCB158	451
PCB105	713		PCB159	453
PCB106	714		PCB160	455

分子式索引
Index of Molecular Formula

CAS 登录号索引
Index of CAS Number

101-10-0	157		759-94-4	300
101-21-3	141		786-19-6	96
103-17-3	102		789-02-6	193
115-32-2	247		834-12-8	22
115-86-6	1084		841-06-5	580
115-90-2	338		886-50-0	912
116-29-0	919		944-22-9	375
117-18-0	896		947-02-4	768
119-12-0	834		950-37-8	577
120-36-5	242		950-35-6	659
121-75-5	552		957-51-7	277
122-34-9	867		973-21-7	267
122-39-4	278		1014-69-3	202
122-42-9	819		1014-70-6	872
122-88-3	162		1024-57-3	400
126-73-8	1067		1031-07-8	293
126-75-0	200		1085-98-9	212
127-90-2	861		1114-71-2	664
133-07-3	373		1129-41-5	587
134-62-3	250		1134-23-2	169
139-40-2	816		1194-65-6	208
141-03-7	207		1420-06-0	1077
148-79-8	927		1420-07-1	268
150-50-5	562		1563-66-2	94
150-68-5	598		1582-09-8	1081
297-78-9	901		1610-17-9	30
297-97-2	932		1610-18-0	804
298-00-0	663		1646-88-4	13
298-04-4	285		1689-99-2	76
299-84-3	322		1698-60-8	124
299-86-5	164		1702-17-6	159
300-76-5	612		1704-28-5	15
309-00-2	17		1715-40-8	69
315-18-4	592		1825-21-4	671
319-84-6	390		1836-75-5	620
319-85-7	391		1861-32-1	187
319-86-8	393		1861-40-1	48
327-98-0	1069		1897-45-6	137
330-55-2	548		1912-24-9	32
465-73-6	531		1912-26-1	1076
470-90-6	119		1918-13-4	147
500-28-7	149		1918-16-7	808
510-15-6	127		1918-11-2	906
527-20-8	669		1929-77-7	1090
563-12-2	307		1929-82-4	618
580-51-8	759		1967-16-4	106
584-79-2	18		2008-58-4	218
608-93-5	673		2032-59-9	25
626-43-7	217		2050-67-1	233
672-99-1	43		2050-68-2	240
673-04-1	871		2051-24-3	197
709-98-8	811		2051-60-7	129
731-27-1	937		2051-61-8	131
732-11-6	769		2051-62-9	132

2104-64-5	298
2104-96-3	73
2136-99-4	641
2212-67-1	595
2227-13-6	924
2303-16-4	203
2303-17-5	1062
2310-17-0	766
2312-35-8	814
2385-85-5	593
2437-79-8	999
2497-06-5	282
2497-07-6	283
2536-31-4	122
2540-82-1	377
2588-03-6	764
2588-04-7	763
2593-15-9	313
2597-03-7	761
2631-40-5	534
2631-37-0	803
2636-26-2	167
2642-71-9	37
2655-14-3	1095
2675-77-6	134
2686-99-9	1082
2797-51-5	847
2921-88-2	142
2974-90-5	237
2974-92-7	235
3424-82-6	192
3481-20-7	904
3689-24-5	881
3766-81-2	327
3811-49-2	272
3878-19-1	378
3983-45-7	323
3988-03-2	205
4147-51-7	280
4658-28-0	38
4726-14-1	617
4824-78-6	71
5103-74-2	109
5131-24-8	287
5234-68-4	99
5259-88-1	654
5598-13-0	144
5836-10-2	136
5915-41-3	911
6190-65-4	33
6988-21-2	273
7012-37-5	967
7082-99-7	101
7286-69-3	862

7287-36-7	597
7287-19-6	806
7292-16-2	813
7421-93-4	295
7696-12-0	922
7786-34-7	590
8003-34-7	829
8065-48-3	198
10265-92-6	573
10453-86-8	857
10552-74-6	622
13029-08-8	222
13067-93-1	166
13071-79-9	907
13171-21-6	771
13194-48-4	310
13360-45-7	104
13457-18-6	828
13593-03-8	846
14214-32-5	252
14255-88-0	318
14437-17-3	116
15299-99-7	615
15310-01-7	51
15457-05-3	360
15545-48-9	139
15862-07-4	969
15968-05-5	1011
15972-60-8	10
16605-91-7	223
16606-02-3	972
17109-49-8	292
18181-70-9	519
18181-80-1	74
18259-05-7	731
18691-97-9	570
18854-01-8	541
19480-43-4	553
19666-30-9	651
21087-64-9	588
21564-17-0	886
21757-82-4	791
22212-55-1	56
22224-92-6	317
22248-79-9	916
22781-23-3	46
22936-75-0	258
22936-86-3	179
23031-36-9	793
23103-98-2	786
23184-66-9	83
23505-41-1	788
23560-59-0	511
24017-47-8	946

24151-93-7	784
24353-61-5	529
24579-73-5	809
24691-80-3	325
24934-91-6	126
25013-16-5	914
25569-80-6	225
26087-47-8	521
26225-79-6	308
26259-45-0	864
26399-36-0	801
27314-13-2	623
27605-76-1	796
28044-83-9	398
28249-77-6	931
28434-01-7	63
28730-17-8	575
29082-74-4	648
29091-05-2	265
29104-30-1	54
29232-93-7	789
30979-48-7	528
31120-85-1	533
31218-83-4	818
31251-03-3	362
31508-00-6	734
31895-21-3	1057
32598-10-0	1031
32598-11-1	1037
32598-12-2	1046
32598-13-3	1049
32598-14-4	713
32690-93-0	1044
32774-16-6	470
32809-16-8	798
33025-41-1	1021
33089-61-1	27
33091-17-7	633
33146-45-1	232
33245-39-5	350
33284-50-3	227
33284-52-5	1054
33284-53-6	1022
33284-54-7	1029
33399-00-7	66
33629-47-9	88
33693-04-8	909
33820-53-0	536
33979-03-2	446
34014-18-1	894
34256-82-1	3
34388-29-9	582
34643-46-4	824
34883-39-1	230

34883-41-5	238
34883-43-7	228
35065-27-1	443
35065-28-2	418
35065-29-3	488
35065-30-6	471
35256-85-0	892
35400-43-2	882
35693-92-6	971
35693-99-3	1007
35694-04-3	410
35694-06-5	416
35694-08-7	628
36335-67-8	86
36559-22-5	991
36734-19-7	523
36756-79-3	1061
37680-65-2	951
37680-66-3	949
37680-68-5	977
37680-69-6	979
37680-73-2	706
37764-25-3	215
37893-02-0	348
38379-99-6	696
38380-01-7	703
38380-02-8	683
38380-03-9	721
38380-04-0	436
38380-05-1	408
38380-07-3	401
38380-08-4	448
38411-22-2	415
38411-25-5	478
38444-73-4	952
38444-78-9	947
38444-76-7	966
38444-77-4	974
38444-81-4	964
38444-84-7	954
38444-85-8	957
38444-86-9	976
38444-87-0	981
38444-88-1	986
38444-90-5	982
38444-93-8	987
39196-18-4	1059
39485-83-1	704
39515-40-7	177
39635-31-9	503
39635-32-0	723
39635-33-1	749
39635-34-2	458
39635-35-3	453

40186-70-7	480		52663-74-8	475
40186-71-8	639		52663-75-9	636
40186-72-9	607		52663-76-0	643
40341-04-6	856		52663-77-1	610
40487-42-1	668		52663-78-2	629
40596-69-8	578		52663-79-3	608
41198-08-7	799		52704-70-8	411
41394-05-2	565		52712-04-6	423
41411-61-4	425		52712-05-7	496
41411-62-5	455		52744-13-5	413
41411-63-6	465		52756-22-6	343
41411-64-7	505		52756-25-9	345
41464-39-5	994		52888-80-9	823
41464-40-8	1002		53112-28-0	839
41464-41-9	1009		53494-70-5	297
41464-42-0	1041		53555-66-1	984
41464-43-1	1014		54230-22-7	1024
41464-46-4	1039		54593-83-8	111
41464-47-5	997		55179-31-2	64
41464-48-6	1052		55215-17-3	684
41464-49-7	1017		55215-18-4	403
41464-51-1	699		55219-65-3	944
41483-43-6	79		55283-68-6	305
41814-78-2	1082		55285-14-8	97
42509-80-8	526		55312-69-1	681
42576-02-3	59		55335-06-3	1071
42740-50-1	631		55702-45-9	961
43121-43-3	942		55702-46-0	956
50471-44-8	1091		55712-37-3	962
50512-35-1	538		55720-44-0	959
50563-36-5	257		55814-41-0	560
51218-45-2	585		56030-56-9	420
51218-49-6	794		56558-16-8	711
51235-04-2	515		56558-17-9	736
51338-27-3	245		56558-18-0	739
51630-58-1	342		57018-04-9	934
51908-16-8	431		57369-32-1	843
52645-53-1	751		57465-28-8	748
52663-58-8	1027		57837-19-1	563
52663-59-9	989		58138-08-2	1074
52663-60-2	678		58810-48-3	649
52663-61-3	691		59291-64-4	421
52663-62-4	674		59291-65-5	468
52663-63-5	440		60145-20-2	676
52663-64-6	486		60145-21-3	709
52663-65-7	481		60145-22-4	445
52663-66-8	405		60145-23-5	491
52663-67-9	485		60207-31-0	35
52663-68-0	500		60233-24-1	1036
52663-69-1	493		60233-25-2	701
52663-70-4	483		60238-56-4	151
52663-71-5	473		60568-05-0	382
52663-72-6	466		61213-25-0	358
52663-73-7	638		61798-70-7	406

61949-76-6	753		71626-11-4	44
62610-77-9	572		72490-01-8	332
62796-65-0	1004		73250-68-7	555
62924-70-3	355		73575-52-7	1034
63284-71-9	625		73557-53-8	1032
63837-33-2	270		73575-54-9	698
63935-38-6	171		73575-55-0	694
64249-01-0	28		73575-56-1	693
64902-72-3	146		73575-57-2	686
65510-44-3	743		74070-46-5	7
65510-45-4	679		74338-23-1	1042
65907-30-4	380		74338-24-2	1012
66230-04-4	302		74472-33-6	1019
66246-88-6	666		74472-34-7	1026
66332-96-5	368		74472-35-8	719
66441-23-4	330		74472-36-9	724
67129-08-2	567		74472-37-0	728
67306-00-7	333		74472-38-1	729
67564-91-4	335		74472-39-2	746
68194-04-7	1006		74472-40-5	430
68194-05-8	689		74472-41-6	435
68194-06-9	708		74472-42-7	451
68194-07-0	688		74472-44-9	460
68194-08-1	438		74472-45-0	461
68194-09-2	441		74472-46-1	463
68194-10-5	726		74472-47-2	490
68194-11-6	733		74472-48-3	495
68194-12-7	738		74472-49-4	498
68194-13-8	433		74472-50-7	506
68194-14-9	428		74472-51-8	508
68194-15-0	426		74472-52-9	644
68194-16-1	476		74472-53-0	646
68194-17-2	634		74474-43-8	456
68359-37-5	174		74487-85-7	501
68505-69-1	49		74712-19-9	68
69327-76-0	81		76578-14-8	852
69377-81-7	365		76608-88-3	1064
69581-33-5	184		76674-21-0	370
69782-90-7	450		76703-62-3	176
69782-91-8	510		76738-62-0	658
69806-40-2	388		76842-07-4	741
70124-77-5	352		77501-63-4	547
70362-41-3	718		77732-09-3	653
70362-45-7	996		79538-32-2	899
70362-46-8	992		79622-59-6	347
70362-47-9	1001		79983-71-4	513
70362-48-0	1047		80844-07-1	312
70362-49-1	1051		81405-85-8	518
70362-50-4	1056		81406-37-3	363
70424-67-8	1016		81777-89-1	156
70424-68-9	716		82657-04-3	61
70424-69-0	714		83121-18-0	897
70424-70-3	744		83130-01-2	12
71422-67-8	121		83164-33-4	253

83657-22-1	1087	117428-22-5	781
83657-24-3	263	117718-60-2	929
84332-86-5	152	118134-30-8	877
85509-19-9	367	118712-89-3	941
85785-20-2	303	119168-77-3	889
86763-47-5	821	120923-37-7	23
87237-48-7	386	120928-09-8	320
87674-68-8	260	121552-61-2	182
87820-88-0	939	122453-73-0	112
88283-41-4	836	124495-18-7	849
88678-67-5	831	125116-23-6	568
88761-89-0	603	129558-76-5	936
94361-06-5	181	131860-33-8	40
95465-99-9	91	134605-64-4	84
95737-68-1	841	135158-54-2	5
96182-53-5	891	135186-78-6	838
96489-71-3	833	135590-91-9	557
96491-05-3	926	137641-05-5	779
97886-45-8	288	140923-17-7	524
98730-04-2	53	141112-29-0	539
101007-06-1	8	141517-21-7	1079
102851-06-9	372	142459-58-3	353
103361-09-7	357	143390-89-0	544
105024-66-6	866	148477-71-8	874
105512-06-9	154	149508-90-7	869
107534-96-3	887	149877-41-8	58
109293-98-3	255	149979-41-9	902
110235-47-7	558	175013-18-0	826
111872-58-3	385	180409-60-3	172
112281-77-3	917	283594-90-1	876
116255-48-2	78	551877-74-8	754